# 城市轨道交通工程预算定额

GCG 103-2008

## 第一册　路基、围护结构及地基处理工程

中 国 计 划 出 版 社

北　京

**图书在版编目(CIP)数据**

城市轨道交通工程预算定额：GCG 103-2008. 第1册，路基、围护结构及地基处理工程 / 住房和城乡建设部标准定额研究所主编. —北京：中国计划出版社，2008. 12
ISBN 978-7-80242-260-5

Ⅰ. 城… Ⅱ. 住… Ⅲ. 城市铁路-铁路工程-预算定额-中国 Ⅳ. U239.5

中国版本图书馆 CIP 数据核字（2008）第 172178 号

**城市轨道交通工程预算定额**
GCG 103-2008
第一册 路基、围护结构及地基处理工程
住房和城乡建设部标准定额研究所 主编
☆
中国计划出版社出版
（地址：北京市西城区木樨地北里甲 11 号国宏大厦 C 座 4 层）
（邮政编码：100038 电话：63906433 63906381）
新华书店北京发行所发行
三河富华印刷包装有限公司印刷

850×1168 毫米 1/32 69.50 印张 1687 千字
2008 年 12 月第 1 版 2008 年 12 月第 1 次印刷
印数 1—8000 册
☆
ISBN 978-7-80242-260-5
定价：268.00 元（全套共 10 册）

**主编单位：** 住房和城乡建设部标准定额研究所

**批准部门：** 中华人民共和国住房和城乡建设部

**施行日期：** 2 0 0 9 年 1 月 1 日

# 住房城乡建设部
# 关于印发《城市轨道交通工程预算定额》的通知

**建标〔2008〕193号**

为适应城市轨道交通工程建设的需要，合理确定和控制城市轨道交通工程造价，我部制定了《城市轨道交通工程预算定额》，编号为GCG 103-2008，自2009年1月1日起施行。现印发给你们。2001年批准发布的《全国统一市政工程预算定额》第九册（地铁工程）同时废止。请你们将施行中的有关问题和建议反馈给我部标准定额司。

《城市轨道交通工程预算定额》由我部标准定额研究所组织中国计划出版社出版发行。

**中华人民共和国住房和城乡建设部**

二〇〇八年十月十五日

# 总 说 明

一、《城市轨道交通工程预算定额》（以下简称本定额）共分10册，包括：

第一册　路基、围护结构及地基处理工程；

第二册　桥涵工程；

第三册　隧道工程；

第四册　地下结构工程；

第五册　轨道工程；

第六册　通信工程；

第七册　信号工程；

第八册　供电工程；

第九册　智能与控制系统安装工程；

第十册　机电设备安装工程。

二、本定额是完成规定计量单位分部分项工程所需的人工、材料、施工机械台班的消耗量标准，是制定城市轨道交通工程地区单位估价表、工程量清单综合单价、招标标底和投标报价的基础。

三、本定额适用于新建、扩建的城市轨道交通工程。

四、本定额是按照正常施工条件、目前多数施工企业的施工机械装备程度，施工中常用的施工方法、施工工艺、劳动组织以及合理工期进行编制的。

五、本定额是依据国家有关产品标准、设计规范和施工验收规范编制的，参考了现行国家、行业和地方定额，以及有代表性的工程设计、施工资料和其他资料。

六、本定额消耗量的确定。

1. 人工工日消耗量。人工工日不分工种、技术等级均以综合工日表示。内容包括基本用工、超运距用工、人工幅度差和辅助用工。

2. 材料消耗量。

（1）材料选用符合国家质量标准和相应设计要求的合格产品。

（2）材料消耗包括主要材料、辅助材料、零星材料，凡能计量的材料、成品、半成品均按品种、规格逐一列出数量并计入相应的损耗，其内容和范围包括：从工地仓库、现场集中堆放地点或现场加工地点至操作或安装地点的运输损耗、施工操作损耗、施工现场堆放损耗。

（3）混凝土均按预拌混凝土考虑。

（4）周转性材料按不同施工方法、不同材质按规定的周转次数摊销计入定额内。

（5）用量少、价值小的材料合并为其他材料费，以占材料费的百分数表示。

3. 施工机械和仪器仪表台班消耗量。

（1）施工机械和仪器仪表台班消耗量是按正常合理的施工配备和施工工效测算确定台班使用量。

（2）凡单位价值在 2000 元以上的施工机械和仪器仪表按台班列入定额；单位价值在 2000 元以

下的列入费用定额工具使用费项下。

七、定额中均包括了材料、成品、半成品从工地仓库、现场集中堆放地点或现场加工地点至操作或安装地点的水平运输和垂直运输所需的人工和机械消耗量。如发生再次搬运，应在费用定额中二次搬运费项下列支。

八、本定额施工用水、电是按现场有水、电考虑的。

九、本定额的工作内容已说明了主要施工工序，次要工序虽未说明，均已考虑在定额内。

十、本定额与其他全国统一工程预算定额的关系，凡本定额包含的项目，按本定额项目执行；本定额缺项部分，可执行其他全国统一定额。

十一、本定额中注有“×××以内”或“×××以下”者均包括×××本身，“×××以外”或“×××以上”者则不包括×××本身。

十二、本说明未尽事宜，详见各册和各章说明。

# 册说明

一、《城市轨道交通工程预算定额》第一册“路基、围护结构及地基处理工程”（以下简称本册定额），内容包括：土石方工程，防护、支护、围护工程，地基处理工程，共3章233个子目。

二、本册定额适用于城市轨道交通工程采用明挖法施工的土石方、防护、支护、围护、地基处理等工程。

三、本册定额的编制依据：

1. 《城市轨道交通地下铁道工程劳动定员定额》GB/T 19622—2004；
2. 《全国市政工程统一劳动定额》；
3. 《全国统一建筑工程基础定额》GJD-101—95；
4. 《地铁设计规范》GB 50157—2003；
5. 《地下铁道工程施工及验收规范》GB 50299—1999；
6. 《全国统一市政工程预算定额》GYD-301~308—1999、GYD-309—2001；
7. 现行的设计、施工验收规范、安全操作规程及质量评定标准。

四、采用盖挖法、暗挖法施工的土石方、防护、支护、围护工程，执行第三、四册相应子目。

五、定额中的混凝土、砂浆强度等级是按常用标准编制的，如设计要求与定额不同时，允许换算。

六、定额中现浇混凝土均按预拌混凝土考虑，不含泵送费用，发生时执行第二册相应子目。

七、未尽事宜见本册定额各章说明。

# 目　录

## 1　土石方工程

## 2 防护、支护、围护工程

## 3　地基处理工程

# 1　土石方工程

# 说　　明

一、本章定额适用于城市轨道交通工程采用明挖法施工的土石方工程。土壤与岩石分类见“土壤及岩石（普氏）分类表”。

二、干、湿土的划分首先以地质勘察资料为准，含水率≥25%为湿土；或以地下常水位为准，常水位以上为干土，以下为湿土。挖湿土时，人工和机械乘以系数 1.18，干、湿土工程量分别计算。采用降水措施的土方应按干土计算。

三、沟槽、基坑和一般土石方的划分：底宽 7m 以内，底长大于底宽 3 倍以上的为沟槽；底长小于底宽 3 倍以内，底面积在 $150m^2$ 以内的为基坑；厚度在 300mm 以内就地挖、填土为平整场地。超过上述范围的土、石方按挖土方和石方计算。

四、场地竖向布置挖填土方时，不再计算平整场地工程量。人工夯实土堤、机械夯实土堤执行本章人工填土夯实平地、机械填土夯实平地子目。

五、带支撑基坑开挖定额适用于有横支撑的深基坑开挖。子目中已包括土壤渗水及天然降水的排除，若需采用井点降水，费用另行计算。本定额已综合考虑土方垂直运输的各种方法，不得因施工组织方法不同调整定额。支撑下挖淤泥、流砂与石方子目不含垂直运输，应另行计算。

六、带支撑基坑土石方项目以盖挖顶板下表面划分，顶板下表面以上的土石方执行明挖土石方相应子目，顶板下表面以下的土石方执行带支撑基坑土石方相应子目。

七、素土的消耗量均用“（ ）”表示，当确需外购土时按此消耗量计算，否则不计算其费用。

# 工程量计算规则

一、土、石方的开挖及运输工程量均按设计图示尺寸天然密实体积（自然方）以“$m^3$”为单位计算。

二、修建机械上下坡的便道土方量并入土方工程量内。

三、带支撑基坑土石方工程量按围护结构内围尺寸乘以设计结构顶板底至底板（或垫层）底的高度以“$m^3$”为单位计算。

四、回填夯实定额中的填土夯实与碾压及回填夯实，均按设计图示回填体积以“$m^3$”为单位计算；原土夯实与碾压则按设计图示尺寸以“$m^2$”为单位计算。土方体积换算见下表。

**土方体积换算表**

| 虚方体积 | 天然密实度体积 | 夯实后体积 | 松散体积 |
|---|---|---|---|
| 1.00 | 0.77 | 0.67 | 0.83 |
| 1.20 | 0.92 | 0.80 | 1.00 |
| 1.30 | 1.00 | 0.87 | 1.08 |
| 1.50 | 1.15 | 1.00 | 1.25 |

## 土壤及岩石（普氏）分类表

| 定额分类 | 普氏分类 | 土壤及岩石名称 | 天然湿度下平均容重（$kg/m^3$） | 极限压碎强度（$kg/cm^2$） | 用轻钻孔机钻进1m耗时（min） | 开挖方法及工具 | 紧固系数 $f$ |
|---|---|---|---|---|---|---|---|
| 一、二类土壤 | Ⅰ | 砂<br>砂壤土<br>腐植土<br>泥炭 | 1500<br>1600<br>1200<br>600 | | | 用尖锹开挖 | 0.5～0.6 |
| | Ⅱ | 轻壤土和黄土类土<br>潮湿而松散的黄土，软的盐渍土和碱土<br>平均15mm以内的松散而软的砾石<br>含有草根的密实腐植土<br>含有直径在30 mm以内根类的泥炭和腐植土<br>掺有卵石、碎石和石屑的砂和腐植土<br>含有卵石或碎石杂质的胶结成块的填土<br>含有卵石、碎石和建筑料杂质的砂壤土 | 1600<br>1600<br>1700<br>1400<br>1100<br>1650<br>1750<br>1900 | | | 用锹开挖并少数用镐开挖 | 0.6～0.8 |

续前

| 定额分类 | 普氏分类 | 土壤及岩石名称 | 天然湿度下平均容重（kg/m³） | 极限压碎强度（kg/cm²） | 用轻钻孔机钻进1m耗时（min） | 开挖方法及工具 | 紧固系数 $f$ |
|---|---|---|---|---|---|---|---|
| 三类土壤 | Ⅲ | 肥黏土其中包括石炭纪侏罗纪的黏土和冰黏土 | 1800 | | | 用尖锹并同时用镐开挖（30%） | 0.81 ~ 1.0 |
| | | 重壤土、粗砾石、粒径为 15 ~ 40mm 的碎石和卵石 | 1750 | | | | |
| | | 干黄土和掺有碎石和卵石的自然含水量黄土 | 1790 | | | | |
| | | 含有直径大于 30 mm 根类的腐植土或泥炭 | 1400 | | | | |
| | | 掺有碎石或卵石和建筑碎料的土壤 | 1900 | | | | |
| 四类土壤 | Ⅳ | 含碎石重黏土，其中包括侏罗纪和石炭纪的硬黏土 | 1950 | | | 用尖锹并同时用镐和撬棍开挖（30%） | 1.0 ~ 1.5 |
| | | 含有碎石、卵石、建筑碎料和重达 25kg 的顽石（总体积的10%以内）等杂质的肥黏土和重壤土 | 1950 | | | | |
| | | 冰渍黏土，含有重量在 50kg 以内的巨砾，其含量为总体积的 10%以内 | 2000 | | | | |
| | | 泥板岩 | 2000 | | | | |
| | | 不含或含有重量达 10kg 的顽石 | 1950 | | | | |

续前

| 定额分类 | 普氏分类 | 土壤及岩石名称 | 天然湿度下平均容重（kg/m³） | 极限压碎强度（kg/cm²） | 用轻钻孔机钻进1m耗时（min） | 开挖方法及工具 | 紧固系数 $f$ |
|---|---|---|---|---|---|---|---|
| 松石 | Ⅴ | 含有重量在50kg以内的巨砾（占体积的10%以上）的冰渍石<br>矽藻岩和软白垩岩<br>胶结力弱的砾岩<br>各种不坚实的片岩<br>石膏 | 2100<br>1800<br>1900<br>2600<br>2200 | 小于200 | 小于3.5 | 部分用手凿工具,部分用爆破法开挖 | 1.5～2.0 |
| 次坚石 | Ⅵ | 凝灰岩和浮石<br>松软多孔和裂隙严重的石灰岩和介质石灰岩<br>中等硬变的片岩<br>中等硬变的泥灰岩 | 1100<br>1200<br>2700<br>2300 | 200～400 | 3.5 | 用风镐和爆破法开挖 | 2～4 |
| | Ⅶ | 石灰石胶结的带有卵石和沉积岩的砾石<br>风化的和有大裂缝的黏土质砂岩<br>坚实的泥板岩<br>坚实的泥灰岩 | 2200<br>2000<br>2800<br>2500 | 400~600 | 6.0 | 用爆破法开挖 | 4~6 |

续前

| 定额分类 | 普氏分类 | 土壤及岩石名称 | 天然湿度下平均容重（kg/m³） | 极限压碎强度（kg/cm²） | 用轻钻孔机钻进1m耗时（min） | 开挖方法及工具 | 紧固系数 *f* |
|---|---|---|---|---|---|---|---|
| 次坚石 | Ⅷ | 砾质花岗岩<br>泥灰质石灰岩<br>黏土质砂岩<br>砂质云片石<br>硬石膏 | 2300<br>2300<br>2200<br>2300<br>2900 | 600~800 | 8.5 | 用爆破法开挖 | 6~8 |
| 普坚石 | Ⅸ | 严重风化的软弱的花岗岩、片麻岩和正长岩<br>滑石化的蛇纹岩<br>致密的石灰岩<br>含有卵石、沉积岩的碴质胶结和砾石<br>砂岩<br>砂质石灰质片岩<br>菱镁矿 | 2500<br>2400<br>2500<br>2500<br>2500<br>2500<br>3000 | 800~1000 | 11.5 | 用爆破法开挖 | 8~10 |

续前

| 定额分类 | 普氏分类 | 土壤及岩石名称 | 天然湿度下平均容重（kg/m$^3$） | 极限压碎强度（kg/cm$^2$） | 用轻钻孔机钻进1m耗时（min） | 开挖方法及工具 | 紧固系数 $f$ |
|---|---|---|---|---|---|---|---|
| 普坚石 | Ⅹ | 白云岩<br>坚固的石灰岩<br>大理岩<br>石灰岩质胶结的致密砾石<br>坚固砂质片岩 | 2700<br>2700<br>2700<br>2600<br>2600 | 1000~1200 | 15.0 | 用爆破法开挖 | 10~12 |
| 特坚石 | Ⅺ | 粗花岗岩<br>非常坚硬的白云岩<br>蛇纹岩<br>石灰质胶结的含有火成岩之卵石的砾石<br>石英胶结的坚固砂岩<br>粗粒正长岩 | 2800<br>2900<br>2600<br>2800<br>2700<br>2700 | 1200~1400 | 18.5 | 用爆破法开挖 | 12~14 |
| | Ⅻ | 具有风化痕迹的安山岩和玄武岩<br>片麻岩<br>非常坚固的石灰岩<br>硅质胶结的含有火成岩之卵石的砾石<br>粗石岩 | 2700<br>2600<br>2900<br>2900<br>2600 | 1400~1600 | 22.0 | 用爆破法开挖 | 14~16 |

续前

| 定额分类 | 普氏分类 | 土壤及岩石名称 | 天然湿度下平均容重（$kg/m^3$） | 极限压碎强度（$kg/cm^2$） | 用轻钻孔机钻进1m耗时（min） | 开挖方法及工具 | 紧固系数 $f$ |
|---|---|---|---|---|---|---|---|
| 特坚石 | XIII | 中粒花岗岩<br>坚固的片麻岩<br>辉绿岩<br>玢岩<br>坚固的粗石岩<br>中粒正长岩 | 3100<br>2800<br>2700<br>2500<br>2800<br>2800 | 1600~1800 | 27.5 | 用爆破法开挖 | 16~18 |
| | XIV | 非常坚固的细粒花岗岩<br>花岗岩麻岩<br>闪长岩<br>高硬度的石灰岩<br>坚固的玢岩 | 3300<br>2900<br>2900<br>3100<br>2700 | 1800~2000 | 32.5 | 用爆破法开挖 | 18~20 |
| | XV | 安山岩，玄武岩，坚固的角页岩<br>高硬度的辉绿岩和闪长岩<br>坚固的辉长岩和石英岩 | 3100<br>2900<br>2800 | 2000~2500 | 46.0 | 用爆破法开挖 | 20~25 |
| | XVI | 拉长玄武岩和橄榄玄武岩<br>特别坚固的辉长辉绿岩，石英石和玢岩 | 3300<br>3000 | >2500 | >60 | 用爆破法开挖 | >25 |

# 1.1 明挖土石方

## 1.1.1 人工挖土方、淤泥、流砂

**工作内容：**1. 挖土方：挖土、抛土、修整底边、边坡。

2. 挖淤泥、流砂：挖淤泥、流砂，装、卸淤泥、流砂。

计量单位：$m^3$

| 定 额 编 号 | | | 1-001 | 1-002 | 1-003 | 1-004 |
|---|---|---|---|---|---|---|
| 项 目 | | | 人工挖土方 | | | 人工挖淤泥、流砂 |
| | | | 一、二类土 | 三类土 | 四类土 | |
| 名 称 | | 单位 | 数 量 | | | |
| 人工 | 综合工日 | 工日 | 0.230 | 0.327 | 0.503 | 1.004 |

### 1.1.2 人工挖沟槽

**工作内容：**挖土、装土或槽边堆放，修整底边、边坡。

计量单位：$m^3$

| 定额编号 | | | 1-005 | 1-006 | 1-007 |
|---|---|---|---|---|---|
| 项目 | | | 深度2m以内 | | |
| | | | 一、二类土 | 三类土 | 四类土 |
| 名称 | | 单位 | 数量 | | |
| 人工 | 综合工日 | 工日 | 0.360 | 0.576 | 0.85[illegible] |

### 1.1.3 人工挖基坑

**工作内容：**挖土、装土或槽边堆放，修整底边、边坡。

计量单位：$m^3$

| 定额编号 | | | 1-008 | 1-009 | 1-010 |
|---|---|---|---|---|---|
| 项目 | | | 深度2m以内 | | |
| | | | 一、二类土 | 三类土 | 四类土 |
| 名称 | | 单位 | 数量 | | |
| 人工 | 综合工日 | 工日 | 0.374 | 0.636 | 0.978 |

### 1.1.4 机械挖土方

**工作内容**：挖土、淤泥、流砂，堆放，清理机下余土，清理边坡。

计量单位：1000m³

| 定额编号 | | | 1-011 | 1-012 | 1-013 | 1-014 |
|---|---|---|---|---|---|---|
| 项目 | | | 挖土方 | | | 挖淤泥、流砂 |
| | | | 一、二类土 | 三类土 | 四类土 | |
| 名称 | | 单位 | 数量 | | | |
| 人工 | 综合工日 | 工日 | 6.000 | 6.000 | 6.000 | 34.360 |
| 机械 | 履带式单斗挖掘机 液压 $1.0m^3$ | 台班 | 1.790 | 2.130 | 2.430 | — |
| | 抓铲挖掘机 $1.0m^3$ | 台班 | — | — | — | 8.590 |
| | 履带式推土机 75kW | 台班 | 0.180 | 0.210 | 0.240 | — |

### 1.1.5 人工凿石方

**工作内容：**凿石，基底检平，修理边坡，清理表面，装车或槽边堆放。

计量单位：$m^3$

| 定额编号 | | | 1-015 | 1-016 | 1-017 | 1-018 |
|---|---|---|---|---|---|---|
| 项目 | | | 松石 | 次坚石 | 普坚石 | 特坚石 |
| 名称 | | 单位 | 数量 | | | |
| 人工 | 综合工日 | 工日 | 1.280 | 1.775 | 2.501 | 3.549 |

### 1.1.6 机械破碎岩石

**工作内容：**机械破碎石方，打碎，碎石清理、堆积。

计量单位：$m^3$

| 定额编号 | | | 1-019 | 1-020 |
|---|---|---|---|---|
| 项目 | | | 次坚石 | 普坚石、特坚石 |
| 名称 | | 单位 | 数量 | |
| 人工 | 综合工日 | 工日 | 0.061 | 0.062 |
| 机械 | 履带式单斗挖掘机 液压 1.0$m^3$ | 台班 | 0.019 | 0.023 |
| | 履带式单头岩石破碎机 | 台班 | 0.019 | 0.023 |

### 1.1.7 静力爆破岩石

**工作内容：**布孔，钻孔，验孔，装膨胀剂，填塞，风镐二次破碎、撬移。

计量单位：$m^3$

| 定额编号 | | | 1-021 | 1-022 | 1-023 |
|---|---|---|---|---|---|
| 项目 | | | 次坚石 | 普坚石 | 特坚石 |
| 名称 | | 单位 | 数量 | | |
| 人工 | 综合工日 | 工日 | 1.073 | 1.759 | 1.920 |
| 材料 | 膨胀剂 | kg | 23.520 | 21.760 | 19.584 |
| | 合金钢钻头 | 个 | 0.178 | 0.277 | 0.362 |
| | 钢钎 $\phi$22~25 | kg | 0.097 | 0.178 | 0.251 |
| | 其他材料费 | % | 1.000 | 1.000 | 1.000 |
| 机械 | 风动凿岩机 手持式 | 台班 | 0.370 | 0.431 | 0.503 |
| | 风动凿岩机 气腿式 | 台班 | 0.189 | 0.282 | 0.342 |
| | 电动空气压缩机 $10m^3/min$ | 台班 | 0.104 | 0.153 | 0.185 |
| | 电动修钎机 | 台班 | 0.076 | 0.113 | 0.159 |

## 1.1.8 微差控制爆破岩石

**工作内容：**布孔，钻孔，验孔，改装药包，装药，堵塞，连线，覆盖，警戒，起爆，检查处理盲炮，撬开及破碎不规则的石块。

计量单位：$m^3$

| 定额编号 | | | 1-024 | 1-025 | 1-026 | 1-027 |
|---|---|---|---|---|---|---|
| 项目 | | | 松石 | 次坚石 | 普坚石 | 特坚石 |
| 名称 | | 单位 | 数量 | | | |
| 人工 | 综合工日 | 工日 | 0.223 | 0.269 | 0.328 | 0.390 |
| 材料 | 黏土 | $m^3$ | 0.068 | 0.087 | 0.105 | 0.125 |
| | 电雷管 | 个 | 1.137 | 1.472 | 1.776 | 2.118 |
| | 硝铵炸药 | kg | 0.281 | 0.395 | 0.515 | 0.674 |
| | 编织袋 | 条 | 2.229 | 2.886 | 3.482 | 4.454 |
| | 荆笆 1.2m×1.0m | 片 | 0.390 | 0.505 | 0.609 | 0.727 |
| | 水 | $m^3$ | 0.042 | 0.079 | 0.131 | 0.184 |
| | 胶质导线 $1.5mm^2$ | m | 2.229 | 2.886 | 3.482 | 4.154 |

续前

| 定额编号 | | | 1-024 | 1-025 | 1-026 | 1-027 |
|---|---|---|---|---|---|---|
| 项目 | | | 松石 | 次坚石 | 普坚石 | 特坚石 |
| 名称 | | 单位 | 数量 | | | |
| 材料 | 合金钢钻头 | 个 | 0.020 | 0.033 | 0.049 | 0.075 |
| | 六角空心钢 | kg | 0.030 | 0.050 | 0.080 | 0.120 |
| | 高压胶皮风管 | m | 0.002 | 0.004 | 0.007 | 0.010 |
| | 高压胶皮水管 | m | 0.004 | 0.007 | 0.011 | 0.016 |
| | 其他材料费 | % | 4.000 | 4.000 | 4.000 | 4.000 |
| 机械 | 风动凿岩机 气腿式 | 台班 | 0.019 | 0.036 | 0.060 | 0.084 |
| | 电动空气压缩机 $10m^3/min$ | 台班 | 0.008 | 0.014 | 0.024 | 0.034 |
| | 电动修钎机 | 台班 | 0.003 | 0.004 | 0.006 | 0.009 |

# 1.2 带支撑基坑土石方

## 1.2.1 土　方

**工作内容：**机械挖土，人工清理，挖支撑下土体，土方倒运至地面堆放，挖引水沟、土壤渗水排除，人工修整底边坡等。

计量单位：$m^3$

| 定额编号 | | | 1-028 | 1-029 | 1-030 | 1-031 |
|---|---|---|---|---|---|---|
| 项目 | | | 宽 15m 以内 | | | |
| | | | 深 7m 以内 | 深 11m 以内 | 深 15m 以内 | 深 19m 以内 |
| 名称 | | 单位 | 数量 | | | |
| 人工 | 综合工日 | 工日 | 0.075 | 0.099 | 0.139 | 0.179 |
| 机械 | 履带式推土机 105kW | 台班 | 0.003 | 0.003 | 0.004 | 0.004 |
| | 履带式单斗挖掘机 液压 $0.6m^3$ | 台班 | 0.005 | 0.006 | 0.012 | 0.017 |
| | 履带式起重机 15t | 台班 | 0.011 | 0.016 | 0.020 | — |
| | 履带式起重机 25t | 台班 | — | — | — | 0.023 |
| | 污水泵 $\phi$100 | 台班 | 0.012 | 0.015 | 0.019 | 0.023 |

**工作内容：**机械挖土，人工清理，挖支撑下土体，土方倒运至地面堆放，挖引水沟、土壤渗水排除，人工修整底边坡等。

计量单位：$m^3$

| 定额编号 | | | 1-032 | 1-033 | 1-034 | 1-035 |
|---|---|---|---|---|---|---|
| 项目 | | | 宽15m以内 | 宽15m以外 | | |
| | | | 深19m以外 | 深7m以内 | 深11m以内 | 深15m以内 |
| 名称 | | 单位 | 数量 | | | |
| 人工 | 综合工日 | 工日 | 0.220 | 0.074 | 0.098 | 0.138 |
| 机械 | 履带式推土机 105kW | 台班 | 0.004 | 0.003 | 0.003 | 0.004 |
| | 履带式单斗挖掘机 液压 $0.6m^3$ | 台班 | 0.022 | 0.005 | 0.006 | 0.012 |
| | 履带式起重机 25t | 台班 | 0.028 | 0.011 | 0.016 | 0.020 |
| | 污水泵 $\phi100$ | 台班 | 0.027 | 0.012 | 0.015 | 0.019 |

**工作内容：** 机械挖土，人工推铲，挖支撑下土体，土方倒运至地面堆放，挖引水沟、土壤渗水排除，人工修整底边坡等。

计量单位：$m^3$

| 定额编号 | | | 1-036 | 1-037 |
|---|---|---|---|---|
| 项目 | | | 宽 15m 以外 | |
| | | | 深 19m 以内 | 深 19m 以外 |
| 名称 | | 单位 | 数量 | |
| 人工 | 综合工日 | 工日 | 0.178 | 0.215 |
| 机械 | 履带式推土机 105kW | 台班 | 0.004 | 0.004 |
| | 履带式单斗挖掘机 液压 $0.6m^3$ | 台班 | 0.017 | 0.022 |
| | 履带式起重机 25t | 台班 | 0.023 | 0.028 |
| | 污水泵 $\phi100$ | 台班 | 0.023 | 0.027 |

### 1.2.2 淤泥流砂、石方

**工作内容：**1. 挖淤泥、流砂：挖淤泥、流砂，装车，工作面排水，人工修整底面等。

2. 凿岩石：凿石方，打碎，装车，工作面排水，清理机下余渣。

计量单位：$m^3$

| 定额编号 | | | 1-038 | 1-039 |
|---|---|---|---|---|
| 项目 | | | 支撑下挖淤泥、流砂 | 支撑下凿岩石 |
| 名称 | | 单位 | 数量 | |
| 人工 | 综合工日 | 工日 | 0.041 | 0.084 |
| 机械 | 履带式推土机 105kW | 台班 | — | 0.004 |
| | 履带式单斗挖掘机 液压 $1.0m^3$ | 台班 | — | 0.030 |
| | 抓铲挖掘机 $1.0m^3$ | 台班 | 0.017 | — |
| | 履带式单头岩石破碎机 | 台班 | — | 0.025 |

# 1.3　回填、夯实

## 1.3.1　人工填土夯实

工作内容：填土、夯实、运水、洒水。

计量单位：$m^3$

| 定额编号 | | | 1-040 | 1-041 |
|---|---|---|---|---|
| 项目 | | | 填土夯实 | |
| | | | 平地 | 槽、坑 |
| 名称 | | 单位 | 数量 | |
| 人工 | 综合工日 | 工日 | 0.339 | 0.397 |
| 材料 | 水 | $m^3$ | 0.016 | 0.016 |

## 1.3.2 机械原土夯实、原土碾压

**工作内容：** 1. 原土夯实：平整、夯实。

2. 原土碾压：平整、碾压。

计量单位：$1000m^2$

| 定额编号 | | | 1-042 | 1-043 | 1-044 |
|---|---|---|---|---|---|
| 项目 | | | 原土夯实 | | 原土碾压 |
| | | | 平地 | 槽、坑 | |
| 名称 | | 单位 | 数量 | | |
| 人工 | 综合工日 | 工日 | 0.930 | 1.060 | 1.000 |
| 机械 | 电动夯实机 20～62kg·m | 台班 | 0.560 | 0.610 | — |
| | 光轮压路机 15t | 台班 | — | — | 0.140 |

### 1.3.3 机械填土夯实、填土碾压

工作内容：1. 填土夯实：摊铺、碎土、平整、夯实。

2. 填土碾压：回填、推平、碾压。

计量单位：$m^3$

| 定额编号 | | | 1-045 | 1-046 | 1-047 |
|---|---|---|---|---|---|
| 项目 | | | 填土夯实 | | 填土碾压 |
| | | | 平地 | 槽、坑 | |
| 名称 | | 单位 | 数量 | | |
| 人工 | 综合工日 | 工日 | 0.106 | 0.138 | 0.006 |
| 材料 | 水 | $m^3$ | — | — | 0.015 |
| 机械 | 履带式推土机 75kW | 台班 | — | — | 0.001 |
| | 电动夯实机 20~62kg·m | 台班 | 0.061 | 0.080 | — |
| | 振动压路机 10t | 台班 | — | — | 0.005 |
| | 洒水汽车 4000L | 台班 | — | — | 0.001 |

### 1.3.4 回填夯实

**工作内容**：1. 回填土：土方摊铺、分层夯实。

2. 回填三七灰土：灰土配料、回填、分层夯实。

3. 回填砂：铺料、整平、洒水夯实。

4. 回填级配石：回填、平整、分层碾压。

计量单位：$m^3$

| 定额编号 | | | 1-048 | 1-049 | 1-050 | 1-051 |
|---|---|---|---|---|---|---|
| 项目 | | | 回填土 | 回填三七灰土 | 回填砂 | 回填级配砂石 |
| 名称 | | 单位 | 数量 | | | |
| 人工 | 综合工日 | 工日 | 0.140 | 0.700 | 0.338 | 0.640 |
| 材料 | 素土 | $m^3$ | (1.490) | (1.210) | — | — |
| | 生石灰 | t | — | 0.242 | — | — |
| | 中粗砂 | $m^3$ | — | — | 1.270 | — |
| | 水 | $m^3$ | — | — | 0.300 | — |
| | 级配砂石 | $m^3$ | — | — | — | 1.250 |
| | 其他材料费 | % | — | 1.000 | — | 1.000 |
| 机械 | 电动夯实机 20~62kg·m | 台班 | 0.080 | 0.080 | 0.080 | — |
| | 振动压路机 15t | 台班 | — | — | — | 0.002 |

# 1.4　土石方及泥浆运输

## 1.4.1　人工装人工运土方、淤泥、流砂

**工作内容：**装、运、卸，清理道路，铺、拆走道板。

计量单位：$m^3$

| 定额编号 | | | 1-052 | 1-053 | 1-054 | 1-055 |
|---|---|---|---|---|---|---|
| 项目 | | | 人工运土方 | | 人工运淤泥、流砂 | |
| | | | 运距20m以内 | 每增20m | 运距20m以内 | 每增20m |
| 名称 | | 单位 | 数量 | | | |
| 人工 | 综合工日 | 工日 | 0.222 | 0.079 | 0.311 | 0.150 |

### 1.4.2 人工装人力车运土方

**工作内容：**装、运、卸，清理道路。

计量单位：$m^3$

| 定额编号 | | | 1-056 | 1-057 |
|---|---|---|---|---|
| 项目 | | | 人力车运土方 | |
| | | | 运距 50m 以内 | 每增 50m |
| 名称 | | 单位 | 数量 | |
| 人工 | 综合工日 | 工日 | 0.192 | 0.038 |

### 1.4.3 人工装人工运石方

**工作内容：**装、运、卸，清理道路。

计量单位：$m^3$

| 定额编号 | | | 1-058 | 1-059 |
|---|---|---|---|---|
| 项目 | | | 人工运石方 | |
| | | | 运距 20m 以内 | 每增 20m |
| 名称 | | 单位 | 数量 | |
| 人工 | 综合工日 | 工日 | 0.465 | 0.085 |

## 1.4.4 人工装自卸汽车运土石方

**工作内容：**装、运、卸，清理道路，铺、拆走道板。

计量单位：100m³

| 定额编号 | | | 1-060 | 1-061 | 1-062 | 1-063 |
|---|---|---|---|---|---|---|
| 项目 | | | 自卸汽车运土方 | | 自卸汽车运松散石方 | |
| | | | 运距 1km 以内 | 每增 1km | 运距 1km 以内 | 每增 1km |
| 名称 | | 单位 | 数量 | | | |
| 人工 | 综合工日 | 工日 | 14.230 | — | 17.280 | — |
| 机械 | 自卸汽车 8t | 台班 | 1.292 | 0.236 | 1.990 | 0.310 |

### 1.4.5 机械装车自卸汽车运土方

**工作内容：**装车、运土、卸土，清理余土。

计量单位：1000m³

| 定额编号 | | | 1-064 | 1-065 | 1-066 |
|---|---|---|---|---|---|
| 项目 | | | 装载机装 | 挖掘机装 | 每增 1km |
| | | | 自卸汽车运土方 | | |
| | | | 运距 1km 以内 | | |
| 名称 | | 单位 | 数量 | | |
| 人工 | 综合工日 | 工日 | 7.300 | 8.500 | — |
| 机械 | 履带式推土机 75kW | 台班 | 0.610 | 0.480 | — |
| | 履带式单斗挖掘机 液压 $1.0m^3$ | 台班 | — | 1.920 | — |
| | 轮胎式装载机 $1.5m^3$ | 台班 | 2.440 | — | — |
| | 自卸汽车 12t | 台班 | 5.400 | 6.428 | 1.960 |

### 1.4.6 机械装车自卸汽车运石方

**工作内容：** 挖、装松散石方、运卸、空回；清理机下石块；推土机推攒及推散汽车卸下的石方；汽车行驶道路的养护。

计量单位：$1000m^3$

| 定额编号 | | | 1-067 | 1-068 |
|---|---|---|---|---|
| 项目 | | | 挖掘机装自卸汽车运松散石方 | |
| | | | 运距 1km 以内 | 每增 1km |
| 名称 | | 单位 | 数量 | |
| 人工 | 综合工日 | 工日 | 18.270 | — |
| 机械 | 履带式推土机 105kW | 台班 | 1.330 | — |
| | 履带式单斗挖掘机 液压 $1.0m^3$ | 台班 | 4.020 | — |
| | 自卸汽车 12t | 台班 | 8.600 | 2.715 |

### 1.4.7 垂直运输土石方

**工作内容：**垂直运输土、石方至地面堆放。

计量单位：$m^3$

| 定额编号 | | | 1-069 | 1-070 |
|---|---|---|---|---|
| 项目 | | | 土方 | 石方 |
| 名称 | | 单位 | 数量 | |
| 人工 | 综合工日 | 工日 | 0.049 | 0.083 |
| 机械 | 双筒慢速电动卷扬机 10t | 台班 | 0.014 | 0.024 |

### 1.4.8 泥浆运输

**工作内容：**装卸泥浆，运输，清理场地。

计量单位：$m^3$

| 定额编号 | | | 1-071 | 1-072 |
|---|---|---|---|---|
| 项目 | | | 运距 5km 以内 | 每增 1km |
| 名称 | | 单位 | 数量 | |
| 人工 | 综合工日 | 工日 | 0.603 | — |
| 机械 | 泥浆输罐车 4000L | 台班 | 0.118 | 0.017 |

# 2　防护、支护、围护工程

# 说　明

一、本章适用于城市轨道交通工程路基、明挖的加固防护、支护、围护、拆除工程。盖挖、暗挖工程的相关项目执行第三、四册定额相应子目。

二、本章包括护坡、挡土墙、锚杆、土钉、地下连续墙、水泥劲性搅拌围护桩、钻孔咬合桩、围护结构圈梁、地沟、明沟、拆除工程等。

三、护坡砂浆土钉定额子目按钢筋 $\phi$10mm 以外编制，不同时允许换算。

四、挡土墙工程不分基础、墙身均按相应材质挡土墙子目执行，挡土墙泄水孔、栏杆执行第二册相应子目，挡土墙如需搭设脚手架时执行第四册相应子目。

五、地下连续墙成槽的护壁泥浆，是按普通泥浆编制的，若需重晶石泥浆时，可进行调整；钢筋笼制作包括台模摊销费；定额中预埋件用量与实际用量有差异时允许调整。

六、定额中的入岩增加费是按普坚石编制的，当石质不同时按规定计算：松石不另计算入岩增加费；次坚石按相应子目乘以系数 0.8；特坚石按相应子目乘以系数 1.2。

七、围护结构圈梁模板执行第二册混凝土基础模板子目。

八、钻孔咬合桩导墙执行地下连续墙导墙相应子目。

九、钻孔咬合桩的钢筋笼执行第二册钻孔灌注桩的钢筋笼子目；护坡、挡土墙、围护结构圈梁钢筋执行第二册普通钢筋子目；地沟盖板钢筋执行第二册预制钢筋子目。

十、地下连续墙定额项目未包括泥浆池的制作、拆除，发生时根据施工组织设计另行计算；泥浆使用后的废浆运弃执行第一章相应子目。

十一、拆除工程的废料运输执行第一章石方运输子目。

## 工程量计算规则

一、砂石滤沟按设计图示尺寸以“$m^3$”为单位计算，砂滤层、碎石滤层区分不同厚度按设计图示尺寸以“$m^3$”为单位计算。

二、块石护坡砌筑区分干砌、干砌灌浆、浆砌，按设计图示尺寸以“$m^3$”为单位计算。浆砌台阶区分块石、料石、预制混凝土块，按设计图示尺寸以“$m^3$”为单位计算。

三、垫层铺筑区分不同材质按设计图示尺寸以“$m^3$”为单位计算。混凝土垫层模板按实际接触面积以“$m^2$”为单位计算。

四、挡土墙（包括基础、墙身）、压顶区分不同材质按设计图示尺寸以“$m^3$”为单位计算。挡土墙、护坡定额按垂直高度 3.6m 编制，超过 3.6m 时应另行计算其垂直运输费。

五、伸缩缝、止水带区分不同材料按设计图示长度以“延长米”为单位计算。二毡三油、沥青木板变形缝按设计图示面积以“$m^2$”为单位计算。

六、勾缝区分不同砌筑面按设计图示面积以“$m^2$”为单位计算。

七、锚杆和锚索的钻孔、压浆按设计图示长度以“m”为单位计算，制作、安装按照设计图示主材（钢筋或钢绞线）重量以“t”为单位计算，不包括附件重量；砂浆土钉、护坡土钉按照设计图示长度以“m”为单位计算；喷射混凝土按设计图示尺寸以“$m^2$”为单位计算。

八、地下连续墙成槽土方量及浇筑混凝土工程量按连续墙设计断面面积（设计长度乘以宽度）乘以槽深（设计槽深加超深 0.5m）以“$m^3$”为单位计算。

九、锁口管、接头箱吊拔及清底置换按设计图示连续墙的单元以“段”为单位计算，其中清底置换按连续墙设计段数计算，锁口管、接头箱吊拔按连续墙段数加 1 段计算。

十、水泥搅拌围护桩按围护桩设计截面面积乘以设计长度以“$m^3$”为单位计算。

十一、钻孔咬合桩按设计图示尺寸以“$m^3$”为单位计算。

十二、围护结构圈梁按设计图示结构断面面积乘以设计长度以“$m^3$”为单位计算。

十三、地沟、电缆沟、明沟、沟槽及盖板按设计图示尺寸以“$m^3$”为单位计算。

# 2.1 护　坡

## 2.1.1 砂石滤沟、滤层

**工作内容：**挖沟、清沟、配料、铺设。

计量单位：$m^3$

| 定额编号 | | | 1-073 | 1-074 | 1-075 | 1-076 |
|---|---|---|---|---|---|---|
| 项目 | | | 砂石滤沟 | 砂滤层（厚度 mm 以内） | | |
| | | | | 100 | 200 | 300 |
| 名称 | | 单位 | 数量 | | | |
| 人工 | 综合工日 | 工日 | 1.836 | 0.424 | 0.413 | 0.402 |
| 材料 | 碎石 40 | $m^3$ | 0.337 | — | — | — |
| | 中粗砂 | $m^3$ | 0.906 | 1.352 | 1.352 | 1.352 |

**工作内容：**挖沟、清沟、配料、铺设。

计量单位：$m^3$

| 定额编号 | | | 1-077 | 1-078 | 1-079 |
|---|---|---|---|---|---|
| 项目 | | | 碎石滤层（厚度 mm 以内） | | |
| | | | 100 | 200 | 300 |
| 名称 | | 单位 | 数量 | | |
| 人工 | 综合工日 | 工日 | 0.655 | 0.633 | 0.586 |
| 材料 | 碎石 40 | $m^3$ | 1.020 | 1.020 | 1.020 |

## 2.1.2 砌护坡、台阶

**工作内容：**选修石料、砌筑、养护。

计量单位：$m^3$

| 定额编号 | | | 1-080 | 1-081 | 1-082 | 1-083 |
|---|---|---|---|---|---|---|
| 项目 | | | 护坡 | | | |
| | | | 干砌块石 | 干砌块石（灌浆） | 浆砌块石 | 浆砌预制块 |
| 名称 | | 单位 | 数量 | | | |
| 人工 | 综合工日 | 工日 | 1.172 | 1.109 | 1.308 | 1.166 |
| 材料 | 块石 | $m^3$ | 1.166 | 1.166 | 1.153 | — |
| | 混凝土预制块 | $m^3$ | — | — | — | 0.910 |
| | 预拌混凝土 C15 | $m^3$ | — | 0.190 | — | — |
| | 水泥砂浆 M10 | $m^3$ | — | 0.015 | 0.367 | 0.130 |
| | 水 | $m^3$ | — | 0.090 | 0.175 | 0.168 |
| 机械 | 灰浆搅拌机 200L | 台班 | — | 0.001 | 0.031 | 0.011 |

**工作内容：**选修石料、砌筑、养护。

计量单位：$m^3$

| 定额编号 | | | 1-084 | 1-085 |
|---|---|---|---|---|
| 项目 | | | 块石锥型坡 | |
| | | | 浆砌 | 干砌 |
| 名称 | | 单位 | 数量 | |
| 人工 | 综合工日 | 工日 | 1.609 | 1.876 |
| 材料 | 块石 | $m^3$ | 1.153 | 1.166 |
| | 水泥砂浆 M10 | $m^3$ | 0.367 | — |
| | 水 | $m^3$ | 0.175 | — |
| 机械 | 灰浆搅拌机 200L | 台班 | 0.031 | — |

**工作内容：**选修石料、砌筑、养护。

计量单位：$m^3$

| 定额编号 | | | 1-086 | 1-087 | 1-088 |
|---|---|---|---|---|---|
| 项目 | | | 浆砌台阶 | | |
| | | | 块石 | 粗料石 | 预制混凝土块 |
| 名称 | | 单位 | 数量 | | |
| 人工 | 综合工日 | 工日 | 2.209 | 2.784 | 1.970 |
| 材料 | 块石 | $m^3$ | 1.153 | — | — |
| | 料石 | $m^3$ | — | 0.910 | — |
| | 混凝土预制块 | $m^3$ | — | — | 0.910 |
| | 水泥砂浆 M10 | $m^3$ | 0.367 | 0.220 | 0.130 |
| | 水 | $m^3$ | 0.126 | 0.126 | 0.126 |

## 2.1.3 砂石垫层

**工作内容：**整理基层，垫层铺筑、夯实、捣固、整平、养护。

计量单位：$m^3$

| 定额编号 | | | 1-089 | 1-090 | 1-091 | 1-092 |
|---|---|---|---|---|---|---|
| 项目 | | | 碎石 | | 毛石 | |
| | | | 干铺 | 灌浆 | 干铺 | 灌浆 |
| 名称 | | 单位 | 数量 | | | |
| 人工 | 综合工日 | 工日 | 0.650 | 1.009 | 0.752 | 1.170 |
| 材料 | 水泥砂浆 M2.5 | $m^3$ | — | 0.250 | — | 0.250 |
| | 毛石 | $m^3$ | — | — | 1.263 | 1.263 |
| | 碎石 20～40 | $m^3$ | 1.091 | 1.097 | — | — |
| | 中粗砂 | $m^3$ | 0.198 | — | 0.198 | — |
| | 水 | $m^3$ | 0.200 | 0.250 | — | 0.100 |
| 机械 | 电动夯实机 20～62kg·m | 台班 | 0.023 | 0.023 | 0.026 | 0.044 |
| | 灰浆搅拌机 200L | 台班 | — | 0.028 | — | 0.028 |

**工作内容：**整理基层，垫层铺筑、夯实、捣固、整平、养护。

计量单位：$m^3$

| 定额编号 | | | 1-093 | 1-094 |
|---|---|---|---|---|
| 项目 | | | 级配砂石 | 砂 |
| 名称 | | 单位 | 数量 | |
| 人工 | 综合工日 | 工日 | 0.689 | 0.447 |
| 材料 | 水 | $m^3$ | 0.300 | 0.300 |
| | 级配砂石 | $m^3$ | 1.229 | — |
| | 中粗砂 | $m^3$ | — | 1.270 |
| 机械 | 电动夯实机 20~62kg·m | 台班 | 0.022 | 0.014 |

### 2.1.4 混凝土垫层

**工作内容：**模板制作、安装、拆除、整理堆放，混凝土浇筑、振捣、养护。

| 定额编号 | | | 1-095 | 1-096 |
|---|---|---|---|---|
| 项目 | | | 混凝土（$m^3$） | 模板（$m^2$） |
| 名称 | | 单位 | 数量 | |
| 人工 | 综合工日 | 工日 | 0.924 | 0.110 |
| 材料 | 水 | $m^3$ | 0.200 | — |
| | 预拌混凝土 C10 | $m^3$ | 1.020 | — |
| | 板枋材 | $m^3$ | — | 0.001 |
| | 圆钉 | kg | — | 0.086 |
| | 胶合板 18 厚 | $m^2$ | — | 0.082 |
| | 镀锌铁丝 $8^{\#}$ | kg | — | 0.178 |
| | 电 | kW·h | 0.316 | — |
| 机械 | 载重汽车 4t | 台班 | — | 0.001 |
| | 木工圆锯机 $\phi500$ | 台班 | — | 0.015 |

# 2.2 挡 土 墙

## 2.2.1 浆砌挡土墙

**工作内容：**选修石料，拌制砂浆，砌筑，养护。

计量单位：$m^3$

| 定额编号 | | | 1-097 | 1-098 | 1-099 |
|---|---|---|---|---|---|
| 项目 | | | 浆砌 | | |
| | | | 块石 | 粗料石 | 预制块 |
| 名称 | | 单位 | 数量 | | |
| 人工 | 综合工日 | 工日 | 1.339 | 1.280 | 1.125 |
| 材料 | 块石 | $m^3$ | 1.153 | — | — |
| | 料石 | $m^3$ | — | 0.910 | — |
| | 混凝土预制块 | $m^3$ | — | — | 0.910 |
| | 水泥砂浆 M10 | $m^3$ | 0.367 | 0.220 | 0.130 |
| | 水 | $m^3$ | 0.140 | 0.070 | 0.140 |
| 机械 | 灰浆搅拌机 200L | 台班 | 0.031 | 0.019 | 0.011 |

## 2.2.2 混凝土挡土墙

**工作内容：**制作、安拆模板，混凝土浇筑、振捣、养护。

| 定额编号 | | | 1-100 | 1-101 |
|---|---|---|---|---|
| 项目 | | | 现浇 | |
| | | | 混凝土（$m^3$） | 模板（$m^2$） |
| 名称 | | 单位 | 数量 | |
| 人工 | 综合工日 | 工日 | 1.146 | 0.192 |
| 材料 | 草袋 | 个 | 0.301 | — |
| | 预拌混凝土 C20 | $m^3$ | 1.020 | — |
| | 圆钉 | kg | — | 0.001 |
| | 板枋材 | $m^3$ | — | 0.001 |
| | 钢模板 | kg | — | 0.700 |
| | 镀锌铁丝 8# | kg | — | 0.023 |
| | 零星卡具 | kg | — | 0.363 |
| | 钢模扣件 | 个 | — | 0.013 |
| | 钢脚手架管 | kg | — | 0.208 |
| | 水 | $m^3$ | 0.464 | — |
| | 电 | kW·h | 0.439 | — |
| 机械 | 载重汽车 4t | 台班 | — | 0.003 |

### 2.2.3 压　顶

**工作内容：**调制砂浆，砌筑，制作、安拆模板，混凝土浇筑、振捣、养护。

| 定额编号 | | | 1-102 | 1-103 | 1-104 | 1-105 |
|---|---|---|---|---|---|---|
| 项目 | | | 浆砌 | | 混凝土（$m^3$） | 模板（$m^2$） |
| | | | 粗料石（$m^3$） | 预制块（$m^3$） | | |
| 名称 | | 单位 | 数量 | | | |
| 人工 | 综合工日 | 工日 | 2.207 | 2.005 | 1.750 | 0.220 |
| 材料 | 草袋 | 个 | — | — | 2.161 | — |
| | 料石 | $m^3$ | 0.910 | — | — | — |
| | 混凝土预制块 | $m^3$ | — | 0.910 | — | — |
| | 水泥砂浆 M10 | $m^3$ | 0.220 | 0.130 | — | — |
| | 预拌混凝土 C30 | $m^3$ | — | — | 1.020 | — |
| | 圆钉 | kg | — | — | — | 0.018 |
| | 板枋材 | $m^3$ | — | — | — | 0.015 |
| | 镀锌铁丝 $12^{\#}$ | kg | — | — | — | 0.083 |
| | 水 | $m^3$ | 0.530 | 0.512 | 1.862 | — |
| | 电 | kW · h | — | — | 0.312 | — |
| 机械 | 灰浆搅拌机 200L | 台班 | 0.019 | 0.011 | — | — |
| | 载重汽车 4t | 台班 | — | — | — | 0.003 |

## 2.2.4 伸缩缝

工作内容：1．油浸麻丝：熬制沥青，调配沥青麻丝，填塞沥青麻丝。

2．沥青胶泥：熬制沥青胶泥、灌缝。

3．沥青砂浆：熬制建筑油膏，调配沥青砂浆，砂浆或油膏嵌缝。

计量单位：延长米

| 定额编号 | | | 1-106 | 1-107 | 1-108 | 1-109 |
|---|---|---|---|---|---|---|
| 项目 | | | 油浸麻丝 | | 石油沥青胶泥 | 沥青砂浆 |
| | | | 平面 | 立面 | | |
| 名称 | | 单位 | 数量 | | | |
| 人工 | 综合工日 | 工日 | 0.068 | 0.101 | 0.060 | 0.059 |
| 材料 | 石油沥青 | kg | 2.160 | 2.160 | — | — |
| | 麻丝 | kg | 0.551 | 0.551 | — | — |
| | 木柴 | kg | 0.990 | 0.990 | 1.980 | 1.980 |
| | 石油沥青胶泥 | $m^3$ | — | — | 0.005 | — |
| | 普通沥青砂浆 | $m^3$ | — | — | — | 0.005 |
| | 其他材料费 | % | 0.500 | 0.500 | 0.500 | 0.500 |

## 2.2.5 变 形 缝

工作内容：1．油毡：配料，制、熬、涂沥青，截铺油毡。

2．沥青木板：熬沥青，浸制木板，嵌塞填缝。

计量单位：$m^2$

| 定 额 编 号 | | | 1-110 | 1-111 | 1-112 |
|---|---|---|---|---|---|
| 项 目 | | | 二毡三油 | 每增减<br>一毡一油 | 沥青木板 |
| 名 称 | | 单位 | 数 量 | | |
| 人工 | 综合工日 | 工日 | 0.087 | 0.031 | 0.226 |
| 材料 | 木柴 | kg | 2.434 | 0.735 | 2.900 |
| | 板枋材 | $m^3$ | — | — | 0.026 |
| | 石油沥青 | kg | 4.900 | 1.500 | — |
| | 煤沥青 | kg | — | — | 2.910 |
| | 石油沥青油毡 350# | $m^2$ | 2.040 | 1.020 | — |
| | 其他材料费 | % | 1.500 | 1.500 | 2.000 |

## 2.2.6 止 水 带

**工作内容：**止水带的准备、接头及安装。

计量单位：m

| 定额编号 | | | 1-113 | 1-114 | 1-115 |
|---|---|---|---|---|---|
| 项目 | | | 预埋式止水带 | | |
| | | | 橡胶 | 塑料 | 紫铜板 |
| 名称 | | 单位 | 数量 | | |
| 人工 | 综合工日 | 工日 | 0.099 | 0.099 | 0.264 |
| 材料 | E44 环氧树脂 | kg | 0.030 | 0.030 | — |
| | 丙酮 | kg | 0.030 | 0.030 | — |
| | 甲苯 | kg | 0.024 | 0.024 | — |
| | 乙二胺 | kg | 0.002 | 0.002 | — |
| | 橡胶止水带 | m | 1.050 | — | — |
| | 塑料止水带 | m | — | 1.050 | — |
| | 紫铜板 | kg | — | — | 8.109 |
| | 铜焊条 | kg | — | — | 0.143 |
| | 其他材料费 | % | 1.000 | 0.500 | 0.500 |
| 机械 | 剪板机 20×2500 | 台班 | — | — | 0.001 |
| | 交流电焊机 30kV · A | 台班 | — | — | 0.007 |

**工作内容：**止水带的准备、接头及安装。

计量单位：m

| 定额编号 | | | 1-116 | 1-117 |
|---|---|---|---|---|
| 项目 | | | 止水带 | |
| | | | 氯丁橡胶 | 钢板 |
| 名称 | | 单位 | 数量 | |
| 人工 | 综合工日 | 工日 | 2.024 | 0.673 |
| 材料 | 原木 | $m^3$ | 0.001 | — |
| | 板枋材 | $m^3$ | 0.001 | — |
| | 钢筋 $\phi$10 以外 | kg | 10.380 | 0.600 |
| | 型钢 | kg | 49.100 | — |
| | 汽油 | kg | 0.260 | — |
| | 氧气 | $m^3$ | 0.399 | — |
| | 乙炔气 | kg | 0.170 | — |
| | 醇酸磁漆 | kg | 0.113 | — |
| | 防锈漆 | kg | 0.330 | — |
| | 氯丁橡胶条 | kg | 4.440 | — |
| | 钢板伸缩缝 | m | — | 1.000 |
| | 六角头螺栓带帽 M18×60 | 套 | 5.600 | — |
| | 电焊条 | kg | 1.049 | 2.534 |
| | 其他材料费 | % | 0.500 | — |
| 机械 | 交流弧焊机 40kV·A | 台班 | 0.120 | — |
| | 交流电焊机 30kV·A | 台班 | — | 0.308 |
| | 汽车起重机 16t | 台班 | 0.003 | — |

## 2.2.7 勾　缝

**工作内容**：调制砂浆，清扫石面，勾缝，养护。

计量单位：$m^2$

| 定额编号 | | | 1-118 | 1-119 | 1-120 | 1-121 |
|---|---|---|---|---|---|---|
| 项目 | | | 块石面　勾平缝 | | 浆砌　勾平缝 | |
| | | | 干砌 | 浆砌 | 料石面 | 预制块面 |
| 名称 | | 单位 | 数量 | | | |
| 人工 | 综合工日 | 工日 | 0.069 | 0.063 | 0.063 | 0.063 |
| 材料 | 水泥砂浆 M10 | $m^3$ | 0.005 | 0.005 | 0.004 | 0.003 |
| | 草袋 | 个 | 0.492 | 0.492 | 0.492 | 0.492 |
| | 水 | $m^3$ | 0.059 | 0.059 | 0.059 | 0.059 |

**工作内容：**调制砂浆，清扫石面，勾缝，养护。

计量单位：$m^2$

| 定额编号 | | | 1-122 | 1-123 |
|---|---|---|---|---|
| 项目 | | | 块石面 勾凸缝 | |
| | | | 干砌 | 浆砌 |
| 名称 | | 单位 | 数量 | |
| 人工 | 综合工日 | 工日 | 0.131 | 0.124 |
| 材料 | 水泥砂浆 M10 | $m^3$ | 0.009 | 0.009 |
| | 草袋 | 个 | 0.492 | 0.492 |
| | 水 | $m^3$ | 0.059 | 0.059 |

**工作内容：**调制砂浆，清扫石面，勾缝，养护。

计量单位：$m^2$

| 定额编号 | | | 1-124 | 1-125 | 1-126 |
|---|---|---|---|---|---|
| 项目 | | | 浆砌 勾凹缝 | | |
| | | | 块石面 | 料石面 | 预制块面 |
| 名称 | | 单位 | 数量 | | |
| 人工 | 综合工日 | 工日 | 0.112 | 0.112 | 0.111 |
| 材料 | 水泥砂浆 M10 | $m^3$ | 0.005 | 0.004 | 0.003 |
| | 草袋 | 个 | 0.492 | 0.492 | 0.492 |
| | 水 | $m^3$ | 0.059 | 0.059 | 0.059 |

# 2.3 锚杆、土钉、喷射混凝土护坡

## 2.3.1 锚 杆

工作内容：1. 钻孔及压浆：搭拆操作平台，坡面清理，定位，钻孔，浆液制作、压浆。

2. 锚杆制作、安装：锚杆制作、安装、锚固，锚头处理。

| 定额编号 | | | 1-127 | 1-128 |
|---|---|---|---|---|
| 项目 | | | 钻孔、压浆（m） | 锚杆制作、安装（t） |
| 名称 | | 单位 | 数量 | |
| 人工 | 综合工日 | 工日 | 0.386 | 25.430 |
| 材料 | 原木 | $m^3$ | 0.001 | — |
| | 速凝剂 | kg | 0.100 | — |
| | 钢筋 $\phi$10 以外 | t | — | 1.091 |
| | 钢板 | kg | — | 38.570 |
| | 钢垫圈 | kg | — | 33.460 |
| | 扩孔钻头 | 个 | 0.002 | — |
| | 合金刀片 | kg | 0.050 | — |
| | 电焊条 | kg | — | 2.930 |
| | 预拌混凝土 C20 | $m^3$ | — | 0.180 |

续前

| 定额编号 | | | 1-127 | 1-128 |
|---|---|---|---|---|
| 项目 | | | 钻孔、压浆（m） | 锚杆制作、安装（t） |
| 名称 | | 单位 | 数量 | |
| 材料 | 水泥砂浆 M30 | $m^3$ | 0.013 | — |
| | 水 | $m^3$ | 0.037 | — |
| | 其他材料费 | % | 2.500 | 0.500 |
| 机械 | 灰浆搅拌机 400L | 台班 | 0.001 | — |
| | 锚杆钻孔机 | 台班 | 0.083 | — |
| | 电动修钎机 | 台班 | 0.019 | — |
| | 钻头磨床 | 台班 | 0.019 | — |
| | 电动空气压缩机 $10m^3/min$ | 台班 | 0.021 | — |
| | 气动灌浆机 | 台班 | 0.017 | — |
| | 汽车起重机 8t | 台班 | — | 0.040 |
| | 单筒慢速卷扬机 5t | 台班 | — | 0.150 |
| | 钢筋切断机 $\phi40$ | 台班 | — | 0.140 |
| | 钢筋弯曲机 $\phi40$ | 台班 | — | 0.190 |
| | 交流弧焊机 40kV·A | 台班 | — | 0.350 |

### 2.3.2 预应力锚索

工作内容：1. 钻孔及压浆：搭拆操作平台，坡面清理，定位，钻孔，浆液制作、压浆。

2. 锚索制作、安装及张拉。

3. 锚墩、承压板制作、安装，锚固，防锈处理。

| 定额编号 | | | 1-129 | 1-130 | 1-131 |
|---|---|---|---|---|---|
| 项目 | | | 钻孔、压浆（m） | 锚索制作、安装及张拉（t） | 锚墩、承压板制作、安装（个） |
| 名称 | | 单位 | 数量 | | |
| 人工 | 综合工日 | 工日 | 0.437 | 37.990 | 1.476 |
| 材料 | 原木 | $m^3$ | 0.001 | — | — |
| | 板枋材 | $m^3$ | — | — | 0.005 |
| | 石油沥青 10# | kg | — | — | 1.900 |
| | 速凝剂 | kg | 0.200 | — | — |
| | 钢筋 $\phi$10 以内 | kg | — | 51.500 | — |
| | 预应力钢绞线 | t | — | 1.030 | — |
| | 钢板 | kg | — | — | 9.828 |
| | 波纹管 | kg | — | 36.900 | — |
| | 钢绞线群锚 | 套 | — | 8.600 | — |
| | 铁件 | kg | — | 19.330 | 1.270 |

续前

| 定额编号 | | | 1-129 | 1-130 | 1-131 |
|---|---|---|---|---|---|
| 项目 | | | 钻孔、压浆<br>（m） | 锚索制作、安装<br>及张拉<br>（t） | 锚墩、承压板<br>制作、安装<br>（个） |
| 名称 | | 单位 | 数量 | | |
| 材料 | 防锈漆 | kg | — | — | 0.100 |
| | 聚氯乙烯软管 | m | — | 233.900 | — |
| | 扩孔钻头 | 个 | 0.002 | — | — |
| | 电焊条 | kg | — | 8.710 | — |
| | 预拌混凝土 C30 | $m^3$ | — | — | 0.043 |
| | 水泥砂浆 M30 | $m^3$ | 0.022 | — | — |
| | 其他材料费 | % | 3.000 | 3.000 | 1.000 |
| 机械 | 灰浆搅拌机 400L | 台班 | 0.029 | — | — |
| | 锚杆钻孔机 | 台班 | 0.125 | — | — |
| | 电动修钎机 | 台班 | 0.029 | — | — |
| | 钻头磨床 | 台班 | 0.029 | — | — |
| | 电动空气压缩机 $20m^3/min$ | 台班 | 0.031 | — | — |
| | 气动灌浆机 | 台班 | 0.029 | — | — |
| | 单筒慢速卷扬机 2t | 台班 | — | 1.580 | — |
| | 交流弧焊机 30kV·A | 台班 | — | 0.690 | — |
| | 半自动切割机 | 台班 | — | 0.170 | — |
| | 预应力钢筋拉伸机 650kN | 台班 | — | 3.650 | — |
| | 高压油泵 63MPa | 台班 | — | 3.650 | — |

## 2.3.3 土　钉

**工作内容：**搭拆操作平台，选眼位、打眼、洗眼，土钉制作、安装，调制砂浆、灌浆，封口。

计量单位：m

| 定额编号 | | | 1-132 | 1-133 |
|---|---|---|---|---|
| 项目 | | | 砂浆土钉 | 钢管护坡土钉 |
| 名称 | | 单位 | 数量 | |
| 人工 | 综合工日 | 工日 | 0.140 | 0.203 |
| 材料 | 水泥 42.5 | kg | 3.059 | 9.800 |
| | 板枋材 | $m^3$ | 0.001 | — |
| | 中粗砂 | $m^3$ | 0.004 | — |
| | 钢筋 $\phi$10 以外 | kg | 3.129 | — |
| | 钢板 | kg | 0.589 | — |
| | 镀锌钢管 $\phi$65 | m | — | 1.020 |
| | 合金钢钻头 | 个 | 0.030 | — |
| | 水 | $m^3$ | 0.040 | — |
| | 其他材料费 | % | 0.500 | 1.500 |
| 机械 | 风动凿岩机 气腿式 | 台班 | 0.033 | — |
| | 钻头磨床 | 台班 | 0.005 | — |
| | 电动空气压缩机 10$m^3$/min | 台班 | 0.007 | — |
| | 气动灌浆机 | 台班 | 0.003 | 0.020 |
| | 灰浆搅拌机 400L | 台班 | 0.001 | 0.020 |
| | 电动修钎机 | 台班 | 0.005 | — |

### 2.3.4 喷射混凝土

**工作内容：**混凝土场内运输、基层清理、喷射混凝土、收回弹料、找平面层等。

计量单位：$m^2$

| 定额编号 | | | 1-134 | 1-135 | 1-136 | 1-137 |
|---|---|---|---|---|---|---|
| 项目 | | | 垂直面素喷 | | 斜面素喷 | |
| | | | 初喷厚 50mm | 每增减 10mm | 初喷厚 50mm | 每增减 10mm |
| 名称 | | 单位 | 数量 | | | |
| 人工 | 综合工日 | 工日 | 0.243 | 0.026 | 0.167 | 0.018 |
| 材料 | 喷射混凝土 | $m^3$ | 0.058 | 0.012 | 0.055 | 0.011 |
| | 高压胶皮风管 | m | 0.020 | 0.004 | 0.015 | 0.002 |
| | 其他材料费 | % | 2.000 | 1.500 | 2.000 | 1.500 |
| 机械 | 混凝土喷射机 $5m^3/h$ | 台班 | 0.009 | 0.002 | 0.008 | 0.002 |
| | 电动空气压缩机 $10m^3/min$ | 台班 | 0.008 | 0.002 | 0.008 | 0.001 |

工作内容：混凝土场内运输、基层清理、喷射混凝土、收回弹料、找平面层等。

计量单位：$m^2$

| 定额编号 | | | 1-138 | 1-139 |
|---|---|---|---|---|
| 项目 | | | 垂直面网喷 | |
| | | | 初喷厚 50mm | 每增减 10mm |
| 名称 | | 单位 | 数量 | |
| 人工 | 综合工日 | 工日 | 0.302 | 0.032 |
| 材料 | 喷射混凝土 | $m^3$ | 0.059 | 0.012 |
| | 高压胶皮风管 | m | 0.037 | 0.005 |
| | 其他材料费 | % | 2.000 | 1.500 |
| 机械 | 混凝土喷射机 $5m^3/h$ | 台班 | 0.011 | 0.002 |
| | 电动空气压缩机 $10m^3/min$ | 台班 | 0.010 | 0.002 |

## 2.3.5 挂网

**工作内容：**钢筋网制作，挂网，绑扎点焊。

计量单位：t

| 定额编号 | | | 1-140 |
|---|---|---|---|
| 项目 | | | 钢筋网制作、安装 |
| 名称 | | 单位 | 数量 |
| 人工 | 综合工日 | 工日 | 11.800 |
| 材料 | 钢筋 $\phi 10$ 以内 | t | 1.020 |
| | 电焊条 | kg | 10.200 |
| | 镀锌铁丝 $20^{\#} \sim 22^{\#}$ | kg | 0.800 |
| | 其他材料费 | % | 1.000 |
| 机械 | 钢筋调直机 $\phi 14$ | 台班 | 0.175 |
| | 钢筋切断机 $\phi 40$ | 台班 | 0.166 |
| | 交流弧焊机 32kV·A | 台班 | 2.840 |

## 2.4 地下连续墙

### 2.4.1 导　墙

工作内容：1. 导墙开挖：放样、机械挖土、装车、人工整修，浇捣混凝土基座，沟槽排水。

2. 现浇混凝土导墙：配模单边立模，设置分隔板，混凝土浇筑、振捣、养护，拆模、清理堆放。

3. 钢筋制作、安装：制作、绑扎、安装。

| 定额编号 | | | 1-141 | 1-142 | 1-143 | 1-144 |
|---|---|---|---|---|---|---|
| 项目 | | | 导墙开挖(m³) | 现浇混凝土导墙 | | |
| | | | | 混凝土（m³） | 模板（m²） | 钢筋（t） |
| 名称 | | 单位 | 数量 | | | |
| 人工 | 综合工日 | 工日 | 0.210 | 1.831 | 0.338 | 13.300 |
| 材料 | 预拌混凝土 C20 | $m^3$ | 0.038 | 1.015 | — | — |
| | 钢模板 | kg | — | — | 0.623 | — |
| | 钢模零配件 | kg | — | — | 0.117 | — |
| | 钢模支撑 | kg | — | — | 0.367 | — |
| | 木模成材 | $m^3$ | — | — | 0.007 | — |
| | 预埋铁件 | kg | — | — | 0.971 | — |
| | 圆钉 | kg | — | — | 0.019 | — |

续前

| 定额编号 | | | 1-141 | 1-142 | 1-143 | 1-144 |
|---|---|---|---|---|---|---|
| 项目 | | | 导墙开挖($m^3$) | 现浇混凝土导墙 | | |
| | | | | 混凝土($m^3$) | 模板($m^2$) | 钢筋(t) |
| 名称 | | 单位 | 数量 | | | |
| 材料 | 钢筋 $\phi$10 以外 | t | — | — | — | 1.040 |
| | 电焊条 | kg | — | — | — | 10.070 |
| | 镀锌铁丝 22# | kg | — | — | — | 5.870 |
| | 电 | kW·h | — | 0.360 | — | — |
| | 其他材料费 | % | 3.000 | 2.000 | 2.000 | 2.000 |
| 机械 | 履带式单斗挖掘机 0.6$m^3$ | 台班 | 0.011 | — | — | — |
| | 钢筋切断机 $\phi$40 | 台班 | — | — | — | 0.380 |
| | 钢筋弯曲机 $\phi$40 | 台班 | — | — | — | 0.570 |
| | 交流电焊机 30kV·A | 台班 | — | — | — | 2.240 |

## 2.4.2 挖土成槽

**工作内容：**机具定位，安放跑板导轨，制浆，输送、循环分离泥浆，钻孔，挖土成槽，护壁整修测量，场内运输、堆土。

计量单位：$m^3$

| 定额编号 | | | 1-145 | 1-146 | 1-147 | 1-148 |
|---|---|---|---|---|---|---|
| 项目 | | | 履带式液压抓斗 | | | |
| | | | 槽深(m 以内) | | | |
| | | | 15 | 25 | 35 | 45 |
| 名称 | | 单位 | 数量 | | | |
| 人工 | 综合工日 | 工日 | 1.085 | 1.225 | 1.385 | 1.555 |
| 材料 | 护壁泥浆 | $m^3$ | 0.754 | 0.754 | 0.754 | 0.754 |
| | 其他材料费 | % | 2.000 | 2.000 | 2.000 | 2.000 |
| 机械 | 自卸汽车 12t | 台班 | 0.033 | 0.047 | 0.062 | 0.077 |
| | 履带式液压抓斗成槽机 | 台班 | 0.033 | 0.047 | 0.062 | 0.077 |
| | 超声波测壁机 | 台班 | 0.020 | 0.020 | 0.020 | 0.020 |
| | 泥浆制作循环设备 | 台班 | 0.033 | 0.047 | 0.062 | 0.077 |

**工作内容：**机具定位，安放跑板导轨，制浆，输送、循环分离泥浆，钻孔，挖土成槽，护壁整修测量，场内运输、堆土。

计量单位：$m^3$

| 定额编号 | | | 1-149 | 1-150 | 1-151 |
|---|---|---|---|---|---|
| 项目 | | | 二钻一抓 | | 入岩增加费 |
| | | | 槽深（m 以内） | | |
| | | | 25 | 35 | |
| 名称 | | 单位 | 数量 | | |
| 人工 | 综合工日 | 工日 | 1.363 | 1.513 | 2.634 |
| 材料 | 护壁泥浆 | $m^3$ | 0.908 | 0.908 | — |
| | 其他材料费 | % | 1.000 | 1.000 | — |
| 机械 | 反循环钻机 60P45A | 台班 | 0.073 | 0.096 | — |
| | 自卸汽车 4t | 台班 | 0.047 | 0.062 | — |
| | 履带式绳索抓斗成槽机 | 台班 | 0.047 | 0.062 | — |
| | 超声波测壁机 | 台班 | 0.020 | 0.020 | — |
| | 泥浆制作循环设备 | 台班 | 0.047 | 0.062 | — |
| | 泥浆泵 $\phi 100$ | 台班 | — | — | 0.116 |
| | 冲击成孔机 CZ-30 | 台班 | — | — | 1.025 |

### 2.4.3 钢筋笼制作

**工作内容：**切断，成型，绑扎，点焊，安装，预埋铁件。

计量单位：t

| 定额编号 | | | 1-152 |
|---|---|---|---|
| 项目 | | | 钢筋笼制作 |
| 名称 | | 单位 | 数量 |
| 人工 | 综合工日 | 工日 | 11.800 |
| 材料 | 钢筋 $\phi$10 以外 | t | 1.040 |
| | 预埋铁件 | kg | 37.980 |
| | 电焊条 | kg | 6.900 |
| | 镀锌铁丝 22# | kg | 2.920 |
| | 硬泡沫塑料板 | $m^3$ | 0.150 |
| | 其他材料费 | % | 1.000 |
| 机械 | 履带式柴油起重机 15t | 台班 | 0.130 |
| | 钢筋切断机 $\phi$40 | 台班 | 0.240 |
| | 钢筋弯曲机 $\phi$40 | 台班 | 0.130 |
| | 交流电焊机 30kV · A | 台班 | 1.450 |
| | 对焊机 75kV · A | 台班 | 0.360 |

## 2.4.4 钢筋笼安放

**工作内容：**钢筋笼驳运吊入槽，钢筋笼校正对接，安装护铁、就位、固定。

计量单位：t

| 定额编号 | | | 1-153 | 1-154 | 1-155 | 1-156 |
|---|---|---|---|---|---|---|
| 项目 | | | 槽深（m 以内） | | | |
| | | | 15 | 25 | 35 | 45 |
| 名称 | | 单位 | 数量 | | | |
| 人工 | 综合工日 | 工日 | 3.800 | 3.800 | 3.890 | 3.890 |
| 材料 | 预埋铁件 | kg | 8.526 | 8.912 | 8.922 | 8.922 |
| | 电焊条 | kg | 1.008 | 1.208 | 1.267 | 1.267 |
| | 其他材料费 | % | 4.000 | 4.000 | 4.000 | 4.000 |
| 机械 | 履带式柴油起重机 15t | 台班 | 0.040 | — | — | — |
| | 履带式柴油起重机 40t | 台班 | — | 0.050 | — | — |
| | 履带式柴油起重机 60t | 台班 | — | — | 0.060 | — |
| | 履带式柴油起重机 90t | 台班 | — | — | — | 0.070 |
| | 汽车式起重机 12t | 台班 | 0.090 | 0.100 | 0.134 | 0.156 |
| | 交流电焊机 30kV·A | 台班 | 0.282 | 0.338 | 0.355 | 0.355 |

## 2.4.5 接头处理

### （1）锁口管吊拔

**工作内容：**锁口管对接组装，入槽就位，浇捣混凝土工程中上下移动，拔除，拆卸，冲洗，堆放。

计量单位：段

| 定额编号 | | | 1-157 | 1-158 | 1-159 | 1-160 |
|---|---|---|---|---|---|---|
| 项目 | | | 槽深（m以内） | | | |
| | | | 15 | 25 | 35 | 45 |
| 名称 | | 单位 | 数量 | | | |
| 人工 | 综合工日 | 工日 | 17.802 | 22.923 | 28.305 | 33.948 |
| 材料 | 锁口管 | kg | 51.910 | 86.530 | 121.140 | 155.751 |
| | 钢丝绳 | kg | 0.135 | 0.203 | 0.271 | 0.339 |
| | 水 | $m^3$ | 1.750 | 3.000 | 4.200 | 5.250 |
| | 其他材料费 | % | 1.000 | 1.000 | 1.000 | 1.000 |
| 机械 | 履带式柴油起重机 15t | 台班 | 1.840 | 2.370 | 2.930 | 3.520 |
| | 锁口管顶升机 | 台班 | 0.920 | 1.180 | 1.460 | 1.760 |

## （2）接头箱吊拔

**工作内容：**接头箱安装，拔除，拆卸，冲洗，堆放。

计量单位：段

| 定额编号 | | | 1-161 | 1-162 | 1-163 | 1-164 |
|---|---|---|---|---|---|---|
| 项目 | | | 槽深（m 以内） | | | |
| | | | 15 | 25 | 35 | 45 |
| 名称 | | 单位 | 数量 | | | |
| 人工 | 综合工日 | 工日 | 17.802 | 22.923 | 28.305 | 33.948 |
| 材料 | 接头箱 | kg | 50.020 | 70.040 | 120.960 | 120.960 |
| | 钢丝绳 | kg | 0.244 | 0.366 | 0.488 | 0.610 |
| | 水 | $m^3$ | 1.750 | 3.000 | 4.200 | 5.250 |
| | 其他材料费 | % | 1.000 | 1.000 | 1.000 | 1.000 |
| 机械 | 履带式起重机 15t | 台班 | 1.840 | 2.370 | 2.930 | 3.520 |
| | 锁口管顶升机 | 台班 | 0.920 | 1.180 | 1.460 | 1.760 |

### （3）钢筋混凝土接缝桩

**工作内容：** 1. 制作：配模、立模、拆模，钢筋制作、焊接、绑扎成型，预埋件安放，混凝土浇捣、振捣、养护。

2. 吊装：场内驳运，吊装就位固定。

3. 焊接桩接头：垫铁片校正、焊接。

| 定额编号 | | | 1-165 | 1-166 | 1-167 |
|---|---|---|---|---|---|
| 项目 | | | 制作（$m^3$） | 吊装（根） | 焊接桩接头（个） |
| 名称 | | 单位 | 数量 | | |
| 人工 | 综合工日 | 工日 | 6.229 | 4.750 | 6.000 |
| 材料 | 预拌混凝土 C25 | $m^3$ | 1.015 | — | — |
| | 钢模板 | kg | 1.860 | — | — |
| | 钢模配件 | kg | 0.942 | — | — |
| | 木模材料 | $m^3$ | 0.061 | 0.020 | — |
| | 钢筋 $\phi$10 以内 | t | 0.030 | — | — |
| | 钢筋 $\phi$10 以外 | t | 0.167 | — | — |
| | 铁件 | kg | 41.600 | 28.600 | 74.600 |
| | 电焊条 | kg | 1.682 | — | 10.100 |
| | 圆钉 | kg | 0.161 | — | — |

续前

| 定额编号 | | | 1-165 | 1-166 | 1-167 |
|---|---|---|---|---|---|
| 项目 | | | 制作（$m^3$） | 吊装（根） | 焊接桩接头（个） |
| 名称 | | 单位 | 数量 | | |
| 材料 | 草袋 | 个 | 0.845 | — | — |
| | 电 | kW·h | 0.488 | — | — |
| | 其他材料费 | % | 0.500 | 3.000 | 2.000 |
| 机械 | 轮胎式装载机 $1m^3$ | 台班 | 0.014 | — | — |
| | 履带式起重机 15t | 台班 | 0.016 | — | 0.550 |
| | 履带式起重机 25t | 台班 | — | 0.460 | — |
| | 汽车式起重机 12t | 台班 | — | 0.150 | — |
| | 载重汽车 8t | 台班 | — | 0.150 | — |
| | 钢筋调直机 $\phi$14 | 台班 | 0.027 | — | — |
| | 钢筋切断机 $\phi$40 | 台班 | 0.099 | — | — |
| | 钢筋弯曲机 $\phi$40 | 台班 | 0.110 | — | — |
| | 泥浆泵 $\phi$100 | 台班 | — | 0.460 | — |
| | 交流电焊机 40kV·A | 台班 | 0.580 | — | 1.650 |

## （4）工字钢封口

**工作内容：**放样，划线，截料，平整，焊接，成品校正，吊装，校正。

计量单位：t

| 定额编号 | | | 1-168 | 1-169 |
|---|---|---|---|---|
| 项目 | | | 工字钢封口 | |
| | | | 制作 | 安装 |
| 名称 | | 单位 | 数量 | |
| 人工 | 综合工日 | 工日 | 8.990 | 2.400 |
| 材料 | 松杂板枋材 | $m^3$ | — | 0.003 |
| | 丁基粘合剂 | kg | 6.180 | — |
| | 氧气 | $m^3$ | 3.585 | — |
| | 乙炔气 | kg | 1.519 | — |
| | 泡沫塑料 | $m^3$ | 1.360 | — |
| | 钢板 | t | 1.060 | — |
| | 电焊条 | kg | 75.910 | 1.630 |
| | 松杂原木 | $m^3$ | — | 0.005 |
| | 其他材料费 | % | 1.500 | 4.000 |
| 机械 | 履带式起重机 15t | 台班 | 0.140 | 0.120 |
| | 交流电焊机 30kV·A | 台班 | — | 0.090 |
| | 交流电焊机 40kV·A | 台班 | 2.160 | — |
| | 电动空气压缩机 1.0$m^3$/min | 台班 | 0.070 | — |

### 2.4.6 浇筑混凝土连续墙

**工作内容：**1. 清底置换：地下连续墙接缝清刷，空压机吹气、搅拌、吸泥，清底置换。
2. 浇筑混凝土：浇捣架就位，导管安装、拆除，混凝土浇筑，吸泥浆入池。

| 定额编号 | | | 1-170 | 1-171 |
|---|---|---|---|---|
| 项目 | | | 清底置换（段） | 浇筑混凝土（$m^3$） |
| 名称 | | 单位 | 数量 | |
| 人工 | 综合工日 | 工日 | 13.370 | 0.612 |
| 材料 | 预拌混凝土 C25 | $m^3$ | — | 1.200 |
| | 护壁泥浆 | $m^3$ | 2.500 | — |
| | 水 | $m^3$ | — | 0.600 |
| | 其他材料费 | % | 4.000 | 2.000 |
| 机械 | 履带式起重机 15t | 台班 | 1.330 | 0.017 |
| | 泥浆泵 $\phi$100 | 台班 | 2.660 | 0.025 |
| | 电动空气压缩机 1.0$m^3$/min | 台班 | 2.660 | — |
| | 地下连续墙混凝土浇捣架 | 台班 | — | 0.025 |

# 2.5 水泥劲性搅拌围护桩

## 2.5.1 水泥搅拌桩

工作内容：测量放线，钻机就位，钻进，调制水泥浆，输送压浆，搅拌，提升成桩，清理。

计量单位：$m^3$

| 定额编号 | | | 1-172 | 1-173 | 1-174 |
|---|---|---|---|---|---|
| 项目 | | | 搅拌桩水泥掺量 12% | | 水泥掺量±1% |
| | | | 一喷两搅 | 二喷四搅 | |
| 名称 | | 单位 | 数量 | | |
| 人工 | 综合工日 | 工日 | 0.429 | 0.520 | — |
| 材料 | 水泥 32.5 | t | 0.230 | 0.230 | 0.019 |
| | 枕木 | $m^3$ | 0.001 | 0.001 | — |
| | 钢筋 $\phi$10 以内 | kg | 0.412 | 0.412 | — |
| | 木质素磺酸钙 | kg | 0.460 | 0.460 | 0.038 |
| | 石膏粉 | kg | 4.600 | 4.600 | 0.384 |
| | 水玻璃 | kg | 4.600 | 4.600 | 0.384 |
| | 水 | $m^3$ | 1.000 | 1.000 | 0.083 |

续前

| 定额编号 | | | 1-172 | 1-173 | 1-174 |
| --- | --- | --- | --- | --- | --- |
| 项目 | | | 搅拌桩水泥掺量 12% | | 水泥掺量±1% |
| | | | 一喷两搅 | 二喷四搅 | |
| 名称 | | 单位 | 数量 | | |
| 机械 | 水泥搅拌桩机 $\phi$850 | 台班 | 0.026 | 0.036 | — |
| | 灰浆搅拌机 200L | 台班 | 0.051 | 0.073 | — |
| | 灰浆输送泵 $3m^3/h$ | 台班 | 0.026 | 0.036 | — |
| | 电动多级离心清水泵 $\phi$100 扬程 120m 以下 | 台班 | 0.026 | 0.026 | — |

## 2.5.2 型 钢 桩

**工作内容：**准备工作，安装、拆除插桩机具，刷脱模剂，插型钢桩；安装、拆除拔桩机具，拔桩，指定地点堆放，清场、整理；装卸型钢桩，运输，清理场地。

计量单位：t

| 定 额 编 号 | | | 1-175 |
|---|---|---|---|
| 项 目 | | | 插拔型钢桩 |
| 名 称 | | 单位 | 数 量 |
| 人工 | 综合工日 | 工日 | 1.253 |
| 材料 | 枕木 | $m^3$ | 0.002 |
| | 型钢 | t | 0.250 |
| | 电焊条 | kg | 5.165 |
| | 减摩剂 | kg | 15.000 |
| | 氧气 | $m^3$ | 2.582 |
| | 乙炔气 | kg | 1.094 |
| 机械 | 履带式起重机 25t | 台班 | 0.209 |
| | 交流电焊机 30kV · A | 台班 | 0.075 |
| | 液压千斤顶 200t | 台班 | 0.368 |
| | 液压泵车 | 台班 | 0.184 |

## 2.6 套管钻孔咬合灌注桩

**工作内容：**准备钻孔机具，钻孔出渣，导管准备及安装、拆除，搅拌及灌注桩混凝土。

计量单位：$m^3$

| 定额编号 | | | 1-176 |
|---|---|---|---|
| 项目 | | | 套管钻孔咬合灌注桩 |
| 名称 | | 单位 | 数量 |
| 人工 | 综合工日 | 工日 | 2.388 |
| 材料 | 垫木 | $m^3$ | 0.004 |
| | 预拌混凝土 C30 | $m^3$ | 1.080 |
| | 铁件 | kg | 1.050 |
| 机械 | 钻孔咬合桩机 | 台班 | 0.107 |
| | 电动多级离心清水泵 $\phi$100 扬程 120m 以内 | 台班 | 0.107 |

## 2.7 围护结构圈梁

工作内容：混凝土浇筑，振捣、养护。

计量单位：$m^3$

| 定 额 编 号 | | | 1-177 |
|---|---|---|---|
| 项 目 | | | 现浇混凝土圈梁 |
| 名 称 | | 单位 | 数 量 |
| 人工 | 综合工日 | 工日 | 1.080 |
| 材料 | 预拌混凝土 C30 | $m^3$ | 1.020 |
| | 电 | kW·h | 0.440 |
| | 其他材料费 | % | 1.000 |

## 2.8 地沟、明沟

**工作内容：** 模板制作、安装、拆除，整理堆放及场内外运输，清理模板粘结物，刷隔离剂；混凝土浇筑、振捣及养护；构件场内运输，堆放，临时加固。

| 定额编号 | | | 1-178 | 1-179 | 1-180 | 1-181 |
|---|---|---|---|---|---|---|
| 项目 | | | 地沟、电缆沟 | | 地沟盖板 | |
| | | | 混凝土（$m^3$） | 模板（$m^2$） | 预制（$m^3$） | 安装（$m^3$） |
| 名称 | | 单位 | 数量 | | | |
| 人工 | 综合工日 | 工日 | 1.162 | 0.248 | 3.798 | 0.427 |
| 材料 | 松杂枋板材 | $m^3$ | — | 0.016 | 0.011 | — |
| | 圆钉 | kg | — | 0.180 | 0.109 | — |
| | 预拌混凝土 C20 | $m^3$ | 1.020 | — | 1.038 | — |
| | 镀锌铁丝 8# | kg | — | 0.245 | — | — |
| | 垫木 | $m^3$ | — | — | — | 0.001 |
| | 铁件 | $m^3$ | — | 0.080 | — | — |
| | 水 | $m^3$ | 0.642 | — | 1.070 | — |
| | 电 | kW·h | 0.800 | — | 0.224 | — |
| | 其他材料费 | % | 0.500 | 3.000 | 1.500 | 3.000 |
| 机械 | 载重汽车 4t | 台班 | — | 0.002 | — | — |
| | 木工圆锯机 $\phi500$ | 台班 | — | 0.007 | 0.010 | — |

## 2.9 小型混凝土构件

**工作内容：** 1. 构件预制：模板制作、安装、拆除，混凝土浇捣及养护，构件场内运输、堆放、临时加固。

2. 构件安装：构件就位，绑扎加固、吊装、校正、固定、接头灌缝等。

计量单位：$m^3$

| 定额编号 | | | 1-182 | 1-183 |
|---|---|---|---|---|
| 项目 | | | 预制 | 安装 |
| 名称 | | 单位 | 数量 | |
| 人工 | 综合工日 | 工日 | 9.591 | 3.191 |
| 材料 | 松杂枋板材 | $m^3$ | 0.025 | 0.008 |
| | 圆钉 | kg | 0.126 | — |
| | 预拌混凝土 C20 | $m^3$ | 1.038 | — |
| | 电焊条 | kg | — | 0.463 |
| | 铁件 | kg | — | 0.350 |
| | 水泥砂浆 M10 | $m^3$ | — | 0.030 |

续前

| 定额编号 | | | 1-182 | 1-183 |
|---|---|---|---|---|
| 项目 | | | 预制 | 安装 |
| 名称 | | 单位 | 数量 | |
| 材料 | 水 | $m^3$ | 1.170 | 0.300 |
| | 电 | kW·h | 0.664 | — |
| | 其他材料费 | % | 2.500 | 3.000 |
| 机械 | 木工圆锯机 $\phi$500 | 台班 | 0.025 | — |
| | 汽车式起重机 5t | 台班 | — | 0.172 |
| | 载重汽车 4t | 台班 | — | 0.034 |
| | 灰浆搅拌机 200L | 台班 | — | 0.008 |
| | 交流电焊机 30kV·A | 台班 | — | 0.116 |

# 2.10 砌筑工程

**工作内容：**淋砖，选修石料、运料，调制砂浆，砌筑，留洞，勾缝。

计量单位：$m^3$

| 定额编号 | | | 1-184 | 1-185 | 1-186 |
|---|---|---|---|---|---|
| 项目 | | | 砖砌地沟 | 石砌明沟、边沟、沟槽 | 石砌急流槽 |
| 名称 | | 单位 | 数量 | | |
| 人工 | 综合工日 | 工日 | 1.143 | 2.061 | 1.647 |
| 材料 | 红砖 | 千块 | 0.523 | — | — |
| | 水泥砂浆 M5 | $m^3$ | 0.263 | — | — |
| | 块石 | $m^3$ | — | 1.153 | 1.153 |
| | 水泥砂浆 M2.5 | $m^3$ | — | 0.367 | 0.367 |
| | 水 | $m^3$ | 0.100 | 0.650 | 0.650 |
| | 其他材料费 | % | — | 0.500 | 0.500 |
| 机械 | 灰浆搅拌机 200L | 台班 | 0.022 | 0.031 | 0.031 |

# 2.11 拆 除 工 程

**工作内容**：拆除，清理现场，整堆材料。

计量单位：$m^3$

| 定额编号 | | | 1-187 | 1-188 | 1-189 | 1-190 |
|---|---|---|---|---|---|---|
| 项目 | | | 拆除混凝土路面 | | | |
| | | | 人工拆除 | | 机械拆除 | |
| | | | 无筋 | 有筋 | 无筋 | 有筋 |
| 名称 | | 单位 | 数量 | | | |
| 人工 | 综合工日 | 工日 | 1.160 | 1.655 | 0.711 | 1.106 |
| 材料 | 合金钢钻头 | 个 | — | — | 0.020 | 0.030 |
| | 六角空心钢 | kg | — | — | 0.031 | 0.045 |
| | 高压胶皮风管 | m | — | — | 0.003 | 0.005 |
| 机械 | 内燃空气压缩机 $3m^3/min$ | 台班 | — | — | 0.102 | 0.161 |
| | 风动凿岩机 手持式 | 台班 | — | — | 0.204 | 0.321 |

工作内容：拆除，清理现场，整堆材料。

计量单位：$m^3$

| 定额编号 | | | 1-191 | 1-192 | 1-193 | 1-194 |
|---|---|---|---|---|---|---|
| 项目 | | | 拆除混凝土结构 | | | |
| | | | 人工拆除 | | 机械拆除 | |
| | | | 无筋 | 有筋 | 无筋 | 有筋 |
| 名称 | | 单位 | 数量 | | | |
| 人工 | 综合工日 | 工日 | 3.167 | 5.019 | 1.810 | 2.651 |
| 材料 | 合金钢钻头 | 个 | — | — | 0.100 | 0.140 |
| | 六角空心钢 | kg | — | — | 0.320 | 0.400 |
| | 高压胶皮风管 | m | — | — | 0.004 | 0.006 |
| | 氧气 | $m^3$ | — | — | — | 0.100 |
| | 乙炔气 | kg | — | — | — | 0.030 |
| | 水 | $m^3$ | — | — | 0.150 | — |
| | 其他材料费 | % | — | — | 1.000 | 1.000 |
| 机械 | 内燃空气压缩机 $3m^3/min$ | 台班 | — | — | 0.290 | 0.431 |
| | 风动凿岩机 手持式 | 台班 | — | — | 0.578 | 0.860 |

# 3　地基处理工程

# 说　明

一、本章适用于城市轨道交通工程地基加固、处理等工程。

二、袋装砂井直径按 70mm 考虑，设计直径不同时按砂井截面面积等比例换算中粗砂含量，其他不得调整。

三、分层注浆、压密注浆、高压旋喷桩的浆体材料用量可按设计含量调整。

四、深层水泥搅拌桩不分桩径大小均执行相应子目，设计水泥量不同可换算，其他不得调整。

# 工程量计算规则

一、换填砂、石屑、块石、灰土按设计图示尺寸以“$m^3$”为单位计算。

二、水泥稳定土、机械翻晒按设计图示面积以“$m^2$”为单位计算。

三、抛石挤淤按设计图示尺寸以“$m^3$”为单位计算抛石量。

四、砂桩、石灰砂桩区分不同桩长、直径，按设计图示尺寸以“$m^3$”为单位计算；袋装砂井、水泥粉煤灰碎石桩按设计图示深度以“m”为单位计算。

五、塑料排水板按设计图示尺寸以“m”为单位计算，铺土工布、木工格栅按设计图示面积以“$m^2$”为单位计算。

六、分层注浆、压密注浆钻孔按设计深度以“m”为单位计算。注浆工程量按以下方式计算：设计图纸注明加固土体体积的，按注明的加固体积计算；设计图纸按布点形式图示土体加固范围的，则按两孔间距的一半作为扩散半径，以布点边线各加扩散半径，形成计算平面计算注浆体积；如果设计图纸上注浆点在钻孔灌注桩之间，按两注浆孔距的一半作为每孔的扩散半径，以此圆柱体体积计算。

七、高压旋喷水泥桩钻孔按原地面至设计桩底底面的距离以“m”为单位计算，喷浆按设计加固桩的截面面积乘以设计桩长以“$m^3$”为单位计算。

八、深层水泥搅拌桩区分喷浆、喷粉、空桩按设计加固深度以“m”为单位计算。

## 3.1 人工换填砂、石屑、块石

**工作内容：**放样，挖土，掺料改换，整平，分层夯实，找平，清理杂物。

计量单位：$m^3$

| 定额编号 | | | 1-195 | 1-196 | 1-197 |
|---|---|---|---|---|---|
| 项目 | | | 换填砂 | 换填石屑 | 换填块石 |
| 名称 | | 单位 | 数量 | | |
| 人工 | 综合工日 | 工日 | 0.788 | 0.927 | 1.159 |
| 材料 | 中粗砂 | $m^3$ | 1.313 | — | — |
| | 石屑 | $m^3$ | — | 1.313 | — |
| | 块石 | $m^3$ | — | — | 1.193 |
| | 其他材料费 | % | 0.500 | 0.500 | 0.500 |

# 3.2 换 填 灰 土

**工作内容：** 1. 人工操作：放样，挖土，掺料改换，整平，分层夯实，找平，清理杂物。

2. 机械操作：放样，机械挖土，掺料，推拌，分层排压，找平 ，碾压，清理杂物。

计量单位：$m^3$

| 定 额 编 号 | | | 1-198 | 1-199 | 1-200 | 1-201 |
|---|---|---|---|---|---|---|
| 项 目 | | | 换填灰土 | | | |
| | | | 人工 | | 机械 | |
| | | | 含灰量 5% | 含灰量 8% | 含灰量 5% | 含灰量 8% |
| 名 称 | | 单位 | 数 量 | | | |
| 人工 | 综合工日 | 工日 | 0.550 | 0.560 | 0.131 | 0.18[illegible] |
| 材料 | 生石灰 | t | 0.085 | 0.136 | 0.085 | 0.136 |
| | 水 | $m^3$ | 0.100 | 0.100 | 0.001 | 0.001 |
| | 素土 | $m^3$ | (1.420) | (1.375) | (1.420) | (1.375) |
| | 其他材料费 | % | 0.500 | 0.500 | 0.500 | 0.500 |
| 机械 | 履带式推土机 60kW | 台班 | — | — | 0.019 | 0.019 |
| | 履带式推土机 75kW | 台班 | — | — | 0.006 | 0.006 |
| | 光轮压路机 12t | 台班 | — | — | 0.017 | 0.017 |

## 3.3 水泥稳定土

**工作内容**：放样，运料，上料，人工摊铺土方，拌和，找平，碾压。

计量单位：$m^2$

| 定额编号 | | | 1-202 | 1-203 | 1-204 | 1-205 |
|---|---|---|---|---|---|---|
| 项目 | | | 水泥稳定土(水泥含量5%) | | | |
| | | | 人工拌和 | | 人机配合 | |
| | | | 厚度150mm | 每增减10mm | 厚度150mm | 每增减10mm |
| 名称 | | 单位 | 数量 | | | |
| 人工 | 综合工日 | 工日 | 0.125 | 0.007 | 0.048 | 0.002 |
| 材料 | 水泥 32.5 | t | 0.013 | 0.001 | 0.013 | 0.001 |
| | 水 | $m^3$ | 0.026 | 0.002 | 0.026 | 0.002 |
| | 素土 | $m^3$ | (0.217) | (0.015) | (0.217) | (0.015) |
| | 其他材料费 | % | 0.500 | 0.500 | 0.500 | 0.500 |
| 机械 | 光轮压路机 12t | 台班 | 0.001 | — | 0.001 | — |
| | 履带式推土机 60kW | 台班 | — | — | 0.002 | — |
| | 履带式推土机 75kW | 台班 | — | — | 0.002 | — |
| | 平地机 120kW | 台班 | — | — | 0.001 | — |

## 3.4 机械翻晒

工作内容：放样，机械翻拌晾晒，排压。

计量单位：100m$^2$

| 定额编号 | | | 1-206 |
|---|---|---|---|
| 项目 | | | 机械翻晒厚度 200mm 以内 |
| 名称 | | 单位 | 数量 |
| 人工 | 综合工日 | 工日 | 0.030 |
| 机械 | 履带式拖拉机 60kW | 台班 | 0.030 |

## 3.5 抛石挤淤

**工作内容：**运石，抛石，整平。

计量单位：$m^3$

| 定额编号 | | | 1-207 | 1-208 |
|---|---|---|---|---|
| 项目 | | | 人工运抛 | 机械推运 |
| 名称 | | 单位 | 数量 | |
| 人工 | 综合工日 | 工日 | 0.533 | 0.018 |
| 材料 | 片石 | $m^3$ | 1.020 | 1.020 |
| 机械 | 履带式推土机 105kW | 台班 | — | 0.010 |
| | 履带式单斗挖掘机 液压 1.0$m^3$ | 台班 | — | 0.002 |

# 3.6 挤密砂桩

**工作内容：** 1. 人工灌注砂桩：放样，挖孔，填料，夯实，清理工作面。

2. 挤密砂桩：桩机就位，打拔钢管，管内添水加砂，起重机、桩机移位，清理工作面。

计量单位：$m^3$

| 定额编号 | | | 1-209 | 1-210 | 1-211 |
|---|---|---|---|---|---|
| 项目 | | | 人工灌注砂桩 | 挤密砂桩 桩长 | |
| | | | | 10m 以内 | 10m 以外 |
| 名称 | | 单位 | 数量 | | |
| 人工 | 综合工日 | 工日 | 1.274 | 0.764 | 0.681 |
| 材料 | 钢管 $\phi200$ | kg | — | 0.001 | 0.001 |
| | 中粗砂 | $m^3$ | 1.122 | 1.313 | 1.313 |
| | 水 | $m^3$ | 0.260 | 1.400 | 1.400 |
| | 其他材料费 | % | 3.500 | 3.500 | 3.500 |
| 机械 | 轮胎式装载机 $1m^3$ | 台班 | — | 0.092 | 0.069 |
| | 振动沉拔桩机 | 台班 | — | 0.088 | 0.067 |
| | 履带式起重机 10t | 台班 | — | 0.088 | 0.067 |

## 3.7 石灰砂桩

**工作内容**：放样，挖孔，填料，夯实，清理工作面。

计量单位：$m^3$

| 定额编号 | | | 1-212 | 1-213 |
|---|---|---|---|---|
| 项目 | | | 直径 | |
| | | | 100mm 以内 | 100mm 以外 |
| 名称 | | 单位 | 数量 | |
| 人工 | 综合工日 | 工日 | 6.750 | 5.870 |
| 材料 | 生石灰 | t | 0.773 | 0.772 |
| | 中粗砂 | $m^3$ | 0.504 | 0.504 |
| | 黏土 | $m^3$ | 0.227 | 0.228 |
| | 其他材料费 | % | 0.500 | 0.500 |
| 机械 | 光轮压路机 12~15t | 台班 | 0.025 | 0.017 |

## 3.8 碎 石 桩

**工作内容：**施工准备，机具定位，桩管沉入，加料，桩管下压，拔管，机具移位，清理场地。

| 定额编号 | | | 1-214 | 1-215 |
|---|---|---|---|---|
| 项目 | | | 振冲碎石桩 $\phi$800（$m^3$） | 水泥粉煤灰碎石桩 $\phi$600（CFG 桩）（m） |
| 名称 | | 单位 | 数量 | |
| 人工 | 综合工日 | 工日 | 1.501 | 1.519 |
| 材料 | 水泥粉煤灰碎石 | $m^3$ | — | 0.353 |
| | 水 | $m^3$ | — | 1.438 |
| | 弹簧钢板 | kg | — | 0.077 |
| | 碎石 40 | $m^3$ | 1.339 | — |
| | 其他材料费 | % | 5.000 | 3.000 |
| 机械 | 工程钻机 $\phi$500 | 台班 | — | 0.070 |
| | 电动清水泵 $\phi$100 | 台班 | — | 0.038 |
| | 泥浆泵 $\phi$100 | 台班 | — | 0.049 |
| | 振冲器 | 台班 | 0.052 | — |
| | 履带式起重机 15t | 台班 | 0.052 | — |
| | 电动单级离心清水泵 $\phi$100 | 台班 | 0.052 | — |

## 3.9 袋装砂井

**工作内容：** 1. 带门架：轨道铺拆，装砂袋，定位，打钢管，下砂袋拔钢管，门架、桩机移位。
2. 不带门架：装砂袋，定位，打钢管，下砂袋，拔钢管，起重机、桩机移位。

计量单位：100m

| 定额编号 | | | 1-216 | 1-217 |
|---|---|---|---|---|
| 项目 | | | 带门架 | 不带门架 |
| 名称 | | 单位 | 数量 | |
| 人工 | 综合工日 | 工日 | 1.130 | 0.660 |
| 材料 | 尼龙编织袋 | m | 108.700 | 108.700 |
| | 枕木 | $m^3$ | 0.003 | — |
| | 钢轨 | t | 0.004 | — |
| | 铁件 | kg | 0.450 | — |
| | 中粗砂 | $m^3$ | 0.456 | 0.456 |
| | 其他材料费 | % | 0.500 | 0.500 |
| 机械 | 袋装砂井机 带门架 | 台班 | 0.211 | — |
| | 袋装砂井机 不带门架 | 台班 | — | 0.169 |
| | 履带式起重机 15t | 台班 | — | 0.155 |

# 3.10 塑料排水板

**工作内容：**1. 带门架：轨道铺拆，定位，穿塑料排水板，安桩靴，打拔钢管，门架、桩机移位。
2. 不带门架：定位，穿塑料排水板，安桩靴，打拔钢管，剪断排水板，起重机、桩机移位。

计量单位：100m

| 定额编号 | | | 1-218 | 1-219 |
|---|---|---|---|---|
| 项目 | | | 带门架 | 不带门架 |
| 名称 | | 单位 | 数量 | |
| 人工 | 综合工日 | 工日 | 0.730 | 0.350 |
| 材料 | 枕木 | $m^3$ | 0.003 | — |
| | 钢轨 | t | 0.004 | — |
| | 铁件 | kg | 0.450 | — |
| | 塑料排水板 | m | 107.100 | 107.100 |
| | 其他材料费 | % | 4.000 | 4.000 |
| 机械 | 袋装砂井机 带门架 | 台班 | 0.138 | — |
| | 袋装砂井机 不带门架 | 台班 | — | 0.111 |
| | 履带式起重机 15t | 台班 | — | 0.102 |

## 3.11 铺土工织物布

**工作内容：** 清理整平路基，挖填锚固沟，铺设土工布，缝合及锚固土工布。

计量单位：$m^2$

| 定额编号 | | | 1-220 | 1-221 | 1-222 |
|---|---|---|---|---|---|
| 项目 | | | 铺土工织物布 | | 铺装土工格栅 |
| | | | 软土 | 淤泥 | |
| 名称 | | 单位 | 数量 | | |
| 人工 | 综合工日 | 工日 | 0.053 | 0.217 | 0.077 |
| 材料 | 圆钉 | kg | 0.011 | 0.011 | 0.011 |
| | 土工布 | $m^2$ | 1.115 | 1.115 | — |
| | 片石 | $m^3$ | — | 0.017 | — |
| | 土工格栅 | $m^2$ | — | — | 1.100 |
| | 其他材料费 | % | 0.500 | 0.500 | 0.500 |

# 3.12 分层注浆

**工作内容：** 1. 钻孔：定位、钻孔，注护壁泥浆，放置注浆阀管。

2. 注浆：配置浆液，插入注浆芯管，分层劈裂注浆，检测注浆效果等。

| 定额编号 | | | 1-223 | 1-224 |
|---|---|---|---|---|
| 项目 | | | 钻孔（m） | 注浆（$m^3$） |
| 名称 | | 单位 | 数量 | |
| 人工 | 综合工日 | 工日 | 0.121 | 0.385 |
| 材料 | 膨润土 | kg | 11.232 | — |
| | 塑料注浆阀管 | m | 1.000 | — |
| | 水 | $m^3$ | 0.120 | — |
| | 促进剂 | kg | — | 10.300 |
| | 磨细粉煤灰 | t | — | 0.080 |
| | 水玻璃 | kg | — | 5.670 |
| | 水泥 42.5 | t | — | 0.109 |
| | 其他材料费 | % | — | 0.500 |
| 机械 | 液压钻机 STE-1 | 台班 | 0.024 | — |
| | 灰浆搅拌机 200L | 台班 | 0.012 | 0.040 |
| | 泥浆泵 $\phi 50$ | 台班 | 0.024 | — |
| | 液压注浆泵 HYB-50/50-1 | 台班 | — | 0.040 |

## 3.13 压密注浆

**工作内容：** 1. 钻孔：定位、钻孔，注护壁泥浆。

2. 注浆：配置浆液，安插注浆管，分段压密注浆，检测注浆效果等。

| 定额编号 | | | 1-225 | 1-226 |
|---|---|---|---|---|
| 项目 | | | 钻孔（m） | 注浆（$m^3$） |
| 名称 | | 单位 | 数量 | |
| 人工 | 综合工日 | 工日 | 0.121 | 0.400 |
| 材料 | 膨润土 | kg | 9.984 | — |
| | 水 | $m^3$ | 0.120 | — |
| | 磨细粉煤灰 | t | — | 0.068 |
| | 水玻璃 | kg | — | 0.800 |
| | 水泥 32.5 | t | — | 0.080 |
| | 其他材料费 | % | — | 1.000 |
| 机械 | 液压钻机 STE-1 | 台班 | 0.022 | |
| | 沉管设备 | 台班 | | 0.015 |
| | 灰浆搅拌机 200L | 台班 | 0.022 | — |
| | 泥浆泵 $\phi$50 | 台班 | 0.022 | — |
| | 灰浆搅拌机 200L | 台班 | — | 0.035 |
| | 液压注浆泵 HYB-50/50-1 | 台班 | — | 0.035 |

## 3.14 高压旋喷水泥桩

**工作内容：**1. 钻孔：泥浆槽开挖，定位、钻孔。

2. 喷浆：配置浆液，接管喷浆，提升成桩，泥浆沉淀处理，检测施工效果。

| 定额编号 | | | 1-227 | 1-228 | 1-229 | 1-230 |
|---|---|---|---|---|---|---|
| 项目 | | | 钻孔（m） | 单重管喷浆（$m^3$） | 双重管喷浆（$m^3$） | 三重管喷浆（$m^3$） |
| 名称 | | 单位 | 数量 | | | |
| 人工 | 综合工日 | 工日 | 0.133 | 0.658 | 0.987 | 1.060 |
| 材料 | 黏土 | $m^3$ | 0.020 | — | — | — |
| | 水泥 32.5 | t | — | — | — | 0.500 |
| | 水泥 42.5 | t | — | 0.329 | 0.396 | — |
| | 磨细粉煤灰 | t | — | 0.229 | 0.276 | — |
| | 促进剂 | kg | — | 16.668 | 20.085 | — |
| | 水 | $m^3$ | 0.119 | 6.500 | 6.600 | 6.700 |
| | 喷射管 | m | — | — | — | 0.020 |
| | 普通橡胶管 | m | — | — | — | 0.089 |
| | 高压橡胶管 | m | — | — | — | 0.089 |
| | 电焊条 | kg | — | — | — | 0.055 |

续前

| 定额编号 | | | 1-227 | 1-228 | 1-229 | 1-230 |
|---|---|---|---|---|---|---|
| 项目 | | | 钻孔<br>(m) | 单重管喷浆<br>($m^3$) | 双重管喷浆<br>($m^3$) | 三重管喷浆<br>($m^3$) |
| 名称 | | 单位 | 数量 | | | |
| 机械 | 液压钻机 XUL-150 | 台班 | 0.033 | — | — | — |
| | 旋喷桩机 | 台班 | — | 0.058 | 0.069 | — |
| | 旋喷车 | 台班 | — | — | — | 0.089 |
| | 泥浆拌和机 100-150L | 台班 | 0.017 | — | — | — |
| | 灰浆搅拌机 200L | 台班 | — | 0.058 | 0.069 | — |
| | 灰浆搅拌机 400L | 台班 | — | — | — | 0.089 |
| | 泥浆排放设备 | 台班 | — | — | — | 0.089 |
| | 电动多级离心清水泵 $\phi$150 | 台班 | — | 0.058 | 0.069 | |
| | 泥浆泵 37kW | 台班 | 0.033 | | | 0.089 |
| | 泥浆泵 $\phi$50 | 台班 | — | 0.058 | 0.069 | — |
| | 液压注浆泵 HYB-50/50-1 | 台班 | — | 0.058 | 0.069 | — |
| | 电动多级离心清水泵 扬程 280m 以上 | 台班 | — | — | — | 0.089 |
| | 交流电焊机 30kV·A | 台班 | — | — | — | 0.033 |
| | 电动空气压缩机 $6m^3/min$ | 台班 | — | — | — | 0.089 |

# 3.15 深层水泥搅拌桩

**工作内容：**测量放线，定位钻进，喷浆（粉），搅拌，提升，调制水泥浆，输送，压浆。

计量单位：m

| 定额编号 | | | 1-231 | 1-232 | 1-233 |
|---|---|---|---|---|---|
| 项目 | | | 喷浆桩体 | 喷粉桩体 | 空桩 |
| 名称 | | 单位 | 数量 | | |
| 人工 | 综合工日 | 工日 | 0.156 | 0.109 | 0.070 |
| 材料 | 水泥 32.5 | t | 0.050 | 0.050 | — |
| | 水 | $m^3$ | 0.140 | 0.140 | — |
| | 其他材料费 | % | 5.000 | 5.000 | — |
| 机械 | 搅拌水泥桩机 | 台班 | 0.022 | 0.022 | 0.016 |
| | 电动空气压缩机 排气量 $3m^3/min$ | 台班 | 0.011 | 0.011 | 0.008 |
| | 灰浆搅拌机 200L | 台班 | 0.011 | — | — |

**主 编 单 位：** 住房和城乡建设部标准定额研究所
**编 制 单 位：** 铁道第三勘察设计院集团有限公司
**参 编 单 位：** 中煤国际工程集团南京设计研究院
北京市建设工程造价管理总站
广州市地下铁道总公司
**综合协调人员：** 胡传海　王海宏　胡晓丽　白洁如　王志年　戴富元
汪一江　郎桂林　吴　强　曾伟源　陈柏生　李成栋
史素美　孙金科　薛长立　王文江　李永芳　张永胜
张明焕　卢后星　顾　青　魏晓东
**编 制 人 员：** 王志年　朱成瑶　张建芳　朱红军　杨洪涛　赵　京
吴　强　王亚青　姜　华　田　建　刘　军　曾伟源
王春生

# 城市轨道交通工程预算定额

GCG 103–2008

## 第二册 桥涵工程

中国计划出版社

北京

**图书在版编目(CIP)数据**

城市轨道交通工程预算定额：GCG 103-2008. 第 2 册，桥涵工程 / 住房和城乡建设部标准定额研究所主编. 北京：中国计划出版社，2008. 12
ISBN 978-7-80242-260-5

Ⅰ. 城…　Ⅱ. 住…　Ⅲ. ①城市铁路-铁路工程-预算定额-中国②城市铁路-铁路工程：桥涵工程-预算定额-中国　Ⅳ. U239.5

中国版本图书馆 CIP 数据核字（2008）第 172177 号

**主编单位：** 住房和城乡建设部标准定额研究所

**批准部门：** 中华人民共和国住房和城乡建设部

**施行日期：** 2 0 0 9 年 1 月 1 日

# 住房城乡建设部
# 关于印发《城市轨道交通工程预算定额》的通知

建标〔2008〕193号

为适应城市轨道交通工程建设的需要，合理确定和控制城市轨道交通工程造价，我部制定了《城市轨道交通工程预算定额》，编号为 GCG 103-2008，自 2009 年 1 月 1 日起施行。现印发给你们。2001 年批准发布的《全国统一市政工程预算定额》第九册（地铁工程）同时废止。请你们将施行中的有关问题和建议反馈给我部标准定额司。

《城市轨道交通工程预算定额》由我部标准定额研究所组织中国计划出版社出版发行。

**中华人民共和国住房和城乡建设部**

二〇〇八年十月十五日

# 总 说 明

一、《城市轨道交通工程预算定额》（以下简称本定额）共分10册，包括：

第一册　路基、围护结构及地基处理工程；

第二册　桥涵工程；

第三册　隧道工程；

第四册　地下结构工程；

第五册　轨道工程；

第六册　通信工程；

第七册　信号工程；

第八册　供电工程；

第九册　智能与控制系统安装工程；

第十册　机电设备安装工程。

二、本定额是完成规定计量单位分部分项工程所需的人工、材料、施工机械台班的消耗量标准，是制定城市轨道交通工程地区单位估价表、工程量清单综合单价、招标标底和投标报价的基础。

三、本定额适用于新建、扩建的城市轨道交通工程。

四、本定额是按照正常施工条件、目前多数施工企业的施工机械装备程度，施工中常用的施工方法、施工工艺、劳动组织以及合理工期进行编制的。

五、本定额是依据国家有关产品标准、设计规范和施工验收规范编制的，参考了现行国家、行业和地方定额，以及有代表性的工程设计、施工资料和其他资料。

六、本定额消耗量的确定。

1. 人工工日消耗量。人工工日不分工种、技术等级均以综合工日表示。内容包括基本用工、超运距用工、人工幅度差和辅助用工。

2. 材料消耗量。

（1）材料选用符合国家质量标准和相应设计要求的合格产品。

（2）材料消耗包括主要材料、辅助材料、零星材料，凡能计量的材料、成品、半成品均按品种、规格逐一列出数量并计入相应的损耗，其内容和范围包括：从工地仓库、现场集中堆放地点或现场加工地点至操作或安装地点的运输损耗、施工操作损耗、施工现场堆放损耗。

（3）混凝土均按预拌混凝土考虑。

（4）周转性材料按不同施工方法、不同材质按规定的周转次数摊销计入定额内。

（5）用量少、价值小的材料合并为其他材料费，以占材料费的百分数表示。

3. 施工机械和仪器仪表台班消耗量。

（1）施工机械和仪器仪表台班消耗量是按正常合理的施工配备和施工工效测算确定台班使用量。

（2）凡单位价值在 2000 元以上的施工机械和仪器仪表按台班列入定额；单位价值在 2000 元以

下的列入费用定额工具使用费项下。

七、定额中均包括了材料、成品、半成品从工地仓库、现场集中堆放地点或现场加工地点至操作或安装地点的水平运输和垂直运输所需的人工和机械消耗量。如发生再次搬运，应在费用定额中二次搬运费项下列支。

八、本定额施工用水、电是按现场有水、电考虑的。

九、本定额的工作内容已说明了主要施工工序，次要工序虽未说明，均已考虑在定额内。

十、本定额与其他全国统一工程预算定额的关系，凡本定额包含的项目，按本定额项目执行；本定额缺项部分，可执行其他全国统一定额。

十一、本定额中注有“×××以内”或“×××以下”者均包括×××本身，“×××以外”或“×××以上”者则不包括×××本身。

十二、本说明未尽事宜，详见各册和各章说明。

# 册 说 明

一、《城市轨道交通工程预算定额》第二册“桥涵工程”(以下简称本册定额),内容包括:打桩工程、钻孔灌注桩工程、砌筑工程、钢筋工程、现浇混凝土工程、预制混凝土工程、安装工程、临时工程及钢结构工程,共9章455个子目。

二、本册定额适用于城市轨道交通工程。

1. 单跨100m以内的桥梁工程;

2. 单跨5m以内的涵洞工程(圆管涵套用《全国统一市政工程预算定额》第六册“排水工程”定额,其中管道铺设及基础项目人工、机械消耗量乘以系数1.25);

3. 现浇钢筋混凝土立交箱涵工程。

三、本册定额的编制依据:

1.《全国统一市政工程预算定额》第三册“桥涵工程”GYD-303—1999;

2.《全国市政工程统一劳动定额》;

3.《全国统一建筑工程基础定额》GJD-101—95;

4.《公路工程预算定额》;

5. 现行的设计、施工及验收技术规范。

四、本册定额中预制混凝土及钢筋混凝土构件均属现场预制，不适用于独立核算、执行产品出厂价格的构件厂所生产的构配件。

五、高架车站的房屋建筑套用《全国统一建筑工程基础定额》。

六、本册定额中的提升高度（指单跨内原地面至梁底的纵向平均高度）按 8m 以内编制，超过 8m 时按以下方式调整（悬浇箱梁除外）：

1. 现浇混凝土项目提升高度超过 8m 的跨段，其超高段承台顶面以上的混凝土（不含泵送混凝土）、模板、钢筋的工程量，按下表调整相应定额中起重机械的规格及人工、起重机械台班的消耗量。

2. 陆上安装梁按下表调整相应定额中的人工及起重机械的台班消耗量，但起重机械规格不作调整。

| 项目 | 现浇混凝土 | | | 陆上安装梁 | |
|---|---|---|---|---|---|
| | 人工 | 5t 履带式电动起重机 | | 人工 | 起重机械 |
| 提升高度 $H$（m） | 消耗量系数 | 消耗量系数 | 规格调整为 | 消耗量系数 | 消耗量系数 |
| $H \leqslant 15$ | 1.02 | 1.02 | 15t 履带式起重机 | 1.10 | 1.25 |
| $H \leqslant 22$ | 1.05 | 1.05 | 25t 履带式起重机 | 1.25 | 1.60 |
| $H > 22$ | 1.10 | 1.10 | 40t 履带式起重机 | 1.50 | 2.00 |

七、本册定额河道水深取定为 3m，若水深 > 3m 时，可另行计算。

八、本册定额中均未包括各类操作脚手架，发生时套用第四册相关定额。

九、本册定额未包括预制构件场外运输。

十、未尽事宜见本册定额各章说明。

# 目　录

## 3 砌筑工程



## 4 钢筋工程



## 5 现浇混凝土工程

## 9 钢结构工程

# 1 打桩工程

# 说　　明

一、本章定额包括打钢筋混凝土桩、打钢管桩、送桩、接桩等项目，共 10 节 86 个子目。

二、本章定额中土质是根据工程地质资料中的土层构造和土壤物理、力学性能指标，结合纯沉桩时间划分为一级土、二级土（见下表）。

| 内　容 | | 土　壤　级　别 | |
|---|---|---|---|
| | | 一级土 | 二级土 |
| 砂夹层 | 砂层连续厚度（m） | < 1 | > 1 |
| | 砂层中卵石含量（%） | — | < 15 |
| 物理性能 | 压缩系数 | > 0.02 | < 0.02 |
| | 孔隙比 | > 0.7 | < 0.7 |
| 力学性能 | 静力触探值 | < 50 | > 50 |
| | 动力触探系数 | < 12 | > 12 |
| 每米纯沉桩平均时间（min） | | < 2 | > 2 |
| 说　　明 | | 桩经外力作用较易沉入，土壤中夹有较薄的砂层 | 桩经外力作用较难沉入，土壤中夹有连续厚度不超过 3m 的砂层 |

土壤级别确定方法：

1. 有砂夹层时，优先按砂层情况确定土级；

2. 按土壤物理力学性能指标并参考每米纯沉桩平均时间确定土级时，桩长在 12m 以内，相当于桩长三分之一的土层厚度应达到规定物理力学性能指标；12m 以外，按 5m 厚度确定。

三、本章定额中土级按一级土考虑，遇二级土时，按一级土定额人工消耗量乘以系数 1.33、机械消耗量乘以系数 1.43 计算。

四、本章定额均为打直桩，如打斜桩(包括俯打、仰打)斜率在 1∶6 以内时，人工消耗量乘以系数 1.33，机械消耗量乘以系数 1.43。

五、本章定额均考虑在已搭置的支架平台上操作，但不包括支架平台，其支架平台的搭设与拆除应按本册第 8 章有关项目计算。

六、船上打桩定额按两艘船只拼搭、捆绑考虑。

七、打板桩定额中，均已包括打、拔导向桩内容，不得重复计算。

八、陆上、支架上打桩定额中均未包括运桩，但船上打桩已包括船只水上运桩。

九、送桩定额按送 4m 为界，如实际超过 4m 时，人工及机械消耗量按相应定额乘以下列调整系数：

1. 送桩 5m 以内乘以系数 1.2；

2. 送桩 6m 以内乘以系数 1.5；

3. 送桩 7m 以内乘以系数 2.0；

4. 送桩 7m 以上，以调整后 7m 为基础，每超过 1m 递增 0.75 系数。

十、打桩机械的安装、拆除按本册第 8 章有关项目计算。

十一、钢管桩填心如采用其他材料时，应另行计算。

# 工程量计算规则

一、打桩：

1．钢筋混凝土桩按桩长（包括桩尖长度）乘以桩截面面积以“$m^3$”为单位计算，不包括管桩空心部分的体积。

2．钢管桩按设计长度（设计桩顶到桩底标高）、管径、壁厚以“t”为单位计算。

二、接桩：

1．方桩按设计图纸以“个”为单位计算，焊接桩的型钢用量可按设计图纸相应调整。

2．管桩、钢管桩接桩以“个”为单位计算。

三、送桩：

1．钢筋混凝土桩按预制桩截面面积乘以送桩高度（送桩起始点以下至设计桩顶面的距离）以“$m^3$”为单位计算。

2．钢管桩送桩按相应打桩定额调整计算，不计钢管桩主材，人工、机械台班数量乘以系数 1.9。工程量按送桩高度、管径、壁厚以“t”为单位计算。

3．送桩起始点规定：

（1）陆上打桩为原地面平均标高以上 0.5m 处。

（2）支架上打桩为当地施工期间的最高潮水位以上 0.5m 处。

（3）船上打桩为当地施工期间的平均水位以上 1m 处。

四、钢管桩内切割以“根”为单位计算，精割盖帽以“只”为单位计算。

## 1.1 打钢筋混凝土方桩

**工作内容：** 捆桩、吊桩、就位、打桩、校正，移动桩架，安置或更换衬垫，添加润滑油、燃料，测量、记录等。

计量单位：$10m^3$

| 定额编号 | | | 2-001 | 2-002 | 2-003 |
|---|---|---|---|---|---|
| 项目 | | | L≤12m | | |
| | | | 陆上 | 支架上 | 船上 |
| 名称 | | 单位 | 数量 | | |
| 人工 | 综合工日 | 工日 | 4.814 | 6.258 | 6.787 |
| 材料 | 钢筋混凝土方桩 | $m^3$ | (10.150) | (10.150) | (10.150) |
| | 桩帽 | kg | 0.733 | 0.733 | 0.733 |
| | 硬垫木 | $m^3$ | 0.009 | 0.009 | 0.009 |
| | 白棕绳 | kg | 0.050 | 0.050 | 0.050 |
| | 草纸 | kg | 1.500 | 1.500 | 1.500 |
| 机械 | 履带式起重机 15t | 台班 | 0.535 | 0.696 | — |
| | 履带式柴油打桩机 2500kg | 台班 | 0.535 | — | — |
| | 轨道式柴油打桩机 2500kg | 台班 | — | 0.696 | 0.754 |
| | 木驳船 60t | t·d | — | — | 241.408 |

**工作内容：** 捆桩、吊桩、就位、打桩、校正，移动桩架，安置或更换衬垫，添加润滑油、燃料，测量、记录等。

计量单位：$10m^3$

| 定额编号 | | | 2-004 | 2-005 | 2-006 | 2-007 |
|---|---|---|---|---|---|---|
| 项目 | | | $L\leq28m$ | | | $L\leq45m$ |
| | | | 陆上 | 支架上 | 船上 | 陆上 |
| 名称 | | 单位 | 数量 | | | |
| 人工 | 综合工日 | 工日 | 3.095 | 4.487 | 4.769 | 2.747 |
| 材料 | 钢筋混凝土方桩 | $m^3$ | (10.150) | (10.150) | (10.150) | (10.150) |
| | 桩帽 | kg | 0.733 | 0.733 | 0.733 | 0.733 |
| | 硬垫木 | $m^3$ | 0.009 | 0.009 | 0.009 | 0.009 |
| | 白棕绳 | kg | 0.050 | 0.050 | 0.050 | 0.050 |
| | 草纸 | kg | 1.500 | 1.500 | 1.500 | 1.500 |
| 机械 | 履带式起重机 15t | 台班 | 0.344 | 0.499 | — | 0.305 |
| | 履带式柴油打桩机 5000kg | 台班 | 0.344 | — | — | — |
| | 履带式柴油打桩机 7000kg | 台班 | — | — | — | 0.305 |
| | 轨道式柴油打桩机 4000kg | 台班 | — | 0.499 | 0.532 | — |
| | 铁驳船 100t | t·d | — | — | 194.120 | — |
| | 木驳船 60t | t·d | — | — | 58.236 | — |

## 1.2 打钢筋混凝土板桩

**工作内容：** 打拔导桩，安、拆导向夹桩，移动桩架，捆桩、吊桩、就位、打桩、校正，安置或更换衬垫，添加润滑油、燃料，测量、记录等。

计量单位：$10m^3$

| 定额编号 | | | 2-008 | 2-009 | 2-010 | 2-011 | 2-012 | 2-013 |
|---|---|---|---|---|---|---|---|---|
| 项目 | | | $L\leqslant 8m$ | | | $L\leqslant 12m$ | | |
| | | | 陆上 | 支架上 | 船上 | 陆上 | 支架上 | 船上 |
| 名称 | | 单位 | 数量 | | | | | |
| 人工 | 综合工日 | 工日 | 6.884 | 8.949 | 9.706 | 5.296 | 6.885 | 7.467 |
| 材料 | 钢筋混凝土板桩 | $m^3$ | (10.150) | (10.150) | (10.150) | (10.150) | (10.150) | (10.150) |
| | 桩帽 | kg | 0.733 | 0.733 | 0.733 | 0.733 | 0.733 | 0.733 |
| | 硬垫木 | $m^3$ | 0.009 | 0.009 | 0.009 | 0.009 | 0.009 | 0.009 |
| | 白棕绳 | kg | 0.050 | 0.050 | 0.050 | 0.050 | 0.050 | 0.050 |
| | 草纸 | kg | 1.500 | 1.500 | 1.500 | 1.500 | 1.500 | 1.500 |
| 机械 | 履带式起重机 15t | 台班 | 0.765 | 0.995 | — | 0.589 | 0.766 | — |
| | 履带式柴油打桩机 2500kg | 台班 | 0.765 | — | — | 0.589 | — | — |
| | 轨道式柴油打桩机 2500kg | 台班 | — | 0.995 | 1.079 | — | 0.766 | 0.830 |
| | 木驳船 60t | t·d | — | — | 345.184 | — | — | 265.696 |

**工作内容：**打拔导桩，安、拆导向夹桩，移动桩架，捆桩、吊桩、就位、打桩、校正，安置或更换衬垫，添加润滑油、燃料，测量、记录等。

计量单位：$10m^3$

| 定额编号 | | | 2-014 | 2-015 | 2-016 |
|---|---|---|---|---|---|
| 项目 | | | $L\leqslant16m$ | | |
| | | | 陆上 | 支架上 | 船上 |
| 名称 | | 单位 | 数量 | | |
| 人工 | 综合工日 | 工日 | 4.237 | 5.507 | 5.973 |
| 材料 | 钢筋混凝土板桩 | $m^3$ | （10.150） | （10.150） | （10.150） |
| | 桩帽 | kg | 0.733 | 0.733 | 0.733 |
| | 硬垫木 | $m^3$ | 0.009 | 0.009 | 0.009 |
| | 白棕绳 | kg | 0.050 | 0.050 | 0.050 |
| | 草纸 | kg | 1.500 | 1.500 | 1.500 |
| 机械 | 履带式起重机 15t | 台班 | 0.470 | 0.612 | — |
| | 履带式柴油打桩机 2500kg | 台班 | 0.470 | — | — |
| | 轨道式柴油打桩机 2500kg | 台班 | — | 0.612 | 0.664 |
| | 铁驳船 100t | t·d | — | — | 212.336 |
| | 木驳船 60t | t·d | — | — | 79.626 |

## 1.3 打钢筋混凝土管桩

**工作内容：** 安拆桩帽，捆桩、吊桩、就位、打桩、校正，移动桩架，安置或更换衬垫，添加润滑油、燃料，测量、记录等。

计量单位：$10m^3$

| 定额编号 | | | 2-017 | 2-018 | 2-019 | 2-020 | 2-021 | 2-022 |
|---|---|---|---|---|---|---|---|---|
| 项目 | | | $\phi400$ $L\leq16m$ | | | $\phi550$ $L\leq24m$ | | |
| | | | 陆上 | 支架上 | 船上 | 陆上 | 支架上 | 船上 |
| 名称 | | 单位 | 数量 | | | | | |
| 人工 | 综合工日 | 工日 | 5.709 | 7.421 | 8.049 | 3.639 | 5.276 | 5.640 |
| 材料 | 钢筋混凝土管桩 | $m^3$ | (10.150) | (10.150) | (10.150) | (10.150) | (10.150) | (10.150) |
| | 桩帽 | kg | 0.982 | 0.982 | 0.982 | 1.349 | 1.349 | 1.349 |
| | 硬垫木 | $m^3$ | 0.012 | 0.012 | 0.012 | 0.016 | 0.016 | 0.016 |
| | 白棕绳 | kg | 0.050 | 0.050 | 0.050 | 0.050 | 0.050 | 0.050 |
| | 草纸 | kg | 2.010 | 2.010 | 2.010 | 2.760 | 2.760 | 2.760 |
| 机械 | 履带式起重机 15t | 台班 | 0.600 | 0.826 | — | 0.404 | 0.585 | — |
| | 履带式柴油打桩机 2500kg | 台班 | 0.600 | — | — | — | — | — |
| | 履带式柴油打桩机 5000kg | 台班 | — | — | — | 0.404 | — | — |
| | 轨道式柴油打桩机 2500kg | 台班 | — | 0.826 | 0.895 | — | — | — |
| | 轨道式柴油打桩机 4000kg | 台班 | — | — | — | — | 0.585 | 0.626 |
| | 铁驳船 100t | t·d | — | — | — | — | — | 182.127 |
| | 木驳船 60t | t·d | — | — | 286.421 | — | — | 68.297 |

**工作内容：** 安拆桩帽，捆桩、吊桩、就位、打桩、校正，移动桩架，安置或更换衬垫，添加润滑油、燃料，测量、记录等。

计量单位：10m³

| 定额编号 | | | 2-023 | 2-024 | 2-025 | 2-026 |
|---|---|---|---|---|---|---|
| 项目 | | | 陆上打管桩 | | | |
| | | | $\phi$600 | | | |
| | | | $L\leqslant$16m | $L\leqslant$24m | $L\leqslant$32m | $L\leqslant$40m |
| 名称 | | 单位 | 数量 | | | |
| 人工 | 综合工日 | 工日 | 3.804 | 3.338 | 3.168 | 3.258 |
| 材料 | 钢筋混凝土 PHC 桩 | m³ | （10.150） | （10.150） | （10.150） | （10.150） |
| | 桩帽 | kg | 1.466 | 1.466 | 1.466 | 1.466 |
| | 硬垫木 | m³ | 0.017 | 0.017 | 0.017 | 0.017 |
| | 白棕绳 | kg | 0.050 | 0.050 | 0.050 | 0.050 |
| | 草纸 | kg | 3.000 | 3.000 | 3.000 | 3.000 |
| 机械 | 履带式起重机 15t | 台班 | 0.423 | 0.370 | 0.352 | 0.359 |
| | 履带式柴油打桩机 5000kg | 台班 | 0.423 | 0.370 | 0.352 | — |
| | 履带式柴油打桩机 7000kg | 台班 | — | — | — | 0.359 |

**工作内容：**安拆桩帽，捆桩、吊桩、就位、打桩、校正，移动桩架，安置或更换衬垫，添加润滑油、燃料，测量、记录等。

计量单位：$10m^3$

| 定 额 编 号 | | | 2-027 | 2-028 | 2-029 | 2-030 |
|---|---|---|---|---|---|---|
| 项 目 | | | 陆上打管桩 | | | |
| | | | $\phi$800 | | | |
| | | | $L\leqslant$16m | $L\leqslant$24m | $L\leqslant$32m | $L\leqslant$40m |
| 名 称 | | 单位 | 数 量 | | | |
| 人工 | 综合工日 | 工日 | 2.853 | 2.504 | 2.376 | 2.444 |
| 材料 | 钢筋混凝土 PHC 桩 | $m^3$ | （10.150） | （10.150） | （10.150） | （10.150） |
| | 桩帽 | kg | 1.950 | 1.950 | 1.950 | 1.950 |
| | 硬垫木 | $m^3$ | 0.023 | 0.023 | 0.023 | 0.023 |
| | 白棕绳 | kg | 0.050 | 0.050 | 0.050 | 0.050 |
| | 草纸 | kg | 3.990 | 3.990 | 3.990 | 3.990 |
| 机械 | 履带式起重机 25t | 台班 | 0.317 | 0.278 | 0.265 | 0.269 |
| | 履带式柴油打桩机 7000kg | 台班 | 0.317 | 0.278 | 0.265 | — |
| | 履带式柴油打桩机 8000kg | 台班 | — | — | — | 0.269 |

**工作内容：**安拆桩帽，捆桩、吊桩、就位、打桩、校正，移动桩架，安置或更换衬垫，添加润滑油、燃料，测量、记录等。

计量单位：$10m^3$

| 定额编号 | | | 2-031 | 2-032 | 2-033 | 2-034 |
|---|---|---|---|---|---|---|
| 项目 | | | 陆上打管桩 | | | |
| | | | $\phi1000$ | | | |
| | | | $L\leqslant16m$ | $L\leqslant24m$ | $L\leqslant32m$ | $L\leqslant40m$ |
| 名称 | | 单位 | 数量 | | | |
| 人工 | 综合工日 | 工日 | 2.283 | 2.003 | 1.901 | 1.955 |
| 材料 | 钢筋混凝土 PHC 桩 | $m^3$ | (10.150) | (10.150) | (10.150) | (10.150) |
| | 桩帽 | kg | 2.448 | 2.448 | 2.448 | 2.448 |
| | 硬垫木 | $m^3$ | 0.025 | 0.025 | 0.025 | 0.025 |
| | 白棕绳 | kg | 0.050 | 0.050 | 0.050 | 0.050 |
| | 草纸 | kg | 5.010 | 5.010 | 5.010 | 5.010 |
| 机械 | 履带式起重机 25t | 台班 | 0.254 | 0.222 | 0.212 | 0.215 |
| | 履带式柴油打桩机 8000kg | 台班 | 0.254 | 0.222 | 0.212 | 0.215 |

## 1.4 陆上打钢管桩

**工作内容：** 安拆桩帽，捆桩、吊桩、就位、打桩、校正，移动桩架，安置或更换衬垫，添加润滑油、燃料，测量、记录等。

计量单位：10t

| 定额编号 | | | 2-035 | 2-036 | 2-037 | 2-038 | 2-039 | 2-040 |
|---|---|---|---|---|---|---|---|---|
| 项目 | | | $\phi$406.40 | | | $\phi$609.60 | | |
| | | | $L\leqslant30$m | $L\leqslant50$m | $L\leqslant70$m | $L\leqslant30$m | $L\leqslant50$m | $L\leqslant70$m |
| 名称 | | 单位 | 数量 | | | | | |
| 人工 | 综合工日 | 工日 | 21.184 | 13.987 | 13.236 | 14.752 | 9.821 | 9.251 |
| 材料 | 钢管桩 | t | 10.100 | 10.100 | 10.100 | 10.100 | 10.100 | 10.100 |
| | 中厚钢板 | kg | 20.891 | 10.445 | 6.963 | 26.960 | 13.480 | 8.987 |
| | 桩帽 | kg | 1.794 | 0.897 | 0.598 | 2.011 | 1.005 | 0.670 |
| | 硬垫木 | $m^3$ | 0.008 | 0.004 | 0.003 | 0.005 | 0.003 | 0.002 |
| | 白棕绳 | kg | 0.187 | 0.093 | 0.062 | 0.125 | 0.063 | 0.042 |
| | 其他材料费 | % | 0.900 | 0.440 | 0.300 | 0.700 | 0.340 | 0.230 |
| 机械 | 履带式起重机 15t | 台班 | 1.220 | 0.904 | 0.799 | 0.804 | 0.610 | 0.536 |
| | 履带式柴油打桩机 2500kg | 台班 | 1.220 | — | — | — | — | — |
| | 履带式柴油打桩机 5000kg | 台班 | — | 0.904 | — | 0.804 | — | — |
| | 履带式柴油打桩机 7000kg | 台班 | — | — | 0.799 | — | 0.610 | — |
| | 履带式柴油打桩机 8000kg | 台班 | — | — | — | — | — | 0.536 |

**工作内容：** 安拆桩帽，捆桩、吊桩、就位、打桩、校正，移动桩架，安置或更换衬垫，添加润滑油、燃料，测量、记录等。

计量单位：10t

| 定额编号 | | | 2-041 | 2-042 | 2-043 |
|---|---|---|---|---|---|
| 项目 | | | $\phi$914.40 | | |
| | | | $L\leqslant30$m | $L\leqslant50$m | $L\leqslant70$m |
| 名称 | | 单位 | 数量 | | |
| 人工 | 综合工日 | 工日 | 10.305 | 8.705 | 6.811 |
| 材料 | 钢管桩 | t | 10.100 | 10.100 | 10.100 |
| | 中厚钢板 | kg | 36.535 | 18.268 | 12.179 |
| | 桩帽 | kg | 2.385 | 1.193 | 0.795 |
| | 硬垫木 | $m^3$ | 0.003 | 0.002 | 0.001 |
| | 白棕绳 | kg | 0.106 | 0.053 | 0.035 |
| | 其他材料费 | % | 0.570 | 0.290 | 0.190 |
| 机械 | 履带式起重机 15t | 台班 | 0.692 | 0.514 | 0.455 |
| | 履带式柴油打桩机 5000kg | 台班 | 0.692 | — | — |
| | 履带式柴油打桩机 7000kg | 台班 | — | 0.514 | — |
| | 履带式柴油打桩机 8000kg | 台班 | — | — | 0.455 |

## 1.5 接　　桩

**工作内容：** 1. 焊接桩：对接、校正，垫铁片，安角铁、焊接。
2. 法兰接桩：上下对接、校正，垫铁片、上螺栓、绞紧，焊接。
3. 钢管桩、钢筋混凝土管桩电焊接桩：准备工具，磨焊接头，上、下节桩对接，焊接。

计量单位：个

| 定额编号 | | | 2-044 | 2-045 | 2-046 | 2-047 | 2-048 |
|---|---|---|---|---|---|---|---|
| 项目 | | | 方桩焊接桩 | 法兰接桩 | 钢管桩电焊接桩 | | |
| | | | | | $\phi$406.40 | $\phi$609.60 | $\phi$914.40 |
| 名称 | | 单位 | 数量 | | | | |
| 人工 | 综合工日 | 工日 | 1.063 | 0.880 | 0.690 | 0.745 | 0.800 |
| 材料 | 型钢 | kg | 25.500 | — | — | — | — |
| | 螺栓 | kg | — | 3.744 | — | — | — |
| | 石油沥青 | kg | — | 9.300 | — | — | — |
| | 电焊条 | kg | 4.000 | 1.040 | — | — | — |
| | 电焊丝 | kg | — | — | 1.720 | 2.590 | 3.860 |

续前

| 定额编号 | | | 2-044 | 2-045 | 2-046 | 2-047 | 2-048 |
|---|---|---|---|---|---|---|---|
| 项目 | | | 方桩焊接桩 | 法兰接桩 | 钢管桩电焊接桩 | | |
| | | | | | $\phi$406.40 | $\phi$609.60 | $\phi$914.40 |
| 名称 | | 单位 | 数量 | | | | |
| 材料 | 砂轮片 | 只 | — | — | 0.500 | 0.750 | 1.000 |
| | 导电嘴 | 套 | — | — | 0.365 | 0.371 | 0.946 |
| | 导电杆 | 只 | — | — | 0.004 | 0.007 | 0.010 |
| | 氧气 | $m^3$ | — | — | 0.455 | 0.520 | 0.585 |
| | 乙炔气 | kg | — | — | 0.150 | 0.173 | 0.194 |
| 机械 | 履带式柴油打桩机 5000kg | 台班 | 0.031 | — | 0.070 | 0.080 | 0.090 |
| | 轨道式柴油打桩机 2500kg | 台班 | — | 0.050 | — | — | — |
| | 轨道式柴油打桩机 4000kg | 台班 | 0.031 | — | — | — | — |
| | 交流电焊机 30kV·A | 台班 | 0.125 | 0.050 | — | — | — |
| | 半自动电焊机 | 台班 | — | — | 0.070 | 0.125 | 0.180 |

工作内容：1. 焊接桩：对接、校正，垫铁片，安角铁、焊接。
2. 法兰接桩：上下对接、校正，垫铁片、上螺栓、绞紧，焊接。
3. 钢管桩、钢筋混凝土管桩电焊接桩：准备工具，磨焊接头，上、下节桩对接，焊接。

计量单位：个

| 定额编号 | | | 2-049 | 2-050 | 2-051 | 2-052 | 2-053 |
|---|---|---|---|---|---|---|---|
| 项目 | | | 钢筋混凝土管桩电焊接桩 | | | | |
| | | | $\phi$400 | $\phi$550 | $\phi$600 | $\phi$800 | $\phi$1000 |
| 名称 | | 单位 | 数量 | | | | |
| 人工 | 综合工日 | 工日 | 0.186 | 0.255 | 0.277 | 0.370 | 0.463 |
| 材料 | 电焊条 | kg | 1.840 | 2.530 | 2.740 | 3.660 | 4.580 |
| 机械 | 履带式起重机 15t | 台班 | 0.055 | 0.076 | 0.082 | 0.110 | 0.137 |
| | 轨道式柴油打桩机 2500kg | 台班 | 0.055 | — | — | — | — |
| | 轨道式柴油打桩机 4000kg | 台班 | — | 0.076 | — | — | — |
| | 履带式柴油打桩机 5000kg | 台班 | — | — | 0.082 | — | — |
| | 履带式柴油打桩机 7000kg | 台班 | — | — | — | 0.110 | — |
| | 履带式柴油打桩机 8000kg | 台班 | — | — | — | — | 0.137 |
| | 交流电焊机 30kV·A | 台班 | 0.110 | 0.151 | 0.164 | 0.219 | 0.274 |

## 1.6 送 桩

**工作内容：**安装、拆除送桩帽、送桩杆，打送桩，安置或更换衬垫，添加润滑油、燃料，测量、记录，移动桩架等。

计量单位：$10m^3$

| 定额编号 | | | 2-054 | 2-055 | 2-056 |
|---|---|---|---|---|---|
| 项目 | | | 方桩（$L \leqslant 12m$） | | |
| | | | 陆上 | 支架上 | 船上 |
| 名称 | | 单位 | 数量 | | |
| 人工 | 综合工日 | 工日 | 5.408 | 7.031 | 7.626 |
| 材料 | 送桩帽 | kg | 7.724 | 7.724 | 7.724 |
| | 硬垫木 | $m^3$ | 0.003 | 0.003 | 0.003 |
| | 白棕绳 | kg | 0.050 | 0.050 | 0.050 |
| | 钢丝绳 | kg | 0.022 | 0.022 | 0.022 |
| | 草纸 | kg | 2.000 | 2.000 | 2.000 |
| 机械 | 履带式起重机 15t | 台班 | 0.601 | 0.782 | — |
| | 履带式柴油打桩机 2500kg | 台班 | 0.601 | — | — |
| | 轨道式柴油打桩机 2500kg | 台班 | — | 0.782 | 0.842 |
| | 木驳船 60t | t·d | — | — | 269.422 |

**工作内容：**安装、拆除送桩帽、送桩杆，打送桩，安置或更换衬垫，添加润滑油、燃料，测量、记录，移动桩架等。

计量单位：$10m^3$

| 定额编号 | | | 2-057 | 2-058 | 2-059 | 2-060 |
|---|---|---|---|---|---|---|
| 项目 | | | 方桩（$L \leq 28m$） | | | 方桩（$L \leq 45m$） |
| | | | 陆上 | 支架上 | 船上 | 陆上 |
| 名称 | | 单位 | 数量 | | | |
| 人工 | 综合工日 | 工日 | 6.209 | 9.003 | 9.623 | 7.607 |
| 材料 | 送桩帽 | kg | 7.724 | 7.724 | 7.724 | 7.724 |
| | 硬垫木 | $m^3$ | 0.003 | 0.003 | 0.003 | 0.003 |
| | 白棕绳 | kg | 0.050 | 0.050 | 0.050 | 0.050 |
| | 钢丝绳 | kg | 0.022 | 0.022 | 0.022 | 0.022 |
| | 草纸 | kg | 2.000 | 2.000 | 2.000 | 2.000 |
| 机械 | 履带式起重机 15t | 台班 | 0.691 | 1.002 | — | 0.845 |
| | 履带式柴油打桩机 5000kg | 台班 | 0.691 | — | — | — |
| | 履带式柴油打桩机 7000kg | 台班 | — | — | — | 0.845 |
| | 轨道式柴油打桩机 4000kg | 台班 | — | 1.002 | 1.072 | — |
| | 铁驳船 100t | t·d | — | — | 389.620 | — |
| | 木驳船 60t | t·d | — | — | 116.886 | — |

**工作内容：**安装、拆除送桩帽、送桩杆，打送桩，安置或更换衬垫，添加润滑油、燃料，测量、记录，移动桩架等。

计量单位：10m³

| 定额编号 | | | 2-061 | 2-062 | 2-063 | 2-064 | 2-065 | 2-066 |
|---|---|---|---|---|---|---|---|---|
| 项目 | | | $\phi$400 钢筋混凝土管桩 | | | $\phi$550 钢筋混凝土管桩 | | |
| | | | 陆上 | 支架上 | 船上 | 陆上 | 支架上 | 船上 |
| 名称 | | 单位 | 数量 | | | | | |
| 人工 | 综合工日 | 工日 | 8.217 | 10.682 | 11.581 | 7.637 | 11.073 | 11.838 |
| 材料 | 送桩帽 | kg | 5.175 | 5.175 | 5.175 | 7.106 | 7.106 | 7.106 |
| | 硬垫木 | m³ | 0.006 | 0.006 | 0.006 | 0.008 | 0.008 | 0.008 |
| | 白棕绳 | kg | 0.050 | 0.050 | 0.050 | 0.050 | 0.050 | 0.050 |
| | 钢丝绳 | kg | 0.014 | 0.014 | 0.014 | 0.019 | 0.019 | 0.019 |
| | 草纸 | kg | 1.005 | 1.005 | 1.005 | 1.380 | 1.380 | 1.380 |
| 机械 | 履带式起重机 15t | 台班 | 0.913 | 1.187 | — | 0.849 | 1.231 | — |
| | 履带式柴油打桩机 2500kg | 台班 | 0.913 | — | — | — | — | — |
| | 履带式柴油打桩机 5000kg | 台班 | — | — | — | 0.849 | — | — |
| | 轨道式柴油打桩机 2500kg | 台班 | — | 1.187 | 1.288 | — | — | — |
| | 轨道式柴油打桩机 4000kg | 台班 | — | — | — | — | 1.231 | 1.316 |
| | 木驳船 60t | t·d | — | — | 411.991 | — | — | 143.658 |
| | 铁驳船 100t | t·d | — | — | — | — | — | 383.088 |

**工作内容：** 安装、拆除送桩帽、送桩杆，打送桩，安置或更换衬垫，添加润滑油、燃料，测量、记录，移动桩架等。

计量单位：$10m^3$

| 定额编号 | | | 2-067 | 2-068 | 2-069 | 2-070 |
|---|---|---|---|---|---|---|
| 项目 | | | 陆上送 $\phi$600 钢筋混凝土管桩 | | | |
| | | | $L\leqslant16m$ | $L\leqslant24m$ | $L\leqslant32m$ | $L\leqslant40m$ |
| 名称 | | 单位 | 数量 | | | |
| 人工 | 综合工日 | 工日 | 5.477 | 7.007 | 8.523 | 10.920 |
| 材料 | 送桩帽 | kg | 7.724 | 7.724 | 7.724 | 7.724 |
| | 硬垫木 | $m^3$ | 0.009 | 0.009 | 0.009 | 0.009 |
| | 白棕绳 | kg | 0.050 | 0.050 | 0.050 | 0.050 |
| | 钢丝绳 | kg | 0.021 | 0.021 | 0.021 | 0.021 |
| | 草纸 | kg | 1.500 | 1.500 | 1.500 | 1.500 |
| 机械 | 履带式起重机 15t | 台班 | 0.608 | 0.779 | 0.946 | 1.214 |
| | 履带式柴油打桩机 5000kg | 台班 | 0.608 | 0.779 | 0.946 | — |
| | 履带式柴油打桩机 7000kg | 台班 | — | — | — | 1.214 |

**工作内容：**安装、拆除送桩帽、送桩杆，打送桩，安置或更换衬垫，添加润滑油、燃料，测量、记录，移动桩架等。

计量单位：$10m^3$

| 定额编号 | | | 2-071 | 2-072 | 2-073 | 2-074 |
|---|---|---|---|---|---|---|
| 项目 | | | 陆上送 $\phi$800 钢筋混凝土管桩 | | | |
| | | | $L\leqslant16m$ | $L\leqslant24m$ | $L\leqslant32m$ | $L\leqslant40m$ |
| 名称 | | 单位 | 数量 | | | |
| 人工 | 综合工日 | 工日 | 4.108 | 5.256 | 6.392 | 8.19[illegible] |
| 材料 | 送桩帽 | kg | 10.273 | 10.273 | 10.273 | 10.273 |
| | 硬垫木 | $m^3$ | 0.011 | 0.011 | 0.011 | 0.011 |
| | 白棕绳 | kg | 0.050 | 0.050 | 0.050 | 0.050 |
| | 钢丝绳 | kg | 0.028 | 0.028 | 0.028 | 0.028 |
| | 草纸 | kg | 1.995 | 1.995 | 1.995 | 1.995 |
| 机械 | 履带式起重机 15t | 台班 | 0.457 | 0.584 | 0.710 | 0.911 |
| | 履带式柴油打桩机 7000kg | 台班 | 0.457 | 0.584 | 0.710 | — |
| | 履带式柴油打桩机 8000kg | 台班 | — | — | — | 0.911 |

**工作内容：**安装、拆除送桩帽、送桩杆，打送桩，安置或更换衬垫，添加润滑油、燃料，测量、记录，移动桩架等。

计量单位：$10m^3$

| 定额编号 | | | 2-075 | 2-076 | 2-077 | 2-078 |
|---|---|---|---|---|---|---|
| 项目 | | | 陆上送 $\phi$1000 钢筋混凝土管桩 | | | |
| | | | $L\leqslant16m$ | $L\leqslant24m$ | $L\leqslant32m$ | $L\leqslant40m$ |
| 名称 | | 单位 | 数量 | | | |
| 人工 | 综合工日 | 工日 | 3.287 | 4.203 | 5.114 | 6.553 |
| 材料 | 送桩帽 | kg | 12.899 | 12.899 | 12.899 | 12.899 |
| | 硬垫木 | $m^3$ | 0.014 | 0.014 | 0.014 | 0.014 |
| | 白棕绳 | kg | 0.050 | 0.050 | 0.050 | 0.050 |
| | 钢丝绳 | kg | 0.035 | 0.035 | 0.035 | 0.035 |
| | 草纸 | kg | 2.505 | 2.505 | 2.505 | 2.505 |
| 机械 | 履带式起重机 15t | 台班 | 0.365 | 0.467 | 0.568 | 0.729 |
| | 履带式柴油打桩机 8000kg | 台班 | 0.365 | 0.467 | 0.568 | 0.729 |

## 1.7 钢管桩内切割

**工作内容：**准备机具，测定标高，钢管桩内排水，内切割钢管，截除钢管、就地安放。

计量单位：根

| 定额编号 | | | 2-079 | 2-080 | 2-081 |
|---|---|---|---|---|---|
| 项目 | | | 内切割 | | |
| | | | $\phi$406.40 | $\phi$609.60 | $\phi$914.40 |
| 名称 | | 单位 | 数量 | | |
| 人工 | 综合工日 | 工日 | 1.090 | 1.180 | 1.270 |
| 材料 | 氧气 | $m^3$ | 4.962 | 5.580 | 6.198 |
| | 乙炔气 | kg | 1.645 | 1.851 | 2.056 |
| 机械 | 履带式起重机 60t | 台班 | 0.090 | 0.100 | 0.110 |
| | 管内外切割机 | 台班 | 0.090 | 0.100 | 0.110 |
| | 潜水泵 $\phi$100 | 台班 | 0.137 | 0.137 | 0.137 |

## 1.8 钢管桩精割盖帽

**工作内容：** 准备机具，测定标高划线，整圆，精割，清泥，除锈，安放及焊接盖帽等。

计量单位：.只

| 定额编号 | | | 2-082 | 2-083 | 2-084 |
|---|---|---|---|---|---|
| 项目 | | | 精割盖帽 | | |
| | | | $\phi$406.40 | $\phi$609.60 | $\phi$914.40 |
| 名称 | | 单位 | 数量 | | |
| 人工 | 综合工日 | 工日 | 1.680 | 2.010 | 2.550 |
| 材料 | 中厚钢板 | kg | 20.000 | 55.000 | 96.000 |
| | 氧气 | $m^3$ | 5.035 | 5.640 | 6.244 |
| | 乙炔气 | kg | 1.669 | 1.870 | 2.071 |
| | 电焊丝 | kg | 1.720 | 2.590 | 3.860 |
| | 砂轮片 | 只 | 1.372 | 1.372 | 1.372 |
| | 导电嘴 | 套 | 0.521 | 0.541 | 0.690 |
| 机械 | 履带式起重机 15t | 台班 | 0.080 | 0.110 | 0.160 |
| | 半自动电焊机 | 台班 | 0.080 | 0.110 | 0.160 |
| | 手提砂轮机 $\phi$150 | 台班 | 0.529 | 0.540 | 0.690 |

## 1.9 钢管桩管内钻孔取土

**工作内容：**准备钻孔机具，钻机就位，钻孔取土，土方现场 150m 运输。

计量单位：10m³

| 定额编号 | | | 2-085 |
|---|---|---|---|
| 项目 | | | 管内钻孔取土 |
| 名称 | | 单位 | 数量 |
| 人工 | 综合工日 | 工日 | 12.570 |
| 机械 | 履带式柴油打桩机 2500kg | 台班 | 0.800 |
| | 螺旋钻机 $\phi600$ | 台班 | 0.800 |
| | 机动翻斗车 1t | 台班 | 1.600 |

## 1.10 钢管桩填心

**工作内容：**冲洗管桩内心，排水，混凝土填心。

计量单位：$10m^3$

| 定额编号 | | | 2-086 |
|---|---|---|---|
| 项目 | | | 钢管桩填心 |
| | | | 混凝土 |
| 名称 | | 单位 | 数量 |
| 人工 | 综合工日 | 工日 | 2.563 |
| 材料 | 预拌混凝土 C20（非泵送） | $m^3$ | 10.150 |
| | 电 | kW·h | 1.480 |
| | 水 | $m^3$ | 3.000 |
| 机械 | 潜水泵 $\phi100$ | 台班 | 0.070 |

# 2　钻孔灌注桩工程

# 说　明

一、本章定额包括埋设护筒、人工挖孔、卷扬机带冲抓锥、冲击钻机、回旋钻机四种成孔方式及灌注混凝土等项目，共 6 节 111 个子目。

二、钻孔灌注桩成孔土质按土壤及岩石（普氏）分类法划分。

三、成孔定额按孔径、深度和土质划分项目，若超过定额使用范围时，应另行计算。

四、埋设钢护筒定额中钢护筒按摊销量计算，若在深水作业，钢护筒无法拔出时，经建设单位签证后，可按钢护筒实际用量（或参考下表重量）减去定额数量一次增列计算，但该部分不得计取除税金外的其他费用。

| 桩径（mm） | 800 | 1000 | 1200 | 1500 | 2000 |
| --- | --- | --- | --- | --- | --- |
| 每米护筒重量（kg/m） | 155.06 | 184.87 | 285.93 | 345.09 | 554.60 |

五、灌注桩混凝土均考虑混凝土水下施工，在工作平台上导管倾注混凝土。定额中已包括设备（如导管等）摊销及扩孔增加的混凝土数量，不得另行计算。

六、定额中未包括：钻机场外运输、截除余桩、废泥浆处理及外运，其费用可另行计算。

七、定额中不包括在钻孔中遇到障碍必须清除的工作，发生时另行计算。

八、成孔定额按黏土造浆考虑。

九、人工挖桩孔采用现浇混凝土护壁时套用第四册相关项目计算，废泥浆运弃套用第一册相关项目计算。

## 工程量计算规则

一、灌注桩成孔工程量按设计入土深度计算。定额中的孔深指护筒顶至桩底的深度。成孔定额中同一孔内的不同土质，不论其所在的深度如何，均执行总孔深定额。

二、人工挖桩孔土方工程量按护壁外缘包围的面积乘以深度计算。

三、灌注桩水下混凝土工程量按设计桩长增加 1.0m 乘以设计桩截面面积计算。

四、灌注桩工作平台按本册第 8 章有关项目计算。

五、钻孔灌注桩钢筋笼按设计图纸计算，套用本册第 4 章钢筋工程有关项目。

六、钻孔灌注桩需使用预埋铁件时，套用本册第 4 章钢筋工程有关项目。

## 2.1 埋设钢护筒

**工作内容：**挖土，吊装、就位、埋设、接护筒，定位下沉，还土、夯实，拆除，清洗、堆放等。

计量单位：10m

| 定额编号 | | | 2-087 | 2-088 | 2-089 | 2-090 | 2-091 |
|---|---|---|---|---|---|---|---|
| 项目 | | | 陆上 | | | | |
| | | | $\phi \leqslant 800$ | $\phi \leqslant 1000$ | $\phi \leqslant 1200$ | $\phi \leqslant 1500$ | $\phi \leqslant 2000$ |
| 名称 | | 单位 | 数量 | | | | |
| 人工 | 综合工日 | 工日 | 17.798 | 22.248 | 27.363 | 35.613 | 47.483 |
| 材料 | 钢护筒 | t | 0.022 | 0.026 | 0.040 | 0.049 | 0.078 |
| | 其他材料费 | % | 5.000 | 5.000 | 5.000 | 5.000 | 5.000 |
| 机械 | 履带式电动起重机 5t | 台班 | 1.618 | 2.023 | 2.488 | 3.238 | 4.317 |

**工作内容：**挖土，吊装、就位、埋设、接护筒，定位下沉，还土、夯实，拆除，清洗、堆放等。

计量单位：10m

| 定额编号 | | | 2-092 | 2-093 | 2-094 | 2-095 | 2-096 |
|---|---|---|---|---|---|---|---|
| 项目 | | | 支架上 | | | | |
| | | | $\phi\leq800$ | $\phi\leq1000$ | $\phi\leq1200$ | $\phi\leq1500$ | $\phi\leq2000$ |
| 名称 | | 单位 | 数量 | | | | |
| 人工 | 综合工日 | 工日 | 6.318 | 7.393 | 8.310 | 10.185 | 19.914 |
| 材料 | 圆钉 | kg | 0.010 | 0.010 | 0.010 | 0.010 | 0.010 |
| | 扒钉 | kg | 0.310 | 0.310 | 0.310 | 0.310 | 0.310 |
| | 钢护筒 | t | 0.022 | 0.026 | 0.040 | 0.049 | 0.078 |
| | 钢轨 | kg | 12.720 | 12.720 | 12.720 | 12.720 | 12.720 |
| | 原木 | $m^3$ | 0.004 | 0.004 | 0.004 | 0.004 | 0.004 |
| | 枋木 | $m^3$ | 0.028 | 0.028 | 0.028 | 0.028 | 0.028 |
| | 锯材 | $m^3$ | 0.002 | 0.002 | 0.002 | 0.002 | 0.002 |
| | 其他材料费 | % | 5.000 | 5.000 | 5.000 | 5.000 | 5.000 |
| 机械 | 电动卷扬机 单筒快速 1t | 台班 | 0.278 | 0.347 | 0.401 | 0.572 | 1.255 |
| | 电动卷扬机 双筒慢速 5t | 台班 | 0.342 | 0.428 | 0.502 | 0.601 | 1.323 |
| | 振动锤 90kW | 台班 | 0.620 | 0.775 | 0.903 | 1.173 | 2.573 |

## 2.2 人工挖桩孔

**工作内容：** 人工挖土、装土、清理，小量排水，护壁安装，卷扬机吊运土等。

计量单位：$10m^3$

| 定额编号 | | | 2-097 | 2-098 | 2-099 | 2-100 | 2-101 |
|---|---|---|---|---|---|---|---|
| 项目 | | | 挖孔（孔深10m以内） | | 挖孔（孔深10m以外） | | 安装预制混凝土护壁 |
| | | | Ⅰ、Ⅱ类土 | Ⅲ、Ⅳ类土 | Ⅰ、Ⅱ类土 | Ⅲ、Ⅳ类土 | |
| 名称 | | 单位 | 数量 | | | | |
| 人工 | 综合工日 | 工日 | 9.252 | 11.308 | 12.336 | 15.009 | 10.694 |
| 材料 | 原木 | $m^3$ | 0.003 | 0.003 | 0.006 | 0.006 | — |
| | 枋木 | $m^3$ | 0.002 | 0.002 | 0.004 | 0.004 | — |
| | 锯材 | $m^3$ | 0.001 | 0.001 | 0.002 | 0.002 | — |
| | 圆钉 | kg | 0.010 | 0.010 | 0.020 | 0.020 | — |
| | 扒钉 | kg | 0.310 | 0.310 | 0.620 | 0.620 | — |
| | 预制混凝土护壁 | $m^3$ | — | — | — | — | （10.150） |
| 机械 | 电动卷扬机 单筒快速 1t | 台班 | 2.880 | 3.510 | 3.820 | 4.660 | 1.440 |
| | 电动卷扬机 双筒慢速 5t | 台班 | 2.880 | 3.510 | 3.820 | 4.660 | 1.440 |
| | 潜水泵 $\phi100$ | 台班 | 0.360 | 0.439 | 0.955 | 1.165 | 0.360 |
| | 轴流风机 7.5kW | 台班 | — | — | 1.910 | 2.330 | 0.720 |

# 2.3 回旋钻机钻孔

**工作内容：** 装、拆钻架，就位、移动，安、拆泥浆循环系统，泥浆制作及输送，钻进、提钻、出碴、清孔，测量孔径、孔深等。

计量单位：10m

| 定额编号 | | | 2-102 | 2-103 | 2-104 | 2-105 | 2-106 | 2-107 |
|---|---|---|---|---|---|---|---|---|
| 项目 | | | $\phi\leqslant1000$ $H\leqslant40m$ | | | | | |
| | | | Ⅰ类土 | Ⅱ类土 | Ⅲ类土 | Ⅳ类土 | Ⅴ、Ⅵ类石 | Ⅶ~Ⅸ类石 |
| 名称 | | 单位 | 数量 | | | | | |
| 人工 | 综合工日 | 工日 | 8.203 | 8.844 | 13.498 | 20.398 | 36.730 | 51.830 |
| 材料 | 枋木 | $m^3$ | 0.007 | 0.007 | 0.007 | 0.007 | 0.007 | 0.007 |
| | 电焊条 | kg | 0.100 | 0.200 | 0.300 | 0.500 | 1.000 | 1.200 |
| | 铁件 | kg | 5.100 | 5.100 | 5.100 | 5.100 | 5.100 | 5.100 |
| | 水 | $m^3$ | 51.444 | 48.498 | 55.862 | 55.862 | 52.916 | 52.916 |
| | 黏土 | $m^3$ | 1.964 | 0.982 | 3.436 | 3.436 | 2.454 | 2.454 |
| | 钻头 | kg | 0.706 | 0.744 | 0.810 | 0.883 | 1.788 | 2.181 |
| 机械 | 回旋钻机 $\phi$1000 以内 | 台班 | 1.740 | 1.940 | 3.220 | 5.180 | 9.930 | 14.240 |
| | 履带式起重机 15t | 台班 | 0.080 | 0.080 | 0.080 | 0.080 | 0.080 | 0.030 |
| | 载重汽车 10t | 台班 | 0.080 | 0.080 | 0.080 | 0.080 | 0.080 | 0.030 |
| | 灰浆搅拌机 200L | 台班 | 0.270 | 0.270 | 0.270 | 0.270 | 0.270 | 0.270 |
| | 泥浆泵 $\phi$100 | 台班 | 1.415 | 1.577 | 2.618 | 4.211 | 8.073 | 11.577 |
| | 潜水泵 $\phi$100 | 台班 | 0.707 | 0.789 | 1.309 | 2.106 | 4.037 | 5.789 |
| | 交流电焊机 30kV·A | 台班 | 0.010 | 0.020 | 0.030 | 0.050 | 0.100 | 0.120 |

**工作内容：** 装、拆钻架，就位、移动，安、拆泥浆循环系统，泥浆制作及输送，钻进、提钻、出碴、清孔，测量孔径、孔深等。

计量单位：10m

| 定额编号 | | | 2-108 | 2-109 | 2-110 | 2-111 | 2-112 | 2-113 |
|---|---|---|---|---|---|---|---|---|
| 项目 | | | $\phi \leqslant 1000$ $H \leqslant 60m$ | | | | | |
| | | | Ⅰ类土 | Ⅱ类土 | Ⅲ类土 | Ⅳ类土 | Ⅴ、Ⅵ类石 | Ⅶ~Ⅸ类石 |
| 名称 | | 单位 | 数量 | | | | | |
| 人工 | 综合工日 | 工日 | 8.443 | 9.077 | 14.709 | 22.941 | 45.272 | 63.969 |
| 材料 | 枋木 | $m^3$ | 0.005 | 0.005 | 0.005 | 0.005 | 0.005 | 0.005 |
| | 电焊条 | kg | 0.100 | 0.200 | 0.300 | 0.500 | 1.000 | 1.200 |
| | 铁件 | kg | 5.100 | 5.100 | 5.100 | 5.100 | 5.100 | 5.100 |
| | 水 | $m^3$ | 51.444 | 48.498 | 55.862 | 55.862 | 52.916 | 52.916 |
| | 黏土 | $m^3$ | 1.964 | 0.982 | 3.436 | 3.436 | 2.454 | 2.454 |
| | 钻头 | kg | 0.706 | 0.744 | 0.810 | 0.883 | 1.788 | 2.181 |
| 机械 | 回旋钻机 $\phi$1000 以内 | 台班 | 1.787 | 1.989 | 3.494 | 5.802 | 12.244 | 17.558 |
| | 履带式起重机 15t | 台班 | 0.080 | 0.080 | 0.080 | 0.080 | 0.080 | 0.080 |
| | 载重汽车 10t | 台班 | 0.080 | 0.080 | 0.080 | 0.080 | 0.080 | 0.080 |
| | 灰浆搅拌机 200L | 台班 | 0.270 | 0.270 | 0.270 | 0.270 | 0.270 | 0.270 |
| | 泥浆泵 $\phi$100 | 台班 | 1.453 | 1.617 | 2.840 | 4.717 | 9.954 | 14.275 |
| | 潜水泵 $\phi$100 | 台班 | 0.726 | 0.808 | 1.420 | 2.358 | 4.977 | 7.137 |
| | 交流电焊机 30kV·A | 台班 | 0.010 | 0.020 | 0.030 | 0.050 | 0.100 | 0.120 |

**工作内容：** 装、拆钻架，就位、移动，安、拆泥浆循环系统，泥浆制作及输送，钻进、提钻、出碴、清孔，测量孔径、孔深等。

计量单位：10m

| 定额编号 | | | 2-114 | 2-115 | 2-116 | 2-117 | 2-118 | 2-119 |
|---|---|---|---|---|---|---|---|---|
| 项目 | | | $\phi \leqslant 1200$　$H \leqslant 40m$ | | | | | |
| | | | Ⅰ类土 | Ⅱ类土 | Ⅲ类土 | Ⅳ类土 | Ⅴ、Ⅵ类石 | Ⅶ~Ⅸ类石 |
| 名称 | | 单位 | 数量 | | | | | |
| 人工 | 综合工日 | 工日 | 8.295 | 9.097 | 14.286 | 21.486 | 37.788 | 54.388 |
| 材料 | 枋木 | $m^3$ | 0.010 | 0.010 | 0.010 | 0.010 | 0.010 | 0.010 |
| | 电焊条 | kg | 0.100 | 0.200 | 0.300 | 0.500 | 1.100 | 1.300 |
| | 铁件 | kg | 5.100 | 5.100 | 5.100 | 5.100 | 5.100 | 5.100 |
| | 水 | $m^3$ | 74.081 | 69.839 | 80.442 | 80.442 | 76.201 | 76.201 |
| | 黏土 | $m^3$ | 2.828 | 1.414 | 4.948 | 4.948 | 3.534 | 3.534 |
| | 钻头 | kg | 0.847 | 0.893 | 0.972 | 1.060 | 2.145 | 2.617 |
| 机械 | 回旋钻机　$\phi$1500 以内 | 台班 | 1.770 | 1.970 | 3.350 | 5.420 | 10.150 | 14.910 |
| | 履带式起重机 15t | 台班 | 0.080 | 0.080 | 0.080 | 0.080 | 0.080 | 0.080 |
| | 载重汽车 10t | 台班 | 0.080 | 0.080 | 0.080 | 0.080 | 0.080 | 0.080 |
| | 灰浆搅拌机 200L | 台班 | 0.380 | 0.380 | 0.380 | 0.380 | 0.380 | 0.380 |
| | 泥浆泵　$\phi$100 | 台班 | 1.439 | 1.602 | 2.724 | 4.407 | 8.252 | 12.122 |
| | 潜水泵　$\phi$100 | 台班 | 0.720 | 0.801 | 1.362 | 2.203 | 4.126 | 6.061 |
| | 交流电焊机 30kV·A | 台班 | 0.010 | 0.020 | 0.030 | 0.050 | 0.110 | 0.130 |

**工作内容：**装、拆钻架，就位、移动，安、拆泥浆循环系统，泥浆制作及输送，钻进、提钻、出碴、清孔，测量孔径、孔深等。

计量单位：10m

| 定额编号 | | | 2-120 | 2-121 | 2-122 | 2-123 | 2-124 | 2-125 |
|---|---|---|---|---|---|---|---|---|
| 项目 | | | $\phi \leqslant 1200$  $H \leqslant 60m$ | | | | | |
| | | | Ⅰ类土 | Ⅱ类土 | Ⅲ类土 | Ⅳ类土 | Ⅴ、Ⅵ类石 | Ⅶ~Ⅸ类石 |
| 名称 | | 单位 | 数量 | | | | | |
| 人工 | 综合工日 | 工日 | 8.695 | 9.397 | 15.386 | 23.886 | 47.788 | 68.188 |
| 材料 | 枋木 | $m^3$ | 0.007 | 0.007 | 0.007 | 0.007 | 0.007 | 0.007 |
| | 电焊条 | kg | 0.100 | 0.200 | 0.300 | 0.500 | 1.100 | 1.300 |
| | 铁件 | kg | 5.100 | 5.100 | 5.100 | 5.100 | 5.100 | 5.100 |
| | 水 | $m^3$ | 74.081 | 69.839 | 80.442 | 80.442 | 76.201 | 76.201 |
| | 黏土 | $m^3$ | 2.828 | 1.414 | 4.948 | 4.948 | 3.534 | 3.534 |
| | 钻头 | kg | 0.847 | 0.893 | 0.972 | 1.060 | 2.145 | 2.617 |
| 机械 | 回旋钻机 $\phi$1500以内 | 台班 | 2.000 | 2.250 | 3.800 | 6.240 | 13.180 | 19.000 |
| | 履带式起重机 15t | 台班 | 0.050 | 0.050 | 0.050 | 0.050 | 0.050 | 0.050 |
| | 载重汽车 10t | 台班 | 0.050 | 0.050 | 0.050 | 0.050 | 0.050 | 0.050 |
| | 灰浆搅拌机 200L | 台班 | 0.380 | 0.380 | 0.380 | 0.380 | 0.380 | 0.380 |
| | 泥浆泵 $\phi$100 | 台班 | 1.626 | 1.829 | 3.089 | 5.073 | 10.715 | 15.447 |
| | 潜水泵 $\phi$100 | 台班 | 0.813 | 0.915 | 1.545 | 2.537 | 5.358 | 7.724 |
| | 交流电焊机 30kV·A | 台班 | 0.010 | 0.020 | 0.030 | 0.050 | 0.110 | 0.130 |

**工作内容：** 装、拆钻架，就位，移动，安、拆泥浆循环系统，泥浆制作及输送，钻进、提钻、出渣、清孔，测量孔径、孔深等。

计量单位：10m

| 定额编号 | | | 2-126 | 2-127 | 2-128 | 2-129 | 2-130 | 2-131 |
|---|---|---|---|---|---|---|---|---|
| 项目 | | | $\phi \leqslant 1500$　$H \leqslant 40m$ | | | | | |
| | | | Ⅰ类土 | Ⅱ类土 | Ⅲ类土 | Ⅳ类土 | Ⅴ、Ⅵ类石 | Ⅶ~Ⅸ类石 |
| 名称 | | 单位 | 数量 | | | | | |
| 人工 | 综合工日 | 工日 | 9.430 | 10.147 | 15.517 | 23.217 | 40.464 | 57.964 |
| 材料 | 枋木 | $m^3$ | 0.016 | 0.016 | 0.016 | 0.016 | 0.016 | 0.016 |
| | 电焊条 | kg | 0.200 | 0.300 | 0.400 | 0.600 | 1.300 | 1.500 |
| | 铁件 | kg | 5.200 | 5.200 | 5.200 | 5.200 | 5.200 | 5.200 |
| | 水 | $m^3$ | 115.745 | 109.118 | 125.685 | 125.685 | 119.058 | 119.058 |
| | 黏土 | $m^3$ | 4.418 | 2.209 | 7.731 | 7.731 | 5.522 | 5.522 |
| | 钻头 | kg | 1.059 | 1.116 | 1.215 | 1.325 | 2.682 | 3.271 |
| 机械 | 回旋钻机 $\phi$1500 以内 | 台班 | 1.950 | 2.190 | 3.560 | 5.740 | 10.810 | 15.820 |
| | 履带式起重机 15t | 台班 | 0.070 | 0.070 | 0.070 | 0.070 | 0.070 | 0.070 |
| | 载重汽车 10t | 台班 | 0.070 | 0.070 | 0.070 | 0.070 | 0.070 | 0.070 |
| | 灰浆搅拌机 200L | 台班 | 0.600 | 0.600 | 0.600 | 0.600 | 0.600 | 0.600 |
| | 泥浆泵 $\phi$100 | 台班 | 1.585 | 1.780 | 2.894 | 4.667 | 8.789 | 12.862 |
| | 潜水泵 $\phi$100 | 台班 | 0.793 | 0.890 | 1.447 | 2.333 | 4.394 | 6.431 |
| | 交流电焊机 30kV·A | 台班 | 0.020 | 0.030 | 0.040 | 0.060 | 0.130 | 0.150 |

**工作内容：** 装、拆钻架，就位、移动，安、拆泥浆循环系统，泥浆制作及输送，钻进、提钻、出碴、清孔，测量孔径、孔深等。

计量单位：10m

| 定额编号 | | | 2-132 | 2-133 | 2-134 | 2-135 | 2-136 | 2-137 |
|---|---|---|---|---|---|---|---|---|
| 项目 | | | $\phi \leqslant 1500$　$H \leqslant 60m$ | | | | | |
| | | | Ⅰ类土 | Ⅱ类土 | Ⅲ类土 | Ⅳ类土 | Ⅴ、Ⅵ类石 | Ⅶ~Ⅸ类石 |
| 名称 | | 单位 | 数量 | | | | | |
| 人工 | 综合工日 | 工日 | 9.630 | 10.347 | 17.217 | 26.517 | 51.664 | 73.864 |
| 材料 | 枋木 | $m^3$ | 0.010 | 0.010 | 0.010 | 0.010 | 0.010 | 0.010 |
| | 电焊条 | kg | 0.200 | 0.300 | 0.400 | 0.600 | 1.300 | 1.500 |
| | 铁件 | kg | 5.200 | 5.200 | 5.200 | 5.200 | 5.200 | 5.200 |
| | 水 | $m^3$ | 115.745 | 109.118 | 125.685 | 125.685 | 119.058 | 119.058 |
| | 黏土 | $m^3$ | 4.418 | 2.209 | 7.731 | 7.731 | 5.522 | 5.522 |
| | 钻头 | kg | 1.059 | 1.116 | 1.215 | 1.325 | 2.682 | 3.271 |
| 机械 | 回旋钻机　$\phi$1500 以内 | 台班 | 2.170 | 2.450 | 4.190 | 6.840 | 14.160 | 20.530 |
| | 履带式起重机　15t | 台班 | 0.050 | 0.050 | 0.050 | 0.050 | 0.050 | 0.050 |
| | 载重汽车　10t | 台班 | 0.050 | 0.050 | 0.050 | 0.050 | 0.050 | 0.050 |
| | 灰浆搅拌机　200L | 台班 | 0.600 | 0.600 | 0.600 | 0.600 | 0.600 | 0.600 |
| | 泥浆泵　$\phi$100 | 台班 | 1.764 | 1.992 | 3.407 | 5.561 | 11.512 | 16.691 |
| | 潜水泵　$\phi$100 | 台班 | 0.882 | 0.996 | 1.703 | 2.780 | 5.756 | 8.346 |
| | 交流电焊机　30kV·A | 台班 | 0.020 | 0.030 | 0.040 | 0.060 | 0.130 | 0.150 |

**工作内容：** 装、拆钻架，就位、移动，安、拆泥浆循环系统，泥浆制作及输送，钻进、提钻、出碴、清孔，测量孔径、孔深等。

计量单位：10m

| 定额编号 | | | 2-138 | 2-139 | 2-140 | 2-141 | 2-142 | 2-143 |
|---|---|---|---|---|---|---|---|---|
| 项目 | | | $\phi \leqslant 2000$　$H \leqslant 40m$ | | | | | |
| | | | Ⅰ类土 | Ⅱ类土 | Ⅲ类土 | Ⅳ类土 | Ⅴ、Ⅵ类石 | Ⅶ~Ⅸ类石 |
| 名称 | | 单位 | 数量 | | | | | |
| 人工 | 综合工日 | 工日 | 10.816 | 11.345 | 18.127 | 26.627 | 45.441 | 62.141 |
| 材料 | 枋木 | $m^3$ | 0.020 | 0.020 | 0.020 | 0.020 | 0.020 | 0.020 |
| | 电焊条 | kg | 0.200 | 0.400 | 0.500 | 0.700 | 1.600 | 1.900 |
| | 铁件 | kg | 5.300 | 5.300 | 5.300 | 5.300 | 5.300 | 5.300 |
| | 水 | $m^3$ | 205.775 | 193.994 | 223.446 | 223.446 | 211.665 | 211.665 |
| | 黏土 | $m^3$ | 7.854 | 3.927 | 13.745 | 13.745 | 9.818 | 9.818 |
| | 钻头 | kg | 1.412 | 1.488 | 1.620 | 1.766 | 3.576 | 4.362 |
| 机械 | 回旋钻机　$\phi$2000 以内 | 台班 | 2.040 | 2.290 | 3.850 | 6.280 | 11.880 | 16.760 |
| | 履带式起重机　15t | 台班 | 0.070 | 0.070 | 0.070 | 0.070 | 0.070 | 0.070 |
| | 载重汽车　10t | 台班 | 0.070 | 0.070 | 0.070 | 0.070 | 0.070 | 0.070 |
| | 灰浆搅拌机　200L | 台班 | 1.040 | 1.040 | 1.040 | 1.040 | 1.040 | 1.040 |
| | 泥浆泵　$\phi$100 | 台班 | 1.659 | 1.862 | 3.130 | 5.106 | 9.659 | 13.026 |
| | 潜水泵　$\phi$100 | 台班 | 0.829 | 0.931 | 1.565 | 2.553 | 4.829 | 6.813 |
| | 交流电焊机　30kV·A | 台班 | 0.020 | 0.040 | 0.050 | 0.070 | 0.160 | 0.190 |

**工作内容：**装、拆钻架，就位、移动，安、拆泥浆循环系统，泥浆制作及输送，钻进、提钻、出碴、清孔，测量孔径、孔深等。

计量单位：10m

| 定额编号 | | | 2-144 | 2-145 | 2-146 | 2-147 | 2-148 | 2-149 |
|---|---|---|---|---|---|---|---|---|
| 项目 | | | $\phi\leq2000$ $H\leq60m$ | | | | | |
| | | | Ⅰ类土 | Ⅱ类土 | Ⅲ类土 | Ⅳ类土 | Ⅴ、Ⅵ类石 | Ⅶ~Ⅸ类石 |
| 名称 | | 单位 | 数量 | | | | | |
| 人工 | 综合工日 | 工日 | 11.016 | 11.645 | 19.627 | 29.827 | 52.541 | 73.341 |
| 材料 | 枋木 | $m^3$ | 0.013 | 0.013 | 0.013 | 0.013 | 0.013 | 0.013 |
| | 电焊条 | kg | 0.200 | 0.400 | 0.500 | 0.700 | 1.600 | 1.900 |
| | 铁件 | kg | 5.300 | 5.300 | 5.300 | 5.300 | 5.300 | 5.300 |
| | 水 | $m^3$ | 205.775 | 193.994 | 223.446 | 223.446 | 211.665 | 211.665 |
| | 黏土 | $m^3$ | 7.854 | 3.927 | 13.745 | 13.745 | 9.818 | 9.818 |
| | 钻头 | kg | 1.412 | 1.488 | 1.620 | 1.766 | 3.576 | 4.362 |
| 机械 | 回旋钻机 $\phi$2000以内 | 台班 | 2.280 | 2.580 | 4.450 | 7.360 | 14.110 | 20.050 |
| | 履带式起重机 15t | 台班 | 0.050 | 0.050 | 0.050 | 0.050 | 0.050 | 0.050 |
| | 载重汽车 10t | 台班 | 0.050 | 0.050 | 0.050 | 0.050 | 0.050 | 0.050 |
| | 灰浆搅拌机 200L | 台班 | 1.040 | 1.040 | 1.040 | 1.040 | 1.040 | 1.040 |
| | 泥浆泵 $\phi$100 | 台班 | 1.854 | 2.098 | 3.618 | 5.984 | 11.472 | 16.300 |
| | 潜水泵 $\phi$100 | 台班 | 0.927 | 1.049 | 1.809 | 2.992 | 5.736 | 8.150 |
| | 交流电焊机 30kV·A | 台班 | 0.020 | 0.040 | 0.050 | 0.070 | 0.160 | 0.190 |

## 2.4 冲击式钻机钻孔

**工作内容：**装、拆钻架，就位、移动，钻进、提钻、出碴、加水、加黏土、清孔，测量孔径、孔深等。

计量单位：10m

| 定额编号 | | | 2-150 | 2-151 | 2-152 | 2-153 |
|---|---|---|---|---|---|---|
| 项目 | | | $\phi\leqslant1000$　$H\leqslant20m$ | | | |
| | | | Ⅰ类土 | Ⅱ类土 | Ⅲ类土 | Ⅳ类土 |
| 名称 | | 单位 | 数量 | | | |
| 人工 | 综合工日 | 工日 | 9.894 | 12.986 | 25.038 | 35.833 |
| 材料 | 枋木 | $m^3$ | 0.016 | 0.016 | 0.016 | 0.016 |
| | 电焊条 | kg | 0.300 | 0.600 | 0.700 | 1.100 |
| | 铁件 | kg | 2.700 | 2.700 | 2.700 | 2.700 |
| | 水 | $m^3$ | 57.334 | 54.389 | 61.752 | 61.752 |
| | 黏土 | $m^3$ | 3.927 | 2.945 | 5.400 | 5.400 |
| | 钢丝绳 | kg | 1.203 | 1.266 | 1.380 | 1.505 |
| | 冲击钻头 | kg | 2.065 | 2.174 | 2.369 | 2.583 |
| 机械 | 冲击钻机 22 型（电动） | 台班 | 1.770 | 2.760 | 7.200 | 11.460 |
| | 履带式起重机 15t | 台班 | 0.250 | 0.250 | 0.250 | 0.250 |
| | 载重汽车 10t | 台班 | 0.250 | 0.250 | 0.250 | 0.250 |
| | 交流电焊机 30kV·A | 台班 | 0.030 | 0.060 | 0.070 | 0.110 |

**工作内容**：装、拆钻架，就位、移动，钻进、提钻、出碴、加水、加黏土、清孔，测量孔径、孔深等。

计量单位：10m

| 定额编号 | | | 2-154 | 2-155 | 2-156 |
|---|---|---|---|---|---|
| 项目 | | | $\phi \leqslant 1000$　$H \leqslant 20m$ | | |
| | | | Ⅴ、Ⅵ类石 | Ⅶ~Ⅸ类石 | Ⅸ类石以上 |
| 名称 | | 单位 | 数量 | | |
| 人工 | 综合工日 | 工日 | 63.893 | 88.693 | 150.593 |
| 材料 | 枋木 | $m^3$ | 0.016 | 0.016 | 0.016 |
| | 电焊条 | kg | 2.400 | 2.900 | 3.300 |
| | 铁件 | kg | 0.200 | 0.200 | 0.200 |
| | 水 | $m^3$ | 58.807 | 58.807 | 58.807 |
| | 黏土 | $m^3$ | 4.418 | 4.418 | 4.418 |
| | 钢丝绳 | kg | 1.681 | 1.880 | 2.000 |
| | 冲击钻头 | kg | 2.885 | 3.227 | 3.433 |
| 机械 | 冲击钻机 22 型（电动） | 台班 | 22.530 | 32.290 | 56.710 |
| | 履带式起重机 15t | 台班 | 0.250 | 0.250 | 0.250 |
| | 载重汽车 10t | 台班 | 0.250 | 0.250 | 0.250 |
| | 交流电焊机 30kV·A | 台班 | 0.240 | 0.290 | 0.330 |

**工作内容：**装、拆钻架，就位、移动，钻进、提钻、出碴、加水、加黏土、清孔，测量孔径、孔深等。

计量单位：10m

| 定额编号 | | | 2-157 | 2-158 | 2-159 | 2-160 |
|---|---|---|---|---|---|---|
| 项目 | | | $\phi \leqslant 1000$　$H \leqslant 40m$ | | | |
| | | | Ⅰ类土 | Ⅱ类土 | Ⅲ类土 | Ⅳ类土 |
| 名称 | | 单位 | 数量 | | | |
| 人工 | 综合工日 | 工日 | 10.844 | 13.486 | 27.738 | 40.238 |
| 材料 | 枋木 | $m^3$ | 0.010 | 0.010 | 0.010 | 0.010 |
| | 电焊条 | kg | 0.300 | 0.600 | 0.700 | 1.100 |
| | 铁件 | kg | 2.700 | 2.700 | 2.700 | 2.700 |
| | 水 | $m^3$ | 57.334 | 54.389 | 61.752 | 61.752 |
| | 黏土 | $m^3$ | 3.927 | 2.945 | 5.400 | 5.400 |
| | 钢丝绳 | kg | 1.203 | 1.266 | 1.380 | 1.505 |
| | 冲击钻头 | kg | 2.065 | 2.174 | 2.369 | 2.583 |
| 机械 | 冲击钻机 22 型（电动） | 台班 | 2.430 | 3.555 | 9.305 | 14.220 |
| | 履带式起重机 15t | 台班 | 0.150 | 0.150 | 0.150 | 0.150 |
| | 载重汽车 10t | 台班 | 0.150 | 0.150 | 0.150 | 0.150 |
| | 交流电焊机 30kV·A | 台班 | 0.030 | 0.060 | 0.070 | 0.110 |

**工作内容：**装、拆钻架，就位、移动，钻进、提钻、出碴、加水、加黏土、清孔，测量孔径、孔深等。

计量单位：10m

| 定额编号 | | | 2-161 | 2-162 | 2-163 |
|---|---|---|---|---|---|
| 项目 | | | $\phi \leqslant 1000$　$H \leqslant 40m$ | | |
| | | | Ⅴ、Ⅵ类石 | Ⅶ~Ⅸ类石 | Ⅸ类石以上 |
| 名称 | | 单位 | 数量 | | |
| 人工 | 综合工日 | 工日 | 81.943 | 116.193 | 189.243 |
| 材料 | 枋木 | $m^3$ | 0.010 | 0.010 | 0.010 |
| | 电焊条 | kg | 2.400 | 2.900 | 3.300 |
| | 铁件 | kg | 0.200 | 0.200 | 0.200 |
| | 水 | $m^3$ | 58.807 | 58.807 | 58.807 |
| | 黏土 | $m^3$ | 4.418 | 4.418 | 4.418 |
| | 钢丝绳 | kg | 1.681 | 1.880 | 2.000 |
| | 冲击钻头 | kg | 2.885 | 3.227 | 3.433 |
| 机械 | 冲击钻机 22型（电动） | 台班 | 30.690 | 44.195 | 72.965 |
| | 履带式起重机 15t | 台班 | 0.150 | 0.150 | 0.150 |
| | 载重汽车 10t | 台班 | 0.150 | 0.150 | 0.150 |
| | 交流电焊机 30kV·A | 台班 | 0.240 | 0.290 | 0.330 |

**工作内容：**装、拆钻架，就位、移动，钻进、提钻、出碴、加水、加黏土、清孔，测量孔径、孔深等。

计量单位：10m

| 定额编号 | | | 2-164 | 2-165 | 2-166 | 2-167 |
|---|---|---|---|---|---|---|
| 项目 | | | $\phi \leqslant 1500$　$H \leqslant 20m$ | | | |
| | | | Ⅰ类土 | Ⅱ类土 | Ⅲ类土 | Ⅳ类土 |
| 名称 | | 单位 | 数量 | | | |
| 人工 | 综合工日 | 工日 | 11.315 | 14.645 | 28.183 | 39.133 |
| 材料 | 枋木 | $m^3$ | 0.022 | 0.022 | 0.022 | 0.022 |
| | 电焊条 | kg | 0.300 | 0.600 | 0.800 | 1.200 |
| | 铁件 | kg | 2.800 | 2.800 | 2.800 | 2.800 |
| | 水 | $m^3$ | 128.998 | 122.372 | 138.938 | 138.938 |
| | 黏土 | $m^3$ | 8.836 | 6.627 | 12.149 | 12.149 |
| | 钢丝绳 | kg | 1.805 | 1.899 | 2.070 | 2.258 |
| | 冲击钻头 | kg | 3.098 | 3.261 | 3.554 | 3.875 |
| 机械 | 冲击钻机 30型（电动） | 台班 | 2.130 | 3.010 | 8.350 | 12.650 |
| | 履带式起重机 15t | 台班 | 0.250 | 0.250 | 0.250 | 0.250 |
| | 载重汽车 10t | 台班 | 0.250 | 0.250 | 0.250 | 0.250 |
| | 交流电焊机 30kV · A | 台班 | 0.030 | 0.060 | 0.080 | 0.120 |

**工作内容：**装、拆钻架，就位、移动，钻进、提钻、出碴、加水、加黏土、清孔，测量孔径、孔深等。

计量单位：10m

| 定额编号 | | | 2-168 | 2-169 | 2-170 |
|---|---|---|---|---|---|
| 项目 | | | $\phi \leq 1500$　$H \leq 20m$ | | |
| | | | Ⅴ、Ⅵ类石 | Ⅶ~Ⅸ类石 | Ⅸ类石以上 |
| 名称 | | 单位 | 数量 | | |
| 人工 | 综合工日 | 工日 | 73.337 | 102.337 | 164.937 |
| 材料 | 枋木 | $m^3$ | 0.022 | 0.022 | 0.022 |
| | 电焊条 | kg | 2.700 | 3.200 | 3.700 |
| | 铁件 | kg | 0.300 | 0.300 | 0.300 |
| | 水 | $m^3$ | 132.312 | 132.312 | 132.312 |
| | 黏土 | $m^3$ | 9.940 | 9.940 | 9.940 |
| | 钢丝绳 | kg | 2.522 | 2.820 | 3.000 |
| | 冲击钻头 | kg | 4.328 | 4.841 | 5.150 |
| 机械 | 冲击钻机 30型（电动） | 台班 | 26.240 | 37.620 | 62.300 |
| | 履带式起重机 15t | 台班 | 0.250 | 0.250 | 0.250 |
| | 载重汽车 10t | 台班 | 0.250 | 0.250 | 0.250 |
| | 交流电焊机 30kV·A | 台班 | 0.270 | 0.320 | 0.370 |

**工作内容：**装、拆钻架，就位、移动，钻进、提钻、出碴、加水、加黏土、清孔，测量孔径、孔深等。

计量单位：10m

| 定额编号 | | | 2-171 | 2-172 | 2-173 | 2-174 |
|---|---|---|---|---|---|---|
| 项目 | | | $\phi \leqslant 1500$　$H \leqslant 40m$ | | | |
| | | | Ⅰ类土 | Ⅱ类土 | Ⅲ类土 | Ⅳ类土 |
| 名称 | | 单位 | 数量 | | | |
| 人工 | 综合工日 | 工日 | 11.815 | 14.995 | 33.233 | 48.733 |
| 材料 | 枋木 | $m^3$ | 0.013 | 0.013 | 0.013 | 0.013 |
| | 电焊条 | kg | 0.300 | 0.600 | 0.800 | 1.200 |
| | 铁件 | kg | 2.800 | 2.800 | 2.800 | 2.800 |
| | 水 | $m^3$ | 128.998 | 122.372 | 138.938 | 138.938 |
| | 黏土 | $m^3$ | 8.836 | 6.627 | 12.149 | 12.149 |
| | 钢丝绳 | kg | 1.805 | 1.899 | 2.070 | 2.258 |
| | 冲击钻头 | kg | 3.098 | 3.261 | 3.554 | 3.875 |
| 机械 | 冲击钻机 30型（电动） | 台班 | 2.830 | 4.215 | 11.355 | 17.485 |
| | 履带式起重机 15t | 台班 | 0.150 | 0.150 | 0.150 | 0.150 |
| | 载重汽车 10t | 台班 | 0.150 | 0.150 | 0.150 | 0.150 |
| | 交流电焊机 30kV·A | 台班 | 0.030 | 0.060 | 0.080 | 0.120 |

**工作内容：**装、拆钻架，就位、移动，钻进、提钻、出碴、加水、加黏土、清孔，测量孔径、孔深等。

计量单位：10m

| 定额编号 | | | 2-175 | 2-176 | 2-177 |
|---|---|---|---|---|---|
| 项目 | | | $\phi\leqslant1500\quad H\leqslant40m$ | | |
| | | | Ⅴ、Ⅵ类石 | Ⅶ~Ⅸ类石 | Ⅸ类石以上 |
| 名称 | | 单位 | 数量 | | |
| 人工 | 综合工日 | 工日 | 99.987 | 142.087 | 229.837 |
| 材料 | 枋木 | $m^3$ | 0.013 | 0.013 | 0.013 |
| | 电焊条 | kg | 2.700 | 3.200 | 3.700 |
| | 铁件 | kg | 0.300 | 0.300 | 0.300 |
| | 水 | $m^3$ | 132.312 | 132.312 | 132.312 |
| | 黏土 | $m^3$ | 9.940 | 9.940 | 9.940 |
| | 钢丝绳 | kg | 2.522 | 2.820 | 3.000 |
| | 冲击钻头 | kg | 4.328 | 4.841 | 5.150 |
| 机械 | 冲击钻机 30型（电动） | 台班 | 37.765 | 54.360 | 88.905 |
| | 履带式起重机 15t | 台班 | 0.150 | 0.150 | 0.150 |
| | 载重汽车 10t | 台班 | 0.150 | 0.150 | 0.150 |
| | 交流电焊机 30kV·A | 台班 | 0.270 | 0.320 | 0.370 |

## 2.5 卷扬机带冲抓锥冲孔

**工作内容：** 装、拆、移钻架，安卷扬机，串钢丝绳，准备抓具、冲抓、提钻、出碴、加水、加黏土、清孔，测量孔径、孔深等。

计量单位：10m

| 定额编号 | | | 2-178 | 2-179 | 2-180 | 2-181 |
|---|---|---|---|---|---|---|
| 项目 | | | $H \leq 20m$ | | | |
| | | | Ⅰ类土 | Ⅱ类土 | Ⅲ类土 | Ⅳ类土 |
| 名称 | | 单位 | 数量 | | | |
| 人工 | 综合工日 | 工日 | 25.193 | 34.948 | 89.628 | 143.628 |
| 材料 | 枋木 | $m^3$ | 0.010 | 0.010 | 0.010 | 0.010 |
| | 电焊条 | kg | 0.400 | 0.800 | 1.000 | 1.500 |
| | 铁件 | kg | 2.500 | 2.500 | 2.500 | 2.500 |
| | 水 | $m^3$ | 64.499 | 61.849 | 68.475 | 68.475 |
| | 黏土 | $m^3$ | 6.627 | 4.418 | 9.940 | 9.940 |
| | 钢丝绳 | kg | 4.812 | 5.066 | 5.520 | 6.018 |
| | 冲抓钻头 | kg | 5.121 | 5.391 | 5.875 | 6.405 |
| 机械 | 电动卷扬机 双筒快速 5t | 台班 | 2.000 | 2.920 | 7.940 | 12.97[illegible] |
| | 履带式起重机 15t | 台班 | 0.210 | 0.210 | 0.210 | 0.210 |
| | 载重汽车 10t | 台班 | 0.210 | 0.210 | 0.210 | 0.210 |
| | 交流电焊机 30kV·A | 台班 | 0.040 | 0.080 | 0.100 | 0.150 |

**工作内容：** 装、拆、移钻架，安卷扬机，串钢丝绳，准备抓具、冲抓、提钻、出碴、加水、加黏土、清孔，测量孔径、孔深等。

计量单位：10m

| 定额编号 | | | 2-182 | 2-183 | 2-184 | 2-185 |
|---|---|---|---|---|---|---|
| 项目 | | | *H*≤30m | | | |
| | | | Ⅰ类土 | Ⅱ类土 | Ⅲ类土 | Ⅳ类土 |
| 名称 | | 单位 | 数量 | | | |
| 人工 | 综合工日 | 工日 | 30.493 | 42.748 | 113.828 | 183.628 |
| 材料 | 枋木 | $m^3$ | 0.007 | 0.007 | 0.007 | 0.007 |
| | 电焊条 | kg | 0.400 | 0.800 | 1.000 | 1.500 |
| | 铁件 | kg | 2.500 | 2.500 | 2.500 | 2.500 |
| | 水 | $m^3$ | 64.499 | 61.849 | 68.475 | 68.475 |
| | 黏土 | $m^3$ | 6.627 | 4.418 | 9.940 | 9.940 |
| | 钢丝绳 | kg | 4.812 | 5.066 | 5.520 | 6.018 |
| | 冲抓钻头 | kg | 5.121 | 5.391 | 5.875 | 6.405 |
| 机械 | 电动卷扬机 双筒快速 5t | 台班 | 2.570 | 3.730 | 10.270 | 16.780 |
| | 履带式起重机 15t | 台班 | 0.140 | 0.140 | 0.140 | 0.140 |
| | 载重汽车 10t | 台班 | 0.140 | 0.140 | 0.140 | 0.140 |
| | 交流电焊机 30kV·A | 台班 | 0.040 | 0.080 | 0.100 | 0.150 |

**工作内容：**装、拆、移钻架，安卷扬机，串钢丝绳，准备抓具、冲抓、提钻、出碴、加水、加黏土、清孔，测量孔径、孔深等。

计量单位：10m

| 定额编号 | | | 2-186 | 2-187 | 2-188 | 2-189 |
|---|---|---|---|---|---|---|
| 项目 | | | $H \leqslant 40m$ | | | |
| | | | Ⅰ类土 | Ⅱ类土 | Ⅲ类土 | Ⅳ类土 |
| 名称 | | 单位 | 数量 | | | |
| 人工 | 综合工日 | 工日 | 43.693 | 63.048 | 173.028 | 287.[illegible]28 |
| 材料 | 枋木 | $m^3$ | 0.005 | 0.005 | 0.005 | 0.005 |
| | 电焊条 | kg | 0.400 | 0.800 | 1.000 | 1.500 |
| | 铁件 | kg | 2.500 | 2.500 | 2.500 | 2.500 |
| | 水 | $m^3$ | 64.499 | 61.849 | 68.475 | 68.475 |
| | 黏土 | $m^3$ | 6.627 | 4.418 | 9.940 | 9.940 |
| | 钢丝绳 | kg | 4.812 | 5.066 | 5.520 | 6.018 |
| | 冲抓钻头 | kg | 5.121 | 5.391 | 5.875 | 6.405 |
| 机械 | 电动卷扬机 双筒快速 5t | 台班 | 3.840 | 5.660 | 15.840 | 26.540 |
| | 履带式起重机 15t | 台班 | 0.100 | 0.100 | 0.100 | 0.100 |
| | 载重汽车 10t | 台班 | 0.100 | 0.100 | 0.100 | 0.100 |
| | 交流电焊机 30kV·A | 台班 | 0.040 | 0.080 | 0.100 | 0.150 |

**工作内容：**装、拆、移钻架，安卷扬机，串钢丝绳，准备抓具、冲抓、提钻、出碴、加水、加黏土、清孔，测量孔径、孔深等。

计量单位：10m

| 定额编号 | | | 2-190 | 2-191 | 2-192 | 2-193 |
|---|---|---|---|---|---|---|
| 项目 | | | H≤50m | | | |
| | | | Ⅰ类土 | Ⅱ类土 | Ⅲ类土 | Ⅳ类土 |
| 名称 | | 单位 | 数量 | | | |
| 人工 | 综合工日 | 工日 | 63.893 | 93.848 | 262.028 | 438.928 |
| 材料 | 枋木 | $m^3$ | 0.004 | 0.004 | 0.004 | 0.004 |
| | 电焊条 | kg | 0.400 | 0.800 | 1.000 | 1.500 |
| | 铁件 | kg | 2.500 | 2.500 | 2.500 | 2.500 |
| | 水 | $m^3$ | 64.499 | 61.849 | 68.475 | 68.475 |
| | 黏土 | $m^3$ | 6.627 | 4.418 | 9.940 | 9.940 |
| | 钢丝绳 | kg | 4.812 | 5.066 | 5.520 | 6.018 |
| | 冲抓钻头 | kg | 5.121 | 5.391 | 5.875 | 6.405 |
| 机械 | 电动卷扬机 双筒快速 5t | 台班 | 5.760 | 8.560 | 24.160 | 40.640 |
| | 履带式起重机 15t | 台班 | 0.080 | 0.080 | 0.080 | 0.080 |
| | 载重汽车 10t | 台班 | 0.080 | 0.080 | 0.080 | 0.080 |
| | 交流电焊机 30kV·A | 台班 | 0.040 | 0.080 | 0.100 | 0.150 |

## 2.6 灌注桩混凝土

**工作内容：**安装、拆除导管、漏斗，混凝土浇捣等。

计量单位：$10m^3$

| 定额编号 | | | 2-194 | 2-195 | 2-196 | 2-197 |
|---|---|---|---|---|---|---|
| 项目 | | | 人工挖孔 | 回旋钻孔 | 冲击钻孔 | 冲抓钻孔 |
| 名称 | | 单位 | 数量 | | | |
| 人工 | 综合工日 | 工日 | 3.309 | 4.180 | 4.355 | 4.527 |
| 材料 | 预拌混凝土 C25(非泵送) | $m^3$ | 10.150 | — | — | — |
| | 预拌水下混凝土 C25(非泵送) | $m^3$ | — | 12.180 | 12.690 | 13.190 |
| | 导管 | kg | 3.040 | 3.800 | 3.800 | 3.800 |
| | 螺栓 | kg | 0.328 | 0.410 | 0.410 | 0.410 |
| | 其他材料费 | % | 1.000 | 1.000 | 1.000 | 1.000 |
| 机械 | 履带式电动起重机 5t | 台班 | 0.439 | 0.527 | 0.549 | 0.571 |

# 3 砌筑工程

# 说　明

一、本章定额包括浆砌块（料）石、混凝土预制块和砖砌体等项目，共 3 节 13 个子目。

二、本章定额适用于砌筑高度在 8m 以内的桥涵砌筑工程。

三、砌筑定额中未包括垫层项目，发生时可套用有关定额。

# 工程量计算规则

砌筑工程量按设计图示尺寸以“$m^3$”为单位计算，嵌入砌体中的钢管、沉降缝、伸缩缝以及单孔面积在 $0.3m^2$ 以内的预留孔所占体积不予扣除。

# 3.1 浆砌块（料）石

**工作内容：**放样，安、拆样架，样桩，选修、冲洗石料，配拌砂浆，砌筑，湿治养生等。

计量单位：$10m^3$

| 定额编号 | | | 2-198 | 2-199 | 2-200 | 2-201 | 2-202 |
|---|---|---|---|---|---|---|---|
| 项目 | | | 浆砌块石 | 浆砌料石 | | | |
| | | | 墩台身 | 墩台 | 挡墙、侧墙 | 帽石 | 缘石 |
| 名称 | | 单位 | 数量 | | | | |
| 人工 | 综合工日 | 工日 | 19.083 | 12.894 | 14.214 | 24.190 | 22.115 |
| 材料 | 块石 | $m^3$ | 11.530 | — | — | — | — |
| | 细料石 | $m^3$ | — | 9.190 | 9.190 | 9.190 | 9.190 |
| | 水泥砂浆 M10 | $m^3$ | 3.670 | 0.920 | 0.920 | 0.920 | 0.920 |
| | 水 | $m^3$ | 3.000 | 2.000 | 2.000 | 4.000 | 7.000 |
| 机械 | 灰浆搅拌机 200L | 台班 | 0.310 | 0.110 | 0.110 | 0.110 | 0.110 |
| | 履带式电动起重机 5t | 台班 | 1.300 | 1.010 | 1.080 | — | — |

## 3.2 浆砌混凝土预制块

**工作内容：**放样，安、拆样架，样桩，选修预制块，配拌砂浆，砌筑，湿治养生等。

计量单位：$10m^3$

| 定额编号 | | | 2-203 | 2-204 | 2-205 | 2-206 |
|---|---|---|---|---|---|---|
| 项目 | | | 浆砌混凝土预制块 | | | |
| | | | 墩台 | 挡墙、侧墙 | 帽石 | 缘石 |
| 名称 | | 单位 | 数量 | | | |
| 人工 | 综合工日 | 工日 | 16.443 | 9.747 | 22.172 | 21.015 |
| 材料 | 混凝土预制块 | $m^3$ | （9.190） | （9.190） | （9.190） | （9.190） |
| | 水泥砂浆 M10 | $m^3$ | 0.920 | 0.920 | 0.920 | 0.920 |
| | 水 | $m^3$ | 1.000 | 2.000 | 4.000 | 7.000 |
| 机械 | 灰浆搅拌机 200L | 台班 | 0.110 | 0.110 | 0.110 | 0.110 |
| | 履带式电动起重机 5t | 台班 | 1.030 | 0.660 | — | — |

# 3.3 砖 砌 体

**工作内容：**放样，安、拆样架，样桩，浸砖，配拌砂浆，砌筑，湿治养生等。

计量单位：$10m^3$

| 定额编号 | | | 2-207 | 2-208 | 2-209 | 2-210 |
|---|---|---|---|---|---|---|
| 项目 | | | 砖砌体 | | | |
| | | | 基础、护底 | 墩台 | 挡墙 | 缘石 |
| 名称 | | 单位 | 数量 | | | |
| 人工 | 综合工日 | 工日 | 10.990 | 12.263 | 14.855 | 7.710 |
| 材料 | 普通砖 240×115×53 | 千块 | 5.230 | 5.230 | 5.230 | 5.230 |
| | 水泥砂浆 M10 | $m^3$ | 2.630 | 2.630 | 2.630 | 2.630 |
| | 水 | $m^3$ | 10.000 | 7.000 | 6.000 | 12.000 |
| 机械 | 灰浆搅拌机 200L | 台班 | 0.280 | 0.280 | 0.280 | 0.280 |
| | 履带式电动起重机 5t | 台班 | — | 0.790 | 1.070 | — |

# 4 钢 筋 工 程

# 说　明

一、本章定额包括桥涵工程各种钢筋、高强钢丝、钢绞线、预埋铁件的制作、安装等项目，共 4 节 27 个子目。

二、定额中钢筋按 $\phi$10 以内及 $\phi$10 以外两种分列，$\phi$10 以内采用 A3 钢，$\phi$10 以外采用 16 锰钢，钢板均按 A3 钢计列，预应力筋采用Ⅳ级钢、钢绞线和高强钢丝。因设计要求采用钢材与定额不符时，可以调整。

三、因束道长度不等，故定额中未列锚具数量，但已包括锚具安装的人工消耗量。

四、先张法预应力筋制作、安装定额，未包括张拉台座。

五、压浆管道定额中的铁皮管、波纹管已包括套管及三通管。

六、本章定额中钢绞线按 $\phi$15.24、束长在 40m 以内考虑，如规格不同或束长超过 40m 时，应另行计算。

# 工程量计算规则

一、钢筋按设计图纸数量以“t”为单位计算（损耗已包括在定额中）。

二、T 形梁连接钢板项目按设计图纸以“t”为单位计算。

三、锚具工程量按设计用量乘以下列系数计算：锥形锚、群锚：1.05；墩头锚、螺栓锚：1.00。

四、管道压浆不扣除钢筋体积。

五、钢筋接头按设计图纸数量以“个”为单位计算，套用第四册钢筋接头定额计算，但需扣除规范要求的钢筋绑扎搭接最小长度的钢筋消耗量。

## 4.1 钢筋制作、安装

**工作内容：**钢筋解捆、除锈，调直、下料、弯曲，焊接、除碴，绑扎成型，运输入模。

计量单位：t

| 定额编号 | | | 2-211 | 2-212 | 2-213 | 2-214 | 2-215 |
|---|---|---|---|---|---|---|---|
| 项目 | | | 预制混凝土 | | 现浇混凝土 | | 钻孔桩钢筋笼 |
| | | | $\phi$10 以内 | $\phi$10 以外 | $\phi$10 以内 | $\phi$10 以外 | |
| 名称 | | 单位 | 数量 | | | | |
| 人工 | 综合工日 | 工日 | 14.890 | 7.518 | 15.936 | 7.757 | 5.602 |
| 材料 | 钢筋 $\phi$10 以内 | t | 1.020 | — | 1.020 | — | 0.122 |
| | 钢筋 $\phi$10 以外 | t | — | 1.040 | — | 1.040 | 0.915 |
| | 铁丝 18#~22# | kg | 6.588 | 2.900 | 8.860 | 2.950 | 2.200 |
| | 电焊条 | kg | — | 8.280 | — | 8.880 | 5.100 |
| 机械 | 电动卷扬机 单筒慢速 5t | 台班 | 0.306 | 0.170 | 0.320 | 0.190 | 0.190 |
| | 钢筋切断机 $\phi$40 | 台班 | 0.138 | 0.090 | 0.130 | 0.100 | 0.100 |
| | 钢筋弯曲机 $\phi$40 | 台班 | 0.964 | 0.190 | 0.580 | 0.210 | — |
| | 交流电焊机 30kV·A | 台班 | — | 0.510 | — | 0.510 | 0.850 |
| | 履带式起重机 15t | 台班 | — | — | — | — | 0.120 |
| | 对焊机 75kV·A | 台班 | — | 0.100 | — | 0.100 | 0.100 |

## 4.2 铁件、拉杆制作、安装

工作内容：1. 铁件：制作、除锈，钢板划线、切割，钢筋调直、下料、弯曲，安装、焊接、固定。
2. 拉杆：下料、挑扣、焊接，涂防锈漆，涂沥青，缠麻布；安装。

计量单位：t

| 定额编号 | | | 2-216 | 2-217 | 2-218 | 2-219 | 2-220 |
|---|---|---|---|---|---|---|---|
| 项目 | | | 铁件 | | 拉杆 | | |
| | | | 预埋铁件 | T 形梁连接板 | $\phi$20 以内 | $\phi$40 以内 | $\phi$40 以外 |
| 名称 | | 单位 | 数量 | | | | |
| 人工 | 综合工日 | 工日 | 36.644 | 88.778 | 79.407 | 23.444 | 9.250 |
| 材料 | 中厚钢板 | t | 0.673 | 1.060 | — | — | — |
| | 型钢 | kg | 139.000 | — | 27.000 | 16.000 | 15.000 |
| | 圆钢 | t | — | — | 1.060 | 1.060 | 1.060 |
| | 钢筋 $\phi$10 以内 | t | 0.243 | — | — | — | — |
| | 电焊条 | kg | 29.160 | 416.600 | 11.850 | 12.650 | 13.670 |
| | 氧气 | $m^3$ | 10.600 | 30.470 | 1.472 | 0.546 | 0.354 |

续前

| 定额编号 | | | 2-216 | 2-217 | 2-218 | 2-219 | 2-220 |
|---|---|---|---|---|---|---|---|
| 项目 | | | 铁件 | | 拉杆 | | |
| | | | 预埋铁件 | T形梁连接板 | $\phi$20以内 | $\phi$40以内 | $\phi$40以外 |
| 名称 | | 单位 | 数量 | | | | |
| 材料 | 乙炔气 | kg | 3.530 | 10.160 | 0.490 | 0.180 | 0.120 |
| | 石油沥青 | kg | — | — | 1248.000 | 621.000 | 418.000 |
| | 煤 | kg | — | — | 125.000 | 62.000 | 42.000 |
| | 木柴 | kg | — | — | 12.480 | 6.210 | 4.180 |
| | 防锈漆 | kg | — | — | 13.420 | 6.680 | 4.490 |
| | 麻布 | kg | — | — | 20.540 | 10.230 | 6.880 |
| 机械 | 交流电焊机 30kV·A | 台班 | 4.110 | 60.424 | 4.010 | 2.340 | 1.700 |
| | 钢筋切断机 $\phi$40 | 台班 | 0.060 | — | — | — | — |

## 4.3 预应力钢筋制作、安装

工作内容：1. 先张法：调直、下料，进入台座，安装夹具，张拉、切断，整修等。

2. 后张法：调直、切断，编束、穿束，安装锚具、张拉、锚固，拆除、切割钢丝（束）、封锚等。

计量单位：t

| 定额编号 | | | 2-221 | 2-222 | 2-223 | 2-224 | 2-225 | 2-226 |
|---|---|---|---|---|---|---|---|---|
| 项目 | | | 先张法 | | 后张法 | | | |
| | | | 低合金钢筋 | 钢绞线 | 螺栓锚 | 锥形锚 | $JM_{12}$ 型锚 | 镦头锚 |
| 名称 | | 单位 | 数量 | | | | | |
| 人工 | 综合工日 | 工日 | 7.011 | 9.077 | 17.074 | 20.020 | 17.916 | 26.735 |
| 材料 | 预应力钢筋 | t | 1.110 | — | 1.060 | — | 1.060 | — |
| | 钢筋 $\phi$10 以内 | t | — | — | — | 0.020 | — | 0.020 |
| | 钢绞线 $\phi$15.24 | t | — | 1.140 | — | — | — | — |
| | 高强钢丝 $\phi$5（不镀锌） | t | — | — | — | 1.040 | — | 1.040 |
| | 中厚钢板 | kg | 4.000 | 13.000 | — | — | — | — |

续前

| 定额编号 | | | 2-221 | 2-222 | 2-223 | 2-224 | 2-225 | 2-226 |
|---|---|---|---|---|---|---|---|---|
| 项目 | | | 先张法 | | 后张法 | | | |
| | | | 低合金钢筋 | 钢绞线 | 螺栓锚 | 锥形锚 | $JM_{12}$型锚 | 镦头锚 |
| 名称 | | 单位 | 数量 | | | | | |
| 材料 | 铁件 | kg | 1.340 | 4.370 | — | — | — | — |
| | 铁丝 18#~22# | kg | — | — | — | 0.770 | 0.680 | 0.740 |
| | 氧气 | $m^3$ | 0.630 | 1.030 | 1.110 | 0.340 | 0.200 | 0.520 |
| | 乙炔气 | kg | 0.210 | 0.340 | 0.370 | 0.110 | 0.070 | 0.170 |
| 机械 | 钢筋切断机 $\phi40$ | 台班 | 0.100 | — | 0.100 | — | 0.100 | — |
| | 预应力钢筋拉伸机 900kN | 台班 | — | — | 1.390 | 1.180 | 1.150 | 2.150 |
| | 预应力钢筋拉伸机 3000kN | 台班 | 0.320 | 0.500 | — | — | — | — |
| | 对焊机 75kV·A | 台班 | 0.520 | — | — | — | — | — |
| | 高压油泵 50MPa | 台班 | — | — | 1.390 | 1.180 | 1.150 | 2.150 |
| | 高压油泵 80MPa | 台班 | 0.320 | 0.500 | — | — | — | — |
| | 钢筋镦头机 $\phi5$ | 台班 | — | — | — | — | — | 0.060 |

**工作内容：** 1. 先张法：调直、下料，进入台座，安装夹具，张拉、切断，整修等。

2. 后张法：调直、切断，编束、穿束，安装锚具、张拉、锚固，拆除、切割钢丝（束）、封锚等。

计量单位：t

| 定额编号 | | | 2-227 | 2-228 | 2-229 | 2-230 | 2-231 | 2-232 |
|---|---|---|---|---|---|---|---|---|
| 项目 | | | 后张法（群锚） | | | | | |
| | | | 束长≤20m | | | 束长≤40m | | |
| | | | 3孔以内 | 7孔以内 | 12孔以内 | 7孔以内 | 12孔以内 | 19孔以内 |
| | 名称 | 单位 | 数量 | | | | | |
| 人工 | 综合工日 | 工日 | 34.157 | 18.241 | 13.544 | 11.937 | 9.843 | 9.450 |
| 材料 | 钢绞线 $\phi 15.24$ | t | 1.040 | 1.040 | 1.040 | 1.040 | 1.040 | 1.040 |
| | 铁丝 $18^{\#}$~$22^{\#}$ | kg | 0.750 | 0.320 | 0.180 | 0.320 | 0.180 | 0.120 |
| | 氧气 | $m^3$ | 0.630 | 0.630 | 0.630 | 0.290 | 0.290 | 0.290 |
| | 乙炔气 | kg | 0.210 | 0.210 | 0.210 | 0.100 | 0.100 | 0.100 |
| 机械 | 高压油泵 80MPa | 台班 | 3.920 | 1.680 | 0.980 | 0.780 | 0.450 | 0.290 |
| | 预应力拉伸机 YCW－100 | 台班 | 3.920 | — | — | — | — | — |
| | 预应力拉伸机 YCW－150 | 台班 | — | 1.680 | — | 0.780 | — | — |
| | 预应力拉伸机 YCW－250 | 台班 | — | — | 0.980 | — | 0.450 | — |
| | 预应力拉伸机 YCW－400 | 台班 | — | — | — | — | — | 0.290 |

**工作内容**：1. 先张法：调直、下料，进入台座，安装夹具，张拉、切断，整修等。
2. 后张法：调直、切断，编束、穿束，安装锚具、张拉、锚固，拆除、切割钢丝（束）、封锚等。

计量单位：t

| 定 额 编 号 | | | 2-233 |
|---|---|---|---|
| 项 目 | | | 临时钢丝（束）拆除 |
| 名 称 | | 单位 | 数 量 |
| 人工 | 综合工日 | 工日 | 22.915 |
| 材料 | 氧气 | $m^3$ | 1.000 |
| | 乙炔气 | kg | 0.330 |
| 机械 | 预应力钢筋拉伸机 900kN | 台班 | 2.531 |

## 4.4 安装压浆管道和压浆

**工作内容：** 铁皮管、波纹管、三通管安装，定位、固定；胶管、管内塞钢筋或充气，安放定位，缠裹接头，抽拔，清洗胶管，清孔等；管道压浆，砂浆配制、拌和、运输，压浆等。

| 定额编号 | | | 2-234 | 2-235 | 2-236 | 2-237 |
|---|---|---|---|---|---|---|
| 项目 | | | 压浆管道 | | | 压浆 |
| | | | 橡胶管 | 铁皮管 | 波纹管 | |
| | | | 100m | | | $10m^3$ |
| 名称 | | 单位 | 数量 | | | |
| 人工 | 综合工日 | 工日 | 3.440 | 6.610 | 6.610 | 58.776 |
| 材料 | 素水泥浆 | $m^3$ | — | — | — | 10.500 |
| | 橡胶护套管 $\phi50$ | m | 2.060 | — | — | — |
| | 铁皮管 $\phi50$ | m | — | 105.000 | — | — |
| | 波纹管 $\phi50$ | m | — | — | 107.840 | — |
| | 水 | $m^3$ | — | — | — | 9.000 |
| | 其他材料费 | % | 6.820 | 16.090 | 1.170 | — |
| 机械 | 液压注浆泵 HYB50/50-1 型 | 台班 | — | — | — | 6.737 |
| | 灰浆搅拌机 200L | 台班 | — | — | — | 6.737 |
| | 机动翻斗车 1t | 台班 | — | — | — | 6.737 |

# 5　现浇混凝土工程

# 说　明

一、本章定额包括基础、墩、台、柱、梁、桥面、接缝等项目，共 16 节 74 个子目。

二、本章定额适用于桥涵工程现浇各种混凝土构筑物。

三、本章定额中均未包括预埋铁件，如设计要求预埋铁件时，可按设计用量套用本册第 4 章有关项目。

四、本章定额中预拌混凝土系指商品混凝土。定额中混凝土按常用强度等级列出，如设计要求不同时可以换算。

五、本章定额中按结构部位划分的混凝土项目以预拌（泵送）混凝土为主（少数项目除外），定额中不包括混凝土输送，可套用本章相关定额。若实际与定额不同时，不再区分部位，套用现浇混凝土或预拌（非泵送）项目计算。

六、本章定额中模板以木模、工具式钢模为主（除防撞护栏采用定型钢模外）。

七、承台分有底模及无底模两种，应按不同的施工方法套用相应项目。

八、现浇梁、板等模板定额中均已包括铺筑底模内容，但未包括支架部分。如发生时可套用本册第 8 章有关项目。

九、Y 形等异形柱模板按柱式墩台身模板定额人工机械消耗量乘以系数 1.2，锯材消耗量乘以系数 1.05。

# 工程量计算规则

一、混凝土工程量按设计尺寸以实体积计算（不包括空心板、梁的空心体积），不扣除钢筋、铁丝、铁件、预留压浆孔道和螺栓所占的体积。

二、模板工程量按模板接触混凝土的面积计算。

三、现浇混凝土墙、板上单孔面积在 $0.3m^2$ 以内的孔洞体积不予扣除，洞侧壁模板面积亦不再计算；单孔面积在 $0.3m^2$ 以上时，应予扣除，洞侧壁模板面积并入墙、板模板工程量之内计算。

四、无法拆除的箱梁内模按该部分模板工程量增加锯材 $0.03m^3/m^2$。

五、混凝土输送及泵管安拆使用：

1．混凝土输送按泵送混凝土相应定额子目的混凝土消耗量以“$m^3$”为单位计算，若采用多级输送时，工程量应分级计算。

2．泵管安拆按实际需要的长度以“m”为单位计算。

3．泵管使用以“m · d”为单位计算。

# 5.1 基　础

**工作内容：**1. 碎石：安放流槽，碎石装运、找平。

2. 混凝土：浇筑、捣固、抹平、养生。

3. 模板：模板制作、安装、涂脱模剂，模板拆除、修理、整堆。

| 定额编号 | | | 2-238 | 2-239 | 2-240 | 2-241 |
|---|---|---|---|---|---|---|
| 项目 | | | 碎石垫层 | 混凝土垫层 | 混凝土基础 | |
| | | | | | 混凝土 | 模板 |
| | | | $10m^3$ | | | $10m^2$ |
| 名称 | | 单位 | 数量 | | | |
| 人工 | 综合工日 | 工日 | 6.246 | 5.005 | 3.097 | 1.932 |
| 材料 | 碎石 50~80 | $m^3$ | 10.200 | — | — | — |
| | 碎石 5~40 | $m^3$ | 2.516 | — | — | — |
| | 预拌混凝土 C20（泵送） | $m^3$ | — | — | 10.150 | — |
| | 预拌混凝土 C20（非泵送） | $m^3$ | — | 10.150 | — | — |
| | 草袋 | 个 | — | — | 5.304 | — |
| | 水 | $m^3$ | — | 2.100 | 1.659 | — |

续前

| 定额编号 | | | 2-238 | 2-239 | 2-240 | 2-241 |
|---|---|---|---|---|---|---|
| 项目 | | | 碎石垫层 | 混凝土垫层 | 混凝土基础 | |
| | | | | | 混凝土 | 模板 |
| | | | 10m³ | | | 10m² |
| 名称 | | 单位 | 数量 | | | |
| 材料 | 组合钢模板 | kg | — | — | — | 5.900 |
| | 钢支撑 | kg | — | — | — | 2.320 |
| | 零星卡具 | kg | — | — | — | 12.050 |
| | 锯材 | m³ | — | — | — | 0.030 |
| | 圆钉 | kg | — | — | — | 0.240 |
| | 脱模剂 | kg | — | — | — | 1.000 |
| | 模板嵌缝料 | kg | — | — | — | 0.500 |
| | 电 | kW·h | — | 1.960 | 4.680 | — |

## 5.2 承　台

**工作内容：**1. 混凝土：浇筑、捣固、抹平、养生。
2. 模板：制作、安装、涂脱模剂，拆除、修理、整堆。

| 定额编号 | | | 2-242 | 2-243 | 2-244 |
|---|---|---|---|---|---|
| 项目 | | | 承台 | | |
| | | | 混凝土 | 模板（无底模） | 模板（有底模） |
| | | | $10m^3$ | $10m^2$ | |
| 名称 | | 单位 | 数量 | | |
| 人工 | 综合工日 | 工日 | 3.795 | 2.401 | 3.051 |
| 材料 | 预拌混凝土 C20（泵送） | $m^3$ | 10.150 | — | — |
| | 草袋 | 个 | 8.289 | — | — |
| | 水 | $m^3$ | 2.615 | — | — |
| | 锯材 | $m^3$ | — | 0.036 | 0.208 |
| | 圆钉 | kg | — | 0.450 | 0.990 |
| | 脱模剂 | kg | — | 1.000 | 1.000 |

续前

| 定额编号 | | | 2-242 | 2-243 | 2-244 |
|---|---|---|---|---|---|
| 项目 | | | 承台 | | |
| | | | 混凝土 | 模板（无底模） | 模板（有底模） |
| | | | $10m^3$ | $10m^2$ | |
| 名称 | | 单位 | 数量 | | |
| 材料 | 铁件 | kg | — | — | 1.630 |
| | 组合钢模板 | kg | — | 5.900 | — |
| | 钢支撑 | kg | — | 4.640 | — |
| | 零星卡具 | kg | — | 2.380 | — |
| | 电 | kW·h | 4.400 | — | — |
| | 模板嵌缝料 | kg | — | 0.500 | 0.500 |
| 机械 | 履带式电动起重机 5t | 台班 | — | — | 0.163 |
| | 木工圆锯机 $\phi500$ | 台班 | — | — | 0.097 |

# 5.3 支撑梁与横梁

**工作内容：**1. 混凝土：浇筑、捣固、抹平、养生。

2. 模板：制作、安装、涂脱模剂，拆除、修理、整堆。

| 定 额 编 号 | | | 2-245 | 2-246 | 2-247 | 2-248 |
|---|---|---|---|---|---|---|
| 项 目 | | | 支撑梁 | | 横梁 | |
| | | | 混凝土 | 模板 | 混凝土 | 模板 |
| | | | $10m^3$ | $10m^2$ | $10m^3$ | $10m^2$ |
| 名 称 | | 单位 | 数 量 | | | |
| 人工 | 综合工日 | 工日 | 4.021 | 3.443 | 3.795 | 3.463 |
| 材料 | 预拌混凝土 C20（泵送） | $m^3$ | 10.150 | — | 10.150 | — |
| | 草袋 | 个 | 21.455 | — | 10.733 | — |
| | 水 | $m^3$ | 10.784 | — | 5.492 | — |
| | 锯材 | $m^3$ | — | 0.209 | — | 0.194 |
| | 圆钉 | kg | — | 0.880 | — | 2.130 |
| | 脱模剂 | kg | — | 1.000 | — | 1.000 |
| | 电 | kW · h | 4.400 | — | 4.400 | — |
| | 模板嵌缝料 | kg | — | 0.500 | — | 0.500 |
| 机械 | 履带式电动起重机 5t | 台班 | — | 0.200 | — | 0.200 |
| | 木工圆锯机 $\phi$500 | 台班 | — | 0.100 | — | 0.075 |

# 5.4 墩身、台身

**工作内容：** 1．混凝土：浇筑、捣固、抹平、养生。

2．模板：制作、安装、涂脱模剂，拆除、修理、整堆。

| 定额编号 | | | 2-249 | 2-250 | 2-251 | 2-252 | 2-253 | 2-254 |
|---|---|---|---|---|---|---|---|---|
| 项目 | | | 实体式墩台身 | | 柱式墩台身 | | 墩帽 | |
| | | | 混凝土 | 模板 | 混凝土 | 模板 | 混凝土 | 模板 |
| | | | $10m^3$ | $10m^2$ | $10m^3$ | $10m^2$ | $10m^3$ | $10m^2$ |
| 名称 | | 单位 | 数量 | | | | | |
| 人工 | 综合工日 | 工日 | 4.439 | 3.797 | 5.484 | 6.160 | 4.708 | 3.912 |
| 材料 | 预拌混凝土 C20（泵送） | $m^3$ | 10.150 | — | 10.150 | — | 10.150 | — |
| | 锯材 | $m^3$ | — | 0.032 | — | 0.038 | — | 0.195 |
| | 草袋 | 个 | 1.685 | — | 1.612 | — | 9.745 | — |
| | 水 | $m^3$ | 1.171 | — | 2.804 | — | 3.665 | — |
| | 电 | kW·h | 5.920 | — | 7.600 | — | 6.080 | — |
| | 圆钉 | kg | — | 0.100 | — | 0.350 | — | 1.390 |
| | 铁件 | kg | — | 7.920 | — | 6.870 | — | — |

续前

| 定额编号 | | | 2-249 | 2-250 | 2-251 | 2-252 | 2-253 | 2-254 |
|---|---|---|---|---|---|---|---|---|
| 项目 | | | 实体式墩台身 | | 柱式墩台身 | | 墩帽 | |
| | | | 混凝土 | 模板 | 混凝土 | 模板 | 混凝土 | 模板 |
| | | | $10m^3$ | $10m^2$ | $10m^3$ | $10m^2$ | $10m^3$ | $10m^2$ |
| 名称 | | 单位 | 数量 | | | | | |
| 材料 | 脱模剂 | kg | — | 1.000 | — | 1.000 | — | 1.000 |
| | 模板嵌缝料 | kg | — | 0.500 | — | 0.500 | — | 0.500 |
| | 组合钢模板 | kg | — | 5.900 | — | 5.900 | — | — |
| | 零星卡具 | kg | — | 2.380 | — | 2.380 | — | — |
| | 钢支撑 | kg | — | 4.640 | — | 8.690 | — | — |
| | 尼龙帽 | 个 | — | 3.500 | — | 3.570 | — | — |
| 机械 | 履带式电动起重机 5t | 台班 | — | 0.268 | — | 0.384 | — | 0.192 |
| | 木工圆锯机 $\phi500$ | 台班 | — | — | — | — | — | 0.096 |

**工作内容：**1. 混凝土：浇筑、捣固、抹平、养生。

2. 模板：制作、安装、涂脱模剂，拆除、修理、整堆。

| 定额编号 | | | 2-255 | 2-256 | 2-257 | 2-258 | 2-259 | 2-260 |
|---|---|---|---|---|---|---|---|---|
| 项目 | | | 台帽 | | 墩盖梁 | | 台盖梁 | |
| | | | 混凝土 | 模板 | 混凝土 | 模板 | 混凝土 | 模板 |
| | | | $10m^3$ | $10m^2$ | $10m^3$ | $10m^2$ | $10m^3$ | $10m^2$ |
| 名称 | | 单位 | 数量 | | | | | |
| 人工 | 综合工日 | 工日 | 4.587 | 3.797 | 4.708 | 4.783 | 4.587 | 5.261 |
| 材料 | 预拌混凝土 C20（泵送） | $m^3$ | 10.150 | — | — | — | — | — |
| | 预拌混凝土 C30（泵送） | $m^3$ | — | — | 10.150 | — | 10.150 | — |
| | 草袋 | 个 | 8.528 | — | 6.646 | — | 6.791 | — |
| | 水 | $m^3$ | 4.179 | — | 3.297 | — | 3.486 | — |
| | 锯材 | $m^3$ | — | 0.234 | — | 0.033 | — | 0.040 |
| | 组合钢模板 | kg | — | — | — | 5.900 | — | 5.900 |
| | 钢支撑 | kg | — | — | — | 4.640 | — | 4.540 |

续前

| 定额编号 | | | 2-255 | 2-256 | 2-257 | 2-258 | 2-259 | 2-260 |
|---|---|---|---|---|---|---|---|---|
| 项目 | | | 台帽 | | 墩盖梁 | | 台盖梁 | |
| | | | 混凝土 | 模板 | 混凝土 | 模板 | 混凝土 | 模板 |
| | | | $10m^3$ | $10m^2$ | $10m^3$ | $10m^2$ | $10m^3$ | $10m^2$ |
| 名称 | | 单位 | 数量 | | | | | |
| 材料 | 零星卡具 | kg | — | — | — | 2.380 | — | 2.380 |
| | 电 | kW·h | 5.920 | — | 6.160 | — | 5.920 | — |
| | 圆钉 | kg | — | 0.800 | — | 0.310 | — | 0.200 |
| | 铁件 | kg | — | — | — | 0.080 | — | 0.200 |
| | 脱模剂 | kg | — | 1.000 | — | 1.000 | — | 1.000 |
| | 模板嵌缝料 | kg | — | 0.500 | — | 0.500 | — | 0.500 |
| 机械 | 履带式电动起重机 5t | 台班 | — | 0.192 | — | 0.358 | — | 0.395 |
| | 木工圆锯机 $\phi500$ | 台班 | — | 0.096 | — | 0.032 | — | 0.036 |

## 5.5 箱　　梁

工作内容：1. 混凝土：浇筑、捣固、抹平、养生。

2. 模板：制作、安装、涂脱模剂，拆除、修理、整堆。

| 定额编号 | | | 2-261 | 2-262 | 2-263 | 2-264 | 2-265 | 2-266 |
|---|---|---|---|---|---|---|---|---|
| 项　目 | | | 现浇 $0^{\#}$块 | | 悬浇箱梁 | | 现浇箱梁 | |
| | | | 混凝土 | 模板 | 混凝土 | 模板 | 混凝土 | 模板 |
| | | | $10m^3$ | $10m^2$ | $10m^3$ | $10m^2$ | $10m^3$ | $10m^2$ |
| 名　称 | | 单位 | 数　量 | | | | | |
| 人工 | 综合工日 | 工日 | 7.359 | 11.909 | 9.614 | 9.537 | 8.129 | 7.164 |
| 材料 | 预拌混凝土 C40（泵送） | $m^3$ | 10.150 | — | 10.150 | — | 10.150 | — |
| | 薄钢板 | kg | 3.994 | — | 5.321 | — | 6.657 | — |
| | 草袋 | 个 | 8.913 | — | 10.930 | — | 11.658 | — |
| | 水 | $m^3$ | 4.505 | — | 5.502 | — | 5.828 | — |
| | 锯材 | $m^3$ | — | 0.293 | — | 0.269 | — | 0.245 |
| | 铁件 | kg | — | 1.480 | — | 0.740 | — | 1.430 |

续前

| 定额编号 | | | 2-261 | 2-262 | 2-263 | 2-264 | 2-265 | 2-266 |
|---|---|---|---|---|---|---|---|---|
| 项目 | | | 现浇 0#块 | | 悬浇箱梁 | | 现浇箱梁 | |
| | | | 混凝土 | 模板 | 混凝土 | 模板 | 混凝土 | 模板 |
| | | | $10m^3$ | $10m^2$ | $10m^3$ | $10m^2$ | $10m^3$ | $10m^2$ |
| 名称 | | 单位 | 数量 | | | | | |
| 材料 | 圆钉 | kg | — | 1.500 | — | 1.070 | — | 0.960 |
| | 脱模剂 | kg | — | 1.000 | — | 1.000 | — | 1.000 |
| | 电 | kW·h | 28.000 | — | 25.040 | — | 39.190 | — |
| | 模板嵌缝料 | kg | — | 0.500 | — | 0.500 | — | 0.500 |
| 机械 | 履带式电动起重机 5t | 台班 | — | 0.367 | — | 0.293 | — | 0.220 |
| | 木工圆锯机 $\phi$500 | 台班 | — | 0.906 | — | 0.718 | — | 0.541 |
| | 木工平刨床 450 | 台班 | — | 0.906 | — | 0.718 | — | 0.541 |

## 5.6 板　　梁

**工作内容：** 1. 混凝土：浇筑、捣固、抹平、养生。

2. 模板：制作、安装、涂脱模剂，拆除、修理、整堆。

| 定额编号 | | | 2-267 | 2-268 | 2-269 | 2-270 |
|---|---|---|---|---|---|---|
| 项目 | | | 实心板梁 | | 空心板梁 | |
| | | | 混凝土 | 模板 | 混凝土 | 模板 |
| | | | $10m^3$ | $10m^2$ | $10m^3$ | $10m^2$ |
| 名称 | | 单位 | 数量 | | | |
| 人工 | 综合工日 | 工日 | 4.989 | 3.912 | 6.001 | 6.017 |
| 材料 | 预拌混凝土 C30（泵送） | $m^3$ | 10.150 | — | 10.150 | — |
| | 草袋 | 个 | 8.050 | — | 11.471 | — |
| | 水 | $m^3$ | 1.995 | — | 4.809 | — |
| | 锯材 | $m^3$ | — | 0.029 | — | 0.164 |
| | 组合钢模板 | kg | — | 5.900 | — | — |
| | 钢支撑 | kg | — | 4.640 | — | — |

续前

| 定 额 编 号 | | | 2-267 | 2-268 | 2-269 | 2-270 |
|---|---|---|---|---|---|---|
| 项 目 | | | 实心板梁 | | 空心板梁 | |
| | | | 混凝土 | 模板 | 混凝土 | 模板 |
| | | | $10m^3$ | $10m^2$ | $10m^3$ | $10m^2$ |
| 名 称 | | 单位 | 数 量 | | | |
| 材料 | 零星卡具 | kg | — | 2.380 | — | — |
| | 电 | kW·h | 10.080 | — | 12.960 | — |
| | 圆钉 | kg | — | 0.740 | — | 1.320 |
| | 脱模剂 | kg | — | 1.000 | — | 1.000 |
| | 模板嵌缝料 | kg | — | 0.500 | — | 0.500 |
| 机械 | 履带式电动起重机 5t | 台班 | — | 0.291 | — | 0.184 |
| | 木工圆锯机 $\phi$500 | 台班 | — | 0.011 | — | 0.589 |
| | 木工平刨床 450 | 台班 | — | 0.011 | — | 0.589 |

# 5.7 箱 涵

工作内容：1. 混凝土：浇筑、捣固、抹平、养生。

2. 模板：制作、安装、涂脱模剂，拆除、修理、整堆。

| 定额编号 | | | 2-271 | 2-272 | 2-273 | 2-274 | 2-275 | 2-276 |
|---|---|---|---|---|---|---|---|---|
| 项目 | | | 底板 | | 侧墙 | | 顶板 | |
| | | | 混凝土 | 模板 | 混凝土 | 模板 | 混凝土 | 模板 |
| | | | $10m^3$ | $10m^2$ | $10m^3$ | $10m^2$ | $10m^3$ | $10m^2$ |
| 名称 | | 单位 | 数量 | | | | | |
| 人工 | 综合工日 | 工日 | 3.542 | 2.277 | 4.098 | 2.439 | 3.729 | 2.563 |
| 材料 | 预拌混凝土 C30（泵送） | $m^3$ | 10.150 | — | 10.150 | — | 10.150 | — |
| | 草袋 | 个 | 5.522 | — | 2.402 | — | 6.521 | — |
| | 水 | $m^3$ | 1.134 | — | 3.392 | — | 3.051 | — |
| | 组合钢模板 | kg | — | 5.900 | — | 5.900 | — | 5.900 |
| | 钢支撑 | kg | — | 2.090 | — | 5.260 | — | 5.260 |
| | 零星卡具 | kg | — | 2.350 | — | 2.350 | — | 2.350 |
| | 铁件 | kg | — | — | — | 2.120 | — | — |

续前

| 定额编号 | | | 2-271 | 2-272 | 2-273 | 2-274 | 2-275 | 2-276 |
|---|---|---|---|---|---|---|---|---|
| 项目 | | | 底板 | | 侧墙 | | 顶板 | |
| | | | 混凝土 | 模板 | 混凝土 | 模板 | 混凝土 | 模板 |
| | | | $10m^3$ | $10m^2$ | $10m^3$ | $10m^2$ | $10m^3$ | $10m^2$ |
| 名称 | | 单位 | 数量 | | | | | |
| 材料 | 锯材 | $m^3$ | — | 0.016 | — | 0.016 | — | 0.016 |
| | 圆钉 | kg | — | 0.260 | — | 0.330 | — | 0.330 |
| | 尼龙帽 | 个 | — | — | — | 3.470 | — | — |
| | 脱模剂 | kg | — | 1.000 | — | 1.000 | — | 1.000 |
| | 电 | kW·h | 4.440 | — | 3.840 | — | 4.920 | — |
| | 模板嵌缝料 | kg | — | 0.500 | — | 0.500 | — | 0.500 |
| 机械 | 履带式电动起重机 5t | 台班 | — | 0.180 | — | 0.180 | — | 0.175 |

## 5.8 挡　墙

工作内容：1. 混凝土：浇筑、捣固、抹平、养生。

2. 模板：制作、安装、涂脱模剂，拆除、修理、整堆。

| 定额编号 | | | 2-277 | 2-278 |
|---|---|---|---|---|
| 项目 | | | 挡墙 | |
| | | | 混凝土 | 模板 |
| | | | $10m^3$ | $10m^2$ |
| 名称 | | 单位 | 数量 | |
| 人工 | 综合工日 | 工日 | 4.065 | 2.630 |
| 材料 | 预拌混凝土 C20（泵送） | $m^3$ | 10.150 | — |
| | 草袋 | 个 | 1.362 | — |
| | 水 | $m^3$ | 1.260 | — |
| | 组合钢模板 | kg | — | 5.900 |
| | 零星卡具 | kg | — | 2.380 |
| | 钢支撑 | kg | — | 5.580 |

续前

| 定额编号 | | | 2-277 | 2-278 |
|---|---|---|---|---|
| 项目 | | | 挡墙 | |
| | | | 混凝土 | 模板 |
| | | | $10m^3$ | $10m^2$ |
| 名称 | | 单位 | 数量 | |
| 材料 | 铁件 | kg | — | 10.140 |
| | 锯材 | $m^3$ | — | 0.026 |
| | 圆钉 | kg | — | 0.190 |
| | 脱模剂 | kg | — | 1.000 |
| | 模板嵌缝料 | kg | — | 0.500 |
| | 电 | kW·h | 7.320 | — |
| | 尼龙帽 | 个 | — | 3.570 |
| 机械 | 履带式电动起重机 5t | 台班 | — | 0.178 |

## 5.9　混凝土接头及灌缝

**工作内容：** 1. 灌缝：模板制作、安装、拆除、混凝土配制、运输、浇筑、捣固、养生、清理等。
2. 勾缝：砂浆配制、运输、勾缝、清理等。
3. 接头混凝土：配制、运输、浇筑、捣固、抹平、养生。
4. 模板：制作、安装、涂脱模剂，拆除、修理、整堆。

| 定额编号 | | | 2-279 | 2-280 | 2-281 | 2-282 |
|---|---|---|---|---|---|---|
| 项目 | | | 板梁间灌缝 | 板梁底砂浆勾缝 | 梁与梁接头 | |
| | | | | | 混凝土 | 模板 |
| | | | $10m^3$ | 100m | $10m^3$ | $10m^2$ |
| 名称 | | 单位 | 数量 | | | |
| 人工 | 综合工日 | 工日 | 36.729 | 2.460 | 17.039 | 5.127 |
| 材料 | 混凝土 C30 | $m^3$ | 10.150 | — | 10.150 | — |
| | 水泥砂浆 1 ：2 | $m^3$ | — | 0.021 | — | — |
| | 锯材 | $m^3$ | 0.232 | — | — | 0.205 |
| | 铁丝 $8^{\#}$~$10^{\#}$ | kg | 107.160 | — | — | 4.430 |
| | 草袋 | 个 | 24.960 | — | 3.120 | — |
| | 水 | $m^3$ | 7.781 | — | 6.783 | — |

续前

| 定额编号 | | | 2-279 | 2-280 | 2-281 | 2-282 |
|---|---|---|---|---|---|---|
| 项目 | | | 板梁间灌缝 | 板梁底砂浆勾缝 | 梁与梁接头 | |
| | | | | | 混凝土 | 模板 |
| | | | $10m^3$ | 100m | $10m^3$ | $10m^2$ |
| 名称 | | 单位 | 数量 | | | |
| 材料 | 圆钉 | kg | — | — | — | 0.200 |
| | 脱模剂 | kg | — | — | — | 1.000 |
| | 模板嵌缝料 | kg | — | — | — | 0.500 |
| | 电 | kW·h | — | — | 7.480 | — |
| 机械 | 双锥反转出料混凝土搅拌机 350L | 台班 | 0.583 | — | 0.583 | — |
| | 机动翻斗车 1t | 台班 | 1.008 | — | 1.008 | — |
| | 履带式电动起重机 5t | 台班 | — | — | 1.408 | — |
| | 木工圆锯机 $\phi500$ | 台班 | — | — | — | 0.150 |
| | 木工平刨床 450 | 台班 | — | — | — | 0.150 |

# 5.10 其他构件

**工作内容：** 1. 混凝土：浇筑、捣固、抹平、养生。

2. 模板：制作、安装、涂脱模剂，拆除、修理、整堆。

| 定额编号 | | | 2-283 | 2-284 | 2-285 | 2-286 | 2-287 | 2-288 |
|---|---|---|---|---|---|---|---|---|
| 项目 | | | 防撞护栏 | | 立柱、端柱、灯柱 | | 地梁、侧石、缘石 | |
| | | | 混凝土 | 模板 | 混凝土 | 模板 | 混凝土 | 模板 |
| | | | $10m^3$ | $10m^2$ | $10m^3$ | $10m^2$ | $10m^3$ | $10m^2$ |
| 名称 | | 单位 | 数量 | | | | | |
| 人工 | 综合工日 | 工日 | 8.707 | 4.199 | 20.889 | 6.351 | 18.359 | 2.879 |
| 材料 | 预拌混凝土 C30（泵送） | $m^3$ | 10.150 | — | — | — | — | — |
| | 预拌混凝土 C25（非泵送） | $m^3$ | — | — | 10.150 | — | 10.150 | — |
| | 草袋 | 个 | 30.971 | — | — | — | 21.455 | — |
| | 水 | $m^3$ | 2.825 | — | 14.700 | — | 8.915 | — |
| | 锯材 | $m^3$ | — | — | — | 0.150 | — | 0.139 |
| | 定型钢模板 | kg | — | 12.240 | — | — | — | — |
| | 铁件 | kg | — | — | — | 4.790 | — | — |

续前

| 定额编号 | | | 2-283 | 2-284 | 2-285 | 2-286 | 2-287 | 2-288 |
|---|---|---|---|---|---|---|---|---|
| 项目 | | | 防撞护栏 | | 立柱、端柱、灯柱 | | 地梁、侧石、缘石 | |
| | | | 混凝土 | 模板 | 混凝土 | 模板 | 混凝土 | 模板 |
| | | | $10m^3$ | $10m^2$ | $10m^3$ | $10m^2$ | $10m^3$ | $10m^2$ |
| 名称 | | 单位 | 数量 | | | | | |
| 材料 | 圆钉 | kg | — | — | — | 0.970 | — | 0.860 |
| | 脱模剂 | kg | — | 1.000 | — | 1.000 | — | 1.000 |
| | 模板嵌缝料 | kg | — | 0.500 | — | 0.500 | — | 0.500 |
| | 电 | kW·h | 14.640 | — | — | — | 16.280 | — |
| 机械 | 机动翻斗车 1t | 台班 | — | — | 1.008 | — | 1.008 | — |
| | 履带式电动起重机 5t | 台班 | — | 0.303 | — | — | — | — |
| | 木工圆锯机 $\phi500$ | 台班 | — | — | — | 0.417 | — | 0.063 |
| | 木工平刨床 450 | 台班 | — | — | — | 0.417 | — | 0.063 |

## 5.11 桥面铺装及桥头搭板

**工作内容**：模板制作、安装、拆除。混凝土浇筑、捣固、湿治养生等。

计量单位：$10m^3$

| 定额编号 | | | 2-289 | 2-290 | 2-291 |
|---|---|---|---|---|---|
| 项目 | | | 检修道 | 桥面铺装 | 桥头搭板 |
| 名称 | | 单位 | 数量 | | |
| 人工 | 综合工日 | 工日 | 9.735 | 3.366 | 7.064 |
| 材料 | 预拌混凝土 C25（非泵送） | $m^3$ | 10.150 | — | 10.150 |
| | 预拌混凝土 C25（泵送） | $m^3$ | — | 10.150 | — |
| | 锯材 | $m^3$ | 0.012 | 0.022 | 0.014 |
| | 草袋 | 个 | 64.376 | 128.752 | 18.408 |
| | 水 | $m^3$ | 14.700 | 29.400 | 4.410 |
| | 脱模剂 | kg | 0.060 | 0.150 | 0.500 |
| | 模板嵌缝料 | kg | 0.030 | 0.080 | 0.250 |

续前

| 定额编号 | | | 2-289 | 2-290 | 2-291 |
|---|---|---|---|---|---|
| 项目 | | | 检修道 | 桥面铺装 | 桥头搭板 |
| 名称 | | 单位 | 数量 | | |
| 材料 | 电 | kW·h | 7.920 | 9.000 | 12.840 |
| | 组合钢模板 | kg | — | — | 3.184 |
| | 钢支撑 | kg | — | — | 2.506 |
| | 零星卡具 | kg | — | — | 1.190 |
| | 圆钉 | kg | — | — | 0.082 |
| 机械 | 木工圆锯机 $\phi$500 | 台班 | — | — | 0.010 |
| | 木工平刨床 450 | 台班 | — | — | 0.010 |

# 5.12 桥面防水层

工作内容：清理面层，熬、涂沥青，铺玻璃布，防水砂浆配拌、运料、抹平、养护，涂粘接剂、橡胶裁剪、铺设，喷涂防水涂料等。

计量单位：100m²

| 定额编号 | | | 2-292 | 2-293 | 2-294 | 2-295 | 2-296 |
|---|---|---|---|---|---|---|---|
| 项目 | | | 桥面防水层 | | | | |
| | | | 一油 | 一布 | 防水砂浆 20mm | 防水橡胶板 | 聚氨酯沥青防水涂料 |
| 名称 | | 单位 | 数量 | | | | |
| 人工 | 综合工日 | 工日 | 3.970 | 0.280 | 7.780 | 2.740 | 7.150 |
| 材料 | 石油沥青 | kg | 210.000 | — | — | — | — |
| | 煤 | kg | 43.000 | — | — | — | — |
| | 木柴 | kg | 10.500 | — | — | — | — |
| | 玻璃布 | m² | — | 112.200 | — | — | — |
| | 水泥砂浆 M15 | m³ | — | — | 2.050 | — | — |

续前

| 定 额 编 号 | | | 2-292 | 2-293 | 2-294 | 2-295 | 2-296 |
|---|---|---|---|---|---|---|---|
| 项 目 | | | 桥面防水层 | | | | |
| | | | 一油 | 一布 | 防水砂浆 20mm | 防水橡胶板 | 聚氨酯沥青防水涂料 |
| 名 称 | | 单位 | 数 量 | | | | |
| 材料 | 防水剂 | kg | — | — | 41.410 | — | — |
| | 橡胶板 2 厚 | $m^2$ | — | — | — | 102.000 | — |
| | 氯丁橡胶粘接剂 | kg | — | — | — | 120.000 | — |
| | 聚氨酯沥青防水涂料 | kg | — | — | — | — | 189.000 |
| 机械 | 柏油喷布器 300kg | 台班 | — | — | — | — | 0.300 |

# 5.13 箱涵外壁处理

**工作内容：**外壁面清洗，拌制水泥砂浆，熬制沥青，配料，墙面涂刷。

计量单位：$100m^2$

| 定额编号 | | | 2-297 | 2-298 |
|---|---|---|---|---|
| 项目 | | | 防水砂浆 | 沥青层 |
| 名称 | | 单位 | 数量 | |
| 人工 | 综合工日 | 工日 | 16.720 | 3.630 |
| 材料 | 水泥砂浆 1 ∶ 2 | $m^3$ | 2.050 | — |
| | 防水剂 | kg | 59.120 | — |
| | 水 | $m^3$ | 10.500 | 10.500 |
| | 石油沥青 | kg | — | 376.000 |
| | 煤 | kg | — | 37.000 |
| | 木柴 | kg | — | 3.700 |
| 机械 | 灰浆搅拌机 200L | 台班 | 1.560 | — |

## 5.14 箱涵接缝处理

工作内容：混凝土表面处理，材料调制、涂刷，嵌缝。

| 定额编号 | | | 2-299 | 2-300 | 2-301 | 2-302 | 2-303 |
|---|---|---|---|---|---|---|---|
| 项目 | | | 石棉水泥嵌缝 | 嵌防水膏 | 沥青二度 | 沥青封口 | 嵌沥青木丝板 |
| | | | 10m | | 10m² | | |
| 名称 | | 单位 | 数量 | | | | |
| 人工 | 综合工日 | 工日 | 0.558 | 2.442 | 0.726 | 9.900 | 0.418 |
| 材料 | 油浸麻丝 | kg | 1.000 | — | — | — | — |
| | 石棉绒 | kg | 32.130 | — | — | — | — |
| | 水泥 32.5 | kg | 74.235 | — | — | — | — |
| | 沥青防水油膏 | kg | — | 79.800 | — | — | — |
| | 冷底子油 | kg | — | 2.050 | 5.125 | — | — |
| | 石油沥青 | kg | — | — | 194.000 | 556.000 | 82.000 |
| | 木柴 | kg | — | — | 80.000 | 54.000 | 8.000 |
| | 煤 | kg | — | — | — | 54.000 | 8.000 |
| | 木丝板 | m² | — | — | — | — | 10.200 |

## 5.15 现拌混凝土和预拌混凝土(非泵送)

**工作内容：**混凝土配制及运输（预拌混凝土无此项），浇筑、捣固、抹平、湿治养生、清理等。

计量单位：$10m^3$

| 定额编号 | | | 2-304 | 2-305 |
|---|---|---|---|---|
| 项目 | | | 现拌混凝土 | 预拌混凝土(非泵送) |
| 名称 | | 单位 | 数量 | |
| 人工 | 综合工日 | 工日 | 19.001 | 11.286 |
| 材料 | 混凝土 C25 | $m^3$ | 10.150 | — |
| | 预拌混凝土 C25（非泵送） | $m^3$ | — | 10.150 |
| | 草袋 | 个 | 19.595 | 19.595 |
| | 水 | $m^3$ | 6.120 | 6.120 |
| | 电 | kW·h | 12.960 | 12.960 |
| 机械 | 双锥反转出料混凝土搅拌机 350L | 台班 | 0.583 | — |
| | 履带式电动起重机 5t | 台班 | 0.614 | 0.614 |
| | 机动翻斗车 1t | 台班 | 1.008 | — |

## 5.16 混凝土输送及泵管安拆使用

**工作内容：** 泵管安拆、清洗、整理、堆放，输送泵（车）就位，混凝土输送、清理等。

| 定额编号 | | | 2-306 | 2-307 | 2-308 | 2-309 | 2-310 | 2-311 |
|---|---|---|---|---|---|---|---|---|
| 项目 | | | 混凝土输送 | | 垂直泵管 | | 水平泵管 | |
| | | | 泵车 | 固定泵 | 安拆 | 使用 | 安拆 | 使用 |
| | | | $10m^3$ | | 100m | 100m · d | 100m | 100m · d |
| 名称 | | 单位 | 数量 | | | | | |
| 人工 | 综合工日 | 工日 | — | — | 23.160 | — | 6.690 | — |
| 材料 | 水 | $m^3$ | 1.000 | 1.000 | — | — | — | — |
| | 钢管 $\phi48\times3.5$ | kg | — | — | 9.710 | — | 5.020 | — |
| | 直角扣件 | 个 | — | — | 37.190 | — | 1.140 | — |
| | 对接扣件 | 个 | — | — | — | — | 0.290 | — |
| | 泵管 | m | — | — | 1.000 | — | 1.000 | — |
| | 方卡 | 只 | — | — | 38.250 | — | 38.250 | — |

续前

| 定额编号 | | | 2-306 | 2-307 | 2-308 | 2-309 | 2-310 | 2-311 |
|---|---|---|---|---|---|---|---|---|
| 项目 | | | 混凝土输送 | | 垂直泵管 | | 水平泵管 | |
| | | | 泵车 | 固定泵 | 安拆 | 使用 | 安拆 | 使用 |
| | | | $10m^3$ | | 100m | 100m·d | 100m | 100m·d |
| 名称 | | 单位 | 数量 | | | | | |
| 材料 | 垫片 | 只 | — | — | 78.750 | — | 76.500 | — |
| | 泵管使用 | m·d | — | — | — | 100.000 | — | 100.000 |
| | 防锈漆 | kg | — | — | 0.680 | — | 0.360 | — |
| 机械 | 混凝土输送泵车 $75m^3/h$ | 台班 | 0.167 | — | — | — | — | — |
| | 混凝土输送泵 $45m^3/h$ | 台班 | — | 0.200 | — | — | — | — |
| | 载重汽车 4t | 台班 | — | — | 0.160 | — | 0.080 | — |

# 6 预制混凝土工程

# 说　明

一、本章定额包括预制桩、梁及其他构件等项目，共3节20个子目。

二、本章定额适用于桥涵工程现场制作的预制构件。

三、本章定额中均未包括预埋铁件，如设计要求预埋铁件时，可按设计用量套用本册第4章有关项目。

四、本章定额不包括地模费用，需要时可套用本册第8章有关定额计算。

# 工程量计算规则

一、混凝土工程量计算：

1. 预制桩工程量按桩长度（包括桩尖长度）乘以桩截面面积计算。

2. 预制空心构件按设计图尺寸扣除空心体积，以实体积计算。空心板梁的堵头板体积不计入工程量内，其消耗量已在定额中考虑。

3. 预制空心板梁，凡采用橡胶囊作内模的，考虑其压缩变形因素，可增加混凝土数量。当梁长在16m以内时，可按设计计算体积增加7%；若梁长大于16m时，则增加9%计算。如设计图已注明考虑橡胶囊变形时，不得再增加计算。

4. 预应力混凝土构件的封锚混凝土数量并入构件混凝土工程量计算。

二、模板工程量计算：

1. 预制构件中预应力混凝土构件及 T 形梁、I 形梁等构件均按模板接触混凝土的面积（包括侧模、底模）计算。

2. 预制构件中非预应力构件按模板接触混凝土的面积计算，不包括地模。

3. 空心板梁中空心部分，本定额均采用橡胶囊抽拔，其摊销量已包括在定额中，不再计算空心部分模板工程量。

4. 灯柱、端柱等小型构件按平面投影面积计算。

## 6.1 预 制 桩

**工作内容：** 1. 混凝土：配制、拌和、运输、浇筑、捣固、抹平、养生。

2. 模板：制作、安装、涂脱模剂，拆除、修理、整堆。

| 定 额 编 号 | | | 2-312 | 2-313 | 2-314 | 2-315 |
|---|---|---|---|---|---|---|
| 项 目 | | | 方桩 | | 板桩 | |
| | | | 混凝土 | 模板 | 混凝土 | 模板 |
| | | | $10m^3$ | $10m^2$ | $10m^3$ | $10m^2$ |
| 名 称 | | 单位 | 数 量 | | | |
| 人工 | 综合工日 | 工日 | 17.935 | 2.439 | 18.786 | 4.180 |
| 材料 | 混凝土 C30 | $m^3$ | 10.150 | — | 10.150 | — |
| | 草袋 | 个 | 16.120 | — | 25.790 | — |
| | 水 | $m^3$ | 9.470 | — | 10.950 | — |
| | 锯材 | $m^3$ | — | 0.032 | — | 0.177 |
| | 组合钢模板 | kg | — | 1.970 | — | — |
| | 钢支撑 | kg | — | 4.640 | — | — |
| | 零星卡具 | kg | — | 1.180 | — | — |

续前

| 定额编号 | | | 2-312 | 2-313 | 2-314 | 2-315 |
|---|---|---|---|---|---|---|
| 项目 | | | 方桩 | | 板桩 | |
| | | | 混凝土 | 模板 | 混凝土 | 模板 |
| | | | $10m^3$ | $10m^2$ | $10m^3$ | $10m^2$ |
| 名称 | | 单位 | 数量 | | | |
| 材料 | 圆钉 | kg | — | 0.170 | — | 1.490 |
| | 脱模剂 | kg | — | 1.000 | — | 1.000 |
| | 电 | kW·h | 9.120 | — | 9.960 | — |
| | 模板嵌缝料 | kg | — | 0.500 | — | 0.500 |
| 机械 | 双锥反转出料混凝土搅拌机 350L | 台班 | 0.580 | — | 0.580 | — |
| | 机动翻斗车 1t | 台班 | 1.130 | — | 1.130 | — |
| | 履带式电动起重机 5t | 台班 | 0.760 | — | 0.830 | — |
| | 木工圆锯机 $\phi500$ | 台班 | — | — | — | 0.380 |
| | 木工平刨床 450 | 台班 | — | — | — | 0.380 |

# 6.2 预 制 梁

**工作内容：** 1. 混凝土：配制、拌和、运输、浇筑、捣固、抹平、养生。

2. 模板：制作、安装、涂脱模剂，拆除、修理、整堆。

| 定额编号 | | | 2-316 | 2-317 | 2-318 | 2-319 | 2-320 | 2-321 |
|---|---|---|---|---|---|---|---|---|
| 项目 | | | T形梁 | | I形梁 | | 空心板梁 | |
| | | | 混凝土 | 模板 | 混凝土 | 模板 | 混凝土 | 模板 |
| | | | $10m^3$ | $10m^2$ | $10m^3$ | $10m^2$ | $10m^3$ | $10m^2$ |
| 名称 | | 单位 | 数量 | | | | | |
| 人工 | 综合工日 | 工日 | 17.657 | 4.572 | 18.356 | 4.132 | 17.150 | 8.570 |
| 材料 | 混凝土 C40 | $m^3$ | 10.150 | — | 10.150 | — | 10.150 | — |
| | 混凝土 C20 | $m^3$ | — | — | — | — | 0.070 | — |
| | 草袋 | 个 | 19.970 | — | 11.170 | — | 14.980 | — |
| | 水 | $m^3$ | 13.680 | — | 10.450 | — | 17.380 | — |
| | 锯材 | $m^3$ | — | 0.160 | — | 0.151 | — | 0.035 |
| | 组合钢模板 | kg | — | — | — | — | — | 1.970 |
| | 钢支撑 | kg | — | — | — | — | — | 4.640 |
| | 零星卡具 | kg | — | — | — | — | — | 1.180 |
| | 电 | kW·h | 20.720 | — | 9.600 | — | 12.800 | — |

续前

| 定额编号 | | | 2-316 | 2-317 | 2-318 | 2-319 | 2-320 | 2-321 |
|---|---|---|---|---|---|---|---|---|
| 项目 | | | T形梁 | | I形梁 | | 空心板梁 | |
| | | | 混凝土 | 模板 | 混凝土 | 模板 | 混凝土 | 模板 |
| | | | $10m^3$ | $10m^2$ | $10m^3$ | $10m^2$ | $10m^3$ | $10m^2$ |
| 名称 | | 单位 | 数量 | | | | | |
| 材料 | 橡胶囊 $\phi360$ | m | — | — | — | — | — | 0.120 |
| | 橡胶囊外套 $\phi600$ | m | — | — | — | — | — | 0.060 |
| | 圆钉 | kg | — | 0.190 | — | 1.080 | — | 0.390 |
| | 铁件 | kg | — | 7.070 | — | 6.610 | — | — |
| | 脱模剂 | kg | — | 1.000 | — | 1.000 | — | 1.000 |
| | 模板嵌缝料 | kg | — | 0.500 | — | 0.500 | — | 0.500 |
| 机械 | 双锥反转出料混凝土搅拌机 350L | 台班 | 0.580 | — | 0.580 | — | 0.650 | — |
| | 机动翻斗车 1t | 台班 | 1.130 | — | 1.130 | — | 1.130 | — |
| | 履带式电动起重机 5t | 台班 | 0.740 | 0.200 | 0.800 | — | 0.640 | — |
| | 电动卷扬机 单筒快速 1t | 台班 | — | — | — | — | — | 0.700 |
| | 电动空气压缩机 $0.6m^3/min$ | 台班 | — | — | — | — | — | 0.660 |
| | 木工圆锯机 $\phi500$ | 台班 | — | 0.390 | — | 0.360 | — | 0.050 |
| | 木工平刨床 450 | 台班 | — | 0.390 | — | 0.360 | — | 0.050 |

**工作内容：** 1. 混凝土：配制、拌和、运输、浇筑、捣固、抹平、养生。
2. 模板：制作、安装、涂脱模剂，拆除、修理、整堆。

| 定额编号 | | | 2-322 | 2-323 | 2-324 | 2-325 | 2-326 | 2-327 |
|---|---|---|---|---|---|---|---|---|
| 项目 | | | 箱形梁 | | 箱形块件 | | 槽形梁 | |
| | | | 混凝土 | 模板 | 混凝土 | 模板 | 混凝土 | 模板 |
| | | | $10m^3$ | $10m^2$ | $10m^3$ | $10m^2$ | $10m^3$ | $10m^2$ |
| 名称 | | 单位 | 数量 | | | | | |
| 人工 | 综合工日 | 工日 | 20.910 | 10.024 | 21.015 | 9.804 | 19.092 | 10.311 |
| 材料 | 混凝土 C40 | $m^3$ | 10.150 | — | 10.150 | — | 10.150 | — |
| | 草袋 | 个 | 10.090 | — | 14.190 | — | 8.840 | — |
| | 水 | $m^3$ | 9.350 | — | 10.160 | — | 8.090 | — |
| | 锯材 | $m^3$ | — | 0.168 | — | 0.175 | — | 0.177 |
| | 圆钉 | kg | — | 1.760 | — | 1.570 | — | 1.740 |
| | 铁件 | kg | — | 2.290 | — | 1.350 | — | 1.760 |
| | 脱模剂 | kg | — | 1.000 | — | 1.000 | — | 1.000 |

续前

| 定额编号 | | | 2-322 | 2-323 | 2-324 | 2-325 | 2-326 | 2-327 |
|---|---|---|---|---|---|---|---|---|
| 项目 | | | 箱形梁 | | 箱形块件 | | 槽形梁 | |
| | | | 混凝土 | 模板 | 混凝土 | 模板 | 混凝土 | 模板 |
| | | | $10m^3$ | $10m^2$ | $10m^3$ | $10m^2$ | $10m^3$ | $10m^2$ |
| 名称 | | 单位 | 数量 | | | | | |
| 材料 | 电 | kW·h | 76.000 | — | 61.440 | — | 38.400 | — |
| | 模板嵌缝料 | kg | — | 0.500 | — | 0.500 | — | 0.500 |
| 机械 | 双锥反转出料混凝土搅拌机 350L | 台班 | 0.650 | — | 0.650 | — | 0.650 | — |
| | 机动翻斗车 1t | 台班 | 1.130 | — | 1.130 | — | 1.130 | — |
| | 履带式电动起重机 5t | 台班 | 0.950 | 0.420 | 0.960 | 0.410 | 0.800 | 0.430 |
| | 木工圆锯机 $\phi500$ | 台班 | — | 1.500 | — | 1.500 | — | 1.500 |
| | 木工平刨床 450 | 台班 | — | 1.500 | — | 1.500 | — | 1.500 |

## 6.3 预制其他构件

**工作内容**：1. 混凝土：配制、拌和、运输、浇筑、捣固、抹平、养生。

2. 模板：制作、安装、涂脱模剂，拆除、修理、整堆。

| 定额编号 | | | 2-328 | 2-329 | 2-330 | 2-331 |
|---|---|---|---|---|---|---|
| 项目 | | | 缘石 | | 灯柱、端柱 | |
| | | | 混凝土 | 模板 | 混凝土 | 模板 |
| | | | $10m^3$ | $10m^2$ | $10m^3$ | $10m^2$ |
| 名称 | | 单位 | 数量 | | | |
| 人工 | 综合工日 | 工日 | 24.286 | 4.601 | 37.094 | 9.049 |
| 材料 | 混凝土 C30 | $m^3$ | 10.150 | — | 10.150 | — |
| | 草袋 | 个 | 50.260 | — | 38.790 | — |
| | 水 | $m^3$ | 19.960 | — | 12.550 | — |
| | 锯材 | $m^3$ | — | 0.068 | — | 0.128 |
| | 圆钉 | kg | — | 0.600 | — | 2.640 |
| | 铁件 | kg | — | 4.430 | — | — |

续前

| 定额编号 | | | 2-328 | 2-329 | 2-330 | 2-331 |
|---|---|---|---|---|---|---|
| 项目 | | | 缘石 | | 灯柱、端柱 | |
| | | | 混凝土 | 模板 | 混凝土 | 模板 |
| | | | $10m^3$ | $10m^2$ | $10m^3$ | $10m^2$ |
| 名称 | | 单位 | 数量 | | | |
| 材料 | 脱模剂 | kg | — | 1.000 | — | 1.000 |
| | 电 | kW·h | 6.840 | — | 5.440 | — |
| | 模板嵌缝料 | kg | — | 0.500 | — | 0.500 |
| 机械 | 双锥反转出料混凝土搅拌机 350L | 台班 | 0.580 | — | 0.580 | — |
| | 机动翻斗车 1t | 台班 | 1.130 | — | 1.130 | — |
| | 木工圆锯机 $\phi 500$ | 台班 | — | 0.490 | — | 1.060 |
| | 木工平刨床 450 | 台班 | — | 0.490 | — | 1.060 |

# 7 安装工程

# 说　明

一、本章定额包括安装梁、其他构件、栏杆扶手、支座、伸缩缝、沉降缝、隔声屏障等项目，共 9 节 59 个子目。

二、本章定额适用于桥涵工程的安装项目。

三、构件安装定额中除小型构件安装已包括 150m 场内运输外，其余均未包括场内运输。小型构件指单件混凝土体积≤$0.05m^3$的构件。

四、安装预制构件定额中均未包括脚手架，如需要用脚手架时，可套用第四册“地下结构工程”相应定额项目。

五、安装预制构件，应根据施工现场具体情况，采用合理的施工方法，套用相应定额。

六、导梁安装定额中不包括导梁的安装及使用，发生时可套用装配式钢支架定额，工程量按实计算。

七、架桥机安装节段梁定额中未包括组装、拆卸架桥机（可套用本册第 8 章相应定额）、临时束和永久束的制作、安装费用。

八、梳型钢板、钢板、橡胶板及毛勒伸缩缝均按成品考虑，成品费用另计。

九、安装排水管定额中已包括集水斗安装工作内容，但集水斗的材料费需按实另计。

# 工程量计算规则

一、安装预制构件按构件混凝土实体积计算，不包括空心部分。

二、驳船未包括进出场费。

## 7.1 安 装 梁

**工作内容：** 安、拆地锚；竖、拆扒杆及移动；搭、拆木垛；打、拔缆风桩；吊装机具移动就位；安、拆轨道、枕木、平车、卷扬机及索具；安装、就位、固定,节段悬吊及拼装；调制及涂抹环氧树脂等。

计量单位：$10m^3$

| 定额编号 | | | 2-332 | 2-333 | 2-334 | 2-335 | 2-336 |
|---|---|---|---|---|---|---|---|
| 项目 | | | 陆上安装板梁 | | | | |
| | | | $L\leqslant10m$ | $L\leqslant13m$ | $L\leqslant16m$ | $L\leqslant20m$ | $L\leqslant25m$ |
| 名称 | | 单位 | 数量 | | | | |
| 人工 | 综合工日 | 工日 | 1.245 | 1.129 | 1.034 | 0.933 | 0.838 |
| 材料 | 预制混凝土构件 | $m^3$ | (10.000) | (10.000) | (10.000) | (10.000) | (10.000) |
| 机械 | 汽车式起重机 20t | 台班 | 0.143 | — | — | — | — |
| | 汽车式起重机 50t | 台班 | — | 0.130 | 0.117 | — | — |
| | 汽车式起重机 75t | 台班 | — | — | — | 0.104 | — |
| | 汽车式起重机 100t | 台班 | — | — | — | — | 0.091 |

**工作内容：** 安、拆地锚；竖、拆扒杆及移动；搭、拆木垛；打、拔缆风桩；吊装机具移动就位；安、拆轨道、枕木、平车、卷扬机及索具；安装、就位、固定,节段悬吊及拼装；调制及涂抹环氧树脂等。

计量单位：$10m^3$

| 定额编号 | | | 2-337 | 2-338 | 2-339 | 2-340 |
|---|---|---|---|---|---|---|
| 项目 | | | 水上安装板梁 | | | |
| | | | $L≤10m$ | $L≤13m$ | $L≤16m$ | $L≤20m$ |
| 名称 | | 单位 | 数量 | | | |
| 人工 | 综合工日 | 工日 | 9.340 | 9.200 | 9.200 | 8.640 |
| 材料 | 预制混凝土构件 | $m^3$ | (10.000) | (10.000) | (10.000) | (10.000) |
| | 原木 | $m^3$ | 0.004 | 0.004 | 0.004 | 0.004 |
| | 枋木 | $m^3$ | 0.007 | 0.024 | 0.024 | 0.024 |
| | 锯材 | $m^3$ | 0.006 | 0.006 | 0.006 | 0.006 |
| | 圆钉 | kg | 0.014 | 0.014 | 0.014 | 0.014 |
| | 扒钉 | kg | 0.493 | 0.601 | 0.601 | 0.601 |
| | 钢丝绳 | kg | 11.186 | 11.186 | 21.910 | 21.910 |
| | 白棕绳 | kg | 0.503 | 0.503 | 0.589 | 1.471 |

续前

| 定额编号 | | | 2-337 | 2-338 | 2-339 | 2-340 |
|---|---|---|---|---|---|---|
| 项目 | | | 水上安装板梁 | | | |
| | | | $L\leqslant10m$ | $L\leqslant13m$ | $L\leqslant16m$ | $L\leqslant20m$ |
| 名称 | | 单位 | 数量 | | | |
| 机械 | 履带式电动起重机 5t | 台班 | 0.100 | 0.220 | 0.220 | 0.220 |
| | 电动卷扬机 双筒慢速 3t | 台班 | 3.500 | — | — | — |
| | 电动卷扬机 双筒慢速 5t | 台班 | — | 2.640 | 2.640 | 1.600 |
| | 电动卷扬机 双筒慢速 10t | 台班 | — | — | — | 0.800 |
| | 电动卷扬机 单筒快速 1t | 台班 | 7.010 | 5.280 | 5.280 | 4.800 |
| | 木驳船 30t | t·d | 44.000 | 39.600 | 39.600 | 39.600 |
| | 木驳船 60t | t·d | — | 66.000 | 79.200 | — |
| | 木驳船 80t | t·d | — | — | — | 96.000 |

**工作内容：**安、拆地锚；竖、拆扒杆及移动；搭、拆木垛；打、拔缆风桩；吊装机具移动就位；安、拆轨道、枕木、平车、卷扬机及索具；安装、就位、固定,节段悬吊及拼装；调制及涂抹环氧树脂等。

计量单位：10$m^3$

| 定额编号 | | | 2-341 | 2-342 | 2-343 | 2-344 | 2-345 |
|---|---|---|---|---|---|---|---|
| 项目 | | | 陆上安装T形梁 | | | 水上安装T形梁 | |
| | | | $L\leqslant10m$ | $L\leqslant20m$ | $L\leqslant30m$ | $L\leqslant10m$ | $L\leqslant20m$ |
| 名称 | | 单位 | 数量 | | | | |
| 人工 | 综合工日 | 工日 | 1.360 | 1.296 | 1.230 | 10.453 | 10.169 |
| 材料 | 预制混凝土构件 | $m^3$ | (10.000) | (10.000) | (10.000) | (10.000) | (10.000) |
| | 原木 | $m^3$ | — | — | — | 0.004 | 0.004 |
| | 枋木 | $m^3$ | — | — | — | 0.024 | 0.024 |
| | 锯材 | $m^3$ | — | — | — | 0.006 | 0.006 |
| | 圆钉 | kg | — | — | — | 0.014 | 0.014 |
| | 扒钉 | kg | — | — | — | 0.601 | 0.601 |
| | 钢丝绳 | kg | — | — | — | 21.910 | 21.910 |
| | 白棕绳 | kg | — | — | — | 1.471 | 1.471 |

续前

| 定额编号 | | | 2-341 | 2-342 | 2-343 | 2-344 | 2-345 |
|---|---|---|---|---|---|---|---|
| 项目 | | | 陆上安装T形梁 | | | 水上安装T形梁 | |
| | | | $L$≤10m | $L$≤20m | $L$≤30m | $L$≤10m | $L$≤20m |
| 名称 | | 单位 | 数量 | | | | |
| 机械 | 汽车式起重机 40t | 台班 | 0.156 | — | — | — | — |
| | 汽车式起重机 75t | 台班 | — | 0.156 | — | — | — |
| | 汽车式起重机 125t | 台班 | — | — | 0.143 | — | — |
| | 电动卷扬机 单筒快速 1t | 台班 | — | — | — | 7.770 | 7.370 |
| | 电动卷扬机 双筒慢速 10t | 台班 | — | — | — | 3.880 | 3.690 |
| | 履带式电动起重机 5t | 台班 | — | — | — | 0.370 | 0.400 |
| | 木驳船 30t | t·d | — | — | — | 46.800 | 44.400 |
| | 木驳船 60t | t·d | — | — | — | 78.000 | — |
| | 木驳船 80t | t·d | — | — | — | — | 118.400 |

工作内容：安、拆地锚；竖、拆扒杆及移动；搭、拆木垛；打、拔缆风桩；吊装机具移动就位；安、拆轨道、枕木、平车、卷扬机及索具；安装、就位、固定,节段悬吊及拼装；调制及涂抹环氧树脂等。

计量单位：10m$^3$

| 定额编号 | | | 2-346 | 2-347 | 2-348 | 2-349 | 2-350 |
|---|---|---|---|---|---|---|---|
| 项目 | | | 陆上安装Ⅰ形梁 | | | 水上安装Ⅰ形梁 | |
| | | | $L\leqslant10m$ | $L\leqslant20m$ | $L\leqslant30m$ | $L\leqslant10m$ | $L\leqslant20m$ |
| 名称 | | 单位 | 数量 | | | | |
| 人工 | 综合工日 | 工日 | 1.417 | 1.430 | 1.360 | 10.330 | 10.948 |
| 材料 | 预制混凝土构件 | m$^3$ | (10.000) | (10.000) | (10.000) | (10.000) | (10.000) |
| | 原木 | m$^3$ | — | — | — | 0.004 | 0.004 |
| | 枋木 | m$^3$ | — | — | — | 0.007 | 0.021 |
| | 锯材 | m$^3$ | — | — | — | 0.006 | 0.006 |
| | 圆钉 | kg | — | — | — | 0.014 | 0.014 |
| | 扒钉 | kg | — | — | — | 0.493 | 0.601 |
| | 钢丝绳 | kg | — | — | — | 9.600 | 21.675 |
| | 白棕绳 | kg | — | — | — | 0.503 | 1.471 |

续前

| 定额编号 | | | 2-346 | 2-347 | 2-348 | 2-349 | 2-350 |
|---|---|---|---|---|---|---|---|
| 项目 | | | 陆上安装 I 形梁 | | | 水上安装 I 形梁 | |
| | | | L≤10m | L≤20m | L≤30m | L≤10m | L≤20m |
| 名称 | | 单位 | 数量 | | | | |
| 机械 | 汽车式起重机 16t | 台班 | 0.182 | — | — | — | — |
| | 汽车式起重机 40t | 台班 | — | 0.169 | — | — | — |
| | 汽车式起重机 75t | 台班 | — | — | 0.156 | — | — |
| | 电动卷扬机 单筒快速 1t | 台班 | — | — | — | 8.170 | 8.170 |
| | 电动卷扬机 双筒慢速 10t | 台班 | — | — | — | 4.080 | 4.080 |
| | 履带式电动起重机 5t | 台班 | — | — | — | 0.150 | 0.300 |
| | 木驳船 30t | t·d | — | — | — | 98.400 | 49.200 |
| | 木驳船 60t | t·d | — | — | — | — | 82.000 |

**工作内容：**安、拆地锚；竖、拆扒杆及移动；搭、拆木垛；打、拔缆风桩；吊装机具移动就位；安、拆轨道、枕木、平车、卷扬机及索具；安装、就位、固定,节段悬吊及拼装；调制及涂抹环氧树脂等。

计量单位：$10m^3$

| 定额编号 | | | 2-351 | 2-352 | 2-353 |
|---|---|---|---|---|---|
| 项目 | | | 陆上安装槽形梁 | | 水上安装槽形梁 |
| | | | $L\leqslant20m$ | $L\leqslant30m$ | $L\leqslant20m$ |
| 名称 | | 单位 | 数量 | | |
| 人工 | 综合工日 | 工日 | 1.256 | 1.135 | 9.927 |
| 材料 | 预制混凝土构件 | $m^3$ | (10.000) | (10.000) | (10.000) |
| | 原木 | $m^3$ | — | — | 0.004 |
| | 枋木 | $m^3$ | — | — | 0.024 |
| | 锯材 | $m^3$ | — | — | 0.006 |
| | 扒钉 | kg | — | — | 0.601 |
| | 圆钉 | kg | — | — | 0.014 |
| | 钢丝绳 | kg | — | — | 21.910 |
| | 白棕绳 | kg | — | — | 1.471 |

续前

| 定额编号 | | | 2-351 | 2-352 | 2-353 |
|---|---|---|---|---|---|
| 项目 | | | 陆上安装槽形梁 | | 水上安装槽形梁 |
| | | | $L \leqslant 20$m | $L \leqslant 30$m | $L \leqslant 20$m |
| 名称 | | 单位 | 数量 | | |
| 机械 | 汽车式起重机 75t | 台班 | 0.143 | — | — |
| | 汽车式起重机 150t | 台班 | — | 0.130 | — |
| | 电动卷扬机 单筒快速 1t | 台班 | — | — | 3.180 |
| | 电动卷扬机 双筒慢速 10t | 台班 | — | — | 3.090 |
| | 履带式电动起重机 5t | 台班 | — | — | 0.500 |
| | 木驳船 30t | t·d | — | — | 43.200 |
| | 木驳船 80t | t·d | — | — | 115.200 |

**工作内容：** 安、拆地锚；竖、拆扒杆及移动；搭、拆木垛；打、拔缆风桩；吊装机具移动就位；安、拆轨道、枕木、平车、卷扬机及索具；安装、就位、固定,节段悬吊及拼装；调制及涂抹环氧树脂等。

<table>
<tr><td colspan="3">定额编号</td><td>2-354</td><td>2-355</td><td>2-356</td><td>2-357</td><td>2-358</td></tr>
<tr><td colspan="3" rowspan="3">项目</td><td>陆上安装<br>U形梁</td><td>架桥机安装<br>节段梁</td><td colspan="2">双导梁安装</td><td rowspan="2">环氧树脂<br>接缝</td></tr>
<tr><td>$B≤9m$,<br>$L≤30m$</td><td>$B≤14.4m$,<br>$L≤30m$</td><td>箱形块</td><td>简支梁</td></tr>
<tr><td colspan="4">$10m^3$</td><td>$10m^2$</td></tr>
<tr><td colspan="2">名称</td><td>单位</td><td colspan="5">数量</td></tr>
<tr><td>人工</td><td>综合工日</td><td>工日</td><td>2.433</td><td>26.369</td><td>4.708</td><td>4.059</td><td>7.051</td></tr>
<tr><td rowspan="6">材料</td><td>预制混凝土构件</td><td>$m^3$</td><td>(10.000)</td><td>(10.000)</td><td>(10.000)</td><td>(10.000)</td><td>—</td></tr>
<tr><td>枋木</td><td>$m^3$</td><td>—</td><td>—</td><td>0.038</td><td>0.038</td><td>—</td></tr>
<tr><td>型钢</td><td>kg</td><td>—</td><td>—</td><td>3.132</td><td>3.132</td><td>—</td></tr>
<tr><td>钢轨</td><td>kg</td><td>—</td><td>—</td><td>4.636</td><td>4.636</td><td>—</td></tr>
<tr><td>鱼尾板</td><td>kg</td><td>—</td><td>—</td><td>0.211</td><td>0.211</td><td>—</td></tr>
<tr><td>铁件</td><td>kg</td><td>—</td><td>—</td><td>0.237</td><td>0.237</td><td>—</td></tr>
</table>

续前

| 定额编号 | | | 2-354 | 2-355 | 2-356 | 2-357 | 2-358 |
|---|---|---|---|---|---|---|---|
| 项目 | | | 陆上安装U形梁 | 架桥机安装节段梁 | 双导梁安装 | | 环氧树脂接缝 |
| | | | $B \leqslant 9m$, $L \leqslant 30m$ | $B \leqslant 14.4m$, $L \leqslant 30m$ | 箱形块 | 简支梁 | |
| | | | $10m^3$ | | | | $10m^2$ |
| 名称 | | 单位 | 数量 | | | | |
| 材料 | 环氧树脂 | kg | — | 15.200 | — | — | 38.250 |
| | 中厚钢板 | kg | — | — | 0.104 | 0.104 | — |
| | 扒钉 | kg | — | — | 0.324 | 0.324 | — |
| | 白棕绳 | kg | — | — | 0.290 | 0.290 | — |
| 机械 | 履带式起重机 50t | 台班 | — | 1.146 | — | — | — |
| | 履带式起重机 150t | 台班 | 0.270 | — | — | — | — |
| | 架桥机 WSL800t | 台班 | — | 0.860 | — | — | — |
| | 升降机 | 台班 | — | 0.573 | — | — | — |
| | 电动卷扬机 双筒慢速 3t | 台班 | — | — | 1.092 | 0.832 | — |
| | 电动卷扬机 双筒慢速 10t | 台班 | — | — | 0.546 | 0.416 | — |
| | 电动卷扬机 单筒快速 1t | 台班 | — | — | 1.092 | 0.832 | — |
| | 轨道平车 5t | 台班 | — | — | 1.092 | 0.832 | — |

## 7.2 安装其他构件

**工作内容：**起吊设备就位；整修构件；起吊、安装、就位、校正、固定；砂浆配制、拌和、运输、捣固；焊接等。

计量单位：$10m^3$

| 定额编号 | | | 2-359 | 2-360 |
|---|---|---|---|---|
| 项目 | | | 安装其他构件 | |
| | | | 端柱、灯柱 | 缘石 |
| 名称 | | 单位 | 数量 | |
| 人工 | 综合工日 | 工日 | 36.773 | 15.708 |
| 材料 | 预制混凝土构件 | $m^3$ | (10.100) | (10.100) |
| | 枋木 | $m^3$ | 0.100 | — |
| | 水泥砂浆 M7.5 | $m^3$ | — | 0.540 |
| | 电焊条 | kg | 83.900 | — |
| 机械 | 汽车式起重机 5t | 台班 | 0.160 | — |
| | 交流电焊机 30kV·A | 台班 | 8.073 | — |

# 7.3　安装钢管栏杆及扶手

**工作内容：** 1. 钢管栏杆：选料、切口、挖孔、切割；安装、焊接、校正、固定等（不包括混凝土捣脚）。
2. 钢管扶手：切割钢管、钢板；钢管挖眼、调直；安装、焊接等。

计量单位：t

| 定额编号 | | | 2-361 | 2-362 |
|---|---|---|---|---|
| 项目 | | | 钢管栏杆 | 防撞护栏钢管扶手 |
| 名称 | | 单位 | 数量 | |
| 人工 | 综合工日 | 工日 | 25.704 | 16.835 |
| 材料 | 焊接钢管 | kg | 957.400 | 835.400 |
| | 中厚钢板 15 以内 | kg | 37.570 | 191.900 |
| | 钢筋 $\phi$10 以外 | t | 0.027 | — |
| | 防锈漆 | kg | 10.670 | 10.670 |
| | 汽油 | kg | 3.265 | 3.265 |
| | 氧气 | $m^3$ | 5.750 | — |
| | 乙炔气 | kg | 1.907 | — |
| | 电焊条 | kg | 19.263 | 11.100 |
| 机械 | 交流电焊机 30kV · A | 台班 | 3.400 | 1.959 |

# 7.4 安装支座

**工作内容：**安装、定位、固定、焊接等。

| 定额编号 | | | 2-363 | 2-364 | 2-365 | 2-366 | 2-367 |
|---|---|---|---|---|---|---|---|
| 项目 | | | 辊轴钢支座 | 切线支座 | 摆式支座 | 板式橡胶支座 | 四氟板式橡胶支座 |
| | | | t | | | 100cm$^3$ | |
| 名称 | | 单位 | 数量 | | | | |
| 人工 | 综合工日 | 工日 | 15.687 | 38.596 | 32.187 | 0.011 | 0.020 |
| 材料 | 辊轴钢支座 | t | (1.000) | — | — | — | — |
| | 切线钢支座 | t | — | (1.000) | — | — | — |
| | 摆式支座 | t | — | — | (1.000) | — | — |
| | 板式橡胶支座 | cm$^3$ | — | — | — | (100.000) | — |
| | 四氟板式橡胶支座 | cm$^3$ | — | — | — | — | (100.000) |
| | 钢筋 $\phi$10 以外 | t | 0.037 | 0.207 | 0.132 | — | — |
| | 型钢 | kg | 60.000 | — | — | — | — |
| | 电焊条 | kg | 0.600 | 35.900 | 18.700 | — | — |
| | 铁件 | kg | 13.200 | — | — | — | — |
| 机械 | 交流电焊机 30kV·A | 台班 | 0.190 | 11.480 | 5.870 | — | — |

**工作内容：**安装、定位、固定、焊接等。

计量单位：个

| 定额编号 | | | 2-368 | 2-369 | 2-370 | 2-371 | 2-372 | 2-373 |
|---|---|---|---|---|---|---|---|---|
| 项目 | | | 盆式金属橡胶组合支座 | | | | | |
| | | | ≤ 3000kN | ≤ 4000kN | ≤ 5000kN | ≤ 7000kN | ≤ 10000kN | ≤ 15000kN |
| 名称 | | 单位 | 数量 | | | | | |
| 人工 | 综合工日 | 工日 | 4.993 | 7.126 | 11.306 | 16.921 | 26.783 | 44.096 |
| 材料 | 混凝土 C40 | $m^3$ | 0.360 | 0.490 | 0.640 | 0.960 | 1.240 | 1.760 |
| | 钢盆式橡胶支座 | 个 | (1.000) | (1.000) | (1.000) | (1.000) | (1.000) | (1.000) |
| | 钢筋 $\phi$10 以外 | t | 0.045 | 0.058 | 0.073 | 0.103 | 0.131 | 0.182 |
| | 型钢 | kg | 1.000 | 1.000 | 1.000 | 1.000 | 1.000 | 2.000 |
| | 中厚钢板 15 以内 | kg | 77.000 | 100.000 | 124.000 | 170.000 | 239.000 | 369.000 |
| | 电焊条 | kg | 1.800 | 1.900 | 2.100 | 2.300 | 2.600 | 3.000 |
| | 组合钢模板 | kg | 1.000 | 1.000 | 2.000 | 2.000 | 3.000 | 3.000 |
| | 铁件 | kg | 0.500 | 0.600 | 0.800 | 1.000 | 1.100 | 1.300 |
| | 铁丝 18#~22# | kg | 0.200 | 0.300 | 0.300 | 0.500 | 0.600 | 0.900 |
| 机械 | 双锥反转出料混凝土搅拌机 350L | 台班 | 0.040 | 0.050 | 0.070 | 0.100 | 0.130 | 0.190 |
| | 汽车式起重机 20t | 台班 | 0.140 | 0.150 | 0.160 | 0.170 | 0.050 | 0.070 |
| | 交流电焊机 30kV·A | 台班 | 0.330 | 0.350 | 0.370 | 0.400 | 0.430 | 0.500 |
| | 汽车式起重机 30t | 台班 | — | — | — | — | 0.260 | 0.260 |

## 7.5 安装排水管

**工作内容：**划线、截料；打眼钻孔；安装管箍、集水斗、PVC 管、接口涂胶等。

计量单位：10m

| 定额编号 | | | 2-374 |
|---|---|---|---|
| 项目 | | | 安装排水管 |
| | | | $\phi 150$ |
| 名称 | | 单位 | 数量 |
| 人工 | 综合工日 | 工日 | 1.500 |
| 材料 | PVC 管 $\phi 150$ | m | 10.200 |
| | 膨胀螺丝 $\phi 12$ | 只 | 24.000 |
| | 管箍 | 只 | 11.000 |
| | 弯头 | 只 | 5.400 |
| | 缩节 | 只 | 3.100 |
| | PVC 胶水 | kg | 0.080 |
| | 其他材料费 | % | 2.000 |
| 机械 | 升降机 | 台班 | 0.500 |

## 7.6 安装伸缩缝

**工作内容：**焊接、安装；切割临时接头；熬、涂、拌沥青及油浸；混凝土配制、拌和、运输；沥青玛琋脂嵌缝；铁皮加工；固定等。

计量单位：10m

| 定额编号 | | | 2-375 | 2-376 | 2-377 | 2-378 |
|---|---|---|---|---|---|---|
| 项目 | | | 梳型钢板 | 钢板 | 橡胶板 | 毛勒 |
| 名称 | | 单位 | 数量 | | | |
| 人工 | 综合工日 | 工日 | 8.242 | 6.087 | 8.252 | 4.548 |
| 材料 | 砂粒式沥青混凝土 AC-5 | t | 0.047 | — | — | — |
| | 梳型钢板伸缩缝 | m | (10.000) | — | — | — |
| | 钢板伸缩缝 | m | — | (10.000) | — | — |
| | 橡胶板伸缩缝 | m | — | — | (10.000) | — |
| | 毛勒伸缩缝 | m | — | — | — | (10.000) |
| | 石油沥青 | kg | 50.000 | — | — | — |
| | 圆钢 | t | 0.007 | 0.005 | 0.002 | — |
| | 环氧树脂 | kg | — | — | 0.500 | — |
| | 电焊条 | kg | 24.160 | 23.040 | 10.380 | 7.616 |
| 机械 | 交流电焊机 30kV·A | 台班 | 3.003 | 2.665 | 1.310 | 0.676 |
| | 汽车式起重机 5t | 台班 | — | — | — | 0.533 |

# 7.7 安装沉降缝

**工作内容：**截、铺油毡或甘蔗板；熬涂沥青；安装、修整等。

计量单位：10m²

| 定额编号 | | | 2-379 | 2-380 | 2-381 | 2-382 |
|---|---|---|---|---|---|---|
| 项目 | | | 油毡 | | 沥青甘蔗板 | 沥青木丝板 |
| | | | 一毡 | 一油 | | |
| 名称 | | 单位 | 数量 | | | |
| 人工 | 综合工日 | 工日 | 0.033 | 0.297 | 0.418 | 0.418 |
| 材料 | 油毛毡 | m² | 10.200 | — | — | — |
| | 石油沥青 | kg | — | 21.000 | 96.000 | 96.000 |
| | 煤 | kg | — | 2.000 | 9.600 | 9.600 |
| | 木柴 | kg | — | 0.210 | 1.080 | 1.080 |
| | 甘蔗板 | m² | — | — | 10.200 | — |
| | 木丝板 | m² | — | — | — | 10.200 |

## 7.8 安装隔声屏障

**工作内容**：安装骨架；安装隔声屏障板材等。

| 定额编号 | | | 2-383 | 2-384 |
| --- | --- | --- | --- | --- |
| 项目 | | | 安装隔声屏障 | |
| | | | 钢骨架 | 隔声屏障板材 |
| | | | t | $10m^2$ |
| 名称 | | 单位 | 数量 | |
| 人工 | 综合工日 | 工日 | 10.788 | 2.315 |
| 材料 | 型钢 耐候钢 | t | 1.000 | — |
| | 铝材 | kg | 62.170 | — |
| | 螺栓 | kg | 9.800 | — |
| | 卡普龙板 | $m^2$ | — | 10.500 |
| | 氧气 | $m^3$ | 1.200 | — |
| | 乙炔气 | kg | 0.398 | — |
| | 电焊条 | kg | 38.750 | — |
| | 抽芯铆钉 | 只 | 1097.250 | — |
| | 其他材料费 | % | 5.000 | 5.000 |
| 机械 | 载重汽车 4t | 台班 | 2.950 | 0.099 |
| | 汽车式起重机 5t | 台班 | 1.075 | — |
| | 交流电焊机 30kV·A | 台班 | 2.150 | — |

# 7.9 预制构件场内运输

**工作内容：**安、拆卷扬机及地锚；构件垂直提升,铺垫，倒换，返回枕木，滚杠，绞运；清理等。

计量单位：$10m^3$

| 定额编号 | | | 2-385 | 2-386 | 2-387 | 2-388 | 2-389 | 2-390 |
|---|---|---|---|---|---|---|---|---|
| 项目 | | | 构件重 10t 以内 | | 构件重 40t 以内 | | 构件重 60t 以内 | |
| | | | 100m | 每增 50m | 100m | 每增 50m | 100m | 每增 50m |
| 名称 | | 单位 | 数量 | | | | | |
| 人工 | 综合工日 | 工日 | 3.099 | 0.495 | 3.911 | 0.495 | 5.056 | 0.495 |
| 材料 | 锯材 | $m^3$ | 0.013 | 0.005 | 0.014 | 0.005 | 0.014 | 0.005 |
| | 枋木 | $m^3$ | 0.072 | 0.035 | 0.096 | 0.045 | 0.119 | 0.060 |
| | 焊接钢管 | kg | 1.435 | 0.720 | 1.435 | 0.720 | 1.435 | 0.720 |
| | 扒钉 | kg | 0.507 | 0.230 | 0.683 | 0.305 | 1.366 | 0.455 |
| | 其他材料费 | % | 2.000 | 2.000 | 3.000 | 3.000 | 4.000 | 4.000 |
| 机械 | 电动卷扬机 单筒慢速 5t | 台班 | 0.091 | 0.045 | — | — | — | — |
| | 电动卷扬机 单筒慢速 10t | 台班 | — | — | 0.091 | 0.045 | — | — |
| | 电动卷扬机 单筒慢速 20t | 台班 | — | — | — | — | 0.091 | 0.045 |

# 8 临时工程

# 说　明

一、本章定额包括桩基础工作平台、桥梁支架的搭拆、打桩机械、船排及架桥机的组拆、挂篮的安拆和推移、地模的筑拆及桩顶混凝土凿除、围堰等项目，共13节60个子目。

二、本章定额桩基础工作平台适用于陆上、支架上打桩及钻孔灌注桩。工作平台分陆上平台与水上平台两类，其划分范围如下：

1. 水上工作平台：凡从河道原有河岸线向陆地延伸2.5m范围，均属水上工作平台。

2. 陆上工作平台：水上工作平台范围以外的陆地部分，均属陆上工作平台，但不包括河塘坑洼地段。

在河塘坑洼地段，如平均水深超过2m时，可套用水上工作平台定额；平均水深在1~2m以内，按水上工作平台定额消耗量乘以50%计算；平均水深在1m以内时，按陆上工作平台计算。

水上、陆上工作平台划分如下页图所示。

三、打桩工作平台应根据相应的打桩定额中柴油打桩机的锤重进行选择。钻孔灌注桩工作平台按孔径$\phi \leqslant 1000$套用锤重$\leqslant 2500$kg的桩基础工作平台，$\phi > 1000$套用锤重$\leqslant 4000$kg的桩基础工作平台计算。

四、桥梁支架不包括底模及地基加固。

五、水上安拆挂篮需浮吊配合时应另行计算。

六、组装、拆卸船排定额中未包括压舱费用。压舱材料取定为大石块，并按船排总吨位的30%计取（包括装、卸在内150m的二次运输费）。

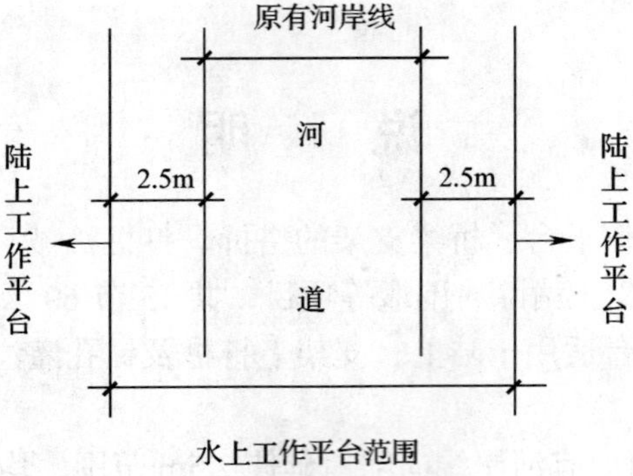


**水上、陆上工作平台划分图示**

七、组装拆卸架桥机定额中不包括架桥机改装及进出场费用。

八、搭、拆水上工作平台及围堰定额中，已综合考虑了组装、拆卸船排及组装、拆卸打拔桩架工作内容，但未包括船排的压舱。

九、定额围堰形式及断面尺寸取定见下表：

| 围堰形式 | 围堰断面尺寸 | | 堰高（m） |
|---|---|---|---|
| 草包 | 顶宽 1.5m；边坡：内侧 1：1；外侧临水面 1：1.5 | | ≤3.00 |
| 圆木桩 | 围堰宽（m） | 2.50 | ≤4.00 |
| 钢板桩 | | 3.00 | ≤6.00 |
| 拉森钢板桩 | | 3.35 | >6.00 |

十、施工围堰的选型应根据河道深度、河床坡度、水流速度以及航运要求按有关设计施工规范确定。堰内坡脚至堰内基坑边缘的距离根据河床土质及基坑深度而定，但不得小于1m。

十一、围堰定额中已包括了土方的场内运输，现场缺土时土方来源费用按实计算，定额所列土方数量为自然方数量。

# 工程量计算规则

一、搭拆打桩工作平台面积计算：

1. 桥梁打桩：$F = N_1F_1 + N_2F_2$

每座桥台（桥墩）：$F_1 = (5.5 + A + 2.5) \times (6.5 + D)$

每条通道：$F_2 = 6.5 \times [L-(6.5 + D)]$

2. 钻孔灌注桩：$F = N_1F_1 + N_2F_2$

每座桥台（桥墩）：$F_1 = (A + 6.5) \times (6.5 + D)$

每条通道：$F_2 = 6.5 \times [L - (6.5 + D)]$

式中 $F$ ——工作平台总面积；

$F_1$——每座桥台（桥墩）工作平台面积；

$F_2$——桥台至桥墩间或桥墩至桥墩间通道工作平台面积；

$N_1$——桥台和桥墩总数量；

$N_2$——通道总数量；

$D$——两排桩之间距离（m）；

$L$——桥梁跨径或护岸的第一根桩中心至最后一根桩中心之间的距离（m）；

$A$——桥台（桥墩）每排桩的第一根桩中心至最后一根桩中心之间的距离（m）。

工作平台面积计算示意图如下：

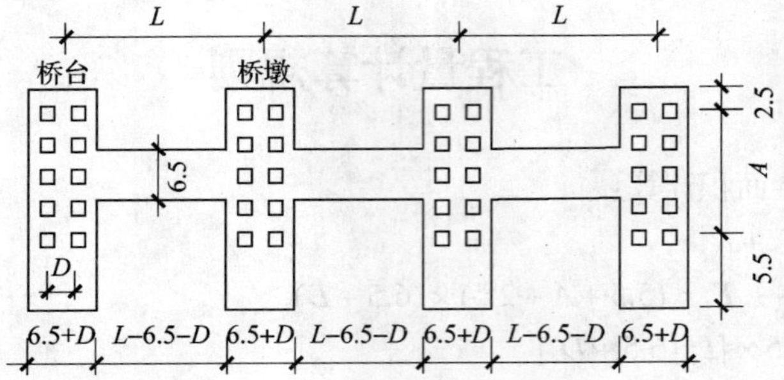


**工作平台面积计算示意图**

注：图示尺寸均为 m。

二、桩基础受航运、交通、高压线等因素影响不能连续施工时，可增计组装、拆卸桩机的次数，设备运输费视现场具体情况另行计算。

三、桥梁支架：

1. 桥梁支架（除防撞护栏悬挑支架按防撞护栏长度计算外）以立方米空间体积计算，水上支架的高度从工作平台顶面起算。

2. 现浇梁、板支架工程量按高度（结构底至原地面的纵向平均高度）乘以纵向距离（两盖梁间的净距离）乘以宽度（桥宽 + 1.5m）计算。

3. 现浇盖梁支架工程量按高度（盖梁底至承台顶面的高度）乘以长度（盖梁长 + 0.9m）乘以宽度（盖梁宽 + 0.9m）计算，并扣除立柱所占体积。

4. 定额中满堂式钢管支架和装配式钢支架只含搭拆，其使用工程量以“t · d”为单位计算。满堂式钢管支架和装配式钢支架分别按每立方米空间体积 50kg 和 125kg（包括扣件等）计算。支架的使用天数按施工合同计算。

5. 支架堆载预压按支架承载的梁体设计重量乘以系数 1.1 计算。

四、挂篮及扇形支架：

1. 定额中的挂篮形式为自锚式无压重轻型钢挂篮，钢挂篮重量按设计要求确定。推移工程量按挂篮重量乘以推移距离以“t · m”为单位计算。

2. 0#块扇形支架安拆工程量按顶面梁宽计算。边跨采用挂篮施工时，其合龙段扇形支架的安拆工程量按梁宽的 50%计算。

3. 挂篮、扇形支架的制作工程量按安拆定额括号中所列的摊销量计算。

4. 挂篮、扇形支架发生场外运输可另行计算。

五、地模定额中，砖地模厚度为 75mm，混凝土地模由 50mm 黄砂垫层和 100mm 素混凝土构成。现场预制混凝土构件地模计算规定：

1. 板式梁按 $4m^2/m^3$ 混凝土地模，其他梁按 $6m^2/m^3$ 混凝土地模计算。

2. 桩按 $3.5m^2/m^3$ 砖地模。

3. 其他构件按 $4m^2/m^3$ 砖地模计算。

4. 利用原有场地时不计地模费，需加固和修复时可另行计算。

六、围堰：

1. 筑拆：土围堰和草包围堰按围堰施工断面面积乘以围堰中心线长度以“$m^3$”为单位计算。其他围堰按围堰中心线长度以“延长米”为单位计算。围堰高度按施工期内最高潮水位加 0.5m 计算。

2. 使用：按中心线长度乘以使用天数以“m · d”为单位计算。土围堰、草包围堰及圆木桩围堰不计使用工程量。

3. 养护：按中心线长度乘以潮汛次数计算以“m · 次”为单位计算。不受潮汛影响时，不计养护工程量。

4. 围堰的使用天数、潮汛次数的规定。新建桥台：围堰使用天数为 24d，潮汛次数 2 次；翻建、改建桥台：围堰使用天数为 31d，潮汛次数 2 次。

## 8.1 搭拆桩基础工作平台

**工作内容：**1. 陆上平台：平整场地，铺碎石，碾压等。

2. 水上平台：竖、拆桩架，装、拆桩箍，装钉支柱、盖木、斜撑、搁梁及铺板，拆除脚手板及拔桩，搬运材料、整理、堆放，组装、拆卸船排。

计量单位：$10m^2$

| 定额编号 | | | 2-391 | 2-392 | 2-393 |
|---|---|---|---|---|---|
| 项目 | | | 陆上工作平台 | | |
| | | | 锤重（kg） | | |
| | | | ≤2500 | ≤5000 | ≤8000 |
| 名称 | | 单位 | 数量 | | |
| 人工 | 综合工日 | 工日 | 1.132 | 1.358 | 1.594 |
| 材料 | 碎石 5~70 | t | 1.551 | 2.327 | 3.102 |
| 机械 | 光轮压路机 8t | 台班 | 0.003 | 0.003 | 0.003 |
| | 内燃夯实机 $\phi$265 | 台班 | 0.054 | 0.081 | 0.108 |

**工作内容：** 1. 陆上平台：平整场地，铺碎石，碾压等。

2. 水上平台：竖、拆桩架，装、拆桩箍，装钉支柱、盖木、斜撑、搁梁及铺板，拆除脚手板及拔桩，搬运材料、整理、堆放，组装、拆卸船排。

计量单位：10m²

| 定额编号 | | | 2-394 | 2-395 | 2-396 | 2-397 | 2-398 |
|---|---|---|---|---|---|---|---|
| 项目 | | | 水上工作平台 | | | | |
| | | | 锤重（kg） | | | | |
| | | | ≤600 | ≤1200 | ≤1800 | ≤2500 | ≤4000 |
| 名称 | | 单位 | 数量 | | | | |
| 人工 | 综合工日 | 工日 | 9.284 | 10.670 | 13.768 | 17.257 | 25.637 |
| 材料 | 原木 | $m^3$ | 0.101 | 0.130 | 0.175 | 0.249 | 0.383 |
| | 枋木 | $m^3$ | 0.083 | 0.090 | 0.099 | 0.112 | 0.132 |
| | 型钢 | kg | 5.640 | 6.418 | 7.458 | 8.910 | 1[illegible].057 |
| | 螺栓 | kg | 0.850 | 1.097 | 1.621 | 2.514 | 3.859 |
| | 圆钉 | kg | 0.001 | 0.001 | 0.001 | 0.001 | 0.001 |
| | 铁件 | kg | 1.740 | 2.083 | 2.869 | 4.095 | 6.263 |
| | 铁丝 8#~10# | kg | 0.025 | 0.025 | 0.025 | 0.025 | 0.025 |
| 机械 | 轨道式柴油打桩机 600kg | 台班 | 0.173 | 0.217 | 0.284 | 0.396 | 0.597 |
| | 电动卷扬机 双筒快速 5t | 台班 | 0.264 | 0.330 | 0.433 | 0.601 | 0.904 |
| | 履带式电动起重机 5t | 台班 | 0.396 | 0.396 | 0.493 | 0.493 | 0.704 |
| | 木驳船 60t | t·d | 84.000 | 103.800 | 134.400 | 184.800 | 275.700 |

## 8.2 桥梁支架

**工作内容：** 1. 满堂式钢支架：平整场地，搭、拆钢管支架，拆除材料堆放等。

2. 装配式钢支架：安装，拆除、整理、堆放等。

3. 防撞墙悬挑支架：焊接、固定，搭、拆支架，铺脚手板、安全网等。

4. 支架堆载预压：黄砂装袋，堆载，卸载，清理等。

| 定额编号 | | | 2-399 | 2-400 | 2-401 | 2-402 |
|---|---|---|---|---|---|---|
| 项目 | | | 满堂式钢管支架 | 装配式钢支架 | 防撞护栏悬挑支架 | 支架堆载预压 |
| | | | $10m^3$ 空间体积 | | 10m | t |
| 名称 | | 单位 | 数量 | | | |
| 人工 | 综合工日 | 工日 | 1.679 | 6.256 | 10.035 | 0.300 |
| 材料 | 枋木 | $m^3$ | — | — | 0.060 | — |
| | 装配式钢支架 | t | — | 0.006 | — | — |
| | 钢管 $\phi 48 \times 3.5$ | kg | 1.936 | — | — | — |
| | 底座 | 个 | 0.031 | — | — | — |
| | 直角扣件 | 个 | 0.483 | — | — | — |

续前

| 定额编号 | | | 2-399 | 2-400 | 2-401 | 2-402 |
|---|---|---|---|---|---|---|
| 项目 | | | 满堂式<br>钢管支架 | 装配式<br>钢支架 | 防撞护栏<br>悬挑支架 | 支架堆载预压 |
| | | | $10m^3$空间体积 | | 10m | t |
| 名称 | | 单位 | 数量 | | | |
| 材料 | 对接扣件 | 个 | 0.056 | — | — | — |
| | 回转扣件 | 个 | 0.065 | — | — | — |
| | 型钢 | kg | — | — | 17.000 | — |
| | 焊接钢管 | kg | — | — | 2.000 | — |
| | 硬垫木 | $m^3$ | — | — | 0.003 | — |
| | 螺栓 | kg | — | — | 17.200 | — |
| | 电焊条 | kg | — | — | 10.640 | — |
| | 铁丝 8#~10# | kg | — | — | 1.000 | — |
| | 安全网 | $m^2$ | — | — | 0.263 | — |
| | 黄砂 中粗 | $m^3$ | — | — | — | 0.150 |
| | 编织袋 | 只 | — | — | — | 4.000 |
| 机械 | 汽车式起重机 5t | 台班 | — | 0.282 | — | — |
| | 履带式电动起重机 5t | 台班 | — | — | — | 0.012 |
| | 交流电焊机 30kV·A | 台班 | — | — | 2.397 | — |

## 8.3 挂篮及扇形支架

**工作内容**：1．挂篮：制作、安装、推移、拆除、清理等。

2．$0^{\#}$块扇形支架：制作、安装、拆除、清理等。

| 定额编号 | | | 2-403 | 2-404 | 2-405 | 2-406 | 2-407 |
|---|---|---|---|---|---|---|---|
| 项目 | | | 挂篮 | | | $0^{\#}$块扇形支架 | |
| | | | 制作 | 安拆 | 推移 | 制作 | 安拆 |
| | | | t | | t·m | t | m |
| 名称 | | 单位 | 数量 | | | | |
| 人工 | 综合工日 | 工日 | 26.670 | 1.210 | 0.048 | 22.708 | 24.975 |
| 材料 | 型钢 | kg | 1060.000 | — | 0.200 | 1060.000 | — |
| | 挂篮 | t | — | (0.300) | — | — | — |
| | 扇形支架 | t | — | — | — | — | (3.253) |
| | 氧气 | $m^3$ | 3.860 | 1.000 | — | 3.860 | 3.250 |
| | 乙炔气 | kg | 1.280 | 0.332 | — | 1.280 | 1.078 |
| | 电焊条 | kg | 44.800 | 2.500 | — | 40.229 | 8.190 |
| | 防锈漆 | kg | 5.790 | — | — | 5.790 | — |

续前

| 定额编号 | | | 2-403 | 2-404 | 2-405 | 2-406 | 2-407 |
|---|---|---|---|---|---|---|---|
| 项目 | | | 挂篮 | | | 0#块扇形支架 | |
| | | | 制作 | 安拆 | 推移 | 制作 | 安拆 |
| | | | t | | t·m | t | m |
| 名称 | | 单位 | 数量 | | | | |
| 材料 | 调和漆 | kg | 3.540 | — | — | 3.540 | — |
| | 溶剂油 | kg | 0.770 | — | — | 0.770 | — |
| | 黄油 | kg | — | — | 0.100 | — | — |
| | 聚四氟乙烯板 | kg | — | — | 0.020 | — | — |
| | 其他材料费 | % | 3.000 | 3.000 | 10.000 | 3.000 | 3.000 |
| 机械 | 汽车式起重机 5t | 台班 | — | — | — | 0.180 | — |
| | 汽车式起重机 16t | 台班 | — | — | — | — | 1.020 |
| | 汽车式起重机 75t | 台班 | — | 0.120 | — | — | — |
| | 履带式起重机 15t | 台班 | 0.200 | — | — | — | — |
| | 电动卷扬机 双筒慢速 5t | 台班 | — | 0.400 | 0.032 | — | — |
| | 龙门刨床 1000×3000 | 台班 | 0.111 | — | — | — | — |
| | 普通车床 $\phi$630×2000 | 台班 | 0.111 | — | — | — | — |
| | 立式钻床 $\phi$50 | 台班 | 0.111 | — | — | — | — |
| | 液压千斤顶 100t | 台班 | — | 4.610 | — | — | — |
| | 交流电焊机 30kV·A | 台班 | 6.429 | 0.360 | 0.368 | 5.747 | 1.170 |

## 8.4 组装、拆卸船排

**工作内容：**选料，捆绑船排，就位，拆除、整理、堆放等。

计量单位：次

| 定额编号 | | | 2-408 | 2-409 | 2-410 | 2-411 |
|---|---|---|---|---|---|---|
| 项目 | | | 船排（t） | | | |
| | | | 60×2 | 80×2 | 100×2 | 120×2 |
| 名称 | | 单位 | 数量 | | | |
| 人工 | 综合工日 | 工日 | 18.978 | 25.970 | 28.465 | 50.192 |
| 材料 | 枋木 | $m^3$ | 0.352 | 0.708 | 1.030 | 1.075 |
| | 钢丝绳 | kg | 20.820 | 30.260 | 33.910 | 35.110 |
| | 铁丝 $8^{\#}$~$10^{\#}$ | kg | 28.232 | 41.025 | 46.010 | 47.627 |
| | 扒钉 | kg | 6.888 | 9.185 | 9.185 | 9.185 |
| | 其他材料费 | % | 1.060 | 0.820 | 0.630 | 0.600 |
| 机械 | 木驳船 60t | t·d | 302.400 | — | — | — |
| | 木驳船 80t | t·d | — | 547.200 | — | — |
| | 铁驳船 100t | t·d | — | — | 741.000 | — |
| | 铁驳船 120t | t·d | — | — | — | 1606.500 |

# 8.5 组装、拆卸柴油打桩机

**工作内容：**组装、就位、拆除等。

计量单位：架·次

| 定额编号 | | | 2-412 | 2-413 | 2-414 | 2-415 | 2-416 |
|---|---|---|---|---|---|---|---|
| 项目 | | | 轨道式柴油打桩机 | | | | |
| | | | 锤重（kg） | | | | |
| | | | ≤600 | ≤1200 | ≤1800 | ≤2500 | ≤4000 |
| 名称 | | 单位 | 数量 | | | | |
| 人工 | 综合工日 | 工日 | 12.331 | 17.820 | 22.605 | 29.699 | 47.521 |
| 机械 | 轨道式柴油打桩机 600kg | 台班 | 0.500 | — | — | — | — |
| | 轨道式柴油打桩机 1200kg | 台班 | — | 0.500 | — | — | — |
| | 轨道式柴油打桩机 1800kg | 台班 | — | — | 0.500 | — | — |
| | 轨道式柴油打桩机 2500kg | 台班 | — | — | — | 0.500 | — |
| | 轨道式柴油打桩机 4000kg | 台班 | — | — | — | — | 0.500 |
| | 汽车式起重机 5t | 台班 | 4.000 | — | — | — | — |
| | 汽车式起重机 8t | 台班 | — | 4.000 | — | — | — |
| | 汽车式起重机 12t | 台班 | — | — | 4.000 | — | — |
| | 汽车式起重机 16t | 台班 | — | — | — | 4.000 | — |
| | 汽车式起重机 20t | 台班 | — | — | — | — | 4.000 |

**工作内容：**组装、就位、拆除等。

计量单位：架·次

| 定额编号 | | | 2-417 | 2-418 | 2-419 | 2-420 |
|---|---|---|---|---|---|---|
| 项目 | | | 履带式柴油打桩机 | | | |
| | | | 锤重（kg） | | | |
| | | | ≤2500 | ≤5000 | ≤7000 | ≤8000 |
| 名称 | | 单位 | 数量 | | | |
| 人工 | 综合工日 | 工日 | 19.889 | 24.309 | 26.740 | 29.414 |
| 机械 | 履带式柴油打桩机 2500kg | 台班 | 0.500 | — | — | — |
| | 履带式柴油打桩机 5000kg | 台班 | — | 0.500 | — | — |
| | 履带式柴油打桩机 7000kg | 台班 | — | — | 0.500 | — |
| | 履带式柴油打桩机 8000kg | 台班 | — | — | — | 0.500 |
| | 汽车式起重机 12t | 台班 | 4.000 | 4.000 | — | — |
| | 汽车式起重机 16t | 台班 | — | — | 4.000 | 4.000 |

## 8.6 组装、拆卸架桥机

**工作内容：** 起吊设备就位，架桥机安装，架桥机拆卸。

计量单位：台·次

| 定额编号 | | | 2-421 |
|---|---|---|---|
| 项目 | | | 组装、拆卸架桥机 |
| 名称 | | 单位 | 数量 |
| 人工 | 综合工日 | 工日 | 720.000 |
| 机械 | 架桥机 WSL 800t | 台班 | 32.000 |
| | 履带式起重机 50t | 台班 | 96.000 |

## 8.7 筑拆地模

**工作内容：**平整场地，模板制作、安装、拆除，混凝土浇筑、抹平，砌砖、粉刷，养护、清理，拆除等。

计量单位：$10m^2$

| 定额编号 | | | 2-422 | 2-423 |
|---|---|---|---|---|
| 项目 | | | 筑拆地模 | |
| | | | 砖地模 | 混凝土地模 |
| 名称 | | 单位 | 数量 | |
| 人工 | 综合工日 | 工日 | 2.458 | 4.762 |
| 材料 | 水泥砂浆 M5 | $m^3$ | 0.145 | — |
| | 水泥砂浆 1∶2 | $m^3$ | 0.205 | — |
| | 普通砖 240×115×53 | 千块 | 0.285 | — |
| | 草袋 | 个 | 6.400 | 6.400 |
| | 水 | $m^3$ | 1.685 | 1.680 |
| | 混凝土 C20 | $m^3$ | — | 1.523 |
| | 黄砂 中粗 | $m^3$ | — | 0.568 |

续前

| 定　额　编　号 | | | 2-422 | 2-423 |
|---|---|---|---|---|
| 项　　目 | | | 筑拆地模 | |
| | | | 砖地模 | 混凝土地模 |
| 名　　称 | | 单位 | 数　　量 | |
| 材料 | 锯材 | $m^3$ | — | 0.003 |
| | 圆钉 | kg | — | 0.110 |
| | 脱模剂 | kg | — | 0.050 |
| | 模板嵌缝料 | kg | — | 0.025 |
| | 风镐凿子 | 根 | — | 0.900 |
| | 电 | kW · h | — | 0.532 |
| 机械 | 灰浆搅拌机 200L | 台班 | 0.010 | — |
| | 双锥反转出料混凝土搅拌机 350L | 台班 | — | 0.079 |
| | 机动翻斗车 1t | 台班 | — | 0.169 |
| | 电动空气压缩机 $0.9m^3/min$ | 台班 | — | 0.342 |
| | 木工圆锯机 $\phi500$ | 台班 | — | 0.008 |

## 8.8 凿除桩顶钢筋混凝土

**工作内容：**拆除，旧料运输。

计量单位：$10m^3$

| 定额编号 | | | 2-424 | 2-425 |
| --- | --- | --- | --- | --- |
| 项目 | | | 凿除桩顶钢筋混凝土 | |
| | | | 打入桩 | 钻孔灌注桩 |
| 名称 | | 单位 | 数量 | |
| 人工 | 综合工日 | 工日 | 33.995 | 13.535 |
| 材料 | 风镐凿子 | 根 | 6.000 | 3.000 |
| 机械 | 电动空气压缩机 $0.9m^3$/min | 台班 | 5.790 | 2.310 |

## 8.9 筑拆草土围堰

**工作内容：**挖土，装草包（土坝无此项），清理基底，筑围堰夯实，汛期养护、加固，拆围堰，清理等。

| 定额编号 | | | 2-426 | 2-427 | 2-428 |
|---|---|---|---|---|---|
| 项目 | | | 土围堰 | 草包围堰 | |
| | | | 筑拆 | | 养护 |
| | | | $10m^3$ | | 10m·次 |
| 名称 | | 单位 | 数量 | | |
| 人工 | 综合工日 | 工日 | 15.345 | 18.988 | 1.540 |
| 材料 | 草袋 | 个 | — | 192.600 | 20.000 |
| | 铁丝 $18^{\#}$~$22^{\#}$ | kg | — | 2.042 | 0.300 |
| | 黏土 | $m^3$ | (14.165) | (13.575) | (0.705) |
| 机械 | 单级离心清水泵 $\phi50$ | 台班 | — | — | 2.000 |

## 8.10 筑拆圆木桩围堰

**工作内容：**组装、拆卸船排及柴油打桩机，打拔圆木桩，安拆围檩、拉杆，挂拆篱笆草片，汛期养护、加固，拆围堰，清理等。

| 定额编号 | | | 2-429 | 2-430 | 2-431 | 2-432 |
|---|---|---|---|---|---|---|
| 项目 | | | 圆木桩围堰（$H\leqslant 3$m） | | 圆木桩围堰（$H\leqslant 4$m） | |
| | | | 筑拆 | 养护 | 筑拆 | 养护 |
| | | | 10m | 10m·次 | 10m | 10m·次 |
| 名称 | | 单位 | 数量 | | | |
| 人工 | 综合工日 | 工日 | 128.400 | 9.900 | 173.553 | 11.660 |
| 材料 | 枋木 | $m^3$ | 0.074 | — | 0.074 | — |
| | 原木 | $m^3$ | 0.561 | — | 0.823 | — |
| | 桩帽 | kg | 4.240 | — | 5.936 | — |
| | 铁件 | kg | 28.866 | — | 57.722 | — |
| | 铁丝 $8^{\#}$~$10^{\#}$ | kg | 11.443 | 0.300 | 17.036 | 0.600 |
| | 白棕绳 | kg | 8.137 | — | 11.330 | — |

续前

| 定额编号 | | | 2-429 | 2-430 | 2-431 | 2-432 |
|---|---|---|---|---|---|---|
| 项目 | | | 圆木桩围堰（$H \leqslant 3$m） | | 圆木桩围堰（$H \leqslant 4$m） | |
| | | | 筑拆 | 养护 | 筑拆 | 养护 |
| | | | 10m | 10m·次 | 10m | 10m·次 |
| 名称 | | 单位 | 数量 | | | |
| 材料 | 竹笆 | $m^2$ | 62.400 | — | 83.200 | — |
| | 草袋 | 个 | 77.064 | 20.000 | 102.752 | 40.000 |
| | 黏土 | $m^3$ | (93.325) | (0.705) | (127.262) | (1.410) |
| | 其他材料费 | % | 0.100 | — | 0.100 | — |
| 机械 | 轨道式柴油打桩机 600kg | 台班 | 1.000 | — | 1.100 | — |
| | 汽车式起重机 5t | 台班 | 0.200 | — | 0.200 | — |
| | 电动卷扬机 单筒快速 1t | 台班 | 1.400 | — | 1.600 | — |
| | 电动卷扬机 双筒快速 5t | 台班 | 1.400 | — | 1.600 | — |
| | 单级离心清水泵 $\phi 50$ | 台班 | — | 0.600 | — | 0.600 |
| | 木驳船 60t | t·d | 168.000 | — | 186.000 | — |

## 8.11 筑拆钢板桩围堰

**工作内容：**组装、拆卸船排及柴油打桩机，打拔钢板桩，安拆围檩、拉杆，挂拆草片，汛期养护、加固，拆围堰，清理等。

| 定额编号 | | | 2-433 | 2-434 | 2-435 | 2-436 | 2-437 | 2-438 |
|---|---|---|---|---|---|---|---|---|
| 项目 | | | 钢板桩围堰（$H \leqslant 3m$） | | | 钢板桩围堰（$H \leqslant 4m$） | | |
| | | | 筑拆 | 使用 | 养护 | 筑拆 | 使用 | 养护 |
| | | | 10m | 10m・d | 10m・次 | 10m | 10m・d | 10m・次 |
| 名称 | | 单位 | 数量 | | | | | |
| 人工 | 综合工日 | 工日 | 146.910 | 0.550 | 27.280 | 194.511 | 0.550 | 27.280 |
| 材料 | 槽型钢板桩 | t | 0.249 | — | — | 0.332 | — | — |
| | 槽型钢板桩 | t・d | 197.838 | 20.766 | — | 854.072 | 27.688 | — |
| | 枋木 | $m^3$ | 0.063 | — | — | 0.074 | — | — |
| | 原木 | $m^3$ | 0.126 | — | — | 0.252 | — | — |
| | 桩帽 | kg | 10.920 | — | — | 14.490 | — | — |

续前

| 定额编号 | | | 2-433 | 2-434 | 2-435 | 2-436 | 2-437 | 2-438 |
|---|---|---|---|---|---|---|---|---|
| 项目 | | | 钢板桩围堰（$H \leqslant 3m$） | | | 钢板桩围堰（$H \leqslant 4m$） | | |
| | | | 筑拆 | 使用 | 养护 | 筑拆 | 使用 | 养护 |
| | | | 10m | 10m·d | 10m·次 | 10m | 10m·d | 10m·次 |
| 名称 | | 单位 | 数量 | | | | | |
| 材料 | 铁件 | kg | 54.419 | — | — | 100.647 | — | — |
| | 铁丝 8#~10# | kg | 2.843 | — | 0.300 | 3.791 | — | 0.300 |
| | 白棕绳 | kg | 14.008 | — | — | 18.746 | — | — |
| | 草袋 | 个 | 77.064 | — | 20.000 | 102.752 | — | 20.000 |
| | 黏土 | $m^3$ | (107.121) | — | (0.705) | (146.075) | — | (0.705) |
| | 其他材料费 | % | 0.200 | — | — | 0.200 | — | — |
| 机械 | 轨道式柴油打桩机 600kg | 台班 | 1.800 | — | — | 2.000 | — | — |
| | 汽车式起重机 5t | 台班 | 0.100 | — | — | 0.100 | — | — |
| | 履带式起重机 15t | 台班 | 0.900 | — | — | 1.000 | — | — |
| | 振动锤 45kW | 台班 | 0.900 | — | — | 1.000 | — | — |
| | 单级离心清水泵 $\phi 50$ | 台班 | — | — | 1.000 | — | — | 1.000 |
| | 木驳船 60t | t·d | 180.000 | — | — | 198.000 | — | — |

**工作内容：** 组装、拆卸船排及柴油打桩机，打拔钢板桩，安拆围檩、拉杆，挂拆草片，汛期养护、加固，拆围堰，清理等。

| 定额编号 | | | 2-439 | 2-440 | 2-441 | 2-442 | 2-443 | 2-444 |
|---|---|---|---|---|---|---|---|---|
| 项目 | | | 钢板桩围堰（$H\leqslant5$m） | | | 钢板桩围堰（$H\leqslant6$m） | | |
| | | | 筑拆 | 使用 | 养护 | 筑拆 | 使用 | 养护 |
| | | | 10m | 10m·d | 10m·次 | 10m | 10m·d | 10m·次 |
| 名称 | | 单位 | 数量 | | | | | |
| 人工 | 综合工日 | 工日 | 245.579 | 0.550 | 27.280 | 300.320 | 0.550 | 27.280 |
| 材料 | 槽型钢板桩 | t | 0.415 | — | — | 0.498 | — | — |
| | 槽型钢板桩 | t·d | 1320.420 | 34.610 | — | 1907.590 | 41.532 | — |
| | 枋木 | $m^3$ | 0.074 | — | — | 0.084 | — | — |
| | 原木 | $m^3$ | 0.378 | — | — | 0.504 | — | — |
| | 桩帽 | kg | 18.165 | — | — | 21.840 | — | — |
| | 铁件 | kg | 150.975 | — | — | 201.293 | — | — |
| | 铁丝 8#~10# | kg | 4.738 | — | 0.300 | 5.682 | — | 0.300 |

续表

| 定额编号 | | | 2-439 | 2-440 | 2-441 | 2-442 | 2-443 | 2-444 |
|---|---|---|---|---|---|---|---|---|
| 项目 | | | 钢板桩围堰（$H \leqslant 5m$） | | | 钢板桩围堰（$H \leqslant 6m$） | | |
| | | | 筑拆 | 使用 | 养护 | 筑拆 | 使用 | 养护 |
| | | | 10m | 10m·d | 10m·次 | 10m | 10m·d | 10m·次 |
| 名称 | | 单位 | 数量 | | | | | |
| 材料 | 白棕绳 | kg | 23.381 | — | — | 28.119 | — | — |
| | 草袋 | 个 | 128.440 | — | 20.000 | 154.024 | — | 20.000 |
| | 黏土 | $m^3$ | (185.028) | — | (0.705) | (223.981) | — | (0.705) |
| | 其他材料费 | % | 0.100 | — | — | 0.100 | — | — |
| 机械 | 轨道式柴油打桩机 600kg | 台班 | 2.200 | — | — | — | — | — |
| | 轨道式柴油打桩机 1200kg | 台班 | — | — | — | 2.500 | — | — |
| | 汽车式起重机 5t | 台班 | 0.100 | — | — | 0.100 | — | — |
| | 履带式起重机 15t | 台班 | 1.100 | — | — | 1.100 | — | — |
| | 振动锤 45kW | 台班 | 1.100 | — | — | 1.100 | — | — |
| | 单级离心清水泵 $\phi 50$ | 台班 | — | — | 1.000 | — | — | 1.000 |
| | 木驳船 60t | t·d | 216.000 | — | — | 234.000 | — | — |

## 8.12 筑拆拉森钢板桩围堰

**工作内容：**组装、拆卸船排及柴油打桩机，打拔拉森钢板桩，安拆围檩、拉杆、垫木，汛期养护、加固，拆围堰，清理等。

| 定额编号 | | | 2-445 | 2-446 | 2-447 | 2-448 | 2-449 |
|---|---|---|---|---|---|---|---|
| 项目 | | | 拉森钢板桩围堰（$H\leqslant 7m$） | | | 拉森钢板桩围堰（高度每增减 1m） | |
| | | | 筑拆 | 使用 | 养护 | 筑拆 | 使用 |
| | | | 10m | 10m·d | 10m·次 | 10m | 10m·d |
| 名称 | | 单位 | 数量 | | | | |
| 人工 | 综合工日 | 工日 | 433.008 | 0.550 | 27.280 | 50.753 | — |
| 材料 | 拉森钢板桩 | t | 1.125 | — | — | 0.075 | — |
| | 拉森钢板桩 | t·d | 6008.250 | 75.000 | — | 858.321 | 5.000 |
| | 枋木 | $m^3$ | 0.368 | — | — | — | — |
| | 原木 | $m^3$ | 0.126 | — | — | — | — |
| | 桩帽 | kg | 118.125 | — | — | — | — |

续前

| 定额编号 | | | 2-445 | 2-446 | 2-447 | 2-448 | 2-449 |
|---|---|---|---|---|---|---|---|
| 项目 | | | 拉森钢板桩围堰（$H≤7m$） | | | 拉森钢板桩围堰（高度每增减1m） | |
| | | | 筑拆 | 使用 | 养护 | 筑拆 | 使用 |
| | | | 10m | 10m·d | 10m·次 | 10m | 10m·d |
| 名称 | | 单位 | 数量 | | | | |
| 材料 | 铁件 | kg | 50.328 | — | — | — | — |
| | 铁丝 8#~10# | kg | 2.905 | — | 0.300 | — | — |
| | 白棕绳 | kg | 50.676 | — | — | — | — |
| | 草袋 | 个 | — | — | 20.000 | — | — |
| | 黏土 | $m^3$ | (272.256) | — | (0.705) | (40.334) | — |
| | 其他材料费 | % | 0.100 | — | — | 0.100 | — |
| 机械 | 轨道式柴油打桩机 1800kg | 台班 | 6.600 | — | — | 0.200 | — |
| | 汽车式起重机 12t | 台班 | 0.200 | — | — | — | — |
| | 履带式起重机 15t | 台班 | 4.200 | — | — | 0.100 | — |
| | 振动锤 90kW | 台班 | 4.200 | — | — | 0.100 | — |
| | 单级离心清水泵 $\phi50$ | 台班 | — | — | 1.000 | — | — |
| | 木驳船 60t | t·d | 1120.000 | — | — | 30.000 | — |

## 8.13 抽　　水

**工作内容：**水泵就位，抽水，移动等。

计量单位：$10m^3$

| 定　额　编　号 | | | 2-450 |
|---|---|---|---|
| 项　　目 | | | 抽　　水 |
| 名　　称 | | 单位 | 数　　量 |
| 人工 | 综合工日 | 工日 | 0.050 |
| 机械 | 单级离心清水泵　$\phi$100 | 台班 | 0.048 |

# 9　钢结构工程

# 说　明

一、本章定额包括钢管柱、钢梁和不锈钢栏杆等项目，共 3 节 5 个子目。

二、钢材及焊条品种与定额不同时，可以调整换算。

三、定额中已包括了构件的场内外运输。

四、本章定额钢结构仅考虑涂刷防锈底漆，面漆可套用《全国统一建筑工程基础定额》装饰工程相关项目。

五、本章定额未包括金属构件的焊缝无损探伤费用，发生时另行计算。

# 工程量计算规则

一、钢构件工程量按设计图纸的主材（钢板、型钢、方钢、圆钢等）的重量，以“t”为单位计算，不扣除孔眼、缺角、切肢、切边的重量，但焊条、铆钉、螺栓等重量也不另增加。不规则或多边形钢板，以其外接矩形面积计算。

二、钢立柱上的节点板、加强环、内衬管、牛腿等并入钢立柱工程量内。

# 9.1 钢 管 柱

**工作内容：**划线、号料，切割，拼装、校正、焊接成型，除锈、刷防锈底漆、堆放，场内外运输，安装固定等。

计量单位：t

| 定 额 编 号 | | | 2-451 |
|---|---|---|---|
| 项 目 | | | 钢管柱 |
| 名 称 | | 单位 | 数 量 |
| 人工 | 综合工日 | 工日 | 17.283 |
| 材料 | 中厚钢板 | t | 1.014 |
| | 型钢 | kg | 54.000 |
| | 螺栓 | kg | 2.550 |
| | 电焊条 | kg | 36.580 |
| | 氧气 | $m^3$ | 9.810 |
| | 乙炔气 | kg | 3.036 |

| 定 额 编 号 | | | 2-451 |
|---|---|---|---|
| 项 目 | | | 钢管柱 |
| 名 称 | | 单位 | 数 量 |
| 材料 | 环氧富锌底漆 | kg | 11.600 |
| | 枋木 | $m^3$ | 0.030 |
| | 其他材料费 | % | 0.500 |
| 机械 | 龙门式起重机 10t | 台班 | 1.130 |
| | 普通车床 $\phi630\times2000$ | 台班 | 0.231 |
| | 卷板机 $20\times2000$ | 台班 | 0.413 |
| | 刨边机 12000 | 台班 | 0.060 |
| | 摇臂钻床 $\phi63$ | 台班 | 0.040 |
| | 交流电焊机 40kV·A | 台班 | 2.285 |
| | 汽车式起重机 8t | 台班 | 0.160 |
| | 载重汽车 4t | 台班 | 0.125 |
| | 其他机械费 | % | 2.000 |

## 9.2 钢　梁

**工作内容：** 划线、号料，切割，拼装、校正、焊接成型，除锈、刷防锈底漆、堆放，场内外运输，安装固定等。

计量单位：t

| 定额编号 | | | 2-452 | 2-453 |
|---|---|---|---|---|
| 项目 | | | 主梁 | 扶梯梁 |
| 名称 | | 单位 | 数量 | |
| 人工 | 综合工日 | 工日 | 14.824 | 16.533 |
| 材料 | 中厚钢板 | t | 1.040 | 1.040 |
| | 钢筋 $\phi$10 以外 | t | 0.020 | 0.020 |
| | 电焊条 | kg | 53.628 | 57.270 |
| | 氧气 | $m^3$ | 48.990 | 6.990 |
| | 乙炔气 | kg | 15.822 | 2.823 |
| | 铁件 | kg | 2.797 | 2.797 |
| | 环氧富锌底漆 | kg | 11.600 | 11.600 |

续前

| 定 额 编 号 | | | 2-452 | 2-453 |
|---|---|---|---|---|
| 项 目 | | | 主梁 | 扶梯梁 |
| 名 称 | | 单 位 | 数 量 | |
| 材料 | 砂轮片 | 只 | 10.000 | 10.000 |
| | 其他材料费 | % | 2.000 | 2.000 |
| 机械 | 龙门式起重机 20t | 台班 | 0.400 | 0.400 |
| | 剪板机 20×4000 | 台班 | 0.110 | 0.110 |
| | 刨边机 12000 | 台班 | 0.130 | 0.130 |
| | 摇臂钻床 $\phi$63 | 台班 | 0.140 | 0.140 |
| | 交流电焊机 40kV·A | 台班 | 1.476 | 1.640 |
| | 板料校平机 16×2500 | 台班 | 0.110 | 0.110 |
| | 空气压缩机 9m$^3$/min | 台班 | 0.080 | 0.080 |
| | 汽车式起重机 40t | 台班 | 0.060 | 0.080 |
| | 轨道平车 10t | 台班 | 0.280 | 0.280 |
| | 平板拖车组 20t | 台班 | 0.030 | 0.030 |
| | 其他机械费 | % | 2.000 | 2.000 |

## 9.3 不锈钢栏杆

**工作内容：**划线、号料，切割，拼装、校正、焊接成型，打磨抛光、堆放，场内外运输，安装固定等。

计量单位：t

| 定额编号 | | | 2-454 | 2-455 |
|---|---|---|---|---|
| 项目 | | | 不锈钢栏杆 | |
| | | | 主桥栏杆 | 扶梯栏杆 |
| 名称 | | 单位 | 数量 | |
| 人工 | 综合工日 | 工日 | 43.295 | 52.678 |
| 材料 | 不锈钢管 | t | 1.060 | 1.060 |
| | 不锈钢焊丝 | kg | 9.180 | 9.727 |
| | 氩气 | $m^3$ | 25.801 | 27.330 |
| | 钨棒 | kg | 4.011 | 4.039 |
| | 其他材料费 | % | 2.000 | 2.000 |
| 机械 | 交流电焊机 40kV·A | 台班 | 2.209 | 4.103 |
| | 管子切断机 $\phi$150 | 台班 | 8.626 | 9.888 |
| | 汽车式起重机 5t | 台班 | 0.068 | 0.068 |
| | 载重汽车 4t | 台班 | 0.250 | 0.250 |
| | 其他机械费 | % | 2.000 | 2.000 |

**主 编 单 位：** 住房和城乡建设部标准定额研究所

**编 制 单 位：** 上海市市政公路工程定额管理站

**参 编 单 位：** 上海城建（集团）公司第一市政工程公司

北京市建设工程造价管理处

广东省建设工程造价管理总站

**综合协调人员：** 胡传海　王海宏　胡晓丽　白洁如　王志年　戴富元

汪一江　郎桂林　吴　强　曾伟源　陈柏生　李成栋

史素美　孙金科　薛长立　王文江　李永芳　张永胜

张明焕　卢后星　顾　青　魏晓东

**编 制 人 员：** 管　伟　戴富元　吴　朝　束　林　刘更豪　林　炯

刘　军　曾伟源　卢立明　王春生

# 城市轨道交通工程预算定额

GCG 103-2008

## 第三册 隧 道 工 程

中 国 计 划 出 版 社

北 京

**图书在版编目(CIP)数据**

城市轨道交通工程预算定额：GCG 103–2008. 第 3 册，隧道工程 / 住房和城乡建设部标准定额研究所主编. 北京：中国计划出版社，2008. 12
ISBN 978–7–80242–260–5

Ⅰ. 城… Ⅱ. 住… Ⅲ. ①城市铁路–铁路工程–预算定额–中国②城市铁路–铁路隧道–隧道工程–预算定额–中国 Ⅳ.U239.5

中国版本图书馆 CIP 数据核字（2008）第 172187 号

**主编单位：**住房和城乡建设部标准定额研究所

**批准部门：**中华人民共和国住房和城乡建设部

**施行日期：**2009 年 1 月 1 日

# 住房城乡建设部
# 关于印发《城市轨道交通工程预算定额》的通知

建标〔2008〕193 号

为适应城市轨道交通工程建设的需要，合理确定和控制城市轨道交通工程造价，我部制定了《城市轨道交通工程预算定额》，编号为 GCG 103-2008，自 2009 年 1 月 1 日起施行。现印发给你们。2001 年批准发布的《全国统一市政工程预算定额》第九册（地铁工程）同时废止。请你们将施行中的有关问题和建议反馈给我部标准定额司。

《城市轨道交通工程预算定额》由我部标准定额研究所组织中国计划出版社出版发行。

中华人民共和国住房和城乡建设部

二〇〇八年十月十五日

# 总 说 明

一、《城市轨道交通工程预算定额》（以下简称本定额）共分10册，包括：

第一册　路基、围护结构及地基处理工程；

第二册　桥涵工程；

第三册　隧道工程；

第四册　地下结构工程；

第五册　轨道工程；

第六册　通信工程；

第七册　信号工程；

第八册　供电工程；

第九册　智能与控制系统安装工程；

第十册　机电设备安装工程。

二、本定额是完成规定计量单位分部分项工程所需的人工、材料、施工机械台班的消耗量标准，是制定城市轨道交通工程地区单位估价表、工程量清单综合单价、招标标底和投标报价的基础。

三、本定额适用于新建、扩建的城市轨道交通工程。

四、本定额是按照正常施工条件、目前多数施工企业的施工机械装备程度，施工中常用的施工方法、施工工艺、劳动组织以及合理工期进行编制的。

五、本定额是依据国家有关产品标准、设计规范和施工验收规范编制的，参考了现行国家、行业和地方定额，以及有代表性的工程设计、施工资料和其他资料。

六、本定额消耗量的确定。

1. 人工工日消耗量。人工工日不分工种、技术等级均以综合工日表示。内容包括基本用工、超运距用工、人工幅度差和辅助用工。

2. 材料消耗量。

（1）材料选用符合国家质量标准和相应设计要求的合格产品。

（2）材料消耗包括主要材料、辅助材料、零星材料，凡能计量的材料、成品、半成品均按品种、规格逐一列出数量并计入相应的损耗，其内容和范围包括：从工地仓库、现场集中堆放地点或现场加工地点至操作或安装地点的运输损耗、施工操作损耗、施工现场堆放损耗。

（3）混凝土均按预拌混凝土考虑。

（4）周转性材料按不同施工方法、不同材质按规定的周转次数摊销计入定额内。

（5）用量少、价值小的材料合并为其他材料费，以占材料费的百分数表示。

3. 施工机械和仪器仪表台班消耗量。

（1）施工机械和仪器仪表台班消耗量是按正常合理的施工配备和施工工效测算确定台班使用量。

（2）凡单位价值在 2000 元以上的施工机械和仪器仪表按台班列入定额；单位价值在 2000 元以

下的列入费用定额工具使用费项下。

七、定额中均包括了材料、成品、半成品从工地仓库、现场集中堆放地点或现场加工地点至操作或安装地点的水平运输和垂直运输所需的人工和机械消耗量。如发生再次搬运，应在费用定额中二次搬运费项下列支。

八、本定额施工用水、电是按现场有水、电考虑的。

九、本定额的工作内容已说明了主要施工工序，次要工序虽未说明，均已考虑在定额内。

十、本定额与其他全国统一工程预算定额的关系，凡本定额包含的项目，按本定额项目执行；本定额缺项部分，可执行其他全国统一定额。

十一、本定额中注有“×××以内”或“×××以下”者均包括×××本身，“×××以外”或“×××以上”者则不包括×××本身。

十二、本说明未尽事宜，详见各册和各章说明。

# 册说明

一、《城市轨道交通工程预算定额》第三册“隧道工程”（以下简称本册定额）由矿山法（第1~5章）和盾构法（第6~8章）两大部分组成，包括各类围岩单、双线隧道开挖、初期支护、衬砌、矿山法隧道防水、竖井工程，以及盾构法施工的盾构机装、拆、掘进、管片制作、试拼装、同步注浆、盾构过站及相关工程，共8章167个子目。

二、本册定额适用于城市轨道交通工程中矿山法施工的单双线隧道以及盾构法施工的隧道工程。

三、本定额编制依据：

1.《全国统一市政工程预算定额》GYD-301~308—1999、GYD-309—2001；

2.《地铁设计规范》GB 50157—2003；

3.《地下铁道工程施工及验收规范》GB 50299—1999；

4.《城市轨道交通工程全国统一劳动定额》GB/T 19620—2004；

5. 各省、自治区、直辖市的补充定额及有关资料；

6. 已竣工的城市轨道交通工程项目的相关资料，近年出现的新技术、新工艺、新材料补充定额及相关资料。

四、本册定额按现有的施工方法、机械化程度及合理的劳动组织进行编制。除各章节另有规定外，均不得因施工方法与定额不同而调整。

五、矿山法施工隧道开挖的土层按一～四类土综合考虑，不得因土层类别不同而调整。开挖石方则按岩石类别的相应子目分别套用。

六、本册定额不包括明挖法施工的隧道，以及矿山法施工的隧道降水、监测、钢支撑等项目，发生时应执行本定额第四册相应子目。

七、盾构法施工中的始发、到达掘进段端头加固，如采用桩形式加固的，应执行本定额第一册相应子目。

八、材料垂直运输及洞内水平运输已包含在定额子目中，不得另计。

九、本册定额中钢筋用量均不包括预埋铁件，预埋铁件按设计图示重量另行计算。

十、未尽事宜见本册定额各章说明。

# 目　录

## 1　矿山法隧道开挖



## 2　矿山法隧道初期支护



## 3　矿山法隧道衬砌



## 4　竖 井 工 程

## 5 防水、回填、拆除工程



## 6 盾构机安装、拆除及掘进



## 7 管 片



## 8 盾构其他工程

# 1　矿山法隧道开挖

# 说　明

一、本章定额包括矿山法单、双线隧道土、石方开挖、清理及临时工程等，共 4 节 26 个子目。

二、本章定额中土石方水平运距是按最远开挖点距工作井 800m 以内考虑的。若最远开挖点距工作井在 800~1200m 以内，超过 800m 部分土石方水平运输机械消耗量乘以系数 1.15；若最远开挖点距工作井距离在 1200m 以外，超出 1200m 部分土石方水平运输机械消耗量乘以系数 1.25。

三、石方开挖子目按普通爆破与光面爆破综合编制，采用光面爆破发生的机械与材料消耗变化不得另行调整。

四、三线或三线以上大断面矿山法施工隧道土、石方开挖套用双线隧道土、石方开挖相应定额子目。

五、土石方清理子目仅适用于洞内抢险等特殊情况，正常开挖中不应套用。

六、临时工程适用于暗挖施工时所铺设的洞内通风、供水、动力、照明及轨道等临时管、线、路工程。

七、临时工程按季度摊销量计算，一季度内不足一季度按一季度计算，超过一季度按每增一季度定额增加。

# 工程量计算规则

一、隧道开挖工程量，按设计图示断面面积乘以设计开挖长度以“$m^3$”为单位计算。

二、隧道开挖允许超挖量按规范计算允许超挖量。

三、土石方清理按坍塌土石方虚方体积以“$m^3$”为单位计算。

四、洞内通风按每洞口隧道施工长度减 30m 计算。

五、洞内压风管、水管长度按隧道的施工长度加 100m 计算。

六、洞内照明线路长度按隧道的施工长度以“100m”为单位计算。如施工组织设计规定需要安双排照明时，应按实际双线部分增加。

七、洞内动力线路按隧道的施工长度加 50m 计算。

八、洞内轨道按施工组织设计所布置的起止点为准，以“100m”为单位计算。对所设置的道岔，每处道岔按相应轨道折合 30m 计算。如实际为双线或多线的，应按 2 倍或 3 倍计算。

## 1.1 单线隧道开挖

**工作内容：** 人工挖土，土方洞内运输、垂直提升等。

计量单位：$m^3$

| 定额编号 | | | 3-001 |
|---|---|---|---|
| 项目 | | | 人工开挖<br>土层 |
| 名称 | | 单位 | 数量 |
| 人工 | 综合工日 | 工日 | 1.194 |
| 材料 | 型钢（井架） | kg | 0.500 |
| | 水 | $m^3$ | 0.100 |
| | 其他材料费 | % | 2.000 |
| 机械 | 风镐 | 台班 | 0.018 |
| | 电动空气压缩机 $10m^3$/min | 台班 | 0.009 |
| | 电动单级离心泵 $\phi 50$ | 台班 | 0.003 |
| | 电瓶车 8t | 台班 | 0.078 |
| | 硅整流充电机 90A/190V | 台班 | 0.039 |
| | 轨道矿车 1t | 台班 | 0.390 |
| | 电动卷扬机 双筒慢速 5t | 台班 | 0.025 |

工作内容：1. 机械开挖土层：挖土，土方洞内运输、垂直提升等。
2. 机械开挖松石：选孔位、钻孔、装药、放炮、安全处理、爆破材料的领退，土石方洞内运输、垂直提升等。

计量单位：$m^3$

| 定额编号 | | | 3-002 | 3-003 |
|---|---|---|---|---|
| 项目 | | | 机械开挖 | |
| | | | 土层 | 松石 |
| 名称 | | 单位 | 数量 | |
| 人工 | 综合工日 | 工日 | 1.020 | 0.887 |
| 材料 | 铁件 | kg | — | 0.063 |
| | 六角空心钢 | kg | — | 0.080 |
| | 合金钻头 | 个 | — | 0.027 |
| | 非电毫秒雷管 | 发 | — | 2.265 |
| | 胶质炸药 | kg | — | 1.335 |
| | 型钢（井架） | kg | 0.500 | 0.500 |
| | 水 | $m^3$ | 0.300 | 0.600 |
| | 其他材料费 | % | 2.000 | 2.000 |

续前

| 定额编号 | | | 3-002 | 3-003 |
|---|---|---|---|---|
| 项目 | | | 机械开挖 | |
| | | | 土层 | 松石 |
| 名称 | | 单位 | 数量 | |
| 机械 | 小型挖掘机 0.3$m^3$ | 台班 | 0.021 | 0.006 |
| | 风镐 | 台班 | 0.024 | — |
| | 风动凿岩机 气腿式 | 台班 | — | 0.056 |
| | 钻头磨床 电动 | 台班 | — | 0.006 |
| | 电动单级离心泵 $\phi$50 | 台班 | 0.004 | 0.009 |
| | 电动空气压缩机 10$m^3$/min | 台班 | 0.012 | 0.040 |
| | 风动锻钎机 | 台班 | — | 0.006 |
| | 电瓶车 8t | 台班 | 0.053 | 0.046 |
| | 硅整流充电机 90A/190V | 台班 | 0.027 | 0.023 |
| | 轨道矿车 1t | 台班 | 0.265 | 0.230 |
| | 电动卷扬机 双筒慢速 5t | 台班 | 0.025 | 0.022 |

工作内容：选孔位、钻孔、装药、放炮、安全处理、爆破材料的领退，土石方洞内运输、垂直提升等。

计量单位：$m^3$

| 定额编号 | | | 3-004 | 3-005 | 3-006 |
|---|---|---|---|---|---|
| 项目 | | | 机械开挖 | | |
| | | | 次坚石 | 普坚石 | 特坚石 |
| 名称 | | 单位 | 数量 | | |
| 人工 | 综合工日 | 工日 | 0.902 | 0.917 | 1.035 |
| 材料 | 铁件 | kg | 0.063 | 0.078 | 0.084 |
| | 六角空心钢 | kg | 0.140 | 0.220 | 0.350 |
| | 合金钻头 | 个 | 0.084 | 0.124 | 0.156 |
| | 镀锌铁丝 $\phi$2.8 | kg | — | — | 0.025 |
| | 铁钉 30~45 | kg | — | — | 0.006 |
| | 型钢（井架） | kg | 0.500 | 0.500 | 5.000 |
| | 非电毫秒雷管 | 发 | 2.580 | 2.790 | 2.970 |
| | 胶质炸药 | kg | 1.890 | 2.250 | 2.610 |
| | 水 | $m^3$ | 0.800 | 1.200 | 1.600 |
| | 其他材料费 | % | 2.000 | 2.000 | 2.000 |

续前

| 定额编号 | | | 3-004 | 3-005 | 3-006 |
|---|---|---|---|---|---|
| 项目 | | | 机械开挖 | | |
| | | | 次坚石 | 普坚石 | 特坚石 |
| 名称 | | 单位 | 数量 | | |
| 机械 | 小型挖掘机 $0.3m^3$ | 台班 | 0.006 | 0.006 | 0.006 |
| | 风动凿岩机 气腿式 | 台班 | 0.081 | 0.121 | 0.161 |
| | 钻头磨床 电动 | 台班 | 0.009 | 0.014 | 0.018 |
| | 电动单级离心泵 $\phi50$ | 台班 | 0.013 | 0.019 | 0.026 |
| | 电动空气压缩机 $10m^3/min$ | 台班 | 0.056 | 0.085 | 0.113 |
| | 风动锻钎机 | 台班 | 0.009 | 0.014 | 0.018 |
| | 电瓶车 8t | 台班 | 0.047 | 0.054 | 0.060 |
| | 硅整流充电机 90A/190V | 台班 | 0.024 | 0.027 | 0.030 |
| | 轨道矿车 1t | 台班 | 0.235 | 0.270 | 0.300 |
| | 电动卷扬机 双筒慢速 5t | 台班 | 0.022 | 0.025 | 0.028 |

## 1.2　双线隧道开挖

**工作内容：**人工挖土，土方洞内运输、垂直提升等。

计量单位：$m^3$

| 定额编号 | | | 3-007 |
|---|---|---|---|
| 项目 | | | 人工开挖 |
| | | | 土层 |
| 名称 | | 单位 | 数量 |
| 人工 | 综合工日 | 工日 | 1.076 |
| 材料 | 型钢（井架） | kg | 0.500 |
| | 水 | $m^3$ | 0.100 |
| | 其他材料费 | % | 2.000 |
| 机械 | 风镐 | 台班 | 0.018 |
| | 电动空气压缩机 $10m^3$/min | 台班 | 0.009 |
| | 电动单级离心泵 $\phi$50 | 台班 | 0.003 |
| | 电瓶车 8t | 台班 | 0.070 |
| | 硅整流充电机 90A/190V | 台班 | 0.035 |
| | 轨道矿车 1t | 台班 | 0.350 |
| | 电动卷扬机 双筒慢速 5t | 台班 | 0.022 |

**工作内容**：1. 机械开挖土层：挖土，土方洞内运输、垂直提升等。

2. 机械开挖松石：选孔位、钻孔、装药、放炮、安全处理、爆破材料的领退，土石方洞内运输、垂直提升等。

计量单位：$m^3$

| 定额编号 | | | 3-008 | 3-009 |
|---|---|---|---|---|
| 项目 | | | 机械开挖 | |
| | | | 土层 | 松石 |
| 名称 | | 单位 | 数量 | |
| 人工 | 综合工日 | 工日 | 0.907 | 0.788 |
| 材料 | 铁件 | kg | — | 0.053 |
| | 六角空心钢 | kg | — | 0.070 |
| | 合金钻头 | 个 | — | 0.023 |
| | 非电毫秒雷管 | 发 | — | 1.950 |
| | 胶质炸药 | kg | — | 1.125 |
| | 型钢（井架） | kg | 0.500 | 0.500 |
| | 水 | $m^3$ | 0.300 | 0.600 |
| | 其他材料费 | % | 2.000 | 2.000 |

续前

| 定额编号 | | | 3-008 | 3-009 |
| --- | --- | --- | --- | --- |
| 项目 | | | 机械开挖 | |
| | | | 土层 | 松石 |
| 名称 | | 单位 | 数量 | |
| 机械 | 小型挖掘机 0.3$m^3$ | 台班 | 0.022 | 0.006 |
| | 风镐 | 台班 | 0.022 | — |
| | 风动凿岩机 气腿式 | 台班 | — | 0.051 |
| | 钻头磨床 电动 | 台班 | — | 0.006 |
| | 电动单级离心泵 $\phi50$ | 台班 | 0.003 | 0.007 |
| | 电动空气压缩机 10$m^3$/min | 台班 | 0.011 | 0.034 |
| | 风动锻钎机 | 台班 | — | 0.006 |
| | 电瓶车 8t | 台班 | 0.047 | 0.041 |
| | 硅整流充电机 90A/190V | 台班 | 0.024 | 0.021 |
| | 轨道矿车 1t | 台班 | 0.235 | 0.205 |
| | 电动卷扬机 双筒慢速 5t | 台班 | 0.022 | 0.019 |

**工作内容：**选孔位、钻孔、装药、放炮、安全处理、爆破材料的领退，土石方洞内运输、垂直运输等。

计量单位：$m^3$

| 定额编号 | | | 3-010 | 3-011 | 3-012 |
|---|---|---|---|---|---|
| 项目 | | | 机械开挖 | | |
| | | | 次坚石 | 普坚石 | 特坚石 |
| 名称 | | 单位 | 数量 | | |
| 人工 | 综合工日 | 工日 | 0.801 | 0.815 | 0.921 |
| 材料 | 铁件 | kg | 0.062 | 0.066 | 0.071 |
| | 六角空心钢 | kg | 0.110 | 0.190 | 0.300 |
| | 合金钻头 | 个 | 0.072 | 0.107 | 0.134 |
| | 镀锌铁丝 $\phi$2.8 | kg | — | — | 0.021 |
| | 铁钉 30~45 | kg | — | — | 0.005 |
| | 型钢（井架） | kg | 0.500 | 0.500 | 5.000 |
| | 非电毫秒雷管 | 发 | 2.220 | 2.400 | 2.550 |
| | 胶质炸药 | kg | 1.365 | 1.935 | 2.235 |
| | 水 | $m^3$ | 0.800 | 1.200 | 1.600 |
| | 其他材料费 | % | 2.000 | 2.000 | 2.000 |

| 定额编号 | | | 3-010 | 3-011 | 3-012 |
|---|---|---|---|---|---|
| 项目 | | | 机械开挖 | | |
| | | | 次坚石 | 普坚石 | 特坚石 |
| 名称 | | 单位 | 数量 | | |
| 机械 | 小型挖掘机 0.3m³ | 台班 | 0.006 | 0.006 | 0.006 |
| | 风动凿岩机 气腿式 | 台班 | 0.073 | 0.109 | 0.145 |
| | 钻头磨床 电动 | 台班 | 0.008 | 0.012 | 0.016 |
| | 电动单级离心泵 $\phi$50 | 台班 | 0.010 | 0.015 | 0.021 |
| | 电动空气压缩机 10m³/min | 台班 | 0.049 | 0.073 | 0.097 |
| | 风动锻钎机 | 台班 | 0.008 | 0.012 | 0.016 |
| | 电瓶车 8t | 台班 | 0.042 | 0.043 | 0.049 |
| | 硅整流充电机 90A/190V | 台班 | 0.021 | 0.022 | 0.025 |
| | 轨道矿车 1t | 台班 | 0.210 | 0.215 | 0.245 |
| | 电动卷扬机 双筒慢速 5t | 台班 | 0.020 | 0.020 | 0.023 |

## 1.3 土石方清理

**工作内容：**撬移、撬落、钻眼、爆破、清理、洞内运输、垂直提升。

计量单位：$100m^3$

| 定额编号 | | | 3-013 | 3-014 |
|---|---|---|---|---|
| 项目 | | | 土石方清理 | |
| | | | 不需解小 | 需解小 |
| 名称 | | 单位 | 数量 | |
| 人工 | 综合工日 | 工日 | 27.599 | 43.430 |
| 材料 | 六角工具钢 | kg | — | 2.800 |
| | 硝铵炸药 | kg | — | 17.600 |
| | 火雷管 | 个 | — | 62.000 |
| | 导火索 | m | — | 88.000 |
| | 水 | $m^3$ | 2.587 | 47.748 |
| | 其他材料费 | % | 2.000 | 2.000 |

续前

| 定额编号 | | | 3-013 | 3-014 |
|---|---|---|---|---|
| 项目 | | | 土石方清理 | |
| | | | 不需解小 | 需解小 |
| 名称 | | 单位 | 数量 | |
| 机械 | 风动凿岩机 气腿式 | 台班 | — | 4.834 |
| | 钻头磨床 电动 | 台班 | — | 0.537 |
| | 电动空气压缩机 $10m^3/min$ | 台班 | — | 3.342 |
| | 风动锻钎机 | 台班 | — | 0.537 |
| | 电瓶车 8t | 台班 | 5.300 | 8.350 |
| | 硅整流充电机 90A/190V | 台班 | 2.650 | 4.175 |
| | 轨道矿车 1t | 台班 | 26.500 | 41.750 |
| | 电动卷扬机 双筒慢速 5t | 台班 | 2.500 | 3.900 |

## 1.4 洞内临时工程

**工作内容：**铺设管道、清理污物、维修保养、拆除及材料运输。

计量单位：100m

| 定额编号 | | | 3-015 | 3-016 |
|---|---|---|---|---|
| 项目 | | | 洞内通风 | |
| | | | 一季度以内 | 每增一季度 |
| 名称 | | 单位 | 数量 | |
| 人工 | 综合工日 | 工日 | 31.500 | 24.000 |
| 材料 | 粘胶布风筒 $\phi$1000 | m | 8.250 | 6.600 |
| | 镀锌铁丝 | kg | 7.500 | — |
| | 环氧沥青漆 | kg | 0.750 | 0.600 |
| | 螺栓 | kg | 1.500 | 0.120 |
| | 其他材料费 | % | 1.000 | 1.000 |
| 机械 | 轴流通风机 30kW | 台班 | 27.380 | 27.380 |

**工作内容：** 铺设管道、阀门，清理污物、除锈、校正维修保养、拆除及材料运输。

计量单位：100m

| 定额编号 | | | 3-017 | 3-018 |
|---|---|---|---|---|
| 项目 | | | 洞内压风管、水管 $\phi 50$ | |
| | | | 一季度以内 | 每增一季度 |
| 名称 | | 单位 | 数量 | |
| 人工 | 综合工日 | 工日 | 16.268 | 10.000 |
| 材料 | 钢管 $\phi 50\times 4$ | kg | 19.863 | 13.620 |
| | 管卡子 $\phi 50$ | 个 | 5.000 | 2.000 |
| | 管箍 $\phi 50$ | 个 | 1.500 | 0.600 |
| | 阀门 $\phi 50$ | 个 | 0.150 | 0.120 |
| | 铅油（厚漆） | kg | 0.175 | — |
| | 其他材料费 | % | 3.000 | 3.000 |
| 机械 | 管子切断机 $\phi 60$ | 台班 | 0.150 | 0.120 |
| | 套丝机 $\phi 159$ | 台班 | 0.200 | 0.160 |

**工作内容**：铺设管道、阀门，清理污物、除锈、校正维修保养、拆除及材料运输。

计量单位：100m

| 定额编号 | | | 3-019 | 3-020 |
|---|---|---|---|---|
| 项目 | | | 洞内压风管、水管 $\phi100$ | |
| | | | 一季度以内 | 每增一季度 |
| 名称 | | 单位 | 数量 | |
| 人工 | 综合工日 | 工日 | 18.823 | 10.000 |
| 材料 | 钢管 $\phi100\times6$ | kg | 60.681 | 41.610 |
| | 平焊法兰 $\phi100$ | 副 | 0.638 | 0.510 |
| | 阀门 $\phi100$ | 个 | 0.150 | 0.120 |
| | 螺栓 | kg | 4.023 | 3.220 |
| | 电焊条 | kg | 2.655 | 2.130 |
| | 醇酸防锈漆 | kg | 1.000 | 0.800 |
| | 其他材料费 | % | 3.000 | 3.000 |
| 机械 | 直流弧焊机 32kW | 台班 | 1.283 | 1.030 |
| | 弯管机 $\phi108$ | 台班 | 0.125 | 0.080 |
| | 管子切断机 $\phi150$ | 台班 | 0.025 | 0.020 |

工作内容：线路架设、安装、安全检查、维修保养、拆除及材料运输。

计量单位：100m

| 定额编号 | | | 3-021 | 3-022 |
|---|---|---|---|---|
| 项目 | | | 洞内动力 | |
| | | | 一季度以内 | 每增一季度 |
| 名称 | | 单位 | 数量 | |
| 人工 | 综合工日 | 工日 | 18.178 | 3.000 |
| 材料 | 橡胶四芯软缆 | m | 6.500 | 1.250 |
| | 木枋材 | $m^3$ | 0.014 | — |
| | 铁壳闸刀 380V/200A | 个 | 0.025 | 0.005 |
| | 熔断器 | 个 | 0.188 | 0.038 |
| | 端子板 | 个 | 0.063 | 0.013 |
| | 三相插座 15A | 个 | 0.063 | 0.013 |
| | 醇酸防锈漆 | kg | 0.275 | 0.055 |
| | 螺栓 | kg | 0.133 | 0.028 |
| | 其他材料费 | % | 1.000 | 1.000 |

**工作内容：**线路沿壁架设、安装、随用、随移、安全检查、维修保养、拆除及材料运输。

计量单位：100m

| 定额编号 | | | 3-023 | 3-024 |
|---|---|---|---|---|
| 项目 | | | 洞内照明 | |
| | | | 一季度以内 | 每增一季度 |
| 名称 | | 单位 | 数量 | |
| 人工 | 综合工日 | 工日 | 17.450 | 3.000 |
| 材料 | 橡胶三芯软缆 | m | 6.500 | 1.250 |
| | 松杂木枋板材（周转材） | $m^3$ | 0.014 | — |
| | 铁壳闸刀 100A/2 | 个 | 0.025 | 0.005 |
| | 熔断器 | 个 | 0.125 | 0.025 |
| | 防水灯头 | 个 | 3.500 | 0.210 |
| | 灯泡 | 个 | 28.000 | 5.600 |
| | 螺栓 | kg | 0.640 | 0.128 |
| | 醇酸防锈漆 | kg | 0.275 | 0.055 |
| | 电 | kW·h | 2100.000 | 2100.000 |
| | 其他材料费 | % | 1.000 | 1.000 |

工作内容：铺设枕木、轻轨、校正调顺、固定、拆除、材料运输及保养维修。

计量单位：100m

| 定额编号 | | | 3-025 | 3-026 |
|---|---|---|---|---|
| 项目 | | | 洞内轨道 | |
| | | | 一季度以内 | 每增一季度 |
| 名称 | | 单位 | 数量 | |
| 人工 | 综合工日 | 工日 | 19.725 | 10.000 |
| 材料 | 枕木 | $m^3$ | 0.438 | 0.330 |
| | 钢轨 | kg | 127.500 | 80.000 |
| | 鱼尾板 | kg | 7.173 | 5.440 |
| | 鱼尾螺栓 | kg | 1.985 | 1.470 |
| | 钢板垫板 | kg | 20.320 | 15.240 |
| | 道钉 | kg | 8.920 | 6.690 |
| | 镀锌铁丝 | kg | 3.413 | 2.730 |
| | 圆钉 | kg | 0.250 | 0.200 |
| | 其他材料费 | % | 3.000 | 3.000 |

# 2 矿山法隧道初期支护

# 说　明

一、本章定额包括隧道喷射混凝土、钢格栅及钢筋网片、超前小导管、管棚、锚杆、注浆等，共 6 节 34 个子目。

二、喷射混凝土不分结构部位，根据隧道设计结构形式执行相应子目；定额按素喷和网喷综合编制的，并已包括回弹及填平补齐的消耗量。喷射混凝土配比不同时可按实调整。

三、临时支护喷射混凝土项目仅适用于施工过程中喷掌子面及临时中隔壁混凝土等支护项目。临时支护喷射混凝土的拆除应执行本册第五章相应子目。

四、超前小导管及管棚子目中不含注浆，发生时应根据设计图纸注明的浆液材料分别执行本章预留孔注浆子目。

五、管棚长度按 40m 以内考虑，超过 40m 时可作调整。

六、砂浆锚杆按 25 的螺纹钢编制，设计锚杆直径不同时，可调整钢筋用量。自进式锚杆按 $\phi 32$ 中空锚管编制，当设计直径不同时可调整用量。

七、注浆定额项目中的浆液配合比与设计配合比不同时，可按实调整。

八、钻孔注浆适用于部分特殊部位需要钻孔并注浆的项目。

九、钢格栅按螺纹钢、接头板、型钢划分子目，执行时应根据设计图示种类分别计算。临时钢格栅子目适用于临时型钢支撑及中隔壁等临时支护格栅钢架。

## 工程量计算规则

一、喷射混凝土按设计断面面积乘以设计长度以“$m^3$”为单位计算。

二、超前小导管、管棚制作、安装均按设计图示长度以“m”为单位计算。

三、锚杆制作、安装均按设计图示长度以“100m”为单位计算。

四、注浆按设计注浆浆液体积以“$m^3$”为单位计算。

五、格栅钢架、钢筋网按设计图示重量以“t”为单位计算。

## 2.1 隧道喷射混凝土

**工作内容：** 材料洞内及垂直运输，混凝土制作、喷射、养护、清理。

计量单位：$m^3$

| 定额编号 | | | 3-027 | 3-028 |
|---|---|---|---|---|
| 项目 | | | 弧形隧道 | 矩形隧道 |
| | | | 喷射混凝土 | |
| 名称 | | 单位 | 数量 | |
| 人工 | 综合工日 | 工日 | 6.716 | 6.985 |
| 材料 | 水泥 32.5 | t | 0.650 | 0.676 |
| | 碎石 16 以内 | $m^3$ | 0.702 | 0.730 |
| | 中砂 | $m^3$ | 0.962 | 1.000 |
| | 高压胶管 $\phi$25 | m | 0.250 | 0.260 |
| | 黏稠剂 | kg | 5.485 | 5.704 |
| | 速凝增强剂 | kg | 16.456 | 17.114 |
| | 水 | $m^3$ | 1.781 | 1.852 |
| | 其他材料费 | % | 2.000 | 2.000 |

续前

| 定额编号 | | | 3-027 | 3-028 |
|---|---|---|---|---|
| 项目 | | | 弧形隧道 | 矩形隧道 |
| | | | 喷射混凝土 | |
| 名称 | | 单位 | 数量 | |
| 机械 | 混凝土喷射机 $5m^3/h$ | 台班 | 0.130 | 0.135 |
| | 电动空气压缩机 $10m^3/min$ | 台班 | 0.130 | 0.135 |
| | 混凝土搅拌机 350L | 台班 | 0.063 | 0.068 |
| | 电瓶车 8t | 台班 | 0.150 | 0.156 |
| | 硅整流充电机 90A/190V | 台班 | 0.075 | 0.078 |
| | 轨道矿车 1t | 台班 | 0.750 | 0.780 |
| | 电动卷扬机 双筒慢速 5t | 台班 | 0.045 | 0.047 |

**工作内容：** 材料洞内及垂直运输，混凝土制作、掺钢纤维、喷射、养护、清理。

计量单位：$m^3$

| 定额编号 | | | 3-029 | 3-030 |
|---|---|---|---|---|
| 项目 | | | 弧形隧道 | 矩形隧道 |
| | | | 喷射钢纤维混凝土 | |
| 名称 | | 单位 | 数量 | |
| 人工 | 综合工日 | 工日 | 7.388 | 7.684 |
| 材料 | 水泥 32.5 | t | 0.623 | 0.648 |
| | 碎石 16 以内 | $m^3$ | 0.672 | 0.699 |
| | 中砂 | $m^3$ | 0.922 | 0.959 |
| | 高压胶管 $\phi$25 | m | 0.351 | 0.365 |
| | 黏稠剂 | kg | 5.257 | 5.467 |
| | 速凝增强剂 | kg | 24.431 | 25.408 |
| | 钢纤维 | kg | 84.704 | 88.092 |
| | 水 | $m^3$ | 1.707 | 1.775 |
| | 其他材料费 | % | 2.000 | 2.000 |

续前

| 定 额 编 号 | | | 3-029 | 3-030 |
|---|---|---|---|---|
| 项 目 | | | 弧形隧道 | 矩形隧道 |
| | | | 喷射钢纤维混凝土 | |
| 名 称 | | 单位 | 数 量 | |
| 机械 | 混凝土喷射机 $5m^3/h$ | 台班 | 0.132 | 0.137 |
| | 电动空气压缩机 $10m^3/min$ | 台班 | 0.132 | 0.137 |
| | 混凝土搅拌机 350L | 台班 | 0.066 | 0.069 |
| | 电瓶车 8t | 台班 | 0.152 | 0.158 |
| | 硅整流充电机 90A/190V | 台班 | 0.076 | 0.079 |
| | 轨道矿车 1t | 台班 | 0.760 | 0.790 |
| | 电动卷扬机 双筒慢速 5t | 台班 | 0.050 | 0.052 |

注：钢纤维喷射混凝土中钢纤维掺量不同时，可调整钢纤维用量。

**工作内容**：材料洞内及垂直运输，混凝土制作、喷射、养护、清理。

计量单位：$m^3$

| 定额编号 | | | 3-031 |
|---|---|---|---|
| 项目 | | | 临时支护 |
| | | | 喷射混凝土 |
| 名称 | | 单位 | 数量 |
| 人工 | 综合工日 | 工日 | 6.354 |
| 材料 | 水泥 32.5 | t | 0.615 |
| | 碎石 16 以内 | $m^3$ | 0.664 |
| | 中砂 | $m^3$ | 0.910 |
| | 高压胶管 | m | 0.250 |
| | 黏稠剂 | kg | 5.190 |
| | 速凝增强剂 | kg | 15.570 |
| | 水 | $m^3$ | 1.685 |
| | 其他材料费 | % | 1.000 |

续前

| 定 额 编 号 | | | 3-031 |
| --- | --- | --- | --- |
| 项 目 | | | 临时支护 |
| | | | 喷射混凝土 |
| 名 称 | | 单位 | 数 量 |
| 机械 | 混凝土喷射机 $5m^3/h$ | 台班 | 0.123 |
| | 电动空气压缩机 $10m^3/min$ | 台班 | 0.123 |
| | 混凝土搅拌机 350L | 台班 | 0.062 |
| | 电瓶车 8t | 台班 | 0.142 |
| | 硅整流充电机 90A/190V | 台班 | 0.071 |
| | 轨道矿车 1t | 台班 | 0.710 |
| | 电动卷扬机 双筒慢速 5t | 台班 | 0.043 |

## 2.2 钢格栅、钢筋网片

**工作内容：**钢筋的解捆、除锈、调直、制作、安装、绑扎、焊接、洞内及垂直运输等。

计量单位：t

| 定额编号 | | | 3-032 | 3-033 |
|---|---|---|---|---|
| 项目 | | | 钢格栅（圆钢） | |
| | | | $\phi$10 以内 | $\phi$10 以外 |
| 名称 | | 单位 | 数量 | |
| 人工 | 综合工日 | 工日 | 26.090 | 23.170 |
| 材料 | 圆钢 $\phi$10 以内 | t | 1.020 | — |
| | 圆钢 $\phi$10 以外 | t | — | 1.040 |
| | 镀锌铁丝 $\phi$0.7 | kg | 9.090 | 4.620 |
| | 电焊条 | kg | 52.900 | 56.500 |
| | 其他材料费 | % | 2.000 | 2.000 |

续前

| 定额编号 | | | 3-032 | 3-033 |
|---|---|---|---|---|
| 项目 | | | 钢格栅（圆钢） | |
| | | | $\phi$10 以内 | $\phi$10 以外 |
| 名称 | | 单位 | 数量 | |
| 机械 | 钢筋调直机 $\phi$14 | 台班 | 0.208 | 0.208 |
| | 钢筋切断机 $\phi$40 | 台班 | 0.207 | 0.169 |
| | 钢筋弯曲机 $\phi$40 | 台班 | 0.401 | 0.307 |
| | 交流弧焊机 32kV·A | 台班 | 2.248 | 2.401 |
| | 电瓶车 8t | 台班 | 0.284 | 0.284 |
| | 硅整流充电机 90A/190V | 台班 | 0.142 | 0.142 |
| | 轨道平车 8t | 台班 | 0.284 | 0.284 |
| | 电动卷扬机 双筒慢速 5t | 台班 | 0.017 | 0.017 |

**工作内容：**钢筋的解捆、除锈、调直、制作、安装、绑扎、焊接、洞内及垂直运输等。

计量单位：t

| 定额编号 | | | 3-034 | 3-035 |
|---|---|---|---|---|
| 项目 | | | 钢格栅（螺纹钢） | |
| | | | $\phi$25 以内 | $\phi$25 以外 |
| 名称 | | 单位 | 数量 | |
| 人工 | 综合工日 | 工日 | 17.034 | 13.705 |
| 材料 | 螺纹钢 $\phi$25 以内 | t | 1.040 | — |
| | 螺纹钢 $\phi$25 以外 | t | — | 1.040 |
| | 低碳钢电焊条 | kg | 39.385 | 40.560 |
| | 其他材料费 | % | 2.000 | 2.000 |
| 机械 | 钢筋切断机 $\phi$40 | 台班 | 0.189 | 0.169 |
| | 钢筋弯曲机 $\phi$40 | 台班 | 0.236 | 0.154 |
| | 交流弧焊机 32kV·A | 台班 | 1.674 | 1.724 |
| | 电瓶车 8t | 台班 | 0.284 | 0.284 |
| | 硅整流充电机 90A/190V | 台班 | 0.142 | 0.142 |
| | 轨道平车 8t | 台班 | 0.284 | 0.284 |
| | 电动卷扬机 双筒慢速 5t | 台班 | 0.017 | 0.017 |

工作内容：型钢放样、划线、截料、平直、钻孔、焊接、成品纠正、洞内及垂直运输、安装等。

计量单位：t

| 定额编号 | | | 3-036 | 3-037 | 3-038 |
|---|---|---|---|---|---|
| 项目 | | | 钢格栅 | | 临时钢格栅 |
| | | | 小型金属构件(接头板) | 型钢 | 型钢 |
| 名称 | | 单位 | 数量 | | |
| 人工 | 综合工日 | 工日 | 36.168 | 14.981 | 9.738 |
| 材料 | 等边角钢（综合） | t | 0.937 | — | — |
| | 型钢 | t | 0.123 | 1.014 | 0.406 |
| | 螺纹钢 $\phi$25 以内 | t | — | 0.023 | 0.018 |
| | 螺栓 M20~60 | 套 | 336.000 | — | — |
| | 低碳钢电焊条 | kg | 31.980 | 9.000 | 5.850 |
| | 氧气 | $m^3$ | 7.450 | — | — |
| | 乙炔气 | kg | 3.758 | — | — |
| | 其他材料费 | % | 2.000 | 3.000 | 3.000 |

续前

| 定额编号 | | | 3-036 | 3-037 | 3-038 |
|---|---|---|---|---|---|
| 项目 | | | 钢格栅 | | 临时钢格栅 |
| | | | 小型金属构件(接头板) | 型钢 | 型钢 |
| 名称 | | 单位 | 数量 | | |
| 机械 | 轨道平车 8t | 台班 | 0.284 | 0.284 | 0.284 |
| | 剪板机 40×3100 | 台班 | 0.217 | — | — |
| | 立式钻床钻孔直径 $\phi50$ | 台班 | 0.047 | — | — |
| | 交流弧焊机 32kV·A | 台班 | 7.137 | 0.378 | 0.246 |
| | 电瓶车 8t | 台班 | 0.284 | 0.284 | 0.284 |
| | 硅整流充电机 90A/190V | 台班 | 0.142 | 0.142 | 0.142 |
| | 电动卷扬机 双筒慢速 5t | 台班 | 0.017 | 0.017 | 0.017 |

注：1. 钢格栅小型金属构件（接头板）中螺栓规格及数量不同时可换算。

2. 临时钢格栅型钢按 2.5 次摊销计入。

工作内容：钢筋的解捆、除锈、调直、制作、安装、点焊、洞内及垂直运输、挂网、加固等。

计量单位：t

| 定额编号 | | | 3-039 |
|---|---|---|---|
| 项目 | | | 钢筋网片 |
| 名称 | | 单位 | 数量 |
| 人工 | 综合工日 | 工日 | 17.820 |
| 材料 | 钢筋 | t | 1.020 |
| | 电焊条 | kg | 4.330 |
| | 其他材料费 | % | 1.000 |
| 机械 | 钢筋调直机 $\phi$14 | 台班 | 0.200 |
| | 钢筋切断机 $\phi$40 | 台班 | 0.100 |
| | 钢筋弯曲机 $\phi$40 | 台班 | 0.250 |
| | 交流弧焊机 32kV·A | 台班 | 0.600 |
| | 电瓶车 8t | 台班 | 0.284 |
| | 硅整流充电机 90A/190V | 台班 | 0.142 |
| | 轨道平车 8t | 台班 | 0.284 |
| | 电动卷扬机 双筒慢速 5t | 台班 | 0.017 |

## 2.3 超前小导管

**工作内容：**制作、洞内及垂直运输、布眼、钻孔、安放就位。

计量单位：m

| 定额编号 | | | 3-040 | 3-041 | 3-042 |
|---|---|---|---|---|---|
| 项目 | | | 超前小导管 | | |
| | | | $\phi$32 | $\phi$42 | $\phi$50 |
| 名称 | | 单位 | 数量 | | |
| 人工 | 综合工日 | 工日 | 0.083 | 0.112 | 0.136 |
| 材料 | 六角空心钢 | kg | 0.014 | 0.015 | 0.018 |
| | 合金钻头 | 个 | 0.014 | 0.016 | 0.019 |
| | 无缝钢管 $\phi32\times3.5$ | kg | 2.509 | — | — |
| | 无缝钢管 $\phi42\times3.5$ | kg | — | 3.389 | — |
| | 无缝钢管 $\phi50\times3.5$ | kg | — | — | 4.094 |
| | 镀锌铁丝 | kg | 0.010 | 0.010 | 0.010 |
| | 氧气 | $m^3$ | 0.035 | 0.035 | 0.035 |
| | 乙炔气 | kg | 0.020 | 0.020 | 0.020 |

续前

| 定额编号 | | | 3-040 | 3-041 | 3-042 |
|---|---|---|---|---|---|
| 项目 | | | 超前小导管 | | |
| | | | $\phi32$ | $\phi42$ | $\phi50$ |
| 名称 | | 单位 | 数量 | | |
| 材料 | 水 | $m^3$ | 0.550 | 0.550 | 0.550 |
| | 其他材料费 | % | 2.000 | 2.000 | 2.000 |
| 机械 | 风动凿岩机 气腿式 | 台班 | 0.022 | 0.030 | 0.036 |
| | 管子切断机 $\phi60$ | 台班 | 0.002 | 0.003 | 0.004 |
| | 风镐 | 台班 | 0.012 | 0.016 | 0.019 |
| | 电瓶车 8t | 台班 | 0.001 | 0.002 | 0.002 |
| | 硅整流充电机 90A/190V | 台班 | 0.001 | 0.001 | 0.001 |
| | 轨道平车 8t | 台班 | 0.001 | 0.001 | 0.001 |
| | 立式钻床 钻孔直径 $\phi25$ | 台班 | 0.004 | 0.006 | 0.007 |
| | 电动空气压缩机 $10m^3/min$ | 台班 | 0.017 | 0.023 | 0.028 |
| | 钻头磨床 电动 | 台班 | 0.004 | 0.005 | 0.006 |

## 2.4 管　棚

**工作内容：** 制作、洞内及垂直运输、布眼、钻孔、安放就位。

计量单位：m

| 定额编号 | | | 3-043 | 3-044 |
|---|---|---|---|---|
| 项目 | | | 管棚 | |
| | | | $\phi108$ | $\phi159$ |
| | 名称 | 单位 | 数量 | |
| 人工 | 综合工日 | 工日 | 0.639 | 0.735 |
| 材料 | 无缝钢管　$\phi108\times6$ | kg | 15.395 | — |
| | 无缝钢管　$\phi159\times6$ | kg | — | 23.319 |
| | 合金钻头 | 个 | 0.056 | 0.064 |
| | 钻杆 | m | 0.040 | 0.046 |
| | 岩心管 | m | 0.110 | 0.127 |
| | 水 | $m^3$ | 3.375 | 3.881 |
| | 其他材料费 | % | 2.000 | 2.000 |

续前

| 定额编号 | | | 3-043 | 3-044 |
|---|---|---|---|---|
| 项目 | | | 管棚 | |
| | | | $\phi$108 | $\phi$159 |
| 名称 | | 单位 | 数量 | |
| 机械 | 管子切断机 $\phi$150 | 台班 | 0.004 | — |
| | 管子切断机 $\phi$250 | 台班 | — | 0.005 |
| | 电瓶车 8t | 台班 | 0.008 | 0.009 |
| | 硅整流充电机 90A/190V | 台班 | 0.004 | 0.005 |
| | 轨道平车 8t | 台班 | 0.008 | 0.009 |
| | 液压钻机 $\phi$89~250 | 台班 | 0.039 | 0.045 |
| | 立式钻床 钻孔直径 $\phi$25 | 台班 | 0.024 | 0.028 |
| | 钻头磨床 电动 | 台班 | 0.023 | 0.026 |
| | 管子套丝机 | 台班 | 0.010 | 0.012 |
| | 电动卷扬机 双筒慢速 5t | 台班 | 0.001 | 0.001 |

**工作内容：**制作、洞内及垂直运输、布眼、钻孔、安放就位。

计量单位：m

| 定额编号 | | | 3-045 | 3-046 |
|---|---|---|---|---|
| 项目 | | | 管棚 | |
| | | | $\phi$203 | $\phi$377 |
| 名称 | | 单位 | 数量 | |
| 人工 | 综合工日 | 工日 | 0.831 | 1.278 |
| 材料 | 无缝钢管 $\phi203\times6$ | kg | 30.597 | — |
| | 无缝钢管 $\phi377\times10$ | kg | — | 97.751 |
| | 合金钻头 | 个 | 0.073 | 0.112 |
| | 钻杆 | m | 0.052 | 0.080 |
| | 岩心管 | m | 0.143 | 0.220 |
| | 水 | $m^3$ | 4.388 | 6.750 |
| | 其他材料费 | % | 2.000 | 2.000 |

续前

| 定额编号 | | | 3-045 | 3-046 |
|---|---|---|---|---|
| 项目 | | | 管棚 | |
| | | | $\phi$203 | $\phi$377 |
| 名称 | | 单位 | 数量 | |
| 机械 | 管子切断机 $\phi$250 | 台班 | 0.005 | — |
| | 切管机 9A151 | 台班 | — | 0.008 |
| | 电瓶车 8t | 台班 | 0.010 | 0.016 |
| | 硅整流充电机 90A/190V | 台班 | 0.005 | 0.008 |
| | 轨道平车 8t | 台班 | 0.010 | 0.016 |
| | 液压钻机 $\phi$89～250 | 台班 | 0.051 | — |
| | 液压钻机 $\phi$500 以内 | 台班 | — | 0.078 |
| | 立式钻床 钻孔直径 $\phi$25 | 台班 | 0.031 | 0.048 |
| | 钻头磨床 电动 | 台班 | 0.030 | 0.046 |
| | 管子套丝机 | 台班 | 0.013 | 0.020 |
| | 电动卷扬机 双筒慢速 5t | 台班 | 0.001 | 0.002 |

## 2.5 锚 杆

**工作内容：** 制作锚杆及垫板、洞内及垂直运输、钻孔、砂浆制作、灌浆、安装锚杆、上垫板、锚固。

计量单位：100m

| 定额编号 | | | 3-047 | 3-048 | 3-049 | 3-050 |
|---|---|---|---|---|---|---|
| 项目 | | | 砂浆锚杆 | | | |
| | | | 5m 以内 | 10m 以内 | 15m 以内 | 15m 以外 |
| 名称 | | 单位 | 数量 | | | |
| 人工 | 综合工日 | 工日 | 17.329 | 18.195 | 19.105 | 20.015 |
| 材料 | 螺纹钢 $\phi$25 以内 | t | 0.400 | 0.400 | 0.400 | 0.400 |
| | 六角空心钢 | kg | 2.800 | 2.940 | 3.087 | 3.234 |
| | 合金钻头 | 个 | 2.348 | 2.465 | 2.588 | 2.712 |
| | 高压胶管 $\phi$20 | m | 0.020 | 0.021 | 0.022 | 0.023 |
| | 砂浆 1∶2.5 | $m^3$ | 0.942 | 0.942 | 0.942 | 0.942 |
| | 水 | $m^3$ | 4.000 | 4.200 | 4.410 | 4.620 |
| | 其他材料费 | % | 1.000 | 1.000 | 1.000 | 1.000 |

续前

| 定额编号 | | | 3-047 | 3-048 | 3-049 | 3-050 |
|---|---|---|---|---|---|---|
| 项目 | | | 砂浆锚杆 | | | |
| | | | 5m 以内 | 10m 以内 | 15m 以内 | 15m 以外 |
| 名称 | | 单位 | 数量 | | | |
| 机械 | 风动凿岩机 气腿式 | 台班 | 1.684 | — | — | — |
| | 电动空气压缩机 10m³/min | 台班 | 0.700 | — | — | — |
| | 钢筋切断机 $\phi$40 | 台班 | 0.032 | 0.034 | 0.036 | 0.037 |
| | 钻头磨床 电动 | 台班 | 0.498 | 0.523 | 0.549 | 0.575 |
| | 水平钻机 $\phi$100 以内 | 台班 | — | 1.013 | 1.050 | 1.100 |
| | 电瓶车 8t | 台班 | 0.210 | 0.221 | 0.232 | 0.243 |
| | 硅整流充电机 90A/190V | 台班 | 0.105 | 0.110 | 0.116 | 0.121 |
| | 轨道平车 8t | 台班 | 0.158 | 0.166 | 0.174 | 0.183 |
| | 灰浆搅拌机 250L | 台班 | 0.300 | 0.315 | 0.331 | 0.347 |
| | 电动灌浆机 | 台班 | 0.500 | 0.525 | 0.551 | 0.573 |
| | 电动卷扬机 双筒慢速 5t | 台班 | 0.010 | 0.010 | 0.010 | 0.010 |

**工作内容：**洞内及垂直运输、钻孔、砂浆制作、灌浆、安装锚杆、上垫板、锚固。

计量单位：100m

| 定额编号 | | | 3-051 | 3-052 | 3-053 | 3-054 |
|---|---|---|---|---|---|---|
| 项目 | | | 自进式锚杆 | | | |
| | | | 5m 以内 | 10m 以内 | 15m 以内 | 15m 以外 |
| 名称 | | 单位 | 数量 | | | |
| 人工 | 综合工日 | 工日 | 23.003 | 24.153 | 25.361 | 26.568 |
| 材料 | 砂浆 1：2.5 | $m^3$ | 0.942 | 0.942 | 0.942 | 0.942 |
| | 锚杆 R32N（国产） | m | 102.000 | 102.000 | 102.000 | 102.000 |
| | 扣紧螺母 M20 | 个 | 33.667 | 35.350 | 37.118 | 38.885 |
| | 水 | $m^3$ | 4.000 | 4.200 | 4.410 | 4.620 |
| | 其他材料费 | % | 2.000 | 2.000 | 2.000 | 2.000 |
| 机械 | 风动凿岩机 气腿式 | 台班 | 2.026 | — | — | — |
| | 电动空气压缩机 $10m^3/min$ | 台班 | 0.257 | — | — | — |

续前

| 定额编号 | | | 3-051 | 3-052 | 3-053 | 3-054 |
|---|---|---|---|---|---|---|
| 项目 | | | 自进式锚杆 | | | |
| | | | 5m 以内 | 10m 以内 | 15m 以内 | 15m 以外 |
| 名称 | | 单位 | 数量 | | | |
| 机械 | 钢筋切断机 $\phi40$ | 台班 | 0.033 | 0.035 | 0.037 | 0.039 |
| | 钻头磨床 电动 | 台班 | 0.512 | 0.538 | 0.565 | 0.592 |
| | 水平钻机 $\phi100$ 以内 | 台班 | — | 0.636 | 0.668 | 0.700 |
| | 电瓶车 8t | 台班 | 0.216 | 0.227 | 0.238 | 0.250 |
| | 硅整流充电机 90A/190V | 台班 | 0.108 | 0.113 | 0.119 | 0.124 |
| | 轨道平车 8t | 台班 | 0.216 | 0.227 | 0.238 | 0.250 |
| | 灰浆搅拌机 250L | 台班 | 0.758 | 0.795 | 0.836 | 0.875 |
| | 电动灌浆机 | 台班 | 0.270 | 0.284 | 0.298 | 0.312 |
| | 电动卷扬机 双筒慢速 5t | 台班 | 0.010 | 0.010 | 0.010 | 0.010 |

## 2.6 注　浆

**工作内容：**1. 钻孔注浆：钻孔、运料、浆液制作、注浆、检查、堵孔。
2. 预留孔注浆：运料、浆液制作、注浆、检查、堵孔。

计量单位：$m^3$

| 定额编号 | | | 3-055 | 3-056 | 3-057 | 3-058 |
|---|---|---|---|---|---|---|
| 项目 | | | 水泥浆 | | 水泥水玻璃双液浆 | |
| | | | 钻孔注浆 | 预留孔注浆 | 钻孔注浆 | 预留孔注浆 |
| 名称 | | 单位 | 数量 | | | |
| 人工 | 综合工日 | 工日 | 1.815 | 1.238 | 2.200 | 1.501 |
| 材料 | 板枋材 | $m^3$ | 0.008 | 0.008 | 0.010 | 0.010 |
| | 水泥 42.5 | t | 0.765 | 0.765 | 0.441 | 0.441 |
| | 合金钻头 | 个 | 0.050 | — | 0.050 | — |
| | 水 | $m^3$ | 1.000 | 0.950 | 0.730 | 0.730 |
| | 水玻璃 | kg | — | — | 390.000 | 390.000 |
| | 磷酸氢二钠 | kg | — | — | 6.600 | 6.600 |
| | 其他材料费 | % | 1.000 | 1.000 | 2.000 | 1.000 |

续前

| 定额编号 | | | 3-055 | 3-056 | 3-057 | 3-058 |
|---|---|---|---|---|---|---|
| 项目 | | | 水泥浆 | | 水泥水玻璃双液浆 | |
| | | | 钻孔注浆 | 预留孔注浆 | 钻孔注浆 | 预留孔注浆 |
| 名称 | | 单位 | 数量 | | | |
| 机械 | 风动凿岩机 气腿式 | 台班 | 0.096 | — | 0.096 | — |
| | 灰浆搅拌机 350L | 台班 | 0.140 | 0.140 | 0.160 | 0.160 |
| | 电动空气压缩机 $10m^3/min$ | 台班 | 0.039 | — | 0.039 | — |
| | 电瓶车 8t | 台班 | 0.060 | 0.060 | 0.060 | 0.060 |
| | 硅整流充电机 90A/190V | 台班 | 0.038 | 0.038 | 0.038 | 0.038 |
| | 轨道平车 8t | 台班 | 0.060 | 0.060 | 0.060 | 0.060 |
| | 电动灌浆机 | 台班 | 0.140 | 0.140 | 0.160 | 0.160 |
| | 电动卷扬机 双筒慢速 5t | 台班 | 0.014 | 0.014 | 0.014 | 0.014 |

**工作内容**：1. 钻孔注浆：钻孔、运料、浆液制作、注浆、检查、堵孔。
2. 预留孔注浆：运料、浆液制作、注浆、检查、堵孔。

计量单位：$m^3$

| 定额编号 | | | 3-059 | 3-060 |
|---|---|---|---|---|
| 项目 | | | 水泥砂浆 | |
| | | | 钻孔注浆 | 预留孔注浆 |
| 名称 | | 单位 | 数量 | |
| 人工 | 综合工日 | 工日 | 1.815 | 1.238 |
| 材料 | 板枋材 | $m^3$ | 0.010 | 0.010 |
| | 水泥砂浆 1∶2.5 | $m^3$ | 1.020 | 1.020 |
| | 合金钻头 | 个 | 0.050 | — |
| | 其他材料费 | % | 2.000 | 1.000 |
| 机械 | 风动凿岩机 气腿式 | 台班 | 0.096 | — |
| | 灰浆搅拌机 350L | 台班 | 0.141 | 0.141 |
| | 电动空气压缩机 $10m^3/min$ | 台班 | 0.039 | — |
| | 电瓶车 8t | 台班 | 0.060 | 0.060 |
| | 硅整流充电机 90A/190V | 台班 | 0.038 | 0.038 |
| | 轨道平车 8t | 台班 | 0.060 | 0.060 |
| | 电动灌浆机 | 台班 | 0.141 | 0.141 |
| | 电动卷扬机 双筒慢速 5t | 台班 | 0.015 | 0.015 |

# 3　矿山法隧道衬砌

# 说　明

一、本章定额包括隧道衬砌混凝土、衬砌模板、衬砌钢筋、脚手架等，共4节13个子目。

二、隧道衬砌按模板台车、钢模板为主，局部使用木模板考虑。本章定额中均综合考虑了地面运输和模板的地面装卸费用。

三、脚手架定额中已包含斜道及拐弯平台的搭设。

# 工程量计算规则

一、隧道衬砌混凝土按设计图示尺寸以“$m^3$”为单位计算。

二、隧道衬砌钢筋按设计重量以“t”为单位计算。

三、模板工程量按模板与混凝土的接触面积以“$m^2$”为单位计算。

四、脚手架工程量按垂直投影面积以“$m^2$”为单位计算。

## 3.1 隧道衬砌混凝土

**工作内容：**施工准备、混凝土浇筑、振捣、清理、养护，人工配合混凝土泵送等。

计量单位：$m^3$

| 定额编号 | | | 3-061 | 3-062 |
|---|---|---|---|---|
| 项目 | | | 弧形 | 矩形 |
| | | | 预拌混凝土（泵送） | |
| 名称 | | 单位 | 数量 | |
| 人工 | 综合工日 | 工日 | 1.454 | 1.739 |
| 材料 | 预拌混凝土 C30S8 | $m^3$ | 1.020 | 1.020 |
| | 水 | $m^3$ | 0.660 | 0.660 |
| | 电 | kW·h | 0.500 | 0.500 |
| | 泵管 $\phi150$ | kg | 0.470 | 0.470 |
| | 其他材料费 | % | 1.000 | 1.000 |
| 机械 | 混凝土输送泵 $20m^3/h$ | 台班 | 0.014 | 0.014 |

## 3.2 衬砌模板

工作内容：1. 模板台车的移动、刷油、加固等。

2. 模板及支撑洞内倒运、安装、拆除、堆放、刷油、清理。

计量单位：$10m^2$

| 定额编号 | | | 3-063 | 3-064 | 3-065 |
|---|---|---|---|---|---|
| 项目 | | | 弧形隧道 | | |
| | | | 模板台车 | 钢模板 | 零星木模板 |
| 名称 | | 单位 | 数量 | | |
| 人工 | 综合工日 | 工日 | 1.010 | 7.170 | 8.008 |
| 材料 | 钢模板 | kg | — | 7.110 | — |
| | 卡具 | kg | — | 2.820 | — |
| | 钢支架 | kg | — | 5.020 | 5.020 |
| | 铁钉 | kg | — | 0.200 | 5.057 |
| | 脱模剂 | kg | 1.000 | 1.000 | — |
| | 扣件 | kg | — | 2.800 | — |
| | 镀锌铁丝 | kg | — | 0.020 | — |

续前

| 定额编号 | | | 3-063 | 3-064 | 3-065 |
|---|---|---|---|---|---|
| 项目 | | | 弧形隧道 | | |
| | | | 模板台车 | 钢模板 | 零星木模板 |
| 名称 | | 单位 | 数量 | | |
| 材料 | 垫木 | $m^3$ | — | 0.036 | — |
| | 铁扒钉 | kg | — | 0.700 | — |
| | 钢拱架 | kg | — | 4.270 | 4.270 |
| | 板枋材 | $m^3$ | 0.042 | 0.042 | 0.351 |
| | 胶合板（防水） | $m^2$ | 0.210 | — | 1.486 |
| | 隔离剂 | kg | — | — | 1.000 |
| | 嵌缝料 | kg | — | — | 1.000 |
| | 其他材料费 | % | 1.000 | 1.000 | 1.000 |
| 机械 | 模板台车 | 台班 | 1.085 | — | — |
| | 电瓶车 8t | 台班 | — | 0.050 | 0.014 |
| | 硅整流充电机 90A/190V | 台班 | — | 0.025 | 0.007 |
| | 轨道平车 8t | 台班 | — | 0.050 | 0.014 |
| | 汽车起重机 5t | 台班 | — | 0.007 | 0.002 |
| | 木工圆锯机 500 | 台班 | — | 0.003 | 0.286 |
| | 电动卷扬机 单筒慢速 10t | 台班 | — | 0.011 | 0.008 |

**工作内容：**模板及支撑洞内倒运、安装、拆除、堆放、刷油、清理。

计量单位：$10m^2$

| 定额编号 | | | 3-066 | 3-067 |
|---|---|---|---|---|
| 项目 | | | 矩形隧道 | |
| | | | 钢模板 | 复合模板 |
| 名称 | | 单位 | 数量 | |
| 人工 | 综合工日 | 工日 | 6.450 | 4.763 |
| 材料 | 钢模板 | kg | 6.610 | — |
| | 卡具 | kg | 2.930 | — |
| | 钢支架 | kg | 6.630 | 6.630 |
| | 铁钉 | kg | — | 2.940 |
| | 脱模剂 | kg | 1.000 | — |
| | 扣件 | kg | 2.710 | — |
| | 镀锌铁丝 | kg | 1.000 | — |
| | 垫木 | $m^3$ | 0.045 | — |

续前

| 定额编号 | | | 3-066 | 3-067 |
|---|---|---|---|---|
| 项目 | | | 矩形隧道 | |
| | | | 钢模板 | 复合模板 |
| 名称 | | 单位 | 数量 | |
| 材料 | 板枋材 | $m^3$ | 0.012 | 0.194 |
| | 胶合板（防水） | $m^2$ | — | 1.486 |
| | 隔离剂 | kg | — | 1.000 |
| | 嵌缝料 | kg | — | 1.000 |
| | 其他材料费 | % | 1.000 | 1.000 |
| 机械 | 电瓶车 8t | 台班 | 0.047 | 0.014 |
| | 硅整流充电机 90A/190V | 台班 | 0.023 | 0.007 |
| | 轨道平车 8t | 台班 | 0.047 | 0.014 |
| | 汽车起重机 5t | 台班 | 0.012 | 0.001 |
| | 木工圆锯机 500 | 台班 | 0.004 | 0.238 |
| | 电动卷扬机 双筒慢速 5t | 台班 | 0.008 | 0.005 |

## 3.3 衬砌钢筋

**工作内容：**钢筋制作、安装、绑扎、焊接、洞内及垂直运输等。

计量单位：t

| 定额编号 | | | 3-068 | 3-069 |
|---|---|---|---|---|
| 项目 | | | 圆钢 | |
| | | | $\phi$10 以内 | $\phi$10 以外 |
| 名称 | | 单位 | 数量 | |
| 人工 | 综合工日 | 工日 | 25.240 | 22.416 |
| 材料 | 圆钢 $\phi$10 以内 | t | 1.020 | — |
| | 圆钢 $\phi$10 以外 | t | — | 1.040 |
| | 镀锌铁丝 $\phi$0.7 | kg | 9.090 | 4.620 |
| | 低碳钢电焊条 | kg | — | 7.200 |
| | 其他材料费 | % | 2.000 | 2.000 |

续前

| 定额编号 | | | 3-068 | 3-069 |
|---|---|---|---|---|
| 项目 | | | 圆钢 | |
| | | | $\phi$10 以内 | $\phi$10 以外 |
| 名称 | | 单位 | 数量 | |
| 机械 | 钢筋调直机 $\phi$14 | 台班 | 0.208 | 0.210 |
| | 钢筋切断机 $\phi$40 | 台班 | 0.196 | 0.160 |
| | 钢筋弯曲机 $\phi$40 | 台班 | 0.341 | 0.262 |
| | 直流弧焊机 30kV·A | 台班 | — | 0.560 |
| | 电瓶车 8t | 台班 | 0.284 | 0.284 |
| | 硅整流充电机 90A/190V | 台班 | 0.142 | 0.142 |
| | 轨道平车 8t | 台班 | 0.284 | 0.284 |
| | 电动卷扬机 双筒慢速 5t | 台班 | 0.017 | 0.017 |

**工作内容**：钢筋的解捆、除锈、调直、制作、安装、绑扎、焊接、洞内及垂直运输等。

计量单位：t

| 定额编号 | | | 3-070 | 3-071 |
|---|---|---|---|---|
| 项目 | | | 螺纹钢 | |
| | | | $\phi$25 以内 | $\phi$25 以外 |
| 名称 | | 单位 | 数量 | |
| 人工 | 综合工日 | 工日 | 16.479 | 13.259 |
| 材料 | 螺纹钢 $\phi$25 以内 | t | 1.040 | — |
| | 螺纹钢 $\phi$25 以外 | t | — | 1.040 |
| | 镀锌铁丝 $\phi$0.7 | kg | 2.320 | 0.870 |
| | 电焊条 | kg | 9.650 | 12.000 |
| | 其他材料费 | % | 2.000 | 2.000 |
| 机械 | 钢筋切断机 $\phi$40 | 台班 | 0.179 | 0.180 |
| | 钢筋弯曲机 $\phi$40 | 台班 | 0.201 | 0.131 |
| | 对焊机容量 75kV·A | 台班 | 0.099 | 0.099 |
| | 直流弧焊机 30kV·A | 台班 | 0.610 | 0.626 |
| | 电瓶车 8t | 台班 | 0.284 | 0.284 |
| | 硅整流充电机 90A/190V | 台班 | 0.142 | 0.142 |
| | 轨道平车 8t | 台班 | 0.284 | 0.284 |
| | 电动卷扬机 双筒慢速 5t | 台班 | 0.017 | 0.017 |

## 3.4 脚手架搭、拆

**工作内容：**清理场地、搭脚手架等全部搭设过程；施工期间的维修、加固防火，钢管的油漆保养等；拆除、清场、堆放及场内运输。

计量单位：100m²

| 定额编号 | | | 3-072 | 3-073 |
|---|---|---|---|---|
| 项目 | | | 单排 | 双排 |
| 名称 | | 单位 | 数量 | |
| 人工 | 综合工日 | 工日 | 6.660 | 8.725 |
| 材料 | 钢管 $\phi 51\times 3.5$ | m | 3.400 | 4.454 |
| | 红丹酚醛防锈漆 | kg | 2.300 | 3.013 |
| | 松节油 | kg | 0.250 | 0.328 |
| | 底座 | 个 | 0.230 | 0.301 |
| | 对接扣件 | 支 | 1.160 | 1.520 |

续前

| 定额编号 | | | 3-072 | 3-073 |
|---|---|---|---|---|
| 项目 | | | 单排 | 双排 |
| 名称 | | 单位 | 数量 | |
| 材料 | 旋转扣件 | 套 | 0.390 | 0.511 |
| | 直角扣件 | 套 | 2.600 | 3.406 |
| | 其他材料费 | % | 2.000 | 2.000 |
| 机械 | 电动卷扬机 单筒慢速 10t | 台班 | 0.010 | 0.013 |
| | 电瓶车 8t | 台班 | 0.047 | 0.062 |
| | 硅整流充电机 90A/190V | 台班 | 0.024 | 0.031 |
| | 轨道平车 8t | 台班 | 0.047 | 0.062 |

# 4 竖井工程

# 说　明

一、本章定额包括竖井开挖、支护、衬砌、竖井钢筋、衬砌辅助工程、竖井钢爬梯制作、安装等，共 6 节 28 个子目。

二、当竖井采用其他围护结构时，围护结构可套用本定额其他册相关子目。

三、竖井开挖土石方及竖井脚手架搭拆定额按深度划分，执行时应区分深度套用相应子目。其中开挖土石方的深度为自然地面至设计底板底（或垫层底）面的高度；脚手架搭拆的深度则为设计盖板底至底板面的高度。

四、竖井脚手架按竖井长 7m×宽 7m 编制，实际尺寸不同时可按周长比例调整。

# 工程量计算规则

一、竖井挖土（石）方按设计结构外围水平投影面积乘以高度以“$m^3$”为单位计算，竖井高度指实际自然地面标高至竖井垫层底标高之差。

二、竖井喷射混凝土、衬砌混凝土，按设计图示断面尺寸乘以设计深度以“$m^3$”为单位计算。

三、竖井锁口圈混凝土，按设计图示尺寸以“$m^3$”为单位计算。

四、竖井钢筋按设计图示重量以“t”为单位计算。

五、竖井脚手架按设计竖井数量以“座”为单位计算。

六、钢爬梯制作、安装按设计图示重量以“t”为单位计算。

# 4.1 竖井开挖

**工作内容：**挖土、装土、垂直提升。

计量单位： $m^3$

| 定额编号 | | | 3-074 | 3-075 | 3-076 |
|---|---|---|---|---|---|
| 项目 | | | 人工开挖 | | |
| | | | 深度 20m 以内 | 深度 30m 以内 | 深度 30m 以外 |
| | | | 土层 | | |
| 名称 | | 单位 | 数量 | | |
| 人工 | 综合工日 | 工日 | 0.650 | 0.722 | 0.793 |
| 机械 | 轴流通风机 30kW | 台班 | 0.040 | 0.044 | 0.049 |
| | 电动卷扬机 双筒慢速 5t | 台班 | 0.020 | 0.022 | 0.024 |

**工作内容：** 1. 机械开挖土层：挖土、装土、土方垂直提升等。

2. 机械开挖石方：选炮位、钻孔、装药、放炮、安全处理、爆破材料的领退，机械挖、装土石方垂直提升等。

计量单位：$m^3$

| 定额编号 | | | 3-077 | 3-078 | 3-079 | 3-080 |
|---|---|---|---|---|---|---|
| 项目 | | | 机械开挖 | | | |
| | | | 深度 20m 以内 | | | |
| | | | 土层 | 次坚石 | 普坚石 | 特坚石 |
| 名称 | | 单位 | 数量 | | | |
| 人工 | 综合工日 | 工日 | 0.236 | 0.404 | 0.487 | 0.672 |
| 材料 | 六角空心钢 | kg | — | 0.107 | 0.167 | 0.259 |
| | 合金钢钻头 $\phi 20$ | 个 | — | 0.067 | 0.105 | 0.163 |
| | 高压胶皮风管 $\phi 25$ | m | — | 0.019 | 0.033 | 0.047 |
| | 高压胶皮水管 $\phi 19$ | m | — | 0.032 | 0.054 | 0.077 |
| | 普通雷管 | 个 | — | 1.824 | 2.304 | 2.727 |
| | 硝铵炸药 | kg | — | 0.912 | 1.152 | 1.363 |

续前

| 定额编号 | | | 3-077 | 3-078 | 3-079 | 3-080 |
|---|---|---|---|---|---|---|
| 项目 | | | 机械开挖 | | | |
| | | | 深度 20m 以内 | | | |
| | | | 土层 | 次坚石 | 普坚石 | 特坚石 |
| 名称 | | 单位 | 数量 | | | |
| 材料 | 导火线 120s/m | m | — | 1.883 | 2.377 | 2.814 |
| | 水 | $m^3$ | — | 0.244 | 0.413 | 0.595 |
| | 其他材料费 | % | — | 2.000 | 2.000 | 2.000 |
| 机械 | 电动卷扬机 双筒慢速 5t | 台班 | 0.025 | 0.025 | 0.025 | 0.025 |
| | 小型挖掘机 $0.3m^3$ | 台班 | 0.016 | 0.005 | 0.006 | 0.007 |
| | 风镐 | 台班 | 0.024 | — | — | — |
| | 风动凿岩机 气腿式 | 台班 | — | 0.101 | 0.165 | 0.221 |
| | 磨钻机 电动 4kW | 台班 | — | 0.010 | 0.015 | 0.024 |
| | 风动锻钎机 | 台班 | — | 0.003 | 0.004 | 0.006 |
| | 电动空气压缩机 $10m^3/min$ | 台班 | 0.014 | 0.040 | 0.065 | 0.087 |
| | 轴流通风机 30kW | 台班 | 0.040 | 0.044 | 0.047 | 0.051 |

**工作内容：** 1. 机械开挖土层：挖土、装土、土方垂直提升等。

2. 机械开挖石方：选炮位、钻孔、装药、放炮、安全处理、爆破材料的领退，机械挖、装土石方垂直提升等。

计量单位：$m^3$

| 定额编号 | | | 3-081 | 3-082 | 3-083 | 3-084 |
|---|---|---|---|---|---|---|
| 项目 | | | 机械开挖 | | | |
| | | | 深度30m以内 | | | |
| | | | 土层 | 次坚石 | 普坚石 | 特坚石 |
| 名称 | | 单位 | 数量 | | | |
| 人工 | 综合工日 | 工日 | 0.262 | 0.448 | 0.540 | 0.746 |
| 材料 | 六角空心钢 | kg | — | 0.107 | 0.167 | 0.259 |
| | 合金钢钻头 $\phi$20 | 个 | — | 0.067 | 0.105 | 0.163 |
| | 高压胶皮风管 $\phi$25 | m | — | 0.019 | 0.033 | 0.047 |
| | 高压胶皮水管 $\phi$19 | m | — | 0.032 | 0.054 | 0.077 |
| | 普通雷管 | 个 | — | 1.824 | 2.304 | 2.727 |
| | 硝铵炸药 | kg | — | 0.912 | 1.152 | 1.363 |

续前

| 定额编号 | | | 3-081 | 3-082 | 3-083 | 3-084 |
|---|---|---|---|---|---|---|
| 项目 | | | 机械开挖 | | | |
| | | | 深度 30m 以内 | | | |
| | | | 土层 | 次坚石 | 普坚石 | 特坚石 |
| 名称 | | 单位 | 数量 | | | |
| 材料 | 导火线 120s/m | m | — | 1.883 | 2.377 | 2.814 |
| | 水 | $m^3$ | — | 0.244 | 0.413 | 0.595 |
| | 其他材料费 | % | — | 2.000 | 2.000 | 2.000 |
| 机械 | 电动卷扬机 双筒慢速 5t | 台班 | 0.028 | 0.028 | 0.028 | 0.028 |
| | 小型挖掘机 $0.3m^3$ | 台班 | 0.018 | 0.006 | 0.008 | 0.009 |
| | 风镐 | 台班 | 0.027 | — | — | — |
| | 风动凿岩机 气腿式 | 台班 | — | 0.112 | 0.183 | 0.245 |
| | 磨钻机 电动 4kW | 台班 | — | 0.011 | 0.017 | 0.026 |
| | 风动锻钎机 | 台班 | — | 0.003 | 0.004 | 0.007 |
| | 电动空气压缩机 $10m^3/min$ | 台班 | — | 0.044 | 0.072 | 0.097 |
| | 轴流风机 30kW | 台班 | 0.044 | 0.049 | 0.052 | 0.056 |

**工作内容：** 1. 机械开挖土层：挖土、装土、土方垂直提升等。

2. 机械开挖松石：选炮位、钻孔、装药、放炮、安全处理、爆破材料的领退，机械挖、装土土石方垂直提升等。

计量单位：$m^3$

| 定额编号 | | | 3-085 | 3-086 | 3-087 | 3-088 |
|---|---|---|---|---|---|---|
| 项目 | | | 机械开挖 | | | |
| | | | 深度 30m 以外 | | | |
| | | | 土层 | 次坚石 | 普坚石 | 特坚石 |
| 名称 | | 单位 | 数量 | | | |
| 人工 | 综合工日 | 工日 | 0.288 | 0.493 | 0.594 | 0.820 |
| 材料 | 六角空心钢 | kg | — | 0.107 | 0.167 | 0.259 |
| | 合金钢钻头 $\phi$20 | 个 | — | 0.067 | 0.105 | 0.163 |
| | 高压胶皮风管 $\phi$25 | m | — | 0.019 | 0.033 | 0.047 |
| | 高压胶皮水管 $\phi$19 | m | — | 0.032 | 0.054 | 0.077 |
| | 普通雷管 | 个 | — | 1.824 | 2.304 | 2.727 |
| | 硝铵炸药 | kg | — | 0.912 | 1.152 | 1.363 |

续前

| 定额编号 | | | 3-085 | 3-086 | 3-087 | 3-088 |
|---|---|---|---|---|---|---|
| 项目 | | | 机械开挖 | | | |
| | | | 深度 30m 以外 | | | |
| | | | 土层 | 次坚石 | 普坚石 | 特坚石 |
| 名称 | | 单位 | 数量 | | | |
| 材料 | 导火线 120s/m | m | — | 1.883 | 2.377 | 2.814 |
| | 水 | $m^3$ | — | 0.244 | 0.413 | 0.595 |
| | 其他材料费 | % | — | 2.000 | 2.000 | 2.000 |
| 机械 | 电动卷扬机 双筒慢速 5t | 台班 | 0.031 | 0.031 | 0.031 | 0.031 |
| | 小型挖掘机 $0.3m^3$ | 台班 | 0.020 | 0.006 | 0.009 | 0.010 |
| | 风镐 | 台班 | 0.029 | — | — | — |
| | 风动凿岩机 气腿式 | 台班 | — | 0.123 | 0.201 | 0.270 |
| | 磨钻机 电动 4kW | 台班 | — | 0.012 | 0.019 | 0.029 |
| | 风动锻钎机 | 台班 | — | 0.003 | 0.005 | 0.007 |
| | 电动空气压缩机 $10m^3/min$ | 台班 | — | 0.049 | 0.079 | 0.106 |
| | 轴流通风机 30kW | 台班 | 0.049 | 0.053 | 0.057 | 0.062 |

## 4.2 竖井支护及衬砌

**工作内容：** 1. 竖井喷射混凝土：施工准备、配料、上料、搅拌、混合料场内运输，喷射混凝土、收回弹料、清理等。

2. 竖井衬砌：施工准备、混凝土浇筑、振捣、清理、养护，人工配合混凝土泵送等。

计量单位：$m^3$

| 定额编号 | | | 3-089 | 3-090 |
|---|---|---|---|---|
| 项目 | | | 喷射混凝土 | 竖井衬砌混凝土（泵送） |
| 名称 | | 单位 | 数量 | |
| 人工 | 综合工日 | 工日 | 5.776 | 1.560 |
| 材料 | 水泥 32.5 | t | 0.615 | — |
| | 碎石 16 以内 | $m^3$ | 0.664 | — |
| | 中砂 | $m^3$ | 0.910 | — |
| | 预拌混凝土 C30 | $m^3$ | — | 1.020 |
| | 高压胶管 $\phi25$ | m | 0.250 | — |

续前

| 定额编号 | | | 3-089 | 3-090 |
|---|---|---|---|---|
| 项目 | | | 喷射混凝土 | 竖井衬砌混凝土（泵送） |
| 名称 | | 单位 | 数量 | |
| 材料 | 速凝增强剂 | kg | 15.570 | — |
| | 水 | $m^3$ | 1.685 | 0.930 |
| | 电 | kW·h | — | 0.308 |
| | 泵管 $\phi150$ | kg | — | 0.810 |
| | 其他材料费 | % | 1.000 | 1.000 |
| 机械 | 混凝土喷射机 $5m^3/h$ | 台班 | 0.112 | — |
| | 电动空气压缩机 $10m^3/min$ | 台班 | 0.112 | — |
| | 混凝土搅拌机 350L | 台班 | 0.056 | — |
| | 混凝土输送泵 $20m^3/h$ | 台班 | — | 0.012 |
| | 电动卷扬机 双筒慢速 5t | 台班 | 0.041 | — |

**工作内容**：施工准备、混凝土浇筑、振捣、清理、养护，人工配合混凝土泵送等。

计量单位：$m^3$

| 定额编号 | | | 3-091 |
|---|---|---|---|
| 项目 | | | 竖井锁口圈混凝土(泵送) |
| 名称 | | 单位 | 数量 |
| 人工 | 综合工日 | 工日 | 1.233 |
| 材料 | 预拌混凝土 C30 | $m^3$ | 1.020 |
| | 泵管 $\phi150$ | kg | 0.810 |
| | 水 | $m^3$ | 0.980 |
| | 电 | kW·h | 0.308 |
| | 其他材料费 | % | 1.000 |
| 机械 | 混凝土输送泵 $20m^3/h$ | 台班 | 0.012 |

## 4.3 竖井钢筋

**工作内容：**钢筋的解捆、除锈、调直、制作、安装、绑扎、焊接、垂直运输等。

计量单位：t

| 定额编号 | | | 3-092 | 3-093 | 3-094 | 3-095 |
|---|---|---|---|---|---|---|
| 项目 | | | 竖井钢筋制作、安装 | | | |
| | | | 圆钢 | | 螺纹钢 | |
| | | | $\phi$10 以内 | $\phi$10 以外 | $\phi$25 以内 | $\phi$25 以外 |
| 名称 | | 单位 | 数量 | | | |
| 人工 | 综合工日 | 工日 | 16.412 | 10.715 | 9.655 | 7.768 |
| 材料 | 圆钢 $\phi$10 以内 | t | 1.020 | — | — | — |
| | 圆钢 $\phi$10 以外 | t | — | 1.040 | — | — |
| | 螺纹钢 $\phi$25 以内 | t | — | — | 1.040 | — |
| | 螺纹钢 $\phi$25 以外 | t | — | — | — | 1.040 |
| | 镀锌铁丝 $\phi$1.2 | t | 5.170 | 0.930 | 0.930 | 0.349 |

续前

| 定额编号 | | | 3-092 | 3-093 | 3-094 | 3-095 |
|---|---|---|---|---|---|---|
| 项目 | | | 竖井钢筋制作、安装 | | | |
| | | | 圆钢 | | 螺纹钢 | |
| | | | $\phi$10 以内 | $\phi$10 以外 | $\phi$25 以内 | $\phi$25 以外 |
| 名称 | | 单位 | 数量 | | | |
| 材料 | 低碳钢电焊条 | kg | — | 5.670 | 5.670 | 7.051 |
| | 其他材料费 | % | 1.000 | 1.000 | 1.000 | 1.000 |
| 机械 | 钢筋调直机 $\phi$14 | 台班 | 0.381 | — | — | — |
| | 钢筋切断机 $\phi$40 | 台班 | 0.381 | 0.123 | 0.123 | 0.110 |
| | 钢筋弯曲机 $\phi$40 | 台班 | 0.381 | 0.236 | 0.236 | 0.154 |
| | 直流弧焊机 30kV·A | 台班 | — | 0.142 | 0.142 | 0.148 |
| | 对焊机容量 75kW·A | 台班 | — | 0.666 | 0.666 | 0.666 |
| | 电动卷扬机 双筒慢速 5t | 台班 | 0.018 | 0.018 | 0.018 | 0.018 |

## 4.4 竖井衬砌模板

**工作内容：**模板及支撑倒运、安装、拆除、堆放、刷油、清理。

计量单位：$10m^2$

| 定额编号 | | | 3-096 | 3-097 |
|---|---|---|---|---|
| 项目 | | | 钢模板 | 复合模板 |
| 名称 | | 单位 | 数量 | |
| 人工 | 综合工日 | 工日 | 4.670 | 3.250 |
| 材料 | 钢模板 | kg | 7.100 | — |
| | 卡具及零星扣件 | kg | 3.050 | — |
| | 工字钢 | kg | 3.200 | — |
| | 脱模剂 | kg | 1.000 | — |
| | 扣件 | kg | 2.600 | — |
| | 板枋材 | $m^3$ | 0.010 | 0.100 |
| | 胶合板（防水） | $m^2$ | — | 1.490 |

续前

| 定额编号 | | | 3-096 | 3-097 |
| --- | --- | --- | --- | --- |
| 项目 | | | 钢模板 | 复合模板 |
| 名称 | | 单位 | 数量 | |
| 材料 | 铁件 | kg | — | 0.700 |
| | 镀锌铁丝 $\phi4$ | kg | — | 6.060 |
| | 铁钉 50~75 | kg | — | 1.090 |
| | 嵌缝料 | kg | — | 1.000 |
| | 隔离剂 | kg | — | 1.000 |
| | 其他材料费 | % | 1.000 | 1.000 |
| 机械 | 电动卷扬机 双筒慢速 5t | 台班 | 0.010 | 0.010 |
| | 汽车起重机 5t | 台班 | 0.030 | 0.020 |
| | 木工圆锯机 $\phi500$ | 台班 | — | 0.260 |

## 4.5 竖井脚手架搭、拆

工作内容：清理场地、搭设脚手架；施工期间的维修、加固、防火，钢管的油漆保养等；拆除、清场、堆放及场内运输。

计量单位：座

| 定额编号 | | | 3-098 | 3-099 | 3-100 |
|---|---|---|---|---|---|
| 项目 | | | 竖井脚手架搭拆 | | |
| | | | 深 20m 以内 | 深 30m 以内 | 深 30m 以外 |
| 名称 | | 单位 | 数量 | | |
| 人工 | 综合工日 | 工日 | 10.873 | 16.779 | 21.813 |
| 材料 | 板枋材 | $m^3$ | 0.070 | 0.140 | 0.182 |
| | 钢管 $\phi 51 \times 3.5$ | m | 13.213 | 29.750 | 38.675 |
| | 红丹酚醛防锈漆 | kg | 3.955 | 8.873 | 11.534 |
| | 松节油 | kg | 0.455 | 1.015 | 1.320 |

续前

| 定额编号 | | | 3-098 | 3-099 | 3-100 |
|---|---|---|---|---|---|
| 项目 | | | 竖井脚手架搭拆 | | |
| | | | 深 20m 以内 | 深 30m 以内 | 深 30m 以外 |
| 名称 | | 单位 | 数量 | | |
| 材料 | 底座 | 个 | 0.263 | 0.350 | 0.455 |
| | 对接扣件 | 支 | 0.525 | 1.418 | 1.843 |
| | 旋转扣件 | 套 | 2.135 | 4.970 | 6.461 |
| | 直角扣件 | 套 | 4.393 | 7.455 | 9.692 |
| | 其他材料费 | % | 3.000 | 3.000 | 3.000 |
| 机械 | 电动卷扬机 双筒慢速 5t | 台班 | 0.010 | 0.023 | 0.030 |
| | 载重汽车 6t | 台班 | 0.063 | 0.147 | 0.191 |

## 4.6 竖井钢爬梯制作、安装

**工作内容：**钢梯制作、成品矫正、除锈、刷防锈漆、安装校正、拧紧螺栓、焊接固定、清扫等。

计量单位：t

| 定额编号 | | | 3-101 |
|---|---|---|---|
| 项目 | | | 钢爬梯制作、安装 |
| 名称 | | 单位 | 数量 |
| 人工 | 综合工日 | 工日 | 34.590 |
| 材料 | 角钢 | t | 0.052 |
| | 槽钢 | t | 0.060 |
| | 钢筋 $\phi 22$ | t | 0.161 |
| | 钢板 | t | 0.469 |
| | 螺栓 | kg | 1.740 |
| | 电焊条 | kg | 26.500 |
| | 氧气 | $m^3$ | 6.160 |
| | 乙炔气 | kg | 2.050 |
| | 防锈漆 | kg | 11.600 |

续前

| 定 额 编 号 | | | 3-101 |
|---|---|---|---|
| 项 目 | | | 钢爬梯制作、安装 |
| 名 称 | | 单位 | 数 量 |
| 材料 | 汽油 | kg | 3.000 |
| | 镀锌铁丝 | kg | 6.090 |
| | 板枋材 | $m^3$ | 0.020 |
| | 其他材料费 | % | 1.000 |
| 机械 | 龙门式起重机 10t 以内 | 台班 | 0.450 |
| | 龙门式起重机 20t 以内 | 台班 | 0.170 |
| | 轨道平车 10t 以内 | 台班 | 0.280 |
| | 空气压缩机 $10m^3/min$ | 台班 | 0.080 |
| | 型钢剪断机 | 台班 | 0.110 |
| | 剪板机 20×4000 | 台班 | 0.020 |
| | 型钢校正机 | 台班 | 0.110 |
| | 钢板校正机 | 台班 | 0.020 |
| | 刨边机 | 台班 | 0.030 |
| | 交流电焊机 | 台班 | 4.730 |
| | 摇臂钻床 | 台班 | 0.140 |

# 5　防水、回填、拆除工程

# 说　明

一、本章定额包括矿山法隧道防水、回填、拆除等,共 3 节 17 个子目。

二、隧道防水工程中如有本册定额未列的项目，可套用本定额第四册“地下结构工程”相应子目。

三、回填土方中不含购土及取土费用，发生时按施工当地情况另行计算。

四、拆除洞内临时支护混凝土及拆除钢构件是按隧道内施工因素考虑的，定额中包含了废料水平运输及垂直运输，废料地面运弃应另行计算。

# 工程量计算规则

一、防水卷材按设计图示尺寸以“$m^2$”为单位计算。

二、防水找平层按设计图示尺寸以“$m^2$”为单位计算。

三、细石混凝土保护层按设计图示面积乘以厚度以“$m^3$”为单位计算。

四、止水带及止水条按设计图示尺寸以“m”为单位计算。

五、回填按设计图示回填体积以“$m^3$”为单位计算。

六、拆除洞内临时支护混凝土按设计图示拆除体积以“$m^3$”为单位计算。

七、拆除临时钢构件按设计图示拆除重量以“t”为单位计算。

# 5.1 防 水 工 程

工作内容：1. 防水卷材：搭拆工作平台、敷设、锚固及焊接防水板，材料洞内及垂直运输。

2. 细石混凝土保护层：基层清理、混凝土搅拌、浇筑及养护。

| 定额编号 | | | 3-102 | 3-103 | 3-104 | 3-105 |
|---|---|---|---|---|---|---|
| 项目 | | | 防水卷材（10m²） | | 防水找平层（m²） | 细石混凝土保护层（m³） |
| | | | EVA 防水板 | 无纺布 | | |
| 名称 | | 单位 | 数量 | | | |
| 人工 | 综合工日 | 工日 | 1.566 | 1.566 | 0.080 | 3.135 |
| 材料 | EVA 防水板 | $m^2$ | 11.600 | — | — | — |
| | 无纺布 400g/$m^2$ | $m^2$ | — | 11.600 | — | — |
| | 塑料焊条 | kg | 0.600 | — | — | — |
| | 射钉 | 个 | 60.000 | 60.000 | — | — |
| | 垫片 | 个 | 50.000 | 50.000 | — | — |
| | 水泥砂浆 1：2.5 | $m^2$ | — | — | 1.020 | — |

续前

| 定额编号 | | | 3-102 | 3-103 | 3-104 | 3-105 |
|---|---|---|---|---|---|---|
| 项目 | | | 防水卷材（$10m^2$） | | 防水找平层（$m^2$） | 细石混凝土保护层（$m^3$） |
| | | | EVA 防水板 | 无纺布 | | |
| 名称 | | 单位 | 数量 | | | |
| 材料 | 混凝土 C20 | $m^3$ | — | — | — | 1.020 |
| | 其他材料费 | % | 1.000 | 1.000 | 1.000 | 2.000 |
| 机械 | 热合机 | 台班 | 0.500 | — | — | — |
| | 灰浆搅拌机 350L | 台班 | — | — | 0.004 | — |
| | 混凝土搅拌机 350L | 台班 | — | — | — | 0.100 |
| | 电瓶车 8t | 台班 | 0.117 | 0.117 | — | 0.040 |
| | 硅整流充电机 90A/190V | 台班 | 0.059 | 0.059 | — | 0.020 |
| | 轨道平车 8t | 台班 | 0.117 | 0.117 | — | 0.040 |
| | 电动卷扬机 双筒慢速 5t | 台班 | 0.010 | 0.010 | 0.008 | 0.041 |

**工作内容：**材料洞内运输、地面清理，止水带（条）制作、安装等。

计量单位：10m

| 定额编号 | | | 3-106 | 3-107 | 3-108 |
|---|---|---|---|---|---|
| 项目 | | | 钢边橡胶止水带 | 背贴式止水带 | 遇水膨胀止水条 |
| 名称 | | 单位 | 数量 | | |
| 人工 | 综合工日 | 工日 | 1.605 | 1.605 | 1.605 |
| 材料 | 钢边橡胶止水带 | m | 11.000 | — | — |
| | 背贴式止水带 | m | — | 11.000 | — |
| | 遇水膨胀止水条 | m | — | — | 11.000 |
| | 氯丁橡胶粘合剂 | kg | — | — | 0.320 |
| | 其他材料费 | % | 3.000 | 3.000 | 3.000 |
| 机械 | 电瓶车 8t | 台班 | 0.041 | 0.041 | 0.041 |
| | 硅整流充电机 90A/190V | 台班 | 0.020 | 0.020 | 0.020 |
| | 轨道平车 8t | 台班 | 0.041 | 0.041 | 0.041 |

# 5.2 回　填

## 5.2.1 竖井回填

**工作内容：** 1. 回填土：土方摊铺、分层夯实等。
2. 回填砂石：分层铺筑、找平、压实、材料垂直运输等。
3. 回填混凝土：进料、混凝土泵送、浇筑、振捣及养护。
4. 回填片石混凝土：片石冲洗、垂直运输，混凝土浇筑、振捣、养护。

计量单位：$m^3$

| 定额编号 | | | 3-109 | 3-110 | 3-111 | 3-112 |
|---|---|---|---|---|---|---|
| 项目 | | | 竖井回填 | | | |
| | | | 土 | 砂石 | 混凝土 | 片石混凝土 |
| 名称 | | 单位 | 数量 | | | |
| 人工 | 综合工日 | 工日 | 0.201 | 0.336 | 0.805 | 0.838 |
| 材料 | 土 | $m^3$ | （1.500） | — | — | — |
| | 砂石 | $m^3$ | — | 1.300 | — | — |

续前

| 定额编号 | | | 3-109 | 3-110 | 3-111 | 3-112 |
|---|---|---|---|---|---|---|
| 项目 | | | 竖井回填 | | | |
| | | | 土 | 砂石 | 混凝土 | 片石混凝土 |
| 名称 | | 单位 | 数量 | | | |
| 材料 | 板枋材 | $m^3$ | — | — | 0.001 | 0.001 |
| | 预拌混凝土 C20 | $m^3$ | — | — | 1.020 | 0.725 |
| | 片石 | t | — | — | — | 0.777 |
| | 泵管 $\phi$150 | kg | — | — | 0.810 | 0.587 |
| | 水 | $m^3$ | — | 0.300 | 0.493 | 0.407 |
| | 电 | kW·h | — | — | 2.100 | — |
| | 其他材料费 | % | — | 1.000 | 1.000 | 3.000 |
| 机械 | 电动夯实机 20~62kg·m | 台班 | 0.075 | 0.075 | — | — |
| | 混凝土输送泵 $20m^3/h$ | 台班 | — | — | 0.014 | 0.010 |
| | 电动卷扬机 双筒慢速 5t | 台班 | — | 0.056 | — | 0.041 |

### 5.2.2 洞内回填

**工作内容：** 1. 回填土：水平及垂直运输、摊铺、分层夯实等。
2. 回填砂石：水平及垂直运输、分层铺筑、平整、压实等。
3. 回填混凝土：混凝土泵送、浇筑、振捣、养护。
4. 回填片石混凝土：片石冲洗、水平及垂直运输，混凝土泵送浇筑、振捣、养护。

计量单位：$m^3$

| 定额编号 | | | 3-113 | 3-114 | 3-115 | 3-116 |
|---|---|---|---|---|---|---|
| 项目 | | | 洞内回填 | | | |
| | | | 土 | 砂石 | 混凝土 | 片石混凝土 |
| 名称 | | 单位 | 数量 | | | |
| 人工 | 综合工日 | 工日 | 0.221 | 0.370 | 0.886 | 0.922 |
| 材料 | 土 | $m^3$ | (1.500) | — | — | — |
| | 砂石 | $m^3$ | — | 1.300 | — | — |
| | 板枋材 | $m^3$ | — | — | 0.001 | 0.001 |
| | 预拌混凝土 C20 | $m^3$ | — | — | 1.020 | 0.725 |

续前

| 定额编号 | | | 3-113 | 3-114 | 3-115 | 3-116 |
|---|---|---|---|---|---|---|
| 项目 | | | 洞内回填 | | | |
| | | | 土 | 砂石 | 混凝土 | 片石混凝土 |
| 名称 | | 单位 | 数量 | | | |
| 材料 | 片石 | t | — | — | — | 0.777 |
| | 泵管 $\phi150$ | kg | — | — | 2.430 | 1.702 |
| | 水 | $m^3$ | — | 0.300 | 0.493 | 0.407 |
| | 电 | kW·h | — | — | 2.100 | — |
| | 其他材料费 | % | — | 1.000 | 1.000 | 3.000 |
| 机械 | 电动夯实机 20~62kg·m | 台班 | 0.083 | 0.083 | — | — |
| | 混凝土输送泵 $20m^3/h$ | 台班 | — | — | 0.016 | 0.011 |
| | 电瓶车 8t | 台班 | 0.052 | 0.078 | — | 0.023 |
| | 硅整流充电机 90A/190V | 台班 | 0.026 | 0.039 | — | 0.012 |
| | 轨道矿车 1t | 台班 | 0.260 | 0.390 | — | 0.115 |
| | 电动卷扬机 双筒慢速 5t | 台班 | — | 0.062 | — | 0.045 |

## 5.3 拆除工程

**工作内容：** 1. 拆除临时支护混凝土：拆除钢筋混凝土和混凝土，废料洞内及垂直运输。

2. 拆除钢构件：拆除、洞内及垂直运输、清理成堆。

| 定额编号 | | | 3-117 | 3-118 |
|---|---|---|---|---|
| 项目 | | | 拆除洞内临时支护混凝土 | 拆除钢构件 |
| | | | $10m^3$ | t |
| 名称 | | 单位 | 数量 | |
| 人工 | 综合工日 | 工日 | 23.742 | 4.094 |
| 材料 | 氧气 | $m^3$ | — | 5.400 |
| | 乙炔气 | kg | — | 2.160 |
| | 其他材料费 | % | — | 1.000 |
| 机械 | 风动凿岩机 手持式 | 台班 | 8.754 | — |
| | 电动空气压缩机 $3m^3/min$ | 台班 | 4.377 | — |
| | 电瓶车 8t | 台班 | 0.399 | 0.473 |
| | 硅整流充电机 90A/190V | 台班 | 0.200 | 0.236 |
| | 轨道矿车 1t | 台班 | 1.197 | — |
| | 轨道平车 8t | 台班 | — | 0.473 |
| | 电动卷扬机 双筒慢速 5t | 台班 | 0.041 | 0.018 |

# 6　盾构机安装、拆除及掘进

# 说　明

一、本章包括盾构机安装、拆除，车架安装、拆除，土压平衡、泥水平衡、复合式三种盾构掘进等，共6节24个子目。

二、盾构及车架安装包括现场吊装及试运行，拆除包括拆除、装车。盾构机及车架场外运输费用另行计算。

三、盾构机在穿越密集建筑群、古文物建筑及堤防江河、重要管线的基础、桩群，且对地表沉降有特殊要求者，其措施费用另行计算。

四、盾构机通过复杂地层，如抗压强度 > 80MPa的硬岩地层、有球状风化体的花岗岩地层、溶洞地层等，推进耗电量及盾构机台班消耗量可调整。

五、采用土压平衡掘进，其土方以吊出井口装车止。采用泥水平衡式盾构机掘进，其排放的泥浆水以送至沉淀井止，水力出土所需的地面部分取水、排水的土建及土方外运费用另行计算。

六、采用泥水平衡盾构，地面泥水分离费用另行计算。

七、管片连接螺栓含量根据设计不同，可调整。

八、各类盾构掘进台班中，均未包括盾构机有关需摊销因素，该费用应另计，可在措施项目中计列。

# 工程量计算规则

一、负环段掘进按拼装临时管片起至刀盘进入加固体以“m”为单位计算。

二、始发段掘进按盾尾离开工作井内壁起至设计图示盾构始发掘进长度以“m”为单位计算。

三、正常段掘进按始发段掘进结束至到达段掘进开始的长度以“m”为单位计算。

四、到达段掘进按设计图示的盾构到达掘进长度以“m”为单位计算。

五、盾构机吊装、吊拆及过站以“台·次”为单位计算。

六、车架安装、拆除以“节”为单位计算。

## 6.1 盾构机安装、拆除

**工作内容：** 1. 起吊机械设备及盾构载运车就位。
2. 盾构吊入井底基座，盾构安装、调试。

计量单位：台·次

| 定额编号 | | | 3-119 |
|---|---|---|---|
| 项目 | | | 盾构吊装 |
| | | | $\phi \leqslant 7000$ |
| 名称 | | 单位 | 数量 |
| 人工 | 综合工日 | 工日 | 1341.000 |
| 材料 | 钢板(中厚) | t | 0.825 |
| | 型钢 | t | 1.140 |
| | 枕木 | $m^3$ | 2.940 |
| | 钢丝绳 | kg | 285.000 |
| | 橡胶板 $\delta=3$ | kg | 48.750 |
| | 电焊条 | kg | 153.000 |
| | 机油 $10^{\#} \sim 14^{\#}$ | kg | 33.750 |

续前

| 定额编号 | | | 3-119 |
|---|---|---|---|
| 项目 | | | 盾构吊装 |
| | | | $\phi \leqslant 7000$ |
| 名称 | | 单位 | 数量 |
| 材料 | 柴油 | kg | 75.000 |
| | 氧气 | $m^3$ | 180.000 |
| | 乙炔气 | kg | 60.000 |
| | 盾构托架 | t | 1.380 |
| | 电 | kW·h | 2940.000 |
| | 其他材料费 | % | 10.000 |
| 机械 | 龙门式起重机 50t | 台班 | 18.000 |
| | 履带式起重机 100t | 台班 | 8.000 |
| | 履带式起重机 300t | 台班 | 15.780 |
| | 电动卷扬机 双筒慢速 10t | 台班 | 53.700 |
| | 交流电焊机 30kV·A | 台班 | 59.070 |

**工作内容**：拆除盾构与车架边杆；起吊机械及附属设备就位；盾构整体吊出井口，上托架装车。

计量单位：台·次

| 定额编号 | | | 3-120 |
|---|---|---|---|
| 项目 | | | 盾构吊拆 |
| | | | $\phi \leq 7000$ |
| 名称 | | 单位 | 数量 |
| 人工 | 综合工日 | 工日 | 1071.000 |
| 材料 | 钢板(中厚) | t | 0.495 |
| | 型钢 | t | 0.795 |
| | 枕木 | $m^3$ | 2.940 |
| | 钢丝绳 | kg | 285.000 |
| | 电焊条 | kg | 25.500 |
| | 机油 $10^{\#} \sim 14^{\#}$ | kg | 6.750 |
| | 柴油 | kg | 90.000 |
| | 氧气 | $m^3$ | 450.000 |

续前

| 定额编号 | | | 3-120 |
|---|---|---|---|
| 项目 | | | 盾构吊拆 |
| | | | $\phi \leqslant 7000$ |
| 名称 | | 单位 | 数量 |
| 材料 | 乙炔气 | kg | 150.000 |
| | 盾构托架 | t | 1.110 |
| | 电 | kW · h | 1470.000 |
| | 其他材料费 | % | 9.000 |
| 机械 | 龙门式起重机 50t | 台班 | 14.400 |
| | 履带式起重机 100t | 台班 | 6.400 |
| | 大型履带式起重机 300t | 台班 | 12.630 |
| | 电动卷扬机 双筒慢速 10t | 台班 | 26.850 |
| | 交流电焊机 30kV · A | 台班 | 10.835 |

## 6.2 车架安装、拆除

**工作内容：** 车架吊入井底，井下组装就位与盾构连接，车架上设备安装、水电气管安装。

计量单位：节

| 定额编号 | | | 3-121 | 3-122 |
|---|---|---|---|---|
| 项目 | | | 车架安装 | |
| | | | 整体始发 | |
| | | | 30t 以内 | 30t 以外 |
| 名称 | | 单位 | 数量 | |
| 人工 | 综合工日 | 工日 | 31.875 | 38.250 |
| 材料 | 钢板(中厚) | t | 0.300 | 0.360 |
| | 轻轨 | kg | 127.500 | 130.000 |
| | 枕木 | $m^3$ | 0.281 | 0.313 |
| | 带帽螺栓(综合) | kg | 39.200 | 38.400 |

| 定额编号 | | | 3-121 | 3-122 |
|---|---|---|---|---|
| 项目 | | | 车架安装 | |
| | | | 整体始发 | |
| | | | 30t 以内 | 30t 以外 |
| 名称 | | 单位 | 数量 | |
| 材料 | 电焊条 | kg | 3.978 | 4.590 |
| | 氧气 | $m^3$ | 8.679 | 9.468 |
| | 乙炔气 | kg | 2.893 | 3.156 |
| | 其他材料费 | % | 7.000 | 7.000 |
| 机械 | 履带式起重机 100t | 台班 | 0.658 | 0.790 |
| | 龙门式起重机 50t | 台班 | 0.744 | 0.892 |
| | 电动卷扬机 双筒慢速 10t | 台班 | 1.813 | 2.175 |
| | 交流弧焊机 30kV · A | 台班 | 3.750 | 4.500 |

**工作内容：**车架地面安装、延长管线安装、延长管线拆除、车架吊入井底、车架隧道内安装。

计量单位：　节

| 定额编号 | | | 3-123 | 3-124 |
|---|---|---|---|---|
| 项目 | | | 车架安装 | |
| | | | 分体始发 | |
| | | | 30t 以内 | 30t 以外 |
| 名称 | | 单位 | 数量 | |
| 人工 | 综合工日 | 工日 | 63.750 | 114.750 |
| 材料 | 钢板(中厚) | t | 0.300 | 0.360 |
| | 轻轨 | kg | 127.500 | 130.000 |
| | 枕木 | $m^3$ | 0.281 | 0.313 |
| | 带帽螺栓(各种规格) | kg | 39.200 | 38.400 |
| | 电焊条 | kg | 7.650 | 13.770 |
| | 氧气 | $m^3$ | 17.358 | 28.404 |

| 定 额 编 号 | | | 3-123 | 3-124 |
|---|---|---|---|---|
| 项 目 | | | 车架安装 | |
| | | | 分体始发 | |
| | | | 30t 以内 | 30t 以外 |
| 名 称 | | 单位 | 数 量 | |
| 材料 | 乙炔气 | kg | 5.786 | 9.468 |
| | 高压油管 | m | 96.000 | 105.600 |
| | 动力电缆 | m | 11.429 | 12.570 |
| | 控制电缆 | m | 34.286 | 37.710 |
| | 其他材料费 | % | 7.000 | 7.000 |
| 机械 | 履带式起重机 100t | 台班 | 1.316 | 2.369 |
| | 龙门式起重机 50t | 台班 | 1.487 | 2.677 |
| | 电动卷扬机 双筒慢速 10t | 台班 | 3.625 | 6.525 |
| | 交流弧焊机 30kV · A | 台班 | 7.500 | 13.500 |

**工作内容：**车架及附属设备拆除，吊出井口，装车安放。

计量单位：节

| 定额编号 | | | 3-125 | 3-126 |
|---|---|---|---|---|
| 项目 | | | 车架拆除 | |
| | | | 30t 以内 | 30t 以外 |
| 名称 | | 单位 | 数量 | |
| 人工 | 综合工日 | 工日 | 28.688 | 34.425 |
| 材料 | 钢板(中厚) | t | 0.169 | 0.208 |
| | 枕木 | $m^3$ | 0.322 | 0.364 |
| | 电焊条 | kg | 1.913 | 2.295 |
| | 氧气 | $m^3$ | 11.286 | 12.312 |
| | 乙炔气 | kg | 3.762 | 4.104 |
| | 其他材料费 | % | 10.000 | 10.000 |
| 机械 | 龙门式起重机 50t | 台班 | 0.706 | 0.848 |
| | 履带式起重机 100t | 台班 | 0.625 | 0.750 |
| | 电动卷扬机 双筒慢速 10t | 台班 | 1.450 | 1.740 |
| | 交流弧焊机 30kV·A | 台班 | 1.875 | 2.250 |

## 6.3 $\phi \leqslant 7000$ 土压平衡式盾构掘进

**工作内容**：操作盾构掘进机；切割土体、干式出土；管片洞内运输、拼装；连接螺栓紧固，装拉杆；施工管线路铺设、照明、运输、供气、通风；施工测量、通讯；一般故障排除；井口土方装车。

计量单位：m

| 定额编号 | | | 3-127 | 3-128 | 3-129 | 3-130 |
|---|---|---|---|---|---|---|
| 项目 | | | 负环段 | 始发段 | 正常段 | 到达段 |
| | | | 掘进 | | | |
| 名称 | | 单位 | 数量 | | | |
| 人工 | 综合工日 | 工日 | 68.950 | 25.260 | 20.600 | 23.490 |
| 材料 | 预拌混凝土 C20 | $m^3$ | (0.560) | — | — | — |
| | 铁管栏杆 | kg | 17.570 | 17.570 | 17.570 | 17.570 |
| | 钢轨枕 | kg | 21.630 | 21.630 | 21.630 | 21.630 |
| | 钢支撑 | kg | 238.830 | — | — | — |
| | 轻轨 | kg | 9.660 | 9.660 | 9.660 | 9.660 |

续前

| 定额编号 | | | 3-127 | 3-128 | 3-129 | 3-130 |
|---|---|---|---|---|---|---|
| 项目 | | | 负环段 | 始发段 | 正常段 | 到达段 |
| | | | 掘进 | | | |
| 名称 | | 单位 | 数量 | | | |
| 材料 | 走道板 | kg | 23.060 | 23.060 | 23.060 | 23.060 |
| | 金属支架 | kg | 16.550 | 16.550 | 16.550 | 16.550 |
| | 管片连接螺栓 | kg | 50.350 | 100.700 | 100.700 | 100.700 |
| | 风管 | kg | 20.440 | 20.440 | 20.440 | 20.440 |
| | 电焊条 | kg | 5.600 | — | — | — |
| | 机油 20# | kg | 58.070 | 41.900 | 33.920 | 38.850 |
| | 油脂 | kg | — | 31.190 | 31.190 | 31.190 |
| | 水 | $m^3$ | 138.390 | 99.960 | 81.060 | 92.720 |
| | 电 | kW·h | 799.155 | 744.190 | 409.608 | 515.025 |
| | 钢管 $\phi80$ | kg | 6.280 | 6.280 | 6.280 | 6.280 |
| | 其他材料费 | % | 10.000 | 10.000 | 10.000 | 10.000 |

续前

| 定额编号 | | | 3-127 | 3-128 | 3-129 | 3-130 |
|---|---|---|---|---|---|---|
| 项目 | | | 负环段 | 始发段 | 正常段 | 到达段 |
| | | | 掘进 | | | |
| 名称 | | 单位 | 数量 | | | |
| 机械 | 龙门式起重机 50t | 台班 | 1.478 | 0.246 | 0.184 | 0.210 |
| | 履带式起重机 25t | 台班 | 1.155 | 0.192 | 0.143 | 0.164 |
| | 电动空气压缩机 $10m^3/min$ | 台班 | 1.051 | — | — | — |
| | 电动单极离心清水泵 $\phi200$ | 台班 | 1.840 | 1.330 | 1.080 | 1.230 |
| | 轴流风机 100kW | 台班 | 1.540 | 1.110 | 0.900 | 2.060 |
| | 交流电焊机 30kV·A | 台班 | 3.950 | 1.430 | 1.160 | 1.330 |
| | 硅整流充电机 90A/190V | 台班 | — | 0.735 | 0.597 | 0.685 |
| | 轨道平车 5t | 台班 | — | 1.634 | 1.326 | 1.524 |
| | 电瓶车 10t | 台班 | — | 0.817 | 0.663 | 0.762 |
| | 土压平衡式盾构机 | 台班 | 0.400 | 0.650 | 0.525 | 0.605 |

## 6.4 $\phi\leq7000$ 泥水平衡式盾构掘进

**工作内容：**操作盾构掘进机；高压供水、水力出土；管片洞内运输、拼装；连接螺栓紧固，装拉杆；施工管线路铺设、照明、运输、供气、通风；施工测量、通讯；一般故障排除；排泥水输出井口。

计量单位：m

| 定额编号 | | | 3-131 | 3-132 | 3-133 | 3-134 |
|---|---|---|---|---|---|---|
| 项目 | | | 负环段 | 始发段 | 正常段 | 到达段 |
| | | | 掘进 | | | |
| 名称 | | 单位 | 数量 | | | |
| 人工 | 综合工日 | 工日 | 67.770 | 41.470 | 19.480 | 32.270 |
| 材料 | 预拌混凝土 C20 | $m^3$ | （0.560） | — | — | — |
| | 铁管栏杆 | kg | 15.950 | 15.950 | 15.950 | 15.950 |
| | 钢轨枕 | kg | 19.640 | 19.640 | 19.640 | 19.640 |
| | 钢支撑 | kg | 216.800 | — | — | — |
| | 轻轨 | kg | 8.770 | 8.770 | 8.770 | 8.770 |

续前

| 定额编号 | | | 3-131 | 3-132 | 3-133 | 3-134 |
|---|---|---|---|---|---|---|
| 项目 | | | 负环段 | 始发段 | 正常段 | 到达段 |
| | | | 掘进 | | | |
| 名称 | | 单位 | 数量 | | | |
| 材料 | 走道板 | kg | 20.930 | 20.930 | 20.930 | 20.930 |
| | 金属支架 | kg | 15.020 | 15.020 | 15.020 | 15.020 |
| | 管片连接螺栓 | kg | 50.350 | 100.700 | 100.700 | 100.700 |
| | 风管 | kg | 18.540 | 18.540 | 18.540 | 18.540 |
| | 电焊条 | kg | 5.600 | — | — | — |
| | 机油 $20^{\#}$ | kg | 57.020 | 53.970 | 29.300 | 36.750 |
| | 油脂 | kg | — | 31.190 | 31.190 | 31.190 |
| | 电 | kW·h | 1021.466 | 975.627 | 537.058 | 675.194 |
| | 钢管 $\phi200$ | kg | 34.060 | 34.060 | 34.060 | 34.060 |
| | 钢管 $\phi80$ | kg | 5.710 | 5.710 | 5.710 | 5.710 |
| | 其他材料费 | % | 10.000 | 10.000 | 10.000 | 10.000 |

续前

| 定额编号 | | | 3-131 | 3-132 | 3-133 | 3-134 |
|---|---|---|---|---|---|---|
| 项目 | | | 负环段 | 始发段 | 正常段 | 到达段 |
| | | | 掘进 | | | |
| 名称 | | 单位 | 数量 | | | |
| 机械 | 龙门式起重机 50t | 台班 | 1.051 | 0.343 | 0.159 | 0.267 |
| | 履带式起重机 25t | 台班 | 0.821 | 0.268 | 0.124 | 0.208 |
| | 轨道平车 5t | 台班 | — | 2.318 | 1.078 | 1.794 |
| | 电动单极离心清水泵 $\phi200$ | 台班 | 1.310 | 2.010 | 0.930 | 1.560 |
| | 电动多极离心清水泵 $H<180m$ | 台班 | 1.310 | 2.010 | 0.930 | 1.560 |
| | 电动空气压缩机 $10m^3/min$ | 台班 | 0.747 | — | — | — |
| | 轴流风机 100kW | 台班 | 1.090 | 1.680 | 1.550 | 2.600 |
| | 交流电焊机 30kV·A | 台班 | 2.810 | 2.160 | 1.000 | 1.670 |
| | 硅整流充电机 90A/190V | 台班 | — | 1.043 | 0.485 | 0.807 |
| | 电瓶车 10t | 台班 | — | 1.159 | 0.539 | 0.897 |
| | 泥水平衡式盾构机 | 台班 | 0.320 | 0.980 | 0.455 | 0.760 |

## 6.5 $\phi \leqslant 7000$ 复合式土压平衡盾构掘进

工作内容：操作盾构掘进机；干式出土；管片洞内运输、拼装；连接螺栓紧固，装拉杆；施工管线路铺设、照明、运输、供气、通风；施工测量、通讯；一般故障排除；井口土方装车。

计量单位：m

| 定额编号 | | | 3-135 | 3-136 | 3-137 | 3-138 |
|---|---|---|---|---|---|---|
| 项目 | | | 负环段 | 始发段 | 正常段 | 到达段 |
| | | | 掘进 | | | |
| 名称 | | 单位 | 数量 | | | |
| 人工 | 综合工日 | 工日 | 65.530 | 31.440 | 17.590 | 21.990 |
| 材料 | 预拌混凝土 C20 | $m^3$ | (0.560) | — | — | — |
| | 钢管 $\phi$80 | kg | 5.530 | 5.530 | 5.530 | 5.530 |
| | 铁管栏杆 | kg | 15.480 | 15.480 | 15.480 | 15.480 |
| | 钢轨枕 | kg | 19.050 | 19.050 | 19.050 | 19.050 |
| | 钢支撑 | kg | 264.800 | — | — | — |
| | 轻轨 | kg | 8.510 | 8.510 | 8.510 | 8.510 |

续前

| 定额编号 | | | 3-135 | 3-136 | 3-137 | 3-138 |
|---|---|---|---|---|---|---|
| 项目 | | | 负环段 | 始发段 | 正常段 | 到达段 |
| | | | 掘进 | | | |
| 名称 | | 单位 | 数量 | | | |
| 材料 | 走道板 | kg | 20.310 | 20.310 | 20.310 | 20.310 |
| | 金属支架 | kg | 14.580 | 14.580 | 14.580 | 14.580 |
| | 管片连接螺栓 | kg | 50.350 | 100.700 | 100.700 | 100.700 |
| | 风管 | kg | 18.010 | 18.010 | 18.010 | 18.010 |
| | 电焊条 | kg | 5.600 | — | — | — |
| | 机油 20# | kg | 55.020 | 52.500 | 28.880 | 36.330 |
| | 油脂 | kg | — | 31.319 | 31.190 | 31.190 |
| | 水 | $m^3$ | 70.040 | 58.490 | 32.130 | 40.430 |
| | 电 | kW·h | 1558.310 | 1488.380 | 819.315 | 1030.050 |
| | 其他材料费 | % | 12.000 | 12.000 | 12.000 | 12.000 |

续前

| 定额编号 | | | 3-135 | 3-136 | 3-137 | 3-138 |
|---|---|---|---|---|---|---|
| 项目 | | | 负环段 | 始发段 | 正常段 | 到达段 |
| | | | 掘进 | | | |
| 名称 | | 单位 | 数量 | | | |
| 机械 | 龙门式起重机 50t | 台班 | 1.404 | 0.282 | 0.155 | 0.197 |
| | 履带式起重机 25t | 台班 | 1.097 | 0.220 | 0.121 | 0.154 |
| | 轨道平车 5t | 台班 | — | 2.034 | 1.124 | 2.304 |
| | 电动单极离心清水泵 $\phi200$ | 台班 | 1.750 | 1.650 | 0.910 | 1.150 |
| | 电动空气压缩机 $10m^3/min$ | 台班 | 0.997 | — | — | — |
| | 轴流风机 100kW | 台班 | 1.460 | 1.380 | 1.520 | 1.920 |
| | 交流电焊机 30kV·A | 台班 | 3.760 | 1.750 | 0.980 | 1.240 |
| | 硅整流充电机 90A/190V | 台班 | — | 0.915 | 0.506 | 1.037 |
| | 电瓶车 10t | 台班 | — | 1.017 | 0.562 | 1.152 |
| | 复合式土压平衡盾构机 | 台班 | 0.425 | 0.805 | 0.445 | 0.565 |

## 6.6 $\phi \leq 7000$ 复合式泥水平衡盾构掘进

**工作内容：** 操作盾构掘进机；水力出土；管片拼装；螺栓紧固；施工管线路铺设、照明、运输、供气、通风；施工测量、通讯；排泥水输出井口。

计量单位：m

| 定额编号 | | | 3-139 | 3-140 | 3-141 | 3-142 |
|---|---|---|---|---|---|---|
| 项目 | | | 负环段 | 始发段 | 正常段 | 到达段 |
| | | | 掘进 | | | |
| 名称 | | 单位 | 数量 | | | |
| 人工 | 综合工日 | 工日 | 64.410 | 37.380 | 15.690 | 29.100 |
| 材料 | 预拌混凝土 C20 | $m^3$ | （0.560） | — | — | — |
| | 铁管栏杆 | kg | 13.670 | 13.670 | 13.670 | 13.670 |
| | 钢轨枕 | kg | 16.820 | 16.820 | 16.820 | 16.820 |
| | 钢支撑配套 | kg | 185.740 | — | — | — |
| | 轻轨 | kg | 7.510 | 7.510 | 7.510 | 7.510 |
| | 走道板 | kg | 17.930 | 17.930 | 17.930 | 17.930 |

续前

| 定额编号 | | | 3-139 | 3-140 | 3-141 | 3-142 |
|---|---|---|---|---|---|---|
| 项目 | | | 负环段 | 始发段 | 正常段 | 到达段 |
| | | | 掘进 | | | |
| 名称 | | 单位 | 数量 | | | |
| 材料 | 金属支架 | kg | 12.870 | 12.870 | 12.870 | 12.870 |
| | 管片连接螺栓 | kg | 50.350 | 100.700 | 100.700 | 100.700 |
| | 风管 | kg | 15.900 | 15.900 | 15.900 | 15.900 |
| | 电焊条 | kg | 5.600 | — | — | — |
| | 轻质机油 | kg | 49.560 | 48.510 | 23.420 | 33.180 |
| | 电 | kW·h | 2042.932 | 1951.254 | 1074.116 | 1350.388 |
| | 钢管 $\phi$200 | kg | 29.180 | 29.180 | 29.180 | 29.180 |
| | 钢管 $\phi$80 | kg | 4.890 | 4.890 | 4.890 | 4.890 |
| | 油脂 | kg | — | 31.190 | 31.190 | 31.190 |
| | 其他材料费 | % | 10.000 | 10.000 | 10.000 | 10.000 |

续前

| 定额编号 | | | 3-139 | 3-140 | 3-141 | 3-142 |
|---|---|---|---|---|---|---|
| 项目 | | | 负环段 | 始发段 | 正常段 | 到达段 |
| | | | 掘进 | | | |
| 名称 | | 单位 | 数量 | | | |
| 机械 | 电动单极离心清水泵 $\phi$200 | 台班 | 1.720 | 3.610 | 1.490 | 2.800 |
| | 电动多极离心清水泵 $H$<180m | 台班 | 1.720 | 3.610 | 1.490 | 2.800 |
| | 龙门式起重机 50t | 台班 | 1.380 | 0.309 | 0.127 | 0.238 |
| | 履带式起重机 25t | 台班 | 1.078 | 0.241 | 0.099 | 0.186 |
| | 电动空气压缩机 10$m^3$/min | 台班 | 0.978 | — | — | — |
| | 交流电焊机 30kV·A | 台班 | 3.690 | 1.940 | 0.800 | 1.510 |
| | 轴流通风机 100kW | 台班 | 1.430 | 1.510 | 1.240 | 2.340 |
| | 轨道平车 5t | 台班 | — | 2.228 | 0.918 | 1.730 |
| | 硅整流充电机 90A/190V | 台班 | — | 1.003 | 0.413 | 0.779 |
| | 电瓶车 10t | 台班 | — | 1.114 | 0.459 | 0.865 |
| | 复合式泥水盾构机 | 台班 | 0.420 | 0.885 | 0.365 | 0.685 |

# 7 管　　片

# 说　明

一、本章包括盾构管片的制作、试拼装、场内运输、钢管片、管片设置密封条、嵌缝等，共 4 节 8 个子目。

二、本定额综合考虑了管片的宽度和成环块数等因素，除本定额另有规定外，均不得另行调整。

三、预制混凝土管片采用高精度钢模和高强度等级混凝土，定额中已包含钢模摊销费，管片的预制场地费用及场外运输费另行计算。

# 工程量计算规则

一、预制混凝土管片按 1% 损耗计算，管片试拼装按每 100 环管片拼装 3 环计算。

二、管片成环水平拼装按“环”为单位计算。

三、管片设置密封条按“环”为单位计算。

四、管片嵌缝按“环”为单位计算。

五、钢管片按“t”为单位计算。

## 7.1 预制钢筋混凝土管片制作

### 7.1.1 制　作

**工作内容：** 1. 预制钢筋混凝土管片制作：钢模制作、安装、拆卸清理、刷油；测量检验；混凝土拌制；吊运、浇筑、振捣；入养护池蒸养；出槽堆放，抗渗质检。

2. 管片钢筋:钢筋制作、焊接、预埋件安放、钢筋骨架入模。

| 定额编号 | | | 3-143 | 3-144 |
|---|---|---|---|---|
| 项目 | | | 预制钢筋混凝土管片制作（$m^3$）$\phi \leqslant 7000$ | 管片钢筋（t） |
| 名称 | | 单位 | 数量 | |
| 人工 | 综合工日 | 工日 | 3.533 | 20.640 |
| 材料 | 预拌混凝土 C50 | $m^3$ | 1.015 | — |
| | 铁件 | kg | — | 39.900 |
| | 钢筋 $\phi$10 以内 | t | — | 0.210 |
| | 钢筋 $\phi$10 以外 | t | — | 0.860 |
| | 管片钢模精加工制作 | kg | 9.725 | — |
| | 压浆孔螺丝 | 个 | 1.000 | — |

续前

| 定额编号 | | | 3-143 | 3-144 |
|---|---|---|---|---|
| 项目 | | | 预制钢筋混凝土管片制作（$m^3$）<br>$\phi \leqslant 7000$ | 管片钢筋（t） |
| 名称 | | 单位 | 数量 | |
| 材料 | 电焊条 | kg | — | 16.896 |
| | 外加剂 SN-2 | kg | 3.938 | — |
| | 脱模油 | kg | 0.515 | — |
| | 电 | kW·h | 1.052 | — |
| | 其他材料费 | % | 0.500 | 1.000 |
| 机械 | 龙门式起重机 50t | 台班 | 0.128 | 0.204 |
| | 工业锅炉 2t/h | 台班 | 0.100 | — |
| | 强制式反转出料混凝土搅拌机 800L | 台班 | 0.090 | — |
| | 载重汽车 4t | 台班 | 0.242 | 0.385 |
| | 钢筋调直机 $\phi$14 | 台班 | — | 0.723 |
| | 钢筋切断机 $\phi$40 | 台班 | — | 0.485 |
| | 钢筋弯曲机 $\phi$40 | 台班 | — | 0.515 |
| | 交流电焊机 30kV·A | 台班 | — | 3.535 |
| | 点焊机 75kV·A | 台班 | — | 0.300 |

### 7.1.2 成环水平试拼装

**工作内容：**钢拼装台制作，校准；管片场内运输；吊拼装、拆除；管片成环量测检验及数据记录。

计量单位：环

| 定额编号 | | | 3-145 |
|---|---|---|---|
| 项目 | | | 预制钢筋混凝土管片成环水平试拼装 |
| | | | $\phi \leqslant 7000$ |
| 名称 | | 单位 | 数量 |
| 人工 | 综合工日 | 工日 | 12.053 |
| 材料 | 钢制台座 | kg | 60.667 |
| | 其他材料费 | % | 3.000 |
| 机械 | 履带式起重机 10t | 台班 | 0.557 |
| | 龙门式起重机 50t | 台班 | 0.220 |
| | 载重汽车 6t | 台班 | 0.468 |

### 7.1.3 管片场内运输

**工作内容：**从堆放起吊，行车配合、装车，驳运到中转场地；垫道木，吊车配合按类堆放。

计量单位：$10m^3$

| 定额编号 | | | 3-146 |
| --- | --- | --- | --- |
| 项目 | | | 管片场内运输 |
| | | | $\phi \leqslant 7000$ |
| 名称 | | 单位 | 数量 |
| 人工 | 综合工日 | 工日 | 1.624 |
| 材料 | 板枋材 | $m^3$ | 0.014 |
| | 其他材料费 | % | 1.000 |
| 机械 | 汽车式起重机 5t | 台班 | 0.321 |
| | 龙门式起重机 50t | 台班 | 0.060 |
| | 载重汽车 4t | 台班 | 0.369 |

## 7.2 钢 管 片

**工作内容：**划线，号料，切割，校正，滚圆弧，刨边，刨槽，上模具焊接成型，焊接预埋件，钻孔，吊运油漆，试拼装等。

计量单位：t

| 定额编号 | | | 3-147 |
|---|---|---|---|
| 项目 | | | 钢管片制作 |
| 名称 | | 单位 | 数量 |
| 人工 | 综合工日 | 工日 | 37.810 |
| 材料 | 型钢 | t | 0.130 |
| | 举重臂螺丝 | 个 | 1.080 |
| | 钢板（中厚） | t | 1.020 |
| | 氧气 | $m^3$ | 20.585 |
| | 乙炔气 | kg | 6.860 |
| | 电焊条 | kg | 59.860 |

续前

| 定额编号 | | | 3-147 |
|---|---|---|---|
| 项目 | | | 钢管片制作 |
| 名称 | | 单位 | 数量 |
| 材料 | 防锈漆 | kg | 17.430 |
| | 外接头 $\phi50$ | 个 | 1.440 |
| | 管堵 $\phi50$ | 个 | 0.740 |
| | 其他材料费 | % | 2.500 |
| 机械 | 龙门式起重机 50t | 台班 | 0.858 |
| | 龙门刨床 1000×3000 | 台班 | 4.795 |
| | 板料校平机 16×2500 | 台班 | 0.585 |
| | 摇臂钻床 $\phi63$ | 台班 | 2.345 |
| | 牛头刨床 650 | 台班 | 1.525 |
| | 卷扬机 20×2000 | 台班 | 0.195 |
| | 交流电焊机 30kV·A | 台班 | 8.220 |

## 7.3 管片设置密封条

**工作内容：**管片吊运、堆放；编号、表面清理、涂刷粘接剂；粘贴软木衬垫及防水橡胶条；管片边角嵌贴丁基腻子胶。

计量单位：环

| 定额编号 | | | 3-148 |
|---|---|---|---|
| 项目 | | | 管片设置三元乙丙 |
| | | | $\phi \leqslant 7000$ |
| 名称 | | 单位 | 数量 |
| 人工 | 综合工日 | 工日 | 5.696 |
| 材料 | 三元乙丙 | m | 56.000 |
| | 丁基自粘腻子 | kg | 1.220 |
| | 粘接剂 | kg | 2.440 |
| | 软木衬垫 | $m^2$ | 7.200 |
| | 其他材料费 | % | 2.500 |
| 机械 | 龙门式起重机 50t | 台班 | 0.108 |
| | 组合烘箱 | 台班 | 0.487 |

注：管片宽度按 1.2m 考虑，厚度按 0.35m 考虑，管片尺寸不同，三元乙丙和软木衬垫可调整。

# 7.4 管片嵌缝

**工作内容：**管片嵌缝槽表面处理；配料嵌缝。

计量单位：环

| 定额编号 | | | 3-149 | 3-150 |
|---|---|---|---|---|
| 项目 | | | 管片嵌缝（管片 $\phi \leqslant 7000$） | |
| | | | 氯丁乳胶水泥 | 环氧聚氨酯嵌缝膏 |
| 名称 | | 单位 | 数量 | |
| 人工 | 综合工日 | 工日 | 7.140 | 7.140 |
| 材料 | 钢平台 | kg | 9.100 | 9.100 |
| | 氯丁乳胶水泥 | kg | 29.090 | — |
| | 环氧聚氨酯嵌缝膏 | kg | — | 17.750 |
| | 其他材料费 | % | 3.500 | 10.000 |
| 机械 | 龙门式起重机 50t | 台班 | 0.025 | 0.030 |
| | 电动灌浆机 | 台班 | 1.240 | 1.240 |
| | 电瓶车 10t | 台班 | 0.022 | 0.022 |
| | 硅整流充电机 90A/190V | 台班 | 0.011 | 0.011 |

# 8　盾构其他工程

# 说　明

一、本章包括衬砌壁后压浆、柔性接缝环、负环管片拆除、手孔封堵、隧道内管线路拆除、盾构基座、盾构过站等，共 7 节 17 个子目。

二、本章定额仅含衬砌壁后压浆子目，二次压浆执行本册定额其他章压浆子目。

三、盾构基座按一次摊销考虑，摊销次数不同时可调整。

# 工程量计算规则

一、衬砌压浆量根据盾尾间隙所压的浆液量，由施工组织设计确定，以“$m^3$”为单位计算。

二、柔性接缝环适用于盾构工作井洞门与隧道接缝处理，长度按管片中心圆周长计算。

三、负环管片拆除按长度以“m”为单位计算。

四、隧道内管线路拆除以“m”为单位计算。

五、盾构基座制作按设计图纸以“t”为单位计算。

六、手孔封堵按设计图纸以“个”为单位计算。

七、盾构过站按设计要求以“台·次”为单位计算。

# 8.1 衬砌壁后压浆

**工作内容：** 制浆、送浆，盾尾同步压浆，补压浆，封堵、清洗。

计量单位：$m^3$

| 定额编号 | | | 3-151 | 3-152 | 3-153 | 3-154 |
|---|---|---|---|---|---|---|
| 项目 | | | 衬砌壁后压浆 | | | |
| | | | 水泥粉煤灰 | 水泥砂浆 | 水泥水玻璃 | 惰性浆 |
| 名称 | | 单位 | 数量 | | | |
| 人工 | 综合工日 | 工日 | 1.890 | 2.063 | 2.680 | 1.794 |
| 材料 | 水泥 32.5 | t | 0.160 | 0.388 | 0.441 | — |
| | 中砂 | t | — | 1.404 | — | 0.280 |
| | 膨润土 | kg | 33.000 | — | — | 0.264 |
| | 粉煤灰 | t | 0.980 | — | — | 0.640 |
| | 高压皮龙管 $\phi150\times3m$ | 根 | 0.004 | 0.004 | 0.004 | 0.004 |

续前

| 定额编号 | | | 3-151 | 3-152 | 3-153 | 3-154 |
|---|---|---|---|---|---|---|
| 项目 | | | 衬砌壁后压浆 | | | |
| | | | 水泥粉煤灰 | 水泥砂浆 | 水泥水玻璃 | 惰性浆 |
| 名称 | | 单位 | 数量 | | | |
| 材料 | 三乙醇胺 | kg | — | 0.207 | — | — |
| | 水玻璃 | kg | — | — | 390.000 | — |
| | 微沫剂 | kg | 0.122 | — | — | — |
| | 盖堵 $\phi75$ | 个 | 0.036 | 0.036 | — | 0.036 |
| | 水 | $m^3$ | 0.750 | 0.326 | 0.730 | 0.750 |
| | 磷酸氢二钠 | kg | — | — | 6.600 | — |
| | 其他材料费 | % | 4.000 | 2.000 | 2.000 | 6.000 |
| 机械 | 龙门式起重机 50t | 台班 | 0.102 | 0.102 | 0.102 | 0.102 |
| | 灰浆搅拌机 350L | 台班 | 0.210 | 0.210 | 0.210 | 0.210 |
| | 盾构压浆泵 $\phi2.1\times7$ | 台班 | 0.070 | 0.070 | 0.070 | 0.070 |

注：压浆材料可根据设计要求调换，人工及机械不作调整。

## 8.2 柔性接缝环

### 8.2.1 施 工 阶 段

工作内容：1. 临时防水环板：盾构出洞口接缝处淤泥清除，钢板环圈定位、焊接，预留压浆孔。

2. 临时止水缝：洞口安装止水带及防水圈，环板安装后堵压，防水材料封堵。

| 定 额 编 号 | | | 3-155 | 3-156 |
|---|---|---|---|---|
| 项 目 | | | 临时防水环板 | 临时止水缝 |
| | | | t | m |
| 名 称 | | 单位 | 数 量 | |
| 人工 | 综合工日 | 工日 | 21.120 | 5.960 |
| 材料 | 钢板（中厚） | kg | 4.770 | — |
| | 水泥 52.5 | t | — | 0.090 |
| | 中砂 | t | — | 0.131 |
| | 帘布橡胶条 | kg | — | 4.330 |
| | 聚氨酯泡沫塑料 | kg | — | 29.530 |
| | 聚氨酯粘合剂 | kg | — | 19.980 |

续前

| 定额编号 | | | 3-155 | 3-156 |
|---|---|---|---|---|
| 项目 | | | 临时防水环板 | 临时止水缝 |
| | | | t | m |
| 名称 | | 单位 | 数量 | |
| 材料 | 枕木 | $m^3$ | 0.070 | — |
| | 电焊条 | kg | 32.340 | — |
| | 氧气 | $m^3$ | 4.710 | — |
| | 乙炔气 | kg | 1.570 | — |
| | 带帽螺栓（各种规格） | kg | 4.660 | 1.310 |
| | 压浆孔螺丝 | 个 | 12.120 | — |
| | 环圈钢板 | t | 1.060 | — |
| | 其他材料费 | % | 2.000 | 2.000 |
| 机械 | 交流电焊机 30kV·A | 台班 | 9.150 | — |
| | 龙门式起重机 50t | 台班 | 1.038 | 0.116 |
| | 电动灌浆机 | 台班 | — | 0.470 |

### 8.2.2 正式阶段

工作内容：1. 拆除临时钢环板：钢环板切割，吊拆堆放。

2. 拆除洞口环管片：拆卸连接螺栓，吊车配合拆除管片，凿除涂料、壁面清洗。

3. 安装钢环板：钢环板分块吊装，焊接固定。

4. 柔性接缝环：壁内刷涂料，安装内外壁止水带，压乳胶水泥。

| 定额编号 | | | 3-157 | 3-158 | 3-159 | 3-160 |
|---|---|---|---|---|---|---|
| 项目 | | | 拆除临时钢环板 | 拆除洞口环管片 | 安装钢环板 | 柔性接缝环 |
| | | | t | $m^3$ | t | m |
| 名称 | | 单位 | 数量 | | | |
| 人工 | 综合工日 | 工日 | 16.753 | 18.380 | 25.340 | 10.250 |
| 材料 | 枕木 | $m^3$ | 0.050 | — | 0.080 | — |
| | 电焊条 | kg | 3.930 | 1.650 | 91.760 | — |
| | 氧气 | $m^3$ | 10.700 | 1.170 | 4.960 | — |
| | 乙炔气 | kg | 3.570 | 0.390 | 1.650 | — |
| | 型钢 | kg | 1.620 | — | — | — |
| | 压浆孔螺丝 | 个 | — | — | 6.000 | — |
| | 带帽螺栓（各种规格） | kg | — | — | 31.030 | — |
| | 螺栓套管 | 个 | — | — | 128.000 | — |
| | 水膨胀橡胶圈 | 个 | — | — | 128.000 | — |

续前

| 定额编号 | | | 3-157 | 3-158 | 3-159 | 3-160 |
|---|---|---|---|---|---|---|
| 项目 | | | 拆除临时钢环板 | 拆除洞口环管片 | 安装钢环板 | 柔性接缝环 |
| | | | t | $m^3$ | t | m |
| 名称 | | 单位 | 数量 | | | |
| 材料 | 环氧树脂 | kg | — | — | — | 0.740 |
| | 乳胶水泥 | kg | — | — | — | 78.120 |
| | 外防水氯丁酚醛胶 | kg | — | — | — | 10.160 |
| | 内防水橡胶止水带 | m | — | — | — | 1.050 |
| | 氯丁橡胶 | kg | — | — | — | 0.400 |
| | 结皮海绵胶板 | kg | — | — | — | 28.250 |
| | 焦油聚氨酯涂料 | kg | — | — | — | 2.520 |
| | 聚苯乙烯硬泡沫塑料 | $m^3$ | — | — | — | 0.060 |
| | 其他材料费 | % | 1.000 | 1.000 | 1.000 | 1.000 |
| 机械 | 龙门式起重机 50t | 台班 | 0.732 | 0.452 | 1.246 | 0.254 |
| | 轴流通风机 7.5kW | 台班 | 2.792 | 1.540 | 4.220 | 0.860 |
| | 交流电焊机 30kV·A | 台班 | 1.070 | 1.990 | 10.980 | — |
| | 电动卷扬机 单筒慢速 10t | 台班 | — | 3.710 | — | — |
| | 电动空气压缩机 $1m^3/min$ | 台班 | — | 0.930 | — | — |
| | 电动灌浆机 | 台班 | — | — | — | 1.040 |

# 8.3 洞口钢筋混凝土环圈

**工作内容：**配模、立模、拆模；钢筋制作、绑扎；洞口环圈混凝土浇捣养护。

计量单位：$m^3$

| 定额编号 | | | 3-161 | 3-162 |
|---|---|---|---|---|
| 项目 | | | 洞口钢筋混凝土环圈 | |
| | | | 非泵送 | 泵送 |
| 名称 | | 单位 | 数量 | |
| 人工 | 综合工日 | 工日 | 12.731 | 12.446 |
| 材料 | 钢筋 | t | 0.250 | 0.250 |
| | 钢模 | kg | 9.750 | 9.750 |
| | 预拌混凝土 C25 | $m^3$ | 1.015 | 1.020 |
| | 电焊条 | kg | 1.390 | 1.390 |
| | 其他材料费 | % | 2.500 | 2.500 |
| 机械 | 小型交流电焊机 42kV·A | 台班 | 1.474 | 1.474 |
| | 混凝土输送泵车 $75m^3/h$ | 台班 | — | 0.350 |
| | 龙门式起重机 50t | 台班 | 0.462 | 0.462 |
| | 轴流通风机 7.5kW | 台班 | 1.918 | 1.918 |

## 8.4 负环管片拆除

**工作内容：**拆除后盾钢支撑，清除管片内污垢杂物，拆除井内轨道，清除井内污泥，凿除后靠混凝土，切割连接螺栓，管片吊出井口，装车。

计量单位：m

| 定额编号 | | | 3-163 |
|---|---|---|---|
| 项目 | | | 负环管片拆除 |
| | | | $\phi \leqslant 7000$ |
| 名称 | | 单位 | 数量 |
| 人工 | 综合工日 | 工日 | 59.895 |
| 材料 | 电焊条 | kg | 3.890 |
| | 氧气 | $m^3$ | 2.860 |
| | 乙炔气 | kg | 0.950 |
| | 电 | kW·h | 210.100 |
| | 钢支撑 | kg | 5.900 |
| | 其他材料费 | % | 2.000 |
| 机械 | 交流电焊机 30kV·A | 台班 | 1.574 |
| | 龙门式起重机 50t | 台班 | 0.898 |
| | 电动空气压缩机 $1m^3/min$ | 台班 | 1.225 |

## 8.5 隧道内管线路拆除

工作内容：贯通后隧道内水管、风管、走道板、栏杆、钢轨、轨枕、各种施工支架拆除；吊运出井口、装车或堆放；隧道内淤泥清除。

计量单位：100m

| 定额编号 | | | 3-164 |
|---|---|---|---|
| 项目 | | | 隧道内管线路拆除 |
| | | | $\phi \leqslant 7000$ |
| 名称 | | 单位 | 数量 |
| 人工 | 综合工日 | 工日 | 156.044 |
| 材料 | 氧气 | $m^3$ | 8.300 |
| | 乙炔气 | kg | 2.770 |
| | 电 | kW·h | 2399.000 |
| | 其他材料费 | % | 1.500 |
| 机械 | 龙门式起重机 50t | 台班 | 3.112 |
| | 轨道平车 5t | 台班 | 14.040 |
| | 电动单级离心泵 $\phi 100$ | 台班 | 18.612 |
| | 硅整流充电机 90A/190V | 台班 | 6.318 |
| | 电瓶车 10t | 台班 | 7.020 |

## 8.6 盾构基座及手孔封堵

**工作内容：** 1. 盾构基座：划线、号料、切割、拼装、校正、焊接成型、油漆、堆放等。

2. 堵手孔处理：操作平台移动、定位、找平、手孔清洗，电瓶车运输材料，人工搅拌浆液，堵手孔、抹平等。

| 定额编号 | | | 3-165 | 3-166 |
|---|---|---|---|---|
| 项目 | | | 盾构基座制作 | 手孔封堵 |
| | | | t | 100个 |
| 名称 | | 单位 | 数量 | |
| 人工 | 综合工日 | 工日 | 16.490 | 11.664 |
| 材料 | 型钢 | t | 1.041 | — |
| | 钢板（中厚） | t | 0.019 | — |
| | 氧气 | $m^3$ | 4.800 | — |
| | 乙炔气 | kg | 1.600 | — |
| | 电焊条 | kg | 14.110 | — |

续前

| 定额编号 | | | 3-165 | 3-166 |
|---|---|---|---|---|
| 项目 | | | 盾构基座制作 | 手孔封堵 |
| | | | t | 100 个 |
| 名称 | | 单位 | 数量 | |
| 材料 | 汽油 $70^{\#}\sim 90^{\#}$ | kg | 5.500 | — |
| | 防锈漆 | kg | 17.000 | — |
| | 钢平台 | kg | — | 9.490 |
| | 水泥 32.5 | t | — | 0.810 |
| | 外掺剂 | kg | — | 150.000 |
| | 其他材料费 | % | 0.500 | 2.000 |
| 机械 | 龙门式起重机 50t | 台班 | 0.614 | 0.487 |
| | 交流电焊机 30kV·A | 台班 | 3.000 | — |

## 8.7 盾构过站

**工作内容：**站台铺设钢轨，卷扬机定位，盾构与发射架顶升，盾构拉上站台，铺设车架轨道，盾构牵引，放低，横移，连接管线，调试。

计量单位：台·次

| 定额编号 | | | 3-167 |
|---|---|---|---|
| 项目 | | | 盾构过站 |
| 名称 | | 单位 | 数量 |
| 人工 | 综合工日 | 工日 | 1350.000 |
| 材料 | 轻轨 | t | 2.082 |
| | 钢板 | t | 1.960 |
| | 型钢（综合） | t | 29.425 |
| | 枕木 | $m^3$ | 12.200 |
| | 电焊条 | kg | 503.800 |
| | 氧气 | $m^3$ | 155.800 |

续前

| 定额编号 | | | 3-167 |
|---|---|---|---|
| 项目 | | | 盾构过站 |
| 名称 | | 单位 | 数量 |
| 材料 | 乙炔气 | kg | 72.152 |
| | 电 | kW·h | 5000.000 |
| | 钢丝绳 | kg | 590.000 |
| | 其他材料费 | % | 10.000 |
| 机械 | 电动卷扬机 双筒慢速 10t | 台班 | 123.252 |
| | 油压千斤顶 200t 以内 | 台班 | 100.800 |
| | 龙门式起重机 50t | 台班 | 37.835 |
| | 交流电焊机 40kV·A | 台班 | 165.000 |
| | 半自动割刀 | 台班 | 108.000 |

**主 编 单 位：** 住房和城乡建设部标准定额研究所

**编 制 单 位：** 南京市地下铁道工程建设指挥部

南京市建设工程造价管理处

中煤国际工程集团南京设计研究院

**参 编 单 位：** 江苏省建设工程造价管理总站

北京市建设工程造价管理处

广州市地下铁道总公司

铁道第三勘察设计院集团有限公司

**综合协调人员：** 胡传海　王海宏　胡晓丽　白洁如　王志年　戴富元

汪一江　郎桂林　吴　强　曾伟源　陈柏生　李成栋

史素美　孙金科　薛长立　王文江　李永芳　张永胜

张明焕　卢后星　顾　青　魏晓东

**编 制 人 员：** 朱　斌　何　平　叶丹峰　李　慧　由胜武　吴　强　赵乐宁　郎桂林　江建平

包乃文　赵远军　柳宏达　王亚青　李维祥　姜　华　何雪松　柏明虎　田　建

赵　楠　马　艳　祖兆军　郭金金　相亭亭　林　林　翟亚动　刘　军　曾伟源

王志年　张建芳　朱红军　赵　京

# 城市轨道交通工程预算定额

GCG 103-2008

## 第四册　地下结构工程

中 国 计 划 出 版 社

北　京

**图书在版编目(CIP)数据**

城市轨道交通工程预算定额：GCG 103-2008. 第4册，地下结构工程 / 住房和城乡建设部标准定额研究所主编. 北京：中国计划出版社，2008. 12
ISBN 978-7-80242-260-5

Ⅰ. 城… Ⅱ. 住… Ⅲ. ①城市铁路-铁路工程-预算定额-中国②城市铁路-地下工程：结构工程-预算定额-中国 Ⅳ. U239.5

中国版本图书馆 CIP 数据核字（2008）第172186号

**主编单位：**住房和城乡建设部标准定额研究所

**批准部门：**中华人民共和国住房和城乡建设部

**施行日期：**2 0 0 9 年 1 月 1 日

# 住房城乡建设部
# 关于印发《城市轨道交通工程预算定额》的通知

建标〔2008〕193号

为适应城市轨道交通工程建设的需要，合理确定和控制城市轨道交通工程造价，我部制定了《城市轨道交通工程预算定额》，编号为GCG 103-2008，自2009年1月1日起施行。现印发给你们。2001年批准发布的《全国统一市政工程预算定额》第九册（地铁工程）同时废止。请你们将施行中的有关问题和建议反馈给我部标准定额司。

《城市轨道交通工程预算定额》由我部标准定额研究所组织中国计划出版社出版发行。

中华人民共和国住房和城乡建设部

二〇〇八年十月十五日

# 总 说 明

一、《城市轨道交通工程预算定额》（以下简称本定额）共分 10 册，包括：

第一册　路基、围护结构及地基处理工程；

第二册　桥涵工程；

第三册　隧道工程；

第四册　地下结构工程；

第五册　轨道工程；

第六册　通信工程；

第七册　信号工程；

第八册　供电工程；

第九册　智能与控制系统安装工程；

第十册　机电设备安装工程。

二、本定额是完成规定计量单位分部分项工程所需的人工、材料、施工机械台班的消耗量标准，是制定城市轨道交通工程地区单位估价表、工程量清单综合单价、招标标底和投标报价的基础。

三、本定额适用于新建、扩建的城市轨道交通工程。

四、本定额是按照正常施工条件、目前多数施工企业的施工机械装备程度，施工中常用的施工方法、施工工艺、劳动组织以及合理工期进行编制的。

五、本定额是依据国家有关产品标准、设计规范和施工验收规范编制的，参考了现行国家、行业和地方定额，以及有代表性的工程设计、施工资料和其他资料。

六、本定额消耗量的确定。

1. 人工工日消耗量。人工工日不分工种、技术等级均以综合工日表示。内容包括基本用工、超运距用工、人工幅度差和辅助用工。

2. 材料消耗量。

（1）材料选用符合国家质量标准和相应设计要求的合格产品。

（2）材料消耗包括主要材料、辅助材料、零星材料，凡能计量的材料、成品、半成品均按品种、规格逐一列出数量并计入相应的损耗，其内容和范围包括：从工地仓库、现场集中堆放地点或现场加工地点至操作或安装地点的运输损耗、施工操作损耗、施工现场堆放损耗。

（3）混凝土均按预拌混凝土考虑。

（4）周转性材料按不同施工方法、不同材质按规定的周转次数摊销计入定额内。

（5）用量少、价值小的材料合并为其他材料费，以占材料费的百分数表示。

3. 施工机械和仪器仪表台班消耗量。

（1）施工机械和仪器仪表台班消耗量是按正常合理的施工配备和施工工效测算确定台班使用量。

（2）凡单位价值在 2000 元以上的施工机械和仪器仪表按台班列入定额；单位价值在 2000 元以

下的列入费用定额工具使用费项下。

七、定额中均包括了材料、成品、半成品从工地仓库、现场集中堆放地点或现场加工地点至操作或安装地点的水平运输和垂直运输所需的人工和机械消耗量。如发生再次搬运，应在费用定额中二次搬运费项下列支。

八、本定额施工用水、电是按现场有水、电考虑的。

九、本定额的工作内容已说明了主要施工工序，次要工序虽未说明，均已考虑在定额内。

十、本定额与其他全国统一工程预算定额的关系，凡本定额包含的项目，按本定额项目执行；本定额缺项部分，可执行其他全国统一定额。

十一、本定额中注有“×××以内”或“×××以下”者均包括×××本身，“×××以外”或“×××以上”者则不包括×××本身。

十二、本说明未尽事宜，详见各册和各章说明。

# 册说明

一、《城市轨道交通工程预算定额》第四册“地下结构工程”（以下简称本册定额），包括盖挖、暗挖车站土石方及桩柱工程，混凝土工程，模板工程，砌筑工程，钢筋及金属构件制作安装工程，防水工程，其他工程，降水工程，监测量控工程等，共 9 章 533 个子目。

二、本册定额适用于轨道交通工程的明挖、盖挖及暗挖车站结构工程。

三、本册定额的编制依据：

1. 《全国统一市政工程预算定额》GYD-301～308—1999、GYD-309—2001；
2. 《市政工程劳动定额》LD/T 99.1~99.13—1997（De）；
3. 《全国统一建筑工程基础定额》GJD-101—95；
4. 《北京市建设工程预算定额》第十一册 地铁工程（2003 年）；
5. 《2001 年广州地铁工程预算定额》；
6. 现行的设计、施工及验收技术规范。

四、本册定额不包括明挖车站的土方及围护结构，发生时套用第一册、第二册相关子目。

五、混凝土、砂浆强度等级是按常用标准编制的，若设计图纸要求与定额不同时，允许换算。

六、本册定额混凝土按预拌混凝土编制，砂浆按预拌砂浆编制。

七、凡注明厚度的项目，设计要求不同时，执行每增减厚度的相应定额子目。

八、本册定额子目中均综合考虑了施工用工程水电费。

九、材料的洞内水平及垂直运输均已综合在相应的定额子目中。

十、未尽事宜见本册定额各章说明。

# 目　　录

## 4　砌筑工程



## 5　钢筋及金属构件制作、安装工程



## 6　防水工程



## 7　其他工程



## 8　降水工程

## 9　监测量控工程

# 1　盖挖、暗挖车站土石方及桩柱工程

# 说　明

一、本章包括盖挖、暗挖车站土石方，盖挖车站钻孔灌注桩（中桩）及钢管柱、暗挖车站钻孔灌注桩及钢管柱等共 6 节 123 个子目。

二、盖挖、暗挖车站土石方的洞内水平及垂直运输已综合在子目中；盖挖、暗挖车站土石方的洞外运输，泥浆处理、运输及明挖车站土石方均执行第一册相应子目；明挖、盖挖车站围护桩执行第二册桥涵工程。

三、旋挖钻机钻孔按设计直径和土质划分，土质类别不同时分段执行相应定额子目。

四、钻机等大型机械进出场费另行计算。

# 工程量计算规则

一、盖挖车站土石方按设计结构外围断面面积乘以设计长度以“$m^3$”为单位计算，其设计结构外围断面面积为结构衬墙外侧之间的宽度乘以设计顶板底至底板（或垫层）底的高度。

二、暗挖车站土石方按设计初支结构面积乘以设计长度以“$m^3$”为单位计算，其初支结构面积除底板外，按设计图示初支外围尺寸外放 100mm 计算。

三、钻孔灌注桩的钻机钻孔分土质和孔径按设计入土深度以“m”为单位计算。

四、钢管柱：

1. 钢管柱制作、安装按设计图示重量以“t”为单位计算。

2. 钢管柱定位器以“套”为单位计算。

3. 钢管柱外填砂和桩顶混凝土凿除按设计图示体积以“$m^3$”为单位计算。

4. 孔桩抽泥浆按孔桩截面面积乘以设计入土深度与设计桩长之差以“$m^3$”为单位计算。

五、洞内人工挖孔桩：

1. 人工挖孔桩土方按护壁外缘断面面积乘以设计深度以“$m^3$”为单位计算。

2. 混凝土护壁按设计桩内外径的截面面积之差乘以设计入土深度以“$m^3$”为单位计算。

3. 人工挖孔桩灌注桩芯混凝土按设计桩内径截面面积乘以设计入土深度以“$m^3$”为单位计算。

4. 泥浆制作按成孔深度乘以设计孔桩截面面积以“$m^3$”为单位计算。

六、混凝土灌注按设计图示尺寸以“$m^3$”为单位计算。

七、钢筋笼制作、安装按设计图示重量以“t”为单位计算。

八、入岩增加费按护壁外缘断面面积乘以入岩深度以“$m^3$”为单位计算。

## 1.1 盖挖车站土方

**工作内容：** 人工挖土方、淤泥、流砂、挖湿土（含水率≥20%），装运至洞口，由洞口提升至地面及地面人工配合等。

计量单位：$m^3$

| 定额编号 | | | 4-001 | 4-002 | 4-003 | 4-004 | 4-005 |
|---|---|---|---|---|---|---|---|
| 项目 | | | 盖挖土方(人工开挖) | | | | |
| | | | 一、二类土 | 三类土 | 四类土 | 挖淤泥、流砂 | 挖湿土(含水率≥20%) |
| 名称 | | 单位 | 数量 | | | | |
| 人工 | 综合工日 | 工日 | 0.695 | 0.915 | 1.135 | 2.505 | 1.771 |
| 材料 | 竖井龙门架（钢构件） | kg | 0.331 | 0.331 | 0.331 | 0.661 | 0.595 |
| | 其他材料费 | % | 1.000 | 1.000 | 1.000 | 1.000 | 1.000 |
| 机械 | 电动卷扬机 双筒慢速 5t | 台班 | 0.025 | 0.025 | 0.025 | 0.040 | 0.038 |

**工作内容**：机械挖土方，装运至洞口，由洞口提升至地面及地面人工配合等。

计量单位：$m^3$

| 定额编号 | | | 4-006 | 4-007 | 4-008 |
|---|---|---|---|---|---|
| 项目 | | | 盖挖土方(机械开挖) | | |
| | | | 一、二类土 | 三类土 | 四类土 |
| 名称 | | 单位 | 数量 | | |
| 人工 | 综合工日 | 工日 | 0.085 | 0.085 | 0.085 |
| 材料 | 竖井龙门架（钢构件） | kg | 0.331 | 0.331 | 0.331 |
| | 其他材料费 | % | 1.000 | 1.000 | 1.000 |
| 机械 | 电动卷扬机 双筒慢速 5t | 台班 | 0.025 | 0.025 | 0.025 |
| | 履带式单斗挖掘机 $1m^3$ | 台班 | 0.009 | 0.011 | 0.013 |
| | 机动翻斗车 1t | 台班 | 0.067 | 0.067 | 0.067 |

## 1.2 盖挖车站石方

**工作内容**：凿石、基底平整、修理边坡，装运至洞口，由洞口提升至地面及地面人工配合等。

计量单位：$m^3$

| 定额编号 | | | 4-009 | 4-010 | 4-011 | 4-012 |
|---|---|---|---|---|---|---|
| 项目 | | | 盖挖石方（人工凿石方） | | | |
| | | | 松石 | 次坚石 | 普坚石 | 特坚石 |
| 名称 | | 单位 | 数量 | | | |
| 人工 | 综合工日 | 工日 | 1.483 | 2.027 | 2.826 | 4.089 |
| 材料 | 竖井龙门架（钢构件） | kg | 0.463 | 0.529 | 0.595 | 0.661 |
| | 其他材料费 | % | 1.000 | 1.000 | 1.000 | 1.000 |
| 机械 | 电动卷扬机 双筒慢速 5t | 台班 | 0.033 | 0.035 | 0.038 | 0.040 |

**工作内容：**装拆机械，破碎石方，机下碎石清理、堆积；装运至洞口，由洞口提升至地面及地面人工配合等。

计量单位：$m^3$

| 定额编号 | | | 4-013 | 4-014 |
|---|---|---|---|---|
| 项目 | | | 盖挖石方（机械破碎石方） | |
| | | | 次坚石 | 普坚石、特坚石 |
| 名称 | | 单位 | 数量 | |
| 人工 | 综合工日 | 工日 | 0.161 | 0.162 |
| 材料 | 竖井龙门架（钢构件） | kg | 0.595 | 0.661 |
| | 其他材料费 | % | 1.000 | 1.000 |
| 机械 | 履带式单斗挖掘机 $1m^3$ | 台班 | 0.014 | 0.016 |
| | 机动翻斗车 1t | 台班 | 0.080 | 0.080 |
| | 履带式液压岩石破碎机 105kW | 台班 | 0.024 | 0.031 |
| | 电动卷扬机 双筒慢速 5t | 台班 | 0.038 | 0.040 |

**工作内容：**布孔、钻孔、验孔、装膨胀剂、填塞、风镐二次破碎、撬移，装运至洞口，由洞口提升至地面及地面人工配合等。

计量单位：$m^3$

| 定额编号 | | | 4-015 | 4-016 | 4-017 |
|---|---|---|---|---|---|
| 项目 | | | 盖挖石方（静力爆破岩石） | | |
| | | | 次坚石 | 普坚石 | 特坚石 |
| 名称 | | 单位 | 数量 | | |
| 人工 | 综合工日 | 工日 | 1.470 | 2.362 | 2.571 |
| 材料 | 钢钎 $\phi$22~25 | kg | 0.097 | 0.178 | 0.251 |
| | 合金钢钻头 $\phi$16 | 个 | 0.178 | 0.277 | 0.362 |
| | 膨胀剂 | kg | 19.584 | 21.760 | 23.520 |
| | 竖井龙门架（钢构件） | kg | 0.529 | 0.595 | 0.661 |
| | 其他材料费 | % | 1.000 | 1.000 | 1.000 |

续前

| 定额编号 | | | 4-015 | 4-016 | 4-017 |
|---|---|---|---|---|---|
| 项目 | | | 盖挖石方（静力爆破岩石） | | |
| | | | 次坚石 | 普坚石 | 特坚石 |
| 名称 | | 单位 | 数量 | | |
| 机械 | 风动凿岩机（手持式） | 台班 | 0.499 | 0.582 | 0.679 |
| | 风动凿岩机（气腿式） | 台班 | 0.255 | 0.381 | 0.462 |
| | 电动空气压缩机 $10m^3/min$ | 台班 | 0.140 | 0.207 | 0.250 |
| | 履带式单斗挖掘机 $1m^3$ | 台班 | 0.014 | 0.016 | 0.020 |
| | 机动翻斗车 1t | 台班 | 0.080 | 0.080 | 0.080 |
| | 电动修钎机 | 台班 | 0.091 | 0.135 | 0.191 |
| | 电动卷扬机 双筒慢速 5t | 台班 | 0.035 | 0.040 | 0.040 |

**工作内容**：布孔、钻孔、验孔，装药，堵塞，连线，覆盖，警戒，起爆，检查处理盲炮，撬开及破碎不规则的大石块，装运至洞口，由洞口提升至地面及地面人工配合等。

计量单位：$m^3$

| 定额编号 | | | 4-018 | 4-019 | 4-020 | 4-021 |
|---|---|---|---|---|---|---|
| 项目 | | | 盖挖石方（微差控制爆破岩石） | | | |
| | | | 松石 | 次坚石 | 普坚石 | 特坚石 |
| 名称 | | 单位 | 数量 | | | |
| 人工 | 综合工日 | 工日 | 0.376 | 0.438 | 0.469 | 0.602 |
| 材料 | 六角空心钢 | kg | 0.030 | 0.050 | 0.080 | 0.120 |
| | 黏土 | $m^3$ | 0.068 | 0.087 | 0.105 | 0.125 |
| | 高压风管 | m | 0.002 | 0.004 | 0.007 | 0.010 |
| | 高压胶皮水管 | m | 0.004 | 0.007 | 0.011 | 0.016 |
| | 电雷管 | 个 | 1.137 | 1.472 | 1.776 | 2.118 |
| | 硝铵炸药 | kg | 0.281 | 0.395 | 0.515 | 0.674 |
| | 合金钢钻头 | 个 | 0.020 | 0.033 | 0.049 | 0.075 |
| | 胶质导线 1.5 | m | 2.229 | 2.886 | 3.482 | 4.154 |

续前

| 定额编号 | | | 4-018 | 4-019 | 4-020 | 4-021 |
|---|---|---|---|---|---|---|
| 项目 | | | 盖挖石方（微差控制爆破岩石） | | | |
| | | | 松石 | 次坚石 | 普坚石 | 特坚石 |
| 名称 | | 单位 | 数量 | | | |
| 材料 | 编织袋 | 条 | 2.229 | 2.886 | 3.482 | 4.454 |
| | 荆笆 1.2m×1.0m | 片 | 0.390 | 0.505 | 0.609 | 0.727 |
| | 水 | $m^3$ | 0.042 | 0.079 | 0.131 | 0.184 |
| | 竖井龙门架（钢构件） | kg | 0.463 | 0.529 | 0.595 | 0.661 |
| | 其他材料费 | % | 1.000 | 1.000 | 1.000 | 1.000 |
| 机械 | 风动凿岩机（气腿式） | 台班 | 0.025 | 0.046 | 0.077 | 0.109 |
| | 电动空气压缩机 排气量 10$m^3$/min | 台班 | 0.010 | 0.019 | 0.031 | 0.043 |
| | 电动修钎机 | 台班 | 0.003 | 0.005 | 0.008 | 0.012 |
| | 履带式单斗挖掘机 1$m^3$ | 台班 | 0.012 | 0.014 | 0.016 | 0.020 |
| | 机动翻斗车 1t | 台班 | 0.080 | 0.080 | 0.080 | 0.080 |
| | 电动卷扬机 双筒慢速 5t | 台班 | 0.030 | 0.030 | 0.030 | 0.048 |

## 1.3 暗挖车站土方

**工作内容：**人工挖土方、淤泥、流砂、挖湿土（含水率≥20%），装运至洞口，由洞口提升至地面及地面人工配合等。

计量单位：$m^3$

| 定额编号 | | | 4-022 | 4-023 | 4-024 | 4-025 | 4-026 |
|---|---|---|---|---|---|---|---|
| 项目 | | | 暗挖土方(人工开挖) | | | | |
| | | | 一、二类土 | 三类土 | 四类土 | 挖淤泥、流砂 | 挖湿土(含水率≥20%) |
| 名称 | | 单位 | 数量 | | | | |
| 人工 | 综合工日 | 工日 | 0.795 | 1.035 | 1.265 | 2.755 | 1.948 |
| 材料 | 竖井龙门架（钢构件） | kg | 0.331 | 0.331 | 0.331 | 0.661 | 0.595 |
| | 其他材料费 | % | 1.000 | 1.000 | 1.000 | 1.000 | 1.000 |
| 机械 | 电动卷扬机 双筒慢速 5t | 台班 | 0.025 | 0.025 | 0.025 | 0.040 | 0.038 |

**工作内容**：机械挖土方，装运至洞口，由洞口提升至地面及地面人工配合等。

计量单位：$m^3$

| 定额编号 | | | 4-027 | 4-028 | 4-029 |
|---|---|---|---|---|---|
| 项目 | | | 车站暗挖土方(机械开挖) | | |
| | | | 一、二类土 | 三类土 | 四类土 |
| 名称 | | 单位 | 数量 | | |
| 人工 | 综合工日 | 工日 | 0.087 | 0.087 | 0.087 |
| 材料 | 竖井龙门架（钢构件） | kg | 0.331 | 0.331 | 0.331 |
| | 其他材料费 | % | 1.000 | 1.000 | 1.000 |
| 机械 | 电动卷扬机 双筒慢速 5t | 台班 | 0.025 | 0.025 | 0.025 |
| | 履带式单斗挖掘机 $1m^3$ | 台班 | 0.011 | 0.013 | 0.016 |
| | 机动翻斗车 1t | 台班 | 0.080 | 0.080 | 0.080 |

## 1.4　暗挖车站石方

**工作内容：**凿石、基底检平、修理边坡，装运至洞口，由洞口提升至地面及地面人工配合等。

计量单位：$m^3$

| 定额编号 | | | 4-030 | 4-031 | 4-032 | 4-033 | 4-034 | 4-035 |
|---|---|---|---|---|---|---|---|---|
| 项目 | | | 暗挖石方（人工凿石方） | | | | 暗挖石方（机械凿石方） | |
| | | | 松石 | 次坚石 | 普坚石 | 特坚石 | 普坚石 | 次坚石、特坚石 |
| 名称 | | 单位 | 数量 | | | | | |
| 人工 | 综合工日 | 工日 | 1.611 | 2.204 | 3.076 | 4.454 | 0.174 | 0.188 |
| 材料 | 竖井龙门架（钢构件） | kg | 0.463 | 0.529 | 0.595 | 0.661 | 0.595 | 0.661 |
| | 其他材料费 | % | 1.000 | 1.000 | 1.000 | 1.000 | 1.000 | 1.000 |
| 机械 | 履带式单斗挖掘机 $1m^3$ | 台班 | — | — | — | — | 0.026 | 0.034 |
| | 机动翻斗车 1t | 台班 | — | — | — | — | 0.080 | 0.080 |
| | 履带式液压岩石破碎机 105kW | 台班 | — | — | — | — | 0.026 | 0.034 |
| | 电动卷扬机 双筒慢速 5t | 台班 | 0.033 | 0.035 | 0.038 | 0.040 | 0.038 | 0.040 |

**工作内容：**布孔、钻孔、验孔、装膨胀剂、填塞、风镐二次破碎、撬移，装运至洞口，由洞口提升至地面及地面人工配合等。

计量单位：$m^3$

| 定额编号 | | | 4-036 | 4-037 | 4-038 |
|---|---|---|---|---|---|
| 项目 | | | 暗挖石方（静力爆破岩石） | | |
| | | | 次坚石 | 普坚石 | 特坚石 |
| 名称 | | 单位 | 数量 | | |
| 人工 | 综合工日 | 工日 | 1.578 | 2.362 | 2.571 |
| 材料 | 钢钎 $\phi$22~25 | kg | 0.097 | 0.178 | 0.251 |
| | 合金钢钻头 $\phi$16 | 个 | 0.178 | 0.277 | 0.362 |
| | 膨胀剂 | kg | 19.584 | 21.760 | 23.520 |
| | 竖井龙门架（钢构件） | kg | 0.529 | 0.595 | 0.661 |
| | 其他材料费 | % | 1.000 | 1.000 | 1.000 |

续前

| 定额编号 | | | 4-036 | 4-037 | 4-038 |
|---|---|---|---|---|---|
| 项目 | | | 暗挖石方（静力爆破岩石） | | |
| | | | 次坚石 | 普坚石 | 特坚石 |
| 名称 | | 单位 | 数量 | | |
| 机械 | 风动凿岩机（手持式） | 台班 | 0.536 | 0.625 | 0.729 |
| | 风动凿岩机（气腿式） | 台班 | 0.273 | 0.409 | 0.496 |
| | 电动空气压缩机 $10m^3/min$ | 台班 | 0.150 | 0.222 | 0.268 |
| | 电动修钎机 | 台班 | 0.098 | 0.147 | 0.207 |
| | 履带式单斗挖掘机 $1m^3$ | 台班 | 0.016 | 0.019 | 0.023 |
| | 机动翻斗车 1t | 台班 | 0.096 | 0.096 | 0.096 |
| | 电动卷扬机 双筒慢速 5t | 台班 | 0.035 | 0.040 | 0.040 |

**工作内容：** 布孔、钻孔、验孔、改装药包，装药，堵塞，连线，覆盖，警戒，起爆，检查处理盲炮，撬开及破碎不规则的大石块，装运至洞口，由洞口提升至地面及地面人工配合等。

计量单位：$m^3$

| 定额编号 | | | 4-039 | 4-040 | 4-041 | 4-042 |
|---|---|---|---|---|---|---|
| 项目 | | | 暗挖石方（微差控制爆破岩石） | | | |
| | | | 松石 | 次坚石 | 普坚石 | 特坚石 |
| 名称 | | 单位 | 数量 | | | |
| 人工 | 综合工日 | 工日 | 0.398 | 0.465 | 0.518 | 0.641 |
| 材料 | 六角空心钢 | kg | 0.030 | 0.050 | 0.080 | 0.120 |
| | 黏土 | $m^3$ | 0.068 | 0.087 | 0.105 | 0.125 |
| | 高压风管 | m | 0.002 | 0.004 | 0.007 | 0.010 |
| | 高压胶皮水管 | m | 0.004 | 0.007 | 0.011 | 0.016 |
| | 电雷管 | 个 | 1.137 | 1.472 | 1.776 | 2.118 |
| | 硝铵炸药 | kg | 0.281 | 0.395 | 0.515 | 0.674 |
| | 合金钢钻头 | 个 | 0.020 | 0.033 | 0.049 | 0.075 |
| | 胶质导线 1.5 | m | 2.229 | 2.886 | 3.482 | 4.154 |

续前

| 定额编号 | | | 4-039 | 4-040 | 4-041 | 4-042 |
|---|---|---|---|---|---|---|
| 项目 | | | 暗挖石方（微差控制爆破岩石） | | | |
| | | | 松石 | 次坚石 | 普坚石 | 特坚石 |
| 名称 | | 单位 | 数量 | | | |
| 材料 | 编织袋 | 条 | 2.229 | 2.886 | 3.482 | 4.454 |
| | 荆笆 1.2m×1.0m | 片 | 0.390 | 0.505 | 0.609 | 0.727 |
| | 水 | $m^3$ | 0.042 | 0.079 | 0.131 | 0.184 |
| | 竖井龙门架（钢构件） | kg | 0.463 | 0.529 | 0.595 | 0.661 |
| | 其他材料费 | % | 1.000 | 1.000 | 1.000 | 1.000 |
| 机械 | 风动凿岩机（气腿式） | 台班 | 0.027 | 0.052 | 0.086 | 0.121 |
| | 电动空气压缩机 排气量 $10m^3/min$ | 台班 | 0.011 | 0.021 | 0.035 | 0.049 |
| | 电动修钎机 | 台班 | 0.003 | 0.005 | 0.008 | 0.012 |
| | 履带式单斗挖掘机 $1m^3$ | 台班 | 0.014 | 0.016 | 0.019 | 0.023 |
| | 机动翻斗车 1t | 台班 | 0.080 | 0.096 | 0.096 | 0.096 |
| | 电动卷扬机 双筒慢速 5t | 台班 | 0.030 | 0.030 | 0.030 | 0.048 |

# 1.5 盖挖车站桩柱工程

## 1.5.1 旋挖钻机钻孔

**工作内容：**准备工作，装拆钻架，就位，移动，钻进，提钻，出渣，清孔，测量孔径、孔深等。

计量单位：m

| 定额编号 | | | 4-043 | 4-044 | 4-045 | 4-046 | 4-047 | 4-048 |
|---|---|---|---|---|---|---|---|---|
| 项目 | | | 旋挖钻机钻孔（一、二类土）$H \leqslant 20m$ | 旋挖钻机钻孔（一、二类土）$H \leqslant 40m$ | | | | |
| | | | $\phi$800 以内 | $\phi$800 以内 | $\phi$1000 以内 | $\phi$1200 以内 | $\phi$1500 以内 | $\phi$2000 以内 |
| 名称 | | 单位 | 数量 | | | | | |
| 人工 | 综合工日 | 工日 | 0.568 | 0.778 | 0.878 | 0.950 | 1.038 | 1.282 |
| 材料 | 电焊条 | kg | 0.020 | 0.020 | 0.020 | 0.020 | 0.020 | 0.020 |
| | 水 | $m^3$ | 0.251 | 0.251 | 0.393 | 0.565 | 0.883 | 1.570 |
| | 铁件 | kg | 0.030 | 0.020 | 0.020 | 0.020 | 0.020 | 0.020 |
| | 其他材料费 | % | 1.000 | 1.000 | 1.000 | 1.000 | 1.000 | 1.000 |
| 机械 | 旋挖钻机 $\phi$1000 以内 | 台班 | 0.086 | 0.101 | 0.187 | — | — | — |
| | 旋挖钻机 $\phi$1000 以外 | 台班 | — | — | — | 0.199 | 0.213 | 0.250 |
| | 泥浆泵 $\phi$100 | 台班 | 0.053 | 0.130 | 0.163 | 0.174 | 0.190 | 0.204 |
| | 潜水泵 $\phi$100 | 台班 | 0.053 | 0.130 | 0.163 | 0.174 | 0.190 | 0.204 |
| | 交流电焊机 32kV·A | 台班 | 0.002 | 0.002 | 0.002 | 0.002 | 0.003 | 0.003 |

**工作内容**：准备工作，装拆钻架，就位，移动，钻进，提钻，出渣，清孔，测量孔径、孔深等。

计量单位：m

| 定额编号 | | | 4-049 | 4-050 | 4-051 | 4-052 | 4-053 |
|---|---|---|---|---|---|---|---|
| 项目 | | | 旋挖钻机钻孔（一、二类土）$H \leq 60m$ | | | | |
| | | | $\phi$800 以内 | $\phi$1000 以内 | $\phi$1200 以内 | $\phi$1500 以内 | $\phi$2000 以内 |
| 名称 | | 单位 | 数量 | | | | |
| 人工 | 综合工日 | 工日 | 0.932 | 0.991 | 1.053 | 1.150 | 1.398 |
| 材料 | 电焊条 | kg | 0.020 | 0.020 | 0.020 | 0.020 | 0.030 |
| | 水 | $m^3$ | 0.251 | 0.393 | 0.565 | 0.883 | 1.570 |
| | 铁件 | kg | 0.020 | 0.020 | 0.020 | 0.020 | 0.020 |
| | 其他材料费 | % | 1.000 | 1.000 | 1.000 | 1.000 | 1.000 |
| 机械 | 旋挖钻机 $\phi$1000 以内 | 台班 | 0.131 | 0.214 | — | — | — |
| | 旋挖钻机 $\phi$1000 以外 | 台班 | — | — | 0.230 | 0.352 | 0.518 |
| | 泥浆泵 $\phi$100 | 台班 | 0.178 | 0.211 | 0.216 | 0.229 | 0.247 |
| | 潜水泵 $\phi$100 | 台班 | 0.178 | 0.211 | 0.216 | 0.229 | 0.247 |
| | 交流电焊机 32kV·A | 台班 | 0.002 | 0.002 | 0.003 | 0.003 | 0.004 |

**工作内容**：准备工作，装拆钻架，就位，移动，钻进，提钻，出渣，清孔，测量孔径、孔深等。

计量单位：m

| 定额编号 | | | 4-054 | 4-055 | 4-056 | 4-057 | 4-058 | 4-059 |
|---|---|---|---|---|---|---|---|---|
| 项目 | | | 旋挖钻机钻孔(三类土) $H \leqslant 20m$ | 旋挖钻机钻孔（三类土）$H \leqslant 40m$ | | | | |
| | | | $\phi$800 以内 | $\phi$800 以内 | $\phi$1000 以内 | $\phi$1200 以内 | $\phi$1500 以内 | $\phi$2000 以内 |
| 名称 | | 单位 | 数量 | | | | | |
| 人工 | 综合工日 | 工日 | 1.284 | 1.844 | 2.077 | 2.252 | 2.440 | 2.974 |
| 材料 | 电焊条 | kg | 0.040 | 0.040 | 0.040 | 0.040 | 0.050 | 0.060 |
| | 水 | $m^3$ | 0.251 | 0.251 | 0.393 | 0.565 | 0.883 | 1.570 |
| | 铁件 | kg | 0.030 | 0.020 | 0.020 | 0.020 | 0.020 | 0.020 |
| | 其他材料费 | % | 1.000 | 1.000 | 1.000 | 1.000 | 1.000 | 1.000 |
| 机械 | 旋挖钻机 $\phi$1000 以内 | 台班 | 0.221 | 0.346 | 0.356 | — | — | — |
| | 旋挖钻机 $\phi$1000 以外 | 台班 | — | — | — | 0.415 | 0.445 | 0.530 |
| | 泥浆泵 $\phi$100 | 台班 | 0.173 | 0.285 | 0.356 | 0.385 | 0.416 | 0.450 |
| | 潜水泵 $\phi$100 | 台班 | 0.173 | 0.285 | 0.356 | 0.385 | 0.416 | 0.450 |
| | 交流电焊机 32kV·A | 台班 | 0.006 | 0.006 | 0.006 | 0.006 | 0.007 | 0.009 |

**工作内容**：准备工作，装拆钻架，就位，移动，钻进，提钻，出渣，清孔，测量孔径、孔深等。

计量单位：m

| 定额编号 | | | 4-060 | 4-061 | 4-062 | 4-063 | 4-064 |
|---|---|---|---|---|---|---|---|
| 项目 | | | 旋挖钻机钻孔（三类土）$H \leqslant 60m$ | | | | |
| | | | $\phi$800 以内 | $\phi$1000 以内 | $\phi$1200 以内 | $\phi$1500 以内 | $\phi$2000 以内 |
| 名称 | | 单位 | 数量 | | | | |
| 人工 | 综合工日 | 工日 | 2.311 | 2.445 | 2.601 | 2.806 | 3.384 |
| 材料 | 电焊条 | kg | 0.040 | 0.040 | 0.050 | 0.050 | 0.070 |
| | 铁件 | kg | 0.020 | 0.020 | 0.030 | 0.030 | 0.030 |
| | 水 | $m^3$ | 0.251 | 0.393 | 0.565 | 0.883 | 1.570 |
| | 其他材料费 | % | 1.000 | 1.000 | 1.000 | 1.000 | 1.000 |
| 机械 | 旋挖钻机 $\phi$1000 以内 | 台班 | 0.441 | 0.449 | — | — | — |
| | 旋挖钻机 $\phi$1000 以外 | 台班 | — | — | 0.490 | 0.526 | 0.626 |
| | 泥浆泵 $\phi$100 | 台班 | 0.376 | 0.465 | 0.469 | 0.503 | 0.543 |
| | 潜水泵 $\phi$100 | 台班 | 0.376 | 0.465 | 0.469 | 0.503 | 0.543 |
| | 交流电焊机 32kV·A | 台班 | 0.006 | 0.006 | 0.007 | 0.008 | 0.010 |

**工作内容：**准备工作，装拆钻架，就位，移动，钻进，提钻，出渣，清孔，测量孔径、孔深等。

计量单位：m

| 定额编号 | | | 4-065 | 4-066 | 4-067 | 4-068 | 4-069 | 4-070 |
|---|---|---|---|---|---|---|---|---|
| 项目 | | | 旋挖钻机钻孔（四类土）$H \leq 20m$ | 旋挖钻机钻孔（四类土）$H \leq 40m$ | | | | |
| | | | $\phi$800 以内 | $\phi$800 以内 | $\phi$1000 以内 | $\phi$1200 以内 | $\phi$1500 以内 | $\phi$2000 以内 |
| 名称 | | 单位 | 数量 | | | | | |
| 人工 | 综合工日 | 工日 | 1.670 | 2.516 | 2.827 | 3.056 | 3.294 | 3.989 |
| 材料 | 电焊条 | kg | 0.060 | 0.060 | 0.060 | 0.060 | 0.070 | 0.090 |
| | 铁件 | kg | 0.030 | 0.020 | 0.020 | 0.020 | 0.020 | 0.020 |
| | 水 | $m^3$ | 0.251 | 0.251 | 0.393 | 0.565 | 0.883 | 1.570 |
| | 其他材料费 | % | 1.000 | 1.000 | 1.000 | 1.000 | 1.000 | 1.000 |
| 机械 | 旋挖钻机 $\phi$1000 以内 | 台班 | 0.362 | 0.574 | 0.641 | — | — | — |
| | 旋挖钻机 $\phi$1000 以外 | 台班 | — | — | — | 0.689 | 0.739 | 0.881 |
| | 泥浆泵 $\phi$100 | 台班 | 0.315 | 0.486 | 0.607 | 0.655 | 0.707 | 0.763 |
| | 潜水泵 $\phi$100 | 台班 | 0.315 | 0.486 | 0.607 | 0.655 | 0.707 | 0.763 |
| | 交流电焊机 32kV·A | 台班 | 0.009 | 0.009 | 0.009 | 0.009 | 0.011 | 0.014 |

**工作内容**：准备工作，装拆钻架，就位，移动，钻进，提钻，出渣，清孔，测量孔径、孔深等。

计量单位：m

| 定额编号 | | | 4-071 | 4-072 | 4-073 | 4-074 | 4-075 |
|---|---|---|---|---|---|---|---|
| 项目 | | | 旋挖钻机钻孔（四类土）$H\leqslant60$m | | | | |
| | | | $\phi$800 以内 | $\phi$1000 以内 | $\phi$1200 以内 | $\phi$1500 以内 | $\phi$2000 以内 |
| 名称 | | 单位 | 数量 | | | | |
| 人工 | 综合工日 | 工日 | 2.822 | 3.206 | 3.588 | 5.164 | 6.203 |
| 材料 | 电焊条 | kg | 0.060 | 0.060 | 0.070 | 0.080 | 0.100 |
| | 铁件 | kg | 0.020 | 0.020 | 0.020 | 0.020 | 0.020 |
| | 水 | $m^3$ | 0.251 | 0.393 | 0.565 | 0.883 | 1.570 |
| | 其他材料费 | % | 1.000 | 1.000 | 1.000 | 1.000 | 1.000 |
| 机械 | 旋挖钻机 $\phi$1000 以内 | 台班 | 0.739 | 0.742 | — | — | — |
| | 旋挖钻机 $\phi$1000 以外 | 台班 | — | — | 0.819 | 0.881 | 1.049 |
| | 泥浆泵 $\phi$100 | 台班 | 0.642 | 0.794 | 0.802 | 0.855 | 0.923 |
| | 潜水泵 $\phi$100 | 台班 | 0.642 | 0.794 | 0.802 | 0.855 | 0.923 |
| | 交流电焊机 32kV·A | 台班 | 0.009 | 0.009 | 0.011 | 0.012 | 0.015 |

## 1.5.2 钢管柱

**工作内容**：制作安装：下料、制作、螺栓连接、吊装、就位、材料场内运输。拆除：拆除，清理堆放等。

计量单位：t

| 定额编号 | | | 4-076 | 4-077 | 4-078 | 4-079 |
|---|---|---|---|---|---|---|
| 项目 | | | 钢管柱工作套筒制作、安装 | | 套筒拆除 | 定位器安装 |
| | | | 周转使用 | 一次性预埋 | | （套） |
| 名称 | | 单位 | 数量 | | | |
| 人工 | 综合工日 | 工日 | 14.850 | 16.500 | 1.150 | 3.000 |
| 材料 | 热轧厚钢板 | kg | 186.000 | 1090.000 | — | — |
| | 型钢 | kg | 10.032 | 10.032 | — | — |
| | 电焊条（综合） | kg | 12.652 | 75.910 | — | — |
| | 法兰连接螺栓 M20×80 | 套 | 2.570 | 2.570 | — | — |
| | 定位器 | 套 | — | — | — | 1.000 |
| | 其他材料费 | % | 0.500 | 0.500 | 0.500 | 0.500 |

续前

| 定额编号 | | | 4-076 | 4-077 | 4-078 | 4-079 |
|---|---|---|---|---|---|---|
| 项目 | | | 钢管柱工作套筒制作、安装 | | 套筒拆除 | 定位器安装 |
| | | | 周转使用 | 一次性预埋 | | （套） |
| 名称 | | 单位 | 数量 | | | |
| 机械 | 载重汽车 4t | 台班 | 1.125 | 1.250 | 0.050 | — |
| | 交流电焊机 32kV·A | 台班 | 4.896 | 5.440 | — | — |
| | 立式钻床 50 | 台班 | 0.126 | 0.140 | — | — |
| | 剪板机 厚度×宽度 40×3100 | 台班 | 0.099 | 0.110 | — | — |
| | 汽车起重机 40t | 台班 | 0.189 | 0.210 | 0.200 | — |
| | 汽车起重机 25t | 台班 | 0.189 | 0.210 | — | 0.210 |
| | 卷板机 | 台班 | 0.135 | 0.150 | — | — |
| | 鼓风机 $18m^3/min$ | 台班 | — | — | — | 0.360 |
| | 液压千斤顶 | 台班 | — | — | 0.200 | — |

**工作内容**：吊装，定位，螺栓连接及固定等。

计量单位：t

| 定额编号 | | | 4-080 | 4-081 | 4-082 |
|---|---|---|---|---|---|
| 项目 | | | 钢管柱安装（厂制） | | |
| | | | $\phi$800 以内 | $\phi$1200 以内 | $\phi$1600 以内 |
| 名称 | | 单位 | 数量 | | |
| 人工 | 综合工日 | 工日 | 11.646 | 10.890 | 10.210 |
| 材料 | 钢管柱（含法兰盘） | t | 1.000 | 1.000 | 1.000 |
| | 型钢 | kg | 3.000 | 2.000 | 1.800 |
| | 钢筋 $\phi$10 以内 | kg | 1.000 | 1.500 | 2.250 |
| | 钢筋 $\phi$10 以外 | kg | 10.000 | 15.000 | 22.500 |
| | 抗剪高强螺栓 M20 | 套 | 50.000 | 55.000 | 60.000 |
| | 法兰连接螺栓 M20×80 | 套 | 3.000 | 3.000 | 3.000 |
| | 环氧富锌漆 | kg | 11.725 | 11.725 | 11.725 |
| | 其他材料费 | % | 0.500 | 0.500 | 0.500 |
| 机械 | 汽车起重机 40t | 台班 | 0.210 | 0.210 | 0.210 |
| | 汽车起重机 25t | 台班 | 0.210 | 0.210 | 0.210 |

**工作内容**：桩顶凿除混凝土：洞内凿除，提升至地面等。填砂：分层填筑，压实等。

计量单位：$m^3$

| 定额编号 | | | 4-083 | 4-084 | 4-085 |
|---|---|---|---|---|---|
| 项目 | | | 桩顶混凝土凿除 | 钢管柱外填砂 | 孔桩抽泥浆 |
| 名称 | | 单位 | 数量 | | |
| 人工 | 综合工日 | 工日 | 3.434 | 0.600 | 0.300 |
| 材料 | 合金钢钻头 | 个 | 0.100 | — | — |
| | 高压风管 $\phi25$ | m | 0.100 | — | — |
| | 中粗砂 | kg | — | 1895.000 | — |
| | 其他材料费 | % | 1.000 | 1.000 | 1.000 |
| 机械 | 电动空气压缩机 $10m^3/min$ | 台班 | 0.231 | — | — |
| | 潜水泵 $\phi100$ | 台班 | — | — | 0.408 |
| | 鼓风机 $18m^3/min$ | 台班 | 0.360 | — | — |
| | 电动卷扬机 双筒慢速 5t | 台班 | 0.360 | — | — |
| | 风镐 | 台班 | 0.360 | — | — |

### 1.5.3 混凝土灌注

**工作内容**：1. 灌注桩混凝土：导管下放、混凝土浇筑、拔管、测量深度等。

2. 钢管柱混凝土：混凝土浇筑，振捣，养护等。

计量单位：$m^3$

| 定额编号 | | | 4-086 | 4-087 | 4-088 |
|---|---|---|---|---|---|
| 项目 | | | 灌注桩预拌混凝土 | 钢管柱预拌混凝土 | 钢管柱基础杯口预拌混凝土 |
| 名称 | | 单位 | 数量 | | |
| 人工 | 综合工日 | 工日 | 0.724 | 0.928 | 1.080 |
| 材料 | 预拌混凝土 C30 | $m^3$ | 1.218 | — | — |
| | 预拌混凝土 C50 | $m^3$ | — | 1.020 | — |
| | 预拌混凝土 C25 | $m^3$ | — | — | 1.020 |
| | 导管 | kg | 0.380 | — | — |
| | 泵管 $\phi$150 | kg | — | 0.810 | 0.810 |
| | 水 | $m^3$ | 0.200 | 0.200 | 0.200 |
| | 电 | kW · h | — | 0.450 | 0.450 |
| | 其他材料费 | % | 1.000 | 1.000 | 1.000 |
| 机械 | 混凝土输送泵 $20m^3/h$ | 台班 | — | 0.020 | 0.020 |

## 1.5.4 钢筋笼

**工作内容**：钢筋制作，绑扎，焊接成形，材料成品在现场水平搬运，吊装等。

计量单位：t

| 定额编号 | | | 4-089 |
|---|---|---|---|
| 项目 | | | 灌注桩钢筋笼制作、安装 |
| 名称 | | 单位 | 数量 |
| 人工 | 综合工日 | 工日 | 13.471 |
| 材料 | 钢筋 $\phi$10 以内 | kg | 171.000 |
| | 钢筋 $\phi$10 以外 | kg | 854.000 |
| | 镀锌铁丝 | kg | 1.800 |
| | 电焊条 | kg | 13.490 |
| | 其他材料费 | % | 1.000 |
| 机械 | 汽车起重机 15t | 台班 | 0.210 |
| | 钢筋调直机 | 台班 | 0.444 |
| | 钢筋切断机 | 台班 | 0.444 |
| | 交流电焊机 32kV·A | 台班 | 2.780 |

# 1.6 暗挖车站洞内灌注桩及钢管柱

## 1.6.1 洞内机械钻孔桩

**工作内容**：准备工作，装拆钻架，就位，移动，钻进，提钻，出渣，清孔，测量孔径、孔深等。

计量单位：m

| 定额编号 | | | 4-090 | 4-091 | 4-092 | 4-093 | 4-094 | 4-095 |
|---|---|---|---|---|---|---|---|---|
| 项目 | | | 洞内机械钻孔（一、二类土）$H\leqslant 20m$ | 洞内机械钻孔（一、二类土）$H\leqslant 40m$ | | | | |
| | | | $\phi$600 以内 | $\phi$600 以内 | $\phi$800 以内 | $\phi$1000 以内 | $\phi$1200 以内 | $\phi$1500 以内 |
| 名称 | | 单位 | 数量 | | | | | |
| 人工 | 综合工日 | 工日 | 0.757 | 1.037 | 1.170 | 1.267 | 1.384 | 1.709 |
| 材料 | 电焊条 | kg | 0.020 | 0.020 | 0.020 | 0.020 | 0.020 | 0.020 |
| | 铁件 | kg | 0.030 | 0.020 | 0.020 | 0.020 | 0.020 | 0.020 |
| | 钻头 | kg | 0.303 | 0.303 | 0.303 | 0.303 | 0.303 | 0.391 |
| | 其他材料费 | % | 1.000 | 1.000 | 1.000 | 1.000 | 1.000 | 1.000 |
| 机械 | 钻机综合 | 台班 | 0.115 | 0.134 | 0.250 | 0.265 | 0.284 | 0.334 |
| | 泥浆泵 $\phi$100 | 台班 | 0.064 | 0.156 | 0.196 | 0.209 | 0.228 | 0.245 |
| | 潜水泵 $\phi$100 | 台班 | 0.064 | 0.156 | 0.196 | 0.209 | 0.228 | 0.245 |
| | 交流电焊机 32kV·A | 台班 | 0.002 | 0.002 | 0.002 | 0.002 | 0.004 | 0.004 |

**工作内容**：准备工作，装拆钻架，就位，移动，钻进，提钻，出渣，清孔，测量孔径、孔深等。

计量单位：m

| 定额编号 | | | 4-096 | 4-097 | 4-098 | 4-099 | 4-100 | 4-101 |
|---|---|---|---|---|---|---|---|---|
| 项目 | | | 洞内机械钻孔（三类土）$H \leqslant 20m$ | 洞内机械钻孔（三类土）$H \leqslant 40m$ | | | | |
| | | | $\phi$600 以内 | $\phi$600 以内 | $\phi$800 以内 | $\phi$1000 以内 | $\phi$1200 以内 | $\phi$1500 以内 |
| 名称 | | 单位 | 数量 | | | | | |
| 人工 | 综合工日 | 工日 | 1.427 | 2.048 | 2.308 | 2.502 | 2.711 | 3.305 |
| 材料 | 电焊条 | kg | 0.040 | 0.040 | 0.040 | 0.040 | 0.050 | 0.060 |
| | 铁件 | kg | 0.030 | 0.020 | 0.020 | 0.020 | 0.020 | 0.020 |
| | 钻头 | kg | 0.417 | 0.417 | 0.417 | 0.417 | 0.417 | 0.540 |
| | 其他材料费 | % | 1.000 | 1.000 | 1.000 | 1.000 | 1.000 | 1.000 |
| 机械 | 钻机综合 | 台班 | 0.295 | 0.461 | 0.474 | 0.553 | 0.593 | 0.707 |
| | 泥浆泵 $\phi$100 | 台班 | 0.208 | 0.342 | 0.427 | 0.462 | 0.499 | 0.540 |
| | 潜水泵 $\phi$100 | 台班 | 0.208 | 0.342 | 0.427 | 0.462 | 0.499 | 0.540 |
| | 交流电焊机 32kV·A | 台班 | 0.007 | 0.007 | 0.007 | 0.007 | 0.008 | 0.011 |

**工作内容**：准备工作，装拆钻架，就位，移动，钻进，提钻，出渣，清孔，测量孔径、孔深等。

计量单位：m

| 定额编号 | | | 4-102 | 4-103 | 4-104 | 4-105 | 4-106 | 4-107 |
|---|---|---|---|---|---|---|---|---|
| 项目 | | | 洞内机械钻孔（四类土）$H \leqslant 20m$ | 洞内机械钻孔（四类土）$H \leqslant 40m$ | | | | |
| | | | $\phi600$ 以内 | $\phi600$ 以内 | $\phi800$ 以内 | $\phi1000$ 以内 | $\phi1200$ 以内 | $\phi1500$ 以内 |
| 名称 | | 单位 | 数量 | | | | | |
| 人工 | 综合工日 | 工日 | 2.226 | 3.355 | 3.769 | 4.074 | 4.392 | 5.318 |
| 材料 | 电焊条 | kg | 0.060 | 0.060 | 0.060 | 0.060 | 0.070 | 0.090 |
| | 铁件 | kg | 0.030 | 0.020 | 0.020 | 0.020 | 0.020 | 0.020 |
| | 钻头 | kg | 0.417 | 0.417 | 0.417 | 0.417 | 0.417 | 0.540 |
| | 其他材料费 | % | 1.000 | 1.000 | 1.000 | 1.000 | 1.000 | 1.000 |
| 机械 | 钻机综合 | 台班 | 0.482 | 0.766 | 0.854 | 0.918 | 0.985 | 1.175 |
| | 泥浆泵 $\phi100$ | 台班 | 0.378 | 0.583 | 0.728 | 0.786 | 0.848 | 0.916 |
| | 潜水泵 $\phi100$ | 台班 | 0.378 | 0.583 | 0.728 | 0.786 | 0.848 | 0.915 |
| | 交流电焊机 32kV·A | 台班 | 0.011 | 0.011 | 0.011 | 0.011 | 0.013 | 0.017 |

**工作内容：** 1．泥浆制作：搭拆溜槽和工作平台，拌和泥浆，倒运护壁泥浆等。
2．泥浆水平运输：沉淀、固化，装、运至洞口，清理道路。
3．泥浆垂直运输：由洞口提升至地面及地面人工配合等。

计量单位：$m^3$

| 定额编号 | | | 4-108 | 4-109 | 4-110 | 4-111 |
|---|---|---|---|---|---|---|
| 项目 | | | 洞内泥浆制作 | 洞内泥浆水平运输 | | 洞内泥浆垂直运输 |
| | | | | 50m 以内 | 每增 10m | |
| 名称 | | 单位 | 数量 | | | |
| 人工 | 综合工日 | 工日 | 0.217 | 0.473 | 0.036 | 0.100 |
| 材料 | 黏土 | $m^3$ | 0.177 | — | — | — |
| | 水 | $m^3$ | 0.900 | — | — | — |
| | 其他材料费 | % | 1.000 | — | — | — |
| 机械 | 灰浆搅拌机 400L | 台班 | 0.023 | — | — | — |
| | 电动卷扬机 双筒慢速 5t | 台班 | — | — | — | 0.040 |

## 1.6.2 洞内人工挖孔桩

**工作内容：**人工挖土、修整边底、装土，清理，卷扬机吊运土，土方洞内水平运输，由洞口提升至地面及地面人工配合，孔内照明、抽水、送风等。

计量单位：$m^3$

| 定额编号 | | | 4-112 | 4-113 | 4-114 | 4-115 | 4-116 |
|---|---|---|---|---|---|---|---|
| 项目 | | | 洞内人工挖孔 | | | 洞内人工挖孔桩遇流砂、淤泥增加费 | 洞内人工挖孔桩入岩增加费 |
| | | | 一、二类土 | 三类土 | 四类土 | | |
| 名称 | | 单位 | 数量 | | | | |
| 人工 | 综合工日 | 工日 | 2.563 | 3.198 | 3.419 | 1.363 | 4.8[illegible]9 |
| 材料 | 圆木 | $m^3$ | 0.001 | 0.001 | 0.001 | — | — |
| | 枋木 | $m^3$ | 0.001 | 0.001 | 0.001 | — | — |
| | 板方材 | $m^3$ | 0.001 | 0.001 | 0.001 | — | — |
| | 圆钉 | kg | 0.001 | 0.001 | 0.001 | — | — |
| | 扒钉 | kg | 0.031 | 0.031 | 0.031 | — | — |
| | 其他材料费 | % | 1.000 | 1.000 | 1.000 | 1.000 | 1.00[illegible] |
| 机械 | 吹风机 $4m^3/min$ | 台班 | 0.356 | 0.356 | 0.356 | — | — |
| | 电动卷扬机 单筒快速 1t | 台班 | 0.457 | 0.592 | 0.650 | — | — |
| | 电动卷扬机 双筒慢速 5t | 台班 | 0.457 | 0.592 | 0.650 | — | — |
| | 电动单级离心清水泵 出口直径 $\phi50$ | 台班 | — | — | — | 1.660 | — |
| | 风镐 | 台班 | — | — | — | — | 1.456 |
| | 电动空气压缩机 $10m^3/min$ | 台班 | — | — | — | — | 0.485 |

### 1.6.3 洞内孔桩混凝土灌注

**工作内容**：混凝土输送、浇捣、养护等。

计量单位：$m^3$

| 定额编号 | | | 4-117 | 4-118 | 4-119 |
|---|---|---|---|---|---|
| 项目 | | | 洞内人工挖孔桩混凝土护壁 | 洞内人工挖孔桩预拌混凝土 | 洞内灌注桩预拌混凝土 |
| 名称 | | 单位 | 数量 | | |
| 人工 | 综合工日 | 工日 | 1.342 | 1.213 | 1.374 |
| 材料 | 混凝土护壁 | $m^3$ | 1.030 | — | — |
| | 预拌混凝土 C30 | $m^3$ | — | 1.150 | 1.218 |
| | 导管 | kg | — | — | 0.280 |
| | 泵管 $\phi150$ | kg | — | 0.810 | 0.810 |
| | 水 | $m^3$ | — | 0.200 | 0.200 |
| | 其他材料费 | % | 3.000 | 1.000 | 1.000 |
| 机械 | 混凝土输送泵 $20m^3/h$ | 台班 | — | 0.020 | 0.020 |
| | 电动卷扬机 单筒慢速 1t | 台班 | 0.144 | — | — |
| | 电动卷扬机 双筒慢速 5t | 台班 | 0.144 | — | — |

## 1.6.4 洞内孔桩钢筋笼及钢管柱

**工作内容：**1．钢筋制作，绑扎，焊接成形，材料竖井提升及洞内水平搬运，吊装，对接，校正等；下料，制作，吊装，定位，安装，除锈，防腐刷漆等。

2．钢管柱竖井提升及洞内水平搬运，吊装，定位，螺栓连接及固定，材料场内运输等。

计量单位：t

| 定额编号 | | | 4-120 | 4-121 | 4-122 | 4-123 |
|---|---|---|---|---|---|---|
| 项目 | | | 洞内钢筋笼制作、安装 | 洞内钢管柱安装（厂制） | | |
| | | | | $\phi$800 以内 | $\phi$1200 以内 | $\phi$1600 以内 |
| 名称 | | 单位 | 数量 | | | |
| 人工 | 综合工日 | 工日 | 20.573 | 15.790 | 14.657 | 13.637 |
| 材料 | 钢筋 $\phi$10 以内 | kg | 171.000 | — | — | — |
| | 钢筋 $\phi$10 以外 | kg | 854.000 | — | — | — |
| | 镀锌铁丝 | kg | 1.800 | — | — | — |
| | 电焊条 | kg | 13.490 | — | — | — |
| | 钢管柱（含法兰盘） | kg | — | 1000.000 | 1000.000 | 1000.000 |
| | 环氧富锌漆 | kg | — | 11.725 | 11.725 | 11.725 |

续前

| 定额编号 | | | 4-120 | 4-121 | 4-122 | 4-123 |
|---|---|---|---|---|---|---|
| 项目 | | | 洞内钢筋笼制作、安装 | 洞内钢管柱安装（厂制） | | |
| | | | | $\phi$800 以内 | $\phi$1200 以内 | $\phi$1600 以内 |
| 名称 | | 单位 | 数量 | | | |
| 材料 | 抗剪高强螺栓 M20 | 套 | — | 50.000 | 55.000 | 60.000 |
| | 法兰连接螺栓 M20×80 | 套 | — | 3.000 | 3.000 | 4.000 |
| | 其他材料费 | % | 1.000 | 1.000 | 1.000 | 1.000 |
| 机械 | 汽车起重机 10t | 台班 | 0.050 | 0.050 | 0.050 | 0.050 |
| | 载重汽车 5t | 台班 | 0.050 | 0.050 | 0.050 | 0.050 |
| | 钢筋调直机 | 台班 | 0.533 | — | — | — |
| | 钢筋切断机 | 台班 | 0.533 | — | — | — |
| | 交流电焊机 32kV·A | 台班 | 3.336 | — | — | — |
| | 电动卷扬机 双筒慢速 5t | 台班 | 0.352 | 0.385 | 0.385 | 0.385 |

# 2　混凝土工程

# 说　明

一、本章包括：明挖、暗挖及盖挖车站混凝土结构工程等共 3 节 54 个子目。

二、钢筋混凝土小型构件是指单件体积≤$0.05m^3$的混凝土项目。

三、暗挖、盖挖车站（除顶板外）的结构混凝土项目均已综合泵送费用，明挖车站结构混凝土项目的泵送费用应另行套用第二册相应子目。

# 工程量计算规则

现浇混凝土工程量除另有规定者外，均按设计图示体积以“$m^3$”为单位计算，不扣除构件内钢筋、预埋铁件及墙、板中面积≤$0.3m^2$的孔洞所占体积。

一、柱按设计图示断面面积乘以高度以“$m^3$”为单位计算。

1. 柱高自柱基上表面（或楼板上表面）至上一层板或梁的下表面之间的高度计算。
2. 构造柱高按设计高度计算，嵌接墙体部分并入柱身体积。
3. 依附柱上的牛腿和柱帽，并入柱身体积以“$m^3$”为单位计算。

二、梁按设计图示体积以“$m^3$”为单位计算。

1. 梁与柱连接时，梁长算至柱的内侧面；伸入墙内部分的梁头并入梁的体积计算。

2. 主梁与次梁连接时，次梁长度算至主梁的内侧面。

3. 梁高自梁底算至板底，反梁自板顶算至梁顶。

三、板按设计图示体积以“$m^3$”为单位计算。

靠墙的梗斜混凝土体积并入墙的混凝土体积计算，不靠墙的梗斜并入相邻顶板或底板混凝土体积计算。

四、混凝土墙按设计图示体积以“$m^3$”为单位计算。

1. 墙的体积按墙的设计中心线长度乘以墙高与厚度计算，其体积应扣除 $0.3m^2$ 以外孔洞所占的体积。

2. 墙垛（附墙柱）、暗柱、暗梁及墙突出部分并入墙体积计算。

3. 墙的体积中，板与墙相叠加部位按墙计算；柱或梁与墙相叠加部位，分别按柱或梁计算。

五、整体楼梯的工程量应包括休息平台、平台梁、斜梁及楼梯与楼板连接的梁、踏步板及踏步，按设计图示尺寸以“$m^3$”为单位计算。

## 2.1 明挖车站垫层

**工作内容：**清理基层，取样，运料，摊铺，找平，洒水，碾压等。

计量单位：$m^3$

| 定额编号 | | | 4-124 | 4-125 | 4-126 | 4-127 |
|---|---|---|---|---|---|---|
| 项目 | | | 基础垫层、砖模 | | | |
| | | | 干铺碎石垫层 | 干铺片石垫层 | 石屑垫层 | 级配砂石垫层 |
| 名称 | | 单位 | 数量 | | | |
| 人工 | 综合工日 | 工日 | 0.653 | 0.690 | 0.516 | 0.850 |
| 材料 | 碎石 | $m^3$ | 1.097 | — | — | 0.439 |
| | 片石 | $m^3$ | — | 1.263 | — | — |
| | 石屑 | $m^3$ | — | — | 1.308 | — |
| | 中砂 | $m^3$ | 0.198 | 0.198 | — | 1.023 |
| | 水 | $m^3$ | — | — | 0.162 | 0.300 |
| | 其他材料费 | % | 1.000 | 1.000 | 1.000 | 1.000 |

**工作内容**：清理基层，取样，运料，摊铺，找平，洒水，碾压等。

计量单位：$m^3$

| 定额编号 | | | 4-128 | 4-129 | 4-130 |
|---|---|---|---|---|---|
| 项目 | | | 混凝土垫层 | 防水混凝土垫层 | 砖模 |
| 名称 | | 单位 | 数量 | | |
| 人工 | 综合工日 | 工日 | 0.670 | 0.670 | 1.218 |
| 材料 | 预拌混凝土 C20 | $m^3$ | 1.020 | — | — |
| | 防水预拌混凝土 C20 | $m^3$ | — | 1.020 | — |
| | 实心灰砂砖 240×115×53 | 千块 | — | — | 0.524 |
| | 水泥砂浆 M5 | $m^3$ | — | — | 0.236 |
| | 水 | $m^3$ | 0.172 | 0.172 | 0.105 |
| | 其他材料费 | % | 1.000 | 1.000 | 1.000 |
| 机械 | 灰浆搅拌机 200L | 台班 | — | — | 0.039 |

## 2.2 明挖车站混凝土

**工作内容：**混凝土浇筑、振捣、抹平、养护等。

计量单位：$m^3$

| 定额编号 | | | 4-131 | 4-132 | 4-133 | 4-134 | 4-135 | 4-136 |
|---|---|---|---|---|---|---|---|---|
| 项目 | | | 矩形柱 | 圆形柱 | 异形柱 | 站台板下混凝土柱 | | |
| | | | | | | 矩形 | 圆形 | 异形 |
| 名称 | | 单位 | 数量 | | | | | |
| 人工 | 综合工日 | 工日 | 0.840 | 0.865 | 0.891 | 0.924 | 0.952 | 0.980 |
| 材料 | 预拌混凝土 C30 | $m^3$ | 1.020 | 1.020 | 1.020 | 1.020 | 1.020 | 1.020 |
| | 水 | $m^3$ | 0.472 | 0.472 | 0.674 | 0.472 | 0.472 | 0.472 |
| | 电 | kW · h | 1.696 | 1.596 | 1.696 | 1.696 | 1.776 | 1.856 |
| | 其他材料费 | % | 1.000 | 1.000 | 1.000 | 1.000 | 1.000 | 1.000 |

工作内容：混凝土浇筑、振捣、抹平、养护等。

计量单位：$m^3$

| 定额编号 | | | 4-137 | 4-138 | 4-139 | 4-140 | 4-141 |
|---|---|---|---|---|---|---|---|
| | | | 防水混凝土基础梁 | 站台板下梁 | 矩形梁 | 异形、拱形梁 | 圈梁、过梁、反梁、压顶梁 |
| 名称 | | 单位 | 数量 | | | | |
| 人工 | 综合工日 | 工日 | 0.751 | 0.968 | 0.938 | 1.169 | 1.000 |
| 材料 | 预拌混凝土 C30 | $m^3$ | — | 1.020 | 1.020 | 1.020 | 1.020 |
| | 防水预拌混凝土 C30 | $m^3$ | 1.020 | — | — | — | — |
| | 水 | $m^3$ | 0.581 | 0.568 | 0.568 | 0.684 | 0.728 |
| | 电 | kW·h | 1.700 | 1.960 | 1.700 | 1.700 | 1.700 |
| | 其他材料费 | % | 1.000 | 1.000 | 1.000 | 1.000 | 1.000 |

**工作内容**：混凝土浇筑、振捣、抹平、养护等。

计量单位：$m^3$

| 定额编号 | | | 4-142 | 4-143 | 4-144 | 4-145 | 4-146 | 4-147 |
|---|---|---|---|---|---|---|---|---|
| 项目 | | | 直形墙 | 弧形墙 | 异形墙 | 直形内衬墙 | 弧形内衬墙 | 异形内衬墙 |
| 名称 | | 单位 | 数量 | | | | | |
| 人工 | 综合工日 | 工日 | 0.799 | 0.823 | 0.848 | 0.680 | 0.700 | 0.721 |
| 材料 | 预拌混凝土 C30 | $m^3$ | 1.020 | 1.020 | 1.020 | 1.020 | 1.020 | 1.020 |
| | 水 | $m^3$ | 0.467 | 0.467 | 0.467 | 0.467 | 0.467 | 0.467 |
| | 电 | kW·h | 1.808 | 1.932 | 2.408 | 1.768 | 2.448 | 2.388 |
| | 其他材料费 | % | 1.000 | 1.000 | 1.000 | 1.000 | 1.000 | 1.000 |

工作内容：混凝土浇筑、振捣、抹平、养护等。

计量单位：$m^3$

| 定额编号 | | | 4-148 | 4-149 | 4-150 | 4-151 |
|---|---|---|---|---|---|---|
| 项目 | | | 底板 | 弧形板、拱板 | 中层板 | 顶板 |
| 名称 | | 单位 | 数量 | | | |
| 人工 | 综合工日 | 工日 | 0.563 | 1.241 | 0.788 | 0.795 |
| 材料 | 防水预拌混凝土 C30 | $m^3$ | 1.020 | 1.020 | — | 1.020 |
| | 预拌混凝土 C30 | $m^3$ | — | — | 1.020 | — |
| | 水 | $m^3$ | 0.210 | 0.576 | 0.788 | 0.788 |
| | 电 | kW·h | 1.700 | 4.640 | 1.860 | 2.192 |
| | 其他材料费 | % | 1.000 | 1.000 | 1.000 | 1.000 |

**工作内容**：混凝土浇筑、振捣、抹平、养护等。调、运、铺砂浆，淋砖，运砖，砌砖等。

| 定额编号 | | | 4-152 | 4-153 | 4-154 | 4-155 |
|---|---|---|---|---|---|---|
| 项目 | | | 楼梯（$m^3$） | | 混凝土台阶 | 砖砌台阶 |
| | | | 普通楼梯 | 异形楼梯 | $m^3$ | $m^2$ |
| 名称 | | 单位 | 数量 | | | |
| 人工 | 综合工日 | 工日 | 1.297 | 1.686 | 0.975 | 0.486 |
| 材料 | 预拌混凝土 C30 | $m^3$ | 1.020 | 1.020 | 1.020 | — |
| | 水泥石灰砂浆 M5 | $m^3$ | — | 0.055 | — | 0.055 |
| | 标准砖 240×115×53 | 千块 | — | 0.119 | — | 0.119 |
| | 水 | $m^3$ | 0.682 | 0.827 | 0.919 | 0.023 |
| | 电 | kW·h | 2.000 | 2.036 | 1.636 | 0.120 |
| | 其他材料费 | % | 1.000 | 1.000 | 1.000 | 1.000 |

**工作内容：**混凝土浇筑、振捣、抹平、养护等。

计量单位：$m^3$

| 定额编号 | | | 4-156 | 4-157 | 4-158 | 4-159 | 4-160 |
|---|---|---|---|---|---|---|---|
| 项目 | | | 混凝土（其他）工程 | | | | |
| | | | 风井、电梯井、电缆井、消防水池 | 回填混凝土 | 混凝土结构风管、电缆槽 | 小型构件 | 电缆沟、水沟 |
| 名称 | | 单位 | 数量 | | | | |
| 人工 | 综合工日 | 工日 | 0.782 | 0.638 | 1.502 | 1.888 | 0.782 |
| 材料 | 预拌混凝土 C30 | $m^3$ | 1.020 | 1.020 | 1.020 | 1.020 | 1.020 |
| | 水 | $m^3$ | 0.700 | 0.700 | 1.420 | 2.745 | 0.602 |
| | 电 | kW·h | 2.000 | 1.636 | 2.000 | 1.200 | 2.000 |
| | 其他材料费 | % | 1.000 | 1.000 | 1.000 | 1.000 | 1.000 |

## 2.3 盖挖、暗挖车站混凝土

**工作内容**：混凝土洞内运输，浇筑，振捣，养护，人工配合混凝土泵送等。

计量单位：$m^3$

| 定额编号 | | | 4-161 | 4-162 | 4-163 | 4-164 |
|---|---|---|---|---|---|---|
| 项目 | | | 边墙 | 中隔墙 | 矩形柱 | 圆形柱 |
| 名称 | | 单位 | 数量 | | | |
| 人工 | 综合工日 | 工日 | 0.813 | 0.944 | 0.969 | 0.998 |
| 材料 | 预拌混凝土 C30 | $m^3$ | 1.020 | 1.020 | — | 1.020 |
| | 泵管 $\phi150$ | kg | 0.810 | 0.810 | 0.810 | 0.810 |
| | 电 | kW·h | 0.488 | 0.488 | 0.500 | 0.500 |
| | 水 | $m^3$ | 0.730 | 0.730 | 0.709 | 0.709 |
| | 其他材料费 | % | 1.000 | 1.000 | 1.000 | 1.000 |
| 机械 | 混凝土输送泵 $20m^3/h$ | 台班 | 0.020 | 0.020 | 0.040 | 0.040 |

**工作内容**：混凝土洞内运输，浇筑，振捣，养护，人工配合混凝土泵送等。

计量单位：$m^3$

| 定额编号 | | | 4-165 | 4-166 | 4-167 | 4-168 | 4-169 |
|---|---|---|---|---|---|---|---|
| 项目 | | | 底板 | 中层板 | 平顶顶板 | 拱顶板 | 盖挖顶板 |
| 名称 | | 单位 | 数量 | | | | |
| 人工 | 综合工日 | 工日 | 0.647 | 0.906 | 0.954 | 1.410 | 0.671 |
| 材料 | 预拌混凝土 C30 | $m^3$ | 1.020 | 1.020 | 1.020 | 1.020 | 1.020 |
| | 泵管 $\phi150$ | kg | 0.810 | 0.810 | 0.810 | 0.810 | — |
| | 电 | kW·h | 0.500 | 0.488 | 0.500 | 0.500 | 0.500 |
| | 水 | $m^3$ | 0.730 | 0.730 | 0.730 | 0.730 | 0.730 |
| | 其他材料费 | % | 1.000 | 1.000 | 1.000 | 1.000 | 1.000 |
| 机械 | 混凝土输送泵 $20m^3/h$ | 台班 | 0.020 | 0.020 | 0.020 | 0.020 | — |
| | 混凝土泵车 $20m^3/h$ | 台班 | — | — | — | — | 0.020 |

**工作内容**：混凝土洞内运输，浇筑，振捣，养护，人工配合混凝土泵送等。

计量单位：$m^3$

| 定额编号 | | | 4-170 | 4-171 | 4-172 |
|---|---|---|---|---|---|
| 项目 | | | 底梁 | 中顶梁 | 边顶梁 |
| 名称 | | 单位 | 数量 | | |
| 人工 | 综合工日 | 工日 | 0.864 | 1.331 | 1.079 |
| 材料 | 预拌混凝土 C30 | $m^3$ | 1.020 | 1.020 | 1.020 |
| | 泵管 $\phi150$ | kg | 0.810 | 0.810 | 0.810 |
| | 电 | kW · h | 0.500 | 0.500 | 0.500 |
| | 水 | $m^3$ | 0.810 | 1.010 | 0.810 |
| | 其他材料费 | % | 1.000 | 1.000 | 1.000 |
| 机械 | 混凝土输送泵 $20m^3/h$ | 台班 | 0.020 | 0.020 | 0.020 |

**工作内容**：混凝土洞内运输，浇筑，振捣，养护，人工配合混凝土泵送等。

计量单位：$m^3$

| 定额编号 | | | 4-173 | 4-174 | 4-175 | 4-176 | 4-177 |
|---|---|---|---|---|---|---|---|
| 项目 | | | 现浇站台板 | 支承墙 | 垫层 | 底板填充混凝土 | 洞顶填充混凝土 |
| 名称 | | 单位 | 数量 | | | | |
| 人工 | 综合工日 | 工日 | 0.495 | 1.018 | 0.343 | 0.486 | 0.583 |
| 材料 | 预拌混凝土 C30 | $m^3$ | 1.020 | 1.020 | — | — | — |
| | 预拌混凝土 C20 | $m^3$ | — | — | 1.020 | 1.020 | 1.020 |
| | 泵管 $\phi150$ | kg | 0.810 | 0.810 | — | 0.810 | 0.810 |
| | 电 | kW·h | 0.500 | 0.532 | 0.308 | 0.500 | 0.500 |
| | 水 | $m^3$ | 1.660 | 1.010 | 0.810 | 0.459 | 0.460 |
| | 其他材料费 | % | 1.000 | 1.000 | 1.000 | 1.000 | 1.000 |
| 机械 | 混凝土输送泵 $20m^3/h$ | 台班 | 0.040 | 0.062 | 0.020 | 0.020 | 0.024 |

# 3 模 板 工 程

# 说　明

一、本章包括明挖、盖挖及暗挖车站的模板工程共 3 节 74 个子目。

二、模板定额项目是按钢模板为主、木模板为辅综合编制。

三、盖挖及暗挖车站模板已经综合考虑地面运输，洞内水平运输、垂直运输和模板的地面装卸费等，明挖车站的模板垂直运输应另行执行本章定额相关子目。

四、定额中的支模高度均按 6m 综合测算，实际高度超过 6m 时，超过部分应执行 6m 以上每增 1m 相应子目。

五、混凝土墙、板模板是按厚度 600mm 综合测算的，实际厚度变化时，增减部分应执行增减子目。

# 工程量计算规则

一、 模板工程量按模板接触混凝土的面积以“$m^2$”为单位计算。梗斜的模板靠墙的并入墙的模板计算，靠梁的并入梁的模板计算。

二、盖挖顶板按地模面积以“$m^2$”为单位计算。

三、计算模板工程量时，现浇混凝土墙、板上单孔面积在 0.3$m^2$ 以内的孔洞面积不予扣除，孔洞侧壁的模板面积也不另行增加；单孔面积在 0.3$m^2$ 以上的孔洞面积，应予扣除，孔洞侧壁模板面积并入墙、板工程量内计算。

# 3.1 明挖车站模板工程

**工作内容：**模板及支撑制作、安装、拆除、维护、整理、堆放、刷油、清理等。

计量单位：$m^2$

| 定额编号 | | | 4-178 | 4-179 | 4-180 | 4-181 |
|---|---|---|---|---|---|---|
| 项目 | | | 底板模板 | | 桩承台模板 | 设备基础（体积 $20m^3$ 以内） |
| | | | 有梁式 | 无梁式 | | |
| | | | 木模板木支撑 | | | |
| 名称 | | 单位 | 数量 | | | |
| 人工 | 综合工日 | 工日 | 0.256 | 0.232 | 0.234 | 0.280 |
| 材料 | 板方材 | $m^3$ | 0.005 | 0.004 | 0.003 | 0.007 |
| | 胶合板（防水胶合板） | $m^2$ | 0.088 | 0.088 | 0.088 | 0.088 |
| | 镀锌铁丝 | kg | 0.371 | 0.296 | 0.565 | 0.235 |
| | 铁钉 | kg | 0.146 | 0.099 | 0.189 | 0.188 |
| | 隔离剂 | kg | 0.100 | 0.100 | 0.100 | 0.100 |
| | 其他材料费 | % | 1.000 | 1.000 | 1.000 | 1.000 |
| 机械 | 载重汽车 5t | 台班 | 0.002 | 0.002 | 0.002 | 0.002 |
| | 木工圆锯机直径 500 | 台班 | 0.001 | 0.001 | 0.002 | 0.001 |

**工作内容：**模板及支撑制作、安装、拆除、维护、整理、堆放、刷油、清理等。

计量单位：$m^2$

| 定额编号 | | | 4-182 | 4-183 | 4-184 | 4-185 |
|---|---|---|---|---|---|---|
| 项目 | | | 底板模板 | | 桩承台模板 | 设备基础（体积 $20m^3$ 以内） |
| | | | 有梁式 | 无梁式 | | |
| | | | 组合钢模板木支撑 | | | |
| 名称 | | 单位 | 数量 | | | |
| 人工 | 综合工日 | 工日 | 0.314 | 0.337 | 0.320 | 0.373 |
| 材料 | 镀锌铁丝 | kg | 0.298 | 0.373 | 0.567 | 0.086 |
| | 铁钉 | kg | 0.100 | 0.202 | 0.189 | 0.119 |
| | 隔离剂 | kg | 0.100 | 0.100 | 0.100 | 0.100 |
| | 组合钢模板 | kg | 0.663 | 0.643 | 0.929 | 0.680 |
| | 板方材 | $m^3$ | 0.003 | 0.002 | 0.001 | 0.001 |
| | 支撑方木 | $m^3$ | 0.004 | 0.002 | 0.002 | 0.003 |
| | 零星卡具 | kg | 0.266 | 0.099 | 0.258 | 0.276 |
| | 草板纸 80# | 张 | 0.300 | 0.300 | 0.300 | 0.300 |
| | 水泥砂浆 1：2 | $m^3$ | 0.001 | 0.001 | 0.001 | — |
| | 现浇混凝土 | $m^3$ | 0.006 | — | — | — |
| | 其他材料费 | % | 1.000 | 1.000 | 1.000 | 1.000 |
| 机械 | 载重汽车 5t | 台班 | 0.002 | 0.002 | 0.002 | 0.003 |
| | 木工圆锯机直径 500 | 台班 | 0.001 | 0.001 | 0.001 | 0.001 |

**工作内容：**模板及支撑制作、安装、拆除、维护、整理、堆放、刷油、清理等。

计量单位：$m^2$

| 定额编号 | | | 4-186 | 4-187 | 4-188 |
|---|---|---|---|---|---|
| 项目 | | | 矩形柱模板 | 异形柱模板 | 圆形柱模板 |
| | | | 木模板钢支撑 | | 木模板木支撑 |
| 名称 | | 单位 | 数量 | | |
| 人工 | 综合工日 | 工日 | 0.401 | 0.513 | 0.591 |
| 材料 | 钢支撑 | kg | 0.728 | 0.836 | — |
| | 板方材 | $m^3$ | 0.004 | 0.004 | 0.025 |
| | 胶合板（防水胶合板） | $m^2$ | 0.088 | 0.105 | — |
| | 镀锌铁丝 | kg | — | — | 0.095 |
| | 铁钉 | kg | 0.039 | 0.158 | 0.504 |
| | 隔离剂 | kg | 0.100 | 0.100 | 0.100 |
| | 嵌缝料 | kg | — | — | 0.100 |
| | 其他材料费 | % | 1.000 | 1.000 | 1.000 |
| 机械 | 载重汽车 5t | 台班 | 0.003 | 0.003 | 0.004 |
| | 木工圆锯机直径 500 | 台班 | 0.002 | 0.002 | 0.019 |

工作内容：模板及支撑制作、安装、拆除、维护、整理、堆放、刷油、清理等。

计量单位：$m^2$

| 定额编号 | | | 4-189 | 4-190 |
|---|---|---|---|---|
| 项目 | | | 柱模板 | |
| | | | 矩形柱 | 异形柱 |
| | | | 组合钢模板钢支撑 | |
| 名称 | | 单位 | 数量 | |
| 人工 | 综合工日 | 工日 | 0.410 | 0.622 |
| 材料 | 钢支撑 | kg | 0.728 | 0.836 |
| | 组合钢模板 | kg | 0.771 | 0.782 |
| | 板方材 | $m^3$ | 0.001 | 0.001 |
| | 铁钉 | kg | 0.012 | 0.027 |
| | 隔离剂 | kg | 0.100 | 0.100 |
| | 零星卡具 | kg | 0.279 | 0.605 |
| | 草板纸 | 张 | 0.300 | 0.300 |
| | 其他材料费 | % | 1.000 | 1.000 |
| 机械 | 载重汽车 5t | 台班 | 0.003 | 0.003 |
| | 木工圆锯机直径 500 | 台班 | 0.001 | 0.001 |

**工作内容**：模板及支撑制作、安装、拆除、维护、整理、堆放、刷油、清理等。

计量单位：$m^2$

| 定额编号 | | | 4-191 | 4-192 | 4-193 | 4-194 |
|---|---|---|---|---|---|---|
| 项目 | | | 矩形梁模板 | 圈（过）梁、反梁模板 | 拱形梁模板 | 异形、弧形梁模板 |
| | | | 木模板钢支撑 | | | |
| 名称 | | 单位 | 数量 | | | |
| 人工 | 综合工日 | 工日 | 0.543 | 0.406 | 0.694 | 0.598 |
| 材料 | 钢支撑 | kg | 1.349 | 0.432 | 1.422 | 1.422 |
| | 板方材 | $m^3$ | 0.001 | 0.002 | 0.009 | 0.006 |
| | 胶合板（防水胶合板） | $m^2$ | 0.105 | 0.096 | — | — |
| | 镀锌铁丝 | kg | 0.177 | 0.645 | 0.267 | 0.240 |
| | 铁钉 | kg | 0.005 | 0.328 | 0.006 | 0.005 |
| | 隔离剂 | kg | 0.100 | 0.100 | 0.100 | 0.100 |
| | 嵌缝料 | kg | — | — | 0.100 | 0.100 |
| | 其他材料费 | % | 1.000 | 1.000 | 1.000 | 1.000 |
| 机械 | 载重汽车 5t | 台班 | 0.005 | 0.003 | 0.005 | 0.005 |
| | 木工圆锯机直径 500 | 台班 | 0.002 | 0.001 | 0.002 | 0.002 |

**工作内容**：模板及支撑制作、安装、拆除、维护、整理、堆放、刷油、清理等。

计量单位：$m^2$

| 定额编号 | | | 4-195 | 4-196 |
|---|---|---|---|---|
| 项目 | | | 梁模板 | |
| | | | 矩形梁 | 圈（过）梁、反梁 |
| | | | 组合钢模板钢支撑 | |
| 名称 | | 单位 | 数量 | |
| 人工 | 综合工日 | 工日 | 0.498 | 0.583 |
| 材料 | 钢支撑 | kg | 1.349 | 0.432 |
| | 组合钢模板 | kg | 0.773 | 0.738 |
| | 板方材 | $m^3$ | 0.001 | 0.002 |
| | 镀锌铁丝 | kg | 0.002 | 0.120 |
| | 铁钉 | kg | 0.036 | 0.021 |
| | 隔离剂 | kg | 0.100 | 0.100 |
| | 零星卡具 | kg | 0.366 | 0.120 |
| | 草板纸 | 张 | 0.300 | 0.300 |
| | 其他材料费 | % | 1.000 | 1.000 |
| 机械 | 载重汽车 5t | 台班 | 0.004 | 0.003 |
| | 木工圆锯机直径 500 | 台班 | 0.004 | 0.006 |

**工作内容**：模板及支撑制作、安装、拆除、维护、整理、堆放、刷油、清理等。

计量单位：$m^2$

| 定额编号 | | | 4-197 | 4-198 | 4-199 | 4-200 |
|---|---|---|---|---|---|---|
| 项目 | | | 梁、柱支模高度超过6m，每增1m（木模钢支撑、钢模钢支撑） | | 梁、柱支模高度超过6m，每增1m（木模木支撑） | |
| | | | 柱 | 梁 | 柱 | 梁 |
| 名称 | | 单位 | 数量 | | | |
| 人工 | 综合工日 | 工日 | 0.026 | 0.048 | 0.026 | 0.048 |
| 材料 | 钢支撑 | kg | 0.040 | 0.144 | — | — |
| | 板方材 | $m^3$ | — | — | 0.001 | 0.001 |
| | 铁钉 | kg | — | — | 0.006 | 0.006 |
| | 其他材料费 | % | 1.000 | 1.000 | 1.000 | 1.000 |
| 机械 | 木工圆锯机直径 500 | 台班 | — | — | 0.001 | 0.001 |
| | 载重汽车 5t | 台班 | 0.001 | 0.001 | 0.001 | 0.001 |

**工作内容**：模板及支撑制作、安装、拆除、维护、整理、堆放、刷油、清理等。

计量单位：$m^2$

| 定额编号 | | | 4-201 | 4-202 | 4-203 | 4-204 |
|---|---|---|---|---|---|---|
| 项目 | | | 直形墙模板 | 弧形墙模板 | 内衬墙模板 | 中板、顶板模板 |
| | | | 木模板钢支撑 | | | |
| 名称 | | 单位 | 数量 | | | |
| 人工 | 综合工日 | 工日 | 0.293 | 0.387 | 0.268 | 0.431 |
| 材料 | 钢支撑 | kg | 1.067 | 1.174 | 0.900 | 1.777 |
| | 板方材 | $m^3$ | 0.001 | 0.017 | 0.001 | 0.004 |
| | 胶合板（防水胶合板） | $m^2$ | 0.075 | — | 0.075 | 0.075 |
| | 镀锌铁丝 | kg | 0.768 | 0.768 | 0.687 | — |
| | 铁钉 | kg | 0.007 | 0.009 | 0.006 | 0.024 |
| | 隔离剂 | kg | 0.100 | 0.100 | 0.100 | 0.100 |
| | 嵌缝料 | kg | 0.100 | 0.100 | 0.100 | 0.100 |
| | 其他材料费 | % | 1.000 | 1.000 | 1.000 | 1.000 |
| 机械 | 载重汽车 5t | 台班 | 0.004 | 0.004 | 0.004 | 0.009 |
| | 木工圆锯机直径 500 | 台班 | 0.001 | 0.001 | 0.001 | 0.002 |

**工作内容：**模板及支撑制作、安装、拆除、维护、整理、堆放、刷油、清理等。

计量单位：$m^2$

| 定额编号 | | | 4-205 | 4-206 | 4-207 |
|---|---|---|---|---|---|
| 项目 | | | 直形墙 | 内衬墙 | 中板、顶板 |
| | | | 组合钢模板钢支撑 | | |
| 名称 | | 单位 | 数量 | | |
| 人工 | 综合工日 | 工日 | 0.310 | 0.283 | 0.485 |
| 材料 | 钢支撑 | kg | 1.067 | 0.900 | 1.777 |
| | 组合钢模板 | kg | 0.718 | 0.718 | 0.721 |
| | 板方材 | $m^3$ | 0.000 | 0.001 | 0.001 |
| | 镀锌铁丝 | kg | 0.607 | 0.606 | 0.327 |
| | 铁钉 | kg | 0.003 | 0.002 | 0.002 |
| | 隔离剂 | kg | 0.100 | 0.100 | 0.100 |
| | 零星卡具 | kg | 0.363 | 0.363 | 0.353 |
| | 尼龙帽 | 个 | 0.530 | 0.530 | — |
| | 草板纸 | 张 | 0.300 | 0.300 | 0.300 |
| | 其他材料费 | % | 1.000 | 1.000 | 1.000 |
| 机械 | 载重汽车 5t | 台班 | 0.003 | 0.003 | 0.004 |
| | 木工圆锯机直径 500 | 台班 | 0.001 | 0.001 | 0.001 |

**工作内容：**模板及支撑制作、安装、拆除、维护、整理、堆放、刷油、清理等。

计量单位：$m^2$

| 定额编号 | | | 4-208 | 4-209 | 4-210 |
|---|---|---|---|---|---|
| 项目 | | | 拱板模板 | 斜板模板 | 站台板（高度 1.5m 以内） |
| | | | 木模板钢支撑 | | |
| 名称 | | 单位 | 数量 | | |
| 人工 | 综合工日 | 工日 | 0.676 | 0.496 | 0.204 |
| 材料 | 钢支撑 | kg | 1.883 | 1.777 | — |
| | 胶合板（防水胶合板） | $m^2$ | 0.092 | 0.004 | 0.083 |
| | 板方材 | $m^3$ | 0.080 | 0.075 | 0.005 |
| | 镀锌铁丝 | kg | 0.399 | — | — |
| | 铁钉 | kg | 0.029 | 0.025 | 0.306 |
| | 隔离剂 | kg | 0.100 | 0.100 | 0.100 |
| | 嵌缝料 | kg | 0.100 | 0.100 | 0.100 |
| | 其他材料费 | % | 1.000 | 1.000 | 1.000 |
| 机械 | 载重汽车 5t | 台班 | 0.009 | 0.009 | 0.004 |
| | 木工圆锯机直径 500 | 台班 | 0.002 | 0.002 | 0.015 |

**工作内容**：模板及支撑制作、安装、拆除、维护、整理、堆放、刷油、清理等。

计量单位：$100m^2$

| 定额编号 | | | 4-211 | 4-212 | 4-213 | 4-214 |
|---|---|---|---|---|---|---|
| 项目名称 | | | 混凝土墙、板厚大于或小于 600mm 增（减） | | | |
| | | | 墙厚每增加 100mm | 墙厚每减少 100mm | 板厚每增加 100mm | 板厚每减少 100mm |
| 名称 | | 单位 | 数量 | | | |
| 人工 | 综合工日 | 工日 | 1.290 | 1.030 | 2.060 | 2.020 |
| 材料 | 钢支撑 | kg | 4.900 | 3.920 | 26.380 | 25.890 |
| | 板方材 | $m^3$ | 0.003 | 0.0024 | 0.021 | 0.019 |
| | 铁钉 | kg | 0.036 | 0.029 | 0.120 | 0.110 |
| | 其他材料费 | % | — | — | — | — |
| 机械 | 载重汽车 5t | 台班 | 0.021 | 0.016 | 0.030 | 0.017 |
| | 木工圆锯机直径 500 | 台班 | 0.012 | 0.008 | 0.015 | 0.011 |

**工作内容**：模板及支撑制作、安装、拆除、维护、整理、堆放、刷油、清理等。

计量单位：$m^2$

| 定额编号 | | | 4-215 | 4-216 |
|---|---|---|---|---|
| 项目 | | | 楼梯模板（木模板木支撑） | |
| | | | 普通 | 异形 |
| 名称 | | 单位 | 数量 | |
| 人工 | 综合工日 | 工日 | 1.072 | 1.441 |
| 材料 | 板方材 | $m^3$ | 0.037 | 0.047 |
| | 铁钉 | kg | 0.534 | 0.649 |
| | 隔离剂 | kg | 0.161 | 0.204 |
| | 嵌缝料 | kg | 0.161 | 0.204 |
| | 其他材料费 | % | 1.000 | 1.000 |
| 机械 | 载重汽车 5t | 台班 | 0.006 | 0.007 |
| | 木工圆锯机直径 500 | 台班 | 0.025 | 0.056 |

**工作内容**：模板及支撑制作、安装、拆除、维护、整理、堆放、刷油、清理等。

计量单位：$m^2$

| 定额编号 | | | 4-217 | 4-218 | 4-219 |
|---|---|---|---|---|---|
| 项目 | | | 其他工程模板（木模板木支撑） | | |
| | | | 风井、电梯井、电缆井、消防水池 | 小型构件 | 结构风管、电缆槽 |
| 名称 | | 单位 | 数量 | | |
| 人工 | 综合工日 | 工日 | 0.513 | 0.383 | 0.431 |
| 材料 | 板方材 | $m^3$ | 0.015 | 0.017 | 0.012 |
| | 铁钉 | kg | 0.451 | 0.761 | 0.451 |
| | 隔离剂 | kg | 0.100 | 0.100 | 0.073 |
| | 嵌缝料 | kg | 0.100 | 0.100 | 0.073 |
| | 其他材料费 | % | 1.000 | 1.000 | 1.000 |
| 机械 | 载重汽车 5t | 台班 | 0.004 | 0.003 | 0.004 |
| | 木工圆锯机直径 500 | 台班 | 0.008 | 0.010 | 0.008 |

**工作内容**：模板、支撑整理、堆放垂直运输等。

计量单位：100m$^2$

| 定额编号 | | | 4-220 | 4-221 | 4-222 | 4-223 |
|---|---|---|---|---|---|---|
| 项目名称 | | | 模板工程垂直运输 | | | |
| | | | 龙门式起重机 | | 塔式起重机 | |
| | | | 木模板木支撑 | 钢模板钢支撑 | 木模板木支撑 | 钢模板钢支撑 |
| 名称 | | 单位 | 数量 | | | |
| 人工 | 综合工日 | 工日 | 0.490 | 0.660 | 0.550 | 0.740 |
| 机械 | 龙门式起重机 15t | 台班 | 0.034 | 0.038 | — | — |
| | 塔式起重机（起重力矩 20kN·m) | 台班 | — | — | 0.036 | 0.041 |

## 3.2 盖挖、暗挖车站模板工程

**工作内容**：模板及支撑制作、安装、拆除、维护、整理、刷油、洞内运输及堆放等。

计量单位：$m^2$

| 定额编号 | | | 4-224 | 4-225 | 4-226 | 4-227 |
|---|---|---|---|---|---|---|
| 项目 | | | 边墙模板 | 中隔墙模板 | 矩形柱模板 | 圆形柱模板 |
| 名称 | | 单位 | 数量 | | | |
| 人工 | 综合工日 | 工日 | 0.560 | 0.588 | 0.481 | 0.640 |
| 材料 | 钢模板 | kg | 0.643 | 0.653 | 0.781 | 0.724 |
| | 卡具 | kg | 0.223 | 0.277 | 0.667 | 0.583 |
| | 板方材 | $m^3$ | 0.004 | 0.003 | 0.004 | 0.003 |
| | 钢支撑 | kg | 0.739 | 0.813 | 0.600 | 0.480 |
| | 铁钉 | kg | 0.004 | 0.005 | 0.018 | 0.016 |
| | 脱模剂 | kg | 0.100 | 0.100 | 0.100 | 0.080 |
| | 扣件 | kg | 0.459 | 0.510 | — | — |
| | 镀锌铁丝 | kg | 0.010 | 0.020 | — | 0.900 |
| | 垫木 | $m^3$ | 0.003 | 0.001 | 0.002 | 0.002 |
| | 其他材料费 | % | 1.000 | 1.000 | 1.000 | 1.000 |
| 机械 | 载重汽车 5t | 台班 | 0.002 | 0.002 | 0.004 | 0.003 |
| | 木工圆锯机直径 500 | 台班 | 0.001 | 0.001 | 0.006 | 0.006 |
| | 电动卷扬机 双筒慢速 5t | 台班 | 0.003 | 0.003 | 0.004 | 0.004 |

**工作内容**：模板及支撑制作、安装、拆除、维护、整理、刷油、洞内运输及堆放等。

计量单位：$m^2$

| 定额编号 | | | 4-228 | 4-229 | 4-230 | 4-231 |
|---|---|---|---|---|---|---|
| 项目 | | | 底板模板 | 中板模板 | 平顶板模板 | 拱顶板模板 |
| 名称 | | 单位 | 数量 | | | |
| 人工 | 综合工日 | 工日 | 0.396 | 0.467 | 0.729 | 0.875 |
| 材料 | 钢模板 | kg | 0.699 | 0.612 | 0.638 | 0.766 |
| | 卡具 | kg | 0.293 | 0.267 | 0.281 | 0.337 |
| | 板方材 | $m^3$ | 0.001 | 0.003 | 0.003 | 0.004 |
| | 钢支撑 | kg | 0.695 | 0.770 | 0.844 | 1.013 |
| | 铁钉 | kg | 0.021 | 0.010 | 0.020 | 0.020 |
| | 脱模剂 | kg | 0.100 | 0.100 | 0.100 | 0.100 |
| | 扣件 | kg | 0.376 | 0.456 | 0.510 | 0.612 |
| | 镀锌铁丝 | kg | 0.002 | 0.020 | 0.020 | 0.030 |
| | 垫木 | $m^3$ | — | 0.002 | 0.003 | 0.030 |
| | 铁扒钉 | kg | — | 0.120 | 0.145 | 0.150 |
| | 其他材料费 | % | 1.000 | 1.000 | 1.000 | 1.000 |
| 机械 | 载重汽车 5t | 台班 | 0.008 | 0.010 | 0.010 | 0.012 |
| | 木工圆锯机直径 500 | 台班 | 0.001 | 0.003 | 0.003 | 0.004 |
| | 电动卷扬机 双筒慢速 5t | 台班 | 0.004 | 0.002 | 0.002 | 0.004 |

工作内容：模板及支撑制作、安装、拆除、维护、整理、刷油、洞内运输及堆放等。

计量单位：$m^2$

| 定额编号 | | | 4-232 | 4-233 | 4-234 |
|---|---|---|---|---|---|
| 项目 | | | 底梁模板 | 中顶梁模板 | 边顶梁模板 |
| 名称 | | 单位 | 数量 | | |
| 人工 | 综合工日 | 工日 | 0.346 | 0.729 | 0.608 |
| 材料 | 钢模板 | kg | 0.637 | 0.784 | 0.685 |
| | 卡具 | kg | 0.278 | 0.213 | 0.302 |
| | 板方材 | $m^3$ | 0.003 | 0.007 | 0.002 |
| | 钢支撑 | kg | 0.572 | 0.689 | 0.615 |
| | 铁钉 | kg | 0.010 | 0.020 | 0.010 |
| | 脱模剂 | kg | 0.100 | 0.100 | 0.100 |
| | 扣件 | kg | 0.376 | 0.497 | 0.267 |
| | 镀锌铁丝 | kg | 0.011 | 0.029 | 0.010 |
| | 木支撑 | $m^3$ | — | 0.008 | 0.003 |
| | 垫木 | $m^3$ | — | 0.008 | 0.003 |
| | 铁扒钉 | kg | — | 0.072 | 0.024 |
| | 其他材料费 | % | 1.000 | 1.000 | 1.000 |
| 机械 | 载重汽车 5t | 台班 | 0.002 | 0.001 | 0.002 |
| | 木工圆锯机直径 500 | 台班 | 0.001 | 0.001 | 0.001 |
| | 电动卷扬机 双筒慢速 5t | 台班 | 0.006 | 0.003 | 0.003 |

**工作内容：** 平整场地、砌砖、浇筑混凝土、修理、整理、刷油、洞内运输及堆放等。

计量单位：$m^2$

| 定额编号 | | | 4-235 | 4-236 | 4-237 | 4-238 |
|---|---|---|---|---|---|---|
| 项目 | | | 盖挖中层板 | | 盖挖顶板 | |
| | | | 砖地模 | 混凝土地模 | 砖地模 | 混凝土地模 |
| 名称 | | 单位 | 数量 | | | |
| 人工 | 综合工日 | 工日 | 0.308 | 0.574 | 0.257 | 0.478 |
| 材料 | 预拌混凝土 C20 | $m^3$ | — | 0.152 | — | 0.152 |
| | 电 | kW·h | — | 0.532 | — | 0.532 |
| | 水 | $m^3$ | 0.180 | 0.196 | 0.168 | 0.196 |
| | 泵管 $\phi150$ | kg | — | 0.810 | — | 0.810 |
| | 板方材 | $m^3$ | — | 0.006 | — | 0.004 |
| | 铁钉 | kg | — | 0.219 | — | 0.219 |
| | 草袋 | 只 | 0.640 | 0.640 | 0.640 | 0.640 |
| | 预拌砂浆 RM7.5 | $m^3$ | 0.017 | — | 0.014 | — |
| | 灰砂砖 240×115×53 | 块 | 45.200 | — | 45.200 | — |
| | 其他材料费 | % | 1.000 | 1.000 | 1.000 | 1.000 |
| 机械 | 混凝土输送泵 $30m^3/h$ | 台班 | — | 0.010 | — | 0.010 |
| | 灰浆搅拌机 200L | 台班 | 0.002 | — | 0.001 | — |
| | 木工圆锯机直径 500 | 台班 | — | 0.020 | — | 0.018 |
| | 电动卷扬机 双筒慢速 5t | 台班 | — | 0.004 | — | — |

**工作内容**：模板及支撑制作、安装、拆除、维护、整理、刷油、洞内运输及堆放等。

计量单位：$m^2$

| 定额编号 | | | 4-239 | 4-240 | 4-241 | 4-242 |
|---|---|---|---|---|---|---|
| 项目 | | | 现浇站台板模板 | 支承墙模板 | 垫层模板 | 底板填充混凝土模板 |
| 名称 | | 单位 | 数量 | | | |
| 人工 | 综合工日 | 工日 | 0.323 | 0.801 | 0.296 | 0.355 |
| 材料 | 钢模板 | kg | 0.612 | 0.688 | 0.350 | 0.419 |
| | 卡具 | kg | 0.267 | 0.629 | 0.147 | 0.176 |
| | 板方材 | $m^3$ | 0.003 | 0.003 | 0.001 | 0.001 |
| | 钢支撑 | kg | 0.177 | 0.492 | 0.348 | 0.417 |
| | 铁钉 | kg | 0.006 | 0.023 | 0.011 | 0.013 |
| | 脱模剂 | kg | 0.100 | 0.100 | 0.050 | 0.060 |
| | 扣件 | kg | 0.140 | 0.230 | 0.188 | 0.226 |
| | 镀锌铁丝 | kg | 0.002 | 0.012 | 0.009 | 0.011 |
| | 木支撑 | $m^3$ | — | 0.027 | — | — |
| | 垫木 | $m^3$ | 0.003 | 0.004 | — | — |
| | 其他材料费 | % | 1.000 | 1.000 | 1.000 | 1.000 |
| 机械 | 载重汽车 5t | 台班 | 0.001 | 0.001 | — | — |
| | 木工圆锯机直径 500 | 台班 | 0.001 | 0.019 | 0.002 | 0.002 |
| | 电动卷扬机 双筒慢速 5t | 台班 | 0.002 | 0.003 | 0.004 | 0.005 |

工作内容：模板及支撑制作、安装、拆除、维护、整理、刷油、洞内运输及堆放等。

计量单位：$m^2$

| 定额编号 | | | 4-243 |
|---|---|---|---|
| 项目 | | | 洞顶填充混凝土模板 |
| 名称 | | 单位 | 数量 |
| 人工 | 综合工日 | 工日 | 0.426 |
| 材料 | 钢模板 | kg | 0.503 |
| | 卡具 | kg | 0.257 |
| | 板方材 | $m^3$ | 0.007 |
| | 钢支撑 | kg | 0.500 |
| | 铁钉 | kg | 0.072 |
| | 镀锌铁丝 | kg | 0.149 |
| | 其他材料费 | % | 1.000 |
| 机械 | 载重汽车 5t | 台班 | 0.019 |
| | 木工圆锯机直径 500 | 台班 | 0.001 |
| | 电动卷扬机 双筒慢速 5t | 台班 | 0.004 |

**工作内容**：模板及支撑制作、安装、拆除、维护、整理、刷油、洞内运输及堆放等。

计量单位：$100m^2$

| 定额编号 | | | 4-244 | 4-245 | 4-246 | 4-247 |
|---|---|---|---|---|---|---|
| 项目 | | | 混凝土墙、板厚大于或小于600mm增（减） | | | |
| | | | 墙厚每增加100mm | 墙厚每减少100mm | 板厚每增加100mm | 板厚每减少100mm |
| 名称 | | 单位 | 数量 | | | |
| 人工 | 综合工日 | 工日 | 1.548 | 1.236 | 2.472 | 2.424 |
| 材料 | 钢支撑 | kg | 4.900 | 3.920 | 26.380 | 25.890 |
| | 板方材 | $m^3$ | 0.003 | 0.0024 | 0.021 | 0.019 |
| | 铁钉 | kg | 0.036 | 0.029 | 0.120 | 0.110 |
| | 其他材料费 | % | — | — | — | — |
| 机械 | 载重汽车 5t | 台班 | 0.025 | 0.019 | 0.036 | 0.020 |
| | 木工圆锯机直径 500 | 台班 | 0.014 | 0.010 | 0.018 | 0.013 |
| | 电动卷扬机 双筒慢速 5t | 台班 | 0.024 | 0.024 | 0.036 | 0.036 |

## 3.3 盖挖、暗挖车站模板超高增加费

**工作内容：**模板及支撑制作、安装、拆除、维护、整理、刷油、洞内运输及堆放等。

计量单位：$m^2$

| 定额编号 | | | 4-248 | 4-249 | 4-250 | 4-251 |
|---|---|---|---|---|---|---|
| 项目 | | | 支模高度超过 6m 每增 1m | | | |
| | | | 墙 | 柱 | 板 | 梁 |
| 名称 | | 单位 | 数量 | | | |
| 人工 | 综合工日 | 工日 | 0.016 | 0.026 | 0.055 | 0.043 |
| 材料 | 钢模板 | kg | — | 0.052 | — | — |
| | 钢支撑 | kg | 0.022 | 0.040 | 0.124 | 0.014 |
| | 扣件 | kg | 0.003 | 0.006 | 0.018 | 0.002 |
| | 其他材料费 | % | 1.000 | 1.000 | 1.000 | 1.000 |
| 机械 | 载重汽车 5t | 台班 | 0.001 | 0.001 | 0.003 | 0.001 |
| | 电动卷扬机 双筒慢速 5t | 台班 | 0.001 | 0.002 | 0.006 | 0.001 |

# 4 砌筑工程

# 说　明

一、本章包括明挖、盖挖和暗挖车站砌筑工程共 23 子目。

二、定额中的砖按标准砖的规格编制；砌块则按常用规格编制。当设计规格不同时，允许换算。

# 工程量计算规则

一、砌筑墙体分不同厚度，按设计图示砌体的面积以“$m^2$”为单位计算，不扣除单个面积≤0.3 $m^2$的孔洞所占面积。

二、片石挡墙、砌块地沟及零星砌体按设计图示砌体的体积以“$m^3$”为单位计算。

**工作内容**：拌和砂浆，淋砖，运砖，砌筑、勾缝、养护等。

计量单位：$m^2$

| 定额编号 | | | 4-252 | 4-253 | 4-254 | 4-255 | 4-256 | 4-257 |
|---|---|---|---|---|---|---|---|---|
| 项目 | | | 直形灰砂砖墙 | | | 弧形灰砂砖墙 | | |
| | | | 120mm厚 | 180 mm厚 | 240 mm厚 | 120 mm厚 | 180 mm厚 | 240 mm厚 |
| 名称 | | 单位 | 数量 | | | | | |
| 人工 | 综合工日 | 工日 | 0.242 | 0.354 | 0.386 | 0.246 | 0.343 | 0.422 |
| 材料 | 实心灰砂砖 240×115×53 | 千块 | 0.068 | 0.099 | 0.128 | 0.067 | 0.098 | 0.130 |
| | 水泥混合砂浆 M5 | $m^3$ | 0.023 | 0.038 | 0.054 | 0.030 | 0.038 | 0.054 |
| | 水 | $m^3$ | 0.014 | 0.020 | 0.025 | 0.025 | 0.025 | 0.026 |
| | 其他材料费 | % | 1.000 | 1.000 | 1.000 | 1.000 | 1.000 | 1.000 |
| 机械 | 灰浆搅拌机出料容量 200L | 台班 | 0.004 | 0.006 | 0.009 | 0.004 | 0.006 | 0.009 |

**工作内容**：拌和砂浆，淋砖，运砖，砌筑、勾缝、养护等。

计量单位：$m^2$

| 定额编号 | | | 4-258 | 4-259 | 4-260 | 4-261 | 4-262 | 4-263 |
|---|---|---|---|---|---|---|---|---|
| 项目 | | | 直形陶粒砖墙 | | 弧形陶粒砖墙 | | 直形轻质混凝土空心砌块墙 | |
| | | | 90mm厚 | 190mm厚 | 90mm厚 | 190mm厚 | 115mm厚 | 175mm厚 |
| | 名称 | 单位 | 数量 | | | | | |
| 人工 | 综合工日 | 工日 | 0.133 | 0.198 | 0.146 | 0.216 | 0.141 | 0.215 |
| 材料 | 陶粒砌块A型 390×90×190 | 千块 | — | 0.010 | — | 0.010 | — | — |
| | 陶粒砌块B型 190×90×190 | 千块 | — | 0.003 | — | 0.003 | — | — |
| | 陶粒砌块C型 390×90×190 | 千块 | 0.011 | 0.004 | 0.012 | 0.004 | — | — |
| | 陶粒砌块D型 190×90×190 | 千块 | 0.003 | — | — | 0.003 | — | — |
| | 水泥混合砂浆 M5 | $m^3$ | 0.007 | 0.016 | 0.007 | 0.016 | — | — |
| | 轻质混凝土小型空心砌块 390×190×190 | 块 | — | — | — | — | 6.209 | 9.448 |
| | 轻质混凝土小型空心砌块 190×190×90 | 块 | — | — | — | — | 1.725 | 2.625 |
| | 轻质混凝土小型空心砌块 190×90×90 | 块 | — | — | — | — | 1.323 | 2.013 |
| | 实心灰砂砖 240×115×53 | 千块 | — | — | — | — | 0.003 | 0.005 |
| | 水泥混合砂浆 M10 | $m^3$ | — | — | — | — | 0.011 | 0.017 |
| | 水 | $m^3$ | 0.026 | 0.026 | — | — | 0.008 | 0.012 |
| | 其他材料费 | % | 1.000 | 1.000 | 1.000 | 1.000 | 1.000 | 1.000 |
| 机械 | 灰浆搅拌机出料容量 200L | 台班 | 0.001 | 0.002 | 0.001 | 0.002 | 0.002 | 0.002 |

**工作内容：** 调运、铺砂浆，淋砖，运砖，砌砖包括小型构件、垫块、木头砖、铁件等，砖旋，砖过梁、砖拱包括制作、安装及拆除模板。

| 定额编号 | | | 4-264 | 4-265 | 4-266 | 4-267 | 4-268 | 4-269 |
|---|---|---|---|---|---|---|---|---|
| 项目 | | | 弧形轻质混凝土空心砌块墙 | | 明挖铸铁盖板制作、安装 | | 片石挡土墙 | |
| | | | 115mm 厚 | 175mm 厚 | 320mm 宽 | 490mm 宽 | 浆砌 | 干砌 |
| | | | $m^2$ | | 延长米 | | $m^3$ | |
| 名称 | | 单位 | 数量 | | | | | |
| 人工 | 综合工日 | 工日 | 0.154 | 0.235 | 0.056 | 0.084 | 1.314 | 0.920 |
| 材料 | 轻质混凝土小型空心砌块 390×190×190 | 块 | 6.330 | 9.633 | — | — | — | — |
| | 轻质混凝土小型空心砌块 190×190×90 | 块 | 1.759 | 2.676 | — | — | — | — |
| | 轻质混凝土小型空心砌块 90×190×90 | 块 | 1.348 | 2.052 | — | — | — | — |
| | 实心灰砂砖 240×115×53 | 千块 | 0.003 | 0.005 | — | — | — | — |
| | 水泥混合砂浆 M10 | $m^3$ | 0.011 | 0.017 | — | — | — | — |

| 定额编号 | | | 4-264 | 4-265 | 4-266 | 4-267 | 4-268 | 4-269 |
|---|---|---|---|---|---|---|---|---|
| 项目 | | | 弧形轻质混凝土空心砌块墙 | | 明挖铸铁盖板制作、安装 | | 片石挡土墙 | |
| | | | 115mm 厚 | 175mm 厚 | 320mm 宽 | 490mm 宽 | 浆砌 | 干砌 |
| | | | $m^2$ | | 延长米 | | $m^3$ | |
| 名称 | | 单位 | 数量 | | | | | |
| 材料 | 铸铁盖板 320×500×18 | 10 块 | — | — | 0.206 | — | — | — |
| | 铸铁盖板 490×500×18 | 10 块 | — | — | — | 0.206 | — | — |
| | 低碳钢电焊条 | kg | — | — | 0.148 | 0.218 | — | — |
| | 油性防锈漆 | kg | — | — | 0.337 | 0.499 | — | — |
| | 松节油 | kg | — | — | 0.089 | 0.048 | — | — |
| | 片石 | $m^3$ | — | — | — | — | 1.122 | 1.122 |
| | 水泥砂浆 M5 | $m^3$ | — | — | — | — | 0.393 | — |
| | 水 | $m^3$ | — | — | — | — | 0.079 | — |
| | 其他材料费 | % | 1.000 | 1.000 | 1.000 | 1.000 | 1.000 | 1.000 |
| 机械 | 灰浆搅拌机出料容量 200L | 台班 | 0.002 | 0.002 | — | — | 0.066 | — |

**工作内容**：调运、铺砂浆，淋砖，运砖，砌砖包括小型构件、垫块、木头砖、铁件等，砖旋，砖过梁、砖拱包括制作、安装及拆除模板。

| 定额编号 | | | 4-270 | 4-271 | 4-272 | 4-273 | 4-274 |
|---|---|---|---|---|---|---|---|
| 项目 | | | GRC 板墙 | | 站台板砖墙240mm 厚 | 砌砖地沟 | 零星砌体 |
| | | | 60mm 厚 | 90mm 厚 | | | |
| | | | $m^2$ | | | $m^3$ | |
| 名称 | | 单位 | 数量 | | | | |
| 人工 | 综合工日 | 工日 | 0.134 | 0.156 | 0.435 | 1.120 | 2.070 |
| 材料 | GRC 陶粒玻璃纤维空心轻质墙板 60厚 | $m^2$ | 1.039 | — | — | — | — |
| | GRC 陶粒玻璃纤维空心轻质墙板 90厚 | $m^2$ | — | 1.039 | — | — | — |
| | 水泥混合砂浆 M7.5 | $m^3$ | 0.003 | 0.005 | — | — | — |
| | 水泥 42.5 | t | 0.00026 | 0.0004 | — | — | — |
| | 中砂 | t | 0.0004 | 0.0007 | — | — | — |
| | 碎石 10 | t | 0.0006 | 0.0009 | — | — | — |
| | 实心灰砂砖 240×115×53 | 千块 | — | — | 0.128 | 0.540 | 0.551 |

续前

| 定额编号 | | | 4-270 | 4-271 | 4-272 | 4-273 | 4-274 |
|---|---|---|---|---|---|---|---|
| 项目 | | | GRC 板墙 | | 站台板砖墙 240mm 厚 | 砌砖地沟 | 零星砌体 |
| | | | 60mm 厚 | 90mm 厚 | | | |
| | | | $m^2$ | | | $m^3$ | |
| 名称 | | 单位 | 数量 | | | | |
| 材料 | 水泥混合砂浆 M5 | $m^3$ | — | — | 0.0546 | 0.228 | 0.211 |
| | 水 | $m^3$ | 0.0001 | 0.0002 | — | 0.107 | 0.110 |
| | 玻璃纤维嵌缝布 | $m^2$ | 4.220 | 4.220 | — | — | — |
| | 108 胶 | kg | 0.393 | 0.588 | — | — | — |
| | 铁钉 | kg | — | — | 0.004 | — | — |
| | 膨胀螺丝 5×50 | 100 个 | 2.110 | 2.110 | — | — | — |
| | L 型、U 型钢固定卡 | 个 | 2.110 | 2.110 | — | — | — |
| | 钢筋 $\phi$10 以内 | kg | 0.210 | 0.210 | — | — | — |
| | 其他材料费 | % | 1.000 | 1.000 | 1.000 | 1.000 | 1.000 |
| 机械 | 灰浆搅拌机出料容量 200L | 台班 | — | — | 0.007 | 0.027 | 0.027 |

# 5　钢筋及金属构件制作、安装工程

# 说 明

一、本章包括明挖、盖挖及暗挖车站的钢筋及金属构件制作安装工程共 4 节 17 个子目。

二、现浇构件的钢筋定额按手工绑扎、成型点焊和接头焊接综合编制的，实际施工与定额规定不同时，不得换算。当设计对钢筋接驳有特殊要求时，可套用其他相关子目。

三、固定钢筋位置的支撑筋、马凳筋以及构件的锚固筋与吊钩钢筋等并入钢筋工程量内一并计算。

四、金属构件制作、安装子目均未包括焊缝无损探伤，也未包括探伤时的固定支架制作和被检工件的退磁等。发生时另行计算。

五、金属构件制作适用于现场加工制作和企业附属加工厂制作的构件，其分段制作和整体预装配的人工、材料、机械台班用量及整体预装配用的螺栓及锚固杆件用的螺栓均综合在定额子目中，不得另行计算。

六、金属构件制作均包括现场（工厂内）的材料运输、号料、加工、组装及成品堆放、装车出厂等全部工序。

七、金属构件制作中，均已包括刷一遍防锈漆工作内容。

# 工程量计算规则

一、钢筋工程按设计图示重量以“t”为单位计算。

二、金属结构制作、安装，按设计图示重量以“t”为单位计算，不扣除孔眼≤$0.04m^2$的重量，其重量不计算安装时所用的铆钉、螺栓等的重量。

三、金属结构制作时的不规则或多边形钢板以其外接矩形面积乘以厚度乘以单位理论质量计算。

## 5.1 明挖车站钢筋工程

**工作内容：**钢筋除锈、调直、下料、弯曲、绑扎、焊接、成型、入模、就位等。

计量单位：t

| 定额编号 | | | 4-275 | 4-276 |
|---|---|---|---|---|
| 项目 | | | 现浇混凝土钢筋 | |
| | | | $\phi$10 以内 | $\phi$10 以外 |
| 名称 | | 单位 | 数量 | |
| 人工 | 综合工日 | 工日 | 10.230 | 6.680 |
| 材料 | 钢筋 $\phi$10 以内 | kg | 1020.000 | — |
| | 钢筋 $\phi$10 以外 | kg | — | 1040.000 |
| | 镀锌铁丝 | kg | 9.090 | 4.620 |
| | 电焊条 | kg | — | 7.200 |
| | 水 | $m^3$ | — | 0.150 |
| | 其他材料费 | % | 1.000 | 1.000 |
| 机械 | 钢筋切断机 | 台班 | 0.110 | 0.090 |
| | 电动卷扬机 单筒慢速 5t | 台班 | 0.320 | 0.077 |
| | 钢筋弯曲机 | 台班 | 0.340 | 0.260 |
| | 交流电焊机（综合） | 台班 | — | 0.450 |
| | 对焊机容量 75kV·A | 台班 | — | 0.090 |

## 5.2 明挖车站金属构件制作、安装工程

工作内容：1. 制作：放样、划线、截料、平整、钻孔、拼装、焊接、成品试拼装、校正、除锈，刷防锈漆及成品编号、堆放等。

2. 安装：构件装车、现场就位安装等。

计量单位：t

| 定额编号 | | | 4-277 | 4-278 | 4-279 | 4-280 | 4-281 |
|---|---|---|---|---|---|---|---|
| 项目 | | | 实腹钢柱 | | | 空腹钢柱 | |
| | | | 5t 以内制作 | 5t 以外制作 | 安装 | 制作 | 安装 |
| 名称 | | 单位 | 数量 | | | | |
| 人工 | 综合工日 | 工日 | 10.230 | 10.250 | 2.910 | 9.580 | 2.720 |
| 材料 | 钢筋 $\phi$10 以内 | kg | 2.000 | 2.000 | — | — | — |
| | 钢筋 $\phi$10 以外 | kg | 2.000 | 1.000 | — | — | — |
| | 等边角钢（综合） | kg | — | — | — | 87.000 | — |
| | 不等边角钢（综合） | kg | 3.000 | 3.000 | — | 94.000 | — |
| | 型钢 | kg | — | — | — | 189.000 | — |
| | 热轧薄钢板 1.6～1.9 厚 | kg | — | — | — | 293.000 | — |

续前

| 定额编号 | | | 4-277 | 4-278 | 4-279 | 4-280 | 4-281 |
|---|---|---|---|---|---|---|---|
| 项目 | | | 实腹钢柱 | | | 空腹钢柱 | |
| | | | 5t 以内制作 | 5t 以外制作 | 安装 | 制作 | 安装 |
| 名称 | | 单位 | 数量 | | | | |
| 材料 | 热轧薄钢板 2～2.5 厚 | kg | 767.000 | 582.000 | — | 29.000 | — |
| | 热轧薄钢板 2.6～3.2 厚 | kg | 3.000 | 2.000 | — | 19.000 | — |
| | 热轧厚钢板 45～60 厚 | kg | 3.000 | 2.000 | — | 108.000 | — |
| | 冷轧薄钢板 1～1.5 厚 | kg | 280.000 | 470.000 | — | 241.000 | — |
| | 低碳钢电焊条 | kg | 55.920 | 111.840 | 1.630 | 75.910 | 1.630 |
| | 油性防锈漆 | kg | 11.600 | 11.600 | — | 11.600 | — |
| | 氧气 | $m^3$ | 6.990 | 13.980 | 0.500 | 6.180 | 0.500 |
| | 乙炔气 | $m^3$ | 3.040 | 6.080 | 0.210 | 2.690 | 0.210 |
| | 铁件 | kg | 3.000 | — | 10.380 | — | 10.370 |
| | 镀锌铁丝 | kg | — | — | 0.230 | — | 0.230 |
| | 螺栓 | kg | 1.740 | 1.740 | — | 1.740 | — |
| | 汽油 | kg | 3.000 | 3.000 | — | 3.000 | — |
| | 原木 | $m^3$ | — | — | 0.005 | — | 0.005 |

续前

| 定额编号 | | | 4-277 | 4-278 | 4-279 | 4-280 | 4-281 |
|---|---|---|---|---|---|---|---|
| 项目 | | | 实腹钢柱 | | | 空腹钢柱 | |
| | | | 5t以内制作 | 5t以外制作 | 安装 | 制作 | 安装 |
| 名称 | | 单位 | 数量 | | | | |
| 材料 | 板方材 | $m^3$ | — | — | 0.003 | — | 0.003 |
| | 麻袋 | 条 | — | — | 0.030 | — | 0.030 |
| | 麻绳 | kg | — | — | 0.020 | — | 0.020 |
| | 其他材料费 | % | 1.000 | 1.000 | 1.000 | 1.000 | 1.000 |
| 机械 | 轮胎式起重机 起重量 20t | 台班 | — | — | 0.030 | — | 0.030 |
| | 门式起重机 起重量 10t | 台班 | 0.450 | 0.450 | — | 0.450 | — |
| | 门式起重机 起重量 20t | 台班 | 0.170 | 0.170 | — | 0.170 | — |
| | 轨道平车 载重量 10t | 台班 | 0.280 | 0.280 | — | 0.280 | — |
| | 摇臂钻床 钻孔直径 $\phi$50 | 台班 | 0.140 | 0.140 | — | 0.140 | — |
| | 剪板机厚度×宽度 40×3100 | 台班 | 0.110 | 0.110 | — | 0.110 | — |
| | 型钢剪断机 剪断宽度 500 | 台班 | 0.020 | 0.020 | — | 0.020 | — |
| | 板料校平机 厚度×宽度 16×2500 | 台班 | 0.110 | 0.110 | — | 0.110 | — |
| | 刨边机 加工长度 12000 | 台班 | 0.130 | 0.130 | — | 0.130 | — |
| | 型钢校正机 | 台班 | 0.020 | 0.020 | — | 0.110 | — |
| | 交流电焊机 容量 32kV·A | 台班 | — | — | 0.100 | — | 0.100 |
| | 交流电焊机 容量 42kV·A | 台班 | 2.600 | 5.000 | — | 2.470 | — |
| | 电动空气压缩机 排气量 10m³/min | 台班 | 0.080 | 0.080 | — | 0.080 | — |

**工作内容**：1. 制作：放样、划线、截料、平整、钻孔、拼装、焊接、成品试拼装、校正、除锈，刷防锈漆及成品编号、堆放等。

2. 安装：构件装车、现场就位安装等。

计量单位： t

| 定额编号 | | | 4-282 | 4-283 | 4-284 | 4-285 | 4-286 | 4-287 |
|---|---|---|---|---|---|---|---|---|
| 项目 | | | 墙架、挡风架、附墙架 | | 管道支架 | | 金属零星构件 | |
| | | | 制作 | 安装 | 制作 | 安装 | 制作 | 安装 |
| | 名称 | 单位 | 数量 | | | | | |
| 人工 | 综合工日 | 工日 | 19.830 | 5.670 | 25.630 | 36.680 | 39.770 | 11.330 |
| 材料 | 水泥砂浆 | $m^3$ | — | — | — | 0.186 | — | — |
| | 等边角钢（综合） | kg | 583.000 | — | 927.000 | — | 123.000 | — |
| | 工字钢（综合） | kg | 87.000 | — | — | — | — | — |
| | 槽钢（综合） | kg | 227.000 | — | — | — | — | — |
| | 冷轧薄钢板 1～1.5厚 | kg | — | — | — | — | 937.000 | — |
| | 热轧薄钢板 2～2.5厚 | kg | 163.000 | — | 133.000 | — | — | — |
| | 杂原木 | $m^3$ | — | 0.004 | — | — | — | — |
| | 低碳钢电焊条 | kg | 24.310 | 6.390 | 20.730 | 1.000 | 27.950 | 4.030 |
| | 油性防锈漆 | kg | 7.670 | — | 7.670 | — | 9.200 | — |

续前

| 定额编号 | | | 4-282 | 4-283 | 4-284 | 4-285 | 4-286 | 4-287 |
|---|---|---|---|---|---|---|---|---|
| 项目 | | | 墙架、挡风架、附墙架 | | 管道支架 | | 金属零星构件 | |
| | | | 制作 | 安装 | 制作 | 安装 | 制作 | 安装 |
| 名称 | | 单位 | 数量 | | | | | |
| 材料 | 松节油 | kg | — | — | — | — | 2.440 | — |
| | 氧气 | $m^3$ | 3.200 | 0.820 | 17.990 | 1.170 | 6.390 | 1.060 |
| | 乙炔气 | $m^3$ | 1.400 | 0.360 | 7.820 | 0.510 | 2.780 | 0.460 |
| | 螺栓（综合） | kg | 1.500 | 1.660 | — | — | 18.830 | — |
| | 其他材料费 | % | 1.000 | 1.000 | 1.000 | 1.000 | 1.000 | 1.000 |
| 机械 | 汽车式起重机 12t | 台班 | — | — | — | — | 0.140 | — |
| | 轮胎式起重机 20t | 台班 | 0.170 | 0.050 | — | — | — | — |
| | 轨道平车 5t | 台班 | 0.460 | — | — | — | 0.820 | — |
| | 摇臂钻床 钻孔直径 $\phi 50$ | 台班 | 0.220 | — | 0.640 | — | 0.050 | — |
| | 剪板机 厚度×宽度 40×3100 | 台班 | 0.120 | — | — | — | 0.230 | — |
| | 交流电焊机 容量 32kV·A | 台班 | 3.430 | 1.290 | 3.450 | 2.800 | 6.290 | 1.550 |
| | 电动空气压缩机 $10m^3/min$ | 台班 | 0.020 | 0.010 | — | — | — | — |

## 5.3 盖挖、暗挖车站钢筋工程

**工作内容**：钢筋除锈、制作，绑扎，焊接， 就位安装，材料洞内运输及垂直等。

计量单位：t

| 定额编号 | | | 4-288 | 4-289 |
|---|---|---|---|---|
| 项目 | | | 钢筋 | |
| | | | $\phi$10 以内 | $\phi$10 以外 |
| 名称 | | 单位 | 数量 | |
| 人工 | 综合工日 | 工日 | 16.691 | 10.585 |
| 材料 | 钢筋 $\phi$10 以内 | kg | 1020.000 | — |
| | 镀锌铁丝 | kg | 5.500 | 1.500 |
| | 钢筋 $\phi$10 以外 | kg | — | 1040.000 |
| | 电焊条 | kg | 3.058 | 15.290 |
| | 其他材料费 | % | 1.000 | 1.000 |
| 机械 | 电动卷扬机 双筒慢速 5t | 台班 | 0.368 | 0.102 |
| | 钢筋切断机 $\phi$40 以内 | 台班 | 0.131 | 0.135 |
| | 钢筋弯曲机 $\phi$40 以内 | 台班 | — | 0.204 |
| | 直流电焊机 32kV·A | 台班 | 0.095 | 0.477 |
| | 对焊机 75kV·A | 台班 | — | 0.267 |

## 5.4 盖挖、暗挖金属构件制作、安装工程

**工作内容**：1．钢梯制作：放样，划线，截料，平直，钻孔，拼装，焊接，成品矫正对齐，除锈等。

2．安装：安装校正，拧紧螺栓，电焊固定，清扫，洞内运输等。

计量单位：t

| 定额编号 | | | 4-290 | 4-291 |
|---|---|---|---|---|
| 项目 | | | 钢梯 | |
| | | | 制作 | 安装 |
| 名称 | | 单位 | 数量 | |
| 人工 | 综合工日 | 工日 | 33.220 | 21.439 |
| 材料 | 角钢 | kg | 74.000 | — |
| | 槽钢 | kg | 85.000 | — |
| | 钢筋 $\phi22$ | kg | 230.000 | — |
| | 钢板 | kg | 670.000 | — |
| | 螺栓 | kg | 1.740 | — |
| | 电焊条 | kg | 24.990 | 12.400 |
| | 氧气 | $m^3$ | 6.160 | — |
| | 乙炔气 | kg | 2.050 | — |
| | 防锈漆 | kg | 11.600 | — |
| | 汽油 | kg | 3.000 | — |
| | 其他材料费 | % | 1.000 | 1.000 |

续前

| 定额编号 | | | 4-290 | 4-291 |
|---|---|---|---|---|
| 项目 | | | 钢梯 | |
| | | | 制作 | 安装 |
| 名称 | | 单位 | 数量 | |
| 机械 | 龙门式起重机 10t 以内 | 台班 | 0.495 | — |
| | 空气压缩机 $10m^3/min$ | 台班 | 0.088 | — |
| | 型钢剪断机 | 台班 | 0.121 | — |
| | 剪板机 20×4000 | 台班 | 0.022 | — |
| | 型钢校正机 | 台班 | 0.121 | — |
| | 钢板校平机 | 台班 | 0.022 | — |
| | 刨边机 | 台班 | 0.033 | — |
| | 电动卷扬机 双筒慢速 5t | 台班 | — | 0.102 |
| | 交流电焊机 32kV·A | 台班 | 4.972 | 2.800 |

# 6 防水工程

# 说　明

一、本章包括明挖、盖挖及暗挖车站防水工程共 2 节 43 个子目。

二、柔性防水定额子目中，材料的消耗量包含了所有的搭接、阴阳角加强层。

# 工程量计算规则

一、柔性防水、刚性防水分不同材料，柔性防水按设计图示主体结构的外表面积以“$m^2$”为单位计算，刚性防水按设计图示尺寸面积以“$m^2$”为单位计算。

二、接水槽（盒）、施工缝、变形缝分不同材料，按设计图示尺寸以“m”为单位计算。

## 6.1 明挖车站防水工程

**工作内容：**基层表面清理、修整，喷涂基层处理剂，节点附加增强处理，定位、弹线、试铺，铺贴卷材，收头，节点密封，清理、检查、修整。

计量单位 $m^2$

<table>
<tr><td colspan="3">定 额 编 号</td><td>4-292</td><td>4-293</td><td>4-294</td><td>4-295</td><td>4-296</td></tr>
<tr><td colspan="3" rowspan="2">项 目</td><td rowspan="2">SBS 改性沥青防水卷材（聚合物）</td><td>SBS 改性沥青防水卷材（聚合物）</td><td colspan="2">EVA 聚氯乙烯卷材（高分子）</td><td rowspan="2">PVC 防水板</td></tr>
<tr><td>每增一层</td><td>平面</td><td>立面</td></tr>
<tr><td colspan="2">名 称</td><td>单位</td><td colspan="5">数 量</td></tr>
<tr><td>人工</td><td>综合工日</td><td>工日</td><td>0.186</td><td>0.162</td><td>0.072</td><td>0.086</td><td>0.160</td></tr>
<tr><td rowspan="4">材料</td><td>铝合金压条</td><td>m</td><td>—</td><td>—</td><td>0.600</td><td>0.600</td><td>—</td></tr>
<tr><td>SBS 改性沥青防水卷材 5 厚</td><td>$m^2$</td><td>1.265</td><td>1.377</td><td>—</td><td>—</td><td>—</td></tr>
<tr><td>EVA 聚氯乙烯卷材 2 厚</td><td>$m^2$</td><td>—</td><td>—</td><td>1.245</td><td>1.245</td><td>—</td></tr>
<tr><td>PVC 防水板 2 厚</td><td>$m^2$</td><td>—</td><td>—</td><td>—</td><td>—</td><td>1.245</td></tr>
</table>

续前

| 定额编号 | | | 4-292 | 4-293 | 4-294 | 4-295 | 4-296 |
|---|---|---|---|---|---|---|---|
| 项目 | | | SBS 改性沥青防水卷材（聚合物） | SBS 改性沥青防水卷材（聚合物） | EVA 聚氯乙烯卷材（高分子） | | PVC 防水板 |
| | | | | 每增一层 | 平面 | 立面 | |
| 名称 | | 单位 | 数量 | | | | |
| 材料 | 改性乳化沥青 | kg | 0.300 | — | — | — | — |
| | 聚氨酯甲料 | kg | 0.054 | — | — | — | — |
| | 聚氨酯乙料 | kg | 0.081 | — | — | — | — |
| | 石油液化汽 | kg | 0.220 | — | — | — | — |
| | 自攻螺丝 | 100 个 | — | — | 0.012 | 0.012 | — |
| | 水 | $m^3$ | — | — | 0.004 | 0.004 | 0.030 |
| | 其他材料费 | % | 1.000 | 1.000 | 1.000 | 1.000 | 1.000 |
| 机械 | 电动卷扬机 双筒慢速 5t | 台班 | 0.002 | 0.002 | 0.002 | 0.002 | 0.002 |

**工作内容**：清理基层，找平层分格缝嵌油膏，防水薄弱处刷膜附加层。刷底胶，铺贴卷材，接缝嵌油膏，收头。聚苯乙烯泡沫隔离层：清理基层，刷粘结剂，粘贴保护层。

计量单位：$m^2$

| 定额编号 | | | 4-297 | 4-298 | 4-299 | 4-300 | 4-301 |
|---|---|---|---|---|---|---|---|
| 项目 | | | 聚苯乙烯泡沫保护层 | 土工布 | 土工布防水 | 非焦油聚氨酯防水涂料 | |
| | | | | | 每增一层 | 2mm 厚 | 每增（减）0.5mm |
| 名称 | | 单位 | 数量 | | | | |
| 人工 | 综合工日 | 工日 | 0.114 | 0.216 | 0.150 | 0.104 | 0.023 |
| 材料 | 聚苯乙烯泡沫塑料板 30 厚 | $m^2$ | 1.050 | — | — | — | — |
| | 聚氨酯甲组分 | kg | 0.054 | — | — | — | — |
| | 聚氨酯乙组分 | kg | 0.081 | — | — | — | — |
| | 射钉垫片 | 套 | — | 4.500 | 4.500 | — | — |
| | 无纺布 | $m^2$ | — | 1.245 | 1.245 | — | — |
| | 非焦油聚氨酯涂料 | kg | — | — | — | 3.200 | 0.815 |
| | 其他材料费 | % | 1.000 | 1.000 | 1.000 | 1.000 | 1.000 |
| 机械 | 电动卷扬机 双筒慢速 5t | 台班 | 0.002 | 0.002 | 0.002 | 0.002 | 0.002 |

**工作内容**：清理基层，调制混凝土、砂浆,灌缝膏。纵横扫水泥浆，铺灌混凝土或砂浆，压实，抹光，分格缝。

| 定额编号 | | | 4-302 | 4-303 | 4-304 | 4-305 | 4-306 |
|---|---|---|---|---|---|---|---|
| 项目 | | | 水泥砂浆保护层 | | 防水水泥砂浆保护层 | | 细石混凝土保护层 |
| | | | 25mm 厚 | 每增（减）10mm | 25mm 厚 | 每增（减）10mm | |
| | | | $m^2$ | | | | $m^3$ |
| 名称 | | 单位 | 数量 | | | | |
| 人工 | 综合工日 | 工日 | 0.085 | 0.034 | 0.113 | 0.045 | 2.800 |
| 材料 | 预拌水泥砂浆 | $m^3$ | 0.025 | 0.010 | — | — | — |
| | 预拌防水砂浆 1：2 | $m^3$ | — | — | 0.025 | 0.010 | — |
| | 预拌细石混凝土 C25 | $m^3$ | — | — | — | — | 1.020 |
| | 松杂木枋板材（周转材） | $m^3$ | 0.001 | 0.001 | — | — | 0.016 |
| | 水 | $m^3$ | 0.012 | 0.003 | 0.001 | — | 0.204 |
| | 其他材料费 | % | 1.000 | 1.000 | 1.000 | 1.000 | 1.000 |
| 机械 | 灰浆搅拌机出料容量 200L | 台班 | 0.005 | 0.002 | 0.005 | 0.002 | — |
| | 混凝土输送泵 $30m^3/h$ | 台班 | 0.012 | 0.012 | 0.012 | 0.012 | 0.330 |

**工作内容**：施工准备，凿毛、清理；钢板剪裁：焊接成型，铺设；止水带剪裁，接头及安装；填缝、收口。

计量单位：m

| 定额编号 | | | 4-307 | 4-308 | 4-309 | 4-310 |
|---|---|---|---|---|---|---|
| 项目 | | | 变形缝 | | | |
| | | | 紫铜板止水带 | 钢板止水带 | 不锈钢止水带 | 橡胶止水带 |
| 名称 | | 单位 | 数量 | | | |
| 人工 | 综合工日 | 工日 | 0.222 | 0.193 | 0.230 | 0.092 |
| 材料 | 紫铜板 | kg | 8.109 | — | — | — |
| | 热轧薄钢板 3.5~4 厚 | kg | — | 9.000 | — | — |
| | 不锈钢板 0.6 厚 | $m^2$ | — | — | 0.315 | — |
| | 橡胶止水带 | m | — | — | — | 1.050 |
| | 铜焊条 | kg | 0.143 | — | — | — |
| | 低碳钢电焊条 | kg | — | 0.207 | — | — |
| | 不锈钢电焊条 | kg | — | — | 0.207 | — |
| | 丙酮 | kg | — | — | — | 0.030 |
| | 环氧树脂（综合） | kg | — | — | — | 0.030 |
| | 甲苯 | kg | — | — | — | 0.024 |
| | 乙二胺 | kg | — | — | — | 0.002 |
| | 其他材料费 | % | 1.000 | 1.000 | 1.000 | 1.000 |
| 机械 | 剪板机 厚度×宽度 20×2500 | 台班 | 0.001 | 0.001 | 0.001 | — |
| | 交流电焊机 容量 32kV·A | 台班 | 0.007 | 0.007 | 0.007 | — |

**工作内容**：施工准备，凿毛、清理；钢板剪裁：焊接成型，铺设；止水带剪裁，接头及安装；填缝、收口。

计量单位：m

| 定额编号 | | | 4-311 | 4-312 |
|---|---|---|---|---|
| 项目 | | | 施工缝 | 接水槽 |
| | | | 钢板腻子止水带 | 不锈钢板 |
| 名称 | | 单位 | 数量 | |
| 人工 | 综合工日 | 工日 | 0.267 | 0.288 |
| 材料 | 钢筋 $\phi$10 以内 | t | 0.006 | — |
| | 低碳钢电焊条 | kg | 0.008 | — |
| | 钢板腻子止水带 250 宽 | m | 1.050 | — |
| | 不锈钢板 0.6 厚 | t | — | 0.318 |
| | 收口板 | $m^2$ | 0.070 | — |
| | 镀锌铁丝 | kg | 0.027 | — |
| | 粗焊锡 | kg | — | 0.031 |
| | 铁件 | kg | — | 0.352 |
| | 其他材料费 | % | 1.000 | 1.000 |
| 机械 | 钢筋调直机直径 $\phi$14 | 台班 | 0.002 | — |
| | 钢筋切断机直径 $\phi$14 | 台班 | 0.002 | — |
| | 交流电焊机容量 32kV · A | 台班 | 0.001 | — |

**工作内容**：凿缝、清洗、封缝、钻孔、埋管、封孔、打磨表面层。墙面堵漏：打凿表层、清洗、局部灌浆、刷环氧浆、水泥膏表面抹灰。

| 定额编号 | | | 4-313 | 4-314 | 4-315 | 4-316 |
|---|---|---|---|---|---|---|
| 项目 | | | 点堵漏 | 裂缝堵漏 | 变形缝堵漏 | 墙面堵漏 |
| | | | 点 | m | | $m^2$ |
| 名称 | | 单位 | 数量 | | | |
| 人工 | 综合工日 | 工日 | 0.493 | 0.800 | 0.350 | 0.364 |
| 材料 | 杉木条 | $m^3$ | — | — | — | 0.001 |
| | 水泥 42.5 | kg | 3.000 | 1.000 | — | 6.000 |
| | 聚氨酯嵌缝膏 600L | 支 | — | — | 0.160 | — |
| | 遇水膨胀止水条 30×20 | m | — | — | 1.050 | — |
| | 丙酮 | kg | 0.100 | 0.560 | 0.320 | 0.280 |
| | SH 掺加剂 | kg | 0.300 | 0.080 | — | 1.260 |
| | EAA 环氧剂 | kg | 0.275 | 0.604 | 0.440 | 0.735 |
| | 铝管 | kg | 0.100 | 0.280 | — | — |
| | 耐压管 | kg | 0.050 | 0.140 | — | — |
| | 其他材料费 | % | 1.000 | 1.000 | 1.000 | 1.000 |

## 6.2 盖挖、暗挖车站防水工程

**工作内容：** 基层表面清理、修整、喷涂基层处理剂、节点附加增强处理、定位、弹性、试铺、铺贴、固定、收头、节点密封、清理、检查、修整。

计量单位：$m^2$

| 定额编号 | | | 4-317 | 4-318 | 4-319 | 4-320 | 4-321 | 4-322 |
|---|---|---|---|---|---|---|---|---|
| 项目 | | | SBS 改性沥青防水卷材（聚合物） | SBS 改性沥青防水卷材（聚合物）<br>每增一层 | ECB 防水板 | EVA 防水板 | 膨润土防水毯 | LDPE 卷材 |
| 名称 | | 单位 | 数量 | | | | | |
| 人工 | 综合工日 | 工日 | 0.216 | 0.162 | 0.315 | 0.315 | 0.216 | 0.315 |
| 材料 | SBS 改性沥青油毡防水卷材 | $m^2$ | 1.377 | 1.377 | — | — | — | — |
| | 乳化橡胶沥青 | kg | 0.300 | — | — | — | — | — |
| | ECB 防水板 2 厚 | $m^2$ | — | — | 1.245 | — | — | — |

续前

| 定额编号 | | | 4-317 | 4-318 | 4-319 | 4-320 | 4-321 | 4-322 |
|---|---|---|---|---|---|---|---|---|
| 项目 | | | SBS 改性沥青防水卷材（聚合物） | SBS 改性沥青防水卷材（聚合物）每增一层 | ECB 防水板 | EVA 防水板 | 膨润土防水毯 | LDPE 卷材 |
| 名称 | | 单位 | 数量 | | | | | |
| 材料 | EVA 防水板 2 厚 | $m^2$ | — | — | — | 1.245 | — | — |
| | 膨润土防水毯 | $m^2$ | — | — | — | — | 1.377 | — |
| | LDPE 卷材 | $m^2$ | — | — | — | — | — | 1.257 |
| | PE 泡沫板 | $m^2$ | — | — | 0.200 | — | — | 1.050 |
| | 射钉垫片 | 套 | — | — | — | — | 4.500 | 5.000 |
| | 塑料焊条 | kg | — | — | — | — | — | 0.060 |
| | 其他材料费 | % | 1.000 | 1.000 | 1.000 | 1.000 | 1.000 | 1.000 |
| 机械 | 双焊缝热合机 | 台班 | — | — | 0.050 | 0.050 | — | — |
| | 电动卷扬机 双筒慢速 5t | 台班 | 0.002 | 0.002 | 0.002 | 0.002 | 0.002 | 0.002 |

**工作内容**：刷底胶，铺贴卷材，接缝嵌油膏，收头。聚苯乙烯泡沫隔离层：清理基层，刷粘结剂，粘贴保护层。

计量单位：$m^2$

| 定额编号 | | | 4-323 | 4-324 | 4-325 |
|---|---|---|---|---|---|
| 项目 | | | 聚苯乙烯泡沫保护层 | 土工布 | 土工布防水 每增一层 |
| 名称 | | 单位 | 数量 | | |
| 人工 | 综合工日 | 工日 | 0.137 | 0.216 | 0.150 |
| 材料 | 聚苯乙烯泡沫塑料板 30厚 | $m^2$ | 1.050 | — | — |
| | 聚氨酯甲组分 | kg | 0.054 | — | — |
| | 聚氨酯乙组分 | kg | 0.081 | — | — |
| | 射钉垫片 | 套 | — | 4.500 | 4.500 |
| | 土工布 | $m^2$ | — | 1.245 | 1.245 |
| | 其他材料费 | % | 1.000 | 1.000 | 1.000 |
| 机械 | 电动卷扬机 双筒慢速 5t | 台班 | 0.002 | 0.002 | 0.002 |

**工作内容**：清理基层，调制混凝土、砂浆、灌缝膏。纵横扫水泥浆，铺灌混凝土或砂浆，压实，抹光，分格缝。

计量单位：$m^2$

| 定额编号 | | | 4-326 | 4-327 |
|---|---|---|---|---|
| 项目 | | | 细石混凝土保护层 | 水泥砂浆找平层 |
| | | | $m^3$ | |
| 名称 | | 单位 | 数量 | |
| 人工 | 综合工日 | 工日 | 3.360 | 0.080 |
| 材料 | 预拌细石混凝土 C15 | $m^3$ | 1.020 | — |
| | 预拌砂浆 RS20 | $m^3$ | — | 0.021 |
| | 其他材料费 | % | 1.000 | 1.000 |
| 机械 | 混凝土输送泵 $30m^3/h$ | 台班 | 0.002 | 0.012 |

**工作内容：**安装、固定、涂刷等。

计量单位：$m^2$

| 定额编号 | | | 4-328 | 4-329 | 4-330 |
|---|---|---|---|---|---|
| 项目 | | | 不锈钢板接水盒<br>m | 聚氨酯防水涂料 | 隔离层 |
| 名称 | | 单位 | 数量 | | |
| 人工 | 综合工日 | 工日 | 0.288 | 0.150 | 0.050 |
| 材料 | 不锈钢板接水盒 | m | 1.020 | — | — |
| | 聚氨酯嵌缝胶 | kg | 0.240 | — | — |
| | 聚氨酯防水涂料 2厚 | kg | — | 3.200 | — |
| | 纸胎油毡隔离层 | $m^2$ | — | — | 1.160 |
| | 其他材料费 | % | 1.000 | 1.000 | 1.000 |
| 机械 | 电动卷扬机 双筒慢速 5t | 台班 | 0.001 | 0.002 | 0.002 |

**工作内容：**基层处理、止水带的安装、缝隙填实、接头处理等。

计量单位：m

| 定额编号 | | | 4-331 | 4-332 | 4-333 | 4-334 |
|---|---|---|---|---|---|---|
| 项目 | | | 中埋式钢边橡胶止水带 | 背贴式止水带 | 遇水膨胀止水条 | 注浆止水带 |
| 名称 | | 单位 | 数量 | | | |
| 人工 | 综合工日 | 工日 | 0.253 | 0.161 | 0.161 | 0.161 |
| 材料 | 钢边橡胶止水带 | m | 1.050 | — | — | — |
| | 背贴式止水带 | m | — | 1.050 | — | — |
| | 遇水膨胀止水条 | m | — | — | 1.050 | — |
| | 注浆止水带 | m | — | — | — | 1.050 |
| | PE 泡沫板 | $m^2$ | 0.030 | — | — | — |
| | 聚氨酯嵌缝胶 | kg | 0.048 | — | — | — |
| | 环氧树脂（综合） | kg | — | — | 0.030 | — |
| | 其他材料费 | % | 1.000 | 1.000 | 1.000 | 1.000 |

# 7 其他工程

# 说　明

一、本章包括明挖、盖挖及暗挖车站的钢支撑、预埋件、钢筋接头、植筋、拆除、脚手架工程等共5节74个子目。

二、洞内通风、照明、动力、水管及运输轨道等定额项目是按单层设计结构断面面积在$35m^2$以内编制的。

三、临时钢支撑制作的材料消耗量按一次性投入编制，具体摊销次数由各省市造价管理部门按实际使用情况规定摊销次数。

四、车站混凝土钻孔按深度200mm编制，当深度超过200mm时，按实际长度除以200mm作为调整系数。

# 工程量计算规则

一、钢支撑按设计图示重量以“t”为单位计算。

二、拆除混凝土按拆除混凝土的体积以“$m^3$”为单位计算。

三、洞内通风、照明、动力及运输轨道等按单层设计结构断面面积划分以“延长米”为单位计算。

单层设计结构断面面积在 60m² 以内，工程量乘以 2；单层设计结构断面面积在 90m² 以内，工程量乘以 3；单层设计结构断面面积在 120m² 以内，工程量乘以 4；单层设计结构断面面积大于 120m²，工程量乘以 5。当车站结构为多层时，按单层的工程量乘以层数计算。

四、预埋铁件、螺栓、钢管按设计图示重量以“t”为单位计算。

五、钢筋接头中锥螺纹套筒钢筋接头、直螺纹套筒钢筋接头、冷挤压接头按设计图示数量以“个”为单位计算，法兰盘接头按设计图示重量以“t”为单位计算。

六、钢筋植筋分直径按设计图示数量以“根”为单位计算。

七、墙脚手架按墙面垂直投影水平边线长度乘以墙面高度以“$m^2$”为单位计算。

# 7.1 预埋件、钢筋接头、植筋

**工作内容**：制作，洞内运输，安装，焊接等。

计量单位：t

| 定额编号 | | | 4-335 | 4-336 |
|---|---|---|---|---|
| 项目 | | | 预埋件 | |
| | | | 铁件 | 钢管 |
| 名称 | | 单位 | 数量 | |
| 人工 | 综合工日 | 工日 | 29.766 | 29.640 |
| 材料 | 钢板 4.5~20 | kg | 1060.000 | — |
| | 钢管 | kg | — | 1060.000 |
| | 电焊条 | kg | 36.000 | 24.000 |
| | 其他材料费 | % | 1.000 | 1.000 |
| 机械 | 交流电焊机 30kV·A | 台班 | 4.110 | 2.740 |
| | 电动卷扬机 双筒慢速 5t | 台班 | 0.368 | 0.368 |

**工作内容：**场地清理、除锈、调直、校正、配料、钢筋端头加工、机具准备、洞内运输、搭设简易架子、连接等。

计量单位：个

| 定额编号 | | | 4-337 | 4-338 | 4-339 | 4-340 |
|---|---|---|---|---|---|---|
| 项目 | | | 锥螺纹套筒接头 | | | |
| | | | $\phi \leqslant 20$ | $\phi \leqslant 25$ | $\phi \leqslant 32$ | $\phi \leqslant 45$ |
| 名称 | | 单位 | 数量 | | | |
| 人工 | 综合工日 | 工日 | 0.070 | 0.070 | 0.093 | 0.111 |
| 材料 | 锥螺纹套筒 $\phi 20$ 以内 | 个 | 1.010 | — | — | — |
| | 锥螺纹套筒 $\phi 25$ 以内 | 个 | — | 1.010 | — | — |
| | 锥螺纹套筒 $\phi 32$ 以内 | 个 | — | — | 1.010 | — |
| | 锥螺纹套筒 $\phi 45$ 以内 | 个 | — | — | — | 1.010 |
| | 其他材料费 | % | 1.000 | 1.000 | 1.000 | 1.000 |
| 机械 | 套丝机 | 台班 | 0.015 | 0.019 | 0.017 | 0.021 |

**工作内容**：场地清理、除锈、调直、校正、配料、钢筋端头加工、机具准备、洞内运输、 搭设简易架子、连接等。

计量单位：个

| 定额编号 | | | 4-341 | 4-342 | 4-343 | 4-344 |
|---|---|---|---|---|---|---|
| 项目 | | | 直螺纹套筒接头 | | | |
| | | | $\phi\leqslant20$ | $\phi\leqslant25$ | $\phi\leqslant32$ | $\phi\leqslant45$ |
| 名称 | | 单位 | 数量 | | | |
| 人工 | 综合工日 | 工日 | 0.200 | 0.242 | 0.262 | 0.328 |
| 材料 | 直螺纹套筒接头 $\phi$20 以内 | 个 | 1.010 | — | — | — |
| | 直螺纹套筒接头 $\phi$25 以内 | 个 | — | 1.010 | — | — |
| | 直螺纹套筒接头 $\phi$32 以内 | 个 | — | — | 1.010 | — |
| | 直螺纹套筒接头 $\phi$45 以内 | 个 | — | — | — | 1.010 |
| | 其他材料费 | % | 1.000 | 1.000 | 1.000 | 1.000 |
| 机械 | 套丝机 | 台班 | 0.022 | 0.030 | 0.035 | 0.055 |

**工作内容：** 场地清理、除锈、调直、校正、配料、钢筋端头加工、机具准备、洞内运输、搭设简易架子、连接等。

计量单位：个

| 定额编号 | | | 4-345 | 4-346 | 4-347 | 4-348 |
|---|---|---|---|---|---|---|
| 项目 | | | 冷挤压接头 | | | |
| | | | $\phi \leqslant 20$ | $\phi \leqslant 25$ | $\phi \leqslant 32$ | $\phi \leqslant 45$ |
| 名称 | | 单位 | 数量 | | | |
| 人工 | 综合工日 | 工日 | 0.032 | 0.042 | 0.063 | 0.076 |
| 材料 | 冷挤压接头 $\phi 20$ 以内 | 个 | 1.010 | — | — | — |
| | 冷挤压接头 $\phi 25$ 以内 | 个 | — | 1.010 | — | — |
| | 冷挤压接头 $\phi 32$ 以内 | 个 | — | — | 1.010 | — |
| | 冷挤压接头 $\phi 45$ 以内 | 个 | — | — | — | 1.010 |
| | 其他材料费 | % | 1.000 | 1.000 | 1.000 | 1.000 |
| 机械 | 冷挤压成型机 | 台班 | 0.022 | 0.030 | 0.035 | 0.055 |

**工作内容**：定位、钻孔、清孔、钢筋加工成型、注胶、植筋、养护等。

计量单位：根

| 定额编号 | | | 4-349 | 4-350 | 4-351 | 4-352 |
|---|---|---|---|---|---|---|
| 项目 | | | 钢筋植筋（孔深 15d） | | | |
| | | | $\phi$12 以内 | $\phi$20 以内 | $\phi$25 以内 | $\phi$32 以内 |
| 名称 | | 单位 | 数量 | | | |
| 人工 | 综合工日 | 工日 | 0.218 | 0.390 | 0.510 | 0.694 |
| 材料 | 钢筋 | kg | 0.399 | 1.211 | 2.396 | 4.956 |
| | 结构胶 | kg | 0.070 | 0.400 | 0.519 | 0.960 |
| | 其他材料费 | % | 1.000 | 1.000 | 1.000 | 1.000 |
| 机械 | DE-76 冲击钻 | 台班 | 0.021 | 0.048 | 0.064 | 0.075 |

工作内容：定位、钻孔、清孔、钢筋加工成型、注胶、植筋、养护等。

计量单位：根

| 定额编号 | | | 4-353 | 4-354 | 4-355 | 4-356 |
|---|---|---|---|---|---|---|
| 项目 | | | 钢筋植筋每增减 10mm（孔深） | | | |
| | | | $\phi$12 以内 | $\phi$20 以内 | $\phi$25 以内 | $\phi$32 以内 |
| 名称 | | 单位 | 数量 | | | |
| 人工 | 综合工日 | 工日 | 0.010 | 0.012 | 0.012 | 0.013 |
| 材料 | 钢筋 | kg | 0.009 | 0.030 | 0.037 | 0.066 |
| | 结构胶 | kg | 0.004 | 0.013 | 0.016 | 0.021 |
| | 其他材料费 | % | 1.000 | 1.000 | 1.000 | 1.000 |
| 机械 | DE-76 冲击钻 | 台班 | 0.001 | 0.001 | 0.002 | 0.002 |

## 7.2　车站混凝土凿孔

**工作内容**：定位、打孔、清理等。

计量单位：$m^3$

| 定　额　编　号 | | | 4-357 | 4-358 | 4-359 | 4-360 | 4-361 | 4-362 |
|---|---|---|---|---|---|---|---|---|
| 项　　目 | | | 人工凿孔（洞）砖结构（洞口截面：mm） | | | 人工凿孔（洞）钢筋混凝土结构（洞口截面：mm） | | |
| | | | 100×100以内 | 300×300以内 | 300×300以上 | 100×100以内 | 300×300以内 | 300×300以上 |
| 名　　称 | | 单位 | 数　　量 | | | | | |
| 人工 | 综合工日 | 工日 | 30.110 | 18.820 | 13.190 | 114.430 | 71.730 | 50.150 |

**工作内容：**准备、测量、划线、钻孔、清理孔洞。

计量单位：个

| 定额编号 | | | 4-363 | 4-364 | 4-365 | 4-366 |
|---|---|---|---|---|---|---|
| 项目 | | | 机械钻孔（洞） 混凝土（孔径 mm 以内） | | | |
| | | | $\phi$65 | $\phi$108 | $\phi$150 | $\phi$200 |
| 名称 | | 单位 | 数量 | | | |
| 人工 | 综合工日 | 工日 | 0.120 | 0.170 | 0.260 | 0.380 |
| 机械 | 冲击成孔机 CZ-30 | 台班 | 0.040 | 0.050 | 0.080 | 0.150 |

**工作内容：**准备、测量、划线、钻孔、清理孔洞。

计量单位：个

| 定额编号 | | | 4-367 | 4-368 | 4-369 | 4-370 |
|---|---|---|---|---|---|---|
| 项目 | | | 机械钻孔（洞） 砖墙（mm 以内） | | | |
| | | | $\phi$65 | $\phi$108 | $\phi$150 | $\phi$200 |
| 名称 | | 单位 | 数量 | | | |
| 人工 | 综合工日 | 工日 | 0.070 | 0.100 | 0.160 | 0.230 |
| 机械 | 冲击成孔机 CZ-30 | 台班 | 0.030 | 0.030 | 0.050 | 0.080 |

## 7.3 钢支撑制作

**工作内容**：下料，制作，定位，场内运输，堆放等。

计量单位：t

| 定额编号 | | | 4-371 | 4-372 |
|---|---|---|---|---|
| 项目 | | | 钢支撑制作 | |
| | | | 钢管 | 型钢 |
| 名称 | | 单位 | 数量 | |
| 人工 | 综合工日 | 工日 | 15.675 | 16.500 |
| 材料 | 型钢 | kg | — | 960.000 |
| | 卷焊钢管 | kg | 960.000 | — |
| | 热轧厚钢板 14~16 厚 | kg | 100.000 | 100.000 |
| | 电焊条 | kg | 75.910 | 75.910 |
| | 铁件 | kg | 79.900 | 79.900 |
| | 其他材料费 | % | 1.000 | 1.000 |
| 机械 | 载重汽车 4t | 台班 | 1.250 | 1.250 |
| | 履带式起重机 25t | 台班 | 0.100 | 0.210 |
| | 交流电焊机 32kV·A | 台班 | 5.440 | 5.440 |
| | 立式钻床 50 | 台班 | 0.050 | — |
| | 剪板机 厚度×宽度 40×3100 | 台班 | 0.110 | — |
| | 切割机 | 台班 | — | 0.110 |

**工作内容：**装车，运输，按指定地点卸车堆放等。

计量单位：t

| 定额编号 | | | 4-373 | 4-374 | 4-375 | 4-376 |
|---|---|---|---|---|---|---|
| 项目 | | | 钢管支撑运输 | | 型钢构件运输 | |
| | | | 1km 以内 | 每增 1km | 1km 以内 | 每增 1km |
| 名称 | | 单位 | 数量 | | | |
| 人工 | 综合工日 | 工日 | 0.153 | 0.014 | 0.070 | 0.008 |
| 材料 | 板方材 | kg | 0.003 | — | 0.003 | — |
| | 金属材料摊销 | kg | 0.176 | — | 0.043 | — |
| | 其他材料费 | % | 1.000 | — | 1.000 | — |
| 机械 | 汽车起重机 16 t | 台班 | 0.018 | 0.001 | — | — |
| | 汽车起重机 10 t | 台班 | — | — | 0.002 | 0.002 |
| | 载重汽车 8t | 台班 | 0.029 | 0.004 | 0.029 | 0.004 |

# 7.4 明挖车站其他辅助工程

## 7.4.1 明挖车站钢支撑安装及拆除

**工作内容：** 1. 安装：定位放样、槽壁面凿出预埋件、钢牛腿焊接、支撑拼装、焊接安全栏杆、安装定位、活络接头固定、拆除等。

2. 拆除：切割、吊运至地面、堆放及装车等。

计量单位：t

| 定额编号 | | | 4-377 | 4-378 | 4-379 | 4-380 |
|---|---|---|---|---|---|---|
| 项目 | | | 钢支撑（10m 以内） | | 钢支撑（10m 以外） | |
| | | | 安装 | 拆除 | 安装 | 拆除 |
| 名称 | | 单位 | 数量 | | | |
| 人工 | 综合工日 | 工日 | 2.003 | 2.641 | 1.925 | 2.257 |
| 材料 | 电焊条（综合） | kg | 1.090 | 0.660 | 6.600 | 3.200 |
| | 沥青枕木 | $m^3$ | 0.030 | — | 0.020 | — |
| | 钢支撑 | kg | 25.000 | — | 25.000 | — |
| | 钢板（中厚） | kg | 7.890 | — | 4.750 | — |
| | 预埋铁件 | kg | 11.620 | — | 7.000 | — |
| | 其他材料费 | % | 1.000 | 1.000 | 1.000 | 1.000 |
| 机械 | 履带式起重机 25t | 台班 | 0.231 | 0.220 | — | — |
| | 履带式起重机 40t | 台班 | — | — | 0.231 | 0.220 |
| | 载重汽车 4t | 台班 | 0.055 | 0.055 | 0.055 | 0.055 |
| | 空压机 $10m^3/min$ | 台班 | 0.033 | 0.033 | 0.187 | 0.022 |
| | 交流电焊机 容量 32kV·A | 台班 | 0.200 | 0.100 | 0.400 | 0.200 |

### 7.4.2　明挖车站脚手架工程

**工作内容：** 1. 立杆、驳接上扣，铺板、绑扎，立柱垫脚等全部搭设工程。

2. 施工期间的加固维修和安全管理；完工拆除工作。

3. 拆架后的材料分类整理、绑扎及场内外运输；　钢棚料及附件的油漆维护。

计量单位：$m^2$

| 定额编号 | | | 4-381 | 4-382 | 4-383 | 4-384 |
|---|---|---|---|---|---|---|
| 项目 | | | 单排脚手架 | | 双排脚手架 | |
| | | | 高度 10m 以内 | 高度 20m 以内 | 高度 10m 以内 | 高度 20m 以内 |
| 名称 | | 单位 | 数量 | | | |
| 人工 | 综合工日 | 工日 | 0.042 | 0.062 | 0.092 | 0.138 |
| 材料 | 红丹酚醛防锈漆 | kg | 0.023 | 0.033 | 0.051 | 0.074 |
| | 松节油 | kg | 0.003 | 0.004 | 0.007 | 0.009 |
| | 底座　钢管排山用 | 个 | 0.002 | 0.002 | 0.004 | 0.004 |
| | 驳通　钢管排山用 | 支 | 0.012 | 0.017 | 0.026 | 0.038 |
| | 活动扣　钢管排山用 | 套 | 0.004 | 0.011 | 0.009 | 0.025 |
| | 直角扣　钢管排山用 | 套 | 0.026 | 0.038 | 0.057 | 0.085 |
| | 钢管　$\phi 51\times3.5$ | m | 0.034 | 0.049 | 0.075 | 0.109 |
| | 其他材料费 | % | 1.000 | 1.000 | 1.000 | 1.000 |
| 机械 | 载重汽车　6t | 台班 | 0.001 | 0.001 | 0.003 | 0.003 |

**工作内容：** 1. 立杆、驳、铺板、垫脚、挂安全网等全部搭设工程。
2. 施工期间的维修、加固防火；钢管的油漆保养等工作。
3. 拆架、清场、分类归堆及场内外运输。

计量单位：座

| 定额编号 | | | 4-385 | 4-386 |
|---|---|---|---|---|
| 项目 | | | 风井、电梯井脚手架 | |
| | | | 高度 20m 以内 | 高度 30m 以内 |
| 名称 | | 单位 | 数量 | |
| 人工 | 综合工日 | 工日 | 9.950 | 15.310 |
| 材料 | 松杂直边板 | $m^3$ | 0.040 | 0.080 |
| | 红丹酚醛防锈漆 | kg | 2.260 | 5.070 |
| | 松节油 | kg | 0.260 | 0.580 |
| | 底座 钢管排山用 | 个 | 0.150 | 0.200 |
| | 驳通 钢管排山用 | 支 | 0.300 | 0.810 |
| | 活动扣 钢管排山用 | 套 | 1.220 | 2.840 |
| | 直角扣 钢管排山用 | 套 | 2.510 | 4.260 |
| | 钢管 $\phi 51\times3.5$ | m | 7.550 | 17.000 |
| | 其他材料费 | % | 1.000 | 1.000 |
| 机械 | 载重汽车 6t | 台班 | 0.060 | 0.140 |

# 7.5 盖挖、暗挖车站其他辅助工程

## 7.5.1 盖挖、暗挖车站钢支撑安装及拆除

**工作内容：**1．安装：定位放样、槽壁面凿出预埋件、钢牛腿焊接、支撑拼装、安装定位、活络接头固定，材料竖井提升及洞内水平搬运等。

2．拆除：切割、吊运至洞外、堆放及装车等。

计量单位：t

| 定额编号 | | | 4-387 | 4-388 | 4-389 | 4-390 |
|---|---|---|---|---|---|---|
| 项目 | | | 钢支撑（10m 以内） | | 钢支撑（10m 以外） | |
| | | | 安装 | 拆除 | 安装 | 拆除 |
| 名称 | | 单位 | 数量 | | | |
| 人工 | 综合工日 | 工日 | 2.634 | 3.466 | 2.515 | 2.980 |
| 材料 | 电焊条（综合） | kg | 1.090 | 0.660 | 6.600 | 3.200 |
| | 沥青枕木 | $m^3$ | 0.030 | — | 0.020 | — |
| | 钢支撑 | kg | 25.000 | — | 25.000 | — |
| | 钢板（中厚） | kg | 7.890 | — | 4.750 | — |
| | 预埋铁件 | kg | 11.620 | — | 7.000 | — |
| | 其他材料费 | % | 1.000 | 1.000 | 1.000 | 1.000 |
| 机械 | 载重汽车 4t | 台班 | 0.055 | 0.055 | 0.055 | 0.055 |
| | 空压机 $10m^3/min$ | 台班 | 0.033 | 0.033 | 0.187 | 0.022 |
| | 交流电焊机 容量 32kV·A | 台班 | 0.200 | 0.100 | 0.400 | 0.200 |
| | 电动卷扬机 双筒慢速 5t | 台班 | 0.385 | 0.385 | 0.385 | 0.385 |

## 7.5.2 盖挖、暗挖车站洞内拆除

**工作内容**：拆除，洞内运输及提升至地面，地面渣土集中及场地清理等工作内容。

计量单位：$m^3$

| 定额编号 | | | 4-391 | 4-392 |
|---|---|---|---|---|
| 项目 | | | 拆除素混凝土 | 拆除钢筋混凝土 |
| 名称 | | 单位 | 数量 | |
| 人工 | 综合工日 | 工日 | 2.977 | 3.870 |
| 材料 | 工具钢 | kg | 0.320 | 0.400 |
| | 合金钢钻头 | 个 | 0.100 | 0.140 |
| | 高压风管 $\phi25$ | m | 0.100 | 0.010 |
| | 水 | $m^3$ | 0.150 | — |
| | 氧气 | $m^3$ | — | 0.100 |
| | 乙炔气 | kg | — | 0.030 |
| | 其他材料费 | % | 1.000 | 1.000 |
| 机械 | 电动空压机 $10m^3/min$ | 台班 | 0.180 | 0.252 |
| | 风镐 | 台班 | 0.360 | 0.504 |
| | 电动卷扬机 双筒慢速 5t | 台班 | 0.040 | 0.056 |

## 7.5.3 盖挖、暗挖车站洞内临时工程

**工作内容：** 1. 洞内通风：铺设管道、清除污物、维修保养、拆除及材料运输。

2. 洞内动力：线路铺设、安全检查、安装、随用随移、维修保养、拆除及材料运输。

计量单位：m

| 定额编号 | | | 4-393 | 4-394 | 4-395 | 4-396 |
|---|---|---|---|---|---|---|
| 项目 | | | 洞内通风 | | 洞内动力 | |
| | | | 一季度以内 | 每增一季度 | 一季度以内 | 每增一季度 |
| 名称 | | 单位 | 数量 | | | |
| 人工 | 综合工日 | 工日 | 0.360 | 0.160 | 0.367 | 0.120 |
| 材料 | 粘胶布风管 | m | 0.083 | 0.083 | — | — |
| | 镀锌铁丝 | kg | 0.038 | — | — | — |
| | 环氧煤沥青漆 | kg | 0.004 | 0.003 | — | — |
| | 螺栓 | kg | 0.008 | 0.006 | 0.005 | 0.001 |
| | 橡胶四芯软缆 | m | — | — | 0.073 | 0.063 |
| | 板方材 | $m^3$ | — | — | 0.001 | — |
| | 铁壳闸刀 30A/3 | 个 | — | — | 0.001 | — |
| | 熔断器 | 个 | — | — | 0.008 | — |
| | 端子板 | 个 | — | — | 0.003 | — |
| | 三相插座 | 个 | — | — | 0.003 | 0.001 |
| | 防锈漆 | kg | — | — | 0.011 | 0.006 |
| | 其他材料费 | % | 1.000 | 1.000 | 1.000 | 1.000 |
| 机械 | 通风机 30kW | 台班 | 0.274 | 0.274 | — | — |

**工作内容**：铺设管道、安装阀门、清除污物、除锈、维修保养、拆除及材料运输。

计量单位：m

| 定额编号 | | | 4-397 | 4-398 | 4-399 | 4-400 |
|---|---|---|---|---|---|---|
| 项目 | | | 洞内水管 ϕ50 | | 洞内水管 ϕ100 | |
| | | | 一季度以内 | 每增一季度 | 一季度以内 | 每增一季度 |
| 名称 | | 单位 | 数量 | | | |
| 人工 | 综合工日 | 工日 | 0.326 | 0.100 | 0.376 | 0.100 |
| 材料 | 钢管 ϕ50×4 | kg | 0.199 | 0.136 | — | — |
| | 钢管 ϕ100×6 | kg | — | — | 0.607 | 0.416 |
| | 管卡子 ϕ50 | 个 | 0.050 | 0.020 | — | — |
| | 管箍 ϕ50 | 个 | 0.015 | 0.006 | — | — |
| | 压制弯头 ϕ50 | 个 | 0.020 | 0.010 | — | — |
| | 压制弯头 ϕ100 | 个 | — | — | 0.020 | 0.010 |
| | 平焊法兰 ϕ100 | 副 | — | — | 0.006 | 0.005 |
| | 阀门 ϕ50 | 个 | 0.002 | 0.001 | — | — |
| | 阀门 ϕ100 | 个 | — | — | 0.002 | 0.001 |

续前

| 定额编号 | | | 4-397 | 4-398 | 4-399 | 4-400 |
|---|---|---|---|---|---|---|
| 项目 | | | 洞内水管 φ50 | | 洞内水管 φ100 | |
| | | | 一季度以内 | 每增一季度 | 一季度以内 | 每增一季度 |
| 名称 | | 单位 | 数量 | | | |
| 材料 | 铅油（厚漆） | kg | 0.002 | — | — | — |
| | 螺栓 | kg | — | — | 0.040 | 0.032 |
| | 电焊条 | kg | — | — | 0.027 | 0.021 |
| | 醇酸防锈漆 | kg | — | — | 0.010 | 0.008 |
| | 其他材料费 | % | 1.000 | 1.000 | 1.000 | 1.000 |
| 机械 | 管子切断机 φ60 | 台班 | 0.006 | 0.002 | — | — |
| | 管子切断机 φ150 | 台班 | — | — | 0.003 | 0.001 |
| | 套丝机 φ159 | 台班 | 0.002 | 0.002 | — | — |
| | 直流弧焊机 32kW | 台班 | — | — | 0.013 | 0.010 |
| | 弯管机 φ108 | 台班 | — | — | 0.002 | 0.001 |

**工作内容**：线路沿壁架设、安装、施工照明随用随移、安全检查、维修保养、拆除及材料运输。

计量单位：m

| 定额编号 | | | 4-401 | 4-402 |
|---|---|---|---|---|
| 项目 | | | 洞内照明 | |
| | | | 一季度以内 | 每增一季度 |
| 名称 | | 单位 | 数量 | |
| 人工 | 综合工日 | 工日 | 0.338 | 0.120 |
| 材料 | 防水灯头 | 个 | 0.140 | — |
| | 灯泡 | 个 | 0.520 | 0.280 |
| | 螺栓 | kg | 0.011 | 0.002 |
| | 橡胶三芯软缆 | m | 0.073 | 0.063 |
| | 板方材 | $m^3$ | 0.001 | — |
| | 熔断器 | 个 | 0.005 | — |
| | 电 | kW·h | 77.760 | 77.760 |
| | 铁壳闸刀 100A/2 | 个 | 0.001 | — |
| | 防锈漆 | kg | 0.011 | 0.006 |
| | 其他材料费 | % | 1.000 | 1.000 |

**工作内容：** 铺设枕木、轻轨、校正调顺、固定、拆除、材料运输及维修保养。

计量单位：m

| 定额编号 | | | 4-403 | 4-404 |
|---|---|---|---|---|
| 项目 | | | 洞内轨道 | |
| | | | 一季度以内 | 每增一季度 |
| 名称 | | 单位 | 数量 | |
| 人工 | 综合工日 | 工日 | 0.489 | 0.100 |
| 材料 | 原木（道木） | $m^3$ | 0.005 | 0.004 |
| | 钢轨 | kg | 2.160 | 0.960 |
| | 螺栓 | kg | 0.024 | 0.018 |
| | 钢板 | kg | 0.239 | 0.189 |
| | 道钉 | 个 | 0.104 | 0.082 |
| | 镀锌铁丝 | kg | 0.137 | 0.027 |
| | 铁钉 | kg | 0.010 | 0.002 |
| | 鱼尾板 | kg | 0.082 | 0.067 |
| | 其他材料费 | % | 1.000 | 1.000 |

## 7.5.4 盖挖、暗挖车站洞内脚手架工程

**工作内容：**清理现场，搭脚手架，挂安全网，拆除，堆放，材料洞内水平运输及竖井提升等。

计量单位：$m^2$

| 定额编号 | | | 4-405 | 4-406 | 4-407 | 4-408 |
|---|---|---|---|---|---|---|
| 项目 | | | 单排 | | 双排 | |
| | | | 4m 以内 | 8m 以内 | 4m 以内 | 8m 以内 |
| 名称 | | 单位 | 数量 | | | |
| 人工 | 综合工日 | 工日 | 0.062 | 0.064 | 0.084 | 0.085 |
| 材料 | 脚手管 $\phi$48 | kg | 0.210 | 0.360 | 0.270 | 0.500 |
| | 脚手管（扣）件 | 个 | 0.022 | 0.044 | 0.032 | 0.065 |
| | 底座 | 个 | 0.002 | 0.003 | 0.005 | 0.004 |
| | 竹脚手板 | $m^2$ | 0.051 | 0.051 | 0.060 | 0.060 |
| | 安全网 | $m^2$ | 0.027 | 0.014 | 0.027 | 0.014 |
| | 其他材料费 | % | 1.000 | 1.000 | 1.000 | 1.000 |

# 8 降水工程

# 说　明

一、本章包括轻型井点降水、喷射井点降水、大口径降水、管井降水等共 4 节 55 个子目。

二、井点降水应保证连续供电，在电源无保证的情况下，使用备用电源的费用另计。

三、定额中探井、阀门、观测孔、配电设施、水泵及泵管安装的费用已含在综合人工工日及其他材料费中。

四、井点成孔定额中未包括泥浆制作及运输的费用，发生时执行其他册相应子目。

五、钻孔机成孔和沉井法成孔辐射井的土方及钢护筒应另行计算，人工挖孔及土方外运执行其他册相应子目。

六、定额中未含沟槽及沟槽内排水管线和管道铺设及障碍物处理费用，发生时另行计算。

七、定额中未含占地、路面拆除及路面、绿化恢复等费用，发生时另行计算。

八、辐射井中钻机法竖井施工定额中不含井口井字梁费用，井字梁混凝土及钢筋执行其他册相应子目。

九、设计井深与定额井深不同时应按内差法计算。

十、定额是按常用井径编制的，设计井径不同时另行补充。

# 工程量计算规则

一、井点的安装、拆除按设计图示数量以“根”为单位计算。

二、轻型井点、喷射井点、大口径井点的使用定额以“套·天”为单位计算，其中轻型井点50根为一套，喷射井点30根为一套，大口径井点以10根为一套，累计根数不足一套时，以一套计算，一天按24h计算。

三、管井、辐射井、竖井的抽水以“根·天”为单位计算，按设计图示抽水管井的数量进行计算，其井点使用时间按施工组织设计确定。

## 8.1 轻型井点降水

**工作内容：** 1. 安装：井管装配，地面试管，铺总管，安装、拆除水泵，钻机安装、拆除，钻孔沉管，试抽。
2. 使用：抽水，井管堵漏。
3. 拆除：拔管，拆管，灌砂，清洗整理，堆放。

计量单位：根

| 定额编号 | | | 4-409 | 4-410 | 4-411 |
|---|---|---|---|---|---|
| 项目 | | | 安装 | 拆除 | 使用 |
| | | | | | 套·天 |
| 名称 | | 单位 | 数量 | | |
| 人工 | 综合工日 | 工日 | 1.214 | 0.433 | 3.000 |
| 材料 | 轻型井点总管 $\phi100$ | m | 0.001 | — | 0.040 |
| | 轻型井点井管 $\phi40$ | m | 0.022 | — | 0.830 |
| | 中粗砂 | $m^3$ | 0.472 | 0.012 | — |
| | 胶管 $\phi50$ | m | 0.170 | — | — |
| | 水 | $m^3$ | 5.336 | — | — |
| | 其他材料费 | % | 1.000 | 1.000 | 1.000 |
| 机械 | 轻便钻机 XJ-100 | 台班 | 0.057 | — | — |
| | 多级离心泵 $\phi150\times180m$ | 台班 | 0.057 | — | — |
| | 射流井点泵 | 台班 | — | — | 4.000 |
| | 污泥泵 $\phi100$ | 台班 | 0.057 | — | — |

## 8.2 喷射井点降水

**工作内容：** 1. 安装：井管装配，地面试管，铺总管，安装、拆除水泵，钻机安装、拆除，钻孔沉管，试抽。

2. 使用：抽水，井管堵漏。

3. 拆除：拔管，拆管，灌砂，清洗整理，堆放。

计量单位：根

| 定额编号 | | | 4-412 | 4-413 | 4-414 |
|---|---|---|---|---|---|
| 项目 | | | 井管深 10m | | |
| | | | 安装 | 拆除 | 使用 |
| | | | | | 套·天 |
| 名称 | | 单位 | 数量 | | |
| 人工 | 综合工日 | 工日 | 3.400 | 1.023 | 6.000 |
| 材料 | 喷射井点总管 $\phi159$ | m | 0.005 | — | 0.120 |
| | 喷射井点井管 $\phi76$ | m | 0.029 | — | 0.930 |
| | 滤网管 | 根 | 0.004 | — | 0.114 |
| | 喷射器 | 个 | 0.005 | — | 0.177 |
| | 法兰 $\phi165\times100$ | 副 | 0.001 | — | 0.042 |
| | 水箱 | kg | 0.036 | — | 1.120 |

续前

| 定额编号 | | | 4-412 | 4-413 | 4-414 |
| --- | --- | --- | --- | --- | --- |
| 项目 | | | 井管深 10m | | |
| | | | 安装 | 拆除 | 使用 |
| | | | | | 套·天 |
| 名称 | | 单位 | 数量 | | |
| 材料 | 回水连接件 | 副 | 0.002 | — | 0.070 |
| | 中粗砂 | $m^3$ | 1.720 | 0.030 | — |
| | 镀锌钢管 *DN* 20 | kg | 0.170 | — | — |
| | 水 | $m^3$ | 17.400 | 1.860 | — |
| | 其他材料费 | % | 1.000 | 1.000 | 1.000 |
| 机械 | 液压钻机 G2A | 台班 | 0.138 | — | — |
| | 履带式起重机 10 t | 台班 | 0.138 | 0.150 | — |
| | 多级离心泵 $\phi$150×180m | 台班 | 0.138 | — | 2.000 |
| | 污泥泵 $\phi$100 | 台班 | 0.276 | — | — |
| | 电动空气压缩机 6$m^3$/min | 台班 | 0.057 | — | — |

**工作内容**：1. 安装：井管装配，地面试管，铺总管，安装、拆除水泵，钻机安装、拆除，钻孔沉管，试抽。

2. 使用：抽水，井管堵漏。

3. 拆除：拔管，拆管，灌砂，清洗整理，堆放。

计量单位：根

| 定额编号 | | | 4-415 | 4-416 | 4-417 |
|---|---|---|---|---|---|
| 项目 | | | 井管深 15m | | |
| | | | 安装 | 拆除 | 使用 |
| | | | | | 套·天 |
| 名称 | | 单位 | 数量 | | |
| 人工 | 综合工日 | 工日 | 5.164 | 1.956 | 6.000 |
| 材料 | 喷射井点总管 $\phi 159$ | m | 0.005 | — | 0.120 |
| | 喷射井点井管 $\phi 76$ | m | 0.054 | — | 1.520 |
| | 滤网管 | 根 | 0.004 | — | 0.136 |
| | 喷射器 | 个 | 0.006 | — | 0.225 |
| | 法兰 $\phi 165\times100$ | 副 | 0.001 | — | 0.042 |
| | 水箱 | kg | 0.036 | — | 1.120 |
| | 回水连接件 | 副 | 0.002 | — | 0.075 |

续前

| 定额编号 | | | 4-415 | 4-416 | 4-417 |
|---|---|---|---|---|---|
| 项目 | | | 井管深 15m | | |
| | | | 安装 | 拆除 | 使用 |
| | | | | | 套·天 |
| 名称 | | 单位 | 数量 | | |
| 材料 | 中粗砂 | $m^3$ | 2.590 | 0.053 | — |
| | 镀锌钢管 *DN* 20 | kg | 0.009 | — | — |
| | 水 | $m^3$ | 20.200 | 5.900 | — |
| | 其他材料费 | % | 1.000 | 1.000 | 1.000 |
| 机械 | 液压钻机 G2A | 台班 | 0.176 | — | — |
| | 履带式起重机 10t | 台班 | 0.176 | 0.184 | — |
| | 多级离心泵 $\phi$150×180m | 台班 | 0.176 | 0.092 | 2.000 |
| | 污泥泵 $\phi$100 | 台班 | 0.352 | 0.184 | — |
| | 电动空气压缩机 $6m^3/min$ | 台班 | 0.176 | — | — |

**工作内容**：1. 安装：井管装配，地面试管，铺总管，安装、拆除水泵，钻机安装、拆除，钻孔沉管，试抽。
2. 使用：抽水，井管堵漏。
3. 拆除：拔管，拆管，灌砂，清洗整理，堆放。

计量单位　根

| 定额编号 | | | 4-418 | 4-419 | 4-420 |
|---|---|---|---|---|---|
| 项目 | | | 井管深 20m | | |
| | | | 安装 | 拆除 | 使用 |
| | | | | | 套·天 |
| 名称 | | 单位 | 数量 | | |
| 人工 | 综合工日 | 工日 | 6.600 | 2.500 | 6.000 |
| 材料 | 喷射井点总管　$\phi$159 | m | 0.046 | — | 0.120 |
| | 喷射井点井管　$\phi$76 | m | 0.088 | — | 2.260 |
| | 滤网管 | 根 | 0.005 | — | 0.162 |
| | 喷射器 | 个 | 0.007 | — | 0.290 |
| | 法兰　$\phi$165×100 | 副 | 0.001 | — | 0.042 |
| | 水箱 | kg | 0.036 | — | 1.120 |
| | 回水连接件 | 副 | 0.003 | — | 0.080 |

续前

| 定额编号 | | | 4-418 | 4-419 | 4-420 |
|---|---|---|---|---|---|
| 项目 | | | 井管深 20m | | |
| | | | 安装 | 拆除 | 使用 |
| | | | | | 套·天 |
| 名称 | | 单位 | 数量 | | |
| 材料 | 中粗砂 | $m^3$ | 3.470 | 0.077 | — |
| | 镀锌钢管 *DN*20 | kg | 0.115 | — | — |
| | 水 | $m^3$ | 23.000 | 10.000 | — |
| | 其他材料费 | % | 1.000 | 1.000 | 1.000 |
| 机械 | 液压钻机 G2A | 台班 | 0.215 | — | — |
| | 履带式起重机 10 t | 台班 | 0.215 | 0.220 | — |
| | 多级离心泵 $\phi$150×180m | 台班 | 0.215 | 0.110 | 2.000 |
| | 污泥泵 $\phi$100 | 台班 | 0.430 | 0.220 | — |
| | 电动空气压缩机 $6m^3/min$ | 台班 | 0.215 | — | — |

工作内容：1. 安装：井管装配，地面试管，铺总管，安装、拆除水泵，钻机安装、拆除，钻孔沉管，试抽。
2. 使用：抽水，井管堵漏。
3. 拆除：拔管，拆管，灌砂，清洗整理，堆放。

计量单位：根

| 定额编号 | | | 4-421 | 4-422 | 4-423 |
|---|---|---|---|---|---|
| 项目 | | | 井管深 25m | | |
| | | | 安装 | 拆除 | 使用 |
| | | | | | 套·天 |
| 名称 | | 单位 | 数量 | | |
| 人工 | 综合工日 | 工日 | 8.164 | 3.171 | 6.000 |
| 材料 | 喷射井点总管 $\phi$159 | m | 0.046 | — | 0.120 |
| | 喷射井点井管 $\phi$76 | m | 0.145 | — | 3.530 |
| | 滤网管 | 根 | 0.007 | — | 0.223 |
| | 喷射器 | 个 | 0.0096 | — | 0.378 |
| | 法兰 $\phi$165×100 | 副 | 0.0013 | — | 0.042 |
| | 水箱 | kg | 0.0356 | — | 1.120 |
| | 回水连接件 | 副 | 0.0027 | — | 0.085 |

续前

| 定额编号 | | | 4-421 | 4-422 | 4-423 |
|---|---|---|---|---|---|
| 项目 | | | 井管深 25m | | |
| | | | 安装 | 拆除 | 使用 |
| | | | | | 套·天 |
| 名称 | | 单位 | 数量 | | |
| 材料 | 中粗砂 | $m^3$ | 4.510 | 0.094 | — |
| | 镀锌钢管 *DN* 20 | kg | 0.144 | — | — |
| | 水 | $m^3$ | 27.100 | 12.500 | — |
| | 其他材料费 | % | 1.000 | 1.000 | 1.000 |
| 机械 | 液压钻机 G2A | 台班 | 0.238 | — | — |
| | 履带式起重机 15t | 台班 | 0.238 | 0.244 | — |
| | 多级离心泵 $\phi$150×180m | 台班 | 0.238 | 0.122 | 2.000 |
| | 污泥泵 $\phi$100 | 台班 | 0.476 | 0.244 | — |
| | 电动空气压缩机 $6m^3/min$ | 台班 | 0.238 | — | — |

**工作内容**：1. 安装：井管装配，地面试管，铺总管，装、拆水泵，钻机安、拆，钻孔沉管，试抽。
2. 使用：抽水，井管堵漏。
3. 拆除：拔管，拆管，灌砂，清洗整理，堆放。

计量单位：根

| 定额编号 | | | 4-424 | 4-425 | 4-426 |
|---|---|---|---|---|---|
| 项目 | | | 井管深 30m | | |
| | | | 安装 | 拆除 | 使用 |
| | | | | | 套·天 |
| 名称 | | 单位 | 数量 | | |
| 人工 | 综合工日 | 工日 | 9.420 | 3.650 | 6.000 |
| 材料 | 喷射井点总管 $\phi 159$ | m | 0.005 | — | 0.120 |
| | 喷射井点井管 $\phi 76$ | m | 0.213 | — | 5.100 |
| | 滤网管 | 根 | 0.009 | — | 0.283 |
| | 喷射器 | 个 | 0.013 | — | 0.465 |
| | 法兰 $\phi 165\times100$ | 副 | 0.001 | — | 0.042 |
| | 水箱 | kg | 0.036 | — | 1.120 |
| | 回水连接件 | 副 | 0.003 | — | 0.090 |

续前

| 定额编号 | | | 4-424 | 4-425 | 4-426 |
| --- | --- | --- | --- | --- | --- |
| 项目 | | | 井管深30m | | |
| | | | 安装 | 拆除 | 使用 |
| | | | | | 套·天 |
| 名称 | | 单位 | 数量 | | |
| 材料 | 中粗砂 | $m^3$ | 5.574 | 0.110 | — |
| | 镀锌钢管 *DN* 20 | kg | 0.173 | — | — |
| | 水 | $m^3$ | 31.200 | 15.000 | — |
| | 其他材料费 | % | 1.000 | 1.000 | 1.000 |
| 机械 | 液压钻机 G2A | 台班 | 0.260 | — | — |
| | 履带式起重机 15t | 台班 | 0.260 | 0.270 | — |
| | 多级离心泵 $\phi$150×180m | 台班 | 0.260 | 0.135 | 2.000 |
| | 污泥泵 $\phi$100 | 台班 | 0.520 | 0.270 | — |
| | 电动空气压缩机 $6m^3/min$ | 台班 | 0.260 | — | — |

## 8.3 大口径降水

**工作内容：** 1. 安装：井管装配，地面试管，铺总管，装水泵水箱，钻孔成管，清孔，卸 $\phi$400 滤水钢管，定位，安装滤水钢管，外壁灌砂，封口，连接。

2. 使用：抽水，值班，井管堵漏。

3. 拆除：拔管，拆管，灌砂，清洗整理，堆放。

计量单位：根

| 定额编号 | | | 4-427 | 4-428 | 4-429 |
|---|---|---|---|---|---|
| 项目 | | | 大口径降水 15m 深 | | |
| | | | 安装 | 拆除 | 使用 |
| | | | | | 套·天 |
| 名称 | | 单位 | 数量 | | |
| 人工 | 综合工日 | 工日 | 16.300 | 8.050 | 6.000 |
| 材料 | 大口径井点总管 $\phi$159 | m | 0.005 | — | 0.120 |
| | 大口径井点井管 $\phi$400 | m | 0.195 | — | 1.500 |
| | 大口径井点吸水器 15m | 套 | 0.006 | — | 0.060 |
| | 水箱 | kg | 0.112 | — | 1.020 |

续前

| 定额编号 | | | 4-427 | 4-428 | 4-429 |
|---|---|---|---|---|---|
| 项目 | | | 大口径降水 15m 深 | | |
| | | | 安装 | 拆除 | 使用 |
| | | | | | 套·天 |
| 名称 | | 单位 | 数量 | | |
| 材料 | 中粗砂 | $m^3$ | 6.910 | 3.020 | — |
| | 水 | $m^3$ | 48.000 | 18.000 | — |
| | 其他材料费 | % | 1.000 | 1.000 | 1.000 |
| 机械 | 工程钻机 SPJ-300 | 台班 | 0.650 | — | — |
| | 履带式起重机 10 t | 台班 | 0.650 | — | — |
| | 多级离心泵 $\phi$150×180m | 台班 | 0.650 | 0.450 | 2.000 |
| | 污泥泵 $\phi$100 | 台班 | 1.300 | 0.450 | — |
| | 振动打拔桩机 40 t | 台班 | — | 0.450 | — |

工作内容：1. 安装：井管装配，地面试管，铺总管，装水泵水箱，钻孔成管，清孔，卸 $\phi$400 滤水钢管，定位，安装滤水钢管，外壁灌砂，封口，连接。
2. 使用：抽水，值班，井管堵漏。
3. 拆除：拔管，拆管，灌砂，清洗整理，堆放。

计量单位：根

| 定额编号 | | | 4-430 | 4-431 | 4-432 |
|---|---|---|---|---|---|
| 项目 | | | 大口径降水 25m 深 | | |
| | | | 安装 | 拆除 | 使用 套·天 |
| 名称 | | 单位 | 数量 | | |
| 人工 | 综合工日 | 工日 | 21.027 | 10.385 | 6.000 |
| 材料 | 大口径井点总管 $\phi$159 | m | 0.005 | — | 0.120 |
| | 大口径井点井管 $\phi$400 | m | 0.293 | — | 2.250 |
| | 大口径井点吸水器 15m | 套 | 0.009 | — | 0.090 |
| | 水箱 | kg | 0.112 | — | 1.020 |
| | 中粗砂 | $m^3$ | 11.284 | 3.266 | — |
| | 水 | $m^3$ | 72.000 | 27.000 | — |
| | 其他材料费 | % | 1.000 | 1.000 | 1.000 |
| 机械 | 工程钻机 SPJ-300 | 台班 | 0.878 | — | — |
| | 履带式起重机 10 t | 台班 | 0.878 | — | — |
| | 多级离心泵 $\phi$150×180m | 台班 | 0.878 | 0.650 | 2.000 |
| | 污泥泵 $\phi$100 | 台班 | 1.756 | 0.650 | — |
| | 振动打拔桩机 40 t | 台班 | — | 0.650 | — |

# 8.4 管井降水

## 8.4.1 抽水井安装

**工作内容**：挖探井，钻孔成管，安装井管，外壁灌砾料，井管装配，装水泵，洗井，封口，连接，试抽。

计量单位：根

| 定额编号 | | | 4-433 | 4-434 | 4-435 | 4-436 | 4-437 | 4-438 |
|---|---|---|---|---|---|---|---|---|
| 项目 | | | 安装水泥管井（钻孔 $\phi600$） | | | | | |
| | | | 井深 20m | 井深 25 m | 井深 30 m | 井深 35 m | 井深 40 m | 井深 45 m |
| 名称 | | 单位 | 数量 | | | | | |
| 人工 | 综合工日 | 工日 | 11.500 | 13.650 | 15.560 | 17.250 | 18.730 | 20.210 |
| 材料 | 无砂混凝土管 $\phi400$ | m | 21.000 | 26.000 | 31.000 | 36.000 | 41.000 | 46.000 |
| | 滤料 2~7 | $m^3$ | 6.240 | 7.803 | 9.367 | 10.931 | 12.490 | 14.052 |
| | 水 | t | 48.000 | 60.000 | 72.000 | 84.000 | 96.000 | 108.000 |
| | 密目网 | $m^2$ | 27.630 | 34.540 | 41.450 | 48.360 | 55.260 | 62.170 |
| | 铅丝 | kg | 13.500 | 16.880 | 20.250 | 23.630 | 27.010 | 30.370 |
| | 其他材料费 | % | 1.000 | 1.000 | 1.000 | 1.000 | 1.000 | 1.000 |
| 机械 | 反循环钻机 | 台班 | 2.010 | 2.350 | 2.750 | 3.110 | 3.550 | 3.990 |
| | 内燃空压机洗井 $12m^3/min$ | 台班 | 0.800 | 0.800 | 0.800 | 0.800 | 0.800 | 0.800 |

**工作内容：**挖探井，钻孔成管，安装井管，外壁灌砾料，井管装配，装水泵，洗井，封口，连接，试抽。

计量单位：根

| 定额编号 | | | 4-439 | 4-440 | 4-441 | 4-442 | 4-443 |
|---|---|---|---|---|---|---|---|
| 项目 | | | 安装钢管井（钻孔 $\phi$600） | | | | |
| | | | 井深 25m | 井深 30 m | 井深 35 m | 井深 40 m | 井深 45 m |
| 名称 | | 单位 | 数量 | | | | |
| 人工 | 综合工日 | 工日 | 13.650 | 15.560 | 17.250 | 18.730 | 20.210 |
| 材料 | 井管 $\phi$325 无缝钢管 8 厚 | m | 19.380 | 19.380 | 19.380 | 19.380 | 19.380 |
| | 井管 $\phi$325 桥式钢管 | m | 6.120 | 11.220 | 16.320 | 21.420 | 26.420 |
| | 滤料 2~7 | $m^3$ | 9.930 | 11.920 | 13.910 | 15.890 | 14.050 |
| | 水 | t | 60.000 | 72.000 | 84.000 | 96.000 | 108.000 |
| | 密目网 | $m^2$ | 28.060 | 33.680 | 39.290 | 44.900 | 50.490 |
| | 铅丝 | kg | 16.000 | 17.860 | 19.040 | 21.760 | 24.480 |
| | 焊条 | kg | 8.450 | 10.140 | 11.830 | 13.520 | 15.210 |
| | 其他材料费 | % | 1.000 | 1.000 | 1.000 | 1.000 | 1.000 |
| 机械 | 反循环钻机 | 台班 | 2.350 | 2.750 | 3.110 | 3.550 | 3.990 |
| | 内燃空压机洗井 $12m^3/min$ | 台班 | 0.800 | 0.800 | 0.800 | 0.800 | 0.800 |
| | 交流电焊机 50kV · A | 台班 | 0.140 | 0.170 | 0.190 | 0.210 | 0.230 |
| | 履带式起重机 15t | 台班 | 0.240 | 0.288 | 0.336 | 0.384 | 0.432 |

## 8.4.2 引渗井安装

**工作内容**：挖探井，钻孔成管，安装井管，外壁灌砾料，安装排水管，安装井盖，洗井，封口。

计量单位：根

| 定额编号 | | | 4-444 | 4-445 | 4-446 | 4-447 | 4-448 | 4-449 |
|---|---|---|---|---|---|---|---|---|
| 项目 | | | 安装引渗井（钻孔 $\phi$400） | | | | | |
| | | | 井深 20m | 井深 25m | 井深 30m | 井深 35m | 井深 40m | 井深 45m |
| 名称 | | 单位 | 数量 | | | | | |
| 人工 | 综合工日 | 工日 | 6.500 | 8.130 | 9.460 | 10.710 | 11.870 | 13.030 |
| 材料 | pp-r 管 $\phi$50 | m | 42.960 | 53.700 | 64.440 | 75.180 | 85.920 | 96.570 |
| | 滤料 2~7 | $m^3$ | 4.850 | 6.050 | 7.260 | 8.470 | 9.680 | 10.890 |
| | 水 | t | 48.000 | 60.000 | 72.000 | 84.000 | 96.000 | 108.000 |
| | 密目网 | $m^2$ | 3.450 | 4.320 | 5.180 | 6.040 | 6.900 | 7.740 |
| | 铅丝 | kg | 5.000 | 6.250 | 7.500 | 8.750 | 10.000 | 11.250 |
| | 井盖 | 个 | 1.000 | 1.000 | 1.000 | 1.000 | 1.000 | 1.000 |
| | 其他材料费 | % | 1.000 | 1.000 | 1.000 | 1.000 | 1.000 | 1.000 |
| 机械 | 反循环钻机 | 台班 | 1.750 | 1.970 | 2.230 | 2.450 | 2.630 | 2.810 |
| | 内燃空压机洗井 $12m^3/min$ | 台班 | 0.800 | 0.800 | 0.800 | 0.800 | 0.800 | 0.800 |

### 8.4.3 辐射井竖井安装

**工作内容**：挖探槽，护壁管安装，接口防水，井盖，封底，试抽。

计量单位：根

| 定额编号 | | | 4-450 | 4-451 | 4-452 | 4-453 |
|---|---|---|---|---|---|---|
| 项目 | | | 竖井（沉井法混凝土管直径 $\phi$3000） | | | |
| | | | 井深 20m | 井深 25 m | 井深 30 m | 井深 35 m |
| 名称 | | 单位 | 数量 | | | |
| 人工 | 综合工日 | 工日 | 40.000 | 50.000 | 60.000 | 66.000 |
| 材料 | 橡胶止水带 | m | 67.260 | 86.480 | 105.690 | 124.910 |
| | 钢筋混凝土管 $\phi3000\times200$ | t | 21.000 | 26.000 | 31.000 | 36.000 |
| | 水下混凝土封底 C20 | $m^2$ | 4.950 | 4.950 | 4.950 | 4.950 |
| | 井盖 | 个 | 1.000 | 1.000 | 1.000 | 1.000 |
| | 其他材料费 | % | 1.000 | 1.000 | 1.000 | 1.000 |
| 机械 | 汽车起重机 25t | 台班 | 8.000 | 10.000 | 12.000 | 13.000 |
| | 污泥泵 | 台班 | 5.000 | 7.000 | 9.000 | 11.000 |
| | 电动卷扬机 1.5t | 台班 | 15.000 | 17.000 | 24.000 | 32.000 |

**工作内容**：挖探槽，护壁管安装，接口防水，井盖，封底，试抽。

计量单位：根

| 定额编号 | | | 4-454 | 4-455 | 4-456 | 4-457 |
|---|---|---|---|---|---|---|
| 项目 | | | 竖井（钻机法混凝土管直径 $\phi$2600） | | | |
| | | | 井深 20 m | 井深 25 m | 井深 30 m | 井深 35 m |
| 名称 | | 单位 | 数量 | | | |
| 人工 | 综合工日 | 工日 | 12.000 | 15.000 | 18.000 | 21.000 |
| 材料 | 钢筋混凝土管 $\phi2600\times200$ | m | 21.000 | 26.000 | 31.000 | 36.000 |
| | 水 | t | 141.300 | 176.630 | 211.950 | 247.280 |
| | SBS 改性沥青 | $m^2$ | 169.560 | 211.950 | 254.340 | 296.730 |
| | 井盖 | 个 | 1.000 | 1.000 | 1.000 | 1.000 |
| | 其他材料费 | % | 1.000 | 1.000 | 1.000 | 1.000 |
| 机械 | 钻机 GP20 | 台班 | 21.000 | 26.250 | 31.500 | 36.750 |
| | 汽车起重机 25t | 台班 | 3.000 | 3.750 | 4.500 | 5.250 |
| | 污泥泵 | 台班 | 9.000 | 11.250 | 13.500 | 15.750 |
| | 气泵 | 台班 | 8.000 | 8.000 | 8.000 | 8.000 |

## 8.4.4 辐射井水平井安装

**工作内容：**安装施工平台、安全梯、护网，钻孔，安装井管，封口，连接，试抽。

计量单位：m

| 定额编号 | | | 4-458 | 4-459 |
|---|---|---|---|---|
| 项目 | | | 细颗粒地层 | 砂砾地层 |
| 名称 | | 单位 | 数量 | |
| 人工 | 综合工日 | 工日 | 0.500 | 0.800 |
| 材料 | 钢管缠丝滤水管 $\phi50$ | m | 1.000 | 1.000 |
| | 钻杆 | 套 | 0.010 | 0.020 |
| | 钻头 | 个 | 0.007 | 0.011 |
| | 井点托架 | 套 | 0.001 | 0.001 |
| | 其他材料费 | % | 1.000 | 1.000 |
| 机械 | 工程钻机 | 台班 | 0.080 | 0.120 |
| | 电动卷扬机 3t | 台班 | 0.040 | 0.060 |
| | 汽车起重机 25t | 台班 | 0.010 | 0.010 |
| | 气泵 | 台班 | 0.040 | 0.060 |
| | 内燃空气压缩机 | 台班 | — | 0.120 |

### 8.4.5 抽水及降水井拆除

**工作内容：** 1．拆除：排水管线拆除，灌砂。

2．抽水：抽水，值班，井点堵漏。

计量单位：m

| 定额编号 | | | 4-460 | 4-461 | 4-462 | 4-463 |
|---|---|---|---|---|---|---|
| 项目 | | | 管井 | | 辐射井竖井 | |
| | | | 拆除 | 抽水 | 拆除 | 抽水 |
| | | | m | 根·天 | m | 根·天 |
| 名称 | | 单位 | 数量 | | | |
| 人工 | 综合工日 | 工日 | 0.030 | 0.100 | 1.000 | 0.090 |
| 材料 | 砂石 | $m^3$ | 0.130 | — | 5.480 | — |
| | 其他材料费 | % | 1.000 | — | 1.000 | — |
| 机械 | 潜水泵 $5m^3/h$ | 台班 | — | 1.350 | — | — |
| | 潜水泵 $25m^3/h$ | 台班 | — | — | — | 2.000 |

# 9　监测量控工程

# 说　明

一、本章包括：监测点布设、地质雷达探测、监控测试等共 3 节 70 个子目。

二、监测是指对地铁工程周边范围地表、建筑物、构筑物、地下水及地铁构筑物本身的沉降、位移、压力、应力的测试和信息反馈。

三、适用于建设单位确认需要监测的工程项目；同时监测单位应及时向建设单位提供可靠的测试数据，并将数据整理成册，为设计及建设单位提供监测依据。

四、过既有线监测中未含配合费用，发生时需根据实际情况另行计算。

五、连续监测时监测室的建设费、场地租用费、软件使用费、建立监测室所需用电线、连接线等费用均未计入定额内，发生时应根据实际情况另行确定与计算。

# 工程量计算规则

一、监测点布置分地表和地下两部分，其中地表测孔深度与定额不同时可按内插法计算。

二、监测点的布设按设计图纸数量以“点”或“孔”为单位计算。

三、地质雷达探测根据测量的线路以“测线/公里” 为单位计算。

四、监控测试中人工监测根据测点按“点次”为单位计算，连续监测根据监测项目以“组日” 为单位计算，测试时间应根据施工组织设计或施工方案确定计算。

# 9.1 测点布设

## 9.1.1 基准点布设

**工作内容：**测点布置、挖孔或钻孔、钢护管加工与埋设、保护盖加工与安装、预埋件加工埋设、浇灌混凝土、测读初值。

计量单位：点

| 定额编号 | | | 4-464 | 4-465 | 4-466 |
|---|---|---|---|---|---|
| 项目 | | | 水准基本点 | | |
| | | | 双金属管 | 深埋钢管 | 混凝土 |
| 名称 | | 单位 | 数量 | | |
| 人工 | 综合工日 | 工日 | 10.830 | 10.670 | 8.540 |
| 材料 | 普通混凝土 C25 | $m^3$ | — | 0.370 | 0.660 |
| | 钢筋 $\phi 25$ | kg | — | — | 38.730 |
| | 抗蚀金属标志 | 个 | 1.000 | 1.000 | 1.000 |
| | 抗蚀预埋件 | 套 | 1.000 | 1.000 | 1.000 |
| | 铝管 $\phi 80\times 2$ | kg | 6.440 | — | — |
| | 钢管 $\phi 80\times 2$ | kg | 18.620 | 18.620 | — |

续前

| 定额编号 | | | 4-464 | 4-465 | 4-466 |
|---|---|---|---|---|---|
| 项目 | | | 水准基本点 | | |
| | | | 双金属管 | 深埋钢管 | 混凝土 |
| 名称 | | 单位 | 数量 | | |
| 材料 | 钢管 $\phi100\times4$ | kg | 94.050 | 94.050 | — |
| | 砌砖 | $m^3$ | 0.659 | 0.198 | 0.339 |
| | 保护圈盖 | 套 | 1.000 | 1.000 | 1.000 |
| | 其他材料费 | % | 1.000 | 1.000 | 1.000 |
| 机械 | 发电机 60kW 以内 | 台班 | 1.720 | 1.720 | 0.360 |
| | 挖掘机 $0.4m^3$ 以内 | 台班 | 0.200 | 0.200 | 0.360 |
| | 汽车钻孔机 $\phi400$ | 台班 | 1.720 | 1.720 | — |
| 仪器仪表 | 精密水准仪（含铟钢尺） | 台班 | 0.200 | 0.200 | 0.200 |

### 9.1.2 地表沉降测点布设

**工作内容：** 测点布置、挖孔或钻孔、钢护管加工与埋设、保护盖加工与安装、预埋件加工埋设、浇灌混凝土、测读初值。

计量单位：点

| 定额编号 | | | 4-467 | 4-468 | 4-469 | 4-470 |
|---|---|---|---|---|---|---|
| 项目 | | | 钢管水准点 | | | 混凝土水准点 |
| | | | 混凝土路面 | 沥青混凝土路面 | 其他地面 | 其他地面 |
| 名称 | | 单位 | 数量 | | | |
| 人工 | 综合工日 | 工日 | 5.640 | 5.320 | 4.870 | 4.480 |
| 材料 | 混凝土 C25 | $m^3$ | 0.020 | 0.020 | 0.110 | 0.140 |
| | 抗蚀预埋件 | 个 | 1.000 | 1.000 | 1.000 | 1.000 |
| | 钢管 $\phi100\times4$ | kg | 18.810 | 18.810 | 18.810 | — |
| | 砌砖 | $m^3$ | — | — | 0.198 | 0.339 |
| | 保护圈盖 | 套 | 1.000 | 1.000 | 1.000 | 1.000 |
| | 其他材料费 | % | 1.000 | 1.000 | 1.000 | 1.000 |
| 机械 | 发电机 60kW 以内 | 台班 | 0.380 | 0.340 | 0.250 | 0.230 |
| | 挖掘机 $0.4m^3$ 以内 | 台班 | — | — | — | 0.230 |
| | 汽车钻孔机 $\phi400$ | 台班 | 0.380 | 0.340 | 0.250 | — |
| 仪器仪表 | 精密水准仪（含铟钢尺） | 台班 | 0.200 | 0.200 | 0.200 | 0.200 |

### 9.1.3 建筑物变形测点布设

**工作内容**：1. 建构筑物沉降：测点布置、预埋件加工安装、测读初值。
2. 建构筑物倾斜：测点布置、手提钻打孔、预埋件加工安装、测读初值。
3. 建构筑裂缝开展：测点布置、手提钻打孔、加工安装预埋件（裂缝计）、裂缝标记、测读初值。

计量单位：点

| 定额编号 | | | 4-471 | 4-472 | 4-473 |
|---|---|---|---|---|---|
| 项目 | | | 沉降观测 | 倾斜观测 | 裂缝观测 |
| 名称 | | 单位 | 数量 | | |
| 人工 | 综合工日 | 工日 | 1.650 | 1.650 | 2.530 |
| 材料 | 沉降预埋件 | 套 | 1.000 | — | — |
| | 倾斜预埋件 | 套 | — | 1.000 | — |
| | 裂缝计 | 套 | — | — | 1.000 |
| | 其他材料费 | % | 1.000 | 1.000 | 1.000 |
| 机械 | 手提冲击钻 | 台班 | 0.320 | 0.320 | 0.320 |
| | 高空作业车 | 台班 | 0.320 | 0.320 | 0.320 |
| 仪器仪表 | 测斜仪 | 台班 | — | 0.200 | — |
| | 精密水准仪（含铟钢尺） | 台班 | 0.200 | — | — |

### 9.1.4　土体分层沉降测点布设

**工作内容：**测孔布置、钻孔、沉降管及磁环安装、回填、预埋件加工埋设、做保护盖、测读初值。

计量单位：孔

| 定额编号 | | | 4-474 | 4-475 | 4-476 |
|---|---|---|---|---|---|
| 项目 | | | 土体分层沉降 | | |
| | | | 10m 以内 | 20m 以内 | 30m 以内 |
| 名称 | | 单位 | 数量 | | |
| 人工 | 综合工日 | 工日 | 10.670 | 14.850 | 19.030 |
| 材料 | 水泥（综合） | kg | 387.600 | 775.200 | 1162.800 |
| | 膨润土 | kg | 115.710 | 231.420 | 347.130 |
| | 促进剂（KA） | kg | 7.830 | 15.660 | 23.480 |
| | 塑料注浆阀管 | m | 10.500 | 21.000 | 31.500 |
| | 磁环　$\phi$100 | 个 | 6.000 | 11.000 | 17.000 |
| | 磁环夹具 | 个 | 6.000 | 11.000 | 17.000 |
| | 导向铝管　$\phi$30 | m | 12.000 | 24.000 | 36.000 |

续前

| 定额编号 | | | 4-474 | 4-475 | 4-476 |
|---|---|---|---|---|---|
| 项目 | | | 土体分层沉降 | | |
| | | | 10m 以内 | 20m 以内 | 30m 以内 |
| 名称 | | 单位 | 数量 | | |
| 材料 | 砌砖 | $m^3$ | 0.200 | 0.200 | 0.200 |
| | 保护圈盖 | 套 | 1.000 | 1.000 | 1.000 |
| | 其他材料费 | % | 1.000 | 1.000 | 1.000 |
| 机械 | 泥浆泵 $\phi50$ | 台班 | 1.000 | 1.200 | 1.400 |
| | 发电机 60kW 以内 | 台班 | 1.720 | 2.150 | 2.570 |
| | 汽车钻孔机 $\phi400$ | 台班 | 1.720 | 2.150 | 2.570 |
| 仪器仪表 | 分层沉降仪 | 台班 | 1.000 | 1.200 | 1.400 |

**工作内容：**测孔布置、钻孔、测斜管安装、埋设测斜管、回填、做保护圈盖、测读初值。

计量单位：孔

| 定额编号 | | | 4-477 | 4-478 | 4-479 |
|---|---|---|---|---|---|
| 项目 | | | 土体水平位移 | | |
| | | | 10m 以内 | 20m 以内 | 30m 以内 |
| 名称 | | 单位 | 数量 | | |
| 人工 | 综合工日 | 工日 | 11.220 | 15.950 | 20.680 |
| 材料 | 水泥（综合） | kg | 387.600 | 775.200 | 1163.000 |
| | 膨润土 | kg | 115.700 | 231.400 | 347.100 |
| | 促进剂（KA） | kg | 7.830 | 15.660 | 23.480 |
| | 塑料注浆阀管 | m | 10.500 | 21.000 | 31.500 |
| | 砌砖 | $m^3$ | 0.200 | 0.200 | 0.200 |
| | 保护圈盖 | 套 | 1.000 | 1.000 | 1.000 |
| | 塑料测斜管 $\phi80$ | m | 11.000 | 22.000 | 33.000 |
| | 其他材料费 | % | 1.000 | 1.000 | 1.000 |
| 机械 | 泥浆泵 $\phi50$ | 台班 | 1.000 | 1.200 | 1.400 |
| | 发电机 60kW 以内 | 台班 | 1.720 | 2.150 | 2.570 |
| | 汽车钻孔机 $\phi400$ | 台班 | 1.720 | 2.150 | 2.570 |
| 仪器仪表 | 测斜仪 | 台班 | 0.400 | 0.520 | 0.640 |

### 9.1.5 孔隙水压力测孔布设

**工作内容**：测孔布置、钻孔、密封检查、预埋件加工埋设、测试元件安装、接线、埋设泥球止水隔离层、回填、做保护圈盖、测读初值。

计量单位：孔

| 定额编号 | | | 4-480 | 4-481 | 4-482 |
|---|---|---|---|---|---|
| 项目 | | | 孔隙水压力 | | |
| | | | 10m 以内 | 20m 以内 | 30m 以内 |
| 名称 | | 单位 | 数量 | | |
| 人工 | 综合工日 | 工日 | 8.580 | 9.790 | 11.000 |
| 材料 | 膨润土 | kg | 304.500 | 304.500 | 304.500 |
| | 孔隙水压计 | 个 | 1.000 | 1.000 | 1.000 |
| | 屏蔽线二芯 | m | 12.600 | 23.100 | 33.600 |
| | 砌砖 | $m^3$ | 0.200 | 0.200 | 0.200 |
| | 保护圈盖 | 套 | 1.000 | 1.000 | 1.000 |
| | 其他材料费 | % | 1.000 | 1.000 | 1.000 |
| 机械 | 发电机 60kW 以内 | 台班 | 1.720 | 2.150 | 2.570 |
| | 汽车钻孔机 $\phi$400 | 台班 | 1.720 | 2.150 | 2.570 |
| 仪器仪表 | 频率接收仪 | 台班 | 0.200 | 0.250 | 0.300 |

**工作内容：** 测孔布置、钻孔、密封检查、预埋件加工埋设、测试元件安装、接线、埋设泥球止水隔离层、回填、做保护圈盖、测读初值。

计量单位：孔

| 定额编号 | | | 4-483 | 4-484 | 4-485 |
|---|---|---|---|---|---|
| 项目 | | | 水位观察孔 | | |
| | | | 10m 以内 | 20m 以内 | 30m 以内 |
| 名称 | | 单位 | 数量 | | |
| 人工 | 综合工日 | 工日 | 8.580 | 9.790 | 11.000 |
| 材料 | 膨润土 | kg | 304.500 | 304.500 | 304.500 |
| | 无缝钢管 $\phi70\times3$ | kg | 67.290 | 132.000 | 201.870 |
| | 透水管 | m | 1.100 | 1.100 | 1.100 |
| | 砌砖 | $m^3$ | 0.200 | 0.200 | 1.000 |
| | 保护圈盖 | 套 | 1.000 | 1.000 | 1.000 |
| | 其他材料费 | % | 1.000 | 1.000 | 1.000 |
| 机械 | 发电机 60kW 以内 | 台班 | 1.720 | 2.150 | 2.570 |
| | 汽车钻孔机 $\phi400$ | 台班 | 1.720 | 2.150 | 2.570 |

### 9.1.6 地下管线沉降、位移测点布设

**工作内容**：地下管线沉降、位移：测点布置、预埋件加工、安设预埋件、接线、测读初值。

计量单位：点

| 定额编号 | | | 4-486 | 4-487 |
|---|---|---|---|---|
| 项目 | | | 地下管线沉降、位移 | |
| | | | 连续监测 | 间断监测 |
| 名称 | | 单位 | 数量 | |
| 人工 | 综合工日 | 工日 | 5.420 | 6.540 |
| 材料 | 管线抱箍标志 | 个 | 1.000 | 1.000 |
| | 三向位移计 | 个 | 1.000 | — |
| | 屏蔽线二芯 | m | 11.000 | — |
| | 其他材料费 | % | 1.000 | 1.000 |
| 机械 | 手提钻 | 台班 | 0.150 | 0.150 |
| 仪器仪表 | 频率接收仪 | 台班 | 0.650 | — |
| | 精密水准仪（含铟钢尺） | 台班 | — | 0.200 |

### 9.1.7 混凝土构筑物钢筋应力、混凝土应变测点布设

**工作内容**：1. 混凝土构筑物钢筋应力：测点布置、钢筋上安装钢筋应力计、排线固定、保护装置、测读初值。

2. 混凝土构筑物混凝土应变：测点布置、安装应力计、排线固定、安装预埋件、保护装置、测读初值。

计量单位：点

| 定额编号 | | | 4-488 | 4-489 | 4-490 | 4-491 |
|---|---|---|---|---|---|---|
| 项目 | | | 混凝土构筑物钢筋应力 | | 混凝土构筑物混凝土应变 | |
| | | | 地下 | 地上 | 地下 | 地上 |
| 名称 | | 单位 | 数量 | | | |
| 人工 | 综合工日 | 工日 | 4.150 | 2.300 | 4.060 | 2.300 |
| 材料 | 保护圈盖 | 套 | 1.000 | 1.000 | 1.000 | 1.000 |
| | 屏蔽线二芯 | m | 21.000 | 21.000 | 21.000 | 21.000 |
| | 钢筋应力计 | 个 | 1.000 | 1.000 | — | — |
| | 混凝土应变计 | 个 | — | — | 1.000 | 1.000 |
| | 其他材料费 | % | 1.000 | 1.000 | 1.000 | 1.000 |

续前

| 定额编号 | | | 4-488 | 4-489 | 4-490 | 4-491 |
|---|---|---|---|---|---|---|
| 项目 | | | 混凝土构筑物钢筋应力 | | 混凝土构筑物混凝土应变 | |
| | | | 地下 | 地上 | 地下 | 地上 |
| 名称 | | 单位 | 数量 | | | |
| 机械 | 高空作业车 | 台班 | — | 0.120 | — | 0.120 |
| | 直流电焊机 功率 20kW | 台班 | 0.170 | 0.170 | — | — |
| | 手提钻 | 台班 | — | — | 0.230 | 0.230 |
| | 履带式起重机 15t | 台班 | 0.170 | — | 0.170 | — |
| 仪器仪表 | 静态电阻应变仪 | 台班 | — | — | 0.230 | 0.230 |
| | 频率接收仪 | 台班 | 0.170 | 0.170 | — | — |

## 9.1.8 钢结构应力、应变测点布设

**工作内容**：1. 钢结构应力：测点布设、钢结构安装应力计、测试元件标定、排线固定、保护圈盖、测值。

2. 钢结构应变：测点布设、安装应力元件标定、排线固定、安装预埋件、保护圈盖、测值。

计量单位：点

| 定额编号 | | | 4-492 | 4-493 |
|---|---|---|---|---|
| 项目 | | | 钢结构应力、应变 | |
| | | | 地下 | 地上 |
| 名称 | | 单位 | 数量 | |
| 人工 | 综合工日 | 工日 | 5.740 | 3.510 |
| 材料 | 保护圈盖 | 套 | 1.000 | 1.000 |
| | 屏蔽线二芯 | m | 21.000 | 21.000 |
| | 应力应变计 | 个 | 1.000 | 1.000 |
| | 其他材料费 | % | 1.000 | 1.000 |
| 机械 | 高空作业车 | 台班 | — | 0.170 |
| | 直流电焊机 功率 20kW | 台班 | 0.340 | 0.170 |
| 仪器仪表 | 静态电阻应变仪 | 台班 | 1.000 | 1.000 |
| | 履带式起重机 15t | 台班 | 0.340 | — |

### 9.1.9 界面土压力测点布设

**工作内容：**测点布置、预埋件加工、预埋件埋设、测试元件标定、安装土压计、测读初值。

计量单位：点

| 定额编号 | | | 4-494 | 4-495 |
|---|---|---|---|---|
| 项目 | | | 界面土压力 | |
| | | | 直埋式 | 钻孔式 |
| 名称 | | 单位 | 数量 | |
| 人工 | 综合工日 | 工日 | 8.970 | 14.850 |
| 材料 | 屏蔽线二芯 | m | 11.000 | 11.000 |
| | 无缝钢管 $\phi70\times4$ | m | 2.000 | 2.000 |
| | 土压计 | 只 | 1.000 | 1.000 |
| | PVC 穿线管 $\phi20$ | m | 11.000 | 11.000 |
| | 其他材料费 | % | 1.000 | 1.000 |
| 机械 | 汽车钻孔机 $\phi400$ | 台班 | — | 2.150 |
| | 履带式起重机 15t | 台班 | 0.830 | 0.830 |
| 仪器仪表 | 频率接收仪 | 台班 | 0.170 | 0.170 |

## 9.1.10 桩体水平位移测点布设

**工作内容**：测点布置、仪器标定、钢筋笼装测斜管、浇捣混凝土，定测斜方向、安装保护盖、测读初值。

计量单位：孔

| 定额编号 | | | 4-496 | 4-497 | 4-498 |
|---|---|---|---|---|---|
| 项目 | | | 围护结构水平位移 | | |
| | | | 10m 以内 | 20m 以内 | 30m 以内 |
| 名称 | | 单位 | 数量 | | |
| 人工 | 综合工日 | 工日 | 12.170 | 16.540 | 20.910 |
| 材料 | 塑料测斜管 | m | 11.000 | 22.000 | 33.000 |
| | 砌砖 | $m^3$ | 0.200 | 0.200 | 0.200 |
| | 保护圈盖 | 套 | 1.000 | 1.000 | 1.000 |
| | 钢筋 | kg | 20.000 | 30.000 | 40.000 |
| | 其他材料费 | % | 1.000 | 1.000 | 1.000 |
| 机械 | 履带式起重机 15t | 台班 | 0.490 | 0.910 | 1.320 |
| 仪器仪表 | 测斜仪 | 台班 | 1.540 | 1.870 | 2.200 |

## 9.1.11　隧道沉降及收敛监测点布设

**工作内容：**1. 隧道纵向沉降及位移：测点布设、仪器标定、埋设、测读初值。
2. 隧道直径变形（收敛）：测点布设、仪器标定、埋设、测读初值。
3. 隧道环缝纵缝变化：测点布设、仪器标定、埋设、测读初值。
4. 衬砌表面应变：测点布设、仪器标定、埋设、测读初值。

计量单位：点

| 定额编号 | | | 4-499 | 4-500 | 4-501 |
|---|---|---|---|---|---|
| 项目 | | | 建构筑物变形 | | |
| | | | 隧道纵向沉降(人工) | 隧道纵向沉降(自动) | 隧道直径变形(收敛) |
| 名称 | | 单位 | 数量 | | |
| 人工 | 综合工日 | 工日 | 6.540 | 41.500 | 4.730 |
| 材料 | 收敛预埋件 | 套 | — | — | 4.000 |
| | 静力水准仪（一次性投入） | 套 | — | 1.000 | — |
| | 沉降预埋件 | 只 | 1.000 | — | — |
| | 保护圈盖 | 套 | 1.000 | 1.000 | 4.000 |
| | 单向安装支架 | 套 | — | 1.000 | — |
| | 信号电缆 | m | — | 40.000 | — |

续前

| 定额编号 | | | 4-499 | 4-500 | 4-501 |
|---|---|---|---|---|---|
| 项目 | | | 建构筑物变形 | | |
| | | | 隧道纵向沉降(人工) | 隧道纵向沉降(自动) | 隧道直径变形(收敛) |
| 名称 | | 单位 | 数量 | | |
| 材料 | 瞬时保护模块 | 个 | — | 0.130 | — |
| | 集线箱 | 个 | — | 0.130 | — |
| | 连通管 | m | — | 3.250 | — |
| | 连通液 | kg | — | 5.780 | — |
| | 其他材料费 | % | 1.000 | 1.000 | 1.000 |
| 机械 | 手提冲击钻 | 台班 | 0.320 | 1.350 | 0.320 |
| 仪器仪表 | 精密水准仪(含铟钢尺) | 台班 | 0.200 | 1.000 | — |

### 9.1.12 既有线变形测点布设

**工作内容**：既有线变形：测点布设、仪器标定、埋设、测读初值。

计量单位：点

| 定额编号 | | | 4-502 | 4-503 | 4-504 | 4-505 |
|---|---|---|---|---|---|---|
| 项目 | | | 既有线变形 | | | |
| | | | 结构沉降、走行轨纵向变形（自动） | 既有线结构缝变形（自动） | 走行轨水平变形（自动） | 走行轨水平距离变形（自动） |
| 名称 | | 单位 | 数量 | | | |
| 人工 | 综合工日 | 工日 | 48.500 | 38.700 | 53.120 | 48.500 |
| 材料 | 静力水准仪（一次性投入） | 套 | 1.000 | — | — | — |
| | 保护圈盖 | 套 | 1.000 | — | — | — |
| | 裂缝计 | 只 | — | 1.000 | — | — |
| | 变位计 | 只 | — | — | 1.000 | |
| | 轨道扭转传感器 | 台 | — | — | — | 1.000 |
| | 单向安装支架 | 套 | 1.000 | — | — | — |
| | 三向安装支架 | 套 | — | — | 1.000 | 1.000 |

续前

| 定额编号 | | | 4-502 | 4-503 | 4-504 | 4-505 |
|---|---|---|---|---|---|---|
| 项目 | | | 既有线变形 | | | |
| | | | 结构沉降、走行轨纵向变形（自动） | 既有线结构缝变形（自动） | 走行轨水平变形（自动） | 走行轨水平距离变形（自动） |
| 名称 | | 单位 | 数量 | | | |
| 材料 | 信号电缆 | m | 40.000 | 40.000 | 40.000 | 40.000 |
| | 瞬时保护模块 | 个 | 0.130 | 0.130 | 0.130 | 0.130 |
| | 集线箱 | 个 | 0.130 | 0.130 | 0.130 | 0.130 |
| | 连通管 | m | 3.250 | — | — | — |
| | 连通液 | kg | 5.780 | — | — | — |
| | 预埋件 | 套 | — | 2.000 | — | — |
| | 其他材料费 | % | 1.000 | 1.000 | 1.000 | 1.000 |
| 机械 | 手提冲击钻 | 台班 | 1.350 | 1.280 | 1.490 | 1.490 |
| 仪器仪表 | 综合测试仪 | 台班 | 1.000 | 1.000 | 1.000 | 1.000 |

## 9.2 雷达监测

**工作内容**：测线布置、测试、数据处理。

计量单位：测线/公里

| 定额编号 | | | 4-506 | 4-507 | 4-508 |
|---|---|---|---|---|---|
| 项目 | | | 地下空洞土体密实度扫描（探测深度） | | |
| | | | 1.5m 以内 | 3m 以内 | 3～8m |
| 名称 | | 单位 | 数量 | | |
| 人工 | 综合工日 | 工日 | 6.000 | 6.000 | 6.000 |
| 材料 | 喷漆 | 个 | 3.000 | 3.000 | 3.000 |
| | 标钉 | 个 | 50.000 | 50.000 | 50.000 |
| 机械 | 发电机 60kW 以内 | 台班 | 1.000 | 1.000 | 1.000 |
| 仪器仪表 | 雷达主机 | 台班 | 1.000 | 1.000 | 1.000 |
| | 1.6G 天线 | 台班 | 1.000 | — | — |
| | 200M 天线 | 台班 | — | 1.000 | — |
| | 100M 天线 | 台班 | — | — | 1.000 |

**工作内容**：测线布置、测试、数据处理。

计量单位：测线/公里

| 定额编号 | | | 4-509 | 4-510 | 4-511 |
|---|---|---|---|---|---|
| 项目 | | | 拱顶土体密实度扫描（探测深度） | | |
| | | | 1.5m 以内 | 3m 以内 | 3～8m |
| 名称 | | 单位 | 数量 | | |
| 人工 | 综合工日 | 工日 | 7.000 | 7.000 | 7.000 |
| 材料 | 喷漆 | 个 | 5.000 | 5.000 | 5.000 |
| | 标钉 | 个 | 50.000 | 30.000 | 30.000 |
| 机械 | 发电机 60kW 以内 | 台班 | — | — | — |
| 仪器仪表 | 雷达主机 | 台班 | 1.100 | 1.100 | 1.100 |
| | 1.6G 天线 | 台班 | 1.100 | — | — |
| | 200M 天线 | 台班 | — | 1.100 | — |
| | 100M 天线 | 台班 | — | — | 1.100 |

**工作内容**：测线布置、测试、数据处理。

计量单位：测线/公里

| 定额编号 | | | 4-512 | 4-513 | 4-514 |
|---|---|---|---|---|---|
| 项目 | | | 侧墙土体密实度扫描（探测深度） | | |
| | | | 1.5m 以内 | 3m 以内 | 3～8m |
| 名称 | | 单位 | 数量 | | |
| 人工 | 综合工日 | 工日 | 6.000 | 6.000 | 6.000 |
| 材料 | 喷漆 | 个 | 5.000 | 5.000 | 5.000 |
| | 标钉 | 个 | 50.000 | 30.000 | 30.000 |
| 机械 | 发电机 60kW 以内 | 台班 | — | — | — |
| 仪器仪表 | 雷达主机 | 台班 | 1.100 | 1.100 | 1.100 |
| | 1.6G 天线 | 台班 | 1.100 | — | — |
| | 200M 天线 | 台班 | — | 1.100 | — |
| | 100M 天线 | 台班 | — | — | 1.100 |

**工作内容**：测线布置、测试、做测试报告。

计量单位：测线/公里

| 定额编号 | | | 4-515 | 4-516 | 4-517 |
| --- | --- | --- | --- | --- | --- |
| 项目 | | | 钢筋拱架间距 | 钢筋位置间隔 | 结构层厚度 |
| 名称 | | 单位 | 数量 | | |
| 人工 | 综合工日 | 工日 | 6.000 | 6.000 | 6.000 |
| 材料 | 喷漆 | 个 | 3.000 | 3.000 | 3.000 |
| | 标钉 | 个 | 50.000 | 50.000 | 50.000 |
| 机械 | 发电机 60kW 以内 | 台班 | — | — | — |
| 仪器仪表 | 雷达主机 | 台班 | 1.000 | 1.000 | 1.000 |
| | 1.6G 天线 | 台班 | 1.000 | — | — |
| | 200M 天线 | 台班 | — | 1.000 | — |
| | 100M 天线 | 台班 | — | — | 1.000 |

## 9.3 监控测试

**工作内容**：测试、数据采集、统计、处理。

计量单位：点次

| 定额编号 | | | 4-518 | 4-519 | 4-520 |
|---|---|---|---|---|---|
| 项目 | | | 沉降 | 倾斜 | 裂缝 |
| 名称 | | 单位 | 数量 | | |
| 人工 | 综合工日 | 工日 | 0.580 | 1.940 | 0.580 |
| 仪器仪表 | 测斜仪 | 台班 | — | 0.120 | — |
| | 精密水准仪 | 台班 | 0.075 | — | — |
| | 裂缝计 | 台班 | — | — | 0.120 |

**工作内容：**测试、数据采集、统计、处理。

计量单位：点次

| 定额编号 | | | 4-521 | 4-522 | 4-523 |
|---|---|---|---|---|---|
| 项目 | | | 土体分层沉降 | | |
| | | | 10m 以内 | 20m 以内 | 30m 以内 |
| 名称 | | 单位 | 数量 | | |
| 人工 | 综合工日 | 工日 | 2.350 | 2.550 | 2.750 |
| 仪器仪表 | 分层沉降仪 | 台班 | 0.120 | 0.140 | 0.160 |

**工作内容**：测试、数据采集、统计、处理。

计量单位：点次

| 定额编号 | | | 4-524 | 4-525 | 4-526 | 4-527 |
|---|---|---|---|---|---|---|
| 项目 | | | 土体水平位移 | | | |
| | | | 10m 以内 | 20m 以内 | 30m 以内 | 40m 以内 |
| 名称 | | 单位 | 数量 | | | |
| 人工 | 综合工日 | 工日 | 2.350 | 2.550 | 2.750 | 2.100 |
| 仪器仪表 | 测斜仪 | 台班 | 0.120 | 0.140 | 0.160 | 0.700 |

**工作内容：**测试、数据采集、统计、处理。

计量单位：点次

| 定额编号 | | | 4-528 | 4-529 |
|---|---|---|---|---|
| 项目 | | | 钢筋应力 | 钢筋、混凝土应变、混凝土应力 |
| | | | 地下 | 地上 |
| 名称 | | 单位 | 数量 | |
| 人工 | 综合工日 | 工日 | 1.580 | 1.580 |
| 仪器仪表 | 静态电阻应变仪 | 台班 | 0.120 | — |
| | 频率接收仪 | 台班 | — | 0.120 |

**工作内容**：测试、数据采集、统计、处理。

计量单位：点次

| 定额编号 | | | 4-530 | 4-531 |
| --- | --- | --- | --- | --- |
| 项目 | | | 孔隙水压力\水位\土压力 | 管线沉降 |
| 名称 | | 单位 | 数量 | |
| 人工 | 综合工日 | 工日 | 1.580 | 1.680 |
| 仪器仪表 | 综合测试仪 | 台班 | 0.120 | 0.130 |

**工作内容**：测试、数据采集、统计、处理。

计量单位：组日

| 定额编号 | | | 4-532 |
| --- | --- | --- | --- |
| 项目 | | | 应力应变连续监控测试 |
| 名称 | | 单位 | 数量 |
| 人工 | 综合工日 | 工日 | 12.000 |
| 仪器仪表 | 静态电阻应变仪 | 台班 | 3.000 |

**工作内容**：测试、数据采集、统计、处理。

计量单位：组日

| 定额编号 | | | 4-533 |
| --- | --- | --- | --- |
| 项目 | | | 轨距、轨道高差、三向位移连续监控测试 |
| 名称 | | 单位 | 数量 |
| 人工 | 综合工日 | 工日 | 15.000 |
| 仪器仪表 | 数据采集系统 | 台班 | 3.000 |

**主 编 单 位：** 住房和城乡建设部标准定额研究所

**编 制 单 位：** 北京市建设工程造价管理处

广东省建设工程造价管理总站

**参 编 单 位：** 上海市市政工程定额管理站

中煤国际工程集团南京设计研究院

铁道第三勘察设计院集团有限公司

**综合协调人员：** 胡传海　王海宏　胡晓丽　白洁如　王志年　戴富元

汪一江　郎桂林　吴　强　曾伟源　陈柏生　李成栋

史素美　孙金科　薛长立　王文江　李永芳　张永胜

张明焕　卢后星　顾　青　魏晓东

**编 制 人 员：** 刘　军　刘　智　吴　松　陈柏生　曾伟源　卢立明

王春生　郭燕平　刘宝利　窦维静　罗全勇　刘彩虹

吴宝铃　曾新霞　薛冬华　白玉珍　祖洁明　卢惠端

杨渝莎　云　翔　何华源　彭建忠　陈文深　张芹见

杨广萍　戴富元　吴　强　田　建　王志年　董为刚

邱翠国

# 城市轨道交通工程预算定额

GCG 103-2008

## 第五册　轨 道 工 程

中 国 计 划 出 版 社

北　京

**图书在版编目(CIP)数据**

城市轨道交通工程预算定额：GCG 103-2008. 第5册，轨道工程 / 住房和城乡建设部标准定额研究所主编. 北京：中国计划出版社，2008. 12
ISBN 978-7-80242-260-5

Ⅰ. 城…　Ⅱ. 住…　Ⅲ. 城市铁路-铁路工程-预算定额-中国　Ⅳ. U239.5

中国版本图书馆 CIP 数据核字（2008）第 172185 号

**主编单位：** 住房和城乡建设部标准定额研究所

**批准部门：** 中华人民共和国住房和城乡建设部

**施行日期：** 2 0 0 9 年 1 月 1 日

# 住房城乡建设部
# 关于印发《城市轨道交通工程预算定额》的通知

**建标〔2008〕193号**

为适应城市轨道交通工程建设的需要，合理确定和控制城市轨道交通工程造价，我部制定了《城市轨道交通工程预算定额》，编号为GCG 103-2008，自2009年1月1日起施行。现印发给你们。2001年批准发布的《全国统一市政工程预算定额》第九册（地铁工程）同时废止。请你们将施行中的有关问题和建议反馈给我部标准定额司。

《城市轨道交通工程预算定额》由我部标准定额研究所组织中国计划出版社出版发行。

**中华人民共和国住房和城乡建设部**

二〇〇八年十月十五日

# 总 说 明

一、《城市轨道交通工程预算定额》（以下简称本定额）共分 10 册，包括：

第一册　路基、围护结构及地基处理工程；

第二册　桥涵工程；

第三册　隧道工程；

第四册　地下结构工程；

第五册　轨道工程；

第六册　通信工程；

第七册　信号工程；

第八册　供电工程；

第九册　智能与控制系统安装工程；

第十册　机电设备安装工程。

二、本定额是完成规定计量单位分部分项工程所需的人工、材料、施工机械台班的消耗量标准，是制定城市轨道交通工程地区单位估价表、工程量清单综合单价、招标标底和投标报价的基础。

三、本定额适用于新建、扩建的城市轨道交通工程。

四、本定额是按照正常施工条件、目前多数施工企业的施工机械装备程度，施工中常用的施工方法、施工工艺、劳动组织以及合理工期进行编制的。

五、本定额是依据国家有关产品标准、设计规范和施工验收规范编制的，参考了现行国家、行业和地方定额，以及有代表性的工程设计、施工资料和其他资料。

六、本定额消耗量的确定。

1. 人工工日消耗量。人工工日不分工种、技术等级均以综合工日表示。内容包括基本用工、超运距用工、人工幅度差和辅助用工。

2. 材料消耗量。

（1）材料选用符合国家质量标准和相应设计要求的合格产品。

（2）材料消耗包括主要材料、辅助材料、零星材料，凡能计量的材料、成品、半成品均按品种、规格逐一列出数量并计入相应的损耗，其内容和范围包括：从工地仓库、现场集中堆放地点或现场加工地点至操作或安装地点的运输损耗、施工操作损耗、施工现场堆放损耗。

（3）混凝土均按预拌混凝土考虑。

（4）周转性材料按不同施工方法、不同材质按规定的周转次数摊销计入定额内。

（5）用量少、价值小的材料合并为其他材料费，以占材料费的百分数表示。

3. 施工机械和仪器仪表台班消耗量。

（1）施工机械和仪器仪表台班消耗量是按正常合理的施工配备和施工工效测算确定台班使用量。

（2）凡单位价值在 2000 元以上的施工机械和仪器仪表按台班列入定额；单位价值在 2000 元以

下的列入费用定额工具使用费项下。

七、定额中均包括了材料、成品、半成品从工地仓库、现场集中堆放地点或现场加工地点至操作或安装地点的水平运输和垂直运输所需的人工和机械消耗量。如发生再次搬运，应在费用定额中二次搬运费项下列支。

八、本定额施工用水、电是按现场有水、电考虑的。

九、本定额的工作内容已说明了主要施工工序，次要工序虽未说明，均已考虑在定额内。

十、本定额与其他全国统一工程预算定额的关系，凡本定额包含的项目，按本定额项目执行；本定额缺项部分，可执行其他全国统一定额。

十一、本定额中注有“×××以内”或“×××以下”者均包括×××本身，“×××以外”或“×××以上”者则不包括×××本身。

十二、本说明未尽事宜，详见各册和各章说明。

# 册 说 明

一、《城市轨道交通工程预算定额》第五册“轨道分册”（以下简称本册定额），包括铺轨、铺道岔、铺道床、轨道加强设备及护轮轨、线路有关工程等内容，共计 5 章，310 个子目。

二、本册定额适用于城市轨道交通新建轨道工程。

三、本册定额的编制依据：

1. 《地下铁道工程施工及验收规范》GB 50299—1999；
2. 《铁路轨道工程施工质量验收标准》TB 10413—2003；
3. 《城市轨道交通地下铁道工程劳动定员定额》GB/T 19622—2004；
4. 《城市轨道交通轻轨工程劳动定员定额》GB/T 19621—2004；
5. 现行全国统一定额和各省市城市轨道预算定额；
6. 现行各种轨道标准图、通用图、参考图等有关资料；
7. 《铁路工程预算定额 第五册 轨道工程》铁建设〔2006〕15 号；
8. 《铁路工程基本定额》铁建设〔2003〕34 号；
9. 《铁路工程劳动定额》LD/T 45.4—2003；
10. 现场测定的定额基础资料。

四、本册定额中“站线”指包括全折返线、存车线及渡线、车辆段与综合基地库内外线、出入段线等线路。

五、本册定额中如没有特殊说明，均考虑 100m 以内材料水平运输。

六、铺轨定额中的钢轨，其工地搬运及操作损耗率系按 0.1%编制，仅适用于正线。当用于站线时，应增加 0.1%的钢轨损耗。

七、本册定额中线路设计长度均为单线线路长度。

八、未尽事宜见本册定额各章说明。

# 目　录

## 1 铺　轨

## 2　铺　道　岔



## 3　铺　道　床



## 4　轨道加强设备及护轮轨



## 5　线路有关工程

# 1 铺　　轨

# 说　明

一、本章包括轨节拼装、隧道内整体道床铺轨、地面碎石道床铺轨、桥面铺轨、道岔尾部无枕地段人工铺轨、库内人工铺轨、铺设无缝线路、轨料运输共 8 节 153 个子目。

二、本章 1.1～1.6 节均按照有缝线路编制，如用于无缝线路，则应扣除接头夹板、接头螺栓带帽、弹簧垫圈材料。

三、铺轨定额已包括因铺设短轨而引起接头增加所需接头夹板和螺栓的数量，其中木枕部分定额的钢轨接头道钉系全部按 5 个考虑。

四、轨节拼装定额仅适用于机械铺轨。轨节拼装定额如用于直线电机轨道，人工消耗量乘以 1.8 系数。

五、整体道床铺轨子目已综合钢轨支撑架的摊销费用。

六、长轨枕轨节拼装及铺轨定额中，如不用硫磺锚固工序，应扣除硫磺、水泥、中粗砂、滑石粉、石油沥青、机械油、煤及石蜡材料消耗量。

七、轨枕中已综合高强塑料套管。

八、钢弹簧浮置板购置价不含在定额中，需另行计算。

九、道岔尾部无枕地段铺轨，系指道岔根端至末根岔枕中心距离（$L'$）已铺长岔枕地段的铺轨。长岔枕铺设的内容已综合在铺道岔定额子目中。

十、换铺长钢轨定额应与铺设工具轨、无缝线路轨料定额配套使用。该定额包含工具轨的回收运输。

十一、铺设长钢轨中的铺设子目，不包括长轨焊接费用，发生时执行本章长轨焊接相应子目。

十二、钢轨焊接定额中包含焊头落锤试验内容及费用。

十三、工地钢轨焊接定额如用于道岔内钢轨焊接时，人工、机械消耗量乘以 1.1 的系数。

十四、无缝线路接头定额系按厂制胶结接头编制，包含接头钢轨数量，如接头钢轨轨型长度不同，可进行抽换。

# 工程量计算规则

一、铺轨工程量按设计图示每股道的中心线长度（不含道岔长度）以“km”为单位计算。铺轨工程量不扣除接头轨缝处长度。道岔长度是指从基本轨前端至辙叉根端的距离。特殊道岔以设计图纸为准。

二、道岔尾部无枕地段铺轨，按道岔根端至末根岔枕的中心距离以“km”为单位计算。

三、长轨压接焊作业线、长轨铺轨机安拆与调试定额，在一个铺轨基地仅按安拆一次计算。

四、长钢轨焊接按焊接工艺划分，以接头设计图示数量个数计算。

五、正线应力放散及锁定定额，按放散锁定长度和次数，以“km·次”为单位计算，道岔应力放散定额，按放散道岔数量和次数，以“组·次”为单位计算。

六、轨料运输按图示重量以“t”为单位计算。

## 1.1 轨节拼装

**工作内容：**吊、散、摆、排轨枕，组装轨枕扣件、检配吊散轨及打印、方正轨枕，散布与安装钢轨配件和轨枕扣件，轨枕连接、检修、吊码、吊装轨节至平板车上，捆轨件，装配件，涂油等。

计量单位：km

| 定额编号 | | | 5-001 | 5-002 | 5-003 |
|---|---|---|---|---|---|
| 项目 | | | 混凝土短枕 | | |
| | | | 1600 对 | 1680 对 | 每增加 80 对 |
| 名称 | | 单位 | 数量 | | |
| 人工 | 综合工日 | 工日 | 183.320 | 190.470 | 7.150 |
| 机械 | 门式起重机 ≤10t | 台班 | 6.000 | 6.000 | — |
| | 轨道车 ≤210kW | 台班 | 1.500 | 1.500 | — |
| | 轨道平车 ≤30t | 台班 | 15.000 | 15.000 | — |

**工作内容：**吊、散、摆、排轨枕，组装轨枕扣件、检配吊散轨及打印、方正轨枕，散布与安装钢轨配件和轨枕扣件，检修、吊码、吊装轨节至平板车上，捆轨件，装配件，涂油等。

计量单位：km

| 定额编号 | | | 5-004 | 5-005 | 5-006 |
|---|---|---|---|---|---|
| 项目 | | | 混凝土长枕 | | |
| | | | 1600 根 | 1680 根 | 每增加 80 根 |
| 名称 | | 单位 | 数量 | | |
| 人工 | 综合工日 | 工日 | 232.000 | 239.150 | 7.150 |
| 材料 | 普通水泥 32.5 | kg | 692.640 | 727.270 | 34.630 |
| | 中粗砂 | $m^3$ | 2.000 | 2.100 | 0.100 |
| | 滑石粉 | kg | 40.760 | 42.800 | 2.040 |
| | 石油沥青 | kg | 171.430 | 180.000 | 8.570 |
| | 煤 | t | 0.800 | 0.840 | 0.040 |
| | 机械油 | kg | 19.050 | 20.000 | 0.950 |
| | 白石蜡 | kg | 27.700 | 29.090 | 1.390 |
| | 硫磺 | kg | 1385.290 | 1454.550 | 69.260 |
| | 其他材料费 | % | 0.300 | 0.300 | — |
| 机械 | 门式起重机 ≤10t | 台班 | 6.000 | 6.000 | — |
| | 轨道车 ≤210kW | 台班 | 1.500 | 1.500 | — |
| | 轨道平车 ≤30t | 台班 | 15.000 | 15.000 | — |

# 1.2 隧道内整体道床铺轨

## 1.2.1 人工铺轨

**工作内容：**选配、散布钢轨，检配、散布与安装钢轨扣配件，钢轨支撑架安拆，悬挂钢筋混凝土轨枕，调整、就位、上油、检修，龙门架轨道的铺拆等。

计量单位：km

| 定额编号 | | | 5-007 | 5-008 | 5-009 |
|---|---|---|---|---|---|
| 项目 | | | 60kg 钢轨（普通扣件） | | |
| | | | 混凝土短枕 | | |
| | | | 1600 对 | 1680 对 | 每增加 80 对 |
| 名称 | | 单位 | 数量 | | |
| 人工 | 综合工日 | 工日 | 926.100 | 957.850 | 31.750 |
| 材料 | 钢轨 60kg 25m | 根 | 80.080 | 80.080 | — |
| | 接头夹板 60kg | 块 | 164.160 | 164.160 | — |
| | 高强度接头螺栓带帽 60kg | 套 | 496.920 | 496.920 | — |
| | 弹簧垫圈 60kg | 个 | 501.840 | 501.840 | — |

续前

| 定额编号 | | | 5-007 | 5-008 | 5-009 |
|---|---|---|---|---|---|
| 项目 | | | 60kg 钢轨（普通扣件） | | |
| | | | 混凝土短枕 | | |
| | | | 1600 对 | 1680 对 | 每增加 80 对 |
| 名称 | | 单位 | 数量 | | |
| 材料 | 钢轨支撑架 | 套 | 5.000 | 5.000 | — |
| | 混凝土短枕 | 块 | 3209.600 | 3370.080 | 160.480 |
| | 混凝土短枕 普通扣件 | 套 | 3209.600 | 3370.080 | 160.480 |
| | 其他材料费 | % | 0.200 | 0.200 | — |
| 机械 | 轨道车 ≤210kW | 台班 | 2.000 | 2.000 | — |
| | 轨道平车 ≤30t | 台班 | 10.000 | 10.000 | — |
| | 铺轨龙门架 | 台班 | 3.000 | 3.000 | — |

**工作内容：** 选配、散布钢轨，检配、散布与安装钢轨扣配件，钢轨支撑架安拆，悬挂钢筋混凝土轨枕，调整、就位、上油、检修，龙门架轨道的铺拆等。

计量单位：km

| 定额编号 | | | 5-010 | 5-011 | 5-012 |
|---|---|---|---|---|---|
| 项目 | | | 60kg 钢轨（减振型扣件） | | |
| | | | 混凝土短枕 | | |
| | | | 1600 对 | 1680 对 | 每增加 80 对 |
| 名称 | | 单位 | 数量 | | |
| 人工 | 综合工日 | 工日 | 926.100 | 957.850 | 31.750 |
| 材料 | 钢轨 60kg 25m | 根 | 80.080 | 80.080 | — |
| | 接头夹板 60kg | 块 | 164.160 | 164.160 | — |
| | 高强度接头螺栓带帽 60kg | 套 | 496.920 | 496.920 | — |
| | 弹簧垫圈 60kg | 个 | 501.840 | 501.840 | — |
| | 钢轨支撑架 | 套 | 5.000 | 5.000 | — |
| | 混凝土短枕 | 块 | 3209.600 | 3370.080 | 160.480 |
| | 混凝土短枕 减振型扣件 | 套 | 3209.600 | 3370.080 | 160.480 |
| | 其他材料费 | % | 0.200 | 0.200 | — |
| 机械 | 轨道车 ≤210kW | 台班 | 2.000 | 2.000 | — |
| | 轨道平车 ≤30t | 台班 | 10.000 | 10.000 | — |
| | 铺轨龙门架 | 台班 | 3.000 | 3.000 | — |

工作内容：选配、散布钢轨，检配、散布与安装钢轨扣配件，钢轨支撑架安拆，悬挂钢筋混凝土轨枕，调整、就位、上油、检修，龙门架轨道的铺拆等。

计量单位：km

| 定额编号 | | | 5-013 | 5-014 | 5-015 |
|---|---|---|---|---|---|
| 项目 | | | 60kg 钢轨(普通扣件) | | |
| | | | 混凝土弹性短枕 | | |
| | | | 1600 对 | 1680 对 | 每增加 80 对 |
| 名称 | | 单位 | 数量 | | |
| 人工 | 综合工日 | 工日 | 1178.150 | 1208.390 | 30.240 |
| 材料 | 钢轨 60kg 25m | 根 | 80.080 | 80.080 | — |
| | 接头夹板 60kg | 块 | 164.160 | 164.160 | — |
| | 高强度接头螺栓带帽 60kg | 套 | 496.920 | 496.920 | — |
| | 弹簧垫圈 60kg | 个 | 501.840 | 501.840 | — |
| | 钢轨支撑架 | 套 | 5.000 | 5.000 | — |
| | 混凝土弹性短枕 | 块 | 3209.600 | 3370.080 | 160.480 |
| | 混凝土弹性短枕 扣件 | 套 | 3209.600 | 3370.080 | 160.480 |
| | 橡胶包套（含微孔橡胶垫板） | 套 | 3209.600 | 3370.080 | 160.480 |
| | 其他材料费 | % | 0.200 | 0.200 | — |
| 机械 | 轨道车 ≤210kW | 台班 | 2.000 | 2.000 | — |
| | 轨道平车 ≤30t | 台班 | 10.000 | 10.000 | — |
| | 铺轨龙门架 | 台班 | 3.000 | 3.000 | — |

**工作内容：** 选配、散布钢轨，检配、散布与安装钢轨扣配件，铺设钢筋混凝土轨枕，调整、就位、上油、检修，龙门架轨道的铺拆等。

计量单位：km

| 定额编号 | | | 5-016 | 5-017 | 5-018 |
|---|---|---|---|---|---|
| 项目 | | | 60kg 钢轨(普通扣件) | | |
| | | | 混凝土长枕 | | |
| | | | 1600 根 | 1680 根 | 每增加 80 根 |
| 名称 | | 单位 | 数量 | | |
| 人工 | 综合工日 | 工日 | 879.840 | 910.080 | 30.240 |
| 材料 | 钢轨 60kg 25m | 根 | 80.080 | 80.080 | — |
| | 接头夹板 60kg | 块 | 164.160 | 164.160 | — |
| | 高强度接头螺栓带帽 60kg | 套 | 496.920 | 496.920 | — |
| | 弹簧垫圈 60kg | 个 | 501.840 | 501.840 | — |
| | 混凝土长枕 | 根 | 1604.800 | 1685.040 | 80.240 |
| | 混凝土长枕 普通扣件 | 套 | 3209.600 | 3370.080 | 160.480 |
| | 其他材料费 | % | 0.200 | 0.200 | — |
| 机械 | 轨道车 ≤210kW | 台班 | 2.000 | 2.000 | — |
| | 轨道平车 ≤30t | 台班 | 10.000 | 10.000 | — |
| | 铺轨龙门架 | 台班 | 3.000 | 3.000 | — |

**工作内容：**选配、散布钢轨，检配、散布与安装钢轨扣配件，铺设钢筋混凝土轨枕，调整、就位、上油、检修，龙门架轨道的铺拆等。

计量单位：km

| 定额编号 | | | 5-019 | 5-020 | 5-021 |
|---|---|---|---|---|---|
| 项目 | | | 60kg 钢轨(减振型扣件) | | |
| | | | 混凝土长枕 | | |
| | | | 1600 根 | 1680 根 | 每增加 30 根 |
| 名称 | | 单位 | 数量 | | |
| 人工 | 综合工日 | 工日 | 879.840 | 910.080 | 30.240 |
| 材料 | 钢轨 60kg 25m | 根 | 80.080 | 80.080 | — |
| | 接头夹板 60kg | 块 | 164.160 | 164.160 | — |
| | 高强度接头螺栓带帽 60kg | 套 | 496.920 | 496.920 | — |
| | 弹簧垫圈 60kg | 个 | 501.840 | 501.840 | — |
| | 混凝土长枕 | 根 | 1604.800 | 1685.040 | 80.240 |
| | 混凝土长枕 减振型扣件 | 套 | 3209.600 | 3370.080 | 160.480 |
| | 其他材料费 | % | 0.200 | 0.200 | — |
| 机械 | 轨道车 ≤210kW | 台班 | 2.000 | 2.000 | — |
| | 轨道平车 ≤30t | 台班 | 10.000 | 10.000 | — |
| | 铺轨龙门架 | 台班 | 3.000 | 3.000 | — |

**工作内容：** 选配、散布钢轨，检配、散布与安装钢轨扣配件，铺设钢筋混凝土轨枕，调整、就位、上油、检修，龙门架轨道的铺拆等。

计量单位：km

| 定额编号 | | | 5-022 | 5-023 | 5-024 |
|---|---|---|---|---|---|
| 项目 | | | 60kg 钢轨(普通扣件) | | |
| | | | 混凝土弹性长枕 | | |
| | | | 1600 根 | 1680 根 | 每增加 80 根 |
| 名称 | | 单位 | 数量 | | |
| 人工 | 综合工日 | 工日 | 1122.050 | 1150.850 | 28.800 |
| 材料 | 钢轨 60kg 25m 中锰钢 | 根 | 80.080 | 80.080 | — |
| | 接头夹板 60kg | 块 | 164.160 | 164.160 | — |
| | 高强度接头螺栓带帽 60kg | 套 | 496.920 | 496.920 | — |
| | 弹簧垫圈 60kg | 个 | 501.840 | 501.840 | — |
| | 混凝土弹性长枕 | 根 | 1604.800 | 1685.040 | 80.240 |
| | 混凝土弹性长枕 扣件 | 套 | 3209.600 | 3370.080 | 160.480 |
| | 长轨枕橡胶包套（含微孔橡胶垫板） | 套 | 1604.800 | 1685.040 | 80.240 |
| | 其他材料费 | % | 0.200 | 0.200 | — |
| 机械 | 轨道车 ≤210kW | 台班 | 2.000 | 2.000 | — |
| | 轨道平车 ≤30t | 台班 | 10.000 | 10.000 | — |
| | 铺轨龙门架 | 台班 | 3.000 | 3.000 | — |

## 1.2.2 机械铺轨

**工作内容：** 轨节运至铺轨工地（或前方作业站）后，轨节列车的调车，轨节的倒装拖拉、吊铺，合拢口锯轨、钢轨钻孔，钢轨支撑架安拆，安装钢轨配件，拆除轨节连接件、检查，龙门架轨道的铺拆等。

计量单位：km

| 定额编号 | | | 5-025 | 5-026 | 5-027 |
|---|---|---|---|---|---|
| 项目 | | | 60kg 钢轨(普通扣件) | | |
| | | | 混凝土短枕 | | |
| | | | 1600 对 | 1680 对 | 每增加 80 对 |
| 名称 | | 单位 | 数量 | | |
| 人工 | 综合工日 | 工日 | 607.820 | 638.220 | 30.400 |
| 材料 | 钢轨 60kg 25m | 根 | 80.080 | 80.080 | — |
| | 接头夹板 60kg | 块 | 164.160 | 164.160 | — |
| | 高强度接头螺栓带帽 60kg | 套 | 496.920 | 496.920 | — |
| | 弹簧垫圈 60kg | 个 | 501.840 | 501.840 | — |
| | 钢轨支撑架 | 套 | 5.000 | 5.000 | — |

续前

| 定额编号 | | | 5-025 | 5-026 | 5-027 |
|---|---|---|---|---|---|
| 项目 | | | 60kg 钢轨(普通扣件) | | |
| | | | 混凝土短枕 | | |
| | | | 1600 对 | 1680 对 | 每增加 80 对 |
| 名称 | | 单位 | 数量 | | |
| 材料 | 混凝土短枕 | 块 | 3209.600 | 3370.080 | 160.480 |
| | 混凝土短枕 普通扣件 | 套 | 3209.600 | 3370.080 | 160.480 |
| | 方钢 | t | 0.200 | 0.200 | — |
| | 其他材料费 | % | 0.200 | 0.200 | — |
| 机械 | 铺轨龙门架 | 台班 | 2.000 | 2.000 | — |
| | 轨道平车 ≤30t | 台班 | 15.000 | 15.000 | — |
| | 门式起重机 ≤10t | 台班 | 1.000 | 1.000 | — |
| | 轨道车 ≤210kW | 台班 | 3.000 | 3.000 | — |

**工作内容：** 轨节运至铺轨工地（或前方作业站）后，轨节列车的调车，轨节的倒装拖拉、吊铺，合拢口锯轨、钢轨钻孔，钢轨支撑架安拆，安装钢轨配件，拆除轨节连接件、检查，龙门架轨道的铺拆等。

计量单位：km

| 定额编号 | | | 5-028 | 5-029 | 5-030 |
|---|---|---|---|---|---|
| 项目 | | | 60kg 钢轨(减振型扣件) | | |
| | | | 混凝土短枕 | | |
| | | | 1600 对 | 1680 对 | 每增加 80 对 |
| 名称 | | 单位 | 数量 | | |
| 人工 | 综合工日 | 工日 | 607.820 | 638.220 | 30.400 |
| 材料 | 钢轨 60kg 25m | 根 | 80.080 | 80.080 | — |
| | 接头夹板 60kg | 块 | 164.160 | 164.160 | — |
| | 高强度接头螺栓带帽 60kg | 套 | 496.920 | 496.920 | — |
| | 弹簧垫圈 60kg | 个 | 501.840 | 501.840 | — |
| | 钢轨支撑架 | 套 | 5.000 | 5.000 | — |
| | 混凝土短枕 | 块 | 3209.600 | 3370.080 | 160.480 |

续前

| 定额编号 | | | 5-028 | 5-029 | 5-030 |
|---|---|---|---|---|---|
| 项目 | | | 60kg 钢轨(减振型扣件) | | |
| | | | 混凝土短枕 | | |
| | | | 1600 对 | 1680 对 | 每增加 80 对 |
| 名称 | | 单位 | 数量 | | |
| 材料 | 混凝土短枕 减振型扣件 | 套 | 3209.600 | 3370.080 | 160.480 |
| | 方钢 | t | 0.200 | 0.200 | — |
| | 其他材料费 | % | 0.200 | 0.200 | — |
| 机械 | 铺轨龙门架 | 台班 | 2.000 | 2.000 | — |
| | 门式起重机 ≤10t | 台班 | 1.000 | 1.000 | — |
| | 轨道平车 ≤30t | 台班 | 15.000 | 15.000 | — |
| | 轨道车 ≤210kW | 台班 | 3.000 | 3.000 | — |

**工作内容：** 轨节运至铺轨工地（或前方作业站）后，轨节列车的调车，轨节的倒装拖拉、吊铺，合拢口锯轨、钢轨钻孔，钢轨支撑架安拆，安装钢轨配件，拆除轨节连接件、检查，龙门架轨道的铺拆等。

计量单位：km

| 定额编号 | | | 5-031 | 5-032 | 5-033 |
|---|---|---|---|---|---|
| 项目 | | | 60kg 钢轨(普通扣件) | | |
| | | | 混凝土弹性短枕 | | |
| | | | 1600 对 | 1680 对 | 每增加 80 对 |
| 名称 | | 单位 | 数量 | | |
| 人工 | 综合工日 | 工日 | 607.820 | 638.220 | 30.400 |
| 材料 | 钢轨 60kg 25m | 根 | 80.080 | 80.080 | — |
| | 接头夹板 60kg | 块 | 164.160 | 164.160 | — |
| | 高强度接头螺栓带帽 60kg | 套 | 496.920 | 496.920 | — |
| | 弹簧垫圈 60kg | 个 | 501.840 | 501.840 | — |
| | 钢轨支撑架 | 套 | 5.000 | 5.000 | — |
| | 混凝土弹性短枕 | 块 | 3209.600 | 3370.080 | 160.480 |

续前

| 定额编号 | | | 5-031 | 5-032 | 5-033 |
|---|---|---|---|---|---|
| 项目 | | | 60kg 钢轨(普通扣件) | | |
| | | | 混凝土弹性短枕 | | |
| | | | 1600 对 | 1680 对 | 每增加 80 对 |
| 名称 | | 单位 | 数量 | | |
| 材料 | 混凝土弹性短枕 扣件 | 套 | 3209.600 | 3370.080 | 160.480 |
| | 橡胶包套（含微孔橡胶垫板） | 套 | 3209.600 | 3370.080 | 160.480 |
| | 方钢 | t | 0.200 | 0.200 | — |
| | 其他材料费 | % | 0.200 | 0.200 | — |
| 机械 | 铺轨龙门架 | 台班 | 2.000 | 2.000 | — |
| | 门式起重机 ≤10t | 台班 | 1.000 | 1.000 | — |
| | 轨道平车 ≤30t | 台班 | 15.000 | 15.000 | — |
| | 轨道车 ≤210kW | 台班 | 3.000 | 3.000 | — |

**工作内容：** 轨节运至铺轨工地（或前方作业站）后，轨节列车的调车，轨节的倒装拖拉、吊铺，合拢口锯轨、钢轨钻孔，安装钢轨配件，拆除轨节连接件、检查，龙门架轨道的铺拆等。

计量单位：km

| 定额编号 | | | 5-034 | 5-035 | 5-036 |
|---|---|---|---|---|---|
| 项目 | | | 60kg 钢轨(普通扣件) | | |
| | | | 混凝土长枕 | | |
| | | | 1600 根 | 1680 根 | 每增加 80 根 |
| 名称 | | 单位 | 数量 | | |
| 人工 | 综合工日 | 工日 | 576.830 | 605.670 | 28.840 |
| 材料 | 钢轨 60kg 25m | 根 | 80.080 | 80.080 | — |
| | 接头夹板 60kg | 块 | 164.160 | 164.160 | — |
| | 高强度接头螺栓带帽 60kg | 套 | 496.920 | 496.920 | — |
| | 弹簧垫圈 60kg | 个 | 501.840 | 501.840 | — |
| | 混凝土长枕 | 根 | 1604.800 | 1685.040 | 80.240 |
| | 混凝土长枕 普通扣件 | 套 | 3209.600 | 3370.080 | 160.480 |
| | 其他材料费 | % | 0.200 | 0.200 | — |
| 机械 | 铺轨龙门架 | 台班 | 2.000 | 2.000 | — |
| | 门式起重机 ≤10t | 台班 | 1.000 | 1.000 | — |
| | 轨道平车 ≤30t | 台班 | 15.000 | 15.000 | — |
| | 轨道车 ≤210kW | 台班 | 3.000 | 3.000 | — |

**工作内容：** 轨节运至铺轨工地（或前方作业站）后，轨节列车的调车，轨节的倒装拖拉、吊铺，合拢口锯轨、钢轨钻孔，安装钢轨配件，拆除轨节连接件、检查，龙门架轨道的铺拆等。

计量单位：km

| 定额编号 | | | 5-037 | 5-038 | 5-039 |
|---|---|---|---|---|---|
| 项目 | | | 60kg 钢轨(减振型扣件) | | |
| | | | 混凝土长枕 | | |
| | | | 1600 根 | 1680 根 | 每增加 80 根 |
| 名称 | | 单位 | 数量 | | |
| 人工 | 综合工日 | 工日 | 576.830 | 605.670 | 28.840 |
| 材料 | 钢轨 60kg 25m | 根 | 80.080 | 80.080 | — |
| | 接头夹板 60kg | 块 | 164.160 | 164.160 | — |
| | 高强度接头螺栓带帽 60kg | 套 | 496.920 | 496.920 | — |
| | 弹簧垫圈 60kg | 个 | 501.840 | 501.840 | — |
| | 混凝土长枕 | 根 | 1604.800 | 1685.040 | 80.240 |
| | 混凝土长枕 减振型扣件 | 套 | 3209.600 | 3370.080 | 160.480 |
| | 其他材料费 | % | 0.200 | 0.200 | — |
| 机械 | 铺轨龙门架 | 台班 | 2.000 | 2.000 | — |
| | 门式起重机 ≤10t | 台班 | 1.000 | 1.000 | — |
| | 轨道平车 ≤30t | 台班 | 15.000 | 15.000 | — |
| | 轨道车 ≤210kW | 台班 | 3.000 | 3.000 | — |

**工作内容：** 轨节运至铺轨工地（或前方作业站）后，轨节列车的调车，轨节的倒装拖拉、吊铺，合拢口锯轨、钢轨钻孔，安装钢轨配件，拆除轨节连接件、检查，龙门架轨道的铺拆等。

计量单位：km

| 定额编号 | | | 5-040 | 5-041 | 5-042 |
|---|---|---|---|---|---|
| 项目 | | | 60kg 钢轨(普通扣件) | | |
| | | | 混凝土弹性长枕 | | |
| | | | 1600 根 | 1680 根 | 每增加 80 根 |
| 名称 | | 单位 | 数量 | | |
| 人工 | 综合工日 | 工日 | 576.830 | 605.670 | 28.840 |
| 材料 | 钢轨 60kg 25m | 根 | 80.080 | 80.080 | — |
| | 接头夹板 60kg | 块 | 164.160 | 164.160 | — |
| | 高强度接头螺栓带帽 60kg | 套 | 496.920 | 496.920 | — |
| | 弹簧垫圈 60kg | 个 | 501.840 | 501.840 | — |
| | 混凝土弹性长枕 | 根 | 1604.800 | 1685.040 | 80.240 |
| | 混凝土弹性长枕 扣件 | 套 | 3209.600 | 3370.080 | 160.480 |
| | 橡胶包套（含微孔橡胶垫板） | 套 | 1604.800 | 1685.040 | 80.240 |
| | 其他材料费 | % | 0.200 | 0.200 | — |
| 机械 | 铺轨龙门架 | 台班 | 2.000 | 2.000 | — |
| | 门式起重机 ≤10t | 台班 | 1.000 | 1.000 | — |
| | 轨道平车 ≤30t | 台班 | 15.000 | 15.000 | — |
| | 轨道车 ≤210kW | 台班 | 3.000 | 3.000 | — |

### 1.2.3　隧道内浮置板道床人工铺轨

**工作内容：** 检配、散布与安装钢轨配件和轨枕扣件，钢轨支撑架安拆，组装扣件，悬挂钢筋混凝土轨枕，调整、就位、上油、检修，龙门架轨道的铺拆等。

计量单位：km

| 定　额　编　号 | | | 5-043 | 5-044 | 5-045 |
|---|---|---|---|---|---|
| 项　　目 | | | 60kg 钢轨(普通扣件) | | |
| | | | 橡胶浮置板 | | |
| | | | 1600 对 | 1680 对 | 每增加 80 对 |
| 名　　称 | | 单位 | 数　　量 | | |
| 人工 | 综合工日 | 工日 | 534.240 | 565.200 | 30.960 |
| 材料 | 钢轨 60kg　25m | 根 | 80.080 | 80.080 | — |
| | 接头夹板 60kg | 块 | 164.160 | 164.160 | — |
| | 高强度接头螺栓带帽 60kg | 套 | 496.920 | 496.920 | — |
| | 弹簧垫圈 60kg | 个 | 501.840 | 501.840 | — |
| | 钢轨支撑架 | 套 | 5.000 | 5.000 | — |
| | 普通扣件 | 套 | 3209.600 | 3370.080 | 160.480 |
| | 其他材料费 | % | 0.200 | 0.200 | — |
| 机械 | 轨道车 ≤210kW | 台班 | 6.000 | 6.000 | — |
| | 轨道平车 ≤30t | 台班 | 10.000 | 10.000 | — |
| | 铺轨龙门架 | 台班 | 3.000 | 3.000 | — |

工作内容：检配、散布与安装钢轨配件和轨枕扣件，钢轨支撑架安拆，组装扣件，悬挂钢筋混凝土轨枕，调整、就位、上油、检修，龙门架轨道的铺拆等。

计量单位：km

| 定额编号 | | | 5-046 | 5-047 | 5-048 |
|---|---|---|---|---|---|
| 项目 | | | 60kg 钢轨(普通扣件) | | |
| | | | 凸形浮置板 | | |
| | | | 1600 对 | 1680 对 | 每增加 80 对 |
| 名称 | | 单位 | 数量 | | |
| 人工 | 综合工日 | 工日 | 590.760 | 621.720 | 30.960 |
| 材料 | 钢轨 60kg 25m | 根 | 80.080 | 80.080 | — |
| | 接头夹板 60kg | 块 | 164.160 | 164.160 | — |
| | 高强度接头螺栓带帽 60kg | 套 | 496.920 | 496.920 | — |
| | 弹簧垫圈 60kg | 个 | 501.840 | 501.840 | — |
| | 钢轨支撑架 | 套 | 5.000 | 5.000 | — |
| | 普通扣件 | 套 | 3209.600 | 3370.080 | 160.480 |
| | 其他材料费 | % | 0.200 | 0.200 | — |
| 机械 | 轨道车 ≤210kW | 台班 | 6.000 | 6.000 | — |
| | 轨道平车 ≤30t | 台班 | 10.000 | 10.000 | — |
| | 铺轨龙门架 | 台班 | 3.000 | 3.000 | — |

**工作内容：** 检配、散布与安装钢轨配件和轨枕扣件，钢轨支撑架安拆，组装扣件，悬挂钢筋混凝土轨枕，调整、就位、上油、检修，龙门架轨道的铺拆等。

计量单位：km

| 定额编号 | | | 5-049 | 5-050 | 5-051 |
|---|---|---|---|---|---|
| 项目 | | | 60kg 钢轨(普通扣件) | | |
| | | | 钢弹簧浮置板 | | |
| | | | 1600 对 | 1680 对 | 每增加 80 对 |
| 名称 | | 单位 | 数量 | | |
| 人工 | 综合工日 | 工日 | 647.280 | 678.240 | 30.960 |
| 材料 | 钢轨 60kg 25m | 根 | 80.080 | 80.080 | — |
| | 接头夹板 60kg | 块 | 164.160 | 164.160 | — |
| | 高强度接头螺栓带帽 60kg | 套 | 496.920 | 496.920 | — |
| | 弹簧垫圈 60kg | 个 | 501.840 | 501.840 | — |
| | 钢轨支撑架 | 套 | 5.000 | 5.000 | — |
| | 普通扣件 | 套 | 3209.600 | 3370.080 | 160.480 |
| | 其他材料费 | % | 0.200 | 0.200 | — |
| 机械 | 轨道车 ≤210kW | 台班 | 6.000 | 6.000 | — |
| | 轨道平车 ≤30t | 台班 | 10.000 | 10.000 | — |
| | 铺轨龙门架 | 台班 | 3.000 | 3.000 | — |

### 1.2.4　直线电机线路机械铺轨

**工作内容：**轨节运至铺轨工地（或前方作业站）后，轨节列车的调车，轨节的倒装拖拉、悬挂钢筋混凝土轨节，合拢口锯轨、钢轨钻孔，安装钢轨配件，钢轨支撑架安拆，调整、就位、上油、检修，龙门架轨道的铺拆等。

计量单位：km

| 定额编号 | | | 5-052 | 5-053 | 5-054 |
|---|---|---|---|---|---|
| 项目 | | | 60kg 钢轨(普通扣件) | | |
| | | | 1600 根 | 1680 根 | 每增加 80 根 |
| 名称 | | 单位 | 混凝土长枕 | | |
| | | | 数量 | | |
| 人工 | 综合工日 | 工日 | 645.000 | 675.000 | 30.000 |
| 材料 | 钢轨 60kg　25m | 根 | 80.080 | 80.080 | — |
| | 混凝土长枕 | 根 | 1604.800 | 1685.040 | 80.240 |
| | 混凝土长枕　普通扣件 | 套 | 3209.600 | 3370.080 | 160.480 |
| | 弹性隔离层 | 个 | 3209.600 | 3370.080 | 160.480 |
| | 钢支墩 | 个 | 24.580 | 24.580 | — |
| | 其他材料费 | % | 0.200 | 0.200 | — |
| 机械 | 铺轨龙门架 | 台班 | 2.000 | 2.000 | — |
| | 门式起重机　≤10t | 台班 | 2.000 | 2.000 | — |
| | 轨道平车　≤30t | 台班 | 20.000 | 20.000 | — |
| | 轨道车　≤210kW | 台班 | 4.000 | 4.000 | — |

# 1.3 地面碎石道床铺轨

## 1.3.1 人工铺轨

### （1）木　　枕

**工作内容：** 选配钢轨，挂线散枕，摆、排轨枕，木枕打印、钻孔、注油，吊散钢轨，合拢口锯轨，钢轨钻孔，钢轨划印，方正轨枕，散布与安装钢轨配件和轨枕扣件，上油，检修，拔荒道等。

计量单位：km

| 定额编号 | | | 5-055 | 5-056 | 5-057 |
|---|---|---|---|---|---|
| 项目 | | | 50kg 钢轨 12.5m | | |
| | | | 1600 根 | 1680 根 | 每增加 80 根 |
| 名称 | | 单位 | 数量 | | |
| 人工 | .综合工日 | 工日 | 223.250 | 235.460 | 12.210 |
| 材料 | 钢轨 50kg 12.5m | 根 | 160.160 | 160.160 | — |
| | 接头夹板 50kg | 块 | 324.320 | 324.320 | — |
| | 接头螺栓带帽 50kg | 套 | 981.720 | 981.720 | — |
| | 弹簧垫圈 50kg | 个 | 991.440 | 991.440 | — |

续前

| 定额编号 | | | 5-055 | 5-056 | 5-057 |
|---|---|---|---|---|---|
| 项目 | | | 50kg 钢轨 12.5m | | |
| | | | 1600 根 | 1680 根 | 每增加 80 根 |
| 名称 | | 单位 | 数量 | | |
| 材料 | 木枕 I类 | 根 | 1604.800 | 1685.040 | 80.240 |
| | 铁垫板 50kg | 块 | 3209.600 | 3370.080 | 160.480 |
| | 橡胶垫板 | 块 | 3209.600 | 3370.080 | 160.480 |
| | 螺旋道钉带螺帽 | 个 | 12838.400 | 13480.320 | 641.920 |
| | 轨距垫 | 个 | 6419.200 | 6740.160 | 320.960 |
| | DI 弹条 $\phi 18$ | 个 | 6419.200 | 6740.160 | 320.960 |
| | 其他材料费 | % | 0.200 | 0.200 | — |
| 机械 | 轨道车 ≤210kW | 台班 | 2.000 | 2.000 | — |
| | 轨道平车 ≤30t | 台班 | 10.000 | 10.000 | — |

**工作内容：**选配钢轨，挂线散枕，摆、排轨枕，木枕打印、钻孔、注油，吊散钢轨，合拢口锯轨，钢轨钻孔，钢轨划印，方正轨枕，散布与安装钢轨配件和轨枕扣件，上油，检修，拔荒道等。

计量单位：km

| 定额编号 | | | 5-058 | 5-059 | 5-060 |
|---|---|---|---|---|---|
| 项目 | | | 50kg 钢轨 25m | | |
| | | | 1600 根 | 1680 根 | 每增加 80 根 |
| 名称 | | 单位 | 数量 | | |
| 人工 | 综合工日 | 工日 | 212.620 | 224.250 | 11.630 |
| 材料 | 钢轨 50kg 25m | 根 | 80.080 | 80.080 | — |
| | 接头夹板 50kg | 块 | 162.160 | 162.160 | — |
| | 接头螺栓带帽 50kg | 套 | 496.920 | 496.920 | — |
| | 弹簧垫圈 50kg | 个 | 501.840 | 501.840 | — |
| | 木枕 I 类 | 根 | 1604.800 | 1685.040 | 80.240 |
| | 铁垫板 50kg | 块 | 3209.600 | 3370.080 | 160.480 |
| | 橡胶垫板 | 块 | 3209.600 | 3370.080 | 160.480 |
| | 螺旋道钉带螺帽 | 个 | 12838.400 | 13480.320 | 641.920 |
| | 轨距垫 | 个 | 6419.200 | 6740.160 | 320.960 |
| | DI 弹条 $\phi 18$ | 个 | 6419.200 | 6740.160 | 320.960 |
| | 其他材料费 | % | 0.200 | 0.200 | — |
| 机械 | 轨道车 ≤210kW | 台班 | 2.000 | 2.000 | — |
| | 轨道平车 ≤30t | 台班 | 10.000 | 10.000 | — |

工作内容：选配钢轨，挂线散枕，摆、排轨枕，木枕打印、钻孔、注油，吊散钢轨，合拢口锯轨，钢轨钻孔，钢轨划印，方正轨枕，散布与安装钢轨配件和轨枕扣件，上油，检修，拔荒道等。

计量单位：km

| 定额编号 | | | 5-061 | 5-062 | 5-063 |
|---|---|---|---|---|---|
| 项目 | | | 60kg 钢轨 25m | | |
| | | | 1600 根 | 1680 根 | 每增加 80 根 |
| 名称 | | 单位 | 数量 | | |
| 人工 | 综合工日 | 工日 | 229.900 | 238.040 | 8.140 |
| 材料 | 钢轨 60kg 25m | 根 | 80.080 | 80.080 | — |
| | 接头夹板 60kg | 块 | 162.160 | 162.160 | — |
| | 接头螺栓带帽 60kg | 套 | 496.920 | 496.920 | — |
| | 弹簧垫圈 60kg | 个 | 501.840 | 501.840 | — |
| | 木枕 I类 | 根 | 1604.800 | 1685.040 | 80.240 |
| | 铁垫板 60kg | 块 | 3209.600 | 3370.080 | 160.480 |
| | 橡胶垫板 | 块 | 3209.600 | 3370.080 | 160.480 |
| | 螺旋道钉带螺帽 | 个 | 12838.400 | 13480.320 | 641.920 |
| | 轨距垫 | 个 | 6419.200 | 6740.160 | 320.960 |
| | DI 弹条 $\phi 18$ | 个 | 6419.200 | 6740.160 | 320.960 |
| | 其他材料费 | % | 0.200 | 0.200 | — |
| 机械 | 轨道车 ≤210kW | 台班 | 2.000 | 2.000 | — |
| | 轨道平车 ≤30t | 台班 | 10.000 | 10.000 | — |

## （2）混凝土枕

**工作内容：** 选配钢轨，挂线散枕，摆、排轨枕，涂绝缘膏，吊散钢轨，合拢口锯轨，钢轨钻孔，钢轨划印，方正轨枕，散布与安装钢轨配件和轨枕扣件，上油，检修，拔荒道等。

计量单位：km

| 定额编号 | | | 5-064 | 5-065 | 5-066 |
|---|---|---|---|---|---|
| 项目 | | | 50kg 钢轨 25m | | |
| | | | 1600 根 | 1680 根 | 每增加 80 根 |
| 名称 | | 单位 | 数量 | | |
| 人工 | 综合工日 | 工日 | 467.870 | 490.530 | 22.660 |
| 材料 | 接头夹板 50kg | 块 | 164.160 | 164.160 | — |
| | 接头螺栓带帽 50kg | 套 | 496.920 | 496.920 | — |
| | 弹簧垫圈 50kg | 个 | 501.820 | 501.820 | — |
| | 钢轨 50kg 25m | 根 | 80.080 | 80.080 | — |
| | 混凝土长枕 | 根 | 1604.800 | 1685.040 | 80.240 |
| | 50kg 钢轨弹条 Ⅰ型扣件 | 套 | 3209.600 | 3370.080 | 160.480 |
| | 其他材料费 | % | 0.250 | 0.250 | — |
| 机械 | 轨道车 ≤210kW | 台班 | 3.000 | 3.000 | — |
| | 轨道平车 ≤30t | 台班 | 10.000 | 10.000 | — |

**工作内容：**选配钢轨，挂线散枕，摆、排轨枕，涂绝缘膏，吊散钢轨，合拢口锯轨，钢轨钻孔，钢轨划印，方正轨枕，散布与安装钢轨配件和轨枕扣件，上油，检修，拔荒道等。

计量单位：km

| 定额编号 | | | 5-067 | 5-068 | 5-069 |
|---|---|---|---|---|---|
| 项目 | | | 60kg 钢轨 25m | | |
| | | | 1600 根 | 1680 根 | 每增加 80 根 |
| 名称 | | 单位 | 数量 | | |
| 人工 | 综合工日 | 工日 | 519.370 | 544.370 | 25.000 |
| 材料 | 接头夹板 60kg | 块 | 164.160 | 164.160 | — |
| | 接头螺栓带帽 60kg | 套 | 496.920 | 496.920 | — |
| | 弹簧垫圈 60kg | 个 | 501.820 | 501.820 | — |
| | 钢轨 60kg 25m | 根 | 80.080 | 80.080 | — |
| | 混凝土长枕 | 根 | 1604.800 | 1685.040 | 80.240 |
| | 60kg 钢轨弹条 Ⅰ型扣件 | 套 | 3209.600 | 3370.080 | 160.480 |
| | 其他材料费 | % | 0.250 | 0.250 | — |
| 机械 | 轨道车 ≤210kW | 台班 | 3.000 | 3.000 | — |
| | 轨道平车 ≤30t | 台班 | 10.000 | 10.000 | — |

### 1.3.2 碎石道床机械铺轨

（1）木　　枕

**工作内容**：轨节运至铺轨工地（或前方作业站）后，轨节列车的调车，轨节的倒装拖拉、吊、铺，合拢口锯轨、钢轨钻孔，安装钢轨配件，检查、拔荒道，龙门架轨道的铺拆等。

计量单位：km

| 定额编号 | | | 5-070 | 5-071 | 5-072 |
|---|---|---|---|---|---|
| 项目 | | | 50kg 钢轨 12.5m | | |
| | | | 1600 根 | 1680 根 | 每增加 80 根 |
| 名称 | | 单位 | 数量 | | |
| 人工 | 综合工日 | 工日 | 85.000 | 85.000 | — |
| 材料 | 钢轨 50kg 12.5m | 根 | 160.160 | 160.160 | — |
| | 接头夹板 50kg | 块 | 324.320 | 324.320 | — |
| | 接头螺栓带帽 50kg | 套 | 981.720 | 981.720 | — |
| | 弹簧垫圈 50kg | 个 | 991.440 | 991.440 | — |
| | 木枕 I类 | 根 | 1604.800 | 1685.040 | 80.240 |

续前

| 定额编号 | | | 5-070 | 5-071 | 5-072 |
|---|---|---|---|---|---|
| 项目 | | | 50kg 钢轨 12.5m | | |
| | | | 1600 根 | 1680 根 | 每增加 80 根 |
| 名称 | | 单位 | 数量 | | |
| 材料 | 铁垫板 50kg | 块 | 3209.600 | 3370.080 | 160.480 |
| | 橡胶垫板 | 块 | 3209.600 | 3370.080 | 160.480 |
| | 螺旋道钉带螺帽 | 个 | 12838.400 | 13480.320 | 641.920 |
| | 轨距垫 | 个 | 6419.200 | 6740.160 | 320.960 |
| | DI 弹条 $\phi$18 | 个 | 6419.200 | 6740.160 | 320.960 |
| | 其他材料费 | % | 0.200 | 0.200 | — |
| 机械 | 轨道平车 ≤30t | 台班 | 15.000 | 15.000 | — |
| | 轨道车 ≤210kW | 台班 | 2.600 | 2.600 | — |
| | 门式起重机 ≤10t | 台班 | 1.000 | 1.000 | — |
| | 铺轨龙门架 | 台班 | 2.000 | 2.000 | — |

**工作内容：** 轨节运至铺轨工地（或前方作业站）后，轨节列车的调车，轨节的倒装拖拉、吊、铺，合拢口锯轨、钢轨钻孔，安装钢轨配件，检查、拔荒道，龙门架轨道的铺拆等。

计量单位：km

| 定额编号 | | | 5-073 | 5-074 | 5-075 |
|---|---|---|---|---|---|
| 项目 | | | 50kg 钢轨 25m | | |
| | | | 1600 根 | 1680 根 | 每增加 80 根 |
| 名称 | | 单位 | 数量 | | |
| 人工 | 综合工日 | 工日 | 85.000 | 85.000 | — |
| 材料 | 钢轨 50kg 25m | 根 | 80.080 | 80.080 | — |
| | 接头夹板 50kg | 块 | 162.160 | 162.160 | — |
| | 接头螺栓带帽 50kg | 套 | 490.860 | 490.860 | — |
| | 弹簧垫圈 50kg | 个 | 495.720 | 495.720 | — |
| | 木枕 I类 | 根 | 1604.800 | 1685.040 | 80.240 |
| | 铁垫板 50kg | 块 | 3209.600 | 3370.080 | 160.480 |
| | 橡胶垫板 | 块 | 3209.600 | 3370.080 | 160.480 |

续前

| 定额编号 | | | 5-073 | 5-074 | 5-075 |
|---|---|---|---|---|---|
| 项目 | | | 50kg 钢轨 25m | | |
| | | | 1600 根 | 1680 根 | 每增加 80 根 |
| 名称 | | 单位 | 数量 | | |
| 材料 | 螺旋道钉带螺帽 | 个 | 12838.400 | 13480.320 | 641.920 |
| | 轨距垫 | 个 | 6419.200 | 6740.160 | 320.960 |
| | DI 弹条 $\phi 18$ | 个 | 6419.200 | 6740.160 | 320.960 |
| | 其他材料费 | % | 0.200 | 0.200 | — |
| 机械 | 轨道平车 ≤30t | 台班 | 15.000 | 15.000 | — |
| | 轨道车 ≤210kW | 台班 | 2.600 | 2.600 | — |
| | 门式起重机 ≤10t | 台班 | 1.000 | 1.000 | — |
| | 铺轨龙门架 | 台班 | 2.000 | 2.000 | — |

**工作内容：**轨节运至铺轨工地（或前方作业站）后，轨节列车的调车，轨节的倒装拖拉、吊、铺，合拢口锯轨、钢轨钻孔，安装钢轨配件，检查、拔荒道，龙门架轨道的铺拆等。

计量单位：km

| 定额编号 | | | 5-076 | 5-077 | 5-078 |
|---|---|---|---|---|---|
| 项目 | | | 60kg 钢轨 25m | | |
| | | | 1600 根 | 1680 根 | 每增加 80 根 |
| 名称 | | 单位 | 数量 | | |
| 人工 | 综合工日 | 工日 | 85.000 | 85.000 | — |
| 材料 | 钢轨 60kg 25m | 根 | 80.080 | 80.080 | — |
| | 接头夹板 60kg | 块 | 162.160 | 162.160 | — |
| | 接头螺栓带帽 60kg | 套 | 490.860 | 490.860 | — |
| | 弹簧垫圈 60kg | 个 | 495.720 | 495.720 | — |
| | 木枕 I 类 | 根 | 1604.800 | 1685.040 | 80.240 |
| | 铁垫板 60kg | 块 | 3209.600 | 3370.080 | 160.480 |
| | 橡胶垫板 | 块 | 3209.600 | 3370.080 | 160.480 |

续前

| 定额编号 | | | 5-076 | 5-077 | 5-078 |
|---|---|---|---|---|---|
| 项目 | | | 60kg 钢轨 25m | | |
| | | | 1600 根 | 1680 根 | 每增加 80 根 |
| 名称 | | 单位 | 数量 | | |
| 材料 | 螺旋道钉带螺帽 | 个 | 12838.400 | 13480.320 | 641.920 |
| | 轨距垫 | 个 | 6419.200 | 6740.160 | 320.950 |
| | DI 弹条 $\phi 18$ | 个 | 6419.200 | 6740.160 | 320.960 |
| | 其他材料费 | % | 0.200 | 0.200 | — |
| 机械 | 轨道平车 ≤30t | 台班 | 15.000 | 15.000 | — |
| | 轨道车 ≤210kW | 台班 | 2.600 | 2.600 | — |
| | 门式起重机 ≤10t | 台班 | 1.000 | 1.000 | — |
| | 铺轨龙门架 | 台班 | 2.000 | 2.000 | — |

## （2）混凝土枕

**工作内容：** 轨节运至铺轨工地（或前方作业站）后，轨节列车的调车，轨节的倒装拖拉、吊、铺，合拢口锯轨、钢轨钻孔，安装钢轨配件，检查、拔荒道，龙门架轨道的铺拆等。

计量单位：km

| 定额编号 | | | 5-079 | 5-080 | 5-081 |
|---|---|---|---|---|---|
| 项目 | | | 50kg 钢轨 25m | | |
| | | | 1600 根 | 1680 根 | 每增加 80 根 |
| 名称 | | 单位 | 数量 | | |
| 人工 | 综合工日 | 工日 | 127.000 | 127.000 | — |
| 材料 | 接头夹板 50kg | 块 | 164.160 | 164.160 | — |
| | 接头螺栓带帽 50kg | 套 | 496.920 | 496.920 | — |
| | 弹簧垫圈 50kg | 个 | 501.820 | 501.820 | — |
| | 钢轨 50kg 25m | 根 | 80.080 | 80.080 | — |
| | 混凝土长枕 | 根 | 1604.800 | 1685.040 | 80.240 |
| | 50kg 钢轨弹条 I 型扣件 | 套 | 3209.600 | 3370.080 | 160.480 |
| | 其他材料费 | % | 0.200 | 0.200 | — |
| 机械 | 铺轨龙门架 | 台班 | 2.000 | 2.000 | — |
| | 门式起重机 ≤10t | 台班 | 1.000 | 1.000 | — |
| | 轨道平车 ≤30t | 台班 | 15.000 | 15.000 | — |
| | 轨道车 ≤210kW | 台班 | 2.600 | 2.600 | — |

工作内容：轨节运至铺轨工地（或前方作业站）后，轨节列车的调车，轨节的倒装拖拉、吊、铺，合拢口锯轨、钢轨钻孔，安装钢轨配件，检查、拔荒道，龙门架轨道的铺拆等。

计量单位：km

| 定额编号 | | | 5-082 | 5-083 | 5-084 |
|---|---|---|---|---|---|
| 项目 | | | 60kg 钢轨 25m | | |
| | | | 1600 根 | 1680 根 | 每增加 30 根 |
| 名称 | | 单位 | 数量 | | |
| 人工 | 综合工日 | 工日 | 127.000 | 127.000 | — |
| 材料 | 接头夹板 60kg | 块 | 164.160 | 164.160 | — |
| | 接头螺栓带帽 60kg | 套 | 496.920 | 496.920 | — |
| | 弹簧垫圈 60kg | 个 | 501.820 | 501.820 | — |
| | 钢轨 60kg 25m | 根 | 80.080 | 80.080 | — |
| | 混凝土长枕 | 根 | 1604.800 | 1685.040 | 80.240 |
| | 60kg 钢轨弹条 Ⅰ型扣件 | 套 | 3209.600 | 3370.080 | 160.480 |
| | 其他材料费 | % | 0.200 | 0.200 | — |
| 机械 | 铺轨龙门架 | 台班 | 2.000 | 2.000 | — |
| | 门式起重机 ≤10t | 台班 | 1.000 | 1.000 | — |
| | 轨道平车 ≤30t | 台班 | 15.000 | 15.000 | — |
| | 轨道车 ≤210kW | 台班 | 2.600 | 2.600 | — |

### 1.3.3 人工铺异形轨

**工作内容：**选配钢轨，挂线散枕，摆、排轨枕，木枕打印、钻孔、注油，吊散钢轨，合拢口锯轨，钢轨钻孔，钢轨划印，方正轨枕，散布与安装钢轨配件和轨枕扣件，上油，检修，拔荒道等。

计量单位：km

| 定额编号 | | | 5-085 | 5-086 | 5-087 |
|---|---|---|---|---|---|
| 项目 | | | 50～60kg 轨长 6.25m 木枕 | | |
| | | | 1600 根 | 1680 根 | 每增加 80 根 |
| 名称 | | 单位 | 数量 | | |
| 人工 | 综合工日 | 工日 | 243.670 | 252.250 | 8.580 |
| 材料 | 异形钢轨 50～60kg 6.25m | 根 | 320.320 | 320.320 | — |
| | 接头夹板 50kg | 块 | 320.320 | 320.320 | — |
| | 接头夹板 60kg | 块 | 320.320 | 320.320 | — |
| | 接头螺栓带帽 50kg | 套 | 969.600 | 969.600 | — |
| | 高强度接头螺栓带帽 60kg | 套 | 969.600 | 969.600 | — |
| | 弹簧垫圈 50kg | 个 | 979.200 | 979.200 | — |

续前

| 定额编号 | | | 5-085 | 5-086 | 5-087 |
|---|---|---|---|---|---|
| 项目 | | | 50~60kg 轨长 6.25m 木枕 | | |
| | | | 1600 根 | 1680 根 | 每增加 80 根 |
| 名称 | | 单位 | 数量 | | |
| 材料 | 弹簧垫圈 60kg | 个 | 979.200 | 979.200 | — |
| | 铁垫板 50kg | 块 | 160.480 | 160.480 | — |
| | 铁垫板 60kg | 块 | 3049.120 | 3209.600 | 160.480 |
| | 道钉 16×16×165 | 个 | 12838.400 | 13480.320 | 641.920 |
| | 木枕 I类 | 根 | 1604.800 | 1685.040 | 80.240 |
| | 其他材料费 | % | 0.200 | 0.200 | — |
| 机械 | 轨道车 ≤210kW | 台班 | 2.000 | 2.000 | — |
| | 轨道平车 ≤30t | 台班 | 10.000 | 10.000 | — |

**工作内容：** 选配钢轨，挂线散枕，摆、排轨枕，木枕打印、钻孔、注油，吊散钢轨，合拢口锯轨，钢轨钻孔，钢轨划印，方正轨枕，散布与安装钢轨配件和轨枕扣件，上油，检修，拔荒道等。

计量单位：km

| 定额编号 | | | 5-088 | 5-089 | 5-090 |
|---|---|---|---|---|---|
| 项目 | | | 50～60kg 轨长 12.5m 木枕 | | |
| | | | 1600 根 | 1680 根 | 每增加 80 根 |
| 名称 | | 单位 | 数量 | | |
| 人工 | 综合工日 | 工日 | 243.670 | 252.250 | 8.580 |
| 材料 | 异形钢轨 50～60kg 12.5m | 根 | 160.160 | 160.160 | — |
| | 接头夹板 50kg | 块 | 160.160 | 160.160 | — |
| | 接头夹板 60kg | 块 | 160.160 | 160.160 | — |
| | 接头螺栓带帽 50kg | 套 | 484.800 | 484.800 | — |
| | 高强度接头螺栓带帽 60kg | 套 | 484.800 | 484.800 | — |
| | 弹簧垫圈 50kg | 个 | 489.600 | 489.600 | — |
| | 弹簧垫圈 60kg | 个 | 489.600 | 489.600 | — |
| | 铁垫板 50kg | 块 | 160.480 | 160.480 | — |
| | 铁垫板 60kg | 块 | 3049.120 | 3209.600 | 160.480 |
| | 道钉 16×16×165 | 个 | 6419.200 | 6740.160 | 320.960 |
| | 木枕 I 类 | 根 | 1604.800 | 1685.040 | 80.240 |
| | 其他材料费 | % | 0.250 | 0.250 | — |
| 机械 | 轨道车 ≤210kW | 台班 | 2.000 | 2.000 | — |
| | 轨道平车 ≤30t | 台班 | 10.000 | 10.000 | — |

工作内容：选配钢轨，挂线散枕，摆、排轨枕，涂绝缘膏，吊散钢轨，合拢口锯轨，钢轨钻孔，钢轨划印，方正轨枕，散布与安装钢轨配件和轨枕扣件，上油，检修，拔荒道等。

计量单位：km

| 定额编号 | | | 5-091 | 5-092 | 5-093 |
|---|---|---|---|---|---|
| 项目 | | | 50～60kg 轨长 6.25m 混凝土枕 | | |
| | | | 1600 根 | 1680 根 | 每增加 80 根 |
| 名称 | | 单位 | 数量 | | |
| 人工 | 综合工日 | 工日 | 585.450 | 610.450 | 25.000 |
| 材料 | 异形钢轨 50～60kg 6.25m | 根 | 320.320 | 320.320 | — |
| | 接头夹板 50kg | 块 | 320.320 | 320.320 | — |
| | 接头夹板 60kg | 块 | 320.320 | 320.320 | — |
| | 接头螺栓带帽 50kg | 套 | 969.600 | 969.600 | — |
| | 高强度接头螺栓带帽 60kg | 套 | 969.600 | 969.600 | — |
| | 弹簧垫圈 50kg | 个 | 979.200 | 979.200 | — |
| | 弹簧垫圈 60kg | 个 | 979.200 | 979.200 | — |
| | 混凝土长枕 | 根 | 1604.800 | 1685.040 | 80.240 |
| | 平垫圈 25×45×4 | 个 | 6419.200 | 6854.400 | 326.400 |
| | 60kg 钢轨弹条 Ⅰ型扣件 | 套 | 3209.600 | 3370.080 | 160.480 |
| | 其他材料费 | % | 0.200 | 0.200 | — |
| 机械 | 轨道车 ≤210kW | 台班 | 3.000 | 3.000 | — |
| | 轨道平车 ≤30t | 台班 | 10.000 | 10.000 | — |

**工作内容**：选配钢轨，挂线散枕，摆、排轨枕，涂绝缘膏，吊散钢轨，合拢口锯轨，钢轨钻孔，钢轨划印，方正轨枕，散布与安装钢轨配件和轨枕扣件，上油，检修，拔荒道等。

计量单位：km

| 定额编号 | | | 5-094 | 5-095 | 5-096 |
|---|---|---|---|---|---|
| 项目 | | | 50～60kg 轨长 12.5m 混凝土枕 | | |
| | | | 1600 根 | 1680 根 | 每增加 80 根 |
| 名称 | | 单位 | 数量 | | |
| 人工 | 综合工日 | 工日 | 557.420 | 582.420 | 25.000 |
| 材料 | 异形钢轨 50～60kg 12.5m | 根 | 160.160 | 160.160 | — |
| | 接头夹板 50kg | 块 | 160.160 | 160.160 | — |
| | 接头夹板 60kg | 块 | 160.160 | 160.160 | — |
| | 接头螺栓带帽 50kg | 套 | 484.800 | 484.800 | — |
| | 高强度接头螺栓带帽 60kg | 套 | 484.800 | 484.800 | — |
| | 弹簧垫圈 50kg | 个 | 489.600 | 489.600 | — |
| | 弹簧垫圈 60kg | 个 | 489.600 | 489.600 | — |
| | 混凝土长枕 | 根 | 1604.800 | 1685.040 | 80.240 |
| | 平垫圈 25×45×4 | 个 | 6419.200 | 6854.400 | 326.400 |
| | 60kg 钢轨弹条 Ⅰ型扣件 | 套 | 3209.600 | 3370.080 | 160.480 |
| | 其他材料费 | % | 0.200 | 0.200 | — |
| 机械 | 轨道车 ≤210kW | 台班 | 3.000 | 3.000 | — |
| | 轨道平车 ≤30t | 台班 | 10.000 | 10.000 | — |

## 1.4 桥面铺轨

工作内容：清理桥面，吊运钢轨、轨枕及配件，散布钢轨、轨枕、配件，钢轨支撑架安拆，安装钢轨配件及轨枕扣件，上油检修，龙门架轨道铺拆等。

计量单位：km

| 定额编号 | | | 5-097 | 5-098 | 5-099 |
|---|---|---|---|---|---|
| 项目 | | | 60kg 钢轨(普通扣件) | | |
| | | | 混凝土短枕 | | |
| | | | 1600 对 | 1680 对 | 每增加 80 对 |
| 名称 | | 单位 | 数量 | | |
| 人工 | 综合工日 | 工日 | 601.200 | 632.160 | 30.960 |
| 材料 | 钢轨 60kg 25m | 根 | 80.080 | 80.080 | — |
| | 接头夹板 60kg | 块 | 164.160 | 164.160 | — |
| | 高强度接头螺栓带帽 60kg | 套 | 496.920 | 496.920 | — |
| | 弹簧垫圈 60kg | 个 | 501.840 | 501.840 | — |

续前

| 定额编号 | | | 5-097 | 5-098 | 5-099 |
|---|---|---|---|---|---|
| 项目 | | | 60kg 钢轨(普通扣件) | | |
| | | | 混凝土短枕 | | |
| | | | 1600 对 | 1680 对 | 每增加 80 对 |
| 名称 | | 单位 | 数量 | | |
| 材料 | 钢轨支撑架 | 套 | 5.000 | 5.000 | — |
| | 混凝土短枕 | 块 | 3209.600 | 3370.080 | 160.480 |
| | 混凝土短枕 普通扣件 | 套 | 3209.600 | 3370.080 | 160.480 |
| | 其他材料费 | % | 0.200 | 0.200 | — |
| 机械 | 轨道车 ≤210kW | 台班 | 3.000 | 3.000 | — |
| | 轨道平车 ≤30t | 台班 | 10.000 | 10.000 | — |
| | 铺轨龙门架 | 台班 | 3.000 | 3.000 | — |
| | 汽车起重机 ≤8t | 台班 | 3.000 | 3.000 | — |

工作内容：清理桥面，吊运钢轨、轨枕及配件，散布钢轨、轨枕、配件，钢轨支撑架安拆，安装钢轨配件及轨枕扣件，上油检修，龙门架轨道铺拆等。

计量单位：km

| 定额编号 | | | 5-100 | 5-101 | 5-102 |
|---|---|---|---|---|---|
| 项目 | | | 60kg 钢轨(普通扣件) | | |
| | | | 混凝土弹性短轨枕 | | |
| | | | 1600 对 | 1680 对 | 每增加 80 对 |
| 名称 | | 单位 | 数量 | | |
| 人工 | 综合工日 | 工日 | 601.200 | 632.160 | 30.960 |
| 材料 | 钢轨 60kg 25m | 根 | 80.080 | 80.080 | — |
| | 接头夹板 60kg | 块 | 164.160 | 164.160 | — |
| | 高强度接头螺栓带帽 60kg | 套 | 496.920 | 496.920 | — |
| | 弹簧垫圈 60kg | 个 | 501.840 | 501.840 | — |
| | 钢轨支撑架 | 套 | 5.000 | 5.000 | — |
| | 混凝土弹性短轨枕 | 块 | 3209.600 | 3370.080 | 160.480 |
| | 混凝土短枕 普通扣件 | 套 | 3209.600 | 3370.080 | 160.480 |
| | 橡胶包套（含微孔橡胶垫板） | 套 | 3209.600 | 3370.080 | 160.480 |
| | 其他材料费 | % | 0.200 | 0.200 | — |
| 机械 | 轨道车 ≤210kW | 台班 | 3.000 | 3.000 | — |
| | 轨道平车 ≤30t | 台班 | 10.000 | 10.000 | — |
| | 铺轨龙门架 | 台班 | 3.000 | 3.000 | — |
| | 汽车起重机 ≤8t | 台班 | 3.000 | 3.000 | — |

**工作内容：**清理桥面，吊运钢轨、轨枕及配件，散布钢轨、轨枕、配件，钢轨支撑架安拆，安装钢轨配件及轨枕扣件，上油检修，龙门架轨道铺拆等。

计量单位：km

| 定 额 编 号 | | | 5-103 | 5-104 | 5-105 |
|---|---|---|---|---|---|
| 项 目 | | | 60kg 钢轨(减振型扣件) | | |
| | | | 混凝土短枕 | | |
| | | | 1600 对 | 1680 对 | 每增加 80 对 |
| 名 称 | | 单位 | 数 量 | | |
| 人工 | 综合工日 | 工日 | 601.200 | 632.160 | 30.960 |
| 材料 | 钢轨 60kg 25m | 根 | 80.080 | 80.080 | — |
| | 接头夹板 60kg | 块 | 164.160 | 164.160 | — |
| | 高强度接头螺栓带帽 60kg | 套 | 496.920 | 496.920 | — |
| | 弹簧垫圈 60kg | 个 | 501.840 | 501.840 | — |
| | 钢轨支撑架 | 套 | 5.000 | 5.000 | — |
| | 混凝土短枕 | 块 | 3209.600 | 3370.080 | 160.480 |
| | 混凝土短枕 减振型扣件 | 套 | 3209.600 | 3370.080 | 160.480 |
| | 其他材料费 | % | 0.200 | 0.200 | — |
| 机械 | 轨道车 ≤210kW | 台班 | 3.000 | 3.000 | — |
| | 轨道平车 ≤30t | 台班 | 10.000 | 10.000 | — |
| | 汽车起重机 ≤8t | 台班 | 3.000 | 3.000 | — |
| | 铺轨龙门架 | 台班 | 3.000 | 3.000 | — |

**工作内容：** 清理桥面，吊运钢轨、轨枕及配件，散布钢轨、轨枕、配件，钢轨支撑架安拆，安装钢轨配件及轨枕扣件，上油检修，龙门架轨道铺拆等。

计量单位：km

| 定额编号 | | | 5-106 | 5-107 | 5-108 |
|---|---|---|---|---|---|
| 项目 | | | 60kg 钢轨(减振型扣件) | | |
| | | | 混凝土弹性短轨枕 | | |
| | | | 1600 对 | 1680 对 | 每增加 80 对 |
| 名称 | | 单位 | 数量 | | |
| 人工 | 综合工日 | 工日 | 601.200 | 632.160 | 30.960 |
| 材料 | 钢轨 60kg 25m | 根 | 80.080 | 80.080 | — |
| | 接头夹板 60kg | 块 | 164.160 | 164.160 | — |
| | 高强度接头螺栓带帽 60kg | 套 | 496.920 | 496.920 | — |
| | 弹簧垫圈 60kg | 个 | 501.840 | 501.840 | — |
| | 钢轨支撑架 | 套 | 5.000 | 5.000 | — |
| | 混凝土弹性短轨枕 | 块 | 3209.600 | 3370.080 | 160.480 |
| | 混凝土短枕 减振型扣件 | 套 | 3209.600 | 3370.080 | 160.480 |
| | 橡胶包套（含微孔橡胶垫板） | 套 | 3209.600 | 3370.080 | 160.480 |
| | 其他材料费 | % | 0.200 | 0.200 | — |
| 机械 | 轨道车 ≤210kW | 台班 | 3.000 | 3.000 | — |
| | 轨道平车 ≤30t | 台班 | 10.000 | 10.000 | — |
| | 汽车起重机 ≤8t | 台班 | 3.000 | 3.000 | — |
| | 铺轨龙门架 | 台班 | 3.000 | 3.000 | — |

**工作内容：** 清理桥面，吊运钢轨、轨枕及配件，散布钢轨、轨枕、配件，安装钢轨配件及轨枕扣件，上油检修，龙门架轨道铺拆等。

计量单位：km

| 定　额　编　号 | | | 5-109 | 5-110 | 5-111 |
|---|---|---|---|---|---|
| 项　目 | | | 60kg 钢轨(普通扣件) | | |
| | | | 混凝土长枕 | | |
| | | | 1600 根 | 1680 根 | 每增加 80 根 |
| 名　称 | | 单位 | 数　量 | | |
| 人工 | 综合工日 | 工日 | 610.000 | 644.000 | 34.000 |
| 材料 | 钢轨 60kg 25m | 根 | 80.080 | 80.080 | — |
| | 接头夹板 60kg | 块 | 164.160 | 164.160 | — |
| | 高强度接头螺栓带帽 60kg | 套 | 496.920 | 496.920 | — |
| | 弹簧垫圈 60kg | 个 | 501.840 | 501.840 | — |
| | 混凝土长枕 | 根 | 1604.800 | 1685.040 | 80.240 |
| | 混凝土长枕 普通扣件 | 套 | 3209.600 | 3370.080 | 160.480 |
| | 其他材料费 | % | 0.200 | 0.200 | — |
| 机械 | 轨道车 ≤210kW | 台班 | 3.000 | 3.000 | — |
| | 轨道平车 ≤30t | 台班 | 10.000 | 10.000 | — |
| | 汽车起重机 ≤8t | 台班 | 3.000 | 3.000 | — |
| | 铺轨龙门架 | 台班 | 3.000 | 3.000 | — |

工作内容：清理桥面，吊运钢轨、轨枕及配件，散布钢轨、轨枕、配件，安装钢轨配件及轨枕扣件，上油检修，龙门架轨道铺拆等。

计量单位：km

| 定额编号 | | | 5-112 | 5-113 | 5-114 |
|---|---|---|---|---|---|
| 项目 | | | 60kg 钢轨(减振型扣件) | | |
| | | | 混凝土长枕 | | |
| | | | 1600 根 | 1680 根 | 每增加 80 根 |
| 名称 | | 单位 | 数量 | | |
| 人工 | 综合工日 | 工日 | 610.000 | 644.000 | 34.000 |
| 材料 | 钢轨 60kg 25m | 根 | 80.080 | 80.080 | — |
| | 接头夹板 60kg | 块 | 164.160 | 164.160 | — |
| | 高强度接头螺栓带帽 60kg | 套 | 496.920 | 496.920 | — |
| | 弹簧垫圈 60kg | 个 | 501.840 | 501.840 | — |
| | 混凝土长枕 | 根 | 1604.800 | 1685.040 | 80.240 |
| | 混凝土长枕 减振型扣件 | 套 | 3209.600 | 3370.080 | 160.480 |
| | 其他材料费 | % | 0.200 | 0.200 | — |
| 机械 | 轨道车 ≤210kW | 台班 | 3.000 | 3.000 | — |
| | 轨道平车 ≤30t | 台班 | 10.000 | 10.000 | — |
| | 汽车起重机 ≤8t | 台班 | 3.000 | 3.000 | — |
| | 铺轨龙门架 | 台班 | 3.000 | 3.000 | — |

## 1.5 道岔尾部无枕地段人工铺轨

**工作内容：**选配钢轨，木岔枕打印、钻孔、注油，吊散钢轨，钢轨划印，方正轨枕，散布与安装钢轨配件和轨枕扣件，上油，检修等。

计量单位：km

| 定额编号 | | | 5-115 | 5-116 | 5-117 |
|---|---|---|---|---|---|
| 项目 | | | 木岔枕地段 | | |
| | | | 50kg 钢轨 | | 60kg 钢轨 |
| | | | 轨长 12.5m | 轨长 25m | |
| 名称 | | 单位 | 数量 | | |
| 人工 | 综合工日 | 工日 | 199.740 | 197.730 | 211.080 |
| 材料 | 钢轨 60kg 25m | 根 | — | — | 80.080 |
| | 接头夹板 60kg | 块 | — | — | 160.160 |
| | 高强度接头螺栓带帽 60kg | 套 | — | — | 484.800 |
| | 弹簧垫圈 60kg | 个 | — | — | 489.600 |
| | 钢轨 50kg 25m | 根 | — | 80.080 | — |

续前

| 定额编号 | | | 5-115 | 5-116 | 5-117 |
|---|---|---|---|---|---|
| 项目 | | | 木岔枕地段 | | |
| | | | 50kg 钢轨 | | 60kg 钢轨 |
| | | | 轨长 12.5m | 轨长 25m | |
| 名称 | | 单位 | 数量 | | |
| 材料 | 钢轨 50kg 12.5m | 根 | 160.160 | — | — |
| | 接头夹板 50kg | 块 | 320.320 | 160.160 | — |
| | 接头螺栓带帽 50kg | 套 | 969.600 | 484.800 | — |
| | 弹簧垫圈 50kg | 个 | 979.200 | 489.600 | — |
| | 道钉 16×16×165 | 个 | 14544.000 | 14382.000 | 14382.000 |
| | 铁垫板 50kg | 块 | 3530.600 | 3530.600 | — |
| | 铁垫板 60kg | 块 | — | — | 3530.600 |
| | 其他材料费 | % | 0.200 | 0.200 | 0.200 |
| 机械 | 轨道车 ≤210kW | 台班 | 1.000 | 1.000 | 1.000 |
| | 轨道平车 ≤30t | 台班 | 4.000 | 4.000 | 4.000 |

**工作内容：**选配钢轨，涂绝缘膏，吊散钢轨，钢轨划印，方正轨枕，散布与安装钢轨配件和轨枕扣件，上油，检修等。

计量单位：km

| 定额编号 | | | 5-118 | 5-119 | 5-120 |
|---|---|---|---|---|---|
| 项目 | | | 混凝土岔枕地段 | | |
| | | | 50kg 钢轨 | | 60kg 钢轨 |
| | | | 轨长 12.5m | 轨长 25m | |
| 名称 | | 单位 | 数量 | | |
| 人工 | 综合工日 | 工日 | 382.450 | 379.710 | 396.780 |
| 材料 | 接头夹板 50kg | 块 | 320.320 | 160.160 | — |
| | 接头夹板 60kg | 块 | — | — | 160.160 |
| | 接头螺栓带帽 50kg | 套 | 969.600 | 484.800 | — |
| | 高强度接头螺栓带帽 60kg | 套 | — | — | 484.800 |
| | 弹簧垫圈 50kg | 个 | 979.200 | 489.600 | — |
| | 弹簧垫圈 60kg | 个 | — | — | 489.600 |
| | 钢轨 50kg 12.5m | 根 | 160.160 | — | — |
| | 钢轨 50kg 25m | 根 | — | 80.080 | — |

续前

| 定额编号 | | | 5-118 | 5-119 | 5-120 |
|---|---|---|---|---|---|
| 项目 | | | 混凝土岔枕地段 | | |
| | | | 50kg 钢轨 | | 60kg 钢轨 |
| | | | 轨长 12.5m | 轨长 25m | |
| 名称 | | 单位 | 数量 | | |
| 材料 | 钢轨 60kg 25m | 根 | — | — | 80.080 |
| | 50kg 钢轨弹条 Ⅰ型扣件 | 套 | 3530.560 | 3530.560 | — |
| | 60kg 钢轨弹条 Ⅰ型扣件 | 套 | — | — | 3530.560 |
| | 普通水泥 32.5 | kg | 718.100 | 718.100 | 718.100 |
| | 中粗砂 | $m^3$ | 1.760 | 1.760 | 1.760 |
| | 滑石粉 | kg | 44.900 | 44.900 | 44.900 |
| | 石油沥青 | kg | 164.700 | 164.700 | 164.700 |
| | 煤 | t | 0.880 | 0.880 | 0.880 |
| | 机械油 | kg | 19.800 | 19.800 | 19.800 |
| | 硫磺 | kg | 1429.100 | 1429.100 | 1429.100 |
| | 白石蜡 | kg | 54.100 | 54.100 | 54.100 |
| | 其他材料费 | % | 0.200 | 0.200 | 0.200 |
| 机械 | 轨道车 ≤210kW | 台班 | 1.000 | 1.000 | 1.000 |
| | 轨道平车 ≤30t | 台班 | 4.000 | 4.000 | 4.000 |

## 1.6 库内人工铺轨

**工作内容：**检配、散布、安装钢轨及配件，钢轨支撑架安拆，悬挂轨枕，调整、就位、上油、检修，龙门架轨道的铺拆等。

计量单位：km

| 定额编号 | | | 5-121 | 5-122 |
|---|---|---|---|---|
| 项目 | | | 整体道床 | |
| | | | 50kg 钢轨 | 60kg 钢轨 |
| | | | 1440 对 | |
| | | | 轨长 25m | |
| 名称 | | 单位 | 数量 | |
| 人工 | 综合工日 | 工日 | 801.820 | 841.900 |
| 材料 | 钢轨 60kg 25m 中锰钢 | 根 | — | 80.080 |
| | 接头夹板 60kg | 块 | — | 164.160 |
| | 接头螺栓带帽 60kg | 套 | — | 496.920 |
| | 弹簧垫圈 60kg | 个 | — | 501.840 |
| | 钢轨 50kg 25m 中锰钢 | 根 | 80.080 | — |

续前

| 定额编号 | | | 5-121 | 5-122 |
|---|---|---|---|---|
| 项目 | | | 整体道床 | |
| | | | 50kg 钢轨 | 60kg 钢轨 |
| | | | 1440 对 | |
| | | | 轨长 25m | |
| 名称 | | 单位 | 数量 | |
| 材料 | 接头夹板 50kg | 块 | 164.160 | — |
| | 接头螺栓带帽 50kg | 套 | 496.920 | — |
| | 弹簧垫圈 50kg | 个 | 501.840 | — |
| | 混凝土短枕 普通扣件 | 套 | 2890.370 | 2890.370 |
| | 混凝土短枕 | 块 | 2890.370 | 2890.370 |
| | 其他材料费 | % | 0.200 | 0.200 |
| 机械 | 轨道车 ≤210kW | 台班 | 3.000 | 3.000 |
| | 轨道平车 ≤30t | 台班 | 10.000 | 10.000 |
| | 铺轨龙门架 25m | 台班 | 3.000 | 3.000 |

**工作内容：** 检配、散布、安装钢轨及配件，钢轨支撑架安拆，悬挂轨枕，调整、就位、上油、检修，龙门架轨道的铺拆等。

计量单位：km

| 定额编号 | | | 5-123 |
|---|---|---|---|
| 项目 | | | 检查坑有轨枕 |
| | | | 50kg 钢轨 |
| | | | 轨长 25m |
| | | | 1440 对 |
| 名称 | | 单位 | 数量 |
| 人工 | 综合工日 | 工日 | 825.870 |
| 材料 | 接头夹板 50kg | 块 | 164.160 |
| | 高强度接头螺栓带帽 50kg | 套 | 496.920 |
| | 弹簧垫圈 50kg | 个 | 501.840 |
| | 钢轨 50kg 25m | 根 | 80.080 |
| | 混凝土短枕 普通扣件 | 套 | 2888.640 |
| | 混凝土短枕 | 块 | 2888.640 |
| | 其他材料费 | % | 0.200 |
| 机械 | 轨道车 ≤210kW | 台班 | 3.000 |
| | 轨道平车 ≤30t | 台班 | 10.000 |
| | 铺轨龙门架 25m | 台班 | 3.000 |

工作内容：检配、散布、安装钢轨及配件，钢轨支撑架安拆，悬挂轨枕，调整、就位、上油、检修，龙门架轨道的铺拆等。

计量单位：km

| 定额编号 | | | 5-124 |
|---|---|---|---|
| 项目 | | | 检查坑无轨枕 |
| | | | 50kg 钢轨 |
| | | | 轨长 25m |
| 名称 | | 单位 | 数量 |
| 人工 | 综合工日 | 工日 | 566.000 |
| 材料 | 钢轨 50kg 25m 中锰钢 | 根 | 80.080 |
| | 接头夹板 50kg | 块 | 164.160 |
| | 高强度接头螺栓带帽 50kg | 套 | 496.920 |
| | 弹簧垫圈 50kg | 个 | 501.840 |
| | 普通扣件 | 套 | 2890.370 |
| | 高强塑料套管 | 个 | 6419.200 |
| | 其他材料费 | % | 0.200 |
| 机械 | 轨道车 ≤210kW | 台班 | 3.000 |
| | 轨道平车 ≤30t | 台班 | 10.000 |
| | 铺轨龙门架 25m | 台班 | 3.000 |

# 1.7 铺设无缝线路

## 1.7.1 长轨压接焊作业线、长轨铺轨机安拆与调试

**工作内容：**1.长轨压接焊作业线：安装、调试、试运转，施工完成后拆除。

2.长轨铺轨机：安装、调试、试运转，施工完成后拆除。

计量单位：1 次

| 定额编号 | | | 5-125 | 5-126 |
|---|---|---|---|---|
| 项目 | | | 长轨压接焊作业线 | 长轨铺轨机 |
| 名称 | | 单位 | 数量 | |
| 人工 | 综合工日 | 工日 | 597.530 | 75.310 |
| 材料 | 角钢 50×5 | m | 39.000 | — |
| | 铁件 | kg | 709.600 | 72.000 |
| | 钢轨 60kg 25m | 根 | 1.760 | — |
| | 木枕 Ⅱ类 | 根 | 75.200 | 25.200 |
| | 其他材料费 | % | 0.200 | 0.200 |
| 机械 | 汽车起重机 ≤8t | 台班 | 3.370 | — |
| | 汽车起重机 ≤20t | 台班 | 6.250 | — |
| | 长轨压接焊作业线 | 台班 | 0.750 | — |
| | 铺轨机组 | 台班 | — | 0.360 |

### 1.7.2 厂内焊接长钢轨（接触焊）

**工作内容：** 选配轨、除锈、焊接、正火及风冷、粗打磨、水冷、调直、精磨、探伤、吊轨、编号、分类堆码，焊头落锤试验。

计量单位：10 个接头

| 定额编号 | | | 5-127 |
|---|---|---|---|
| 项目 | | | 厂内焊接长钢轨（接触焊） |
| 名称 | | 单位 | 数量 |
| 人工 | 综合工日 | 工日 | 10.120 |
| 材料 | 水 | $m^3$ | 3.100 |
| | 钢轨 60kg 25m | 根 | 0.050 |
| | 氧气 | $m^3$ | 7.800 |
| | 乙炔 | kg | 15.600 |
| | 其他材料费 | % | 20.000 |
| 机械 | 长轨压接焊作业线 | 台班 | 0.170 |
| | 门式起重机 ≤5t | 台班 | 3.300 |
| | 门式起重机 ≤10t | 台班 | 0.340 |

### 1.7.3 铺设长钢轨

**工作内容：** 检配、散布与安装钢轨配件，钢轨支撑架安拆，组装扣件，悬挂钢筋混凝土轨枕，调整、就位、上油、检修，龙门架轨道的铺拆等。

计量单位：km

| 定额编号 | | | 5-128 | 5-129 | 5-130 |
|---|---|---|---|---|---|
| 项目 | | | 一次性人工铺无缝线路(整体道床)（混凝土短枕） | | |
| | | | 1600 对 | 1680 对 | 每增加 80 对 |
| 名称 | | 单位 | 数量 | | |
| 人工 | 综合工日 | 工日 | 972.410 | 1005.740 | 33.330 |
| 材料 | 钢轨 60kg 25m | 根 | 80.080 | 80.080 | — |
| | 钢轨支撑架 | 套 | 5.000 | 5.000 | — |
| | 混凝土短枕 | 块 | 3209.600 | 3370.080 | 160.480 |
| | 混凝土短枕 普通扣件 | 套 | 3209.600 | 3370.080 | 160.480 |
| | 其他材料费 | % | 0.200 | 0.200 | — |
| 机械 | 轨道车 ≤210kW | 台班 | 3.000 | 3.000 | — |
| | 轨道平车 ≤30t | 台班 | 10.000 | 10.000 | — |
| | 铺轨龙门架 | 台班 | 3.000 | 3.000 | — |

**工作内容**：检配、散布与安装钢轨配件，钢轨支撑架安拆，组装扣件，悬挂钢筋混凝土轨枕，调整、就位、上油、检修等。

计量单位：km

| 定额编号 | | | 5-131 |
|---|---|---|---|
| 项目 | | | 一次性机械铺无缝线路（碎石道床） |
| | | | 1680 根 |
| 名称 | | 单位 | 数量 |
| 人工 | 综合工日 | 工日 | 98.700 |
| 材料 | 钢轨 60kg 25m | 根 | 80.080 |
| | 混凝土长枕 | 根 | 1685.040 |
| | 混凝土长枕 普通扣件 | 套 | 3370.080 |
| | 其他材料费 | % | 0.200 |
| 机械 | 长轨铺轨机 | 台班 | 2.000 |
| | 轨道车 ≤210kW | 台班 | 3.000 |
| | 长轨运输平车 | 台班 | 31.730 |

**工作内容：**施工准备、工具轨轨节拼装、铺设轨节（含钢轨、轨枕），龙门架轨道的铺拆等。

计量单位：km

| 定额编号 | | | 5-132 | 5-133 |
|---|---|---|---|---|
| 项目 | | | 铺设工具轨 | |
| | | | 混凝土长枕 | 混凝土短枕 |
| 名称 | | 单位 | 数量 | |
| 人工 | 综合工日 | 工日 | 844.820 | 828.690 |
| 材料 | 工具轨 | t | 1.776 | 1.776 |
| | 接头夹板 60kg | 块 | 0.160 | 0.160 |
| | 高强度接头螺栓带帽 60kg | 套 | 4.800 | 4.800 |
| | 弹簧垫圈 60kg | 个 | 9.600 | 9.600 |
| | 钢轨支撑架 | 套 | 5.000 | 5.000 |
| | 混凝土长枕 普通扣件 | 套 | 9.600 | — |
| | 混凝土短枕 普通扣件 | 套 | — | 9.600 |
| | 方钢 | t | — | 0.200 |
| | 其他材料费 | % | 0.200 | 0.200 |
| 机械 | 铺轨龙门架 | 台班 | 2.000 | 2.000 |
| | 轨道平车 ≤30t | 台班 | 30.000 | 30.000 |
| | 门式起重机 ≤10t | 台班 | 7.000 | 7.000 |
| | 轨道车 ≤210kW | 台班 | 5.400 | 5.400 |

**工作内容：**施工准备、拆除扣件、拆除工具轨、换铺长钢轨、上扣件、紧固扣件、检查、整修 回收倒用轨料。

计量单位：km

| 定额编号 | | | 5-134 |
|---|---|---|---|
| 项目 | | | 换铺长钢轨 |
| 名称 | | 单位 | 数量 |
| 人工 | 综合工日 | 工日 | 162.600 |
| 材料 | 混凝土长枕 普通扣件 | 套 | 4.800 |
| | 其他材料费 | % | 0.250 |
| 机械 | 长轨运输平车 | 台班 | 10.500 |
| | 轨道车 ≤210kW | 台班 | 1.500 |
| | 轨道式内燃起重机 ≤16t | 台班 | 3.000 |
| | 其他机械费 | % | 1.000 |

**工作内容：**钢轨、轨枕及扣配件。

计量单位：km

| 定额编号 | | | 5-135 | 5-136 | 5-137 |
|---|---|---|---|---|---|
| 项目 | | | 无缝线路轨料 | | |
| | | | 混凝土长枕 | | |
| | | | 1600 根 | 1680 根 | 每增加 80 根 |
| 名称 | | 单位 | 数量 | | |
| 材料 | 钢轨 60kg 25m | 根 | 80.080 | 80.080 | — |
| | 混凝土长枕 | 根 | 1604.800 | 1685.040 | 80.240 |
| | 混凝土短枕 普通扣件 | 套 | 3209.600 | 3370.080 | 160.480 |

**工作内容：**钢轨、轨枕及扣配件。

计量单位：km

| 定额编号 | | | 5-138 | 5-139 | 5-140 |
|---|---|---|---|---|---|
| 项目 | | | 无缝线路轨料 | | |
| | | | 混凝土短枕 | | |
| | | | 1600 对 | 1680 对 | 每增加 80 对 |
| 名称 | | 单位 | 数量 | | |
| 材料 | 钢轨 60kg 25m | 根 | 80.080 | 80.080 | — |
| | 混凝土短枕 | 块 | 3209.600 | 3370.080 | 160.480 |
| | 混凝土短枕 普通扣件 | 套 | 3209.600 | 3370.080 | 160.480 |

### 1.7.4 工地钢轨焊接

**工作内容：**焊轨前的准备、拆除扣件，轨端打磨、对轨、焊轨、打磨、探伤，安装扣件，清理现场，焊头落锤试验。

计量单位：1个接头

| 定额编号 | | | 5-141 | 5-142 | 5-143 |
|---|---|---|---|---|---|
| 项目 | | | 铝热焊 | 气压焊 | 接触焊 |
| 名称 | | 单位 | 数量 | | |
| 人工 | 综合工日 | 工日 | 5.200 | 8.800 | 6.970 |
| 材料 | 钢轨 60kg 25m | 根 | 0.005 | 0.005 | 0.005 |
| | 封箱泥 | kg | 5.183 | — | — |
| | 密封膏 | 支 | 0.518 | — | — |
| | 坩埚 | 个 | 1.037 | — | — |
| | 预热装置及支架 | 套 | 0.002 | — | — |
| | 助燃助剂 | 根 | 1.037 | — | — |
| | 液压油 | kg | — | 0.052 | 0.135 |
| | 乙炔 | kg | 2.488 | 3.555 | 1.555 |

续前

| 定额编号 | | | 5-141 | 5-142 | 5-143 |
|---|---|---|---|---|---|
| 项目 | | | 铝热焊 | 气压焊 | 接触焊 |
| 名称 | | 单位 | 数量 | | |
| 材料 | 铝热焊剂 | 套 | 1.037 | — | — |
| | 氧气 | $m^3$ | 1.244 | 1.783 | 0.777 |
| | 碗型砂轮 | 个 | — | 1.037 | — |
| | 其他材料费 | % | 2.000 | 2.000 | 2.000 |
| 机械 | 气压焊机组 | 台班 | — | 0.234 | — |
| | 移动式焊轨车组 | 台班 | — | — | 0.173 |
| | 长轨铝热焊机组 | 台班 | 0.228 | — | — |
| | 汽油发电机 10kW | 台班 | 0.228 | 0.243 | — |
| | 超声波探伤机 CTS-22 | 台班 | 0.228 | 0.243 | — |
| | 其他机械费 | % | 2.000 | 2.000 | 2.000 |

### 1.7.5　无缝线路绝缘接头

**工作内容：**胶结绝缘接头制作、安装。

计量单位：1 个接头

| 定额编号 | | | 5-144 |
|---|---|---|---|
| 项目 | | | 无缝线路绝缘接头<br>60kg 钢轨 25m |
| 名称 | | 单位 | 数量 |
| 人工 | 综合工日 | 工日 | 5.340 |
| 材料 | 胶结绝缘接头 | 套 | 1.000 |
| | 钢轨 60kg　25m | 根 | 1.000 |

### 1.7.6　应力放散及锁定

**工作内容：**1. 应力放散：施工准备，扒道碴，松扣件，安拆滚轮支撑钢轨，安拆拉伸器落轨，长钢轨应力放散，紧扣件、整理道床。
2. 锁定：方正接头轨枕，拧紧螺栓，测量放散量，标写锁定轨温及日期。

| 定额编号 | | | 5-145 | 5-146 | 5-147 | 5-148 |
|---|---|---|---|---|---|---|
| 项目 | | | 应力放散 | | | 锁定 |
| | | | 正线 | 道岔 | | |
| | | | | 9# | 12# | |
| | | | km·次 | 组·次 | | km·次 |
| 名称 | | 单位 | 数量 | | | |
| 人工 | 综合工日 | 工日 | 101.250 | 47.600 | 60.000 | 28.000 |
| 机械 | 钢轨拉伸机 | 台班 | — | — | — | 0.720 |
| | 柴油发电机 ≤50kW | 台班 | — | — | — | 0.720 |

# 1.8 轨料运输

## 1.8.1 水平运输

工作内容：施工准备、轨料装车、场内调车、运输、卸车、返回。

计量单位：t

| 定额编号 | | | 5-149 | 5-150 |
|---|---|---|---|---|
| 项目 | | | 长钢轨 | |
| | | | 10km 以内装、运、卸 | 增运 10km |
| 名称 | | 单位 | 数量 | |
| 人工 | 综合工日 | 工日 | 0.200 | 0.013 |
| 材料 | 钢筋 | kg | 0.240 | — |
| | 卡轨器 | 个 | 0.013 | — |
| | 钢管 $\phi 50$ | kg | 0.690 | — |
| | 其他材料费 | % | 1.00 | — |
| 机械 | 轨道车 ≤210kW | 台班 | 0.026 | 0.001 |
| | 长轨料运输车 | 台班 | 0.100 | 0.025 |
| | 门式起重机 ≤5t | 台班 | 0.060 | — |

**工作内容：**施工准备、轨料装车、场内调车、运输、卸车、返回。

计量单位：t

| 定额编号 | | | 5-151 | 5-152 |
|---|---|---|---|---|
| 项目 | | | 标准轨及道岔 | |
| | | | 10km 以内装、运、卸 | 增运 10km |
| 名称 | | 单位 | 数量 | |
| 人工 | 综合工日 | 工日 | 0.210 | 0.013 |
| 材料 | 卡轨器 | 个 | 0.011 | — |
| | 垫木 | $m^3$ | 0.072 | — |
| | 其他材料费 | % | 1.000 | — |
| 机械 | 轨道车 ≤210kW | 台班 | 0.023 | 0.001 |
| | 轨道平板吊车 16 t | 台班 | 0.043 | 0.025 |

## 1.8.2 垂直运输

**工作内容：** 施工准备、轨料垂直运输。

计量单位：t

| 定额编号 | | | 5-153 |
|---|---|---|---|
| 项目 | | | 轨料 |
| 名称 | | 单位 | 数量 |
| 人工 | 综合工日 | 工日 | 0.040 |
| 机械 | 门式起重机 ≤10t | 台班 | 0.010 |

# 2 铺 道 岔

# 说　明

一、本章包括单开道岔、复式交分道岔、交叉渡线共 3 节 28 个子目。
二、本章定额中道岔内已综合扣件、非金属件（如橡胶垫板）等材料。
三、整体道床地段铺设道岔，岔枕按混凝土岔枕编制，安拆支撑架人工已综合在定额内。
四、本章铺道岔按人工铺设编制。

# 工程量计算规则

铺道岔按道岔类型、岔枕、道床形式划分，工程量按设计图示数量以“组”为单位计算。

# 2.1 单开道岔

## 2.1.1 木岔枕

工作内容：整平路面，选配与吊散道岔及岔枕，木岔枕打印、钻孔、注油，散布与安装道岔配件和岔枕扣件，整修等。

计量单位：组

| 定额编号 | | | 5-154 | 5-155 | 5-156 |
|---|---|---|---|---|---|
| 项目 | | | 50kg | | 60kg |
| | | | 7# | 9# | 9# |
| 名称 | | 单位 | 数量 | | |
| 人工 | 综合工日 | 工日 | 25.600 | 29.500 | 31.290 |
| 材料 | 单开道岔 60kg 9# | 组 | — | — | 1.000 |
| | 单开道岔 50kg 9# | 组 | — | 1.000 | — |
| | 单开道岔 50kg 7# | 组 | 1.000 | — | — |
| | 木岔枕 | $m^3$ | 7.124 | 8.457 | 8.657 |
| | 其他材料费 | % | 0.100 | 0.100 | 0.100 |
| 机械 | 龙门式起重机 10t | 台班 | 0.595 | 0.680 | 0.780 |
| | 轨道车 ≤210kW | 台班 | 0.340 | 0.383 | 0.460 |
| | 轨道平车 ≤30t | 台班 | 0.340 | 0.383 | 0.460 |

### 2.1.2 混凝土岔枕

**工作内容：**整平路面，选配与吊散道岔及岔枕，散布与安装道岔配件和岔枕扣件，紧固扣件，整修等。

计量单位：组

| 定额编号 | | | 5-157 | 5-158 |
|---|---|---|---|---|
| 项目 | | | 50kg | |
| | | | 9# | 12# |
| 名称 | | 单位 | 数量 | |
| 人工 | 综合工日 | 工日 | 100.524 | 131.037 |
| 材料 | 混凝土岔枕 50kg 9#（单开道岔用） | 组 | 1.003 | — |
| | 混凝土岔枕 50kg 12#（单开道岔用） | 组 | — | 1.003 |
| | 单开道岔 50kg 9# AT(混凝土枕用) | 组 | 1.000 | — |
| | 单开道岔 50kg 12# AT(混凝土枕用) | 组 | — | 1.000 |
| | 其他材料费 | % | 0.100 | 0.100 |
| 机械 | 龙门式起重机 10t | 台班 | 0.765 | 0.850 |
| | 轨道车 ≤210kW | 台班 | 0.425 | 0.468 |
| | 轨道平车 ≤30t | 台班 | 0.425 | 0.468 |

工作内容：整平路面，选配与吊散道岔及岔枕，散布与安装道岔配件和岔枕扣件，紧固扣件，整修等。

计量单位：组

| 定额编号 | | | 5-159 | 5-160 | 5-161 |
|---|---|---|---|---|---|
| 项目 | | | 60kg | | |
| | | | 9# | 12# | |
| | | | | 固定辙岔 | 可动心辙岔 |
| 名称 | | 单位 | 数量 | | |
| 人工 | 综合工日 | 工日 | 114.510 | 199.472 | 199.472 |
| 材料 | 可动心单开道岔 60kg 12# AT（混凝土枕用） | 组 | — | — | 1.000 |
| | 单开道岔 60kg 12# AT（混凝土枕用） | 组 | — | 1.000 | — |
| | 单开道岔 60kg 9# AT（混凝土枕用） | 组 | 1.000 | — | — |
| | 混凝土岔枕 60kg 12#（单开道岔用） | 组 | — | 1.003 | 1.003 |
| | 混凝土岔枕 60kg 9#（单开道岔用） | 组 | 1.003 | — | — |
| | 其他材料费 | % | 0.100 | 0.100 | 0.100 |
| 机械 | 龙门式起重机 10t | 台班 | 0.918 | 0.950 | 0.950 |
| | 轨道车 ≤210kW | 台班 | 0.510 | 0.562 | 0.562 |
| | 轨道平车 ≤30t | 台班 | 0.510 | 0.562 | 0.562 |

## 2.1.3 混凝土合成轨枕

**工作内容：** 整平路面，选配与吊散道岔及岔枕，散布与安装道岔配件和岔枕扣件，紧固扣件，整修等。

计量单位：组

| 定额编号 | | | 5-162 | 5-163 |
|---|---|---|---|---|
| 项目 | | | 50kg | |
| | | | 9# | 12# |
| 名称 | | 单位 | 数量 | |
| 人工 | 综合工日 | 工日 | 130.000 | 180.000 |
| 材料 | 合成轨枕 50kg 9#（单开道岔用） | 组 | 1.003 | — |
| | 合成轨枕 50kg 12#（单开道岔用） | 组 | — | 1.003 |
| | 单开道岔 50kg 9# AT（混凝土枕用） | 组 | 1.000 | — |
| | 单开道岔 50kg 12# AT（混凝土枕用） | 组 | — | 1.000 |
| | 塑料保护膜 | $m^2$ | 187.878 | 195.687 |
| | 合金钻头 | 个 | 4.000 | 4.179 |
| | 胶带 | m | 405.000 | 416.000 |
| | 电 | kW·h | 56.280 | 58.800 |
| | 其他材料费 | % | 0.100 | 0.100 |
| 机械 | 龙门式起重机 10t | 台班 | 0.765 | 0.850 |
| | 轨道车 ≤210kW | 台班 | 0.425 | 0.468 |
| | 轨道平车 ≤30t | 台班 | 0.425 | 0.468 |

**工作内容：** 整平路面，选配与吊散道岔及岔枕，散布与安装道岔配件和岔枕扣件，紧固扣件，整修等。

计量单位：组

| 定额编号 | | | 5-164 | 5-165 | 5-166 |
|---|---|---|---|---|---|
| 项目 | | | 60kg | | |
| | | | 9# | 12# | |
| | | | | 固定辙岔 | 可动心辙岔 |
| 名称 | | 单位 | 数量 | | |
| 人工 | 综合工日 | 工日 | 148.000 | 207.000 | 207.000 |
| 材料 | 合成轨枕 60kg 9#（单开道岔用） | 组 | 1.003 | — | — |
| | 合成轨枕 60kg 12#（单开道岔用） | 组 | — | 1.003 | 1.003 |
| | 单开道岔 60kg 9# AT（混凝土枕用） | 组 | 1.000 | — | — |
| | 单开道岔 60kg 12# AT（混凝土枕用） | 组 | — | 1.000 | — |
| | 单开道岔 60kg 12#（混凝土枕用可动心辙岔） | 组 | — | — | 1.000 |
| | 塑料保护膜 | $m^2$ | 187.878 | 195.687 | 195.687 |
| | 合金钻头 | 个 | 4.000 | 4.179 | 4.179 |
| | 胶带 | m | 405.000 | 416.000 | 416.000 |
| | 电 | kW·h | 56.280 | 58.800 | 58.800 |
| | 其他材料费 | % | 0.100 | 0.100 | 0.100 |
| 机械 | 龙门式起重机 10t | 台班 | 0.918 | 0.950 | 0.950 |
| | 轨道车 ≤210kW | 台班 | 0.510 | 0.562 | 0.562 |
| | 轨道平车 ≤30t | 台班 | 0.510 | 0.562 | 0.562 |

## 2.1.4 整体道床

**工作内容：** 整平路面，选配与吊散道岔，道岔支撑架的安拆、倒运，散布与安装道岔配件和岔枕扣件，整修等。

计量单位：组

| 定额编号 | | | 5-167 | 5-168 |
|---|---|---|---|---|
| 项目 | | | 60kg | |
| | | | 9# | 12# |
| 名称 | | 单位 | 数量 | |
| 人工 | 综合工日 | 工日 | 140.000 | 196.000 |
| 材料 | 单开道岔 60kg 12#（整体道床） | 组 | — | 1.000 |
| | 单开道岔 60kg 9#（整体道床） | 组 | 1.000 | — |
| | 混凝土岔枕 60kg 12#（单开道岔用） | 组 | — | 1.003 |
| | 混凝土岔枕 60kg 9#（单开道岔用） | 组 | 1.003 | — |
| | 9# 道岔钢轨支撑架 | 组 | 0.020 | — |
| | 12# 道岔钢轨支撑架 | 组 | — | 0.020 |
| | 其他材料费 | % | 0.100 | 0.100 |
| 机械 | 龙门式起重机 10t | 台班 | 1.020 | 1.190 |
| | 轨道车 ≤210kW | 台班 | 0.595 | 0.765 |
| | 轨道平车 ≤30t | 台班 | 0.595 | 0.765 |

## 2.2 复式交分道岔

### 2.2.1 木 岔 枕

**工作内容：** 整平路面，选配与吊散道岔及岔枕，木岔枕打印、钻孔、注油，散布与安装道岔配件和岔枕扣件，整修等。

计量单位：组

| 定额编号 | | | 5-169 | 5-170 | 5-171 |
|---|---|---|---|---|---|
| 项目 | | | 50kg | | 60kg |
| | | | 7# | 9# | 9# |
| 名称 | | 单位 | 数量 | | |
| 人工 | 综合工日 | 工日 | 46.400 | 58.400 | 60.000 |
| 材料 | 复式交分道岔 60kg 9# | 组 | — | — | 1.000 |
| | 复式交分道岔 50kg 9# | 组 | — | 1.000 | — |
| | 复式交分道岔 50kg 7# | 组 | 1.000 | — | — |
| | 木岔枕 | $m^3$ | 10.100 | 11.754 | 12.124 |
| | 其他材料费 | % | 0.100 | 0.100 | 0.100 |
| 机械 | 龙门式起重机 10t | 台班 | 0.890 | 1.020 | 1.170 |
| | 轨道车 ≤210kW | 台班 | 0.510 | 0.570 | 0.690 |
| | 轨道平车 ≤30t | 台班 | 0.510 | 0.570 | 0.690 |

## 2.2.2 整体道床

**工作内容：**整平路面，选配与吊散道岔，道岔支撑架的安拆、倒运，散布与安装道岔配件和岔枕扣件，整修等。

计量单位：组

<table>
<tr><td colspan="3">定　额　编　号</td><td>5-172</td><td>5-173</td><td>5-174</td></tr>
<tr><td colspan="3" rowspan="3">项　　目</td><td colspan="3">60kg</td></tr>
<tr><td rowspan="2">9#</td><td colspan="2">12#</td></tr>
<tr><td>固定辙岔</td><td>可动心辙岔</td></tr>
<tr><td colspan="2">名　　称</td><td>单位</td><td colspan="3">数　　量</td></tr>
<tr><td>人工</td><td>综合工日</td><td>工日</td><td>260.000</td><td>312.000</td><td>343.200</td></tr>
<tr><td rowspan="8">材料</td><td>复式交分道岔 60kg 12#（可动心辙岔整体道床）</td><td>组</td><td>—</td><td>—</td><td>1.000</td></tr>
<tr><td>复式交分道岔 60kg 12#（固定辙岔整体道床）</td><td>组</td><td>—</td><td>1.000</td><td>—</td></tr>
<tr><td>复式交分道岔 60kg 9#（整体道床）</td><td>组</td><td>1.000</td><td>—</td><td>—</td></tr>
<tr><td>混凝土岔枕 60kg 12#（复式交分）</td><td>组</td><td>—</td><td>1.003</td><td>1.003</td></tr>
<tr><td>混凝土岔枕 60kg 9#（复式交分）</td><td>组</td><td>1.003</td><td>—</td><td>—</td></tr>
<tr><td>9#道岔钢轨支撑架</td><td>组</td><td>0.020</td><td>—</td><td>—</td></tr>
<tr><td>12#道岔钢轨支撑架</td><td>组</td><td>—</td><td>0.020</td><td>0.020</td></tr>
<tr><td>其他材料费</td><td>%</td><td>0.100</td><td>0.100</td><td>0.100</td></tr>
<tr><td rowspan="3">机械</td><td>龙门式起重机 10t</td><td>台班</td><td>1.220</td><td>1.420</td><td>1.420</td></tr>
<tr><td>轨道车 ≤210kW</td><td>台班</td><td>0.710</td><td>0.920</td><td>0.920</td></tr>
<tr><td>轨道平车 ≤30t</td><td>台班</td><td>0.710</td><td>0.920</td><td>0.920</td></tr>
</table>

# 2.3 交叉渡线

## 2.3.1 木岔枕

**工作内容：** 整平路面，选配与吊散道岔及岔枕，木岔枕打印、钻孔、注油，散布与安装道岔配件和岔枕扣件，整修等。

计量单位：组

| 定额编号 | | | 5-175 | 5-176 | 5-177 |
|---|---|---|---|---|---|
| 项目 | | | 50kg | | 60kg |
| | | | 7# | 9# | 9# |
| 名称 | | 单位 | 数量 | | |
| 人工 | 综合工日 | 工日 | 112.640 | 129.800 | 136.290 |
| 材料 | 交叉渡线 60kg 9#间距 5.0m | 组 | — | — | 1.000 |
| | 交叉渡线 50kg 9#间距 5.0m | 组 | — | 1.000 | — |
| | 交叉渡线 50kg 7#间距 5.0m | 组 | 1.000 | — | — |
| | 木枕 I类 | 根 | 24.070 | 46.140 | 44.130 |
| | 木岔枕 | $m^3$ | 24.190 | 30.080 | 30.020 |
| | 其他材料费 | % | 0.100 | 0.100 | 0.100 |
| 机械 | 龙门式起重机 10t | 台班 | 0.850 | 0.850 | 0.850 |
| | 轨道车 ≤210kW | 台班 | 0.850 | 0.850 | 0.850 |
| | 轨道平车 ≤30t | 台班 | 1.700 | 1.700 | 1.700 |

### 2.3.2 混凝土岔枕

**工作内容：** 整平路面，选配与吊散道岔，道岔支撑架的安拆、倒运，散布与安装道岔配件和岔枕扣件，整修等。

计量单位：组

| 定额编号 | | | 5-178 | 5-179 |
|---|---|---|---|---|
| 项目 | | | 60kg | |
| | | | 9# | 12# |
| 名称 | | 单位 | 数量 | |
| 人工 | 综合工日 | 工日 | 384.890 | 450.660 |
| 材料 | 交叉渡线 60kg 12# 间距 5.0m（混凝土岔枕） | 组 | — | 1.000 |
| | 交叉渡线 60kg 9# 间距 5.0m（混凝土岔枕） | 组 | 1.000 | — |
| | 混凝土岔枕（交叉渡线 60kg 12# 间距 5.0m） | 组 | — | 1.003 |
| | 混凝土岔枕（交叉渡线 60kg 9# 间距 5.0m） | 组 | 1.003 | — |
| | 其他材料费 | % | 0.100 | 0.100 |
| 机械 | 龙门式起重机 10t | 台班 | 1.063 | 1.063 |
| | 轨道车 ≤210kW | 台班 | 1.063 | 1.063 |
| | 轨道平车 ≤30t | 台班 | 2.125 | 2.125 |

### 2.3.3 整体道床

**工作内容：**整平路面，选配与吊散道岔，道岔支撑架的安拆、倒运，散布与安装道岔配件和岔枕扣件，整修等。

计量单位：组

| 定额编号 | | | 5-180 | 5-181 |
|---|---|---|---|---|
| 项目 | | | 60kg | |
| | | | 9# | 12# |
| 名称 | | 单位 | 数量 | |
| 人工 | 综合工日 | 工日 | 413.000 | 496.190 |
| 材料 | 交叉渡线 60kg 12# 间距 5.0m（整体道床） | 组 | — | 1.000 |
| | 交叉渡线 60kg 9# 间距 5.0m（整体道床） | 组 | 1.000 | — |
| | 混凝土岔枕（交叉渡线 60kg 12# 间距 5.0m） | 组 | — | 1.003 |
| | 混凝土岔枕（交叉渡线 60kg 9# 间距 5.0m） | 组 | 1.003 | — |
| | 9#交叉渡线道岔 钢轨支撑架 | 组 | 0.020 | — |
| | 12#交叉渡线道岔 钢轨支撑架 | 组 | — | 0.020 |
| | 其他材料费 | % | 0.100 | 0.100 |
| 机械 | 龙门式起重机 10t | 台班 | 2.125 | 2.125 |
| | 轨道车 ≤210kW | 台班 | 1.020 | 1.020 |
| | 轨道平车 ≤30t | 台班 | 2.125 | 2.125 |

# 3 铺 道 床

# 说　明

一、本章包括整体道床、浮置板减振道床、粒料道床、线路沉落整修、道岔沉落整修共 5 节 29 个子目。

二、本章定额混凝土按 C30 预拌混凝土编制，设计要求不同时进行换算。

三、粒料道床定额适用于石质、级配碎石、级配砾石基床和桥梁、隧道地段。当用于土质基床地段时，定额人工、材料、机械消耗量乘以系数 1.05。

四、沉落整修定额仅适用于人工铺设面碴地段，定额中已含补碴的人工机械消耗，不含补碴的道碴材料消耗。

# 工程量计算规则

一、混凝土道床按设计图示断面面积乘以设计图示长度以“$m^3$”为单位计算，道床变形缝如为预留，应扣除其预留体积，如道床整体施工后再予以切割分设的，则不予扣除。

二、模板工程按模板与混凝土的实际接触面积以“$m^2$”为单位计算。

三、钢筋工程按钢筋设计重量以“t”为单位计算。

四、铺粒料道床底碴、线间石碴按设计断面面积乘以设计长度以“$m^3$”为单位计算。

五、铺粒料道床面碴应按设计断面面积乘以设计长度，并扣除轨枕所占道床体积以“$m^3$”为单位计算。

六、沉落整修需补碴的数量按设计图示数量计算，并计2%的操作损耗。

# 3.1 整体道床

**工作内容：** 1. 混凝土：凿毛、清理、清理道床基底，混凝土浇筑、振捣、抹平、养护等。

2. 模板：制作、安装、刷油清理、拆除、堆放等。

3. 钢筋：钢筋制作、安装、绑扎、焊接等。

| 定额编号 | | | 5-182 | 5-183 | 5-184 |
|---|---|---|---|---|---|
| 项目 | | | 隧道内 | | |
| | | | 预拌混凝土 | 模板 | 钢筋制作、安装 |
| | | | $10m^3$ | $10m^2$ | t |
| 名称 | | 单位 | 数量 | | |
| 人工 | 综合工日 | 工日 | 3.774 | 2.350 | 6.670 |
| 材料 | 现浇混凝土 C30 | $m^3$ | 10.200 | — | — |
| | 组合钢模板 | kg | — | 10.018 | — |
| | 组合钢支撑 | kg | — | 3.320 | — |
| | 组合钢配件 | kg | — | 3.030 | — |
| | 圆钢 $\phi$10 以下 | t | — | — | 0.096 |
| | 圆钢 $\phi$10 以上 | t | — | — | 0.929 |
| | 圆钉 | kg | — | 2.450 | — |

续前

| 定额编号 | | | 5-182 | 5-183 | 5-184 |
|---|---|---|---|---|---|
| 项目 | | | 隧道内 | | |
| | | | 预拌混凝土 | 模板 | 钢筋制作、安装 |
| | | | $10m^3$ | $10m^2$ | t |
| 名称 | | 单位 | 数量 | | |
| 材料 | 水 | $m^3$ | 3.400 | — | — |
| | 镀锌铁丝 | kg | — | 0.180 | 5.380 |
| | 电焊条 | kg | — | — | 2.680 |
| | 电 | kW·h | 5.740 | — | — |
| | 其他材料费 | % | 1.000 | 1.000 | 1.000 |
| 机械 | 混凝土输送泵 $20m^3/h$ | 台班 | 0.200 | — | — |
| | 钢筋切断机 | 台班 | — | — | 0.190 |
| | 钢筋调直机 | 台班 | — | — | 0.040 |
| | 钢筋弯曲机 | 台班 | — | — | 0.260 |
| | 汽车式起重机 5t | 台班 | — | 0.015 | 0.040 |
| | 载重汽车 4t | 台班 | — | 0.036 | — |
| | 交流电焊机 30kV·A | 台班 | — | — | 1.470 |
| | 轨道车 ≤210kW | 台班 | — | — | 0.013 |
| | 轨道平车 ≤30t | 台班 | — | — | 0.013 |

**工作内容：** 1. 混凝土：凿毛、清理、清理道床基底，混凝土浇筑、振捣、抹平、养护等。
2. 模板：制作、安装、刷油清理、拆除、堆放等。
3. 钢筋：钢筋制作、安装、绑扎、焊接等。

| 定 额 编 号 | | | 5-185 | 5-186 | 5-187 |
|---|---|---|---|---|---|
| 项 目 | | | 桥 面 | | |
| | | | 预拌混凝土 | 模板 | 钢筋制作、安装 |
| | | | $10m^3$ | $10m^2$ | t |
| 名 称 | | 单位 | 数 量 | | |
| 人工 | 综合工日 | 工日 | 3.594 | 1.933 | 6.350 |
| 材料 | 现浇混凝土 C30 | $m^3$ | 10.200 | — | — |
| | 组合钢模板 | kg | — | 10.018 | — |
| | 组合钢支撑 | kg | — | 3.320 | — |
| | 组合钢配件 | kg | — | 3.030 | — |
| | 圆钢 $\phi$10 以下 | t | — | — | 0.096 |
| | 圆钢 $\phi$10 以上 | t | — | — | 0.929 |
| | 圆钉 | kg | — | 2.450 | — |
| | 水 | $m^3$ | 3.400 | — | — |
| | 镀锌铁丝 | kg | — | 0.180 | 5.380 |

续前

| 定额编号 | | | 5-185 | 5-186 | 5-187 |
|---|---|---|---|---|---|
| 项目 | | | 桥面 | | |
| | | | 预拌混凝土 | 模板 | 钢筋制作、安装 |
| | | | $10m^3$ | $10m^2$ | t |
| 名称 | | 单位 | 数量 | | |
| 材料 | 电焊条 | kg | — | — | 2.680 |
| | 电 | kW·h | 5.740 | — | — |
| | 其他材料费 | % | 1.000 | 1.000 | 1.000 |
| 机械 | 混凝土输送泵 $20m^3/h$ | 台班 | 0.200 | — | — |
| | 钢筋切断机 | 台班 | — | — | 0.190 |
| | 钢筋调直机 | 台班 | — | — | 0.040 |
| | 钢筋弯曲机 | 台班 | — | — | 0.260 |
| | 汽车式起重机 5t | 台班 | — | 0.015 | 0.040 |
| | 载重汽车 4t | 台班 | — | 0.036 | — |
| | 交流电焊机 30kV·A | 台班 | — | — | 1.470 |
| | 轨道车 ≤210kW | 台班 | — | — | 0.013 |
| | 轨道平车 ≤30t | 台班 | — | — | 0.013 |

**工作内容：** 1. 混凝土：凿毛、清理、清理道床基底，混凝土浇筑、振捣、抹平、养护等。
2. 模板：制作、安装、刷油清理、拆除、堆放等。
3. 钢筋：钢筋制作、安装、绑扎、焊接等。

| 定额编号 | | | 5-188 | 5-189 | 5-190 |
|---|---|---|---|---|---|
| 项目 | | | 路基上 | | |
| | | | 预拌混凝土 | 模板 | 钢筋制作、安装 |
| | | | $10m^3$ | $10m^2$ | t |
| 名称 | | 单位 | 数量 | | |
| 人工 | 综合工日 | 工日 | 3.430 | 1.845 | 6.050 |
| 材料 | 现浇混凝土 C30 | $m^3$ | 10.200 | — | — |
| | 组合钢模板 | kg | — | 10.018 | — |
| | 组合钢支撑 | kg | — | 3.320 | — |
| | 组合钢配件 | kg | — | 3.030 | — |
| | 圆钢 $\phi$10 以下 | t | — | — | 0.096 |
| | 圆钢 $\phi$10 以上 | t | — | — | 0.929 |
| | 圆钉 | kg | — | 2.450 | — |
| | 水 | $m^3$ | 3.400 | — | — |
| | 镀锌铁丝 | kg | — | 0.180 | 5.380 |

续前

| 定额编号 | | | 5-188 | 5-189 | 5-190 |
|---|---|---|---|---|---|
| 项目 | | | 路基上 | | |
| | | | 预拌混凝土 | 模板 | 钢筋制作、安装 |
| | | | $10m^3$ | $10m^2$ | t |
| 名称 | | 单位 | 数量 | | |
| 材料 | 电焊条 | kg | — | — | 2.680 |
| | 电 | kW·h | 5.740 | — | — |
| | 其他材料费 | % | 1.000 | 1.000 | 1.000 |
| 机械 | 混凝土输送泵 $20m^3/h$ | 台班 | 0.200 | — | — |
| | 钢筋切断机 | 台班 | — | — | 0.190 |
| | 钢筋调直机 | 台班 | — | — | 0.040 |
| | 钢筋弯曲机 | 台班 | — | — | 0.260 |
| | 汽车式起重机 5t | 台班 | — | 0.015 | 0.040 |
| | 载重汽车 4t | 台班 | — | 0.036 | — |
| | 交流电焊机 30kV·A | 台班 | — | — | 1.470 |
| | 轨道车 ≤210kW | 台班 | — | — | 0.013 |
| | 轨道平车 ≤30t | 台班 | — | — | 0.013 |

## 3.2 浮置板减振道床

工作内容：1. 浮置板道床混凝土：凿毛、清理、清理道床基底，混凝土浇筑、振捣、抹平、养护等。

2. 浮置板道床模板：制作、安装、刷油清理、拆除、堆放等。

3. 钢筋：钢筋制作、安装、绑扎、焊接等。

| 定额编号 | | | 5-191 | 5-192 | 5-193 |
|---|---|---|---|---|---|
| 项目 | | | 浮置板道床及承轨台 | | |
| | | | 预拌混凝土 | 模板 | 钢筋制作、安装 |
| | | | $10m^3$ | $10m^2$ | t |
| 名称 | | 单位 | 数量 | | |
| 人工 | 综合工日 | 工日 | 7.600 | 3.648 | 5.290 |
| 材料 | 现浇混凝土 C30 | $m^3$ | 10.200 | — | — |
| | 组合钢模板 | kg | — | 10.018 | — |
| | 组合钢支撑 | kg | — | 3.320 | — |
| | 组合钢配件 | kg | — | 3.030 | — |
| | 圆钢 $\phi$10 以下 | t | — | — | 0.197 |
| | 圆钢 $\phi$10 以上 | t | — | — | 0.828 |

续前

| 定额编号 | | | 5-191 | 5-192 | 5-193 |
|---|---|---|---|---|---|
| 项目 | | | 浮置板道床及承轨台 | | |
| | | | 预拌混凝土 | 模板 | 钢筋制作、安装 |
| | | | $10m^3$ | $10m^2$ | t |
| 名称 | | 单位 | 数量 | | |
| 材料 | 圆钉 | kg | — | 2.800 | — |
| | 水 | $m^3$ | 3.300 | — | — |
| | 电 | kW·h | 5.740 | — | — |
| | 镀锌铁丝 | kg | — | 0.180 | 5.380 |
| | 电焊条 | kg | — | — | 2.680 |
| | 其他材料费 | % | 1.000 | 1.000 | 1.000 |
| 机械 | 混凝土输送泵 $30m^3/h$ | 台班 | 0.536 | — | — |
| | 钢筋切断机 | 台班 | — | — | 0.145 |
| | 钢筋调直机 | 台班 | — | — | 0.145 |
| | 钢筋弯曲机 | 台班 | — | — | 0.179 |
| | 汽车式起重机 5t | 台班 | — | 0.015 | — |
| | 载重汽车 4t | 台班 | — | 0.043 | — |
| | 交流电焊机 30kV·A | 台班 | — | — | 1.513 |

工作内容：1. 浮置板道床：浮置板现场预制及养护。
2. 安装浮置板道床：浮置板顶升、就位浮置板道床、支撑块制作和安装、橡胶支座或弹簧减振器安装等。

| 定额编号 | | | 5-194 | 5-195 | 5-196 |
|---|---|---|---|---|---|
| 项目 | | | 预制浮置板道床 | 安装浮置板道床 | 安装浮置板道床弹簧减振器 |
| | | | $10m^3$ | 延长米 | 个 |
| 名称 | | 单位 | 数量 | | |
| 人工 | 综合工日 | 工日 | 20.350 | 6.320 | 6.000 |
| 材料 | 预制混凝土 C30 | $m^3$ | 10.100 | — | — |
| | 铁件 | kg | — | 6.180 | — |
| | 组合钢模板 | kg | 16.100 | — | — |
| | 组合钢支撑 | kg | 5.920 | — | — |
| | 组合钢配件 | kg | 7.530 | — | — |
| | 环氧树脂 | kg | — | 7.482 | — |
| | 塑料布 ≥0.04 | $m^2$ | — | — | 2.700 |

续前

| 定额编号 | | | 5-194 | 5-195 | 5-196 |
|---|---|---|---|---|---|
| 项目 | | | 预制浮置板道床 | 安装浮置板道床 | 安装浮置板道床弹簧减振器 |
| | | | 10m$^3$ | 延长米 | 个 |
| 名称 | | 单位 | 数量 | | |
| 材料 | 圆钉 | kg | 0.340 | — | — |
| | 弹簧隔振器 | 套 | — | — | 1.000 |
| | 橡胶支座 | 个 | — | 1.880 | — |
| | 纵向支座 | 个 | — | 0.173 | — |
| | 8U 预埋栓 | 个 | — | 5.413 | — |
| | 厚垫板 | 个 | — | 6.670 | — |
| | 侧向支座 | 块 | — | 1.680 | — |
| | 水 | m$^3$ | 3.300 | — | — |
| | 限位器 | 个 | — | — | 0.300 |
| | 剪力铰 | 个 | — | — | 0.400 |
| | 其他材料费 | % | 1.000 | 1.000 | 1.000 |
| 机械 | 龙门式起重机 10 t | 台班 | — | 0.119 | — |
| | 汽车式起重机 16 t | 台班 | 0.460 | 0.119 | — |

工作内容：伸缩缝：伸缩缝基层清理、备料、熬涂沥青、调制半成品、填塞或灌注。

计量单位：$10m^2$

| 定额编号 | | | 5-197 |
|---|---|---|---|
| 项目 | | | 伸缩缝 |
| 名称 | | 单位 | 数量 |
| 人工 | 综合工日 | 工日 | 3.400 |
| 材料 | 煤沥青 | t | 0.315 |
| | 青麻 | kg | 137.000 |
| | 其他材料费 | % | 0.200 |

## 3.3 粒 料 道 床

**工作内容：**装、运、卸、铺平、压实。

计量单位：$1000m^3$

| 定额编号 | | | 5-198 | 5-199 | 5-200 |
|---|---|---|---|---|---|
| 项目 | | | 底渣 | | 线间石渣 |
| | | | 木枕、混凝土枕线路 | | |
| | | | 砂 | 碎石 | |
| 名称 | | 单位 | 数量 | | |
| 人工 | 综合工日 | 工日 | 94.820 | 114.900 | 265.630 |
| 材料 | 碎石道渣 底渣 | $m^3$ | — | 1133.000 | 1133.000 |
| | 中粗砂 | $m^3$ | 1236.000 | — | — |
| | 其他材料费 | % | 1.000 | 1.000 | 1.000 |
| 机械 | 压路机 ≤12t | 台班 | 1.430 | 1.430 | — |
| | 装载机 | 台班 | 4.030 | 4.030 | — |

**工作内容：**回填并均匀道渣、起道、串渣、方正轨枕、捣固、拔道、整理道床。

计量单位：1000m³

| 定额编号 | | | 5-201 |
|---|---|---|---|
| 项目 | | | 人工铺设面渣 |
| 名称 | | 单位 | 数量 |
| 人工 | 综合工日 | 工日 | 481.840 |
| 材料 | 碎石道渣 面渣 | $m^3$ | 1133.000 |
| | 其他材料费 | % | 1.000 |
| 机械 | 液压起拔道机 ≤15kW | 台班 | 4.000 |
| | 液压捣固机 ≤240 根/h | 台班 | 8.000 |

**工作内容：** 回填并均匀道渣、起道、串渣、方正轨枕、捣固、拨道、整理道床。

计量单位：1000m³

| 定额编号 | | | 5-202 |
|---|---|---|---|
| 项目 | | | 机械铺设面渣 |
| 名称 | | 单位 | 数量 |
| 人工 | 综合工日 | 工日 | 115.100 |
| 材料 | 碎石道渣 面渣 | $m^3$ | 1133.000 |
| | 其他材料费 | % | 1.000 |
| 机械 | 起拨道捣固车 ≤1100m/h | 台班 | 0.952 |
| | 配渣整形车 ≤12000m/h | 台班 | 0.435 |
| | 动力稳定车 WD-320 | 台班 | 0.593 |
| | 线路铺渣机 | 台班 | 0.640 |

## 3.4 线路沉落整修

**工作内容：**施工准备，人工平整道渣，人工起道串渣，机械捣固，机械配渣整形，动力稳定，人工综合整理，补渣。

计量单位：km

| 定额编号 | | | 5-203 | 5-204 |
|---|---|---|---|---|
| 项目 | | | 线路沉落整修 | |
| | | | 人工捣固 | 机械捣固 |
| 名称 | | 单位 | 数量 | |
| 人工 | 综合工日 | 工日 | 428.840 | 100.020 |
| 机械 | 液压起拔道机 ≤15kW | 台班 | 6.871 | — |
| | 液压捣固机 ≤240 根/h | 台班 | 13.742 | — |
| | 起拔道捣固车 ≤1100m/h | 台班 | — | 1.657 |
| | 配渣整形车 ≤12000m/h | 台班 | — | 0.756 |
| | 动力稳定车 WD-320 | 台班 | — | 1.033 |

## 3.5 道岔沉落整修

**工作内容：**起道细找、捣固、串道心、细方枕木、细拔道、均匀石渣、整理道床、线路整理（调整轨缝、轨距、轨距杆、防爬器、紧螺栓、打浮钉）。

计量单位：组

<table>
<tr><td colspan="3">定额编号</td><td>5-205</td><td>5-206</td></tr>
<tr><td colspan="3" rowspan="2">项目</td><td colspan="2">单开道岔</td></tr>
<tr><td>9#</td><td>12#</td></tr>
<tr><td colspan="2">名称</td><td>单位</td><td colspan="2">数量</td></tr>
<tr><td>人工</td><td>综合工日</td><td>工日</td><td>26.950</td><td>31.680</td></tr>
<tr><td rowspan="2">材料</td><td>碎石道渣 面渣</td><td>$m^3$</td><td>5.600</td><td>7.270</td></tr>
<tr><td>其他材料费</td><td>%</td><td>1.000</td><td>1.000</td></tr>
<tr><td rowspan="2">机械</td><td>液压起拔道机 ≤15kW</td><td>台班</td><td>0.350</td><td>0.400</td></tr>
<tr><td>液压捣固机 ≤240 根/h</td><td>台班</td><td>0.700</td><td>0.804</td></tr>
</table>

**工作内容：**起道细找、捣固、串道心、细方枕木、细拔道、均匀石渣、整理道床、线路整理（调整轨缝、轨距、轨距杆、防爬器、紧螺栓、打浮钉）。

计量单位：组

| 定额编号 | | | 5-207 | 5-208 |
|---|---|---|---|---|
| 项目 | | | 复式交分 | |
| | | | 9# | 12# |
| 名称 | | 单位 | 数量 | |
| 人工 | 综合工日 | 工日 | 39.820 | 51.480 |
| 材料 | 碎石道渣 面渣 | $m^3$ | 6.300 | 8.190 |
| | 其他材料费 | % | 1.000 | 1.000 |
| 机械 | 液压起拨道机 ≤15kW | 台班 | 0.380 | 0.480 |
| | 液压捣固机 ≤240 根/h | 台班 | 0.750 | 0.965 |

**工作内容：**起道细找、捣固、串道心、细方枕木、细拔道、均匀石渣、整理道床、线路整理（调整轨缝、轨距、轨距杆、防爬器、紧螺栓、打浮钉）。

计量单位：组

| 定额编号 | | | 5-209 | 5-210 |
|---|---|---|---|---|
| 项目 | | | 交叉渡线 | |
| | | | 9# | 12# |
| 名称 | | 单位 | 数量 | |
| 人工 | 综合工日 | 工日 | 73.400 | 51.480 |
| 材料 | 碎石道渣 面渣 | $m^3$ | 23.960 | 28.750 |
| | 其他材料费 | % | 1.000 | 1.000 |
| 机械 | 液压起拔道机 ≤15kW | 台班 | 1.426 | 1.862 |
| | 液压捣固机 ≤240 根/h | 台班 | 2.852 | 3.724 |

# 4　轨道加强设备及护轮轨

# 说　明

一、本章内容包括安装轨道加强设备、钢轨伸缩调节器、安装防脱护轨共 3 节 33 个子目。
二、本章定额中安装轨距杆、防爬器、防爬支撑是按厂家成套产品安装考虑的。
三、铺设护轮轨定额，系按单侧编制。

# 工程量计算规则

一、安装轨距杆分直径按设计图示数量以“根”为单位计算。
二、安装轨撑垫板、防爬器分轨型按设计图示数量以“个”为单位计算。
三、安装防爬支撑分木枕、混凝土枕按设计图示数量以“个”为单位计算。
四、安装钢轨伸缩调节器分桥面、桥头引线以“对”为单位计算。
五、安装护轮轨工程量，按设计图示长度以“延长米”为单位计算。
六、铺设弯轨及梭头按设计图示数量以“处”为单位计算，每处含头尾两侧。

# 4.1 安装轨道加强设备

**工作内容：**螺栓涂油，安装轨距杆，调整轨距。

计量单位：100 根

| 定额编号 | | | 5-211 | 5-212 | 5-213 | 5-214 | 5-215 |
|---|---|---|---|---|---|---|---|
| 项目 | | | 轨距杆 | | | | |
| | | | 绝缘 | | | | |
| | | | $\phi 32$ | $\phi 34$ | $\phi 36$ | $\phi 38$ | 粘接式 |
| 名称 | | 单位 | 数量 | | | | |
| 人工 | 综合工日 | 工日 | 10.400 | 10.400 | 10.400 | 10.400 | 10.400 |
| 材料 | 绝缘轨距杆 $\phi 32$ | 根 | 100.200 | — | — | — | — |
| | 绝缘轨距杆 $\phi 34$ | 根 | — | 100.200 | — | — | — |
| | 绝缘轨距杆 $\phi 36$ | 根 | — | — | 100.200 | — | — |
| | 绝缘轨距杆 $\phi 38$ | 根 | — | — | — | 100.200 | — |
| | 绝缘轨距杆 粘接式 | 根 | — | — | — | — | 100.200 |
| | 其他材料费 | % | 0.100 | 0.100 | 0.100 | 0.100 | 0.100 |

**工作内容：**螺栓涂油，安装轨距杆，调整轨距。

计量单位：100 根

| 定额编号 | | | 5-216 | 5-217 | 5-218 | 5-219 |
|---|---|---|---|---|---|---|
| 项目 | | | 轨距杆 | | | |
| | | | 普通 | | | |
| | | | $\phi$32 | $\phi$34 | $\phi$36 | $\phi$38 |
| 名称 | | 单位 | 数量 | | | |
| 人工 | 综合工日 | 工日 | 10.400 | 10.400 | 10.400 | 10.400 |
| 材料 | 普通轨距杆 $\phi$32 | 根 | 100.200 | — | — | — |
| | 普通轨距杆 $\phi$34 | 根 | — | 100.200 | — | — |
| | 普通轨距杆 $\phi$36 | 根 | — | — | 100.200 | — |
| | 普通轨距杆 $\phi$38 | 根 | — | — | — | 100.200 |
| | 其他材料费 | % | 0.100 | 0.100 | 0.100 | 0.100 |

**工作内容：**轨木划印、钻孔、注油、安装轨撑垫板。

计量单位：1000 个

| 定额编号 | | | 5-220 | 5-221 |
|---|---|---|---|---|
| 项目 | | | 轨撑垫板 | |
| | | | 43kg | 50kg |
| 名称 | | 单位 | 数量 | |
| 人工 | 综合工日 | 工日 | 22.000 | 23.000 |
| 材料 | 轨撑垫板 43kg | 个 | 1001.000 | — |
| | 轨撑垫板 50kg | 个 | — | 1001.000 |
| | 其他材料费 | % | 0.100 | 0.100 |

**工作内容：**扒开枕木间道渣、安装。

计量单位：1000 个

| 定额编号 | | | 5-222 | 5-223 | 5-224 |
|---|---|---|---|---|---|
| 项目 | | | 防爬设备 | | |
| | | | 防爬器(穿销式) | | |
| | | | 43kg | 50kg | 60kg |
| 名称 | | 单位 | 数量 | | |
| 人工 | 综合工日 | 工日 | 10.010 | 10.010 | 10.010 |
| 材料 | 垫木 | $m^3$ | 0.899 | 0.899 | 0.899 |
| | 防爬器 43kg | 个 | 1005.000 | — | — |
| | 防爬器 50kg | 个 | — | 1005.000 | — |
| | 防爬器 60kg | 个 | — | — | 1005.000 |
| | 其他材料费 | % | 0.100 | 0.100 | 0.100 |

工作内容：扒开枕木间道渣、安装。

计量单位：1000 个

| 定额编号 | | | 5-225 | 5-226 | 5-227 | 5-228 |
|---|---|---|---|---|---|---|
| 项目 | | | 防爬设备（防爬支撑） | | | |
| | | | 木制 | | 混凝土制 | |
| | | | 木枕 | 混凝土枕 | 木枕 | 混凝土枕 |
| 名称 | | 单位 | 数量 | | | |
| 人工 | 综合工日 | 工日 | 15.400 | 18.700 | 18.500 | 21.800 |
| 材料 | 防爬支撑(木) | 个 | 1010.000 | 1010.000 | — | — |
| | 防爬支撑(混凝土) | 个 | — | — | 1010.000 | 1010.000 |
| | 其他材料费 | % | 0.100 | 0.100 | 0.100 | 0.100 |

## 4.2 钢轨伸缩调节器

**工作内容：**检配轨料，木枕打印、钻孔、注油，散布钢轨伸缩调节器，安装配件及扣件，整修等。

计量单位：对

| 定额编号 | | | 5-229 | 5-230 | 5-231 | 5-232 |
|---|---|---|---|---|---|---|
| 项目 | | | 50kg 钢轨 | | | |
| | | | 伸缩量 600mm | | 伸缩量 1000㎜ | |
| | | | 桥面 | 桥头引线 | 桥面 | 桥头引线 |
| 名称 | | 单位 | 数量 | | | |
| 人工 | 综合工日 | 工日 | 21.600 | 18.700 | 24.300 | 19.700 |
| 材料 | 道钉 16×16×165 | 个 | 66.700 | 48.500 | 66.700 | 42.400 |
| | 钢轨伸缩调节器（桥面用） 50kg 0.6m | 对 | 1.000 | — | — | — |
| | 钢轨伸缩调节器（桥头用） 50kg 0.6m | 对 | — | 1.000 | — | — |
| | 钢轨伸缩调节器（桥面用） 50kg 1m | 对 | — | — | 1.000 | — |
| | 钢轨伸缩调节器（桥头用） 50kg 1m | 对 | — | — | — | 1.000 |
| | 木枕 Ⅰ类 | 根 | — | 19.060 | — | 23.070 |
| | 其他材料费 | % | 0.100 | 0.100 | 0.100 | 0.100 |
| 机械 | 轨道式内燃起重机 ≤16t | 台班 | 0.500 | 0.500 | 0.500 | 0.500 |
| | 轨道平车 ≤30t | 台班 | 0.500 | 0.500 | 0.500 | 0.500 |

**工作内容**：检配轨料，木枕打印、钻孔、注油，散布钢轨伸缩调节器，安装配件及扣件，整修等。

计量单位：对

| 定额编号 | | | 5-233 | 5-234 | 5-235 | 5-236 |
|---|---|---|---|---|---|---|
| 项目 | | | 60kg 钢轨 | | | |
| | | | 伸缩量 600mm | | 伸缩量 1000mm | |
| | | | 桥面 | 桥头引线 | 桥面 | 桥头引线 |
| 名称 | | 单位 | 数量 | | | |
| 人工 | 综合工日 | 工日 | 26.200 | 24.300 | 27.200 | 24.300 |
| 材料 | 道钉 16×16×165 | 个 | 66.700 | 48.500 | 66.700 | 42.400 |
| | 钢轨伸缩调节器（桥面用） 60kg 0.6m | 对 | 1.000 | — | — | — |
| | 钢轨伸缩调节器（桥头用） 60kg 0.6m | 对 | — | 1.000 | — | — |
| | 钢轨伸缩调节器（桥面用） 60kg 1m | 对 | — | — | 1.000 | — |
| | 钢轨伸缩调节器（桥头用） 60kg 1m | 对 | — | — | — | 1.000 |
| | 木枕 Ⅰ类 | 根 | — | 19.060 | — | 23.070 |
| | 其他材料费 | % | 0.200 | 0.200 | 0.200 | 0.200 |
| 机械 | 轨道式内燃起重机 ≤16t | 台班 | 0.500 | 0.500 | 0.500 | 0.500 |
| | 轨道平车 ≤30t | 台班 | 0.500 | 0.500 | 0.500 | 0.500 |

工作内容：检配轨料，木枕打印、钻孔、注油，散布钢轨伸缩调节器，安装配件及扣件，整修等。

计量单位：对

| 定额编号 | | | 5-237 | 5-238 | 5-239 |
|---|---|---|---|---|---|
| 项目 | | | 60kg 钢轨 | | |
| | | | 伸缩量 ± 500mm | | 伸缩量 ± 1000mm |
| | | | 单向曲线型 | 双向曲线型 | |
| | | | 整体道床 | | |
| | 名称 | 单位 | 数量 | | |
| 人工 | 综合工日 | 工日 | 20.800 | 23.200 | 23.200 |
| 材料 | 单向曲线型调节器（伸缩量 ± 500） | 对 | 1.000 | — | — |
| | 双向曲线型调节器（伸缩量 ± 500） | 对 | — | 1.000 | — |
| | 双向曲线型调节器（伸缩量 ± 1000） | 对 | — | — | 1.000 |
| | 单向曲线型支撑块（伸缩量 ± 500） | 组 | 1.000 | — | — |
| | 双向曲线型支撑块（伸缩量 ± 500） | 组 | — | 1.000 | — |
| | 双向曲线型支撑块（伸缩量 ± 1000） | 组 | — | — | 1.000 |
| | 其他材料费 | % | 0.200 | 0.200 | 0.200 |
| 机械 | 轨道式内燃起重机 ≤16t | 台班 | 0.500 | 0.500 | 0.500 |
| | 轨道平车 ≤30t | 台班 | 0.500 | 0.500 | 0.500 |

## 4.3 安装防脱护轨

**工作内容：**1. 木枕：散布钢轨，木枕打印、钻孔注油，散布与安装钢轨配件和轨枕扣件，整修等。
2. 混凝土枕：散布钢轨，钻孔注油，散布与安装钢轨配件和轨枕扣件，整修等。

计量单位： 100 单侧延长米

<table>
<tr><td colspan="3">定 额 编 号</td><td>5-240</td><td>5-241</td></tr>
<tr><td colspan="3" rowspan="3">项 目</td><td colspan="2">铺设护轮轨</td></tr>
<tr><td>木枕</td><td>混凝土轨</td></tr>
<tr><td colspan="2">50 kg</td></tr>
<tr><td colspan="2">名 称</td><td>单位</td><td colspan="2">数 量</td></tr>
<tr><td>人工</td><td>综合工日</td><td>工日</td><td>7.600</td><td>10.000</td></tr>
<tr><td rowspan="6">材料</td><td>护轨</td><td>t</td><td>5.155</td><td>5.155</td></tr>
<tr><td>道钉</td><td>个</td><td>355.499</td><td>—</td></tr>
<tr><td>中间扣板 50kg</td><td>块</td><td>—</td><td>321.000</td></tr>
<tr><td>接头夹板 38kg</td><td>块</td><td>16.015</td><td>16.015</td></tr>
<tr><td>接头扣板 50kg</td><td>块</td><td>—</td><td>32.095</td></tr>
<tr><td>塑料垫板 护轨</td><td>块</td><td>—</td><td>1760.000</td></tr>
</table>

续前

| 定额编号 | | | 5-240 | 5-241 |
|---|---|---|---|---|
| 项目 | | | 铺设护轮轨 | |
| | | | 木枕 | 混凝土轨 |
| | | | 50 kg | |
| 名称 | | 单位 | 数量 | |
| 材料 | 水泥 32.5 | kg | — | 35.700 |
| | 白石蜡 | kg | — | 2.700 |
| | 煤 | t | — | 0.045 |
| | 接头螺栓带帽 50kg | 套 | 48.500 | 48.500 |
| | 螺旋道钉带帽 | 套 | — | 355.500 |
| | 弹簧垫圈 双层 | 个 | — | 359.050 |
| | 弹簧垫圈 50kg | 个 | 48.950 | 48.500 |
| | 平垫圈 25×45×4 | 个 | — | 359.050 |
| | 硫磺 | kg | — | 71.550 |
| | 其他材料费 | % | 0.200 | 0.200 |
| 机械 | 轨道车 ≤210kW | 台班 | 0.043 | 0.043 |
| | 轨道平车 ≤30t | 台班 | 0.340 | 0.340 |
| | 铺轨龙门架 | 台班 | 0.085 | 0.085 |

**工作内容：**弯曲护轮轨、制造梭头、护轮轨与梭头连接、安装固定。

计量单位：处

| 定额编号 | | | | 5-242 | 5-243 |
|---|---|---|---|---|---|
| 项目 | | | | 铺设弯轨及梭头 | |
| | | | | 木枕 | 混凝土枕 |
| | | | | 50 kg | |
| 名称 | | | 单位 | 数量 | |
| 人工 | 综合工日 | | 工日 | 28.840 | 28.880 |
| 材料 | 护轨 | | t | 1.001 | 1.121 |
| | 接头夹板 50kg | | 块 | 4.000 | 4.000 |
| | 接头螺栓带帽 50kg | | 套 | 12.100 | 12.100 |
| | 弹簧垫圈 50kg | | 个 | 12.200 | 12.200 |
| | 塑料垫板 | | 块 | — | 68.700 |
| | 螺旋道钉带螺帽 M24×195 | | 套 | — | 68.700 |
| | 平垫圈 25×45×4 | | 个 | — | 69.400 |
| | 弹簧垫圈(双层) 26×44×9 | | 个 | — | 69.400 |
| | 中间扣板 50kg | | 块 | — | 56.170 |
| | 接头扣板 50kg | | 块 | — | 12.040 |
| | 其他材料费 | | % | 0.200 | 0.200 |
| 机械 | 交流弧焊机 ≤20kV·A | | 台班 | 0.100 | 0.100 |
| | 刨床 ≤650 | | 台班 | 0.200 | 0.200 |
| | 液压机 ≤1000kN | | 台班 | 0.100 | 0.100 |

# 5　线路有关工程

# 说　明

一、本章包括线路及信号标志、平交道口、轨道常备材料、其他等共 4 节 67 个子目。

二、单线道口采用混凝土、钢筋、道口卧轨定额子目组合使用；股道间道口采用钢筋混凝土及道口栏目定额子目组合使用。

三、安装线路及信号标志的洞内标志，按金属搪瓷标志考虑，洞外标志和永久性基标按混凝土制考虑。

# 工程量计算规则

一、线路及信号标志按设计图示数量以“个”为单位计算。

二、车挡、挡车器、线路涂油器按设计图示数量以“处”为单位计算。

三、平交道口：

1. 单线道口面板混凝土按设计图示数量以“$m^3$”为单位计算。

2. 单线道口面板钢筋按设计图示数量以“t”为单位计算。

3. 单线道口面板道口卧轨按道口通行宽度以“m”为单位计算。

4. 股道间道口混凝土按设计图示数量以“$m^3$”为单位计算。

5. 股道间道口栏木按线路间道口面积以“$m^2$”为单位计算。道口面积计算公式为：道口面积=道口宽度（道口铺面宽）×道口长度（相邻两股道枕木头之间距离）

四、轨道常备材料中铺轨备料按铺轨设计图示数量以“km”为单位计算。

五、轨道常备材料中铺道岔备料以“组”为单位计算。

## 5.1 线路及信号标志

**工作内容：**木模制作、安装、拆除，钢筋制作及绑扎，混凝土灌筑、振捣及养护，标志涂油两遍及油漆写字，挖坑埋设等。

计量单位：100 个

| 定额编号 | | | 5-244 | 5-245 | 5-246 |
|---|---|---|---|---|---|
| 项目 | | | 地面、桥面及高架 | | |
| | | | 百米标 | 公里标 | 曲线标 |
| 名称 | | 单位 | 数量 | | |
| 人工 | 综合工日 | 工日 | 47.080 | 47.080 | 47.080 |
| 材料 | 预拌混凝土 C30 | $m^3$ | 1.210 | 5.858 | 5.860 |
| | 木模板 | $m^3$ | 0.019 | 0.077 | 0.082 |
| | 圆钢 Q235-A $\phi6\sim9$ | kg | 630.518 | 1014.797 | 1005.150 |
| | 镀锌低碳钢丝 $\phi0.7\sim1$ | kg | 2.623 | 4.222 | 4.181 |
| | 铁件 | kg | 0.100 | 0.600 | 0.600 |
| | 汽油 | kg | 0.200 | 1.100 | 1.300 |

续前

| 定额编号 | | | 5-244 | 5-245 | 5-246 |
|---|---|---|---|---|---|
| 项目 | | | 地面、桥面及高架 | | |
| | | | 百米标 | 公里标 | 曲线标 |
| 名称 | | 单位 | 数量 | | |
| 材料 | 油性调和漆 蓝、白、灰 | kg | 2.000 | 10.500 | 12.000 |
| | FGⅠ型复合材料底板系列反光标 | $m^2$ | 9.600 | 66.000 | 66.000 |
| | 碳钢气焊条 $\phi 4$ | kg | — | 2.172 | 2.151 |
| | 水 | t | 0.500 | 3.000 | 4.000 |
| | 其他材料费 | % | 1.000 | 3.000 | 3.000 |
| 机械 | 交流弧焊机 ≤20kV·A | 台班 | 0.164 | 0.264 | 0.262 |
| | 钢筋调直机 $d$≤14 | 台班 | 0.090 | 0.142 | 0.141 |
| | 钢筋切断机 $d$≤40 | 台班 | 0.088 | 0.142 | 0.141 |
| | 钢筋弯曲机 $d$≤40 | 台班 | 0.120 | 0.193 | 0.191 |
| | 木工圆锯机 $d$≤500 | 台班 | 0.120 | 0.480 | 0.510 |
| | 木工单面压刨床 $B$≤600 | 台班 | 0.040 | 0.140 | 0.150 |

**工作内容：** 木模制作、安装、拆除，钢筋制作及绑扎，混凝土灌筑、振捣及养护，标志涂油两遍及油漆写字，挖坑埋设等。

计量单位：100 个

| 定额编号 | | | 5-247 | 5-248 | 5-249 | 5-250 |
|---|---|---|---|---|---|---|
| 项目 | | | 地面、桥面及高架 | | | |
| | | | 曲线始终点标 | 警冲标 | 坡度标 | 桥号标 |
| 名称 | | 单位 | 数量 | | | |
| 人工 | 综合工日 | 工日 | 22.000 | 37.290 | 47.080 | 38.280 |
| 材料 | 预拌混凝土 C30 | $m^3$ | 0.910 | 1.310 | 3.940 | 6.060 |
| | 木模板 | $m^3$ | 0.014 | 0.004 | 0.086 | 0.083 |
| | 圆钢 Q235-A $\phi6\sim9$ | kg | 464.770 | 815.450 | 918.270 | 1005.150 |
| | 镀锌低碳钢丝 $\phi0.7\sim1$ | kg | 1.933 | 3.392 | 3.820 | 4.181 |
| | 铁件 | kg | 0.100 | — | 0.600 | 0.600 |
| | 汽油 | kg | 0.400 | — | 1.400 | 2.151 |
| | 油性调和漆 蓝、白、灰 | kg | 4.200 | — | 12.900 | 12.900 |
| | FG Ⅰ型复合材料底板系列反光标志 | $m^2$ | 22.500 | 1.540 | 48.000 | 66.000 |

续前

| 定额编号 | | | 5-247 | 5-248 | 5-249 | 5-250 |
|---|---|---|---|---|---|---|
| 项目 | | | 地面、桥面及高架 | | | |
| | | | 曲线始终点标 | 警冲标 | 坡度标 | 桥号标 |
| 名称 | | 单位 | 数量 | | | |
| 材料 | 碳钢气焊条 $\phi 4$ | kg | 0.995 | 1.745 | 0.003 | 2.151 |
| | 水 | t | 0.400 | 0.500 | 2.800 | 4.200 |
| | 其他材料费 | % | 3.000 | 1.000 | 3.000 | 1.000 |
| 机械 | 交流弧焊机 ≤20kV·A | 台班 | 0.121 | 0.212 | 0.239 | 0.261 |
| | 钢筋调直机 $d$≤14 | 台班 | 0.065 | 0.114 | 0.129 | 0.141 |
| | 钢筋切断机 $d$≤40 | 台班 | 0.065 | 0.114 | 0.129 | 0.141 |
| | 钢筋弯曲机 $d$≤40 | 台班 | 0.088 | 0.155 | 0.174 | 0.191 |
| | 木工圆锯机 $d$≤500 | 台班 | 0.090 | 0.030 | 0.540 | 0.520 |
| | 木工单面压刨床 $B$≤600 | 台班 | 0.030 | 0.010 | 0.160 | 0.150 |

**工作内容：** 木模制作、安装、拆除，钢筋制作及绑扎，混凝土灌筑、振捣及养护，标志涂油两遍及油漆写字，挖坑埋设等。

计量单位：100 个

| 定额编号 | | | 5-251 | 5-252 |
|---|---|---|---|---|
| 项目 | | | 水准基点标 | 停车位置标 |
| 名称 | | 单位 | 数量 | |
| 人工 | 综合工日 | 工日 | 112.541 | 81.400 |
| 材料 | 预拌混凝土 C30 | $m^3$ | 4.750 | 3.100 |
| | 木模板 | $m^3$ | 0.010 | 0.202 |
| | 防腐帮桩 $\phi160\sim200\times2000$ | 根 | 420.000 | — |
| | 圆钢 Q235-A $\phi6\sim9$ | kg | — | 322.800 |
| | 角钢 Q235-A 50～140×5～14 | kg | — | 1.343 |
| | 镀锌低碳钢丝 $\phi0.7\sim1$ | kg | — | 1.500 |
| | 铁件 | kg | 21.000 | 1.900 |
| | 汽油 | kg | 0.600 | 17.800 |
| | 油性调和漆 蓝、白、灰 | kg | 5.400 | 13.240 |

| 定额编号 | | | 5-251 | 5-252 |
|---|---|---|---|---|
| 项目 | | | 水准基点标 | 停车位置标 |
| 名称 | | 单位 | 数量 | |
| 材料 | 六角头螺栓带帽 M16 | kg | — | 95.900 |
| | 碳钢气焊条 $\phi 4$ | kg | — | 0.691 |
| | 水 | t | 3.000 | 0.096 |
| | 其他材料费 | % | 1.000 | 1.000 |
| 机械 | 汽车起重机 ≤8t | 台班 | 0.240 | 0.084 |
| | 交流弧焊机 ≤20kV·A | 台班 | — | 0.045 |
| | 钢筋调直机 $d$≤14 | 台班 | — | 0.061 |
| | 木工圆锯机 $d$≤500 | 台班 | 0.610 | 1.260 |
| | 木工单面压刨床 $B$≤600 | 台班 | 0.160 | 0.360 |

**工作内容：**木模制作、安装、拆除，钢筋制作及绑扎，混凝土灌筑、振捣及养护，标志涂油两遍及油漆写字，挖坑埋设等。

计量单位：100 个

| 定额编号 | | | 5-253 |
|---|---|---|---|
| 项目 | | | 洞内 |
| | | | 线路标志 |
| 名称 | | 单位 | 数量 |
| 人工 | 综合工日 | 工日 | 11.000 |
| 材料 | 洞内标志（反光） | 个 | 100.000 |
| | 膨胀螺栓 M6×50 | 个 | 404.000 |
| | 其他材料费 | % | 2.000 |

工作内容：木模制作、安装、拆除，钢筋制作及绑扎，混凝土灌筑、振捣及养护，标志涂油两遍及油漆写字，挖坑埋设等。

计量单位：100 个

| 定 额 编 号 | | | 5-254 |
|---|---|---|---|
| 项 目 | | | 位移观测桩 |
| 名 称 | | 单位 | 数 量 |
| 人工 | 综合工日 | 工日 | 33.109 |
| 材料 | 预拌混凝土 C30 | $m^3$ | 2.121 |
| | 木模板 | $m^3$ | 0.217 |
| | 圆钢 Q235-A $\phi$10～18 | kg | 90.640 |
| | 水 | $m^3$ | 0.270 |
| | 其他材料费 | % | 2.000 |

**工作内容：** 木模制作、安装、拆除，钢筋制作及绑扎，混凝土灌筑、振捣及养护，标志涂油两遍及油漆写字，挖坑埋设等。

计量单位：100 个

| 定额编号 | | | 5-255 |
|---|---|---|---|
| 项目 | | | 轨道基标 |
| 名称 | | 单位 | 数量 |
| 人工 | 综合工日 | 工日 | 100.000 |
| 材料 | 预拌混凝土 C30 | $m^3$ | 10.000 |
| | 木模板 | $m^3$ | 2.490 |
| | 圆木 | $m^3$ | 0.185 |
| | 钢筋 $\phi$16 | kg | 156.000 |
| | 水 | $m^3$ | 46.590 |
| | 调和漆 | kg | 5.400 |
| | 防腐帮桩 | 根 | 420.000 |
| | 其他材料费 | % | 2.000 |
| 机械 | 汽车起重机 ≤8t | 台班 | 0.240 |
| | 木工圆锯机 $d$≤500 | 台班 | 0.610 |
| | 木工单面压刨床 $B$≤600 | 台班 | 0.160 |

## 5.2 平交道口

**工作内容：**混凝土：模板制作、安装、拆除，混凝土浇筑、振捣、抹平、养护，道口清理浮碴，铺砌道口等。

| 定额编号 | | | 5-256 |
|---|---|---|---|
| 项目 | | | 单线道口面板 |
| | | | 预制混凝土 |
| | | | $10m^3$ |
| 名称 | | 单位 | 数量 |
| 人工 | 综合工日 | 工日 | 33.430 |
| 材料 | 预拌混凝土 C30 | $m^3$ | 10.100 |
| | 定型钢模板 | kg | 39.800 |
| | 水 | $m^3$ | 1.300 |
| | 其他材料费 | % | 1.000 |
| 机械 | 轨道车 ≤210kW | 台班 | 0.150 |

**工作内容：** 1. 钢筋：调直、切断、焊接、弯制、绑扎、定位、校正。

2. 道口卧轨：制作、安装护轨，木料涂防腐油，安装，清理等。

| 定额编号 | | | 5-257 | 5-258 |
|---|---|---|---|---|
| 项目 | | | 单线道口面板 | |
| | | | 钢筋 | 道口卧轨 |
| | | | t | 10m 宽 |
| 名称 | | 单位 | 数量 | |
| 人工 | 综合工日 | 工日 | 8.430 | 4.680 |
| 材料 | 木头 | kg | — | 0.510 |
| | 麻筋 | kg | — | 87.460 |
| | 废(旧)轨 | t | — | 1.080 |
| | 铆钉 | kg | — | 15.940 |
| | 圆钢 Q235-A $\phi 6 \sim 9$ | kg | 364.000 | — |
| | 圆钢 Q235-A $\phi 10 \sim 18$ | kg | 660.000 | — |
| | 槽钢 Q235-A | kg | 423.010 | — |
| | 镀锌低碳钢丝 $\phi 0.7 \sim 5$ | kg | 5.960 | — |
| | 电焊条 结 707 $\phi 3.2 \sim 4$ | kg | 6.380 | — |
| | 其他材料费 | % | 1.000 | 1.000 |
| 机械 | 交流弧焊机 ≤42kV · A | 台班 | 0.780 | — |
| | 钢筋切断机 $d \leqslant 40$ | 台班 | 0.140 | — |
| | 钢筋弯曲机 $d \leqslant 40$ | 台班 | 0.190 | — |

工作内容：1. 混凝土：模板制作、安装、拆除，混凝土浇筑、振捣、抹平、养护，道口清理浮碴，铺砌道口等。
2. 钢筋：调直、切断、焊接、弯制、绑扎、定位、校正。

| 定额编号 | | | 5-259 | 5-260 |
|---|---|---|---|---|
| 项目 | | | 股道间道口 | |
| | | | 预制混凝土 | 钢筋 |
| | | | $10m^3$ | t |
| 名称 | | 单位 | 数量 | |
| 人工 | 综合工日 | 工日 | 39.600 | 8.430 |
| 材料 | 混凝土 C30 | $m^3$ | 10.100 | — |
| | 圆钢 Q235-A $\phi6\sim9$ | kg | — | 366.133 |
| | 圆钢 Q235-A $\phi10\sim18$ | kg | — | 663.872 |
| | 镀锌低碳钢丝 $\phi0.7\sim5$ | kg | — | 5.994 |
| | 定型钢模板 | kg | 39.800 | — |
| | 电焊条 结 707 $\phi3.2\sim4$ | kg | — | 6.417 |
| | 水 | $m^3$ | 1.300 | — |
| | 其他材料费 | % | 1.000 | 1.000 |
| 机械 | 交流弧焊机 ≤42kV·A | 台班 | — | 0.791 |
| | 钢筋切断机 $d\leq40$ | 台班 | — | 0.147 |
| | 钢筋弯曲机 $d\leq40$ | 台班 | — | 0.184 |

**工作内容**：道口栏木：木料涂防腐油、安装，清理，填铺垫层等。

计量单位：$10m^2$

| 定额编号 | | | 5-261 |
|---|---|---|---|
| 项目 | | | 股道间道口 |
| | | | 道口栏木 |
| 名称 | | 单位 | 数量 |
| 人工 | 综合工日 | 工日 | 6.000 |
| 材料 | 碎石 16以内 | $m^3$ | 1.170 |
| | 锯材 | $m^3$ | 0.300 |
| | 膨润土 | kg | 0.080 |
| | 石油沥青 | kg | 5.350 |
| | 铆钉 | kg | 1.550 |
| | 其他材料费 | % | 1.000 |

## 5.3 轨道常备材料

### 5.3.1 木枕分开式扣件

**工作内容：**埋设钢轨架，放置备用材料。

计量单位：100km

| 定额编号 | | | 5-262 | 5-263 | 5-264 |
|---|---|---|---|---|---|
| 项目 | | | 站线 | | 正线 |
| | | | 50kg 钢轨 | | 60kg 钢轨 |
| | | | 轨长 12.5m | 轨长 25m | |
| 名称 | | 单位 | 数量 | | |
| 人工 | 综合工日 | 工日 | 199.000 | 199.000 | 458.000 |
| 材料 | 钢轨架 | 个 | 204.000 | 204.000 | 408.000 |
| | 接头夹板 50kg | 块 | 200.000 | 200.000 | — |
| | 接头夹板 60kg | 块 | — | — | 200.000 |
| | 接头螺栓带帽 50kg | 套 | 200.000 | 200.000 | — |
| | 高强度接头螺栓带帽 60kg | 套 | — | — | 400.000 |
| | 弹簧垫圈 50kg | 个 | 200.000 | 200.000 | — |

续前

| 定额编号 | | | 5-262 | 5-263 | 5-264 |
|---|---|---|---|---|---|
| 项目 | | | 站线 | | 正线 |
| | | | 50kg 钢轨 | | 60kg 钢轨 |
| | | | 轨长 12.5m | 轨长 25m | |
| 名称 | | 单位 | 数量 | | |
| 材料 | 弹簧垫圈 60kg | 个 | — | — | 400.000 |
| | 铁垫板 50kg | 块 | 200.000 | 200.000 | — |
| | 铁垫板 60kg | 块 | — | — | 500.000 |
| | 钢轨 50kg 12.5m | 根 | 100.000 | — | — |
| | 钢轨 50kg 25m | 根 | — | 50.000 | — |
| | 钢轨 60kg 25m | 根 | — | — | 100.000 |
| | 木枕 I类 | 根 | 100.000 | 100.000 | 200.000 |
| | 塑料垫板 | 块 | 200.000 | 200.000 | 500.000 |
| | 平垫圈 25×50×6 | 个 | 400.000 | 400.000 | 1000.000 |
| | 螺旋道钉带螺帽 M24×195 | 套 | 800.000 | 800.000 | 2000.000 |
| | 轨卡螺栓带帽 | 套 | 400.000 | 400.000 | 1000.000 |
| | 轨卡（中间） 50kg、60kg | 个 | 400.000 | 400.000 | 1000.000 |

## 5.3.2 混凝土长枕

**工作内容：**埋设钢轨架，放置备用材料。

计量单位：100km

| 定额编号 | | | 5-265 | 5-266 |
|---|---|---|---|---|
| 项目 | | | 普通扣件 | |
| | | | 正线 | 站线 |
| 名称 | | 单位 | 数量 | |
| 人工 | 综合工日 | 工日 | 505.000 | 255.000 |
| 材料 | 钢轨架 | 个 | 408.000 | 204.000 |
| | 钢轨 60kg 25m | 根 | 100.000 | 50.000 |
| | 接头夹板 60kg | 块 | 200.000 | 200.000 |
| | 高强度接头螺栓带帽 60kg | 套 | 400.000 | 200.000 |
| | 弹簧垫圈 60kg | 个 | 400.000 | 200.000 |
| | 混凝土长枕 | 根 | 200.000 | 100.000 |
| | 混凝土长枕 普通扣件 | 套 | 500.000 | 200.000 |

**工作内容：埋设钢轨架，放置备用材料。**

计量单位：100km

| 定额编号 | | | 5-267 | 5-268 |
|---|---|---|---|---|
| 项目 | | | 减振型扣件 | |
| | | | 正线 | 站线 |
| 名称 | | 单位 | 数量 | |
| 人工 | 综合工日 | 工日 | 505.000 | 255.000 |
| 材料 | 钢轨架 | 个 | 408.000 | 204.000 |
| | 钢轨 60kg 25m | 根 | 100.000 | 50.000 |
| | 接头夹板 60kg | 块 | 200.000 | 200.000 |
| | 高强度接头螺栓带帽 60kg | 套 | 400.000 | 200.000 |
| | 弹簧垫圈 60kg | 个 | 400.000 | 200.000 |
| | 混凝土长枕 | 根 | 200.000 | 100.000 |
| | 混凝土长枕 减振型扣件 | 套 | 500.000 | 200.000 |

**工作内容：埋设钢轨架，放置备用材料。**

计量单位：100km

| 定额编号 | | | 5-269 | 5-270 |
|---|---|---|---|---|
| 项目 | | | 混凝土弹性长枕 | |
| | | | 正线 | 站线 |
| 名称 | | 单位 | 数量 | |
| 人工 | 综合工日 | 工日 | 505.000 | 255.000 |
| 材料 | 钢轨架 | 个 | 408.000 | 204.000 |
| | 钢轨 60kg 25m | 根 | 100.000 | 50.000 |
| | 接头夹板 60kg | 块 | 200.000 | 200.000 |
| | 高强度接头螺栓带帽 60kg | 套 | 400.000 | 200.000 |
| | 弹簧垫圈 60kg | 个 | 400.000 | 200.000 |
| | 混凝土弹性长枕 | 根 | 200.000 | 100.000 |
| | 混凝土长枕 普通扣件 | 套 | 500.000 | 200.000 |

### 5.3.3 混凝土短枕

**工作内容：**埋设钢轨架，放置备用材料。

计量单位：100km

| 定额编号 | | | 5-271 | 5-272 |
|---|---|---|---|---|
| 项目 | | | 普通扣件 | |
| | | | 正线 | 站线 |
| 名称 | | 单位 | 数量 | |
| 人工 | 综合工日 | 工日 | 505.000 | 255.000 |
| 材料 | 钢轨 60kg 25m | 根 | 100.000 | 50.000 |
| | 接头夹板 60kg | 块 | 200.000 | 200.000 |
| | 高强度接头螺栓带帽 60kg | 套 | 400.000 | 200.000 |
| | 弹簧垫圈 60kg | 个 | 400.000 | 200.000 |
| | 混凝土短枕 | 根 | 200.000 | 100.000 |
| | 混凝土短枕 普通扣件 | 套 | 500.000 | 200.000 |

工作内容：埋设钢轨架，放置备用材料。

计量单位：100km

| 定额编号 | | | 5-273 | 5-274 |
|---|---|---|---|---|
| 项目 | | | 减振器扣件 | |
| | | | 正线 | 站线 |
| 名称 | | 单位 | 数量 | |
| 人工 | 综合工日 | 工日 | 505.000 | 255.000 |
| 材料 | 钢轨 60kg 25m | 根 | 100.000 | 50.000 |
| | 接头夹板 60kg | 块 | 200.000 | 200.000 |
| | 高强度接头螺栓带帽 60kg | 套 | 400.000 | 200.000 |
| | 弹簧垫圈 60kg | 个 | 400.000 | 200.000 |
| | 混凝土短枕 | 根 | 200.000 | 100.000 |
| | 混凝土短枕 减振器扣件 | 套 | 500.000 | 200.000 |

**工作内容：埋设钢轨架，放置备用材料。**

计量单位：100km

| 定额编号 | | | 5-275 | 5-276 |
|---|---|---|---|---|
| 项目 | | | 混凝土弹性短枕 | |
| | | | 正线 | 站线 |
| 名称 | | 单位 | 数量 | |
| 人工 | 综合工日 | 工日 | 505.000 | 255.000 |
| 材料 | 钢轨 60kg 25m | 根 | 100.000 | 50.000 |
| | 接头夹板 60kg | 块 | 200.000 | 200.000 |
| | 高强度接头螺栓带帽 60kg | 套 | 400.000 | 200.000 |
| | 弹簧垫圈 60kg | 个 | 400.000 | 200.000 |
| | 混凝土弹性短枕 | 根 | 200.000 | 100.000 |
| | 混凝土短枕 普通扣件 | 套 | 500.000 | 200.000 |

## 5.3.4 无缝线路钢轨常备材料

计量单位：100km

| 定额编号 | | | 5-277 | 5-278 |
|---|---|---|---|---|
| 项目 | | | 混凝土长枕 | 混凝土短枕 |
| 名称 | | 单位 | 数量 | |
| 人工 | 综合工日 | 工日 | 207.000 | 207.000 |
| 材料 | 接头夹板 60kg | 块 | 40.000 | 40.000 |
| | 高强度接头螺栓带帽 60kg | 套 | 1200.000 | 1200.000 |
| | 防爬器 60kg | 个 | 500.000 | 500.000 |
| | 有孔短轨 6m | 根 | 20.000 | 20.000 |
| | 混凝土长枕 | 根 | 200.000 | — |
| | 混凝土短枕 | 块 | — | 400.000 |
| | 无孔胶接绝缘轨 25m | 根 | 40.000 | 40.000 |
| | 膨包夹板 | 套 | 100.000 | 100.000 |
| | 断轨急救器 | 套 | 100.000 | 100.000 |
| | 混凝土长枕 普通扣件 | 套 | 500.000 | — |
| | 混凝土短枕 普通扣件 | 套 | — | 500.000 |

## 5.3.5 单开道岔

**工作内容：**埋设钢轨架，放置备用材料。

计量单位：组

| 定额编号 | | | 5-279 | 5-280 | 5-281 |
|---|---|---|---|---|---|
| 项目 | | | 木岔枕 | | |
| | | | 50kg | | 60kg |
| | | | $7^{\#}$ | $9^{\#}$ | $9^{\#}$ |
| 名称 | | 单位 | 数量 | | |
| 人工 | 综合工日 | 工日 | 20.000 | 24.000 | 28.000 |
| 材料 | 单开道岔 50kg $7^{\#}$ | 组 | 1.000 | — | — |
| | 单开道岔 50kg $9^{\#}$ | 组 | — | 1.000 | — |
| | 单开道岔 60kg $9^{\#}$ | 组 | — | — | 1.000 |
| | 木岔枕 | $m^3$ | 7.124 | 8.457 | 8.657 |

工作内容：埋设钢轨架，放置备用材料。

计量单位：组

| 定额编号 | | | 5-282 | 5-283 | 5-284 | 5-285 |
|---|---|---|---|---|---|---|
| 项目 | | | 混凝土岔枕 | | | |
| | | | 50kg | | 60kg | |
| | | | $9^{\#}$ | $12^{\#}$ | $9^{\#}$ | $12^{\#}$ |
| 名称 | | 单位 | 数量 | | | |
| 人工 | 综合工日 | 工日 | 57.000 | 74.000 | 60.000 | 78.000 |
| 材料 | 单开道岔 60kg $12^{\#}$（混凝土枕用） | 组 | — | — | — | 1.000 |
| | 混凝土岔枕 60kg $12^{\#}$（单开道岔用） | 组 | — | — | — | 1.000 |
| | 单开道岔 60kg $9^{\#}$（混凝土枕用） | 组 | — | — | 1.000 | — |
| | 混凝土岔枕 60kg $9^{\#}$（单开道岔用） | 组 | — | — | 1.000 | — |
| | 单开道岔 50kg $12^{\#}$ 高锰钢(混凝土枕用) | 组 | — | 1.000 | — | — |
| | 混凝土岔枕 50kg $12^{\#}$（单开道岔用） | 组 | — | 1.000 | — | — |
| | 单开道岔 50kg $9^{\#}$（混凝土枕用） | 组 | 1.000 | — | — | — |
| | 混凝土岔枕 50kg $9^{\#}$（单开道岔用） | 组 | 1.000 | — | — | — |

**工作内容**：埋设钢轨架，放置备用材料。

计量单位：组

| 定额编号 | | | 5-286 | 5-287 |
|---|---|---|---|---|
| 项　目 | | | 合成轨枕 | |
| | | | 60kg | |
| | | | 9# | 12# |
| 名　称 | | 单位 | 数　量 | |
| 人工 | 综合工日 | 工日 | 60.000 | 78.000 |
| 材料 | 单开道岔 60kg 12#（混凝土枕用） | 组 | — | 1.000 |
| | 合成轨枕 60kg 12#（单开道岔用） | 组 | — | 1.000 |
| | 单开道岔 60kg 9#（混凝土枕用） | 组 | 1.000 | — |
| | 合成轨枕 60kg 9#（单开道岔用） | 组 | 1.000 | — |

**工作内容：**埋设钢轨架，放置备用材料。

计量单位：组

| 定额编号 | | | 5-288 | 5-289 |
|---|---|---|---|---|
| 项目 | | | 整体道床 | |
| | | | 60kg | |
| | | | 9# | 12# |
| 名称 | | 单位 | 数量 | |
| 人工 | 综合工日 | 工日 | 60.000 | 78.000 |
| 材料 | 单开道岔 60kg 12#（整体道床） | 组 | — | 1.000 |
| | 单开道岔 60kg 9#（整体道床） | 组 | 1.000 | — |
| | 混凝土岔枕 60kg 12#（单开道岔用） | 组 | — | 1.000 |
| | 混凝土岔枕 60kg 9#（单开道岔用） | 组 | 1.000 | — |

### 5.3.6 复式交分道岔

**工作内容：** 埋设钢轨架，放置备用材料。

计量单位：组

| 定额编号 | | | 5-290 | 5-291 | 5-292 |
|---|---|---|---|---|---|
| 项目 | | | 木岔枕 | | |
| | | | 50kg | | 60kg |
| | | | $7^{\#}$ | $9^{\#}$ | $9^{\#}$ |
| 名称 | | 单位 | 数量 | | |
| 人工 | 综合工日 | 工日 | 38.000 | 42.000 | 49.000 |
| 材料 | 复式交分道岔 60kg $9^{\#}$ | 组 | — | — | 1.000 |
| | 复式交分道岔 50kg $9^{\#}$ | 组 | — | 1.000 | — |
| | 复式交分道岔 50kg $7^{\#}$ | 组 | 1.000 | — | — |
| | 木岔枕 | $m^3$ | 10.100 | 11.754 | 12.124 |

**工作内容：** 埋设钢轨架，放置备用材料。

计量单位：组

| 定额编号 | | | 5-293 | 5-294 |
|---|---|---|---|---|
| 项目 | | | 整体道床 | |
| | | | 60kg | |
| | | | 9# | 12# |
| 名称 | | 单位 | 数量 | |
| 人工 | 综合工日 | 工日 | 49.000 | 58.800 |
| 材料 | 复式交分道岔 60kg 12#（固定辙岔整体道床） | 组 | — | 1.000 |
| | 复式交分道岔 60kg 9#（整体道床） | 组 | 1.000 | — |
| | 混凝土岔枕 60kg 12#（复式交分） | 组 | — | 1.000 |
| | 混凝土岔枕 60kg 9#（复式交分） | 组 | 1.000 | — |

### 5.3.7 交叉渡线

**工作内容：**埋设钢轨架，放置备用材料。

计量单位：组

| 定额编号 | | | 5-295 | 5-296 | 5-297 |
|---|---|---|---|---|---|
| 项目 | | | 木岔枕 | | |
| | | | 50kg | | 60kg |
| | | | 7# | 9# | 9# |
| 名称 | | 单位 | 数量 | | |
| 人工 | 综合工日 | 工日 | 104.000 | 112.000 | 125.000 |
| 材料 | 交叉渡线 50kg 7# 间距 5.0m | 组 | 1.000 | — | — |
| | 交叉渡线 50kg 9# 间距 5.0m | 组 | — | 1.000 | — |
| | 交叉渡线 60kg 9# 间距 5.0m | 组 | — | — | 1.000 |
| | 木岔枕 | $m^3$ | 24.190 | 30.080 | 30.020 |

工作内容：埋设钢轨架，放置备用材料。

计量单位：组

| 定额编号 | | | 5-298 | 5-299 |
|---|---|---|---|---|
| 项目 | | | 混凝土岔枕 | |
| | | | 60kg | |
| | | | 9# | 12# |
| 名称 | | 单位 | 数量 | |
| 人工 | 综合工日 | 工日 | 200.000 | 240.000 |
| 材料 | 交叉渡线 60kg 12# 间距 5.0m 混凝土岔枕 | 组 | — | 1.000 |
| | 交叉渡线 60kg 9# 间距 5.0m 混凝土岔枕 | 组 | 1.000 | — |
| | 混凝土岔枕 交叉渡线 60kg 12# 间距 5.0m | 根 | — | 1.000 |
| | 混凝土岔枕 交叉渡线 60kg 9# 间距 5.0m | 根 | 1.000 | — |

**工作内容：**埋设钢轨架，放置备用材料。

计量单位：组

| 定额编号 | | | 5-300 |
|---|---|---|---|
| 项目 | | | 合成轨枕 |
| | | | 60kg |
| | | | 12# |
| 名称 | | 单位 | 数量 |
| 人工 | 综合工日 | 工日 | 200.000 |
| 材料 | 交叉渡线 60kg 12# 间距 5.0m（合成轨枕） | 组 | 1.000 |
| | 合成轨枕（交叉渡线 60kg 12# 间距 5.0m） | 根 | 1.000 |

工作内容：埋设钢轨架，放置备用材料。

计量单位：组

| 定额编号 | | | 5-301 | 5-302 |
|---|---|---|---|---|
| 项目 | | | 整体道床 | |
| | | | 60kg | |
| | | | 9# | 12# |
| 名称 | | 单位 | 数量 | |
| 人工 | 综合工日 | 工日 | 200.000 | 240.000 |
| 材料 | 交叉渡线 60kg 12#间距 5.0m (整体道床) | 组 | — | 1.000 |
| | 交叉渡线 60kg 9#间距 5.0m (整体道床) | 组 | 1.000 | — |
| | 混凝土岔枕（交叉渡线 60kg 12# 间距 5.0m） | 根 | — | 1.000 |
| | 混凝土岔枕（交叉渡线 60kg 9# 间距 5.0m） | 根 | 1.000 | — |

## 5.4 其　他

计量单位：处

| 定额编号 | | | 5-303 | 5-304 |
|---|---|---|---|---|
| 项目 | | | 车挡 | |
| | | | 弯轨式 | |
| | | | 甲式 | 乙式 |
| 名称 | | 单位 | 数量 | |
| 人工 | 综合工日 | 工日 | 18.120 | 7.410 |
| 材料 | 硬木板(方) | $m^3$ | 0.039 | — |
| | 圆钢 Q235-A $\phi$10～18 | kg | 4.200 | — |
| | 钢板 Q235-A $\delta$=8～30 | kg | 8.200 | — |
| | 铸铁花纹板 | t | 0.129 | — |
| | 废(旧)轨 | t | 1.190 | 0.845 |
| | 接头夹板 50kg | 块 | 8.010 | 8.020 |
| | 接头螺栓带帽 50kg | 套 | 24.200 | 21.780 |
| | 弹簧垫圈 50kg | 个 | 24.500 | 22.050 |
| | 铁垫板 50kg | 块 | 20.100 | 18.090 |
| | 道钉 16×16×165 | 个 | 80.800 | 72.700 |
| | 普通轨距杆 $\phi$32 | 根 | 2.000 | 2.000 |
| | 木枕 Ⅱ类 | 根 | 10.030 | 9.270 |
| | 六角头螺栓带帽 M12×（60～65） | 套 | 4.000 | 4.000 |
| | 其他材料费 | % | 2.000 | 2.000 |

计量单位：处

| 定　额　编　号 | | | 5-305 | 5-306 |
|---|---|---|---|---|
| 项　　目 | | | 车挡 | |
| | | | CDKN 型库内车挡 | 钢轨架车挡 |
| 名　　称 | | 单位 | 数　　量 | |
| 人工 | 综合工日 | 工日 | 10.800 | 8.500 |
| 材料 | CDKN 型库内车挡 | 个 | 1.000 | — |
| | 钢轨架车挡 | 个 | — | 1.000 |
| | 其他材料费 | % | 2.000 | 2.000 |

计量单位：处

| 定　额　编　号 | | | 5-307 | 5-308 |
|---|---|---|---|---|
| 项　　目 | | | 挡车器 | |
| | | | 滑动式 | 月牙式 |
| 名　　称 | | 单位 | 数　　量 | |
| 人工 | 综合工日 | 工日 | 6.670 | 2.220 |
| 材料 | 滑动式挡车器 | 个 | 1.000 | — |
| | 月牙式挡车器 | 个 | — | 1.000 |
| | 其他材料费 | % | 2.000 | 2.000 |

计量单位：处

| 定额编号 | | | 5-309 |
| --- | --- | --- | --- |
| 项目 | | | 挡车器 |
| | | | DDCQY 型液压缓冲挡车器 |
| 名称 | | 单位 | 数量 |
| 人工 | 综合工日 | 工日 | 10.800 |
| 材料 | DDCQY 型液压缓冲挡车器 | 个 | 1.000 |
| | 其他材料费 | % | 2.000 |

计量单位：处

| 定额编号 | | | 5-310 |
| --- | --- | --- | --- |
| 项目 | | | 线路涂油器 |
| 名称 | | 单位 | 数量 |
| 人工 | 综合工日 | 工日 | 2.000 |
| 材料 | 线路涂油器 | 个 | 1.000 |
| | 其他材料费 | % | 2.000 |
| 机械 | 轨道车 ≤210kW | 台班 | 0.150 |
| | 轨道平车 ≤30t | 台班 | 0.150 |

**主 编 单 位:** 住房和城乡建设部标准定额研究所

**编 制 单 位:** 铁道工程定额所

**参 编 单 位:** 铁道第三勘察设计院集团有限公司

**综合协调人员:** 胡传海 王海宏 胡晓丽 白洁如 王志年 戴富元
汪一江 郎桂林 吴 强 曾伟源 陈柏生 李成栋
史素美 孙金科 薛长立 王文江 李永芳 张永胜
张明焕 卢后星 顾 青 魏晓东

**编 制 人 员:** 李成栋 王中和 唐小平 金 强 何 燕 王志年
朱成瑶 刘云霞 李双辉 王 学 李 杰

# 城市轨道交通工程预算定额

GCG 103-2008

## 第六册　通 信 工 程

中 国 计 划 出 版 社

北　　京

**图书在版编目(CIP)数据**

城市轨道交通工程预算定额：GCG 103–2008. 第 6 册，通信工程 / 住房和城乡建设部标准定额研究所主编. 北京：中国计划出版社，2008. 12
ISBN 978–7–80242–260–5

Ⅰ. 城…　Ⅱ. 住…　Ⅲ. ①城市铁路–铁路工程–预算定额–中国②城市铁路–铁路通信–通信工程–预算定额–中国 Ⅳ.U239.5

中国版本图书馆 CIP 数据核字（2008）第 172184 号

**主编单位：** 住房和城乡建设部标准定额研究所

**批准部门：** 中华人民共和国住房和城乡建设部

**施行日期：** 2009 年 1 月 1 日

# 住房城乡建设部
# 关于印发《城市轨道交通工程预算定额》的通知

建标〔2008〕193号

为适应城市轨道交通工程建设的需要，合理确定和控制城市轨道交通工程造价，我部制定了《城市轨道交通工程预算定额》，编号为GCG 103-2008，自2009年1月1日起施行。现印发给你们。2001年批准发布的《全国统一市政工程预算定额》第九册（地铁工程）同时废止。请你们将施行中的有关问题和建议反馈给我部标准定额司。

《城市轨道交通工程预算定额》由我部标准定额研究所组织中国计划出版社出版发行。

中华人民共和国住房和城乡建设部

二〇〇八年十月十五日

# 总 说 明

一、《城市轨道交通工程预算定额》（以下简称本定额）共分10册，包括：

第一册　路基、围护结构及地基处理工程；

第二册　桥涵工程；

第三册　隧道工程；

第四册　地下结构工程；

第五册　轨道工程；

第六册　通信工程；

第七册　信号工程；

第八册　供电工程；

第九册　智能与控制系统安装工程；

第十册　机电设备安装工程。

二、本定额是完成规定计量单位分部分项工程所需的人工、材料、施工机械台班的消耗量标准，是制定城市轨道交通工程地区单位估价表、工程量清单综合单价、招标标底和投标报价的基础。

三、本定额适用于新建、扩建的城市轨道交通工程。

四、本定额是按照正常施工条件、目前多数施工企业的施工机械装备程度，施工中常用的施工方法、施工工艺、劳动组织以及合理工期进行编制的。

五、本定额是依据国家有关产品标准、设计规范和施工验收规范编制的，参考了现行国家、行业和地方定额，以及有代表性的工程设计、施工资料和其他资料。

六、本定额消耗量的确定。

1. 人工工日消耗量。人工工日不分工种、技术等级均以综合工日表示。内容包括基本用工、超运距用工、人工幅度差和辅助用工。

2. 材料消耗量。

（1）材料选用符合国家质量标准和相应设计要求的合格产品。

（2）材料消耗包括主要材料、辅助材料、零星材料，凡能计量的材料、成品、半成品均按品种、规格逐一列出数量并计入相应的损耗，其内容和范围包括：从工地仓库、现场集中堆放地点或现场加工地点至操作或安装地点的运输损耗、施工操作损耗、施工现场堆放损耗。

（3）混凝土均按预拌混凝土考虑。

（4）周转性材料按不同施工方法、不同材质按规定的周转次数摊销计入定额内。

（5）用量少、价值小的材料合并为其他材料费，以占材料费的百分数表示。

3. 施工机械和仪器仪表台班消耗量。

（1）施工机械和仪器仪表台班消耗量是按正常合理的施工配备和施工工效测算确定台班使用量。

（2）凡单位价值在 2000 元以上的施工机械和仪器仪表按台班列入定额；单位价值在 2000 元以

下的列入费用定额工具使用费项下。

七、定额中均包括了材料、成品、半成品从工地仓库、现场集中堆放地点或现场加工地点至操作或安装地点的水平运输和垂直运输所需的人工和机械消耗量。如发生再次搬运，应在费用定额中二次搬运费项下列支。

八、本定额施工用水、电是按现场有水、电考虑的。

九、本定额的工作内容已说明了主要施工工序，次要工序虽未说明，均已考虑在定额内。

十、本定额与其他全国统一工程预算定额的关系，凡本定额包含的项目，按本定额项目执行；本定额缺项部分，可执行其他全国统一定额。

十一、本定额中注有“×××以内”或“×××以下”者均包括×××本身，“×××以外”或“×××以上”者则不包括×××本身。

十二、本说明未尽事宜，详见各册和各章说明。

# 册说明

一、《城市轨道交通工程预算定额》第六册“通信工程”(以下简称本册定额),包括挖、填光(电)缆沟及敷设通信管道,敷设光(电)缆、接续与测试、保护与防护,安装光(电)缆终端设备、机架(柜)、槽道及配线架,敷设站内光(电)缆和电线,布放设备电缆及导线,程控电话交换机及附属设备安装,无线通信系统设备安装,光纤数字传输设备安装,时钟系统设备安装,专用通信设备及配线设备安装,闭路电视监视系统设备安装,广播系统设备安装,通信电源设备及接地装置安装,计算机网络及附属设备安装,配管、托板托架、桥架及吊架安装等,共 19 章 474 个子目。

二、本册定额适用于新建、改建的通信工程。

三、本册定额主要依据的标准、规范:

1.《通信管道与通道工程设计规范》GB 50373—2006;

2.《城市轨道交通通信工程质量验收规范》GB 50382—2006;

3.《固定电话交换设备安装工程设计规范》YD/T 5076—2005;

4.《通信电源设备安装工程设计规范》YD/T 5040—2005;

5.《基于 SDH 的多业务传送节点(MSTP)本地网光缆传输工程设计规范》YD/T 5076—2005。

四、设备安装,除另有规定,均包括设备本身的安装固定,引入引出端子板的接线、端子的压接全部工作内容。不包括设备引出端子板以外的电缆、电线敷设及设备接地。

五、本册定额各种钢管、塑料管的敷设、光（电）缆和电线的敷设以及设备安装的操作高度，均按5m以下编制；若设计超过5m时，其超过部分的人工工日按乘以下列系数执行（见下表）：

| 操作高度 | 10m以下 | 20m以下 | 20m以上 |
| --- | --- | --- | --- |
| 超高系数 | 1.25 | 1.4 | 1.6 |

六、通信光（电）缆预留长度。

1.光缆预留量规定见下表：

| 序号 | 项　　目 | 预留长度（m） |
| --- | --- | --- |
| 1 | 接续处 | 3 |
| 2 | 引入设备处 | 5 |
| 3 | 中继站两侧引入口处 | 5 |
| 4 | 接续装置内光纤收容余长（每侧） | ≥0.8 |
| 5 | 托架光缆敷设每200m | 3 |
| 6 | 进出平拉隧道隔断门（或立转门） | 5 |
| 7 | 跨越绕行增加计算长度 | 12／2.5 |
| 8 | 其他特殊情况 | 按设计规定执行 |

2. 电缆预留量规定见下表：

| 序号 | 项　　目 | 预留长度（m） |
|---|---|---|
| 1 | 接续处 | 2 |
| 2 | 引入设备处 | 2 |
| 3 | 总配线架成端预留量 | |
| 3.1 | 100 对成端（采用 1 条 100 对电缆成端） | 3.5 |
| 3.2 | 200 对成端（采用 1 条 200 对电缆成端） | 4.5 |
| 3.3 | 300 对成端（采用 1 条 300 对电缆成端） | 5.5 |
| 3.4 | 400 对成端（采用 2 条 200 对电缆成端） | 9 |
| 4 | 组线箱成端（50 对以下） | 1.5 |
| 5 | 交接箱接头排（100 对电缆以上） | 5 |
| 6 | 分线箱（盒）预留（50 对以下） | 2.5 |
| 7 | 托架电缆敷设每 200m | 3 |
| 8 | 进出平拉隧道隔断门（或立转门） | 5 |
| 9 | 跨越绕行增加计算长度 | 12 / 2.5 |
| 10 | 其他特殊情况 | 按设计规定执行 |

七、本定额中使用的线、缆等材料与设计不符时允许换算。

八、安装与生产同时进行的工作，安装工程的人工费增加 10%，本费用为降效增加费。

九、在有害环境（高温、多尘、噪声超标、有害气体）中施工时，安装工程的人工费增加 10%，本费用为降效增加费。

十、未尽事宜见本册定额各章的说明。

# 目　　录

## 5　光（电）缆保护与防护



## 6　安装光（电）缆终端设备



## 7　安装机架（柜）、槽道及配线架



## 8　站内光（电）缆和电线敷设



## 9　布放设备电缆及导线



## 10　程控电话交换机及附属设备安装

## 11 无线通信系统设备安装



## 12 光纤数字传输设备安装



## 13 时钟系统设备安装



## 14 专用通信设备及配线设备安装



## 15 闭路电视监视系统设备安装

## 16　广播系统设备安装



## 17　通信电源设备及接地装置安装



## 18　计算机网络及附属设备安装



## 19　配管、托板托架、桥架及吊架安装

# 1　挖、填光（电）缆沟及敷设通信管道

# 说　明

一、本章包括：挖、填光（电）缆沟、敷设通信管道、人（手）孔砌筑等工作，共 3 节 67 个子目。人（手）孔工作按标准图编制。

二、挖、填光（电）缆沟及管道沟的长度，应减去光（电）缆过桥、隧及人（手）孔坑的长度。

三、挖、填光（电）缆沟，按土、石质，沟深 0.8m、1.2m 编制。不包括地下、地上障碍物处理，发生时另行计列。

四、通信管道沟和人孔坑抽水，按用水泵抽水及人工将水淘干后，在施工中仍需继续淘水编制的，管道沟抽水系以两个人孔之间为一段。

# 工程量计算规则

一、挖、填光（电）缆沟；挖、砌光（电）缆槽道、混凝土管道基础及底基、铺设管道等以“100m”为单位计算。

二、挖管道沟及人孔坑、回填夯实以“$10m^3$”为单位计算。

三、清理路基道渣以“$m^3$”为单位计算。

四、铺设引上混凝土管块、钢管、弯管以“根”为单位计算。

五、砌筑人（手）孔等按“个”为单位计算。

六、光（电）缆标桩按“10 根”为单位计算。

## 1.1 挖、填光（电）缆沟

**工作内容：**划线定位，开挖光（电）缆沟、接头坑，清理，松填。

计量单位：100m

| 定额编号 | | | 6-1 | 6-2 | 6-3 | 6-4 | 6-5 | 6-6 |
|---|---|---|---|---|---|---|---|---|
| 项目 | | | 挖、填光（电）缆沟 | | | | | |
| | | | 土 | | | | | |
| | | | 沟深 0.8m 以内 | | | 沟深 1.2m 以内 | | |
| | | | 2 根以内 | 4 根以内 | 4 根以外 | 2 根以内 | 4 根以内 | 4 根以外 |
| 名称 | | 单位 | 数量 | | | | | |
| 人工 | 综合工日 | 工日 | 14.320 | 16.240 | 18.150 | 23.933 | 30.156 | 36.378 |
| 材料 | 塑料彩条编织布 | $m^2$ | 17.500 | 17.500 | 17.500 | 17.500 | 17.500 | 17.500 |
| | 其他材料费 | % | 5.000 | 5.000 | 5.000 | 5.000 | 5.000 | 5.000 |

**工作内容：**人力开挖：划线定位，人力凿石，开挖光（电）缆沟、接头坑，清理，松填，铺、盖土（砂）。

计量单位：100m

| 定额编号 | | | 6-7 | 6-8 | 6-9 |
|---|---|---|---|---|---|
| 项目 | | | 挖、填光（电）缆沟 | | |
| | | | 石（沟深 0.8m 以内） | | |
| | | | 2 根以内 | 4 根以内 | 4 根以外 |
| 名称 | | 单位 | 数量 | | |
| 人工 | 综合工日 | 工日 | 84.137 | 106.013 | 127.888 |
| 材料 | 塑料彩条编织布 | $m^2$ | 17.500 | 17.500 | 17.500 |
| | 其他材料费 | % | 5.000 | 5.000 | 5.000 |

**工作内容：**人力夯实。挖、砌光（电）缆槽道：划线定位，挖槽道沟、夯实，木模制作、安装、拆除，钢筋配料绑扎，灌注，预制盖板，做槽道基础，砌砖，抹水泥砂浆，养护，回填土。清理路基道渣。光（电）缆标桩：挖坑、埋设、回填、夯实。

<table>
<tr><td colspan="3">定 额 编 号</td><td>6-10</td><td>6-11</td><td>6-12</td><td>6-13</td><td>6-14</td></tr>
<tr><td colspan="3" rowspan="3">项 目</td><td>光(电)缆沟回填后夯实</td><td colspan="2">挖、砌光（电）缆槽道<br>地平式（mm）</td><td>清理路基道渣</td><td>光（电）缆标桩</td></tr>
<tr><td rowspan="2">10m³</td><td>300×300</td><td>600×300</td><td rowspan="2">m³</td><td rowspan="2">10 根</td></tr>
<tr><td colspan="2">100m</td></tr>
<tr><td colspan="2">名 称</td><td>单位</td><td colspan="5">数 量</td></tr>
<tr><td>人工</td><td>综合工日</td><td>工日</td><td>1.100</td><td>79.530</td><td>109.320</td><td>0.300</td><td>2.500</td></tr>
<tr><td rowspan="8">材料</td><td>混凝土 C20</td><td>m³</td><td>—</td><td>12.650</td><td>18.770</td><td>—</td><td>—</td></tr>
<tr><td>混凝土 C15</td><td>m³</td><td>—</td><td>4.090</td><td>4.090</td><td>—</td><td>—</td></tr>
<tr><td>水泥砂浆 M5</td><td>m³</td><td>—</td><td>4.090</td><td>4.690</td><td>—</td><td>—</td></tr>
<tr><td>锯材</td><td>m³</td><td>—</td><td>0.200</td><td>0.300</td><td>—</td><td>—</td></tr>
<tr><td>草帘</td><td>条</td><td>—</td><td>13.750</td><td>21.280</td><td>—</td><td>—</td></tr>
<tr><td>标准砖 240×115×53</td><td>千块</td><td>—</td><td>3.890</td><td>3.890</td><td>—</td><td>—</td></tr>
<tr><td>电缆标桩 120×120×1200</td><td>根</td><td>—</td><td>—</td><td>—</td><td>—</td><td>10.100</td></tr>
<tr><td>砖地模</td><td>m²</td><td>—</td><td>0.660</td><td>1.030</td><td>—</td><td>—</td></tr>
</table>

续前

| 定额编号 | | | 6-10 | 6-11 | 6-12 | 6-13 | 5-14 |
|---|---|---|---|---|---|---|---|
| 项目 | | | 光(电)缆沟回填后夯实 | 挖、砌光（电）缆槽道地平式（mm） | | 清理路基道渣 | 光（电）缆标桩 |
| | | | | 300×300 | 600×300 | | |
| | | | $10m^3$ | 100m | | $m^3$ | 10根 |
| 名称 | | 单位 | 数量 | | | | |
| 材料 | 圆钢 Q235-A $\phi6\sim9$ | kg | — | 438.240 | 681.560 | — | — |
| | 镀锌钢丝 $\phi0.7\sim5$ | kg | — | 3.310 | 5.140 | — | — |
| | 醇酸调和漆 | kg | — | — | — | — | 0.700 |
| | 醇酸调和漆（黑） | kg | — | — | — | — | 0.300 |
| | 铁线钉 | kg | — | 2.320 | 3.410 | — | — |
| | 电 | kW·h | — | 0.470 | 0.650 | — | — |
| | 其他材料费 | % | — | 5.000 | 5.000 | — | 5.000 |

续前

| 定　额　编　号 | | | 6-10 | 6-11 | 6-12 | 6-13 | 6-14 |
|---|---|---|---|---|---|---|---|
| 项　　目 | | | 光(电)缆沟回填后夯实 | 挖、砌光(电)缆槽道地平式(mm) | | 清理路基道渣 | 光(电)缆标桩 |
| | | | | 300×300 | 600×300 | | |
| | | | $10m^3$ | 100m | | $m^3$ | 10 根 |
| 名　　称 | | 单位 | 数　量 | | | | |
| 机械 | 混凝土外部振动器 | 台班 | — | 0.510 | 0.790 | — | — |
| | 机动翻斗车 ≤1t | 台班 | — | 1.380 | 2.030 | — | — |
| | 钢筋调直机 $d$≤14 | 台班 | — | 0.360 | 0.560 | — | — |
| | 钢筋切断机 $d$≤40 | 台班 | — | 0.360 | 0.560 | — | — |
| | 钢筋弯曲机 $d$≤40 | 台班 | — | 0.360 | 0.560 | — | — |

## 1.2 敷设通信管道

工作内容：1. 划线定位、开挖、修整、清理、找平，测量高程。

2. 划线定位，打（钻）孔、防护、爆破、清理、找平，测量高程。

3. 人力开挖：划线定位，人力凿石，清理，修整、找平，测量高程。

4. 回填夯实：回填、人力夯实、找平。

计量单位：$10m^3$

| 定额编号 | | | 6-15 | 6-16 | 6-17 | 6-18 |
|---|---|---|---|---|---|---|
| 项目 | | | 挖管道沟及人孔坑、土，2m以内 | 爆破开挖管道沟及人孔坑、石 | 人力开挖管道沟及人孔坑、石 | 管道沟及人孔坑回填夯实 |
| 名称 | | 单位 | 数量 | | | |
| 人工 | 综合工日 | 工日 | 4.280 | 14.720 | 20.608 | 2.090 |
| 材料 | 工具钢 实心 | kg | — | 1.213 | — | — |
| | 硝铵炸药 | kg | — | 7.158 | — | — |
| | 雷管 | 个 | — | 18.963 | — | — |
| | 塑料彩条编织布 | $m^2$ | 5.000 | 12.500 | 12.500 | — |
| | 其他材料费 | % | 5.000 | 5.000 | 5.000 | — |

**工作内容：**1. 支、拆挡土板：制、支、撑挡土板，锯撑木，拆除、集中堆放、清理。
2. 抽水：装拆水泵或手动抽水工具，抽水。

| 定额编号 | | | 6-19 | 6-20 | 6-21 | 6-22 | 6-23 | 6-24 |
|---|---|---|---|---|---|---|---|---|
| 项目 | | | 管道沟支、拆挡土板 | 人孔坑支、拆挡土板 | 管道沟抽水 | 人孔坑抽水 | 布缆时人孔内抽水 | |
| | | | | | | | 积水 | 流水 |
| | | | 100m | 个 | 段 | 个 | 个 | |
| 名称 | | 单位 | 数量 | | | | | |
| 人工 | 综合工日 | 工日 | 10.000 | 3.440 | 3.000 | 1.000 | 0.200 | 0.500 |
| 材料 | 原木 | $m^3$ | 0.070 | 0.035 | — | — | — | — |
| | 锯材 | $m^3$ | 0.320 | 0.045 | — | — | — | — |
| | 其他材料费 | % | 5.000 | 5.000 | — | — | — | — |
| 机械 | 单级离心清水泵 ≤60$m^3$/h | 台班 | — | — | 3.000 | 1.000 | 0.200 | 0.500 |

**工作内容：**木模制作、安装、拆除，钢筋配料绑扎，灌注、养护。

计量单位：100m

| 定额编号 | | | 6-25 | 6-26 | 6-27 | 6-28 |
|---|---|---|---|---|---|---|
| 项目 | | | 混凝土管道基础（基础厚 0.08m） | | | |
| | | | 2 孔宽 | 3 孔宽 | 4 孔宽 | 6 孔宽（平铺） |
| 名称 | | 单位 | 数量 | | | |
| 人工 | 综合工日 | 工日 | 13.690 | 17.390 | 19.930 | 26.340 |
| 材料 | 混凝土 C10 | $m^3$ | 2.860 | 3.750 | 5.020 | 6.810 |
| | 锯材 | $m^3$ | 0.094 | 0.099 | 0.104 | 0.114 |
| | 草帘 | 条 | 8.000 | 10.000 | 15.000 | 20.000 |
| | 圆钢 Q235-A $\phi6\sim9$ | kg | 9.020 | 11.320 | 15.800 | 20.440 |
| | 其他材料费 | % | 5.000 | 5.000 | 5.000 | 5.000 |

**工作内容**：铺碎石、找平、拍实，面层铺砂、找平。

计量单位：100m

| 定额编号 | | | 6-29 | 6-30 | 6-31 | 6-32 | 6-33 | 6-34 |
|---|---|---|---|---|---|---|---|---|
| 项目 | | | 管道碎石底基（管群12孔以下） | | | | 管道碎石底基（管群12孔以上） | |
| | | | 2孔宽 | 3孔宽 | 4孔宽 | 6孔宽（平铺） | 4孔宽 | 6孔宽（平铺） |
| 名称 | | 单位 | 数量 | | | | | |
| 人工 | 综合工日 | 工日 | 5.480 | 6.960 | 7.970 | 10.540 | 10.670 | 13.240 |
| 材料 | 碎石 16以内 | $m^3$ | 6.550 | 7.660 | 9.220 | 11.440 | 12.250 | 14.470 |
| | 中粗砂 | $m^3$ | 1.280 | 1.500 | 1.800 | 2.240 | 2.400 | 2.830 |
| | 其他材料费 | % | 5.000 | 5.000 | 5.000 | 5.000 | 5.000 | 5.000 |

**工作内容**：刷洗、抬运、铺设混凝土管，试通，抹接口、抹八字、填缝、抹边缝，养护。

计量单位：100m

| 定额编号 | | | 6-35 | 6-36 | 6-37 | 6-38 | 6-39 |
|---|---|---|---|---|---|---|---|
| 项目 | | | 铺设混凝土通信管道 | | | | |
| | | | 6孔 | | 12孔 | | |
| | | | 甲式 | 乙式 | 甲式 | 乙式 | 丙式 |
| 名称 | | 单位 | 数量 | | | | |
| 人工 | 综合工日 | 工日 | 10.800 | 11.800 | 29.000 | 22.300 | 29.010 |
| 材料 | 水泥砂浆 M7.5 | $m^3$ | 0.880 | 1.030 | 2.070 | 1.990 | 2.240 |
| | 草帘 | 条 | 16.000 | 16.000 | 16.000 | 16.000 | 32.000 |
| | 混凝土通信管块 6孔 600 | 块 | 167.000 | 167.000 | 334.000 | 334.000 | 334.000 |
| | 其他材料费 | % | 5.000 | 5.000 | 5.000 | 5.000 | 5.000 |

**工作内容：** 刷洗、抬运、铺设混凝土管，试通，抹接口、抹八字、填缝、抹边缝，养护。

计量单位：100m

| 定额编号 | | | 6-40 | 6-41 | 6-42 |
|---|---|---|---|---|---|
| 项目 | | | 铺设混凝土通信管道 | | |
| | | | 24孔 | | |
| | | | 甲式 | 乙式 | 丙式 |
| 名称 | | 单位 | 数量 | | |
| 人工 | 综合工日 | 工日 | 56.700 | 56.700 | 43.300 |
| 材料 | 水泥砂浆 M7.5 | $m^3$ | 3.940 | 4.220 | 3.920 |
| | 草帘 | 条 | 24.000 | 24.000 | 48.000 |
| | 混凝土通信管块 6孔 600 | 块 | 668.000 | 668.000 | 668.000 |
| | 其他材料费 | % | 5.000 | 5.000 | 5.000 |

工作内容：木模制作、安装、拆除，洗刷管身、基础及模块，灌注、养护。

计量单位：100m

| 定额编号 | | | 6-43 | 6-44 | 6-45 | 6-46 |
|---|---|---|---|---|---|---|
| 项目 | | | 包封混凝土通信管道 | | | |
| | | | 管道两侧<br>2孔高 | 管道两侧<br>3孔高 | 管道两侧<br>4孔高 | 管道两侧<br>6孔高 |
| 名称 | | 单位 | 数量 | | | |
| 人工 | 综合工日 | 工日 | 20.590 | 26.610 | 34.890 | 46.730 |
| 材料 | 混凝土 C10 | $m^3$ | 4.570 | 6.370 | 9.470 | 12.730 |
| | 锯材 | $m^3$ | 0.332 | 0.406 | 0.510 | 0.658 |
| | 草帘 | 条 | 16.000 | 20.000 | 24.000 | 32.000 |
| | 其他材料费 | % | 5.000 | 5.000 | 5.000 | 5.000 |

**工作内容：** 1. 引上混凝土管块：划线定位，挖沟（不包括开凿路面）、抄平，人孔壁凿口，铺管、封窗口，养护。

2. 引上钢管：定位、安装、接续、加固、缠沥青麻布。

3. 引上弯管：定位、安装、接续、加固、加热涂沥青。

计量单位：根

| 定额编号 | | | 6-47 | 6-48 | 6-49 | 6-50 | 6-51 |
|---|---|---|---|---|---|---|---|
| 项目 | | | 铺设引上混凝土管块 | | 安装引上钢管 | | 安装引上弯管 |
| | | | 1 孔 | 2 孔 | 杆上 | 墙上 | |
| 名称 | | 单位 | 数量 | | | | |
| 人工 | 综合工日 | 工日 | 0.310 | 0.440 | 0.500 | 0.700 | 0.750 |
| 材料 | 水泥砂浆 M7.5 | $m^3$ | 0.011 | 0.011 | — | — | 0.020 |
| | 草帘 | 条 | 0.500 | 0.500 | — | — | — |
| | 混凝土通信管块 1 孔 600 | 块 | 1.010 | — | — | — | — |
| | 混凝土通信管块 2 孔 600 | 块 | — | 1.010 | — | — | — |
| | 焊接钢管 | kg | — | — | 20.930 | 20.930 | — |
| | 铸铁弯管 *DN* 70×90° *L*=2000 | 根 | — | — | — | — | 1.010 |
| | 膨胀螺栓 M12×110 | 套 | — | — | — | 6.000 | — |
| | 拉线抱箍 | 副 | — | — | 2.020 | — | — |
| | 钢管卡子 10# | 副 | — | — | — | 3.090 | — |
| | 其他材料费 | % | 5.000 | 5.000 | 5.000 | 5.000 | 5.000 |

**工作内容：**钢筋支架加工、绑扎，锉管内口，铺设、接续塑料管，管缝间填充水泥砂浆，试通。

计量单位：100m

| 定 额 编 号 | | | 6-52 | 6-53 | 6-54 | 6-55 | 6-56 | 6-57 |
|---|---|---|---|---|---|---|---|---|
| 项 目 | | | 铺设塑料通信管道 | | | | | |
| | | | 2孔（2×1） | 3孔（3×1） | 4孔（2×2） | 6孔（3×2） | 9孔（3×3） | 12孔（4×3） |
| 名 称 | | 单位 | 数 量 | | | | | |
| 人工 | 综合工日 | 工日 | 3.800 | 5.200 | 6.400 | 7.600 | 11.010 | 14.440 |
| 材料 | PVC胶 | kg | 1.500 | 2.250 | 3.000 | 4.500 | 6.750 | 9.000 |
| | 镀锌圆钢 $\phi$10~18 | kg | — | — | 32.310 | 44.720 | 62.720 | 79.820 |
| | 聚氯乙烯硬管 *D*100 | m | 202.000 | 303.000 | 404.000 | 606.000 | 909.000 | 1212.000 |
| | 其他材料费 | % | 5.000 | 5.000 | 5.000 | 5.000 | 5.000 | 5.000 |

**工作内容**：锉管内口，切管套丝，铺设，接续，试通等。

计量单位：100m

| 定额编号 | | | 6-58 | 6-59 | 6-60 | 6-61 | 6-62 |
|---|---|---|---|---|---|---|---|
| 项目 | | | 铺设塑料通信管道 | | 铺设镀锌钢管通信管道 | | |
| | | | 18孔(6×3) | 24孔(6×4) | 6孔(3×2) | 12孔(4×3) | 24孔(6×4) |
| 名称 | | 单位 | 数量 | | | | |
| 人工 | 综合工日 | 工日 | 20.940 | 27.440 | 15.860 | 30.850 | 60.060 |
| 材料 | PVC胶 | kg | 13.500 | 18.000 | — | — | — |
| | 镀锌圆钢 $\phi10\sim18$ | kg | 115.550 | 147.850 | — | — | — |
| | 镀锌焊接钢管 $DN100\times4$ | m | — | — | 618.000 | 1236.000 | 2472.000 |
| | 镀锌室外钢管接头零件 $DN100$ | 个 | — | — | 121.200 | 242.400 | 484.800 |
| | 聚氯乙烯硬管 $D100$ | m | 1818.000 | 2424.000 | — | — | — |
| | 其他材料费 | % | 5.000 | 5.000 | 5.000 | 5.000 | 5.000 |
| 机械 | 普通车床 ≤400×2000 | 台班 | — | — | 4.200 | 8.400 | 16.800 |
| | 套丝切管机 $d\leqslant159$ | 台班 | — | — | 2.400 | 4.800 | 9.600 |

# 1.3 人（手）孔砌筑

**工作内容：** 木模制作、安装、拆除，钢筋配料绑扎，灌注，砌砖，安装人孔口圈、电缆托架，勾缝、抹面，养护，清刷、涂防水层。

计量单位：个

| 定额编号 | | | 6-63 | 6-64 | 6-65 | 6-66 | 6-67 |
|---|---|---|---|---|---|---|---|
| 项目 | | | 砌筑人孔 24 孔以内 | | | 砌筑手孔（mm） | |
| | | | 直通型 | 三通型 | 四通型 | 900×1200 | 1200×1700 |
| 名称 | | 单位 | 数量 | | | | |
| 人工 | 综合工日 | 工日 | 22.190 | 31.820 | 32.460 | 12.540 | 17.000 |
| 材料 | 混凝土 C15 | $m^3$ | 2.500 | 3.920 | 4.040 | 0.550 | 0.970 |
| | 水泥砂浆 M10 | $m^3$ | 1.020 | 1.220 | 1.290 | 0.810 | 1.250 |
| | 水泥砂浆 M20 | $m^3$ | 0.850 | 1.070 | 1.110 | — | — |
| | 锯材 | $m^3$ | 0.030 | 0.040 | 0.050 | 0.060 | 0.100 |
| | 草帘 | 条 | 10.000 | 10.000 | 10.000 | 10.000 | 10.000 |
| | 标准砖 240×115×53 | 千块 | 1.830 | 2.560 | 2.600 | 0.720 | 1.080 |

续前

| 定额编号 | | | 6-63 | 6-64 | 6-65 | 6-66 | 6-67 |
|---|---|---|---|---|---|---|---|
| 项目 | | | 砌筑人孔 24 孔以内 | | | 砌筑手孔（mm） | |
| | | | 直通型 | 三通型 | 四通型 | 900×1200 | 1200×1700 |
| 名称 | | 单位 | 数量 | | | | |
| 材料 | 防水剂 | kg | 25.020 | 31.590 | 32.580 | 9.720 | 13.740 |
| | 圆钢 Q235-A $\phi 6\sim 9$ | kg | 12.900 | 18.800 | 18.800 | 4.050 | 2.100 |
| | 圆钢 Q235-A $\phi 10\sim 18$ | kg | 31.800 | 66.900 | 69.200 | 7.210 | 23.010 |
| | 电缆托架（甲） | 套 | 8.080 | 12.120 | 10.100 | 4.040 | 4.040 |
| | 电缆托架（乙） | 套 | — | 4.040 | 6.060 | — | — |
| | 电缆托架穿钉 M16 | 套 | 12.120 | 26.260 | 26.260 | 8.080 | 8.080 |
| | 电缆人孔口圈车行道用 | 套 | 1.010 | 1.010 | 1.010 | 1.010 | 1.010 |
| | 积水罐带盖 | 个 | 1.010 | 1.010 | 1.010 | 1.010 | 1.010 |
| | 拉力环 | 个 | 2.020 | 3.030 | 4.040 | 2.020 | 2.020 |
| | 其他材料费 | % | 5.000 | 5.000 | 5.000 | 5.000 | 5.000 |

# 2 敷设光缆

# 说　明

一、本章包括：敷设管道光缆、敷设托架光缆、控制中心、车辆段及车站的光缆引入等工作，共 3 节 17 个子目。

二、管道敷设塑料子管，系指管道每一孔内，布放塑料子管的数量。

三、敷设管道光缆已包括管孔清刷，若管道堵塞、沉陷、断裂等另行计列。

# 工程量计算规则

一、光缆敷设芯数超出 120 芯以外，按每增加 24 芯，增加 0.8 个工日计算。

二、敷设管道光缆、托架光缆、塑料子管以“100m”为单位计算。

三、控制中心、车辆段及车站的光缆引入以“条”为单位计算。

## 2.1 敷设管道光缆

**工作内容：**清刷管孔、塑料管外观检查、敷设塑料管并试通、固定堵头及塞子、管头做标记。

计量单位：100m

| 定额编号 | | | 6-68 | 6-69 | 6-70 | 6-71 |
|---|---|---|---|---|---|---|
| 项目 | | | 敷设塑料子管 | | | |
| | | | 1孔 | 2孔 | 3孔 | 4孔 |
| 名称 | | 单位 | 数量 | | | |
| 人工 | 综合工日 | 工日 | 1.500 | 2.400 | 3.000 | 3.600 |
| 材料 | 镀锌钢丝 $\phi1.5$ | kg | 0.305 | 0.305 | 0.305 | 0.305 |
| | 镀锌钢丝 $\phi3\sim6$ | kg | 2.030 | 2.030 | 2.030 | 2.030 |
| | 聚乙烯管固定堵头 | 个 | 1.220 | 2.430 | 3.650 | 4.860 |
| | 聚乙烯管塞子 | 个 | 2.450 | 4.900 | 7.350 | 9.800 |
| | 硅塑管 $D33/D40$ | m | 101.000 | 202.000 | 303.000 | 404.000 |
| | 其他材料费 | % | 5.000 | 5.000 | 5.000 | 5.000 |

**工作内容：**检查测试光缆、光缆配盘、清刷管孔，穿放引线、布放光缆、安装托板、人孔中光缆包保护管、盘余长等。

计量单位：100m

| 定额编号 | | | 6-72 | 6-73 | 6-74 | 6-75 | 6-76 | 6-77 |
|---|---|---|---|---|---|---|---|---|
| 项目 | | | 人工敷设管道光缆 | | | | | |
| | | | 48芯以内 | 60芯以内 | 72芯以内 | 84芯以内 | 96芯以内 | 120芯以内 |
| 名称 | | 单位 | 数量 | | | | | |
| 人工 | 综合工日 | 工日 | 5.400 | 5.400 | 6.200 | 6.200 | 7.000 | 8.000 |
| 材料 | 镀锌钢丝 $\phi$1.5 | kg | 0.305 | 0.305 | 0.305 | 0.305 | 0.305 | 0.305 |
| | 镀锌钢丝 $\phi$3~6 | kg | 2.030 | 2.030 | 2.030 | 2.030 | 2.030 | 2.030 |
| | 硅塑管 *D*33／*D*40 | m | 0.500 | 0.500 | 0.500 | 0.500 | 0.500 | 0.500 |
| | 光缆 | m | 102.000 | 102.000 | 102.000 | 102.000 | 102.000 | 102.000 |
| | 电缆托板（双线） | 块 | 4.850 | 4.850 | 4.850 | 4.850 | 4.850 | 4.850 |
| | 其他材料费 | % | 5.000 | 5.000 | 5.000 | 5.000 | 5.000 | 5.000 |
| 机械 | 光时域反射仪 | 台班 | 0.030 | 0.036 | 0.042 | 0.048 | 0.054 | 0.066 |
| | 载重汽车 4t | 台班 | 0.150 | 0.150 | 0.180 | 0.180 | 0.180 | 0.180 |
| | 汽车起重机 ≤5t | 台班 | 0.150 | 0.150 | 0.180 | 0.180 | 0.180 | 0.180 |

## 2.2 敷设托架光缆

**工作内容：**检验光缆、敷设托架光缆，绑扎和固定光缆、安装标牌、光缆接续、接头防护及光缆测试等。

计量单位：100m

| 定额编号 | | | 6-78 | 6-79 | 6-80 | 6-81 | 6-82 | 6-83 |
|---|---|---|---|---|---|---|---|---|
| 项目 | | | 敷设托架光缆 | | | | | |
| | | | 48芯以内 | 60芯以内 | 72芯以内 | 84芯以内 | 96芯以内 | 120芯以内 |
| 名称 | | 单位 | 数量 | | | | | |
| 人工 | 综合工日 | 工日 | 5.960 | 6.602 | 7.262 | 7.890 | 9.178 | 13.200 |
| 材料 | 光缆 | m | 102.000 | 102.000 | 102.000 | 102.000 | 102.000 | 102.000 |
| | 镀锌铁线 $\phi$1.5 | kg | 0.100 | 0.100 | 0.100 | 0.100 | 0.100 | 0.100 |
| | 标牌 | 个 | 2.400 | 2.400 | 2.400 | 2.400 | 2.400 | 2.400 |
| | 其他材料费 | % | 5.000 | 5.000 | 5.000 | 5.000 | 5.000 | 5.000 |
| 机械 | 光时域反射仪 | 台班 | 0.300 | 0.360 | 0.420 | 0.480 | 0.540 | 0.660 |
| | 轨道车 ≤210kW | 台班 | 0.195 | 0.195 | 0.195 | 0.195 | 0.195 | 0.195 |
| | 轨道平板车 | 台班 | 0.195 | 0.195 | 0.195 | 0.195 | 0.195 | 0.195 |
| | 载重汽车 4t | 台班 | 0.100 | 0.100 | 0.150 | 0.150 | 0.150 | 0.150 |
| | 汽车起重机 ≤5t | 台班 | 0.100 | 0.100 | 0.150 | 0.150 | 0.150 | 0.150 |

## 2.3 控制中心、车辆段、车站的光缆引入

**工作内容：**光缆引入至室内、安装光电缆盘留架、在光缆架上绑扎固定。

计量单位：条

| 定额编号 | | | 6-84 |
|---|---|---|---|
| 项目 | | | 控制中心或车辆段以及车站的光缆引入 |
| 名称 | | 单位 | 数量 |
| 人工 | 综合工日 | 工日 | 2.850 |
| 材料 | 绑扎带 | 根 | 10.000 |
| | 刚性固定卡子 | 个 | 2.000 |
| | 镀锌钢管 | m | 6.500 |
| | 其他材料费 | % | 5.000 |

# 3 敷设电缆

# 说　明

一、本章包括：敷设埋式电缆、管道电缆、托架电缆及电线；电缆及电线钉固；控制中心、车辆段、车站的电缆引入等工作，共5节25个子目。

二、敷设管道电缆已包括管孔清刷，若管道堵塞、沉陷、断裂等另行计列。

# 工程量计算规则

一、敷设托架电缆、电线、漏泄同轴电缆，按每米绑扎一次计算。

二、钉固敷设电缆、电线，站内按每0.5m钉固一次，隧道区间按每米钉固一次计算。

三、敷设埋式、管道、托架、钉固电缆及电线等以“100m”为单位计算。

四、控制中心、车辆段及车站的电缆引入以“条”为单位计算。

# 3.1　敷设埋式电缆

**工作内容：**检查测试电缆、清理沟底、布放电缆等。

计量单位：100m

| 定额编号 | | | 6-85 | 6-86 | 6-87 | 6-88 | 6-89 |
|---|---|---|---|---|---|---|---|
| 项目 | | | 敷设埋式电缆（市话电缆）（mm） | | | | |
| | | | 50×2×0.5以内 | 100×2×0.5 | 200×2×0.5 | 300×2×0.5 | 400×2×0.5 |
| 名称 | | 单位 | 数量 | | | | |
| 人工 | 综合工日 | 工日 | 2.772 | 3.366 | 3.806 | 3.806 | 3.806 |
| 材料 | 镀锌钢丝 $\phi 2$ | kg | 0.051 | 0.051 | 0.051 | 0.051 | 0.051 |
| | 市话电缆 | m | 102.000 | 102.000 | 102.000 | 102.000 | 102.000 |
| | 热缩端帽（不带气门） | 个 | 0.202 | 0.202 | 0.202 | 0.404 | 0.404 |
| | 其他材料费 | % | 5.000 | 5.000 | 5.000 | 5.000 | 5.000 |

续前

| 定额编号 | | | 6-85 | 6-86 | 6-87 | 6-88 | 6-89 |
|---|---|---|---|---|---|---|---|
| 项目 | | | 敷设埋式电缆（市话电缆）（mm） | | | | |
| | | | 50×2×0.5以内 | 100×2×0.5 | 200×2×0.5 | 300×2×0.5 | 400×2×0.5 |
| 名称 | | 单位 | 数量 | | | | |
| 机械 | 数字兆欧表 1000～2500V，0～20GΩ／200GΩ | 台班 | 0.010 | 0.012 | 0.014 | 0.014 | 0.014 |
| | 低频电缆测试仪 800Hz±2%，0～110dB | 台班 | 0.003 | 0.003 | 0.003 | 0.003 | 0.003 |
| | 载重汽车 4t | 台班 | 0.650 | 1.200 | 1.800 | 2.000 | 2.000 |
| | 汽车起重机 ≤5t | 台班 | 0.650 | 1.000 | 1.000 | 1.000 | 1.000 |

# 3.2 敷设管道电缆

**工作内容：**检查测试电缆、电缆配盘、清刷管孔、穿放引线、布放电缆、锯缆封头、安装托板等。

计量单位：100m

| 定额编号 | | | 6-90 | 6-91 | 6-92 | 6-93 | 6-94 |
|---|---|---|---|---|---|---|---|
| 项目 | | | 敷设管道电缆（市话电缆） | | | | |
| | | | 50×2×0.5以内 | 100×2×0.5 | 200×2×0.5 | 300×2×0.5 | 400×2×0.5 |
| 名称 | | 单位 | 数量 | | | | |
| 人工 | 综合工日 | 工日 | 2.460 | 2.772 | 2.772 | 3.278 | 3.278 |
| 材料 | 镀锌钢丝 $\phi$1.5 | kg | 0.305 | 0.305 | 0.305 | 0.305 | 0.305 |
| | 镀锌钢丝 $\phi$3～6 | kg | 4.974 | 4.974 | 4.974 | 4.974 | 4.974 |
| | 市话电缆 | m | 102.000 | 102.000 | 102.000 | 102.000 | 102.000 |
| | 热缩端帽（不带气门） | 个 | 0.505 | 0.505 | 0.505 | 0.505 | 0.505 |
| | 电缆托板（三线） | 块 | 3.535 | 3.535 | 3.535 | 3.535 | 3.535 |
| | 其他材料费 | % | 5.000 | 5.000 | 5.000 | 5.000 | 5.000 |

续前

| 定额编号 | | | 6-90 | 6-91 | 6-92 | 6-93 | 6-94 |
|---|---|---|---|---|---|---|---|
| 项目 | | | 敷设管道电缆（市话电缆） | | | | |
| | | | 50×2×0.5以内 | 100×2×0.5 | 200×2×0.5 | 300×2×0.5 | 400×2×0.5 |
| 名称 | | 单位 | 数量 | | | | |
| 机械 | 数字兆欧表 1000~2500V，0～20GΩ／200GΩ | 台班 | 0.010 | 0.012 | 0.014 | 0.014 | 0.014 |
| | 低频电缆测试仪 800Hz±2%，0~110dB | 台班 | 0.003 | 0.003 | 0.003 | 0.003 | 0.003 |
| | 载重汽车 4t | 台班 | 0.650 | 1.200 | 1.800 | 2.000 | 2.000 |
| | 汽车起重机 ≤5t | 台班 | 0.650 | 1.000 | 1.000 | 1.000 | 1.000 |

## 3.3 敷设托架电缆及电线

**工作内容：** 电缆检验，敷设托架电缆，绑扎，固定，整理，预留电缆固定，挂标牌，芯线校通，绝缘测试，封电缆头，标识、记录等。

计量单位：100m

| 定额编号 | | | 6-95 | 6-96 | 6-97 | 6-98 |
|---|---|---|---|---|---|---|
| 项目 | | | 敷设托架电缆（市话电缆） | | | |
| | | | 50×2×0.5 以内 | 100×2×0.5 | 300×2×0.5 | 400×2×0.5 |
| 名称 | | 单位 | 数量 | | | |
| 人工 | 综合工日 | 工日 | 2.600 | 2.800 | 3.600 | 4.600 |
| 材料 | 镀锌铁线 $\phi$1.5 | kg | 0.120 | 0.120 | 0.120 | 0.120 |
| | 镀锌铁线 $\phi$4.0 | kg | 0.180 | 0.180 | 0.180 | 0.180 |
| | 通信电缆 | m | 102.000 | 102.000 | 102.000 | 102.000 |
| | 标牌 | 个 | 2.400 | 2.400 | 2.400 | 2.400 |
| | 其他材料费 | % | 5.000 | 5.000 | 5.000 | 5.000 |

续前

| 定 额 编 号 | | | 6-95 | 6-96 | 6-97 | 6-98 |
|---|---|---|---|---|---|---|
| 项 目 | | | 敷设托架电缆（市话电缆） | | | |
| | | | 50×2×0.5 以内 | 100×2×0.5 | 300×2×0.5 | 400×2×0.5 |
| 名 称 | | 单位 | 数 量 | | | |
| 机械 | 数字兆欧表 1000~2500V，0～20GΩ／200GΩ | 台班 | 0.100 | 0.120 | 0.140 | 0.140 |
| | 低频电缆测试仪 800Hz±2%，0~110dB | 台班 | 0.030 | 0.070 | 0.070 | 0.070 |
| | 轨道车 ≤210kW | 台班 | 0.195 | 0.195 | 0.195 | 0.195 |
| | 轨道平板车 | 台班 | 0.195 | 0.195 | 0.195 | 0.195 |
| | 载重汽车 4t | 台班 | 0.650 | 1.200 | 2.000 | 2.000 |
| | 汽车起重机 ≤5t | 台班 | 0.650 | 1.000 | 1.000 | 1.000 |

工作内容：1. 托架敷设电线：绝缘测试，量裁，布放，绑扎，整理，挂标牌，导线剥头，固定防护，标识。
2. 架设漏泄同轴电缆：电缆检验，划线、定位，敷设钉固（吊挂）电缆，整理，标识，记录等。

计量单位：100m

| 定额编号 | | | 6-99 | 6-100 | 6-101 |
|---|---|---|---|---|---|
| 项目 | | | 敷设托架电线（2.5mm$^2$以内） | | 架设漏泄同轴电缆 |
| | | | 铜芯塑料屏蔽电线 | 铜芯塑料护套软电线 | |
| 名称 | | 单位 | 数量 | | |
| 人工 | 综合工日 | 工日 | 2.100 | 1.200 | 18.000 |
| 材料 | 线缆 | m | 102.000 | 102.000 | — |
| | 标牌 | 个 | 2.400 | 2.400 | — |
| | 膨胀螺栓 M12×220 | 套 | — | — | 40.400 |
| | 漏泄同轴电缆 400MHz | m | — | — | 102.000 |
| | 吊挂漏泄电缆卡子 | 套 | — | — | 37.067 |
| | 漏缆洞内防火吊夹 | 个 | — | — | 3.333 |
| | 接头支架 | 套 | — | — | 0.212 |
| | 电缆接头 | 个 | — | — | 0.061 |
| | 镀锌铁线 $\phi1.5$ | kg | 0.100 | 0.100 | — |

续前

| 定额编号 | | | 6-99 | 6-100 | 6-101 |
|---|---|---|---|---|---|
| 项目 | | | 敷设托架电线（2.5mm² 以内） | | 架设漏泄同轴电缆 |
| | | | 铜芯塑料屏蔽电线 | 铜芯塑料护套软电线 | |
| 名称 | | 单位 | 数量 | | |
| 材料 | 调相座 L27Q-K339A | 个 | — | — | 0.414 |
| | 调相头 L27-J114 | 个 | — | — | 0.404 |
| | 漏缆终端头 L16Q-J104 | 个 | — | — | 0.202 |
| | 漏缆终端座 L16Q-50K339 | 个 | — | — | 0.202 |
| | 漏缆终端负载 TZ-01 | 个 | — | — | 0.010 |
| | 漏缆固定接头 LGQ-339A | 个 | — | — | 0.101 |
| | 射频电缆 50-9-4 | m | — | — | 0.250 |
| | 调相电缆 75-9-4 | m | — | — | 0.600 |
| | 其他材料费 | % | 5.000 | 5.000 | 5.000 |
| 机械 | 轨道车 ≤210kW | 台班 | 0.120 | 0.120 | 0.220 |
| | 轨道平板车 | 台班 | 0.120 | 0.120 | 0.220 |
| | 载重汽车 4t | 台班 | 0.100 | 0.100 | 2.000 |
| | 汽车起重机 ≤5t | 台班 | 0.100 | 0.100 | 1.000 |

# 3.4 电缆及电线钉固（吊挂）

**工作内容：** 安装固定物，检查测试电缆，布放紧固电缆，端头处理，芯线校通，绝缘测试，标识、记录、电缆和电线钉固等。

计量单位：100m

| 定额编号 | | | 6-102 | 6-103 | 6-104 | 6-105 | 6-106 | 6-107 |
|---|---|---|---|---|---|---|---|---|
| 项目 | | | 钉固敷设电缆（市话电缆） | | 钉固敷设同轴电缆 | | 钉固敷设电线（$2.5mm^2$以内） | |
| | | | 50×2×0.5以内 | 100×2×0.5 | SYV-75-5 | SYV-75-9 | 铜芯塑料屏蔽电线 | 铜芯塑料护套软电线 |
| 名称 | | 单位 | 数量 | | | | | |
| 人工 | 综合工日 | 工日 | 6.670 | 6.670 | 3.100 | 3.600 | 3.800 | 2.900 |
| 材料 | 线缆 | m | — | — | — | — | 102.000 | 102.000 |
| | 市话电缆 | m | 102.000 | 102.000 | — | — | — | — |
| | 电缆卡钩 25 | 个 | 206.000 | 206.000 | — | — | — | — |
| | 同轴电缆 | m | — | — | 102.000 | 102.000 | — | — |
| | 其他材料费 | % | 5.000 | 5.000 | 5.000 | 5.000 | 5.000 | 5.000 |
| 机械 | 数字兆欧表 1000~2500V，0～20GΩ／200GΩ | 台班 | 0.100 | 0.120 | 0.100 | 0.100 | — | — |
| | 低频电缆测试仪 800Hz±2%，0~110dB | 台班 | 0.030 | 0.030 | 0.030 | 0.030 | — | — |

## 3.5 控制中心、车辆段、车站的电缆引入

**工作内容：**检查测试电缆，穿放引线、电缆，固定、绑扎电缆，封焊缆头，安装光（电）缆盘留架，引上管口保护等。

计量单位：条

| 定额编号 | | | 6-108 | 6-109 |
|---|---|---|---|---|
| 项目 | | | 电缆引上 200 对以下 | 电缆引上 200 对以上 |
| 名称 | | 单位 | 数量 | |
| 人工 | 综合工日 | 工日 | 0.980 | 1.420 |
| 材料 | 镀锌钢丝 $\phi1.5$ | kg | 0.100 | 0.100 |
| | 热缩端帽（带气门） | 个 | 1.010 | 1.010 |
| | 热缩端帽（不带气门） | 个 | 1.010 | 1.010 |
| | 电缆卡钩 55 | 个 | 7.000 | — |
| | 电缆卡钩 65 | 个 | — | 7.000 |
| | 其他材料费 | % | 5.000 | 5.000 |

# 4 光（电）缆接续与测试

# 说　明

一、本章包括：光（电）缆接续、光（电）缆测试等工作，共 2 节 34 个子目。

二、管道光缆接续不包括光缆接头托架，需要时另行计列。

三、光缆接续 120 芯以外，每增加 24 芯，增加 8 个工日，光纤熔接机增加 0.4 个台班，光时域反射仪增加 0.4 个台班。

四、光缆测试 120 芯以外，每增加 24 芯，增加 4 个工日，光时域反射仪增加 0.7 个台班。

五、电缆接续按直埋和管道综合编制，管道电缆接续不包括人孔及管道排水，人孔及管道排水按第一章相关子目另行计列。

六、光中继段测试的“段”是光缆端站至中继站或两个中继站之间的距离。

七、电缆全程测试的配线电缆，是从总配线架至配线区的分线设备端子，包括测试中因施工原因而造成的障碍线对修复。

# 工程量计算规则

一、光缆接续、电缆封灌充油膏套管、安装漏泄同轴电缆接头以“个”为单位计算。

二、电缆芯线接续以“100 对”为单位计算。

三、光中继段测试以“段”为单位计算。

四、电缆全程测试以“条”为单位计算。

## 4.1 光（电）缆接续

**工作内容：**检验器材，确定接头位置，纤芯焊接，加强芯接续，盘绕固定余纤，复测衰减，包封外护套，安装接头盒托架或保护盒等。

计量单位：个

| 定额编号 | | | 6-110 | 6-111 | 6-112 | 6-113 |
|---|---|---|---|---|---|---|
| 项目 | | | 光缆接续 | | | |
| | | | 12 芯以内 | 24 芯以内 | 36 芯以内 | 48 芯以内 |
| 名称 | | 单位 | 数量 | | | |
| 人工 | 综合工日 | 工日 | 5.410 | 8.490 | 11.550 | 15.510 |
| 材料 | 光缆接头盒 | 套 | 1.010 | 1.010 | 1.010 | 1.010 |
| | 酒精 | kg | 0.030 | 0.030 | 0.030 | 0.030 |
| | 专用清洁纸 | 张 | 5.100 | 5.100 | 5.100 | 5.100 |
| | 增强保护管 | 个 | 1.020 | 1.020 | 1.020 | 1.020 |
| | 其他材料费 | % | 5.000 | 5.000 | 5.000 | 5.000 |
| 机械 | 汽油发电机组 ≤1.5kW | 台班 | 1.400 | 1.600 | 1.800 | 2.000 |
| | 光纤熔接机 | 台班 | 0.700 | 0.800 | 0.900 | 1.000 |
| | 光功率计 | 台班 | 0.015 | 0.018 | 0.021 | 0.025 |
| | 光时域反射仪 | 台班 | 0.700 | 0.800 | 0.900 | 1.000 |

工作内容：检验器材，确定接头位置，纤芯焊接，加强芯接续，盘绕固定余纤，复测衰减，包封外护套，安装接头盒托架或保护盒等。

计量单位：个

| 定额编号 | | | 6-114 | 6-115 | 6-116 | 6-117 | 6-118 |
|---|---|---|---|---|---|---|---|
| 项目 | | | 光缆接续 | | | | |
| | | | 60芯以内 | 72芯以内 | 84芯以内 | 96芯以内 | 120芯以内 |
| 名称 | | 单位 | 数量 | | | | |
| 人工 | 综合工日 | 工日 | 19.360 | 23.210 | 27.060 | 30.910 | 35.260 |
| 材料 | 光缆接头盒 | 套 | 1.010 | 1.010 | 1.010 | 1.010 | 1.010 |
| | 酒精 | kg | 0.030 | 0.030 | 0.030 | 0.030 | 0.030 |
| | 专用清洁纸 | 张 | 5.100 | 5.100 | 5.100 | 5.100 | 5.100 |
| | 增强保护管 | 个 | 1.020 | 1.020 | 1.020 | 1.020 | 1.020 |
| | 其他材料费 | % | 5.000 | 5.000 | 5.000 | 5.000 | 5.000 |
| 机械 | 汽油发电机组 ≤1.5kW | 台班 | 2.400 | 2.800 | 3.200 | 3.600 | 4.000 |
| | 光纤熔接机 | 台班 | 1.200 | 1.400 | 1.600 | 1.800 | 2.000 |
| | 光功率计 | 台班 | 0.029 | 0.033 | 0.037 | 0.041 | 0.045 |
| | 光时域反射仪 | 台班 | 1.200 | 1.400 | 1.600 | 1.800 | 2.000 |

**工作内容**：确定位置，检验电缆，芯线接续，复测对号等。

计量单位：100 对

| 定额编号 | | | 6-119 | 6-120 |
|---|---|---|---|---|
| 项目 | | | 电缆芯线接续 | |
| | | | 塑隔电缆模块式 | 成端电缆 |
| 名称 | | 单位 | 数量 | |
| 人工 | 综合工日 | 工日 | 0.660 | 1.200 |
| 材料 | 接线模块 25 回线 | 条 | 4.040 | 4.040 |
| | 其他材料费 | % | 5.000 | 5.000 |

**工作内容**：套管整形,定位,清洁电缆,芯线处理,连接屏蔽线,灌注油膏，接口处理，固定套管，现场清理。

计量单位：个

| 定额编号 | | | 6-121 | 6-122 | 6-123 | 6-124 |
|---|---|---|---|---|---|---|
| 项目 | | | 电缆封灌充油膏套管 | | | |
| | | | 直通头 | | | |
| | | | 50对以内 | 100对以内 | 200对以内 | 400对以内 |
| 名称 | | 单位 | 数量 | | | |
| 人工 | 综合工日 | 工日 | 0.850 | 0.850 | 1.090 | 1.440 |
| 材料 | 填充油膏剂 | kg | 0.900 | 0.900 | 1.740 | 1.740 |
| | 汽油 | kg | 0.200 | 0.200 | 0.250 | 0.300 |
| | 丙酮一级 | kg | 0.200 | 0.200 | 0.250 | 0.300 |
| | 聚氯乙烯相色带 红、黄、绿、黑 | 卷 | 0.900 | 0.900 | 1.050 | 1.050 |
| | 塑料胶粘带 | 卷 | 0.600 | 0.600 | 0.700 | 0.700 |
| | 固定接口尼龙卡带 | 副 | 2.020 | 2.020 | 2.020 | 2.020 |
| | 充油膏接头套管 | 套 | 1.010 | 1.010 | 1.010 | 1.010 |
| | 其他材料费 | % | 5.000 | 5.000 | 5.000 | 5.000 |

**工作内容：**套管整形,定位,清洁电缆,芯线处理,连接屏蔽线,灌注油膏，接口处理，固定套管，现场清理。

计量单位：个

| 定额编号 | | | 6-125 | 6-126 | 6-127 | 6-128 |
|---|---|---|---|---|---|---|
| 项目 | | | 电缆封灌充油膏套管 | | | |
| | | | 分歧头 | | | |
| | | | 50对以内 | 100对以内 | 200对以内 | 400对以内 |
| 名称 | | 单位 | 数量 | | | |
| 人工 | 综合工日 | 工日 | 1.150 | 1.150 | 1.300 | 1.700 |
| 材料 | 填充油膏剂 | kg | 0.900 | 1.250 | 1.740 | 1.740 |
| | 汽油 | kg | 0.300 | 0.300 | 0.370 | 0.450 |
| | 丙酮一级 | kg | 0.300 | 0.300 | 0.370 | 0.450 |
| | 聚氯乙烯相色带 红、黄、绿、黑 | 卷 | 1.350 | 1.350 | 1.570 | 1.570 |
| | 塑料胶粘带 | 卷 | 0.900 | 0.900 | 1.050 | 1.050 |
| | 固定接口尼龙卡带 | 副 | 2.020 | 2.020 | 2.020 | 2.020 |
| | 充油膏接头套管 | 套 | 1.010 | 1.010 | 1.010 | 1.010 |
| | 其他材料费 | % | 5.000 | 5.000 | 5.000 | 5.000 |

**工作内容：** 套管整形,定位,清洁电缆,芯线处理,连接屏蔽线,灌注油膏，接口处理，固定套管，现场清理。

计量单位：个

| 定额编号 | | | 6-129 | 6-130 | 6-131 | 6-132 | 6-133 |
|---|---|---|---|---|---|---|---|
| 项目 | | | 电缆封灌充油膏套管 | | | | 安装漏泄同轴电缆接头 |
| | | | 成端头 | | | | |
| | | | 50对以内 | 100对以内 | 200对以内 | 400对以内 | |
| 名称 | | 单位 | 数量 | | | | |
| 人工 | 综合工日 | 工日 | 1.150 | 1.300 | 1.700 | 2.100 | 2.000 |
| 材料 | 填充油膏剂 | kg | 0.900 | 1.250 | 1.740 | 3.350 | — |
| | 汽油 | kg | 0.300 | 0.300 | 0.370 | 0.450 | — |
| | 丙酮一级 | kg | 0.300 | 0.300 | 0.370 | 0.450 | — |
| | 聚氯乙烯相色带 红、黄、绿、黑 | 卷 | 1.350 | 1.350 | 1.570 | 1.570 | — |
| | 塑料胶粘带 | 卷 | 0.900 | 0.900 | 1.050 | 1.050 | — |
| | 充油膏接头套管 | 套 | 1.010 | 1.010 | 1.010 | 1.010 | — |
| | 终端头卡子 3×80 | 个 | 1.010 | 1.010 | 1.010 | 1.010 | — |
| | 电缆卡环 | 个 | 3.030 | 3.030 | 3.030 | 3.030 | — |
| | 镀锌膨胀螺栓 $\phi12$ | 套 | — | — | — | — | 4.040 |
| | 钢线卡子 10~20 | 个 | — | — | — | — | 4.040 |
| | 电缆固定接头 LGQ-339A | 个 | — | — | — | — | 1.010 |
| | 接头支架 | 套 | — | — | — | — | 1.010 |
| | 低压蝶式绝缘子 ED-2 | 个 | — | — | — | — | 2.020 |
| | 橡皮绝缘线 BX500V2.5mm² | m | — | — | — | — | 5.000 |
| | 其他材料费 | % | 5.000 | 5.000 | 5.000 | 5.000 | 5.000 |

## 4.2 光（电）缆测试

**工作内容：**含“双窗口”1310nm及1550nm光纤特性测试、记录、整理资料等。

计量单位：段

| 定额编号 | | | 6-134 | 6-135 | 6-136 | 6-137 | 6-138 |
|---|---|---|---|---|---|---|---|
| 项目 | | | 光中继段测试 | | | | |
| | | | 12芯以内 | 24芯以内 | 36芯以内 | 48芯以内 | 60芯以内 |
| 名称 | | 单位 | 数量 | | | | |
| 人工 | 综合工日 | 工日 | 20.900 | 31.350 | 41.800 | 52.250 | 62.700 |
| 材料 | 酒精 | kg | 0.050 | 0.050 | 0.050 | 0.050 | 0.050 |
| | 清洗剂 | kg | 0.040 | 0.040 | 0.040 | 0.040 | 0.040 |
| | 专用清洁纸 | 张 | 5.100 | 5.100 | 5.100 | 5.100 | 5.100 |
| | 其他材料费 | % | 5.000 | 5.000 | 5.000 | 5.000 | 5.000 |
| 机械 | 手持式光万用表 含光源、光功率计 | 台班 | 0.450 | 0.900 | 1.350 | 1.800 | 2.250 |
| | 光时域反射仪 | 台班 | 1.000 | 1.400 | 1.800 | 3.000 | 3.600 |
| | 偏振模色散分析仪 1500~1600nm，0.1~75p | 台班 | 0.450 | 0.900 | 1.350 | 1.800 | 2.250 |

**工作内容：**含“双窗口”1310nm 及 1550nm 光纤特性测试、记录、整理资料等。

计量单位：段

| 定额编号 | | | 6-139 | 6-140 | 6-141 | 6-142 | 6-143 |
|---|---|---|---|---|---|---|---|
| 项目 | | | 光中继段测试 | | | | 电缆全程测试 |
| | | | 72 芯以内 | 84 芯以内 | 96 芯以内 | 120 芯以内 | 条 |
| 名称 | | 单位 | 数量 | | | | |
| 人工 | 综合工日 | 工日 | 73.150 | 84.150 | 90.200 | 102.100 | 1.500 |
| 材料 | 酒精 | kg | 0.050 | 0.050 | 0.050 | 0.050 | 0.060 |
| | 清洗剂 | kg | 0.040 | 0.040 | 0.040 | 0.040 | 0.040 |
| | 专用清洁纸 | 张 | 5.100 | 5.100 | 5.100 | 5.100 | 5.100 |
| | 其他材料费 | % | 5.000 | 5.000 | 5.000 | 5.000 | 5.000 |
| 机械 | 数字兆欧表 1000~2500V，0~20GΩ / 200GΩ | 台班 | — | — | — | — | 0.200 |
| | 手持式光万用表 含光源、光功率计 | 台班 | 2.700 | 3.150 | 3.600 | 4.320 | — |
| | 光时域反射仪 | 台班 | 4.500 | 5.250 | 6.000 | 7.200 | — |
| | 偏振模色散分析仪 1500~1600nm，0.1~75p | 台班 | 2.700 | 3.150 | 3.600 | 4.320 | — |
| | 低频电缆测试仪 800Hz ± 2%，0~110dB | 台班 | — | — | — | — | 0.030 |

# 5　光（电）缆保护与防护

## 说　　明

本章包括：光（电）缆保护、光（电）缆防护等工作。

## 工程量计算规则

一、光（电）缆保护、防雷、防蚀、防白蚁以“处”为单位计算。
二、电缆排流器以“个”为单位计算。
三、防蚀监测标石以“块”为单位计算。

# 5.1 光（电）缆保护

**工作内容：**硬塑料管、钢筋混凝土槽及盖板：接头保护,安装管（槽），缠绕塑料带,堵端口。

计量单位：处

| 定额编号 | | | 6-144 | 6-145 | 6-146 | 6-147 |
|---|---|---|---|---|---|---|
| 项目 | | | 光（电）缆接头保护 | | 光(电)缆接头保护(光缆接头盒) | |
| | | | 硬塑料管 | 钢筋混凝土槽 | | 钢筋混凝土盖板 |
| | | | | 直通头小分歧头 | 光缆接头盒 | |
| 名称 | | 单位 | 数量 | | | |
| 人工 | 综合工日 | 工日 | 0.440 | 0.700 | 0.550 | 0.440 |
| 材料 | 石油沥青 | kg | — | 1.500 | — | — |
| | 钢筋混凝土接头槽（带盖板）槽宽 180 | 套 | — | 1.010 | — | — |
| | 钢筋混凝土接头槽（带盖板）槽宽 250 | 套 | — | — | 1.010 | — |
| | 双电缆槽盖板 1000×210×45 | 块 | — | — | — | 1.010 |
| | 聚氯乙烯硬管 *D*110（带套肩） | 套 | 1.010 | — | — | — |
| | 聚乙烯带 | 盘 | 1.000 | 1.200 | 2.000 | — |
| | 其他材料费 | % | 5.000 | 5.000 | 5.000 | 5.000 |

## 5.2 光（电）缆防护

**工作内容：** 1. 安装避雷针：挖沟、做地线、布线、回填土、安装避雷针。
2. 连接管道电缆均压条：铅（铜）条整形、刮除氧化膜、焊接。
3. 连接埋式电缆均压条：量裁导线、导线端子及电缆连接点处理、焊接。
4. 安装电缆排流器：制作支撑物铁件、开箱检查、安装排流器。
5. 安装阴极站：安装恒电位仪及附属设施、挖坑、做地线、回填土。
6. 安装阳极站：挖坑、连接电极、回填土。

计量单位：处

<table>
<tr><td colspan="3">定 额 编 号</td><td>6-148</td><td>6-149</td><td>6-150</td><td>6-151</td><td>6-152</td><td>6-153</td></tr>
<tr><td colspan="3" rowspan="3">项 目</td><td>光（电）缆防雷设施</td><td colspan="2">光（电）缆防蚀设施（连接电缆均压条）</td><td colspan="3">光（电）缆防蚀设施</td></tr>
<tr><td rowspan="2">安装避雷针</td><td rowspan="2">管道电缆</td><td rowspan="2">埋式电缆</td><td>安装电缆排流器</td><td rowspan="2">安装阴极站</td><td rowspan="2">安装阳极站（低水位）</td></tr>
<tr><td>个</td></tr>
<tr><td colspan="2">名 称</td><td>单位</td><td colspan="6">数 量</td></tr>
<tr><td>人工</td><td>综合工日</td><td>工日</td><td>15.000</td><td>0.100</td><td>0.300</td><td>5.000</td><td>9.200</td><td>4.000</td></tr>
<tr><td rowspan="2">材料</td><td>防腐木电杆 $\phi 140 \times 5000$</td><td>根</td><td>1.002</td><td>—</td><td>—</td><td>—</td><td>—</td><td>—</td></tr>
<tr><td>防腐木电杆 $\phi 140 \times 6000$</td><td>根</td><td>1.002</td><td>—</td><td>—</td><td>—</td><td>—</td><td>—</td></tr>
</table>

续前

| 定额编号 | | | 6-148 | 6-149 | 6-150 | 6-151 | 6-152 | 6-153 |
|---|---|---|---|---|---|---|---|---|
| 项目 | | | 光（电）缆防雷设施 | 光（电）缆防蚀设施（连接电缆均压条） | | 光（电）缆防蚀设施 | | |
| | | | 安装避雷针 | 管道电缆 | 埋式电缆 | 安装电缆排流器 | 安装阴极站 | 安装阳极站（低水位） |
| | | | | | | 个 | | |
| 名称 | | 单位 | 数量 | | | | | |
| 材料 | 熟石灰 | kg | — | — | — | — | 20.600 | 30.000 |
| | 膨润土 | kg | — | — | — | — | — | 30.000 |
| | 石油沥青 | kg | 0.500 | — | — | — | 1.000 | 1.000 |
| | 监测标石 | 根 | — | — | — | — | — | 1.010 |
| | 石墨电极 $\phi150\times1500$ | 根 | — | — | — | — | 7.070 | — |
| | 铝合金电极 $\phi110\times600$ | 根 | — | — | — | — | — | 3.030 |
| | 镀锌圆钢 $\phi10\sim18$ | kg | 8.080 | — | — | — | — | — |
| | 镀锌扁钢 Q235-A | kg | 34.340 | — | — | — | — | — |
| | 角钢 Q235-A | kg | 30.200 | — | — | 18.000 | — | — |

续前

| 定　额　编　号 | | | 6-148 | 6-149 | 6-150 | 6-151 | 6-152 | 6-153 |
|---|---|---|---|---|---|---|---|---|
| 项　　目 | | | 光（电）缆防雷设施 | 光（电）缆防蚀设施（连接电缆均压条） | | 光（电）缆防蚀设施 | | |
| | | | 安装避雷针 | 管道电缆 | 埋式电缆 | 安装电缆排流器 | 安装阴极站 | 安装阳极站（低水位） |
| | | | | | | 个 | | |
| 材料 | 镀锌钢绞线 | kg | 5.330 | — | — | — | — | — |
| | 镀锌钢丝 $\phi2$ | kg | 0.510 | — | — | — | — | — |
| | 镀锌钢丝 $\phi3\sim6$ | kg | 2.030 | — | — | — | — | — |
| | 焦炭 | kg | — | — | — | — | 1000.000 | — |
| | 汽油 | kg | 0.500 | 0.050 | 0.100 | — | 0.500 | 0.500 |
| | 机油 | kg | 0.500 | — | — | — | 0.300 | — |
| | 氯化钠 含量 ≥80% | kg | — | — | — | — | 50.000 | 90.000 |
| | 焊锡 含锡 60% | kg | 0.500 | 0.050 | 0.100 | — | 0.500 | 0.500 |
| | 焊锡丝 含锡 50% $\phi1.5\sim2.5$ | kg | — | — | — | 0.010 | — | — |
| | 电源板（包括闸刀插座） | 套 | — | — | — | — | 1.000 | — |

续前

| 定额编号 | | | 6-148 | 6-149 | 6-150 | 6-151 | 6-152 | 6-153 |
|---|---|---|---|---|---|---|---|---|
| 项目 | | | 光（电）缆防雷设施 | 光（电）缆防蚀设施（连接电缆均压条） | | 光（电）缆防蚀设施 | | |
| | | | 安装避雷针 | 管道电缆 | 埋式电缆 | 安装电缆排流器 | 安装阴极站 | 安装阳极站（低水位） |
| | | | | | | 个 | | |
| 材料 | 铜芯塑料线 | m | — | — | — | — | 304.500 | 30.450 |
| | 铜芯塑料软线 500V1.5mm$^2$ | m | — | — | 0.500 | — | — | — |
| | 聚氯乙烯绝缘屏蔽电线 1芯0.3mm$^2$ | m | — | — | — | — | 101.000 | — |
| | 镀锌穿钉带帽 M12×160 | 套 | — | — | — | 8.080 | — | — |
| | 铅皮条 | m | — | 0.300 | — | — | — | — |
| | 电缆排流器（有外护箱） | 个 | — | — | — | 1.000 | — | — |
| | 恒电位仪 KKG-3C | 台 | — | — | — | — | 1.000 | — |
| | 其他材料费 | % | 5.000 | 5.000 | 5.000 | 5.000 | 5.000 | 5.000 |

**工作内容：**挖坑、安装监测标石、焊接电缆监测线、回填土，开剥光（电）缆、安装。调配药剂，分三次喷洒。

计量单位：处

<table>
<tr><td colspan="3">定　额　编　号</td><td>6-154</td><td>6-155</td><td>6-156</td><td>6-157</td><td>6-158</td><td>6-159</td></tr>
<tr><td colspan="3" rowspan="3">项　　目</td><td colspan="4">光（电）缆防蚀设施</td><td colspan="2">光(电)缆防白蚁设施</td></tr>
<tr><td rowspan="2">安装阴极站(高水位)</td><td>安装防蚀监测标石</td><td rowspan="2">安装电缆绝缘节</td><td rowspan="2">安装光缆绝缘盒</td><td rowspan="2">喷洒绿丹防蚁药剂</td><td rowspan="2">喷洒砷铜合剂</td></tr>
<tr><td>块</td></tr>
<tr><td colspan="2">名　　称</td><td>单位</td><td colspan="6">数　　量</td></tr>
<tr><td>人工</td><td>综合工日</td><td>工日</td><td>4.000</td><td>0.780</td><td>0.500</td><td>0.500</td><td>17.000</td><td>25.500</td></tr>
<tr><td rowspan="6">材料</td><td>熟石灰</td><td>kg</td><td>126.000</td><td>—</td><td>—</td><td>—</td><td>—</td><td>—</td></tr>
<tr><td>膨润土</td><td>kg</td><td>45.000</td><td>—</td><td>—</td><td>—</td><td>—</td><td>—</td></tr>
<tr><td>石油沥青</td><td>kg</td><td>1.000</td><td>—</td><td>—</td><td>—</td><td>—</td><td>—</td></tr>
<tr><td>监测标石</td><td>根</td><td>1.010</td><td>1.010</td><td>—</td><td>—</td><td>—</td><td>—</td></tr>
<tr><td>铝合金电极　$\phi110\times600$</td><td>根</td><td>3.030</td><td>—</td><td>—</td><td>—</td><td>—</td><td>—</td></tr>
<tr><td>汽油</td><td>kg</td><td>0.500</td><td>—</td><td>—</td><td>—</td><td>—</td><td>—</td></tr>
</table>

续前

| 定额编号 | | | 6-154 | 6-155 | 6-156 | 6-157 | 6-158 | 6-159 |
|---|---|---|---|---|---|---|---|---|
| 项目 | | | 光（电）缆防蚀设施 | | | | 光（电）缆防白蚁设施 | |
| | | | 安装阴极站（高水位） | 安装防蚀监测标石<br>块 | 安装电缆绝缘节 | 安装光缆绝缘盒 | 喷洒绿丹防蚁药剂 | 喷洒砷铜合剂 |
| 名称 | | 单位 | 数量 | | | | | |
| 材料 | 粗苯 | kg | — | — | — | — | 24.000 | — |
| | 氧丹原油 | kg | — | — | — | — | 30.000 | — |
| | 乳化剂 | kg | — | — | — | — | 6.000 | — |
| | 砷铜合剂 | kg | — | — | — | — | — | 1000.00 |
| | 焊锡　含锡 60% | kg | 0.500 | — | — | — | — | — |
| | 铜芯塑料线 | m | 30.450 | — | — | — | — | — |
| | 铜芯塑料软线 500V 1.5mm² | m | 1.000 | — | — | — | — | — |
| | 铜芯塑料绞型软线 0.5mm² | m | — | 5.080 | — | — | — | — |
| | 光缆绝缘盒 | 个 | — | — | — | 1.010 | — | — |
| | 电缆绝缘节 | 个 | — | — | 1.010 | — | — | — |
| | 其他材料费 | % | 5.000 | 5.000 | 5.000 | 5.000 | 5.000 | 5.000 |

# 6　安装光（电）缆终端设备

# 说　　明

一、本章包括：安装光（电）缆终端设备、光缆监测设备安装等工作，共 2 节 10 个子目。
二、光缆终端盒按光缆芯数划分。

# 工程量计算规则

一、光、电缆终端盒、方向盒以“个”为单位计算。
二、光缆监测设备（监测站、监测中心）以“站”为单位计算。
三、光缆监测设备开通、测试以“系统”为单位计算。

## 6.1 安装光（电）缆终端设备

**工作内容：**安装光缆终端盒，光纤熔接，测试衰减，光纤的盘留固定等。

计量单位：个

| 定额编号 | | | 6-160 | 6-161 | 6-162 | 6-163 |
|---|---|---|---|---|---|---|
| 项目 | | | 安装光缆终端盒 | | | |
| | | | 20 芯以内 | 48 芯以内 | 60 芯以内 | 72 芯以内 |
| 名称 | | 单位 | 数量 | | | |
| 人工 | 综合工日 | 工日 | 8.220 | 15.840 | 19.800 | 23.760 |
| 材料 | 镀锌穿钉带帽 M16×60 | 套 | 4.040 | 4.040 | 4.040 | 4.040 |
| | 光缆终端盒 | 套 | 1.000 | 1.000 | 1.000 | 1.000 |
| | 其他材料费 | % | 5.000 | 5.000 | 5.000 | 5.000 |
| 机械 | 光纤熔接机 | 台班 | 0.800 | 1.000 | 1.200 | 1.400 |
| | 光时域反射仪 | 台班 | 0.800 | 1.000 | 1.200 | 1.400 |

**工作内容：**挖沟、埋设基础、安装盒和保护管，连接、灌注、涂油、回填。

计量单位：个

| 定额编号 | | | 6-164 | 6-165 | 6-166 |
|---|---|---|---|---|---|
| 项目 | | | 安装光缆终端盒<br>96芯以内 | 终端电缆盒 | 方向电缆盒 |
| 名称 | | 单位 | 数量 | | |
| 人工 | 综合工日 | 工日 | 31.680 | 1.000 | 0.500 |
| 材料 | 环氧树脂合剂 | kg | — | — | 1.500 |
| | 汽油 | kg | — | — | 1.000 |
| | 焊锡　含锡 60% | kg | — | — | 1.000 |
| | 镀锌穿钉带帽 M16×60 | 套 | 4.040 | — | — |
| | 光缆终端盒 96芯 | 套 | 1.000 | — | — |
| | 终端电缆盒 HZ-6 附配线连接管及一个基础 | 套 | — | 1.000 | — |
| | 方向电缆盒 HF-4 附配线连接管及一对基础 | 套 | — | — | 1.000 |
| | 其他材料费 | % | 5.000 | 5.000 | 5.000 |
| 机械 | 光纤熔接机 | 台班 | 1.800 | — | — |
| | 光时域反射仪 | 台班 | 1.800 | — | — |

## 6.2 光缆监测设备安装

**工作内容：** 1. 监测站：开箱检验，安装光纤监测单元、连接光纤、测试光纤传输损耗特性曲线。

2. 监测中心：开箱检验，安装、连接各光纤监测单元，各光纤监测子系统联网测试、绘制光纤传输损耗曲线。

3. 开通测试：对各光线监测段进行监测、绘制光纤传输损耗曲线。

| 定额编号 | | | 6-167 | 6-168 | 6-169 |
|---|---|---|---|---|---|
| 项目 | | | 安装光缆监测设备 | | |
| | | | 监测站 | 监测中心 | 开通测试 |
| | | | 站 | | 系统 |
| 名称 | | 单位 | 数量 | | |
| 人工 | 综合工日 | 工日 | 9.350 | 36.300 | 18.150 |
| 材料 | 酒精 | kg | 0.050 | 0.050 | 0.050 |
| | 清洗剂 | kg | 0.040 | 0.040 | 0.040 |
| | 专用清洁纸 | 张 | 5.100 | 5.100 | 10.200 |
| | 其他材料费 | % | 5.000 | 5.000 | 5.000 |
| 机械 | 光时域反射仪 | 台班 | 2.000 | 2.000 | — |

# 7　安装机架（柜）、槽道及配线架

# 说　　明

一、本章包括：安装抗振基座、走线槽道、走线架、配线电缆线槽、配线架等工作，共 4 节 22 个子目。

二、安装槽道、走线架不包括通过沉降（伸缩）和需做特殊处理的内容，如需要另行计列。

三、制作、安装走线架按单层活结构编制，包括主梁、走线架、梯铁及连接固定等内容；走线架如为双层，按本定额乘以 2 计算。本定额也适用于固定结构。

# 工程量计算规则

一、制作、安装抗振机座以“个”为单位计算。

二、机架加固连接以“架”为单位计算。

三、安装走线槽道、走线架以“m”为单位计算。

四、安装总配线架以“架”为单位计算。

## 7.1 安装抗振基座

**工作内容**：1. 制作、安装抗振机座：清洁地面、制作、钻孔、除锈涂漆、安装固定。

2. 机架加固连接：制作连接件、除锈涂漆、连接固定。

| 定 额 编 号 | | | 6-170 | 6-171 |
|---|---|---|---|---|
| 项 目 | | | 制作、安装抗振机座 | 机架加固连接 |
| | | | 个 | 架 |
| 名 称 | | 单位 | 数 量 | |
| 人工 | 综合工日 | 工日 | 4.190 | 1.500 |
| 材料 | 扁钢 Q235-A | kg | — | 2.490 |
| | 角钢 Q235-A | kg | 25.630 | 6.220 |
| | 酚醛磁漆 白、蓝、灰 | kg | 0.200 | — |
| | 酚醛防锈漆 F53-1 红丹 | kg | 0.200 | — |
| | 六角头螺栓带帽 M10×30~35 | 套 | 6.060 | 8.080 |
| | 膨胀螺栓 M10×110 | 套 | 4.040 | — |
| | 其他材料费 | % | 5.000 | 5.000 |

## 7.2 安装走线槽道、走线架

**工作内容：**开箱检验,安装固定,调整垂直与水平。

计量单位：m

| 定额编号 | | | 6-172 | 6-173 | 6-174 | 6-175 |
|---|---|---|---|---|---|---|
| 项目 | | | 安装走线槽道（mm） | | | |
| | | | 210×120 | 210×450 | 210×650 | 210×800 |
| 名称 | | 单位 | 数量 | | | |
| 人工 | 综合工日 | 工日 | 0.800 | 0.800 | 0.800 | 0.800 |
| 材料 | 槽道 | m | 1.000 | 1.000 | 1.000 | 1.000 |
| | 其他材料费 | % | 5.000 | 5.000 | 5.000 | 5.000 |

**工作内容：**开箱检验,安装固定,调整垂直与水平。

计量单位：m

| 定额编号 | | | 6-176 | 6-177 | 6-178 | 6-179 |
|---|---|---|---|---|---|---|
| 项目 | | | 安装走线槽道（mm） | | | |
| | | | 270×120 | 270×450 | 270×650 | 270×800 |
| 名称 | | 单位 | 数量 | | | |
| 人工 | 综合工日 | 工日 | 0.800 | 0.800 | 0.800 | 0.800 |
| 材料 | 槽道 | m | 1.000 | 1.000 | 1.000 | 1.000 |
| | 其他材料费 | % | 5.000 | 5.000 | 5.000 | 5.000 |

**工作内容：**制作，组装，钻孔，防锈涂漆，安装固定，调整垂直与水平。

计量单位：m

| 定额编号 | | | 6-180 | 6-181 | 6-182 |
|---|---|---|---|---|---|
| 项目 | | | 制作、安装走线架（宽：mm） | | |
| | | | 200 | 300 | 400 |
| 名称 | | 单位 | 数量 | | |
| 人工 | 综合工日 | 工日 | 1.100 | 1.500 | 1.900 |
| 材料 | 扁钢 Q235-A | kg | 3.710 | 4.120 | 5.050 |
| | 角钢 Q235-A | kg | 4.050 | 4.050 | 4.050 |
| | 钢板 Q235-A $\delta$=0.5~6 | kg | 0.760 | 0.760 | 0.760 |
| | 酚醛磁漆 白、蓝、灰 | kg | 0.100 | 0.100 | 0.100 |
| | 酚醛防锈漆 F53-1 红丹 | kg | 0.100 | 0.100 | 0.100 |
| | 六角头螺栓带帽 M8×18~25 | 套 | 4.040 | 4.040 | 4.040 |
| | 半圆头螺钉 M6×10 | 百个 | 0.100 | 0.100 | 0.100 |
| | 其他材料费 | % | 5.000 | 5.000 | 5.000 |

## 7.3 安装配线电缆线槽

**工作内容：**量裁线槽、槽板，安装、固定。

计量单位：m

| 定额编号 | | | 6-183 | 6-184 | 6-185 | 6-186 | 6-187 |
|---|---|---|---|---|---|---|---|
| 项目 | | | 安装配线电缆线槽 | | | | |
| | | | 塑料线槽 | | | | 塑料二线槽板 |
| | | | VCX-25 | VCX-40 | VCX-60 | VCX-80 | |
| 名称 | | 单位 | 数量 | | | | |
| 人工 | 综合工日 | 工日 | 0.100 | 0.100 | 0.100 | 0.100 | 0.100 |
| 材料 | 塑料线槽 | m | 1.010 | 1.010 | 1.010 | 1.010 | — |
| | 塑料线槽二线 | m | — | — | — | — | 1.010 |
| | 其他材料费 | % | 5.000 | 5.000 | 5.000 | 5.000 | 5.000 |

## 7.4 安装总配线架

**工作内容：**开箱检验，安装固定，安装告警信号装置，调整清理。

计量单位：架

| 定额编号 | | | 6-188 | 6-189 | 6-190 | 6-191 |
|---|---|---|---|---|---|---|
| 项目 | | | 安装总配线架 | | | |
| | | | 500 回线以内 | 1000 回线以内 | 2000 回线以内 | 4000 回线以内 |
| 名称 | | 单位 | 数量 | | | |
| 人工 | 综合工日 | 工日 | 12.000 | 14.400 | 19.080 | 23.800 |
| 材料 | 六角头螺栓带帽 M10×130 | 套 | 4.040 | 4.040 | 4.040 | 6.060 |
| | 膨胀螺栓 M10×105 | 套 | 4.040 | 4.040 | 4.040 | 4.040 |
| | 其他材料费 | % | 5.000 | 5.000 | 5.000 | 5.000 |

# 8　站内光（电）缆和电线敷设

# 说　明

一、本章包括：敷设天棚、暗管、线槽内光（电）缆和电线等工作，共 3 节 41 个子目。
二、光（电）缆和电线敷设的长度应计算到箱、架设备中心。

# 工程量计算规则

一、光（电）缆、电线敷设以“100m”为单位计算。
二、射频、漏泄同轴电缆敷设以“100m”为单位计算。

## 8.1 天棚内光（电）缆和电线敷设

**工作内容：** 敷设及穿放光（电）缆和电线，固定防护、连接、测试等。

计量单位：100m

| 定额编号 | | | 6-192 | 6-193 | 6-194 | 6-195 | 6-196 | 6-197 |
|---|---|---|---|---|---|---|---|---|
| 项目 | | | 配线电缆 | | | | 铜芯塑料电线(2.5mm²以内) | 光缆(12~36)芯 |
| | | | HPVV(HPYY)（10~30）×2×0.5mm | HPVV(HPYY)50×2×0.5mm | HPVV(HPYY)100×2×0.5mm | HPVV(HPYY)200×2×0.5mm | | |
| 名称 | | 单位 | 数量 | | | | | |
| 人工 | 综合工日 | 工日 | 1.805 | 2.375 | 3.325 | 4.750 | 1.200 | 3.850 |
| 材料 | 线缆 | m | 102.000 | 102.000 | 102.000 | 102.000 | 102.000 | — |
| | 光缆 | m | — | — | — | — | — | 102.000 |
| | 镀锌铁线 $\phi1.5$ | kg | 0.100 | 0.100 | 0.100 | 0.100 | 0.100 | 0.100 |
| | 其他材料费 | % | 5.000 | 5.000 | 5.000 | 5.000 | 5.000 | 5.000 |
| 机械 | 数字兆欧表 1000~2500V，0~20GΩ／200GΩ | 台班 | 0.100 | 0.100 | 0.120 | 0.140 | — | — |
| | 光时域反射仪 | 台班 | — | — | — | — | — | 0.300 |
| | 低频电缆测试仪 800Hz ± 2%，0~110dB | 台班 | 0.030 | 0.030 | 0.030 | 0.030 | — | — |

**工作内容：**敷设及穿放光（电）缆和电线，固定防护、连接、测试等。

计量单位：100m

| 定额编号 | | | 6-198 | 6-199 | 6-200 | 6-201 |
|---|---|---|---|---|---|---|
| 项目 | | | 同轴电缆 | | 射频同轴电缆 | |
| | | | SYV-75-5 | SYV-75-9 | 线径 $\phi$9 以下（1/2~7/8） | 线径 $\phi$9 以上（1-1/4~1-5/8） |
| 名称 | | 单位 | 数量 | | | |
| 人工 | 综合工日 | 工日 | 1.500 | 1.550 | 1.568 | 1.948 |
| 材料 | 线缆 | m | — | — | 102.000 | 102.000 |
| | 镀锌铁线 $\phi$1.5 | kg | 0.100 | 0.100 | 0.150 | 0.150 |
| | 同轴电缆 | m | 102.000 | 102.000 | — | — |
| | 其他材料费 | % | 5.000 | 5.000 | 5.000 | 5.000 |

## 8.2 暗管光（电）缆和电线穿放

**工作内容：** 清刷暗管,穿放引线,检查测试电缆,布放电缆,端头处理,衬垫管口。敷设及穿放光（电）缆和电线,接续、测试等。

计量单位：100m

| 定额编号 | | | 6-202 | 6-203 | 6-204 | 6-205 | 6-206 | 6-207 |
|---|---|---|---|---|---|---|---|---|
| 项目 | | | 配线电缆 | | | | 铜芯塑料电线(2.5mm² 以内) | 光缆(12~36)芯 |
| | | | HPVV (HPYY)（10~30）×2×0.5mm | HPVV (HPYY) 50×2×0.5mm | HPVV (HPYY) 100×2×0.5mm | HPVV (HPYY) 200×2×0.5mm | | |
| 名称 | | 单位 | 数量 | | | | | |
| 人工 | 综合工日 | 工日 | 2.000 | 2.000 | 2.000 | 2.000 | 0.930 | 4.300 |
| 材料 | 线缆 | m | — | — | — | — | 102.000 | — |
| | 光缆 | m | — | — | — | — | — | 102.000 |
| | 镀锌钢丝 $\phi1.5$ | kg | 0.120 | 0.120 | 0.120 | 0.120 | — | — |
| | 镀锌钢丝 $\phi3\sim6$ | kg | 1.800 | 1.800 | 1.800 | 1.800 | — | — |
| | 配线电缆 | m | 102.000 | 102.000 | 102.000 | 102.000 | — | — |

续前

| 定额编号 | | | 6-202 | 6-203 | 6-204 | 6-205 | 6-206 | 6-207 |
|---|---|---|---|---|---|---|---|---|
| 项目 | | | 配线电缆 | | | | 铜芯塑料电线($2.5mm^2$以内) | 光缆(12~36)芯 |
| | | | HPVV(HPYY)(10~30)×2×0.5mm | HPVV(HPYY)50×2×0.5mm | HPVV(HPYY)100×2×0.5mm | HPVV(HPYY)200×2×0.5mm | | |
| 名称 | | 单位 | 数量 | | | | | |
| 材料 | 光缆护套 | m | — | — | — | — | — | 102.000 |
| | 其他材料费 | % | 5.000 | 5.000 | 5.000 | 5.000 | 5.000 | 5.000 |
| 机械 | 光时域反射仪 | 台班 | — | — | — | — | — | 0.300 |
| | 数字兆欧表1000~2500V,0~20GΩ/200GΩ | 台班 | 0.100 | 0.100 | 0.120 | 0.140 | — | — |
| | 低频电缆测试仪 800Hz ±2%,0~110dB | 台班 | 0.030 | 0.030 | 0.030 | 0.030 | — | — |

工作内容：清刷暗管,穿放引线,检查测试电缆,布放电缆,端头处理,衬垫管口。敷设及穿放光（电）缆和电线,接续、测试等。

计量单位：100m

| 定额编号 | | | 6-208 | 6-209 | 6-210 | 6-211 |
|---|---|---|---|---|---|---|
| 项目 | | | 射频／泄漏同轴电缆 | | 塑料电线 | |
| | | | 线径 $\phi$9 以下（1/2~7/8） | 线径 $\phi$9 以上（1-1/4~1-5/8） | 500V 截面 ≤95mm$^2$ | 500V 截面 ≤120mm$^2$ |
| 名称 | | 单位 | 数量 | | | |
| 人工 | 综合工日 | 工日 | 1.378 | 1.758 | 3.505 | 3.505 |
| 材料 | 绝缘导线 | m | — | — | 105.000 | 105.000 |
| | 线缆 | m | 102.000 | 102.000 | — | — |
| | 其他材料费 | % | 5.000 | 5.000 | 5.000 | 5.000 |

# 8.3　线槽内光（电）缆和电线敷设

**工作内容：**装设槽板,检查测试电缆,布放电缆,端头处理，装槽盖板。

计量单位：100m

| 定额编号 | | | 6-212 | 6-213 | 6-214 | 6-215 | 6-216 | 6-217 |
|---|---|---|---|---|---|---|---|---|
| 项目 | | | 配线电缆 | | | | | |
| | | | HPVV (HPYY) （10~30）×2×0.5mm | HPVV (HPYY) 50×2×0.5mm | HPVV (HPYY) 100×2×0.5mm | HPVV (HPYY) 200×2×0.5mm | HPVV (HPYY) 300×2×0.5mm | HPVV (HPYY) 400×2×0.5mm |
| 名称 | | 单位 | 数量 | | | | | |
| 人工 | 综合工日 | 工日 | 8.600 | 8.600 | 8.600 | 8.600 | 9.800 | 9.800 |
| 材料 | 螺纹射钉 | 套 | 103.000 | 103.000 | 103.000 | 103.000 | 103.000 | 103.000 |
| | 塑料墙壁槽板 30×50×10 | m | 101.000 | 101.000 | 101.000 | 101.000 | 101.000 | 101.000 |
| | 配线电缆 | m | 102.000 | 102.000 | 102.000 | 102.000 | 102.000 | 102.000 |
| | 其他材料费 | % | 5.000 | 5.000 | 5.000 | 5.000 | 5.000 | 5.000 |
| 机械 | 数字兆欧表 1000~2500V，0~20GΩ／200GΩ | 台班 | 0.100 | 0.100 | 0.120 | 0.140 | 0.140 | 0.140 |
| | 低频电缆测试仪 800Hz ±2%，0~110dB | 台班 | 0.030 | 0.030 | 0.030 | 0.030 | 0.030 | 0.030 |

**工作内容：**敷设、布放走线槽内电缆和电线，固定防护、接续、测试等。

计量单位：100m

| 定额编号 | | | 6-218 | 6-219 | 6-220 | 6-221 | 6-222 |
|---|---|---|---|---|---|---|---|
| 项目 | | | 光缆60芯以内 | 84芯以内 | 光缆96芯以内 | 射频／泄漏同轴电缆 | |
| | | | | | | 线径 $\phi$9以下(1/2~7/8) | 线径 $\phi$9以上(1-1/4~1-5/8) |
| 名称 | | 单位 | 数量 | | | | |
| 人工 | 综合工日 | 工日 | 3.600 | 4.400 | 5.200 | 1.495 | 1.848 |
| 材料 | 线缆 | m | — | — | — | 102.000 | 102.000 |
| | 光缆 | m | 102.000 | 102.000 | 102.000 | — | — |
| | 其他材料费 | % | 5.000 | 5.000 | 5.000 | 5.000 | 5.000 |
| 机械 | 光时域反射仪 | 台班 | 0.360 | 0.480 | 0.540 | — | — |

**工作内容：**量裁，布放，终端剥头，焊压接线端子，缠绝缘带，固定。

计量单位：100m

| 定额编号 | | | 6-223 | 6-224 | 6-225 | 6-226 | 6-227 | 6-228 |
|---|---|---|---|---|---|---|---|---|
| 项目 | | | 铜芯塑料电线 | | | | | |
| | | | 500V 截面 $16mm^2$ | 500V 截面 $25mm^2$ | 500V 截面 $35mm^2$ | 500V 截面 $50mm^2$ | 500V 截面 $70mm^2$ | 500V 截面 $95mm^2$ |
| 名称 | | 单位 | 数量 | | | | | |
| 人工 | 综合工日 | 工日 | 2.500 | 2.500 | 2.500 | 2.500 | 3.000 | 3.500 |
| 材料 | 汽油 | kg | 0.300 | 0.300 | 0.300 | 0.300 | 0.400 | 0.500 |
| | 焊锡　含锡 60% | kg | 0.500 | 0.500 | 0.500 | 0.500 | 0.500 | 0.800 |
| | 铜接线端子 75A | 个 | 20.000 | — | — | — | — | — |
| | 铜接线端子 100A | 个 | — | 20.000 | 20.000 | — | — | — |
| | 铜接线端子 150A | 个 | — | — | — | 20.000 | — | — |
| | 铜接线端子 200A | 个 | — | — | — | — | 20.000 | — |
| | 铜接线端子 250A | 个 | — | — | — | — | — | 20.000 |
| | 铜芯塑料线 | m | 102.000 | 102.000 | 102.000 | 102.000 | 102.000 | 102.000 |
| | 其他材料费 | % | 5.000 | 5.000 | 5.000 | 5.000 | 5.000 | 5.000 |

**工作内容：**敷设、布放走线槽内电缆和电线，固定防护、接续、测试等。

计量单位：100m

| 定额编号 | | | 6-229 | 6-230 | 6-231 | 6-232 |
|---|---|---|---|---|---|---|
| 项目 | | | 铜芯塑料电线 500V 截面 120mm² | 1kV 铜芯电缆 10mm² 以内 | 1kV 铜芯电缆 25mm² 以内 | 铜芯塑料电线 2.5mm² 以内 |
| 名称 | | 单位 | 数量 | | | |
| 人工 | 综合工日 | 工日 | 4.500 | 2.500 | 2.500 | 0.960 |
| 材料 | 电缆 | m | — | — | — | 102.000 |
| | 汽油 | kg | 0.500 | 0.200 | 0.300 | — |
| | 焊锡 含锡 60% | kg | 0.800 | 0.500 | 0.500 | — |
| | 铜接线端子 50A | 个 | — | 80.000 | 20.000 | — |
| | 铜接线端子 100A | 个 | — | — | 60.000 | — |
| | 铜接线端子 250A | 个 | 20.000 | — | — | — |
| | 铜芯塑料线 | m | 102.000 | — | — | — |
| | 电力电缆 0.6/1kV $3\times10+1\times6mm^2$ | m | — | 102.000 | — | — |
| | 电力电缆 0.6/1kV $3\times25+1\times16mm^2$ | m | — | — | 102.000 | — |
| | 其他材料费 | % | 5.000 | 5.000 | 5.000 | 5.000 |
| 机械 | 数字万用表 | 台班 | — | 1.000 | 1.000 | — |
| | 绝缘电阻测试仪 | 台班 | — | 1.000 | 1.000 | — |
| | 耐压测试仪 | 台班 | — | 1.000 | 1.000 | — |

# 9　布放设备电缆及导线

# 说　　明

一、本章包括：布放设备电缆、布放设备导线、布放尾纤等工作，共 3 节 12 个子目。

二、布放设备电缆和导线定额只适用于电缆走道、槽道及机房内地槽，不适用于穿管等。

三、布放设备电缆按焊接编制，绕接时可采用相应子目。

四、中间配线架架间跳线按 2 架编制，每增加 1 架增加跳线 60m，其他数量不变。

五、布放总配线架跳线按 1 架编制，每增加 1 架增加跳线 70m，其他数量不变。

# 工程量计算规则

一、布放设备电缆以“10m”为单位计算。

二、布放／改接总配线架跳线、交接箱跳线以“100 用户”为单位计算。

三、布放信号线以“条”为单位计算。

四、布放尾纤以“根”为单位计算。

## 9.1 布放设备电缆

**工作内容：**测试,量裁,布放,编绑,剖头，分线,对线,焊（绕、卡）接,二次对线,整理。

计量单位：10m

| 定额编号 | | | 6-233 | 6-234 | 6-235 | 6-236 | 6-237 |
|---|---|---|---|---|---|---|---|
| 项目 | | | 25对音频电缆 | 金属（音频）隔离线 | | | |
| | | | | SBHP型 | | SBVVP型 | |
| | | | | 2×1.5 | 2×2.5 | 2×1.5 | 2×0.5 |
| 名称 | | 单位 | 数量 | | | | |
| 人工 | 综合工日 | 工日 | 0.870 | 0.440 | 0.440 | 0.440 | 0.440 |
| 材料 | 焊锡丝 含锡 50% $\phi$1.5~2.5 | kg | 0.010 | 0.010 | 0.010 | 0.010 | 0.010 |
| | 局用电缆 HJVV42×0.5 | m | 10.200 | — | — | — | — |
| | 聚氯乙烯绝缘屏蔽电线 | m | — | 10.200 | 10.200 | 10.200 | 10.200 |
| | 其他材料费 | % | 5.000 | 5.000 | 5.000 | 5.000 | 5.000 |
| 机械 | 数字兆欧表 1000~2500V，0~20GΩ/200GΩ | 台班 | 0.020 | — | — | — | — |
| | 低频电缆测试仪 800Hz±2%，0~110dB | 台班 | 0.020 | — | — | — | — |

**工作内容**：测试,量裁,布放,编绑,剖头，分线,对线,焊（绕、卡）接,二次对线,整理。

计量单位：10m

| 定额编号 | | | 6-238 | 6-239 | 6-240 | 6-241 |
|---|---|---|---|---|---|---|
| 项目 | | | 同轴软线 SFF 型 | 同轴射频电缆 SYV 型 | 数据电缆 8 芯双绞线 | |
| | | | 75-2 | 75-5 | 非屏蔽 | 屏蔽 |
| 名称 | | 单位 | 数量 | | | |
| 人工 | 综合工日 | 工日 | 0.440 | 0.440 | 0.230 | 0.230 |
| 材料 | 焊锡丝 含锡 50% $\phi$1.5~2.5 | kg | 0.010 | 0.010 | 0.010 | 0.010 |
| | 同轴射频电缆 SYV-75-5-1 | m | — | 10.200 | — | — |
| | 屏蔽双绞线 8 芯 | m | — | — | — | 10.200 |
| | 非屏蔽双绞线 8 芯 | m | — | — | 10.200 | — |
| | 同轴软线 SFF-75-2 | m | 10.200 | — | — | — |
| | 其他材料费 | % | 5.000 | 5.000 | 5.000 | 5.000 |

## 9.2 布放设备导线

**工作内容：**放线,焊接,核对，改线,清理端子,整理，试通。

计量单位：100用户

| 定额编号 | | | 6-242 | 6-243 | 6-244 | 6-245 | 6-246 |
|---|---|---|---|---|---|---|---|
| 项目 | | | 总配线架跳线 | | 交接箱跳线 | | 信号线 |
| | | | 布放 | 改接 | 布放 | 改接 | 条 |
| 名称 | | 单位 | 数量 | | | | |
| 人工 | 综合工日 | 工日 | 1.390 | 3.220 | 1.000 | 1.500 | 0.100 |
| 材料 | 焊锡丝 含锡 50% $\phi$1.5~2.5 | kg | 0.030 | 0.030 | 0.030 | 0.030 | — |
| | 铜芯塑料线 500V1mm$^2$ | m | — | — | — | — | 10.200 |
| | 铜芯塑料线 2芯 0.5mm$^2$ | m | 316.000 | 158.000 | — | — | — |
| | 铜芯塑料线 1芯 0.2mm$^2$（彩色） | m | — | — | 10.200 | 51.000 | — |
| | 其他材料费 | % | 5.000 | 5.000 | 5.000 | 5.000 | 5.000 |

## 9.3 布放尾纤

**工作内容：**光纤焊接,测试衰耗,固定光纤连接器,盘余固定。

计量单位：根

| 定额编号 | | | 6-247 | 6-248 | 6-249 |
|---|---|---|---|---|---|
| 项目 | | | 终端盒至光纤配线架 | 光纤配线架至设备 | 光纤配线架架内跳线 |
| 名称 | | 单位 | 数量 | | |
| 人工 | 综合工日 | 工日 | 0.800 | 0.500 | 0.300 |
| 材料 | 尾纤 10m 单头 | 根 | 1.000 | — | — |
| | 尾纤 10m 双头 | 根 | — | 1.000 | 1.000 |
| | 其他材料费 | % | 5.000 | 5.000 | 5.000 |
| 机械 | 光纤熔接机 | 台班 | 0.100 | — | — |
| | 光时域反射仪 | 台班 | 0.100 | 0.100 | 0.100 |
| | 光功率计 | 台班 | 0.015 | — | — |

# 10　程控电话交换机及附属设备安装

# 说　明

一、本章包括：安装与调测程控电话交换机、维护终端、打印机及告警设备、计费系统、微机查号系统、远端用户模块、卡接保安模块等工作，共12个子目。

二、程控电话交换机及远端用户模块的安装、调试，包括硬件、软件的安装、调试等。

三、维护终端、打印机及告警设备安装包括：终端设备、打印机及告警设备的安装调试及随机附属线、缆的连接。

四、微机查号系统、计费系统安装调试包括：计算机、显示器、打印机、电源、鼠标、键盘的安装调试和随机线缆、进出线缆的连接。

五、卡接模块安装，以10×10回线模块编制；卡接保安装置，以安装在卡接模块每回线上的保安装置编制。

# 工程量计算规则

一、程控电话交换以“部”为单位计算。

二、维护终端设备、计费系统设备、微机查号系统以“套”为单位计算。

三、卡接保安装置以“只”为单位计算。

四、卡接模块以“个”为单位计算。

**工作内容**：安装固定与调测程控电话交换机，布放跳线、引接设备主电源线等。

计量单位：部

| 定额编号 | | | 6-250 | 6-251 | 6-252 | 6-253 | 6-254 |
|---|---|---|---|---|---|---|---|
| 项目 | | | 程控电话交换机 | | | | |
| | | | 400线以内 | 700线以内 | 1000线以内 | 3000线以内 | 5000线以内 |
| 名称 | | 单位 | 数量 | | | | |
| 人工 | 综合工日 | 工日 | 309.470 | 475.350 | 695.640 | 1205.130 | 1881.020 |
| 材料 | 镀锌电缆卡子 2×35 | 个 | 35.000 | 40.000 | 45.000 | 70.000 | 100.000 |
| | 酚醛防锈漆 | kg | 3.000 | 3.000 | 3.500 | 4.000 | 5.000 |
| | 酚醛调和漆 | kg | 3.000 | 3.000 | 3.000 | 3.500 | 4.000 |
| | 插头 48芯 | 个 | 25.000 | 36.000 | 56.000 | 120.000 | 200.000 |
| | 跳线 100m | 盘 | 8.000 | 10.000 | 12.000 | 28.000 | 40.000 |
| | 塑料胶布带 20×50 | 卷 | 4.500 | 4.500 | 5.000 | 7.000 | 10.000 |
| | 通信电缆 HPYV-ZR10×2×0.5 | m | 15.000 | 15.000 | 20.000 | 30.000 | 60.000 |
| | 电力缆 VVl×16mm² | m | 20.000 | 20.000 | 30.000 | 30.000 | 50.000 |
| | 电力缆 VVl×35mm² | m | 30.000 | 30.000 | 30.000 | 30.000 | 30.000 |
| | 电力缆 VVl×50mm² | m | — | — | 28.000 | 30.000 | 30.000 |

续前

| 定额编号 | | | 6-250 | 6-251 | 6-252 | 6-253 | 6-254 |
|---|---|---|---|---|---|---|---|
| 项目 | | | 程控电话交换机 | | | | |
| | | | 400线以内 | 700线以内 | 1000线以内 | 3000线以内 | 5000线以内 |
| 名称 | | 单位 | 数量 | | | | |
| 材料 | 电力缆 VV1×150$mm^2$ | m | — | — | — | 30.000 | 50.000 |
| | 配线电缆 HPYV-ZR50×2×0.5 | m | 160.000 | 250.000 | 280.000 | 360.000 | 450.000 |
| | 电缆 WJ-YJE-ZR3×10+1×6 | m | 10.000 | 10.000 | 10.000 | 14.000 | 20.000 |
| | 其他材料费 | % | 5.000 | 5.000 | 5.000 | 5.000 | 5.000 |
| 机械 | PCM 呼叫分析仪 300~3400Hz，频偏±5% | 台班 | 1.000 | 1.000 | 1.000 | 1.000 | 1.000 |
| | PCM 通道测试仪 20~4000Hz，-60~10dBmo | 台班 | 1.500 | 1.500 | 1.500 | 1.500 | 1.500 |
| | 用户模拟呼叫器 16000呼/h | 台班 | 1.600 | 2.400 | 3.000 | 5.000 | 8.000 |
| | 中继线模拟呼叫器 | 台班 | 0.600 | 0.820 | 1.000 | 2.000 | 3.000 |

**工作内容**：安装网络管理设备、计费设备、微机查号系统设备等。

计量单位：套

| 定额编号 | | | 6-255 | 6-256 | 6-257 |
|---|---|---|---|---|---|
| 项目 | | | 维护终端、打印机及告警设备 | 计费系统设备 | 微机查号系统设备（话务台） |
| 名称 | | 单位 | 数量 | | |
| 人工 | 综合工日 | 工日 | 2.000 | 60.000 | 17.520 |
| 材料 | 镀锌膨胀螺栓 $\phi$12 | 套 | — | 8.000 | — |
| | 六角头螺栓带帽 M12×30~35 | 套 | — | 8.000 | — |
| | 铜芯双绞线 2×1.0mm$^2$ | m | 7.000 | — | — |
| | 通信电缆 HPYV-ZR10×2×0.5 | m | — | — | 10.000 |
| | 其他材料费 | % | 5.000 | 5.000 | 5.000 |
| 机械 | PCM 呼叫分析仪 300~3400Hz，频偏±5% | 台班 | — | 1.000 | — |
| | PCM 通道测试仪 20~4000Hz，–60~10dBmo | 台班 | — | 1.500 | — |
| | 用户模拟呼叫器 16000 呼／h | 台班 | — | 3.000 | — |
| | 中继线模拟呼叫器 | 台班 | — | 1.000 | — |

**工作内容：**安装远端用户模块，卡接保安模块、总配线架等。

| 定额编号 | | | 6-258 | 6-259 | 6-260 | 6-261 |
|---|---|---|---|---|---|---|
| 项目 | | | 增减中继线 | 远端用户模块 | 卡接保安装置 | 卡接模块 |
| | | | 回线 | 架 | 只 | 个 |
| 名称 | | 单位 | 数量 | | | |
| 人工 | 综合工日 | 工日 | 8.000 | 72.000 | 0.200 | 0.040 |
| 材料 | 卡接保安装置 | 只 | — | — | 1.000 | — |
| | 卡接模块 | 个 | — | — | — | 1.000 |
| | 铜芯双绞线 $2\times1.0mm^2$ | m | 3.500 | — | — | — |
| | 其他材料费 | % | 5.000 | 5.000 | 5.000 | 5.000 |
| 机械 | 用户模拟呼叫器 16000 呼／h | 台班 | — | 0.500 | — | — |
| | 通信性能分析仪 2Mb／s~2.5Gb／s | 台班 | 0.100 | 0.100 | — | — |

# 11 无线通信系统设备安装

# 说　明

一、本章包括：集群移动通信天线铁塔架设、集群移动通信天线和馈线安装与调测、集群移动通信设备安装与调测等工作，共3节30个子目。

二、安装通信天线：

1. 铁塔上安装天线，不论有、无操作平台均执行本册定额。

2. 安装天线的高度指天线底部距塔（杆）座的高度。

3. 天线在楼顶铁塔上的吊装，按楼顶距地面20m以下考虑，超过部分另行计列。

三、中央控制设备安装包括：中央控制设备、网管终端、无线交换机的安装与调试以及随机线缆安装、进出线缆的连接。不包括进出线、缆的敷设。

四、安装基站设备按每架为2个载频的单基站编制。多基站按单基站定额乘以基站数计列。

五、固定台安装包括：主机、天线的安装与调试以及进出线、缆的连接。

六、机车电台安装包括：主机（含有设备箱的一体化结构电台）、控制盒（含送受话器）、机车天线的安装与调试以及进出线、缆的连接。

七、设备安装调试按带有机内（或机间）连接线缆综合考虑，设备到端子架（箱）的连接线缆，另行计列。

# 工程量计算规则

一、架设天线铁塔、安装馈线、站内小天线、隧道口定向天线以"处"为单位计算。

二、中央控制设备、调度控制台、基站设备、直放站设备、机车电台、便携电台、固定电台以"套"为单位计算。

三、漏缆功分器以"个"为单位计算。

四、中央控制设备、基站设备、直放站设备的调测以及场强测试（单基站2载频）、全线无线系统调试与开通以"系统"为单位计算。

五、漏缆调整测试以"100m"为单位计算。

## 11.1 集群移动通信天线铁塔架设

**工作内容：** 基坑开挖、基础灌注、架设铁塔，安装天线铁塔地网、接地极、避雷针、消雷器、防空障碍灯及电源线等。

计量单位：处

| 定额编号 | | | 6-262 | 6-263 | 6-264 | 6-265 |
|---|---|---|---|---|---|---|
| 项目 | | | 地面天线铁塔（坑深2.5m以内，综合土） | | | |
| | | | 地面塔高（m以内） | | | |
| | | | 30 | 40 | 50 | 60 |
| 名称 | | 单位 | 数量 | | | |
| 人工 | 综合工日 | 工日 | 179.970 | 255.200 | 510.750 | 656.810 |
| 材料 | 防空障碍灯 | 套 | 2.000 | 2.000 | 2.000 | 2.000 |
| | 天线铁塔 | t | 8.000 | 12.000 | 15.500 | 28.000 |
| | 天线铁塔消雷器 | 套 | 1.000 | 1.000 | 1.000 | 1.000 |
| | 圆钢 $\phi$10以内 | kg | 832.000 | 1662.080 | 3365.920 | 3497.760 |
| | 圆钢 $\phi$10以外 | kg | 21.210 | 26.960 | — | — |
| | 镀锌角钢 | kg | — | — | 124.260 | 124.260 |
| | 镀锌扁钢 | kg | 51.440 | 51.440 | 70.080 | 70.080 |
| | 普通钢板 $\delta$=4.1~7 | kg | 37.420 | 47.630 | — | — |

续前

| 定额编号 | | | 6-262 | 6-263 | 6-264 | 6-265 |
|---|---|---|---|---|---|---|
| 项目 | | | 地面天线铁塔（坑深2.5m以内，综合土） | | | |
| | | | 地面塔高（m以内） | | | |
| | | | 30 | 40 | 50 | 60 |
| 名称 | | 单位 | 数量 | | | |
| 材料 | 镀锌角钢 Q235-A50×5 | kg | 77.040 | 77.040 | — | — |
| | 钢板 Q235-A $\delta$=10 | $m^2$ | — | — | 0.250 | 0.250 |
| | 混凝土 C15 | $m^3$ | 2.800 | 3.600 | 7.200 | 7.600 |
| | 混凝土 C30 | $m^3$ | 32.000 | 45.760 | 102.240 | 107.200 |
| | 板枋材 | $m^3$ | 0.844 | 1.177 | 2.680 | 2.905 |
| | 方木 | $m^3$ | 0.005 | 0.007 | 0.016 | 0.020 |
| | 酚醛防锈漆 | kg | 0.130 | 0.170 | — | — |
| | 接地标 | 根 | 1.010 | 1.010 | — | — |
| | 镀锌扁钢抱箍 | 副 | 4.420 | 5.630 | — | — |
| | 电力电缆 VV1kV 2芯10mm² | m | — | 60.600 | 70.700 | 80.800 |
| | 其他材料费 | % | 5.000 | 5.000 | 5.000 | 5.000 |
| 机械 | 电焊机 ≤32kV·A | 台班 | 1.400 | 1.590 | 1.640 | 1.640 |
| | 汽车起重机 ≤40t | 台班 | 2.500 | 3.500 | 4.500 | 8.750 |

**工作内容：** 基坑开挖、基础灌注、架设铁塔，安装天线铁塔地网、接地极、避雷针、消雷器、防空障碍灯及电源线等。

计量单位：处

| 定额编号 | | | 6-266 | 6-267 | 6-268 |
|---|---|---|---|---|---|
| 项目 | | | 地面天线铁塔（坑深2.5m以内，综合土） | 楼顶天线铁塔 | |
| | | | 地面塔高80m以内 | 塔高10m以内 | 塔高20m以内 |
| 名称 | | 单位 | 数量 | | |
| 人工 | 综合工日 | 工日 | 763.670 | 30.090 | 53.650 |
| 材料 | 混凝土 C15 | $m^3$ | 8.600 | — | — |
| | 混凝土 C30 | $m^3$ | 113.400 | — | — |
| | 防空障碍灯 | 套 | 2.000 | — | — |
| | 天线铁塔 | t | 42.000 | 3.100 | 9.100 |
| | 天线铁塔消雷器 | 套 | 1.000 | — | — |
| | 圆钢 $\phi$10以内 | kg | 3873.240 | — | — |
| | 镀锌角钢 | kg | 124.260 | — | — |

续前

| 定额编号 | | | 6-266 | 6-267 | 6-268 |
|---|---|---|---|---|---|
| 项目 | | | 地面天线铁塔（坑深2.5m以内，综合土） | 楼顶天线铁塔 | |
| | | | 地面塔高80m以内 | 塔高10m以内 | 塔高20m以内 |
| 名称 | | 单位 | 数量 | | |
| 材料 | 镀锌扁钢 | kg | 70.080 | — | — |
| | 普通钢板 $\delta$=3.5~4.0 | kg | — | 0.310 | 0.310 |
| | 钢板 Q235-A $\delta$=10 | $m^2$ | 0.250 | — | — |
| | 板枋材 | $m^3$ | 3.048 | — | — |
| | 方木 | $m^3$ | 0.020 | — | — |
| | 碎石 10以内 | $m^3$ | 6.820 | — | — |
| | 电力电缆 VV1kV 2芯 $10mm^2$ | m | 101.000 | 40.400 | 50.500 |
| | 其他材料费 | % | 5.000 | 5.000 | 5.000 |
| 机械 | 电焊机 ≤32kV·A | 台班 | 1.640 | 0.260 | 0.260 |
| | 汽车起重机 ≤40t | 台班 | 12.250 | 1.500 | 2.000 |

## 11.2 集群移动通信天线和馈线安装与调测

**工作内容：** 安装天线、馈线，调测天线系统等。

计量单位：处

| 定额编号 | | | 6-269 | 6-270 | 6-271 | 6-272 |
|---|---|---|---|---|---|---|
| 项目 | | | 安装通信天、馈线（地面天线铁塔） | | | |
| | | | 塔高10m以内 | 塔高20m以内 | 塔高30m以内 | 塔高40m以内 |
| 名称 | | 单位 | 数量 | | | |
| 人工 | 综合工日 | 工日 | 14.500 | 17.500 | 24.500 | 27.300 |
| 材料 | 镀锌钢绞线 | kg | — | — | 5.990 | 5.990 |
| | 镀锌焊接钢管 $DN50\times3.5$ | kg | 50.040 | 50.040 | 50.040 | 50.040 |
| | 拉线调整螺丝大型 300 | 个 | 4.040 | 4.040 | 4.040 | 4.040 |
| | 三眼单槽夹板 | 套 | 4.040 | 4.040 | 4.040 | 4.040 |
| | 单根馈线固定卡子 | 套 | 17.720 | 24.820 | 31.920 | 39.020 |
| | 其他材料费 | % | 5.000 | 5.000 | 5.000 | 5.000 |
| 机械 | 通过式功率计 450kHz~2.3GHz，0.1~1000W | 台班 | 9.500 | 14.500 | 19.500 | 24.700 |

**工作内容：**安装天线、馈线，调测天线系统等。

计量单位：处

| 定额编号 | | | 6-273 | 6-274 | 6-275 |
|---|---|---|---|---|---|
| 项目 | | | 安装通信天、馈线（地面天线铁塔） | | |
| | | | 塔高50m以内 | 塔高60m以内 | 塔高80m以内 |
| 名称 | | 单位 | 数量 | | |
| 人工 | 综合工日 | 工日 | 31.100 | 35.000 | 41.000 |
| 材料 | 镀锌钢绞线 | kg | 6.590 | 5.990 | 5.990 |
| | 镀锌焊接钢管 *DN*50×3.5 | kg | 55.040 | 50.040 | 50.040 |
| | 拉线调整螺丝 大型 300 | 个 | 4.440 | 4.040 | 4.040 |
| | 三眼单槽夹板 | 套 | 4.440 | 4.040 | 4.040 |
| | 单根馈线固定卡子 | 套 | 46.120 | 53.220 | 67.420 |
| | 其他材料费 | % | 5.000 | 5.000 | 5.000 |
| 机械 | 通过式功率计 450kHz~2.3GHz，0.1~1000W | 台班 | 29.950 | 35.000 | 45.000 |

# 11.3 集群移动通信设备安装与调测

**工作内容：**安装与调测中央控制设备、基站设备、直放站设备、调度控制台、机车电台等。

计量单位：套

| 定额编号 | | | 6-276 | 6-277 | 6-278 | 6-279 | 6-280 | 6-281 |
|---|---|---|---|---|---|---|---|---|
| 项目 | | | 中央控制设备(含网络管理终端设备) | 调度控制台 | 基站设备 | 光纤/射频直放站设备 | 车载电台 | 便携电台设备 |
| 名称 | | 单位 | 数量 | | | | | |
| 人工 | 综合工日 | 工日 | 70.960 | 9.460 | 22.960 | 58.360 | 17.100 | 0.450 |
| 材料 | 角钢 63以内 | kg | — | — | 20.250 | 20.250 | — | — |
| | 扁钢 60以内 | kg | — | — | 18.550 | 18.550 | — | — |
| | 普通钢板 $\delta$=2~2.5 | kg | — | — | — | — | 1.430 | — |
| | 普通钢板 $\delta$=2.6~3.2 | kg | — | — | — | — | 0.510 | — |
| | 普通钢板 $\delta$=3.5~4.0 | kg | — | — | 3.800 | 3.800 | — | — |
| | 焊接钢管 50 | m | — | — | 3.090 | — | — | — |

续前

| 定额编号 | | | 6-276 | 6-277 | 6-278 | 6-279 | 6-280 | 6-281 |
|---|---|---|---|---|---|---|---|---|
| 项目 | | | 中央控制设备(含网络管理终端设备) | 调度控制台 | 基站设备 | 光纤/射频直放站设备 | 车载电台 | 便携电台设备 |
| 名称 | | 单位 | 数量 | | | | | |
| 材料 | 镀锌钢板 $\delta=3$ | kg | — | — | — | — | 4.000 | — |
| | 镀锌焊接钢管 $DN32\times3.25$ | kg | — | — | — | — | 1.500 | — |
| | 酚醛防锈漆 | kg | — | — | 0.500 | 0.500 | — | — |
| | 酚醛磁漆 | kg | — | — | 0.500 | 0.500 | — | — |
| | 地线盘 | 个 | 1.010 | 1.010 | 1.010 | 1.010 | — | — |
| | 铜芯塑料线 500V $70mm^2$ | m | 10.000 | 10.000 | 10.000 | 10.000 | — | — |
| | 铜芯塑料软线 500V $2.5mm^2$ | m | 200.00 | — | 30.300 | 30.300 | — | — |
| | 同轴电缆 SYV-75-9 | m | — | — | — | — | 12.000 | — |
| | 局用电缆 HJVV48×0.5 | m | — | — | 30.600 | — | — | — |
| | 其他材料费 | % | 5.000 | 5.000 | 5.000 | 5.000 | 5.000 | — |

续前

| 定额编号 | | | 6-276 | 6-277 | 6-278 | 6-279 | 6-280 | 6-281 |
|---|---|---|---|---|---|---|---|---|
| 项目 | | | 中央控制设备(含网络管理终端设备) | 调度控制台 | 基站设备 | 光纤/射频直放站设备 | 车载电台 | 便携电台设备 |
| 名称 | | 单位 | 数量 | | | | | |
| 机械 | 汽车起重机 ≤5t | 台班 | 0.500 | — | — | — | — | — |
| | 交流弧焊机 ≤21kV · A | 台班 | — | — | 0.500 | — | — | — |
| | 电焊机 ≤32kV · A | 台班 | — | — | — | — | 0.100 | — |
| | 通过式功率计 450kHz~2.3GHz，0.1~1000W | 台班 | — | — | 2.000 | 1.000 | 1.000 | — |
| | 逻辑分析仪 100MHz，80通道 | 台班 | 3.000 | — | — | — | — | — |
| | PCM2Mb/s测试仪 2048kb/s | 台班 | 2.000 | — | — | — | — | — |
| | 无线电综合测试仪 100kHz~1.15GHz | 台班 | 1.000 | — | 1.000 | — | 0.100 | — |
| | 电台综合测试仪 0.25~1000MHz | 台班 | — | — | — | — | — | 0.150 |

**工作内容：**安装固定电台、便携电台漏缆功分器以及系统调测等。

| 定额编号 | | | 6-282 | 6-283 | 6-284 | 6-285 | 6-286 | 6-287 |
|---|---|---|---|---|---|---|---|---|
| 项目 | | | 固定电台 | 漏缆功分器 | 站内小天线 | 中央控制设备调测 | 集群基站设备调测 | 直放站设备调测 |
| | | | 套 | 个 | 处 | 系统 | | |
| 名称 | | 单位 | 数量 | | | | | |
| 人工 | 综合工日 | 工日 | 15.000 | 2.000 | 8.000 | 42.000 | 69.000 | 38.500 |
| 材料 | 钢筋 $\phi$10以内 | kg | — | — | 5.180 | — | — | — |
| | 扁钢 A36×40 | kg | — | — | 10.800 | — | — | — |
| | 镀锌焊接钢管 *DN*40×3.5 | kg | 8.160 | — | 8.160 | — | — | — |
| | 接头支架 | 套 | — | 1.010 | — | — | — | — |
| | 塑料胶带 20m | 盘 | — | 1.000 | — | — | — | — |
| | 交流电源插座 | 个 | 1.010 | — | — | — | — | — |
| | 电缆接头 N-J104 | 个 | — | 6.060 | — | — | — | — |
| | 保险盒 | 个 | 1.010 | — | — | — | — | — |

续前

| 定额编号 | | | 6-282 | 6-283 | 6-284 | 6-285 | 6-286 | 6-287 |
|---|---|---|---|---|---|---|---|---|
| 项目 | | | 固定电台 | 漏缆功分器 | 站内小天线 | 中央控制设备调测 | 集群基站设备调测 | 直放站设备调测 |
| | | | 套 | 个 | 处 | 系统 | | |
| 名称 | | 单位 | 数量 | | | | | |
| 材料 | 铜芯塑料线 500V 10mm² | m | 9.050 | — | — | — | — | — |
| | 射频电缆 SYV-75-9-4 | m | — | 20.000 | — | — | — | — |
| | 其他材料费 | % | 5.000 | 5.000 | 5.000 | — | — | — |
| 机械 | 轨道车 ≤210kW | 台班 | — | — | — | — | 4.500 | 3.500 |
| | 电焊机 ≤32kV·A | 台班 | — | — | 0.200 | — | — | — |
| | 标准信号发生器 10kHz~1025MHz | 台班 | — | — | — | 1.000 | 1.000 | — |
| | 场强仪 300MHz~10GHz,20~130 dBμV | 台班 | — | — | — | — | 2.000 | 2.000 |
| | 场强仪 5MHz~1GHz,-10~130 dBμV | 台班 | — | — | — | 2.000 | 2.000 | — |
| | 通用计数器 1Hz~1GHz，30mV | 台班 | — | — | — | 1.000 | 1.000 | — |
| | 通过式功率计 450kHz~2.3GHz，0.1~1000W | 台班 | 1.000 | — | 0.500 | 1.000 | 1.000 | — |
| | 无线电综合测试仪 100kHz~1.15GHz | 台班 | 0.100 | — | — | 3.000 | 4.000 | 1.500 |

**工作内容：**安装隧道口定向天线、漏缆调整调试、全线场强测试。

| 定额编号 | | | 6-288 | 6-289 | 6-290 | 6-291 |
|---|---|---|---|---|---|---|
| 项目 | | | 全线无线系统调试与开通 | 隧道口定向天线 | 漏缆调整测试 | 场强测试（单基站2载频） |
| | | | 系统 | 处 | 100m | 系统 |
| 名称 | | 单位 | 数量 | | | |
| 人工 | 综合工日 | 工日 | 69.690 | 14.200 | 0.300 | 10.000 |
| 材料 | 扁钢 A3 6×40 | kg | — | 10.800 | — | — |
| | 镀锌焊接钢管 *DN*40×3.5 | kg | — | 12.160 | — | — |
| | 钢筋 $\phi$10以内 | kg | — | 5.180 | — | — |
| 机械 | 电焊机 ≤32kV·A | 台班 | — | 0.200 | — | — |
| | 钢筋切断机 *d*≤40 | 台班 | — | 0.180 | — | — |
| | 场强仪 300MHz~10GHz，20~130dBμV | 台班 | — | — | 0.100 | 2.500 |
| | 通过式功率计 450kHz~2.3GHz，0.1~1000W | 台班 | — | 0.500 | — | — |
| | 轨道车 ≤210kW | 台班 | — | — | 0.200 | 2.500 |
| | 标准信号发生器 10kHz~1025MHz | 台班 | — | — | 0.200 | 2.500 |
| | 无馈线分析仪 | 台班 | — | — | 0.100 | — |

# 12 光纤数字传输设备安装

# 说 明

一、本章包括：辅助设备安装，光纤数字传输设备、同步数字网络设备、网络管理系统安装与调测，数字通信通道调测等工作内容，共5节28个子目。

二、光纤传输设备的安装与调测按2.5Gb/s、622Mb/s系统，1+1状态编制。当系统为1+0状态时，TM终端复用器每端减少2个工日，ADM分插复用器每端减少4个工日。

三、光纤数字传输设备的安装与调测包括：安装加固机架，安装与调测SDH/MSTP、PCM、接入网设备以及进、出线缆的连接等，不包括进、出线缆的敷设。

四、设备安装与调测按带有机内（或机间）连接线缆综合编制。设备到配线架（箱）的连接线缆，另行计列。

五、安装光纤配线架定额，按100芯以下综合编制。

# 工程量计算规则

一、设备中的机架、配线架以“架”为单位计算；配线子架以“个”为单位计算。
二、光纤数字传输设备以“端”为单位计算。
三、接入网设备、网络管理系统设备、同步系统设备以“套”为单位计算。
四、光中继段测试以“系统”为单位计算。
五、通路对端调测以“系统/站”为单位计算。
六、稳定观测及光、电调测中间站配合以“站”为单位计算。
七、综合定时供给、铯钟以及GPS接收机设备以“台”为单位计算。

## 12.1　辅助设备安装

**工作内容：**开箱检验、组装、划线定位、安装加固。

计量单位：架

| 定额编号 | | | 6-292 | 6-293 | 6-294 | 6-295 |
|---|---|---|---|---|---|---|
| 项目 | | | 安装端机机架（宽架120mm以上） | 安装端机机架（窄架120mm以下） | 安装光纤配线架 | 安装光纤配线子架<br>个 |
| 名称 | | 单位 | 数量 | | | |
| 人工 | 综合工日 | 工日 | 3.000 | 2.000 | 3.000 | 0.500 |
| 材料 | 酒精 | kg | — | — | 0.050 | 0.030 |
| | 专用清洁纸 | 张 | — | — | 5.100 | 5.100 |
| | 其他材料费 | % | — | — | 5.000 | 5.000 |

**工作内容**：开箱检验、组装、划线定位、安装加固。

| 定额编号 | | | 6-296 | 6-297 | 6-298 |
|---|---|---|---|---|---|
| 项目 | | | 安装数字配线架 | 安装数字配线子架 | 安装光纤与数字配线架 |
| | | | 架 | 个 | 架 |
| 名称 | | 单位 | 数量 | | |
| 人工 | 综合工日 | 工日 | 3.000 | 1.000 | 3.000 |
| 材料 | 酒精 | kg | — | — | 0.030 |
| | 专用清洁纸 | 张 | — | — | 5.100 |
| | 其他材料费 | % | — | — | 5.000 |

## 12.2 光纤数字传输设备安装与调测

**工作内容：**开箱检验，安装 SDH/MSTP、PCM、接入网设备，设备调测等。

计量单位：端

| 定额编号 | | | 6-299 | 6-300 | 6-301 | 6-302 | 6-303 | 6-304 |
|---|---|---|---|---|---|---|---|---|
| 项目 | | | 安装与调测SDH/MSTP（终端复用器TM） | | | 安装与调测SDH/MSTP（分插复用器ADM） | | |
| | | | 2.5Gb/s | 622Mb/s | 155Mb/s | 2.5Gb/s | 622Mb/s | 155Mb/s |
| 名称 | | 单位 | 数量 | | | | | |
| 人工 | 综合工日 | 工日 | 68.000 | 25.000 | 20.000 | 65.000 | 59.000 | 54.000 |
| 机械 | 误码率测试仪 155Mb/s | 台班 | — | — | 0.500 | — | — | 1.000 |
| | 误码率测试仪 622Mb/s | 台班 | — | 0.500 | — | — | 1.000 | — |
| | 误码率测试仪 2.5Gb/s | 台班 | 0.500 | — | — | 1.000 | — | — |
| | 数字存储示波器 12~20GHz，>2通道 | 台班 | 0.250 | 0.250 | 0. 250 | 0.500 | 0.500 | 0.500 |
| | 手持式光万用表 含光源、光功率计 | 台班 | 0.300 | 0.300 | 0.300 | 0.600 | 0.600 | 0.600 |
| | 通信性能分析仪 2Mb/s~2.5Gb/s | 台班 | 0.500 | 0.500 | 0.500 | 1.000 | 1.000 | 1.000 |

**工作内容：**开箱检验，安装SDH/MSTP、PCM、接入网设备，设备调测等。

计量单位：套

| 定额编号 | | | 6-305 | 6-306 | 6-307 | 6-308 |
|---|---|---|---|---|---|---|
| 项目 | | | 安装与调测PCM设备 | 安装与调测接入网 | | |
| | | | 端 | 局端设备 | 网络单元设备 | 信令转换设备 |
| 名称 | | 单位 | 数量 | | | |
| 人工 | 综合工日 | 工日 | 8.000 | 27.500 | 26.400 | 24.200 |
| 机械 | 手持式光万用表 含光源、光功率计 | 台班 | — | 0.250 | 0.250 | — |
| | PCM话路特性测试仪 200~4000Hz，-60~5d | 台班 | 1.000 | 1.000 | 1.000 | — |
| | 通信性能分析仪 2Mb/s~2.5Gb/s | 台班 | — | 0.800 | 0.800 | — |
| | 数据传输分析仪 | 台班 | 1.000 | — | — | — |
| | 通用规程测试仪 V5规程、ISDN规程 | 台班 | — | 1.200 | — | 0.800 |
| | 模拟信令测试仪 MFC多频互控+线路信令 | 台班 | — | — | — | 0.800 |

## 12.3 网管系统安装与调测

**工作内容：**开箱检验，设备及软件的安装和调试，性能测试和功能测试。

计量单位：套

| 定额编号 | | | 6-309 | 6-310 | 6-311 | 6-312 |
|---|---|---|---|---|---|---|
| 项目 | | | 安装与调测中心网络管理系统 | 安装与调测本地维护终端 | 安装与调测同步网络系统 | 安装与调测接入网网络管理系统 |
| 名称 | | 单位 | 数量 | | | |
| 人工 | 综合工日 | 工日 | 90.000 | 11.000 | 60.000 | 32.000 |
| 材料 | 计算机专用交流电源插座 | 个 | 1.000 | 1.000 | 1.000 | 1.000 |
| | 其他材料费 | % | 5.000 | 5.000 | 5.000 | 5.000 |

## 12.4 数字通信通道调测

工作内容：各种特性及性能的调测。

| 定额编号 | | | 6-313 | 6-314 | 6-315 | 6-316 |
|---|---|---|---|---|---|---|
| 项目 | | | 光中继段测试 | 通路对端调测 | 稳定观测 | 光、电调测中间站配合 |
| | | | 系统 | 系统/站 | 站 | |
| 名称 | | 单位 | 数量 | | | |
| 人工 | 综合工日 | 工日 | 4.000 | 0.500 | 25.000 | 9.000 |
| 机械 | 误码率测试仪 10Gb/s | 台班 | — | 0.200 | — | — |
| | 台式光万用表 含光源、光功率计 | 台班 | 0.500 | — | — | — |

## 12.5　同步数字网络设备安装与调测

**工作内容：** 开箱检验，安装加固，插装机盘，本机检查，数字同步设备及本地监控终端安装与调测，GPS接收机及天线安装。

计量单位：台

| 定额编号 | | | 6-317 | 6-318 | 6-319 |
|---|---|---|---|---|---|
| 项目 | | | 安装与调测综合定时供给设备BITS | 铯钟 | GPS接收机 |
| 名称 | | 单位 | 数量 | | |
| 人工 | 综合工日 | 工日 | 10.000 | 3.000 | 3.000 |

# 13　时钟系统设备安装

# 说　　明

一、本章包括：中心母钟、二级母钟以及子钟等设备的安装调试和全线系统调试等工作，共12个子目。

二、中心母钟安装调试包括：机柜、调制解调器、自动校时钟、多功能时码转换器、卫星校频校时钟、高稳定时钟（2台）、时码切换器、时码发生器、时码中继器、中心监测接口、时码定时通信器、计算机接口装置、直流电源的安装调试，随机、进出线缆的连接。

三、二级母钟安装调试包括：机柜、高稳定时钟、车站监测接口、时码分配中继器的安装调试，随机、进出线缆的连接。

四、子钟安装，站厅、站台的数显式子钟是以8″~12″（或指针式子钟600mm）双面悬挂式；站台数显式发车子钟以5″单面墙挂式；室内数显式子钟以3″（或指针式子钟300mm）单面墙挂式综合编制。

五、车站时钟系统调试按每台二级母钟带35块子钟计列。

六、全线时钟系统调试按1台中心母钟、10台二级母钟为一个系统综合计列。

七、设备安装按带有机内（或机间）连接线缆综合编制。设备到端子架（箱）的连接线缆的敷设，另行计列。

# 工程量计算规则

一、中心母钟、二级母钟、监控计算机，均以“套”为单位计算。

二、数显式室内子钟、指针式子钟以“台”为单位计算。

三、时钟插销盒以“个”为单位计算。

四、车站时钟系统调试、全线时钟系统调试以“系统”为单位计算。

**工作内容**：开箱检验，清洁搬运，安装设备，机件检查与测试。

计量单位:套

| 定额编号 | | | 6-320 | 6-321 | 6-322 |
|---|---|---|---|---|---|
| 项目 | | | 中心母钟设备 | 二级母钟 | 监控计算机（含软件） |
| 名称 | | 单位 | 数量 | | |
| 人工 | 综合工日 | 工日 | 24.000 | 8.000 | 20.000 |
| 材料 | 计算机专用交流电源插座 | 个 | — | — | 1.000 |
| | 铜芯塑料线 $3\times2.5mm^2$ | m | — | — | 20.000 |
| | 超五类双绞线 | m | — | — | 20.000 |
| | 其他材料费 | % | — | — | 5.000 |

**工作内容：**1. 开箱检验，清洁搬运，安装设备，机件检查与调试。
2. 安装与调测数显式子钟等。

计量单位：台

| 定额编号 | | | 6-323 | 6-324 | 6-325 | 6-326 | 6-327 | 6-328 |
|---|---|---|---|---|---|---|---|---|
| 项目 | | | 数显式子钟 | | | 数显式室内子钟 | 指针式子钟 | |
| | | | 8″~12″、单面、悬挂式 | 8″~12″、双面、悬挂式 | （站台发车钟）5″、单面、墙挂式 | 3″、单面、墙挂式 | 600mm、双面、悬挂式 | 300mm、单面、壁挂式 |
| | | | 套 | | | | | |
| 名称 | | 单位 | 数量 | | | | | |
| 人工 | 综合工日 | 工日 | 6.000 | 7.000 | 1.000 | 1.600 | 12.000 | 2.500 |
| 材料 | 角钢 Q235-A | kg | 8.160 | 8.160 | 3.500 | 1.500 | 5.100 | 1.700 |
| | 六角头螺栓带帽 M10×30~35 | 套 | 4.040 | 4.040 | 4.040 | 4.040 | 4.040 | 4.040 |
| | 钩头螺栓带帽 M16×350 | 套 | 4.040 | 4.040 | — | — | — | — |
| | 膨胀螺栓 M12×105 | 套 | — | — | 4.040 | 4.040 | 4.040 | 4.040 |
| | 其他材料费 | % | 5.000 | 5.000 | 5.000 | 5.000 | 5.000 | 5.000 |

**工作内容：**安装时钟插销盒、时钟系统开通调试等。

计量单位：系统

| 定额编号 | | | 6-329 | 6-330 | 6-331 |
|---|---|---|---|---|---|
| 项目 | | | 时钟插销盒<br>个 | 车站时钟系统调试 | 全线时钟系统调试 |
| 名称 | | 单位 | 数量 | | |
| 人工 | 综合工日 | 工日 | 0.105 | 8.000 | 15.000 |
| 材料 | 插销盒 | 个 | 1.020 | — | — |
| | 绝缘导线 BV-2.5 | m | 0.763 | — | — |
| | 其他材料费 | % | 5.000 | — | — |

# 14 专用通信设备及配线设备安装

# 说　明

一、本章包括：专用通信设备、配线设备安装等工作，共2节29个子目。

二、交换机设备、调度操作台、调度/专用/自动电话分机/数字话机（或接口）包括：设备本身的安装调试及附属接线盒的安装和线、缆的连接。

三、中心维护管理终端包括：终端设备、打印机的安装调试及随机附属线、缆的连接。

四、电缆交接箱的安装，以100回线为一个卡接式接线模块综合编制。

五、落地式电缆交接箱安装不包括箱体基座。需箱体基座时，另行计列。

六、安装电缆分线盒不包括电缆的成端。

# 工程量计算规则

一、中心/车站调度专用交换机、中心维护管理终端、多轨迹数字记录仪等设备等以“套”为单位计算。

二、中心调度操作台（PC机）、中心/车站调度操作台、调度/专用/自动/数字电话分机设备以“台”为单位计算。

三、综合设备柜、室内电缆交接箱、电缆分线盒、电话出线盒、轨旁电话插销盒等以“个”为单位计算。

## 14.1 专用通信设备安装

**工作内容：**安装与调测中心调度专用交换机、操作台等设备，布放和焊接电线等。

计量单位：套

| 定额编号 | | | 6-332 | 6-333 | 6-334 | 6-335 |
|---|---|---|---|---|---|---|
| 项目 | | | 中心调度专用交换机 | 中心调度操作台（PC机） | 中心维护管理终端 | 多轨迹数字记录仪 |
| | | | | 台 | | |
| 名称 | | 单位 | 数量 | | | |
| 人工 | 综合工日 | 工日 | 695.640 | 32.000 | 35.000 | 30.000 |
| 材料 | 酚醛防锈漆 | kg | 3.500 | — | — | — |
| | 酚醛调和漆 | kg | 3.000 | — | — | — |
| | 插头 48芯 | 个 | 56.000 | — | — | — |
| | 计算机专用交流电源插座 | 个 | — | 1.000 | 1.000 | 1.000 |
| | 跳线 100m | 盘 | 12.000 | — | — | — |
| | 铜芯聚氯乙烯绝缘电线 16 | m | — | 20.200 | 20.200 | 20.200 |
| | 铜芯塑料线 $3\times2.5mm^2$ | m | — | 20.200 | 20.200 | 20.200 |
| | 非屏蔽双绞线 8芯 | m | — | 20.200 | 20.200 | — |

续前

| 定额编号 | | | 6-332 | 6-333 | 6-334 | 6-335 |
|---|---|---|---|---|---|---|
| 项目 | | | 中心调度专用交换机 | 中心调度操作台（PC机） | 中心维护管理终端 | 多轨迹数字记录仪 |
| | | | | 台 | | |
| 名称 | | 单位 | 数量 | | | |
| 材料 | 通信电缆 HPYV-ZR 10×2×0.5 | m | 20.000 | — | — | — |
| | 电力缆 VV1×16mm$^2$ | m | 30.000 | — | — | — |
| | 电力缆 VV1×35mm$^2$ | m | 30.000 | — | — | — |
| | 电力缆 VV1×50mm$^2$ | m | 28.000 | — | — | — |
| | 配线电缆 HPYV-ZR 50×2×0.5 | m | 280.000 | — | — | — |
| | 电缆 WJ-YJE-ZR 3×10+1×6 | m | 10.000 | — | — | — |
| | 市话电缆 HYAT23 30×2×0.5 | m | — | — | — | 20.200 |
| | 其他材料费 | % | 5.000 | 5.000 | 5.000 | 5.000 |
| 机械 | PCM呼叫分析仪 300 ~3400Hz，频偏±5% | 台班 | 1.000 | — | — | — |
| | PCM通道测试仪 20~4000Hz，-60~10dBmo | 台班 | 1.500 | — | — | — |
| | 用户模拟呼叫器 16000呼/h | 台班 | 2.000 | — | — | — |
| | 中继线模拟呼叫器 | 台班 | 0.700 | — | — | — |

**工作内容：** 1. 开箱检验、安装机架、装配机盘及附件、本机检查及调测。
2. 开箱检验、安装调测单机，接续、装机、试通。区间电话挖坑埋柱、布放电缆、涂漆。
3. 开箱检验、安装设备、设备测试、连接测试、通话测试、调整。

| 定额编号 | | | 6-336 | 6-337 | 6-338 | 6-339 |
|---|---|---|---|---|---|---|
| 项目 | | | 综合设备柜 | 中心/车站调度操作台 | 车站调度专用交换机 | 调度/专用/自动/数字电话分机 |
| | | | 个 | 台 | 套 | 台 |
| 名称 | | 单位 | 数量 | | | |
| 人工 | 综合工日 | 工日 | 4.000 | 2.000 | 70.000 | 1.500 |
| 材料 | 六角头螺栓带帽 M12×（30~35） | 套 | 4.040 | — | — | — |
| | 膨胀螺栓 M12×110 | 套 | 4.040 | — | — | — |
| | 铜芯塑料绞型软线 $0.4mm^2$ | m | — | 10.100 | — | — |
| | 其他材料费 | % | 5.000 | 5.000 | 5.000 | 5.000 |
| 机械 | PCM呼叫分析仪 300~3400Hz，频偏±5% | 台班 | — | — | 1.000 | — |
| | PCM通道测试仪 20~4000Hz，-60~10dBmo | 台班 | — | — | 1.500 | — |
| | 用户模拟呼叫器 16000呼/h | 台班 | — | — | 1.500 | — |
| | 中继线模拟呼叫器 | 台班 | — | — | 0.500 | — |

## 14.2 配线设备安装

**工作内容：**安装端子板和模块连接。

| 定额编号 | | | 6-340 | 6-341 |
|---|---|---|---|---|
| 项目 | | | 接线排 | 接线模块 |
| | | | 列 | 块 |
| 名称 | | 单位 | 数量 | |
| 人工 | 综合工日 | 工日 | 0.500 | 0.400 |
| 材料 | 汽油 | kg | 0.200 | — |
| | 焊锡 含锡 60% | kg | 0.200 | — |
| | 焊锡丝 含锡 50% $\phi$1.5~2.5 | kg | 0.030 | — |
| | 市话电缆 HYA 100×2×0.5 | m | 5.000 | 5.000 |
| | 镀锌穿钉带帽 M4×20 | 套 | 2.020 | 2.020 |
| | 卡接式接线模块 100线 | 块 | — | 1.010 |
| | 端子板 A1–10×2 | 块 | 10.100 | — |
| | 其他材料费 | % | 5.000 | 5.000 |

**工作内容：**划线定位、安装箱体、组装接线排、固定尾巴电缆、安设底板、封闭箱底，连接地线。

计量单位：个

| 定额编号 | | | 6-342 | 6-343 | 6-344 | 6-345 | 6-346 | 6-347 |
|---|---|---|---|---|---|---|---|---|
| 项目 | | | 电缆交接箱（接线排） | | | 电缆交接箱（接线模块） | | |
| | | | 300对以内 | 600对以内 | 1200对以内 | 300对以内 | 600对以内 | 1200对以内 |
| 名称 | | 单位 | 数量 | | | | | |
| 人工 | 综合工日 | 工日 | 3.600 | 4.600 | 5.400 | 3.000 | 3.500 | 4.000 |
| 材料 | 普通水泥 32.5 | kg | 4.000 | 4.000 | 4.000 | 4.000 | 4.000 | 4.000 |
| | 石油沥青 | kg | 3.000 | 3.000 | 3.000 | 2.000 | 2.000 | 2.000 |
| | 机油 | kg | 0.300 | 0.300 | 0.400 | 0.300 | 0.300 | 0.400 |
| | 软铜绞线 7×1.2 | kg | 0.120 | 0.120 | 0.120 | 0.120 | 0.120 | 0.120 |
| | 地线夹板 | 套 | 1 010 | 1.010 | 1.010 | 1.010 | 1.010 | 1.010 |
| | 三沟绝缘子（带铁卡） | 只 | 1.010 | 1.010 | 1.010 | 1.010 | 1.010 | 1.010 |
| | 镀锌穿钉带帽 M12×110 | 套 | — | — | — | 4.040 | 4.040 | 4.040 |
| | 镀锌穿钉带帽 M16×60 | 套 | 4.040 | 4.040 | 4.040 | — | — | — |
| | 地线棒 $\phi 12\times 100$ | 根 | 1.010 | 1.010 | 1.010 | 1.010 | 1.010 | 1.010 |
| | 电缆交接箱 | 台 | 1.000 | 1.000 | 1.000 | 1.000 | 1.000 | 1.000 |
| | 其他材料费 | % | 5.000 | 5.000 | 5.000 | 5.000 | 5.000 | 5.000 |

**工作内容：**电缆芯线对号、测试、芯线焊接、绑扎、安装电缆分线盒，连接地线。

计量单位：个

| 定额编号 | | | 6-348 | 6-349 | 6-350 | 6-351 |
|---|---|---|---|---|---|---|
| 项目 | | | 室外电缆分线盒，外墙上 | 室内电缆分线盒，内墙上 | | |
| | | | 30对以内 | | 50对 | 100对 |
| 名称 | | 单位 | 数量 | | | |
| 人工 | 综合工日 | 工日 | 1.490 | 1.490 | 1.890 | 2.480 |
| 材料 | 焊锡丝 含锡 50% $\phi$1.5~2.5 | kg | 0.020 | 0.020 | 0.030 | 0.060 |
| | 分线设备背板 | 块 | 1.010 | 1.010 | 1.010 | 1.010 |
| | 市话电缆 | m | 2.300 | 2.300 | 2.700 | 3.200 |
| | 背板U形抱箍 | 副 | 2.020 | 2.020 | 2.020 | 2.020 |
| | 三沟绝缘子（带铁卡） | 只 | 1.010 | 1.010 | 1.010 | 1.010 |
| | 镀锌穿钉带帽 M12×110 | 套 | — | 4.040 | 4.040 | 4.040 |
| | 镀锌穿钉带帽 M16×60 | 套 | 4.040 | — | — | — |
| | 室内分线盒 | 只 | — | 1.000 | 1.000 | 1.000 |
| | 室外分线盒 WF-1 30对 | 只 | 1.000 | — | — | — |
| | 其他材料费 | % | 5.000 | 5.000 | 5.000 | 5.000 |

**工作内容：**安装电缆交接箱、电缆分线盒设备，布放电缆和跳线等。

计量单位：个

| 定额编号 | | | 6-352 | 6-353 | 6-354 | 6-355 | 6-356 | 6-357 |
|---|---|---|---|---|---|---|---|---|
| 项目 | | | 室内电缆分线盒，内墙嵌入式 | | | | | |
| | | | 10对 | 20对 | 30对 | 50对 | 100对 | 200对 |
| 名称 | | 单位 | 数量 | | | | | |
| 人工 | 综合工日 | 工日 | 0.700 | 1.000 | 1.200 | 1.500 | 2.000 | 3.000 |
| 材料 | 焊锡丝 含锡 50% $\phi$1.5~2.5 | kg | 0.010 | 0.010 | 0.020 | 0.030 | 0.060 | 0.060 |
| | 分线设备背板 | 块 | 1.010 | 1.010 | 1.010 | 1.010 | 1.010 | 1.010 |
| | 市话电缆 | m | 2.200 | 2.300 | 2.300 | 2.700 | 3.200 | 3.200 |
| | 镀锌穿钉带帽 M12×110 | 套 | 4.040 | 4.040 | 4.040 | 4.040 | 4.040 | 4.040 |
| | 室内电缆分线盒 | 个 | 1.000 | 1.000 | 1.000 | 1.000 | 1.000 | 1.000 |
| | 其他材料费 | % | 5.000 | 5.000 | 5.000 | 5.000 | 5.000 | 5.000 |

**工作内容：**安装电缆交接箱、电缆分线盒设备，布放电缆和跳线等。安装与调测扩音转接机等。

计量单位：个

| 定额编号 | | | 6-358 | 6-359 | 6-360 |
|---|---|---|---|---|---|
| 项目 | | | 电话出线盒 | 轨旁电话插销盒 | 扩音对讲终端<br>套 |
| 名称 | | 单位 | 数量 | | |
| 人工 | 综合工日 | 工日 | 0.118 | 1.000 | 4.000 |
| 材料 | 隧道电话插销 | 个 | — | 1.000 | — |
| | 电话出线口 插座型双联 | 个 | 1.020 | — | — |
| | 硬塑料管 32 | m | — | 1.500 | — |
| | 塑料接线盒 86HS | 个 | 1.020 | — | — |
| | 普通钢板 $\delta$=2.6~3.2 | kg | — | — | 4.180 |
| | 镀锌钢管 50 | kg | — | — | 9.600 |
| | 其他材料费 | % | 5.000 | 5.000 | 5.000 |

# 15 闭路电视监视系统设备安装

# 说　明

一、本章包括：摄像设备、彩色监视器、视频控制设备、模拟／数字视频传输设备、录像设备安装等工作，共5节44个子目。

二、云台式摄像机按彩色CCD含半球（或全球）、自动光圈和镜头等综合编制。

三、系统调试指摄像系统和电视监控系统进行的全系统的检测、调试。

四、系统调试包括前端摄像、信号传输和终端控制、监视器及录像、灯光、警铃等设备的联动调试。

五、电视监控设备安装，其综合工日应根据系统中摄像机台数和距离（摄像机与控制器之间电缆实际长度）分别乘以下列系数（见下表）。

**彩色摄像机折算系数**

| 台数 / 距离（m） | 1~8 | 9~16 | 17~32 | 33~64 | 65~128 |
|---|---|---|---|---|---|
| 71~200 | 1.6 | 1.9 | 2.1 | 2.3 | 2.5 |
| 200~400 | 1.9 | 2.1 | 2.3 | 2.5 | 2.7 |

# 工程量计算规则

一、云台式和固定式摄像机、摄像机支架、中心数字视频控制终端、中心数字视频网管服务器等以“套”为单位计算。

二、电动云台、摄像机防护罩、彩色监视器、视频切换控制、多画面分割器、汉字字符发生器、时间信号发生器、视频分配放大器、云台控制器、隔离地变压器、控制机柜、模拟视频光发送/接收端机、数字视频编码/解码器、录像机等以“台”为单位计算。

三、彩色监视器电视墙以“$m^2$”为单位计算。

四、车站和中心闭路电视系统开通调试等以“系统”为单位计算。

## 15.1 摄像设备安装

**工作内容：**开箱检查、组装设备，安装与调测云台和固定式摄像机等。

计量单位：套

| 定额编号 | | | 6-361 | 6-362 | 6-363 | 6-364 | 6-365 | 6-366 |
|---|---|---|---|---|---|---|---|---|
| 项目 | | | 云台式摄像机 | | | 固定式摄像机 | 电动/快速云台 | |
| | | | 彩色CCD含半球和镜头 | 彩色CCD含球和镜头 | | 彩色CCD，含自动光圈镜头 | 8kg以内，含球 | 25kg以内，含球 |
| | | | | 室内型 | 室外型 | | 台 | |
| 名称 | | 单位 | 数量 | | | | | |
| 人工 | 综合工日 | 工日 | 2. 070 | 2.629 | 3.129 | 0.752 | 1.505 | 1.881 |
| 材料 | 脱脂棉 | kg | 0.040 | 0.040 | 0.040 | 0.040 | 0.040 | 0.040 |
| | 其他材料费 | % | 5.000 | 5.000 | 5.000 | 5.000 | 5.000 | 5.000 |
| 机械 | 彩色监视器 | 台班 | 0.500 | 0.150 | 0.200 | 0.360 | — | — |
| | 数字万用表 | 台班 | 0.020 | 0.020 | 0.020 | 0.020 | 0.020 | 0.020 |

**工作内容：**开箱检查、组装设备，安装与调测云台和固定式摄像机等。

计量单位：台

| 定额编号 | | | 6-367 | 6-368 | 6-369 | 6-370 | 6-371 |
|---|---|---|---|---|---|---|---|
| 项目 | | | 摄像机防护罩 | | | 摄像机支架 | |
| | | | 普通型（室内） | 全天候（室外） | 防酸型／防爆型 | 壁式 | 吊挂式 |
| | | | | | | 套 | |
| 名称 | | 单位 | 数量 | | | | |
| 人工 | 综合工日 | 工日 | 0.282 | 0.564 | 1.129 | 0.941 | 1.411 |
| 材料 | 清洁剂 | 盒 | 0.120 | 0.120 | 0.120 | — | — |
| | 脱脂棉 | kg | 0.040 | 0.040 | 0.040 | — | — |
| | 其他材料费 | % | 5.000 | 5.000 | 5.000 | — | — |

## 15.2 彩色监视器安装

**工作内容：**开箱检查、组装设备，安装与调测彩色监视器等。

计量单位：台

| 定额编号 | | | 6-372 | 6-373 | 6-374 | 6-375 | 6-376 |
|---|---|---|---|---|---|---|---|
| 项目 | | | 彩色监视器（台面上）370mm以内 | 彩色监视器（台面上）560mm以内 | 彩色监视器（台面上）560mm以外 | 彩色监视器（吊装式）560mm以内 | 彩色监视器（吊装式）560mm以外 |
| 名称 | | 单位 | 数量 | | | | |
| 人工 | 综合工日 | 工日 | 0.564 | 0.624 | 0.675 | 1.565 | 1.616 |
| 材料 | 清洁剂 | 盒 | 0.150 | 0.150 | 0.150 | 0.150 | 0.150 |
| | 脱脂棉 | kg | 0.050 | 0.050 | 0.050 | 0.050 | 0.050 |
| | 其他材料费 | % | 5.000 | 5.000 | 5.000 | 5.000 | 5.000 |
| 机械 | 电视测试信号发生器 | 台班 | 0.770 | 1.180 | 1.420 | 1.200 | 1.440 |
| | 数字万用表 | 台班 | 0.020 | 0.020 | 0.020 | 0.020 | 0.020 |

**工作内容**：1. 开箱检验、基础检查、安装调试、试运行。
2. 开箱检查、组装设备，安装与调测彩色监视器等。

计量单位：台

| 定额编号 | | | 6-377 | 6-378 | 6-379 |
|---|---|---|---|---|---|
| 项目 | | | 彩色监示屏（电视墙上）<br>$m^2$ | 彩色背投（电视墙上） | 监视器防护罩 |
| 名称 | | 单位 | 数量 | | |
| 人工 | 综合工日 | 工日 | 3.800 | 27.720 | 6.000 |
| 材料 | 清洁剂 | 盒 | 0.600 | 0.200 | 0.150 |
| | 脱脂棉 | kg | 0.200 | 0.050 | 0.050 |
| | 监视器防护外罩 | 个 | — | — | 1.000 |
| | 洗涤剂 | kg | 0.400 | — | — |
| | 塑料胶粘带 | 卷 | 0.500 | — | — |
| | 视频接线端子 | 个 | 6.000 | — | — |
| | 其他材料费 | % | 5.000 | 5.000 | 5.000 |
| 机械 | 彩色监视器 | 台班 | 1.000 | — | — |
| | 数字万用表 | 台班 | 0.020 | 0.020 | — |

## 15.3 视频控制设备安装

**工作内容：**安装与调测视频切换控制设备、网管设备及系统开通调试等。

计量单位：台

| 定额编号 | | | 6-380 | 6-381 | 6-382 | 6-383 | 6-384 |
|---|---|---|---|---|---|---|---|
| 项目 | | | 视频控制键盘，遥杆式 | 视频切换控制设备<br>模拟信号<br>16路以内 | 32路以内 | 64路以内 | 64路以外 |
| 名称 | | 单位 | 数量 | | | | |
| 人工 | 综合工日 | 工日 | 1.129 | 2.822 | 4.703 | 7.524 | 11.286 |
| 机械 | 电视测试信号发生器 | 台班 | — | 0.400 | 0.500 | 0.800 | 1.000 |
| | 彩色监视器 | 台班 | — | 0.400 | 0.500 | 0.800 | 1.000 |

**工作内容：**安装与调测视频切换控制设备、网管设备及系统开通调试等。

计量单位：台

| 定额编号 | | | 6-385 | 6-386 | 6-387 | 6-388 | 6-389 | 6-390 |
|---|---|---|---|---|---|---|---|---|
| 项目 | | | 多画面分割器 | 汉字字符发生器 | 时间信号发生器 | 视频分配放大器，6路以内 | 云台控制器 | 隔离地变压器 |
| 名称 | | 单位 | 数量 | | | | | |
| 人工 | 综合工日 | 工日 | 1.129 | 0.564 | 0.564 | 1.411 | 1.129 | 0.752 |
| 机械 | 电视测试信号发生器 | 台班 | 0.250 | 0.200 | 0.200 | 1.100 | — | — |
| | 彩色监视器 | 台班 | 0.250 | 0.200 | 0.200 | 1.100 | 0.360 | — |

**工作内容**：安装与调测视频切换控制设备、网管设备及系统开通调试等。

计量单位：系统

| 定额编号 | | | 6-391 | 6-392 | 6-393 | 6-394 |
|---|---|---|---|---|---|---|
| 项目 | | | 控制机柜 | 中心视频系统网管设备 | 车站闭路电视系统开通调试 | 中心闭路电视系统开通调试 |
| | | | 台 | | | |
| 名称 | | 单位 | 数量 | | | |
| 人工 | 综合工日 | 工日 | 2.400 | 28.000 | 16.000 | 62.000 |

# 15.4 模拟（数字）传输设备安装

**工作内容：**开箱检查、组装设备，安装与调测模拟、数字视频光发送、接收终端机设备等。

计量单位：台

| 定额编号 | | | 6-395 | 6-396 | 6-397 | 6-398 | 6-399 |
|---|---|---|---|---|---|---|---|
| 项目 | | | 模拟视频光发送／接收端机 | | 数字视频编码／解码器 | 中心数字视频控制终端 | 中心数字视频网管服务器 |
| | | | 8路以内 | 8路以外 | 4路 | 套 | |
| 名称 | | 单位 | 数量 | | | | |
| 人工 | 综合工日 | 工日 | 4.000 | 6. 000 | 6.510 | 32.000 | 77.400 |
| 材料 | 尾纤 10m单头 | 根 | 1.010 | 1.010 | — | — | — |
| | 铜芯聚氯乙烯绝缘电线 1.5 | m | 45.450 | 45.450 | 45.450 | — | — |
| | 铜芯聚氯乙烯绝缘电线 16 | m | 20.400 | 20.400 | 20.400 | — | — |
| | 铜芯塑料屏蔽电线 2芯1.5 $mm^2$ | m | — | — | 20.400 | — | — |
| | 同轴视频电缆 SYV-75-3 | m | 20.400 | 20.400 | 20.400 | — | — |
| | 清洁剂 | 盒 | — | — | — | 0.150 | 0.120 |
| | 脱脂棉 | kg | — | — | — | 0.030 | 0.030 |
| | 其他材料费 | % | 5.000 | 5.000 | 5.000 | 5.000 | 5.000 |
| 机械 | 数字万用表 | 台班 | — | — | — | 0.200 | 0.500 |

## 15.5 录像设备安装

**工作内容：**安装与调测数字录像机、时滞录像机、磁带录像机等。

计量单位：台

| 定额编号 | | | 6-400 | 6-401 | 6-402 | 6-403 | 6-404 |
|---|---|---|---|---|---|---|---|
| 项目 | | | 数字录像机 | | | 服务器+磁盘阵列 | 磁带录像机 |
| | | | 8路以内 | 16路以内 | PC机 | | |
| 名称 | | 单位 | 数量 | | | | |
| 人工 | 综合工日 | 工日 | 4.000 | 6.000 | 6.000 | 18. 000 | 0. 564 |

# 16 广播系统设备安装

# 说　　明

一、本章包括：中心广播设备、车站及车辆段广播设备等安装工作，共2节17个子目。

二、中心广播控制台／车站广播控制台包括前级、话筒、键盘的安装调试以及随机线缆安装和进、出线缆的连接等。

三、中心广播控制机柜按20个回路输出设备综合编制。

四、车站广播控制机柜按10个回路输出、总功率为2500W综合编制。包括：功率放大器、广播控制单元、数字和音频汇接模块、功放检测和切换模块、噪声检测模块、电源时序模块等的安装、调试及随机线缆安装，进、出线缆的连接。

五、车站广播控制盒（防灾和客运）按具有放音卡座及语音存储器功能的设备综合编制。

六、设备安装与调试按带有机内（或机间）连接线缆综合考虑。设备到端子架（箱）的连接线缆另行计取。

# 工程量计算规则

一、中心广播控制台、广播控制机柜、广播系统网管终端、车站广播控制台、广播机柜、广播控制盒等以“套”为单位计算。

二、扩音转接机等以“台”为单位计算。

三、扩音通话柱、扬声器、室外音柱、噪声监测器等以“个”为单位计算。

四、号筒扬声器（隧道内安装）以“对”为单位计算。

五、全线广播系统调试、车站广播系统调试等以“系统”为单位计算。

## 16.1 中心广播设备安装

**工作内容：**安装、固定与调测中心行车、防灾广播控制台、广播系统网管终端设备以及全线广播系统调试开通等。

计量单位：套

| 定额编号 | | | 6-405 | 6-406 | 6-407 | 6-408 |
|---|---|---|---|---|---|---|
| 项目 | | | 中心行车／防灾广播控制台 | 中心广播控制机柜 | 广播系统网络终端 | 全线广播系统调试 |
| | | | | | | 系统 |
| 名称 | | 单位 | 数量 | | | |
| 人工 | 综合工日 | 工日 | 15.000 | 32.000 | 35.000 | 92.000 |
| 材料 | 计算机专用交流电源插座 | 个 | 1.000 | 1.000 | 2.000 | — |
| | 控制线 $2\times0.5mm^2$ | m | — | 30.000 | — | — |
| | 铜芯聚氯乙烯绝缘电线 $16mm^2$ | m | — | — | 20.000 | — |
| | 铜芯塑料线 $3\times2.5mm^2$ | m | — | — | 20.000 | — |
| | 超五类双绞线 | m | — | — | 20.000 | — |
| | 其他材料费 | % | 5.000 | 5.000 | 5.000 | — |

## 16.2 车站及车辆段广播设备安装

**工作内容：** 安装与调测车站及车辆段行车、防灾广播控制台（盒）、功率放大器机柜、扩音转接机、扩音通话柱等。

计量单位：套

| 定额编号 | | | 6-409 | 6-410 | 6-411 | 6-412 | 6-413 |
|---|---|---|---|---|---|---|---|
| 项目 | | | 广播控制台（含前级、话筒、键盘等） | 广播机柜（含控制及功放器设备等） | 客运／防灾广播控制盒 | 扩音转接机 | 扩音通话柱 |
| | | | | | 台 | | 个 |
| 名称 | | 单位 | 数量 | | | | |
| 人工 | 综合工日 | 工日 | 17.000 | 19.500 | 2.000 | 4.000 | 3.500 |
| 材料 | 扩音通话柱基础 | 个 | — | — | — | — | 1.000 |
| | 扩音通话柱 | 个 | — | — | — | — | （1.000） |
| | 屏蔽线 BVVP $2 \times 0.5mm^2$ | m | 10.000 | — | 100.000 | — | — |
| | 低频电缆 RVVP $14 \times 0.4mm^2$ | m | 20.000 | — | — | — | — |
| | 低频电缆 RVVP $7 \times 0.4mm^2$ | m | — | — | 100.000 | — | — |
| | 其他材料费 | % | 5.000 | — | 5.000 | — | 5.000 |

**工作内容：**安装与调测扬声设备及噪声监测器等。

计量单位：个

<table>
<tr><td colspan="3">定 额 编 号</td><td>6-414</td><td>6-415</td><td>6-416</td><td>6-417</td><td>6-418</td></tr>
<tr><td colspan="3" rowspan="3">项 目</td><td>吸顶扬声器</td><td>室外音柱</td><td colspan="2">号筒式扬声器</td><td rowspan="3">噪声监测器</td></tr>
<tr><td rowspan="2">5W以内悬挂式</td><td colspan="2" rowspan="2">15W以内壁挂式</td><td>5W以内壁挂式</td></tr>
<tr><td>对</td></tr>
<tr><td colspan="2">名 称</td><td>单位</td><td colspan="5">数 量</td></tr>
<tr><td>人工</td><td>综合工日</td><td>工日</td><td>1.500</td><td>3.500</td><td>2.000</td><td>2.600</td><td>1.500</td></tr>
<tr><td rowspan="6">材料</td><td>吸顶扬声器托盘</td><td>套</td><td>1.000</td><td>—</td><td>—</td><td>—</td><td>1.000</td></tr>
<tr><td>室外音柱安装架</td><td>个</td><td>—</td><td>1.000</td><td>—</td><td>—</td><td>—</td></tr>
<tr><td>号筒扬声器安装板 5W</td><td>对</td><td>—</td><td>—</td><td>—</td><td>1.000</td><td>—</td></tr>
<tr><td>号筒扬声器安装板 15W</td><td>块</td><td>—</td><td>—</td><td>1.000</td><td>—</td><td>—</td></tr>
<tr><td>转线盒及配线连接管</td><td>套</td><td>1.000</td><td>1.000</td><td>1.000</td><td>1.000</td><td>1.000</td></tr>
<tr><td>其他材料费</td><td>%</td><td>5.000</td><td>5.000</td><td>5.000</td><td>5.000</td><td>5.000</td></tr>
</table>

**工作内容：**安装与调测中央控制设备等。

计量单位：套

| 定额编号 | | | 6-419 | 6-420 | 6-421 |
|---|---|---|---|---|---|
| 项目 | | | 无线移动手持机（含充电器） | 无线移动广播接收机（含天线、自动转控接口） | 车站／车辆段广播系统调试 |
| | | | | | 系统 |
| 名称 | | 单位 | 数量 | | |
| 人工 | 综合工日 | 工日 | 0.500 | 24.000 | 30.000 |
| 材料 | 钢筋 $\phi$10以内 | kg | — | 5.180 | — |
| | 扁钢 A36×40 | kg | — | 10.800 | — |
| | 镀锌焊接钢管 $DN$40×3.5 | kg | — | 8.160 | — |
| | 其他材料费 | % | — | 5.000 | — |

# 17　通信电源设备及接地装置安装

# 说　明

一、本章包括：蓄电池、电源系统设备、接地装置等安装工作，共3节24节。

二、蓄电池安装按其额定工作电压、容量大小划分，以蓄电池组为计量单位综合测算，适用于48V高频开关电源和UPS不间断电源的蓄电池组安装及蓄电池组按规程进行充、放电。

三、蓄电池电极连接按电池带有紧固螺栓、螺母、垫片编制。如采用焊接方式连接另行计列。

四、电源设备的安装与调测包括进出线、缆的连接，不包括进出线、缆的敷设。

五、充、放电设备安装与调测包括监测控制设备、变阻设备、电源设备的安装、调试与连接线缆的敷设。

# 工程量计算规则

一、蓄电池以“组”为单位计算。

二、蓄电池柜以“架”为单位计算。

三、充放电设备、高频开关电源及UPS不间断电源设备等以“台”为单位计算。

四、双路电源切换屏以“套”为单位计算。

五、高频开关电源和UPS不间断电源的网络终端等以“套”为单位计算。

六、车站电源系统、中心电源系统等设备的联调以“系统”为单位计算。

七、接地装置以“处”为单位计算。

## 17.1 蓄电池安装及充放电

**工作内容：**开箱检验、安装、调整、固定连线、电池标志、充电、放电、测试记录、清洁整理。安装蓄电池、抗振铁架、蓄电池柜，测试记录、清洁整理、电池标志等。

计量单位：组

| 定额编号 | | | 6-422 | 6-423 | 6-424 | 6-425 | 6-426 | 6-427 |
|---|---|---|---|---|---|---|---|---|
| 项目 | | | 蓄电池 | | | | | |
| | | | 48V 200Ah 以内 | 48V 500Ah 以内 | 48V 800Ah 以内 | 100Ah（UPS）以内 | 200Ah（UPS）以内 | 300Ah（UPS）以内 |
| 名称 | | 单位 | 数量 | | | | | |
| 人工 | 综合工日 | 工日 | 26.900 | 28.400 | 30.200 | 30.500 | 32.710 | 34.920 |
| 材料 | 电 | kW·h | 112.000 | 280.000 | 412.000 | — | — | — |
| | 其他材料费 | % | 5.000 | 5.000 | 5.000 | — | — | — |

**工作内容：** 开箱检验、安装、调整、固定连线、电池标志、充电、放电、测试记录、清洁整理。安装蓄电池、抗振铁架、蓄电池柜，测试记录、清洁整理、电池标志等。

| 定额编号 | | | 6-428 | 6-429 |
|---|---|---|---|---|
| 项目 | | | 充放电设备 | 蓄电池机柜 |
| | | | 台 | 架 |
| 名称 | | 单位 | 数量 | |
| 人工 | 综合工日 | 工日 | 4.000 | 4.000 |
| 材料 | 橡皮绝缘线 BX500V $1.5mm^2$ | m | 3.000 | — |
| | 橡皮绝缘线 BX500V $2.5mm^2$ | m | 2.000 | — |
| | 橡皮绝缘线 BX500V $4mm^2$ | m | 1.000 | — |
| | 橡皮绝缘线 BX500V $6mm^2$ | m | 2.000 | 5.000 |
| | 其他材料费 | % | 5.000 | 5.000 |

## 17.2 电源系统设备安装

**工作内容：**开箱检验、安装固定、安装附件、密封试验、补充注油、测试调整。

计量单位：台

| 定额编号 | | | 6-430 | 6-431 | 6-432 | 6-433 |
|---|---|---|---|---|---|---|
| 项目 | | | UPS不间断电源设备 | | | |
| | | | 10kV·A以内 | 20kV·A以内 | 30kV·A以内 | 50kV·A以内 |
| 名称 | | 单位 | 数量 | | | |
| 人工 | 综合工日 | 工日 | 5.000 | 9.600 | 12.000 | 15.000 |
| 机械 | 数字万用表 | 台班 | 4.000 | 4.500 | 5.000 | 6.500 |
| | 大功率计 | 台班 | 2.000 | 2.500 | 2.500 | 3.000 |
| | 液压叉车 | 台班 | 1.000 | 1.000 | 1.000 | 1.000 |
| | 电源干扰测试仪 | 台班 | 1.500 | 2.000 | 2.500 | 3.500 |

**工作内容：** 1. 安装开关电源：开箱检验、安装固定、安装附件、绝缘测试、性能调测。
2. 安装配电设备：开箱检验、安装固定、安装仪表及附件、测试调整。

计量单位：台

| 定额编号 | | | 6-434 | 6-435 | 6-436 | 6-437 | 6-438 | 6-439 |
|---|---|---|---|---|---|---|---|---|
| 项目 | | | 高频开关电源 | | | 双路电源切换屏 | 交流配电屏 | 直流配电屏 |
| | | | 200A以内 | 500A以内 | 1200A以内 | 380V<br>套 | | |
| 名称 | | 单位 | 数量 | | | | | |
| 人工 | 综合工日 | 工日 | 12.000 | 15.000 | 23.000 | 4.000 | 4.000 | 4.000 |
| 材料 | 地脚螺栓 M12×140 | 根 | 4.040 | 4.040 | 4.040 | 4.040 | 4.040 | 4.040 |
| | 其他材料费 | % | 5.000 | 5.000 | 5.000 | 5.000 | 5.000 | 5.000 |

**工作内容：**安装与调测 UPS 不间断电源网管及高频开关电源网管设备等。

计量单位：套

| 定额编号 | | | 6-440 | 6-441 |
|---|---|---|---|---|
| 项目 | | | UPS电源网管终端 | 高频开关网管终端 |
| 名称 | | 单位 | 数量 | |
| 人工 | 综合工日 | 工日 | 34.000 | 35.000 |
| 材料 | 计算机专用交流电源插座 | 个 | 1.000 | 1.000 |
| | 铜芯塑料线 $3\times2.5mm^2$ | m | 20.000 | 20.000 |
| | 其他材料费 | % | 5.000 | 5.000 |

**工作内容：** 硬件检查、软件安装、试通调测。供电监测性能，电源故障自动保护性能，遥控性能，自动装置，调试。

计量单位：系统

| 定额编号 | | | 6-442 | 6-443 |
|---|---|---|---|---|
| 项目 | | | 车站电源系统设备联调 | 中心电源系统设备联调 |
| 名称 | | 单位 | 数量 | |
| 人工 | 综合工日 | 工日 | 28.000 | 64.000 |

## 17.3 接地装置安装

**工作内容：**设角钢接地体，扁钢连接，加降阻剂，安装地线盘，布放地线连接线等。

计量单位：处

| 定额编号 | | | 6-444 | 6-445 |
|---|---|---|---|---|
| 项目 | | | 地线装置（土） | |
| | | | 1Ω | 4Ω |
| 名称 | | 单位 | 数量 | |
| 人工 | 综合工日 | 工日 | 20.700 | 15.550 |
| 材料 | 接地标 | 根 | 1.010 | 1.010 |
| | 地线盘 | 个 | 1.010 | 1.010 |
| | 铜芯塑料线 500V 70mm² | m | 20.200 | 61.000 |
| | 铜芯塑料线 500V 120mm² | m | 40.800 | — |
| | 硬铜绞线 95 mm² | kg | 2.000 | — |
| | 镀锌扁钢 | kg | 51.440 | 38.580 |
| | 镀锌角钢 Q235-A 50×5 | kg | 77.040 | 57.780 |
| | 紫铜板 | kg | 30.000 | — |
| | 降阻剂 | kg | 350.000 | 350.000 |
| | 其他材料费 | % | 5.000 | 5.000 |
| 机械 | 电焊机 ≤32kV·A | 台班 | 0.540 | 0.360 |

# 18 计算机网络及附属设备安装

# 说　明

一、本章包括：计算机网络及附属设备等的安装工作，共6个子目。
二、以太网交换机安装中不包含机柜的安装。

# 工程量计算规则

一、三层、二层以太网交换机、网管设备以“套”为单位计算。
二、计算机终端、VOIP网关设备、VOIP模块以“台”为单位计算。

**工作内容：**安装与调测以太网交换机，计算机终端，网管设备，VOIP 设备等。

计量单位:套

| 定额编号 | | | 6-446 | 6-447 | 6-448 | 6-449 | 6-450 | 6-451 |
| --- | --- | --- | --- | --- | --- | --- | --- | --- |
| 项目 | | | 三层以太网交换机 | 二层以太网交换机 | 计算机终端<br>台 | 网管设备(含软件) | VOIP网关设备<br>台 | VOIP模块 |
| 名称 | | 单位 | 数量 | | | | | |
| 人工 | 综合工日 | 工日 | 11.250 | 7.500 | 2.000 | 20.000 | 20.000 | 16.000 |
| 材料 | 计算机专用交流电源插座 | 个 | — | — | — | 1.000 | — | — |
| | 清洁剂 | 盒 | 0.100 | 0.100 | 0.150 | — | 0.100 | 0.100 |
| | 脱脂棉 | kg | 0.020 | 0.020 | 0.030 | — | 0.020 | 0.020 |
| | 其他材料费 | % | 5.000 | 5.000 | 5.000 | 5.000 | 5.000 | 5.000 |
| 机械 | 便携式计算机 | 台班 | 0.600 | 0.500 | — | — | — | — |
| | 数字万用表 | 台班 | — | — | 0.200 | — | — | — |
| | 网格分析仪 HP 8410 C | 台班 | 0.500 | 0.400 | — | — | — | — |

# 19　配管、托板托架、桥架及吊架安装

# 说　明

一、本章包括：钢管、硬塑料管敷设；托板托架、桥架及吊架、吊棚内电线管安装等工作，共4节23个子目。

二、钢管和硬塑料管暗敷设，按在砖墙、混凝土结构内及地面垫层内暗敷设编制。

三、钢管埋设，按在土中直埋编制。钢管埋设的挖、填土方，按本册定额第1章挖、填光（电）缆沟相应子目计列。

四、托板、托架安装，按每套1副托架、6块托板组成。

五、吊架安装，包括吊架本身以及连接固定电缆的卡扣。

六、电线管在吊棚内安装，其高度按5m以下编制。

# 工程量计算规则

一、钢管、电线管、硬塑料管、通信桥架等以“100m”为单位计算。

二、托板、托架及吊架以“套”为单位计算。

# 19.1 镀锌钢管敷设

**工作内容：**配管、敷设、固定、接地等。

计量单位：100m

| 定额编号 | | | 6-452 | 6-453 | 6-454 | 6-455 | 6-456 |
|---|---|---|---|---|---|---|---|
| 项目 | | | 镀锌钢管（砖墙、混凝土结构内暗敷设） | | | | |
| | | | 公称直径（mm以内） | | | | |
| | | | 20 | 32 | 40 | 50 | 80 |
| 名称 | | 单位 | 数量 | | | | |
| 人工 | 综合工日 | 工日 | 10.500 | 14.000 | 19.400 | 19.400 | 38.600 |
| 材料 | 镀锌钢管 | m | 103.000 | 103.000 | 103.000 | 103.000 | 103.000 |
| | 绝缘导线 BV-4 | m | 6.312 | 6.312 | 6.312 | 6.312 | — |
| | 绝缘导线 BV-6 | m | — | — | — | — | 7.635 |
| | 其他材料费 | % | 5.000 | 5.000 | 5.000 | 5.000 | 5.000 |
| 机械 | 套丝切管机 $d\leqslant159$ | 台班 | 0.230 | 0.470 | 0.470 | 0.740 | 1.020 |
| | 电动揻管机 100以内 | 台班 | 0.050 | 0.060 | 0.130 | 0.130 | 0.340 |

**工作内容：** 配管、敷设、接地、堵管口等。

计量单位：100m

| 定额编号 | | | 6-457 | 6-458 | 6-459 |
|---|---|---|---|---|---|
| 项目 | | | 镀锌钢管（埋设） | | |
| | | | 公称直径（mm以内） | | |
| | | | 50 | 80 | 100 |
| 名称 | | 单位 | 数量 | | |
| 人工 | 综合工日 | 工日 | 7.410 | 9.975 | 14.155 |
| 材料 | 镀锌钢管 | m | 103.000 | 103.000 | 103.000 |
| | 绝缘导线 BV-4 | m | 5.294 | — | — |
| | 绝缘导线 BV-6 | m | — | 6.363 | 6.363 |
| | 其他材料费 | % | 5.000 | 5.000 | 5.000 |
| 机械 | 套丝切管机 $d\leqslant159$ | 台班 | 1.020 | 2.170 | 2.390 |
| | 电动摵管机 100以内 | 台班 | 0.130 | 0.340 | 0.340 |

## 19.2　托板托架、桥架及吊架安装

**工作内容：**安装与紧固、调整托板、托架和吊架等。

计量单位：套

| 定额编号 | | | 6-460 | 6-461 | 6-462 |
|---|---|---|---|---|---|
| 项目 | | | 托板、托架（隧道正常区间）6层 | 托板托架（隧道拐角处）6层，拐角深度200~250mm | 吊架 |
| 名称 | | 单位 | 数量 | | |
| 人工 | 综合工日 | 工日 | 0.500 | 4.000 | 0.300 |
| 材料 | 圆钢 $\phi$10以外 | kg | — | 5.000 | — |
| | 角钢 63以内 | kg | — | 12.260 | — |
| | 镀锌托板、托架6层 | 套 | 1.050 | 4.200 | — |
| | 镀锌吊架 | 套 | — | — | 1.010 |
| | 其他材料费 | % | 5.000 | 5.000 | 5.000 |

**工作内容：**镀锌喷塑无孔托盘式桥架。

计量单位：100m

| 定额编号 | | | 6-463 | 6-464 |
|---|---|---|---|---|
| 项目 | | | 镀锌喷塑无孔托盘式桥架（mm以内） | |
| | | | 200×150 | 400×150 |
| 名称 | | 单位 | 数量 | |
| 人工 | 综合工日 | 工日 | 75.000 | 100.000 |

# 19.3 吊棚内镀锌电线钢管安装

**工作内容：**测位、打眼、下胀管、安装吊杆、配管、固定、绑扎、刷漆等。

计量单位：100m

| 定额编号 | | | 6-465 | 6-466 | 6-467 | 6-468 |
|---|---|---|---|---|---|---|
| 项目 | | | 镀锌电线管 | | | |
| | | | 公称直径（mm以内） | | | |
| | | | 20 | 25 | 32 | 50 |
| 名称 | | 单位 | 数量 | | | |
| 人工 | 综合工日 | 工日 | 8.370 | 11.723 | 11.723 | 15.076 |
| 材料 | 圆钢 $\phi$10以内 | kg | 41.650 | 41.650 | 50.500 | 50.500 |
| | 角钢 63以内 | kg | 8.330 | 8.330 | 10.100 | 10.100 |
| | 镀锌电线管 | m | 103.000 | 103.000 | 103.000 | 103.000 |
| | 调和漆 | kg | 0.500 | 0.500 | 0.500 | 0.500 |
| | 防锈漆 | kg | 0.600 | 0.600 | 0.600 | 0.600 |
| | 绝缘导线 BV-4 | m | 8.144 | 8.144 | 8.144 | 8.144 |
| | 其他材料费 | % | 5.000 | 5.000 | 5.000 | 5.000 |
| 机械 | 套丝切管机 $d\leqslant159$ | 台班 | 0.220 | 0.310 | 0.310 | 1.030 |
| | 电动揻管机 100以内 | 台班 | 0.050 | 0.050 | 0.060 | 0.130 |

## 19.4　阻燃型 PVC 硬塑料管敷设

**工作内容：** 1. 测位、划线、打眼、下胀管、断管、连接管件、装管卡等。
2. 配管、敷设、固定、连接管件等。

计量单位：100m

| 定额编号 | | | 6-469 | 6-470 | 6-471 | 6-472 | 6-473 | 6-474 |
|---|---|---|---|---|---|---|---|---|
| 项目 | | | 阻燃PVC硬塑料管，墙上明敷设 | | | 阻燃PVC硬塑料管，墙内暗敷设 | | |
| | | | 公称直径（mm以内） | | | | | |
| | | | 25 | 32 | 50 | 25 | 32 | 50 |
| 名称 | | 单位 | 数量 | | | | | |
| 人工 | 综合工日 | 工日 | 9.595 | 10.184 | 10.821 | 7.971 | 8.503 | 8.997 |
| 材料 | 阻燃塑料管 | m | 106.420 | 106.420 | 107.360 | 106.070 | 106.420 | 106.420 |
| | 其他材料费 | % | 5.000 | 5.000 | 5.000 | 5.000 | 5.000 | 5.000 |
| 机械 | 管子切断机 60~150 | 台班 | 0.280 | 0.300 | 0.320 | 0.230 | 0.250 | 0.260 |

**主 编 单 位：** 住房和城乡建设部标准定额研究所

**编 制 单 位：** 北京全路通信信号研究设计院

**参 编 单 位：** 中国通信信号集团上海工程分公司

**综合协调人员：** 胡传海　王海宏　胡晓丽　白洁如　王志年　戴富元

汪一江　郎桂林　吴　强　曾伟源　陈柏生　李成栋

史素美　孙金科　薛长立　王文江　李永芳　张永胜

张明焕　卢后星　顾　青　魏晓东

**编 制 人 员：** 史素美　曹广金　赵　昕　娄永梅　甄荣芳

# 城市轨道交通工程预算定额

GCG 103-2008

## 第七册　信 号 工 程

中 国 计 划 出 版 社

北　京

**图书在版编目(CIP)数据**

城市轨道交通工程预算定额：GCG 103–2008. 第 7 册，信号工程 / 住房和城乡建设部标准定额研究所主编. 北京：中国计划出版社，2008. 12
ISBN 978–7–80242–260–5

Ⅰ. 城… Ⅱ. 住… Ⅲ. ①城市铁路–铁路工程–预算定额–中国②城市铁路–铁路信号–铁路工程–预算定额–中国 Ⅳ.U239.5

中国版本图书馆 CIP 数据核字（2008）第 172182 号

**主编单位：** 住房和城乡建设部标准定额研究所

**批准部门：** 中华人民共和国住房和城乡建设部

**施行日期：** 2 0 0 9 年 1 月 1 日

# 住房城乡建设部
# 关于印发《城市轨道交通工程预算定额》的通知

**建标〔2008〕193号**

为适应城市轨道交通工程建设的需要，合理确定和控制城市轨道交通工程造价，我部制定了《城市轨道交通工程预算定额》，编号为GCG 103-2008，自2009年1月1日起施行。现印发给你们。2001年批准发布的《全国统一市政工程预算定额》第九册（地铁工程）同时废止。请你们将施行中的有关问题和建议反馈给我部标准定额司。

《城市轨道交通工程预算定额》由我部标准定额研究所组织中国计划出版社出版发行。

**中华人民共和国住房和城乡建设部**

二〇〇八年十月十五日

# 总 说 明

一、《城市轨道交通工程预算定额》（以下简称本定额）共分 10 册，包括：

第一册　路基、围护结构及地基处理工程；

第二册　桥涵工程；

第三册　隧道工程；

第四册　地下结构工程；

第五册　轨道工程；

第六册　通信工程；

第七册　信号工程；

第八册　供电工程；

第九册　智能与控制系统安装工程；

第十册　机电设备安装工程。

二、本定额是完成规定计量单位分部分项工程所需的人工、材料、施工机械台班的消耗量标准，是制定城市轨道交通工程地区单位估价表、工程量清单综合单价、招标标底和投标报价的基础。

三、本定额适用于新建、扩建的城市轨道交通工程。

四、本定额是按照正常施工条件、目前多数施工企业的施工机械装备程度，施工中常用的施工方法、施工工艺、劳动组织以及合理工期进行编制的。

五、本定额是依据国家有关产品标准、设计规范和施工验收规范编制的，参考了现行国家、行业和地方定额，以及有代表性的工程设计、施工资料和其他资料。

六、本定额消耗量的确定。

1. 人工工日消耗量。人工工日不分工种、技术等级均以综合工日表示。内容包括基本用工、超运距用工、人工幅度差和辅助用工。

2. 材料消耗量。

（1）材料选用符合国家质量标准和相应设计要求的合格产品。

（2）材料消耗包括主要材料、辅助材料、零星材料，凡能计量的材料、成品、半成品均按品种、规格逐一列出数量并计入相应的损耗，其内容和范围包括：从工地仓库、现场集中堆放地点或现场加工地点至操作或安装地点的运输损耗、施工操作损耗、施工现场堆放损耗。

（3）混凝土均按预拌混凝土考虑。

（4）周转性材料按不同施工方法、不同材质按规定的周转次数摊销计入定额内。

（5）用量少、价值小的材料合并为其他材料费，以占材料费的百分数表示。

3. 施工机械和仪器仪表台班消耗量。

（1）施工机械和仪器仪表台班消耗量是按正常合理的施工配备和施工工效测算确定台班使用量。

（2）凡单位价值在 2000 元以上的施工机械和仪器仪表按台班列入定额；单位价值在 2000 元以

下的列入费用定额工具使用费项下。

七、定额中均包括了材料、成品、半成品从工地仓库、现场集中堆放地点或现场加工地点至操作或安装地点的水平运输和垂直运输所需的人工和机械消耗量。如发生再次搬运，应在费用定额中二次搬运费项下列支。

八、本定额施工用水、电是按现场有水、电考虑的。

九、本定额的工作内容已说明了主要施工工序，次要工序虽未说明，均已考虑在定额内。

十、本定额与其他全国统一工程预算定额的关系，凡本定额包含的项目，按本定额项目执行；本定额缺项部分，可执行其他全国统一定额。

十一、本定额中注有“×××以内”或“×××以下”者均包括×××本身，“×××以外”或“×××以上”者则不包括×××本身。

十二、本说明未尽事宜，详见各册和各章说明。

# 册说明

一、《城市轨道交通工程预算定额》第七册“信号工程”(以下简称本册定额)，包括挖、填电缆沟与电缆敷设及防护，信号机及室外箱、盒安装，室外设备基础，道岔电动转辙机安装，轨道检测装置安装，电源设备安装，室内设备安装，车载设备安装及调试，系统调试，其他等，共10章292个子目。

二、本册定额适用于新建、扩建、改建的信号工程。

三、本册定额主要依据的标准、规范：

1. 《地铁设计规范》GB 50157—2003；

2. 《城市轨道交通信号系统通用技术条件》GB/T 12758—2004；

3. 《地下铁道工程施工及验收规范》GB 50299—1999。

四、设备安装，除另有规定外，均包括设备本身的安装固定、引入引出端子板的接线、接线端子的压接等全部工作内容。室内设备包括接地，室外设备接地另行计列。

五、信号电缆预留长度：

1. 直埋电缆预留长度见下表：

| 序　号 | 项　　目 | 预留长度 | 说　　明 |
|---|---|---|---|
| 1 | 电缆敷设弯曲系数 | 2% | 按电缆全长计算 |
| 2 | 电缆进入建筑物 | 5m | 室内储备量 |
| 3 | 室内每端环状储备量 | 2m | 20m以下为1m |
| 4 | 每端出入土及做头 | 2m | |

2. 洞内架设电缆预留长度见下表：

| 序　号 | 项　　目 | 预留长度 | 说　　明 |
|---|---|---|---|
| 1 | 电缆敷设弯曲系数 | 2% | 按电缆全长计算 |
| 2 | 每个终端头 | 3m | |
| 3 | 引入分线柜 | 5m | |
| 4 | 垂直引向水平 | 0.5m | |
| 5 | 引入箱、柜 | 半周长 | 箱、柜的半周长 |
| 6 | 电缆井内 | 2m | |

六、本定额中不包括的信号器材，使用时另行计列。但其安装所需工、料、机消耗量已计入相应定额中，不应重复计列。

七、本册定额中使用的线、缆等材料与设计不符时允许换算。

八、方整道岔、调整轨缝等需工务配合时，按每组联锁道岔5个工日计列。

九、安装与生产同时进行的工作，安装工程的人工费增加10%，本费用为降效增加费。

十、在有害环境(高温、多尘、噪声超标、有害气体)中施工时，安装工程的人工费增加10%，本费用为降效增加费。

十一、未尽事宜见本册定额各章说明。

# 目　录

## 1　挖、填电缆沟与电缆敷设及防护



## 2　信号机及室外箱、盒安装



## 3　室外设备基础

## 4　道岔电动转辙机安装



## 5　轨道检测装置安装



## 6　电源设备安装



## 7　室内设备安装



## 8　车载设备安装及调试



## 9　系 统 调 试

## 10 其　他

# 1 挖、填电缆沟与电缆敷设及防护

# 说　明

一、本章包括：挖、填电缆沟，敷设电缆、光缆，电缆防护等工作，共3节51个子目。

二、挖、填电缆沟包含清理线间石渣的工作。

# 工程量计算规则

一、挖电缆沟及站台上挖、砌电缆槽道的长度以设计沟、槽径路的中心线长度计算。

二、挖填电缆沟、敷设光（电）缆、敷设电缆槽及防护以“100m”为单位计算。

三、光（电）缆接续、过道钢管防护等以“处”为单位计算。

四、过桥、道口、涵洞等防护以“10m”为单位计算。

五、过隔断门、过洞顶、电缆桥架、梯架防护等以“m”为单位计算。

六、电缆支架以“套”为单位计算。

## 1.1 挖、填电缆沟

工作内容：1. 挖、填土质沟：施工防护，划线定位，开挖电缆沟、接头坑，回填夯实及清理。
2. 人力开挖石质沟：施工防护，划线定位，人力凿石，开挖电缆沟、接头坑，铺盖土（砂），回填清理。
3. 清理线间石渣。

计量单位：100m

| 定额编号 | | | 7-1 | 7-2 | 7-3 | 7-4 | 7-5 | 7-6 |
|---|---|---|---|---|---|---|---|---|
| 项目 | | | 挖电缆沟 | | | | | |
| | | | 土（0.8m深） | | | 石（0.8m深） | | |
| | | | 1~5根 | 6~10根 | 11~20根 | 1~5根 | 6~10根 | 11~20根 |
| 名称 | | 单位 | 数量 | | | | | |
| 人工 | 综合工日 | 工日 | 15.040 | 18.940 | 25.390 | 49.140 | 62.140 | 84.590 |
| 材料 | 塑料彩条编织布 | $m^2$ | 17.500 | 17.500 | 17.500 | 17.500 | 17.500 | 17.500 |
| | 其他材料费 | % | 5.000 | 5.000 | 5.000 | 5.000 | 5.000 | 5.000 |

## 1.2 敷设电缆、光缆

### 1.2.1 埋地敷设

**工作内容：**检查与测试光、电缆，光、电缆配盘。清理沟底，敷设光、电缆。切割、测试、封头、盘余长。

计量单位：100m

| 定额编号 | | | 7-7 | 7-8 | 7-9 | 7-10 | 7-11 | 7-12 |
|---|---|---|---|---|---|---|---|---|
| 项目 | | | 敷设信号电缆 | | | 敷设光缆 | | 敷设串行通信电缆 |
| | | | 9芯以内 | 30芯以内 | 48芯以内 | 24芯以内 | 48芯以内 | |
| 名称 | | 单位 | 数量 | | | | | |
| 人工 | 综合工日 | 工日 | 1.650 | 2.420 | 3.040 | 2.500 | 3.500 | 1.600 |
| 材料 | 电缆 | m | 102.000 | 102.000 | 102.000 | — | — | — |
| | 单模光缆 | m | — | — | — | 102.000 | 102.000 | — |
| | 屏蔽双绞线 8芯 | m | — | — | — | — | — | 102.000 |
| | 其他材料费 | % | 5.000 | 5.000 | 5.000 | 5.000 | 5.000 | 5.000 |
| 机械 | 数字兆欧表 1000~2500V，0~20GΩ／200GΩ | 台班 | 0.050 | 0.080 | 0.080 | — | — | 0.050 |
| | 光时域反射仪 | 台班 | — | — | — | 0.180 | 0.300 | — |

### 1.2.2 沿支架、墙面卡敷设

**工作内容：** 检查与测试光、电缆，光、电缆配盘。沿支架或墙面卡敷设、绑扎、固定光、电缆。定位、钻孔、固定支架，敷设漏缆，做接头、缠绑。切割、测试、封头、盘余长。

计量单位：100m

| 定额编号 | | | 7-13 | 7-14 | 7-15 | 7-16 | 7-17 |
|---|---|---|---|---|---|---|---|
| 项目 | | | 敷设信号电缆 | | | 敷设光缆 | |
| | | | 9芯以内 | 30芯以内 | 48芯以内 | 24芯以内 | 48芯以内 |
| 名称 | | 单位 | 数量 | | | | |
| 人工 | 综合工日 | 工日 | 2.878 | 3.544 | 4.246 | 3.600 | 4.500 |
| 材料 | 电缆 | m | 102.000 | 102.000 | 102.000 | — | — |
| | 单模光缆 | m | — | — | — | 102.000 | 102.000 |
| | 其他材料费 | % | 5.000 | 5.000 | 5.000 | 5.000 | 5.000 |
| 机械 | 数字兆欧表 1000~2500V，0~20GΩ／200GΩ | 台班 | 0.050 | 0.080 | 0.080 | — | — |
| | 光时域反射仪 | 台班 | — | — | — | 0.180 | 0.300 |

**工作内容：** 检查与测试光、电缆，光、电缆配盘。沿支架或墙面卡敷设、绑扎、固定光、电缆。定位、钻孔、固定支架，敷设漏缆，做接头、缠绑。切割、测试、封头、盘余长。

计量单位：100m

| 定额编号 | | | 7-18 | 7-19 | 7-20 |
|---|---|---|---|---|---|
| 项目 | | | 敷设同轴漏泄电缆 | 敷设串行通信电缆 | 电缆支架<br>套 |
| 名称 | | 单位 | 数量 | | |
| 人工 | 综合工日 | 工日 | 38.980 | 2.800 | 0.500 |
| 材料 | 线缆 | m | 102.000 | — | — |
| | 屏蔽双绞线 8芯 | m | — | 102.000 | — |
| | 调相头 L27-J114 | 个 | 0.400 | — | — |
| | 膨胀螺栓 M12×105 | 套 | — | — | 2.020 |
| | 镀锌托板托架 6层 | 套 | — | — | 1.050 |
| | 电缆接头 N-J104 | 个 | 0.060 | — | — |
| | 吊挂漏泄电缆卡子 | 套 | 37.070 | — | — |
| | 调相座 L27Q-K338A | 个 | 0.414 | — | — |
| | 漏缆洞内防火吊夹 | 个 | 3.330 | — | — |

| 定 额 编 号 | | | 7-18 | 7-19 | 7-20 |
|---|---|---|---|---|---|
| 项 目 | | | 敷设同轴漏泄电缆 | 敷设串行通信电缆 | 电缆支架<br>套 |
| 名 称 | | 单位 | 数 量 | | |
| 材料 | 漏缆终端头 L16Q-J104 | 个 | 0.200 | — | — |
| | 漏缆终端座 L16Q-50K339 | 个 | 0.200 | — | — |
| | 漏缆终端负载 TZ-10 | 个 | 0 010 | — | — |
| | 漏缆固定接头 LGQ-339A | 个 | 0.100 | — | — |
| | 射频电缆 50-9-4 | m | 0.250 | — | — |
| | 调相电缆 75-9-4 | m | 0.600 | — | — |
| | 其他材料费 | % | 5.000 | 5.000 | 5.000 |
| 机械 | 汽油发电机组 ≤1.5kW | 台班 | 0.500 | — | 0.200 |
| | 数字兆欧表 1000~2500V，0~20GΩ / 200GΩ | 台班 | — | 0.050 | — |

### 1.2.3 沿桥架、线槽敷设

**工作内容：**检查与测试光、电缆，光、电缆配盘。安装、固定电缆桥架。沿桥架或线槽敷设、布放光缆、电缆。切割、测试、封头、盘余长。

计量单位：100m

| 定额编号 | | | 7-21 | 7-22 | 7-23 | 7-24 | 7-25 |
|---|---|---|---|---|---|---|---|
| 项目 | | | 敷设信号电缆 | | | 敷设光缆 | |
| | | | 9芯以内 | 30芯以内 | 48芯以内 | 24芯以内 | 48芯以内 |
| 名称 | | 单位 | 数量 | | | | |
| 人工 | 综合工日 | 工日 | 1.957 | 2.679 | 3.496 | 2.800 | 3.600 |
| 材料 | 电缆 | m | 102.000 | 102.000 | 102.000 | — | — |
| | 单模光缆 | m | — | — | — | 102.000 | 102.000 |
| | 其他材料费 | % | 5.000 | 5.000 | 5.000 | 5.000 | 5.000 |
| 机械 | 数字兆欧表 1000~2500V，0~20GΩ／200GΩ | 台班 | 0.050 | 0.080 | 0.080 | — | — |
| | 光时域反射仪 | 台班 | — | — | — | 0.180 | 0.300 |

**工作内容：**检查与测试光、电缆，光、电缆配盘。安装、固定电缆桥架。沿桥架或线槽敷设、布放光缆、电缆。切割、测试、封头、盘余长。

| 定额编号 | | | 7-26 | 7-27 |
|---|---|---|---|---|
| 项目 | | | 敷设串行通信电缆 | 电缆桥架 |
| | | | 100m | m |
| 名称 | | 单位 | 数量 | |
| 人工 | 综合工日 | 工日 | 1.900 | 1.900 |
| 材料 | 线缆 | m | 102.000 | — |
| | 扁钢 Q235-A | kg | — | 2.560 |
| | 酚醛磁漆白、蓝、灰 | kg | — | 0.100 |
| | 酚醛防锈漆 F53-1红丹 | kg | — | 0.100 |
| | 六角头螺栓带帽 M8×18~25 | 套 | — | 4.040 |
| | 电焊条 结 422 $\phi4$ | kg | — | 1.000 |
| | 膨胀螺栓 M12×105 | 套 | — | 4.040 |
| | 镀锌角钢（5#角钢厚5） | kg | — | 16.600 |
| | 其他材料费 | % | 5.000 | 5.000 |
| 机械 | 汽油发电机组 ≤1.5kW | 台班 | — | 0.500 |
| | 电焊机 ≤32kV·A | 台班 | — | 0.100 |
| | 数字兆欧表 1000~2500V，0~20GΩ/200GΩ | 台班 | 0.050 | — |

## 1.2.4 电缆、光缆接续

**工作内容：**挖接头坑，开剥电缆头，清洗，芯线测试编号，焊接接续，烤缩接续材料，防护，整理固定。检验器材，确定接头位置，纤芯焊接，加强芯接续，盘绕固定余纤，复测衰减，包封外护套，安装接头盒托架或保护盒。

计量单位：处

| 定额编号 | | | 7-28 | 7-29 | 7-30 |
|---|---|---|---|---|---|
| 项目 | | | 免维护电缆接续 | 免维护光缆接续（24芯以内） | 免维护光缆接续（48芯以内） |
| 名称 | | 单位 | 数量 | | |
| 人工 | 综合工日 | 工日 | 3.200 | 8.490 | 15.510 |
| 材料 | 钢筋混凝土接头槽（带盖板）槽宽250 | 套 | 1.010 | — | — |
| | 光缆接头盒 | 套 | — | 1.010 | 1.010 |
| | 免维护地下电缆接续盒 HDM-T | 套 | 1.000 | — | — |
| | 其他材料费 | % | 5.000 | 5.000 | 5.000 |
| 机械 | 汽油发电机组 ≤1.5kW | 台班 | — | 1.600 | 2.000 |
| | 光纤熔接机 | 台班 | — | 0.800 | 1.000 |
| | 数字兆欧表 1000~2500V，0～20GΩ／200GΩ | 台班 | 0.040 | — | — |
| | 光时域反射仪 | 台班 | — | 0.800 | 1.000 |

# 1.3 电缆防护

## 1.3.1 砂砖防护

**工作内容：**清理电缆沟。往敷设完光缆、电缆的沟、槽内填砂。沟、槽内铺设砖。

计量单位：100m

| 定额编号 | | | 7-31 | 7-32 | 7-33 |
|---|---|---|---|---|---|
| 项目 | | | 电缆砂砖防护 | | |
| | | | 1~5根 | 6~10根 | 11~20根 |
| 名称 | | 单位 | 数量 | | |
| 人工 | 综合工日 | 工日 | 7.700 | 9.900 | 14.300 |
| 材料 | 机砖 | 块 | 1190.000 | 1590.000 | 1990.000 |
| | 细砂 | $m^3$ | 7.900 | 9.630 | 13.910 |
| | 其他材料费 | % | 5.000 | 5.000 | 5.000 |

### 1.3.2 电缆槽防护

**工作内容：**挖电缆沟，电缆槽底部铺碎石。往沟内敷设电缆槽（附盖板）。沟、槽内填砂、回填及捣固。

计量单位：100m

| 定额编号 | | | 7-34 | 7-35 | 7-36 | 7-37 | 7-38 |
|---|---|---|---|---|---|---|---|
| 项目 | | | 电缆槽防护（复合阻燃材料） | | | | |
| | | | 80型 | 120型 | 180型 | 270型 | 420型 |
| 名称 | | 单位 | 数量 | | | | |
| 人工 | 综合工日 | 工日 | 19.140 | 22.540 | 27.840 | 35.370 | 49.680 |
| 材料 | 碎石 16以内 | $m^3$ | 1.340 | 1.650 | 1.960 | 2.580 | 3.500 |
| | 细砂 | $m^3$ | 0.880 | 1.020 | 1.400 | 1.820 | 2.930 |
| | 塑料彩条编织布 | $m^2$ | 16.500 | 16.500 | 16.500 | 16.500 | 16.500 |
| | 阻燃型复合材料电缆槽 | m | 101.000 | 101.000 | 101.000 | 101.000 | 101.000 |
| | 其他材料费 | % | 5.000 | 5.000 | 5.000 | 5.000 | 5.000 |

### 1.3.3 过道钢管防护

**工作内容：**施工防护，开挖过道管沟，预配钢管，铺钢管，堵塞两端管孔，回填捣固。

计量单位：处

| 定额编号 | | | 7-39 | 7-40 | 7-41 | 7-42 | 7-43 | 7-44 |
|---|---|---|---|---|---|---|---|---|
| 项目 | | | 电缆过道钢管防护 | | | | | |
| | | | 过一股道 | | | 过二股道 | | |
| | | | 3.6m $\phi$50 | 3.6m $\phi$80 | 3.6m $\phi$100 | 8.5m $\phi$50 | 8.5m $\phi$80 | 8.5m $\phi$100 |
| 名称 | | 单位 | 数量 | | | | | |
| 人工 | 综合工日 | 工日 | 1.800 | 2.000 | 2.200 | 4.100 | 4.500 | 4.900 |
| 材料 | 镀锌焊接钢管 *DN*50×3.5 | m | 4.000 | — | — | 9.000 | — | — |
| | 镀锌焊接钢管 *DN*80×4 | m | — | 4.000 | — | — | 9.000 | — |
| | 镀锌焊接钢管 *DN*100×4 | m | — | — | 4.000 | — | — | 9.000 |
| | 钢制外接头 *DN*50 | 个 | — | — | — | 2.000 | — | — |
| | 钢制外接头 *DN*80 | 个 | — | — | — | — | 2.000 | — |
| | 钢制外接头 *DN*100 | 个 | — | — | — | — | — | 2.000 |
| | 塑料彩条编织布 | $m^2$ | 5.560 | 5.560 | 5.560 | 8.590 | 8.590 | 8.590 |
| | 其他材料费 | % | 5.000 | 5.000 | 5.000 | 5.000 | 5.000 | 5.000 |

### 1.3.4 过桥、道口、涵等防护

工作内容：1. 过桥钢管防护：制作、安装支架，安装、固定钢管，堵塞桥两端管孔。

2. 过桥槽钢防护：铺设槽钢，安装、连接、固定保护件，堵塞桥两端槽隙，钢槽内加设塑料板垫层。

3. 过道口、涵洞、水沟钢管防护：清理现场，铺设钢管，堵塞两端管孔。

计量单位：10m

| 定额编号 | | | 7-45 | 7-46 | 7-47 |
|---|---|---|---|---|---|
| 项目 | | | 电缆过桥钢管防护（$\phi$100mm） | 电缆过桥槽钢防护（120×53×5.5） | 电缆过道口、涵洞、水沟钢管防护（$\phi$50mm） |
| 名称 | | 单位 | 数量 | | |
| 人工 | 综合工日 | 工日 | 4.400 | 21.500 | 2.200 |
| 材料 | 镀锌圆钢 $\phi$10~18 | kg | 1.000 | — | — |
| | 镀锌扁钢 Q235-A | kg | 3.500 | — | — |
| | 镀锌角钢 | kg | 20.400 | — | — |
| | 镀锌焊接钢管 *DN*50×3.5 | m | — | — | 10.300 |
| | 镀锌焊接钢管 *DN*100×4 | m | 10.300 | — | — |
| | 钢制外接头 *DN*50 | 个 | — | — | 3.090 |

续前

| 定额编号 | | | 7-45 | 7-46 | 7-47 |
|---|---|---|---|---|---|
| 项目 | | | 电缆过桥钢管防护（$\phi$100mm） | 电缆过桥槽钢防护（120×53×5.5） | 电缆过道口、涵洞、水沟钢管防护（$\phi$50mm） |
| 名称 | | 单位 | 数量 | | |
| 材料 | 钢制外接头 *DN*100 | 个 | 2.060 | — | — |
| | 镀锌无头穿钉 M19×800~900 | 根 | 2.530 | — | — |
| | 镀锌穿钉带帽 M14×70 | 套 | 5.050 | — | — |
| | 扁钢 60以内 | kg | — | 6.800 | — |
| | 普通钢板 $\delta$=3 | $m^2$ | — | 4.040 | — |
| | 槽钢 Q235-A 120×53×5.5 | m | — | 21.500 | — |
| | 酚醛调和漆 | kg | — | 1.000 | — |
| | 其他材料费 | % | 5.000 | 5.000 | 5.000 |
| 机械 | 汽油发电机组 ≤1.5kW | 台班 | 2.000 | 2.500 | — |
| | 电焊机 ≤32kV·A | 台班 | 0.100 | 0.200 | — |

**工作内容：**穿管、过门（洞）等。

计量单位：m

| 定额编号 | | | 7-48 | 7-49 | 7-50 | 7-51 |
|---|---|---|---|---|---|---|
| 项目 | | | 电缆过隔断门防护管 | 电缆穿墙管防护<br>10m | 电缆过洞顶防护 | 电缆梯架防护 |
| 名称 | | 单位 | 数量 | | | |
| 人工 | 综合工日 | 工日 | 0.155 | 0.500 | 2.060 | 1.000 |
| 材料 | 电焊条 结 422 $\phi4$ | kg | — | — | — | 0.500 |
| | 角钢 63以内 | kg | — | — | 8.210 | — |
| | 镀锌钢板 $\delta=1.0\sim1.5$ | kg | — | — | 8.400 | — |
| | 膨胀螺栓 M12×105 | 套 | — | — | — | 4.040 |
| | 阻燃流体管 $\phi50$ | m | 1.000 | — | — | — |
| | 电缆梯架 | m | — | — | — | 1.000 |
| | 塑料管 $\phi50$ | m | — | 10.500 | — | — |
| | 其他材料费 | % | 5.000 | 5.000 | 5.000 | 5.000 |
| 机械 | 电焊机 ≤32kV·A | 台班 | — | — | — | 0.500 |

# 2　信号机及室外箱、盒安装

# 说　明

一、本章包括：高柱信号机、矮型信号机、各种箱盒安装等工作，共3节28个子目。

二、高柱、矮型透镜式色灯信号机安装，按点灯监测单元方式编制，包括本身的安装固定与接线、内部器材的安装。

三、高柱信号机安装包括挖机柱坑，高柱信号机机柱坑深度按以下计列：机柱长度8.5m以下时，机柱埋深1.7m；机柱长度10m以上时，机柱埋深2.0m。

# 工程量计算规则

一、高柱、矮型信号机及信号机托架以“架”为单位计算。

二、箱、盒等以“个”为单位计算。

三、室外设备防火堵洞以“处”为单位计算。

## 2.1 高柱信号机安装

**工作内容：**施工防护，挖坑，立柱，安装卡盘，回填。安装、固定，缠绕线环，套管打字，配线连接，测试调整，刷漆。

计量单位：架

| 定额编号 | | | 7-52 | 7-53 | 7-54 | 7-55 | 7-56 | 7-57 |
|---|---|---|---|---|---|---|---|---|
| 项目 | | | 高柱透镜式色灯信号机 | | | | | |
| | | | 二显示 | 三显示 | 四显示带引导 | 二显示（铝合金机构） | 三显示（铝合金机构） | 四显示带引导（铝合金机构） |
| 名称 | | 单位 | 数量 | | | | | |
| 人工 | 综合工日 | 工日 | 8.270 | 8.940 | 11.280 | 7.960 | 8.880 | 11.210 |
| 材料 | 酚醛调和漆 | kg | 1.600 | 1.700 | 2.600 | 1.070 | 1.130 | 2.600 |
| | 塑料彩条编织布 | $m^2$ | 3.000 | 3.000 | 3.000 | 3.000 | 3.000 | 3.000 |
| | 六角头螺栓带帽 M10×50 | 套 | 2.020 | 2.020 | 2.020 | 2.020 | 2.020 | 2.020 |
| | 铜芯塑料软线 500V $1.5mm^2$ | m | 59.680 | 88.800 | 185.440 | 59.680 | 88.800 | 185.440 |
| | 色灯信号机构 XSG高柱二显示 | 台 | 1.000 | — | 2.000 | — | — | — |
| | 色灯信号机构 XSG高柱三显示 | 台 | — | 1.000 | — | — | — | — |
| | 引导信号机构 XSY | 台 | — | — | 1.000 | — | — | — |

续前

| 定额编号 | | | 7-52 | 7-53 | 7-54 | 7-55 | 7-56 | 7-57 |
|---|---|---|---|---|---|---|---|---|
| 项目 | | | 高柱透镜式色灯信号机 | | | | | |
| | | | 二显示 | 三显示 | 四显示带引导 | 二显示（铝合金机构） | 三显示（铝合金机构） | 四显示带引导（铝合金机构） |
| 名称 | | 单位 | 数量 | | | | | |
| 材料 | 点灯监测单元 | 台 | 2.000 | 3.000 | 5.000 | 2.000 | 3.000 | 5.000 |
| | 铝合金色灯信号机构 XSL-G2高柱 二显示 | 台 | — | — | — | 1.000 | — | 2.000 |
| | 铝合金色灯信号机构 XSL-G3高柱 三显示 | 台 | — | — | — | — | 1.000 | — |
| | 铝合金引导信号机构 XSL-Y | 台 | — | — | — | — | — | 1.000 |
| | 色灯信号机镀锌梯子 8.5m | 架 | 1.000 | 1.000 | — | 1.000 | 1.000 | — |
| | 色灯信号机镀锌梯子 11m | 架 | — | — | 1.000 | — | — | 1.000 |
| | 色灯信号机引入管 高柱用（直） | 根 | 1.000 | 1.000 | 1.000 | 1.000 | 1.000 | 1.000 |
| | 铁路信号灯泡 TX12-25／25A | 个 | 2.060 | 3.090 | 5.150 | 2.060 | 3.090 | 5.150 |
| | 钢筋混凝土信号机柱 $\phi150\times8.5$m | 根 | 1.010 | 1.010 | — | 1.010 | 1.010 | — |
| | 钢筋混凝土信号机柱 $\phi150\times11$m | 根 | — | — | 1.010 | — | — | 1.010 |

续前

| 定额编号 | | | 7-52 | 7-53 | 7-54 | 7-55 | 7-56 | 7-57 |
|---|---|---|---|---|---|---|---|---|
| 项目 | | | 高柱透镜式色灯信号机 | | | | | |
| | | | 二显示 | 三显示 | 四显示带引导 | 二显示（铝合金机构） | 三显示（铝合金机构） | 四显示带引导（铝合金机构） |
| 名称 | | 单位 | 数量 | | | | | |
| 材料 | 信号配线软套管 $d6\times1$ | m | 1.380 | 1.800 | 2.790 | 1.380 | 1.800 | 2.790 |
| | 线号机打字色带 | 盘 | 0.010 | 0.010 | 0.010 | 0.010 | 0.010 | 0.010 |
| | 信号锁 40 | 把 | 1.010 | 1.010 | 3.030 | 1.010 | 1.010 | 3.030 |
| | 混凝土 C15 | $m^3$ | 0.053 | 0.053 | 0.053 | 0.053 | 0.053 | 0.053 |
| | 圆钢 Q235-A $\phi6\sim9$ | kg | 2.350 | 2.350 | 2.350 | 2.350 | 2.350 | 2.350 |
| | 圆钢 Q235-A $\phi10\sim18$ | kg | 6.700 | 6.700 | 6.700 | 6.700 | 6.700 | 6.700 |
| | 镀锌钢丝 $\phi0.7\sim5$ | kg | 0.060 | 0.060 | 0.060 | 0.060 | 0.060 | 0.060 |
| | U形螺栓带帽 M22 | kg | 3.210 | 3.210 | 3.210 | 3.210 | 3.210 | 3.210 |
| | 其他材料费 | % | 5.000 | 5.000 | 5.000 | 5.000 | 5.000 | 5.000 |
| 机械 | 汽车起重机 ≤5t | 台班 | 0.500 | 0.500 | 0.500 | 0.500 | 0.500 | 0.500 |
| | 中英文线号机 | 台班 | 0.050 | 0.050 | 0.090 | 0.050 | 0.060 | 0.090 |

**工作内容：**施工防护，挖坑，立柱，安装卡盘，回填。安装、固定，缠绕线环，套管打字，配线连接，测试调整，刷漆。

计量单位：架

| 定额编号 | | | 7-58 | 7-59 | 7-60 | 7-61 |
|---|---|---|---|---|---|---|
| 项目 | | | 高柱LED信号机 | | | 机柱（无线天线） |
| | | | 二显示（铝合金机构） | 三显示（铝合金机构） | 四显示带引导（铝合金机构） | 个 |
| 名称 | | 单位 | 数量 | | | |
| 人工 | 综合工日 | 工日 | 8.160 | 8.880 | 11.210 | 5.530 |
| 材料 | 圆钢 Q235-A $\phi$6~9 | kg | 2.350 | 2.350 | 2.350 | 2.350 |
| | 圆钢 Q235-A $\phi$10～18 | kg | 6.700 | 6.700 | 6.700 | 6.700 |
| | 镀锌钢丝 $\phi$0.7～5 | kg | 0.060 | 0.060 | 0.060 | 0.060 |
| | 酚醛调和漆 | kg | 1.070 | 1.130 | 2.600 | — |
| | 塑料彩条编织布 | $m^2$ | 3.000 | 3.000 | 3.000 | 3.000 |
| | 六角头螺栓带帽 M10×50 | 套 | 2.020 | 2.020 | 2.020 | — |
| | U形螺栓带帽 M22 | kg | 3.210 | 3.210 | 3.210 | 3.210 |
| | 铜芯塑料软线 500V 1.5mm² | m | 59.680 | 88.800 | 185.440 | — |
| | 铝合金LED信号机构 XSL-G2高柱二显示 | 台 | 1.000 | — | 2.000 | — |
| | 铝合金LED信号机构 XSL-G3高柱三显示 | 台 | — | 1.000 | — | — |
| | 铝合金LED引导信号机构 XSL-Y | 台 | — | — | 1.000 | — |

续前

| 定额编号 | | | 7-58 | 7-59 | 7-60 | 7-61 |
|---|---|---|---|---|---|---|
| 项目 | | | 高柱LED信号机 | | | 机柱（无线天线） |
| | | | 二显示（铝合金机构） | 三显示（铝合金机构） | 四显示带引导（铝合金机构） | 个 |
| 名称 | | 单位 | 数量 | | | |
| 材料 | LED信号机镀锌梯子 8.5m | 架 | 1.000 | 1.000 | — | — |
| | 机柱用镀锌梯子 8.5m | 架 | — | — | — | 1.000 |
| | LED信号机镀锌梯子 11m | 架 | — | — | 1.000 | — |
| | LED信号机引入管 高柱用 直 | 台 | 1.000 | 1.000 | 1.000 | — |
| | 钢筋混凝土信号机柱 $\phi150\times8.5$m | 根 | 1.010 | 1.010 | — | 1.010 |
| | 钢筋混凝土信号机柱 $\phi150\times11$m | 根 | — | — | 1.010 | — |
| | 信号配线软套管 $d6\times1$ | m | 1.380 | 1.800 | 2.790 | — |
| | 线号机打字色带 | 盘 | 0.010 | 0.010 | 0.010 | — |
| | 信号锁 40 | 把 | 1.010 | 1.010 | 3.030 | — |
| | 混凝土 C15 | $m^3$ | 0.053 | 0.053 | 0.053 | 0.053 |
| | 其他材料费 | % | 5.000 | 5.000 | 5.000 | 5.000 |
| 机械 | 中英文线号机 | 台班 | 0.050 | 0.060 | 0.090 | — |
| | 汽车起重机 ≤5t | 台班 | 0.500 | 0.500 | 0.500 | 0.500 |
| | 电焊机 ≤32kV·A | 台班 | — | — | — | 0.400 |

## 2.2 矮型信号机安装

**工作内容：**施工防护，安装固定，缠绕线环，套管打字，配线连接，测试调整，刷漆。安装、固定信号机托架。

计量单位：架

| 定额编号 | | | 7-62 | 7-63 | 7-64 | 7-65 |
|---|---|---|---|---|---|---|
| 项目 | | | 矮型透镜式色灯信号机 | | | |
| | | | 二显示 | 三显示 | 二显示（铝合金机构） | 三显示（铝合金机构） |
| 名称 | | 单位 | 数量 | | | |
| 人工 | 综合工日 | 工日 | 2.090 | 2.520 | 2.040 | 2.500 |
| 材料 | 酚醛调和漆 | kg | 0.500 | 0.600 | — | — |
| | 六角头螺栓带帽 M10×50 | 套 | 2.020 | 2.020 | 2.020 | 2.020 |
| | 铜芯塑料软线 500V 1.5mm² | m | 16.720 | 22.000 | 16.720 | 22.000 |
| | 色灯信号机构 XSA矮型二显示 | 台 | 1.000 | — | — | — |
| | 色灯信号机构 XSA矮型三显示 | 台 | — | 1.000 | — | — |
| | 点灯监测单元 | 台 | 2.000 | 3.000 | 2.000 | 3.000 |

续前

| 定额编号 | | | 7-62 | 7-63 | 7-64 | 7-65 |
|---|---|---|---|---|---|---|
| 项目 | | | 矮型透镜式色灯信号机 | | | |
| | | | 二显示 | 三显示 | 二显示（铝合金机构） | 三显示（铝合金机构） |
| 名称 | | 单位 | 数量 | | | |
| 材料 | 铝合金色灯信号机构 XSL-A2矮型 二显示 | 台 | — | — | 1.000 | — |
| | 铝合金色灯信号机构 XSL-A3矮型 三显示 | 台 | — | — | — | 1.000 |
| | 铁路信号灯泡 TX12-25／25A | 个 | 2.060 | 3.090 | 2.060 | 3.090 |
| | 信号配线软套管 $d6\times1$ | m | 1.000 | 1.500 | 1.000 | 1.500 |
| | 线号机打字色带 | 盘 | 0.010 | 0.010 | 0.010 | 0.010 |
| | 信号锁 40 | 把 | 1.010 | 1.010 | 1.010 | 1.010 |
| | 其他材料费 | % | 5.000 | 5.000 | 5.000 | 5.000 |
| 机械 | 中英文线号机 | 台班 | 0.030 | 0.050 | 0.030 | 0.050 |

**工作内容：**施工防护，安装固定，缠绕线环，套管打字，配线连接，测试调整，刷漆。安装、固定信号机托架。

计量单位：架

| 定额编号 | | | 7-66 | 7-67 | 7-68 |
|---|---|---|---|---|---|
| 项目 | | | 矮型LED信号机 | | 信号机托架 |
| | | | 二显示（铝合金机构） | 三显示（铝合金机构） | |
| 名称 | | 单位 | 数量 | | |
| 人工 | 综合工日 | 工日 | 2.040 | 2.500 | 1.250 |
| 材料 | 信号机托架 | 个 | — | — | 1.000 |
| | 六角头螺栓带帽 M10×50 | 套 | 2.020 | 2.020 | — |
| | 铜芯塑料软线 500V $1.5mm^2$ | m | 16.720 | 22.000 | — |
| | 铝合金LED信号机构 XSL-A2矮型二显示 | 台 | 1.000 | — | — |
| | 铝合金LED信号机构 XSL-A3矮型三显示 | 台 | — | 1.000 | — |
| | 信号配线软套管 $d6\times1$ | m | 1.000 | 1.500 | — |
| | 线号机打字色带 | 盘 | 0.010 | 0.010 | — |
| | 信号锁 40 | 把 | 1.010 | 1.010 | — |
| | 绝缘管及垫（一管二垫）$\phi14$ | 套 | — | — | 4.100 |
| | 膨胀螺栓 M12×105 | 套 | — | — | 4.040 |
| | 其他材料费 | % | 5.000 | 5.000 | 5.000 |
| 机械 | 汽油发电机组 ≤1.5kW | 台班 | — | — | 0.200 |
| | 中英文线号机 | 台班 | 0.030 | 0.050 | — |

# 2.3 各种箱、盒安装

**工作内容：** 技术准备，安装箱、盒及保护管，电缆做头，灌注绝缘胶，编号配线，调整测试，涂油刷漆，回填清理。安装光缆终端盒、光纤熔接、测试衰减、光纤的盘留固定。堵洞、清理等。

计量单位：个

| 定额编号 | | | 7-69 | 7-70 | 7-71 | 7-72 | 7-73 | 7-74 |
|---|---|---|---|---|---|---|---|---|
| 项目 | | | 终端电缆盒 | | 分向盒 | | 轨旁无线接线箱安装 | 波导管耦合单元箱安装 |
| | | | HZ-12 | HZ-24 | HF-4 | HF-7 | | |
| 名称 | | 单位 | 数量 | | | | | |
| 人工 | 综合工日 | 工日 | 0.780 | 1.320 | 1.840 | 3.190 | 3.740 | 3.600 |
| 材料 | 酚醛调和漆 | kg | 0.200 | 0.200 | 0.200 | 0.300 | — | — |
| | 聚氯乙烯软管 $d20 \times 2.5$ | m | — | — | — | — | 1.000 | 1 000 |
| | 铜芯塑料软线 500V $1.5mm^2$ | m | 0.800 | 1.920 | — | — | — | — |
| | 接地电缆 $10mm^2$ | m | — | — | — | — | 5.000 | 3.000 |
| | 沥青绝缘胶 | kg | 0.300 | 0.600 | 1.500 | 2.500 | 1.200 | 1.200 |
| | 方向电缆盒 HF-4 | 个 | — | — | 1.000 | — | — | — |
| | 方向电缆盒 HF-7 | 个 | — | — | — | 1.000 | — | — |
| | 防护套管内径 28 | m | — | — | — | — | 3.000 | 3.000 |

续前

| 定额编号 | | | 7-69 | 7-70 | 7-71 | 7-72 | 7-73 | 7-74 |
|---|---|---|---|---|---|---|---|---|
| 项目 | | | 终端电缆盒 | | 分向盒 | | 轨旁无线接线箱安装 | 波导管耦合单元箱安装 |
| | | | HZ-12 | HZ-24 | HF-4 | HF-7 | | |
| 名称 | | 单位 | 数量 | | | | | |
| 材料 | 配线用电缆芯线托环 | 个 | 12.000 | 24.000 | 48.000 | 84.000 | — | — |
| | 室外箱、盒端子配线名牌 | 个 | 8.000 | 16.000 | 24.000 | 42.000 | 10.000 | 10.000 |
| | 电缆去向名牌 | 个 | 1.000 | 1.000 | 5.000 | 8.000 | — | — |
| | 终端电缆盒 HZ-12 | 个 | 1.000 | — | — | — | — | — |
| | 终端电缆盒 HZ-24 | 个 | — | 1.000 | — | — | — | — |
| | 信号锁 40 | 把 | — | — | — | — | 1.010 | 1.010 |
| | 膨胀螺栓 M12×105 | 套 | — | — | — | — | 4.040 | 4.040 |
| | 六角头螺栓带帽 M10×50 | 套 | — | — | — | — | 4.040 | 4.040 |
| | 接线箱安装支架 | 套 | — | — | — | — | 1.000 | — |
| | 耦合单元箱安装支架 | 套 | — | — | — | — | — | 1.000 |
| | 同轴电缆 | m | — | — | — | — | 10.200 | 10.200 |
| | 其他材料费 | % | 5.000 | 5.000 | 5.000 | 5.000 | 5.000 | 5.000 |
| 机械 | 汽油发电机组 ≤1.5kW | 台班 | — | — | — | — | 0.500 | 0.500 |

**工作内容：**技术准备，安装箱、盒及保护管，电缆做头，灌注绝缘胶，编号配线，调整测试，涂油刷漆，回填清理。安装光缆终端盒、光纤熔接、测试衰减、光纤的盘留固定。堵洞、清理等。

计量单位：个

| 定额编号 | | | 7-75 | 7-76 | 7-77 | 7-78 | 7-79 |
|---|---|---|---|---|---|---|---|
| 项目 | | | 变压器箱 | | 分线箱 | 光缆终端盒 | 室外设备防火堵洞 |
| | | | XB1型 | XB2型 | | | 处 |
| 名称 | | 单位 | 数量 | | | | |
| 人工 | 综合工日 | 工日 | 2.330 | 2.510 | 7.210 | 13.020 | 0.100 |
| 材料 | 胶合板5层 | $m^2$ | 0.500 | 0.500 | — | — | — |
| | 酚醛调和漆 | kg | 1.000 | 1.200 | — | — | — |
| | 聚氯乙烯单丝 | kg | — | — | 0.350 | — | — |
| | 铜芯塑料软线 500V 1.5$mm^2$ | m | 1.920 | 2.560 | — | — | — |
| | 沥青绝缘胶 | kg | 1.200 | 1.200 | — | — | — |
| | 镀锌穿钉带帽 M16×60 | 套 | — | — | — | 4.040 | — |
| | 光缆终端盒 28芯 | 套 | — | — | — | 1.000 | — |
| | 配线用电缆芯线托环 | 个 | 14.000 | 18.000 | — | — | — |
| | 室外箱盒端子配线名牌 | 个 | 10.000 | 14.000 | — | — | — |
| | 电缆去向名牌 | 个 | 4.000 | 5.000 | 5.000 | — | — |
| | 变压器箱 | 个 | 1.000 | 1.000 | — | — | — |

续前

| 定额编号 | | | 7-75 | 7-76 | 7-77 | 7-78 | 7-79 |
|---|---|---|---|---|---|---|---|
| 项目 | | | 变压器箱 | | 分线箱 | 光缆终端盒 | 室外设备防火堵洞 |
| | | | XB1型 | XB2型 | | | 处 |
| 名称 | | 单位 | 数量 | | | | |
| 材料 | 分线箱 | 个 | — | — | 1.000 | — | — |
| | 信号锁 40 | 把 | 1.010 | 1.010 | 1.010 | — | — |
| | 电缆支架附卡子 | 套 | — | — | 1.000 | — | — |
| | 绝缘管及垫（一管二垫）$\phi$14 | 套 | — | — | 4.100 | — | — |
| | 膨胀螺栓 M12×105 | 套 | — | — | 4.040 | — | — |
| | 室内堵洞胶 | kg | — | — | — | — | 5.000 |
| | 塑料带 19 | 盘 | — | — | 1.000 | — | — |
| | 塑料软管 | m | — | — | 15.000 | — | — |
| | 电源插座二孔 250V 5A | 个 | — | — | 1.000 | — | — |
| | 端子排 25柱附螺钉 | 个 | — | — | 2.000 | — | — |
| | 其他材料费 | % | 5.000 | 5.000 | 5.000 | 5.000 | 5.000 |
| 机械 | 汽油发电机组 ≤1.5kW | 台班 | — | — | 0.500 | — | — |
| | 光纤熔接机 | 台班 | — | — | — | 1.000 | — |
| | 光时域反射仪 | 台班 | — | — | — | 1.000 | — |

# 3　室外设备基础

# 说　明

一、本章包括：信号机、箱、盒基础，电缆、地线埋设标等工作，共2节18个子目。

二、室外设备基础均按现浇方式编制。

# 工程量计算规则

一、矮型信号机基础以“个”为单位计算。

二、变压器箱、方向盒、扼流变压器箱等基础以“10对”为单位计算。

三、终端电缆盒、信号机梯子、埋设标、接续标等基础以“10 个”为单位计算。

## 3.1 信号机、箱、盒基础

**工作内容：**挖坑，模板制作、安装、拆除，灌注、振捣、养护，回填。

计量单位：10对

| 定额编号 | | | 7-80 | 7-81 | 7-82 | 7-83 | 7-84 | 7-85 |
|---|---|---|---|---|---|---|---|---|
| 项目 | | | 矮型信号机基础（一架用） | | 变压器箱基础 | | 分向盒基础 | |
| | | | 土 | 石 | 土 | 石 | 土 | 石 |
| | | | 个 | | | | | |
| 名称 | | 单位 | 数量 | | | | | |
| 人工 | 综合工日 | 工日 | 0.900 | 2.100 | 10.800 | 25.500 | 10.800 | 25.500 |
| 材料 | 镀锌钢丝 $\phi0.7\sim5$ | kg | — | — | — | — | 2.560 | 2.560 |
| | 塑料彩条编织布 | $m^2$ | 1.000 | 0.500 | 10.000 | 5.000 | — | — |
| | 螺栓带帽 M12×200 | 套 | — | — | 40.400 | 40.400 | — | — |
| | 钩头螺栓带帽 M16×200 | 套 | — | — | — | — | 20.200 | 20.200 |
| | 钩头螺栓带帽 M16×300 | 套 | 2.020 | 2.020 | — | — | — | — |
| | 色灯信号机引入管矮型用单曲 | 根 | 1.000 | 1.000 | — | — | — | — |
| | 混凝土 | $m^3$ | 0.080 | 0.080 | 0.270 | 0.270 | 0.150 | 0.150 |
| | 其他材料费 | % | 5.000 | 5.000 | 5.000 | 5.000 | 5.000 | 5.000 |

**工作内容**：挖坑，模板制作、安装、拆除，灌注、振捣、养护，回填。

计量单位：10 个

| 定额编号 | | | 7-86 | 7-87 | 7-88 | 7-89 |
|---|---|---|---|---|---|---|
| 项目 | | | 终端电缆盒基础 | | 信号机梯子基础 | |
| | | | 土 | 石 | 土 | 石 |
| 名称 | | 单位 | 数量 | | | |
| 人工 | 综合工日 | 工日 | 5.400 | 12.800 | 5.400 | 12.800 |
| 材料 | 扁钢 Q235-A | kg | — | — | 9.900 | 9.900 |
| | 镀锌钢丝 $\phi0.7\sim5$ | kg | 1.900 | 1.900 | — | — |
| | 塑料彩条编织布 | $m^2$ | 10.000 | 5.000 | 10.000 | 5.000 |
| | 钩头螺栓带帽 M10×200 | 套 | 20.200 | 20.200 | — | — |
| | 混凝土 | $m^3$ | 0.110 | 0.110 | 0.200 | 0.200 |
| | 其他材料费 | % | 5.000 | 5.000 | 5.000 | 5.000 |

**工作内容：**挖坑，模板制作、安装、拆除，灌注、振捣、养护，回填。

计量单位：10个

<table>
<tr><td colspan="3">定　额　编　号</td><td>7-90</td><td>7-91</td><td>7-92</td><td>7-93</td></tr>
<tr><td colspan="3" rowspan="3">项　　目</td><td rowspan="3">固定连接线用<br>混凝土枕</td><td rowspan="3">计轴电子<br>接线盒基础</td><td colspan="2">扼流变压器箱基础</td></tr>
<tr><td>土</td><td>石</td></tr>
<tr><td colspan="2">10对</td></tr>
<tr><td colspan="2">名　　称</td><td>单位</td><td colspan="4">数　　量</td></tr>
<tr><td>人工</td><td>综合工日</td><td>工日</td><td>5.400</td><td>15.300</td><td>10.800</td><td>25.500</td></tr>
<tr><td rowspan="4">材料</td><td>塑料彩条编织布</td><td>$m^2$</td><td>—</td><td>10.000</td><td>10.000</td><td>5.000</td></tr>
<tr><td>钩头螺栓带帽 M10×200</td><td>套</td><td>—</td><td>20.200</td><td>40.400</td><td>40.400</td></tr>
<tr><td>混凝土</td><td>$m^3$</td><td>0.070</td><td>0.180</td><td>0.230</td><td>0.230</td></tr>
<tr><td>其他材料费</td><td>%</td><td>5.000</td><td>5.000</td><td>5.000</td><td>5.000</td></tr>
</table>

## 3.2 信号电缆、地线埋设标

**工作内容：**挖坑，模板制作、安装、拆除，钢筋制作、安放及绑扎，灌注、振捣、养护、回填。

计量单位：10 个

| 定额编号 | | | 7-94 | 7-95 | 7-96 | 7-97 |
|---|---|---|---|---|---|---|
| 项目 | | | 电缆或地线埋设标 | | 电缆地下接续标 | |
| | | | 土 | 石 | 土 | 石 |
| 名称 | | 单位 | 数量 | | | |
| 人工 | 综合工日 | 工日 | 5.400 | 12.800 | 5.600 | 13.000 |
| 材料 | 镀锌钢丝 $\phi$3~6 | kg | — | — | 3.500 | 3.500 |
| | 酚醛调和漆 | kg | 0.500 | 0.500 | 0.500 | 0.500 |
| | 塑料彩条编织布 | $m^2$ | 10.000 | 5.000 | 10.000 | 5.000 |
| | 混凝土 | $m^3$ | 0.070 | 0.070 | 0.120 | 0.120 |
| | 其他材料费 | % | 5.000 | 5.000 | 5.000 | 5.000 |

# 4　道岔电动转辙机安装

# 说　明

一、本章包括：道岔电动转辙机安装及调整等工作，共4个子目。

二、电动转辙机安装包括安装装置安装用的工、料、机消耗量；不包括安装装置及绝缘。

# 工程量计算规则

一、重型单动道岔转辙装置安装（2个牵引点）按“1组”计算；交分道岔转辙装置安装按“1组”计算。

二、单动道岔、交分道岔、外锁闭装置以“组”为单位计算。

**工作内容**：1. 施工防护，打眼，安装固定转辙机及其安装装置和外锁闭装置。
2. 安装外锁闭装置。
3. 缠绕线环，安装二级管，套管打字，配线连接，杆件加工装配，清扫，涂油刷漆，调整试验。

计量单位：组

| 定　额　编　号 | | | 7-98 | 7-99 | 7-100 | 7-101 |
|---|---|---|---|---|---|---|
| 项　　目 | | | 单动道岔转辙装置安装（1个牵引点） | 重型单动道岔转辙装置安装（2个牵引点） | 复式交分道岔转辙装置安装 | 外锁闭装置安装 |
| 名　称 | | 单位 | 数　量 | | | |
| 人工 | 综合工日 | 工日 | 10.790 | 21.830 | 51.760 | 2.800 |
| 材料 | 酚醛调和漆 | kg | 1.000 | 2.000 | 4.000 | — |
| | 六角头螺栓带帽 M10×50 | 套 | — | 4.040 | 8.080 | — |
| | 镀锌蛇皮管 *d*38 | m | 1.000 | 2.000 | 4.000 | — |
| | 阻燃铜芯塑料软线 500V 1.5mm$^2$ | m | 33.200 | 64.160 | 132.800 | — |

续前

| 定　额　编　号 | | | 7-98 | 7-99 | 7-100 | 7-101 |
|---|---|---|---|---|---|---|
| 项　　目 | | | 单动道岔转辙装置安装（1个牵引点） | 重型单动道岔转辙装置安装（2个牵引点） | 复式交分道岔转辙装置安装 | 外锁闭装置安装 |
| 名　　称 | | 单位 | 数　　量 | | | |
| 材料 | 信号配线软套管 $d6\times1$ | m | 1.200 | 1.560 | 4.800 | — |
| | 线号机打字色带 | 盘 | 0.010 | 0.010 | 0.020 | — |
| | 蛇管接头 电动转辙机用 | 组 | 1.000 | 2.000 | 4.000 | — |
| | 道岔电路用整流盒 | 个 | 1.000 | 1.000 | 2.000 | — |
| | 信号锁 40 | 把 | 1.010 | 2.020 | 4.040 | — |
| | 六角螺栓带帽 M10×5 | 套 | 2.020 | 4.040 | 8.080 | — |
| | 其他材料费 | % | 5.000 | 5.000 | 5.000 | 5.000 |
| 机械 | 汽油发电机组 ≤1.5kW | 台班 | 0.200 | 0.400 | 0.800 | — |
| | 中英文线号机 | 台班 | 0.040 | 0.050 | 0.160 | — |

# 5　轨道检测装置安装

# 说　　明

一、本章包括：轨道电路，传输环路电缆，计轴设备安装，无线天线、波导管安装，应答器安装，轨道绝缘，钢轨接续及连接线、道岔跳线等工作，共 7 节 31 个子目。

二、室外计轴设备，不包括电子接线盒与传感器间的连接电缆。

三、钢轨接头绝缘“对”，是指一条铁路线两侧单轨同一点的两个接缝。

四、钢轨接续线、道岔跳线、连接线等按焊接（焊药和模具）工艺编制。

# 工程量计算规则

一、轨道电路以“区段”为单位计算。

二、环路、波导管以“10m”为单位计算。

三、无线天线、波导管支架以“套”为单位计算。

四、应答器、LEU 设备安装等以“个”为单位计算。

五、钢轨绝缘、计轴传感器以“对”为单位计算。

六、钢轨接续线以“km”为单位计算。

七、道岔跳线、道岔绝缘、牵引回流线、极性交叉跳线、横向连接线等以“组”为单位计算。

八、轨距保持杆以“根”为单位计算。

# 5.1 轨道电路

**工作内容：** 施工防护，钢轨打眼，安装引接线和卡具、箱盒内部器材安装，缠绕线环，套管打字，配线连接，调整测试。

计量单位：区段

| 定额编号 | | | 7-102 | 7-103 | 7-104 |
|---|---|---|---|---|---|
| 项目 | | | 50Hz相敏轨道电路 | | 无绝缘轨道电路安装 |
| | | | 一送一受 | 一送二受 | |
| 名称 | | 单位 | 数量 | | |
| 人工 | 综合工日 | 工日 | 1.970 | 2.980 | 15.430 |
| 材料 | 焊药 185mm$^2$专用 | 筒 | — | — | 4.040 |
| | 焊药 35mm$^2$专用 | 筒 | — | — | 4.040 |
| | 焊接模具 | 套 | — | — | 0.200 |
| | 铜芯塑料软线 500V 1.5mm$^2$ | m | 13.000 | 24.880 | — |
| | 信号配线软套管 $d6\times1$ | m | 0.690 | 1.080 | — |
| | 线号机打字色带 | 盘 | 0.010 | 0.010 | — |
| | 护套钢轨引接线 $\phi1.2\times19L=1600$ | 根 | 2.020 | 3.030 | — |
| | 护套钢轨引接线 $\phi1.2\times19L=3600$ | 根 | 2.020 | 3.030 | — |
| | 钢丝绳卡具 混凝土枕 通用 | 套 | 1.000 | 1.500 | — |

续前

| 定额编号 | | | 7-102 | 7-103 | 7-104 |
|---|---|---|---|---|---|
| 项目 | | | 50Hz相敏轨道电路 | | 无绝缘轨道电路安装 |
| | | | 一送一受 | 一送二受 | |
| 名称 | | 单位 | 数量 | | |
| 材料 | 钢筋 $\phi$10以外 | kg | — | — | 4.300 |
| | 信号锁 40 | 把 | — | — | 2.020 |
| | 调谐单元托架 | 个 | — | — | 2.000 |
| | 铜套 35mm$^2$ | 个 | — | — | 4.040 |
| | 冷压接线环 35mm$^2$专用 | 个 | — | — | 4.040 |
| | 终端棒 925/0.5 185mm$^2$ | m | — | — | 15.000 |
| | 钢轨连接线 276/0.4 35mm$^2$ | m | — | — | 10.500 |
| | 阻燃双绞屏蔽电缆 2×7/0.67+7/0.3 2.5mm$^2$ | m | — | — | 80.000 |
| | 直流电化送电端电源变压器BGD-A | 台 | 1.000 | 1.000 | — |
| | 直流电化受电端中继变压器BZD-A | 台 | 1.000 | 2.000 | — |
| | 变阻器（4.4/440） | 台 | 2.000 | 3.000 | — |
| | S棒固定卡子 | 个 | — | — | 10.000 |
| | 其他材料费 | % | 5.000 | 5.000 | 5.000 |
| 机械 | 汽油发电机组 ≤1.5kW | 台班 | 0.100 | 0.150 | 0.600 |
| | 中英文线号机 | 台班 | 0.020 | 0.040 | 0.040 |
| | 轨道电路分路器 | 台班 | — | — | 0.100 |
| | 移频参数在线测试仪 | 台班 | — | — | 0.200 |

## 5.2 传输环路电缆

**工作内容：**施工防护，敷设环路电缆，环线安装固定，电缆做头接线、导通测试。

计量单位：个

| 定额编号 | | | 7-105 | 7-106 | 7-107 | 7-108 |
|---|---|---|---|---|---|---|
| 项目 | | | 环路电缆<br>10m | 列车识别环路 | 检修、测试环路 | 列车自动运行(ATO)环路 |
| 名称 | | 单位 | 数量 | | | |
| 人工 | 综合工日 | 工日 | 2.050 | 14.420 | 16.000 | 18.000 |
| 材料 | 馈电单元 LFU | 个 | — | 1.000 | 1.000 | 1.000 |
| | 电阻盒 RB | 个 | — | 1.000 | 1.000 | 1.000 |
| | 接线盒 | 个 | — | 1.000 | 1.000 | 1.000 |
| | 电缆卡 | 个 | 70.000 | 20.000 | 70.000 | 70.000 |
| | 匹配单元 MU | 台 | — | 1.000 | 1.000 | 1.000 |
| | 线扣 150nn | 个 | 70.000 | 20.000 | 70.000 | 70.000 |
| | 接线盒托架 | 个 | — | 1.000 | 1.000 | 1.000 |
| | 馈电单元托架 | 个 | — | 1.000 | 1.000 | 1.000 |
| | 电缆 7/0.85 4.0mm$^2$ | m | 24.480 | 9.180 | 30.600 | 30.600 |
| | 其他材料费 | % | 5.000 | 5.000 | 5.000 | 5.000 |
| 机械 | 数字兆欧表 1000～2500V，0～20GΩ／200GΩ | 台班 | 0.010 | 0.020 | 0.020 | 0.020 |

## 5.3 计轴设备安装

**工作内容：** 1. 计轴电子接线盒：安装固定电子接线盒及接线端子，电缆引入及配线，调整测试，连接接地电缆。

2. 计轴传感器：调整轨针间距，钢轨打眼，安装传感器磁头，电缆穿保护软管并固定，配线，测试调整。

| 定额编号 | | | 7-109 | 7-110 |
|---|---|---|---|---|
| 项目 | | | 计轴设备室外电子接线盒安装 | 计轴传感器安装 |
| | | | 个 | 对 |
| 名称 | | 单位 | 数量 | |
| 人工 | 综合工日 | 工日 | 3.740 | 3.850 |
| 材料 | 聚氯乙烯软管 $d20\times2.5$ | m | 1.000 | — |
| | 接地电缆 10mm² | m | 3.000 | — |
| | 电缆固定卡具 | 个 | — | 5.000 |
| | 防护套管内径 28mm | m | 3.000 | — |
| | 信号锁 40 | 把 | 1.010 | — |
| | 其他材料费 | % | 5.000 | 5.000 |
| 机械 | 汽油发电机组 ≤1.5kW | 台班 | — | 0.500 |

## 5.4 无线天线、波导管安装

**工作内容：**车顶开孔，安装固定支架。开箱检验，安装固定，配线、连接，测试调整。

| 定额编号 | | | 7-111 | 7-112 | 7-113 | 7-114 |
|---|---|---|---|---|---|---|
| 项目 | | | 无线天线安装 | 无线天线支架 | 裂缝波导管安装 | 波导管安装支架 |
| | | | 套 | | 10m | 套 |
| 名称 | | 单位 | 数量 | | | |
| 人工 | 综合工日 | 工日 | 3.500 | 0.500 | 5.000 | 0.500 |
| 材料 | 电缆卡 | 个 | 10.000 | — | 1.000 | — |
| | 线扣 150nn | 个 | 5.000 | — | 2.000 | — |
| | 绝缘管及垫（一管二垫）$\phi$14 | 套 | — | 4.100 | — | — |
| | 膨胀螺栓 M12×105 | 套 | — | 4.040 | — | — |
| | 波导管接头盒 | 套 | — | — | 1.000 | — |
| | 波导管安装支架（含绝缘） | 套 | — | — | — | 1.000 |
| | 拉暴螺栓 M12 | 个 | — | — | — | 3.030 |
| | 同轴电缆 | m | 10.000 | — | 0.500 | — |
| | 无线天线支架 | 套 | — | 1.000 | — | — |
| | 其他材料费 | % | 5.000 | 5.000 | 5.000 | 5.000 |
| 机械 | 汽油发电机组 ≤1.5kW | 台班 | — | 0.200 | — | 0.200 |
| | 通过式功率计 450kHz ~ 2.3GHz，0.1~1000W | 台班 | 0.500 | — | 0.500 | — |
| | 场强仪 300MHz~10GHz，20 ~130dBμV | 台班 | 0.100 | — | — | — |

# 5.5 应答器安装

**工作内容：** 1. 应答器安装：施工防护，安装支架，安装固定应答器，配线连接，测试调整。

2. LEU 设备安装：开箱检验，机柜安装固定，配线焊接，导通测试，接地连接。

计量单位：个

| 定额编号 | | | 7-115 | 7-116 | 7-117 |
|---|---|---|---|---|---|
| 项目 | | | 无源应答器安装<br>(含安装支架) | 有源应答器安装<br>（含安装支架） | LEU设备安装<br>（含安装支架） |
| 名称 | | 单位 | 数量 | | |
| 人工 | 综合工日 | 工日 | 1.000 | 1.500 | 3.740 |
| 材料 | 接地电缆 $10mm^2$ | m | — | — | 5.100 |
| | 沥青绝缘胶 | kg | — | — | 1.200 |
| | 信号锁 40 | 把 | — | — | 1.010 |
| | 室外箱盒端子配线名牌 | 个 | — | — | 10.000 |
| | 电缆固定卡具 | 个 | — | 6.000 | — |
| | 防护套管内径 28 | m | — | 9.000 | 3.000 |
| | 聚氯乙烯软管 $d20\times2.5$ | m | — | — | 1.000 |
| | 膨胀螺栓 M12×105 | 套 | 4.040 | 4.040 | 4.040 |
| | 点式应答器安装支架 | 个 | 1.000 | 1.000 | — |
| | LEU设备安装支架 | 套 | — | — | 1.000 |
| | 六角头螺栓带帽 M10×50 | 套 | — | — | 4.040 |
| | 其他材料费 | % | 5.000 | 5.000 | 5.000 |
| 机械 | 汽油发电机组 ≤1.5kW | 台班 | 0.200 | 0.200 | 0.500 |

## 5.6 轨道绝缘

**工作内容：** 1. 钢轨接头绝缘：施工防护，拆除钢轨接头原有的铁件，安装钢轨接头新的铁件和绝缘件。
2. 轨距杆（附绝缘）：施工防护，拆除原有的轨距杆，安装带绝缘的新轨距杆。
3. 道岔连接杆绝缘：施工防护，拆下原有的连接杆，加装绝缘件后再安上。

计量单位：对

| 定额编号 | | | 7-118 | 7-119 | 7-120 | 7-121 | 7-122 | 7-123 |
|---|---|---|---|---|---|---|---|---|
| 项目 | | | 50kg普通型轨道绝缘 | 50kg加强型轨道绝缘 | 60kg普通型轨道绝缘 | 60kg加强型轨道绝缘 | 道岔绝缘 | 轨距保持杆（附绝缘$\phi$36粘接型） |
| | | | | | | | 组 | 根 |
| 名称 | | 单位 | 数量 | | | | | |
| 人工 | 综合工日 | 工日 | 1.500 | 1.500 | 1.500 | 1.500 | 1.500 | 0.200 |
| 材料 | 接头夹板 50kg | 块 | 4.000 | 4.000 | — | — | — | — |
| | 接头夹板 60kg | 块 | — | — | 4.000 | 4.000 | — | — |
| | 接头螺栓带帽 50kg | 套 | 12.120 | 12.120 | — | — | — | — |
| | 高强度接头螺栓带帽 60kg | 套 | — | — | 12.120 | 12.120 | — | — |
| | 弹簧垫圈 50kg | 个 | 12.000 | 12.000 | — | — | — | — |

续前

| 定额编号 | | | 7-118 | 7-119 | 7-120 | 7-121 | 7-122 | 7-123 |
|---|---|---|---|---|---|---|---|---|
| 项目 | | | 50kg普通型轨道绝缘 | 50kg加强型轨道绝缘 | 60kg普通型轨道绝缘 | 60kg加强型轨道绝缘 | 道岔绝缘 | 轨距保持杆（附绝缘$\phi$36粘接型） |
| | | | | | | | 组 | 根 |
| 名称 | | 单位 | 数量 | | | | | |
| 材料 | 弹簧垫圈 60kg | 个 | — | — | 12.000 | 12.000 | — | — |
| | 绝缘轨距杆 $\phi$36粘接式 | 根 | — | — | — | — | — | 1.000 |
| | 平垫圈 25×50×6 | 个 | 24.000 | 24.000 | 24.000 | 24.000 | — | — |
| | 钢轨绝缘 50kg | 组 | 2.000 | — | — | — | — | — |
| | 钢轨绝缘 60kg | 组 | — | — | 2.000 | — | — | — |
| | 高强度钢轨绝缘 50kg | 组 | — | 2.000 | — | — | — | — |
| | 高强度钢轨绝缘 60kg | 组 | — | — | — | 2.000 | — | — |
| | 道岔连接杆绝缘 | 套 | — | — | — | — | 1.000 | — |
| | 其他材料费 | % | 5.000 | 5.000 | 5.000 | 5.000 | 5.000 | 5.000 |

## 5.7 钢轨接续线及连接线

**工作内容**：施工防护，检查机具，清洁焊接部位，焊接接续线、道岔跳线、回流线、连接线等。

计量单位：组

| 定额编号 | | | 7-124 | 7-125 | 7-126 | 7-127 | 7-128 |
|---|---|---|---|---|---|---|---|
| 项目 | | | 钢轨接续线 | 道岔跳线 | | 交叉渡线辙岔跳线 | 单轨条牵引电流回流线 |
| | | | km | 单动 | 复式交分 | | |
| 名称 | | 单位 | 数量 | | | | |
| 人工 | 综合工日 | 工日 | 74.820 | 4.500 | 7.000 | 2.500 | 1.800 |
| 材料 | 焊药 | 管 | 336.000 | 58.800 | 130.200 | 40.000 | 4.200 |
| | 焊接模具 | 套 | 8.400 | 1.470 | 3.260 | 1.000 | 0.100 |
| | 道岔连接线 TXP95mm² 0.9m | 根 | — | 6.300 | 10.500 | — | — |
| | 道岔连接线 TXP95mm² 2.0m | 根 | — | — | 8.400 | — | — |
| | 钢轨接续线 TXR95mm² 3.0m | 根 | — | 2.100 | 4.200 | — | — |
| | 钢轨接续线 TXR95mm² 1.3m | 根 | 84.000 | — | — | — | — |
| | 钢轨接续线 TXR95mm² 1.5m | 根 | 84.000 | — | — | — | — |

续前

| 定额编号 | | | 7-124 | 7-125 | 7-126 | 7-127 | 7-128 |
|---|---|---|---|---|---|---|---|
| 项目 | | | 钢轨接续线 | 道岔跳线 | | 交叉渡线辙岔跳线 | 单轨条牵引电流回流线 |
| | | | km | 单动 | 复式交分 | | |
| 名称 | | 单位 | 数量 | | | | |
| 材料 | 道岔连接线 TXP95mm² 1.3m | 根 | — | 10.500 | 21.000 | — | — |
| | 道岔连接线 TXR95mm² 1.5m | 根 | — | 10.500 | 21.000 | — | — |
| | 护套道岔连接线 95mm² 0.9m | 根 | — | — | — | 12.600 | — |
| | 护套道岔连接线 95mm² 1.5m | 根 | — | — | — | 8.400 | — |
| | 单轨条牵引电流回流线 95mm² 3.5m | 根 | — | — | — | — | 2.100 |
| | 其他材料费 | % | 5.000 | 5.000 | 5.000 | 5.000 | 5.000 |
| 机械 | 汽油发电机组 ≤1.5kW | 台班 | — | 0.400 | 0.800 | 0.400 | 0.050 |
| | 汽油发电机组 ≤10kW | 台班 | 3.200 | — | — | — | — |
| | 钢轨接续线电弧钎焊机组 | 台班 | 3.200 | — | — | — | — |

**工作内容：**施工防护，检查机具，清洁焊接部位，焊接接续线、道岔跳线、回流线、连接线等。

计量单位：组

| 定额编号 | | | 7-129 | 7-130 | 7-131 | 7-132 |
|---|---|---|---|---|---|---|
| 项目 | | | 轨道电路极性交叉跳线 | 牵引电流轨道横向连接线 | | |
| | | | | 5m | 10m | 15m |
| 名称 | | 单位 | 数量 | | | |
| 人工 | 综合工日 | 工日 | 0.500 | 2.800 | 4.800 | 6.800 |
| 材料 | 焊药 | 管 | 4.200 | 8.400 | 8.400 | 8.400 |
| | 焊接模具 | 套 | 0.100 | 0.210 | 0.210 | 0.210 |
| | 护套道岔跳线 $\phi1.2\times19$ $L$=3000 | 根 | 2.100 | — | — | — |
| | 轨道横向连接线 95mm$^2$ 5m | 根 | — | 4.200 | — | — |
| | 轨道横向连接线 95mm$^2$ 10m | 根 | — | — | 4.200 | — |
| | 轨道横向连接线 95mm$^2$ 15m | 根 | — | — | — | 4.200 |
| | 其他材料费 | % | 5.000 | 5.000 | 5.000 | 5.000 |
| 机械 | 汽油发电机组 ≤1.5kW | 台班 | 0.050 | 0.200 | 0.200 | 0.200 |

# 6 电源设备安装

# 说　明

一、本章包括：电源引入防雷，电源屏安装，UPS 电源及蓄电池安装等工作，共 3 节 14 个子目。

二、电源屏、不间断电源及蓄电池安装包括固定支架。

三、电源设备安装包括接地电缆。

四、电源引入防雷箱包括防雷单元。

# 工程量计算规则

一、电源引入以“个”为单位计算。

二、电源屏、UPS 电源及蓄电池以“台”为单位计算。

## 6.1 电源引入防雷

**工作内容：**技术准备，开箱检验，安装、固定，配线，导通测试，接地连接。

计量单位：个

| 定额编号 | | | 7-133 | 7-134 |
|---|---|---|---|---|
| 项目 | | | 电源引入防雷箱 | |
| | | | XL-220 | XL-380 |
| 名称 | | 单位 | 数量 | |
| 人工 | 综合工日 | 工日 | 1.000 | 2.000 |
| 材料 | 聚氯乙烯硬管 *D*50 | m | 5.000 | 5.000 |
| | 接地电缆 $6mm^2$ | m | 2.000 | 2.000 |
| | OBO防雷单元 V20–C/2 | 个 | 2.000 | — |
| | OBO防雷单元 V20–C/4 | 个 | — | 2.000 |
| | 电源引入新型防雷箱 XL–220V | 台 | 1.000 | — |
| | 电源引入新型防雷箱 XL–380V | 台 | — | 1.000 |
| | 冷压端子 $\phi$6孔 | 个 | 2.000 | 2.000 |
| | 膨胀螺栓 M12×105 | 套 | 4.040 | 4.040 |
| | 其他材料费 | % | 5.000 | 5.000 |

## 6.2 电源屏安装

**工作内容：**技术准备，焊接，安装屏体，安装支架。开箱检验，屏体安装固定，配线，导通测试，接地连接。

计量单位：台

| 定额编号 | | | 7-135 | 7-136 | 7-137 | 7-138 | 7-139 | 7-140 |
|---|---|---|---|---|---|---|---|---|
| 项目 | | | 信号电源屏安装 | | | 智能电源屏安装 | | |
| | | | 10kV·A以内 | 30kV·A以内 | 30kV·A以外 | 10kV·A以内 | 30kV·A以内 | 30kV·A以外 |
| 名称 | | 单位 | 数量 | | | | | |
| 人工 | 综合工日 | 工日 | 6.800 | 7.500 | 8.500 | 6.800 | 7.800 | 8.800 |
| 材料 | 绝缘橡胶板 $\delta=6\sim12$ | kg | 7.000 | 7.000 | 7.000 | 7.000 | 7.000 | 7.000 |
| | 聚氯乙烯软管 $d6\times0.6$ | m | 0.500 | 0.500 | 0.500 | 0.500 | 0.500 | 0.500 |
| | 螺栓带帽 M12×200 | 套 | 4.040 | 4.040 | 4.040 | 4.040 | 4.040 | 4.040 |
| | 电焊条 结 422 $\phi4$ | kg | 1.000 | 1.000 | 1.000 | 1.000 | 1.000 | 1.000 |
| | 阻燃铜芯塑料软线 500V $1.5mm^2$ | m | 15.000 | 18.000 | 23.000 | 10.000 | 15.000 | 20.000 |
| | 接地电缆 $6mm^2$ | m | 1.500 | 1.500 | 1.500 | 1.500 | 1.500 | 1.500 |

续前

| 定额编号 | | | 7-135 | 7-136 | 7-137 | 7-138 | 7-139 | 7-140 |
|---|---|---|---|---|---|---|---|---|
| 项目 | | | 信号电源屏安装 | | | 智能电源屏安装 | | |
| | | | 10kV·A以内 | 30kV·A以内 | 30kV·A以外 | 10kV·A以内 | 30kV·A以内 | 30kV·A以外 |
| 名称 | | 单位 | 数量 | | | | | |
| 材料 | 室内接地用网状扁平铜线 $10mm^2$ | m | 1.800 | 1.800 | 1.800 | 1.800 | 1.800 | 1.800 |
| | 冷压端子 $\phi$6孔 | 个 | 2.000 | 2.000 | 2.000 | 2.000 | 2.000 | 2.000 |
| | 冷压端子 $\phi$8孔 | 个 | 25.000 | 25.000 | 30.000 | 20.000 | 25.000 | 30.000 |
| | 膨胀螺栓 M12×105 | 套 | 4.040 | 4.040 | 4.040 | 4.040 | 4.040 | 4.040 |
| | 镀锌角钢（5#角钢厚5） | kg | 35.000 | 35.000 | 35.000 | 35.000 | 35.000 | 35.000 |
| | 其他材料费 | % | 5.000 | 5.000 | 5.000 | 5.000 | 5.000 | 5.000 |
| 机械 | 电焊机 ≤32kV·A | 台班 | 0.500 | 0.500 | 0.500 | 0.500 | 0.500 | 0.500 |
| | 数字多用表 200mV～1000V，200μA～2000mA | 台班 | 0.700 | 0.700 | 0.700 | 0.700 | 0.700 | 0.700 |
| | 数字兆欧表 1000～2500V，0～20GΩ／200GΩ | 台班 | 0.200 | 0.200 | 0.200 | 0.200 | 0.200 | 0.200 |
| | 示波器100MHz，双通道 | 台班 | 0.800 | 0.800 | 0.800 | 0.800 | 0.800 | 0.800 |

## 6.3 UPS电源及蓄电池安装

**工作内容：**技术准备，焊接，安装屏体，安装支架。开箱检验，屏体安装固定，配线，导通测试，接地连接。蓄电池充、放电。

计量单位：台

| 定额编号 | | | 7-141 | 7-142 | 7-143 | 7-144 | 7-145 | 7-146 |
|---|---|---|---|---|---|---|---|---|
| 项目 | | | UPS电源安装 | | | 蓄电池柜安装 | | |
| | | | 10kV·A以内 | 30kV·A以内 | 30kV·A以外 | 100AH以内 | 200AH以内 | 200AH以外 |
| 名称 | | 单位 | 数量 | | | | | |
| 人工 | 综合工日 | 工日 | 5.500 | 12.500 | 15.500 | 7.500 | 8.500 | 9.500 |
| 材料 | 绝缘橡胶板 $\delta=6\sim12$ | kg | 7.000 | 7.000 | 7.000 | 7.000 | 7.000 | 7.000 |
| | 聚氯乙烯软管 $d6\times0.6$ | m | 0.500 | 0.500 | — | — | — | — |
| | 螺栓带帽 M12×200 | 套 | 4.040 | 4.040 | 4.040 | 4.040 | 4.040 | 4.040 |
| | 电焊条 结 422 $\phi4$ | kg | 1.000 | 1.000 | 1.000 | 1.000 | 1.000 | 1.000 |
| | 阻燃铜芯塑料软线 500V 1.5mm$^2$ | m | 10.000 | 15.000 | 20.000 | — | — | — |
| | 接地电缆 6mm$^2$ | m | 1.500 | 1.500 | 1.500 | 1.500 | 1.500 | 1.500 |
| | 室内接地用网状扁平铜线 10mm$^2$ | m | 1.800 | 1.800 | 1.800 | 1.800 | 1.800 | 1.800 |
| | 冷压端子 $\phi6$孔 | 个 | 2.000 | 2.000 | 2.000 | 2.000 | 2.000 | 2.000 |

续前

| 定额编号 | | | 7-141 | 7-142 | 7-143 | 7-144 | 7-145 | 7-146 |
|---|---|---|---|---|---|---|---|---|
| 项目 | | | UPS电源安装 | | | 蓄电池柜安装 | | |
| | | | 10kV·A以内 | 30kV·A以内 | 30kV·A以外 | 100AH以内 | 200AH以内 | 200AH以外 |
| 名称 | | 单位 | 数量 | | | | | |
| 材料 | 冷压端子 $\phi$8孔 | 个 | 16.000 | 25.000 | 30.000 | — | — | — |
| | 电 | kW·h | — | — | — | 56.000 | 112.000 | 168.000 |
| | 膨胀螺栓 M12×105 | 套 | 4.040 | 4.040 | 4.040 | 4.040 | 4.040 | 4.040 |
| | 镀锌角钢（5#角钢厚5） | kg | 35.000 | 35.000 | 35.000 | 38.000 | 38.000 | 38.000 |
| | 其他材料费 | % | 5.000 | 5.000 | 5.000 | 5.000 | 5.000 | 5.000 |
| 机械 | 电焊机 ≤32kV·A | 台班 | 0.500 | 0.500 | 0.500 | 0.500 | 0.500 | 0.500 |
| | 数字多用表 200mV～1000V，200μA～2000mA | 台班 | 0.700 | 0.700 | 0.700 | 0.700 | 0.700 | 0.700 |
| | 数字兆欧表 1000～2500V，0～20GΩ/200GΩ | 台班 | 0.200 | 0.200 | 0.200 | 0.200 | 0.200 | 0.200 |
| | 示波器 100MHz，双通道 | 台班 | 0.800 | 0.800 | 0.800 | 0.800 | 0.800 | 0.800 |

# 7　室内设备安装

# 说　明

一、本章包括：控制台安装，各种盘、架、柜安装；敷设室内电缆、电线；光、电缆引入室内防护；其他设备等工作，共 5 节 81 个子目。

二、各种盘、架、柜安装已包括安装固定支架。

三、室内电缆电线均采用阻燃型线、缆。

四、组合柜（架）包括组合，不包括继电器、变压器等。需要时另行计列。

五、室内柜（架）等安装，包括本架电线及架与架之间电线，不包括架间电源环线。

六、断路器安装包括断路器、底板及防护罩。

# 工程量计算规则

一、控制台、应急台、操作台、显示驱动设备等以“台”为单位计算。

二、显示屏、计算机联锁机柜以“套”为单位计算。

三、室内缆、线以“100m”为单位计算。

四、光、电缆引入及封堵入口等以“处”、防鼠堵洞以“站”为单位计算。

五、各种盘、柜、架以“架”为单位计算。

六、CTC、ATS、ATP机柜、计算机联锁接口柜、微机监测机柜；计轴、通信机柜；轨道电路测试盘等以“台”为单位计算。

七、走线架以“m”为单位计算。

八、电缆柜电缆固定以“10根”为单位计算。

# 7.1 控制台安装

**工作内容：**技术准备，搬运，开箱检验，安装、固定。缠绕线环，套管打字，配线连接，导通测试，接地连接。

计量单位：台

| 定额编号 | | | 7-147 | 7-148 | 7-149 | 7-150 |
|---|---|---|---|---|---|---|
| 项目 | | | 计算机控制单元控制台安装 | | | |
| | | | 40块以内 | 70块以内 | 100块以内 | 100块以外 |
| 名称 | | 单位 | 数量 | | | |
| 人工 | 综合工日 | 工日 | 18.360 | 28.670 | 33.490 | 43.110 |
| 材料 | 聚氯乙烯单丝 | kg | 0.500 | 0.700 | 0.800 | 1.000 |
| | 镀锌六角头螺栓带帽 M10×120 | 套 | 3.030 | 7.070 | 9.090 | 11.110 |
| | 螺栓带帽 M12×200 | 套 | 4.040 | 8080 | 8.080 | 8.080 |
| | 焊锡 含锡 60% | kg | 0.200 | 0.400 | 0.500 | 0.600 |
| | 焊锡丝 $\phi1.5\sim2.5$ | kg | 0.300 | 0.300 | 0.500 | 0.600 |
| | 铜芯塑料软线 500V $1.5mm^2$ | m | 1.680 | 4.730 | 4.730 | 4.730 |
| | 阻燃线 | m | 40.000 | 50.000 | 60.000 | 80.000 |
| | 接地电缆 $6mm^2$ | m | 20.000 | 20.000 | 20.000 | 20.000 |

续前

| 定额编号 | | | 7-147 | 7-148 | 7-149 | 7-150 |
|---|---|---|---|---|---|---|
| 项目 | | | 计算机控制单元控制台安装 | | | |
| | | | 40块以内 | 70块以内 | 100块以内 | 100块以外 |
| 名称 | | 单位 | 数量 | | | |
| 材料 | 室内接地用网状扁平铜线 $10mm^2$ | m | 1.800 | 1.800 | 1.800 | 1.800 |
| | 冷压端子 $\phi$6孔 | 个 | 2.000 | 2.000 | 2.000 | 2.000 |
| | 冷压端子 $\phi$8孔 | 个 | 9.000 | 33.000 | 33.000 | 33.000 |
| | 信号配线软套管 $d6\times1$ | m | 6.000 | 12.000 | 18.000 | 24.000 |
| | 线号机打字色带 | 盘 | 0.020 | 0.040 | 0.060 | 0.080 |
| | 板枋材 | $m^3$ | 0.010 | 0.020 | 0.030 | 0.030 |
| | 其他材料费 | % | 5.000 | 5.000 | 5.000 | 5.000 |
| 机械 | 中英文线号机 | 台班 | 0.020 | 0.040 | 0.060 | 0.080 |
| | 数字多用表 200mV～1000V，200μA～2000mA | 台班 | 0.600 | 0.700 | 0.900 | 1.150 |
| | 数字兆欧表 1000～2500V，0～20GΩ/200GΩ | 台班 | 0.200 | 0.200 | 0.200 | 0.200 |
| | 便携式微机 | 台班 | 0.600 | 0.700 | 0.900 | 1.150 |

**工作内容：**技术准备，焊接，制作、安装显示屏底座。搬运，开箱检验，安装、固定。缠绕线环，套管打字，配线连接，导通测试，接地连接。

计量单位：台

| 定额编号 | | | 7-151 | 7-152 | 7-153 | 7-154 | 7-155 | 7-156 |
|---|---|---|---|---|---|---|---|---|
| 项目 | | | 显示屏驱动设备安装 | 操作台安装 | 现地控制盘安装 | 应急台安装 | 显示屏安装<br>套 | 计算机控制单元表示盘安装 |
| 名称 | | 单位 | 数量 | | | | | |
| 人工 | 综合工日 | 工日 | 10.000 | 5.000 | 3.000 | 6.000 | 20.000 | 95.000 |
| 材料 | 槽钢 Q235-A | kg | — | — | — | — | 496.370 | 496.370 |
| | 角钢 Q235-A | kg | — | — | — | — | 99.660 | 99.660 |
| | 酚醛调和漆 | kg | — | — | — | — | 2.000 | 2.000 |
| | 聚氯乙烯 单丝 | kg | — | — | 0.200 | 0.500 | — | 2.000 |
| | 镀锌六角头螺栓带帽 M12×（60~65） | 套 | — | — | — | — | 24.480 | 24.480 |
| | 螺栓带帽 M12×200 | 套 | — | — | 4.040 | 6.060 | — | — |
| | 膨胀螺栓 M12×105 | 套 | — | — | — | — | 16.320 | 16.320 |
| | 电焊条 $\phi$2.5~3.2 | kg | — | — | — | — | 2.000 | 2.000 |
| | 焊锡丝 $\phi$1.5~2.5 | kg | — | — | 0.300 | 0.700 | — | 1.200 |
| | 阻燃铜芯塑料软线 6mm$^2$ | m | — | — | — | — | 40.000 | — |

续前

| 定额编号 | | | 7-151 | 7-152 | 7-153 | 7-154 | 7-155 | 7-156 |
|---|---|---|---|---|---|---|---|---|
| 项目 | | | 显示屏驱动设备安装 | 操作台安装 | 现地控制盘安装 | 应急台安装 | 显示屏安装 | 计算机控制单元表示盘安装 |
| | | | | | | | 套 | |
| 名称 | | 单位 | 数量 | | | | | |
| 材料 | 阻燃铜芯塑料软线 16mm² | m | — | — | — | — | 60.000 | 60.000 |
| | 阻燃线 | m | — | — | 500.000 | 2000.000 | — | 320.000 |
| | 阻燃线 CVZ–S–1.0 | m | — | 60.000 | — | — | — | — |
| | 接地电缆 6mm² | m | — | 1.200 | 10.000 | 10.000 | 10.000 | 10.000 |
| | 室内接地用网状扁平铜线 10mm² | m | — | 1.200 | 1.800 | 1.800 | 10.000 | 10.000 |
| | 显示屏镶框 | m | — | — | — | — | 21.000 | 40.000 |
| | 网线–超五类线 | m | — | 60.000 | — | — | — | — |
| | 插座板 | 个 | — | 1.010 | — | — | — | — |
| | 冷压端子 $\phi$6孔 | 个 | — | 2.000 | 2.000 | 2.000 | 2.000 | 2.000 |
| | 信号配线软套管 $d6\times1$ | m | — | — | 1.500 | 6.000 | — | 48.000 |
| | 线号机打字色带 | 盘 | — | — | 0.020 | 0.020 | — | 0.320 |
| | 线扣 150nn | 个 | — | 150.000 | 150.000 | 150.000 | — | — |
| | 洗涤剂 | kg | 0.400 | — | — | — | — | — |

续前

| 定额编号 | | | 7-151 | 7-152 | 7-153 | 7-154 | 7-155 | 7-156 |
|---|---|---|---|---|---|---|---|---|
| 项目 | | | 显示屏驱动设备安装 | 操作台安装 | 现地控制盘安装 | 应急台安装 | 显示屏安装 | 计算机控制单元表示盘安装 |
| | | | | | | | 套 | |
| 名称 | | 单位 | 数量 | | | | | |
| 材料 | 视频接线端子 | 个 | 6.000 | — | — | — | — | — |
| | 塑料粘胶带 | 卷 | 0.500 | — | — | — | — | — |
| | 其他材料费 | % | 5.000 | 5.000 | 5.000 | 5.000 | 5.000 | 5.000 |
| 机械 | 电焊机 ≤32kV·A | 台班 | — | — | — | — | 5.000 | 5.000 |
| | 中英文线号机 | 台班 | — | — | 0.020 | 0.020 | 0.160 | 0.160 |
| | 电视测试信号发生器 | 台班 | 0.250 | — | — | — | 1.000 | 1.000 |
| | 数字多用表 200mV ~ 1000V，200μA ~ 2000mA | 台班 | — | — | — | — | 2.300 | 2.300 |
| | 数字兆欧表 1000 ~ 2500V，0 ~ 20GΩ / 200GΩ | 台班 | — | — | — | — | 0.200 | 0.200 |
| | 彩色监视器 | 台班 | 1.000 | — | — | — | — | — |
| | 便携式微机 | 台班 | — | — | — | — | 2.300 | 2.300 |

## 7.2 敷设室内电缆、电线

**工作内容：**测长度，布放切割，编号对线，穿套管，导通测试。

计量单位：100m

| 定额编号 | | | 7-157 | 7-158 | 7-159 | 7-160 | 7-161 |
|---|---|---|---|---|---|---|---|
| 项目 | | | 敷设室内软电缆（阻燃型） | | | 室内电缆ZR-XV型 | |
| | | | 9芯以内 | 30芯以内 | 48芯以内 | $2\times1.5mm^2$ | $2\times2.5mm^2$ |
| 名称 | | 单位 | 数量 | | | | |
| 人工 | 综合工日 | 工日 | 1.850 | 2.360 | 2.820 | 2.000 | 2.010 |
| 材料 | 阻燃电力电缆 | m | — | — | — | 102.000 | 102.000 |
| | 阻燃信号电缆 | m | 102.000 | 102.000 | 102.000 | — | — |
| | 其他材料费 | % | 5.000 | 5.000 | 5.000 | 5.000 | 5.000 |

**工作内容：**测长度，布放切割，编号对线，导通测试，屏蔽制作，整理。

计量单位：100m

| 定额编号 | | | 7-162 | 7-163 | 7-164 | 7-165 | 7-166 | 7-167 |
|---|---|---|---|---|---|---|---|---|
| 项目 | | | 室内电缆ZR-XV型 | | | | | |
| | | | 2×4mm² | 2×6mm² | 2×10mm² | 2×16mm² | 2×25mm² | 3×2.5mm² |
| 名称 | | 单位 | 数量 | | | | | |
| 人工 | 综合工日 | 工日 | 2.060 | 2.110 | 2.160 | 2.210 | 2.260 | 2.310 |
| 材料 | 阻燃电力电缆 | m | 102.000 | 102.000 | 102.000 | 102.000 | 102.000 | 102.000 |
| | 其他材料费 | % | 5.000 | 5.000 | 5.000 | 5.000 | 5.000 | 5.000 |

**工作内容：**测长度，布放切割，编号对线，导通测试，屏蔽制作，整理。

计量单位：100m

| 定额编号 | | | 7-168 | 7-169 | 7-170 | 7-171 | 7-172 |
|---|---|---|---|---|---|---|---|
| 项目 | | | 室内电缆ZR-XV型 | | | | |
| | | | $3\times4mm^2$ | $3\times6mm^2$ | $3\times10mm^2$ | $3\times16mm^2$ | $3\times25mm^2$ |
| 名称 | | 单位 | 数量 | | | | |
| 人工 | 综合工日 | 工日 | 2.360 | 2.410 | 2.460 | 2.510 | 2.560 |
| 材料 | 阻燃电力电缆 | m | 102.000 | 102.000 | 102.000 | 102.000 | 102.000 |
| | 其他材料费 | % | 5.000 | 5.000 | 5.000 | 5.000 | 5.000 |

**工作内容**：测长度，布放切割，编号对线，导通测试，屏蔽制作，整理。

计量单位：100m

| 定额编号 | | | 7-173 | 7-174 | 7-175 | 7-176 | 7-177 |
|---|---|---|---|---|---|---|---|
| 项目 | | | 屏蔽扭绞电缆ZR-RVVP型 | | 室内电源线ZR-BVR型 | | 网线-超五类线 |
| | | | 1对 | 2对 | 0.4mm$^2$ | 0.75mm$^2$ | |
| 名称 | | 单位 | 数量 | | | | |
| 人工 | 综合工日 | 工日 | 2.100 | 2.300 | 0.860 | 1.200 | 2.500 |
| 材料 | 焊锡　含锡 60% | kg | — | — | 0.010 | 0.020 | — |
| | 焊锡丝　$\phi$1.5~2.5 | kg | — | — | 0.020 | 0.030 | — |
| | 阻燃线 | m | — | — | 102.000 | 102.000 | — |
| | 屏蔽电缆 | m | 102.000 | 102.000 | — | — | — |
| | 网线-超五类线 | m | — | — | — | — | 102.000 |
| | 其他材料费 | % | 5.000 | 5.000 | 5.000 | 5.000 | 5.000 |

# 7.3 电缆、光缆引入室内防护

**工作内容：** 1. 光缆引入：安装光缆终端盒，布放光缆及尾纤，绑扎固定，测试。
2. 电缆引入室内封堵及防鼠堵洞：用防火防鼠堵料封堵电缆引入孔、洞。

计量单位：处

| 定额编号 | | | 7-178 | 7-179 | 7-180 | 7-181 | 7-182 |
|---|---|---|---|---|---|---|---|
| 项目 | | | 光缆引入 24 芯以内 | 光缆引入 48 芯以内 | 电缆引入室内封堵入口 | | 室内防鼠堵洞 |
| | | | | | 600×200 | 1000×200 | 站 |
| 名称 | | 单位 | 数量 | | | | |
| 人工 | 综合工日 | 工日 | 45.000 | 82.890 | 0.900 | 1.900 | 2.700 |
| 材料 | 防火防鼠堵料 | kg | — | — | 35.000 | 63.000 | — |
| | 室内堵漏胶 | kg | — | — | — | — | 100.000 |
| | 光缆终端盒 48 芯 | 套 | — | 1.000 | — | — | — |
| | 尾纤 10m 单头 | 根 | 24.000 | 48.000 | — | — | — |
| | 光缆终端盒 24 芯 | 套 | 1.000 | — | — | — | — |
| | 其他材料费 | % | 5.000 | 5.000 | 5.000 | 5.000 | 5.000 |
| 机械 | 光时域反射仪 | 台班 | 0.800 | 1.000 | — | — | — |

# 7.4 各种盘、架、柜安装

**工作内容：** 技术准备，搬运，焊接，制作底座，盘架和端子安装、固定。电缆引入固定，扒皮做头，缠绕线环，套管打字，配线连接，导通测试，填写名牌，绑扎清理，接地连接。

计量单位：架

| 定额编号 | | | 7-183 | 7-184 | 7-185 | 7-186 | 7-187 | 7-188 |
|---|---|---|---|---|---|---|---|---|
| 项目 | | | 分线盘 | | 分线柜 | | | |
| | | | 六柱端子 | 十八柱端子 | 六柱端子 | 十八柱端子 | 回拉式弹簧端子6孔 | 回拉式弹簧端子18孔 |
| 名称 | | 单位 | 数量 | | | | | |
| 人工 | 综合工日 | 工日 | 37.890 | 36.480 | 24.190 | 33.440 | 21.890 | 29.280 |
| 材料 | 聚氯乙烯 单丝 | kg | 0.300 | 0.300 | 0.250 | 0.250 | — | — |
| | 镀锌六角头螺栓带帽 M10×100 | 套 | 4.040 | 4.040 | 4.040 | 4.040 | 4.040 | 4.040 |
| | 电焊条 结 422 $\phi 4$ | kg | 1.000 | 1.000 | 1.000 | 1.000 | 1.000 | 1.000 |
| | 焊锡丝 $\phi 1.5 \sim 2.5$ | kg | 0.300 | 0.600 | — | — | — | — |
| | 接地电缆 $6mm^2$ | m | 1.000 | 1.000 | 1.000 | 1.000 | 1.000 | 1.000 |
| | 室内接地用网状扁平铜线 $10mm^2$ | m | 1.800 | 1.800 | 1.800 | 1.800 | 1.200 | 1.200 |

续前

| 定额编号 | | | 7-183 | 7-184 | 7-185 | 7-186 | 7-187 | 7-188 |
|---|---|---|---|---|---|---|---|---|
| 项目 | | | 分线盘 | | 分线柜 | | | |
| | | | 六柱端子 | 十八柱端子 | 六柱端子 | 十八柱端子 | 回拉式弹簧端子6孔 | 回拉式弹簧端子18孔 |
| 名称 | | 单位 | 数量 | | | | | |
| 材料 | 环氧酚醛玻璃布板 3240 $\delta=8$ | kg | 26.500 | 26.500 | — | — | — | — |
| | 大站组合架 | 台 | 1.000 | 1.000 | — | — | — | — |
| | 18柱端子板 | 个 | — | 95.000 | — | — | — | — |
| | 回拉式弹簧端子分线柜 6孔 | 架 | — | — | — | — | 1.000 | — |
| | 回拉式弹簧端子分线柜 18孔 | 架 | — | — | — | — | — | 1.000 |
| | 六柱端子分线柜 | 架 | — | — | 1.000 | — | — | — |
| | 十八柱端子分线柜 | 架 | — | — | — | 1.000 | — | — |
| | 端子直六柱座 | 个 | 95.000 | — | — | — | — | — |
| | 冷压端子 $\phi6$ 孔 | 个 | — | — | — | — | 2.000 | 2.000 |
| | 配线用电缆芯线托环 | 个 | 513.000 | 1368.000 | 446.000 | 1188.000 | — | — |
| | 分线盘端子配线名牌 | 个 | 540.000 | 780.000 | 446.000 | 1188.000 | 446.000 | 1188.000 |
| | 信号配线软套管 $d6\times1$ | m | 16.200 | 22.400 | 20.790 | 28.230 | 11.700 | 23.400 |

续前

| 定额编号 | | | 7-183 | 7-184 | 7-185 | 7-186 | 7-187 | 7-188 |
|---|---|---|---|---|---|---|---|---|
| 项目 | | | 分线盘 | | 分线柜 | | | |
| | | | 六柱端子 | 十八柱端子 | 六柱端子 | 十八柱端子 | 回拉式弹簧端子6孔 | 回拉式弹簧端子18孔 |
| 名称 | | 单位 | 数量 | | | | | |
| 材料 | 线号机打字色带 | 盘 | 0.060 | 0.080 | 0.070 | 0.100 | 0.040 | 0080 |
| | 膨胀螺栓 M12×105 | 套 | 4.040 | 4.040 | 4.040 | 4.040 | 4.040 | 4.040 |
| | 板枋材 | $m^3$ | 0.010 | 0.010 | 0.010 | 0.010 | — | — |
| | 镀锌角钢（5#角钢厚5） | kg | 32.570 | 32.570 | 32.570 | 32.570 | 32.570 | 32.570 |
| | 其他材料费 | % | 5.000 | 5.000 | 5.000 | 5.000 | 5.000 | 5.000 |
| 机械 | 电焊机 ≤32 kV·A | 台班 | 0.500 | 0.500 | 0.500 | 0.500 | 0.500 | 0.500 |
| | 中英文线号机 | 台班 | 0.540 | 0.200 | 0.690 | 0.940 | 0.390 | 0.780 |
| | 数字多用表 200mV~1000V，200μA~2000mA | 台班 | 0.700 | 0.700 | 0.700 | 0.700 | 0.700 | 0.700 |
| | 数字兆欧表 1000~2500V，0~20GΩ/200GΩ | 台班 | 0.200 | 2.000 | 0.200 | 0.200 | 0.200 | 0.200 |

**工作内容：**技术准备，搬运，焊接，制作底座，盘架和端子安装、固定。电缆引入固定，扒皮做头，缠绕线环，套管打字，配线连接，导通测试，填写名牌，绑扎清理，接地连接。

计量单位：架

| 定额编号 | | | 7-189 | 7-190 | 7-191 | 7-192 | 7-193 | 7-194 |
|---|---|---|---|---|---|---|---|---|
| 项目 | | | 组合架 | 组合柜 | 组合柜（回拉式弹簧端子） | 走线架<br>m | 综合架 | 综合柜 |
| 名称 | | 单位 | 数量 | | | | | |
| 工人 | 综合工日 | 工日 | 24.720 | 26.400 | 23.280 | 0.900 | 31.750 | 33.250 |
| 材料 | 胶合板 5层 | $m^2$ | 1.000 | 1.000 | 1.000 | — | 1.000 | 1.000 |
| | 酚醛调和漆 | kg | 0.400 | 0.200 | — | — | 0.800 | 0.800 |
| | 聚氯乙烯 单丝 | kg | 0.100 | 0.100 | — | — | 0.100 | 0.100 |
| | 镀锌六角头螺栓带帽 M10×100 | 套 | 4.040 | 4.040 | 4.040 | 1.010 | 4.040 | 4.040 |
| | 电焊条 结 422 $\phi 4$ | kg | 1.000 | 1.000 | 1.000 | — | 1.000 | 1.000 |
| | 焊锡 含锡 60% | kg | 0.700 | 0.700 | — | — | — | — |
| | 焊锡丝 $\phi 1.5\sim2.5$ | kg | 0.800 | 0.800 | — | — | 0.200 | 0.200 |
| | 铜芯塑料软线 500V $1.5mm^2$ | m | — | — | — | — | 41.920 | 41.920 |
| | 阻燃铜芯塑料软线 500V $1.5mm^2$ | m | 70.000 | 70.000 | 70.000 | — | — | — |
| | 阻燃铜芯塑料软线 500V $4mm^2$ | m | 29.000 | 29.000 | 29.000 | — | — | — |
| | 阻燃铜芯塑料软线 $6mm^2$ | m | 13.000 | 13.000 | 13.000 | — | — | — |

续前

| 定额编号 | | | 7-189 | 7-190 | 7-191 | 7-192 | 7.193 | 7-194 |
|---|---|---|---|---|---|---|---|---|
| 项目 | | | 组合架 | 组合柜 | 组合柜（回拉式弹簧端子） | 走线架 | 综合架 | 综合柜 |
| | | | | | | m | | |
| 名称 | | 单位 | 数量 | | | | | |
| 材料 | 阻燃线 | m | 1600.000 | 1800.000 | 1800.000 | — | 980.000 | 1180.000 |
| | 接地电缆 $6mm^2$ | m | 1.000 | 1.000 | 1.000 | — | 1.000 | 1.000 |
| | 室内接地用网状扁平铜线 $10mm^2$ | m | 1.200 | 1.200 | 1.200 | 0.600 | 1.200 | 1.200 |
| | 大站组合架 | 台 | 1.000 | — | — | — | — | — |
| | 综合架（柜） | 台 | — | — | — | — | 1.000 | 1.000 |
| | 走线架 | m | — | — | — | 1.000 | — | — |
| | 组合架侧面配线槽道 50×35 | m | 2.000 | — | — | — | 2.000 | 2.000 |
| | 新型组合柜（加宽） | 台 | — | 1.000 | — | — | — | — |
| | 回拉式弹簧端子组合柜 | 架 | — | — | 1.000 | — | — | — |
| | 冷压端子 $\phi$6孔 | 个 | — | — | 2.000 | — | 2.000 | 2.000 |
| | 室内继电器名牌 | 个 | 200.000 | 200.000 | 200.000 | — | 70.000 | 70.000 |

续前

| 定额编号 | | | 7-189 | 7-190 | 7-191 | 7-192 | 7.193 | 7-194 |
|---|---|---|---|---|---|---|---|---|
| 项目 | | | 组合架 | 组合柜 | 组合柜（回拉式弹簧端子） | 走线架 | 综合架 | 综合柜 |
| | | | | | | m | | |
| | 名称 | 单位 | 数量 | | | | | |
| 材料 | 室内组合名牌 | 个 | 10.000 | 10.000 | 10.000 | — | 7.000 | 7.000 |
| | 信号配线软套管 $d6\times1$ | m | 23.000 | 23.000 | 23.000 | — | 7.000 | 7.000 |
| | 线号机打字色带 | 盘 | 0.080 | 0.080 | 0.080 | — | 0.030 | 0.030 |
| | 膨胀螺栓 M12×105 | 套 | 4.040 | 4.040 | 4.040 | 0.100 | 4.040 | 4.040 |
| | 镀锌角钢（$5^{\#}$角钢厚5） | kg | 32.570 | 32.570 | 32.570 | 3.770 | 32.570 | 32.570 |
| | 其他材料费 | % | 5.000 | 5.000 | 5.000 | 5.000 | 5.000 | 5.000 |
| 机械 | 电焊机 ≤32kV·A | 台班 | — | 0.500 | 0.500 | — | 0.500 | 0.500 |
| | 中英文线号机 | 台班 | 0.780 | 0.780 | 0.780 | — | 0.250 | 0.250 |
| | 数字多用表 200mV~1000V，200μA~2000mA | 台班 | — | 0.700 | 0.700 | — | 0.700 | 0.700 |
| | 数字兆欧表 1000~2500V，0~20GΩ／200GΩ | 台班 | — | 0.200 | 0.200 | — | 0.200 | 0.200 |

**工作内容：**技术准备，搬运，焊接，制作底座，盘架和端子安装、固定。电缆引入固定，扒皮做头，缠绕线环，套管打字，配线连接，导通测试，填写名牌，绑扎清理，接地连接。

计量单位：架

| 定额编号 | | | 7-195 | 7-196 | 7-197 | 7-198 | 7-199 | 7-200 |
|---|---|---|---|---|---|---|---|---|
| 项目 | | | 防雷柜 | 无绝缘轨道柜安装 | 码发生器架安装 | 计算机联锁机柜安装 | 计算机联锁接口柜 | 微机监测机柜安装 |
| | | | | | | 套 | 台 | |
| 名称 | | 单位 | 数量 | | | | | |
| 人工 | 综合工日 | 工日 | 18.500 | 22.000 | 15.100 | 50.000 | 21.500 | 24.000 |
| 材料 | 胶合板 5层 | $m^2$ | — | 1.000 | — | — | — | — |
| | 镀锌六角头螺栓带帽 M10×100 | 套 | 4.040 | 4.040 | 4.040 | 12.120 | 4.040 | 8.080 |
| | 电焊条 结 422 $\phi4$ | kg | 1.000 | 1.000 | 1.000 | 3.000 | 1.000 | 3.000 |
| | 焊锡 含锡 60% | kg | — | 0.100 | — | — | — | 2.000 |
| | 焊锡丝 $\phi1.5$~2.5 | kg | — | 0.200 | — | — | — | — |
| | 阻燃铜芯塑料软线 500V 0.75$mm^2$ | m | — | 30.000 | 100.000 | — | — | — |
| | 阻燃铜芯塑料软线 500V 1.5$mm^2$ | m | 15.000 | 35.000 | 5.000 | — | — | — |
| | 阻燃铜芯塑料软线 2.5$mm^2$ | m | — | — | 30.000 | — | — | — |
| | 阻燃铜芯塑料软线 500V 4$mm^2$ | m | — | 25.000 | — | — | — | — |
| | 阻燃铜芯塑料软线 6$mm^2$ | m | — | 12.000 | — | — | — | — |
| | 阻燃线 | m | 800.000 | 900.000 | — | — | — | 2000.000 |

续前

| 定额编号 | | | 7-195 | 7-196 | 7-197 | 7-198 | 7-199 | 7-200 |
|---|---|---|---|---|---|---|---|---|
| 项目 | | | 防雷柜 | 无绝缘轨道柜安装 | 码发生器架安装 | 计算机联锁机柜安装 | 计算机联锁接口柜 | 微机监测机柜安装 |
| | | | | | | 套 | 台 | |
| 名称 | | 单位 | 数量 | | | | | |
| 材料 | 接地电缆 $6mm^2$ | m | 45.000 | 1.000 | 1.000 | 3.000 | 1.000 | 2.000 |
| | 室内接地用网状扁平铜线 $10mm^2$ | m | 5.000 | 1.200 | 1.200 | 3.000 | 1.200 | 2.000 |
| | 计算机专用交流电源插座 | 个 | — | — | — | — | — | 1.000 |
| | 阻燃屏蔽线 $2\times0.3mm^2$ | m | — | — | — | — | — | 1000.000 |
| | 阻燃对绞屏蔽线 $2\times23\times0.15mm^2$ | m | 500.000 | 700.000 | — | — | — | — |
| | 阻燃扭绞线 $2\times32/0.2mm^2$ | m | — | 30.000 | — | — | — | 200.000 |
| | 阻燃型微机配线电缆 16对 $0.75mm^2$ | m | — | — | — | — | 350.000 | 150.000 |
| | 阻燃型微机配线电缆 24对 $0.75mm^2$ | m | — | — | — | — | 420.000 | — |
| | 30件插接件 | 副 | — | — | — | — | — | 9.000 |
| | 计算机联锁接口柜 | 台 | — | — | — | — | 1.000 | — |
| | 防雷柜 | 架 | 1.000 | — | — | — | — | — |
| | 冷压端子 $\phi6$孔 | 个 | 2.000 | 2.000 | 2.000 | 6.000 | 2.000 | 2.000 |
| | 冷压端子 $\phi8$孔 | 个 | — | — | — | — | 2.000 | — |

续前

| 定额编号 | | | 7-195 | 7-196 | 7-197 | 7-198 | 7-199 | 7-200 |
|---|---|---|---|---|---|---|---|---|
| 项目 | | | 防雷柜 | 无绝缘轨道柜安装 | 码发生器架安装 | 计算机联锁机柜安装 | 计算机联锁接口柜 | 微机监测机柜安装 |
| | | | | | | 套 | 台 | |
| 名称 | | 单位 | 数量 | | | | | |
| 材料 | 室内继电器名牌 | 个 | 20.000 | 40.000 | — | — | — | — |
| | 室内组合名牌 | 个 | 7.000 | 7.000 | 1.000 | — | — | — |
| | 信号配线软套管 $d6\times1$ | m | 18.000 | 21.000 | — | — | — | — |
| | 线号机打字色带 | 盘 | 0.060 | 0.070 | 0.060 | 0.060 | 0.060 | 0.060 |
| | 线扣 150nn | 个 | — | 100.000 | 50.000 | 150.000 | 50.000 | 100.000 |
| | 膨胀螺栓 M12×105 | 套 | 4.040 | 4.040 | 4.040 | 12.120 | 4.040 | 4.040 |
| | 镀锌角钢（5#角钢厚 5） | kg | 32.570 | 35.000 | 35.000 | 152.440 | 35.000 | 35000 |
| | 其他材料费 | % | 5.000 | 5.000 | 5.000 | 5.000 | 5.000 | 5.000 |
| 机械 | 电焊机 ≤32kV·A | 台班 | 0.500 | 0.500 | 0.500 | 1.000 | 0.500 | 0.500 |
| | 中英文线号机 | 台班 | 0.600 | 0.350 | 0.200 | 0.500 | 0.200 | 0.200 |
| | 数字多用表 200mV~1000V，200μA~2000mA | 台班 | — | 0.700 | 0.500 | 1.500 | 0.700 | 0.700 |
| | 数字兆欧表 1000~2500V，0~20GΩ／200GΩ | 台班 | 0.200 | 0.200 | 0.200 | —<br>— | 0.200 | — |
| | 数据传输分析仪 | 台班 | — | — | 0.500 | — | — | — |
| | 接地电阻测试仪 0.1~1200Ω，1mA~30A | 台班 | — | — | — | 0.100 | — | — |
| | 便携式微机 | 台班 | — | — | — | 2.000 | — | — |

**工作内容：**技术准备，搬运，焊接，制作底座，盘架和端子安装、固定。电缆引入固定，扒皮做头，缠绕线环，套管打字，配线连接，导通测试，填写名牌，绑扎清理，接地连接。

计量单位：台

| 定额编号 | | | 7-201 | 7-202 | 7-203 | 7-204 | 7-205 | 7-206 |
|---|---|---|---|---|---|---|---|---|
| 项目 | | | CTC总机柜安装 | CTC分机柜安装 | ATS总机柜安装 | ATS分机柜安装 | ATP机柜安装 | ATO机柜安装 |
| 名称 | | 单位 | 数量 | | | | | |
| 人工 | 综合工日 | 工日 | 72.500 | 20.500 | 80.000 | 22.500 | 45.000 | 30.000 |
| 材料 | 镀锌六角头螺栓带帽 M10×100 | 套 | 4.040 | 4.040 | 4.040 | 4.040 | 4.040 | 4.040 |
| | 电焊条 结 422 $\phi$4 | kg | 1.000 | 1.000 | 1.000 | 1.000 | 1.000 | 1.000 |
| | 焊锡丝 $\phi$1.5~2.5 | kg | 1.000 | 1.500 | 1.000 | 1.500 | — | 1.000 |
| | 阻燃铜芯塑料软线 500V 0.75$mm^2$ | m | — | — | — | — | 150.000 | — |
| | 阻燃铜芯塑料软线 500V 1.5$mm^2$ | m | 140.000 | — | 140.000 | — | 15.000 | — |
| | 阻燃铜芯塑料软线 2.5$mm^2$ | m | — | — | — | — | 50.000 | — |
| | 阻燃线 | m | — | 500.000 | — | 500.000 | — | 200.000 |
| | 接地电缆 6$mm^2$ | m | 4.800 | 1.200 | 4.800 | 1.200 | 3.000 | 3.000 |
| | 室内接地用网状扁平铜线 10$mm^2$ | m | 12.000 | 1.200 | 12.000 | 1.200 | 1.200 | 1.200 |
| | 网线-超五类线 | m | 200.000 | 60.000 | 200.000 | 60.000 | 60.000 | 100.000 |
| | 阻燃屏蔽线 2×0.3$mm^2$ | m | 100.000 | 50.000 | 100.000 | 50.000 | — | 50.000 |
| | 阻燃信号电缆 500V30芯 | m | 100.000 | 50.000 | 100.000 | 50.000 | — | 50.000 |
| | 阻燃信号软电缆 250V3芯 | m | 80.000 | 40.000 | 80.000 | 40.000 | — | 40.000 |
| | 插头 DB-25 | 副 | 20.200 | — | 20.200 | — | — | — |
| | 插头 DB-9 | 副 | 20.200 | — | 20.200 | — | — | — |

续前

| 定额编号 | | | 7-201 | 7-202 | 7-203 | 7-204 | 7-205 | 7-206 |
|---|---|---|---|---|---|---|---|---|
| 项目 | | | CTC总机柜安装 | CTC分机柜安装 | ATS总机柜安装 | ATS分机柜安装 | ATP机柜安装 | AT0机柜安装 |
| 名称 | | 单位 | 数量 | | | | | |
| 材料 | 插座板 | 个 | — | 1.010 | — | 1.010 | — | 1.010 |
| | 冷压端子 $\phi$6孔 | 个 | 2.000 | 2.000 | 2.000 | 2.000 | 2.000 | 2.000 |
| | 线扣 150nn | 个 | 100.000 | 50.000 | 100.000 | 50.000 | 100.000 | 75.000 |
| | 膨胀螺栓 M12×105 | 套 | 4.040 | 4.040 | 4.040 | 4.040 | 4.040 | 4.040 |
| | 镀锌角钢（5#角钢厚5） | kg | 35.000 | 35.000 | 35.000 | 35.000 | 35.000 | 35.000 |
| | 阻燃线 250V4mm$^2$ | m | 100.000 | 50.000 | 100.000 | 50.000 | — | 50.000 |
| | 线号机打字色带 | 盘 | 0.060 | 0.060 | 0.060 | 0.060 | 0.060 | 0.060 |
| | 其他材料费 | % | 5.000 | 5.000 | 5.000 | 5.000 | 5.000 | 5.000 |
| 机械 | 电焊机 ≤32kV·A | 台班 | 0.500 | 0.500 | 0.500 | 0.500 | 0.500 | 0.500 |
| | 中英文线号机 | 台班 | 0.500 | 0.500 | 0.500 | 0.500 | 0.200 | 0.500 |
| | 数字多用表 200mV~1000V，200μA~2000mA | 台班 | 0.700 | 0.500 | 0.700 | 0.500 | 0.500 | 0.500 |
| | 数字兆欧表 1000~2500V，0~20GΩ／200GΩ | 台班 | — | — | — | — | 0.200 | — |
| | 数据传输分析仪 | 台班 | — | — | — | — | 0.500 | — |
| | 接地电阻测试仪 0.1~1200Ω，1mA~30A | 台班 | 0.100 | 0.100 | 0.100 | 0.100 | — | 0.100 |

**工作内容**：技术准备，搬运，焊接，制作底座，盘架和端子安装、固定。电缆引入固定，扒皮做头，缠绕线环，套管打字，配线连接，导通测试，填写名牌，绑扎清理，接地连接。

计量单位：台

| 定额编号 | | | 7-207 | 7-208 | 7-209 | 7-210 |
|---|---|---|---|---|---|---|
| 项目 | | | 目标控制器机柜安装 | 计轴机柜安装 | 通信机柜安装 | 光纤配线架安装 |
| 名称 | | 单位 | 数量 | | | |
| 人工 | 综合工日 | 工日 | 30.000 | 23.780 | 35.000 | 9.500 |
| 材料 | 镀锌六角头螺栓带帽 M10×100 | 套 | 4.040 | 4.040 | 4.040 | 4.040 |
| | 电焊条 结 422 $\phi$4 | kg | 1.000 | 1.000 | 1.000 | 1.000 |
| | 焊锡丝 $\phi$1.5~2.5 | kg | — | 0.700 | 1.000 | — |
| | 铜芯塑料软线 500V 1.5mm² | m | — | 3.200 | — | — |
| | 阻燃铜芯塑料软线 500V 0.75mm² | m | — | 50.000 | — | — |
| | 阻燃铜芯塑料软线 500V 1.5mm² | m | — | 50.000 | 200.000 | — |
| | 阻燃线 | m | — | 500.000 | — | — |
| | 接地电缆 6mm² | m | 3.000 | 2.000 | 4.000 | 2.000 |
| | 室内接地用网状扁平铜线 10mm² | m | 3.000 | 1.200 | 10.000 | 1.200 |
| | 网线-超五类线 | m | — | — | 150.000 | — |
| | 插头 DB-9 | 副 | — | — | 25.250 | — |
| | 插座板 | 个 | — | — | 2.000 | — |
| | 冷压端子 $\phi$6孔 | 个 | 2.000 | 2.000 | 2.000 | 2.000 |

续前

| 定额编号 | | | 7-207 | 7-208 | 7-209 | 7-210 |
|---|---|---|---|---|---|---|
| 项目 | | | 目标控制器机柜安装 | 计轴机柜安装 | 通信机柜安装 | 光纤配线架安装 |
| 名称 | | 单位 | 数量 | | | |
| 材料 | 室内组合名牌 | 个 | — | 1.000 | — | — |
| | 信号配线软套管 $d6\times1$ | m | — | 20.000 | — | — |
| | 线号机打字色带 | 盘 | 0.060 | 0.070 | 0.060 | 0.060 |
| | 线扣 150nn | 个 | 50.000 | 50.000 | 150.000 | 50.000 |
| | 膨胀螺栓 M12×105 | 套 | 4.040 | 4.040 | 4.040 | 4.040 |
| | 镀锌角钢（5#角钢厚5） | kg | 35.000 | 35.000 | 35.000 | 35.000 |
| | 阻燃线 250V $4mm^2$ | m | — | — | 80.000 | — |
| | 其他材料费 | % | 5.000 | 5.000 | 5.000 | 5.000 |
| 机械 | 电焊机 ≤32kV·A | 台班 | 0.500 | 0.500 | 0.500 | 0.500 |
| | 中英文线号机 | 台班 | 0.300 | 0.680 | 0.680 | 0.200 |
| | 数字多用表 200mV~1000V，200μA~2000mA | 台班 | 1.500 | 1.800 | 1.800 | — |
| | 光时域反射仪 | 台班 | — | — | — | 1.000 |
| | 网络测试仪 | 台班 | — | — | 0.800 | — |
| | 数据传输分析仪 | 台班 | — | — | 0.800 | — |
| | 接地电阻测试仪 0.1~1200Ω，1mA~30A | 台班 | 0.100 | 0.100 | 0.100 | — |
| | 便携式微机 | 台班 | 2.000 | 1.800 | 2.000 | — |

**工作内容：** 技术准备，搬运，焊接，制作底座，盘架和端子安装、固定。电缆引入固定，扒皮做头．缠绕线环，套管打字，配线连接，导通测试，填写名牌，绑扎清理，接地连接。

计量单位：台

| 定额编号 | | | 7-211 | 7-212 | 7-213 |
|---|---|---|---|---|---|
| 项目 | | | 电缆柜电缆固定 | 轨道电路测试盘安装 | |
| | | | 10根 | PG-26 | PG-48 |
| 名称 | | 单位 | 数量 | | |
| 人工 | 综合工日 | 工日 | 5.150 | 2.300 | 3.480 |
| 材料 | 酚醛调和漆 | kg | 2.000 | — | — |
| | 镀锌六角头螺栓带帽 M10×100 | 套 | 4.040 | — | — |
| | 螺栓带帽 M12×200 | 套 | 12.120 | — | — |
| | 焊锡丝 $\phi$1.5~2.5 | kg | — | 0.200 | 0.400 |
| | 阻燃线 | m | — | 900.000 | 1500.000 |
| | 室内组合名牌 | 个 | — | 1.000 | 1.000 |
| | 信号配线软套管 $d6\times1$ | m | — | 3.000 | 5.000 |
| | 线号机打字色带 | 盘 | — | 0.010 | 0.020 |
| | 板枋材 | $m^3$ | 0.100 | — | — |
| | 镀锌角钢（5#角钢厚5） | kg | 26.400 | — | — |
| | 其他材料费 | % | 5.000 | 5.000 | 5.000 |
| 机械 | 中英文线号机 | 台班 | — | 0.100 | 0.180 |

# 7.5 其他设备

**工作内容**：开箱检验，安装固定，套管打字，配线焊接，导通测试。

计量单位：10 个

| 定额编号 | | | 7-214 | 7-215 | 7-216 |
|---|---|---|---|---|---|
| 项目 | | | 计算机联锁接口柜用插接件（32位） | 电缆绝缘测试装置 | |
| | | | | 组合式 | 端子排式 |
| | | | | 台 | 10块 |
| 名称 | | 单位 | 数量 | | |
| 人工 | 综合工日 | 工日 | 0.200 | 4.300 | 2.550 |
| 材料 | 圆柱头螺钉 M4×20 | kg | — | — | 0.100 |
| | 焊锡丝 $\phi$1.5~2.5 | kg | — | 0.600 | 0.600 |
| | 阻燃线 | m | — | 430.000 | 450.000 |
| | 兆欧表 500V/1000MΩ | 台 | — | 1.000 | — |
| | 30位插座板 | 个 | — | 13.000 | 10.000 |
| | 信号配线软套管 $d6\times1$ | m | — | 13.000 | 10.000 |
| | 线号机打字色带 | 盘 | — | 0.050 | 0.040 |
| | 计算机联锁接口柜用插接件（32位） | 10个 | 1.000 | — | — |
| | 其他材料费 | % | 5.000 | 5.000 | 5.000 |
| 机械 | 中英文线号机 | 台班 | — | 0.450 | 0.350 |

**工作内容：**开箱检验，安装固定，套管打字，配线焊接，导通测试。

计量单位：套

| 定额编号 | | | 7-217 | 7-218 | 7-219 | 7-220 | 7-221 | 7-222 |
|---|---|---|---|---|---|---|---|---|
| 项目 | | | 组合用断路器 | | | | 控制台用带报警断路器 | |
| | | | AC220V以下 | AC380V | DC80V以下 | DC220V以下 | AC220V以下 | DC50V以下 |
| 名称 | | 单位 | 数量 | | | | | |
| 人工 | 综合工日 | 工日 | 0.500 | 0.500 | 0.500 | 0.500 | 0.500 | 0.500 |
| 材料 | 控制台用带报警断路器 | 个 | — | — | — | — | 1.000 | 1.000 |
| | 组合用断路器 | 个 | 1.000 | 1.000 | 1.000 | 1.000 | — | — |
| | 断路器安装底板 | 块 | 1.000 | 1.000 | 1.000 | 1.000 | 1.000 | 1.000 |
| | 断路器防护罩 | 个 | 1.000 | 1.000 | 1.000 | 1.000 | 1.000 | 1.000 |
| | 其他材料费 | % | 5.000 | 5.000 | 5.000 | 5.000 | 5.000 | 5.000 |

**工作内容：**开箱检验，安装固定，套管打字，配线焊接，导通测试。

计量单位：m

| 定额编号 | | | 7-223 | 7-224 | 7-225 | 7-226 | 7-227 |
|---|---|---|---|---|---|---|---|
| 项目 | | | 变压器箱用断路器（AC220V以下） | 组合排架报警器 | LED信号机断丝报警仪安装 | 走线槽道 | |
| | | | 套 | 个 | 台 | 热镀锌 | 不锈钢 |
| 名称 | | 单位 | 数量 | | | | |
| 人工 | 综合工日 | 工日 | 0.500 | 0.500 | 3.000 | 1.500 | 1.500 |
| 材料 | 电焊条 结 422 $\phi 4$ | kg | — | — | — | 0.200 | 0.200 |
| | 焊锡丝 $\phi 1.5\sim2.5$ | kg | — | — | 0.400 | — | — |
| | 阻燃线 | m | — | — | 1500.000 | — | — |
| | 室内接地用网状扁平铜线 $10mm^2$ | m | — | — | — | 0.600 | 0.600 |
| | 室外变压器箱用断路器 | 个 | 1.000 | — | — | — | — |
| | 断路器安装底板 | 块 | 1.000 | — | — | — | — |
| | 断路器防护罩 | 个 | 1.000 | — | — | — | — |
| | 组合排架报警器 | 个 | — | 1.000 | — | — | — |
| | 室内组合名牌 | 个 | — | — | 1.000 | — | — |

续前

| 定额编号 | | 7-223 | 7-224 | 7-225 | 7-226 | 7-227 |
| --- | --- | --- | --- | --- | --- | --- |
| 项目 | | 变压器箱用断路器（AC220V以下） | 组合排架报警器 | LED信号机断丝报警仪安装 | 走线槽道 | |
| | | 套 | 个 | 台 | 热镀锌 | 不锈钢 |
| 名称 | 单位 | 数量 | | | | |
| 材料 室内组合排架名牌 | 个 | — | 1.000 | — | — | — |
| 材料 信号配线软套管 $d6\times1$ | m | — | — | 5.000 | — | — |
| 材料 线号机打字色带 | 盘 | — | — | 0.020 | — | — |
| 材料 膨胀螺栓 M12×105 | 套 | — | — | — | 2.020 | 2.020 |
| 材料 热镀锌走线槽道（300×100） | m | — | — | — | 1.000 | — |
| 材料 不锈钢走线槽道（300×100） | m | — | — | — | — | 1.000 |
| 材料 其他材料费 | % | 5.000 | 5.000 | 5.000 | 5.000 | 5.000 |
| 机械 电焊机 ≤32kV·A | 台班 | — | — | — | 0.200 | 0.200 |
| 机械 中英文线号机 | 台班 | — | — | 0.180 | — | — |

# 8　车载设备安装及调试

# 说　明

一、本章包括：车载设备安装、调试等工作，共2节12个子目。

二、调试包括车载设备的静.动态调试,不包括与地面有关设备的联调。

# 工程量计算规则

一、车载ATP／ATO机柜、司机操作显示单元、传感器、天线、车载应答器、雷达等以“套”为单位计算。

二、车载ATP动、静态调试及车载ATO动、静态调试以“车组”为单位计算。

## 8.1 车载设备安装

**工作内容：**开箱检验，安装固定，调整方位和俯仰角。配线导通，测试、调整试验。

计量单位：套

| 定额编号 | | | 7-228 | 7-229 | 7-230 | 7-231 |
|---|---|---|---|---|---|---|
| 项目 | | | 车载ATP/ATO机柜安装 | 司机操作显示单元安装 | 速度传感器安装 | 车载无线天线安装 |
| 名称 | | 单位 | 数量 | | | |
| 人工 | 综合工日 | 工日 | 25.000 | 10.000 | 15.000 | 12.000 |
| 材料 | 普利卡包塑金属软管 LV4-17# | m | — | — | 50.000 | 15.000 |
| | 六角头螺栓带帽 M12×40~45 | 套 | 6.060 | — | 8.080 | 4.040 |
| | 镀锌六角头螺栓带帽 M8×40~45 | 套 | — | 12.120 | — | — |
| | 接地电缆 $6mm^2$ | m | 3.000 | 5.000 | 20.000 | 15.000 |
| | 室内接地用网状扁平铜线 $10mm^2$ | m | 1.200 | — | — | — |
| | 速度传感器安装支架 | 个 | — | — | 1.000 | — |
| | 车载天线安装支架 | 套 | — | — | — | 1.000 |
| | 冷压端子 $\phi$6孔 | 个 | 4.000 | 2.000 | 4.000 | 2.000 |

续前

| 定 额 编 号 | | | 7-228 | 7-229 | 7-230 | 7-231 |
|---|---|---|---|---|---|---|
| 项 目 | | | 车载ATP／ATO机柜安装 | 司机操作显示单元安装 | 速度传感器安装 | 车载无线天线安装 |
| 名 称 | | 单位 | 数 量 | | | |
| 材料 | 室内组合名牌 | 个 | 40.000 | 5.000 | 4.000 | 2.000 |
| | 信号配线软套管 $d6\times1$ | m | 10.000 | 2.000 | 1.000 | 1.000 |
| | 线号机打字色带 | 盘 | 1.000 | 0.500 | 0.100 | 0.100 |
| | 线扣 150nn | 个 | 240.000 | 150.000 | 100.000 | 150.000 |
| | 其他材料费 | % | 5.000 | 5.000 | 5.000 | 5.000 |
| 机械 | 中英文线号机 | 台班 | 0.200 | 0.200 | 0.200 | 0.200 |
| | 数字多用表 200mV~1000V，200μA~2000mA | 台班 | 0.500 | 0.500 | 1.000 | 1.000 |
| | 数字兆欧表 1000~2500V，0~20GΩ／200GΩ | 台班 | 0.200 | — | — | — |
| | 接地电阻测试仪 0.1~1200Ω，1mA~30A | 台班 | — | — | 0.100 | 0.100 |
| | 机车信号车载系统检测仪 | 台班 | 1.000 | — | — | — |

**工作内容：**开箱检验，安装固定，调整方位和俯仰角。配线导通，测试、调整试验。

计量单位：套

| 定额编号 | | | 7-232 | 7-233 | 7-234 | 7-235 |
|---|---|---|---|---|---|---|
| 项目 | | | 车载应答器安装 | 加速度计安装 | 雷达设备安装 | 车载设备配线 |
| 名称 | | 单位 | 数量 | | | |
| 人工 | 综合工日 | 工日 | 13.000 | 15.500 | 15.000 | 90.000 |
| 材料 | 普利卡包塑金属软管 LV4-17# | m | 25.000 | 25.000 | 15.000 | 250.000 |
| | 六角头螺栓带帽 M12×40~45 | 套 | 4.040 | 4.040 | 4.040 | 4.040 |
| | 接地电缆 $6mm^2$ | m | 10.000 | 10.000 | 5.000 | — |
| | 电缆固定卡具 | 个 | — | — | — | 1440.000 |
| | 应答器车载设备安装支架 | 个 | 1.000 | — | — | — |
| | 冷压端子 $\phi$6孔 | 个 | 2.000 | 2.000 | 2.000 | — |
| | 室内组合名牌 | 个 | 2.000 | 1.000 | 1.000 | — |
| | 信号配线软套管 $d6\times1$ | m | 1.000 | 1.000 | 1.000 | 5.000 |
| | 线号机打字色带 | 盘 | 0.100 | 0.100 | 0.100 | 2.000 |
| | 线扣 150nn | 个 | 100.000 | 80.000 | 80.000 | 1600.000 |
| | 加速度计安装支架 | 套 | — | 1.000 | — | — |
| | 雷达设备安装支架 | 套 | — | — | 1.000 | — |
| | ATP／ATO车载设备配线及连接电缆（含插接件） | 套 | — | — | — | 1.000 |

续前

| 定额编号 | | | 7-232 | 7-233 | 7-234 | 7-235 |
|---|---|---|---|---|---|---|
| 项目 | | | 车载应答器安装 | 加速度计安装 | 雷达设备安装 | 车载设备配线 |
| 名称 | | 单位 | 数量 | | | |
| 材料 | 司机操作显示单元设备配线及连接电缆（含插接件） | 套 | — | — | — | 1.000 |
| | 车载测速设备配线及连接电缆（含插接件） | 套 | — | — | — | 1.000 |
| | 车载天线设备配线及连接电缆（含插接件） | 套 | — | — | — | 1.000 |
| | 车载测速校准设备配线及连接电缆（含插接件） | 套 | — | — | — | 1.000 |
| | 电缆标牌 | 个 | — | — | — | 50.000 |
| | 其他材料费 | % | 5.000 | 5.000 | 5.000 | 5.000 |
| 机械 | 中英文线号机 | 台班 | 0.200 | 0.200 | 0.200 | 1.200 |
| | 数字多用表 200mV~1000V，200μA~2000mA | 台班 | 1.000 | 1.000 | 1.000 | 5.000 |
| | 数字兆欧表 1000~2500V，0~20GΩ／200GΩ | 台班 | — | — | — | 1.000 |
| | 接地电阻测试仪 0.1~1200Ω，lmA~30A | 台班 | 0.100 | 0.100 | 0.100 | 0.500 |
| | 机车信号车载系统检测仪 | 台班 | — | — | — | 2.000 |

# 8.2　车载设备调试

**工作内容：**1. 静态调试：列车静态情况下通电和基本功能测试。

2. 动态调试：列车动态时的基本功能调试、操作功能调试及故障情况下的功能调试。

计量单位：车组

| 定额编号 | | | 7-236 | 7-237 | 7-238 | 7-239 |
|---|---|---|---|---|---|---|
| 项目 | | | 车载ATP静态调试 | 车载ATP动态调试 | 车载ATO静态调试 | 车载ATO动态调试 |
| 名称 | | 单位 | 数量 | | | |
| 人工 | 综合工日 | 工日 | 70.000 | 84.000 | 40.000 | 330.000 |
| 机械 | 数字多用表 200mV~1000V，200μA~2000mA | 台班 | 6.000 | 10.000 | 5.000 | 20.000 |
| | 数字兆欧表 1000~2500V，0~20GΩ / 200GΩ | 台班 | 1.000 | 1.000 | 1.000 | 1.000 |
| | 数据传输分析仪 | 台班 | 6.000 | 10.000 | 2.000 | 20.000 |
| | 机车信号车载系统检测仪 | 台班 | 6.000 | 10.000 | 2.000 | 20.000 |
| | 便携式微机 | 台班 | 20.000 | 30.000 | 10.000 | 60.000 |

# 9 系统调试

# 说　明

一、本章包括:计算机联锁、微机监测、CTC、ATS等系统调试工作，共20个子目。

二、系统调试指主系统与子系统、子系统与子系统之间的功能联调。

# 工程量计算规则

一、计算机联锁、微机监测、ATP、DCS、计轴等系统调试以“集中站”为单位计算。

二、显示屏、表示盘等系统调试以“套”为单位计算。

三、ATO、ATC、维修管理系统及系统联调以“系统”为单位计算。

四、站间联系，CTC、ATS中心设备，培训系统、系统接口等以“处”为单位计算。

五、CTC车站终端以“台”为单位计算。

六、试车线以“条”为单位计算。

**工作内容：** 1. 系统调试：对系统范围内的各项设备的性能、指标、特性进行系统的测试和调整。
2. 系统设备调试：在设备接入电源后，对单机的性能、指标、特性进行系统的测试和调整。
3. 站间联系电路调试：对站间联系进行功能试验和联锁关系试验。
4. 系统设备综合联调：各系统之间联调，并对 ATC 系统与其他系统之间的功能进行联动关系试验。

| 定额编号 | | | 7-240 | 7-241 | 7-242 | 7-243 | 7-244 |
|---|---|---|---|---|---|---|---|
| 项目 | | | 计算机联锁系统调试 | 站间联系电路调试 | 微机监测系统调试 | CTC系统中心设备调试 | CTC系统车站设备调试 |
| | | | 集中站 | 处 | 集中站 | 处 | 站 |
| 名称 | | 单位 | 数量 | | | | |
| 人工 | 综合工日 | 工日 | 80.000 | 3.000 | 31.000 | 120.000 | 20.000 |
| 机械 | 数字多用表 200mV~1000V，200μA~2000mA | 台班 | 3.500 | 0.500 | 3.500 | 30.000 | 5.000 |
| | PCM数字通道分析仪 2Mb/s | 台班 | 1.500 | — | — | 5.000 | 0.800 |
| | 网络测试仪 | 台班 | — | — | — | 5.000 | 0.800 |
| | 数字性能分析仪 64kb/s，2Mb/s | 台班 | 1.500 | — | — | 5.000 | 0.800 |
| | 数据传输分析仪 | 台班 | 1.500 | — | 3.500 | 5.000 | 0.800 |
| | 接地电阻测试仪 0.1~1200Ω，1mA~30A | 台班 | 0.200 | — | 0.100 | 1.000 | 0.100 |
| | 便携式微机 | 台班 | 3.500 | — | 3.500 | 30.000 | 1.500 |

**工作内容：**系统调试：对系统范围内的各项设备的性能、指标、特性进行系统的测试和调整。

| 定额编号 | | | 7-245 | 7-246 | 7-247 | 7-248 | 7-249 |
|---|---|---|---|---|---|---|---|
| 项目 | | | 车站值班员CTC终端调试 | ATS系统中心设备调试 | ATS系统车站设备调试 | 显示屏调试 | 计算机控制单元表示盘调试 |
| | | | 台 | 处 | 站 | 套 | |
| 名称 | | 单位 | 数量 | | | | |
| 人工 | 综合工日 | 工日 | 6.000 | 150.000 | 25.000 | 15.000 | 15.000 |
| 机械 | 数字多用表 200mV~1000V，200μA~2000mA | 台班 | 1.500 | 30.000 | 5.000 | 4.000 | 4.000 |
| | PCM数字通道分析仪 2Mb/s | 台班 | 0.800 | 5.000 | 0.800 | — | — |
| | 网络测试仪 | 台班 | 0.800 | 5.000 | 0.800 | — | — |
| | 数字性能分析仪 64kb/s，2Mb/s | 台班 | 0.800 | 5.000 | 0.800 | — | — |
| | 数据传输分析仪 | 台班 | 0.800 | 5.000 | 0.800 | — | — |
| | 接地电阻测试仪 0.1~1200Ω，1mA~30A | 台班 | 0.100 | 1.000 | 0.100 | 0.100 | 0.100 |
| | 便携式微机 | 台班 | 1.500 | 30.000 | 5.000 | 4.000 | 4.000 |

**工作内容：**系统调试：对系统范围内的各项设备的性能、指标、特性进行系统的测试和调整。

| 定额编号 | | | 7-250 | 7-251 | 7-252 | 7-253 | 7-254 |
|---|---|---|---|---|---|---|---|
| 项目 | | | ATP系统调试 | DCS系统设备调试 | ATO系统调试 | 计轴系统调试 | 试车线信号设备调试 |
| | | | 集中站 | | 系统 | 集中站 | 条 |
| 名称 | | 单位 | 数量 | | | | |
| 人工 | 综合工日 | 工日 | 100.000 | 60.000 | 85.000 | 15.000 | 120.000 |
| 机械 | 数字多用表 200mV~1000V，200μA~2000mA | 台班 | 10.000 | 10.000 | 20.000 | 3.500 | 19.000 |
| | 场强仪 5MHz~1GHz，-10~130dBμV | 台班 | — | 10.000 | — | — | 4.000 |
| | 误码率测试仪 2.5Gb/s | 台班 | — | 5.000 | — | — | 2.000 |
| | 数字存储示波器 12GHz~20GHz，>2通道 | 台班 | — | 5.000 | — | — | — |
| | 手持式光万用表 含光源、光功率计 | 台班 | — | 20.000 | — | — | 8.000 |
| | PCM数字通道分析仪 2Mb/s | 台班 | — | — | 5.000 | — | — |
| | 网络测试仪 | 台班 | — | 5.000 | 5.000 | — | 4.000 |
| | 数字性能分析仪 64kb/s，2Mb/s | 台班 | — | — | 5.000 | — | — |
| | 数据传输分析仪 | 台班 | 5.000 | 5.000 | 5.000 | 3.500 | 2.000 |
| | 规程分析仪 广域网+局域网 | 台班 | — | 5.000 | — | — | — |
| | 接地电阻测试仪 0.1~1200Ω，1mA~30A | 台班 | 0.500 | — | 1.000 | 0.100 | 1.000 |
| | 便携式微机 | 台班 | 20.000 | 20.000 | 20.000 | 3.500 | 25.000 |

**工作内容：**系统调试：对系统范围内的各项设备的性能、指标、特性进行系统的测试和调整。

| 定额编号 | | | 7-255 | 7-256 | 7-257 | 7-258 | 7-259 |
|---|---|---|---|---|---|---|---|
| 项目 | | | 维修管理系统调试 | 培训系统调试 | 与其他系统接口调试 | ATC系统设备调试 | 系统设备综合联调 |
| | | | 系统 | 处 | | 系统 | |
| 名称 | | 单位 | 数量 | | | | |
| 人工 | 综合工日 | 工日 | 25.000 | 30.000 | 55.000 | 240.000 | 300.000 |
| 机械 | 数字多用表 200mV~1000V，200μA~2000mA | 台班 | 15.000 | 15.000 | 5.000 | 9.000 | 9.000 |
| | 数字存储示波器 12GHz~20GHz，>2通道 | 台班 | — | — | 0.800 | 2.800 | 2.800 |
| | PCM数字通道分析仪 2Mb/s | 台班 | — | — | 0.500 | — | — |
| | 通信性能分析仪 2Mb/s~2.5Gb/s | 台班 | — | — | 0.400 | 0.800 | 0.800 |
| | 网络测试仪 | 台班 | 5.000 | 5.000 | — | — | — |
| | 数字性能分析仪 64kb/s，2Mb/s | 台班 | 5.000 | 5.000 | 0.500 | — | — |
| | 数据传输分析仪 | 台班 | 5.000 | 5.000 | 0.500 | — | — |
| | 接地电阻测试仪 0.1~1200Ω，1mA~30A | 台班 | 1.000 | 1.000 | — | — | — |
| | 便携式微机 | 台班 | 15.000 | 15.000 | — | — | — |

# 10 其　　他

# 说　明

一、本章包括：接地装置，各种反光标、牌，发车计时器、发车表示器、按钮及其他，检修测试设备安装，管线预埋等工作，共5节33个子目。

二、室内设备接地包括接地连接线，不包括接地装置。

三、室外设备接地的“处”，指某一范围内各项设施的安全接地，如进站信号机附近的继电器箱、变压器箱、电缆盒等箱、盒体相互连接后再接至专用地线。

四、制作、安装角钢接地极按自然地坪编制，包括地沟的挖、填土和夯实。遇石方、矿渣、积水、障碍物等另行计列。

# 工程量计算规则

一、地线装置，室外设备安全接地、室外设备硬面化等以“处”为单位计算。

二、区间接地扁钢、区间接地电缆等以“100m”为单位计算。

三、标志牌、旅客向导显示屏、发车计时器等以“个”为单位计算。

四、发车表示器等以“架”为单位计算。

五、测试台、打印设备等以“台”为单位计算。

六、转辙机管线预埋以“组”为单位计算。

七、室内设备接地以“10m”为单位计算。

八、室内网格接地以“$10m^2$”为单位计算。

九、电缆屏蔽连接以“10条”为单位计算。

## 10.1 接 地 装 置

**工作内容：** 1. 室内设备接地连接：用电缆将室内设备与弱电综合接地端子板进行接地连接。

2. 电缆屏蔽连接：将电缆外皮相互连接后，接至屏蔽地线接地端子。

3. 室内网格地线：用扁平接地裸铜线做网格地线。

4. 地线装置：制作接地体、挖埋接地装置。

| 定额编号 | | | 7-260 | 7-261 | 7-262 | 7-263 |
|---|---|---|---|---|---|---|
| 项目 | | | 室内设备接地连接95mm² | 电缆屏蔽相互连接 | 接地端子板 | 室内网格地线 |
| | | | 10m | 10条 | 块 | 10m² |
| 名称 | | 单位 | 数量 | | | |
| 人工 | 综合工日 | 工日 | 0.300 | 2.880 | 1.500 | 2.300 |
| 材料 | 镀锌六角头螺栓带帽 M8×40~45 | 套 | — | — | 30.300 | — |
| | 镀锌六角头螺栓带帽 M10×120 | 套 | — | — | 2.020 | — |
| | 紫铜电焊条 $\phi$3.2 | kg | — | — | — | 1.000 |
| | 焊锡　含锡 60% | kg | — | 1.000 | — | — |

续前

| 定额编号 | | | 7-260 | 7-261 | 7-262 | 7-263 |
|---|---|---|---|---|---|---|
| 项目 | | | 室内设备接地连接95mm² | 电缆屏蔽相互连接 | 接地端子板 | 室内网格地线 |
| | | | 10m | 10条 | 块 | 10m² |
| 名称 | | 单位 | 数量 | | | |
| 材料 | 接地电缆 6mm² | m | — | 5.000 | — | 12.000 |
| | 接地裸铜线 50mm² | m | — | — | — | 45.000 |
| | 冷压端子 $\phi$6孔 | 个 | — | 2.000 | — | — |
| | 铜芯塑料软线 500V 10mm² | m | — | 50.000 | — | — |
| | 接地铜缆 95mm² | m | 10.200 | — | — | — |
| | 冷压端子 $\phi$100孔 | 个 | 2.000 | — | — | — |
| | 接地端子板 | 块 | — | — | 1.000 | — |
| | 其他材料费 | % | 5.000 | 5.000 | 5.000 | 5.000 |
| 机械 | 电焊机 ≤32kV·A | 台班 | — | — | — | 0.200 |
| | 接地电阻测试仪 0.1~1200Ω，1mA~30A | 台班 | 0.050 | 0.010 | 0.030 | 0.050 |

**工作内容：** 1. 室内设备接地连接：用电缆将室内设备与弱电综合接地端子板进行接地连接。
2. 电缆屏蔽连接：将电缆外皮相互连接后，接至屏蔽地线接地端子。
3. 室内网格地线：用扁平接地裸铜线做网格地线。
4. 地线装置：制作接地体、挖埋接地装置。

计量单位：处

| 定额编号 | | | 7-264 | 7.265 | 7-266 | 7-267 |
|---|---|---|---|---|---|---|
| 项目 | | | 地线装置 | | 室外设备安全接地 | 信号机安全连接与接地 |
| | | | 1Ω | 4Ω | | 架 |
| 名称 | | 单位 | 数量 | | | |
| 人工 | 综合工日 | 工日 | 20.930 | 15.720 | 0.800 | 0.350 |
| 材料 | 木材防腐油 | kg | — | — | 0.500 | — |
| | 石墨润滑剂 | kg | — | — | 0.200 | — |
| | 圆钢 Q235-A $\phi$10~18 | kg | — | — | — | 4.300 |
| | 镀锌钢丝 $\phi$0.7~5 | kg | — | — | 0.400 | — |
| | 镀锌钢丝 $\phi$3~6 | kg | — | — | 2.900 | 0.400 |
| | 碳钢气焊条 $\phi$4 | kg | — | — | 1.000 | — |
| | 接地电缆 25mm$^2$ | m | — | — | 10.000 | — |
| | 镀锌扁钢 | kg | 51.440 | 38.580 | — | — |
| | 紫铜板 | kg | 30.000 | — | — | — |

续前

| 定额编号 | | | 7-264 | 7.265 | 7-266 | 7-267 |
|---|---|---|---|---|---|---|
| 项目 | | | 地线装置 | | 室外设备安全接地 | 信号机安全连接与接地 |
| | | | 1Ω | 4Ω | | 架 |
| 名称 | | 单位 | 数量 | | | |
| 材料 | 镀锌铁丝 2.0 | kg | — | — | 0.500 | — |
| | 降阻剂 | kg | 350.000 | 350.000 | — | — |
| | 接地标 | 根 | 1.010 | 1.010 | — | — |
| | 地线盘 | 个 | 1.010 | 1.010 | — | — |
| | 铜芯塑料线 500V $70mm^2$ | m | 20.200 | 61.000 | — | — |
| | 铜芯塑料线 500V $120mm^2$ | m | 40.800 | — | — | — |
| | 硬铜绞线 95 | kg | 2.000 | — | — | — |
| | 镀锌角钢（5#角钢厚 5） | kg | 77.040 | 57.780 | — | — |
| | 其他材料费 | % | 5.000 | 5.000 | 5.000 | 5.000 |
| 机械 | 汽油发电机组 ≤1.5kW | 台班 | — | — | 0.100 | — |
| | 电焊机 ≤32kV·A | 台班 | 1.000 | 0.800 | 0.100 | — |
| | 接地电阻测试仪 0.1~1200Ω，1mA~30A | 台班 | 0.050 | 0.050 | 0.100 | 0.100 |

**工作内容：** 1. 室外设备安全接地：将室外设备相互连接后，再进行接地连接，并测试接地电阻。

2. 信号机安全连接与接地：将高柱信号机的机构与梯子连接后再接至专用地线，并测试接地电阻。

3. 区间接地电缆敷设：敷设接地电缆，测试接地电阻。

| 定额编号 | | | 7-268 | 7-269 | 7-270 | 7-271 | 7-272 |
|---|---|---|---|---|---|---|---|
| 项目 | | | 制作、安装角钢接地极 | 角钢接地极每增加一根角钢 | 降阻剂 | 区间接地扁钢安装（Q235-A镀锌扁钢） | 区间接地电缆敷设 95mm$^2$ |
| | | | 组 | 根 | 10kg | 100m | |
| 名称 | | 单位 | 数量 | | | | |
| 人工 | 综合工日 | 工日 | 1.200 | 0.800 | 0.150 | 5.000 | 3.500 |
| 材料 | 地线埋设标 | 根 | 1.010 | — | — | — | — |
| | 镀锌扁钢 Q235-A | kg | 6.430 | 6.430 | — | 257.000 | — |
| | 降阻剂 | kg | — | — | 10.000 | — | — |
| | 沥青清漆 | kg | 0.030 | 0.030 | — | — | — |
| | 电焊条 结 422 $\phi4$ | kg | — | — | — | 7.500 | — |
| | 电焊条 结 507 $\phi3.2$ | kg | 0.150 | 0.150 | — | — | — |
| | 镀锌角钢（5$^{\#}$角钢厚5） | kg | 9.630 | 9.630 | — | — | — |
| | 接地铜缆 95mm$^2$ | m | — | — | — | — | 102.000 |
| | 其他材料费 | % | 5.000 | 5.000 | 5.000 | 5.000 | 5.000 |
| 机械 | 电焊机 ≤32kV·A | 台班 | 0.090 | 0.090 | — | 3.000 | — |
| | 接地电阻测试仪 0.1~1200Ω，1mA~30A | 台班 | — | — | — | 0.050 | 0.050 |

## 10.2 各种反光标、牌

**工作内容：**洞内标志牌：标志牌定位、安装、固定。洞外标志牌：标志牌定位，埋设立柱，标志牌安装、固定，刷漆。

计量单位：个

| 定额编号 | | | 7-273 | 7-274 |
|---|---|---|---|---|
| 项目 | | | 标志牌 | |
| | | | 洞内 | 洞外 |
| 名称 | | 单位 | 数量 | |
| 人工 | 综合工日 | 工日 | 0.500 | 1.010 |
| 材料 | 酚醛调和漆 | kg | — | 0.130 |
| | 钢筋 $\phi$10以内 | kg | — | 1.210 |
| | 连接铁件 | kg | — | 0.010 |
| | 电焊条综合 | kg | — | 0.010 |
| | 膨胀螺栓 M12×105 | 套 | 4.040 | — |
| | 标志牌 | 个 | 1.000 | 1.000 |
| | C30普通混凝土 | $m^3$ | — | 0.040 |
| | 板枋材 | $m^3$ | — | 0.020 |
| | 标志牌立柱（含基础） | 个 | — | 1.000 |
| | 其他材料费 | % | 5.000 | 5.000 |
| 机械 | 汽油发电机组 ≤1.5kW | 台班 | 0.200 | 0.200 |
| | 电焊机 ≤32kV·A | 台班 | — | 0.300 |

## 10.3 发车计时器、发车表示器、按钮及其他

**工作内容：**技术准备，开箱检查，定位、安装固定。缠绕线环，套管打字，配线连接，测试调整，刷漆。

计量单位：架

| 定额编号 | | | 7-275 | 7-276 | 7-277 | 7-278 |
|---|---|---|---|---|---|---|
| 项目 | | | 发车计时器安装 | 站台发车表示器 | | |
| | | | | 透镜式 | | LED铝合金机构 |
| | | | 个 | 铸铁机构 | 铝合金机构 | |
| 名称 | | 单位 | 数量 | | | |
| 人工 | 综合工日 | 工日 | 2.880 | 1.100 | 1.000 | 1.000 |
| 材料 | 发车计时器托架 | 组 | 1.000 | — | — | — |
| | 酚醛调和漆 | kg | — | 0.300 | 0.300 | 0.300 |
| | 六角头螺栓带帽 M10×50 | 套 | — | 2.020 | 2.020 | 2.020 |
| | 铜芯塑料软线 500V $1.5mm^2$ | m | — | 8.360 | 8.360 | 8.360 |
| | 点灯监测单元 | 台 | — | 1.000 | 1.000 | — |
| | 发车表示器铸铁机构 | 台 | — | 1.000 | — | — |
| | 发车表示器铝合金机构 | 台 | — | — | 1.000 | — |
| | 发车表示器 LED机构 | 台 | — | — | — | 1.000 |
| | 铁路信号灯泡 TXl2-25/25A | 个 | — | 1.030 | 1.030 | — |
| | 信号配线软套管 $d6\times1$ | m | — | 0.500 | 0.500 | 0.500 |
| | 线号机打字色带 | 盘 | — | 0.010 | 0.010 | 0.010 |
| | 信号锁 40 | 把 | — | 1.010 | 1.010 | 1.010 |
| | 接口插头 24针 | 个 | 1.010 | — | — | — |
| | 其他材料费 | % | 5.000 | 5.000 | 5.000 | 5.000 |
| 机械 | 中英文线号机 | 台班 | 0.010 | 0.010 | 0.010 | 0.010 |

工作内容：技术准备，开箱检查，定位、安装固定。缠绕线环，套管打字，配线连接，测试调整，刷漆。

计量单位：个

| 定额编号 | | | 7-279 | 7-280 | 7-281 | 7-282 | 7-283 | 7-284 |
|---|---|---|---|---|---|---|---|---|
| 项目 | | | 紧急关闭按钮 | 站台自动折返按钮 | 旅客向导显示屏安装 | | 维修电话总机安装（10门） | 打印设备安装 |
| | | | | | 单屏 | 双屏 | 台 | |
| 名称 | | 单位 | 数量 | | | | | |
| 人工 | 综合工日 | 工日 | 1.500 | 1.500 | 2.000 | 4.000 | 4.500 | 1.000 |
| 材料 | 六角头螺栓带帽 M8×20~45 | 套 | — | — | — | — | 6.060 | — |
| | 六角头螺栓带帽 M10×30~35 | 套 | — | — | 4.040 | 4.040 | — | — |
| | 钩头螺栓带帽 M16×350 | 套 | — | — | 4.040 | 4.040 | — | — |
| | 电焊条 结 422 $\phi 4$ | kg | — | — | 1.000 | 1.500 | — | — |
| | 扁钢 60以内 | kg | — | — | 20.000 | — | — | — |
| | 镀锌钢管 50 | kg | — | — | 15.000 | — | — | — |
| | 镀锌钢管 80 | kg | — | — | — | 30.000 | — | — |
| | 电缆支架附卡子 | 套 | 1.010 | 1.010 | — | — | — | — |
| | 绝缘管及垫（一管二垫） $\phi 14$ | 套 | 4.100 | 4.100 | — | — | — | — |
| | 聚氯乙烯软管 $d6\times0.6$ | m | 2.000 | 2.000 | — | — | — | — |
| | 紧急关闭按钮 | 个 | 1.000 | — | — | — | — | — |
| | 自动折返按钮 | 个 | — | 1.000 | — | — | — | — |
| | 扁钢 100以内 | kg | — | — | — | 40.000 | — | — |
| | 复印机用纸 500张 | 包 | — | — | — | — | — | 0.300 |
| | 其他材料费 | % | 5.000 | 5.000 | 5.000 | 5.000 | 5.000 | 5.000 |
| 机械 | 电焊机 ≤32kV·A | 台班 | — | — | 0.500 | 0.800 | — | — |
| | 中英文线号机 | 台班 | 0.010 | 0.010 | — | — | — | — |

## 10.4 检修测试设备安装

**工作内容：**技术准备，开箱检验，定位、安装、固定。配线连接，测试导通。

计量单位：台

| 定额编号 | | | 7-285 | 7-286 |
|---|---|---|---|---|
| 项目 | | | 继电器检修测试台安装 | 转辙机检修测试台安装 |
| 名称 | | 单位 | 数量 | |
| 人工 | 综合工日 | 工日 | 2.000 | 4.000 |
| 材料 | 绝缘橡胶板 $\delta$=6~12 | kg | 5.000 | 5.000 |
| | 聚氯乙烯硬管 轻型 $D15\times2$ | m | 15.000 | — |
| | 聚氯乙烯硬管 轻型 $D20\times2$ | m | — | 15.000 |
| | 电源板（包括闸刀插座） | 套 | — | 1.000 |
| | 胶壳刀开关 HK1-10/2 | 个 | 1.000 | — |
| | 橡套软线 2芯 1.5mm$^2$ | m | 20.000 | 20.000 |
| | 橡套软线 2芯 2.5mm$^2$ | m | — | 20.000 |
| | 其他材料费 | % | 5.000 | 5.000 |

## 10.5 管线预埋

**工作内容：**预埋各种钢管和PVC材料的管线。设备基础台面硬面化。

| 定额编号 | | | 7-287 | 7-288 | 7-289 | 7-290 | 7-291 | 7-292 |
|---|---|---|---|---|---|---|---|---|
| 项目 | | | 车站管线预埋 | | 转辙机管线预埋 | | 室外设备硬面化 | |
| | | | 非集中站 | 集中站 | 单动 | 复式交分 | 一件用 | 每增加一件用 |
| | | | 站 | | 组 | | 处 | |
| 名称 | | 单位 | 数量 | | | | | |
| 人工 | 综合工日 | 工日 | 19.000 | 42.000 | 5.000 | 14.300 | 3.000 | 1.800 |
| 材料 | 水泥砂浆 M5 | $m^3$ | — | — | — | — | 0.100 | 0.060 |
| | 酚醛调和漆 | kg | — | — | — | — | 0.300 | 0.200 |
| | 角钢 63以内 | kg | 10.000 | 24.000 | 24.000 | — | — | — |
| | 镀锌钢管 $\phi$80 | 100m | 0.500 | 1.000 | 0.040 | 0.200 | — | — |
| | 机砖 | 块 | — | — | — | — | 180.000 | 80.000 |
| | PVC管 $\phi$50 | 100m | 20.000 | 40.000 | 0.020 | 0.100 | — | — |
| | PVC管 $\phi$80 | 100m | 5.000 | 10.000 | — | — | — | — |
| | 其他材料费 | % | 5.000 | 5.000 | 5.000 | 5.000 | 5.000 | 5.000 |

**主 编 单 位：** 住房和城乡建设部标准定额研究所

**编 制 单 位：** 北京全路通信信号研究设计院

**参 编 单 位：** 中国通信信号集团济南工程分公司

中铁电气化局集团公司

**综合协调人员：** 胡传海　王海宏　胡晓丽　白洁如　王志年　戴富元

汪一江　郎桂林　吴　强　曾伟源　陈柏生　李成栋

史素美　孙金科　薛长立　王文江　李永芳　张永胜

张明焕　卢后星　顾　青　魏晓东

**编 制 人 员：** 史素美　张俊峰　赵　昕　龚身善　刘　燕

# 城市轨道交通工程预算定额

GCG 103-2008

## 第八册 供 电 工 程

中 国 计 划 出 版 社

北 京

**图书在版编目(CIP)数据**

城市轨道交通工程预算定额：GCG 103-2008. 第 8 册，供电工程 / 住房和城乡建设部标准定额研究所主编. 北京：中国计划出版社，2008. 12
ISBN 978-7-80242-260-5

Ⅰ. 城… Ⅱ. 住… Ⅲ. ①城市铁路-铁路工程-预算定额-中国②城市铁路-铁路工程-供电-预算定额-中国 Ⅳ.U239.5

中国版本图书馆 CIP 数据核字（2008）第 172181 号

**主编单位：**住房和城乡建设部标准定额研究所

**批准部门：**中华人民共和国住房和城乡建设部

**施行日期：**2 0 0 9 年 1 月 1 日

# 住房城乡建设部
# 关于印发《城市轨道交通工程预算定额》的通知

**建标〔2008〕193号**

为适应城市轨道交通工程建设的需要，合理确定和控制城市轨道交通工程造价，我部制定了《城市轨道交通工程预算定额》，编号为GCG 103—2008，自2009年1月1日起施行。现印发给你们。2001年批准发布的《全国统一市政工程预算定额》第九册（地铁工程）同时废止。请你们将施行中的有关问题和建议反馈给我部标准定额司。

《城市轨道交通工程预算定额》由我部标准定额研究所组织中国计划出版社出版发行。

**中华人民共和国住房和城乡建设部**

二〇〇八年十月十五日

# 总 说 明

一、《城市轨道交通工程预算定额》(以下简称本定额)共分10册，包括：

第一册　路基、围护结构及地基处理工程；

第二册　桥涵工程；

第三册　隧道工程；

第四册　地下结构工程；

第五册　轨道工程；

第六册　通信工程；

第七册　信号工程；

第八册　供电工程；

第九册　智能与控制系统安装工程；

第十册　机电设备安装工程。

二、本定额是完成规定计量单位分部分项工程所需的人工、材料、施工机械台班的消耗量标准，是制定城市轨道交通工程地区单位估价表、工程量清单综合单价、招标标底和投标报价的基础。

三、本定额适用于新建、扩建的城市轨道交通工程。

四、本定额是按照正常施工条件、目前多数施工企业的施工机械装备程度，施工中常用的施工方法、施工工艺、劳动组织以及合理工期进行编制的。

五、本定额是依据国家有关产品标准、设计规范和施工验收规范编制的，参考了现行国家、行业和地方定额，以及有代表性的工程设计、施工资料和其他资料。

六、本定额消耗量的确定。

1. 人工工日消耗量。人工工日不分工种、技术等级均以综合工日表示。内容包括基本用工、超运距用工、人工幅度差和辅助用工。

2. 材料消耗量。

（1）材料选用符合国家质量标准和相应设计要求的合格产品。

（2）材料消耗包括主要材料、辅助材料、零星材料，凡能计量的材料、成品、半成品均按品种、规格逐一列出数量并计入相应的损耗，其内容和范围包括：从工地仓库、现场集中堆放地点或现场加工地点至操作或安装地点的运输损耗、施工操作损耗、施工现场堆放损耗。

（3）混凝土均按预拌混凝土考虑。

（4）周转性材料按不同施工方法、不同材质按规定的周转次数摊销计入定额内。

（5）用量少、价值小的材料合并为其他材料费，以占材料费的百分数表示。

3. 施工机械和仪器仪表台班消耗量。

（1）施工机械和仪器仪表台班消耗量是按正常合理的施工配备和施工工效测算确定台班使用量。

（2）凡单位价值在 2000 元以上的施工机械和仪器仪表按台班列入定额；单位价值在 2000 元以

下的列入费用定额工具使用费项下。

七、定额中均包括了材料、成品、半成品从工地仓库、现场集中堆放地点或现场加工地点至操作或安装地点的水平运输和垂直运输所需的人工和机械消耗量。如发生再次搬运，应在费用定额中二次搬运费项下列支。

八、本定额施工用水、电是按现场有水、电考虑的。

九、本定额的工作内容已说明了主要施工工序，次要工序虽未说明，均已考虑在定额内。

十、本定额与其他全国统一工程预算定额的关系，凡本定额包含的项目，按本定额项目执行；本定额缺项部分，可执行其他全国统一定额。

十一、本定额中注有“×××以内”或“×××以下”者均包括×××本身，“×××以外”或“×××以上”者则不包括×××本身。

十二、本说明未尽事宜，详见各册和各章说明。

# 册说明

一、《城市轨道交通工程预算定额》第八册“供电工程”（以下简称本定额）适用于新建、扩建城市轨道交通工程中35kV及以下变电所、杂散电流、电力监控、接触轨、刚性接触网、柔性接触网、单轨跨座式接触网、电缆、动力照明、防雷及接地装置安装、配管配线、感应板、其他等，共13章853个子目。

二、本定额的编制依据：

1.《电气装置安装工程高压电器施工及验收规范》GBJ 147—90。

2.《电气装置安装工程电力变压器、油浸电抗器、互感器施工及验收规范》GBJ 148—90。

3.《电气装置安装工程母线施工及验收规范》GBJ 149—90。

4.《电气装置安装工程电气设备交接试验标准》GB 50150—2006。

5.《地铁设计规范》GB 50157—2003。

6.《电气装置安装工程电缆线路施工及验收规范》GB 50168—2006。

7.《电气装置安装工程接地装置施工及验收规范》GB 50169—2006。

8.《电气装置安装工程旋转电机施工及验收规范》GB 50170—2006。

9.《电气装置安装工程盘、柜及二次回路结线施工及验收规范》GB 50171—92。

10.《电气装置安装工程蓄电池施工及验收规范》GB 50172—92。

11.《电气装置安装工程 35kV 及以下架空电力线路施工及验收规范》GB 50173—92。

12.《电气装置安装工程低压电器施工及验收规范》GB 50254—96。

13.《电气装置安装工程电力变流设备施工及验收规范》GB 50255—96。

14.《地下铁道工程施工及验收规范》GB 50299—1999。

15.《建筑电气工程施工质量验收规范》GB 50303—2002。

16.《电力建设安全工作规程》DL 5009。

17.《民用建筑电气设计技术规范》JGJ/T 16—92。

18.《建筑照明设计标准》GB 50034—2004。

19.《铁路电力牵引供电施工规范》TB 10208—98。

20.《铁路电力牵引供电工程施工质量验收规范》TB 10420—2003。

21.《全国统一施工机械台班费用定额》(1998 年)。

22.《全国统一安装工程施工仪器仪表台班费用定额》GFD-201—1999。

23.《全国统一安装工程基础定额》GJD-209—2006。

24.《全国统一安装工程预算定额》GFD-202—2000。

25.《全国统一市政工程预算定额》GYD-309—2001。

三、本定额中人工、机械、材料消耗量均是按照正常施工条件下编制的。

四、本定额中变压器和屏柜等主要设备的安装只包括安装地点的就位运输。所内大型设备及主要材料需要增加的轨道运输，执行第十三章“其他”相应子目。

五、本定额相关费用的规定：

1. 室内脚手架搭拆费用按人工费的5%计算，其中人工费占25%。

2. 工程超高增加费（操作高度离楼地面5m以上、20m以下的电气安装工程）：按超高部分人工费的33%计算。

3. 零星拆除工程按相应安装项目的人工和机械消耗分别乘以以下系数：

（1）拆除混凝土支柱系数为1.25，拆除钢支柱系数为0.9；

（2）拆除设备、器材类、线材（包括电缆、光缆、汇流排、导线、绞线）类系数为0.7。

六、限界检测执行第四章“柔性接触网”相应子目。

七、未尽事宜见本册定额各章说明。

# 目 录

## 1 变 电 所

## 2 杂散电流



## 3 电力监控



## 4 柔性接触网

## 5 刚性接触网



## 6 接 触 轨

## 7 单轨跨座式接触网



## 8 动 力 照 明

## 9 电　缆

## 10 配 管 配 线



## 11 接 地 装 置

## 12　感　应　板



## 13　其　他

# 1 变 电 所

# 说　　明

一、本章包括变电所设备安装、蓄电池、电气试验、其他，共 4 节 54 个子目。

二、网栅制作安装定额子目根据“供电设备安装通用图整流变压器室网栅”编制，轨道交通工程变电所的网栅制作安装均按此执行。

三、设备基础的预埋、安装、设备运输执行第 13 章相应子目。

四、屏柜接线子目按照牵引降压混合变电所所内二次电缆接线图综合编制。

# 工程量计算规则

一、铜母排安装按截面积分类，长度以“10m”为单位计算。

二、网栅制作安装以“间隔”为单位计算，其间隔为长 3m 乘以高 2.5m 面积尺寸。设计面积尺寸变化时，间隔面积按变化相应增加系数。

三、蓄电池安装以“组”为单位计算，按每组 9 个综合编制。

# 1.1 设备安装

## 1.1.1 高压设备

**工作内容：**准备、开箱检查、就位、安装调整、打孔攻丝、固定、附件安装、气室气压检测及处理、单体调试、记录。

计量单位：面

| 定额编号 | | | 8-001 | 8-002 |
|---|---|---|---|---|
| 项目 | | | 40.5kV 开关柜安装 | 10kV 开关柜安装 |
| 名称 | | 单位 | 数量 | |
| 人工 | 综合工日 | 工日 | 7.924 | 7.598 |
| 材料 | 紧固螺栓 M8×60 | 套 | 5.100 | 4.080 |
| | 连接螺栓 M8×35 | 套 | 8.160 | 8.160 |
| | 冲击钻头 $\phi$12 | 个 | 0.102 | 0.082 |
| | 直柄钻头 $\phi$7.5 | 根 | 0.102 | 0.136 |
| | 丝锥 M8 | 根 | 0.255 | 0.204 |

续前

| 定额编号 | | | 8-001 | 8-002 |
|---|---|---|---|---|
| 项目 | | | 40.5kV 开关柜安装 | 10kV 开关柜安装 |
| 名称 | | 单位 | 数量 | |
| 材料 | 导电油脂 AJ 型 | kg | 0.113 | 0.170 |
| | 清洁纸 300×350 | 张 | 5.250 | 7.000 |
| | 酒精 500mL/瓶 | mL | 170.000 | 170.000 |
| | 黄油 | kg | 0.136 | 0.136 |
| | 电 | kW·h | 0.387 | 0.387 |
| | 其他材料费 | % | 1.000 | 1.000 |
| 机械 | 电锤 830W | 台班 | 0.233 | 0.233 |

### 1.1.2 再生制动设备、配电盘、钢轨电位限制装置

**工作内容：**准备、开箱检查、就位、安装调整、打孔攻丝、固定、外壳开箱安装、附件安装、单体调试、记录。

计量单位：面

| 定额编号 | | | 8-003 | 8-004 | 8-005 | 8-006 | 8-007 |
|---|---|---|---|---|---|---|---|
| 项目 | | | 制动控制柜 | 制动电阻柜 | 斩波柜 | 配电盘（柜） | 钢轨电位限制装置 |
| 名称 | | 单位 | 数量 | | | | |
| 人工 | 综合工日 | 工日 | 5.006 | 5.446 | 5.300 | 5.578 | 5.212 |
| 材料 | 紧固螺栓 M8×60 | 套 | 4.080 | 4.080 | 4.080 | 4.080 | 4.080 |
| | 连接螺栓 M8×35 | 套 | 8.160 | 8.160 | 8.160 | 8.160 | 8.160 |
| | 冲击钻头 $\phi12$ | 根 | 0.082 | 0.082 | 0.082 | 0.082 | 0.082 |
| | 直柄钻头 $\phi7.5$ | 根 | 0.136 | 0.136 | 0.136 | 0.136 | 0.136 |
| | 丝锥 M8 | 根 | 0.204 | 0.204 | 0.204 | 0.204 | 0.204 |
| | 黄油 | kg | 0.136 | 0.136 | 0.136 | 0.136 | 0.136 |
| | 电 | kW·h | 0.387 | 0.387 | 0.387 | 0.387 | 0.387 |
| | 其他材料费 | % | 1.000 | 1.000 | 1.000 | 1.000 | 1.000 |
| 机械 | 电锤 830W | 台班 | 0.117 | 0.117 | 0.117 | 0.117 | 0.117 |

### 1.1.3 直流设备

**工作内容：**准备、开箱检查、就位安装、安装绝缘板、调整、并柜、打孔攻丝、设备固定、绝缘测试、附件安装、单体调试、记录。

计量单位：面

| 定额编号 | | | 8-008 | 8-009 | 8-010 |
|---|---|---|---|---|---|
| 项目 | | | DC 750V/1500V开关柜 | 整流器柜 | 负极柜 |
| 名称 | | 单位 | 数量 | | |
| 人工 | 综合工日 | 工日 | 7.915 | 4.572 | 5.213 |
| 材料 | 绝缘板 1200×800 | 块 | 1.020 | 1.020 | 1.020 |
| | 连接螺栓 M10×90 | 套 | 2.678 | 3.060 | — |
| | 紧固螺栓 M8×60 | 套 | 4.080 | 4.080 | 4.080 |
| | 绝缘螺栓 M8×35 | 套 | — | — | 8.160 |
| | 绝缘垫片 M8 | 套 | 4.080 | 4.080 | 4.080 |
| | 直柄钻头 $\phi$7.5 | 个 | 0.136 | 0.240 | 0.136 |
| | 丝锥 M8 | 个 | 0.204 | 0.204 | 0.204 |

续前

| 定额编号 | | | 8-008 | 8-009 | 8-010 |
|---|---|---|---|---|---|
| 项目 | | | DC 750V/1500V 开关柜 | 整流器柜 | 负极柜 |
| 名称 | | 单位 | 数量 | | |
| 材料 | 导电油脂 AJ 型 | kg | 0.026 | — | — |
| | 清洁纸 300×350 | 张 | 3.150 | — | — |
| | 酒精 500mL/瓶 | mL | 38.500 | — | — |
| | 电 | kW·h | 0.408 | 0.417 | 0.333 |
| | 其他材料费 | % | 1.000 | 1.000 | 1.000 |
| 机械 | 绝缘测试仪 600W | 台班 | 0.040 | 0.042 | 0.042 |
| | 电锤 830W | 台班 | 0.133 | 0.133 | 0.133 |

### 1.1.4 400V 低压开关柜

**工作内容：**准备、开箱检查、设备就位、调整、打孔攻丝、设备固定、单体调试、记录。

计量单位：面

| 定额编号 | | | 8-011 |
|---|---|---|---|
| 项目 | | | 400V 低压开关柜 |
| 名称 | | 单位 | 数量 |
| 人工 | 综合工日 | 工日 | 4.576 |
| 材料 | 连接螺栓 M10×90 | 套 | 3.060 |
| | 紧固螺栓 M8×60 | 套 | 4.080 |
| | 直柄钻头 $\phi7.5$ | 个 | 0.136 |
| | 丝锥 M8 | 个 | 0.204 |
| | 电 | kW·h | 0.166 |
| | 其他材料费 | % | 1.000 |
| 机械 | 电锤 830W | 台班 | 0.133 |

## 1.1.5 干式变压器

### （1）动力变压器

**工作内容：**准备、变压器就位、位置调整、设备固定、变压器常规试验检查、外壳开箱检查、外壳安装调整、附件安装、调整及检查、安装温控箱、绝缘测试、单体调试、记录。

计量单位：台

| 定额编号 | | | 8-012 | 8-013 | 8-014 |
|---|---|---|---|---|---|
| 项目 | | | 800kV·A | 800～2000 kV·A | 2000 kV A |
| 名称 | | 单位 | 数量 | | |
| 人工 | 综合工日 | 工日 | 12.577 | 17.073 | 24.851 |
| 材料 | 外壳接地线 6mm² | m | 6.120 | 6.120 | 6.120 |
| | 外壳固定螺栓 M12×120 | 套 | 4.080 | — | — |
| | 外壳固定螺栓 M16×150 | 套 | — | 4.080 | 4.080 |
| | 冲击钻头 $\phi$14 | 个 | 0.245 | — | — |
| | 冲击钻头 $\phi$18 | 个 | — | 0.245 | 0.245 |
| | 变压器固定螺栓 M12×120 | 套 | 8.160 | — | — |

续前

| 定额编号 | | | 8-012 | 8-013 | 8-014 |
|---|---|---|---|---|---|
| 项目 | | | 800kV·A | 800～2000 kV·A | 2000 kV·A |
| 名称 | | 单位 | 数量 | | |
| 材料 | 变压器固定螺栓 M16×150 | 套 | — | 8.160 | 8.160 |
| | 电 | kW·h | 0.498 | 0.540 | 0.640 |
| | 其他材料费 | % | 1.000 | 1.000 | 1.000 |
| 机械 | 电锤 830W | 台班 | 0.150 | — | — |
| | 电锤 1.1kW | 台班 | — | 0.150 | 0.150 |
| | 电动葫芦 10kW | 台班 | 0.188 | — | — |
| | 电动葫芦 15kW | 台班 | — | 0.250 | — |
| | 电动葫芦 20kW | 台班 | — | — | 0.313 |
| | 绝缘测试仪 600W | 台班 | 0.125 | 0.145 | 0.167 |

## （2）整流变压器

**工作内容：** 准备、变压器就位、位置调整、设备固定、变压器常规试验检查、打孔、电缆支架安装、安装温控箱、单体调试、记录。

计量单位：台

| 定额编号 | | | 8-015 | 8-016 |
|---|---|---|---|---|
| 项目 | | | 3650 kV·A | 2750 kV·A |
| 名称 | | 单位 | 数量 | |
| 人工 | 综合工日 | 工日 | 29.235 | 19.860 |
| 材料 | 电缆支架 | 套 | 2.040 | 2.040 |
| | 膨胀螺栓 M16×150 | 套 | 20.400 | 20.400 |
| | 膨胀螺栓 M8×60 | 套 | 12.240 | 12.240 |
| | 冲击钻头 $\phi$20 | 个 | 0.408 | — |
| | 冲击钻头 $\phi$18 | 个 | — | 0.408 |
| | 冲击钻头 $\phi$12 | 个 | 0.245 | 0.245 |
| | 电 | kW·h | 1.698 | 1.698 |
| | 其他材料费 | % | 1.000 | 1.000 |
| 机械 | 电锤 1.1kW | 台班 | 0.333 | 0.333 |
| | 电锤 830W | 台班 | 0.150 | 0.150 |
| | 电动葫芦 30kW | 台班 | 0.250 | 0.250 |
| | 绝缘测试仪 600W | 台班 | 0.250 | 0.250 |

# 1.2 蓄 电 池

## 1.2.1 蓄电池安装

**工作内容：**准备、开箱、就位、安装、蓄电池接线、检查调试。

计量单位：组

| 定 额 编 号 | | | 8-017 |
|---|---|---|---|
| 项 目 | | | 蓄电池安装 |
| 名 称 | | 单位 | 数 量 |
| 人工 | 综合工日 | 工日 | 1.945 |
| 材料 | 蓄电池组 | 组 | 1.000 |
| | 蓄电池接线 $1\times50mm^2$ | m | 22.848 |
| | 绝缘套 40 | 套 | 9.000 |
| | 连接螺栓 M8×30 | 套 | 9.180 |
| | 其他材料费 | % | 1.000 |

## 1.2.2 蓄电池充放电

**工作内容：**直流回路检查、放电设施准备、初充电、放电、再充电、测量、记录技术数据。

计量单位：组

| 定额编号 | | | 8-018 | 8-019 | 8-020 | 8-02 |
|---|---|---|---|---|---|---|
| 项目 | | | 200A·h | 400A·h | 800A·h | 1000A·h |
| 名称 | | 单位 | 数量 | | | |
| 人工 | 综合工日 | 工日 | 70.000 | 70.000 | 70.000 | 70.000 |
| 材料 | 碳酸氢钠 | kg | 3.000 | 3.000 | 3.000 | 3.000 |
| | 自粘性橡胶带 20mm×5m | 卷 | 1.500 | 1.500 | 1.500 | 1.500 |
| | 棉布 | kg | 4.500 | 4.500 | 4.500 | 4.500 |
| | 电 | kW·h | 511.000 | 1022.000 | 2044.000 | 2555.000 |
| | 其他材料费 | % | 1.000 | 1.000 | 1.000 | 1.000 |

# 1.3 电 气 试 验

## 1.3.1 变电所所内系统调试

**工作内容：**调试准备、仪器就位、被检设备的外观检查、设备检测、试验数据记录。

计量单位：系统

| 定额编号 | | | 8-022 | 8-023 | 8-024 | 8-025 | 8-026 | 8-027 |
|---|---|---|---|---|---|---|---|---|
| 项目 | | | 配电变压器系统 | 整流变压器系统 | 直流系统 | 10kV 交流系统 | 35kV 交流系统 | 35kVGIS 交流系统 |
| 名称 | | 单位 | 数量 | | | | | |
| 人工 | 综合工日 | 工日 | 18.000 | 24.000 | 32.000 | 48.000 | 54.000 | 68.000 |
| 材料 | 电 | kW·h | 20.000 | 40.000 | 100.000 | 150.000 | 200.000 | 230.000 |
| | 其他材料费 | % | 1.000 | 1.000 | 1.000 | 1.000 | 1.000 | 1.000 |
| 机械 | 电气实验车 | 台班 | 3.000 | 3.500 | 10.000 | 15.000 | 20.000 | 24.000 |

**工作内容：**调试准备、仪器就位、被检设备的外观检查、设备检测、试验数据记录。

计量单位：系统

| 定额编号 | | | 8-028 | 8-029 | 8-030 | 8-031 |
|---|---|---|---|---|---|---|
| 项目 | | | 400V 交流系统 | 所用电源 | 再生制动系统 | 接地装置 |
| 名称 | | 单位 | 数量 | | | |
| 人工 | 综合工日 | 工日 | 32.000 | 6.000 | 10.000 | 6.000 |
| 材料 | 电 | kW·h | 100.000 | 20.000 | 4.000 | 10.000 |
| | 其他材料费 | % | 1.000 | 1.000 | 1.000 | 1.000 |
| 机械 | 电气实验车 | 台班 | 10.000 | 1.000 | 4.000 | 4.000 |

**工作内容：**调试准备、绝缘电阻测试、交流耐压试验、数据记录。

计量单位：系统

| 定额编号 | | | 8-032 |
|---|---|---|---|
| 项目 | | | 绝缘子 |
| 名称 | | 单位 | 数量 |
| 人工 | 综合工日 | 工日 | 1.293 |
| 材料 | 电 | kW·h | 30.000 |
| | 其他材料费 | % | 1.000 |
| 机械 | 电气实验车 | 台班 | 1.000 |

**工作内容：**试验仪器进场、电缆绝缘测试、耐压试验、数据记录。

计量单位：系统

| 定额编号 | | | 8-033 |
|---|---|---|---|
| 项目 | | | 电缆试验 |
| 名称 | | 单位 | 数量 |
| 人工 | 综合工日 | 工日 | 12.000 |
| 材料 | 电 | kW·h | 40.000 |
| | 其他材料费 | % | 1.000 |
| 机械 | 电气实验车 | 台班 | 4.000 |

### 1.3.2 所间系统调试

**工作内容：**调试准备、仪器进场、联跳测试、记录。

计量单位：相邻所

| 定额编号 | | | 8-034 | 8-035 |
|---|---|---|---|---|
| 项目 | | | 差动保护 | 直流联跳保护及闭锁关系 |
| 名称 | | 单位 | 数量 | |
| 人工 | 综合工日 | 工日 | 32.000 | 32.000 |
| 材料 | 电 | kW·h | 100.000 | 60.000 |
| | 其他材料费 | % | 1.000 | 1.000 |
| 机械 | 电气实验车 | 台班 | 8.000 | 8.000 |

### 1.3.3 空载试运行

**工作内容：**送电前准备、启动、观察运行状况、应急处理、记录。

计量单位：所

| 定额编号 | | | 8-036 | 8-037 | 8-038 | 8-039 | 8-040 |
|---|---|---|---|---|---|---|---|
| 项目 | | | 降压<br>变电所 | 牵引<br>变电所 | 牵引降压混<br>合变电所 | 跟随式降<br>压变电所 | 箱式<br>变电站 |
| 名称 | | 单位 | 数量 | | | | |
| 人工 | 综合工日 | 工日 | 72.000 | 144.00 | 216.000 | 72.000 | 72.000 |
| 材料 | 电 | kW·h | 10.000 | 20.000 | 30.000 | 5.000 | 10.000 |
| | 其他材料费 | % | 1.000 | 1.000 | 1.000 | 1.000 | 1.000 |
| 仪器仪表 | 对讲机 | 台班 | 6.000 | 6.000 | 9.000 | 6.000 | 6.000 |

# 1.4 其 他

## 1.4.1 密集型母线槽

**工作内容：**准备、测量定位、打孔、膨胀螺栓安装、支架安装、母线槽安装、附件安装、绝缘板安装、调整、固定、接地、绝缘试验、记录。

计量单位：m

| 定额编号 | | | 8-041 | 8-042 |
|---|---|---|---|---|
| 项目 | | | 1500A 及以下密集型母线槽 | 1500A 以上密集型母线槽 |
| 名称 | | 单位 | 数量 | |
| 人工 | 综合工日 | 工日 | 2.798 | 3.039 |
| 材料 | 母线槽户内型 IP40 | m | 1.000 | 1.000 |
| | 吊架 L25×25 | 套 | 0.670 | 0.670 |
| | 连接铜排 -5×200 | m | 0.408 | 0.408 |
| | 膨胀螺栓 M10×45 | 套 | 5.100 | 5.100 |
| | 连接螺栓 M12×140 | 套 | 8.160 | 8.160 |
| | 连接螺栓 M16×30 | 套 | 40.800 | 40.800 |
| | 绝缘板 1000×6000×5 | 块 | 4.080 | 4.080 |

续前

| 定额编号 | | | 8-041 | 8-042 |
|---|---|---|---|---|
| 项目 | | | 1500A及以下密集型母线槽 | 1500A以上密集型母线槽 |
| 名称 | | 单位 | 数量 | |
| 材料 | 导电油脂 AJ型 | kg | 0.102 | 0.152 |
| | 接地线 $1\times16mm^2$ | m | 0.408 | 0.408 |
| | 冲击钻头 $\phi12$ | 根 | 0.102 | 0.102 |
| | 砂轮片 $\phi100$ | 片 | 0.082 | 0.092 |
| | 电 | kW·h | 1.745 | 1.945 |
| | 其他材料费 | % | 1.000 | 1.000 |
| 机械 | 载重汽车 8t | 台班 | 0.125 | 0.125 |
| | 冲孔机 | 台班 | 0.150 | 0.150 |
| | 电锤 830W | 台班 | 0.083 | 0.083 |
| | 升降台 | 台班 | 0.325 | 0.325 |
| | 摵弯器液压 | 台班 | 0.125 | 0.155 |

## 1.4.2 铜母排安装

**工作内容：**平直、下料、揻弯、钻孔、组合、安装、压力试验、记录。

计量单位：10m

| 定额编号 | | | 8-043 | 8-044 | 8-045 | 8-046 |
|---|---|---|---|---|---|---|
| 项目 | | | 2500mm² | 3500mm² | 5000mm² | 7500mm² |
| 名称 | | 单位 | 数量 | | | |
| 人工 | 综合工日 | 工日 | 5.140 | 5.433 | 6.021 | 6.755 |
| 材料 | 铜母排 | m | 10.230 | 10.230 | 10.230 | 10.230 |
| | 木炭 | kg | 13.350 | 9.790 | 4.895 | 4.450 |
| | 电力复合酯 一级 | kg | 0.045 | 0.055 | 0.065 | 0.075 |
| | 电极棒 | 根 | 0.385 | 0.400 | 0.650 | 0.900 |
| | 石墨块 | kg | 0.930 | 0.957 | 1.001 | 1.177 |
| | 机油 5#～7# | kg | 0.156 | 0.178 | 0.200 | 0.223 |
| | 布 | kg | 0.245 | 0.223 | 0.267 | 0.334 |
| | 其他材料费 | % | 1.000 | 1.000 | 1.000 | 1.000 |
| 机械 | 汽车式起重机 12t | 台班 | 0.067 | 0.178 | 0.543 | 0.573 |
| | 弓锯床 $\phi$250 | 台班 | 0.120 | 0.443 | 0.501 | 0.743 |

注：铜母排包含铜母线、螺栓、夹具、绝缘板、低导磁钢压板、绝缘导管等主材。

### 1.4.3 防鼠板制作安装

**工作内容：** 准备、测量、防鼠板预制、角钢预制、定位、打孔、螺栓安装、角钢安装、防鼠板安装、调整固定。

计量单位：$m^2$

| 定额编号 | | | 8-047 |
|---|---|---|---|
| 项目 | | | 防鼠板制作安装 |
| 名称 | | 单位 | 数量 |
| 人工 | 综合工日 | 工日 | 1.389 |
| 材料 | 防鼠板 8mm 厚复合材料 | $m^2$ | 1.020 |
| | 角钢热镀锌 L50×5 | 根 | 2.040 |
| | 膨胀螺栓 M12×80 | 套 | 4.080 |
| | 冲击钻头 $\phi14$ | 根 | 0.082 |
| | 砂轮片 $\phi400$ | 片 | 0.245 |
| | 电 | kW·h | 0.238 |
| | 其他材料费 | % | 1.000 |
| 机械 | 冲孔机 | 台班 | 0.025 |
| | 电锤 830W | 台班 | 0.067 |

### 1.4.4 模拟盘安装

**工作内容：**准备、测量定位、打孔、挂盘、调整。

计量单位：块

| 定额编号 | | | 8-048 |
|---|---|---|---|
| 项目 | | | 模拟盘安装 |
| 名称 | | 单位 | 数量 |
| 人工 | 综合工日 | 工日 | 1.398 |
| 材料 | 模拟盘 2000×1000 | 块 | 1.000 |
| | 塑料膨胀管 M4×25 | 颗 | 6.120 |
| | 其他材料费 | % | 1.000 |

## 1.4.5 绝缘垫制作安装

**工作内容：**准备、测量、裁剪、布放、记录。

计量单位：$m^2$

| 定额编号 | | | 8-049 |
|---|---|---|---|
| 项目 | | | 绝缘垫制作安装 |
| 名称 | | 单位 | 数量 |
| 人工 | 综合工日 | 工日 | 0.390 |
| 材料 | 绝缘垫 δ10 | $m^2$ | 1.020 |
| | 其他材料费 | % | 1.000 |

### 1.4.6 屏柜接线

**工作内容：** 准备、测量、电缆开剥、绝缘测试、铠装接地、终端头制作、排线、校线、套线号、接线、记录。

计量单位：10芯

| 定额编号 | | | 8-050 |
|---|---|---|---|
| 项目 | | | 屏柜接线 |
| 名称 | | 单位 | 数量 |
| 人工 | 综合工日 | 工日 | 1.215 |
| 材料 | 热缩管 $\phi15$ | m | 0.300 |
| | 绝缘胶带黄、绿、红、黑 | 圈 | 0.255 |
| | 线号管 | 颗 | 10.200 |
| | 接地线 $\phi6$ | m | 1.020 |
| | 接线端子 $\phi6$ | 套 | 1.000 |
| | 焊锡丝 | kg | 0.010 |
| | 焊锡膏 50g/瓶 | kg | 0.306 |
| | 丁烷气 250mL/罐 | mL | 12.500 |

续前

| 定额编号 | | | 8-050 |
| --- | --- | --- | --- |
| 项目 | | | 屏柜接线 |
| 名称 | | 单位 | 数量 |
| 材料 | 连接螺栓 M6×10 | 套 | 2.040 |
| | 绑带 4×300 | 条 | 0.010 |
| | 白色螺纹管 | m | 4.080 |
| | 其他材料费 | % | 1.000 |
| 仪器仪表 | 号码印烫机 | 台班 | 0.042 |
| | 绝缘测试仪 | 台班 | 0.042 |
| | 对讲机 | 台班 | 0.104 |
| | 铭牌打印机 | 台班 | 0.042 |
| | 校线器 | 台班 | 0.083 |
| | 万用表 | 台班 | 0.083 |

### 1.4.7 孔洞封堵

#### （1）钢板封堵

**工作内容：** 准备、钢板预制、测量、打孔、安装调整。

计量单位：$m^2$

| 定额编号 | | | 8-051 |
|---|---|---|---|
| 项目 | | | 钢板封堵 |
| 名称 | | 单位 | 数量 |
| 人工 | 综合工日 | 工日 | 1.788 |
| 材料 | 印花钢板 δ5～7 | $m^2$ | 1.020 |
| | 膨胀螺栓 M8×60 | 套 | 4.080 |
| | 连接螺栓 M4×10 | 套 | 4.080 |
| | 直柄钻头 φ10 | 根 | 0.082 |
| | 冲击钻头 φ12 | 根 | 1.020 |
| | 砂轮片 φ100 | 片 | 0.102 |
| | 富锌漆银色脂胶磁漆 | kg | 0.204 |
| | 防锈漆红色脂胶磁漆 | kg | 0.204 |
| | 电 | kW·h | 0.676 |
| | 其他材料费 | % | 1.000 |
| 机械 | 电锤 830W | 台班 | 0.150 |

## （2）堵料封堵

**工作内容：** 准备、搬运、现场加工调制、模板制作、封堵、记录。

计量单位：kg

| 定额编号 | | | 8-052 | 8-053 |
|---|---|---|---|---|
| 项目 | | | 有机堵料 | 无机堵料 |
| 名称 | | 单位 | 数量 | |
| 人工 | 综合工日 | 工日 | 0.160 | 0.033 |
| 材料 | 有机堵料 | kg | 1.020 | — |
| | 无机堵料 | kg | — | 1.020 |
| | 模板 | 套 | — | 0.122 |
| | 水 | kg | — | 0.500 |
| | 其他材料费 | % | 1.000 | 1.000 |

### 1.4.8 网栅制作安装

**工作内容：**准备、测量、定位、打孔、立柱安装、网栅安装、焊接、防锈处理、附件安装、调整、记录。

计量单位：间隔

| 定额编号 | | | 8-054 |
|---|---|---|---|
| 项目 | | | 网栅制作安装 |
| 名称 | | 单位 | 数量 |
| 人工 | 综合工日 | 工日 | 3.311 |
| 材料 | 网栅便门 564×1600 | 间隔 | 1.000 |
| | 标准网栅 530×1600 | 间隔 | 1.000 |
| | 边网栅片 230×1600 | 间隔 | 1.000 |
| | Ⅰ型立柱 $\phi6\times1700$ | 套 | 2.000 |
| | Ⅱ型立柱 $\phi6\times1700$ | 套 | 1.000 |
| | 扁钢 30×3×220 | 块 | 9.180 |
| | 合页 40×80 | 套 | 2.000 |
| | 铰链 $\phi2.0$ | 个 | 10.000 |

续前

| 定额编号 | | | 8-054 |
|---|---|---|---|
| 项目 | | | 网栅制作安装 |
| 名称 | | 单位 | 数量 |
| 材料 | 膨胀螺栓 M12×85 | 套 | 13.260 |
| | 铜制挂锁 50 | 把 | 1.020 |
| | 电焊条 | kg | 0.255 |
| | 富锌漆银色脂胶磁漆 | kg | 0.255 |
| | 防锈漆红色脂胶磁漆 | kg | 0.255 |
| | 冲击钻头 $\phi14$ | 根 | 0.265 |
| | 砂轮片 $\phi100$ | 片 | 0.184 |
| | 电 | kW·h | 2.228 |
| | 其他材料费 | % | 1.000 |
| 机械 | 载重汽车 8t | 台班 | 0.125 |
| | 电锤 830W | 台班 | 0.167 |
| | 电焊机 21kV·A | 台班 | 0.500 |

# 2 杂散电流

# 说　明

一、本章定额包括单向导通装置基础制作安装、设备安装及系统调试，共 3 节 8 个子目。

二、排流柜安装不包括基础制作安装，基础制作安装执行第 13 章相应子目。

三、单向导通装置基础制作安装不包括上轨电缆敷设，电缆敷设执行第 9 章相应子目。

四、杂散电流系统按照一个作业面不大于 30 公里编制。

# 工程量计算规则

一、单向导通装置基础制作安装按设计图示以“处”为单位计算。

二、排流柜、单向导通装置安装按设计图示以“面”为单位计算。

三、参比电极、参比电极接线盒、上位机、测防端子电连接安装按设计图示数量以“个”为单位计算。

## 2.1 单向导通装置基础制作安装

**工作内容：**准备、测量、定位、混凝土浇筑基础、搬运、打孔、螺栓安装、调整、固定、防锈处理、记录。

计量单位：处

| | | | |
|---|---|---|---|
| 定额编号 | | | 8-055 |
| 项目 | | | 单向导通装置基础制作安装 |
| 名称 | | 单位 | 数量 |
| 人工 | 综合工日 | 工日 | 7.142 |
| 材料 | 预拌混凝土 | $m^3$ | 3.054 |
| | 地脚螺栓 M12×1070 | 根 | 4.080 |
| | 镀锌螺母 M12 | 个 | 8.160 |
| | 镀锌垫圈 M12 | 个 | 4.080 |
| | 冲击钻头 $\phi12$ | 个 | 0.200 |
| | 电 | kW·h | 2.000 |
| | 其他材料费 | % | 1.000 |
| 机械 | 电锤 830W | 台班 | 0.136 |

## 2.2 设备安装

**工作内容：**准备、搬运、开箱检查、螺栓安装、调整、固定、设备接地、接线、绝缘测试、单体调试、记录。

计量单位：面

| 定额编号 | | | 8-056 | 8-057 |
|---|---|---|---|---|
| 项目 | | | 排流柜 | 单向导通装置 |
| 名称 | | 单位 | 数量 | |
| 人工 | 综合工日 | 工日 | 11.206 | 9.398 |
| 材料 | 镀锌弹簧垫圈 M10 | 个 | 4.080 | 4.080 |
| | 绝缘螺栓 M12×50 | 套 | 4.080 | — |
| | 接地扁钢 –50×5×500 | m | 2.040 | 2.040 |
| | 紧固件 ∠50×5×100 | 套 | 1.020 | 1.020 |
| | 钢垫块 –50×5×500 | 块 | 2.040 | 2.040 |
| | 镀锌垫圈 M10 | 个 | 4.080 | 4.080 |
| | 镀锌带母螺栓 M10×90 | 个 | 4.080 | 4.080 |

续前

| 定额编号 | | | 8-056 | 8-057 |
|---|---|---|---|---|
| 项目 | | | 排流柜 | 单向导通装置 |
| 名称 | | 单位 | 数量 | |
| 材料 | 电焊条 | kg | 2.040 | 1.020 |
| | 冲击钻头 $\phi12$ | 个 | 0.200 | 0.200 |
| | 电 | kW·h | 4.000 | — |
| | 其他材料费 | % | 1.000 | 1.000 |
| 机械 | 电锤 830W | 台班 | 0.167 | 0.208 |
| | 冲孔机 | 台班 | 0.250 | 0.250 |
| | 电焊机 21kV·A | 台班 | 0.156 | 0.188 |
| | 载重汽车 8t | 台班 | 0.060 | 0.080 |
| | 发电机 ≤2kW | 台班 | — | 0.746 |

**工作内容：**准备、搬运、测量、定位、水泥浇灌、调整、固定、记录。

计量单位：个

| 定额编号 | | | 8-058 |
|---|---|---|---|
| 项目 | | | 参比电极 |
| 名称 | | 单位 | 数量 |
| 人工 | 综合工日 | 工日 | 0.444 |
| 材料 | 预拌混凝土 | kg | 0.510 |
| | 金刚钻钻头 $\phi$50 | 根 | 0.034 |
| | 其他材料费 | % | 1.000 |
| 机械 | 金刚钻 1.1kW | 台班 | 0.065 |

**工作内容：**准备、搬运、测量、定位、打孔、螺栓安装、调整、固定、记录。

计量单位：个

| 定额编号 | | | 8-059 |
|---|---|---|---|
| 项目 | | | 参比电极接线盒 |
| 名称 | | 单位 | 数量 |
| 人工 | 综合工日 | 工日 | 0.515 |
| 材料 | 冲击钻头 $\phi12$ | 根 | 0.050 |
| | 膨胀螺栓 M10×12 | 个 | 4.080 |
| | 镀锌垫圈 M10 | 个 | 4.080 |
| | 镀锌弹簧垫圈 M10 | 个 | 4.080 |
| | 其他材料费 | % | 1.000 |
| 机械 | 电锤 830W | 台班 | 0.020 |

**工作内容：**准备、打孔、安装、记录。

计量单位：个

| 定额编号 | | | 8-060 |
|---|---|---|---|
| 项目 | | | 上位机 |
| 名称 | | 单位 | 数量 |
| 人工 | 综合工日 | 工日 | 0.217 |
| 材料 | 冲击钻头 $\phi$12 | 根 | 0.050 |
| | 膨胀螺栓 M10×12 | 个 | 4.080 |
| | 镀锌垫圈 M10 | 个 | 8.160 |
| | 镀锌弹簧垫圈 M10 | 个 | 4.080 |
| | 其他材料费 | % | 1.000 |
| 机械 | 电锤 830W | 台班 | 0.020 |

**工作内容**：准备、搬运、裁剪、测防端子电连接制作、端子除锈、电连接安装、防护。

计量单位：套

| 定额编号 | | | 8-061 |
|---|---|---|---|
| 项目 | | | 测防端子电连接 |
| 名称 | | 单位 | 数量 |
| 人工 | 综合工日 | 工日 | 1.444 |
| 材料 | 直流电缆 $95mm^2$ | m | 0.550 |
| | 精制镀锌螺栓带帽 M10×35 | 个 | 2.020 |
| | 镀锌弹簧垫圈 M10 | 个 | 2.020 |
| | 镀锌垫圈 M10 | 个 | 4.040 |
| | 铜接线端子 DT-$95mm^2$ | 个 | 2.040 |
| | 热缩管 | m | 0.130 |
| | 乙炔气 | $m^3$ | 0.202 |
| | 导电膏 | kg | 0.026 |
| | 沥青 | kg | 0.040 |
| | 其他材料费 | % | 1.000 |

## 2.3 系统调试

**工作内容：**准备、检查接线、设备调整、电源连接、系统调试。

计量单位：变电所

| 定额编号 | | | 8-062 |
|---|---|---|---|
| 项目 | | | 杂散电流系统 |
| 名称 | | 单位 | 数量 |
| 人工 | 综合工日 | 工日 | 4.000 |
| 材料 | 可变电阻 | 个 | 1.000 |
| | 其他材料费 | % | 5.000 |
| 仪器仪表 | 便携式计算机 | 台班 | 1.000 |
| | 万用表 | 台班 | 1.000 |
| | 绝缘摇表 2500V | 台班 | 1.000 |

# 3 电力监控

# 说　明

一、本章定额包括变电所自动化系统设备安装、通信电缆光缆敷设、光缆接续及成端、系统调试，共 4 节 25 个子目。

二、设备基础预埋执行第 13 章相应子目。

三、光纤熔接按照室内施工编制。室外光缆熔接，其人工、机械消耗量乘以系数 1.1 计算。

# 工程量计算规则

一、工作台安装按图示尺寸以“延米”为单位计算。

二、光缆熔接按芯数分类以“根”为单位计算。

## 3.1 设备安装

**工作内容：**准备、开箱检查、就位、打孔攻丝、安装、附件安装、接线、检查、单体调试、记录。

计量单位：面

| 定额编号 | | | 8-063 |
|---|---|---|---|
| 项目 | | | 控制信号盘 |
| 名称 | | 单位 | 数量 |
| 人工 | 综合工日 | 工日 | 4.751 |
| 材料 | 紧固螺栓 M8×60 | 套 | 4.080 |
| | 丝锥 M8 | 个 | 0.204 |
| | 直柄钻头 $\phi 7.5$ | 个 | 0.136 |
| | 冲击钻头 $\phi 12$ | 个 | 0.082 |
| | 黄油 | kg | 0.136 |
| | 电 | kW·h | 0.415 |
| | 其他材料费 | % | 1.000 |
| 机械 | 电锤 830W | 台班 | 0.117 |

**工作内容：**准备、开箱、电源检测和联试安全保护、接口正确性检测、检查、硬件系统的验证、硬件调试、记录。

计量单位：台

| 定额编号 | | | 8-064 |
|---|---|---|---|
| 项目 | | | 工作站 |
| 名称 | | 单位 | 数量 |
| 人工 | 综合工日 | 工日 | 2.547 |
| 材料 | 光盘 | 张 | 4.000 |
| | 复印纸 A4 70g | 包 | 0.750 |
| | 其他材料费 | % | 1.000 |
| 机械 | 便携式计算机 | 台班 | 1.000 |

**工作内容：**装卸、开箱、检查、安装、接线、调试。

计量单位：面

| 定额编号 | | | 8-065 |
|---|---|---|---|
| 项目 | | | 模拟屏 |
| 名称 | | 单位 | 数量 |
| 人工 | 综合工日 | 工日 | 37.618 |
| 材料 | 膨胀螺栓 M12×80 | 套 | 24.480 |
| | 丝锥 M12 | 个 | 0.408 |
| | 直柄钻头 $\phi 12$ | 个 | 0.163 |
| | 冲击钻头 $\phi 14$ | 个 | 0.020 |
| | 黄油 | kg | 0.272 |
| | 电 | kW·h | 0.775 |
| | 其他材料费 | % | 1.000 |
| 机械 | 电锤 830W | 台班 | 0.23 |

**工作内容：**装卸、开箱、检查、拼接、清扫。

计量单位：延米

| 定 额 编 号 | | | 8-066 |
|---|---|---|---|
| 项 目 | | | 工作台 |
| 名 称 | | 单位 | 数 量 |
| 人工 | 综合工日 | 工日 | 1.253 |
| 材料 | 工作台 | 延米 | 1.000 |
| | 膨胀螺栓 M12×80 | 套 | 4.080 |
| | 直柄钻头 $\phi$12 | 个 | 0.208 |
| | 冲击钻头 $\phi$14 | 个 | 0.082 |
| | 电 | kW·h | 0.300 |
| | 其他材料费 | % | 1.000 |
| 机械 | 电锤 830W | 台班 | 0.060 |

## 3.2 通信电缆、光缆敷设

### 3.2.1 屏蔽双绞线

**工作内容：**准备、测量、裁剪、搬运、敷设、绑扎固定、标志牌制作安装、记录。

计量单位：100m

| 定额编号 | | | 8-067 |
|---|---|---|---|
| 项目 | | | 屏蔽双绞线 |
| 名称 | | 单位 | 数量 |
| 人工 | 综合工日 | 工日 | 3.708 |
| 材料 | 屏蔽双绞线 | m | 102.000 |
| | 标志牌 | 个 | 1.200 |
| | 铁丝 | kg | 0.200 |
| | 绑带 4×250 | 根 | 105.000 |
| | 其他材料费 | % | 1.000 |
| 机械 | 载重汽车 8t | 台班 | 0.010 |
| | 铭牌打印机 | 台班 | 0.006 |

## 3.2.2 通信电缆

**工作内容：**准备、测量、裁剪、搬运、敷设、绑扎固定、标志牌制作安装、记录。

计量单位：100m

| 定额编号 | | | 8-068 | 8-069 |
|---|---|---|---|---|
| 项目 | | | 4芯 | 6芯 |
| 名称 | | 单位 | 数量 | |
| 人工 | 综合工日 | 工日 | 4.136 | 4.235 |
| 材料 | 通信电缆 | m | 102.000 | 102.000 |
| | 铁丝 | kg | 0.200 | 0.200 |
| | 绑带 4×250 | 根 | 105.000 | 105.000 |
| | 标志牌 | 个 | 1.020 | 1.020 |
| | 其他材料费 | % | 1.000 | 1.000 |
| 机械 | 载重汽车 8t | 台班 | 0.010 | 0.013 |
| | 铭牌打印机 | 台班 | 0.006 | 0.004 |

### 3.2.3 室内光缆

**工作内容：**准备、测量、裁剪、搬运、敷设、绑扎固定、标志牌制作安装、记录。

计量单位：100m

| 定额编号 | | | 8-070 | 8-071 | 8-072 |
|---|---|---|---|---|---|
| 项目 | | | 3芯 | 4芯 | 6芯 |
| 名称 | | 单位 | 数量 | | |
| 人工 | 综合工日 | 工日 | 3.117 | 3.384 | 3.971 |
| 材料 | 室内光缆 | m | 102.000 | 102.000 | 102.000 |
| | 铁丝 | m | 3.400 | 3.400 | 3.400 |
| | 绑带 4×250 | 根 | 105.000 | 105.000 | 105.000 |
| | 标志牌 | 个 | 1.020 | 1.020 | 1.020 |
| | 其他材料费 | % | 1.000 | 1.000 | 1.000 |
| 机械 | 载重汽车 8t | 台班 | 0.010 | 0.010 | 0.013 |
| | 铭牌打印机 | 台班 | 0.004 | 0.004 | 0.004 |

### 3.2.4 室外光缆

**工作内容：** 准备、测量、裁剪、搬运、敷设、绑扎固定、标志牌制作安装、记录。

计量单位：100m

| 定额编号 | | | 8-073 | 8-074 | 8-075 |
|---|---|---|---|---|---|
| 项目 | | | 3芯 | 4芯 | 6芯 |
| 名称 | | 单位 | 数量 | | |
| 人工 | 综合工日 | 工日 | 2.284 | 2.635 | 2.791 |
| 材料 | 光缆 | m | 102.000 | 102.000 | 102.000 |
| | 防紫外线绑带 4×250 | 根 | 105.000 | 105.000 | 105.000 |
| | 标志牌 | 个 | 2.040 | 2.040 | 2.040 |
| | 其他材料费 | % | 1.000 | 1.000 | 1.000 |
| 机械 | 汽车起重机 12t | 台班 | 0.006 | 0.006 | 0.006 |
| | 载重汽车 8t | 台班 | 0.010 | 0.010 | 0.010 |
| | 轨道车 ≤210kW | 台班 | 0.010 | 0.010 | 0.010 |
| | 轨道平板车 | 台班 | 0.010 | 0.010 | 0.010 |
| | 电缆放线架 | 台班 | 0.010 | 0.010 | 0.010 |
| | 铭牌打印机 | 台班 | 0.001 | 0.001 | 0.001 |

## 3.3 光缆接续及成端

**工作内容：**准备、光缆裁剪及开剥、铠装接地、光纤转接箱安装、尾纤接续、余长收容、损耗测试、清理、防护、记录。

计量单位：根

| 定额编号 | | | 8-076 | 8-077 | 8-078 |
|---|---|---|---|---|---|
| 项目 | | | 3芯 | 4芯 | 5芯 |
| 名称 | | 单位 | 数量 | | |
| 人工 | 综合工日 | 工日 | 2.750 | 3.670 | 4.580 |
| 材料 | 增强保护管 | 个 | 1.020 | 1.020 | 1.020 |
| | 酒精 500mL/瓶 | mL | 15.000 | 17.000 | 20.000 |
| | 专用清洁纸 | 张 | 5.100 | 5.100 | 6.120 |
| | 尾纤 | m | 1.000 | 1.000 | 1.000 |
| | 光纤转接箱 | 个 | 1.010 | 1.010 | 1.010 |
| | 适配器 | 个 | 1.000 | 1.000 | 1.000 |
| | 电 | kW·h | 0.029 | 0.029 | 0.029 |
| | 其他材料费 | % | 1.000 | 1.000 | 1.000 |
| 机械 | 熔接机 | 台班 | 0.120 | 0.125 | 0.130 |
| | 光功率计 0.38～1.8μm | 台班 | 0.015 | 0.015 | 0.015 |
| | 光时域反射仪 | 台班 | 0.015 | 0.015 | 0.015 |

**工作内容**：准备、裁剪、开剥、成端、接地、测试。

计量单位：根

| 定额编号 | | | 8-079 |
| --- | --- | --- | --- |
| 项目 | | | 成端 |
| 名称 | | 单位 | 数量 |
| 人工 | 综合工日 | 工日 | 0.120 |
| 材料 | 光接头 | 个 | 1.020 |
| | 其他材料费 | % | 1.000 |

## 3.4 系统调试

**工作内容：**准备、检查、调试、记录。

计量单位：所

| 定额编号 | | | 8-080 | 8-081 | 8-082 |
| --- | --- | --- | --- | --- | --- |
| 项目 | | | 综合自动化调试 | | |
| | | | 降压所 | 牵引所 | 混合所 |
| 名称 | | 单位 | 数量 | | |
| 人工 | 综合工日 | 工日 | 56.000 | 75.000 | 112.000 |
| 材料 | 屏蔽双绞线 | m | 5.100 | 5.100 | 5.100 |
| | 其他材料费 | % | 1.000 | 1.000 | 1.000 |
| 仪器仪表 | 便携式计算机 | 台班 | 20.000 | 30.000 | 40.000 |
| 机械 | 对讲机 | 台班 | 28.000 | 38.000 | 56.000 |
| | 电气综合试验车 | 台班 | 10.000 | 15.000 | 20.000 |

**工作内容：**准备、检查、调试、记录。

计量单位：所

| 定额编号 | | | 8-083 |
|---|---|---|---|
| 项目 | | | 控制中心调试 |
| 名称 | | 单位 | 数量 |
| 人工 | 综合工日 | 工日 | 20.000 |
| 材料 | 屏蔽双绞线 | m | 5.100 |
| | 其他材料费 | % | 1.000 |
| 仪器仪表 | 便携式计算机 | 台班 | 10.000 |
| 机械 | 对讲机 | 台班 | 10.000 |
| | 电气综合试验车 | 台班 | 5.000 |

**工作内容：**准备、检查、调试、记录。

计量单位：所

| 定额编号 | | | 8-084 | 8-085 | 8-086 |
|---|---|---|---|---|---|
| 项目 | | | 与控制中心联调 | | |
| | | | 降压所 | 牵引所 | 混合所 |
| 名称 | | 单位 | 数量 | | |
| 人工 | 综合工日 | 工日 | 40.000 | 60.000 | 85.000 |
| 材料 | 屏蔽双绞线 | m | 5.100 | 5.100 | 5.100 |
| | 其他材料费 | % | 1.000 | 1.000 | 1.000 |
| 仪器仪表 | 便携式计算机 | 台班 | 12.000 | 20.000 | 32.000 |
| 机械 | 对讲机 | 台班 | 36.000 | 40.000 | 70.000 |
| | 电气综合试验车 | 台班 | 6.000 | 10.000 | 16.000 |

**工作内容：**准备、检查、调试、记录。

计量单位：系统

| 定额编号 | | | 8-087 |
|---|---|---|---|
| 项目 | | | 与 TCC 调试 |
| 名称 | | 单位 | 数量 |
| 人工 | 综合工日 | 工日 | 80.000 |
| 材料 | 屏蔽双绞线 | m | 5.100 |
| | 其他材料费 | % | 1.000 |
| 仪器仪表 | 便携式计算机 | 台班 | 40.000 |
| 机械 | 对讲机 | 台班 | 40.000 |
| | 电气综合试验车 | 台班 | 20.000 |

# 4　柔性接触网

# 说　　明

一、本章定额适用于柔性接触网工程，包括基坑开挖、基础浇筑、立杆、支柱悬挂安装、隧道接触网悬挂安装、下锚装配及拉线安装、软横跨硬横梁节点安装、架线、悬挂调整、设备安装、电连接安装、接地极及接地跳线安装、馈线安装、架空地线安装、其他，共 15 节 124 个子目。

二、定额中的人工、机械消耗量根据通用的接触网施工图纸编制。

三、本章基坑开挖中支柱坑开挖和拉线坑开挖不包括渣土外运，发生时执行其他册相应定额。其中基坑开挖子目，在无地下水情况时应取消潜水泵。

四、接地干线、接地极安装执行第 11 章相应子目。

# 工程量计算规则

一、接触线、馈线、架空地线敷设按设计图示以“条 · km”为单位计算。

二、铜绞线、电缆敷设按设计图示以“m”为单位计算。

三、柔性悬挂打孔安装按设计图示以“处”为单位计算。定额按每处 4 个孔编制。

# 4.1 基坑开挖

## 4.1.1 支柱坑开挖

**工作内容：**定位、开坑、装土、清坑、支撑、防护板、挡渣板等。

计量单位：个

| 定额编号 | | | 8-088 | 8-089 |
|---|---|---|---|---|
| 项目 | | | 硬土坑 2m×3m×3m | 流沙坑 2m×3m×3m |
| 名称 | | 单位 | 数量 | |
| 人工 | 综合工日 | 工日 | 10.250 | 18.900 |
| 材料 | 木板成材 | $m^3$ | 0.370 | — |
| | 塑料彩条编织布 | $m^2$ | 10.200 | 10.200 |
| | 预拌混凝土 | $m^3$ | — | 1.735 |
| | 钢筋 $\phi 8$ | kg | — | 58.700 |
| | 木模板 | $m^3$ | — | 0.053 |
| | 塑料编织袋 600×400 | 条 | 283.000 | 283.000 |
| | 其他材料费 | % | 1.000 | 1.000 |
| 机械 | 潜水泵 | 台班 | — | 0.007 |
| | 发电机 ≤2kW | 台班 | — | 0.008 |

### 4.1.2 拉线坑开挖

**工作内容**：定位、开坑、装土、清坑、支撑、防护板、挡渣板等。

计量单位：个

| 定额编号 | | | 8-090 | 8-091 |
|---|---|---|---|---|
| 项目 | | | 硬土坑 2m×3m×3m | 流沙坑 2m×3m×3m |
| 名称 | | 单位 | 数量 | |
| 人工 | 综合工日 | 工日 | 6.750 | 15.800 |
| 材料 | 木板成材 | $m^3$ | 0.204 | — |
| | 塑料彩条编织布 | $m^2$ | 10.200 | 10.200 |
| | 预拌混凝土 | $m^3$ | — | 1.530 |
| | 钢筋 $\phi8$ | kg | — | 54.315 |
| | 木模板 | $m^3$ | — | 0.052 |
| | 塑料编织袋 600×400 | 条 | 283.000 | 283.000 |
| | 其他材料费 | % | 1.000 | 1.000 |
| 机械 | 潜水泵 | 台班 | — | 0.007 |
| | 发电机 ≤2kW | 台班 | — | 0.008 |

## 4.2 基础浇筑

工作内容：排污、清理、混凝土浇筑、养护等。

计量单位：个

| 定额编号 | | | 8-092 | 8-093 |
|---|---|---|---|---|
| 项目 | | | 拉线基础浇筑（2m×3m×3m） | 支柱基础浇筑（3m×3m×3m） |
| 名称 | | 单位 | 数量 | |
| 人工 | 综合工日 | 工日 | 12.380 | 11.010 |
| 材料 | 预拌混凝土 | $m^3$ | 4.826 | 6.286 |
| | 钢筋 I级 | kg | 10.251 | 10.251 |
| | 镀锌螺栓 | 套 | — | 8.160 |
| | 拉线锚杆 | 套 | 1.000 | 1.000 |
| | 木模板 | $m^3$ | 0.936 | 0.936 |
| | 草袋 | 条 | 5.150 | 5.150 |
| | 其他材料费 | % | 1.000 | 1.000 |
| 机械 | 混凝土震鸣器 3kW | 台班 | 1.250 | 1.250 |
| | 自卸汽车 6t | 台班 | 0.063 | 0.063 |

**工作内容：**排污、清理、混凝土浇筑、养护等。

计量单位：个

| 定额编号 | | | 8-094 |
|---|---|---|---|
| 项目 | | | 基础帽制作 |
| 名称 | | 单位 | 数量 |
| 人工 | 综合工日 | 工日 | 1.705 |
| 材料 | 预拌混凝土 | $m^3$ | 0.505 |
| | 草袋 | 条 | 2.060 |
| | 其他材料费 | % | 1.000 |

## 4.3 立　杆

**工作内容：**运输、装卸、场地清理、吊装、立杆、整正、固定。

计量单位：根

| 定额编号 | | | 8-095 | 8-096 | 8-097 |
|---|---|---|---|---|---|
| 项目 | | | 机械立杆 | 机械立门型架 | 车站吊柱安装 |
| 名称 | | 单位 | 数量 | | |
| 人工 | 综合工日 | 工日 | 3.428 | 6.363 | 0.567 |
| 材料 | 钢柱 | 根 | 1.000 | — | — |
| | 门型架 | 组 | — | 1.000 | — |
| | 车站吊柱 | 组 | — | — | 1.000 |
| | 地脚螺栓 | kg | 58.000 | — | — |
| | 弧形垫块 | kg | 23.850 | 23.850 | — |

续前

| 定额编号 | | | 8-095 | 8-096 | 8-097 |
|---|---|---|---|---|---|
| 项目 | | | 机械立杆 | 机械立门型架 | 车站吊柱安装 |
| 名称 | | 单位 | 数量 | | |
| 材料 | 黄油 | kg | 0.402 | 0.412 | — |
| | 其他材料费 | % | 1.000 | 1.000 | 1.000 |
| 机械 | 轨道车 ≤210kW | 台班 | 0.117 | 0.625 | 0.083 |
| | 轨道平板车 60t | 台班 | 0.117 | 0.625 | 0.083 |
| | 电气化立杆作业车 | 台班 | 0.117 | 0.375 | 0.083 |
| | 汽车式起重机 12t | 台班 | — | 0.417 | — |

**工作内容：**测量、打孔、预埋配件等。

计量单位：处

| 定额编号 | | | 8-098 |
|---|---|---|---|
| 项目 | | | 隧道内打孔安装 |
| 名称 | | 单位 | 数量 |
| 人工 | 综合工日 | 工日 | 1.700 |
| 材料 | 冲击钻头 $\phi22$ | 个 | 0.051 |
| | 锚栓 M16 | 套 | 1.010 |
| | 其他材料费 | % | 1.000 |
| 机械 | 电气化安装作业车 | 台班 | 0.160 |
| | 电锤 830W | 台班 | 0.300 |
| | 发电机 ≤2kW | 台班 | 0.330 |

# 4.4 支柱悬挂安装

## 4.4.1 链型悬挂中间柱

**工作内容：**开箱、零件检验、选配、组装、标写号码、杆上安装、调整、紧固。

计量单位：处

| 定额编号 | | | 8-099 | 8-100 | 8-101 | 8-102 |
|---|---|---|---|---|---|---|
| 项目 | | | 直线 | | 曲外 | 曲内 |
| | | | 正定位 | 反定位 | | |
| 名称 | | 单位 | 数量 | | | |
| 人工 | 综合工日 | 工日 | 0.820 | 0.780 | 1.050 | 1.050 |
| 材料 | 管帽 60 型 | 套 | 1.010 | 1.010 | 1.010 | 1.010 |
| | 斜腕臂 X2700 | 套 | 1.010 | — | — | — |
| | 斜腕臂 X2300 | 套 | 1.010 | — | — | — |
| | 斜腕臂 X2220 | 套 | — | 1.010 | 1.010 | — |
| | 斜腕臂 X2080 | 套 | — | — | — | 1.010 |
| | 斜腕臂 X2050 | 套 | — | — | — | 1.010 |
| | 腕臂 X2550 | 套 | — | 1.010 | — | — |

续前

| 定额编号 | | | 8-099 | 8-100 | 8-101 | 8-102 |
|---|---|---|---|---|---|---|
| 项目 | | | 直线 | | 曲外 | 曲内 |
| | | | 正定位 | 反定位 | | |
| 名称 | | 单位 | 数量 | | | |
| 材料 | 腕臂 X2450 | 套 | — | — | 1.010 | — |
| | 腕臂 P2400 | 套 | — | — | — | 1.010 |
| | 腕臂下底座 300 型 | 套 | 1.010 | 1.010 | — | — |
| | 腕臂上底座 300 型 | 套 | 1.010 | 1.010 | — | — |
| | 腕臂下底座 350 型 | 套 | — | — | 1.010 | 1.010 |
| | 腕臂上底座 350 型 | 套 | — | — | 1.010 | 1.010 |
| | 长定位立柱 48 型 | 套 | — | — | — | 1.010 |
| | 定位双环 | 套 | 1.010 | 1.010 | 1.010 | — |
| | 定位环 $\phi 60$ | 套 | — | 1.010 | — | 1.010 |
| | 定位环 $\phi 34$ | 套 | — | — | 2.020 | 2.020 |
| | 套管双耳 60 型 | 套 | 2.020 | 2.020 | 4.040 | 4.040 |

续前

| 定额编号 | | 8-099 | 8-100 | 8-101 | 8-102 |
|---|---|---|---|---|---|
| 项目 | | 直线 | | 曲外 | 曲内 |
| | | 正定位 | 反定位 | | |
| 名称 | 单位 | 数量 | | | |
| 材料 套管双耳 48 型 | 套 | — | 1.010 | — | 1.010 |
| 定位双环 S48 | 套 | — | — | — | 1.010 |
| 定位管 34-1570 型 | 套 | 1.010 | — | — | — |
| 定位管 34-1530 型 | 套 | 1.010 | — | — | — |
| 定位管 48-2400 型 | 套 | — | 1.010 | — | — |
| 定位管 48-2850 型 | 套 | — | — | — | 1.010 |
| 定位管 48-2290 型 | 套 | — | — | — | 1.010 |
| 定位管支撑 900 型 | 套 | — | 1.010 | — | — |
| 定位管支撑 810 型 | 套 | — | — | 1.010 | — |
| 定位管支撑 780 型 | 套 | — | — | — | 1.010 |
| 支持器 34 型 | 套 | 2.020 | — | — | — |

续前

| 定额编号 | | | 8-099 | 8-100 | 8-101 | 8-102 |
|---|---|---|---|---|---|---|
| 项目 | | | 直线 | | 曲外 | 曲内 |
| | | | 正定位 | 反定位 | | |
| 名称 | | 单位 | 数量 | | | |
| 材料 | 定位器 HL2 型 | 套 | — | 2.020 | — | — |
| | 定位器 L 型 | 套 | — | — | 2.020 | 2.020 |
| | 棒式绝缘子 | 套 | 2.030 | 2.030 | 2.030 | 2.030 |
| | 双线支撑线夹 | 套 | 1.010 | 1.010 | 1.010 | 1.010 |
| | 定位线夹 | 套 | 2.020 | 2.020 | 2.020 | 2.020 |
| | 不锈钢软态铁丝 $\phi3.5$ | kg | — | — | 4.120 | 4.120 |
| | 其他材料费 | % | 1.000 | 1.000 | 1.000 | 1.000 |
| 机械 | 电气化安装作业车 | 台班 | 0.038 | 0.038 | 0.038 | 0.038 |
| | 发电机 ≤2kW | 台班 | 0.020 | 0.020 | 0.020 | 0.020 |

### 4.4.2 车站吊柱链型悬挂

**工作内容：**开箱零件检验、选配、组装、标写号码、杆上安装、调整、紧固。

计量单位：处

| 定额编号 | | | 8-103 | 8-104 |
|---|---|---|---|---|
| 项目 | | | 正定位 | 反定位 |
| 名称 | | 单位 | 数量 | |
| 人工 | 综合工日 | 工日 | 0.921 | 1.013 |
| 材料 | 管帽 60型 | 套 | 1.010 | 1.010 |
| | 腕臂 P1870型 | 套 | 1.010 | — |
| | 腕臂 P2380型 | 套 | — | 1.010 |
| | 斜腕臂 X1720型 | 套 | 1.010 | — |
| | 斜腕臂 X2020型 | 套 | — | 1.010 |
| | 吊柱双肩挑腕臂上底座 | 套 | 1.010 | — |
| | 吊柱双肩挑腕臂下底座 | 套 | 1.010 | — |
| | 定位双环 | 套 | 1.010 | — |

续前

| 定额编号 | | | 8-103 | 8-104 |
|---|---|---|---|---|
| 项目 | | | 正定位 | 反定位 |
| 名称 | | 单位 | 数量 | |
| 材料 | 长定位双环 | 套 | — | 1.010 |
| | 定位环 $\phi$60 型 | 套 | — | 1.010 |
| | 套管双耳 48 型 | 套 | — | 1.010 |
| | 套管双耳 60 型 | 套 | 1.010 | 2.020 |
| | 定位管 34-1470 型 | 套 | 1.010 | — |
| | 定位管 34-1430 型 | 套 | 1.010 | — |
| | 定位管 48-2370 型 | 套 | — | 1.010 |
| | 定位器 HL2 型 | 套 | — | 2.020 |
| | 定位管支持 880 型 | 套 | — | 1.010 |
| | 支持器 34 型 | 套 | 1.010 | — |

续前

| 定额编号 | | | 8-103 | 8-104 |
|---|---|---|---|---|
| 项目 | | | 正定位 | 反定位 |
| 名称 | | 单位 | 数量 | |
| 材料 | 双线支持线夹 | 套 | 1.010 | — |
| | 定位线夹 | 套 | 2.020 | 2.020 |
| | 铜接线端子 DT-95mm$^2$ | 套 | 1.020 | — |
| | 棒式绝缘子 | 套 | 2.030 | 2.030 |
| | 软铜绞线 TRJ-120mm$^2$ | m | 0.508 | — |
| | 螺栓带帽 | kg | 0.080 | — |
| | 其他材料费 | % | 1.000 | 1.000 |
| 机械 | 电气化安装作业车 | 台班 | 0.125 | 0.146 |
| | 发电机 ≤2kW | 台班 | 0.063 | 0.073 |

### 4.4.3 非绝缘转换柱

**工作内容：**开箱零件检验、选配、组装、标写号码、杆上安装、调整、紧固。

计量单位：处

| 定额编号 | | | 8-105 | 8-106 | 8-107 |
|---|---|---|---|---|---|
| 项目 | | | 直线 | 曲外 | 曲内 |
| 名称 | | 单位 | 数量 | | |
| 人工 | 综合工日 | 工日 | 1.560 | 1.810 | 1.740 |
| 材料 | 管帽 60 型 | 套 | 2.020 | 1.010 | 2.020 |
| | 腕臂 P2600 型 | 套 | 1.010 | — | — |
| | 腕臂 P1700 型 | 套 | 1.010 | — | — |
| | 腕臂 P2350 型 | 套 | — | 1.010 | — |
| | 腕臂 P1600 型 | 套 | — | 1.010 | — |
| | 腕臂 P1550 型 | 套 | — | — | 1.010 |
| | 腕臂 P2450 型 | 套 | — | — | 1.010 |
| | 斜腕臂 X2250 型 | 套 | 1.010 | — | — |

续前

| 定额编号 | | | 8-105 | 8-106 | 8-107 |
|---|---|---|---|---|---|
| 项目 | | | 直线 | 曲外 | 曲内 |
| 名称 | | 单位 | 数量 | | |
| 材料 | 斜腕臂 X1640 型 | 套 | 1.010 | — | — |
| | 斜腕臂 X2120 型 | 套 | — | 1.010 | — |
| | 斜腕臂 X1540 型 | 套 | — | 1.010 | — |
| | 斜腕臂 X2060 型 | 套 | — | — | 1.010 |
| | 斜腕臂 X1520 型 | 套 | — | — | 1.010 |
| | 双腕臂下底座 350 型 | 套 | 1.010 | 1.010 | 1.010 |
| | 双腕臂上底座 350 型 | 套 | 1.010 | 1.010 | 1.010 |
| | 定位双环 | 套 | — | 1.010 | — |
| | 长定位双环 | 套 | 1.010 | — | 1.010 |
| | 定位环 $\phi$60 型 | 套 | 1.010 | — | 1.010 |

续前

| 定额编号 | | | 8-105 | 8-106 | 8-107 |
|---|---|---|---|---|---|
| 项目 | | | 直线非绝缘转换柱 | 曲外非绝缘转换柱 | 曲内非绝缘转换柱 |
| 名称 | | 单位 | 数量 | | |
| 材料 | 套管双耳 48 型 | 套 | 1.010 | — | 1.010 |
| | 套管双耳 60 型 | 套 | 5.050 | 2.020 | 5.050 |
| | 定位管 34-1600 型 | 套 | — | 1.010 | — |
| | 定位管 34-1650 型 | 套 | — | 1.010 | — |
| | 定位管 48-2400 型 | 套 | — | — | 1.010 |
| | 定位器 HL2 型 | 套 | 2.020 | — | 2.020 |
| | 920 型定位管支撑 920 型 | 套 | — | — | 1.010 |
| | 定位管支撑 780 型 | 套 | — | 1.010 | 1.010 |
| | 定位管支撑 820 型 | 套 | 1.010 | — | — |
| | 定位管支撑 900 型 | 套 | 1.010 | — | — |

续前

| 定额编号 | | | 8-105 | 8-106 | 8-107 |
|---|---|---|---|---|---|
| 项目 | | | 直线非绝缘转换柱 | 曲外非绝缘转换柱 | 曲内非绝缘转换柱 |
| 名称 | | 单位 | 数量 | | |
| 材料 | 支持器 34 型 | 套 | — | 2.020 | — |
| | 双线支持线夹 | 套 | 2.020 | 2.020 | — |
| | 定位线夹 | 套 | 1.010 | 2.020 | — |
| | 棒式绝缘子 | 套 | 1.015 | 4.060 | 4.060 |
| | 其他材料费 | % | 1.000 | 1.000 | 1.000 |
| 机械 | 电气化安装作业车 | 台班 | 0.056 | 0.056 | 0.056 |
| | 发电机 ≤2kW | 台班 | 0.028 | 0.028 | 0.028 |

### 4.4.4 绝缘转换柱

**工作内容：**开箱零件检验、选配、组装、标写号码、杆上安装、调整、紧固、导线、承力索绝缘制作。

计量单位：处

| 定额编号 | | | 8-108 | 8-109 | 8-110 |
|---|---|---|---|---|---|
| 项目 | | | 直线 | 曲外 | 曲内 |
| 名称 | | 单位 | 数量 | | |
| 人工 | 综合工日 | 工日 | 4.380 | 4.980 | 5.220 |
| 材料 | 管帽 60 型 | 套 | 2.020 | 2.020 | 2.020 |
| | 腕臂 P2600 型 | 套 | 1.010 | — | — |
| | 腕臂 P1750 型 | 套 | 1.010 | — | — |
| | 腕臂 P2350 型 | 套 | — | 1.010 | — |
| | 腕臂 P1550 型 | 套 | — | 1.010 | 1.010 |
| | 腕臂 P2400 型 | 套 | — | — | 1.010 |
| | 斜腕臂 X2270 型 | 套 | 1.010 | — | — |

续前

| 定额编号 | | | 8-108 | 8-109 | 8-110 |
|---|---|---|---|---|---|
| 项目 | | | 直线 | 曲外 | 曲内 |
| 名称 | | 单位 | 数量 | | |
| 材料 | 斜腕臂 X2250 型 | 套 | 1.010 | — | — |
| | 斜腕臂 X1670 型 | 套 | 1.010 | — | — |
| | 斜腕臂 X2140 型 | 套 | — | 1.010 | — |
| | 斜腕臂 X1540 型 | 套 | — | 1.010 | — |
| | 斜腕臂 X2120 型 | 套 | — | — | 1.010 |
| | 斜腕臂 X1550 型 | 套 | — | — | 1.010 |
| | 双腕臂下底座 350 型 | 套 | 1.010 | 1.010 | 1.010 |
| | 双腕臂上底座 350 型 | 套 | 1.010 | 1.010 | 1.010 |
| | 棒式绝缘子 | 套 | 4.060 | 4.060 | 4.060 |
| | 长定位双环 | 套 | 1.010 | — | 1.010 |

续前

| 定额编号 | | | 8-108 | 8-109 | 8-110 |
|---|---|---|---|---|---|
| 项目 | | | 直线 | 曲外 | 曲内 |
| 名称 | | 单位 | 数量 | | |
| 材料 | 定位双环 | 套 | — | 1.010 | — |
| | 套管双耳 48 型 | 套 | 1.010 | — | 1.010 |
| | 套管双耳 60 型 | 套 | 3.030 | 2.020 | 3.030 |
| | $\phi$60 型定位环 $\phi$60 | 套 | 1.010 | — | 1.010 |
| | 48-2400 型定位管 48-2400 型 | 套 | 1.010 | — | — |
| | 定位管 34-1550 型定位管 | 套 | — | 1.010 | — |
| | 定位管 34-1950 型 | 套 | — | 1.010 | — |
| | 定位管 48-2300 型 | 套 | — | — | 1.010 |
| | 定位管支撑 900 型 | 套 | 1.010 | — | 1.010 |
| | 支持器 34 型 | 套 | — | 2.020 | — |

续前

| 定额编号 | | | 8-108 | 8-109 | 8-110 |
|---|---|---|---|---|---|
| 项目 | | | 直线 | 曲外 | 曲内 |
| 名称 | | 单位 | 数量 | | |
| 材料 | 定位器 HL2 型 | 套 | — | — | 2.020 |
| | 定位线夹 | 套 | 1.010 | 2.020 | 2.020 |
| | 双线支撑线夹 | 套 | 2.020 | 2.020 | 2.020 |
| | 其他材料费 | % | 1.000 | 1.000 | 1.000 |
| 机械 | 电气化安装作业车 | 台班 | 0.056 | 0.056 | 0.056 |
| | 发电机 ≤2kW | 台班 | 0.028 | 0.028 | 0.028 |

### 4.4.5 链型悬挂中心锚结

**工作内容：**开箱零件检验、选配、组装、标写号码、杆上安装、调整、紧固。

计量单位：处

| 定额编号 | | | 8-111 |
|---|---|---|---|
| 项目 | | | 链型悬挂中心锚结 |
| 名称 | | 单位 | 数量 |
| 人工 | 综合工日 | 工日 | 4.374 |
| 材料 | 青铜绞线 $150mm^2$ | m | 101.500 |
| | 青铜绞线 $120mm^2$ | m | 30.450 |
| | 心形环 50型 | 件 | 2.020 |
| | 锚结顺固定线夹 | 套 | 2.020 |
| | 双承力索锚固线夹 | 套 | 4.040 |
| | 接触线中心线夹 | 套 | 12.120 |

续前

| 定额编号 | | | 8-111 |
|---|---|---|---|
| 项目 | | | 链型悬挂中心锚结 |
| 名称 | | 单位 | 数量 |
| 材料 | 钢顺夹 Y-12 型 | 套 | 4.040 |
| | 半圆管衬垫 9.1×80 型 | 套 | 4.040 |
| | 其他材料费 | % | 1.000 |
| 机械 | 电气化安装作业车 | 台班 | 0.130 |
| | 发电机 ≤2kW | 台班 | 0.065 |

## 4.4.6 道 岔 柱

**工作内容：** 开箱零件检验、选配、组装、标写号码、杆上安装、调整、紧固。

计量单位：处

| 定额编号 | | | 8-112 | 8-113 | 8-114 | 8-115 |
|---|---|---|---|---|---|---|
| 项目 | | | 链型悬挂道岔柱 | 链型悬挂三联支道岔柱 | 简单悬挂道岔柱 | 简单悬挂三联支道岔柱 |
| 名称 | | 单位 | 数量 | | | |
| 人工 | 综合工日 | 工日 | 0.770 | 1.934 | 0.807 | 1.852 |
| 材料 | 管帽 60型 | 套 | 2.020 | 3.030 | 2.020 | 3.030 |
| | 腕臂 P2400型 | 套 | 1.010 | — | — | — |
| | 腕臂 P2350型 | 套 | 1.010 | 2.020 | — | — |
| | 腕臂 P1600型 | 套 | — | 1.010 | — | — |
| | 腕臂 P3350型 | 套 | — | — | 2.020 | 3.030 |
| | 斜腕臂 X2120型 | 套 | 1.010 | 1.010 | — | — |
| | 斜腕臂 X1540型 | 套 | 1.010 | 1.010 | — | — |

续前

| 定额编号 | | | 8-112 | 8-113 | 8-114 | 8-115 |
|---|---|---|---|---|---|---|
| 项目 | | | 链型悬挂道岔柱 | 链型悬挂三联支道岔柱 | 简单悬挂道岔柱 | 简单悬挂三联支道岔柱 |
| 名称 | | 单位 | 数量 | | | |
| 材料 | 双腕臂下底座 350 型 | 套 | 1.010 | 1.010 | — | — |
| | 双腕臂上底座 350 型 | 套 | 1.010 | 1.010 | — | — |
| | 双腕臂上底座 300 型 | 套 | — | — | 2.020 | — |
| | 三腕臂下底座 300 型 | 套 | — | — | — | 2.020 |
| | 棒式绝缘子 | 套 | 4.060 | 6.090 | 2.030 | 3.045 |
| | 下锚绝缘子 | 套 | — | — | 2.030 | 3.045 |
| | 定位双环 | 套 | 1.010 | 2.020 | 2.020 | 3.015 |
| | 套管双耳 60 型 | 套 | 4.040 | 6.060 | 2.020 | 3.030 |
| | 定位管 34-1600 型 | 套 | 1.010 | 2.020 | — | — |
| | 定位管 34-1650 型 | 套 | 1.010 | 2.020 | — | — |

续前

| 定额编号 | | | 8-112 | 8-113 | 8-114 | 8-115 |
|---|---|---|---|---|---|---|
| 项目 | | | 链型悬挂道岔柱 | 链型悬挂三联支道岔柱 | 简单悬挂道岔柱 | 简单悬挂三联支道岔柱 |
| 名称 | | 单位 | 数量 | | | |
| 材料 | 定位管支撑 780 型 | 套 | 1.010 | 2.020 | — | — |
| | 定位线夹 | 套 | 2.020 | 4.040 | 2.020 | 3.030 |
| | 双线支撑线夹 | 套 | 2.020 | 3.030 | — | — |
| | 支持器 34 型 | 套 | 2.020 | 4.040 | — | — |
| | 双联板 D3 型 | 套 | — | — | 2.020 | 3.030 |
| | 青铜绞线 $35mm^2$ | m | — | — | 12.180 | 18.270 |
| | 钳压管 35 型 | 套 | — | — | 8.080 | 12.120 |
| | 长定位环 G2 型 | 套 | — | — | 2.020 | 3.030 |

续前

| 定额编号 | | | 8-112 | 8-113 | 8-114 | 8-115 |
|---|---|---|---|---|---|---|
| 项目 | | | 链型悬挂道岔柱 | 链型悬挂三联支道岔柱 | 简单悬挂道岔柱 | 简单悬挂三联支道岔柱 |
| 名称 | | 单位 | 数量 | | | |
| 材料 | 心形环 35 型 | 套 | — | — | 4.040 | 6.060 |
| | 定位管支撑 2900 型 | 套 | — | — | 2.020 | 3.030 |
| | 定位器 CL2 型 | 套 | — | — | 2.020 | 3.030 |
| | 吊索线夹 | 套 | — | — | 4.040 | 6.060 |
| | 其他材料费 | % | 1.000 | 1.000 | 1.000 | 1.000 |
| 机械 | 电气化安装作业车 | 台班 | 0.038 | 0.271 | 0.146 | 0.271 |
| | 发电机 ≤2kW | 台班 | 0.019 | 0.136 | 0.073 | 0.136 |

## 4.4.7 简单悬挂中间柱

**工作内容：**开箱零件检验、选配、组装、标写号码、杆上安装、调整、紧固。

计量单位：处

| 定额编号 | | | 8-116 | 8-117 | 8-118 | 8-119 |
|---|---|---|---|---|---|---|
| 项目 | | | 直线 | | 曲外 | 曲内 |
| | | | 正定位 | 反定位 | | |
| 名称 | | 单位 | 数量 | | | |
| 人工 | 综合工日 | 工日 | 0.784 | 0.784 | 1.250 | 1.319 |
| 材料 | 管帽 60型 | 套 | 1.010 | 1.010 | 1.010 | 1.010 |
| | 双联板 D3型 | 套 | 1.010 | 1.010 | 1.010 | 1.010 |
| | 腕臂 P2950型 | 套 | 1.010 | — | — | — |
| | 腕臂 P3550型 | 套 | — | 1.010 | — | — |
| | 腕臂 P2550型 | 套 | — | — | 1.010 | 1.010 |
| | 腕臂上底座 300型 | 套 | 2.020 | — | 2.020 | 2.020 |
| | 腕臂上底座 350型 | 套 | — | 1.010 | — | — |

续前

| 定额编号 | | | 8-116 | 8-117 | 8-118 | 8-119 |
|---|---|---|---|---|---|---|
| 项目 | | | 直线 | | 曲外 | 曲内 |
| | | | 正定位 | 反定位 | | |
| 名称 | | 单位 | 数量 | | | |
| 材料 | 腕臂上底座 350J 型 | 套 | — | 2.020 | — | — |
| | 下锚绝缘子 | 套 | 1.015 | 1.015 | 1.015 | 1.015 |
| | 棒式绝缘子 | 套 | 1.015 | 1.015 | 1.015 | 1.015 |
| | 青铜绞线 $35mm^2$ | m | 6.090 | 6.090 | 6.090 | 6.090 |
| | 钳压管 35 型 | 套 | 6.060 | 6.060 | 6.060 | 6.060 |
| | 心型管 35 型 | 套 | 6.060 | 6.060 | 6.060 | 6.060 |
| | 长定位环 G2 型 | 套 | 1.010 | 1.010 | 1.010 | 1.010 |
| | 定位器 CL2 型 | 套 | 1.010 | 1.010 | — | 1.010 |
| | 软定位器 L 型 | 套 | — | — | 1.010 | — |

续前

| 定额编号 | | | 8-116 | 8-117 | 8-118 | 8-119 |
|---|---|---|---|---|---|---|
| 项目 | | | 直线 | | 曲外 | 曲内 |
| | | | 正定位 | 反定位 | | |
| 名称 | | 单位 | 数量 | | | |
| 材料 | 定位管支撑 2900 型 | 套 | 1.010 | 1.010 | — | 1.010 |
| | 定位管支撑 2400 型 | 套 | — | — | 1.010 | — |
| | 吊索线夹 | 套 | 2.020 | 2.020 | 2.020 | 2.020 |
| | 定位线夹 | 套 | 1.010 | 1.010 | 1.010 | 1.010 |
| | 其他材料费 | % | 1.000 | 1.000 | 1.000 | 1.000 |
| 机械 | 电气化安装作业车 | 台班 | 0.146 | 0.146 | 0.208 | 0.208 |
| | 发电机 ≤2kW | 台班 | 0.073 | 0.073 | 0.104 | 0.104 |

### 4.4.8 道岔处线岔

**工作内容：** 零件检验、选配、组装、杆上安装、调整、紧固。

计量单位：处

| 定额编号 | | | 8-120 |
|---|---|---|---|
| 项目 | | | 道岔处线岔 |
| 名称 | | 单位 | 数量 |
| 人工 | 综合工日 | 工日 | 1.265 |
| 材料 | 线岔 | 套 | 1.010 |
| | 其他材料费 | % | 1.000 |
| 机械 | 电气化安装作业车 | 台班 | 0.208 |
| | 发电机 ≤2kW | 台班 | 0.104 |

## 4.4.9 硬横梁

**工作内容：**开箱零件检验、选配、组装、杆上安装、调整、紧固。

计量单位：处

| 定额编号 | | | 8-121 |
|---|---|---|---|
| 项目 | | | 硬横梁 |
| 名称 | | 单位 | 数量 |
| 人工 | 综合工日 | 工日 | 4.820 |
| 材料 | 硬横梁 | 套 | 1.010 |
| | 硬横梁支柱 | 套 | 2.020 |
| | 其他材料费 | % | 1.000 |
| 机械 | 电气化安装作业车 | 台班 | 0.077 |
| | 轨道平板车 60t | 台班 | 0.154 |
| | 汽车起重机 12t | 台班 | 0.417 |
| | 轨道车 ≤210kW | 台班 | 0.077 |
| | 发电机 ≤2kW | 台班 | 0.077 |

## 4.5 隧道接触网悬挂安装

### 4.5.1 悬挂底座

**工作内容：**预配、安装、调整。

计量单位：处

| 定额编号 | | | 8-122 | 8-123 |
|---|---|---|---|---|
| 项目 | | | 双支 | 单支 |
| 名称 | | 单位 | 数量 | |
| 人工 | 综合工日 | 工日 | 1.196 | 1.196 |
| 材料 | 弹性支座 | 套 | 2.020 | — |
| | 单支弹性底座 | 套 | — | 1.010 |
| | 馈线支架 | 套 | 1.010 | 1.010 |
| | 其他材料费 | % | 1.000 | 1.000 |
| 机械 | 电气化安装作业车 | 台班 | 0.188 | 0.188 |
| | 发电机 ≤2kW | 台班 | 0.094 | 0.094 |

## 4.5.2 S型吊架处悬挂底座

**工作内容：**预配、安装、调整。

计量单位：处

| 定额编号 | | | 8-124 | 8-125 |
|---|---|---|---|---|
| 项目 | | | 双支 | 单支 |
| 名称 | | 单位 | 数量 | |
| 人工 | 综合工日 | 工日 | 1.196 | 1.196 |
| 材料 | 弹性支座 | 套 | 1.010 | — |
| | 单支弹性底座 | 套 | — | 1.010 |
| | 馈线悬挂底座 | 套 | 1.010 | 1.010 |
| | 悬挂底座吊柱馈线悬挂支架 S型 | 套 | 1.010 | 1.010 |
| | 悬挂底座吊柱 S型 | 套 | 1.010 | 1.010 |
| | 螺栓带帽 | kg | 1.809 | 1.809 |
| | 其他材料费 | % | 1.000 | 1.000 |
| 机械 | 电气化安装作业车 | 台班 | 0.188 | 0.188 |
| | 发电机 ≤2kW | 台班 | 0.094 | 0.094 |

### 4.5.3 活动长吊架处悬挂底座

**工作内容：**预配、安装、调整。

计量单位：处

| 定额编号 | | | 8-126 | 8-127 |
|---|---|---|---|---|
| 项目 | | | 双支 | 单支 |
| 名称 | | 单位 | 数量 | |
| 人工 | 综合工日 | 工日 | 1.760 | 1.444 |
| 材料 | 弹性底座 | 套 | 1.010 | — |
| | 单支弹性底座 | 套 | — | 1.010 |
| | 馈线悬挂底座 | 套 | 1.010 | 1.010 |
| | 活动长吊架悬挂底座吊柱 | 套 | 1.010 | 1.010 |
| | 活动长吊架悬挂底座馈线悬挂支架 | 套 | 1.010 | 1.010 |
| | 螺栓带帽 | kg | 1.809 | 1.809 |
| | 其他材料费 | % | 1.000 | 1.000 |
| 机械 | 电气化安装作业车 | 台班 | 0.250 | 0.219 |
| | 发电机 ≤2kW | 台班 | 0.125 | 0.109 |

## 4.5.4 风管吊架处悬挂底座

**工作内容：**开箱检查、预配、安装、调整。

计量单位：处

| 定额编号 | | | 8-128 |
|---|---|---|---|
| 项目 | | | 风管吊架处悬挂底座 |
| 名称 | | 单位 | 数量 |
| 人工 | 综合工日 | 工日 | 7.040 |
| 材料 | 弹性底座 | 套 | 1.010 |
| | 馈线悬挂底座 | 套 | 1.010 |
| | 风管处馈线悬挂支架 | 套 | 1.010 |
| | 风管支架 | 套 | 1.010 |
| | 螺栓带帽 | kg | 1.809 |
| | 其他材料费 | % | 1.000 |
| 机械 | 电气化安装作业车 | 台班 | 1.250 |
| | 发电机 ≤2kW | 台班 | 0.625 |

### 4.5.5 隧内中心锚结

**工作内容：**开箱检查、预配、安装、调整。

计量单位：处

| 定额编号 | | | 8-129 |
|---|---|---|---|
| 项目 | | | 隧内中心锚结 |
| 名称 | | 单位 | 数量 |
| 人工 | 综合工日 | 工日 | 0.637 |
| 材料 | 双线接触线中心锚结线夹 | 套 | 1.010 |
| | 中心锚结下锚绳（不锈钢丝绳） | m | 8.080 |
| | 棒式绝缘子（1500V） | 套 | 2.030 |
| | 耳环杆 | 套 | 2.020 |
| | 双联板 D 型 | 套 | 2.020 |
| | 下锚底座 | 套 | 2.020 |
| | 下锚底座 | 套 | 2.020 |
| | 双耳楔形线夹 | 套 | 4.040 |
| | 其他材料费 | % | 1.000 |
| 机械 | 电气化安装作业车 | 台班 | 0.125 |
| | 发电机 ≤2kW | 台班 | 0.625 |

# 4.6 下锚装配及拉线安装

## 4.6.1 双承力索全补偿下锚

**工作内容：** 开箱检查、预配、安装、下锚装置、限制架安装、临时绑扎、固定。

计量单位：处

| 定额编号 | | | 8-130 |
|---|---|---|---|
| 项目 | | | 双承力索全补偿下锚 |
| 名称 | | 单位 | 数量 |
| 人工 | 综合工日 | 工日 | 5.308 |
| 材料 | 上承锚底座 C 型 | 套 | 1.010 |
| | 下承锚底座 C 型 | 套 | 1.010 |
| | 棘轮装置 | 套 | 1.010 |
| | 下锚绝缘子 | 套 | 1.015 |
| | 铁坠杆 T30 型 | 套 | 32.160 |

续前

| 定额编号 | | | 8-130 |
| --- | --- | --- | --- |
| 项目 | | | 双承力索全补偿下锚 |
| 名称 | | 单位 | 数量 |
| 材料 | 坠砣杆 T1 型 | 套 | 1.010 |
| | 坠砣限制架 T1 型 | 套 | 1.010 |
| | 三角调节板 T1 | 套 | 1.010 |
| | 耳环杆 1000×250 型 | 套 | 2.020 |
| | 拉线 LXGJ-100 | m | 25.375 |
| | 耐张线夹 MUT-3 | 套 | 1.010 |
| | 耐张线夹 MUT-3 | 套 | 1.010 |
| | 楔形拉线线夹 LX-3 型 | 套 | 2.020 |
| | 终锚线夹 T150 型 | 套 | 2.020 |

续前

| 定额编号 | | | 8-130 |
| --- | --- | --- | --- |
| 项目 | | | 双承力索全补偿下锚 |
| 名称 | | 单位 | 数量 |
| 材料 | 拉线双联板 | 套 | 1.010 |
| | 双联板 D2 型 | 套 | 1.010 |
| | 双联板 D1 型 | 套 | 1.010 |
| | 调整螺丝 | 套 | 1.010 |
| | 其他材料费 | % | 1.000 |
| 机械 | 电气化安装作业车 | 台班 | 0.833 |
| | 发电机 ≤2kW | 台班 | 0.416 |

## 4.6.2 双接触线全补偿下锚

**工作内容：** 开箱检查、预配、安装、下锚装置、限制架安装、临时绑扎、固定。

计量单位：处

| 定 额 编 号 | | | 8-131 |
|---|---|---|---|
| 项 目 | | | 双接触线全补偿下锚 |
| 名 称 | | 单位 | 数 量 |
| 人工 | 综合工日 | 工日 | 5.308 |
| 材料 | 上承锚底座 J型 | 套 | 1.010 |
| | 下承锚底座 J型 | 套 | 1.010 |
| | 棘轮装置 | 套 | 1.010 |
| | 下锚绝缘子 | 套 | 1.015 |
| | 铁坠杆 T30型 | 套 | 32.320 |
| | 坠砣杆 T1型 | 套 | 1.010 |

续前

| 定额编号 | | | 8-131 |
|---|---|---|---|
| 项目 | | | 双接触线全补偿下锚 |
| 名称 | | 单位 | 数量 |
| 材料 | 坠砣限制架 T1 型 | 套 | 1.010 |
| | 三角调节板 T1 | 套 | 1.010 |
| | 耳环杆 1000×250 型 | 套 | 2.020 |
| | 拉线 LXGJ-100 | m | 25.375 |
| | 耐张线夹 MUT-3 | 套 | 1.010 |
| | 楔形拉线线夹 LX-3 型 | 套 | 2.020 |
| | 终锚线夹 T150 型 | 套 | 2.020 |

续前

| 定 额 编 号 | | | 8-131 |
|---|---|---|---|
| 项 目 | | | 双接触线全补偿下锚 |
| 名 称 | | 单位 | 数 量 |
| 材料 | 角形垫块 | 套 | 2.020 |
| | 拉线双联板 | 套 | 1.010 |
| | 双联板 D2 型 | 套 | 1.010 |
| | 双联板 D1 型 | 套 | 1.010 |
| | 调整螺丝 | 套 | 1.010 |
| | 其他材料费 | % | 1.000 |
| 机械 | 电气化安装作业车 | 台班 | 0.833 |
| | 发电机 ≤2kW | 台班 | 0.416 |

## 4.6.3 单承单导并联补偿下锚

**工作内容：**开箱检查、预配、安装、下锚装置、限制架安装、临时绑扎、固定。

计量单位：处

| 定额编号 | | | 8-132 |
|---|---|---|---|
| 项目 | | | 单承单导并联补偿下锚 |
| 名称 | | 单位 | 数量 |
| 人工 | 综合工日 | 工日 | 5.308 |
| 材料 | 上承锚底座 J 型 | 套 | 1.010 |
| | 下承锚底座 J 型 | 套 | 1.010 |
| | 棘轮装置 | 套 | 1.010 |
| | 下锚绝缘子 | 套 | 1.015 |
| | 铁坠杆 T30 型 | 套 | 32.320 |
| | 坠砣杆 T1 型 | 套 | 1.010 |

续前

| 定额编号 | | | 8-132 |
|---|---|---|---|
| 项目 | | | 单承单导并联补偿下锚 |
| 名称 | | 单位 | 数量 |
| 材料 | 坠砣限制架 T1 型 | 套 | 1.010 |
| | 耳环杆 1000×250 型 | 套 | 2.020 |
| | 下锚平衡板 CJ 型 | 套 | 1.010 |
| | 拉线 LXGJ-100 | m | 25.375 |
| | 耐张线夹 MUT-3 | 套 | 1.010 |
| | 楔形拉线线夹 LX-3 型 | 套 | 2.020 |
| | 双耳楔形线夹齿型 | 套 | 2.020 |

续前

| 定额编号 | | | 8-132 |
|---|---|---|---|
| 项目 | | | 单承单导并联补偿下锚 |
| 名称 | | 单位 | 数量 |
| 材料 | 终锚线夹 T150 型 | 套 | 1.010 |
| | 角形垫块 | 套 | 1.010 |
| | 拉线双联板 | 套 | 1.010 |
| | 双联板 D2 型 | 套 | 1.010 |
| | 调整螺丝 | 套 | 1.020 |
| | 其他材料费 | % | 1.000 |
| 机械 | 电气化安装作业车 | 台班 | 0.833 |
| | 发电机 ≤2kW | 台班 | 0.416 |

### 4.6.4 单接触线补偿下锚

**工作内容：** 开箱检查、预配、安装、下锚装置、限制架安装、临时绑扎、固定。

计量单位：处

| 定额编号 | | | 8-133 |
|---|---|---|---|
| 项目 | | | 单接触线补偿下锚 |
| 名称 | | 单位 | 数量 |
| 人工 | 综合工日 | 工日 | 3.333 |
| 材料 | 上承锚底座 J型 | 套 | 1.010 |
| | 下承锚底座 J型 | 套 | 1.010 |
| | 棘轮装置 | 套 | 1.010 |
| | 下锚绝缘子 | 套 | 1.015 |
| | 铁坠杆 T30型 | 套 | 16.160 |
| | 坠砣杆 T1型 | 套 | 1.010 |
| | 坠砣限制架 T1型 | 套 | 1.010 |
| | 耳环杆 1000×250型 | 套 | 2.020 |

续前

| 定额编号 | | | 8-133 |
|---|---|---|---|
| 项目 | | | 单接触线补偿下锚 |
| 名称 | | 单位 | 数量 |
| 材料 | 拉线 LXGJ-100 | m | 25.375 |
| | 耐张线夹 MUT-3 | 套 | 1.010 |
| | 楔形拉线线夹 LX-3 型 | 套 | 2.020 |
| | 双耳楔形线夹齿型 | 套 | 2.020 |
| | 角形垫块 | 套 | 1.010 |
| | 拉线双联板 | 套 | 1.010 |
| | 单耳连接器 D 型 | 套 | 1.010 |
| | 其他材料费 | % | 1.000 |
| 机械 | 电气化安装作业车 | 台班 | 0.563 |
| | 发电机 ≤2kW | 台班 | 0.282 |

### 4.6.5 双接触线无补偿下锚

**工作内容：**开箱检查、预配、安装、下锚装置、限制架安装、临时绑扎、固定、拉线安装、调整。

计量单位：处

| 定额编号 | | | 8-134 |
|---|---|---|---|
| 项目 | | | 双接触线无补偿下锚 |
| 名称 | | 单位 | 数量 |
| 人工 | 综合工日 | 工日 | 4.913 |
| 材料 | 下锚绝缘子 | 套 | 1.015 |
| | 拉线 LXGJ-100 | m | 10.150 |
| | 单耳连接器 D 型 | 套 | 1.010 |
| | 承锚抱箍 T1 型 | 套 | 1.010 |
| | 拉线双联板 | 套 | 1.010 |
| | 双联板 D1 型 | 套 | 1.010 |

续前

| 定额编号 | | | 8-134 |
|---|---|---|---|
| 项目 | | | 双接触线无补偿下锚 |
| 名称 | | 单位 | 数量 |
| 材料 | 耐张线夹 NUT-3 型 | 套 | 1.010 |
| | 楔形拉线线夹 LX-3 型 | 套 | 1.010 |
| | 齿形双耳楔形线夹 | 套 | 2.020 |
| | 三角调节板 T1 型 | 套 | 1.010 |
| | 其他材料费 | % | 1.000 |
| 机械 | 电气化安装作业车 | 台班 | 0.667 |
| | 发电机 ≤2kW | 台班 | 0.333 |

### 4.6.6 单承单导并联无补偿下锚

**工作内容：** 开箱检查、预配、安装、下锚装置、限制架安装、临时绑扎、固定、拉线安装、调整。

计量单位：处

| 定额编号 | | | 8-135 |
|---|---|---|---|
| 项目 | | | 单承单导并联无补偿下锚 |
| 名称 | | 单位 | 数量 |
| 人工 | 综合工日 | 工日 | 4.913 |
| 材料 | 下锚绝缘子 | 套 | 1.015 |
| | 拉线 LXGJ-100 | m | 10.150 |
| | 单耳连接器 D 型 | 套 | 1.010 |
| | 承锚抱箍 T1 型 | 套 | 1.010 |
| | 拉线双环杆 | 套 | 1.010 |
| | 拉线双联板 | 套 | 4.040 |

续前

| 定 额 编 号 | | | 8-135 |
|---|---|---|---|
| 项 目 | | | 单承单导并联无补偿下锚 |
| 名 称 | | 单位 | 数 量 |
| 材料 | 耐张线夹 NUT-3 型 | 套 | 1.010 |
| | 楔形拉线线夹 LX-3 型 | 套 | 1.010 |
| | 齿形双耳楔形线夹 | 套 | 2.020 |
| | 终锚线夹 T150 型 | 套 | 1.010 |
| | 三角调节板 T2 型 | 套 | 1.010 |
| | 其他材料费 | % | 1.000 |
| 机械 | 电气化安装作业车 | 台班 | 0.667 |
| | 发电机 ≤2kW | 台班 | 0.333 |

### 4.6.7 单接触线无补偿下锚

**工作内容：**开箱检查、预配、安装、下锚装置、限制架安装、临时绑扎、固定、拉线安装、调整。

计量单位：处

| 定额编号 | | | 8-136 |
|---|---|---|---|
| 项目 | | | 单接触线无补偿下锚 |
| 名称 | | 单位 | 数量 |
| 人工 | 综合工日 | 工日 | 2.402 |
| 材料 | 下锚绝缘子 | 套 | 1.015 |
| | 拉线 LXGJ-100 | m | 10.150 |
| | 单耳连接器 D 型 | 套 | 1.010 |
| | 承锚抱箍 T1 型 | 套 | 1.010 |
| | 拉线双联板 | 套 | 1.010 |
| | 耐张线夹 NUT-3 型 | 套 | 1.010 |
| | 楔形拉线线夹 LX-3 型 | 套 | 1.010 |
| | 齿形双耳楔形线夹 | 套 | 2.020 |
| | 其他材料费 | % | 1.000 |
| 机械 | 电气化安装作业车 | 台班 | 0.333 |
| | 发电机 ≤2kW | 台班 | 0.166 |

## 4.6.8 单接触线 V 型无补偿下锚

**工作内容：**开箱检查、预配、安装、下锚装置、限制架安装、临时绑扎、固定、拉线安装、调整。

计量单位：处

| 定额编号 | | | 8-137 |
|---|---|---|---|
| 项目 | | | 单接触线 V 型无补偿下锚 |
| 名称 | | 单位 | 数量 |
| 人工 | 综合工日 | 工日 | 2.402 |
| 材料 | 下锚绝缘子 | 套 | 1.015 |
| | 双联板 D1 型 | 套 | 1.010 |
| | 齿形双耳楔形线夹 | 套 | 1.010 |
| | 三角调节板 T1 型 | 套 | 1.010 |
| | 青铜绞线 $70mm^2$ | m | 10.150 |
| | 定位索底座 | 套 | 2.020 |
| | 双孔板 D1 型 | 套 | 2.020 |
| | 双耳楔形线夹 70 型 | 套 | 4.040 |
| | 螺栓带帽 | kg | 2.613 |
| | 其他材料费 | % | 1.000 |
| 机械 | 电气化安装作业车 | 台班 | 0.333 |
| | 发电机 ≤2kW | 台班 | 0.166 |

### 4.6.9 库内单接触线无补偿下锚

**工作内容：**开箱检查、预配、安装、下锚装置、限制架安装、临时绑扎、固定、拉线安装、调整。

计量单位：处

| 定额编号 | | | 8-138 |
|---|---|---|---|
| 项目 | | | 库内单接触线无补偿下锚 |
| 名称 | | 单位 | 数量 |
| 人工 | 综合工日 | 工日 | 2.402 |
| 材料 | 下锚绝缘子 | 套 | 1.015 |
| | 双联板 D1 型 | 套 | 1.010 |
| | 齿形双耳楔形线夹 | 套 | 1.010 |
| | 定位索底座 | 套 | 1.010 |
| | 双环杆 300 型 | 套 | 1.010 |
| | 螺栓带帽 | kg | 1.327 |
| | 其他材料费 | % | 1.000 |
| 机械 | 电气化安装作业车 | 台班 | 0.333 |
| | 发电机 ≤2kW | 台班 | 0.166 |

## 4.6.10 库内单接触线V型无补偿下锚

**工作内容：**开箱检查、预配、安装、下锚装置、限制架安装、临时绑扎、固定、拉线安装、调整。

计量单位：处

| 定额编号 | | | 8-139 |
|---|---|---|---|
| 项目 | | | 库内单接触线V型无补偿下锚 |
| 名称 | | 单位 | 数量 |
| 人工 | 综合工日 | 工日 | 2.402 |
| 材料 | 下锚绝缘子 | 套 | 1.015 |
| | 双联板 D1型 | 套 | 1.010 |
| | 齿形双耳楔形线夹 | 套 | 1.010 |
| | 定位索底座 | 套 | 1.010 |
| | 双环杆 300型 | 套 | 1.010 |
| | 螺栓带帽 | kg | 1.327 |
| | 其他材料费 | % | 1.000 |
| 机械 | 电气化安装作业车 | 台班 | 0.333 |
| | 发电机 ≤2kW | 台班 | 0.166 |

### 4.6.11 架空地线终端下锚

**工作内容：**开箱检查、 预配、安装、下锚装置、限制架安装、临时绑扎、固定、拉线安装、调整。

计量单位：处

| 定额编号 | | | 8-140 | 8-141 |
|---|---|---|---|---|
| 项目 | | | 支柱上 | 隧道内 |
| 名称 | | 单位 | 数量 | |
| 人工 | 综合工日 | 工日 | 2.402 | 2.402 |
| 材料 | 单耳连接器 D1 型 | 套 | 1.010 | — |
| | 承锚抱箍 T3 型 | 套 | 1.010 | — |
| | 终锚线夹 T120 型 | 套 | 1.010 | 1.010 |
| | 双孔板 D2 型 | 套 | 1.010 | — |
| | 地线下锚底座 | 套 | — | 1.010 |
| | 其他材料费 | % | 1.000 | 1.000 |
| 机械 | 电气化安装作业车 | 台班 | 0.333 | 0.333 |
| | 发电机 ≤2kW | 台班 | 0.166 | 0.166 |

## 4.6.12 架空地线对向下锚

**工作内容：** 开箱检查、预配、安装、下锚装置、限制架安装、临时绑扎、固定、拉线安装、调整。

计量单位：处

| 定额编号 | | | 8-142 | 8-143 |
|---|---|---|---|---|
| 项目 | | | 支柱上 | 隧道内 |
| 名称 | | 单位 | 数量 | |
| 人工 | 综合工日 | 工日 | 4.913 | 4.500 |
| 材料 | 单耳连接器 D1 型 | 套 | 2.020 | — |
| | 承锚抱箍 T3 型 | 套 | — | — |
| | 终锚线夹 T120 型 | 套 | 2.020 | 2.020 |
| | 双孔板 D2 型 | 套 | 2.020 | — |
| | 软铜绞线 $120mm^2$ | m | 2.538 | — |
| | 对向承锚抱箍 T1 型 | 套 | 1.010 | — |
| | 架空地线肩架 350 型 | 套 | 1.010 | — |
| | 电连接线夹 D2 型 | 套 | 2.020 | — |
| | 地线线夹 | 套 | 1.010 | — |
| | 地线对向下锚底座 | 套 | — | 1.010 |
| | 其他材料费 | % | 1.000 | 1.000 |
| 机械 | 电气化安装作业车 | 台班 | 0.667 | 0.667 |
| | 发电机 ≤2kW | 台班 | 0.333 | 0.333 |

## 4.6.13 双馈线终端下锚

**工作内容：**开箱检查、预配、安装、下锚装置、限制架安装、临时绑扎、固定、拉线安装、调整。

计量单位：处

| 定额编号 | | | 8-144 | 8-145 |
|---|---|---|---|---|
| 项目 | | | 支柱上 | 隧道内 |
| 名称 | | 单位 | 数量 | |
| 人工 | 综合工日 | 工日 | 4.913 | 4.500 |
| 材料 | 下锚绝缘子 | 套 | 1.015 | 2.030 |
| | 单耳连接器 D 型 | 套 | 1.010 | — |
| | 承锚抱箍 T2 型 | 套 | 1.010 | — |
| | 终锚线夹 T120 型 | 套 | 2.020 | 4.040 |
| | 双联板 D1 型 | 套 | 1.010 | 2.020 |
| | 三角调节板 T1 型 | 套 | 1.010 | 2.020 |
| | 耳环杆 | 套 | — | 1.010 |
| | 馈线下锚底座 | 套 | — | 1.010 |
| | 其他材料费 | % | 1.000 | 1.000 |
| 机械 | 电气化安装作业车 | 台班 | 0.667 | 0.667 |
| | 发电机 ≤2kW | 台班 | 0.333 | 0.333 |

### 4.6.14 双馈线对向下锚

**工作内容：** 预配、安装、下锚装置、限制架安装、临时绑扎、固定、拉线安装、调整。

计量单位：处

| 定额编号 | | | 8-146 | 8-147 |
|---|---|---|---|---|
| 项目 | | | 支柱上 | 隧道内 |
| 名称 | | 单位 | 数量 | |
| 人工 | 综合工日 | 工日 | 5.748 | 5.748 |
| 材料 | 下锚绝缘子 | 套 | 2.030 | 1.015 |
| | 单耳连接器 D型 | 套 | 2.020 | — |
| | 承锚抱箍 T2型 | 套 | 1.010 | — |
| | 终锚线夹 T120型 | 套 | 4.040 | 4.040 |
| | 双联板 D1型 | 套 | 2.020 | 2.020 |
| | 三角调节板 T1型 | 套 | 2.020 | 2.020 |
| | 馈线对向下锚底座 | 套 | — | 1.010 |
| | 其他材料费 | % | 1.000 | 1.000 |
| 机械 | 电气化安装作业车 | 台班 | 0.729 | 0.729 |
| | 发电机 ≤2kW | 台班 | 0.365 | 0.365 |

### 4.6.15 四馈线对向下锚

**工作内容：**开箱检查、预配、安装、下锚装置、限制架安装、临时绑扎、固定、拉线安装、调整。

计量单位：处

| 定额编号 | | | 8-148 |
|---|---|---|---|
| 项目 | | | 四馈线对向下锚 |
| 名称 | | 单位 | 数量 |
| 人工 | 综合工日 | 工日 | 7.310 |
| 材料 | 下锚绝缘子 | 套 | 1.015 |
| | 终锚线夹 T120 型 | 套 | 8.080 |
| | 双联板 D1 型 | 套 | 4.040 |
| | 三角调节板 T1 型 | 套 | 4.040 |
| | 耳环杆 | 套 | 4.040 |
| | 馈线对向下锚底座 | 套 | 4.040 |
| | 其他材料费 | % | 1.000 |
| 机械 | 电气化安装作业车 | 台班 | 0.972 |
| | 发电机 ≤2kW | 台班 | 0.436 |

## 4.6.16 拉　线

**工作内容：**测量、预配、安装、调整。

计量单位：处

| 定额编号 | | | 8-149 | 8-150 |
|---|---|---|---|---|
| 项目 | | | 12kN | 24kN |
| 名称 | | 单位 | 数量 | |
| 人工 | 综合工日 | 工日 | 1.141 | 2.319 |
| 材料 | 拉线 LXGJ-100 | m | 25.375 | 25.375 |
| | 耳环杆 1000×250 型 | 套 | 2.020 | 2.020 |
| | 拉线双联板 | 套 | 1.010 | 1.010 |
| | 耐张线夹 NUT-3 型 | 套 | 1.010 | 1.010 |
| | 楔形拉线线夹 LX-3 型 | 套 | 2.020 | 2.020 |
| | 角形垫块 | 套 | 2.020 | 2.020 |
| | 其他材料费 | % | 1.000 | 1.000 |
| 机械 | 电气化安装作业车 | 台班 | 0.156 | 0.271 |
| | 发电机 ≤2kW | 台班 | 0.078 | 0.136 |

### 4.6.17 隧道内接触线补偿下锚

**工作内容：**开箱检查、预配、安装、下锚装置、限制架安装、临时绑扎、固定、拉线安装、调整。

计量单位：处

| 定额编号 | | | 8-151 | 8-152 | 8-153 | 8-154 |
|---|---|---|---|---|---|---|
| 项目 | | | 隧道内单接触线补偿下锚 | 隧道内双接触线补偿下锚 | 隧道内单接触线无补偿下锚 | 隧道内双接触线无补偿下锚 |
| 名称 | | 单位 | 数量 | | | |
| 人工 | 综合工日 | 工日 | 7.310 | 8.685 | 6.944 | 7.310 |
| 材料 | 下锚绝缘子 | 套 | 1.015 | 1.015 | 1.015 | 1.015 |
| | 棘轮装置 620 型 | 套 | 1.010 | 1.010 | — | — |
| | 棘轮限制架 | 套 | 1.010 | 1.010 | — | — |
| | 坠砣固定架 | 套 | 1.010 | 1.010 | — | — |
| | 耳环杆 | 套 | 1.010 | — | 1.010 | 1.010 |
| | 坠砣 | 块 | 16.160 | 32.320 | — | — |

续前

| 定额编号 | | | 8-151 | 8-152 | 8-153 | 8-154 |
|---|---|---|---|---|---|---|
| 项目 | | | 隧道内单接触线补偿下锚 | 隧道内双接触线补偿下锚 | 隧道内单接触线无补偿下锚 | 隧道内双接触线无补偿下锚 |
| 名称 | | 单位 | 数量 | | | |
| 材料 | 棘轮承锚底座 | 套 | 1.010 | — | 1.010 | 1.010 |
| | 硬锚底座 | 套 | 1.010 | — | — | — |
| | 双耳楔形线夹 | 套 | 2.020 | 2.020 | 2.020 | 2.020 |
| | 双联板 | 套 | 1.010 | — | 2.020 | 2.020 |
| | 三角调节板 | 套 | 1.010 | — | — | — |
| | 其他材料费 | % | 1.000 | 1.000 | 1.000 | 1.000 |
| 机械 | 电气化安装作业车 | 台班 | 0.972 | 0.885 | 0.688 | 0.833 |
| | 发电机 ≤2kW | 台班 | 0.436 | 0.443 | 0.344 | 0.416 |

# 4.7 软横跨硬横梁节点安装

## 4.7.1 门型支架软横跨节点

**工作内容：**测量、计算、检查、预配、安装、调整。

计量单位：处

| 定额编号 | | | 8-155 | 8-156 | 8-157 | 8-158 |
|---|---|---|---|---|---|---|
| 项目 | | | 2股道 | 3股道 | 4股道 | 5股道 |
| 名称 | | 单位 | 数量 | | | |
| 人工 | 综合工日 | 工日 | 2.835 | 3.969 | 5.103 | 6.237 |
| 材料 | 下锚绝缘子 | 套 | 6.090 | 6.090 | 6.090 | 6.090 |
| | 悬吊滑轮 T型 | 套 | 1.010 | 2.020 | 4.020 | 5.025 |
| | 青铜绞线 $150mm^2$ | m | 30.450 | 35.425 | 45.675 | 50.750 |
| | 拉线 $\phi3.5$ 不锈钢线 | 根 | 4.060 | 6.090 | 10.150 | 12.180 |
| | 定位抱箍 | 套 | 4.040 | 4.040 | 4.040 | 4.040 |
| | 定位抱箍 245型 | 套 | 2.020 | 2.020 | 2.020 | 2.020 |
| | 单耳连接器 D型 | 套 | 2.020 | 2.020 | 2.020 | 2.020 |

续前

| 定额编号 | | | 8-155 | 8-156 | 8-157 | 8-158 |
|---|---|---|---|---|---|---|
| 项目 | | | 2 股道 | 3 股道 | 4 股道 | 5 股道 |
| 名称 | | 单位 | 数量 | | | |
| 材料 | 定位器 L3 型 | 套 | 4.040 | 6.060 | 10.100 | 12.120 |
| | 双定位线夹 | 套 | 1.010 | 2.020 | 4.040 | 5.050 |
| | 双耳楔形线夹 50 型 | 套 | 4.040 | 6.060 | 10.100 | 12.120 |
| | 定位环线夹 | 套 | 3.030 | 3.030 | 3.030 | 3.030 |
| | 定位线夹 | 套 | 4.040 | 6.060 | 10.100 | 12.120 |
| | 双联板 D2 型 | 套 | 4.040 | 4.040 | 4.040 | 4.040 |
| | 半圆管衬垫 T2 | 套 | 4.040 | 6.060 | 10.100 | 12.120 |
| | 调整螺栓 | 套 | 1.020 | 1.020 | 1.020 | 1.020 |
| | 弹簧补偿器 | 套 | 1.010 | 1.010 | 1.010 | 1.010 |
| | 其他材料费 | % | 1.000 | 1.000 | 1.000 | 1.000 |
| 机械 | 载重汽车 8t | 台班 | 0.025 | 0.045 | 0.065 | 0.085 |
| | 电气化安装作业车 | 台班 | 0.417 | 0.467 | 0.517 | 0.567 |
| | 发电机 ≤2kW | 台班 | 0.208 | 0.258 | 0.308 | 0.358 |

### 4.7.2 库内软横跨节点

**工作内容：**测量、计算、检查、预配、安装、调整。

计量单位：处

| 定额编号 | | | 8-159 | 8-160 | 8-161 | 8-162 |
|---|---|---|---|---|---|---|
| 项目 | | | 2股道 | 3股道 | 4股道 | 5股道 |
| 名称 | | 单位 | 数量 | | | |
| 人工 | 综合工日 | 工日 | 2.835 | 3.969 | 3.969 | 5.103 |
| 材料 | 下锚绝缘子 | 套 | 5.075 | 5.075 | 6.090 | 8.120 |
| | 铜悬挂滑轮 | 套 | 2.020 | 3.015 | 4.020 | 5.025 |
| | 50型钳压管 | 套 | 8.040 | 12.060 | 14.070 | 18.090 |
| | 青铜绞线 $35mm^2$ | m | 16.240 | 20.300 | 30.450 | 35.525 |
| | 青铜绞线 $50mm^2$ | m | 20.300 | 20.300 | 20.300 | 35.525 |
| | D型单耳连接器 | 套 | 2.020 | 3.015 | 4.020 | 5.025 |
| | 定位索底座 | 套 | 5.025 | 6.030 | 7.035 | 7.035 |
| | 35型心形环 | 套 | 2.020 | 6.030 | 8.040 | 8.040 |

续前

| 定额编号 | | | 8-159 | 8-160 | 8-161 | 8-162 |
|---|---|---|---|---|---|---|
| 项目 | | | 2股道 | 3股道 | 4股道 | 5股道 |
| 名称 | | 单位 | 数量 | | | |
| 材料 | 50型双耳锲形线夹 | 套 | 4.040 | 4.040 | 4.040 | 6.060 |
| | 定位环线夹 | 套 | 2.020 | 3.030 | 4.040 | 5.050 |
| | D2型双联板 | 套 | 4.040 | 4.040 | 5.050 | 7.070 |
| | 吊索线夹 | 套 | 4.040 | 6.060 | 8.080 | 10.100 |
| | 半圆管衬垫 T2 | 件 | 4.040 | 6.060 | 8.080 | 10.100 |
| | 调整螺丝 | 套 | 1.020 | 1.020 | 1.020 | 3.060 |
| | 螺栓带帽 | kg | 1.049 | 1.574 | 2.098 | 2.171 |
| | 其他材料费 | % | 1.000 | 1.000 | 1.000 | 1.000 |
| 机械 | 电气化安装作业车 | 台班 | 0.375 | 0.400 | 0.425 | 0.450 |
| | 电气化钻孔作业车 | 台班 | 0.166 | 0.186 | 0.206 | 0.244 |
| | 发电机 ≤2kW | 台班 | 0.188 | 0.208 | 0.228 | 0.248 |

### 4.7.3 库内垂直悬挂节点

**工作内容：** 测量、计算、检查、预配、安装、调整。

计量单位：处

| 定额编号 | | | 8-163 |
|---|---|---|---|
| 项目 | | | 库内垂直悬挂节点 |
| 名称 | | 单位 | 数量 |
| 人工 | 综合工日 | 工日 | 1.416 |
| 材料 | 下锚绝缘子 | 套 | 1.015 |
| | 铜悬挂滑轮 | 套 | 1.010 |
| | 钳压管 35型 | 套 | 4.040 |
| | 青铜绞线 $35mm^2$ | m | 3.045 |
| | 吊索底座 T型 | 套 | 1.010 |
| | 吊索底座 | 套 | 1.010 |
| | 抱箍 | 套 | 2.020 |

续前

| 定 额 编 号 | | | 8-163 |
|---|---|---|---|
| 项 目 | | | 库内垂直悬挂节点 |
| 名 称 | | 单位 | 数 量 |
| 材料 | 35 型心形环 | 套 | 2.020 |
| | 定位环线夹 | 套 | 1.010 |
| | D2 型双联板 | 套 | 1.010 |
| | 吊索线夹 | 套 | 2.020 |
| | 不锈钢软态钢丝 $\phi$3.5 | kg | 1.090 |
| | 其他材料费 | % | 1.000 |
| 机械 | 电气化安装作业车 | 台班 | 0.188 |
| | 发电机 ≤2kW | 台班 | 0.094 |

### 4.7.4 简单悬挂中心锚结

**工作内容：**测量、计算、检查、预配、安装、调整。

计量单位：处

| 定额编号 | | | 8-164 |
|---|---|---|---|
| 项目 | | | 简单悬挂中心锚结 |
| 名称 | | 单位 | 数量 |
| 人工 | 综合工日 | 工日 | 1.004 |
| 材料 | 青铜绞线 $50mm^2$ | m | 20.300 |
| | 青铜绞线 $150mm^2$ | m | 1.015 |
| | 锚结绳固定线夹 | 套 | 4.040 |
| | 心形环 50 型 | 套 | 4.020 |
| | 接触线中心线夹 | 套 | 24.240 |
| | 钢绳夹 Y-2 型 | 套 | 8.080 |
| | 夹环 | 套 | 1.010 |
| | 其他材料费 | % | 1.000 |
| 机械 | 电气化安装作业车 | 台班 | 0.500 |
| | 发电机 ≤2kW | 台班 | 0.250 |

## 4.8 架　　线

**工作内容：** 配线盘、起锚、放线、紧线、接头、终锚、倒鞍子。

计量单位：条·km

| 定额编号 | | | 8-165 | 8-166 | 8-167 | 8-168 |
|---|---|---|---|---|---|---|
| 项目 | | | 承力索架设 | 导线架设 | 馈线架设 | 地线架设 |
| 名称 | | 单位 | 数量 | | | |
| 人工 | 综合工日 | 工日 | 15.930 | 12.270 | 16.131 | 16.131 |
| 材料 | 承力索 JT150mm$^2$ | m | 1010.000 | — | — | — |
| | 银铜导线 CTA120 | m | — | 1035.000 | — | — |
| | 馈线 JT150mm$^2$ | m | — | — | 1015.000 | — |
| | 地线 JT120mm$^2$ | m | — | — | — | 1015.000 |
| | 镀锌低碳钢丝 $\phi$2.8~5 | kg | 7.500 | 14.930 | 25.125 | 25.125 |
| | 其他材料费 | % | 1.000 | 1.000 | 1.000 | 1.000 |
| 机械 | 电气化线盘车 | 台班 | 0.222 | 0.222 | — | — |
| | 电气化架线作业车 | 台班 | 0.222 | 0.222 | 0.330 | 0.330 |
| | 汽车起重机 12t | 台班 | — | — | 0.030 | 0.030 |
| | 电气化安装作业车 | 台班 | — | — | 0.330 | 0.330 |
| | 发电机 ≤2kW | 台班 | 0.111 | 0.111 | 0.165 | 0.165 |

# 4.9 悬挂调整

**工作内容：**接触悬挂安装吊弦、吊索、调整锚段关节、补偿装置、调整承力索、调整接触线高度、弛度、拉出值、导线面及消除硬点。

计量单位：条·km

| 定额编号 | | | 8-169 | 8-170 |
|---|---|---|---|---|
| 项目 | | | 接触线及承力索调整 | 整体吊弦安装、调整 |
| 名称 | | 单位 | 数量 | |
| 人工 | 综合工日 | 工日 | 36.680 | 22.000 |
| 材料 | 夹环 TJL36-96 | 套 | 12.120 | — |
| | 整体吊弦 | 套 | — | 126.250 |
| | 镀锌低碳铁丝 $\phi$2.8~5 | kg | — | 6.700 |
| | 其他材料费 | % | 1.000 | 1.000 |
| 机械 | 电气化安装作业车 | 台班 | 0.850 | 0.850 |
| | 发电机 ≤2kW | 台班 | 0.425 | 0.425 |

# 4.10 设备安装

## 4.10.1 链型悬挂分段绝缘器

**工作内容：**设备开箱检查、调整、预配、安装。

计量单位：套

| 定额编号 | | | 8-171 | 8-172 | 8-173 |
|---|---|---|---|---|---|
| 项目 | | | 双承双导 | 单承双导 | 单承单导 |
| 名称 | | 单位 | 数量 | | |
| 人工 | 综合工日 | 工日 | 6.875 | 5.478 | 5.885 |
| 材料 | 终锚线夹 T150 型 | 套 | 4.040 | 2.020 | 2.020 |
| | 双联板 D2 型 | 套 | 2.020 | 2.020 | 2.020 |
| | 三角调节板 T1 型 | 套 | 2.020 | — | — |
| | 双孔板 D1 型 | 套 | — | 2.020 | 2.020 |
| | 其他材料费 | % | 1.000 | 1.000 | 1.000 |
| 机械 | 电气化安装作业车 | 台班 | 1.000 | 0.800 | 0.800 |
| | 发电机 ≤2kW | 台班 | 0.500 | 0.500 | 0.500 |

## 4.10.2 分段绝缘器

**工作内容：**设备开箱检查、调整、预配、安装。

计量单位：套

| 定额编号 | | | 8-174 | 8-175 |
|---|---|---|---|---|
| 项目 | | | 双接触线 | 单接触线 |
| 名称 | | 单位 | 数量 | |
| 人工 | 综合工日 | 工日 | 7.205 | 5.555 |
| 材料 | 定位索底座 | 套 | — | 2.020 |
| | 50型双耳楔形线夹 | 套 | — | 4.040 |
| | 长双联板 | 套 | — | 2.000 |
| | 调整螺栓 | 套 | — | 1.020 |
| | 电缆与绞线卡箍 | 套 | — | 2.020 |
| | 双孔铜接线端子 DT－185mm$^2$ | 件 | — | 1.020 |
| | 软铜绞线 TJR120mm$^2$ | m | — | 1.015 |
| | 直式接触线电连接线夹（T2） | 套 | — | 1.010 |

续前

| 定额编号 | | | 8-174 | 8-175 |
|---|---|---|---|---|
| 项目 | | | 双接触线 | 单接触线 |
| 名称 | | 单位 | 数量 | |
| 材料 | 青铜绞线 50mm² | m | — | 10.150 |
| | D1 型双孔板 | 件 | — | 6.060 |
| | 双孔铜线接线端子 DT-150mm² | 件 | — | 1.010 |
| | D2 型双联板 | 套 | 2.020 | 2.020 |
| | D2 型电连接线夹 | 套 | — | 2.020 |
| | T1 型三角调节板 | 套 | 2.020 | — |
| | T150 型终锚线夹 | 套 | 4.040 | — |
| | 其他材料费 | % | 1.000 | 1.000 |
| 机械 | 电气化安装作业车 | 台班 | 1.250 | 1.125 |
| | 发电机 ≤2kW | 台班 | 0.625 | 0.525 |

### 4.10.3 电动隔离开关

**工作内容：**设备开箱检查、调整、预配、安装。

计量单位：处

| 定额编号 | | | 8-176 | 8-177 |
|---|---|---|---|---|
| 项目 | | | 3台 | 1台 |
| 名称 | | 单位 | 数量 | |
| 人工 | 综合工日 | 工日 | 7.755 | 3.630 |
| 材料 | 隔离开关托架 | 套 | 3.030 | 1.010 |
| | 开关接线板 | 套 | 4.040 | 2.020 |
| | 其他材料费 | % | 1.000 | 1.000 |
| 机械 | 电气化安装作业车 | 台班 | 0.875 | 0.500 |
| | 发电机 ≤2kW | 台班 | 0.436 | 0.436 |

## 4.10.4 手动隔离开关

**工作内容：**设备开箱检查、调整、预配、安装。

计量单位：处

| 定额编号 | | | 8-178 |
|---|---|---|---|
| 项目 | | | 手动隔离开关 |
| 名称 | | 单位 | 数量 |
| 人工 | 综合工日 | 工日 | 2.805 |
| 材料 | 隔离开关托架 | 套 | 1.010 |
| | 开关接线板 | 套 | 2.020 |
| | 其他材料费 | % | 1.000 |
| 机械 | 电气化安装作业车 | 台班 | 0.500 |
| | 发电机 ≤2kW | 台班 | 0.250 |

## 4.10.5 其　他

**工作内容：**设备开箱检查、调整、预配、安装。

计量单位：台

| 定额编号 | | | 8-179 | 8-180 | 8-181 | 8-182 |
|---|---|---|---|---|---|---|
| 项　目 | | | 回流箱 | 均流箱 | 避雷器 | 放电间隙 |
| 名　称 | | 单位 | 数　量 | | | |
| 人工 | 综合工日 | 工日 | 2.585 | 2.585 | 2.805 | 1.760 |
| 材料 | 铜接线端子 | 个 | 6.120 | 1.020 | — | — |
| | 铜接线端子 | 套 | 4.080 | 4.080 | 2.040 | 1.020 |
| | 铜接线端子 | 套 | — | — | — | 1.020 |
| | 胀锚螺栓 M16 | 套 | 16.320 | 16.320 | — | — |
| | 软电缆 150mm$^2$ | m | — | — | 20.200 | 15.150 |
| | 软铜绞线 | m | — | — | 10.150 | 10.150 |
| | 支柱绝缘子 | 个 | — | — | 2.030 | — |
| | 钢柱上避雷器底座 | 套 | — | — | 1.010 | — |
| | 避雷器安装底座 | 套 | — | — | 1.010 | — |

续前

| 定额编号 | | | 8-179 | 8-180 | 8-181 | 8-182 |
|---|---|---|---|---|---|---|
| 项目 | | | 回流箱 | 均流箱 | 避雷器 | 放电间隙 |
| 名称 | | 单位 | 数量 | | | |
| 材料 | 均、回流箱底座 | 套 | 1.010 | 1.010 | — | — |
| | 电缆抱箍 $\phi$300 型 | 套 | — | — | 8.080 | 4.040 |
| | 避雷器连接板 | 套 | — | — | 1.010 | — |
| | 直式接触线电连接 | 套 | — | — | 2.020 | — |
| | 电连接线夹 D3 型 | 套 | — | — | 4.040 | — |
| | 电连接线夹 D2 型 | 套 | — | — | — | 1.010 |
| | 地线线夹 120 型 | 套 | — | — | — | 2.020 |
| | 铜连接板 | 套 | — | — | — | 1.010 |
| | 跳线肩架 | 套 | — | — | — | 4.040 |
| | 固定底座 | 套 | — | — | — | 1.010 |
| | 螺栓带帽 | kg | 1.457 | 1.457 | 0.905 | 0.905 |
| | 其他材料费 | % | 1.000 | 1.000 | 1.000 | 1.000 |
| 机械 | 电气化安装作业车 | 台班 | 0.500 | 0.500 | 0.500 | 0.375 |
| | 发电机 ≤2kW | 台班 | 0.250 | 0.250 | 0.250 | 0.250 |

## 4.11 电连接安装

**工作内容**：预制、安装、调整。

计量单位：处

| 定额编号 | | | 8-183 | 8-184 | 8-185 | 8-186 | 8-187 | 8-188 |
|---|---|---|---|---|---|---|---|---|
| 项目 | | | 双承双导链型悬挂横向电连接 | 单承单导链型悬挂横向电连接 | 双承双导链型悬挂关节电连接 | 单承单导链型悬挂关节电连接 | 双承双导链型悬挂线岔电连接 | 双承双导与单承单导链型悬挂线岔电连接 |
| 名称 | | 单位 | 数量 | | | | | |
| 人工 | 综合工日 | 工日 | 6.930 | 5.280 | 6.930 | 5.280 | 6.380 | 6.380 |
| 材料 | 软铜绞线 TRJ-120mm$^2$ | m | 6.090 | 6.090 | 24.360 | 20.300 | 24.360 | 24.360 |
| | 直式接触线电连接线夹 | 套 | 2.020 | 1.010 | 4.040 | 2.020 | 4.040 | 4.040 |
| | 电连接线夹 D1 型 | 套 | 2.020 | 2.020 | 8.080 | 4.040 | 8.080 | 8.080 |
| | 其他材料费 | % | 1.000 | 1.000 | 1.000 | 1.000 | 1.000 | 1.000 |
| 机械 | 电气化安装作业车 | 台班 | 1.250 | 1.000 | 1.250 | 1.000 | 1.125 | 1.125 |
| | 发电机 ≤2kW | 台班 | 0.625 | 0.625 | 0.625 | 0.625 | 0.625 | 0.625 |

**工作内容**：预制、安装、调整。

计量单位：处

| 定额编号 | | | 8-189 | 8-190 | 8-191 | 8-192 | 8-193 | 8-194 |
|---|---|---|---|---|---|---|---|---|
| 项目 | | | 单承单导链型悬挂线岔电连接 | 双接触线线岔电连接 | 单接触线线岔电连接 | 双接触线与单接触线线岔 | 双接触线横向电连接安装 | 单接触线横向电连接安装 |
| 名称 | | 单位 | 数量 | | | | | |
| 人工 | 综合工日 | 工日 | 5.280 | 5.280 | 5.280 | 5.280 | 5.280 | 5.280 |
| 材料 | 软铜绞线 TRJ-120mm$^2$ | m | 2.030 | 12.180 | 6.090 | — | — | — |
| | 直式接触线电连接线夹 | 套 | 4.040 | 4.040 | 2.020 | — | — | — |
| | 电连接线夹 D1 型 | 套 | 8.040 | — | — | — | — | — |
| | 电连接线固定卡箍 A 型 | 套 | — | 2.020 | 1.010 | — | — | — |
| | 电连接线固定卡箍 B 型 | 套 | — | 2.020 | 1.010 | — | — | — |
| | 软电缆 150mm$^2$ | m | — | — | — | 16.160 | 9.090 | 6.060 |
| | 钢扎带 | 套 | — | — | — | 12.160 | 6.060 | 3.030 |

续前

| 定额编号 | | | 8-189 | 8-190 | 8-191 | 8-192 | 8-193 | 8-194 |
|---|---|---|---|---|---|---|---|---|
| 项目 | | | 单承单导链型悬挂线岔电连接 | 双接触线线岔电连接 | 单接触线线岔电连接 | 双接触线与单接触线线岔 | 双接触线横向电连接安装 | 单接触线横向电连接安装 |
| 名称 | | 单位 | 数量 | | | | | |
| 材料 | 方钢电缆固定抱箍 | 套 | — | — | — | 4.020 | 2.020 | — |
| | PVC管 $\phi40\times3.5$ | m | — | — | — | 5.050 | 2.020 | 1.010 |
| | 电连接线夹 GDC17型 | 套 | — | — | — | 3.030 | 4.040 | 2.020 |
| | 隧内双电缆固定夹板 | 套 | — | — | — | 4.040 | — | — |
| | 隧道内电缆固定卡 | 套 | — | — | — | — | 4.040 | 2.020 |
| | 铜接线端子 DT-185 | 套 | — | — | — | — | — | 1.020 |
| | 其他材料费 | % | 1.000 | 1.000 | 1.000 | 1.000 | 1.000 | 1.000 |
| 机械 | 电气化安装作业车 | 台班 | 0.875 | 0.875 | 0.875 | 0.875 | 0.875 | 0.875 |
| | 发电机 ≤2kW | 台班 | 0.438 | 0.438 | 0.438 | 0.438 | 0.438 | 0.438 |

# 4.12 接地极及接地跳线安装

## 4.12.1 接 地 跳 线

**工作内容：**测量、预制、涂油、安装接地线夹、接地极沟开回填、安装跳线肩架及连线。

计量单位：处

| 定额编号 | | | 8-195 | 8-196 |
|---|---|---|---|---|
| 项目 | | | 隧道外 | 隧道内 |
| 名称 | | 单位 | 数量 | |
| 人工 | 综合工日 | 工日 | 1.348 | 1.348 |
| 材料 | 接地跳线 TJ-120mm$^2$ | m | 1.015 | — |
| | 电连接线夹 D2 型 | 套 | 1.010 | — |
| | 地线板钢 | m | — | 1.010 |
| | 胀锚螺栓 M8 | 套 | — | 2.040 |
| | 螺栓带帽 | kg | — | 0.060 |
| | 其他材料费 | % | 1.000 | 1.000 |
| 机械 | 电气化安装作业车 | 台班 | 0.250 | 0.250 |
| | 发电机 ≤2kW | 台班 | — | 0.125 |

## 4.12.2 接 地 极

**工作内容：**测量、预制、涂油、安装接地线夹、接地极沟开回填、安装跳线肩架及连线。

计量单位：处

| 定额编号 | | | 8-197 | 8-198 |
|---|---|---|---|---|
| 项目 | | | 高架段 | 地面段 |
| 名称 | | 单位 | 数量 | |
| 人工 | 综合工日 | 工日 | 3.630 | 1.729 |
| 材料 | 镀锌扁钢 −50×5 | m | — | 10.050 |
| | 铜接线端子 DT-185$mm^2$ | 套 | 1.020 | 1.020 |
| | 软电缆 150$mm^2$ | m | 15.150 | 30.300 |
| | 电缆固卡环 | 套 | 20.100 | — |
| | G型连接板 | 套 | 1.010 | 40.400 |
| | 胀锚螺栓 M10 | 套 | 20.400 | — |
| | 垂直接地体 | m | — | 4.040 |
| | 水平接地体 | m | — | 12.120 |
| | 其他材料费 | % | 1.000 | 1.000 |

# 4.13 馈线安装

**工作内容：**预配、吊装、安装、调整。

计量单位：处

| 定额编号 | | | 8-199 | 8-200 |
|---|---|---|---|---|
| 项目 | | | 隧道外 | 隧道内 |
| 名称 | | 单位 | 数量 | |
| 人工 | 综合工日 | 工日 | 0.729 | 0.729 |
| 材料 | 馈线肩架 | 套 | 1.010 | — |
| | 馈线支柱绝缘子 | 套 | 1.015 | — |
| | 双线馈线线夹 | 套 | 1.010 | — |
| | 保护帽 | 套 | — | 1.010 |
| | 馈线树脂绝缘子 | 套 | — | 1.015 |
| | 隧道内馈线线夹 | 套 | — | 1.010 |
| | 馈线电连接铜托板 | 套 | — | 1.010 |
| | 螺栓带帽 | kg | 0.060 | 0.181 |
| | 其他材料费 | % | 1.000 | 1.000 |
| 机械 | 电气化安装作业车 | 台班 | 0.188 | 0.188 |
| | 发电机 ≤2kW | 台班 | — | 0.094 |

## 4.14 架空地线安装

**工作内容**：预配、小运、安装、调整。

计量单位：处

| 定额编号 | | | 8-201 | 8-202 |
|---|---|---|---|---|
| 项目 | | | 隧道外 | 隧道内 |
| 名称 | | 单位 | 数量 | |
| 人工 | 综合工日 | 工日 | 0.729 | 0.729 |
| 材料 | 铜接线端子 DT-150mm$^2$ | 套 | 1.020 | — |
| | 杆座鞍子 T型 | 套 | 1.010 | — |
| | 球头挂环 Q-7型 | 件 | 1.010 | — |
| | 电连接线夹 D2型 | 套 | 1.010 | — |
| | 螺栓带帽 | kg | 0.186 | — |
| | 地线固定板 | 件 | — | 1.010 |
| | 隧道内地线线夹 | 套 | — | 1.010 |
| | 其他材料费 | % | 1.000 | 1.000 |
| 机械 | 电气化安装作业车 | 台班 | 0.188 | 0.188 |
| | 发电机 ≤2kW | 台班 | — | 0.188 |

## 4.15 其　他

**工作内容：** 编排支柱号码，轨面红线标记、确定位置、安装、调整。

计量单位：块

| 定额编号 | | | 8-203 | 8-204 | 8-205 | 8-206 |
|---|---|---|---|---|---|---|
| 项目 | | | 号码牌安装 | 高压危险牌安装 | 安全作业牌安装 | 终端警告牌安装 |
| 名称 | | 单位 | 数量 | | | |
| 人工 | 综合工日 | 工日 | 0.126 | 0.171 | 0.629 | 0.630 |
| 材料 | 号码牌 | 个 | 1.010 | — | — | — |
| | 高压危险警示牌 | 个 | — | 1.010 | — | — |
| | 安全作业牌 | 个 | — | — | 1.010 | — |
| | 终端警告牌 | 个 | — | — | — | 1.010 |
| | 螺栓带帽 | kg | 0.186 | 0.322 | 0.402 | 0.824 |
| | 酚醛调和漆 | kg | 0.303 | — | — | — |
| | 其他材料费 | % | 1.000 | 1.000 | 1.000 | 1.000 |

**工作内容：**准备、对轨旁设备的检测及调整、记录。

计量单位：条·km

| 定额编号 | | | 8-207 |
|---|---|---|---|
| 项目 | | | 限界检测 |
| 名称 | | 单位 | 数量 |
| 人工 | 综合工日 | 工日 | 10.000 |
| 机械 | 轨道车 ≤210kW | 台班 | 0.450 |
| | 限界检测车 | 台班 | 0.450 |
| | 发电机 ≤2kW | 台班 | 0.450 |

**工作内容：**冷（热）滑列车按低速、常速、设计速度运行、观察、测试、记录。

计量单位：条·km

| 定额编号 | | | 8-208 | 8-209 |
|---|---|---|---|---|
| 项目 | | | 冷滑试验 | 热滑试验 |
| 名称 | | 单位 | 数量 | |
| 人工 | 综合工日 | 工日 | 4.186 | 1.157 |
| 机械 | 轨道平板车 ≤30t | 台班 | 0.375 | 0.030 |
| | 内燃机车 ≤210kW | 台班 | 0.375 | 0.030 |
| | 电气化安装作业车 | 台班 | 0.375 | 0.030 |
| | 检测车 | 台班 | 0.375 | 0.030 |
| | 发电机 ≤2kW | 台班 | 0.188 | 0.015 |

**工作内容：**调整、处理各次冷（热）滑中发现的打弓、接触线硬点、拉出值偏离等，达到开通送电程度。

计量单位：条·km

| 定额编号 | | | 8-210 | 8-211 |
|---|---|---|---|---|
| 项目 | | | 冷滑试验后调整 | 热滑试验后调整 |
| 名称 | | 单位 | 数量 | |
| 人工 | 综合工日 | 工日 | 35.000 | 15.000 |
| 机械 | 电气化安装作业车 | 台班 | 0.500 | 0.500 |
| | 电力机车 | 台班 | — | 0.500 |
| | 发电机 ≤2kW | 台班 | 0.250 | 0.250 |

# 5 刚性接触网

# 说　明

一、本章定额适用于刚性接触网工程，包括刚性悬挂安装、设备安装、汇流排架设、悬挂调整、其他，共 5 节 27 个子目。

二、接地干线、接地极安装执行第 11 章相应子目。

三、刚性接触网冷热滑试验执行第 4 章冷热滑试验子目。

四、定额中的人工、机械消耗量根据通用的接触网施工图纸编制。

# 工程量计算规则

一、汇流排、接触线、架空地线按设计图示以“条 · km”为单位计算。

二、铜绞线、电缆按设计图示以“m”为单位计算。

三、刚性悬挂打孔安装按设计图示以“处”为单位计算，定额按每处 2 个孔编制。

# 5.1 刚性悬挂安装

## 5.1.1 打 孔 安 装

**工作内容：**测量、打孔、安装等。

计量单位：处

| 定 额 编 号 | | | 8-212 |
|---|---|---|---|
| 项 目 | | | 打孔安装 |
| 名 称 | | 单位 | 数 量 |
| 人工 | 综合工日 | 工日 | 0.850 |
| 材料 | 冲击钻头 $\phi 22$ | 根 | 0.051 |
| | 锚栓 M16 | 套 | 1.010 |
| | 其他材料费 | % | 1.000 |
| 机械 | 电气化安装作业车 | 台班 | 0.080 |
| | 冲击电锤 830W | 台班 | 0.080 |
| | 发电机 ≤2kW | 台班 | 0.090 |

## 5.1.2 悬挂安装

**工作内容：**测量、打孔、安装、测试、安装、涂油、封顶、清洗等。

计量单位：处

| 定额编号 | | | 8-213 | 8-214 | 8-215 | 8-216 |
|---|---|---|---|---|---|---|
| 项目 | | | 圆形隧道悬挂 | 矩形隧道悬挂 | 风管处悬挂 | 高净空隧道悬挂 |
| 名称 | | 单位 | 数量 | | | |
| 人工 | 综合工日 | 工日 | 1.370 | 1.370 | 1.370 | 1.370 |
| 材料 | A型单支悬吊槽钢 GXJL12(A)-99 | 套 | 1.010 | — | — | — |
| | B型单支悬吊槽钢 GXJL12(B)-99 | 套 | — | 1.010 | 1.010 | 1.010 |
| | 刚性悬挂用针式绝缘子 | 个 | 1.015 | 1.015 | 1.015 | 1.015 |
| | B型汇流排定位线夹 GXJL02(B)-99 | 套 | 1.010 | 1.010 | 1.010 | 1.010 |
| | A型垂直悬吊安装底座 GXJL11(A)-99 | 套 | — | 1.010 | 1.010 | 1.010 |
| | 地线线夹 CJL44-98 | 套 | — | 1.010 | 1.010 | 1.010 |
| | 螺栓带帽 | kg | 1.313 | 1.313 | 1.453 | 1.483 |
| | 镀锌扁钢 -50×5 | m | — | — | 7.893 | — |
| | 其他材料费 | % | 1.000 | 1.000 | 1.000 | 1.000 |
| 机械 | 电气化安装作业车 | 台班 | 0.100 | 0.120 | 0.120 | 0.140 |
| | 发电机 ≤2kW | 台班 | 0.100 | 0.100 | 0.100 | 0.100 |

### 5.1.3 中心锚结安装

**工作内容：**安装、涂油、封顶、清洗等。

计量单位：处

| 定额编号 | | | 8-217 | 8-218 | 8-219 | 8-220 | 8-221 |
|---|---|---|---|---|---|---|---|
| 项目 | | | 隧道内中心锚结 | 高净空中心锚结 | 风管处中心锚结 | 分段绝缘器处中心锚结 | 高净空分段绝缘器处中心锚结 |
| 名称 | | 单位 | 数量 | | | | |
| 人工 | 综合工日 | 工日 | 2.800 | 3.070 | 2.800 | 1.390 | 1.560 |
| 材料 | 汇流排中心锚结线夹 GXJL05-99 | 套 | 1.010 | 1.010 | 1.010 | 1.010 | 1.010 |
| | 中心锚结绝缘棒 | 套 | 2.030 | 2.030 | 2.030 | 1.015 | 1.015 |
| | A 型汇流排中心锚结下锚底座 GXJL07(A)-99 | 套 | 2.020 | — | — | 1.010 | — |
| | 中心锚结下锚吊柱 | 套 | — | 2.020 | 2.020 | — | — |
| | 中心锚结吊柱下锚安装底座 GXJL20-99 | 套 | — | 2.020 | 2.020 | — | 1.010 |

续前

| 定额编号 | | | 8-217 | 8-218 | 8-219 | 8-220 | 8-221 |
|---|---|---|---|---|---|---|---|
| 项目 | | | 隧道内中心锚结 | 高净空中心锚结 | 风管处中心锚结 | 分段绝缘器处中心锚结 | 高净空分段绝缘器处中心锚结 |
| 名称 | | 单位 | 数量 | | | | |
| 材料 | 调整螺丝 GJL89-98 | 套 | 2.040 | 2.040 | 2.040 | 1.020 | 1.020 |
| | 中心锚结安装槽钢 GXJL07(B)-99 | 套 | — | — | 2.020 | — | — |
| | 镀锌扁钢 | m | — | — | 15.783 | — | — |
| | 其他材料费 | % | 1.000 | 1.000 | 1.000 | 1.000 | 1.000 |
| 机械 | 轨道平板车 30t | 台班 | 0.100 | 0.120 | 0.120 | 0.100 | 0.100 |
| | 电气化安装作业车 | 台班 | 0.150 | 0.170 | 0.170 | 0.100 | 0.120 |
| | 发电机 ≤2kW | 台班 | 0.150 | 0.150 | 0.150 | 0.150 | 0.150 |

### 5.1.4 非绝缘锚段关节电连接

**工作内容：**预配、安装、涂油等。

计量单位：处

| 定额编号 | | | 8-222 |
|---|---|---|---|
| 项目 | | | 非绝缘锚段关节电连接 |
| 名称 | | 单位 | 数量 |
| 人工 | 综合工日 | 工日 | 0.500 |
| 材料 | 汇流排电连接线夹 GXJL04-99 | 套 | 10.100 |
| | 0#铜铝过渡电连接线夹 GXJL32(A)-2006 | 套 | 20.200 |
| | 电力复合酯 | kg | 0.510 |
| | 软铜线 TRJ-120mm$^2$ | m | 6.060 |
| | 螺栓带帽 | kg | 2.448 |
| | 其他材料费 | % | 1.000 |
| 机械 | 电气化安装作业车 | 台班 | 0.100 |
| | 发电机 ≤2kW | 台班 | 0.100 |

## 5.1.5 刚柔过渡

**工作内容：**运输、装卸、就位、安装、调整。

计量单位：处

| 定额编号 | | | 8-223 |
|---|---|---|---|
| 项目 | | | 刚柔过渡 |
| 名称 | | 单位 | 数量 |
| 人工 | 综合工日 | 工日 | 26.760 |
| 材料 | 汇流排电连接线夹 GXJL04-99 | 套 | 8.080 |
| | B 型单支悬挂槽钢 GXJL12(B)-99 | 套 | 1.005 |
| | A 型单支悬挂槽钢 GXJL12（A）-99 | 套 | 4.040 |
| | 腕臂吊柱 GZXZP-2 | 套 | 1.010 |
| | 刚性悬挂用针式绝缘子 | 个 | 6.090 |
| | 隧道棒式绝缘子 SA 型 | 个 | 1.015 |
| | 铜接线端子 DT-120mm$^2$ | 个 | 6.120 |
| | 0#铜铝过渡电连接线夹 | 套 | 21.210 |
| | B 型汇流排定位线夹 GXJL02(B)-99 | 套 | 6.060 |
| | D3 型电连接线夹 GJL05(D3)-98 | 套 | 7.070 |
| | 45#钢铝过渡电连接线夹 | 套 | 7.070 |
| | 电连接线夹 D1 型 | 套 | 3.030 |

续前

| 定额编号 | | | 8-223 |
|---|---|---|---|
| 项目 | | | 刚柔过渡 |
| 名称 | | 单位 | 数量 |
| 材料 | F型电缆固定架 GXJL11(A)-99 | 套 | 3.030 |
| | A型垂直悬吊安装底座 GXJL11(A)-99 | 套 | 5.050 |
| | 电力复合酯 | kg | 0.880 |
| | 软铜线 TRJ-120mm$^2$ | m | 6.090 |
| | 硬铜绞线 TJ-120mm$^2$ | m | 5.940 |
| | 膨胀水泥 | kg | 15.650 |
| | 螺杆锚栓 M10 FZEA12×40 | 套 | 6.120 |
| | 油漆 | kg | 1.970 |
| | 螺栓带帽 | kg | 3.064 |
| | 其他材料费 | % | 1.000 |
| 机械 | 轨道平板车 30t | 台班 | 1.000 |
| | 电气化安装作业车 | 台班 | 1.000 |
| | 发电机 ≤2kW | 台班 | 0.100 |

## 5.1.6 其　他

**工作内容：**运输、装卸、就位、安装、调整。

计量单位：处

| 定　额　编　号 | | | 8-224 | 8-225 | 8-226 |
|---|---|---|---|---|---|
| 项　　目 | | | 地线终锚 | 地线对向下锚 | 地线引下线 |
| 名　　称 | | 单位 | 数　量 | | |
| 人工 | 综合工日 | 工日 | 4.500 | 4.340 | 3.000 |
| 材料 | 地线终端下锚吊柱 | 套 | 0.510 | — | — |
| | T 型终端线夹 GJL27（T120)-98 | 套 | 1.010 | 2.020 | — |
| | 电连接线夹 D1 型 | 套 | 0.510 | — | 1.010 |
| | 架空地线对向下锚安装底座 GXJL16-99 | 套 | 0.510 | 1.010 | — |
| | 架空地线吊柱下锚安装底座 GXJL21-99 | 套 | 0.510 | — | — |
| | 铜接线端子 DT-120mm$^2$ | 个 | 0.510 | — | 1.020 |
| | 硬铜绞线 TJ-120mm$^2$ | m | 5.075 | — | — |

续前

| 定额编号 | | | 8-224 | 8-225 | 8-226 |
|---|---|---|---|---|---|
| 项目 | | | 地线终锚 | 地线对向下锚 | 地线引下线 |
| 名称 | | 单位 | 数量 | | |
| 材料 | 软铜绞线 TRJ-120mm$^2$ | m | 6.090 | — | 101.500 |
| | 膨胀水泥 | kg | 1.570 | 1.570 | — |
| | 调整螺丝 GJL89-98 | 套 | 1.020 | 2.040 | — |
| | 油漆 | kg | 0.330 | 0.330 | — |
| | 其他材料费 | % | 1.000 | 1.000 | 1.000 |
| 机械 | 轨道平板车 30t | 台班 | 0.100 | 0.100 | — |
| | 电气化安装作业车 | 台班 | 0.160 | 0.150 | 0.130 |
| | 轨道车 ≤210kW | 台班 | 0.100 | 0.200 | — |
| | 发电机 ≤2kW | 台班 | 0.160 | 0.200 | 0.130 |

# 5.2 设备安装

**工作内容：**安装、涂油、封顶、清洗、记录。

计量单位：台

| 定额编号 | | | 8-227 | 8-228 | 8-229 |
|---|---|---|---|---|---|
| 项目 | | | 电动隔离开关（3台） | 电动隔离开关（1台） | 手动隔离开关 |
| 名称 | | 单位 | 数量 | | |
| 人工 | 综合工日 | 工日 | 7.425 | 7.000 | 7.000 |
| 材料 | 开关底座固定槽钢 GXZP2-03-1-1 | 套 | 2.020 | 2.020 | 2.020 |
| | 电动操作机构固定槽钢 GXZP2-03-1-1 | 套 | 2.020 | 2.020 | — |
| | 手动操作机构底座 GXZP2-03-1-1 | 套 | — | — | 2.020 |
| | 电连接线夹 D1 型 | 套 | 1.010 | 1.010 | — |
| | 汇流排电连接线夹 GXJL04-99 | 套 | 1.010 | 5.050 | 10.100 |
| | 钢铝过渡电连接线夹 45# | 套 | 10.100 | 10.100 | 20.200 |

续前

| 定额编号 | | | 8-227 | 8-228 | 8-229 |
|---|---|---|---|---|---|
| 项目 | | | 电动隔离开关（3台） | 电动隔离开关（1台） | 手动隔离开关 |
| 名称 | | 单位 | 数量 | | |
| 材料 | 铜接线端子 DT-120mm$^2$ | 个 | 16.320 | 16.320 | 26.520 |
| | 电缆固定架 | 套 | 10.100 | 10.100 | 12.120 |
| | 导流接线板 | kg | 6.030 | 6.570 | — |
| | 膨胀水泥 | kg | 3.136 | 3.140 | 3.140 |
| | 高压危险牌 | 套 | 1.010 | 1.010 | 1.010 |
| | 油漆 | kg | 0.603 | 0.660 | 0.660 |
| | 螺栓带帽 | kg | 2.462 | 3.292 | 3.658 |
| | 其他材料费 | % | 1.000 | 1.000 | 1.000 |
| 机械 | 轨道平板车 30t | 台班 | 0.300 | 0.300 | 0.300 |
| | 电气化安装作业车 | 台班 | 0.500 | 0.500 | 0.500 |

**工作内容：**预配、安装、涂油、记录。

计量单位：处

| 定额编号 | | | 8-230 |
|---|---|---|---|
| 项目 | | | 分段绝缘器 |
| 名称 | | 单位 | 数量 |
| 人工 | 综合工日 | 工日 | 6.710 |
| 机械 | 电气化安装作业车 | 台班 | 0.300 |

## 5.3 汇流排架设

**工作内容：**开箱检查、预配、安装、涂油。

计量单位：条·km

| 定额编号 | | | 8-231 | 8-232 | 8-233 |
|---|---|---|---|---|---|
| 项目 | | | 汇流排安装 | 接触线架设 | 架空地线架设 |
| 名称 | | 单位 | 数量 | | |
| 人工 | 综合工日 | 工日 | 36.000 | 20.000 | 32.600 |
| 材料 | 汇流排 PAC110 | m | 1010.000 | — | — |
| | 接地挂环 | 个 | 11.660 | — | — |
| | 镀锌接触线 CTA120 | m | — | 1015.000 | — |
| | 电力复合酯 | kg | — | 12.340 | — |
| | 硬铜绞线 TJ-120$mm^2$ | m | — | — | 1015.000 |
| | 锚固螺栓 M16 | 套 | — | — | 129.540 |
| | 地线线夹 CJL44-98 | 套 | — | — | 62.620 |

续前

| 定额编号 | | | 8-231 | 8-232 | 8-233 |
|---|---|---|---|---|---|
| 项目 | | | 汇流排安装 | 接触线架设 | 架空地线架设 |
| 名称 | | 单位 | 数量 | | |
| 材料 | 地线线夹托板 | 套 | — | — | 62.620 |
| | 冲击钻头 $\phi 22$ | 套 | — | — | 2.580 |
| | 膨胀水泥 | kg | — | — | 48.240 |
| | 其他材料费 | % | 1.000 | 1.000 | 1.000 |
| 机械 | 轨道平板车 30t | 台班 | 4.000 | — | 1.200 |
| | 电气化安装作业车 | 台班 | 3.000 | — | 5.000 |
| | 轨道车 ≤210kW | 台班 | 4.000 | 1.000 | 1.200 |
| | 电气化架线作业车 | 台班 | — | 2.000 | 1.000 |
| | 起重机 12t | 台班 | — | 0.250 | 0.250 |
| | 发电机 ≤2kW | 台班 | 4.000 | 2.000 | 1.200 |

## 5.4 悬挂调整

**工作内容：**预配、安装、涂油。

计量单位：条·km

| 定额编号 | | | 8-234 |
|---|---|---|---|
| 项目 | | | 悬挂调整 |
| 名称 | | 单位 | 数量 |
| 人工 | 综合工日 | 工日 | 150.000 |
| 材料 | 清洁剂 | kg | 7.070 |
| | 其他材料费 | % | 1.000 |
| 机械 | 轨道车 ≤210kW | 台班 | 3.000 |
| | 轨道平板车 60t | 台班 | 3.000 |
| | 电气化安装作业车 | 台班 | 3.000 |
| | 发电机 ≤2kW | 台班 | 3.000 |

## 5.5 其　　他

**工作内容：**处理冷（热）滑中发现的问题。

计量单位：条·km

| 定额编号 | | | 8-235 | 8-236 |
|---|---|---|---|---|
| 项目 | | | 冷滑试验后调整 | 热滑试验后调整 |
| 名称 | | 单位 | 数量 | |
| 人工 | 综合工日 | 工日 | 32.313 | 15.813 |
| 机械 | 轨道平板车 60t | 台班 | 1.000 | 0.500 |
| | 电气化安装作业车 | 台班 | 1.000 | 0.500 |
| | 发电机 ≤2kW | 台班 | 1.000 | 0.500 |

**工作内容：**准备、试验、记录、分析。

计量单位：条·km

| 定额编号 | | | 8-237 | 8-238 |
|---|---|---|---|---|
| 项目 | | | 绝缘子测试 | 短路试验 |
| 名称 | | 单位 | 数量 | |
| 人工 | 综合工日 | 工日 | 8.750 | 11.340 |
| 机械 | 交流试验变压器 | 台班 | 1.875 | — |
| | 210kW 轨道车 | 台班 | — | 1.000 |
| | 电气化安装作业车 | 台班 | — | 1.000 |

# 6 接 触 轨

# 说　明

一、本章包括绝缘支架安装、接触轨安装、防护罩安装、隔离开关安装、避雷器安装、均回流安装、设备引线及电连接、冷热滑试验后调整，共 8 节 24 个子目。

二、本定额接触轨、防护罩支架子目主要适用于接触轨下部受流供电方式。

三、搭接防护罩包含支架防护罩、电连接防护罩、端部弯头防护罩。

四、本章电动隔离开关柜、手动隔离开关柜安装不包括设备运输，发生时执行第 13 章相应子目。

五、均、回流箱安装执行第 4 章相应子目。

六、标志牌安装、警示牌安装、冷滑试验执行第 4 章相应子目。

七、接地极执行第 11 章相应子目。

# 工程量计算规则

一、防护罩卡子安装，按设计图示以“100 个”为单位计算。

二、接触轨安装，按设计图示以“条 · km”为单位计算。

三、接触轨中心锚结以“套”为单位计算，1 套分为 2 个连接板。

四、限界测量、冷滑试验、热滑试验、接触轨受电按设计图示均以“条 · km”为单位计算。

## 6.1 绝缘支架安装

**工作内容：** 准备、清孔（打孔）、锚栓安装、抗拉拔力测试、底座安装调整、支架绝缘测试、支架安装调整。

计量单位：套

| 定额编号 | | | 8-239 | 8-240 |
|---|---|---|---|---|
| 项目 | | | 预留式 | 打孔式 |
| 名称 | | 单位 | 数量 | |
| 人工 | 综合工日 | 工日 | 3.577 | 3.965 |
| 材料 | 绝缘支架 | 套 | 1.010 | 1.010 |
| | 支架底座 | 个 | 1.000 | 1.000 |
| | 冲击钻头 $\phi18$ | 根 | 0.002 | 0.114 |
| | 金钢钻钻头 $\phi18$ | 根 | — | 0.015 |
| | 锚栓 M16 | 套 | 4.080 | 4.080 |
| | 螺栓 M16 | 套 | 4.080 | 4.080 |
| | 螺栓 M12 | 套 | 4.080 | 4.080 |

续前

| 定额编号 | | | 8-239 | 8-240 |
|---|---|---|---|---|
| 项目 | | | 预留式 | 打孔式 |
| 名称 | | 单位 | 数量 | |
| 材料 | 铁垫板 | 个 | 1.020 | 1.020 |
| | 电 | kW·h | 0.015 | 0.067 |
| | 其他材料费 | % | 1.000 | 1.000 |
| 机械 | 电锤 1.1kW | 台班 | 0.003 | 0.008 |
| | 金钢钻 1.45kW | 台班 | — | 0.006 |
| | 拉力测试仪 | 台班 | 0.002 | 0.002 |
| | 载重汽车 10t | 台班 | 0.005 | 0.005 |
| | 轨道平板车 30t | 台班 | 0.008 | 0.008 |
| | 轨道车 ≤210kW | 台班 | 0.008 | 0.008 |
| | 汽车起重机 12t | 台班 | 0.005 | 0.005 |

## 6.2　接触轨安装

**工作内容：**准备、吊装、运输布放、上轨、切割、对接、打磨。

计量单位：条·km

| 定额编号 | | | 8-241 |
|---|---|---|---|
| 项目 | | | 普通型 |
| 名称 | | 单位 | 数量 |
| 人工 | 综合工日 | 工日 | 166.925 |
| 材料 | 接触轨 15m | 条·km | 1.020 |
| | 中间接头 | 套 | 77.000 |
| | 中间接头附件 | 套 | 314.160 |
| | 特种锯条 | 根 | 1.010 |
| | 导电油脂 | kg | 3.889 |
| | 砂轮片 | 个 | 15.862 |
| | 其他材料费 | % | 1.000 |
| 机械 | 载重汽车 15m 平板 | 台班 | 0.463 |
| | 汽车起重机 12t | 台班 | 1.000 |
| | 自带吊机平板 30t | 台班 | 1.389 |
| | 轨道车 ≤210kW | 台班 | 1.389 |

**工作内容：**准备、吊装、运输布放、对接安装。

计量单位：套

| 定额编号 | | | 8-242 |
|---|---|---|---|
| 项目 | | | 端头型 |
| 名称 | | 单位 | 数量 |
| 人工 | 综合工日 | 工日 | 3.383 |
| 材料 | 端部弯头接触轨 | 个 | 1.000 |
| | 中间接头 | 套 | 1.000 |
| | 中间接头附件 | 套 | 4.080 |
| | 导电油脂 | kg | 0.051 |
| | 其他材料费 | % | 1.000 |
| 机械 | 轨道车 ≤210kW | 台班 | 0.003 |
| | 汽车起重机 12t | 台班 | 0.007 |
| | 轨道平板车 30t | 台班 | 0.003 |
| | 载重汽车 10t | 台班 | 0.025 |

**工作内容：**准备、吊装、运输布放、温度测量、温度补偿间隙胀开及调整、对接。

计量单位：套

| 定额编号 | | | 8-243 |
|---|---|---|---|
| 项目 | | | 膨胀接头 |
| 名称 | | 单位 | 数量 |
| 人工 | 综合工日 | 工日 | 2.858 |
| 材料 | 中间接头 | 套 | 2.000 |
| | 中间接头附件 | 套 | 8.000 |
| | 膨胀接头 | 个 | 1.010 |
| | 导电油脂 | kg | 0.101 |
| | 其他材料费 | % | 1.000 |
| 机械 | 轨道车 ≤210kW | 台班 | 0.020 |
| | 汽车起重机 12t | 台班 | 0.010 |
| | 轨道平板车 30t | 台班 | 0.020 |
| | 载重汽车 8t | 台班 | 0.010 |

**工作内容：** 准备、开箱检查、运输布放、测量、底座安装位置钻孔、螺栓安装、底座安装、接触轨钻孔、孔位打磨、中锚安装、调整。

计量单位：套

| 定额编号 | | | 8-244 |
|---|---|---|---|
| 项目 | | | 中心锚结 |
| 名称 | | 单位 | 数量 |
| 人工 | 综合工日 | 工日 | 5.019 |
| 材料 | 中心锚结 | 套 | 2.000 |
| | 中心锚结附件 | 套 | 4.080 |
| | 中心锚结底座 | 个 | 2.000 |
| | 螺栓 M16 | 套 | 4.080 |
| | 导电油脂 | kg | 0.204 |
| | 直柄钻头 $\phi 16$ | 根 | 0.009 |
| | 电 | kW·h | 0.717 |
| | 其他材料费 | % | 1.000 |
| 机械 | 载重汽车 8t | 台班 | 0.010 |
| | 电锤 1.1kW | 台班 | 0.167 |

**工作内容：**准备、高度及侧面限界调整、端部弯头处调整。

计量单位：条·km

| 定额编号 | | | 8-245 |
|---|---|---|---|
| 项目 | | | 接触轨调整 |
| 名称 | | 单位 | 数量 |
| 人工 | 综合工日 | 工日 | 55.000 |
| 材料 | 导电油脂 | kg | 1.000 |
| | 砂轮片 | 个 | 1.500 |
| | 特种锯条 | 根 | 1.010 |
| | 其他材料费 | % | 1.000 |
| 机械 | 电锤 1.1kW | 台班 | 4.000 |

# 6.3 防护罩安装

## 6.3.1 支　撑

**工作内容：**准备、运输布放、安装。

计量单位：10 个

| 定额编号 | | | 8-246 |
|---|---|---|---|
| 项目 | | | 支架 |
| 名称 | | 单位 | 数量 |
| 人工 | 综合工日 | 工日 | 1.511 |
| 材料 | 防护罩支架 | 套 | 10.200 |
| | 其他材料费 | % | 1.000 |
| 机械 | 载重汽车 8t | 台班 | 0.010 |
| | 轨道平板车 30t | 台班 | 0.050 |
| | 轨道车 ≤210kW | 台班 | 0.050 |

**工作内容：**准备、开箱检查、运输布放、安装。

计量单位：100个

| 定额编号 | | | 8-247 |
|---|---|---|---|
| 项目 | | | 支撑卡 |
| 名称 | | 单位 | 数量 |
| 人工 | 综合工日 | 工日 | 1.650 |
| 材料 | 支撑卡 | 个 | 105.000 |
| | 其他材料费 | % | 1.000 |
| 机械 | 轨道平板车 30t | 台班 | 0.050 |
| | 轨道车 ≤210kW | 台班 | 0.050 |

## 6.3.2 防 护 罩

**工作内容：** 准备、吊装、运输布放、切割、安装。

计量单位：100m

| 定额编号 | | | 8-248 |
|---|---|---|---|
| 项目 | | | 普通 |
| 名称 | | 单位 | 数量 |
| 人工 | 综合工日 | 工日 | 6.903 |
| 材料 | 普通防护罩 | m | 105.000 |
| | 其他材料费 | % | 1.000 |
| 机械 | 载重汽车 8t | 台班 | 0.500 |
| | 汽车起重机 12t | 台班 | 0.250 |
| | 轨道平板车 30t | 台班 | 0.100 |
| | 轨道车 ≤210kW | 台班 | 0.100 |

**工作内容：**准备、吊装、运输布放、切割、安装。

计量单位：个

| 定额编号 | | | 8-249 |
| --- | --- | --- | --- |
| 项目 | | | 搭接 |
| 名称 | | 单位 | 数量 |
| 人工 | 综合工日 | 工日 | 0.369 |
| 材料 | 搭接防护罩 | 个 | 1.020 |
| | 其他材料费 | % | 1.000 |
| 机械 | 载重汽车 8t | 台班 | 0.005 |
| | 汽车起重机 12t | 台班 | 0.001 |
| | 轨道平板车 30t | 台班 | 0.005 |
| | 轨道车 ≤210kW | 台班 | 0.004 |

## 6.4 隔离开关安装

**工作内容：**准备、位置定测、钻孔、螺栓安装、底座、隔离开关转运、底座安装调整、隔离开关安装、操作箱及操作机构安装、底座及箱体接地、隔离开关动态调整、标示牌制作、标示牌安装。

计量单位：台

| 定额编号 | | | 8-250 | 8-251 |
|---|---|---|---|---|
| 项目 | | | 电动隔离开关 | 手动隔离开关 |
| 名称 | | 单位 | 数量 | |
| 人工 | 综合工日 | 工日 | 21.290 | 19.021 |
| 材料 | 开关底座 | 个 | 2.000 | 2.000 |
| | 操作机构 | 台 | 1.000 | 1.000 |
| | 开关操作箱 | 台 | 1.000 | — |
| | 开关操作杆 | 根 | 1.000 | 1.000 |
| | 开关接线板 | 个 | 1.333 | — |
| | 固定锚栓 M16×80 | 套 | 12.240 | 12.240 |
| | 标示牌 | 个 | 1.020 | 1.020 |
| | 冲击钻头 $\phi 18$ | 根 | 1.010 | 1.010 |
| | 接地电缆 | m | 2.020 | 2.020 |
| | 预拌混凝土 | $m^3$ | 0.020 | 0.020 |
| | 电 | kW·h | 2.200 | 0.556 |
| | 其他材料费 | % | 1.000 | 1.000 |
| 机械 | 电锤 830W | 台班 | 0.334 | 0.334 |

**工作内容：**准备、开箱检查、就位安装、设备固定、附件安装、记录。

计量单位：台

| 定额编号 | | | 8-252 | 8-253 |
|---|---|---|---|---|
| 项目 | | | 电动隔离开关柜 | 手动隔离开关柜 |
| 名称 | | 单位 | 数量 | |
| 人工 | 综合工日 | 工日 | 4.980 | 4.520 |
| 材料 | 固定螺栓 M8×60 | 套 | 4.080 | 4.080 |
| | 冲击钻头 $\phi12$ | 根 | 0.100 | 0.100 |
| | 电 | kW·h | 0.208 | 0.208 |
| | 其他材料费 | % | 1.000 | 1.000 |
| 机械 | 电锤 830W | 台班 | 0.125 | 0.125 |

## 6.5 避雷器安装

**工作内容：**准备、测量、钻孔、螺栓安装、底座安装调整、避雷器安装。

计量单位：台

| 定额编号 | | | 8-254 |
|---|---|---|---|
| 项目 | | | 避雷器安装 |
| 名称 | | 单位 | 数量 |
| 人工 | 综合工日 | 工日 | 0.834 |
| 材料 | 化学锚栓 M16×60 | 套 | 2.040 |
| | 避雷器底座 | 个 | 1.010 |
| | 冲击钻头 $\phi18$ | 根 | 0.040 |
| | 电 | kW·h | 0.183 |
| | 其他材料费 | % | 2.000 |
| 机械 | 载重汽车 8t | 台班 | 0.005 |
| | 电锤 1.1kW | 台班 | 0.008 |

**工作内容：**准备、耐压试验、电阻试验、绝缘测试。

计量单位：台

| 定额编号 | | | 8-255 |
|---|---|---|---|
| 项目 | | | 避雷器电气试验 |
| 名称 | | 单位 | 数量 |
| 人工 | 综合工日 | 工日 | 1.000 |
| 仪器仪表 | 绝缘测试仪 | 台班 | 0.200 |
| | 精密高压测量仪 | 台班 | 0.500 |
| | 直流高压发生器 | 台班 | 0.200 |

# 6.6 均回流安装

## 6.6.1 PVC 管预埋

**工作内容：**准备、测量、混凝土预制、PVC 管敷设、混凝土浇筑。

计量单位：10m

| 定额编号 | | | 8-256 |
|---|---|---|---|
| 项目 | | | PVC 管预埋 |
| 名称 | | 单位 | 数量 |
| 人工 | 综合工日 | 工日 | 0.940 |
| 材料 | PVC 管 *DN*50 | m | 10.200 |
| | 预拌混凝土 | $m^3$ | 0.236 |
| | 锯条 | 根 | 0.103 |
| | 其他材料费 | % | 1.000 |
| 机械 | 载重汽车 8t | 台班 | 0.075 |

### 6.6.2 均回流母线排

**工作内容：**准备、位置定测、预制、搬运、打孔、固定。

计量单位：套

| 定额编号 | | | 8-257 |
|---|---|---|---|
| 项目 | | | 均回流母线排 |
| 名称 | | 单位 | 数量 |
| 人工 | 综合工日 | 工日 | 0.842 |
| 材料 | 铜制均回流母线排 | 套 | 1.020 |
| | 膨胀螺栓 M16×50 | 套 | 2.040 |
| | 冷却液 500mL/瓶 | mL | 1020.000 |
| | 钻头 $\phi$19 | 个 | 0.020 |
| | 其他材料费 | % | 2.000 |
| 仪器仪表 | 液压拉伸器 | 台班 | 0.125 |
| 机械 | 钢轨钻孔机 | 台班 | 0.125 |

# 6.7　设备引线及电连接

## 6.7.1　设备引线敷设

**工作内容：**准备、电缆长度测量、预制、敷设、固定、电缆试验。

计量单位：100m

| 定额编号 | | | 8-258 |
|---|---|---|---|
| 项目 | | | 设备引线敷设 |
| 名称 | | 单位 | 数量 |
| 人工 | 综合工日 | 工日 | 7.178 |
| 材料 | 软电缆 | m | 102.000 |
| | 电缆固定卡 | 套 | 127.500 |
| | 螺栓 M12 | 套 | 127.500 |
| | 冲击钻头 $\phi$12 | 根 | 2.550 |
| | 其他材料费 | % | 2.000 |
| 机械 | 载重汽车 8t | 台班 | 0.083 |
| | 汽车起重机 12t | 台班 | 0.042 |
| | 轨道平板车 30t | 台班 | 0.063 |
| | 轨道车 ≤210kW | 台班 | 0.063 |
| | 电锤 1.1kW | 台班 | 0.688 |

### 6.7.2 钢轨处连接端头制作安装

**工作内容：**准备、定测、钻孔、安装。

计量单位：个

| 定额编号 | | | 8-259 |
|---|---|---|---|
| 项目 | | | 钢轨处连接端头制作安装 |
| 名称 | | 单位 | 数量 |
| 人工 | 综合工日 | 工日 | 9.877 |
| 材料 | 铜接线端子 $50mm^2$ | 个 | 3.060 |
| | 焊针 | 个 | 3.360 |
| | 瓷环 | 个 | 3.360 |
| | 防腐漆 | kg | 0.021 |
| | 电 | kW·h | 0.150 |
| | 其他材料费 | % | 2.000 |
| 机械 | 光焊机 | 台班 | 0.063 |

### 6.7.3 电连接安装

**工作内容：**准备、电缆长度测量、预制、敷设、固定、电缆试验。

计量单位：根

| 定额编号 | | | 8-260 |
|---|---|---|---|
| 项目 | | | 电连接安装 |
| 名称 | | 单位 | 数量 |
| 人工 | 综合工日 | 工日 | 4.120 |
| 材料 | 软电缆 150mm² | m | 30.300 |
| | 螺栓 M10 | 套 | 72.720 |
| | 电缆固定卡 | 个 | 36.360 |
| | 冲击钻头 $\phi$12 | 根 | 0.485 |
| | 铜接线端子 185mm² | 个 | 2.040 |
| | 热缩套管 | m | 0.204 |
| | 螺栓 M16 | 套 | 2.040 |
| | 丁烷气 | mL | 0.121 |
| | 其他材料费 | % | 2.000 |
| 机械 | 载重汽车 8t | 台班 | 0.050 |
| | 汽车起重机 12t | 台班 | 0.001 |
| | 轨道平板车 30t | 台班 | 0.001 |
| | 轨道车 ≤210kW | 台班 | 0.001 |
| | 电锤 1.1kW | 台班 | 0.013 |

## 6.8 冷、热滑试验后调整

**工作内容：**调整、处理各次冷（热）滑中发现的问题，达到开通送电程度。

计量单位：条·km

| 定额编号 | | | 8-261 | 8-262 |
|---|---|---|---|---|
| 项目 | | | 冷滑试验后调整 | 热滑试验后调整 |
| 名称 | | 单位 | 数量 | |
| 人工 | 综合工日 | 工日 | 33.069 | 12.788 |
| 材料 | 防腐漆 | kg | 0.100 | 0.500 |
| | 锯条 | 根 | 0.103 | 0.500 |
| | 导电油脂 | kg | 1.000 | 0.500 |
| | 其他材料费 | % | 1.000 | 1.000 |

# 7　单轨跨座式接触网

# 说　明

一、本章适用于单轨跨座式接触网，包括绝缘子安装、铝汇流排安装、接触线安装、悬挂调整、道岔处接触网制作安装、电连接制作安装、防护板安装、车体接地板安装、设备安装、其他，共 10 节 36 子目。

二、设备引线、电缆端子制作安装执行第 9 章“单轨跨座式高架区间”相应子目。

三、接地极执行第 11 章相应子目。

# 工程量计算规则

一、接触线架设长度按设计图示尺寸计算，扣除弯头的长度。

二、悬挂调整工程量（含冷、热滑试验后的调整）及冷滑试验、热滑试验按设计轨道线路长度乘以 2 倍计算。

三、电连接安装以电连接线的根数计取，每根为 1 处。

## 7.1 绝缘子安装

**工作内容：** PC 梁检查处理、支架检验、不锈钢垫板预配、搬运、安装、检查清理、测量、记录、预配、开箱检查、电气检测、清洁搬运、安装。

计量单位：10 处

| 定额编号 | | | 8-263 | 8-264 |
|---|---|---|---|---|
| 项目 | | | PC 梁上 | 钢梁或道岔处 |
| 名称 | | 单位 | 数量 | |
| 人工 | 综合工日 | 工日 | 2.375 | 2.847 |
| 材料 | 绝缘子 | 个 | 10.2 | 10.2 |
| | A 型螺栓 | 个 | 20.400 | 20.400 |
| | 大垫圈及弹垫 | 套 | 20.400 | 20.400 |
| | 绝缘橡胶垫 δ3 | 只 | 5.100 | 89.760 |
| | 封箱带 | 卷 | 0.102 | 0.102 |
| | 绝缘护套 | 件 | — | 21.000 |
| | 其他材料费 | % | 1.000 | 1.000 |

续前

| 定额编号 | | | 8-263 | 8-264 |
| --- | --- | --- | --- | --- |
| 项目 | | | PC梁上 | 钢梁或道岔处 |
| 名称 | | 单位 | 数量 | |
| 仪器仪表 | PC梁测量尺跨座式专用 | 台班 | 0.125 | 0.125 |
| | 高度检测尺跨座式专用 | 台班 | 0.125 | 0.125 |
| | 悬挂检测尺跨座式单轨专用 | 台班 | 0.125 | 0.125 |
| | 耐压测试仪 | 台班 | 0.042 | 0.042 |
| | 兆欧表 | 台班 | 0.042 | 0.042 |
| 机械 | 跨座式单轨作业车 ≤120kW | 台班 | 0.299 | 0.387 |
| | 载重汽车 8t | 台班 | 0.063 | 0.063 |

## 7.2 铝汇流排安装

**工作内容：** 预配、开箱检查、坡口加工、检查搬运、安装。

计量单位：100m

| 定额编号 | | | 8-265 | 8-266 |
|---|---|---|---|---|
| 项目 | | | 普通型 | |
| | | | 曲线半径≥150m | 曲线半径<150m |
| 名称 | | 单位 | 数量 | |
| 人工 | 综合工日 | 工日 | 4.620 | 16.500 |
| 材料 | 汇流排 | m | 106.000 | 106.000 |
| | A 型汇流排固定压板 | 件 | 80.800 | 80.800 |
| | 不锈钢六角螺栓 M12×60 | 套 | 81.600 | 81.600 |
| | 合金钢切割片 $\phi$300 | 片 | 1.020 | 1.020 |
| | 砂轮片 $\phi$100 | 片 | 10.200 | 10.200 |
| | 其他材料费 | % | 1.000 | 1.000 |
| 机械 | 汽车平板运输车 | 台班 | 0.1 | 0.1 |
| | 汽车式起重机 12t | 台班 | 0.1 | 0.1 |
| | 跨座式单轨平板运输车 15t | 台班 | 0.131 | 0.131 |
| | 跨座式单轨作业车 ≤120kW | 台班 | 0.263 | 0.263 |
| | 铝材切割机 1kW | 台班 | 1.000 | 1.000 |
| | 四柱万能液压机 1000kN | 台班 | — | 2.000 |

**工作内容：** 定测、预配、开箱检查、坡切口加工、预弯、钻孔、标志、搬运安装。

计量单位：处

| 定额编号 | | | 8-267 | 8-268 | 8-269 | 8-270 |
|---|---|---|---|---|---|---|
| 项目 | | | 关节型 | | 分段型 | |
| | | | 曲线半径≥150m | 曲线半径<150m | 曲线半径≥150m | 曲线半径<150m |
| 名称 | | 单位 | 数量 | | | |
| 人工 | 综合工日 | 工日 | 2.93 | 5.41 | 2.73 | 3.55 |
| 材料 | 汇流排 | m | 25.440 | 25.440 | 12.720 | 12.720 |
| | B 型汇流排固定压板 | 件 | 4.040 | 4.040 | — | — |
| | 合金钢切割片 $\phi300$ | 片 | 2.040 | 2.040 | — | 1.020 |
| | 砂轮片 $\phi100$ | 片 | 10.200 | 10.200 | — | 6.120 |
| | 钻头 $\phi13$ | 个 | 0.051 | 0.051 | 6.120 | 0.051 |
| | 电连接护罩 | 个 | 2.100 | 2.100 | — | — |
| | 其他材料费 | % | 1.000 | 1.000 | 1.000 | 1.000 |
| 机械 | 汽车平板运输车 | 台班 | 0.1 | 0.1 | 0.1 | 0.1 |
| | 汽车式起重机 12t | 台班 | 0.1 | 0.1 | 0.1 | 0.1 |
| | 跨座式单轨平板运输车 15t | 台班 | 0.023 | 0.219 | 0.094 | 0.125 |
| | 跨座式单轨作业车 ≤120kW | 台班 | 0.045 | 0.438 | 0.188 | 0.250 |
| | 铝材切割机 1kW | 台班 | 2.000 | 2.000 | 0.750 | 0.750 |
| | 四柱万能液压机 1000kN | 台班 | 0.500 | 1.000 | 0.188 | 0.500 |
| | 台钻 | 台班 | 0.188 | 0.188 | 0.094 | 0.094 |
| | A 型汇流排固定压板 | 件 | 4.040 | 4.040 | 8.080 | 8.080 |
| | 不锈钢六角螺栓 M12×60 | 套 | 8.080 | 8.080 | 8.080 | 8.080 |

**工作内容：**核对焊缝位置、除氧化膜、装工装、焊接、撤工装、打磨、探伤、校直、记录。

计量单位：10 处

| 定额编号 | | | 8-271 |
|---|---|---|---|
| 项目 | | | 焊接 |
| 名称 | | 单位 | 数量 |
| 人工 | 综合工日 | 工日 | 3.720 |
| 材料 | 砂轮片 $\phi100$ | 片 | 2.000 |
| | 钢丝轮 125 型 | 块 | 1.030 |
| | 铝合金焊丝 | kg | 1.001 |
| | 氩气 99.999% | 瓶 | 0.220 |
| | 工装后垫板紫铜 | 片 | 0.500 |
| | 工装下垫板紫铜 | 片 | 0.500 |
| | 棉纱 | kg | 0.102 |

续前

| 定额编号 | | | 8-271 |
|---|---|---|---|
| 项目 | | | 焊接 |
| 名称 | | 单位 | 数量 |
| 材料 | 丙酮 | kg | 0.208 |
| | 机油 | kg | 0.103 |
| | 其他材料费 | % | 1.000 |
| 仪器仪表 | 超声波探伤仪 | 台班 | 0.083 |
| | 专用汇流排校直器跨座式 | 台班 | 0.010 |
| 机械 | 跨座式单轨作业车 ≤120kW | 台班 | 0.896 |
| | 发电机 40kW | 台班 | 0.573 |
| | 氩弧焊机 | 台班 | 0.052 |

**工作内容：**测量定位、检查、安装。

计量单位：10处

| 定额编号 | | | 8-272 |
|---|---|---|---|
| 项目 | | | 中心锚结 |
| 名称 | | 单位 | 数量 |
| 人工 | 综合工日 | 工日 | 0.960 |
| 材料 | 中心锚结线夹 | 套 | 2.000 |
| | 其他材料费 | % | 1.000 |
| 机械 | 跨座式单轨作业车 ≤120kW | 台班 | 0.146 |

# 7.3 接触线安装

## 7.3.1 接触线架设

**工作内容：**预配、吊装、起锚、展放接触线、落锚、卡线。

计量单位：km

| 定额编号 | | | 8-273 |
|---|---|---|---|
| 项目 | | | 接触线架设 |
| 名称 | | 单位 | 数量 |
| 人工 | 综合工日 | 工日 | 43.071 |
| 材料 | 接触线 | km | 1.060 |
| | 接触线夹板 50 型 | 件 | 397.800 |
| | 接触线夹板 500 型 | 件 | 89.760 |
| | 接触线夹板 500F 型 | 件 | 89.760 |
| | 接触线夹板 1000 型 | 件 | 4209.540 |
| | 不锈钢六角螺栓 M8 × 50 | 套 | 17800.020 |
| | 铝垫圈 $\phi 8$ | 个 | 35600.040 |
| | 铁砂布 $0^{\#} \sim 2^{\#}$ | 张 | 51.000 |

续前

| 定额编号 | | | 8-273 |
|---|---|---|---|
| 项目 | | | 接触线架设 |
| 名称 | | 单位 | 数量 |
| 材料 | 电力复合酯一级 | kg | 20.400 |
| | 记号笔 | 支 | 1.020 |
| | 毛刷 | 把 | 4.080 |
| | 镀锌铁丝 $\phi1.6$ | kg | 1.030 |
| | 其他材料费 | % | 1.000 |
| 仪器仪表 | 放线架跨座式单轨专用 | 台班 | 0.500 |
| | 接触线整直器跨座式单轨专用 | 台班 | 0.500 |
| 机械 | 汽车式起重机 12t | 台班 | 0.125 |
| | 载重汽车 8t | 台班 | 0.125 |
| | 跨座式单轨作业车 ≤120kW | 台班 | 5.625 |

### 7.3.2 接触线端头制作

**工作内容：**测量、定位、制作、安装固定、调整。

计量单位：10 处

| 定额编号 | | | 8-274 | 8-275 | 8-276 |
|---|---|---|---|---|---|
| 项目 | | | 关节处端头 | 分段处端头 | 接触网终点端头 |
| 名称 | | 单位 | 数量 | | |
| 人工 | 综合工日 | 工日 | 3.96 | 4.176 | 3.96 |
| 材料 | 接触线末端固定卡子 | 个 | 20.200 | — | — |
| | 不锈钢六角螺栓 M10×40 | 套 | 20.400 | — | — |
| | 接触线末端固定 U 螺栓 | 套 | — | 20.400 | 20.400 |
| | 其他材料费 | % | 1.000 | 1.000 | 1.000 |
| 机械 | 跨座式单轨作业车 ≤120kW | 台班 | 1.100 | 1.140 | 1.100 |

## 7.4 悬挂调整

**工作内容：**测量、调整、记录。

计量单位：100m

| 定额编号 | | | 8-277 |
|---|---|---|---|
| 项目 | | | 悬挂调整 |
| 名称 | | 单位 | 数量 |
| 人工 | 综合工日 | 工日 | 3.300 |
| 材料 | 绝缘橡胶垫 2mm | 张 | 5.150 |
| | 绝缘橡胶垫 3mm | 张 | 5.150 |
| | 其他材料费 | % | 1.000 |
| 仪器仪表 | 悬挂调整尺跨座式单轨专用 | 台班 | 1.208 |
| 机械 | 跨座式单轨作业车 ≤120kW | 台班 | 0.500 |

# 7.5 道岔处接触网制作安装

**工作内容：**测量、预配、开箱检查、切口加工、预弯、接触线安装、标志、搬运安装、调整、 记录。

计量单位：处

| 定额编号 | | | 8-278 | 8-279 | 8-280 |
|---|---|---|---|---|---|
| 项目 | | | 单开 | 三开 | 五开 |
| 名称 | | 单位 | 数量 | | |
| 人工 | 综合工日 | 工日 | 31.02 | 39.28 | 46.70 |
| 材料 | 汇流排 | m | 50.880 | 55.120 | 55.120 |
| | 接触线固定夹板 50 型 | 件 | 163.200 | 163.200 | 163.200 |
| | 接触线固定夹板 750 型 | 件 | 4.080 | 4.080 | 4.080 |
| | 接触线固定夹板 500 型 | 件 | 171.360 | 171.360 | 171.360 |
| | 不锈钢六角螺栓 M8×50 | 套 | 163.200 | 163.200 | 163.200 |
| | 不锈钢六角螺栓 M12×60 | 套 | 61.200 | 61.200 | 61.200 |
| | A 型汇流排固定压板 | 件 | 61.200 | 61.200 | 61.200 |
| | 接触线 110 型 | m | 53.000 | 57.240 | 57.240 |

续前

| 定额编号 | | | 8-278 | 8-279 | 8-280 |
|---|---|---|---|---|---|
| 项目 | | | 单开 | 三开 | 五开 |
| 名称 | | 单位 | 数量 | | |
| 材料 | 合金钢切割片 $\phi300$ | 片 | 1.030 | 1.020 | 1.020 |
| | 接触线末端固定卡子 | 个 | 44.440 | 48.005 | 56.560 |
| | 不锈钢六角螺栓 M10×40 | 套 | 44.880 | 48.480 | 57.120 |
| | 其他材料费 | % | 1.000 | 1.000 | 1.000 |
| 仪器仪表 | 悬挂调整尺跨座式单轨专用 | 台班 | 1.000 | 1.500 | 2.000 |
| | 汇流排校直器 | 台班 | 1.000 | 1.500 | 2.000 |
| 机械 | 四柱万能液压机 1000kN | 台班 | 0.500 | 0.500 | 0.500 |
| | 铝材切割机 1kW | 台班 | 0.500 | 0.500 | 0.500 |
| | 跨座式单轨作业车 ≤120kW | 台班 | 0.250 | 0.250 | 0.250 |

## 7.6 电连接制作安装

**工作内容：**测量定位、焊接、电阻测试、除瘤打磨、标志、探伤。

计量单位：处

| 定额编号 | | | 8-281 |
|---|---|---|---|
| 项目 | | | 关节处 |
| 名称 | | 单位 | 数量 |
| 人工 | 综合工日 | 工日 | 3.788 |
| 材料 | 关节电连接 | 根 | 2.000 |
| | 小压块 | 个 | 2.040 |
| | 铝合金焊丝 | kg | 0.275 |
| | 氩气 | 瓶 | 0.077 |
| | 探伤剂 | kg | 0.102 |
| | 钢丝轮 125 型 | 块 | 1.020 |

续前

| 定 额 编 号 | | | 8-281 |
|---|---|---|---|
| 项 目 | | | 关节处 |
| 名 称 | | 单位 | 数 量 |
| 材料 | 砂轮片 $\phi100$ | 片 | 4.080 |
| | 电 | kW·h | 1.900 |
| | 其他材料费 | % | 1.000 |
| 仪器仪表 | 微欧计 | 台 | 0.063 |
| 机械 | 氩弧焊机 | 台 | 0.083 |
| | 固定工装 | 套 | 0.083 |

**工作内容：**电阻测试、测量定位、汇流排打孔、涂导电油脂、安装。

计量单位：处

| 定额编号 | | | 8-282 |
|---|---|---|---|
| 项目 | | | 道岔处 |
| 名称 | | 单位 | 数量 |
| 人工 | 综合工日 | 工日 | 1.109 |
| 材料 | 道岔处电连接 | 根 | 1.000 |
| | 不锈钢六角螺栓 M12×50 | 套 | 2.040 |
| | 电力复合酯一级 | kg | 0.204 |
| | 钻头 $\phi$10 | 个 | 0.102 |
| | 钻头 $\phi$12 | 个 | 0.102 |
| | 电 | kW·h | 0.010 |
| | 其他材料费 | % | 1.000 |
| 仪器仪表 | 微欧计 | 台班 | 0.083 |

**工作内容：**预配、涂导电油脂、安装。

计量单位：处

| 定额编号 | | | 8-283 |
|---|---|---|---|
| 项目 | | | 车体接地板 |
| 名称 | | 单位 | 数量 |
| 人工 | 综合工日 | 工日 | 0.120 |
| 材料 | 软铜绞线 $16mm^2$ | m | 0.306 |
| | 接线端子 DTG16 | 个 | 2.040 |
| | 不锈钢螺钉 M10×30 | 套 | 2.040 |
| | 电力复合酯一级 | kg | 0.051 |
| | 其他材料费 | % | 1.000 |
| 机械 | 跨座式单轨作业车 ≤120kW | 台 | 0.026 |

## 7.7 防护板安装

**工作内容：**选配、拆除压板、清洁、安装防护板、安装压板、安装卡子。

计量单位： 100m

| 定额编号 | | | 8-284 |
|---|---|---|---|
| 项目 | | | 防护板安装 |
| 名称 | | 单位 | 数量 |
| 人工 | 综合工日 | 工日 | 6.936 |
| 材料 | 防护板 | m | 105.000 |
| | 固定卡子 | 个 | 101.000 |
| | 钢锯条 | 根 | 5.100 |
| | 记号笔 | 支 | 1.020 |
| | 其他材料费 | % | 1.000 |
| 机械 | 跨座式单轨作业车 ≤120kW | 台班 | 1.176 |

## 7.8　车体接地板安装

**工作内容：**预配、搬运、托架安装、车体接地板安装、测量、调整、记录。

计量单位：100m

| 定额编号 | | | 8-285 |
|---|---|---|---|
| 项目 | | | 车体接地板安装 |
| 名称 | | 单位 | 数量 |
| 人工 | 综合工日 | 工日 | 20.980 |
| 材料 | 车体接地板 | m | 101.000 |
| | 车体接地板托架 S1 型 | 个 | 102.000 |
| | 车体接地板托架 S2 型 | 根 | 5.100 |
| | 车体接地板托架 S3 型 | 支 | 1.020 |
| | 接地膨胀连接板 | 件 | 7.140 |
| | 螺栓 M12×30 | 套 | 127.500 |

续前

| 定 额 编 号 | | | 8-285 |
|---|---|---|---|
| 项 目 | | | 车体接地板安装 |
| 名 称 | | 单位 | 数 量 |
| 材料 | 螺钉 M10×30 | 套 | 353.940 |
| | 螺钉 M6×20 | 套 | 143.820 |
| | 其他材料费 | % | 1.000 |
| 仪器仪表 | 车体接地板专用量规 | 台班 | 3.000 |
| 机械 | 跨座式单轨作业车 ≤120kW | 台班 | 4.590 |
| | 载重汽车 8t | 台班 | 0.656 |

# 7.9 设备安装

## 7.9.1 避雷器柜体

**工作内容：**预埋件检查、开箱检查、避雷器柜体吊装、接地箱体安装。

计量单位：组

| | 定额编号 | | 8-286 | 8-287 |
|---|---|---|---|---|
| | 项目 | | 高架区间柜体 | 地面柜体 |
| | 名称 | 单位 | 数量 | |
| 人工 | 综合工日 | 工日 | 8.000 | 3.609 |
| 材料 | 不锈钢六角螺栓 M16×80 | 套 | 8.160 | — |
| | 膨胀螺栓 M12×100 | 套 | — | 8.160 |
| | 冲击钻头 $\phi14$ | 个 | — | 0.102 |
| | 电焊条 | kg | — | 0.726 |
| | 接地扁钢 | m | — | 5.250 |
| | 电 | kW·h | 0.500 | 0.500 |
| | 其他材料费 | % | 1.000 | 1.000 |
| 机械 | 载重汽车 8t | 台班 | 1.125 | 0.500 |
| | 电锤 2kW | 台班 | — | 0.375 |
| | 交流电焊机 | 台班 | — | 0.500 |
| | 跨座式单轨作业车 ≤120kW | 台班 | 1.125 | — |

### 7.9.2 避雷器

**工作内容：**开箱检查、电气检测、安装。

计量单位：台

| 定额编号 | | | 8-288 | 8-289 |
|---|---|---|---|---|
| 项目 | | | 高架区间 | 地面 |
| 名称 | | 单位 | 数量 | |
| 人工 | 综合工日 | 工日 | 1.013 | 0.517 |
| 材料 | 不锈钢六角螺栓 M16×40 | 套 | 4.080 | 4.080 |
| | 其他材料费 | % | 1.000 | 1.000 |
| 仪器仪表 | 耐压测试仪 | 台班 | 0.021 | 0.021 |
| 机械 | 跨座式单轨作业车 ≤120kW | 台班 | 0.294 | — |
| | 交流电焊机 | 台班 | — | 0.104 |

### 7.9.3 隔离开关柜

**工作内容：**开箱检查、吊装、搬运、测量定位、绝缘板安装、柜体安装、连接固定、母排连接、单体试验。

计量单位：组

| 定额编号 | | | 8-290 | 8-291 |
|---|---|---|---|---|
| 项目 | | | 户内 | 户外 |
| 名称 | | 单位 | 数量 | |
| 人工 | 综合工日 | 工日 | 9.272 | 7.219 |
| 材料 | 镀锌六角螺栓 M12×50 | 套 | 4.080 | 4.080 |
| | 聚碳酸酯板 δ5 | $m^2$ | 1.260 | — |
| | 绝缘套管 | 套 | 4.200 | — |
| | 绝缘板 400×5 | m | 3.060 | — |
| | 接地扁钢 | m | — | 5.250 |
| | 玻璃胶 | 瓶 | 1.020 | — |

续前

| 定额编号 | | | 8-290 | 8-291 |
|---|---|---|---|---|
| 项目 | | | 户内 | 户外 |
| 名称 | | 单位 | 数量 | |
| 材料 | 电 | kW·h | 0.900 | 0.900 |
| | 其他材料费 | % | 1.000 | 1.000 |
| 仪器仪表 | 耐压测试仪 | 台班 | 0.457 | 0.417 |
| | 兆欧表 | 台班 | 0.457 | 0.417 |
| | 微欧计 | 台班 | 0.457 | 0.417 |
| 机械 | 汽车起重机 12t | 台班 | 0.333 | 0.333 |
| | 载重汽车 8t | 台班 | 0.333 | 0.333 |

### 7.9.4　电缆分支箱

**工作内容：**开箱检查、测量定位、吊装、箱体安装、标识、电气检测。

计量单位：组

| 定额编号 | | | 8-292 |
|---|---|---|---|
| 项目 | | | 电缆分支箱 |
| 名称 | | 单位 | 数量 |
| 人工 | 综合工日 | 工日 | 2.524 |
| 材料 | 不锈钢六角螺栓 M12×40 | 套 | 4.080 |
| | 电 | kW·h | 0.250 |
| | 其他材料费 | % | 1.000 |
| 仪器仪表 | 微欧计 | 台班 | 0.125 |
| | 兆欧表 | 台班 | 0.125 |
| | 耐压测试仪 | 台班 | 0.125 |
| 机械 | 汽车式起重机 12t | 台班 | 0.250 |
| | 载重汽车 8t | 台班 | 0.250 |

## 7.9.5 分段绝缘器

**工作内容：**开箱检查、电气检测、定位、安装、调整固定。

计量单位：台

| 定额编号 | | | 8-293 |
|---|---|---|---|
| 项目 | | | 分段绝缘器 |
| 名称 | | 单位 | 数量 |
| 人工 | 综合工日 | 工日 | 1.100 |
| 材料 | 不锈钢六角螺栓 M12×50 | 套 | 7.140 |
| | 接触线固定夹板 50 型 | 件 | 4.040 |
| | 不锈钢六角螺栓 M8×50 | 套 | 4.080 |
| | 其他材料费 | % | 1.000 |
| 仪器仪表 | 兆欧表 | 台班 | 0.042 |
| | 悬挂调整尺跨座式单轨专用 | 台班 | 0.300 |
| 机械 | 跨座式单轨作业车 ≤120kW | 台班 | 0.300 |

# 7.10 其　他

**工作内容：** 涂刷面清洗、底板涂刷、字体涂刷。

计量单位：块

| 定　额　编　号 | | | 8-294 |
|---|---|---|---|
| 项　　目 | | | 警示牌刷制 |
| 名　　称 | | 单位 | 数　量 |
| 人工 | 综合工日 | 工日 | 0.637 |
| 材料 | 喷漆 | kg | 0.105 |
| | 其他材料费 | % | 1.000 |

**工作内容：**固定安装冷滑装置、线路清理防护、冷滑检测、记录、清洗绝缘子。

计量单位：km

| 定额编号 | | | 8-295 | 8-296 |
|---|---|---|---|---|
| 项目 | | | 冷滑试验 | 热滑试验 |
| 名称 | | 单位 | 数量 | |
| 人工 | 综合工日 | 工日 | 4.310 | 0.425 |
| 材料 | 电焊条 | kg | 1.100 | — |
| | 角钢 L60 | kg | 10.600 | — |
| | 其他材料费 | % | 1.000 | 1.000 |
| 仪器仪表 | 冷滑装置跨座式单轨专用 | 台班 | 0.313 | — |
| 机械 | 跨座式单轨作业车 ≤120kW | 台班 | 0.310 | 0.050 |
| | 发电机 ≤2kW | 台班 | 0.156 | — |

**工作内容：**调整、处理各次冷（热）滑中发现的打弓、接触线硬点、拉出值偏离等，达到开通送电程度。

计量单位：km

| 定额编号 | | | 8-297 | 8-298 |
|---|---|---|---|---|
| 项目 | | | 冷滑试验后调整 | 热滑试验后调整 |
| 名称 | | 单位 | 数量 | |
| 人工 | 综合工日 | 工日 | 7.640 | 3.399 |
| 材料 | 电焊条 | kg | 0.500 | 0.250 |
| | 角钢 ∟60 | kg | 5.030 | 2.515 |
| | 其他材料费 | % | 1.000 | 1.000 |
| 机械 | 跨座式单轨作业车 ≤120kW | 台班 | 0.870 | 1.000 |

# 8 动力照明

# 说　明

一、本章包括动力照明系统设备安装、灯具安装、插座开关安装、电气试验，共 4 节 156 个子目。

二、低压配电屏、柜按照基础槽钢上落地安装方式编制。

三、本章定额动力照明系统安装项目未包含屏、柜基础预埋安装，基础预埋安装应执行第 13 章相关项目。

四、本章定额已包含低压配电箱、插座箱角钢支架制作的工作内容。

五、定额内已包括利用摇表测量绝缘及一般灯具的试亮工作，但不包括调试工作及全负荷试运行。

六、动力照明系统电缆敷设执行第 9 章相应子目。

七、动力照明系统设备接地干线安装执行第 11 章相应子目。

八、高架区间灯具安装未考虑铁杆内的电缆敷设，应执行第 10 章相应子目。

九、各型灯具的引导线，均已综合在定额内，执行时不需换算；所有灯具均按照安装高度 5m 以下编制，安装高度超过 5m 时，应按照总说明中的超高系数进行计算。

# 工程量计量规则

一、低压配电箱、插座箱安装以“面”为单位计算。

二、灯具安装按设计图示数量以“套”为单位计算。

三、开关插座安装按设计图示数量以“10 套”为单位计算。

# 8.1 设备安装

## 8.1.1 低压配电屏、柜安装

**工作内容：** 开箱、检查、安装、电器、表计及继电器等附件的拆装、送交试验、盘内整理及一次校线、接线、调试。

计量单位：台

| 定额编号 | | | 8-299 |
| --- | --- | --- | --- |
| 项目 | | | 低压配电屏、柜安装 |
| 名称 | | 单位 | 数量 |
| 人工 | 综合工日 | 工日 | 4.730 |
| 材料 | 棉纱头 | kg | 0.100 |
| | 电焊条 | kg | 0.150 |
| | 调和漆 | kg | 0.050 |
| | 钢板垫板 | kg | 0.200 |
| | 塑料软管 | kg | 0.500 |
| | 塑料带 20×40 | kg | 0.300 |
| | 焊锡丝 | kg | 0.200 |

续前

| 定额编号 | | | 8-299 |
|---|---|---|---|
| 项目 | | | 低压配电屏、柜安装 |
| 名称 | | 单位 | 数量 |
| 材料 | 焊锡膏 50g/瓶 | g | 20.000 |
| | 电力复合酯 | kg | 0.050 |
| | 自粘性橡胶带 20×5 | 卷 | 0.100 |
| | 胶木线夹 | 个 | 6.000 |
| | 镀锌扁钢 40×4 | kg | 1.500 |
| | 异型塑料管 $\phi2.5 \sim 5$ | m | 6.000 |
| | 镀锌精制带帽螺栓 M10×100 以内 2 平 1 弹垫 | 10 套 | 0.610 |
| | 其他材料费 | % | 1.000 |
| 机械 | 汽车起重机 12t | 台班 | 0.100 |
| | 载重汽车 8t | 台班 | 0.060 |
| | 交流电焊机 21kV·A | 台班 | 0.100 |

## 8.1.2 低压配电箱、插座箱安装

### （1）配电箱角钢支架制作安装

**工作内容：**平直、下料、钻孔、安装、接地、刷油漆。

计量单位：套

| 定额编号 | | | 8-300 |
|---|---|---|---|
| 项目 | | | 配电箱角钢支架制作安装 |
| 名称 | | 单位 | 数量 |
| 人工 | 综合工日 | 工日 | 0.310 |
| 材料 | 角钢 63×10 | kg | 10.981 |
| | 角钢 50×5 | kg | 3.016 |
| | 圆钢 $\phi$5.5～9 | kg | 0.822 |
| | 电焊条 | kg | 0.110 |
| | 调和漆 | kg | 0.020 |
| | 钢锯条 | 根 | 0.400 |
| | 普通钢板 $\delta$2.0～2.5 | kg | 0.100 |
| | 镀锌扁钢 40×4 | kg | 0.474 |
| | 其他材料费 | % | 1.000 |
| 机械 | 交流电焊机 21kV·A | 台班 | 0.048 |

## （2）低压配电箱、插座箱垂直壁上明装

**工作内容：** 开箱、清扫、检查、测位、划线、打眼、埋螺栓、支架安装、箱体安装固定、接线、接地、调试。

计量单位：台

| 定额编号 | | | 8-301 | 8-302 | 8-303 | 8-304 |
|---|---|---|---|---|---|---|
| 项目 | | | 规格（回路以内） | | | |
| | | | 4 | 8 | 16 | 32 |
| 名称 | | 单位 | 数量 | | | |
| 人工 | 综合工日 | 工日 | 0.740 | 0.894 | 0.960 | 2.565 |
| 材料 | 镀锌圆钢 $\phi$10 以外 | kg | 0.270 | 0.330 | 0.330 | 0.330 |
| | 铜端子 10 $mm^2$ | 个 | 2.030 | 2.030 | 2.030 | 2.030 |
| | 裸铜线 10$mm^2$ | m | 0.540 | 0.600 | 0.600 | 0.600 |
| | 塑料软管 | kg | 0.130 | 0.150 | 0.180 | 0.250 |
| | 膨胀螺栓 M10 | 套 | 4.080 | 4.080 | 4.080 | 4.080 |
| | 焊锡丝 | kg | 0.050 | 0.070 | 0.080 | 0.100 |
| | 电力复合酯 | kg | 0.410 | 0.410 | 0.410 | 0.410 |
| | 自粘性橡胶带 | 卷 | 0.100 | 0.100 | 0.150 | 0.200 |
| | 电焊条 | kg | — | — | — | 0.150 |
| | 调和漆 | kg | 0.030 | 0.030 | 0.030 | 0.050 |
| | 酚醛磁漆 | kg | 0.010 | 0.010 | 0.010 | — |
| | 其他材料费 | % | 1.000 | 1.000 | 1.000 | 1.000 |

### （3）低压配电箱、插座箱垂直壁上暗装

**工作内容：**开箱、清扫、检查、测位、划线、打眼、埋螺栓、安装固定、接线、接地、调试。

计量单位：台

| 定额编号 | | | 8-305 | 8-306 | 8-307 | 8-308 |
|---|---|---|---|---|---|---|
| 项目 | | | 规格（回路以内） | | | |
| | | | 4 | 8 | 16 | 32 |
| 名称 | | 单位 | 数量 | | | |
| 人工 | 综合工日 | 工日 | 0.759 | 0.970 | 1.106 | 2.872 |
| 材料 | 镀锌圆钢 $\phi10$ 以外 | kg | 0.160 | 0.200 | 0.200 | 0.200 |
| | 铜端子 10 $mm^2$ | 个 | 2.030 | 2.030 | 2.030 | 2.030 |
| | 裸铜线 10$mm^2$ | m | 0.540 | 0.600 | 0.600 | 0.600 |
| | 塑料软管 | kg | 0.130 | 0.150 | 0.180 | 0.250 |
| | 焊锡丝 | kg | 0.050 | 0.070 | 0.080 | 0.100 |
| | 电力复合酯 | kg | 0.410 | 0.410 | 0.410 | 0.410 |
| | 自粘性橡胶带 | 卷 | 0.100 | 0.100 | 0.150 | 0.200 |
| | 电焊条 | kg | — | — | — | 0.150 |
| | 调和漆 | kg | 0.030 | 0.030 | 0.030 | 0.050 |
| | 其他材料费 | % | 1.000 | 1.000 | 1.000 | 1.000 |

### （4）高架及地面杆上配电箱支架制作安装

**工作内容：**平直、画线、下料、钻孔、组对、焊接、刷油、螺栓固定、调试。

计量单位：套

| 定额编号 | | | 8-309 |
|---|---|---|---|
| 项目 | | | 高架及地面杆上配电箱支架制作安装 |
| 名称 | | 单位 | 数量 |
| 人工 | 综合工日 | 工日 | 2.760 |
| 材料 | 角钢 63以内 | kg | 10.126 |
| | 扁钢 60以内 | kg | 3.967 |
| | 圆钢 $\phi$10以内 | kg | 1.944 |
| | 防锈漆 | kg | 0.269 |
| | 镀锌带母螺栓 M10×40~60 | 套 | 8.160 |
| | 镀锌垫圈 M10 | 个 | 16.320 |
| | 镀锌弹簧垫圈 M10 | 个 | 8.160 |
| | 电焊条 | kg | 0.192 |
| | U形抱箍 | 个 | 2.060 |
| | 其他材料费 | % | 1.000 |
| 机械 | 台式砂轮机 $\phi$100 | 台班 | 0.020 |
| | 交流亚弧焊机 21kV·A | 台班 | 0.048 |

## （5）低压配电箱、插座箱钢杆、水泥杆上安装

**工作内容：**开箱、清扫、检查、测位、画线、打眼、埋螺栓、做基础、安装固定、接线、接地、调试。

计量单位：台

| 定额编号 | | | 8-310 | 8-311 | 8-312 | 8-313 |
|---|---|---|---|---|---|---|
| 项目 | | | 规格（回路以内） | | | |
| | | | 4 | 8 | 16 | 32 |
| 名称 | | 单位 | 数量 | | | |
| 人工 | 综合工日 | 工日 | 0.557 | 0.711 | 0.788 | 2.104 |
| 材料 | 镀锌圆钢 $\phi$10 以外 | kg | 0.270 | 0.330 | 0.330 | 0.330 |
| | 铜端子 10 $mm^2$ | 个 | 2.030 | 2.030 | 2.030 | 2.030 |
| | 裸铜线 10$mm^2$ | m | 0.540 | 0.600 | 0.600 | 0.600 |
| | 塑料软管 | kg | 0.130 | 0.150 | 0.180 | 0.250 |
| | 膨胀螺栓 M10 | 套 | 4.080 | 4.080 | 4.080 | 4.080 |
| | 焊锡丝 | kg | 0.050 | 0.070 | 0.080 | 0.100 |
| | 电力复合酯 | kg | 0.410 | 0.410 | 0.410 | 0.410 |
| | 自粘性橡胶带 | 卷 | 0.100 | 0.100 | 0.150 | 0.200 |
| | 电焊条 | kg | — | — | — | 0.150 |
| | 调和漆 | kg | 0.030 | 0.030 | 0.030 | 0.050 |
| | 酚醛磁漆 | kg | 0.010 | 0.010 | 0.010 | 0.020 |
| | 其他材料费 | % | 1.000 | 1.000 | 1.000 | 1.000 |

# 8.2 灯具安装

## 8.2.1 车站灯具

### (1)普通灯具

**工作内容：**测量定位、画线、上圆木、开箱检查、组装灯具、上泡罩、接线、焊接包头、试亮。

计量单位：套

| 定额编号 | | | 8-314 | 8-315 | 8-316 | 8-317 |
|---|---|---|---|---|---|---|
| 项目 | | | 软线吊灯 | | | |
| | | | 固定式 | 自在器式 | 防水防潮式 | |
| | | | | | 带罩 | 不带罩 |
| 名称 | | 单位 | 数量 | | | |
| 人工 | 综合工日 | 工日 | 0.117 | 0.146 | 0.106 | 0.105 |
| 材料 | 塑料碗罩 | 个 | 1.050 | 1.050 | — | — |
| | 普通吊线式灯口 | 个 | 1.020 | 1.020 | — | — |
| | 普通防水防潮式灯口 | 个 | — | — | 1.020 | 1.020 |
| | 搪瓷平盘罩 | 个 | — | — | 1.010 | — |
| | 瓷吊盒 | 个 | — | — | 1.020 | 1.020 |

续前

| 定额编号 | | | 8-314 | 8-315 | 8-316 | 8-317 |
|---|---|---|---|---|---|---|
| 项目 | | | 软线吊灯 | | | |
| | | | 固定式 | 自在器式 | 防水防潮式 | |
| | | | | | 带罩 | 不带罩 |
| 名称 | | 单位 | 数量 | | | |
| 材料 | 六丁抓子 | 个 | — | — | 1.010 | — |
| | 灯具胶木抓子 | 个 | 1.020 | 1.020 | — | — |
| | 普通灯泡 | 个 | 1.030 | 1.030 | 1.030 | 1.030 |
| | 灯具胶吊盒 | 个 | 1.020 | 1.020 | — | — |
| | 塑料台 | 个 | 1.050 | 1.050 | 1.050 | 1.050 |
| | 绝缘导线 BV-2.5 | m | 0.305 | 0.305 | 0.305 | 0.305 |
| | 绝缘导线 RVS 2×1.0 | m | 1.018 | 2.036 | 1.018 | 1.018 |
| | 塑料软管 $\phi7$ | m | 1.050 | 2.100 | 1.050 | 1.050 |
| | 塑料自在器 | 个 | — | 1.050 | — | — |
| | 镀锌机螺钉 2~5×4~50 | 个 | 2.080 | 2.080 | 2.080 | 2.080 |
| | 镀锌木螺钉 | 个 | 2.080 | 2.080 | 2.080 | 2.080 |
| | 其他材料费 | % | 1.000 | 1.000 | 1.000 | 1.000 |

**工作内容：**测量定位、画线、上圆木、开箱检查、组装灯具、上泡罩、接线、焊接包头、试亮。

计量单位：套

| 定额编号 | | | 8-318 | 8-319 | 8-320 | 8-321 | 8-322 |
|---|---|---|---|---|---|---|---|
| 项目 | | | 座灯头 | | | 直杆灯 | 吊链灯 |
| | | | 带罩 | 不带罩 | 声、光控 | | |
| 名称 | | 单位 | 数量 | | | | |
| 人工 | 综合工日 | 工日 | 0.102 | 0.102 | 0.111 | 0.221 | 0.221 |
| 材料 | 灯具 | 套 | — | — | — | 1.010 | 1.010 |
| | 座灯灯口 | 个 | 1.020 | 1.020 | — | — | — |
| | 声光控灯座 | 套 | — | — | 1.010 | — | — |
| | 玻璃桃罩 | 个 | — | — | 1.050 | — | — |
| | 六钉抓子 | 个 | 1.010 | — | — | — | — |
| | 搪瓷平盘罩 | 个 | 1.010 | — | — | — | — |
| | 普通灯泡 | 个 | 1.030 | 1.030 | 1.030 | 1.030 | 1.030 |
| | 塑料台 | 个 | 1.050 | 1.050 | 1.050 | 1.050 | 1.050 |
| | 绝缘导线 BV-2.5 | m | 0.305 | 0.305 | 0.305 | 2.750 | 0.305 |
| | 镀锌机螺钉 6～12×12～120 | 个 | 2.080 | 2.080 | 2.080 | 4.160 | 2.080 |
| | 镀锌木螺钉 | 个 | 2.080 | 2.080 | 2.080 | 4.160 | 3.120 |
| | 绝缘导线 RVS 2×1.0 | m | — | — | — | — | 2.036 |
| | 其他材料费 | % | 1.000 | 1.000 | 1.000 | 1.000 | 1.000 |

## （2）壁　灯

**工作内容：**测位、画线、打眼、埋螺栓、上圆木、开箱检查、组装灯具、上灯罩、接线、焊接包头、试亮等。

计量单位：套

| 定额编号 | | | 8-323 | 8-324 | 8-325 | 8-326 | 8-327 | 8-328 |
|---|---|---|---|---|---|---|---|---|
| 项目 | | | 普通壁灯 | | | 大型壁灯（7kg 以上） | | 白桃罩壁灯 |
| | | | 单罩 | 双罩 | 三罩 | 单罩 | 双罩 | |
| 名称 | | 单位 | 数量 | | | | | |
| 人工 | 综合工日 | 工日 | 0.261 | 0.427 | 0.527 | 1.556 | 1.605 | 0.102 |
| 材料 | 灯具 | 套 | 1.010 | 1.010 | 1.010 | 1.010 | 1.010 | 1.010 |
| | 座灯灯口 | 个 | — | — | — | — | — | 1.020 |
| | 六钉抓子 | 个 | — | — | — | — | — | 1.010 |
| | 玻璃桃罩 | 个 | — | — | — | — | — | 1.050 |
| | 普通灯泡 | 个 | 1.030 | 2.060 | 3.090 | 2.060 | 4.120 | 1.030 |
| | 绝缘导线 BV-2.5 | m | 0.305 | 0.305 | 0.305 | 0.305 | 0.305 | 0.305 |
| | 绝缘导线 RVS 2×1.0 | m | 0.610 | 1.222 | 1.830 | 0.814 | 1.630 | — |
| | 镀锌木螺钉 | 个 | 4.160 | 4.160 | 4.160 | — | — | 2.080 |
| | 膨胀螺栓 M12 | 套 | — | — | — | 4.080 | 4.080 | — |
| | 镀锌机螺钉 M6～12×12～120 | 个 | — | — | — | — | — | 2.080 |
| | 塑料台 | 个 | — | — | — | — | — | 1.050 |
| | 塑料胀塞 | 个 | 4.200 | 4.200 | 4.200 | — | — | — |
| | 其他材料费 | % | 1.000 | 1.000 | 1.000 | 1.000 | 1.000 | 1.000 |

## （3）普通吸顶灯

**工作内容：**测位、画线、打眼、埋螺栓、开箱检查、灯具组装、接线、焊接包头、支架制作安装、金属软管敷设、穿线、刷漆、试亮。

计量单位：套

| 定额编号 | | | 8-329 | 8-330 | 8-331 | 8-332 | 8-333 |
|---|---|---|---|---|---|---|---|
| 项目 | | | 吊顶上安装 | | | | |
| | | | 单罩 | 双罩 | 四罩 | 六罩 | 八罩 |
| 名称 | | 单位 | 数量 | | | | |
| 人工 | 综合工日 | 工日 | 0.922 | 1.301 | 1.704 | 2.770 | 4.567 |
| 材料 | 灯具 | 套 | 1.010 | 1.010 | 1.010 | 1.010 | 1.010 |
| | 普通灯泡 | 个 | 1.030 | 2.060 | 4.120 | 6.180 | 8.240 |
| | 绝缘导线 BV-2.5 | m | 2.839 | 4.670 | 7.874 | 5.242 | 6.989 |
| | 绝缘导线 BV105-2.5 | m | — | — | — | 6.413 | 8.755 |
| | 塑料软管 $\phi 7$ | m | 0.288 | 0.713 | 1.430 | 1.430 | 1.430 |
| | 镀锌带母螺栓 M6×30～50 | 套 | 2.040 | 4.080 | — | — | — |
| | 镀锌带母螺栓 8×110～120 | 套 | — | — | 8.160 | 12.240 | 16.320 |
| | 镀锌垫圈 M6 | 个 | 2.040 | 4.080 | — | — | — |
| | 镀锌垫圈 M8 | 个 | — | — | 8.160 | 12.240 | 16.320 |
| | 瓷接头 双路 | 个 | 1.030 | 2.060 | 4.120 | 6.180 | 8.240 |
| | 金属软管 $\phi 15$ | m | 0.515 | 0.515 | 0.515 | 1.030 | — |
| | 金属软管 $\phi 20$ | m | — | — | — | — | 1.030 |
| | 金属软管卡子 15 | 个 | 2.060 | 2.060 | 2.060 | 4.120 | — |

续前

| 定额编号 | | | 8-329 | 8-330 | 8-331 | 8-332 | 8-333 |
|---|---|---|---|---|---|---|---|
| 项目 | | | 吊顶上安装 | | | | |
| | | | 单罩 | 双罩 | 四罩 | 六罩 | 八罩 |
| 名称 | | 单位 | 数量 | | | | |
| 材料 | 金属软管卡子 20 | 个 | — | — | — | — | 4.120 |
| | 金属软管接头 $\phi15$ | 个 | 1.030 | 1.030 | 1.030 | 2.060 | — |
| | 金属软管接头 $\phi20$ | 个 | — | — | — | — | 2.060 |
| | 镀锌锁紧螺母（金属软管用） 15 | 个 | 2.080 | 2.080 | 2.080 | 4.120 | — |
| | 镀锌锁紧螺母（金属软管用） 20 | 个 | — | — | — | — | 4.120 |
| | 尼龙接头 15 | 个 | 1.030 | 1.030 | 1.030 | 2.060 | — |
| | 尼龙接头 20 | 个 | — | — | — | — | 2.060 |
| | 角钢 63 以内 | kg | 0.741 | 0.741 | 0.988 | 1.483 | 1.976 |
| | 扁钢 60 以内 | kg | 0.414 | 0.414 | 0.551 | 0.827 | 1.103 |
| | 圆钢 $\phi10$ 以内 | kg | 0.421 | 0.421 | 0.561 | 0.842 | 1.123 |
| | 膨胀螺栓 M10 | 套 | 1.020 | 2.040 | 4.080 | 6.120 | 8.160 |
| | 镀锌机螺钉 M6 | 套 | 4.080 | 4.080 | 4.080 | 8.160 | 8.160 |
| | 电焊条 | kg | 0.019 | 0.019 | 0.025 | 0.038 | 0.050 |
| | 防锈漆 | kg | 0.031 | 0.031 | 0.041 | 0.062 | 0.083 |
| | 调和漆 | kg | 0.025 | 0.025 | 0.033 | 0.050 | 0.066 |
| | 溶剂汽油 | kg | 0.007 | 0.007 | 0.009 | 0.013 | 0.018 |
| | 镀锌铁丝 $13^{\#}\sim17^{\#}$ | kg | 0.002 | 0.002 | 0.003 | 0.004 | 0.005 |
| | 其他材料费 | % | 1.000 | 1.000 | 1.000 | 1.000 | 1.000 |

**工作内容：**测位、画线、打眼、埋螺栓、开箱检查、灯具组装、接线、焊接包头、支架制作安装、金属软管敷设、穿线、刷漆、试亮。

计量单位：套

| 定额编号 | | | 8-334 |
|---|---|---|---|
| 项目 | | | 嵌入式筒灯 |
| 名称 | | 单位 | 数量 |
| 人工 | 综合工日 | 工日 | 0.279 |
| 材料 | 灯具 | 套 | 1.010 |
| | 普通灯泡 | 个 | 1.030 |
| | 绝缘导线 BV-2.5 | m | 2.839 |
| | 塑料软管 $\phi 7$ | m | 0.288 |
| | 瓷接头 双路 | 个 | 1.030 |
| | 金属软管 $\phi 15$ | m | 0.515 |
| | 金属软管卡子 15 | 个 | 2.060 |
| | 金属软管接头 $\phi 15$ | 个 | 1.030 |
| | 镀锌锁紧螺母（金属软管用） M15 | 个 | 2.080 |
| | 尼龙接头 15 | 个 | 1.030 |
| | 镀锌机螺钉 M6 | 套 | 4.080 |
| | 镀锌铁丝 $13^{\#} \sim 17^{\#}$ | kg | 0.002 |
| | 其他材料费 | % | 1.000 |

**工作内容：**测位、画线、打眼、埋螺栓、开箱检查、灯具组装、接线、焊接包头、试亮。

计量单位：套

| 定额编号 | | | 8-335 | 8-336 | 8-337 | 8-338 | 8-339 |
|---|---|---|---|---|---|---|---|
| 项目 | | | 混凝土楼板上安装 | | | | |
| | | | 单罩 | 双罩 | 四罩 | 六罩 | 八罩 |
| 名称 | | 单位 | 数量 | | | | |
| 人工 | 综合工日 | 工日 | 0.347 | 0.725 | 1.009 | 1.614 | 3.169 |
| 材料 | 灯具 | 套 | 1.010 | 1.010 | 1.010 | 1.010 | 1.010 |
| | 普通灯泡 | 个 | 1.030 | 2.060 | 4.120 | 6.180 | 8.240 |
| | 绝缘导线 BV-2.5 | m | 0.509 | 2.340 | 4.380 | — | — |
| | 绝缘导线 BV105-2.5 | m | — | — | — | 6.413 | 8.755 |
| | 塑料软管 $\phi 7$ | m | 0.288 | 0.713 | 1.430 | 1.430 | 1.430 |
| | 膨胀螺栓 M6 | 套 | 2.040 | 4.080 | — | — | — |
| | 膨胀螺栓 M8 | 套 | — | — | 8.160 | 12.240 | — |
| | 膨胀螺栓 M10 | 套 | — | — | — | — | 16.320 |
| | 瓷接头 双路 | 个 | 1.030 | 2.060 | 4.120 | 6.180 | 8.240 |
| | 其他材料费 | % | 1.000 | 1.000 | 1.000 | 1.000 | 1.000 |

## （4）荧 光 灯

**工作内容：**测位、画线、打眼、上木台、吊管（吊链）加工、开箱检查、灯具安装、接线、焊接包头、试亮、支架制作安装、金属软管敷设、穿线。

计量单位：套

| 定额编号 | | | 8-340 | 8-341 | 8-342 | 8-343 | 8-344 |
|---|---|---|---|---|---|---|---|
| 项目 | | | 吸顶安装（有吊顶处） | | | | |
| | | | 1×15W | 1×20W | 1×30W | 2×30W | 3×30W |
| 名称 | | 单位 | 数量 | | | | |
| 人工 | 综合工日 | 工日 | 1.042 | 1.042 | 1.042 | 1.140 | 1.361 |
| 材料 | 灯具 | 套 | 1.010 | 1.010 | 1.010 | 1.010 | 1.010 |
| | 荧光灯管 15W | 条 | 1.010 | — | — | — | — |
| | 荧光灯管 20W | 条 | — | 1.010 | — | — | — |
| | 荧光灯管 30W | 条 | — | — | 1.010 | 2.020 | 3.030 |
| | 绝缘导线 BV-2.5 | m | 3.508 | 3.508 | 3.508 | 3.508 | 3.508 |
| | 膨胀螺栓 M8 | 套 | 2.040 | 2.040 | 2.040 | 2.040 | 2.040 |
| | 镀锌带母螺栓 6×30～50 | 套 | — | — | — | — | 4.080 |
| | 镀锌垫圈 6 | 个 | — | — | — | — | 4.080 |
| | 金属软管 $\phi$15 | m | 0.515 | 0.515 | 0.515 | 0.515 | 0.515 |
| | 金属软管卡子 15 | 个 | 2.060 | 2.060 | 2.060 | 2.060 | 2.060 |
| | 金属软管接头 $\phi$15 | 个 | 1.030 | 1.030 | 1.030 | 1.030 | 1.030 |

续前

| 定额编号 | | | 8-340 | 8-341 | 8-342 | 8-343 | 8-344 |
|---|---|---|---|---|---|---|---|
| 项目 | | | 吸顶安装（有吊顶处） | | | | |
| | | | 1×15W | 1×20W | 1×30W | 2×30W | 3×30W |
| 名称 | | 单位 | 数量 | | | | |
| 材料 | 镀锌锁紧螺母（金属软管用） M15 | 个 | 2.080 | 2.080 | 2.080 | 2.080 | 2.080 |
| | 尼龙接头 15 | 个 | 1.030 | 1.030 | 1.030 | 1.030 | 1.030 |
| | 角钢 63 以内 | kg | 1.524 | 1.524 | 1.524 | 1.524 | 2.112 |
| | 圆钢 $\phi$10 以内 | kg | 0.840 | 0.840 | 0.840 | 0.840 | 0.840 |
| | 镀锌机螺钉 M6 | 套 | 4.080 | 4.080 | 4.080 | 4.080 | 4.080 |
| | 镀锌六角螺母 M8 | 个 | 8.160 | 8.160 | 8.160 | 8.160 | 8.160 |
| | 镀锌垫圈 M8 | 个 | 8.160 | 8.160 | 8.160 | 8.160 | 8.160 |
| | 镀锌弹簧垫圈 M 8 | 个 | 4.080 | 4.080 | 4.080 | 4.080 | 4.080 |
| | 防锈漆 | kg | 0.049 | 0.049 | 0.049 | 0.049 | 0.061 |
| | 调和漆 | kg | 0.039 | 0.039 | 0.039 | 0.039 | 0.049 |
| | 溶剂汽油 | kg | 0.013 | 0.013 | 0.013 | 0.013 | 0.016 |
| | 镀锌铁丝 $13^{\#}\sim17^{\#}$ | kg | 0.002 | 0.002 | 0.002 | 0.002 | 0.002 |
| | 其他材料费 | % | 1.000 | 1.000 | 1.000 | 1.000 | 1.000 |

**工作内容：**测位、画线、打眼、上木台、吊管（吊链）加工、开箱检查、灯具安装、接线、焊接包头、试亮、支架制作安装、金属软管敷设、穿线。

计量单位：套

| 定额编号 | | | 8-345 | 8-346 | 8-347 | 8-348 |
|---|---|---|---|---|---|---|
| 项目 | | | 吸顶安装（有吊顶处） | | | |
| | | | 1×40W | 2×40W | 3×40W | 环形 |
| 名称 | | 单位 | 数量 | | | |
| 人工 | 综合工日 | 工日 | 1.042 | 1.140 | 1.361 | 0.757 |
| 材料 | 灯具 | 套 | 1.010 | 1.010 | 1.010 | 1.010 |
| | 荧光灯管 40W | 条 | 1.010 | 2.020 | 3.030 | — |
| | 环形灯管 32W | 条 | — | — | — | 1.010 |
| | 绝缘导线 BV-2.5 | m | 3.508 | 3.508 | 3.508 | 3.100 |
| | 膨胀螺栓 M8 | 套 | 2.040 | 2.040 | 2.040 | 1.020 |
| | 镀锌带母螺栓 M6×30~50 | 套 | — | — | 4.080 | 2.040 |
| | 镀锌垫圈 6 | 个 | — | — | 4.080 | 2.040 |
| | 金属软管 $\phi$15 | m | 0.515 | 0.515 | 0.515 | 0.515 |
| | 金属软管卡子 15 | 个 | 2.060 | 2.060 | 2.060 | 2.060 |
| | 金属软管接头 $\phi$15 | 个 | 1.030 | 1.030 | 1.030 | 1.030 |
| | 镀锌锁紧螺母（金属软管用） 15 | 个 | 2.080 | 2.080 | 2.080 | 2.080 |
| | 尼龙接头 15 | 个 | 1.030 | 1.030 | 1.030 | 1.030 |

续前

| 定额编号 | | | 8-345 | 8-346 | 8-347 | 8-348 |
|---|---|---|---|---|---|---|
| 项目 | | | 吸顶安装（有吊顶处） | | | |
| | | | 1×40W | 2×40W | 3×40W | 环形 |
| 名称 | | 单位 | 数量 | | | |
| 材料 | 镀锌机螺钉 M6 | 套 | 4.080 | 4.080 | 4.080 | 4.080 |
| | 角钢 63 以内 | kg | 1.524 | 1.524 | 2.112 | 0.675 |
| | 圆钢 $\phi$10 以内 | kg | 0.840 | 0.840 | 0.840 | 0.420 |
| | 镀锌六角螺母 M8 | 个 | 8.160 | 8.160 | 8.160 | 4.080 |
| | 镀锌垫圈 M8 | 个 | 8.160 | 8.160 | 8.160 | 4.080 |
| | 镀锌弹簧垫圈 M8 | 个 | 4.080 | 4.080 | 4.080 | 2.040 |
| | 塑料软管 $\phi$7 | m | — | — | — | 0.260 |
| | 瓷接头 双路 | 个 | — | — | — | 1.030 |
| | 防锈漆 | kg | 0.049 | 0.049 | 0.061 | 0.023 |
| | 调和漆 | kg | 0.039 | 0.039 | 0.049 | 0.018 |
| | 溶剂汽油 | kg | 0.013 | 0.013 | 0.016 | 0.006 |
| | 镀锌铁丝 $13^{\#}\sim17^{\#}$ | kg | 0.002 | 0.002 | 0.002 | 0.002 |
| | 其他材料费 | % | 1.000 | 1.000 | 1.000 | 1.000 |

**工作内容：**测位、画线、打眼、埋螺栓、上木台、开箱检查、吊管（吊链）加工、灯具安装、接线、焊接包头、试灯。

计量单位：套

| 定额编号 | | | 8-349 | 8-350 | 8-351 | 8-352 | 8-353 |
|---|---|---|---|---|---|---|---|
| 项目 | | | 吸顶安装（无吊顶处） | | | | |
| | | | 1×15W | 1×20W | 1×30W | 2×30W | 3×30W |
| 名称 | | 单位 | 数量 | | | | |
| 人工 | 综合工日 | 工日 | 0.268 | 0.268 | 0.268 | 0.366 | 0.453 |
| 材料 | 灯具 | 套 | 1.010 | 1.010 | 1.010 | 1.010 | 1.010 |
| | 荧光灯管 15W | 条 | 1.010 | — | — | — | — |
| | 荧光灯管 20W | 条 | — | 1.010 | — | — | — |
| | 荧光灯管 30W | 条 | — | — | 1.010 | 2.020 | 3.030 |
| | 绝缘导线 BV-2.5 | m | 0.713 | 0.713 | 0.713 | 0.713 | 0.713 |
| | 膨胀螺栓 $\phi 6$ | 套 | 2.040 | 2.040 | 2.040 | 2.040 | — |
| | 膨胀螺栓 $\phi 8$ | 套 | — | — | — | — | 2.040 |
| | 其他材料费 | % | 1.000 | 1.000 | 1.000 | 1.000 | 1.000 |

**工作内容：** 测位、画线、打眼、埋螺栓、上木台、开箱检查、吊管吊链加工、灯具安装、接线、焊接包头、试灯。

计量单位：套

| 定额编号 | | | 8-354 | 8-355 | 8-356 | 8-357 |
|---|---|---|---|---|---|---|
| 项目 | | | 吸顶安装（无吊顶处） | | | |
| | | | 1×40W | 2×40W | 3×40W | 环形 |
| 名称 | | 单位 | 数量 | | | |
| 人工 | 综合工日 | 工日 | 0.268 | 0.366 | 0.453 | 0.268 |
| 材料 | 灯具 | 套 | 1.010 | 1.010 | 1.010 | 1.010 |
| | 荧光灯管 40W | 条 | 1.010 | 2.020 | 3.030 | — |
| | 荧光灯管 32W | 条 | — | — | — | 1.010 |
| | 绝缘导线 BV-2.5 | m | 0.713 | 0.713 | 0.713 | 0.713 |
| | 膨胀螺栓 M6 | 套 | 2.040 | 2.040 | — | 2.040 |
| | 膨胀螺栓 M8 | 套 | — | — | 2.040 | — |
| | 其他材料费 | % | 1.000 | 1.000 | 1.000 | 1.000 |

**工作内容：** 测位、画线、打眼、上木台、吊管（吊链）加工、开箱检查、灯具安装、接线、焊接包头、试亮、支架制作安装、金属软管敷设、穿线。

计量单位：套

| 定额编号 | | | 8-358 | 8-359 | 8-360 | 8-361 | 8-362 |
|---|---|---|---|---|---|---|---|
| 项目 | | | 吊链安装（有吊顶处） | | | | |
| | | | 1×15W | 1×20W | 1×30W | 2×30W | 3×30W |
| 名称 | | 单位 | 数量 | | | | |
| 人工 | 综合工日 | 工日 | 1.094 | 1.094 | 1.094 | 1.194 | 1.316 |
| 材料 | 灯具 | 套 | 1.010 | 1.010 | 1.010 | 1.010 | 1.010 |
| | 荧光灯管 15W | 条 | 1.010 | — | — | — | — |
| | 荧光灯管 20W | 条 | — | 1.010 | — | — | — |
| | 荧光灯管 30W | 条 | — | — | 1.010 | 2.020 | 3.030 |
| | 绝缘导线 BV-2.5 | m | 3.101 | 3.101 | 3.101 | 3.101 | 3.101 |
| | 绝缘导线 RVS 2×1.0 | m | 1.527 | 1.527 | 1.527 | 1.527 | 1.527 |
| | 塑料台 | 个 | 2.100 | 2.100 | 2.100 | 2.100 | 2.100 |
| | 膨胀螺栓 M8 | 套 | 2.040 | 2.040 | 2.040 | 2.040 | 2.040 |
| | 镀锌木螺钉 | 个 | 6.240 | 6.240 | 6.240 | 6.240 | 6.240 |
| | 荧光灯吊链 | m | 2.000 | 2.000 | 2.000 | 2.000 | 2.000 |
| | 金属软管 $\phi15$ | m | 0.515 | 0.515 | 0.515 | 0.515 | 0.515 |
| | 金属软管卡子 15 | 个 | 2.060 | 2.060 | 2.060 | 2.060 | 2.060 |

续前

| 定额编号 | | | 8-358 | 8-359 | 8-360 | 8-361 | 8-362 |
|---|---|---|---|---|---|---|---|
| 项目 | | | 吊链安装（有吊顶处） | | | | |
| | | | 1×15W | 1×20W | 1×30W | 2×30W | 3×30W |
| 名称 | | 单位 | 数量 | | | | |
| 材料 | 金属软管接头 $\phi15$ | 个 | 1.030 | 1.030 | 1.030 | 1.030 | 1.030 |
| | 镀锌锁紧螺母（金属软管用） 15 | 个 | 2.080 | 2.080 | 2.080 | 2.080 | 2.080 |
| | 尼龙接头 15 | 个 | 1.030 | 1.030 | 1.030 | 1.030 | 1.030 |
| | 角钢 63 以内 | kg | 1.524 | 1.524 | 1.524 | 1.524 | 1.524 |
| | 圆钢 $\phi10$ 以内 | kg | 0.840 | 0.840 | 0.840 | 0.840 | 0.840 |
| | 镀锌机螺钉 M6 | 套 | 4.080 | 4.080 | 4.080 | 4.080 | 4.080 |
| | 镀锌六角螺母 M8 | 个 | 8.160 | 8.160 | 8.160 | 8.160 | 8.160 |
| | 镀锌垫圈 M8 | 个 | 8.160 | 8.160 | 8.160 | 8.160 | 8.160 |
| | 镀锌弹簧垫圈 M8 | 个 | 4.080 | 4.080 | 4.080 | 4.080 | 4.080 |
| | 防锈漆 | kg | 0.039 | 0.039 | 0.039 | 0.039 | 0.039 |
| | 调和漆 | kg | 0.049 | 0.049 | 0.049 | 0.049 | 0.049 |
| | 溶剂汽油 | kg | 0.013 | 0.013 | 0.013 | 0.013 | 0.013 |
| | 镀锌铁丝 $13^{\#}\sim17^{\#}$ | kg | 0.002 | 0.002 | 0.002 | 0.002 | 0.002 |
| | 其他材料费 | % | 1.000 | 1.000 | 1.000 | 1.000 | 1.000 |

**工作内容：**测位、画线、打眼、上木台、吊管（吊链）加工、开箱检查、灯具安装、接线、焊接包头、试亮、支架制作安装、金属软管敷设、穿线。

计量单位：套

| 定额编号 | | | 8-363 | 8-364 | 8-365 |
|---|---|---|---|---|---|
| 项目 | | | 吊链安装（有吊顶处） | | |
| | | | 1×40W | 2×40W | 3×40W |
| 名称 | | 单位 | 数量 | | |
| 人工 | 综合工日 | 工日 | 1.094 | 1.194 | 1.316 |
| 材料 | 灯具 | 套 | 1.010 | 1.010 | 1.010 |
| | 荧光灯管 40W | 条 | 1.010 | 2.020 | 3.030 |
| | 绝缘导线 BV-2.5 | m | 3.101 | 3.101 | 3.101 |
| | 绝缘导线 RVS 2×1.0 | m | 1.527 | 1.527 | 1.527 |
| | 塑料台 | 个 | 2.100 | 2.100 | 2.100 |
| | 膨胀螺栓 M8 | 套 | 2.040 | 2.040 | 2.040 |
| | 镀锌木螺钉 | 个 | 6.240 | 6.240 | 6.240 |
| | 荧光灯吊链 | m | 2.000 | 2.000 | 2.000 |
| | 金属软管 $\phi$15 | m | 0.515 | 0.515 | 0.515 |
| | 金属软管卡子 15 | 个 | 2.060 | 2.060 | 2.060 |
| | 金属软管接头 $\phi$15 | 个 | 1.030 | 1.030 | 1.030 |
| | 镀锌锁紧螺母（金属软管用） 15 | 个 | 2.080 | 2.080 | 2.080 |

续前

| 定额编号 | | | 8-363 | 8-364 | 8-365 |
|---|---|---|---|---|---|
| 项目 | | | 吊链安装（有吊顶处） | | |
| | | | 1×40W | 2×40W | 3×40W |
| 名称 | | 单位 | 数量 | | |
| 材料 | 尼龙接头 15 | 个 | 1.030 | 1.030 | 1.030 |
| | 角钢 63 以内 | kg | 1.524 | 1.524 | 1.524 |
| | 圆钢 $\phi$10 以内 | kg | 0.840 | 0.840 | 0.840 |
| | 镀锌机螺钉 M6 | 套 | 4.080 | 4.080 | 4.080 |
| | 镀锌六角螺母 M8 | 个 | 8.160 | 8.160 | 8.160 |
| | 镀锌垫圈 M8 | 个 | 8.160 | 8.160 | 8.160 |
| | 镀锌弹簧垫圈 M8 | 个 | 4.080 | 4.080 | 4.080 |
| | 防锈漆 | kg | 0.039 | 0.039 | 0.039 |
| | 调和漆 | kg | 0.049 | 0.049 | 0.049 |
| | 溶剂汽油 | kg | 0.013 | 0.013 | 0.013 |
| | 镀锌铁丝 $13^{\#}\sim17^{\#}$ | kg | 0.002 | 0.002 | 0.002 |
| | 其他材料费 | % | 1.000 | 1.000 | 1.000 |

**工作内容：** 测位、画线、打眼、埋螺栓、上木台、吊管（吊链）加工、开箱检查、灯具安装、接线、焊接包头、试灯。

计量单位：套

| 定额编号 | | | 8-366 | 8-367 | 8-368 | 8-369 | 8-370 |
|---|---|---|---|---|---|---|---|
| 项目 | | | 吊链安装（无吊顶处） | | | | |
| | | | 1×15W | 1×20W | 1×30W | 2×30W | 3×30W |
| 名称 | | 单位 | 数量 | | | | |
| 人工 | 综合工日 | 工日 | 0.319 | 0.319 | 0.319 | 0.420 | 0.543 |
| 材料 | 灯具 | 套 | 1.010 | 1.010 | 1.010 | 1.010 | 1.010 |
| | 荧光灯管 15W | 条 | 1.010 | — | — | — | — |
| | 荧光灯管 20W | 条 | — | 1.010 | — | — | — |
| | 荧光灯管 30W | 条 | — | — | 1.010 | 2.020 | 3.030 |
| | 绝缘导线 BV-2.5 | m | 0.305 | 0.305 | 0.305 | 0.305 | 0.305 |
| | 绝缘导线 RVS 2×1.0 | m | 1.527 | 1.527 | 1.527 | 1.527 | 1.527 |
| | 塑料台 | 个 | 2.100 | 2.100 | 2.100 | 2.100 | 2.100 |
| | 膨胀螺栓 M6 | 套 | 2.040 | 2.040 | 2.040 | 2.040 | — |
| | 膨胀螺栓 M8 | 套 | — | — | — | — | 2.040 |
| | 镀锌木螺钉 | 个 | 6.240 | 6.240 | 6.240 | 6.240 | 6.240 |
| | 荧光灯吊链 | m | 2.000 | 2.000 | 2.000 | 2.000 | 2.000 |
| | 其他材料费 | % | 1.000 | 1.000 | 1.000 | 1.000 | 1.000 |

**工作内容：** 测位、画线、打眼、埋螺栓、上木台、吊管（吊链）加工、开箱检查、灯具安装、接线、焊接包头、试灯。

计量单位：套

| 定额编号 | | | 8-371 | 8-372 | 8-373 |
|---|---|---|---|---|---|
| 项目 | | | 吊链安装（无吊顶处） | | |
| | | | 1×40W | 2×40W | 3×40W |
| 名称 | | 单位 | 数量 | | |
| 人工 | 综合工日 | 工日 | 0.319 | 0.420 | 0.543 |
| 材料 | 灯具 | 套 | 1.010 | 1.010 | 1.010 |
| | 荧光灯管 40W | 条 | 1.010 | 2.020 | 3.030 |
| | 绝缘导线 BV-2.5 | m | 0.305 | 0.305 | 0.305 |
| | 绝缘导线 RVS 2×1.0 | m | 1.527 | 1.527 | 1.527 |
| | 塑料台 | 个 | 2.100 | 2.100 | 2.100 |
| | 膨胀螺栓 M6 | 套 | 2.040 | 2.040 | 2.040 |
| | 膨胀螺栓 M8 | 套 | — | — | 2.040 |
| | 镀锌木螺钉 | 个 | 6.240 | 6.240 | 6.240 |
| | 荧光灯吊链 | m | 2.000 | 2.000 | 2.000 |
| | 其他材料费 | % | 1.000 | 1.000 | 1.000 |

**工作内容：**测位、画线、打眼、上木台、吊管（吊链）加工、开箱检查、灯具安装、接线、焊接包头、试亮、支架制作安装、金属软管敷设、穿线。

计量单位：套

| 定额编号 | | | 8-374 | 8-375 | 8-376 | 8-377 | 8-378 |
|---|---|---|---|---|---|---|---|
| 项目 | | | 吊杆安装（有吊顶处） | | | | |
| | | | 1×15W | 1×20W | 1×30W | 2×30W | 3×30W |
| 名称 | | 单位 | 数量 | | | | |
| 人工 | 综合工日 | 工日 | 1.097 | 1.097 | 1.097 | 1.198 | 1.322 |
| 材料 | 灯具 | 套 | 1.010 | 1.010 | 1.010 | 1.010 | 1.010 |
| | 荧光灯管 15W | 条 | 1.010 | — | — | — | — |
| | 荧光灯管 20W | 条 | — | 1.010 | — | — | — |
| | 荧光灯管 30W | 条 | — | — | 1.010 | 2.020 | 3.030 |
| | 绝缘导线 BV-2.5 | m | 5.550 | 5.550 | 5.550 | 5.550 | 5.550 |
| | 塑料台 | 个 | 2.100 | 2.100 | 2.100 | 2.100 | 2.100 |
| | 膨胀螺栓 M8 | 套 | 2.040 | 2.040 | 2.040 | 2.040 | 2.040 |
| | 镀锌木螺钉 | 个 | 6.240 | 6.240 | 6.240 | 6.240 | 6.240 |
| | 金属软管 $\phi15$ | m | 0.515 | 0.515 | 0.515 | 0.515 | 0.515 |
| | 金属软管卡子 15 | 个 | 2.060 | 2.060 | 2.060 | 2.060 | 2.060 |
| | 金属软管接头 $\phi15$ | 个 | 1.030 | 1.030 | 1.030 | 1.030 | 1.030 |

续前

| 定额编号 | | | 8-374 | 8-375 | 8-376 | 8-377 | 8-378 |
|---|---|---|---|---|---|---|---|
| 项目 | | | 吊杆安装（有吊顶处） | | | | |
| | | | 1×15W | 1×20W | 1×30W | 2×30W | 3×30W |
| 名称 | | 单位 | 数量 | | | | |
| 材料 | 镀锌锁紧螺母（金属软管用）M15 | 个 | 2.080 | 2.080 | 2.080 | 2.080 | 2.080 |
| | 尼龙接头 15 | 个 | 1.030 | 1.030 | 1.030 | 1.030 | 1.030 |
| | 角钢 63 以内 | kg | 1.524 | 1.524 | 1.524 | 1.524 | 1.524 |
| | 圆钢 $\phi$10 以内 | kg | 0.740 | 0.740 | 0.740 | 0.740 | 0.740 |
| | 镀锌机螺钉 M6 | 套 | 4.080 | 4.080 | 4.080 | 4.080 | 4.080 |
| | 镀锌六角螺母 M8 | 个 | 8.160 | 8.160 | 8.160 | 8.160 | 8.160 |
| | 镀锌垫圈 M8 | 个 | 8.160 | 8.160 | 8.160 | 8.160 | 8.160 |
| | 镀锌弹簧垫圈 M8 | 个 | 4.080 | 4.080 | 4.080 | 4.080 | 4.080 |
| | 调和漆 | kg | 0.039 | 0.039 | 0.039 | 0.039 | 0.039 |
| | 防锈漆 | kg | 0.049 | 0.049 | 0.049 | 0.049 | 0.049 |
| | 溶剂汽油 | kg | 0.013 | 0.013 | 0.013 | 0.013 | 0.013 |
| | 镀锌铁丝 $13^{\#}\sim17^{\#}$ | kg | 0.002 | 0.002 | 0.002 | 0.002 | 0.002 |
| | 其他材料费 | % | 1.000 | 1.000 | 1.000 | 1.000 | 1.000 |

**工作内容**：测位、画线、打眼、上木台、吊管（吊链）加工、开箱检查、灯具安装、接线、焊接包头、试亮、支架制作安装、金属软管敷设、穿线。

计量单位：套

| 定额编号 | | | 8-379 | 8-380 | 8-381 |
|---|---|---|---|---|---|
| 项目 | | | 吊杆安装（有吊顶处） | | |
| | | | 1×40W | 2×40W | 3×40W |
| 名称 | | 单位 | 数量 | | |
| 人工 | 综合工日 | 工日 | 1.097 | 1.198 | 1.322 |
| 材料 | 灯具 | 套 | 1.010 | 1.010 | 1.010 |
| | 荧光灯管 40W | 条 | 1.010 | 2.020 | 3.030 |
| | 绝缘导线 BV-2.5 | m | 5.550 | 5.550 | 5.550 |
| | 塑料台 | 个 | 2.100 | 2.100 | 2.100 |
| | 膨胀螺栓 M8 | 套 | 2.040 | 2.040 | 2.040 |
| | 镀锌木螺钉 | 个 | 6.240 | 6.240 | 6.240 |
| | 金属软管 $\phi 15$ | m | 0.515 | 0.515 | 0.515 |
| | 金属软管卡子 15 | 个 | 2.060 | 2.060 | 2.060 |
| | 金属软管接头 $\phi 15$ | 个 | 1.030 | 1.030 | 1.030 |
| | 镀锌锁紧螺母（金属软管用） 15 | 个 | 2.080 | 2.080 | 2.080 |
| | 尼龙接头 15 | 个 | 1.030 | 1.030 | 1.030 |

续前

| 定额编号 | | | 8-379 | 8-380 | 8-381 |
|---|---|---|---|---|---|
| 项目 | | | 吊杆安装（有吊顶处） | | |
| | | | 1×40W | 2×40W | 3×40W |
| 名称 | | 单位 | 数量 | | |
| 材料 | 角钢 63 以内 | kg | 1.524 | 1.524 | 1.524 |
| | 圆钢 $\phi 10$ 以内 | kg | 0.740 | 0.740 | 0.740 |
| | 镀锌机螺钉 M6 | 套 | 4.080 | 4.080 | 4.080 |
| | 镀锌六角螺母 M8 | 个 | 8.160 | 8.160 | 8.160 |
| | 镀锌垫圈 M8 | 个 | 8.160 | 8.160 | 8.160 |
| | 镀锌弹簧垫圈 M8 | 个 | 4.080 | 4.080 | 4.080 |
| | 调和漆 | kg | 0.039 | 0.039 | 0.039 |
| | 防锈漆 | kg | 0.049 | 0.049 | 0.049 |
| | 溶剂汽油 | kg | 0.013 | 0.013 | 0.013 |
| | 镀锌铁丝 13#～17# | kg | 0.002 | 0.002 | 0.002 |
| | 其他材料费 | % | 1.000 | 1.000 | 1.000 |

**工作内容：**测位、画线、打眼、上木台、吊管（吊链）加工、开箱检查、灯具安装、接线、焊接包头、试亮。

计量单位：套

| 定额编号 | | | 8-382 | 8-383 | 8-384 | 8-385 | 8-386 |
|---|---|---|---|---|---|---|---|
| 项目 | | | 吊杆安装（无吊顶处） | | | | |
| | | | 1×15W | 1×20W | 1×30W | 2×30W | 3×30W |
| 名称 | | 单位 | 数量 | | | | |
| 人工 | 综合工日 | 工日 | 0.322 | 0.322 | 0.322 | 0.424 | 0.548 |
| 材料 | 灯具 | 套 | 1.010 | 1.010 | 1.010 | 1.010 | 1.010 |
| | 荧光灯管 15W | 条 | 1.010 | — | — | — | — |
| | 荧光灯管 20W | 条 | — | 1.010 | — | — | — |
| | 荧光灯管 30W | 条 | — | — | 1.010 | 2.020 | 3.030 |
| | 绝缘导线 BV-2.5 | m | 2.750 | 2.750 | 2.750 | 2.750 | 2.750 |
| | 塑料台 | 个 | 2.100 | 2.100 | 2.100 | 2.100 | 2.100 |
| | 膨胀螺栓 M6 | 套 | 2.040 | 2.040 | 2.040 | 2.040 | — |
| | 膨胀螺栓 M8 | 套 | — | — | — | — | 2.040 |
| | 镀锌木螺钉 | 个 | 6.240 | 6.240 | 6.240 | 6.240 | 6.240 |
| | 其他材料费 | % | 1.000 | 1.000 | 1.000 | 1.000 | 1.000 |

**工作内容：**测位、画线、打眼、上木台、吊管（吊链）加工、开箱检查、灯具安装、接线、焊接包头、试亮。

计量单位：套

| 定额编号 | | | 8-387 | 8-388 | 8-389 |
|---|---|---|---|---|---|
| 项目 | | | 吊杆安装（无吊顶处） | | |
| | | | 1×40W | 2×40W | 3×40W |
| 名称 | | 单位 | 数量 | | |
| 人工 | 综合工日 | 工日 | 0.322 | 0.424 | 0.548 |
| 材料 | 灯具 | 套 | 1.010 | 1.010 | 1.010 |
| | 荧光灯管 40W | 条 | 1.010 | 2.020 | 3.030 |
| | 绝缘导线 BV-2.5 | m | 2.750 | 2.750 | 2.750 |
| | 塑料台 | 个 | 2.100 | 2.100 | 2.100 |
| | 膨胀螺栓 M6 | 套 | 2.040 | 2.040 | — |
| | 膨胀螺栓 M8 | 套 | — | — | 2.040 |
| | 镀锌木螺钉 | 个 | 6.240 | 6.240 | 6.240 |
| | 其他材料费 | % | 1.000 | 1.000 | 1.000 |

**工作内容：**测位、画线、打眼、埋螺栓、开箱检查、灯具安装、接线、安装瓷头、焊接包头、支架制作安装、金属软管敷设、穿线、试亮。

计量单位：套

| 定额编号 | | | 8-390 | 8-391 | 8-392 |
|---|---|---|---|---|---|
| 项目 | | | 开启式 | | |
| | | | 双管 | 四管 | 八管 |
| 名称 | | 单位 | 数量 | | |
| 人工 | 综合工日 | 工日 | 2.140 | 3.740 | 4.875 |
| 材料 | 灯具 | 套 | 1.010 | 1.010 | 1.010 |
| | 荧光灯管 40W | 条 | 2.020 | 4.040 | 8.080 |
| | 绝缘导线 BV-2.5 | m | 4.200 | 5.370 | 7.250 |
| | 膨胀螺栓 M8 | 套 | 2.040 | 4.080 | 6.120 |
| | 瓷接头 单路 | 个 | 1.030 | — | — |
| | 瓷接头 双路 | 个 | — | 1.030 | 1.030 |
| | 金属软管 $\phi$20 | m | 1.030 | 1.030 | 1.030 |
| | 金属软管卡子 20 | 个 | 4.120 | 4.120 | 4.120 |
| | 金属软管接头 $\phi$20 | 个 | 2.060 | 2.060 | 2.060 |

续前

| 定额编号 | | | 8-390 | 8-391 | 8-392 |
|---|---|---|---|---|---|
| 项目 | | | 开启式 | | |
| | | | 双管 | 四管 | 八管 |
| 名称 | | 单位 | 数量 | | |
| 材料 | 镀锌锁紧螺母（金属软管用） 20 | 个 | 4.160 | 4.160 | 4.160 |
| | 尼龙接头 20 | 个 | 2.060 | 2.060 | 2.060 |
| | 角钢 63 以内 | kg | 1.524 | 3.048 | 4.572 |
| | 圆钢 $\phi$10 以内 | kg | 0.840 | 1.680 | 2.520 |
| | 镀锌螺钉 M6 | 套 | 8.160 | 8.160 | 8.160 |
| | 镀锌垫圈 M8 | 个 | 8.160 | 16.320 | 24.480 |
| | 镀锌弹簧垫圈 M8 | 个 | 4.080 | 8.160 | 12.240 |
| | 调和漆 | kg | 0.039 | 0.078 | 0.117 |
| | 防锈漆 | kg | 0.049 | 0.098 | 0.147 |
| | 溶剂汽油 | kg | 0.013 | 0.026 | 0.039 |
| | 镀锌铁丝 13#～17# | kg | 0.003 | 0.004 | 0.005 |
| | 其他材料费 | % | 1.000 | 1.000 | 1.000 |

**工作内容：** 测位、画线、打眼、埋螺栓、开箱检查、灯具安装、接线、安装瓷头、焊接包头、支架制作安装、金属软管敷设、穿线、试亮。

计量单位：套

| 定额编号 | | | 8-393 | 8-394 | 8-395 | 8-396 |
|---|---|---|---|---|---|---|
| 项目 | | | 嵌入式 | | | |
| | | | 单管 | 双管 | 三管 | 四管 |
| 名称 | | 单位 | 数量 | | | |
| 人工 | 综合工日 | 工日 | 1.226 | 1.294 | 1.811 | 2.008 |
| 材料 | 灯具 | 套 | 1.010 | 1.010 | 1.010 | 1.010 |
| | 荧光灯管 40W | 条 | 1.010 | 2.020 | 3.030 | 4.040 |
| | 绝缘导线 BV-2.5 | m | 5.835 | 5.835 | 7.000 | 7.000 |
| | 花线 2×0.15 | m | 1.527 | 3.054 | 4.581 | 6.108 |
| | 膨胀螺栓 M8 | 套 | 2.040 | 2.040 | 4.080 | 4.080 |
| | 镀锌木螺钉 | 个 | 16.640 | 29.120 | 39.520 | 49.920 |
| | 金属软管 $\phi 20$ | m | 1.030 | 1.030 | 1.030 | 1.030 |
| | 金属软管卡子 20 | 个 | 4.120 | 4.120 | 2.944 | 2.944 |
| | 金属软管接头 $\phi 20$ | 个 | 2.060 | 2.060 | 1.472 | 1.472 |

续前

| 定额编号 | | | 8-393 | 8-394 | 8-395 | 8-396 |
|---|---|---|---|---|---|---|
| 项目 | | | 嵌入式 | | | |
| | | | 单管 | 双管 | 三管 | 四管 |
| 名称 | | 单位 | 数量 | | | |
| 材料 | 镀锌锁紧螺母（金属软管用）20 | 个 | 4.160 | 4.160 | 2.912 | 2.912 |
| | 尼龙接头 20 | 个 | 2.060 | 2.060 | 1.472 | 1.472 |
| | 角钢 63 以内 | kg | 1.524 | 1.524 | 3.048 | 3.048 |
| | 圆钢 $\phi$10 以内 | kg | 0.840 | 0.840 | 1.680 | 1.680 |
| | 镀锌六角螺母 M8 | 个 | 8.160 | 8.160 | 16.320 | 16.320 |
| | 镀锌机螺钉 M6 | 套 | 8.160 | 8.160 | 5.712 | 5.712 |
| | 镀锌垫圈 M8 | 个 | 8.160 | 8.160 | 16.320 | 16.320 |
| | 镀锌弹簧垫圈 M8 | 个 | 4.080 | 4.080 | 8.160 | 8.160 |
| | 调和漆 | kg | 0.039 | 0.039 | 0.078 | 0.078 |
| | 防锈漆 | kg | 0.049 | 0.049 | 0.098 | 0.098 |
| | 溶剂汽油 | kg | 0.013 | 0.013 | 0.025 | 0.025 |
| | 镀锌铁丝 13#～17# | kg | 0.003 | 0.003 | 0.004 | 0.004 |
| | 其他材料费 | % | 1.000 | 1.000 | 1.000 | 1.000 |

**工作内容：** 测位、画线、打眼、埋螺栓、开箱检查、灯具安装、接线、焊接包头、试亮。

计量单位：套

| 定额编号 | | | 8-397 | 8-398 | 8-399 |
|---|---|---|---|---|---|
| 项目 | | | 密闭式 | | |
| | | | 双管吸顶式 | 单管吊式 | 双管吊式 |
| 名称 | | 单位 | 数量 | | |
| 人工 | 综合工日 | 工日 | 0.778 | 0.566 | 0.778 |
| 材料 | 灯具 | 套 | 1.010 | 1.010 | 1.010 |
| | 荧光灯管 40W | 条 | 2.020 | 1.010 | 2.020 |
| | 绝缘导线 BV-2.5 | m | 0.713 | 2.743 | 2.743 |
| | 镀锌地脚螺栓 6×120 | 套 | 6.120 | 3.060 | 6.120 |
| | 其他材料费 | % | 1.000 | 1.000 | 1.000 |

## （5）标志灯安装

**工作内容：** 测位、画线、打眼、留洞、开箱检查、灯具组装、接线、焊接包头、埋螺栓、试亮。

计量单位：套

| 定额编号 | | | 8-400 | 8-401 |
|---|---|---|---|---|
| 项目 | | | 嵌入式 | 明装 |
| 名称 | | 单位 | 数量 | |
| 人工 | 综合工日 | 工日 | 0.751 | 0.523 |
| 材料 | 灯具 | 套 | 1.010 | 1.010 |
| | 普通灯泡 | 个 | 1.030 | 1.030 |
| | 绝缘导线 | m | 0.810 | 0.810 |
| | 塑料软管 $\phi 7$ | m | 0.530 | 0.530 |
| | 瓷接头 双路 | 个 | 1.030 | 1.030 |
| | 膨胀螺栓 M10 | 套 | — | 2.040 |
| | 水泥 | kg | 2.000 | — |
| | 砂子 | kg | 3.200 | — |
| | 其他材料费 | % | 1.000 | 1.000 |

## 8.2.2 区间灯具

### (1) 隧道灯

#### ①高压钠灯

**工作内容：** 1. 壁式安装：测位、画线、打眼、埋螺栓、灯具开箱检查、高压钠灯本体安装。
2. 支架式安装：测位、画线、打眼、埋螺栓、支架制作安装、灯具开箱检查、高压钠灯本体安装。

计量单位：套

| 定额编号 | | | 8-402 | 8-403 |
|---|---|---|---|---|
| 项目 | | | 壁式 | 支架式 |
| 名称 | | 单位 | 数量 | |
| 人工 | 综合工日 | 工日 | 0.399 | 0.679 |
| 材料 | 灯具 | 支 | 1.010 | 1.010 |
| | 绝缘导线 BV-2.5 | m | 1.425 | 1.425 |
| | 镀锌膨胀螺栓 M8 | 套 | 2.040 | 2.040 |
| | 金属软管 $\phi20$ | m | 1.236 | 1.236 |
| | 金属软管卡子 $\phi20$ | 个 | 4.120 | 4.120 |
| | 金属软管接头 $\phi20$ | 个 | 2.060 | — |
| | 镀锌锁紧螺母 M20 | 个 | 4.120 | 4.120 |

续前

| 定额编号 | | | 8-402 | 8-403 |
| --- | --- | --- | --- | --- |
| 项目 | | | 壁式 | 支架式 |
| 名称 | | 单位 | 数量 | |
| 材料 | 镀锌六角螺母 M8 | 个 | — | 4.080 |
| | 角钢 L40×4 | kg | — | 3.150 |
| | 防锈漆 | kg | 0.052 | 0.052 |
| | 调和漆 | kg | 0.047 | 0.047 |
| | 稀料 | kg | 0.021 | 0.021 |
| | 钢丝 13#~17# | kg | 0.020 | 0.020 |
| | 焊锡条 | kg | 0.010 | 0.010 |
| | 其他材料费 | % | 1.000 | 1.000 |
| 机械 | 电锤 830W | 台班 | 0.031 | 0.031 |
| | 交流电焊机 21kV·A | 台班 | — | 0.040 |
| | 砂轮机 $\phi$250 | 台班 | — | 0.100 |
| | 发电机 ≤2kV | 台班 | 0.015 | 0.015 |

## ②防水防尘灯

**工作内容：** 1．悬挂式及双管吊式：测位、画线、打眼、埋螺栓、吊管（吊链）加工、开箱检查、灯具组装、接线、焊接包头、试亮。

2．吸顶式：测位、画线、打眼、埋螺栓、开箱检查、灯具组装、接线、焊接包头、试亮。

计量单位：套

| 定额编号 | | | 8-404 | 8-405 | 8-406 |
|---|---|---|---|---|---|
| 项目 | | | 悬挂式 | 双管吊式 | 吸顶式 |
| 名称 | | 单位 | 数量 | | |
| 人工 | 综合工日 | 工日 | 0.190 | 0.245 | 0.262 |
| 材料 | 防水防尘荧光灯 | 套 | 1.010 | 1.010 | 1.010 |
| | 绝缘导线 BV-2.5mm² | m | 2.036 | 2.036 | 1.629 |
| | 热镀锌膨胀螺栓 M6 | 套 | 2.040 | — | 2.040 |
| | 镀锌木螺钉 M6 | 套 | — | 4.080 | — |
| | 吊管 $\phi 20$ | m | — | 2.575 | — |
| | 绝缘台 | 个 | — | 2.020 | — |
| | 六角螺母 M8 | 套 | — | 4.080 | — |
| | 镀锌弹簧垫圈 M8 | 套 | — | 4.080 | — |

续前

| 定额编号 | | | 8-404 | 8-405 | 8-406 |
|---|---|---|---|---|---|
| 项目 | | | 悬挂式 | 双管吊式 | 吸顶式 |
| 名称 | | 单位 | 数量 | | |
| 材料 | 镀锌垫圈 M8 | 套 | — | 4.080 | — |
| | 金属软管 $\phi20$ | m | 1.236 | 1.236 | 1.236 |
| | 金属软管卡子 $\phi20$ | 个 | 4.120 | 4.120 | 4.120 |
| | 金属软管接头 $\phi20$ | 个 | 2.060 | 2.060 | 2.060 |
| | 镀锌锁紧螺母 M20 | 套 | 4.120 | 4.120 | 4.120 |
| | 钢丝 13#～17# | m | 0.020 | 0.020 | 0.020 |
| | 焊锡条 | kg | 0.010 | 0.010 | 0.010 |
| | 其他材料费 | % | 1.000 | 1.000 | 1.000 |
| 机械 | 电锤 830W | 台班 | 0.031 | 0.031 | 0.031 |
| | 发电机 ≤2kV | 台班 | 0.015 | 0.015 | 0.015 |

## ③应　急　灯

**工作内容：**测量、画线、打眼、埋螺栓、开箱检查、灯具安装、试亮。

计量单位：套

| 定额编号 | | | 8-407 |
|---|---|---|---|
| 项目 | | | 壁挂式 |
| 名称 | | 单位 | 数量 |
| 人工 | 综合工日 | 工日 | 0.290 |
| 材料 | 灯具 | 套 | 1.010 |
| | 绝缘导线 BV-2.5 | m | 1.425 |
| | 镀锌膨胀螺栓 M6 | 套 | 2.040 |
| | 金属软管 $\phi 20$ | m | 1.236 |
| | 金属软管卡子 $\phi 20$ | 个 | 4.120 |
| | 金属软管接头 $\phi 20$ | 个 | 2.060 |
| | 镀锌锁紧螺母 M20 | 个 | 4.120 |
| | 钢丝 $13^{\#} \sim 17^{\#}$ | kg | 0.020 |
| | 焊锡条 | kg | 0.010 |
| | 其他材料费 | % | 1.000 |
| 机械 | 电锤 830W | 台班 | 0.031 |
| | 发电机 ≤2kV | 台班 | 0.015 |

## ④疏散指示灯

**工作内容：**测量、画线、打眼、埋螺栓、开箱检查、灯具安装、试亮。

计量单位：套

| 定额编号 | | | 8-408 |
|---|---|---|---|
| 项目 | | | 嵌入式 |
| 名称 | | 单位 | 数量 |
| 人工 | 综合工日 | 工日 | 0.290 |
| 材料 | 灯具 4W | 套 | 1.010 |
| | 绝缘导线 BV-2.5 | m | 0.509 |
| | 镀锌木螺钉 M6 | 套 | 2.040 |
| | 塑料胀管 M6 | 个 | 2.040 |
| | 金属软管 $\phi 20$ | m | 1.236 |
| | 金属软管卡子 $\phi 20$ | 个 | 4.120 |
| | 金属软管接头 $\phi 20$ | 个 | 2.060 |
| | 镀锌锁紧螺母 M20 | 个 | 4.120 |
| | 钢丝 13#～17# | kg | 0.020 |
| | 焊锡条 | kg | 0.010 |
| | 其他材料费 | % | 1.000 |
| 机械 | 电锤 830W | 台班 | 0.031 |
| | 发电机 ≤2kV | 台班 | 0.015 |

## （2）高 架 灯 具

**工作内容：** 测量、画线、打眼、埋螺栓、铁杆安装、开箱检查、灯具安装、试亮。

计量单位：套

| 定 额 编 号 | | | 8-409 |
|---|---|---|---|
| 项 目 | | | 高架灯具 |
| 名 称 | | 单位 | 数 量 |
| 人工 | 综合工日 | 工日 | 2.650 |
| 材料 | 铁杆 | 根 | 1.010 |
| | 灯具 | 套 | 1.010 |
| | 灯具挑臂 | 套 | 1.010 |
| | 镀锌扁钢 40×4 | kg | 0.510 |
| | 镀锌垫圈 M16 | 个 | 8.160 |
| | 镀锌弹簧垫圈 M16 | 个 | 4.080 |
| | 防水螺母 M16 | 个 | 4.080 |
| | 麻袋 | $m^2$ | 1.020 |
| | 镀锌带母螺栓 M6 | 套 | 2.040 |
| | 镀锌带母螺栓 M8 | 套 | 2.040 |

续前

| 定额编号 | | | 8-409 |
| --- | --- | --- | --- |
| 项目 | | | 高架灯具 |
| 名称 | | 单位 | 数量 |
| 材料 | 镀锌弹簧垫圈 M6 | 个 | 2.040 |
| | 绝缘导线 FH500-2.5 | m | 3.258 |
| | 塑料软管 $\phi 6$ | m | 3.258 |
| | 铜端子 $6mm^2$ | 个 | 4.040 |
| | 绝缘导线 BX-10 | m | 22.612 |
| | 油漆 | kg | 0.104 |
| | 黑绑线 | 盘 | 0.812 |
| | 焊锡条 | kg | 0.010 |
| | 其他材料费 | % | 1.000 |
| 机械 | 汽车起重机 12t | 台班 | 0.100 |
| | 平台升降车 16m | 台班 | 0.200 |
| | 电锤 830W | 台班 | 0.031 |
| | 发电机 ≤2kV | 台班 | 0.015 |

# 8.3 插座开关安装

## 8.3.1 开　关

### （1）扳把开关明装

**工作内容：**测位、画线、打眼、缠埋螺栓、清扫盒子、上木台、缠钢丝弹簧垫、开箱检查、装开关和按钮、接线、调试、装盖。

计量单位：10套

| 定额编号 | | | 8-410 |
|---|---|---|---|
| 项目 | | | 扳把开关明装 |
| 名称 | | 单位 | 数量 |
| 人工 | 综合工日 | 工日 | 0.830 |
| 材料 | 照明开关 | 个 | 10.200 |
| | 圆木台 63～138×22 | 块 | 10.500 |
| | 塑料绝缘线 BLV-2.5 | m | 3.050 |
| | 木螺钉 $\phi$2～4×6～65 | 10个 | 4.160 |
| | 镀锌铁线 $18^{\#}$～$22^{\#}$ | kg | 0.100 |
| | 其他材料费 | % | 1.000 |

## （2）扳式暗开关（单控）

**工作内容：**测位、画线、打眼、缠埋螺栓、清扫盒子、上木台、缠钢丝弹簧垫、开箱检查、装开关和按钮、接线、调试、装盖。

计量单位：10套

| 定额编号 | | | 8-411 | 8-412 | 8-413 | 8-414 | 8-415 | 8-416 |
|---|---|---|---|---|---|---|---|---|
| 项目 | | | 单联 | 双联 | 三联 | 四联 | 五联 | 六联 |
| 名称 | | 单位 | 数量 | | | | | |
| 人工 | 综合工日 | 工日 | 0.850 | 0.590 | 0.930 | 0.980 | 1.030 | 1.080 |
| 材料 | 照明开关 | 只 | 10.200 | 10.200 | 10.200 | 10.200 | 10.200 | 10.200 |
| | 塑料绝缘线 BLV-2.5 | m | 3.050 | 4.580 | 6.110 | 7.640 | 9.550 | 11.460 |
| | 木螺钉 M2～4×6～65 | 10个 | 2.080 | 2.080 | 2.080 | 2.080 | 2.080 | 2.080 |
| | 镀锌铁线 18#～22# | kg | 0.100 | 0.100 | 0.100 | 0.100 | 0.100 | 0.100 |
| | 其他材料费 | % | 1.000 | 1.000 | 1.000 | 1.000 | 1.000 | 1.000 |

## （3）扳式暗开关（双控）

**工作内容：** 测位、画线、打眼、缠埋螺栓、清扫盒子、上木台、缠钢丝弹簧垫、开箱检查、装开关和按钮、接线、调试、装盖。

计量单位：10套

| 定额编号 | | | 8-417 | 8-418 | 8-419 | 8-420 | 8-421 | 8-422 |
|---|---|---|---|---|---|---|---|---|
| 项目 | | | 单联 | 双联 | 三联 | 四联 | 五联 | 六联 |
| 名称 | | 单位 | 数量 | | | | | |
| 人工 | 综合工日 | 工日 | 0.850 | 0.890 | 0.930 | 0.980 | 1.030 | 1.080 |
| 材料 | 照明开关 | 只 | 10.200 | 10.200 | 10.200 | 10.200 | 10.200 | 10.200 |
| | 塑料绝缘线 BLV-2.5 $mm^2$ | m | 4.060 | 5.730 | 7.130 | 8.730 | 10.610 | 13.010 |
| | 木螺钉 M2～4×6～65 | 10个 | 2.080 | 2.080 | 2.080 | 2.080 | 2.080 | 2.080 |
| | 镀锌铁线 $18^{\#}$～$22^{\#}$ | kg | 0.100 | 0.100 | 0.100 | 0.100 | 0.100 | 0.100 |
| | 其他材料费 | % | 1.000 | 1.000 | 1.000 | 1.000 | 1.000 | 1.000 |

## （4）特殊开关安装

**工作内容：**清扫盒子、开箱检查、接线安装、装盖、试电。

计量单位：10套

| 定额编号 | | | 8-423 | 8-424 | 8-425 |
|---|---|---|---|---|---|
| 项目 | | | 防爆开关 | 防水暗开关 | 密闭开关 |
| 名称 | | 单位 | 数量 | | |
| 人工 | 综合工日 | 工日 | 0.979 | 0.931 | 0.855 |
| 材料 | 成套开关 | 套 | 10.200 | 10.200 | 10.200 |
| | 塑料铜芯绝缘导线 BV-2.5$mm^2$ | m | 5.150 | 5.150 | 5.150 |
| | 木螺钉 M2～4×6～65 | 10个 | 2.000 | 2.000 | 2.000 |
| | 镀锌铁丝 23#～28# | kg | 0.100 | 0.100 | 0.100 |

## （5）一般按钮安装

**工作内容：** 测位、画线、打眼、缠埋螺栓、清扫盒子、上木台、缠钢丝弹簧垫、开箱检查、装开关和按钮、接线、调试、装盖。

计量单位：10套

| 定额编号 | | | 8-426 | 8-427 |
|---|---|---|---|---|
| 项目 | | | 明装 | 暗装 |
| 名称 | | 单位 | 数量 | |
| 人工 | 综合工日 | 工日 | 0.830 | 0.830 |
| 材料 | 成套按钮 | 套 | 10.200 | 10.200 |
| | 塑料绝缘线 BLV-2.5 $mm^2$ | m | 3.050 | 3.050 |
| | 木螺钉 M2～4×6～65 | 10个 | 2.080 | — |
| | 镀锌铁丝 18#～22# | kg | 0.100 | 0.100 |
| | 圆木台 63～138×22 | 块 | 10.500 | — |
| | 其他材料费 | % | 1.000 | 1.000 |

## 8.3.2 插　座

### (1)明　插　座

**工作内容：**打眼、上圆台、开箱检查、装插座、接线、调试、上面板。

计量单位：10套

| 定额编号 | | | 8-428 | 8-429 | 8-430 | 8-431 |
|---|---|---|---|---|---|---|
| 项　目 | | | 单相 | | 三相 | |
| | | | （A以下） | | | |
| | | | 10 | 30 | 15 | 30 |
| 名　称 | | 单位 | 数　量 | | | |
| 人工 | 综合工日 | 工日 | 0.800 | 1.040 | 1.040 | 1.130 |
| 材料 | 插座 | 个 | 10.200 | 10.200 | 10.200 | 10.200 |
| | 塑料台 | 个 | 10.500 | 10.500 | 10.500 | 10.500 |
| | 绝缘导线 BV-2.5 $mm^2$ | m | 3.050 | — | 6.100 | — |
| | 绝缘导线 BV-4 | m | — | 4.580 | — | 6.100 |
| | 镀锌木螺钉 | 个 | 41.600 | 41.600 | 41.600 | 41.600 |
| | 其他材料费 | % | 1.000 | 1.000 | 1.000 | 1.000 |

## （2）暗插座（单相）

**工作内容：** 打眼、上圆台、开箱检查、装插座、接线、调试、上面板。

计量单位：10套

| 定额编号 | | | 8-432 | 8-433 | 8-434 | 8-435 |
|---|---|---|---|---|---|---|
| 项目 | | | 单联 | 双联 | 三联 | 四联 |
| 名称 | | 单位 | 数量 | | | |
| 人工 | 综合工日 | 工日 | 0.800 | 1.060 | 1.410 | 1.700 |
| 材料 | 插座 | 个 | 10.200 | 10.200 | 10.200 | 10.200 |
| | 绝缘导线 BV-$2.5mm^2$ | m | 3.050 | 7.630 | 1.220 | 1.530 |
| | 镀锌木螺钉 | 个 | 20.800 | 20.800 | 20.800 | 20.800 |
| | 其他材料费 | % | 1.000 | 1.000 | 1.000 | 1.000 |

## （3）暗插座（三相）

**工作内容：**打眼、上圆台、开箱检查、装插座、接线、调试、上面板。

计量单位：10套

| 定额编号 | | | 8-436 | 8-437 |
|---|---|---|---|---|
| 项目 | | | 15A | 30A |
| 名称 | | 单位 | 数量 | |
| 人工 | 综合工日 | 工日 | 1.040 | 1.130 |
| 材料 | 插座 | 个 | 10.200 | 10.200 |
| | 绝缘导线 BV-2.5mm$^2$ | m | 6.100 | — |
| | 镀锌木螺钉 | 个 | 20.800 | 20.800 |
| | 绝缘导线 BV-4 | m | — | 6.100 |
| | 其他材料费 | % | 1.000 | 1.000 |

## （4）特殊插座

### ①防爆暗插座

**工作内容：**测位、画线、打眼、埋螺栓、清扫盒子、开箱检查、装插座、接线。

计量单位：10套

| 定额编号 | | | 8-438 | 8-439 | 8-440 |
|---|---|---|---|---|---|
| 项目 | | | 单相双孔（A 以下） | | |
| | | | 15 | 30 | 60 |
| 名称 | | 单位 | 数量 | | |
| 人工 | 综合工日 | 工日 | 1.510 | 2.000 | 2.000 |
| 材料 | 防爆插座 | 套 | 10.200 | 10.200 | 10.200 |
| | 橡皮绝缘线 BX-1.5 | m | 3.050 | — | — |
| | 橡皮绝缘线 BX-4 | m | — | 3.050 | — |
| | 橡皮绝缘线 BX-6 | m | — | — | 3.050 |
| | 精制六角带帽螺栓 镀锌带 2个垫圈 M6×14～75 | 10套 | 4.080 | 4.080 | — |
| | 精制六角带帽螺栓 镀锌带 2个垫圈 M8×14～75 | 10套 | — | — | 4.080 |
| | 其他材料费 | % | 1.000 | 1.000 | 1.000 |

**工作内容：**测位、画线、打眼、埋螺栓、清扫盒子、开箱检查、装插座、调试、接线。

计量单位：10套

| 定额编号 | | | 8-441 | 8-442 | 8-443 |
|---|---|---|---|---|---|
| 项目 | | | 单相三孔 | | |
| | | | （A以下） | | |
| | | | 15 | 30 | 60 |
| 名称 | | 单位 | 数量 | | |
| 人工 | 综合工日 | 工日 | 1.510 | 2.000 | 2.000 |
| 材料 | 防爆插座 | 套 | 10.200 | 10.200 | 10.200 |
| | 橡皮绝缘线 BX-1.5 | m | 4.580 | — | — |
| | 橡皮绝缘线 BX-4 | m | — | 4.580 | — |
| | 橡皮绝缘线 BX-6 | m | — | — | 4.580 |
| | 精制六角带帽螺栓 镀锌带2个垫圈 M6×14～75 | 10套 | 4.080 | 4.080 | — |
| | 精制六角带帽螺栓 镀锌带2个垫圈 M8×14～75 | 10套 | — | — | 4.080 |
| | 其他材料费 | % | 1.000 | 1.000 | 1.000 |

**工作内容：**测位、画线、打眼、埋螺栓、清扫盒子、开箱检查、装插座、调试、接线。

计量单位：10 套

| 定额编号 | | | 8-444 | 8-445 | 8-446 |
|---|---|---|---|---|---|
| 项目 | | | 三相四孔 | | |
| | | | （A 以下） | | |
| | | | 15 | 30 | 60 |
| 名称 | | 单位 | 数量 | | |
| 人工 | 综合工日 | 工日 | 1.790 | 2.360 | 2.360 |
| 材料 | 防爆插座 | 套 | 10.200 | 10.200 | 10.200 |
| | 橡皮绝缘线 BX-1.5 | m | 6.100 | — | — |
| | 橡皮绝缘线 BX-4 | m | — | 6.100 | — |
| | 橡皮绝缘线 BX-6 | m | — | — | 6.100 |
| | 精制六角带帽螺栓 镀锌带 2 个垫圈 M6×14～75 | 10 套 | 4.080 | 4.080 | — |
| | 精制六角带帽螺栓 镀锌带 2 个垫圈 M8×14～75 | 10 套 | — | — | 4.080 |
| | 其他材料费 | % | 1.000 | 1.000 | 1.000 |

### ②防水暗插座

**工作内容：**测位、画线、打眼、埋螺栓、清扫盒子、开箱检查、装插座、调试、接线。

计量单位：10套

| 定额编号 | | | 8-447 | 8-448 | 8-449 |
|---|---|---|---|---|---|
| 项目 | | | 密闭防水单联暗插座 | 密闭防水双联暗插座 | 组合防水暗插座 |
| 名称 | | 单位 | 数量 | | |
| 人工 | 综合工日 | 工日 | 1.628 | 1.852 | 2.077 |
| 材料 | 防水插座单联暗插 | 套 | 10.200 | — | — |
| | 防水插座双联暗插 | 套 | — | 10.200 | — |
| | 防水插座组合暗插 | 套 | — | — | 10.200 |
| | 橡皮绝缘线 BX-1.5 | m | 31.049 | 31.049 | 31.049 |
| | 精制六角带帽螺栓 镀锌带 2个垫圈 M6×14～75 | 10套 | 20.767 | 20.767 | 20.767 |
| | 冲击钻头 M8 | 根 | 0.646 | 0.646 | 0.646 |
| | 电 220V | kW·h | 0.474 | 0.474 | 0.474 |
| | 其他材料费 | % | 1.000 | 1.000 | 1.000 |
| 机械 | 电锤 830W | 台班 | 0.114 | 0.114 | 0.114 |

## 8.4 电气试验

工作内容：自动开关或断路器、隔离开关、常规保护装置、电测量仪表、电力电缆等一、二次回路系统的调试。

计量单位：站

| 定额编号 | | | 8-450 |
|---|---|---|---|
| 项目 | | | 低压配电屏柜调试 |
| 名称 | | 单位 | 数量 |
| 人工 | 综合工日 | 工日 | 8.000 |
| 仪器仪表 | 电能校验仪 | 台班 | 2.000 |
| | 数字万用表 | 台班 | 1.500 |
| | 电压电流表 | 台班 | 2.000 |
| | 电缆测试仪 | 台班 | 1.000 |

**工作内容：**装置本体及控制回路系统的调整试验。

计量单位：站

| 定额编号 | | | 8-451 |
|---|---|---|---|
| 项目 | | | 应急电源屏调试 |
| 名称 | | 单位 | 数量 |
| 人工 | 综合工日 | 工日 | 6.000 |
| 仪器仪表 | 数字毫秒计 | 台班 | 2.000 |
| | 数字万用表 | 台班 | 3.000 |
| | 电压电流表 | 台班 | 2.000 |
| | 继电保护测试仪 | 台班 | 2.000 |

**工作内容**：自动装置、继电器及控制回路的调整试验。

计量单位：站

| 定额编号 | | | 8-452 |
|---|---|---|---|
| 项目 | | | 双电源切换柜调试 |
| 名称 | | 单位 | 数量 |
| 人工 | 综合工日 | 工日 | 14.000 |
| 仪器仪表 | 数字万用表 | 台班 | 2.000 |
| | 电压电流表 | 台班 | 2.000 |
| | 继电保护测试仪 | 台班 | 2.000 |
| | 三相精密测试电源 | 台班 | 1.500 |
| | 相位电压测试仪 | 台班 | 1.500 |
| | 自动 LCR 测量仪 | 台班 | 1.500 |

**工作内容：**系统试验、数据记录、故障排除。

计量单位：站

| 定额编号 | | | 8-453 | 8-454 |
|---|---|---|---|---|
| 项目 | | | 满负荷试验 | |
| | | | 照明系统（48h） | 动力系统（24h） |
| 名称 | | 单位 | 数量 | |
| 人工 | 综合工日 | 工日 | 40.975 | 20.625 |
| 仪器仪表 | 对讲机 | 台班 | 6.000 | 6.000 |

# 9 电　　缆

# 说　明

一、本章包括电缆支架安装、电缆桥架安装、电力电缆敷设、控制电缆敷设、电力电缆中间头制作安装、电力电缆终端头制作安装、其他、跨座式单轨高架区间电缆，共8节159个子目。

二、电缆敷设定额按照地铁隧道、地面线路和高架区间正常施工条件编制，不包括在积水、水底、井下等特殊条件下的电缆敷设。

三、电缆敷设预留长度按设计图纸规定的预留长度计算；设计图纸无规定时按下表规定的预留长度计算。

| 序号 | 项　目 | 预留长度 | 说　明 |
| --- | --- | --- | --- |
| 1 | 电缆敷设弛度、波形弯度、交叉 | 2.5% | 按电缆全长计算 |
| 2 | 电缆进入建筑物 | 2.0m | 规范规定最小值 |
| 3 | 电缆进入沟内或吊架时引上（下）线 | 1.5m | 规范规定最小值 |
| 4 | 变电所进、出线 | 1.5m | 规范规定最小值 |
| 5 | 电力电缆终端头 | 1.5m | 规范规定最小值 |
| 6 | 电缆中间接头盒 | 两端各留2.0m | 检修余量最小值 |
| 7 | 电缆进控制、保护屏及模拟盘等 | 高+宽 | 按盘面尺寸 |
| 8 | 高压开关柜及低压配电盘、箱 | 2.0m | 盘下进出线 |
| 9 | 电缆绕过梁柱等增加长度 | 按实际计算 | 按被绕物的断面情况计算增加长度 |

# 工程量计算规则

一、电缆支架按单立柱编制，双立柱按单立柱乘以 2 倍计算。

二、电缆支架膨胀螺栓的规格、型号及用量按设计图示确定。

三、顶棚和侧壁电缆支架安装高度超过 4.5m，定额的人工、机械消耗量乘以系数 1.2 计算。

四、不锈钢电缆桥架按本章钢制电缆桥架定额的人工、机械消耗量乘以系数 1.1 计算。

五、电缆桥架、隔板发生时应另行计算。

六、钢制桥架主结构设计厚度大于 3mm 时，定额人工、机械乘以系数 1.2 计算。

七、钢制槽式桥架支撑件应执行顶板 3 层及以下电缆支架安装定额子目。

八、槽式桥架落地安装未包括在本定额内，发生时另行计算。

九、电缆穿管敷设应执行电缆沿竖直通道敷设的定额项目，工程量乘以系数 2 倍计算。

十、本章电力电缆头均按铜芯电缆编制。

十一、开孔以“处”为单位，一处大小为 15cm×15cm，墙深 30cm。

十二、电力电缆敷设定额项目,除单轨跨座式高架区间外，均按三芯电缆编制，单芯电力电缆敷设时其人工、机械消耗量乘以系数 0.67，五芯电力电缆敷设时乘以系数 1.3，五芯以上每增加一芯，系数增加 0.3。截面 800 ~ 1000mm$^2$ 的单芯电力电缆敷设按 400mm$^2$ 电力电缆乘以系数 1.25。

十三、单轨跨座式高架区间 10kV 及以上交流电力电缆敷设和 1500V 直流电缆敷设定额按单芯编制，三芯电力电缆敷设时其人工、机械消耗量乘以系数 1.5，五芯电力电缆敷设时乘以系数 2，六芯电力电缆敷设时乘以系数 2.4。

十四、单轨跨座式电缆中间接续，若中间头设置在高架区间时,按人工工日的 0.5 倍计取作业车台班。

十五、在井下敷设电缆，施工人工工日乘以系数 3.0。

# 9.1 电缆支架安装

## 9.1.1 顶　板

**工作内容：**准备、搬运、测量、定位、打孔、螺栓安装、支架安装、调整。

计量单位：套

| 定额编号 | | | 8-455 | 8-456 | 8-457 |
|---|---|---|---|---|---|
| 项目 | | | 三层及以下 | 四、五层 | 六层及以上 |
| 名称 | | 单位 | 数量 | | |
| 人工 | 综合工日 | 工日 | 0.709 | 1.122 | 1.396 |
| 材料 | 电缆支吊架 | 套 | 1.010 | 1.010 | 1.010 |
| | 膨胀螺栓带帽及垫圈 M12×80 | 套 | 8.160 | 8.160 | 8.160 |
| | 螺栓带帽及垫圈 M10×50 | 套 | 3.060 | 20.400 | 24.480 |
| | 钢垫块 -150×50×5 | 块 | 2.120 | 2.120 | 4.240 |
| | 冲击钻头 $\phi$14 | 支 | 0.163 | 0.163 | 0.163 |
| | 电 | kW·h | 0.017 | 0.017 | 0.026 |
| | 其他材料费 | % | 1.000 | 1.000 | 1.000 |
| 机械 | 轨道车 ≤210kW | 台班 | 0.125 | 0.167 | 0.306 |
| | 载重汽车 8t | 台班 | 0.006 | 0.012 | 0.016 |
| | 汽车起重机 12t | 台班 | — | 0.012 | 0.016 |
| | 电锤 830W | 台班 | 0.100 | 0.100 | 0.100 |

## 9.1.2 侧　　壁

**工作内容：**准备、搬运、测量、定位、打孔、螺栓安装、支架安装、调整。

计量单位：套

| 定额编号 | | | 8-458 | 8-459 | 8-460 |
|---|---|---|---|---|---|
| 项　　目 | | | 三层及以下 | 四、五层 | 六层及以上 |
| 名　　称 | | 单位 | 数　　量 | | |
| 人工 | 综合工日 | 工日 | 0.578 | 0.686 | 0.957 |
| 材料 | 电缆支架 | 套 | 1.010 | 1.010 | 1.010 |
| | 膨胀螺栓带帽及垫圈 M12×80 | 套 | 2.040 | 2.040 | 3.060 |
| | 冲击钻头 $\phi$14 | 支 | 0.041 | 0.041 | 0.061 |
| | 电 | kW·h | 0.017 | 0.017 | 0.026 |
| | 其他材料费 | % | 1.000 | 1.000 | 1.000 |
| 机械 | 轨道车 ≤210kW | 台班 | 0.050 | 0.063 | 0.092 |
| | 载重汽车 8t | 台班 | 0.006 | 0.012 | 0.016 |
| | 汽车起重机 12t | 台班 | — | 0.012 | 0.016 |
| | 电锤 830W | 台班 | 0.021 | 0.021 | 0.021 |

### 9.1.3 地　坪

**工作内容：**准备、搬运、测量、定位、打孔、螺栓安装、支架安装、调整。

计量单位：套

| 定额编号 | | | 8-461 | 8-462 | 8-463 |
|---|---|---|---|---|---|
| 项目 | | | 三层及以下 | 四、五层 | 六层及以上 |
| 名称 | | 单位 | 数量 | | |
| 人工 | 综合工日 | 工日 | 0.323 | 0.430 | 0.647 |
| 材料 | 电缆支架 | 套 | 1.010 | 1.010 | 1.010 |
| | 膨胀螺栓带帽及垫圈 M12×80 | 套 | 2.040 | 2.040 | 3.060 |
| | 冲击钻头 $\phi14$ | 支 | 0.041 | 0.041 | 0.061 |
| | 电 | kW·h | 0.017 | 0.017 | 0.026 |
| | 其他材料费 | % | 1.000 | 1.000 | 1.000 |
| 机械 | 轨道车 ≤210kW | 台班 | 0.006 | 0.012 | 0.016 |
| | 汽车起重机 12t | 台班 | — | 0.012 | 0.016 |
| | 电锤 830W | 台班 | 0.021 | 0.021 | 0.031 |

# 9.2 电缆桥架安装

## 9.2.1 钢制梯式桥架

**工作内容：**准备、搬运、组对、螺栓安装、调整、防锈处理、压板安装、接地线安装。

计量单位：10m

| 定额编号 | | | 8-464 | 8-465 | 8-466 | 8-467 | 8-468 | 8-469 |
|---|---|---|---|---|---|---|---|---|
| 项目 | | | 钢制梯式桥架（宽+高 mm 以下） | | | | | |
| | | | 200 | 500 | 800 | 1000 | 1200 | 1500 |
| 名称 | | 单位 | 数量 | | | | | |
| 人工 | 综合工日 | 工日 | 1.620 | 3.650 | 5.350 | 7.590 | 8.580 | 10.530 |
| 材料 | 桥架 | m | 10.050 | 10.050 | 10.050 | 10.050 | 10.050 | 10.050 |
| | 裸铜绞线 1×70mm$^2$ | m | 2.030 | 2.030 | 2.030 | 2.030 | 2.030 | 2.030 |
| | 铜接线端子 DT-95mm$^2$ | 套 | 10.200 | 10.200 | 10.200 | 10.200 | 10.200 | 10.200 |
| | 压板 | 个 | 10.100 | 10.100 | 10.100 | 10.100 | 10.100 | 10.100 |
| | 压板连接螺栓带帽及垫圈 | 套 | 10.200 | 10.200 | 10.200 | 10.200 | 10.200 | 10.200 |
| | 桥架连接螺栓带帽及垫圈 | 套 | 61.200 | 61.200 | 61.200 | 61.200 | 61.200 | 61.200 |
| | 其他材料费 | % | 1.000 | 1.000 | 1.000 | 1.000 | 1.000 | 1.000 |
| 机械 | 载重汽车 8t | 台班 | 0.010 | 0.021 | 0.031 | 0.054 | 0.066 | 0.083 |
| | 汽车起重机 16t | 台班 | — | — | 0.031 | 0.054 | 0.066 | 0.083 |

## 9.2.2 钢制槽式桥架

**工作内容：**准备、搬运、组对、螺栓安装、调整、防锈处理、压板安装、接地线安装。

计量单位：10m

| 定额编号 | | | 8-470 | 8-471 | 8-472 | 8-473 | 8-474 | 8-475 | 8-476 |
|---|---|---|---|---|---|---|---|---|---|
| 项目 | | | 钢制槽式桥架（宽+高 mm 以下） | | | | | | |
| | | | 150 | 400 | 600 | 800 | 1000 | 1200 | 1500 |
| 名称 | | 单位 | 数量 | | | | | | |
| 人工 | 综合工日 | 工日 | 1.910 | 3.180 | 5.100 | 6.910 | 8.790 | 10.470 | 12.050 |
| 材料 | 桥架 | m | 10.050 | 10.050 | 10.050 | 10.050 | 10.050 | 10.050 | 10.050 |
| | 裸铜绞线 1×70mm² | m | 2.030 | 2.030 | 2.030 | 2.030 | 2.030 | 2.030 | 2.030 |
| | 铜接线端子 DT-95mm² | 套 | 10.200 | 10.200 | 10.200 | 10.200 | 10.200 | 10.200 | 10.200 |
| | 盖板 | m | 10.050 | 10.050 | 10.050 | 10.050 | 10.050 | 10.050 | 10.050 |
| | 连接螺栓 | 套 | 10.200 | 10.200 | 10.200 | 10.200 | 10.200 | 10.200 | 10.200 |
| | 桥架连接螺栓带帽及垫圈 | 套 | 61.200 | 61.200 | 61.200 | 61.200 | 61.200 | 61.200 | 61.200 |
| | 直柄钻头 $\phi$12 | 根 | 0.020 | 0.020 | 0.020 | 0.020 | 0.020 | 0.020 | 0.020 |
| | 其他材料费 | % | 1.000 | 1.000 | 1.000 | 1.000 | 1.000 | 1.000 | 1.000 |
| 机械 | 载重汽车 8t | 台班 | 0.008 | 0.019 | 0.027 | 0.038 | 0.047 | 0.057 | 0.069 |
| | 汽车起重机 16t | 台班 | — | — | — | 0.038 | 0.047 | 0.057 | 0.069 |

### 9.2.3 铝合金梯式

**工作内容：**准备、搬运、组对、螺栓安装、调整、防锈处理、压板安装、接地线安装。

计量单位：10m

| 定额编号 | | | 8-477 | 8-478 | 8-479 | 8-480 |
|---|---|---|---|---|---|---|
| 项目 | | | 铝合金梯式（宽+高 mm 以下） | | | |
| | | | 320 | 500 | 800 | 1000 |
| 名称 | | 单位 | 数量 | | | |
| 人工 | 综合工日 | 工日 | 1.470 | 3.170 | 4.760 | 6.390 |
| 材料 | 桥架 | m | 10.050 | 10.050 | 10.050 | 10.050 |
| | 裸铜绞线 1×70mm² | m | 2.030 | 2.030 | 2.030 | 2.030 |
| | 铜接线端子 DT-95mm² | 套 | 10.200 | 10.200 | 10.200 | 10.200 |
| | 压板 | 个 | 10.100 | 10.100 | 10.100 | 10.100 |
| | 压板连接螺栓带帽及垫圈 | 套 | 10.200 | 10.200 | 10.200 | 10.200 |
| | 桥架连接螺栓带帽及垫圈 | 套 | 61.200 | 61.200 | 61.200 | 61.200 |
| | 其他材料费 | % | 1.000 | 1.000 | 1.000 | 1.000 |
| 机械 | 载重汽车 8t | 台班 | 0.010 | 0.018 | 0.029 | 0.036 |
| | 汽车起重机 16t | 台班 | — | — | 0.029 | 0.036 |

### 9.2.4 铝合金槽式

**工作内容：**准备、搬运、组对、螺栓安装、调整、防锈处理、压板安装、接地线安装。

计量单位：10m

| 定额编号 | | | 8-481 | 8-482 | 8-483 | 8-484 | 8-485 | 8-486 |
|---|---|---|---|---|---|---|---|---|
| 项目 | | | 铝合金槽式（宽+高 mm 以下） | | | | | |
| | | | 100 | 200 | 350 | 550 | 800 | 1000 |
| 名称 | | 单位 | 数量 | | | | | |
| 人工 | 综合工日 | 工日 | 0.780 | 1.330 | 2.050 | 4.190 | 6.426 | 7.680 |
| 材料 | 桥架 | m | 10.050 | 10.050 | 10.050 | 10.050 | 10.050 | 10.050 |
| | 盖板 | m | 10.050 | 10.050 | 10.050 | 10.050 | 10.050 | 10.050 |
| | 裸铜绞线 1×70mm$^2$ | m | 2.030 | 2.030 | 2.030 | 2.030 | 2.030 | 2.030 |
| | 铜接线端子 DT-95mm$^2$ | 套 | 10.200 | 10.200 | 10.200 | 10.200 | 10.200 | 10.200 |
| | 连接螺栓 | 套 | 10.200 | 10.200 | 10.200 | 10.200 | 10.200 | 10.200 |
| | 桥架连接螺栓带帽及垫圈 | 套 | 61.200 | 61.200 | 61.200 | 61.200 | 61.200 | 61.200 |
| | 直柄钻头 $\phi$12 | 根 | 0.020 | 0.020 | 0.020 | 0.020 | 0.020 | 0.020 |
| | 其他材料费 | % | 1.000 | 1.000 | 1.000 | 1.000 | 1.000 | 1.000 |
| 机械 | 载重汽车 8t | 台班 | 0.008 | 0.009 | 0.011 | 0.014 | 0.025 | 0.035 |
| | 汽车起重机 16t | 台班 | — | — | — | — | 0.025 | 0.035 |

# 9.3 电力电缆敷设

## 9.3.1 电力电缆沿夹层敷设

**工作内容：**准备、测量、运输、架盘、敷设电缆、裁减、电缆固定、绑扎、挂标志牌、记录。

计量单位：100m

| 定额编号 | | | 8-487 | 8-488 | 8-489 | 8-490 |
|---|---|---|---|---|---|---|
| 项目 | | | 电缆（截面 $mm^2$ 以下） | | | |
| | | | 35 | 120 | 240 | 400 |
| 名称 | | 单位 | 数量 | | | |
| 人工 | 综合工日 | 工日 | 7.016 | 12.186 | 17.202 | 27.507 |
| 材料 | 电缆 | m | 101.000 | 101.000 | 101.000 | 101.000 |
| | 镀锌电缆卡子 2×35 | 套 | 23.460 | — | — | — |
| | 镀锌电缆卡子 3×50 | 套 | — | 22.440 | — | — |
| | 镀锌电缆卡子 3×100 | 套 | — | — | 21.420 | 29.580 |
| | 精制镀锌带帽螺栓 M8 | 套 | 46.920 | 44.880 | 42.840 | 59.160 |

续前

| 定额编号 | | | 8-487 | 8-488 | 8-489 | 8-490 |
|---|---|---|---|---|---|---|
| 项目 | | | 电缆（截面 $mm^2$ 以下） | | | |
| | | | 35 | 120 | 240 | 400 |
| 名称 | | 单位 | 数量 | | | |
| 材料 | 绑扎带 300×4 | 根 | 102.000 | 102.000 | 102.000 | 102.000 |
| | 电缆标志牌塑料扁形 | 个 | 6.120 | 6.120 | 6.120 | 6.120 |
| | 锯条 | 条 | 0.204 | 0.255 | 0.306 | 0.408 |
| | 绝缘胶带 | 卷 | 0.204 | 0.255 | 0.306 | 0.408 |
| | 黄油 | kg | 0.102 | 0.102 | 0.102 | 0.102 |
| | 其他材料费 | % | 1.000 | 1.000 | 1.000 | 1.000 |
| 机械 | 轨道车 ≤210kW | 台班 | 0.150 | 0.200 | 0.300 | 0.350 |
| | 载重汽车 8t | 台班 | 0.015 | 0.025 | 0.028 | 0.034 |
| | 汽车起重机 12t | 台班 | 0.015 | 0.025 | 0.028 | 0.034 |
| | 轨道平板车 20t | 台班 | 0.150 | 0.200 | 0.300 | 0.350 |

## 9.3.2　电力电缆沿轨旁敷设

**工作内容：**准备、测量、运输、架盘、敷设电缆、裁减、电缆固定、绑扎、挂标志牌、记录。

计量单位：100m

| 定额编号 | | | 8-491 | 8-492 | 8-493 | 8-494 |
|---|---|---|---|---|---|---|
| 项目 | | | 电缆（截面 $mm^2$ 以下） | | | |
| | | | 35 | 120 | 240 | 400 |
| 名称 | | 单位 | 数量 | | | |
| 人工 | 综合工日 | 工日 | 4.375 | 7.139 | 10.592 | 12.845 |
| 材料 | 电缆 | m | 101.000 | 101.000 | 101.000 | 101.000 |
| | 镀锌电缆卡子 2×35 | 套 | 23.460 | — | — | — |
| | 镀锌电缆卡子 3×50 | 套 | — | 22.440 | — | — |
| | 镀锌电缆卡子 3×100 | 套 | — | — | 21.420 | 29.580 |
| | 精制镀锌带帽螺栓 M8 | 套 | 46.920 | 44.880 | 42.840 | 59.160 |
| | 绑扎带 300×4 | 根 | 102.000 | 102.000 | 102.000 | 102.000 |

续前

| 定额编号 | | | 8-491 | 8-492 | 8-493 | 8-494 |
|---|---|---|---|---|---|---|
| 项目 | | | 电缆（截面 mm² 以下） | | | |
| | | | 35 | 120 | 240 | 400 |
| 名称 | | 单位 | 数量 | | | |
| 材料 | 电缆标志牌塑料扁形 | 个 | 6.120 | 6.120 | 6.120 | 6.120 |
| | 锯条 | 条 | 0.204 | 0.255 | 0.306 | 0.408 |
| | 绝缘胶带 | 卷 | 0.204 | 0.255 | 0.306 | 0.408 |
| | 黄油 | kg | 0.102 | 0.102 | 0.102 | 0.102 |
| | 其他材料费 | % | 1.000 | 1.000 | 1.000 | 1.000 |
| 机械 | 轨道车 ≤210kW | 台班 | 0.150 | 0.200 | 0.300 | 0.350 |
| | 载重汽车 8t | 台班 | 0.015 | 0.025 | 0.028 | 0.034 |
| | 汽车起重机 12t | 台班 | 0.015 | 0.025 | 0.028 | 0.034 |
| | 轨道平板车 30t | 台班 | 0.150 | 0.200 | 0.300 | 0.350 |

## 9.3.3 电力电缆沿电缆沟敷设

**工作内容：**准备、测量、运输、架盘、敷设电缆、裁减、电缆固定、绑扎、挂标志牌、记录。

计量单位：100m

| 定额编号 | | | 8-495 | 8-496 | 8-497 | 8-498 |
|---|---|---|---|---|---|---|
| 项目 | | | 电缆（截面 $mm^2$ 以下） | | | |
| | | | 35 | 120 | 240 | 400 |
| 名称 | | 单位 | 数量 | | | |
| 人工 | 综合工日 | 工日 | 6.870 | 11.675 | 15.983 | 26.487 |
| 材料 | 电缆 | m | 101.000 | 101.000 | 101.000 | 101.000 |
| | 镀锌电缆卡子 2×35 | 套 | 23.460 | — | — | — |
| | 镀锌电缆卡子 3×50 | 套 | — | 22.440 | — | — |
| | 镀锌电缆卡子 3×100 | 套 | — | — | 21.420 | 29.580 |
| | 精制镀锌带帽螺栓 M8 | 套 | 46.920 | 44.880 | 42.840 | 59.160 |
| | 绑扎带 300×4 | 根 | 102.000 | 102.000 | 102.000 | 102.000 |

续前

| 定额编号 | | | 8-495 | 8-496 | 8-497 | 8-498 |
|---|---|---|---|---|---|---|
| 项目 | | | 电缆（截面 $mm^2$ 以下） | | | |
| | | | 35 | 120 | 240 | 400 |
| 名称 | | 单位 | 数量 | | | |
| 材料 | 电缆标志牌塑料扁形 | 个 | 6.120 | 6.120 | 6.120 | 6.120 |
| | 锯条 | 条 | 0.204 | 0.255 | 0.306 | 0.408 |
| | 绝缘胶带 | 卷 | 0.204 | 0.255 | 0.306 | 0.408 |
| | 黄油 | kg | 0.102 | 0.102 | 0.102 | 0.102 |
| | 其他材料费 | % | 1.000 | 1.000 | 1.000 | 1.000 |
| 机械 | 轨道车 ≤210kW | 台班 | 0.150 | 0.200 | 0.300 | 0.350 |
| | 载重汽车 8t | 台班 | 0.015 | 0.025 | 0.028 | 0.034 |
| | 汽车起重机 12t | 台班 | 0.015 | 0.025 | 0.028 | 0.034 |
| | 轨道平板车 20t | 台班 | 0.150 | 0.200 | 0.300 | 0.350 |

### 9.3.4 电力电缆沿竖直通道敷设

**工作内容：** 准备、测量、运输、架盘、敷设电缆、裁减、电缆固定、绑扎、挂标志牌、记录。

计量单位：100m

| 定额编号 | | | 8-499 | 8-500 | 8-501 | 8-502 |
|---|---|---|---|---|---|---|
| 项目 | | | 电缆（截面 $mm^2$ 以下） | | | |
| | | | 35 | 120 | 240 | 400 |
| 名称 | | 单位 | 数量 | | | |
| 人工 | 综合工日 | 工日 | 25.800 | 40.210 | 54.750 | 76.650 |
| 材料 | 电缆 | m | 101.000 | 101.000 | 101.000 | 101.000 |
| | 镀锌电缆卡子 2×35 | 套 | 23.460 | — | — | — |
| | 镀锌电缆卡子 3×50 | 套 | — | 22.440 | — | — |
| | 镀锌电缆卡子 3×100 | 套 | — | — | 21.420 | 29.580 |
| | 精制镀锌带帽螺栓 M8 | 套 | 46.920 | 44.880 | 42.840 | 59.160 |
| | 绑扎带 300×4 | 根 | 127.500 | 127.500 | 127.500 | 127.500 |

续前

| 定额编号 | | | 8-499 | 8-500 | 8-501 | 8-502 |
|---|---|---|---|---|---|---|
| 项目 | | | 电缆（截面 $mm^2$ 以下） | | | |
| | | | 35 | 120 | 240 | 400 |
| 名称 | | 单位 | 数量 | | | |
| 材料 | 电缆标志牌塑料扁形 | 个 | 6.120 | 6.120 | 6.120 | 6.120 |
| | 锯条 | 条 | 0.204 | 0.255 | 0.306 | 0.408 |
| | 绝缘胶带 | 卷 | 0.204 | 0.255 | 0.306 | 0.408 |
| | 黄油 | kg | 0.102 | 0.102 | 0.102 | 0.102 |
| | 其他材料费 | % | 1.000 | 1.000 | 1.000 | 1.000 |
| 机械 | 轨道车 ≤210kW | 台班 | 0.521 | 0.729 | 0.938 | 1.146 |
| | 载重汽车 8t | 台班 | 0.015 | 0.025 | 0.028 | 0.034 |
| | 汽车起重机 12t | 台班 | 0.015 | 0.025 | 0.028 | 0.034 |
| | 轨道平板车 20t | 台班 | 0.521 | 0.729 | 0.938 | 1.146 |

### 9.3.5 电力电缆沿线槽敷设

**工作内容：**准备、测量、运输、架盘、敷设电缆、裁减、电缆固定、绑扎、挂标志牌、记录。

计量单位：100m

| 定额编号 | | | 8-503 | 8-504 | 8-505 | 8-506 |
|---|---|---|---|---|---|---|
| 项目 | | | 电缆（截面 $mm^2$ 以下） | | | |
| | | | 35 | 120 | 240 | 400 |
| 名称 | | 单位 | 数量 | | | |
| 人工 | 综合工日 | 工日 | 9.267 | 14.826 | 18.132 | 28.759 |
| 材料 | 电缆 | m | 101.000 | 101.000 | 101.000 | 101.000 |
| | 电缆标志牌塑料扁形 | 个 | 6.120 | 6.120 | 6.120 | 6.120 |
| | 锯条 | 条 | 0.204 | 0.255 | 0.306 | 0.408 |
| | 绝缘胶带 | 卷 | 0.204 | 0.255 | 0.306 | 0.408 |
| | 黄油 | kg | 0.102 | 0.102 | 0.102 | 0.102 |
| | 绑扎带 300×4 | 根 | 102.000 | 102.000 | 102.000 | 102.000 |
| | 其他材料费 | % | 1.000 | 1.000 | 1.000 | 1.000 |
| 机械 | 轨道车 ≤210kW | 台班 | 0.194 | 0.339 | 0.375 | 0.583 |
| | 载重汽车 8t | 台班 | 0.015 | 0.025 | 0.028 | 0.034 |
| | 汽车起重机 12t | 台班 | 0.015 | 0.025 | 0.028 | 0.034 |
| | 轨道平板车 20t | 台班 | 0.194 | 0.339 | 0.375 | 0.583 |

# 9.4 控制电缆敷设

## 9.4.1 控制电缆沿夹层敷设

**工作内容：**准备、测量、运输、架盘、敷设电缆、裁减、电缆固定、绑扎、挂标志牌、记录。

计量单位：100m

| 定额编号 | | | 8-507 | 8-508 | 8-509 | 8-510 | 8-511 |
|---|---|---|---|---|---|---|---|
| 项目 | | | 电缆（截面 $mm^2$ 以下） | | | | |
| | | | 6 | 14 | 24 | 37 | 48 |
| 名称 | | 单位 | 数量 | | | | |
| 人工 | 综合工日 | 工日 | 4.039 | 4.093 | 4.398 | 6.040 | 8.248 |
| 材料 | 电缆 | m | 101.500 | 101.500 | 101.500 | 101.500 | 101.500 |
| | 绑扎带 300×4 | 根 | 102.000 | 102.000 | 102.000 | 102.000 | 102.000 |
| | 锯条 | 条 | 0.102 | 0.153 | 0.204 | 0.255 | 0.306 |
| | 绝缘胶带 | 卷 | 0.102 | 0.153 | 0.204 | 0.255 | 0.306 |
| | 黄油 | kg | 0.102 | 0.102 | 0.102 | 0.102 | 0.102 |
| | 电缆标志牌塑料扁形 | 个 | 6.060 | 6.060 | 6.060 | 6.060 | 6.060 |
| | 其他材料费 | % | 1.000 | 1.000 | 1.000 | 1.000 | 1.000 |
| 机械 | 轨道车 ≤210kW | 台班 | — | 0.146 | 0.188 | 0.234 | 0.281 |
| | 载重汽车 8t | 台班 | — | 0.009 | 0.013 | 0.013 | 0.018 |
| | 汽车起重机 12t | 台班 | — | 0.009 | 0.013 | 0.013 | 0.018 |
| | 轨道平板车 20t | 台班 | — | 0.146 | 0.188 | 0.234 | 0.281 |

### 9.4.2 控制电缆沿轨旁敷设

**工作内容：**准备、搬运、测量、定位、打孔、螺栓安装、支架安装、调整。

计量单位：100m

| 定额编号 | | | 8-512 | 8-513 | 8-514 | 8-515 | 8-516 |
|---|---|---|---|---|---|---|---|
| 项目 | | | 电缆（截面 $mm^2$ 以下） | | | | |
| | | | 6 | 14 | 24 | 37 | 48 |
| 名称 | | 单位 | 数量 | | | | |
| 人工 | 综合工日 | 工日 | 4.160 | 4.620 | 4.840 | 6.290 | 8.533 |
| 材料 | 电缆 | m | 101.500 | 101.500 | 101.500 | 101.500 | 101.500 |
| | 绑扎带 250×4 | 根 | 102.000 | 102.000 | 102.000 | 102.000 | 102.000 |
| | 锯条 | 条 | 0.102 | 0.153 | 0.204 | 0.255 | 0.306 |
| | 绝缘胶带 | 卷 | 0.102 | 0.153 | 0.204 | 0.255 | 0.306 |
| | 黄油 | kg | 0.102 | 0.102 | 0.102 | 0.102 | 0.102 |
| | 电缆标志牌塑料扁形 | 个 | 6.060 | 6.060 | 6.060 | 6.060 | 6.060 |
| | 其他材料费 | % | 1.000 | 1.000 | 1.000 | 1.000 | 1.000 |
| 机械 | 轨道车 ≤210kW | 台班 | — | 0.194 | 0.271 | 0.292 | 0.417 |
| | 载重汽车 8t | 台班 | — | 0.009 | 0.013 | 0.013 | 0.018 |
| | 汽车起重机 12t | 台班 | — | 0.009 | 0.013 | 0.013 | 0.018 |
| | 轨道平板车 20t | 台班 | — | 0.194 | 0.271 | 0.292 | 0.417 |

### 9.4.3 控制电缆沿电缆沟敷设

**工作内容：**准备、搬运、测量、定位、打孔、螺栓安装、支架安装、调整。

计量单位：100m

| 定额编号 | | | 8-517 | 8-518 | 8-519 | 8-520 | 8-521 |
|---|---|---|---|---|---|---|---|
| 项目 | | | 电缆（截面 $mm^2$ 以下） | | | | |
| | | | 6 | 14 | 24 | 37 | 48 |
| 名称 | | 单位 | 数量 | | | | |
| 人工 | 综合工日 | 工日 | 3.522 | 3.756 | 4.366 | 5.651 | 7.409 |
| 材料 | 电缆 | m | 101.500 | 101.500 | 101.500 | 101.500 | 101.500 |
| | 绑扎带 250×4 | 根 | 102.000 | 102.000 | 102.000 | 102.000 | 102.000 |
| | 锯条 | 条 | 0.102 | 0.153 | 0.204 | 0.255 | 0.306 |
| | 绝缘胶带 | 卷 | 0.102 | 0.153 | 0.204 | 0.255 | 0.306 |
| | 黄油 | kg | 0.102 | 0.102 | 0.102 | 0.102 | 0.102 |
| | 电缆标志牌塑料扁形 | 个 | 6.060 | 6.060 | 6.060 | 6.060 | 6.060 |
| | 其他材料费 | % | 1.000 | 1.000 | 1.000 | 1.000 | 1.000 |
| 机械 | 轨道车 ≤210kW | 台班 | — | 0.006 | 0.007 | 0.010 | 0.010 |
| | 载重汽车 8t | 台班 | — | 0.009 | 0.013 | 0.013 | 0.018 |
| | 汽车起重机 12t | 台班 | — | 0.009 | 0.013 | 0.013 | 0.018 |
| | 轨道平板车 20t | 台班 | — | 0.006 | 0.007 | 0.010 | 0.010 |

## 9.4.4 控制电缆沿竖直通道敷设

**工作内容：**准备、测量、运输、架盘、敷设电缆、裁减、电缆固定、绑扎、挂标志牌、记录。

计量单位：100m

| 定额编号 | | | 8-522 | 8-523 | 8-524 | 8-525 | 8-526 |
|---|---|---|---|---|---|---|---|
| 项目 | | | 电缆（截面 $mm^2$ 以下） | | | | |
| | | | 6 | 14 | 24 | 37 | 48 |
| 名称 | | 单位 | 数量 | | | | |
| 人工 | 综合工日 | 工日 | 5.081 | 12.150 | 17.663 | 18.430 | 25.800 |
| 材料 | 电缆 | m | 101.500 | 101.500 | 101.500 | 101.500 | 101.500 |
| | 绑扎带 250×4 | 根 | 127.500 | 127.500 | 127.500 | 127.500 | 127.500 |
| | 锯条 | 条 | 0.102 | 0.153 | 0.204 | 0.255 | 0.306 |
| | 绝缘胶带 | 卷 | 0.102 | 0.153 | 0.204 | 0.255 | 0.306 |
| | 黄油 | kg | 0.102 | 0.102 | 0.102 | 0.102 | 0.102 |
| | 电缆标志牌塑料扁形 | 个 | 6.060 | 6.060 | 6.060 | 6.060 | 6.060 |
| | 其他材料费 | % | 1.000 | 1.000 | 1.000 | 1.000 | 1.000 |
| 机械 | 轨道车 ≤210kW | 台班 | — | 0.417 | 0.521 | 0.625 | 0.729 |
| | 载重汽车 8t | 台班 | — | 0.009 | 0.013 | 0.013 | 0.018 |
| | 汽车起重机 12t | 台班 | — | 0.009 | 0.013 | 0.013 | 0.018 |
| | 轨道平板车 20t | 台班 | — | 0.417 | 0.521 | 0.625 | 0.729 |

### 9.4.5 控制电缆沿线槽敷设

**工作内容：**准备、测量、运输、架盘、敷设电缆、裁减、电缆固定、绑扎、挂标志牌、记录。

计量单位：100m

| 定额编号 | | | 8-527 | 8-528 | 8-529 | 8-530 | 8-531 |
|---|---|---|---|---|---|---|---|
| 项目 | | | 电缆（截面 $mm^2$ 以下） | | | | |
| | | | 6 | 14 | 24 | 37 | 48 |
| 名称 | | 单位 | 数量 | | | | |
| 人工 | 综合工日 | 工日 | 4.636 | 4.909 | 5.596 | 6.109 | 9.868 |
| 材料 | 电缆 | m | 101.500 | 101.500 | 101.500 | 101.500 | 101.500 |
| | 绑扎带 250×4 | 根 | 102.000 | 102.000 | 102.000 | 102.000 | 102.000 |
| | 锯条 | 条 | 0.102 | 0.153 | 0.204 | 0.255 | 0.306 |
| | 绝缘胶带 | 卷 | 0.102 | 0.153 | 0.204 | 0.255 | 0.306 |
| | 黄油 | kg | 0.102 | 0.102 | 0.102 | 0.102 | 0.102 |
| | 电缆标志牌塑料扁形 | 个 | 6.060 | 6.060 | 6.060 | 6.060 | 6.060 |
| | 其他材料费 | % | 1.000 | 1.000 | 1.000 | 1.000 | 1.000 |
| 机械 | 轨道车 ≤210kW | 台班 | — | 0.156 | 0.198 | 0.240 | 0.292 |
| | 载重汽车 8t | 台班 | — | 0.009 | 0.013 | 0.013 | 0.018 |
| | 汽车起重机 12t | 台班 | — | 0.009 | 0.013 | 0.013 | 0.018 |
| | 放线架 | 台班 | — | 0.156 | 0.198 | 0.240 | 0.292 |
| | 轨道平板车 20t | 台班 | — | 0.156 | 0.198 | 0.240 | 0.292 |

## 9.5 电力电缆中间头制作安装

### 9.5.1 1kV 以下—热缩

**工作内容：** 准备、测量、锯断、剥外防护层、内屏蔽层处理、装热缩管、压接线端子、安装、焊接地线、加热成型、记录。

计量单位：套

| 定额编号 | | | 8-532 | 8-533 | 8-534 | 8-535 |
|---|---|---|---|---|---|---|
| 项目 | | | 1kV 以下热缩中间头（截面 $mm^2$ 以下） | | | |
| | | | 35 | 120 | 240 | 400 |
| 名称 | | 单位 | 数量 | | | |
| 人工 | 综合工日 | 工日 | 2.750 | 3.340 | 4.060 | 5.560 |
| 材料 | 热缩式电缆中间接头 | 个 | 1.020 | 1.020 | 1.020 | 1.020 |
| | 焊锡丝 | kg | 0.051 | 0.101 | 0.202 | 0.303 |
| | 焊锡膏 50g/瓶 | g | 10.000 | 10.000 | 20.000 | 25.000 |
| | 热缩套管 | m | 0.408 | 0.408 | 0.408 | 0.408 |
| | 沥青绝缘漆 | kg | 4.080 | 6.120 | 8.160 | 10.240 |
| | 电力复合酯一级 | kg | 0.031 | 0.051 | 0.082 | 0.131 |

续前

| 定额编号 | | | 8-532 | 8-533 | 8-534 | 8-535 |
|---|---|---|---|---|---|---|
| 项目 | | | 1kV 以下热缩中间头（截面 $mm^2$ 以下） | | | |
| | | | 35 | 120 | 240 | 400 |
| 名称 | | 单位 | 数量 | | | |
| 材料 | 丁烷气 | kg | 0.510 | 0.714 | 0.918 | 1.612 |
| | 镀锌铜压接管 35mm² | 个 | 3.760 | 3.760 | 3.760 | 3.760 |
| | 镀锡裸铜绞线 16mm² | kg | 0.306 | 0.357 | 0.357 | 0.455 |
| | 色带 20mm×20m | 卷 | 0.102 | 0.163 | 0.204 | 0.302 |
| | 自粘性橡胶带 20mm×5m | 卷 | 0.510 | 1.224 | 2.091 | 3.510 |
| | 塑料带 20mm×4m | kg | 0.306 | 0.510 | 0.714 | 0.306 |
| | 电缆标志牌 | 个 | 1.020 | 1.020 | 1.020 | 1.020 |
| | 铜网 | kg | 0.204 | 0.306 | 0.408 | 0.510 |
| | 丙酮 | kg | 0.102 | 0.204 | 0.306 | 0.408 |
| | 试纸 | 张 | 10.200 | 12.240 | 14.280 | 16.32 |
| | 电缆标志牌 | 个 | 1.020 | 1.020 | 1.020 | 1.020 |
| | 其他材料费 | % | 1.000 | 1.000 | 1.000 | 1.000 |

## 9.5.2　10kV 以下—冷缩

**工作内容：** 准备、测量、锯断、剥外防护层、内屏蔽层处理、装冷缩管、压接线端子、装铜编织袋、缠防水胶带、缠铠装带、焊接地线、记录。

计量单位：套

| 定额编号 | | | 8-536 | 8-537 | 8-538 | 8-539 |
|---|---|---|---|---|---|---|
| 项目 | | | 10kV 以下冷缩中间头（截面 $mm^2$ 以下） | | | |
| | | | 35 | 120 | 240 | 400 |
| 名称 | | 单位 | 数量 | | | |
| 人工 | 综合工日 | 工日 | 3.056 | 3.554 | 4.269 | 5.975 |
| 材料 | 冷缩式电缆中间接头 | 个 | 1.020 | 1.020 | 1.020 | 1.020 |
| | 焊锡膏 50g/瓶 | g | 10.000 | 10.000 | 20.000 | 25.000 |
| | 热缩套管 | m | 0.408 | 0.408 | 0.408 | 0.408 |
| | 焊锡丝 | kg | 0.051 | 0.101 | 0.202 | 0.253 |
| | 电力复合酯一级 | kg | 0.031 | 0.051 | 0.082 | 0.102 |
| | 镀锌铜压接管 35mm² | 个 | 3.760 | 3.760 | 3.760 | 3.760 |

续前

| 定额编号 | | | 8-536 | 8-537 | 8-538 | 8-539 |
|---|---|---|---|---|---|---|
| 项目 | | | 10kV 以下冷缩中间头（截面 $mm^2$ 以下） | | | |
| | | | 35 | 120 | 240 | 400 |
| 名称 | | 单位 | 数量 | | | |
| 材料 | 镀锡裸铜绞线 $16mm^2$ | kg | 0.306 | 0.306 | 0.306 | 0.510 |
| | 色带 20mm×20m | 卷 | 0.102 | 0.163 | 0.204 | 0.306 |
| | 自粘性橡胶带 20mm×5m | 卷 | 0.510 | 1.224 | 2.091 | 3.[illegible]62 |
| | 塑料带 20mm×4m | kg | 0.306 | 0.510 | 0.714 | 1.020 |
| | 电缆标志牌 | 个 | 1.020 | 1.020 | 1.020 | 1.020 |
| | 铜网 | kg | 0.204 | 0.306 | 0.408 | 0.510 |
| | 丙酮 | kg | 0.102 | 0.204 | 0.306 | 0.408 |
| | 试纸 | 张 | 10.200 | 12.240 | 14.280 | 16.320 |
| | 电缆标志牌 | 个 | 1.020 | 1.020 | 1.020 | 1.020 |
| | 其他材料费 | % | 1.000 | 1.000 | 1.000 | 1.000 |

### 9.5.3　10kV 以下—热缩

**工作内容：**准备、测量、锯断、剥外防护层、内屏蔽层处理、装热缩管、压接线端子、安装、焊接地线、加热成型、记录。

计量单位：套

| 定额编号 | | | 8-540 | 8-541 | 8-542 | 8-543 |
|---|---|---|---|---|---|---|
| 项目 | | | 10kV 以下热缩中间头（截面 $mm^2$ 以下） | | | |
| | | | 35 | 120 | 240 | 400 |
| 名称 | | 单位 | 数量 | | | |
| 人工 | 综合工日 | 工日 | 3.170 | 3.780 | 4.590 | 6.210 |
| 材料 | 热缩式电缆中间接头 | 个 | 1.020 | 1.020 | 1.020 | 1.020 |
| | 焊锡膏 50g/瓶 | g | 10.000 | 10.000 | 20.000 | 25.000 |
| | 热缩套管 | m | 0.408 | 0.408 | 0.408 | 0.408 |
| | 焊锡丝 | kg | 0.051 | 0.101 | 0.202 | 0.253 |
| | 沥青绝缘漆 | kg | 5.100 | 7.140 | 9.180 | 10.200 |
| | 电力复合酯一级 | kg | 0.031 | 0.051 | 0.082 | 0.102 |

续前

| 定额编号 | | | 8-540 | 8-541 | 8-542 | 8-543 |
|---|---|---|---|---|---|---|
| 项目 | | | 10kV 以下热缩中间头（截面 $mm^2$ 以下） | | | |
| | | | 35 | 120 | 240 | 400 |
| 名称 | | 单位 | 数量 | | | |
| 材料 | 丁烷气 60# ~ 70# | kg | 0.612 | 0.816 | 1.020 | 1.020 |
| | 镀锌铜压接管 35mm² | 个 | 3.060 | 3.060 | 3.060 | 3.760 |
| | 镀锡裸铜绞线 16mm² | kg | 0.255 | 0.306 | 0.306 | 0.510 |
| | 色带 20mm×20m | 卷 | 0.102 | 0.163 | 0.204 | 0.306 |
| | 自粘性橡胶带 20mm×5m | 卷 | 0.510 | 1.224 | 2.091 | 3.162 |
| | 聚四氟乙烯带 1×30 | kg | 0.306 | 0.510 | 0.714 | 1.020 |
| | 电缆标志牌 | 个 | 1.020 | 1.020 | 1.020 | 1.020 |
| | 铜网 | kg | 0.204 | 0.306 | 0.408 | 0.510 |
| | 丙酮 | kg | 0.102 | 0.204 | 0.306 | 0.408 |
| | 试纸 | 张 | 10.200 | 12.240 | 14.280 | 16.320 |
| | 其他材料费 | % | 1.000 | 1.000 | 1.000 | 1.000 |

## 9.5.4 35kV 以下—冷缩

**工作内容：** 准备、测量、锯断、剥外防护层、内屏蔽层处理、装冷缩管、压接线端子、装铜编织袋、缠防水胶带、缠铠装带、焊接地线、记录。

计量单位：套

| 定额编号 | | | 8-544 | 8-545 | 8-546 | 8-547 |
|---|---|---|---|---|---|---|
| 项目 | | | 35kV 以下冷缩中间头（截面 $mm^2$ 以下） | | | |
| | | | 35 | 120 | 240 | 400 |
| 名称 | | 单位 | 数量 | | | |
| 人工 | 综合工日 | 工日 | 3.382 | 3.934 | 4.849 | 6.563 |
| 材料 | 冷缩式电缆中间接头 | 个 | 1.020 | 1.020 | 1.020 | 1.020 |
| | 焊锡丝 | kg | 0.202 | 0.202 | 0.202 | 0.202 |
| | 焊锡膏 50g/瓶 | g | 20.000 | 20.000 | 20.000 | 20.000 |
| | 冷缩套管 | m | 0.408 | 0.408 | 0.408 | 0.408 |
| | 电力复合酯一级 | kg | 0.082 | 0.082 | 0.082 | 0.082 |
| | 丁烷气 | kg | 1.020 | 1.020 | 1.020 | 1.020 |

续前

| 定额编号 | | | 8-544 | 8-545 | 8-546 | 8-547 |
|---|---|---|---|---|---|---|
| 项目 | | | 35kV以下冷缩中间头（截面 $mm^2$ 以下） | | | |
| | | | 35 | 120 | 240 | 400 |
| 名称 | | 单位 | 数量 | | | |
| 材料 | 镀锌铜压接管 240mm² | 个 | 3.060 | 3.060 | 3.060 | 3.060 |
| | 镀锡裸铜绞线 16mm² | kg | 0.306 | 0.306 | 0.306 | 0.306 |
| | 色带 20mm×20m | 卷 | 0.204 | 0.204 | 0.204 | 0.204 |
| | 自粘性橡胶带 20mm×5m | 卷 | 0.510 | 1.224 | 2.091 | 3.162 |
| | 聚四氟乙烯带 1×30 | kg | 0.714 | 0.714 | 0.714 | 0.714 |
| | 铜网 | kg | 0.204 | 0.306 | 0.408 | 0.510 |
| | 丙酮 | kg | 0.102 | 0.204 | 0.306 | 0.408 |
| | 试纸 | 张 | 10.200 | 12.240 | 14.280 | 16.320 |
| | 电缆标志牌 | 个 | 1.020 | 1.020 | 1.020 | 1.020 |
| | 其他材料费 | % | 1.000 | 1.000 | 1.000 | 1.000 |

### 9.5.5 35kV 以下—热缩

**工作内容：**准备、测量、锯断、剥外防护层、内屏蔽层处理、装热缩管、压接线端子、安装、焊接地线、加热成型、记录。

计量单位：套

| 定额编号 | | | 8-548 | 8-549 | 8-550 | 8-551 |
|---|---|---|---|---|---|---|
| 项目 | | | 35kV 以下热缩中间头（截面 $mm^2$ 以下） | | | |
| | | | 35 | 120 | 240 | 400 |
| 名称 | | 单位 | 数量 | | | |
| 人工 | 综合工日 | 工日 | 3.563 | 4.223 | 5.129 | 6.827 |
| 材料 | 热缩式电缆中间接头 | 个 | 1.020 | 1.020 | 1.020 | 1.020 |
| | 焊锡膏 50g/瓶 | g | 20.000 | 20.000 | 20.000 | 20.000 |
| | 热缩套管 | m | 0.408 | 0.408 | 0.408 | 0.408 |
| | 焊锡丝 | kg | 0.202 | 0.202 | 0.202 | 0.202 |
| | 沥青绝缘漆 | kg | 9.180 | 9.180 | 9.180 | 9.180 |
| | 电力复合酯一级 | kg | 0.082 | 0.082 | 0.082 | 0.082 |

续前

| 定额编号 | | | 8-548 | 8-549 | 8-550 | 8-551 |
|---|---|---|---|---|---|---|
| 项目 | | | 35kV 以下热缩中间头（截面 $mm^2$ 以下） | | | |
| | | | 35 | 120 | 240 | 400 |
| 名称 | | 单位 | 数量 | | | |
| 材料 | 丁烷气 | kg | 1.020 | 1.020 | 1.020 | 1.020 |
| | 镀锌铜压接管 240mm² | 个 | 3.060 | 3.060 | 3.060 | 3.060 |
| | 镀锡裸铜绞线 16mm² | kg | 0.306 | 0.306 | 0.306 | 0.306 |
| | 色带 20mm×20m | 卷 | 0.204 | 0.204 | 0.204 | 0.204 |
| | 自粘性橡胶带 20mm×5m | 卷 | 0.510 | 1.224 | 2.091 | 3.162 |
| | 聚四氟乙烯带 1×30 | kg | 0.714 | 0.714 | 0.714 | 0.714 |
| | 电缆标志牌 | 个 | 1.020 | 1.020 | 1.020 | 1.020 |
| | 铜网 | kg | 0.204 | 0.306 | 0.408 | 0.510 |
| | 丙酮 | kg | 0.102 | 0.204 | 0.306 | 0.408 |
| | 试纸 | 张 | 10.200 | 12.240 | 14.280 | 16.320 |
| | 其他材料费 | % | 1.000 | 1.000 | 1.000 | 1.000 |

# 9.6 电力电缆终端头制作安装

## 9.6.1 1kV 以下—热缩

**工作内容：**准备、测量、锯断、剥外防护层、内屏蔽层处理、装热缩管、压接线端子、安装、焊接地线、加热成型、记录。

计量单位：套

| 定额编号 | | | 8-552 | 8-553 | 8-554 | 8-555 |
|---|---|---|---|---|---|---|
| 项目 | | | 1kV 以下热缩中间头（截面 $mm^2$ 以下） | | | |
| | | | 35 | 120 | 240 | 400 |
| 名称 | | 单位 | 数量 | | | |
| 人工 | 综合工日 | 工日 | 2.450 | 2.740 | 3.760 | 5.060 |
| 材料 | 热缩式电缆终端头 | 个 | 1.020 | 1.020 | 1.020 | 1.020 |
| | 焊锡膏 50g/瓶 | g | 10.000 | 10.000 | 20.000 | 25.000 |
| | 热缩套管 | 个 | 0.408 | 0.408 | 0.408 | 0.408 |
| | 焊锡丝 | kg | 0.051 | 0.101 | 0.202 | 0.303 |
| | 沥青绝缘漆 | 套 | 4.080 | 6.120 | 8.160 | 10.200 |
| | 电力复合酯一级 | kg | 0.031 | 0.051 | 0.082 | 0.102 |

续前

| 定额编号 | | | 8-552 | 8-553 | 8-554 | 8-555 |
|---|---|---|---|---|---|---|
| 项目 | | | 1kV 以下热缩中间头（截面 $mm^2$ 以下） | | | |
| | | | 35 | 120 | 240 | 400 |
| 名称 | | 单位 | 数量 | | | |
| 材料 | 丁烷气 | kg | 0.510 | 0.714 | 0.918 | 1.112 |
| | 镀锌铜压接管 35mm² | 个 | 3.760 | 3.760 | 3.760 | 3.760 |
| | 镀锡裸铜绞线 16mm² | kg | 0.306 | 0.357 | 0.357 | 0.255 |
| | 色带 20mm×20m | 卷 | 0.102 | 0.163 | 0.204 | 0.306 |
| | 自粘性橡胶带 20mm×5m | 卷 | 0.510 | 1.224 | 2.091 | 3.162 |
| | 塑料带 20mm×4m | 套 | 0.306 | 0.510 | 0.714 | 1.020 |
| | 铜网 | kg | 0.204 | 0.306 | 0.408 | 0.510 |
| | 丙酮 | kg | 0.102 | 0.204 | 0.306 | 0.408 |
| | 试纸 | 张 | 10.200 | 12.240 | 14.280 | 16.320 |
| | 电缆标志牌 | 个 | 1.020 | 1.020 | 1.020 | 1.020 |
| | 其他材料费 | % | 1.000 | 1.000 | 1.000 | 1.000 |

### 9.6.2　10kV 以下—冷缩

**工作内容：** 准备、测量、锯断、剥外防护层、内屏蔽层处理、装热缩管、压接线端子、安装、焊接地线。

计量单位：套

| 定额编号 | | | 8-556 | 8-557 | 8-558 | 8-559 |
|---|---|---|---|---|---|---|
| 项目 | | | 10kV 以下冷缩终端头（截面 $mm^2$ 以下） | | | |
| | | | 35 | 120 | 240 | 400 |
| 名称 | | 单位 | 数量 | | | |
| 人工 | 综合工日 | 工日 | 2.796 | 3.071 | 3.931 | 5.392 |
| 材料 | 冷缩式电缆终端头 | 个 | 1.020 | 1.020 | 1.020 | 1.020 |
| | 焊锡膏 50g/瓶 | g | 30.000 | 40.000 | 45.000 | 50.000 |
| | 铜接线端子 DT-16$mm^2$ | 个 | 1.020 | 1.020 | 1.020 | 1.020 |
| | 焊锡丝 | kg | 0.303 | 0.354 | 0.455 | 0.505 |
| | 固定卡子 3×80 | 套 | 2.040 | 2.040 | 2.040 | 2.040 |
| | 电力复合酯一级 | kg | 0.031 | 0.051 | 0.082 | 0.102 |
| | 丁烷气 | kg | 0.612 | 0.816 | 1.020 | 1.326 |

续前

| 定额编号 | | | 8-556 | 8-557 | 8-558 | 8-559 |
|---|---|---|---|---|---|---|
| 项目 | | | 10kV 以下冷缩终端头（截面 mm² 以下） | | | |
| | | | 35 | 120 | 240 | 400 |
| 名称 | | 单位 | 数量 | | | |
| 材料 | 铝接线端子 95mm² | 个 | 3.060 | 3.060 | 3.060 | 3.060 |
| | 镀锡裸铜绞线 16mm² | kg | 0.204 | 0.306 | 0.357 | 0.510 |
| | 色带 20mm×20m | 卷 | 0.102 | 0.172 | 0.204 | 0.306 |
| | 自粘性橡胶带 20mm×5m | 卷 | 0.510 | 1.224 | 2.142 | 3.162 |
| | 丙酮 | kg | 0.510 | 0.816 | 1.020 | 1.530 |
| | 聚四氟乙烯带 1×30 | kg | 0.163 | 0.286 | 0.408 | 0.510 |
| | 热缩套管 | m | 0.408 | 0.408 | 0.408 | 0.408 |
| | 试纸 | 张 | 10.200 | 12.240 | 14.280 | 16.320 |
| | 电缆标志牌 | 个 | 1.020 | 1.020 | 1.020 | 1.020 |
| | 其他材料费 | % | 1.000 | 1.000 | 1.000 | 1.000 |

### 9.6.3　10kV 以下—热缩

**工作内容：** 准备、测量、锯断、剥外防护层、内屏蔽层处理、装热缩管、压接线端子、安装、焊接地线、加热成型、记录。

计量单位：套

| 定额编号 | | | 8-560 | 8-561 | 8-562 | 8-563 |
|---|---|---|---|---|---|---|
| 项目 | | | 10kV 以下热缩终端头（截面 $mm^2$ 以下） | | | |
| | | | 35 | 120 | 240 | 400 |
| 名称 | | 单位 | 数量 | | | |
| 人工 | 综合工日 | 工日 | 2.900 | 3.310 | 4.120 | 5.400 |
| 材料 | 热缩式电缆终端头 | 个 | 1.020 | 1.020 | 1.020 | 1.020 |
| | 焊锡膏 50g/瓶 | g | 30.000 | 40.000 | 45.000 | 50.000 |
| | 铜接线端子 DT-16$mm^2$ | 个 | 1.020 | 1.020 | 1.020 | 1.020 |
| | 焊锡丝 | kg | 0.303 | 0.354 | 0.455 | 0.505 |
| | 固定卡子 3×80 | 套 | 2.040 | 2.040 | 2.040 | 2.040 |
| | 电力复合酯一级 | kg | 0.031 | 0.051 | 0.082 | 0.102 |

续前

| 定额编号 | | | 8-560 | 8-561 | 8-562 | 8-563 |
|---|---|---|---|---|---|---|
| 项目 | | | 10kV 以下热缩终端头（截面 $mm^2$ 以下） | | | |
| | | | 35 | 120 | 240 | 400 |
| 名称 | | 单位 | 数量 | | | |
| 材料 | 丁烷气 | kg | 0.612 | 0.816 | 1.020 | 1.326 |
| | 铝接线端子 95mm² | 个 | 3.060 | 3.060 | 3.060 | 3.060 |
| | 镀锡裸铜绞线 16mm² | kg | 0.204 | 0.306 | 0.357 | 0.510 |
| | 色带 20mm×20m | 卷 | 0.102 | 0.172 | 0.204 | 0.306 |
| | 自粘性橡胶带 20mm×5m | 卷 | 0.510 | 1.224 | 2.142 | 3.162 |
| | 丙酮 | kg | 0.510 | 0.816 | 1.020 | 1.530 |
| | 聚四氟乙烯带 1×30 | kg | 0.163 | 0.286 | 0.408 | 1.060 |
| | 热缩套管 | m | 0.408 | 0.408 | 0.408 | 0.510 |
| | 试纸 | 张 | 10.200 | 12.240 | 14.280 | 16.320 |
| | 电缆标志牌 | 个 | 1.020 | 1.020 | 1.020 | 1.020 |
| | 其他材料费 | % | 1.000 | 1.000 | 1.000 | 1.000 |

### 9.6.4 35kV 以下—冷缩

**工作内容：**准备、测量、锯断、剥外防护层、内屏蔽层处理、装热缩管、压接线端子、安装、焊接地线。

计量单位：套

| 定额编号 | | | 8-564 | 8-565 | 8-566 | 8-567 |
|---|---|---|---|---|---|---|
| 项目 | | | 35kV 以下冷缩终端头（截面 $mm^2$ 以下） | | | |
| | | | 35 | 120 | 240 | 400 |
| 名称 | | 单位 | 数量 | | | |
| 人工 | 综合工日 | 工日 | 2.945 | 3.531 | 4.438 | 5.755 |
| 材料 | 冷缩式电缆终端头 | 个 | 1.020 | 1.020 | 1.020 | 1.020 |
| | 焊锡膏 50g/瓶 | g | 30.000 | 40.000 | 45.000 | 50.000 |
| | 铜接线端子 DT-16$mm^2$ | 个 | 1.020 | 1.020 | 1.020 | 1.020 |
| | 焊锡丝 | kg | 0.303 | 0.354 | 0.455 | 0.505 |
| | 固定卡子 3×80 | 套 | 2.040 | 2.040 | 2.040 | 2.040 |
| | 电力复合酯一级 | kg | 0.031 | 0.051 | 0.082 | 0.102 |
| | 丁烷气 | kg | 0.612 | 0.816 | 1.020 | 1.326 |

续前

| 定额编号 | | | 8-564 | 8-565 | 8-566 | 8-567 |
|---|---|---|---|---|---|---|
| 项目 | | | 35kV 以下冷缩终端头（截面 $mm^2$ 以下） | | | |
| | | | 35 | 120 | 240 | 400 |
| 名称 | | 单位 | 数量 | | | |
| 材料 | 铝接线端子 95mm² | 个 | 3.060 | 3.060 | 3.060 | 3.060 |
| | 镀锡裸铜绞线 16mm² | kg | 0.204 | 0.306 | 0.357 | 0.510 |
| | 色带 20mm×20m | 卷 | 0.102 | 0.172 | 0.204 | 0.306 |
| | 自粘性橡胶带 20mm×5m | 卷 | 0.510 | 1.224 | 2.142 | 3.162 |
| | 丙酮 | kg | 0.510 | 0.816 | 1.020 | 1.530 |
| | 聚四氟乙烯带 1×30 | kg | 0.163 | 0.286 | 0.408 | 0.620 |
| | 热缩套管 | m | 0.408 | 0.408 | 0.408 | 0.510 |
| | 试纸 | 张 | 10.200 | 12.240 | 14.280 | 16.320 |
| | 电缆标志牌 | 个 | 1.020 | 1.020 | 1.020 | 1.020 |
| | 其他材料费 | % | 1.000 | 1.000 | 1.000 | 1.000 |

### 9.6.5 35kV 以下—热缩

**工作内容：**准备、测量、锯断、剥外防护层、内屏蔽层处理、装热缩管、压接线端子、安装、焊接地线、加热成型、记录。

计量单位：套

| 定额编号 | | | 8-568 | 8-569 | 8-570 | 8-571 |
|---|---|---|---|---|---|---|
| 项目 | | | 35kV 以下热缩终端头（截面 $mm^2$ 以下） | | | |
| | | | 35 | 120 | 240 | 400 |
| 名称 | | 单位 | 数量 | | | |
| 人工 | 综合工日 | 工日 | 3.100 | 3.810 | 4.620 | 6.000 |
| 材料 | 热缩式电缆终端头 | 个 | 1.020 | 1.020 | 1.020 | 1.020 |
| | 焊锡膏 50g/瓶 | g | 30.000 | 40.000 | 45.000 | 50.000 |
| | 铜接线端子 DT-16$mm^2$ | 个 | 1.020 | 1.020 | 1.020 | 1.020 |
| | 焊锡丝 | kg | 0.303 | 0.354 | 0.455 | 0.505 |
| | 固定卡子 3×80 | 套 | 2.040 | 2.040 | 2.040 | 2.040 |
| | 电力复合酯一级 | kg | 0.031 | 0.051 | 0.082 | 0.102 |

续前

| 定额编号 | | | 8-568 | 8-569 | 8-570 | 8-571 |
|---|---|---|---|---|---|---|
| 项目 | | | 35kV 以下热缩终端头（截面 $mm^2$ 以下） | | | |
| | | | 35 | 120 | 240 | 400 |
| 名称 | | 单位 | 数量 | | | |
| 材料 | 丁烷气 | kg | 0.612 | 0.816 | 1.020 | 1.326 |
| | 铝接线端子 95mm² | 个 | 3.060 | 3.060 | 3.060 | 3.060 |
| | 镀锡裸铜绞线 16mm² | kg | 0.204 | 0.306 | 0.357 | 0.510 |
| | 色带 20mm×20m | 卷 | 0.102 | 0.172 | 0.204 | 0.306 |
| | 自粘性橡胶带 20mm×5m | 卷 | 0.510 | 1.224 | 2.142 | 3.162 |
| | 丙酮 | kg | 0.510 | 0.816 | 1.020 | 1.530 |
| | 聚四氟乙烯带 1×30 | kg | 0.163 | 0.286 | 0.408 | 0.520 |
| | 热缩套管 | m | 0.408 | 0.408 | 0.408 | 0.510 |
| | 试纸 | 张 | 10.200 | 12.240 | 14.280 | 16.320 |
| | 电缆标志牌 | 个 | 1.020 | 1.020 | 1.020 | 1.020 |
| | 其他材料费 | % | 1.000 | 1.000 | 1.000 | 1.000 |

## 9.6.6 DC750V/1500V—热缩

**工作内容：**准备、测量、锯断、剥外防护层、内屏蔽层处理、装热缩管、压接线端子、安装、焊接地线、加热成型、记录。

计量单位：套

| 定额编号 | | | 8-572 | 8-573 | 8-574 |
|---|---|---|---|---|---|
| 项目 | | | DC750V/1500V—热缩（截面 $mm^2$ 以下） | | |
| | | | 120 | 240 | 400 |
| 名称 | | 单位 | 数量 | | |
| 人工 | 综合工日 | 工日 | 3.071 | 3.346 | 3.483 |
| 材料 | 热缩式电缆终端头 | 个 | 1.020 | 1.020 | 1.020 |
| | 焊锡膏 50g/瓶 | g | 40.000 | 45.000 | 50.000 |
| | 铜接线端子 DT-16$mm^2$ | 个 | 1.020 | 1.020 | 1.020 |
| | 焊锡丝 | kg | 0.354 | 0.455 | 0.505 |
| | 电力复合酯一级 | kg | 2.040 | 2.040 | 2.040 |
| | 丁烷气 | kg | 0.051 | 0.082 | 0.102 |

| 定额编号 | | | 8-572 | 8-573 | 8-574 |
|---|---|---|---|---|---|
| 项目 | | | DC750V/1500V—热缩（截面 $mm^2$ 以下） | | |
| | | | 120 | 240 | 400 |
| 名称 | | 单位 | 数量 | | |
| 材料 | 镀锡裸铜绞线 16mm² | kg | 0.816 | 1.020 | 1.326 |
| | 色带 20mm×20m | 卷 | 3.060 | 3.060 | 3.060 |
| | 自粘性橡胶带 20mm×5m | 卷 | 0.306 | 0.357 | 0.510 |
| | 镀锌螺栓 | 套 | 0.172 | 0.204 | 0.306 |
| | 丙酮 | kg | 1.224 | 2.142 | 3.162 |
| | 聚四氟乙烯带 1×30 | kg | 8.160 | 12.240 | 18.360 |
| | 热缩套管 | m | 0.816 | 1.020 | 1.530 |
| | 试纸 | 张 | 12.240 | 14.280 | 16.320 |
| | 电缆标志牌 | 个 | 1.020 | 1.020 | 1.020 |
| | 其他材料费 | % | 1.000 | 1.000 | 1.000 |

### 9.6.7 GIS33kV 插入式电缆头

**工作内容：** 准备、测量、锯断、剥外护层、内屏蔽层处理、装热缩管、插入部件预制、压接电缆头、安装、接地及防腐层处理、记录。

计量单位：套

| 定额编号 | | | 8-575 |
|---|---|---|---|
| 项目 | | | GIS33kV |
| 名称 | | 单位 | 数量 |
| 人工 | 综合工日 | 工日 | 4.698 |
| 材料 | 固定卡子 3×80 | 套 | 1.020 |
| | 镀锌螺栓 | 套 | 0.306 |
| | 铝接线端子 95mm² | 个 | 0.255 |
| | 镀锡裸铜绞线 16mm² | kg | 1.326 |
| | 热缩套管 | m | 1.530 |
| | 焊锡丝 | kg | 0.505 |
| | 焊锡膏 50g/瓶 | g | 50.000 |
| | 丁烷气 | kg | 0.102 |
| | 自粘性橡胶带 20mm×5m | 卷 | 0.510 |
| | 聚四氟乙烯带 1×30 | kg | 18.360 |
| | 电力复合酯一级 | kg | 2.040 |
| | 电缆标志牌 | 个 | 1.002 |
| | 其他材料费 | % | 1.000 |

## 9.6.8 控制电缆终端头制作安装

**工作内容：** 准备、测量、锯断、剥外防护层、内屏蔽层处理、装热缩管、压接线端子、安装、焊接地线、加热成型、记录。

计量单位：套

| 定额编号 | | | 8-576 | 8-577 | 8-578 | 8-579 | 8-580 |
|---|---|---|---|---|---|---|---|
| 项目 | | | 控制电缆（芯以下） | | | | |
| | | | 6 | 14 | 24 | 37 | 48 |
| 名称 | | 单位 | 数量 | | | | |
| 人工 | 综合工日 | 工日 | 0.520 | 0.830 | 1.140 | 1.470 | 1.900 |
| 材料 | 铜接线端子 DT-16mm² | 个 | 1.020 | 1.020 | 1.020 | 1.020 | 1.020 |
| | 固定卡子 1.5×32 | 套 | 0.101 | 1.020 | 1.020 | 1.020 | 1.020 |
| | 套管 KT2 型 | 个 | 1.020 | 1.020 | 1.020 | 1.020 | 1.020 |
| | 焊锡丝 | kg | 0.102 | 0.152 | 0.172 | 0.192 | 0.242 |
| | 焊锡膏 50g/瓶 | g | 0.020 | 0.031 | 0.031 | 0.041 | 0.051 |
| | 镀锡裸铜绞线 16mm² | kg | 0.143 | 0.143 | 0.143 | 0.143 | 0.143 |
| | 镀锌螺栓 | 套 | 3.060 | 3.060 | 3.060 | 3.060 | 3.060 |

续前

| 定额编号 | | | 8-576 | 8-577 | 8-578 | 8-579 | 8-580 |
|---|---|---|---|---|---|---|---|
| 项目 | | | 控制电缆（芯以下） | | | | |
| | | | 6 | 14 | 24 | 37 | 48 |
| 名称 | | 单位 | 数量 | | | | |
| 材料 | 丁烷气 | kg | 0.102 | 0.153 | 0.184 | 0.204 | 0.255 |
| | 端子号牌 | 个 | 5.100 | 12.240 | 21.420 | 32.640 | 41.820 |
| | 色带 20mm×20m | 卷 | 0.306 | 0.306 | 0.306 | 0.306 | 0.306 |
| | 自粘性橡胶带 20mm×5m | 卷 | 0.204 | 0.408 | 0.612 | 0.816 | 0.918 |
| | 绑扎带 150×4 | 根 | 10.200 | 10.200 | 15.300 | 15.300 | 15.300 |
| | 塑料带 20mm×4m | kg | 0.020 | 0.051 | 0.082 | 0.102 | 0.153 |
| | 塑料软管 $\phi 5$ | m | 0.041 | 0.194 | 0.326 | 0.581 | 0.755 |
| | 丙酮 | kg | 0.510 | 0.714 | 0.918 | 1.020 | 1.071 |
| | 试纸 | 张 | 5.250 | 7.350 | 9.450 | 11.550 | 13.650 |
| | 其他材料费 | % | 1.000 | 1.000 | 1.000 | 1.000 | 1.000 |

## 9.7 其　他

### 9.7.1 电缆试验

**工作内容：**准备、拆电缆堵头、绝缘实验、耐压实验、装电缆堵头、记录。

计量单位：根

| 定额编号 | | | 8-581 |
|---|---|---|---|
| 项目 | | | 电缆试验 |
| 名称 | | 单位 | 数量 |
| 人工 | 综合工日 | 工日 | 0.600 |
| 材料 | 试纸 | 张 | 10.200 |
| | 丙酮 | kg | 0.510 |
| | 导电油脂 | kg | 0.204 |
| | 其他材料费 | % | 1.000 |
| 机械 | 电气实验车 | 台班 | 0.200 |

## 9.7.2 防火封堵

**工作内容：**1. 堵料：准备、搬运、调制、封堵、记录。
2. 隔板：准备、隔板预制、搬运、测量、打孔、安装调整、接地、记录。

计量单位：处

| 定额编号 | | | 8-582 | 8-583 |
|---|---|---|---|---|
| 项目 | | | 堵料 | 隔板 |
| 名称 | | 单位 | 数量 | |
| 人工 | 综合工日 | 工日 | 2.600 | 1.400 |
| 材料 | 防火堵泥 | kg | 10.200 | — |
| | 印花钢板 δ5～7 | $m^2$ | — | 1.020 |
| | 直柄钻头 $\phi$10 | 根 | — | 0.082 |
| | 膨胀螺栓 M8×60 | 套 | — | 4.080 |
| | 冲击钻头 $\phi$12 | 根 | — | 1.020 |
| | 接地线 $\phi$4 | m | — | 1.020 |

续前

| 定额编号 | | | 8-582 | 8-583 |
|---|---|---|---|---|
| 项目 | | | 堵料 | 隔板 |
| 名称 | | 单位 | 数量 | |
| 材料 | 接线端子 $\phi 4$ | 套 | — | 2.040 |
| | 连接螺栓 $\phi 4\times 10$ | 套 | — | 4.080 |
| | 富锌漆银色脂胶磁漆 | kg | — | 0.408 |
| | 防锈漆红色脂胶磁漆 | kg | — | 0.408 |
| | 电 | kW·h | — | 0.676 |
| | 其他材料费 | % | 1.000 | 1.000 |
| 机械 | 载重汽车 8t | 台班 | 0.025 | 0.038 |
| | 电锤 830W | 台班 | — | 0.025 |

### 9.7.3 开　孔

**工作内容：** 准备、测量、定位、打孔、记录。

计量单位：处

| 定额编号 | | | 8-584 | 8-585 |
|---|---|---|---|---|
| 项目 | | | 混凝土结构开孔 | 砖结构开孔 |
| 名称 | | 单位 | 数量 | |
| 人工 | 综合工日 | 工日 | 1.500 | 0.500 |
| 材料 | 金刚钻头 $\phi110$ | 根 | 0.306 | 0.306 |
| | 电 | kW·h | 1.500 | 0.500 |
| | 其他材料费 | % | 1.000 | 1.000 |
| 机械 | 电锤 1.1kW | 台班 | 0.313 | 0.104 |

# 9.8 跨座式单轨高架区间电缆

## 9.8.1 桥支架安装

### （1）电缆吊架

工作内容：预埋件检查处理、支架检验、不锈钢垫板预配、搬运、安装、检查清理。

计量单位：组

| 定额编号 | | | 8-586 | 8-587 |
|---|---|---|---|---|
| 项目 | | | 单层 | 双层 |
| 名称 | | 单位 | 数量 | |
| 人工 | 综合工日 | 工日 | 0.079 | 0.117 |
| 材料 | 单层电缆吊架 850×480 | 组 | 1.010 | — |
| | 不锈钢螺栓 M12×50 | 套 | 2.020 | 2.020 |
| | 不锈钢螺栓 M12×30 | 套 | 2.020 | 4.040 |
| | 不锈钢螺钉 M8×40 | 套 | 2.020 | 4.040 |

续前

| 定额编号 | | | 8-586 | 8-587 |
| --- | --- | --- | --- | --- |
| 项目 | | | 单层 | 双层 |
| 名称 | | 单位 | 数量 | |
| 材料 | 梯压板 145×40×2.5 | 块 | 2.020 | 4.040 |
| | 梯压板 245×22×3 | 块 | 2.020 | 4.040 |
| | 不锈钢垫块 80×40×3 | 块 | 2.020 | 4.040 |
| | 双层电缆吊架 850×910 | 组 | — | 1.010 |
| | 不锈钢螺栓 M8×30 | 套 | 2.020 | 4.040 |
| | 垫板 80×50 | 块 | 2.020 | 4.040 |
| | 压板 45×40 | 块 | 2.020 | 4.040 |
| | 其他材料费 | % | 1.000 | 1.000 |
| 机械 | 跨座式单轨作业车 | 台班 | 0.032 | 0.039 |

## （2）桥架安装

**工作内容：**预埋件检查、桥架底座检验、搬运、角钢块焊接、安装、检查清理。

计量单位：组

| 定额编号 | | | 8-588 | 8-589 | 8-590 |
|---|---|---|---|---|---|
| 项目 | | | 过盖梁处桥架 | | 直通桥架 |
| | | | 焊接 | 螺栓 | |
| 名称 | | 单位 | 数量 | | |
| 人工 | 综合工日 | 工日 | 0.770 | 0.643 | 0.385 |
| 材料 | 桥架底座C型钢 1150×50 | 根 | 2.020 | 2.020 | — |
| | 弯通桥架 3100×120 | 节 | 1.010 | 1.010 | — |
| | 直通桥架 4000×690×120 | 组 | — | — | 1.010 |
| | 连接片 H=120 | 套 | 2.020 | 2.020 | 2.020 |
| | 不锈钢螺栓 M12×50 | 个 | 8.160 | 8.160 | — |
| | 压板 45×40 | 套 | 4.040 | 4.040 | — |

续前

| 定额编号 | | | 8-588 | 8-589 | 8-590 |
|---|---|---|---|---|---|
| 项目 | | | 过盖梁处桥架 | | 直通桥架 |
| | | | 焊接 | 螺栓 | |
| 名称 | | 单位 | 数量 | | |
| 材料 | 接地铜编织线 $16mm^2$ | m | 0.608 | 0.608 | 0.608 |
| | 接线端子 16 | 套 | 4.080 | 4.080 | 4.080 |
| | 不锈钢螺栓 M8×30 | 套 | 4.080 | 4.080 | 4.080 |
| | 方颈螺栓 M8×20 | 套 | — | — | 12.240 |
| | 电焊条 | kg | 0.100 | — | — |
| | 角钢块 | 块 | 4.040 | — | — |
| | 其他材料费 | % | 1.000 | 1.000 | 1.000 |
| 机械 | 跨座式单轨作业车 | 台班 | 0.213 | 0.109 | 0.093 |
| | 交流电焊机 | 台班 | 0.063 | — | — |

### （3）爬架安装

**工作内容：**柜体检查、预埋孔检查清理、搬运、柜体安装、刷漆。

计量单位：m

| 定额编号 | | | 8-591 |
|---|---|---|---|
| 项目 | | | 电缆爬架柜 |
| 名称 | | 单位 | 数量 |
| 人工 | 综合工日 | 工日 | 3.545 |
| 材料 | 爬架柜 | m | 1.010 |
| | 不锈钢膨胀螺栓 M16×100 | 套 | 4.080 |
| | 富锌漆 | kg | 0.205 |
| | 其他材料费 | % | 1.000 |
| 机械 | 跨座式单轨作业车 | 台班 | 0.221 |
| | 载重汽车 8t | 台班 | 0.094 |
| | 汽车起重机 12t | 台班 | 0.094 |

## 9.8.2 电缆敷设

### (1)交流电力电缆

**工作内容：**开盘、检查、架盘、敷设、锯断、排列、整理、固定、收盘、临时封头、挂标识牌。

计量单位：100m

| 定额编号 | | | 8-592 | 8-593 | 8-594 |
|---|---|---|---|---|---|
| | | | 交流电力电缆（截面 $mm^2$ 以下） | | |
| 项目 | | | 95 | 185 | 300 |
| 名称 | | 单位 | 数量 | | |
| 人工 | 综合工日 | 工日 | 10.539 | 13.849 | 18.567 |
| 材料 | 电缆 | m | 101.000 | 101.000 | 101.000 |
| | 绑扎带 | 根 | 65.100 | 65.100 | 65.100 |
| | 刚性固定卡子 | 个 | 5.050 | 5.050 | 5.050 |
| | 胶皮 50×30 | 块 | 150.000 | 150.000 | 150.000 |
| | 敷设标签 | 张 | 0.204 | 0.204 | 0.204 |
| | 不锈钢六角螺栓 M8×35 | 套 | 10.100 | 10.100 | 10.100 |

续前

| 定额编号 | | | 8-592 | 8-593 | 8-594 |
|---|---|---|---|---|---|
| | | | 交流电力电缆（截面 $mm^2$ 以下） | | |
| 项目 | | | 95 | 185 | 300 |
| 名称 | | 单位 | 数量 | | |
| 材料 | 热缩端帽 | 个 | 0.204 | 0.204 | 0.204 |
| | PVC管 | m | 0.103 | 0.103 | 0.103 |
| | 封箱带 | 卷 | 0.102 | 0.102 | 0.102 |
| | 色相胶带 | 卷 | 0.102 | 0.102 | 0.102 |
| | 其他材料费 | % | 1.000 | 1.000 | 1.000 |
| 机械 | 跨座式单轨作业车 | 台班 | 1.583 | 2.087 | 2.814 |
| | 跨座式单轨平板车 | 台班 | 0.767 | 1.025 | 1.382 |
| | 汽车起重机 12t | 台班 | 0.188 | 0.250 | 0.313 |
| | 载重汽车 8t | 台班 | 0.188 | 0.250 | — |
| | 载重汽车 10t | 台班 | — | — | 0.313 |

## （2）1500V 直流电缆

**工作内容：**开盘、检查、架盘、敷设、锯断、排列、整理、固定、收盘、临时封头、挂标识牌。

计量单位：100m

| 定额编号 | | | 8-595 | 8-596 |
|---|---|---|---|---|
| | | | 1500V 直流电缆（截面 $mm^2$ 以下） | |
| 项目 | | | 150 | 300 |
| 名称 | | 单位 | 数量 | |
| 人工 | 综合工日 | 工日 | 13.415 | 17.702 |
| 材料 | 电缆 | m | 101.000 | 101.000 |
| | 绑扎带 | 根 | 52.500 | 52.500 |
| | 刚性固定卡子 | 个 | 13.260 | 13.260 |
| | 胶皮 50×30 | 块 | 150.000 | 150.000 |
| | 热缩端帽 | 个 | 2.040 | 2.040 |
| | PVC 管 | m | 0.510 | 0.510 |
| | 其他材料费 | % | 1.000 | 1.000 |
| 机械 | 跨座式单轨作业车 | 台班 | 1.422 | 1.875 |
| | 汽车起重机 12t | 台班 | 0.229 | 0.313 |
| | 载重汽车 8t | 台班 | 0.229 | — |
| | 载重汽车 10t | 台班 | — | 0.313 |

## （3）低压电缆

**工作内容：**开盘、检查、架盘、敷设、锯断、排列、整理、固定、收盘、临时封头、挂标识牌。

计量单位：100m

| 定额编号 | | | 8-597 | 8-598 | 8-599 |
|---|---|---|---|---|---|
| 项目 | | | 沿桥架 | 穿管 | 配管 |
| 名称 | | 单位 | 数量 | | |
| 人工 | 综合工日 | 工日 | 11.065 | 1.728 | 8.776 |
| 材料 | 电缆 | m | 101.000 | 101.000 | 101.000 |
| | 绑扎带 | 根 | 97.650 | 21.000 | 21.000 |
| | 刚性固定卡子 | 个 | 8.080 | — | — |
| | 胶皮 50×30 | 块 | 150.000 | — | — |
| | 绝缘防水胶布 | 卷 | 2.040 | — | — |
| | PVC 管 | m | — | — | 102.000 |
| | 其他材料费 | % | 1.000 | 1.000 | 1.000 |
| 机械 | 跨座式单轨作业车 | 台班 | 1.583 | 0.282 | 1.507 |
| | 汽车起重机 12t | 台班 | 0.188 | 0.167 | 0.125 |
| | 载重汽车 8t | 台班 | 0.188 | 0.240 | 1.281 |

## （4）控制电缆

**工作内容：**开盘、检查、架盘、敷设、锯断、排列、整理、固定、收盘、临时封头、挂标识牌。

计量单位：100m

| 定额编号 | | | 8-600 | 8-601 | 8-602 | 8-603 | 8-604 |
|---|---|---|---|---|---|---|---|
| 项目 | | | 6芯 | 14芯 | 24芯 | 37芯 | 48芯 |
| 名称 | | 单位 | 数量 | | | | |
| 人工 | 综合工日 | 工日 | 5.632 | 6.333 | 7.035 | 7.585 | 8.788 |
| 材料 | 电缆 | m | 101.500 | 101.500 | 101.500 | 101.500 | 101.500 |
| | 绑扎带 | 根 | 97.650 | 97.650 | 97.650 | 97.650 | 97.650 |
| | 刚性固定卡子 | 个 | 8.080 | 8.080 | 8.080 | 8.080 | 8.080 |
| | 胶皮 50×30 | 块 | 150.000 | 150.000 | 150.000 | 150.000 | 150.000 |
| | 绝缘防水胶布 | 卷 | 0.204 | 0.204 | 0.204 | 0.204 | 0.204 |
| | PVC管 | m | 0.102 | 0.102 | 0.102 | 0.102 | 0.102 |
| | 敷设标签 | 个 | 0.204 | 0.204 | 0.204 | 0.204 | 0.204 |
| | 其他材料费 | % | 1.000 | 1.000 | 1.000 | 1.000 | 1.000 |
| 机械 | 跨座式单轨作业车 | 台班 | 0.907 | 1.005 | 1.103 | 1.201 | 1.348 |
| | 汽车起重机 12t | 台班 | 0.083 | 0.125 | 0.125 | 0.167 | 0.208 |
| | 载重汽车 8t | 台班 | 0.083 | 0.125 | 0.125 | 0.167 | 0.208 |

### （5）光缆敷设

**工作内容：**开盘、检查、架盘、敷设、锯断、排列、整理、固定、收盘、临时封头、挂标识牌。

计量单位：100m

| 定额编号 | | | 8-605 | 8-606 |
|---|---|---|---|---|
| 项目 | | | 6 芯 | 12 芯 |
| 名称 | | 单位 | 数量 | |
| 人工 | 综合工日 | 工日 | 4.709 | 5.094 |
| 材料 | 光缆 | m | 101.000 | 101.000 |
| | 绑扎带 | 根 | 97.650 | 97.650 |
| | 刚性固定卡子 | 个 | 8.080 | 8.080 |
| | 胶皮 50×30 | 块 | 150.000 | 150.000 |
| | 敷设标签 | 张 | 0.204 | 0.204 |
| | 绝缘防水胶布 | 卷 | 0.204 | 0.204 |
| | PVC 管 | m | 0.102 | 0.102 |
| | 其他材料费 | % | 1.000 | 1.000 |
| 机械 | 跨座式单轨作业车 | 台班 | 0.755 | 0.809 |
| | 汽车起重机 12t | 台班 | 0.104 | 0.125 |
| | 载重汽车 8t | 台班 | 0.104 | 0.125 |

## （6）直流电缆终端头

### ①与汇流排连接的终端头

**工作内容：**定位、汇流排打孔、上网端子安装、连接固定、标示记录。

计量单位：个

| 定额编号 | | | 8-607 | 8-608 |
|---|---|---|---|---|
| | | | 与汇流排连接的终端头（截面 $mm^2$ 以下） | |
| 项目 | | | 150 | 300 |
| 名称 | | 单位 | 数量 | |
| 人工 | 综合工日 | 工日 | 1.062 | 1.273 |
| 材料 | 上网端子 150$mm^2$ | 件 | 1.010 | — |
| | 上网端子 300$mm^2$ | 件 | — | 1.010 |
| | B 型电连接板 | 件 | 1.020 | — |
| | A 型电连接板 | 件 | — | 1.020 |
| | 不锈钢六角螺栓 M12×40 | 套 | 6.120 | 10.200 |

续前

| 定 额 编 号 | | | 8-607 | 8-608 |
|---|---|---|---|---|
| | | | 与汇流排连接的终端头（截面 $mm^2$ 以下） | |
| 项 目 | | | 150 | 300 |
| 名 称 | | 单位 | 数 量 | |
| 材料 | 导电油脂 | kg | 0.102 | 0.102 |
| | 防水胶布 | 卷 | 1.020 | 1.020 |
| | 绝缘胶布 | 卷 | 1.020 | 1.020 |
| | 钻头 | 根 | 0.102 | 0.102 |
| | 电 | kW·h | 0.510 | 0.510 |
| | 其他材料费 | % | 1.000 | 1.000 |
| 机械 | 跨座式单轨作业车 | 台班 | 0.257 | 0.306 |

## ②与高空设备连接的终端头

**工作内容：**定位、安装、调整固定、标示记录。

计量单位：个

| 定额编号 | | | 8-609 | 8-610 |
|---|---|---|---|---|
| | | | 与高空设备连接的终端头（截面 $mm^2$ 以下） | |
| 项目 | | | 150 | 300 |
| 名称 | | 单位 | 数量 | |
| 人工 | 综合工日 | 工日 | 0.782 | 0.945 |
| 材料 | DT 端子 150$mm^2$ | 套 | 1.020 | — |
| | DT 端子 300$mm^2$ | 套 | — | 1.020 |
| | 导电油脂 | kg | 0.102 | 0.204 |
| | 防水胶布 | 卷 | 1.020 | 1.020 |
| | 绝缘胶布 | 卷 | 1.020 | 1.020 |
| | 其他材料费 | % | 1.000 | 1.000 |
| 机械 | 跨座式单轨作业车 | 台班 | 0.184 | 0.221 |

### ③与地面设备连接的终端头

**工作内容**：定位、安装、调整固定、标示记录。

计量单位：个

| 定额编号 | | | 8-611 | 8-612 |
|---|---|---|---|---|
| | | | 与地面设备连接的终端头（截面 $mm^2$ 以下） | |
| 项目 | | | 150 | 300 |
| 名称 | | 单位 | 数量 | |
| 人工 | 综合工日 | 工日 | 0.782 | 0.945 |
| 材料 | DT 端子 150mm$^2$ | 套 | 1.020 | — |
| | DT 端子 300mm$^2$ | 套 | — | 1.020 |
| | 导电油脂 | kg | 0.102 | 0.204 |
| | 防水胶布 | 卷 | 1.020 | 1.020 |
| | 绝缘胶布 | 卷 | 1.020 | 1.020 |
| | 其他材料费 | % | 1.000 | 1.000 |

## （7）低压配电箱

**工作内容：**箱体及支架检查、箱体预配、搬运、测量定位、打孔、箱体支架安装、箱体安装、检查清理。

计量单位：台

| 定额编号 | | | 8-613 |
|---|---|---|---|
| 项目 | | | 低压配电箱 |
| 名称 | | 单位 | 数量 |
| 人工 | 综合工日 | 工日 | 2.040 |
| 材料 | 箱体支架 | 组 | 1.000 |
| | 固定螺栓 M10×80 | 套 | 4.080 |
| | 其他材料费 | % | 1.000 |
| 机械 | 跨座式单轨作业车 | 台班 | 0.319 |

# 10 配管配线

# 说　明

一、本章定额包括电线管敷设、钢管敷设、防爆钢管敷设、可挠性金属套管敷设、塑料管敷设、金属软管敷设、接线盒安装、管内穿线，共8节208个子目。

二、接线盒安装定额综合接线盒、开关盒的明装和暗装的工作内容。

三、照明线路按线芯材质分为铝芯和铜芯，动力线路一律按铜芯编制。按导线截面（$mm^2$以内）划分定额子目，多芯软导线按导线芯数和导线截面（$mm^2$以内）划分定额子目。

四、本章定额照明线路穿线考虑最大截面为$4mm^2$，超过$4mm^2$则执行动力线路穿线定额相应子目。

五、灯具、开关、插座、按钮等接线的预留线，已分别综合在相应的定额子目中；连接设备导线的预留长度，设计图无规定时应按下表计算：

连接设备导线预留长度

| 序号 | 项　　目 | 预留长度 | 说　明 |
|---|---|---|---|
| 1 | 各种开关箱、柜、板 | 高+宽 | 盘面尺寸 |
| 2 | 单独安装（无箱、盘）的铁壳开关、闸刀开关、启动器、母线槽进出线盒等 | 0.3m | 以安装对象中心算 |
| 3 | 由地平管子出口引至动力接线箱 | 1m | 以管口计算 |
| 4 | 电源与管内导线连接（管内穿线与软、硬母线接头） | 1.5m | 以管口计算 |
| 5 | 出户线 | 1.5m | 以管口计算 |

# 工程量计算规则

一、管线敷设按设计图示尺寸以“100m”为单位计算。

二、配管长度按设计图示尺寸以“延长米”计算，不扣除接线箱、灯位盒、开关盒所占的长度。

三、接线盒安装按设计图示以“10个”为单位计算。

四、管内穿线按“100m单线”为单位计算；多芯软导线按“100m/束”为单位计算。

# 10.1 电线管敷设

## 10.1.1 砖、混凝土结构明配

**工作内容：**测位、画线、打眼、埋螺栓、锯管、套丝、搣弯、配管、接地、刷漆。

计量单位：100m

| 定额编号 | | | 8-614 | 8-615 | 8-616 | 8-617 | 8-618 | 8-619 |
|---|---|---|---|---|---|---|---|---|
| 项目 | | | 电线管公称口径（mm 以内） | | | | | |
| | | | 15 | 20 | 25 | 32 | 40 | 50 |
| 名称 | | 单位 | 数量 | | | | | |
| 人工 | 综合工日 | 工日 | 10.700 | 11.360 | 11.930 | 12.640 | 13.270 | 14.060 |
| 材料 | 电线管（按实际规格） | m | 103.000 | 103.000 | 103.000 | 103.000 | 103.000 | 103.000 |
| | 镀锌管接头（按实际规格） | 个 | 25.750 | 25.750 | 25.750 | 25.750 | 25.750 | 25.750 |
| | 镀锌锁紧螺母（按实际规格） | 个 | 15.450 | 15.450 | 15.450 | 15.450 | 15.450 | 15.450 |
| | 塑料护口（电线管用 按实际规格） | 个 | 15.450 | 15.450 | 15.450 | 15.450 | 15.450 | 15.450 |
| | 管卡子（电线管用 按实际规格） | 个 | 144.200 | 144.200 | 85.490 | 85.490 | 67.890 | 67.890 |
| | 木螺钉 $\phi 4\times 65$ 以下 | 个 | 291.200 | 291.200 | 172.600 | 172.600 | 68.600 | 68.600 |
| | 塑料涨管 $\phi 6\sim 8$ | 个 | 294.000 | 294.000 | 174.300 | 174.300 | 69.300 | 69.300 |
| | 圆钢 $\phi 5.5\sim 9$ | kg | 0.930 | 0.930 | 0.830 | 0.830 | 2.410 | 2.410 |
| | 电焊条 | kg | 0.860 | 0.860 | 0.770 | 0.770 | 1.280 | 1.280 |

续前

| 定额编号 | | | 8-614 | 8-615 | 8-616 | 8-617 | 8-618 | 8-619 |
|---|---|---|---|---|---|---|---|---|
| 项目 | | | 电线管公称口径（mm 以内） | | | | | |
| | | | 15 | 20 | 25 | 32 | 40 | 50 |
| 名称 | | 单位 | 数量 | | | | | |
| 材料 | 锯条 | 根 | 2.600 | 2.600 | 1.800 | 1.800 | 2.000 | 2.000 |
| | 醇酸防锈漆 C53－1 | kg | 1.100 | 1.320 | 1.740 | 2.080 | 1.500 | 2.000 |
| | 溶剂汽油 200# | kg | 0.260 | 0.320 | 0.420 | 0.510 | 0.570 | 0.770 |
| | 铅油 | kg | 0.580 | 0.690 | 1.040 | 1.250 | 1.400 | 1.860 |
| | 清油 C01－1 | kg | 0.260 | 0.320 | 0.420 | 0.520 | 0.570 | 0.770 |
| | 镀锌铁丝 13#～17# | kg | 0.250 | 0.250 | 0.250 | 0.250 | 0.250 | 0.250 |
| | 沥青清漆 | kg | — | — | 0.490 | 0.620 | 0.540 | 0.720 |
| | 膨胀螺栓 M6 | 套 | — | — | — | — | 67.390 | 67.390 |
| | 冲击钻头 $\phi6\sim12$ | 个 | 1.940 | 1.940 | 1.150 | 1.150 | 0.910 | 0.910 |
| | 其他材料费 | % | 1.000 | 1.000 | 1.000 | 1.000 | 1.000 | 1.000 |
| 机械 | 交流电焊机 21kV·A | 台班 | 0.450 | 0.450 | 0.400 | 0.400 | 0.670 | 0.670 |
| | 电动揻弯机 100 以内 | 台班 | — | — | 0.060 | 0.060 | 0.130 | 0.130 |

### 10.1.2 砖、混凝土结构暗配

**工作内容：**测位、画线、打眼、刨沟、锯管、套丝、揻弯、配管、接地、刷漆。

计量单位：100m

| 定额编号 | | | 8-620 | 8-621 | 8-622 | 8-623 | 8-624 | 8-625 |
|---|---|---|---|---|---|---|---|---|
| 项目 | | | 电线管公称口径（mm 以内） | | | | | |
| | | | 15 | 20 | 25 | 32 | 40 | 50 |
| 名称 | | 单位 | 数量 | | | | | |
| 人工 | 综合工日 | 工日 | 5.530 | 5.900 | 8.500 | 9.060 | 11.540 | 12.330 |
| 材料 | 电线管（按实际规格） | m | 103.000 | 103.000 | 103.000 | 103.000 | 103.000 | 103.000 |
| | 管接头（按实际规格） | 个 | 25.750 | 25.750 | 25.750 | 25.750 | 25.750 | 25.750 |
| | 镀锌锁紧螺母（按实际规格） | 个 | 15.450 | 15.450 | 15.450 | 15.450 | 15.450 | 15.450 |
| | 塑料护口（电线管用 按实际规格） | 个 | 15.450 | 15.450 | 15.450 | 15.450 | 15.450 | 15.450 |
| | 圆钢 $\phi5.5\sim9$ | kg | 0.930 | 0.930 | 0.830 | 0.830 | 2.410 | 2.410 |
| | 电焊条 | kg | 0.860 | 0.860 | 0.770 | 0.770 | 1.280 | 1.280 |
| | 锯条 | 根 | 2.600 | 2.600 | 1.800 | 1.800 | 2.000 | 2.000 |
| | 铅油 | kg | 0.050 | 0.060 | 0.090 | 0.120 | 0.130 | 0.170 |
| | 镀锌铁丝 $13^{\#}\sim17^{\#}$ | kg | 0.250 | 0.250 | 0.250 | 0.250 | 0.250 | 0.250 |
| | 沥青清漆 | kg | — | — | 0.490 | 0.620 | 0.540 | 0.720 |
| | 其他材料费 | % | 1.000 | 1.000 | 1.000 | 1.000 | 1.000 | 1.000 |
| 机械 | 交流电焊机 21kV·A | 台班 | 0.500 | 0.500 | 0.400 | 0.400 | 0.700 | 0.700 |
| | 电动揻弯机 100 以内 | 台班 | — | — | 0.060 | 0.060 | 0.130 | 0.130 |

### 10.1.3 钢结构支架配管

**工作内容：**测位、画线、打眼、上卡子、安装支架、锯管、套丝、揻弯、配管、接地、刷漆。

计量单位：100m

| 定额编号 | | | 8-626 | 8-627 | 8-628 | 8-629 | 8-630 | 8-631 |
|---|---|---|---|---|---|---|---|---|
| 项目 | | | 电线管公称口径（mm 以内） | | | | | |
| | | | 15 | 20 | 25 | 32 | 40 | 50 |
| 名称 | | 单位 | 数量 | | | | | |
| 人工 | 综合工日 | 工日 | 7.460 | 7.920 | 10.780 | 11.440 | 13.460 | 14.300 |
| 材料 | 电线管（按实际规格） | m | 103.000 | 103.000 | 103.000 | 103.000 | 103.000 | 103.000 |
| | 镀锌管接头（按实际规格） | 个 | 25.750 | 25.750 | 25.750 | 25.750 | 25.750 | 25.750 |
| | 镀锌锁紧螺母（按实际规格） | 个 | 15.450 | 15.450 | 15.450 | 15.450 | 15.450 | 15.450 |
| | 塑料护口（电线管用 按实际规格） | 个 | 15.450 | 15.450 | 15.450 | 15.450 | 15.450 | 15.450 |
| | 管卡子（电线管用 按实际规格） | 个 | 123.600 | 123.600 | 85.490 | 85.490 | 67.980 | 67.980 |
| | 半圆头螺钉 M6～12×12×50 | 套 | 249.600 | 249.600 | 172.640 | 172.640 | 137.280 | 137.280 |
| | 圆钢 $\phi5.5\sim9$ | kg | 0.930 | 0.930 | 0.830 | 0.830 | 2.410 | 2.410 |

续前

| 定额编号 | | | 8-626 | 8-627 | 8-628 | 8-629 | 8-630 | 8-631 |
|---|---|---|---|---|---|---|---|---|
| 项目 | | | 电线管公称口径（mm 以内） | | | | | |
| | | | 15 | 20 | 25 | 32 | 40 | 50 |
| 名称 | | 单位 | 数量 | | | | | |
| 材料 | 电焊条 | kg | 0.860 | 0.860 | 0.770 | 0.770 | 1.280 | 1.280 |
| | 镀锌铁丝 13#～17# | kg | 0.250 | 0.250 | 0.250 | 0.250 | 0.250 | 0.250 |
| | 锯条 | 根 | 2.600 | 2.600 | 1.800 | 1.800 | 2.000 | 2.000 |
| | 醇酸防锈漆 C53－1 | kg | 1.100 | 1.320 | 1.710 | 2.140 | 2.360 | 3.140 |
| | 溶剂汽油 200# | kg | 0.260 | 0.320 | 0.420 | 0.520 | 0.570 | 0.770 |
| | 铅油 | kg | 0.580 | 0.690 | 1.020 | 1.280 | 1.400 | 1.860 |
| | 清油 C01－1 | kg | 0.260 | 0.320 | 0.420 | 0.520 | 0.570 | 0.770 |
| | 沥青清漆 | kg | — | — | 0.490 | 0.620 | 0.540 | 0.720 |
| | 其他材料费 | % | 1.000 | 1.000 | 1.000 | 1.000 | 1.000 | 1.000 |
| 机械 | 交流电焊机 21kV·A | 台班 | 0.450 | 0.450 | 0.400 | 0.400 | 0.670 | 0.670 |
| | 电动揻弯机 100 以内 | 台班 | — | — | 0.060 | 0.060 | 0.130 | 0.130 |

# 10.2 钢管敷设

## 10.2.1 砖、混凝土结构明配

工作内容：测位、画线、打眼、埋螺栓、锯管、套丝、揻弯、配管、接地、刷漆。

计量单位：100m

| 定额编号 | | | 8-632 | 8-633 | 8-634 | 8-635 | 8-636 | 8-637 |
|---|---|---|---|---|---|---|---|---|
| 项目 | | | 钢管公称口径（mm 以内） | | | | | |
| | | | 15 | 20 | 25 | 32 | 40 | 50 |
| 名称 | | 单位 | 数量 | | | | | |
| 人工 | 综合工日 | 工日 | 11.840 | 12.580 | 14.480 | 15.380 | 18.860 | 20.02 |
| 材料 | 钢管（按实际规格） | m | 103.000 | 103.000 | 103.000 | 103.000 | 103.000 | 103.000 |
| | 镀锌管接头（按实际规格） | 个 | 16.480 | 16.480 | 16.480 | 16.480 | 16.480 | 16.480 |
| | 镀锌锁紧螺母（按实际规格） | 个 | 15.450 | 15.450 | 15.450 | 15.450 | 15.450 | 15.450 |
| | 塑料护口（钢管用 按实际规格） | 个 | 15.450 | 15.450 | 15.450 | 15.450 | 15.450 | 15.450 |
| | 管卡子（钢管用 按实际规格） | 个 | 123.600 | 123.600 | 85.490 | 85.490 | 67.980 | 67.980 |
| | 木螺钉 $\phi4\times65$ 以下 | 个 | 291.200 | 291.200 | 172.600 | 172.600 | 68.600 | 68.600 |
| | 圆钢 $\phi5.5-9$ | kg | 0.730 | 0.730 | 0.900 | 0.900 | 2.780 | 2.780 |
| | 电焊条 | kg | 0.690 | 0.690 | 0.900 | 0.900 | 1.130 | 1.130 |

续前

| 定额编号 | | | 8-632 | 8-633 | 8-634 | 8-635 | 8-636 | 8-637 |
|---|---|---|---|---|---|---|---|---|
| 项目 | | | 钢管公称口径（mm 以内） | | | | | |
| | | | 15 | 20 | 25 | 32 | 40 | 50 |
| 名称 | | 单位 | 数量 | | | | | |
| 材料 | 镀锌铁丝 13#～17# | kg | 0.660 | 0.660 | 0.660 | 0.660 | 0.660 | 0.660 |
| | 锯条 | 根 | 3.000 | 3.000 | 2.000 | 2.000 | 3.000 | 3.000 |
| | 醇酸防锈漆 C53－1 | kg | 1.860 | 2.330 | 2.970 | 3.760 | 4.440 | 5.560 |
| | 溶剂汽油 200# | kg | 0.460 | 0.570 | 0.740 | 0.940 | 1.090 | 1.370 |
| | 铅油 | kg | 0.570 | 0.710 | 1.020 | 1.290 | 1.450 | 1.810 |
| | 清油 C01－1 | kg | 0.260 | 0.330 | 0.420 | 0.530 | 0.600 | 0.740 |
| | 塑料涨管 $\phi 6 \sim 8$ | 个 | 252.000 | 252.000 | 174.300 | 174.300 | 69.300 | 69.30 |
| | 冲击钻头 $\phi 6 \sim 12$ | 个 | 1.660 | 1.660 | 1.150 | 1.150 | 0.920 | 0.920 |
| | 沥青清漆 | kg | — | — | 0.530 | 0.530 | 0.630 | 0.630 |
| | 膨胀螺栓 M6 | 套 | — | — | — | — | 67.320 | 67.320 |
| | 其他材料费 | % | 1.000 | 1.000 | 1.000 | 1.000 | 1.000 | 1.000 |
| 机械 | 交流电焊机 21kV·A | 台班 | 0.350 | 0.350 | 0.470 | 0.470 | 0.590 | 0.590 |
| | 电动揻弯机 100 以内 | 台班 | — | — | 0.060 | 0.060 | 0.130 | 0.130 |

**工作内容：** 测位、画线、打眼、埋螺栓、锯管、套丝、摵弯、配管、接地、刷漆。

计量单位：100m

| 定额编号 | | | 8-638 | 8-639 | 8-640 | 8-641 | 8-642 |
|---|---|---|---|---|---|---|---|
| 项目 | | | 钢管公称口径（mm 以内） | | | | |
| | | | 70 | 80 | 100 | 125 | 150 |
| 名称 | | 单位 | 数量 | | | | |
| 人工 | 综合工日 | 工日 | 29.820 | 41.770 | 44.350 | 48.790 | 51.710 |
| 材料 | 钢管（按实际规格） | m | 103.000 | 103.000 | 103.000 | 103.000 | 103.000 |
| | 镀锌管接头（按实际规格） | 个 | 15.450 | 15.450 | 15.450 | 8.240 | 8.240 |
| | 镀锌锁紧螺母（按实际规格） | 个 | 15.450 | 15.450 | 15.450 | — | — |
| | 塑料护口（钢管用 按实际规格） | 个 | 15.450 | 15.450 | 15.450 | — | — |
| | 管卡子（钢管用 按实际规格） | 个 | 51.500 | 51.500 | 51.500 | 28.840 | 28.840 |
| | 圆钢 $\phi 5.5\sim9$ | kg | 4.310 | 4.310 | 4.310 | 4.310 | 4.310 |
| | 电焊条 | kg | 1.360 | 1.360 | 1.360 | 1.360 | 1.360 |
| | 镀锌铁丝 $13^{\#}\sim17^{\#}$ | kg | 0.660 | 0.660 | 0.660 | 0.660 | 0.660 |
| | 锯条 | 根 | 3.000 | 4.500 | 4.500 | — | — |
| | 醇酸防锈漆 C53－1 | kg | 7.380 | 8.440 | 10.880 | 13.370 | 15.740 |
| | 溶剂汽油 $200^{\#}$ | kg | 1.790 | 2.160 | 2.660 | 3.270 | 3.840 |

续前

| 定额编号 | | | 8-638 | 8-639 | 8-640 | 8-641 | 8-642 |
|---|---|---|---|---|---|---|---|
| 项目 | | | 钢管公称口径（mm 以内） | | | | |
| | | | 70 | 80 | 100 | 125 | 150 |
| 名称 | | 单位 | 数量 | | | | |
| 材料 | 铅油 | kg | 2.060 | 2.380 | 3.060 | 3.760 | 4.430 |
| | 清油 C01－1 | kg | 0.930 | 1.090 | 1.410 | 1.730 | 2.040 |
| | 冲击钻头 $\phi 6\sim 12$ | 个 | 0.680 | 0.680 | 0.680 | 5.440 | 5.440 |
| | 沥青清漆 | kg | 0.880 | 1.000 | 1.280 | 1.580 | 1.860 |
| | 膨胀螺栓 M6 | 套 | 102.000 | 102.000 | 102.000 | 81.600 | 81.600 |
| | 其他材料费 | % | 1.000 | 1.000 | 1.000 | 1.000 | 1.000 |
| 机械 | 交流电焊机 21kV·A | 台班 | 0.710 | 0.710 | 0.710 | — | — |
| | 管子切断机 $\phi 60\sim 150$ | 台班 | — | — | — | 0.520 | 0.800 |
| | 直流弧焊机 20kW | 台班 | — | — | — | 0.920 | 1.200 |
| | 电动搣弯机 100 以内 | 台班 | 0.300 | 0.340 | 0.340 | — | — |
| | 电动搣弯机 $\phi 500\sim 1800$ | 台班 | — | — | — | 1.100 | 1.100 |

## 10.2.2 砖、混凝土结构暗配

**工作内容：**测位、画线、锯管、套丝、揻弯、刨沟、配管、接地、刷漆。

计量单位：100m

| 定额编号 | | | 8-643 | 8-644 | 8-645 | 8-646 | 8-647 | 8-648 |
|---|---|---|---|---|---|---|---|---|
| 项目 | | | 钢管公称口径（mm 以内） | | | | | |
| | | | 15 | 20 | 25 | 32 | 40 | 50 |
| 名称 | | 单位 | 数量 | | | | | |
| 人工 | 综合工日 | 工日 | 6.750 | 7.200 | 8.730 | 9.290 | 14.910 | 15.900 |
| 材料 | 钢管（按实际规格） | m | 103.000 | 103.000 | 103.000 | 103.000 | 103.000 | 103.000 |
| | 管接头（按实际规格） | 个 | 16.480 | 16.480 | 16.480 | 16.480 | 16.480 | 16.480 |
| | 镀锌锁紧螺母（按实际规格） | 个 | 15.450 | 15.450 | 15.450 | 15.450 | 15.450 | 15.450 |
| | 塑料护口（按实际规格） | 个 | 15.450 | 15.450 | 15.450 | 15.450 | 15.450 | 15.450 |
| | 圆钢 $\phi5.5\sim9$ | kg | 0.730 | 0.730 | 0.900 | 0.900 | 2.780 | 2.780 |
| | 电焊条 | kg | 0.690 | 0.690 | 0.900 | 0.900 | 1.130 | 1.130 |

续前

| 定额编号 | | | 8-643 | 8-644 | 8-645 | 8-646 | 8-647 | 8-648 |
|---|---|---|---|---|---|---|---|---|
| 项目 | | | 钢管公称口径（mm 以内） | | | | | |
| | | | 15 | 20 | 25 | 32 | 40 | 50 |
| 名称 | | 单位 | 数量 | | | | | |
| 材料 | 镀锌铁丝 13#～17# | kg | 0.660 | 0.660 | 0.660 | 0.660 | 0.660 | 0.660 |
| | 锯条 | 根 | 3.000 | 3.000 | 2.000 | 2.000 | 3.000 | 3.000 |
| | 醇酸防锈漆 C53－1 | kg | 0.750 | 0.940 | 1.280 | 1.620 | 2.000 | 2.500 |
| | 溶剂汽油 200# | kg | 0.200 | 0.240 | 0.320 | 0.410 | 0.500 | 0.620 |
| | 沥青清漆 | kg | — | — | 0.490 | 0.620 | 0.560 | 0.700 |
| | 其他材料费 | % | 1.000 | 1.000 | 1.000 | 1.000 | 1.000 | 1.000 |
| 机械 | 交流电焊机 21kV·A | 台班 | 0.350 | 0.350 | 0.470 | 0.470 | 0.590 | 0.590 |
| | 电动揻弯机 100 以内 | 台班 | — | — | 0.060 | 0.060 | 0.130 | 0.130 |

**工作内容：**测位、画线、锯管、套丝、搣弯、刨沟、配管、接地、刷漆。

计量单位：100m

| 定额编号 | | | 8-649 | 8-650 | 8-651 | 8-652 | 8-653 |
|---|---|---|---|---|---|---|---|
| 项目 | | | 钢管公称口径（mm 以内） | | | | |
| | | | 70 | 80 | 100 | 125 | 150 |
| 名称 | | 单位 | 数量 | | | | |
| 人工 | 综合工日 | 工日 | 23.070 | 34.350 | 36.480 | 40.130 | 42.540 |
| 材料 | 钢管（按实际规格） | m | 103.000 | 103.000 | 103.000 | 103.000 | 103.000 |
| | 管接头（按实际规格） | 个 | 15.450 | 15.450 | 15.450 | 8.240 | 8.240 |
| | 镀锌锁紧螺母（按实际规格） | 个 | 15.450 | 15.450 | 15.450 | — | — |
| | 塑料护口（钢管用 按实际规格） | 个 | 15.450 | 15.450 | 15.450 | — | — |
| | 圆钢 $\phi5.5\sim9$ | kg | 4.310 | 4.310 | 4.310 | 4.310 | 4.310 |
| | 电焊条 | kg | 1.360 | 1.360 | 1.360 | 1.360 | 1.360 |
| | 镀锌铁丝 $13^{\#}\sim17^{\#}$ | kg | 0.660 | 0.660 | 0.660 | 0.660 | 0.660 |
| | 锯条 | 根 | 3.000 | 4.500 | 4.500 | — | — |

续前

| 定额编号 | | | 8-649 | 8-650 | 8-651 | 8-652 | 8-653 |
|---|---|---|---|---|---|---|---|
| 项目 | | | 钢管公称口径（mm 以内） | | | | |
| | | | 70 | 80 | 100 | 125 | 150 |
| 名称 | | 单位 | 数量 | | | | |
| 材料 | 醇酸防锈漆 C53－1 | kg | 3.350 | 3.950 | 5.090 | 6.250 | 7.360 |
| | 溶剂汽油 200# | kg | 0.860 | 0.990 | 1.270 | 1.560 | 1.840 |
| | 沥青清漆 | kg | 0.880 | 1.000 | 1.280 | 1.580 | 1.860 |
| | 其他材料费 | % | 1.000 | 1.000 | 1.000 | 1.000 | 1.000 |
| 机械 | 交流电焊机 21kV·A | 台班 | 0.710 | 0.710 | 0.710 | — | — |
| | 管子切断机 $\phi$60～150 | 台班 | — | — | — | 0.520 | 0.520 |
| | 直流弧焊机 20kW | 台班 | — | — | — | 0.920 | 1.200 |
| | 电动搣弯机 100 以内 | 台班 | 0.300 | 0.340 | 0.340 | — | — |
| | 电动搣弯机 $\phi$500～1800 | 台班 | — | — | — | 1.100 | 1.100 |

### 10.2.3 钢结构支架配管

**工作内容：** 测位、画线、打眼、上卡子、锯管、套丝、摵弯、配管、接地、刷漆。

计量单位：100m

| 定额编号 | | | 8-654 | 8-655 | 8-656 | 8-657 | 8-658 | 8-659 |
|---|---|---|---|---|---|---|---|---|
| 项目 | | | 钢管公称口径（mm 以内） | | | | | |
| | | | 15 | 20 | 25 | 32 | 40 | 50 |
| 名称 | | 单位 | 数量 | | | | | |
| 人工 | 综合工日 | 工日 | 8.620 | 9.160 | 10.640 | 12.300 | 17.280 | 18.340 |
| 材料 | 钢管（按实际规格） | m | 103.000 | 103.000 | 103.000 | 103.000 | 103.000 | 103.000 |
| | 镀锌管接头（按实际规格） | 个 | 16.480 | 16.480 | 16.480 | 16.480 | 16.480 | 16.480 |
| | 镀锌锁紧螺母（按实际规格） | 个 | 15.450 | 15.450 | 15.450 | 15.450 | 15.450 | 15.450 |
| | 塑料护口（钢管用 按实际规格） | 个 | 15.450 | 15.450 | 15.450 | 15.450 | 15.450 | 15.450 |
| | 管卡子（钢管用 按实际规格） | 个 | 123.600 | 123.600 | 85.490 | 85.490 | 67.980 | 67.980 |
| | 半圆头螺钉 M6～12×12×50 | 套 | 249.600 | 249.600 | 172.640 | 172.640 | 137.280 | 137.280 |
| | 圆钢 $\phi$5.5～9 | kg | 0.730 | 0.730 | 0.900 | 0.900 | 2.780 | 2.780 |
| | 镀锌铁丝 13#～17# | kg | 0.660 | 0.660 | 0.660 | 0.660 | 0.660 | 0.660 |

续前

| 定额编号 | | | 8-654 | 8-655 | 8-656 | 8-657 | 8-658 | 8-659 |
|---|---|---|---|---|---|---|---|---|
| 项目 | | | 钢管公称口径（mm 以内） | | | | | |
| | | | 15 | 20 | 25 | 32 | 40 | 50 |
| 名称 | | 单位 | 数量 | | | | | |
| 材料 | 锯条 | 根 | 3.000 | 3.000 | 2.000 | 2.000 | 3.000 | 3.000 |
| | 醇酸防锈漆 C53－1 | kg | 1.860 | 2.330 | 2.970 | 3.760 | 4.440 | 5.560 |
| | 溶剂汽油 200# | kg | 0.460 | 0.570 | 0.740 | 0.930 | 1.140 | 1.430 |
| | 铅油 | kg | 0.570 | 0.710 | 1.020 | 1.290 | 1.510 | 1.910 |
| | 清油 C01－1 | kg | 0.260 | 0.330 | 0.420 | 0.530 | 0.600 | 0.740 |
| | 沥青清漆 | kg | — | — | 0.480 | 0.610 | 0.660 | 0.700 |
| | 其他材料费 | % | 1.000 | 1.000 | 1.000 | 1.000 | 1.000 | 1.000 |
| 机械 | 交流电焊机 21kV · A | 台班 | 0.350 | 0.350 | 0.470 | 0.470 | 0.590 | 0.590 |
| | 电动揻弯机 100 以内 | 台班 | — | — | 0.060 | 0.060 | 0.140 | 0.140 |

**工作内容：**测位、画线、打眼、上卡子、锯管、套丝、揻弯、配管、接地、刷漆。

计量单位：100m

| 定额编号 | | | 8-660 | 8-661 | 8-662 | 8-663 | 8-664 |
|---|---|---|---|---|---|---|---|
| 项目 | | | 钢管公称口径（mm 以内） | | | | |
| | | | 70 | 80 | 100 | 125 | 150 |
| 名称 | | 单位 | 数量 | | | | |
| 人工 | 综合工日 | 工日 | 27.620 | 39.350 | 41.670 | 45.840 | 48.590 |
| 材料 | 钢管（按实际规格） | m | 103.000 | 103.000 | 103.000 | 103.000 | 103.000 |
| | 管接头（按实际规格） | 个 | 15.450 | 15.450 | 15.450 | 8.240 | 8.240 |
| | 镀锌锁紧螺母（按实际规格） | 个 | 15.450 | 15.450 | 15.450 | — | — |
| | 塑料护口（钢管用 按实际规格） | 个 | 15.450 | 15.450 | 15.450 | — | — |
| | 管卡子（钢管用 按实际规格） | 个 | 51.500 | 51.500 | 51.500 | 28.840 | 28.840 |
| | 半圆头螺钉 M6～12×12×50 | 套 | 104.000 | 104.000 | 104.000 | 58.240 | 58.240 |
| | 圆钢 $\phi5.5\sim9$ | kg | 4.310 | 4.310 | 4.310 | 4.310 | 4.310 |
| | 电焊条 | kg | 1.360 | 1.360 | 1.360 | 1.360 | 1.360 |

续前

| 定额编号 | | | 8-660 | 8-661 | 8-662 | 8-663 | 8-664 |
|---|---|---|---|---|---|---|---|
| 项目 | | | 钢管公称口径（mm 以内） | | | | |
| | | | 70 | 80 | 100 | 125 | 150 |
| 名称 | | 单位 | 数量 | | | | |
| 材料 | 镀锌铁丝 13#～17# | kg | 0.660 | 0.660 | 0.660 | 0.660 | 0.660 |
| | 锯条 | 根 | 3.000 | 4.500 | 4.500 | — | — |
| | 醇酸防锈漆 C53－1 | kg | 7.380 | 8.440 | 10.880 | 13.370 | 15.740 |
| | 溶剂汽油 200# | kg | 1.790 | 2.060 | 2.660 | 3.270 | 3.840 |
| | 铅油 | kg | 2.060 | 2.380 | 3.060 | 3.460 | 4.430 |
| | 清油 C01－1 | kg | 0.930 | 1.090 | 1.410 | 1.730 | 2.040 |
| | 沥青清漆 | kg | 0.880 | 1.000 | 1.280 | 1.580 | 1.860 |
| | 其他材料费 | % | 1.000 | 1.000 | 1.000 | 1.000 | 1.000 |
| 机械 | 交流电焊机 21kV·A | 台班 | 0.710 | 0.710 | 0.710 | — | — |
| | 管子切断机 $\phi$60～150 | 台班 | — | — | — | 0.520 | 0.520 |
| | 电动摵弯机 100 以内 | 台班 | 0.300 | 0.340 | 0.340 | — | — |
| | 电动摵弯机 $\phi$500～1800 | 台班 | — | — | — | 1.100 | 1.100 |

# 10.3　防爆钢管敷设

## 10.3.1　砖、混凝土结构明配

**工作内容：**测位、画线、打眼、埋螺栓、锯管、套丝、揻弯、配管、接地、气密性试验、刷漆。

计量单位：100m

| 定额编号 | | | 8-665 | 8-666 | 8-667 | 8-668 | 8-669 | 8-670 |
|---|---|---|---|---|---|---|---|---|
| 项目 | | | 钢管口径（mm 以内） | | | | | |
| | | | 15 | 20 | 25 | 32 | 40 | 50 |
| 名称 | | 单位 | 数量 | | | | | |
| 人工 | 综合工日 | 工日 | 16.190 | 17.190 | 18.830 | 19.990 | 23.180 | 24.620 |
| 材料 | 钢管（按实际规格） | m | 103.000 | 103.000 | 103.000 | 103.000 | 103.000 | 103.000 |
| | 镀锌管接头（按实际规格） | 个 | 16.480 | 16.480 | 16.480 | 16.480 | 16.480 | 16.480 |
| | 活接口（按实际规格） | 个 | 25.750 | 25.750 | 15.450 | 15.450 | — | — |
| | 塑料护口（钢管用 按实际规格） | 个 | 15.450 | 15.450 | 15.450 | 15.450 | 15.450 | 15.450 |
| | 管卡子（钢管用 按实际规格） | 个 | 123.600 | 123.600 | 85.490 | 85.490 | 67.980 | 67.980 |
| | 木螺钉 $\phi 4\times 65$ 以下 | 个 | 249.600 | 249.600 | 172.640 | 172.640 | 68.640 | 68.640 |
| | 圆钢 $\phi 5.5\sim 9$ | kg | 0.910 | 0.910 | 1.150 | 1.150 | 3.480 | 3.480 |
| | 电焊条 | kg | 0.690 | 0.690 | 0.900 | 0.900 | 1.130 | 1.130 |
| | 镀锌铁丝 $13^{\#}\sim 17^{\#}$ | kg | 0.660 | 0.660 | 0.660 | 0.660 | 0.660 | 0.660 |
| | 锯条 | 根 | 3.000 | 3.000 | 2.000 | 2.000 | 3.000 | 3.000 |

续前

| 定额编号 | | | 8-665 | 8-666 | 8-667 | 8-668 | 8-669 | 8-670 |
|---|---|---|---|---|---|---|---|---|
| 项目 | | | 钢管口径（mm 以内） | | | | | |
| | | | 15 | 20 | 25 | 32 | 40 | 50 |
| 名称 | | 单位 | 数量 | | | | | |
| 材料 | 醇酸防锈漆 C53－1 | kg | 1.860 | 2.330 | 2.970 | 3.760 | 4.440 | 5.560 |
| | 溶剂汽油 200# | kg | 0.460 | 0.590 | 0.740 | 0.930 | 1.140 | 1.430 |
| | 铅油 | kg | 0.660 | 0.830 | 1.070 | 1.360 | 1.580 | 1.980 |
| | 清油 C01－1 | kg | 0.260 | 0.330 | 0.420 | 0.530 | 0.600 | 0.740 |
| | 塑料涨管 $\phi6\sim8$ | 个 | 252.000 | 252.000 | 174.300 | 174.300 | 69.300 | 69.300 |
| | 冲击钻头 $\phi6\sim12$ | 个 | 1.660 | 1.660 | 1.150 | 1.150 | 0.920 | 0.920 |
| | 沥青清漆 | kg | — | — | 0.480 | 0.610 | 0.660 | 0.700 |
| | 膨胀螺栓 M6 | 套 | — | — | — | — | 67.320 | 67.320 |
| | 其他材料费 | % | 1.000 | 1.000 | 1.000 | 1.000 | 1.000 | 1.000 |
| 机械 | 交流电焊机 21kV·A | 台班 | 0.350 | 0.350 | 0.470 | 0.470 | 0.590 | 0.590 |
| | 电动揻弯机 100 以内 | 台班 | — | — | 0.060 | 0.060 | 0.140 | 0.140 |
| | 空气压缩机 $0.6m^3/min$ | 台班 | 2.400 | 2.400 | 2.400 | 2.400 | 3.400 | 3.400 |

**工作内容：**测位、画线、打眼、埋螺栓、锯管、套丝、揻弯、配管、接地、气密性试验、刷漆。

计量单位：100m

| 定额编号 | | | 8-671 | 8-672 | 8-673 |
|---|---|---|---|---|---|
| 项目 | | | 钢管公称口径（mm 以内） | | |
| | | | 70 | 80 | 100 |
| 名称 | | 单位 | 数量 | | |
| 人工 | 综合工日 | 工日 | 34.300 | 42.520 | 45.140 |
| 材料 | 钢管（按实际规格） | m | 103.000 | 103.000 | 103.000 |
| | 镀锌管接头（按实际规格） | 个 | 15.450 | 15.450 | 15.450 |
| | 塑料护口（钢管用 按实际规格） | 个 | 15.450 | 15.450 | 15.450 |
| | 管卡子（钢管用 按实际规格） | 个 | 51.500 | 51.500 | 51.500 |
| | 圆钢 $\phi5.5\sim9$ | kg | 5.390 | 5.390 | 5.390 |
| | 电焊条 | kg | 1.360 | 1.360 | 1.360 |
| | 镀锌铁丝 $13^{\#}\sim17^{\#}$ | kg | 0.660 | 0.660 | 0.660 |
| | 锯条 | 根 | 3.000 | 4.500 | 4.500 |

续前

| 定额编号 | | | 8-671 | 8-672 | 8-673 |
|---|---|---|---|---|---|
| 项目 | | | 钢管公称口径（mm 以内） | | |
| | | | 70 | 80 | 100 |
| 名称 | | 单位 | 数量 | | |
| 材料 | 醇酸防锈漆 C53－1 | kg | 7.380 | 8.440 | 10.880 |
| | 溶剂汽油 200# | kg | 1.790 | 2.060 | 2.660 |
| | 铅油 | kg | 2.260 | 2.540 | 3.260 |
| | 清油 C01－1 | kg | 0.930 | 1.090 | 1.410 |
| | 冲击钻头 $\phi 6 \sim 12$ | 个 | 0.690 | 0.690 | 0.690 |
| | 沥青清漆 | kg | 0.880 | 1.000 | 1.280 |
| | 膨胀螺栓 M6 | 套 | 104.000 | 104.000 | 104.000 |
| | 其他材料费 | % | 1.000 | 1.000 | 1.000 |
| 机械 | 交流电焊机 21kV·A | 台班 | 0.710 | 0.710 | 0.710 |
| | 电动揻弯机 100 以内 | 台班 | 0.300 | 0.340 | 0.340 |
| | 空气压缩机 $0.6m^3$/min | 台班 | 0.210 | 0.240 | 0.240 |

## 10.3.2 砖、混凝土结构暗配

**工作内容：** 测位、画线、锯管、套丝、揻弯、配管、接地、气密性试验、刷漆。

计量单位：100m

| 定额编号 | | | 8-674 | 8-675 | 8-676 | 8-677 | 8-678 | 8-679 |
|---|---|---|---|---|---|---|---|---|
| 项目 | | | 钢管公称口径（mm 以内） | | | | | |
| | | | 15 | 20 | 25 | 32 | 40 | 50 |
| 名称 | | 单位 | 数量 | | | | | |
| 人工 | 综合工日 | 工日 | 9.160 | 9.710 | 11.880 | 12.620 | 17.790 | 18.890 |
| 材料 | 钢管（按实际规格） | m | 103.000 | 103.000 | 103.000 | 103.000 | 103.000 | 103.000 |
| | 管接头（按实际规格） | 个 | 16.480 | 16.480 | 16.480 | 16.480 | 16.480 | 16.480 |
| | 活接头（按实际规格） | 个 | 25.750 | 25.750 | 15.450 | 15.450 | — | — |
| | 塑料护口（按实际规格） | 个 | 15.450 | 15.450 | 15.450 | 15.450 | 15.450 | 15.450 |
| | 圆钢 $\phi5.5\sim9$ | kg | 0.910 | 0.910 | 1.150 | 1.150 | 3.480 | 3.480 |
| | 电焊条 | kg | 0.690 | 0.690 | 0.900 | 0.900 | 1.130 | 1.130 |
| | 镀锌铁丝 $13^{\#}\sim17^{\#}$ | kg | 0.660 | 0.660 | 0.660 | 0.660 | 0.660 | 0.660 |

续前

| 定额编号 | | | 8-674 | 8-675 | 8-676 | 8-677 | 8-678 | 8-679 |
|---|---|---|---|---|---|---|---|---|
| 项目 | | | 钢管公称口径（mm 以内） | | | | | |
| | | | 15 | 20 | 25 | 32 | 40 | 50 |
| 名称 | | 单位 | 数量 | | | | | |
| 材料 | 锯条 | 根 | 3.000 | 3.000 | 2.000 | 2.000 | 3.000 | 3.000 |
| | 醇酸防锈漆 C53－1 | kg | 0.780 | 0.980 | 1.280 | 1.620 | 2.000 | 2.500 |
| | 溶剂汽油 200# | kg | 0.200 | 0.240 | 0.320 | 0.410 | 0.500 | 0.620 |
| | 铅油 | kg | 0.140 | 0.170 | 0.140 | 0.180 | 0.270 | 0.330 |
| | 沥青清漆 | kg | — | — | 0.490 | 0.620 | 0.660 | 0.700 |
| | 其他材料费 | % | 1.000 | 1.000 | 1.000 | 1.000 | 1.000 | 1.000 |
| 机械 | 交流电焊机 21kV·A | 台班 | 0.350 | 0.350 | 0.470 | 0.470 | 0.590 | 0.590 |
| | 电动揻弯机 100 以内 | 台班 | — | — | 0.060 | 0.060 | 0.140 | 0.140 |
| | 空气压缩机 $0.6m^3/min$ | 台班 | 2.400 | 2.400 | 2.400 | 2.400 | 3.400 | 3.400 |

**工作内容**：测位、画线、锯管、套丝、揻弯、配管、接地、气密性试验、刷漆。

计量单位：100m

| 定额编号 | | | 8-680 | 8-681 | 8-682 |
|---|---|---|---|---|---|
| 项目 | | | 钢管公称口径（mm 以内） | | |
| | | | 70 | 80 | 100 |
| 名称 | | 单位 | 数量 | | |
| 人工 | 综合工日 | 工日 | 25.740 | 36.780 | 39.060 |
| 材料 | 钢管（按实际规格） | m | 103.000 | 103.000 | 103.000 |
| | 镀锌管接头（按实际规格） | 个 | 15.450 | 15.450 | 15.450 |
| | 塑料护口（钢管用 按实际规格） | 个 | 15.450 | 15.450 | 15.450 |
| | 圆钢 $\phi5.5\sim9$ | kg | 5.390 | 5.390 | 5.390 |
| | 电焊条 | kg | 1.360 | 1.360 | 1.360 |
| | 镀锌铁丝 $13^{\#}\sim17^{\#}$ | kg | 0.660 | 0.660 | 0.660 |
| | 锯条 | 根 | 3.000 | 4.500 | 4.500 |
| | 醇酸防锈漆 C53－1 | kg | 3.550 | 3.950 | 5.090 |
| | 溶剂汽油 $200^{\#}$ | kg | 0.860 | 0.970 | 1.250 |
| | 铅油 | kg | 0.400 | 0.350 | 0.450 |
| | 沥青清漆 | kg | 0.880 | 1.000 | 1.280 |
| | 其他材料费 | % | 1.000 | 1.000 | 1.000 |
| 机械 | 交流电焊机 21kV·A | 台班 | 0.710 | 0.710 | 0.710 |
| | 电动揻弯机 100 以内 | 台班 | 0.300 | 0.340 | 0.340 |
| | 空气压缩机 $0.6m^3/min$ | 台班 | 5.800 | 5.800 | 5.800 |

### 10.3.3 钢结构支架配管

**工作内容：**测位、画线、打眼、安装支架、锯管、套丝、搣弯、配管、接地、试压、刷漆。

计量单位：100m

| 定额编号 | | | 8-683 | 8-684 | 8-685 | 8-686 | 8-687 | 8-688 |
|---|---|---|---|---|---|---|---|---|
| 项目 | | | 钢管公称口径（mm 以内） | | | | | |
| | | | 15 | 20 | 25 | 32 | 40 | 50 |
| 名称 | | 单位 | 数量 | | | | | |
| 人工 | 综合工日 | 工日 | 12.980 | 13.770 | 15.000 | 15.910 | 21.090 | 23.370 |
| 材料 | 钢管（按实际规格） | m | 103.000 | 103.000 | 103.000 | 103.000 | 103.000 | 103.000 |
| | 镀锌管接头（按实际规格） | 个 | 16.480 | 16.480 | 16.480 | 16.480 | 16.480 | 16.480 |
| | 活接头（按实际规格） | 个 | 25.750 | 25.750 | 15.450 | 15.450 | — | — |
| | 塑料护口（钢管用 按实际规格） | 个 | 15.450 | 15.450 | 15.450 | 15.450 | 15.450 | 15.450 |
| | 管卡子（钢管用 按实际规格） | 个 | 123.600 | 123.600 | 85.490 | 85.490 | 67.980 | 67.980 |
| | 半圆头螺钉 M6 ~ 12 × 12 × 50 | 套 | 249.600 | 249.600 | 172.640 | 172.640 | 137.280 | 137.280 |
| | 圆钢 $\phi$5.5 ~ 9 | kg | 0.910 | 0.910 | 1.150 | 1.150 | 3.480 | 3.480 |

续前

| 定额编号 | | | 8-683 | 8-684 | 8-685 | 8-686 | 8-687 | 8-688 |
|---|---|---|---|---|---|---|---|---|
| 项目 | | | 钢管公称口径（mm 以内） | | | | | |
| | | | 15 | 20 | 25 | 32 | 40 | 50 |
| 名称 | | 单位 | 数量 | | | | | |
| 材料 | 电焊条 | kg | 0.690 | 0.690 | 0.900 | 0.900 | 1.130 | 1.130 |
| | 镀锌铁丝 13# ~ 17# | kg | 0.660 | 0.660 | 0.660 | 0.660 | 0.660 | 0.660 |
| | 锯条 | 根 | 3.000 | 3.000 | 2.000 | 2.000 | 3.000 | 3.000 |
| | 醇酸防锈漆 C53 – 1 | kg | 1.860 | 2.330 | 2.970 | 3.760 | 4.440 | 5.560 |
| | 溶剂汽油 200# | kg | 0.460 | 0.570 | 0.740 | 0.940 | 1.090 | 1.370 |
| | 铅油 | kg | 0.660 | 0.830 | 1.070 | 1.360 | 1.580 | 1.980 |
| | 清油 C01 – 1 | kg | 0.260 | 0.330 | 0.420 | 0.430 | 0.600 | 0.740 |
| | 沥青清漆 | kg | — | — | 0.490 | 0.620 | 0.660 | 0.740 |
| | 其他材料费 | % | 1.000 | 1.000 | 1.000 | 1.000 | 1.000 | 1.000 |
| 机械 | 交流电焊机 21kV · A | 台班 | 0.350 | 0.350 | 0.470 | 0.470 | 0.590 | 0.590 |
| | 电动摵弯机 100 以内 | 台班 | — | — | 0.045 | 0.045 | 0.100 | 0.100 |
| | 空气压缩机 $0.6m^3/min$ | 台班 | 2.400 | 2.400 | 2.400 | 2.400 | 3.400 | 3.400 |

**工作内容：**测位、画线、打眼、安装支架、锯管、套丝、摵弯、配管、接地、试压、刷漆。

计量单位：100m

| 定额编号 | | | 8-689 | 8-690 | 8-691 |
|---|---|---|---|---|---|
| 项目 | | | 钢管公称口径（mm 以内） | | |
| | | | 70 | 80 | 100 |
| 名称 | | 单位 | 数量 | | |
| 人工 | 综合工日 | 工日 | 32.100 | 43.630 | 46.290 |
| 材料 | 钢管（按实际规格） | m | 103.000 | 103.000 | 103.000 |
| | 管接头 8×70 | 个 | 15.450 | 15.450 | 15.450 |
| | 塑料护口（钢管用 按实际规格） | 个 | 15.450 | 15.450 | 15.450 |
| | 管卡子（钢管用 按实际规格） | 个 | 51.500 | 51.500 | 51.500 |
| | 半圆头螺钉 M6～12×12×50 | 套 | 104.000 | 104.000 | 104.000 |
| | 圆钢 $\phi$5.5～9 | kg | 5.390 | 5.390 | 5.390 |
| | 电焊条 | kg | 1.360 | 1.360 | 1.360 |
| | 镀锌铁丝 13#～17# | kg | 0.660 | 0.660 | 0.660 |

续前

| 定 额 编 号 | | | 8-689 | 8-690 | 8-691 |
|---|---|---|---|---|---|
| 项 目 | | | 钢管公称口径（mm 以内） | | |
| | | | 70 | 80 | 100 |
| 名 称 | | 单位 | 数 量 | | |
| 材料 | 锯条 | 根 | 3.000 | 4.500 | 4.500 |
| | 醇酸防锈漆 C53－1 | kg | 7.380 | 8.440 | 10.880 |
| | 溶剂汽油 200# | kg | 1.790 | 2.060 | 2.660 |
| | 铅油 | kg | 2.260 | 2.540 | 3.260 |
| | 清油 C01－1 | kg | 0.930 | 1.090 | 1.410 |
| | 沥青清漆 | kg | 0.880 | 1.000 | 1.280 |
| | 其他材料费 | % | 1.000 | 1.000 | 1.000 |
| 机械 | 交流电焊机 21kV·A | 台班 | 0.710 | 0.710 | 0.710 |
| | 空气压缩机 $0.6m^3$/min | 台班 | 5.800 | 5.800 | 5.800 |
| | 电动揻弯机 100 以内 | 台班 | 0.300 | 0.340 | 0.340 |

# 10.4 可挠性金属套管敷设

## 10.4.1 砖、混凝土结构暗配

**工作内容：** 测位、画线、刨沟、断管、配管、固定、接地、清理、填补。

计量单位：100m

| 定额编号 | | | 8-692 | 8-693 | 8-694 | 8-695 | 8-696 | 8-697 |
|---|---|---|---|---|---|---|---|---|
| 项目 | | | 可挠性金属套管规格 | | | | | |
| | | | 10# | 12# | 15# | 17# | 24# | 30# |
| 名称 | | 单位 | 数量 | | | | | |
| 人工 | 综合工日 | 工日 | 5.990 | 6.290 | 6.510 | 6.840 | 7.180 | 7.540 |
| 材料 | 可挠性金属套管（按实际规格） | m | 106.000 | 106.000 | 106.000 | 106.000 | 106.000 | 106.000 |
| | 可挠性金属套管护口（按实际规格） | 个 | 15.750 | 15.750 | 15.750 | 15.750 | 15.750 | 15.750 |
| | 可挠性金属套管接头（按实际规格） | 个 | 16.800 | 16.800 | 16.800 | 16.800 | 16.800 | 16.800 |
| | 镀锌铁丝 13# ~ 17# | kg | 0.660 | 0.660 | 0.660 | 0.660 | 0.660 | 0.660 |
| | 水泥钉 10# | 个 | 3.700 | 3.700 | 3.700 | 3.700 | 3.700 | 3.700 |
| | 锯条 | 根 | 1.050 | 1.050 | 1.050 | 1.050 | 1.050 | 1.050 |

续前

| 定额编号 | | | 8-692 | 8-693 | 8-694 | 8-695 | 8-696 | 8-697 |
|---|---|---|---|---|---|---|---|---|
| 项目 | | | 可挠性金属套管规格 | | | | | |
| | | | 10# | 12# | 15# | 17# | 24# | 30# |
| 名称 | | 单位 | 数量 | | | | | |
| 材料 | 塑料软铜绝缘导线 BVR-2.5mm² | m | 3.970 | 3.970 | 3.970 | 3.970 | 4.540 | 4.540 |
| | 接地卡子（综合） | 个 | 32.960 | 32.960 | 32.960 | 32.960 | 32.960 | 32.960 |
| | 焊锡 | kg | 0.160 | 0.160 | 0.160 | 0.160 | 0.240 | 0.240 |
| | 焊锡膏 50g/瓶 | g | 15.000 | 15.000 | 15.000 | 15.000 | 20.000 | 20.000 |
| | 汽油 60#～70# | kg | 0.650 | 0.650 | 0.650 | 0.650 | 0.800 | 0.800 |
| | 水泥砂浆 M10 | m³ | 0.100 | 0.100 | 0.100 | 0.100 | 0.120 | 0.120 |
| | 其他材料费 | % | 1.000 | 1.000 | 1.000 | 1.000 | 1.000 | 1.000 |

**工作内容**：测位、画线、刨沟、断管、配管、固定、接地、清理、填补。

计量单位：100m

| 定额编号 | | | 8-698 | 8-699 | 8-700 | 8-701 | 8-702 | 8-703 |
|---|---|---|---|---|---|---|---|---|
| 项目 | | | 可挠性金属套管规格 | | | | | |
| | | | 38# | 50# | 63# | 76# | 83# | 101# |
| 名称 | | 单位 | 数量 | | | | | |
| 人工 | 综合工日 | 工日 | 7.910 | 8.310 | 8.720 | 9.150 | 9.610 | 10.190 |
| 材料 | 可挠性金属套管（按实际规格） | m | 106.00 | 106.00 | 106.00 | 106.00 | 106.00 | 106.00 |
| | 可挠性金属套管护口（按实际规格） | 个 | 15.750 | 15.750 | 15.750 | 15.750 | 15.750 | — |
| | 可挠性金属套管接头（按实际规格） | 个 | 16.800 | 16.800 | 15.750 | 15.750 | — | — |
| | 镀锌铁丝 13# ~ 17# | kg | 0.660 | 0.660 | 0.660 | 0.660 | 0.660 | 0.660 |
| | 水泥钉 10# | 个 | 4.100 | 4.100 | 4.100 | 4.100 | 4.100 | 4.100 |
| | 锯条 | 根 | 1.050 | 1.050 | 1.050 | 1.050 | 1.050 | 1.050 |
| | 塑料软铜绝缘导线 BVR-4 $mm^2$ | m | 4.540 | 6.240 | 6.240 | — | — | — |
| | 塑料软铜绝缘导线 BVR-6 $mm^2$ | m | — | — | — | 6.810 | 6.810 | 7.370 |
| | 接地卡子（综合） | 个 | 32.960 | 32.960 | 32.960 | 32.960 | 32.960 | 32.960 |
| | 焊锡 | kg | 0.240 | 0.250 | 0.250 | 0.270 | 0.270 | 0.300 |
| | 焊锡膏 50g/瓶 | g | 20.000 | 25.000 | 25.000 | 35.000 | 35.000 | 35.000 |
| | 汽油 60# ~ 70# | kg | 0.800 | 1.000 | 1.000 | 1.200 | 1.200 | 1.500 |
| | 水泥砂浆 | $m^3$ | 0.140 | 0.150 | 0.160 | 0.170 | 0.180 | 0.210 |
| | 其他材料费 | % | 1.000 | 1.000 | 1.000 | 1.000 | 1.000 | 1.000 |

### 10.4.2 吊棚内暗敷设

**工作内容：** 测位、画线、断管、配管、固定、接地。

计量单位：100m

| 定额编号 | | | 8-704 | 8-705 | 8-706 | 8-707 | 8-708 | 8-709 |
|---|---|---|---|---|---|---|---|---|
| 项目 | | | 可挠性金属套管规格 | | | | | |
| | | | 10# | 12# | 15# | 17# | 24# | 30# |
| 名称 | | 单位 | 数量 | | | | | |
| 人工 | 综合工日 | 工日 | 5.690 | 5.980 | 6.180 | 6.500 | 6.820 | 7.160 |
| 材料 | 可挠性金属套管（按实际规格） | m | 108.000 | 108.000 | 108.000 | 108.000 | 108.000 | 108.000 |
| | 可挠性金属套管护口（按实际规格） | 个 | 15.750 | 15.750 | 15.750 | 15.750 | 15.750 | 15.750 |
| | 可挠性金属套管接头（按实际规格） | 个 | 16.800 | 16.800 | 16.800 | 16.800 | 16.800 | 16.800 |
| | 可挠性金属套管卡子（按实际规格） | 个 | 226.600 | 226.600 | 226.600 | 226.600 | 142.140 | 142.140 |
| | 塑料涨管 $\phi 6\sim 8$ | 个 | 115.500 | 115.500 | 115.500 | 115.500 | 58.800 | 58.800 |
| | 木螺钉 $\phi 4\times 65$ 以下 | 个 | 114.400 | 114.400 | 114.400 | 114.400 | 58.200 | 58.200 |
| | 半圆头螺钉 M6～12×12×50 | 套 | 80.080 | 80.080 | 80.080 | 80.080 | 85.280 | 85.280 |

续前

| 定额编号 | | | 8-704 | 8-705 | 8-706 | 8-707 | 8-708 | 8-709 |
|---|---|---|---|---|---|---|---|---|
| 项目 | | | 可挠性金属套管规格 | | | | | |
| | | | 10# | 12# | 15# | 17# | 24# | 30# |
| 名称 | | 单位 | 数量 | | | | | |
| 材料 | 镀锌自攻螺钉 $\phi4\sim6\times20\sim35$ | 个 | 34.800 | 34.800 | 34.800 | 34.800 | — | — |
| | 塑料软铜绝缘导线 BVR-2.5 $mm^2$ | m | 3.970 | 3.970 | 3.970 | 3.970 | 4.540 | 4.540 |
| | 接地卡子（综合） | 个 | 32.960 | 32.960 | 32.960 | 32.960 | 32.960 | 32.960 |
| | 焊锡 | kg | 0.160 | 0.160 | 0.160 | 0.160 | 0.240 | 0.240 |
| | 焊锡膏 50g/瓶 | g | 15.000 | 15.000 | 15.000 | 15.000 | 20.000 | 20.000 |
| | 汽油 60#～70# | kg | 0.650 | 0.650 | 0.650 | 0.650 | 0.800 | 0.800 |
| | 锯条 | 根 | 1.050 | 1.050 | 1.050 | 1.050 | 1.050 | 1.050 |
| | 其他材料费 | % | 1.000 | 1.000 | 1.000 | 1.000 | 1.000 | 1.000 |

## 10.5 塑料管敷设

### 10.5.1 硬质聚氯乙烯管

#### （1）砖、混凝土结构明配

**工作内容：**测位、画线、打眼、埋螺栓、锯管、摵弯、接管、配管。

计量单位：100m

| 定额编号 | | | 8-710 | 8-711 | 8-712 | 8-713 | 8-714 | 8-715 |
|---|---|---|---|---|---|---|---|---|
| 项目 | | | 硬质聚氯乙烯管口径（mm 以内） | | | | | |
| | | | 15 | 20 | 25 | 32 | 40 | 50 |
| 名称 | | 单位 | 数量 | | | | | |
| 人工 | 综合工日 | 工日 | 8.270 | 8.790 | 8.900 | 9.460 | 10.110 | 10.730 |
| 材料 | 塑料管（按实际规格） | m | 106.700 | 106.700 | 106.420 | 106.420 | 107.360 | 107.360 |
| | 塑料管卡子（按实际规格） | 个 | 164.800 | 164.800 | 119.480 | 119.480 | 83.430 | 83.430 |
| | 木螺钉 $\phi4\times65$ 以下 | 个 | 332.800 | 332.800 | 241.280 | 241.280 | 168.480 | 168.480 |

续前

| 定额编号 | | | 8-710 | 8-711 | 8-712 | 8-713 | 8-714 | 8-715 |
|---|---|---|---|---|---|---|---|---|
| 项目 | | | 硬质聚氯乙烯管口径（mm 以内） | | | | | |
| | | | 15 | 20 | 25 | 32 | 40 | 50 |
| 名称 | | 单位 | 数量 | | | | | |
| 材料 | 塑料涨管 $\phi6\sim8$ | 个 | 336.000 | 336.000 | 243.600 | 243.600 | 170.100 | 170.100 |
| | 塑料焊条 $\phi6\sim8$ | 个 | 0.240 | 0.240 | 0.240 | 0.240 | 0.480 | 0.480 |
| | 镀锌铁丝 13#～17# | kg | 0.250 | 0.250 | 0.250 | 0.250 | 0.250 | 0.250 |
| | 锯条 | 根 | 1.000 | 1.000 | 1.000 | 1.000 | 1.000 | 1.000 |
| | 冲击钻头 $\phi6\sim12$ | 个 | 2.220 | 2.220 | 1.610 | 1.610 | 1.120 | 1.120 |
| | 其他材料费 | % | 1.000 | 1.000 | 1.000 | 1.000 | 1.000 | 1.000 |
| 机械 | 空气压缩机 $0.6m^3/min$ | 台班 | 0.500 | 0.500 | 0.750 | 0.750 | 0.750 | 0.750 |

**工作内容：**测位、画线、打眼、埋螺栓、锯管、摵弯、接管、配管。

计量单位：100m

| 定额编号 | | | 8-716 | 8-717 | 8-718 |
|---|---|---|---|---|---|
| 项目 | | | 硬质聚氯乙烯管口径（mm 以内） | | |
| | | | 70 | 80 | 100 |
| 名称 | | 单位 | 数量 | | |
| 人工 | 综合工日 | 工日 | 14.380 | 16.610 | 19.240 |
| 材料 | 塑料管（按实际规格） | m | 116.000 | 119.180 | 119.180 |
| | 镀锌管卡子（按实际规格） | 个 | 66.950 | 66.950 | 66.950 |
| | 塑料焊条 $\phi2.5$ | 个 | 0.480 | 0.480 | 0.480 |
| | 镀锌铁丝 13[#] ~ 17[#] | kg | 0.250 | 0.250 | 0.250 |
| | 锯条 | 根 | 1.500 | 1.500 | 1.500 |
| | 冲击钻头 $\phi6\sim12$ | 个 | 0.880 | 0.880 | 0.880 |
| | 膨胀螺栓 M6 | 套 | 132.600 | 132.600 | 132.600 |
| | 其他材料费 | % | 1.000 | 1.000 | 1.000 |
| 机械 | 空气压缩机 $0.6m^3/min$ | 台班 | 0.750 | 0.750 | 0.750 |

## （2）砖、混凝土结构暗配

**工作内容：** 测位、画线、打眼、埋螺栓、锯管、摵弯、接管、配管。

计量单位：100m

| 定额编号 | | | 8-719 | 8-720 | 8-721 | 8-722 | 8-723 | 8-724 |
|---|---|---|---|---|---|---|---|---|
| 项目 | | | 硬质聚氯乙烯管口径（mm 以内） | | | | | |
| | | | 15 | 20 | 25 | 32 | 40 | 50 |
| 名称 | | 单位 | 数量 | | | | | |
| 人工 | 综合工日 | 工日 | 4.490 | 4.770 | 6.730 | 7.150 | 8.780 | 9.320 |
| 材料 | 塑料管（按实际规格） | m | 106.070 | 106.070 | 106.420 | 106.420 | 107.360 | 107.360 |
| | 塑料焊条 $\phi 2.5$ | kg | 0.200 | 0.220 | 0.230 | 0.240 | 0.450 | 0.480 |
| | 镀锌铁丝 $13^{\#} \sim 17^{\#}$ | kg | 0.250 | 0.250 | 0.250 | 0.250 | 0.250 | 0.250 |
| | 锯条 | 根 | 1.000 | 1.000 | 1.000 | 1.000 | 1.000 | 1.000 |
| | 其他材料费 | % | 1.000 | 1.000 | 1.000 | 1.000 | 1.000 | 1.000 |
| 机械 | 空气压缩机 $0.6m^3/min$ | 台班 | 0.500 | 0.500 | 0.750 | 0.750 | 0.750 | 0.750 |

**工作内容：** 测位、画线、打眼、埋螺栓、锯管、揻弯、接管、配管。

计量单位：100m

| 定额编号 | | | 8-725 | 8-726 | 8-727 |
|---|---|---|---|---|---|
| 项目 | | | 硬质聚氯乙烯管口径（mm 以内） | | |
| | | | 70 | 80 | 100 |
| 名称 | | 单位 | 数量 | | |
| 人工 | 综合工日 | 工日 | 11.540 | 14.390 | 15.270 |
| 材料 | 塑料管（按实际规格） | m | 116.000 | 119.180 | 119.180 |
| | 塑料焊条 $\phi 2.5$ | kg | 0.490 | 0.500 | 0.520 |
| | 镀锌铁丝 13#～17# | kg | 0.250 | 0.250 | 0.250 |
| | 锯条 | 根 | 1.500 | 1.500 | 1.500 |
| | 其他材料费 | % | 1.000 | 1.000 | 1.000 |
| 机械 | 空气压缩机 $0.6m^3/min$ | 台班 | 0.750 | 0.750 | 0.750 |

## 10.5.2 刚性阻燃管敷设

### （1）砖、混凝土结构明配

**工作内容：**测位、画线、打眼、下胀管、连接管件、配管、安螺钉、切割空心墙体、刨沟、抹砂浆保护层。

计量单位：100m

| 定额编号 | | | 8-728 | 8-729 | 8-730 | 8-731 | 8-732 | 8-733 | 8-734 |
|---|---|---|---|---|---|---|---|---|---|
| 项目 | | | 刚性阻燃管公称口径（mm 以内） | | | | | | |
| | | | 15 | 20 | 25 | 32 | 40 | 50 | 70 |
| 名称 | | 单位 | 数量 | | | | | | |
| 人工 | 综合工日 | 工日 | 9.240 | 9.820 | 10.100 | 10.720 | 10.730 | 11.390 | 12.090 |
| 材料 | 刚性阻燃管（按实际规格） | m | 110.000 | 110.000 | 110.000 | 110.000 | 110.000 | 110.000 | 110.000 |
| | 阻燃管接头（按实际规格） | 个 | 21.000 | 21.000 | 21.000 | 21.000 | 21.000 | 21.000 | 21.000 |
| | 伸缩接头（按实际规格） | 个 | 21.000 | 21.000 | 21.000 | 21.000 | 21.000 | 21.000 | 21.000 |
| | 直角弯头（按实际规格） | 个 | 21.000 | 21.000 | 21.000 | 21.000 | 21.000 | 21.000 | 21.000 |
| | T 型接头（按实际规格） | 个 | 3.150 | 3.150 | 3.150 | 3.150 | 3.150 | 3.150 | 3.150 |
| | 管码 FSA（按实际规格） | 个 | 84.000 | 84.000 | 84.000 | 84.000 | 85.050 | 85.050 | 64.080 |

续前

| 定额编号 | | | 8-728 | 8-729 | 8-730 | 8-731 | 8-732 | 8-733 | 8-734 |
|---|---|---|---|---|---|---|---|---|---|
| 项目 | | | 刚性阻燃管公称口径（mm 以内） | | | | | | |
| | | | 15 | 20 | 25 | 32 | 40 | 50 | 70 |
| 名称 | | 单位 | 数量 | | | | | | |
| 材料 | 管码 FCL（按实际规格） | 个 | 84.000 | 84.000 | 37.800 | 37.800 | — | — | — |
| | 塑料涨管 $\phi6\sim8$ | 个 | 336.000 | 336.000 | 243.600 | 243.600 | 170.100 | 170.100 | 128.100 |
| | 木螺钉 $\phi4\times65$ 以下 | 个 | 332.800 | 332.800 | 241.300 | 241.300 | 168.500 | 168.500 | 126.900 |
| | 冲击钻头 $\phi6\sim12$ | 个 | 2.250 | 2.250 | 1.630 | 1.630 | 1.140 | 1.140 | 0.430 |
| | 镀锌铁丝 13#~17# | kg | 0.250 | 0.250 | 0.250 | 0.250 | 0.250 | 0.250 | 0.250 |
| | 锯条 | 根 | 1.000 | 1.000 | 1.000 | 1.000 | 1.000 | 1.000 | 1.000 |
| | 胶合剂 | kg | 0.100 | 0.110 | 0.120 | 0.130 | 0.160 | 0.170 | 0.190 |
| | 其他材料费 | % | 1.000 | 1.000 | 1.000 | 1.000 | 1.000 | 1.000 | 1.000 |
| 机械 | 电锤 520W | 台班 | 2.600 | 2.600 | 1.880 | 1.880 | 1.310 | 1.310 | 0.490 |

## （2）吊棚内敷设

**工作内容：** 测位、画线、打眼、下胀管、接管、配管。

计量单位：100m

| 定额编号 | | | 8-735 | 8-736 | 8-737 | 8-738 | 8-739 | 8-740 | 8-741 |
|---|---|---|---|---|---|---|---|---|---|
| 项目 | | | 刚性阻燃管公称口径（mm 以内） | | | | | | |
| | | | 15 | 20 | 25 | 32 | 40 | 50 | 70 |
| 名称 | | 单位 | 数量 | | | | | | |
| 人工 | 综合工日 | 工日 | 7.290 | 8.450 | 8.540 | 9.230 | 9.450 | 9.810 | 10.280 |
| 材料 | 刚性阻燃管（按实际规格） | m | 110.000 | 110.000 | 110.000 | 110.000 | 110.000 | 110.000 | 110.000 |
| | 阻燃管接头 FST（按实际规格） | 个 | 21.000 | 21.000 | 21.000 | 21.000 | 21.000 | 21.000 | 21.000 |
| | 管码 FSA（按实际规格） | 个 | — | — | — | 105.000 | 85.050 | 85.050 | 63.000 |
| | 管码 FCP（按实际规格） | 个 | 131.250 | 131.250 | 105.000 | — | — | — | — |
| | 塑料涨管 $\phi 6\sim 8$ | 个 | 262.500 | 262.500 | 210.000 | 210.000 | 170.100 | 170.100 | 126.000 |
| | 木螺钉 $\phi 4\times 65$ 以下 | 个 | 260.000 | 260.000 | 208.000 | 208.000 | 168.500 | 168.500 | 124.800 |
| | 冲击钻头 $\phi 6\sim 12$ | 个 | 1.910 | 1.910 | 1.380 | 1.380 | 0.960 | 0.960 | 0.360 |
| | 镀锌铁丝 $13^{\#}\sim 17^{\#}$ | kg | 0.210 | 0.210 | 0.210 | 0.210 | 0.210 | 0.210 | 0.210 |
| | 锯条 | 根 | 0.850 | 0.850 | 0.850 | 0.850 | 0.850 | 0.850 | 0.850 |
| | 胶合剂 | kg | 0.080 | 0.090 | 0.100 | 0.110 | 0.140 | 0.150 | 0.160 |
| | 其他材料费 | % | 1.000 | 1.000 | 1.000 | 1.000 | 1.000 | 1.000 | 1.000 |
| 机械 | 电锤 520W | 台班 | 2.210 | 2.210 | 1.590 | 1.590 | 1.110 | 1.110 | 0.410 |

### 10.5.3 半硬质阻燃管砖、混凝土结构暗敷设

**工作内容**：测位、画线、打眼、刨沟、敷设、抹砂浆保护层。

计量单位：100m

| 定额编号 | | | 8-742 | 8-743 | 8-744 | 8-745 | 8-746 | 8-747 |
|---|---|---|---|---|---|---|---|---|
| 项目 | | | 半硬质塑料管公称口径（mm 以内） | | | | | |
| | | | 15 | 20 | 25 | 32 | 40 | 50 |
| 名称 | | 单位 | 数量 | | | | | |
| 人工 | 综合工日 | 工日 | 6.680 | 7.740 | 9.880 | 11.450 | 12.690 | 14.710 |
| 材料 | 半硬质塑料管 | m | 106.000 | 106.000 | 106.000 | 106.000 | 106.000 | 106.000 |
| | 套接管 | m | 0.930 | 0.950 | 1.200 | 1.240 | 2.000 | 2.070 |
| | 胶合剂 | kg | 0.040 | 0.050 | 0.060 | 0.070 | 0.080 | 0.090 |
| | 镀锌铁丝 18#～22# | kg | 0.230 | 0.230 | 0.240 | 0.240 | 0.240 | 0.240 |
| | 镀锌铁丝 13#～17# | kg | 0.250 | 0.250 | 0.250 | 0.250 | 0.250 | 0.250 |
| | 锯条 | 根 | 1.000 | 1.000 | 1.000 | 1.000 | 1.000 | 1.000 |
| | 水泥砂浆 | $m^3$ | 0.170 | 0.190 | 0.410 | 0.450 | 0.610 | 0.650 |
| | 其他材料费 | % | 1.000 | 1.000 | 1.000 | 1.000 | 1.000 | 1.000 |

## 10.5.4 半硬质阻燃管埋地敷设

**工作内容：**测位、画线、挖土、敷设、填实土方。

计量单位：100m

| 定额编号 | | | 8-748 | 8-749 | 8-750 | 8-751 |
|---|---|---|---|---|---|---|
| 项目 | | | 半硬质塑料管公称口径（mm 以内） | | | |
| | | | 15 | 20 | 25 | 32 |
| 名称 | | 单位 | 数量 | | | |
| 人工 | 综合工日 | 工日 | 10.670 | 11.860 | 13.170 | 14.630 |
| 材料 | 半硬质塑料管 | m | 106.000 | 106.000 | 106.000 | 106.000 |
| | 锯条 | 根 | 1.000 | 1.000 | 1.000 | 1.000 |
| | 其他材料费 | % | 1.000 | 1.000 | 1.000 | 1.000 |

**工作内容**：测位、画线、挖土、敷设、填实土方。

计量单位：100m

| 定额编号 | | | 8-752 | 8-753 | 8-754 | 8-755 |
|---|---|---|---|---|---|---|
| 项目 | | | 半硬质塑料管公称口径（mm 以内） | | | |
| | | | 40 | 50 | 70 | 80 |
| 名称 | | 单位 | 数量 | | | |
| 人工 | 综合工日 | 工日 | 15.630 | 16.450 | 17.270 | 18.310 |
| 材料 | 半硬质塑料管 | m | 106.000 | 106.000 | 106.000 | 106.000 |
| | 锯条 | 根 | 1.000 | 1.000 | 1.000 | 1.000 |
| | 其他材料费 | % | 1.000 | 1.000 | 1.000 | 1.000 |

## 10.6 金属软管敷设

**工作内容：**量尺寸、断管、连接接头、钻眼、攻丝、固定。

计量单位：100m

| 定额编号 | | | 8-756 | 8-757 | 8-758 | 8-759 | 8-760 | 8-761 |
|---|---|---|---|---|---|---|---|---|
| 项目 | | | 公称管径（mm）以内 | | | | | |
| | | | 15 | 20 | 15 | 20 | 15 | 20 |
| | | | 每根管长（mm） | | | | | |
| | | | 500 以内 | | 1000 以内 | | 1000 以上 | |
| 名称 | | 单位 | 数量 | | | | | |
| 人工 | 综合工日 | 工日 | 3.800 | 4.520 | 2.540 | 3.170 | 1.420 | 1.560 |
| 材料 | 金属软管（按实际规格） | m | 103.000 | 103.000 | 103.000 | 103.000 | 103.000 | 103.000 |
| | 管卡子（金属软管用 按实际规格） | 个 | 41.200 | 41.200 | 29.440 | 29.440 | 12.360 | 12.360 |
| | 镀锌管接头（金属软管用 按实际规格） | 个 | 20.600 | 20.600 | 14.720 | 14.720 | 6.180 | 6.180 |
| | 镀锌锁紧螺母（金属软管用 按实际规格） | 个 | 41.600 | 41.600 | 29.120 | 29.120 | 12.360 | 12.360 |
| | 金属软管尼龙接头（按实际规格） | 个 | 20.600 | 20.600 | 14.720 | 14.720 | 6.180 | 6.180 |
| | 半圆头螺钉 M6～12×12×50 | 套 | 81.600 | 81.600 | 57.120 | 57.120 | 24.960 | 24.960 |
| | 其他材料费 | % | 1.000 | 1.000 | 1.000 | 1.000 | 1.000 | 1.000 |

**工作内容：**量尺寸、断管、连接接头、钻眼、攻丝、固定。

计量单位：100m

| 定额编号 | | | 8-762 | 8-763 | 8-764 | 8-765 | 8-766 | 8-767 |
|---|---|---|---|---|---|---|---|---|
| 项目 | | | 公称管径（mm）以内 | | | | | |
| | | | 25 | 32 | 25 | 32 | 25 | 32 |
| | | | 每根管长（mm） | | | | | |
| | | | 500以内 | | 1000以内 | | 1000以上 | |
| 名称 | | 单位 | 数量 | | | | | |
| 人工 | 综合工日 | 工日 | 4.800 | 5.200 | 3.360 | 3.560 | 1.720 | 1.920 |
| 材料 | 金属软管（按实际规格） | m | 103.000 | 103.000 | 103.000 | 103.000 | 103.000 | 103.000 |
| | 管卡子（金属软管用 按实际规格） | 个 | 41.200 | 41.200 | 29.440 | 29.440 | 12.360 | 12.360 |
| | 镀锌管接头（金属软管用 按实际规格） | 个 | 20.600 | 20.600 | 14.720 | 14.720 | 6.180 | 6.180 |
| | 镀锌锁紧螺母（金属软管用 按实际规格） | 个 | 41.600 | 41.600 | 29.120 | 29.120 | 12.360 | 12.360 |
| | 金属软管尼龙接头（按实际规格） | 个 | 20.600 | 20.600 | 14.720 | 14.720 | 6.180 | 6.180 |
| | 半圆头螺钉 M6～12×12×50 | 套 | 81.600 | 81.600 | 57.120 | 57.120 | 24.960 | 24.960 |
| | 其他材料费 | % | 1.000 | 1.000 | 1.000 | 1.000 | 1.000 | 1.000 |

**工作内容：**量尺寸、断管、连接接头、钻眼、攻丝、固定。

计量单位：100m

| 定额编号 | | | 8-768 | 8-769 | 8-770 | 8-771 | 8-772 | 8-773 |
|---|---|---|---|---|---|---|---|---|
| 项目 | | | 公称管径（mm 以内） | | | | | |
| | | | 40 | 50 | 40 | 50 | 40 | 50 |
| | | | 每根管长（mm） | | | | | |
| | | | 500 以内 | | 1000 以内 | | 1000 以上 | |
| 名称 | | 单位 | 数量 | | | | | |
| 人工 | 综合工日 | 工日 | 5.920 | 6.700 | 4.130 | 4.700 | 2.080 | 2.500 |
| 材料 | 金属软管（按实际规格） | m | 103.000 | 103.000 | 103.000 | 103.000 | 103.000 | 103.000 |
| | 管卡子（金属软管用 按实际规格） | 个 | 41.200 | 41.200 | 29.440 | 29.440 | 12.360 | 12.360 |
| | 镀锌管接头（金属软管用 按实际规格） | 个 | 20.600 | 20.600 | 14.720 | 14.720 | 6.180 | 6.180 |
| | 镀锌锁紧螺母（金属软管用 按实际规格） | 个 | 41.600 | 41.600 | 29.120 | 29.120 | 12.360 | 12.360 |
| | 金属软管尼龙接头（按实际规格） | 个 | 20.600 | 20.600 | 14.720 | 14.720 | 6.180 | 6.180 |
| | 半圆头螺钉 M6～12×12×50 | 套 | 81.600 | 81.600 | 57.120 | 57.120 | 24.960 | 24.960 |
| | 其他材料费 | % | 1.000 | 1.000 | 1.000 | 1.000 | 1.000 | 1.000 |

## 10.7 接线盒安装

**工作内容：** 测定、固定、修孔。

计量单位：10 个

| 定额编号 | | | 8-774 | 8-775 | 8-776 | 8-777 |
|---|---|---|---|---|---|---|
| 项目 | | | 暗装 | | 明装 | |
| | | | 接线盒 | 开关盒 | 普通接线盒 | 防爆接线盒 |
| 名称 | | 单位 | 数量 | | | |
| 人工 | 综合工日 | 工日 | 0.450 | 0.480 | 0.800 | 1.230 |
| 材料 | 接线盒 | 个 | 10.200 | 10.200 | 10.200 | 10.200 |
| | 塑料护口（钢管用） 15～20 | 个 | 22.250 | 10.300 | — | — |
| | 镀锌锁紧螺母 M3×15～20 | 个 | 22.250 | 10.300 | — | — |
| | 半圆头镀锌螺栓 M2～5×15～50 | 套 | — | — | 20.600 | 20.600 |
| | 塑料涨管 $\phi6\sim8$ | 个 | — | — | 20.600 | 20.600 |
| | 其他材料费 | % | 1.000 | 1.000 | 1.000 | 1.000 |

# 10.8 管内穿线

## 10.8.1 照明线路

**工作内容：** 穿引线、扫管、涂滑石粉、穿线、编号、接焊包头。

计量单位：100m 单线

| 定额编号 | | | 8-778 | 8-779 | 8-780 | 8-781 | 8-782 |
|---|---|---|---|---|---|---|---|
| 项目 | | | 导线截面（$mm^2$以内） | | | | |
| | | | 铝芯 2.5 | 铝芯 4 | 铜芯 1.5 | 铜芯 2.5 | 铜芯 4 |
| 名称 | | 单位 | 数量 | | | | |
| 人工 | 综合工日 | 工日 | 1.000 | 0.700 | 0.980 | 1.000 | 0.700 |
| 材料 | 绝缘导线 | m | 116.000 | 110.000 | 116.000 | 116.000 | 110.000 |
| | 钢丝 $\phi$1.6 | kg | 0.090 | 0.090 | 0.090 | 0.090 | 0.130 |
| | 棉纱头 | kg | 0.200 | 0.200 | 0.200 | 0.200 | 0.200 |
| | 铝压接管 $\phi$4 | 个 | 16.240 | — | — | — | — |
| | 铝压接管 $\phi$6 | 个 | — | 7.110 | — | — | — |
| | 焊锡 | kg | — | — | 0.150 | 0.200 | 0.200 |
| | 焊锡膏 50g/瓶 | g | — | — | 5.000 | 5.000 | 5.000 |
| | 汽油 70# | kg | — | — | 0.500 | 0.500 | 0.500 |
| | 塑料胶布带 | 卷 | 0.250 | 0.200 | 0.250 | 0.250 | 0.200 |
| | 其他材料费 | % | 1.000 | 1.000 | 1.000 | 1.000 | 1.000 |

## 10.8.2 铜芯动力线路

**工作内容：**穿引线、扫管、涂滑石粉、穿线、编号、接焊包头。

计量单位：100m 单线

| 定额编号 | | | 8-783 | 8-784 | 8-785 | 8-786 | 8-787 | 8-788 |
|---|---|---|---|---|---|---|---|---|
| 项目 | | | 导线截面（$mm^2$以内） | | | | | |
| | | | 0.2 | 0.3 | 0.4 | 0.5 | 0.6 | 0.7 |
| 名称 | | 单位 | 数量 | | | | | |
| 人工 | 综合工日 | 工日 | 0.600 | 0.610 | 0.620 | 0.630 | 0.640 | 0.650 |
| 材料 | 铜芯绝缘导线 | m | 105.000 | 105.000 | 105.000 | 105.000 | 105.000 | 105.000 |
| | 钢丝 $\phi1.6$ | kg | 0.090 | 0.090 | 0.090 | 0.090 | 0.090 | 0.090 |
| | 棉纱头 | kg | 0.100 | 0.100 | 0.100 | 0.150 | 0.150 | 0.150 |
| | 汽油 70# | kg | 0.300 | 0.300 | 0.300 | 0.400 | 0.400 | 0.400 |
| | 焊锡 | kg | 0.080 | 0.080 | 0.080 | 0.090 | 0.090 | 0.090 |
| | 焊锡膏 50g/瓶 | g | 5.000 | 5.000 | 5.000 | 5.000 | 5.000 | 5.000 |
| | 塑料胶布带 | 卷 | 0.200 | 0.250 | 0.300 | 0.350 | 0.400 | 0.450 |
| | 其他材料费 | % | 1.000 | 1.000 | 1.000 | 1.000 | 1.000 | 1.000 |

**工作内容：** 穿引线、扫管、涂滑石粉、穿线、编号、接焊包头。

计量单位：100m 单线

| 定额编号 | | | 8-789 | 8-790 | 8-791 | 8-792 | 8-793 | 8-794 |
|---|---|---|---|---|---|---|---|---|
| 项目 | | | 导线截面（$mm^2$ 以内） | | | | | |
| | | | 0.8 | 0.9 | 1 | 1.5 | 2.5 | 4 |
| 名称 | | 单位 | 数量 | | | | | |
| 人工 | 综合工日 | 工日 | 0.660 | 0.670 | 0.680 | 0.690 | 0.700 | 0.750 |
| 材料 | 铜芯绝缘导线 | m | 105.000 | 105.000 | 105.000 | 105.000 | 105.000 | 105.000 |
| | 钢丝 $\phi$1.6 | kg | 0.090 | 0.090 | 0.090 | 0.090 | 0.090 | 0.100 |
| | 棉纱头 | kg | 0.150 | 0.200 | 0.200 | 0.200 | 0.200 | 0.300 |
| | 汽油 70# | kg | 0.400 | 0.500 | 0.500 | 0.500 | 0.500 | 0.600 |
| | 焊锡 | kg | 0.090 | 0.100 | 0.100 | 0.100 | 0.110 | 0.120 |
| | 焊锡膏 50g/瓶 | g | 5.000 | 5.000 | 5.000 | 5.000 | 5.000 | 5.000 |
| | 塑料胶布带 | 卷 | 0.500 | 0.550 | 0.600 | 0.650 | 0.700 | 0.800 |
| | 其他材料费 | % | 1.000 | 1.000 | 1.000 | 1.000 | 1.000 | 1.000 |

**工作内容：**穿引线、扫管、涂滑石粉、穿线、编号、接焊包头。

计量单位：100m 单线

| 定额编号 | | | 8-795 | 8-796 | 8-797 | 8-798 | 8-799 | 8-800 |
|---|---|---|---|---|---|---|---|---|
| 项目 | | | 导线截面（$mm^2$ 以内） | | | | | |
| | | | 6 | 10 | 16 | 25 | 35 | 50 |
| 名称 | | 单位 | 数量 | | | | | |
| 人工 | 综合工日 | 工日 | 0.800 | 0.950 | 1.100 | 1.370 | 1.450 | 2.840 |
| 材料 | 铜芯绝缘导线 | m | 105.000 | 105.000 | 105.000 | 105.000 | 105.000 | 105.000 |
| | 钢丝 $\phi1.6$ | kg | 0.100 | 0.130 | 0.130 | 0.140 | 0.140 | 0.240 |
| | 棉纱头 | kg | 0.300 | 0.400 | 0.400 | 0.500 | 0.500 | 0.600 |
| | 汽油 70# | kg | 0.600 | 0.700 | 0.700 | 0.800 | 0.800 | 0.900 |
| | 焊锡 | kg | 0.120 | 0.130 | 0.130 | 0.140 | 0.150 | 0.160 |
| | 焊锡膏 50g/瓶 | g | 5.000 | 10.000 | 10.000 | 15.000 | 15.000 | 20.000 |
| | 塑料胶布带 | 卷 | 0.900 | 1.000 | 1.100 | 1.200 | 1.300 | 1.400 |
| | 其他材料费 | % | 1.000 | 1.000 | 1.000 | 1.000 | 1.000 | 1.000 |

**工作内容：**穿引线、扫管、涂滑石粉、穿线、编号、接焊包头。

计量单位：100m 单线

| 定额编号 | | | 8-801 | 8-802 | 8-803 | 8-804 | 8-805 | 8-806 |
|---|---|---|---|---|---|---|---|---|
| 项目 | | | 导线截面（$mm^2$ 以内） | | | | | |
| | | | 70 | 95 | 120 | 150 | 185 | 240 |
| 名称 | | 单位 | 数量 | | | | | |
| 人工 | 综合工日 | 工日 | 3.020 | 3.580 | 3.800 | 6.400 | 6.800 | 11.500 |
| 材料 | 铜芯绝缘导线 | m | 105.000 | 105.000 | 105.000 | 105.000 | 105.000 | 105.000 |
| | 钢丝 $\phi$1.6 | kg | 0.240 | 0.250 | 0.250 | 0.300 | 0.330 | 0.350 |
| | 棉纱头 | kg | 0.600 | 0.700 | 0.700 | 0.800 | 0.900 | 1.000 |
| | 汽油 70# | kg | 0.900 | 1.000 | 1.000 | 1.100 | 1.100 | 1.300 |
| | 焊锡 | kg | 0.180 | 0.190 | 0.210 | 0.230 | 0.240 | 0.280 |
| | 焊锡膏 50g/瓶 | g | 25.000 | 30.000 | 35.000 | 40.000 | 45.000 | 50.000 |
| | 塑料胶布带 | 卷 | 1.500 | 1.600 | 1.700 | 1.800 | 1.900 | 2.000 |
| | 其他材料费 | % | 1.000 | 1.000 | 1.000 | 1.000 | 1.000 | 1.000 |

## 10.8.3 多芯软导线

**工作内容：**穿引线、扫管、涂滑石粉、穿线、编号、接焊包头。

计量单位：100m/束

| 定额编号 | | | 8-807 | 8-808 | 8-809 | 8-810 |
|---|---|---|---|---|---|---|
| 项目 | | | 多芯软导线（芯以内） | | | |
| | | | 二芯 | | | |
| | | | 导线截面（$mm^2$ 以内） | | | |
| | | | 0.750 | 1.000 | 1.500 | 2.500 |
| 名称 | | 单位 | 数量 | | | |
| 人工 | 综合工日 | 工日 | 0.790 | 0.820 | 0.830 | 0.840 |
| 材料 | 铜芯多股绝缘导线 | m | 108.000 | 108.000 | 108.000 | 108.000 |
| | 钢丝 $\phi1.6$ | kg | 0.090 | 0.090 | 0.090 | 0.090 |
| | 棉纱头 | kg | 0.170 | 0.220 | 0.220 | 0.220 |
| | 汽油 70# | kg | 0.480 | 0.550 | 0.550 | 0.550 |
| | 焊锡 | kg | 0.100 | 0.110 | 0.110 | 0.120 |
| | 焊锡膏 50g/瓶 | g | 5.000 | 5.000 | 5.000 | 5.000 |
| | 塑料粘胶带 | 盘 | 0.750 | 0.900 | 1.000 | 1.050 |
| | 其他材料费 | % | 1.000 | 1.000 | 1.000 | 1.000 |

**工作内容**：穿引线、扫管、涂滑石粉、穿线、编号、接焊包头。

计量单位：100m/束

| 定额编号 | | | 8-811 | 8-812 | 8-813 | 8-814 | 8-815 | 8-816 |
|---|---|---|---|---|---|---|---|---|
| 项目 | | | 多芯软导线（芯以内） | | | | | |
| | | | 四芯 | | | | 八芯 | |
| | | | 导线截面（$mm^2$以内） | | | | | |
| | | | 0.75 | 1.0 | 1.5 | 2.5 | 0.75 | 1.0 |
| 名称 | | 单位 | 数量 | | | | | |
| 人工 | 综合工日 | 工日 | 0.950 | 0.980 | 0.990 | 1.010 | 1.240 | 1.270 |
| 材料 | 铜芯多股绝缘导线 | m | 108.000 | 108.000 | 108.000 | 108.000 | 108.000 | 108.000 |
| | 钢丝 $\phi$1.6 | kg | 0.090 | 0.090 | 0.090 | 0.090 | 0.090 | 0.090 |
| | 棉纱头 | kg | 0.190 | 0.240 | 0.240 | 0.240 | 0.210 | 0.260 |
| | 汽油 70# | kg | 0.580 | 0.660 | 0.660 | 0.660 | 0.640 | 0.730 |
| | 焊锡 | kg | 0.120 | 0.130 | 0.130 | 0.140 | 0.140 | 0.160 |
| | 焊锡膏 50g/瓶 | g | 5.000 | 10.000 | 10.000 | 15.000 | 15.000 | 20.000 |
| | 塑料粘胶带 | 卷 | 1.130 | 1.350 | 1.500 | 1.580 | 1.700 | 2.000 |
| | 其他材料费 | % | 1.000 | 1.000 | 1.000 | 1.000 | 1.000 | 1.000 |

**工作内容**：穿引线、扫管、涂滑石粉、穿线、编号、接焊包头。

计量单位：100m/束

| 定额编号 | | | 8-817 | 8-818 | 8-819 | 8-820 | 8-821 |
|---|---|---|---|---|---|---|---|
| 项目 | | | 多芯软导线（芯以内） | | | | |
| | | | 8芯 | | 16芯 | | |
| | | | 导线截面（mm² 以内） | | | | |
| | | | 1.5 | 2.5 | 0.75 | 1.0 | 1.5 |
| 名称 | | 单位 | 数量 | | | | |
| 人工 | 综合工日 | 工日 | 1.290 | 1.310 | 1.610 | 1.650 | 1.680 |
| 材料 | 铜芯多股绝缘导线 | m | 108.00 | 108.00 | 108.00 | 108.00 | 108.00 |
| | 钢丝 $\phi1.6$ | kg | 0.090 | 0.090 | 0.090 | 0.090 | 0.090 |
| | 棉纱头 | kg | 0.260 | 0.260 | 0.230 | 0.290 | 0.290 |
| | 汽油 70# | kg | 0.730 | 0.730 | 0.700 | 0.800 | 0.800 |
| | 焊锡 | kg | 0.160 | 0.170 | 0.170 | 0.190 | 0.190 |
| | 焊锡膏 50g/瓶 | g | 20.000 | 25.000 | 25.000 | 30.000 | 30.000 |
| | 塑料粘胶带 | 卷 | 2.250 | 2.370 | 2.550 | 3.000 | 3.380 |
| | 其他材料费 | % | 1.000 | 1.000 | 1.000 | 1.000 | 1.000 |

# 11 接地装置

# 说 明

一、本章包括垂直接地体安装、接地母线埋设、接地引出线安装、降阻剂施放、接地电阻测试、接地干线制作安装、接地母排制作安装，共 7 节 16 个子目。

二、垂直接地体安装按材质分为铜质接地体和钢质接地体两类。

三、沟槽开挖及回填分为土质和石质两类。

四、水平接地体敷设按材质分为铜质和钢质两类，铜质水平接地体敷设中水平接地体焊接按照热熔焊接工艺编制。

五、接地干线制作安装分为变电所内安装和区间安装两类，分别按扁铜接地干线和扁钢接地干线划分子目，定额按螺栓连接编制。

六、接地引出线安装采用非磁性钢管灌装环氧树脂与紫铜排热熔焊接工艺编制。

七、接地电缆敷设执行第 9 章相应子目。

八、机械台班消耗量中潜水泵根据实际施工现场条件调整。

# 工程量计算规则

一、垂直接地体按设计图示尺寸以“根”为单位计算，每根垂直接地体按 2.5m 编制。

二、沟槽开挖及回填按设计图示尺寸以“$m^3$”为单位计算。

三、接地引出线安装按设计图示尺寸以“处”为单位计算。

四、降阻剂施放按设计图示以“kg”为单位计算。

五、接地电阻测试一个车站接地网为一个系统，按设计图示以“系统”为单位计算。

六、水平接地体敷设按设计图示尺寸以“10m”为单位计算，不包括搭接、熔接预留长度。

七、接地干线制作安装按设计图示尺寸以“10m”为单位计算。

八、接地母排制作安装按设计图示尺寸以“10m”为单位计算。

## 11.1 垂直接地体安装

**工作内容：**测量、标记、钻孔、下料、平直、敷设、焊接。

计量单位：根

| 定额编号 | | | 8-822 | 8-823 | 8-824 |
|---|---|---|---|---|---|
| 项目 | | | 铜质接地体 | 钢质接地体 | 接地模块 |
| 名称 | | 单位 | 数量 | | |
| 人工 | 综合工日 | 工日 | 3.476 | 3.253 | 3.400 |
| 材料 | 紫铜管 $\phi50$ $\delta4$ | 根 | 1.000 | — | — |
| | 铜包钢 $\phi25$ | 根 | — | 1.000 | — |
| | 接地模块 | 块 | — | — | 1.000 |
| | 螺栓 M12×45 | 个 | — | — | 2.000 |
| | 焊药 $200^{\#}$ | kg | 1.050 | 1.050 | — |
| | 模具 | 只 | 0.034 | 0.034 | — |
| | 棉纱头 | kg | 0.025 | 0.025 | — |

| 定额编号 | | | 8-822 | 8-823 | 8-824 |
|---|---|---|---|---|---|
| 项目 | | | 铜质接地体 | 钢质接地体 | 接地模块 |
| 名称 | | 单位 | 数量 | | |
| 材料 | 水 | $m^3$ | 8.400 | 8.400 | 10.400 |
| | 棉布 | kg | 2.000 | 2.000 | 2.600 |
| | 钻头 | 根 | 0.210 | 0.210 | 0.210 |
| | 电 | kW·h | — | — | 0.220 |
| | 其他材料费 | % | 1.000 | 1.000 | 1.000 |
| 机械 | 钻盘式钻孔机 ≤15kN·m | 台班 | 0.500 | 0.475 | 0.805 |
| | 潜水泵 | 台班 | 0.070 | 0.067 | 0.133 |
| | 离心式泥浆泵 ≤47$m^3$/h-19m | 台班 | — | — | 0.805 |
| | 发电机 ≤1.5kW | 台班 | 0.285 | 0.271 | — |

# 11.2 接地母线埋设

## 11.2.1 沟槽开挖及回填

**工作内容：**测量、画线、开挖、回填。

计量单位：$m^3$

| 定额编号 | | | 8-825 | 8-826 |
|---|---|---|---|---|
| 项目 | | | 土质 | 石质 |
| 名称 | | 单位 | 数量 | |
| 人工 | 综合工日 | 工日 | 0.737 | 2.096 |
| 材料 | 黏土 | $m^3$ | 1.530 | 1.530 |
| | 其他材料费 | % | 1.000 | 1.000 |
| 机械 | 空气压缩机 ≤$6m^3$/min | 台班 | — | 0.450 |
| | 气腿式凿岩机 | 台班 | — | 0.900 |
| | 蛙式夯 ≤700N·m | 台班 | 0.180 | 0.360 |
| | 发电机 ≤1.5kW | 台班 | 0.090 | 0.855 |

## 11.2.2 水平接地体敷设

**工作内容：**下料、敷设、焊接。

计量单位：10m

| 定额编号 | | | 8-827 | 8-828 |
|---|---|---|---|---|
| 项目 | | | 铜质 | 钢质 |
| 名称 | | 单位 | 数量 | |
| 人工 | 综合工日 | 工日 | 4.260 | 1.350 |
| 材料 | 紫铜排 $-0\times5$ | m | 10.230 | — |
| | 镀锌扁钢 $-50\times5$ | m | — | 10.230 |
| | 焊药 $200^{\#}$ | kg | 2.100 | — |
| | 模具 | 只 | 0.020 | — |
| | 电焊条 | kg | — | 0.500 |
| | 棉纱头 | kg | 0.100 | 0.100 |
| | 其他材料费 | % | 3.000 | 3.000 |
| 机械 | 交流弧焊机 ≤21kV·A | 台班 | — | 0.060 |
| | 发电机 ≤1.5kW | 台班 | — | 0.030 |

## 11.3 接地引出线安装

**工作内容：**下料、敷设、止水环安装、焊接、灌注。

计量单位：处

| 定额编号 | | | 8-829 |
|---|---|---|---|
| 项目 | | | 接地引出线安装 |
| 名称 | | 单位 | 数量 |
| 人工 | 综合工日 | 工日 | 3.696 |
| 材料 | 绝缘固定环 $\phi$100，$\delta$20 | 块 | 3.000 |
| | 紫铜排 －50×5 | m | 3.045 |
| | 非磁性钢管 $\phi$100 | m | 1.530 |
| | 环氧树脂 | kg | 14.420 |
| | 固定铁块 | kg | 0.202 |
| | 止水环 | 个 | 1.060 |
| | 电焊条 | kg | 1.000 |
| | 模具 | 套 | 0.035 |
| | 焊药 200# | kg | 1.575 |
| | 调和漆 | kg | 1.000 |
| | 棉纱头 | kg | 0.100 |
| | 其他材料费 | % | 1.000 |
| 机械 | 交流弧焊机 ≤21kV·A | 台班 | 0.720 |
| | 发电机 ≤1.5kW | 台班 | 0.360 |

## 11.4 降阻剂施放

**工作内容：** 开挖、降阻剂施放，回填土。

计量单位：kg

| 定 额 编 号 | | | 8-830 |
|---|---|---|---|
| 项 目 | | | 降阻剂施放 |
| 名 称 | | 单位 | 数 量 |
| 人工 | 综合工日 | 工日 | 8.300 |
| 材料 | 降阻剂 | kg | 103.000 |
| | 棉纱头 | kg | 0.030 |
| | 其他材料费 | % | 1.000 |
| 机械 | 载重汽车 8t | 台班 | 0.005 |

## 11.5 接地电阻测试

**工作内容：**接地电阻测试。

计量单位：系统

| 定额编号 | | | 8-831 | 8-832 |
|---|---|---|---|---|
| 项目 | | | 接地极电阻测试 | 接地网电阻测试 |
| 名称 | | 单位 | 数量 | |
| 人工 | 综合工日 | 工日 | 12.000 | 30.000 |
| 仪器仪表 | 接地电阻测试仪 | 台班 | 2.000 | 5.000 |

# 11.6 接地干线制作安装

## 11.6.1 变 电 所 内

**工作内容：** 下料、平直、测位、打孔、埋卡子、摵弯、敷设、螺栓连接、刷漆。

计量单位：10m

| 定 额 编 号 | | | 8-833 | 8-834 |
|---|---|---|---|---|
| 项 目 | | | 扁铜接地干线 | 扁钢接地干线 |
| 名 称 | | 单位 | 数 量 | |
| 人工 | 综合工日 | 工日 | 1.673 | 1.896 |
| 材料 | 铜排 −50×5 | m | 10.600 | — |
| | 镀锌扁钢 −50×5 | m | — | 10.600 |
| | 嵌入式膨胀螺母 M8×30 | 个 | 5.100 | 5.100 |
| | 六角螺栓带帽 M12×35 | 个 | 6.732 | 6.732 |
| | S 型卡子 | 个 | 5.050 | 5.050 |
| | 沉头螺栓 M8×15 | 个 | 5.100 | 5.100 |
| | 油漆 黄绿 | kg | 0.060 | 0.060 |
| | 调和漆 | kg | 0.060 | 0.060 |
| | 冲击钻头 M10 | 根 | 0.010 | 0.010 |
| | 其他材料费 | % | 1.000 | 1.000 |
| 机械 | 电锤 830W | 台班 | 0.015 | 0.015 |
| | 发电机 ≤1.5kW | 台班 | 0.008 | 0.008 |

### 11.6.2 区　间

**工作内容：**平直、断料、测位、打眼、上支架、螺栓固定。

计量单位：10m

| 定　额　编　号 | | | 8-835 | 8-836 |
| --- | --- | --- | --- | --- |
| 项　　目 | | | 扁铜接地干线 | 扁钢接地干线 |
| 名　　称 | | 单位 | 数　　量 | |
| 人工 | 综合工日 | 工日 | 3.844 | 4.152 |
| 材料 | 镀锡铜带 -50×5 | m | 10.600 | — |
| | 镀锌扁钢 -50×5 | m | — | 10.600 |
| | 六角螺栓带帽 M10×35 | 个 | 12.240 | 12.240 |
| | 冲击钻头 M14 | 根 | 0.150 | 0.200 |
| | 油漆　黄绿 | kg | 0.060 | 0.060 |
| | 调和漆 | kg | 0.060 | 0.060 |
| | 其他材料费 | % | 1.000 | 1.000 |
| 机械 | 台钻 | 台班 | 0.020 | 0.025 |
| | 发电机 ≤1.5kW | 台班 | 0.010 | 0.013 |

## 11.7　接地母排制作安装

**工作内容：**测量、画线、打孔、支持绝缘子安装、安装。

计量单位：10m

| 定　额　编　号 | | | 8-837 |
|---|---|---|---|
| 项　　目 | | | 接地母排制作安装 |
| 名　　称 | | 单位 | 数　　量 |
| 人工 | 综合工日 | 工日 | 10.973 |
| 材料 | 铜母排 TMY100×10×2000 | m | 10.230 |
| | 膨胀螺栓 M10×80 | 套 | 20.400 |
| | 支持绝缘子 45×48－M10 | 支 | 20.400 |
| | 六角螺栓带帽 M10×30 | 套 | 20.400 |
| | 冲击钻头 M14 | 根 | 1.000 |
| | 其他材料费 | % | 1.000 |
| 机械 | 台钻 | 台班 | 0.500 |
| | 发电机 ≤1.5kW | 台班 | 0.250 |

# 12 感 应 板

## 说　　明

一、本章包括混凝土轨枕钻孔预植、感应板安装、感应板调整、感应板检测，共 4 节 7 个子目。

二、感应板电连接制作安装、接地电缆制作安装不包括在本定额内，发生时应另行计算。

三、感应板安装调整垫片按平均值综合编制。

## 工程量计算规则

一、混凝土轨枕钻孔预植按设计图示数量以“个”为单位计算。

二、感应板安装、调整，按设计图示尺寸以“100m”为单位计算。

## 12.1 混凝土轨枕钻孔预植

**工作内容：**施工准备、定位测量、钻孔、清理孔洞、埋植套管。

计量单位：个

| 定额编号 | | | 8-838 |
|---|---|---|---|
| 项目 | | | 混凝土轨枕钻孔预植 |
| 名称 | | 单位 | 数量 |
| 人工 | 综合工日 | 工日 | 1.166 |
| 材料 | 金刚钻头 $\phi60$ | 根 | 0.034 |
| | 绝缘套管 $\phi55$ | 个 | 1.020 |
| | 环氧树脂凝固剂 | kg | 0.102 |
| | 其他材料费 | % | 1.000 |
| 机械 | 金刚钻 1.45kW | 台班 | 0.031 |
| | 专用吸尘器 | 台班 | 0.031 |
| | 发电机 ≤2kW | 台班 | 0.070 |

# 12.2　感应板安装

## 12.2.1　混凝土道床

**工作内容：** 施工准备、感应板布放测量、翻板、吊装、感应板运输、感应板布放、预埋套管清理、螺栓安装、感应板高度测量、感应板就位、感应板细调及调整记录、感应板固定螺栓紧固、记录。

计量单位：100m

| 定额编号 | | | 8-839 | 8-840 |
|---|---|---|---|---|
| 项目 | | | 隧道内 | 隧道外 |
| 名称 | | 单位 | 数量 | |
| 人工 | 综合工日 | 工日 | 165.343 | 150.815 |
| 材料 | 感应板 | m | 100.300 | 100.300 |
| | 锚固螺栓 M32 | 个 | 326.400 | 326.400 |
| | 调整垫片 1mm | 个 | 979.200 | 979.200 |
| | 调整垫片 2mm | 个 | 652.800 | 652.800 |
| | 调整垫片 5mm | 个 | 326.400 | 326.400 |
| | 吊带 5t | 条 | 0.041 | 0.041 |
| | 绝缘垫 | 个 | 326.400 | 326.400 |
| | 垫木 | $m^3$ | 0.011 | 0.011 |
| | 木板 | $m^3$ | 0.105 | 0.105 |

续前

| 定额编号 | | | 8-839 | 8-840 |
|---|---|---|---|---|
| 项目 | | | 隧道内 | 隧道外 |
| 名称 | | 单位 | 数量 | |
| 材料 | 紧线器 5t | 根 | 0.102 | 0.102 |
| | 防松卡 | 套 | 326.400 | 326.400 |
| | 弹簧固定器 | 个 | 326.400 | 326.400 |
| | 平垫 M32 | 个 | 326.400 | 326.400 |
| | 润滑油 | kg | 16.320 | 16.320 |
| | 其他材料费 | % | 1.000 | 1.000 |
| 机械 | 轨道车 ≤210kW | 台班 | 11.563 | 9.406 |
| | 自带吊机平板车 30t | 台班 | 11.563 | 9.406 |
| | 载重汽车 20t | 台班 | 1.500 | 1.500 |
| | 汽车式起重机 25t | 台班 | 3.333 | 4.667 |
| | 千斤顶 2t | 台班 | 33.333 | 33.333 |

## 12.2.2 碎石道床

**工作内容：** 施工准备、感应板布放测量、翻板、吊装、感应板运输、感应板布放、预埋套管清理、螺栓安装、感应板高度测量、感应板就位、感应板细调及调整记录、感应板固定螺栓紧固、记录。

计量单位：100m

| 定额编号 | | | 8-841 |
|---|---|---|---|
| 项目 | | | 碎石道床 |
| 名称 | | 单位 | 数量 |
| 人工 | 综合工日 | 工日 | 186.927 |
| 材料 | 感应板 | m | 100.300 |
| | 锚固螺栓 M32 | 个 | 652.800 |
| | 调整垫片 1mm | 个 | 1958.400 |
| | 调整垫片 2mm | 个 | 1305.600 |
| | 调整垫片 5mm | 个 | 652.800 |
| | 垫木 | $m^3$ | 0.011 |
| | 绝缘垫 | 个 | 652.800 |
| | 平垫 M32 | 个 | 652.800 |
| | 铁垫板 | 个 | 163.200 |

续前

| 定 额 编 号 | | | 8-841 |
|---|---|---|---|
| 项 目 | | | 碎石道床 |
| 名 称 | | 单位 | 数 量 |
| 材料 | 木板 | $m^3$ | 0.105 |
| | 防松卡 | 套 | 652.800 |
| | 吊带 5t | 条 | 0.041 |
| | 紧线器 5t | 根 | 0.102 |
| | 弹簧固定器 | 个 | 652.800 |
| | 道钉 | 个 | 652.800 |
| | 其他材料费 | % | 1.000 |
| 机械 | 轨道车 ≤210kW | 台班 | 8.563 |
| | 自带吊机平板车 30t | 台班 | 8.563 |
| | 载货汽车 20t | 台班 | 1.000 |
| | 汽车式起重机 25t | 台班 | 2.083 |
| | 千斤顶 2t | 台班 | 30.000 |

## 12.3　感应板调整

**工作内容：**准备、复测感应板高度、松开螺栓、放置调整垫片、紧固螺栓、记录。

计量单位：100m

| 定　额　编　号 | | | 8-842 | 8-843 |
|---|---|---|---|---|
| 项　　目 | | | 混凝土道床 | 碎石道床 |
| 名　　称 | | 单位 | 数　　量 | |
| 人工 | 综合工日 | 工日 | 20.427 | 25.520 |
| 材料 | 调整垫片 1mm | 个 | 979.200 | 1958.400 |
| | 调整垫片 2mm | 个 | 652.800 | 1305.600 |
| | 调整垫片 5mm | 个 | 326.400 | 652.800 |
| | 其他材料费 | % | 1.000 | 1.000 |
| 机械 | 千斤顶 2t | 台班 | 63.750 | 80.625 |

## 12.4　感应板检测

**工作内容：**准备、检测感应板高度、力矩检查、探伤、记录。

计量单位：100m

| 定额编号 | | | 8-844 |
|---|---|---|---|
| 项目 | | | 感应板检测 |
| 名称 | | 单位 | 数量 |
| 人工 | 综合工日 | 工日 | 3.000 |
| 仪器仪表 | 便携式计算机 | 台班 | 0.200 |
| 机械 | 轨旁动态检测车 | 台班 | 0.200 |

# 13 其　　他

# 说　明

一、本章包括设备运输、设备基础预埋，共 2 节 9 个子目。

二、本章设备运输定额仅适用于变压器、屏柜大型设备从地面仓库（或堆料点）至地面、地下或高架安装地点的运输。

三、本章设备基础预埋定额适用于屏柜大型设备及变压器的基础预埋。

# 工程量计算规则

一、屏柜运输以“面”为单位计算。

二、变压器运输按容量以“台”为单位计算。

三、屏柜基础预埋按柜体底面半周长以“面”为单位计算。

四、变压器预埋件按容量以“台”为单位计算。

# 13.1 设备运输

## 13.1.1 屏柜运输

**工作内容：**准备、平台搭建、路径平整、设备运至现场、设备进所、平台拆卸、记录。

计量单位：面

| 定额编号 | | | 8-845 |
|---|---|---|---|
| 项目 | | | 屏柜运输 |
| 名称 | | 单位 | 数量 |
| 人工 | 综合工日 | 工日 | 6.947 |
| 材料 | 方木 250×200×3500 | 根 | 1.497 |
| | 钢板 1500×2000×5 | kg | 1.500 |
| | 工字钢 4000×200 | 根 | 0.068 |
| | 木板 1000×200×50 | 块 | 0.847 |
| | 钢丝绳 $\phi$18 | kg | 0.009 |
| | 吊带 5t | 根 | 0.020 |
| | 紧线器 5t | 个 | 0.029 |
| | 抓钉 | 个 | 2.994 |
| | 其他材料费 | % | 1.000 |
| 机械 | 载重汽车 12t | 台班 | 0.250 |
| | 汽车起重机 12t | 台班 | 0.250 |
| | 轨道牵引车 ≤210kW | 台班 | 0.300 |
| | 轨道平板车 30t | 台班 | 0.300 |

## 13.1.2 变压器运输

**工作内容：**准备、平台搭建、路径平整、设备运至现场、设备进所、平台拆卸、记录。

计量单位:台

| 定额编号 | | | 8-846 | 8-847 |
|---|---|---|---|---|
| 项目 | | | 1250kV·A | 3650kV·A |
| 名称 | | 单位 | 数量 | |
| 人工 | 综合工日 | 工日 | 18.837 | 28.860 |
| 材料 | 方木 250×200×3500 | 根 | 4.641 | 5.988 |
| | 角钢 ∠2000×100×10 | kg | 9.302 | 12.002 |
| | 工字钢 4000×200 | 根 | 0.212 | 0.274 |
| | 钢板 1200×2500×10 | 块 | 2.625 | 3.419 |
| | 钢丝绳 $\phi$18×10s | kg | 0.027 | 0.027 |
| | 吊带 5t | 根 | 0.102 | 0.102 |
| | 紧线器 | 个 | 0.051 | 0.051 |
| | 抓钉 | 个 | 3.094 | 2.994 |

续前

| 定额编号 | | | 8-846 | 8-847 |
| --- | --- | --- | --- | --- |
| 项目 | | | 1250kV·A | 3650kV·A |
| 名称 | | 单位 | 数量 | |
| 材料 | 冲击钻头 $\phi16$ | 根 | 0.333 | 0.333 |
| | 其他材料费 | % | 1.000 | 1.000 |
| 机械 | 载重汽车 25t | 台班 | 0.500 | 0.700 |
| | 汽车起重机 50t | 台班 | 0.500 | 0.700 |
| | 轨道平板车 30t | 台班 | 0.550 | 0.625 |
| | 轨道牵引车 ≤210kW | 台班 | 0.550 | 0.625 |
| | 电锤 830W | 台班 | 0.042 | 0.042 |
| | 卷扬机 JM15 | 台班 | — | 0.250 |
| | 起道器 10t | 台班 | 0.125 | 0.250 |

## 13.1.3 其　他

**工作内容：** 准备、搬运、吊装上车、路径平整、材料及蓄电池等小型设备运至现场、进所、记录。

计量单位:所

| 定额编号 | | | 8-848 |
|---|---|---|---|
| 项目 | | | 其他 |
| 名称 | | 单位 | 数量 |
| 人工 | 综合工日 | 工日 | 30.500 |
| 材料 | 编织袋 800×400 | 个 | 12.000 |
| | 木箱 | 个 | 0.300 |
| | 木板 3000×4000×10 | 块 | 0.820 |
| | 吊带 5t | 根 | 0.400 |
| | 紧线器 5t | 个 | 1.280 |
| | 抓钉 | 个 | 8.994 |
| | 其他材料费 | % | 1.000 |
| 机械 | 载重汽车 12t | 台班 | 1.000 |
| | 汽车起重机 12t | 台班 | 0.500 |
| | 轨道牵引车 ≤210kW | 台班 | 1.500 |
| | 轨道平板车 30t | 台班 | 1.500 |

## 13.2 设备基础预埋

### 13.2.1 屏柜基础预埋

工作内容：准备、搬运、测量、定位、打孔、螺栓安装、调整、焊接固定、防锈处理、记录。

计量单位:面

| 定额编号 | | | 8-849 | 8-850 | 8-851 |
|---|---|---|---|---|---|
| 项目 | | | 800mm | 1200mm | 2000mm |
| 名称 | | 单位 | 数量 | | |
| 人工 | 综合工日 | 工日 | 0.906 | 2.402 | 2.951 |
| 材料 | 成品预埋件 | 套 | 1.000 | 1.000 | 1.000 |
| | 膨胀螺栓 M12×100 | 套 | 4.080 | 4.080 | 4.080 |
| | 冲击钻头 $\phi$14 | 支 | 0.082 | 0.082 | 0.082 |
| | 钢垫块 | kg | 1.026 | 1.026 | 1.201 |
| | 防锈漆 | kg | 0.103 | 0.103 | 0.103 |
| | 富锌漆 | kg | 0.205 | 0.205 | 0.205 |
| | 焊条 | kg | 0.440 | 0.440 | 0.440 |

续前

| 定额编号 | | | 8-849 | 8-850 | 8-851 |
|---|---|---|---|---|---|
| 项目 | | | 800mm | 1200mm | 2000mm |
| 名称 | | 单位 | 数量 | | |
| 材料 | 电 | kW·h | 0.921 | 0.921 | 0.864 |
| | 其他材料费 | % | 1.000 | 1.000 | 1.000 |
| 机械 | 载重汽车 8t | 台班 | 0.019 | 0.019 | 0.019 |
| | 汽车起重机 12t | 台班 | 0.013 | 0.013 | 0.013 |
| | 电锤 830W | 台班 | 0.083 | 0.083 | 0.083 |
| | 钻床 | 台班 | 0.010 | 0.010 | 0.010 |
| | 电焊机 21kV·A | 台班 | 0.083 | 0.083 | 0.083 |
| | 切割机 | 台班 | 0.004 | 0.004 | 0.005 |

## 13.2.2 变压器预埋

**工作内容：**准备、搬运、测量、定位、打孔、螺栓安装、调整、焊接固定、防锈处理、记录。

计量单位:套

| 定额编号 | | | 8-852 | 8-853 |
|---|---|---|---|---|
| 项目 | | | 1250kV·A | 3650kV·A |
| 名称 | | 单位 | 数量 | |
| 人工 | 综合工日 | 工日 | 5.389 | 8.193 |
| 材料 | 成品预埋件 | 套 | 1.000 | 1.000 |
| | 膨胀螺栓 M12×100 | 套 | 12.240 | 24.480 |
| | 冲击钻头 $\phi$14 | 支 | 0.245 | 0.485 |
| | 钢垫块 | kg | 2.002 | 4.004 |
| | 防锈漆 | kg | 0.308 | 0.615 |
| | 富锌漆 | kg | 0.615 | 1.230 |
| | 焊条 | kg | 1.320 | 2.640 |
| | 电 | kW·h | 4.142 | 4.142 |
| | 其他材料费 | % | 1.000 | 1.000 |
| 机械 | 载重汽车 8t | 台班 | 0.078 | 0.156 |
| | 汽车起重机 12t | 台班 | 0.052 | 0.104 |
| | 电锤 830W | 台班 | 0.250 | 0.500 |
| | 钻床 | 台班 | 0.031 | 0.063 |
| | 电焊机 21kV·A | 台班 | 0.250 | 0.500 |
| | 切割机 | 台班 | 0.008 | 0.016 |

**主 编 单 位：** 住房和城乡建设部标准定额研究所

**编 制 单 位：** 中铁电气化局集团有限公司

**参 编 单 位：** 中铁电气化局集团有限公司城铁公司

**综合协调人员：** 胡传海　王海宏　胡晓丽　白洁如　王志年　戴富元
汪一江　郎桂林　吴　强　曾伟源　陈柏生　李成栋
史素美　孙金科　薛长立　王文江　李永芳　张永胜
张明焕　卢后星　顾　青　魏晓东

**编 制 人 员：** 孙金科　封书贞　王培国　董京燕　田立新　张　斌
韩春景　石　磊(女)　张杰奇　陈　永　王福让
石　磊　胡友杰　张　化　徐　斐　魏　冲　周金龙
郭润桥　刘世杰

# 城市轨道交通工程预算定额

GCG 103-2008

## 第九册　智能与控制系统安装工程

中 国 计 划 出 版 社

北　京

**图书在版编目(CIP)数据**

城市轨道交通工程预算定额：GCG 103-2008. 第9册，智能与控制系统安装工程 / 住房和城乡建设部标准定额研究所主编. —北京：中国计划出版社，2008. 12
ISBN 978-7-80242-260-5

Ⅰ. 城…　Ⅱ. 住…　Ⅲ. ①城市铁路-铁路工程-预算定额-中国②城市铁路-智能控制-控制系统-预算定额-中国
Ⅳ. U239.5

中国版本图书馆 CIP 数据核字（2008）第 172180 号

**主编单位：** 住房和城乡建设部标准定额研究所

**批准部门：** 中华人民共和国住房和城乡建设部

**施行日期：** 2 0 0 9 年 1 月 1 日

# 住房城乡建设部
# 关于印发《城市轨道交通工程预算定额》的通知

建标〔2008〕193号

为适应城市轨道交通工程建设的需要，合理确定和控制城市轨道交通工程造价，我部制定了《城市轨道交通工程预算定额》，编号为GCG 103-2008，自2009年1月1日起施行。现印发给你们。2001年批准发布的《全国统一市政工程预算定额》第九册（地铁工程）同时废止。请你们将施行中的有关问题和建议反馈给我部标准定额司。

《城市轨道交通工程预算定额》由我部标准定额研究所组织中国计划出版社出版发行。

中华人民共和国住房和城乡建设部

二〇〇八年十月十五日

# 总说明

一、《城市轨道交通工程预算定额》（以下简称本定额）共分 10 册，包括：

第一册　路基、围护结构及地基处理工程；

第二册　桥涵工程；

第三册　隧道工程；

第四册　地下结构工程；

第五册　轨道工程；

第六册　通信工程；

第七册　信号工程；

第八册　供电工程；

第九册　智能与控制系统安装工程；

第十册　机电设备安装工程。

二、本定额是完成规定计量单位分部分项工程所需的人工、材料、施工机械台班的消耗量标准，是制定城市轨道交通工程地区单位估价表、工程量清单综合单价、招标标底和投标报价的基础。

三、本定额适用于新建、扩建的城市轨道交通工程。

四、本定额是按照正常施工条件、目前多数施工企业的施工机械装备程度，施工中常用的施工方法、施工工艺、劳动组织以及合理工期进行编制的。

五、本定额是依据国家有关产品标准、设计规范和施工验收规范编制的，参考了现行国家、行业和地方定额，以及有代表性的工程设计、施工资料和其他资料。

六、本定额消耗量的确定。

1. 人工工日消耗量。人工工日不分工种、技术等级均以综合工日表示。内容包括基本用工、超运距用工、人工幅度差和辅助用工。

2. 材料消耗量。

（1）材料选用符合国家质量标准和相应设计要求的合格产品。

（2）材料消耗包括主要材料、辅助材料、零星材料，凡能计量的材料、成品、半成品均按品种、规格逐一列出数量并计入相应的损耗，其内容和范围包括：从工地仓库、现场集中堆放地点或现场加工地点至操作或安装地点的运输损耗、施工操作损耗、施工现场堆放损耗。

（3）混凝土均按预拌混凝土考虑。

（4）周转性材料按不同施工方法、不同材质按规定的周转次数摊销计入定额内。

（5）用量少、价值小的材料合并为其他材料费，以占材料费的百分数表示。

3. 施工机械和仪器仪表台班消耗量。

（1）施工机械和仪器仪表台班消耗量是按正常合理的施工配备和施工工效测算确定台班使用量。

（2）凡单位价值在 2000 元以上的施工机械和仪器仪表按台班列入定额；单位价值在 2000 元以

下的列入费用定额工具使用费项下。

七、定额中均包括了材料、成品、半成品从工地仓库、现场集中堆放地点或现场加工地点至操作或安装地点的水平运输和垂直运输所需的人工和机械消耗量。如发生再次搬运，应在费用定额中二次搬运费项下列支。

八、本定额施工用水、电是按现场有水、电考虑的。

九、本定额的工作内容已说明了主要施工工序，次要工序虽未说明，均已考虑在定额内。

十、本定额与其他全国统一工程预算定额的关系，凡本定额包含的项目，按本定额项目执行；本定额缺项部分，可执行其他全国统一定额。

十一、本定额中注有“×××以内”或“×××以下”者均包括×××本身，“×××以外”或“×××以上”者则不包括×××本身。

十二、本说明未尽事宜，详见各册和各章说明。

# 册 说 明

一、《城市轨道交通工程预算定额》第九册“智能与控制系统安装工程”(以下简称本定额)适用于城市轨道交通工程中的智能与控制系统及电子信息机房工程。本册定额内容包括：综合监控系统、环境与机电设备监控系统、火灾报警系统、旅客信息系统、安全防范系统、不间断电源系统、自动售检票系统、电子信息机房工程共8章673个子目。

二、本册定额的编制主要依据：

1. 《全国统一安装工程基础定额》GJD-209—2006；
2. 《全国统一安装工程预算定额》GJD-202—2000；
3. 《全国统一施工机械台班费用编制规则》；
4. 《全国统一安装工程施工仪器仪表台班费用定额》GFD-201—1999；
5. 《地下铁道工程设计规范》GB-500157—93；
6. 《地下铁道工程施工及验收规范》；
7. 《全国统一市政工程预算定额》第九册《地铁工程》GYD-309—2001；
8. 《电子建设工程预算定额》。

三、下列内容执行本定额相应册定额子目：

1. 电源线、控制电缆敷设、电缆托架铁件制作、电线槽安装、桥架安装、电线管敷设、电缆沟工程、电缆保护管敷设，执行第 8 册《供电工程》相关定额子目。

2. 电视监控、广播及时钟系统工程执行第 6 册《通信工程》相关定额子目。

四、本定额相关于费用的规定：

1. 本定额中的操作高度(指操作物高度距楼地面的距离)，均按 5m 以下编制，操作物高度超过 5m 时，其超过部分的人工工日乘以下列系数：

| 操作高度 | 10m 以下 | 20m 以下 | 20m 以上 |
|---|---|---|---|
| 超高系数 | 1.25 | 1.40 | 1.60 |

2. 脚手架使用费按单位工程人工费为基础的 4%计算，其中人工工资占 25%。

五、未尽事宜见本册定额各章说明。

# 目　录

## 4　旅客信息系统(PIS)

## 5 安全防范系统(SPS)



## 6 不间断电源系统(UPS)



## 7 自动售检票系统(AFC)



## 8 电子信息机房工程

# 1 综合监控系统

# 说　明

一、本章定额包括：中央监控中心（OCC）设备安装工程、车站和车辆段综合监控设备安装工程，共2节127个子目。

二、大屏显示设备安装工程消耗量为配合安装工程工作量。

三、本章有关不间断电源定额执行第6章有关定额。接地定额执行第8章有关定额。线缆敷设定额执行第8章有关定额。

四、本章不包括综合监控系统总联调。

# 工程量计算规则

一、中央监控中心系统设备安装调试，以“台（套）”为单位计算。

二、大屏显示系统敷设视频同轴电缆，以“100m”为单位计算。

三、LED显示屏安装调试，以“$m^2$”为单位计算。

四、大屏显示系统设备安装调试，以“台（套)”为单位计算。

五、车站、车辆段综合监控系统设备安装，以“台（套）”为单位计算。

六、综合监控系统软件安装，以“套”为单位计算。

# 1.1 中央监控中心（OCC）设备安装工程

## 1.1.1 系统设备安装调试

（1）交换机设备安装、调试

**工作内容：**技术准备、开箱检查、清洁、定位安装、互联、接口检查、加电调试。

计量单位：台

| 定 额 编 号 | | | 9-001 | 9-002 | 9-003 | 9-004 | 9-005 |
|---|---|---|---|---|---|---|---|
| 项 目 | | | 中央交换机 | | | | |
| | | | 工作组级交换机 | 部门级交换机 | | 企业级交换机 | |
| | | | | 二层交换机 | 三层交换机 | 二层交换机 | 三层交换机 |
| 名 称 | | 单位 | 数 量 | | | | |
| 人工 | 综合工日 | 工日 | 1.50 | 1.70 | 1.80 | 1.80 | 1.90 |
| 材料 | 多功能上光清洁剂 | 盒 | 0.10 | 0.10 | 0.10 | 0.10 | 0.10 |
| | 脱脂棉 | kg | 0.02 | 0.02 | 0.02 | 0.02 | 0.02 |
| | 其他材料费 | % | 5.00 | 5.00 | 5.00 | 5.00 | 5.00 |
| 仪器仪表 | 便携式计算机 | 台班 | 0.30 | 0.50 | 0.60 | 0.60 | 0.70 |
| | 网络分析仪 | 台班 | 0.20 | 0.40 | 0.50 | 0.50 | 0.60 |

## （2）交换机系统功能调试

**工作内容：**技术准备、虚网划分、端口设置、路由设置、包过滤、设备监控等功能调试。

计量单位：个

| 定额编号 | | | 9-006 | 9-007 |
|---|---|---|---|---|
| 项目 | | | 中央交换机系统功能调试 | |
| | | | 2个子网以下 | 2个子网以上，每增加1个子网 |
| 名称 | | 单位 | 数量 | |
| 人工 | 综合工日 | 工日 | 1.50 | 0.20 |
| 材料 | 多功能上光清洁剂 | 盒 | 0.10 | 0.10 |
| | 脱脂棉 | kg | 0.02 | 0.02 |
| | 其他材料费 | % | 5.00 | 5.00 |
| 仪器仪表 | 便携式计算机 | 台班 | 0.30 | 0.05 |

## （3）服务器设备安装、调试

**工作内容：**技术准备、开箱检查、清洁、定位安装、互联、接口检查、设备加电、调试。

计量单位：台(套)

| 定额编号 | | | 9-008 | 9-009 | 9-010 |
|---|---|---|---|---|---|
| 项目 | | | 中央实时服务器 | | |
| | | | 工作组级服务器 | 部门级服务器 | 企业级服务器 |
| 名称 | | 单位 | 数量 | | |
| 人工 | 综合工日 | 工日 | 1.50 | 2.00 | 3.00 |
| 材料 | 光盘 | 张 | 4.00 | 4.00 | 4.00 |
| | 多功能上光清洁剂 | 盒 | 0.10 | 0.10 | 0.10 |
| | 脱脂棉 | kg | 0.02 | 0.02 | 0.02 |
| | 其他材料费 | % | 5.00 | 5.00 | 5.00 |
| 仪器仪表 | 数字多用表 | 台班 | 0.50 | 0.50 | 0.50 |

**工作内容：**技术准备、开箱检查、清洁、定位安装、互联、接口检查、设备加电、调试。

计量单位：台(套)

| 定额编号 | | | 9-011 | 9-012 | 9-013 |
|---|---|---|---|---|---|
| 项目 | | | 中央历史服务器 | | |
| | | | 工作组级服务器 | 部门级服务器 | 企业级服务器 |
| 名称 | | 单位 | 数量 | | |
| 人工 | 综合工日 | 工日 | 2.50 | 3.00 | 4.00 |
| 材料 | 光盘 | 张 | 4.00 | 4.00 | 4.00 |
| | 多功能上光清洁剂 | 盒 | 0.10 | 0.10 | 0.10 |
| | 脱脂棉 | kg | 0.02 | 0.02 | 0.02 |
| | 其他材料费 | % | 5.00 | 5.00 | 5.00 |
| 仪器仪表 | 数字多用表 | 台班 | 0.50 | 0.50 | 0.50 |

## （4）服务器系统软件安装、调试

**工作内容：**技术准备、系统软件功能检测、调试。

计量单位：台

| 定额编号 | | | 9-014 | 9-015 | 9-016 |
|---|---|---|---|---|---|
| 项目 | | | 中央实时服务器系统软件安装、调试 | | |
| | | | 工作组级服务器 | 部门级服务器 | 企业级服务器 |
| 名称 | | 单位 | 数量 | | |
| 人工 | 综合工日 | 工日 | 1.50 | 2.00 | 3.50 |
| 材料 | 光盘 | 张 | 4.00 | 4.00 | 4.00 |
| | 多功能上光清洁剂 | 盒 | 0.10 | 0.15 | 0.15 |
| | 脱脂棉 | kg | 0.02 | 0.04 | 0.04 |
| | 其他材料费 | % | 5.00 | 5.00 | 5.00 |
| 仪器仪表 | 数字多用表 | 台班 | 0.30 | 0.70 | 1.30 |

**工作内容**：技术准备、系统软件功能检测、调试。

计量单位：台

| 定额编号 | | | 9-017 | 9-018 | 9-019 |
| --- | --- | --- | --- | --- | --- |
| 项目 | | | 中央历史服务器系统软件安装、调试 | | |
| | | | 工作组级服务器 | 部门级服务器 | 企业级服务器 |
| 名称 | | 单位 | 数量 | | |
| 人工 | 综合工日 | 工日 | 2.00 | 2.50 | 4.00 |
| 材料 | 光盘 | 张 | 4.00 | 4.00 | 4.00 |
| | 多功能上光清洁剂 | 盒 | 0.10 | 0.15 | 0.15 |
| | 脱脂棉 | kg | 0.02 | 0.04 | 0.04 |
| | 其他材料费 | % | 5.00 | 5.00 | 5.00 |
| 仪器仪表 | 数字多用表 | 台班 | 0.30 | 0.70 | 1.30 |

## （5）存储设备安装、调试

**工作内容：** 装调技术准备、装调机具准备、电源检测和施工安全防护、搬运、开箱、检查、定位、安装、互联、设备清理和清洗、接通电源、单机自检、接口正确性检查和调试、联机调试。

计量单位：台

| 定额编号 | | | 9-020 | 9-021 | 9-022 | 9-023 | 9-024 | 9-025 | 9-026 |
|---|---|---|---|---|---|---|---|---|---|
| 项目 | | | 磁盘阵列 | | | | | | |
| | | | 低端 | | 中端 | | 高端 | | 每增加1块硬盘 |
| | | | 4通道 | 8通道 | 16通道 | 32通道 | 64通道 | 128通道 | |
| 名称 | | 单位 | 数量 | | | | | | |
| 人工 | 综合工日 | 工日 | 3.00 | 5.00 | 8.00 | 12.00 | 18.00 | 30.00 | 0.25 |
| 材料 | 酒精 | kg | 0.50 | 1.00 | 2.00 | 3.50 | 5.00 | 8.00 | — |
| | 脱脂棉 | kg | 0.50 | 1.00 | 2.00 | 3.50 | 5.00 | 8.00 | — |
| | 其他材料费 | % | 5.00 | 5.00 | 5.00 | 5.00 | 5.00 | 5.00 | — |
| 仪器仪表 | 数字多用表 | 台班 | 0.50 | 0.80 | 1.00 | 1.00 | 1.00 | 1.00 | — |
| | 便携式计算机 | 台班 | 1.00 | 1.50 | 2.00 | 3.00 | 3.50 | 4.00 | 0.10 |

**工作内容：**装调技术准备、装调机具准备、电源检测和施工安全防护、搬运、开箱、检查、定位、安装、互连、设备清理和清洗、接通电源、单机自检、接口正确性检查和调试、联机调试。

计量单位：台

| 定额编号 | | | 9-027 | 9-028 | 9-029 | 9-030 | 9-031 | 9-032 | 9-033 | 9-034 |
|---|---|---|---|---|---|---|---|---|---|---|
| 项目 | | | 磁带机 | | | | | | | |
| | | | 台式磁带机 | 嵌入式磁带机 | 柜式磁带机 | 盒式磁带机(盒带数量) | | | | 数据流磁带机 |
| | | | | | | ≤16 | ≤32 | ≤64 | ≤128 | |
| 名称 | | 单位 | 数量 | | | | | | | |
| 人工 | 综合工日 | 工日 | 2.00 | 3.50 | 5.00 | 6.00 | 10.00 | 15.00 | 30.00 | 3.50 |
| 材料 | 磁带 | 盒 | 0.50 | 0.50 | 0.50 | 1.00 | 2.00 | 4.00 | 6.00 | — |
| | 磁带(清洁带) | 盒 | 0.50 | 1.00 | 1.00 | 1.00 | 1.00 | 2.00 | 3.00 | 1.00 |
| | 其他材料费 | % | 5.00 | 5.00 | 5.00 | 5.00 | 5.00 | 5.00 | 5.00 | 5.00 |
| 仪器仪表 | 数字多用表 | 台班 | 0.50 | 0.50 | 0.50 | 1.00 | 2.00 | 3.00 | 5.00 | 2.50 |
| | 便携式计算机 | 台班 | 1.00 | 2.50 | 3.00 | 2.00 | 4.00 | 6.00 | 10.00 | 2.50 |

### （6）中央操作员站、网管工作站安装调试

**工作内容：**技术、机具、仪器仪表准备、电源检测和联试安全保护、接口正确性测试、检查、硬件系统的验证、硬件调试。

计量单位：台

| 定额编号 | | | 9-035 | 9-036 | 9-037 | 9-038 |
|---|---|---|---|---|---|---|
| 项目 | | | 中央操作员站 | | | |
| | | | ≤10 用户 | 11～25 用户 | 26～50 用户 | >50 用户<br>每增加 4 用户 |
| 名称 | | 单位 | 数量 | | | |
| 人工 | 综合工日 | 工日 | 8.00 | 15.00 | 25.00 | 2.00 |
| 材料 | 光盘 | 张 | 2.00 | 4.00 | 6.00 | 0.50 |
| | 复印纸 A4 | 包 | 0.05 | 0.07 | 0.10 | 0.02 |
| | 其他材料费 | % | 5.00 | 5.00 | 5.00 | 5.00 |
| 仪器仪表 | 便携式计算机 | 台班 | 0.80 | 1.00 | 1.00 | 1.20 |

**工作内容：** 技术、机具、仪器仪表准备、电源检测和联试安全保护、接口正确性测试、检查、硬件系统的验证、硬件调试。

计量单位：台

| 定额编号 | | | 9-039 | 9-040 | 9-041 | 9-042 |
|---|---|---|---|---|---|---|
| 项目 | | | 网管工作站 | | | |
| | | | ≤10 用户 | 11～25 用户 | 26～50 用户 | >50 用户<br>每增加 4 用户 |
| 名称 | | 单位 | 数量 | | | |
| 人工 | 综合工日 | 工日 | 8.00 | 15.00 | 25.00 | 2.00 |
| 材料 | 光盘 | 张 | 2.00 | 4.00 | 6.00 | 0.50 |
| | 复印纸 A4 | 包 | 0.05 | 0.07 | 0.10 | 0.02 |
| | 其他材料费 | % | 5.00 | 5.00 | 5.00 | 5.00 |
| 仪器仪表 | 便携式计算机 | 台班 | 1.00 | 1.20 | 1.20 | 1.40 |

### （7）打印机安装、调试

**工作内容：**技术准备、开箱检查、定位安装、互联、检测调试、交验。

计量单位：台

| 定额编号 | | | 9-043 | 9-044 | 9-045 | 9-046 |
|---|---|---|---|---|---|---|
| 项目 | | | 针式打印机 | 喷墨打印机 | 激光打印机 | 热转印打印机 |
| 名称 | | 单位 | 数量 | | | |
| 人工 | 综合工日 | 工日 | 0.20 | 0.30 | 0.50 | 0.20 |
| 材料 | 针打色带 | 盒 | 0.10 | — | — | — |
| | 复印纸 A4 | 包 | — | — | 0.03 | — |
| | 热转印打印机用纸(票,纸) | 卷 | — | — | — | 0.02 |
| | 喷墨打印机墨盒 | 盒 | — | 0.01 | — | — |
| | 热转印打印机碳带 | 卷 | — | — | — | 0.02 |
| | 打印纸 132 行(381-1) | 包 | 0.10 | 0.50 | — | — |
| | 脱脂棉 | kg | 0.02 | 0.02 | 0.02 | 0.02 |
| | 其他材料费 | % | 5.00 | 5.00 | 5.00 | 5.00 |

### 1.1.2 大屏显示系统设备安装调试

（1）布放视频同轴电缆

**工作内容：** 开箱、线缆检查、编号、安装(穿放、布放)、断线、固定、临时封头、清理场地。

计量单位：100m

| 定额编号 | | | 9-047 | 9-048 | 9-049 | 9-050 |
|---|---|---|---|---|---|---|
| 项目 | | | 管/暗槽内穿放 | | 线槽/桥架/支架/活动地板内明布放 | |
| | | | $\phi$9 以内 | $\phi$9 以外 | $\phi$9 以内 | $\phi$9 以外 |
| 名称 | | 单位 | 数量 | | | |
| 人工 | 综合工日 | 工日 | 1.30 | 1.70 | 1.50 | 1.90 |
| 材料 | 电缆 | m | (102.00) | (102.00) | (102.00) | (102.00) |
| | 电缆卡子(综合) | 个 | — | — | 60.60 | 60.60 |
| | 其他材料费 | % | 5.00 | 5.00 | 5.00 | 5.00 |
| 仪器仪表 | 数字多用表 | 台班 | 0.10 | 0.10 | 0.10 | 0.10 |
| | 对讲机 | 台班 | 1.10 | 1.50 | 0.60 | 0.80 |

## （2）显示设备安装

**工作内容：**开箱检验、零部件配套、按说明书通电、检查、调试。

计量单位：$m^2$

| 定额编号 | | | 9-051 | 9-052 | 9-053 | 9-054 |
|---|---|---|---|---|---|---|
| 项目 | | | LED 显示屏(壁挂、吊装) | | | 显示墙(台)(单台显示器) |
| | | | 单基色 | 双基色 | 三基色 | |
| 名称 | | 单位 | 数量 | | | |
| 人工 | 综合工日 | 工日 | 0.50 | 0.80 | 1.00 | 0.50 |
| 材料 | 酒精 | kg | 0.50 | 0.50 | 0.50 | 0.25 |
| | 脱脂棉 | kg | 0.50 | 0.50 | 0.50 | 0.25 |
| | 其他材料费 | % | 5.00 | 5.00 | 5.00 | 5.00 |
| 仪器仪表 | 数字多用表 | 台班 | 0.50 | 0.50 | 0.50 | — |
| | 便携式计算机 | 台班 | 0.50 | 0.50 | 0.50 | — |

**工作内容：**搬运、开箱检验、清点设备、安装、固定、接线、通电检查、清理现场。

计量单位：台

| 定额编号 | | | 9-055 | 9-056 | 9-057 | 9-058 |
|---|---|---|---|---|---|---|
| 项目 | | | 数字光处理器(DLP)投影机 | | | |
| | | | 摆放 | | 吊装 | |
| | | | ≤5000lm | ＞5000lm | ≤5000lm | ＞5000lm |
| 名称 | | 单位 | 数量 | | | |
| 人工 | 综合工日 | 工日 | 0.30 | 0.50 | 0.80 | 1.00 |
| 材料 | 酒精 | kg | 0.25 | 0.25 | 0.50 | 0.50 |
| | 脱脂棉 | kg | 0.25 | 0.25 | 0.50 | 0.50 |
| | 其他材料费 | % | 5.00 | 5.00 | 5.00 | 5.00 |
| 仪器仪表 | 便携式计算机 | 台班 | 0.10 | 0.10 | 0.10 | 0.10 |

**工作内容：**开箱检验、零部件配套、按说明书通电、检查。

计量单位：套

| 定额编号 | | | 9-059 | 9-060 | 9-061 | 9-062 |
|---|---|---|---|---|---|---|
| 项目 | | | 拼接控制器 | | | 拼接卡(个) |
| | | | ≤10屏 | 10~20屏 | >20屏 | |
| 名称 | | 单位 | 数量 | | | |
| 人工 | 综合工日 | 工日 | 8.00 | 12.00 | 16.00 | 1.00 |
| 材料 | 酒精 | kg | 0.50 | 0.50 | 0.50 | 0.50 |
| | 脱脂棉 | kg | 0.50 | 0.50 | 0.50 | 0.50 |
| | 其他材料费 | % | 5.00 | 5.00 | 5.00 | 5.00 |

### （3）信号处理设备安装

**工作内容：**搬运、开箱检验、清点设备、定位、安装视频电缆、安装地线、编号、标记、扎线、查通、通电检查、清理现场。

计量单位：台

| 定额编号 | | | 9-063 | 9-064 | 9-065 |
|---|---|---|---|---|---|
| 项目 | | | VGA 矩阵 | | |
| | | | 4×4 | 8×4 | 8×8 |
| 名称 | | 单位 | 数量 | | |
| 人工 | 综合工日 | 工日 | 5.00 | 7.50 | 10.00 |
| 材料 | VGA 插头 | 个 | 8.00 | 12.00 | 16.00 |
| | 其他材料费 | % | 5.00 | 5.00 | 5.00 |
| 仪器仪表 | 数字多用表 | 台班 | 0.30 | 0.30 | 0.40 |
| | 电视测试信号发生器 | 台班 | 3.00 | 4.50 | 6.00 |
| | 彩色监视器 14″ | 台班 | 3.00 | 4.50 | 6.00 |

**工作内容：** 搬运、开箱检验、清点设备、定位、安装视频电缆、安装地线、编号、标记、扎线、查通、通电检查、清理现场。

计量单位：台

| 定额编号 | | | 9-066 | 9-067 |
|---|---|---|---|---|
| 项目 | | | VGA 分配放大器 | |
| | | | 1×4 | 1×8 |
| 名称 | | 单位 | 数量 | |
| 人工 | 综合工日 | 工日 | 3.13 | 5.63 |
| 材料 | VGA 插头 | 个 | 5.00 | 9.00 |
| | 其他材料费 | % | 5.00 | 5.00 |

**工作内容：** 搬运、开箱检验、清点设备、定位、安装视频电缆、安装地线、编号、标记、扎线、查通、通电检查、清理现场。

计量单位：台

| 定额编号 | | | 9-068 | 9-069 |
|---|---|---|---|---|
| 项目 | | | VGA、RGB 切换器 | |
| | | | 4×1 | 8×1 |
| 名称 | | 单位 | 数量 | |
| 人工 | 综合工日 | 工日 | 3.13 | 5.63 |
| 材料 | VGA 插头 | 个 | 5.00 | 9.00 |
| | 其他材料费 | % | 5.00 | 5.00 |

**工作内容：**搬运、开箱清点、安装就位、调试、固定、接线、接地、做标志、清理现场。

计量单位：台

| 定额编号 | | | 9-070 | 9-071 | 9-072 |
|---|---|---|---|---|---|
| 项目 | | | 专业数字视频处理器 | 智能配电柜 | 智能电源控制器(套) |
| 名称 | | 单位 | 数量 | | |
| 人工 | 综合工日 | 工日 | 0.80 | 2.40 | 0.80 |
| 材料 | 地脚螺栓 M14×120～230 | 套 | — | 4.08 | — |
| | 地脚螺栓 M10×25 | 套 | — | 1.02 | — |
| | 标志牌 | 个 | 2.10 | — | 4.20 |
| | 扎线卡 | 个 | 202.00 | — | — |
| | 棉纱头 | kg | — | 0.20 | 0.05 |
| | 其他材料费 | % | 5.00 | 5.00 | 5.00 |

**工作内容：** 搬运、开箱检查、安装固定、熔接光缆光纤、制作射频接头、接线、调测记录、整理调测记录、填写调测报告。

计量单位：台

| 定额编号 | | | 9-073 | 9-074 | 9-075 | 9-076 | 9-077 |
|---|---|---|---|---|---|---|---|
| 项目 | | | 光接收机 | 模拟光发射机 | | FM光发射机 | 数字光发射机 |
| | | | | 直接调制 | 外调制 | | |
| 名称 | | 单位 | 数量 | | | | |
| 人工 | 综合工日 | 工日 | 0.80 | 3.00 | 4.00 | 6.00 | 6.00 |
| 材料 | 棉纱头 | kg | 0.05 | — | — | — | — |
| | 其他材料费 | % | 5.00 | — | — | — | — |
| 仪器仪表 | 光功率计 | 台班 | 0.40 | 1.50 | 2.00 | 2.00 | 3.00 |
| | 光时域发射仪 | 台班 | 0.40 | 1.50 | 2.00 | 2.00 | 3.00 |
| | 频谱分析仪 | 台班 | — | 1.50 | 2.00 | 2.00 | 3.00 |
| | 场强仪 | 台班 | 0.40 | — | — | — | — |

**工作内容**：开箱检验、零部件配套、通电检查。

计量单位：台

| 定额编号 | | | 9-078 | 9-079 | 9-080 | 9-081 |
|---|---|---|---|---|---|---|
| 项目 | | | 画面(VGA)分割控制器 | | | |
| | | | 4 画面 | 9 画面 | 16 画面 | 24 画面 |
| 名称 | | 单位 | 数量 | | | |
| 人工 | 综合工日 | 工日 | 0.60 | 1.30 | 2.10 | 3.10 |
| 材料 | 莲花插头 | 个 | 5.00 | 10.00 | 17.00 | 25.00 |
| | 其他材料费 | % | 5.00 | 5.00 | 5.00 | 5.00 |

**工作内容：** 搬运、开箱清点、安装就位、调试、固定、接线、接地、做标志、清理现场。

计量单位：台

| 定额编号 | | | 9-082 | 9-083 | 9-084 | 9-085 | 9-086 |
|---|---|---|---|---|---|---|---|
| 项目 | | | 大屏控制主机 | | | | |
| | | | 控制主机(套) | | | 控制主机调试 | 音视频矩阵切换器 |
| | | | 1.60m以内 | 2.00m以内 | 1.20m以内组合式 | | |
| 名称 | | 单位 | 数量 | | | | |
| 人工 | 综合工日 | 工日 | 6.00 | 8.00 | 4.00 | 6.00 | 0.80 |
| 材料 | 扎线卡 | 个 | 505.00 | 505.00 | 505.00 | — | — |
| | 棉纱头 | kg | 0.05 | 0.05 | 0.05 | — | 0.05 |
| | 其他材料费 | % | 5.00 | 5.00 | 5.00 | — | 5.00 |

**工作内容：**搬运、开箱清点、安装就位、调试、固定、接线、接地、做标志、清理现场。

计量单位：台

| 定额编号 | | | 9-087 | 9-088 | 9-089 | 9-090 |
|---|---|---|---|---|---|---|
| 项目 | | | 大屏控制主机 | | | |
| | | | 中央控制处理器 | 边缘融合处理器 | DLP 显示屏控制软件(套) | 系统调试 |
| 名称 | | 单位 | 数量 | | | |
| 人工 | 综合工日 | 工日 | 3.00 | 0.80 | 0.80 | 15.00 |
| 材料 | 光盘 | 张 | 4.00 | — | 3.00 | — |
| | 多功能上光清洁剂 | 盒 | 0.10 | — | — | — |
| | 扎线卡 | 个 | — | 202.00 | — | — |
| | 标志牌 | 个 | — | 2.10 | — | — |
| | 棉纱头 | kg | 0.02 | — | — | — |
| | 脱脂棉 | kg | — | — | 0.02 | — |
| | 其他材料费 | % | 5.00 | 5.00 | 5.00 | — |
| 仪器仪表 | 数字多用表 | 台班 | 0.50 | — | — | — |

## （4）底座安装

**工作内容：** 装调技术准备、装调机具准备、搬运、开箱、检查、定位、安装、清理。

计量单位：台

| 定额编号 | | | 9-091 | 9-092 |
|---|---|---|---|---|
| 项目 | | | 底座 | |
| | | | 650×700 | 650×1200 |
| 名称 | | 单位 | 数量 | |
| 人工 | 综合工日 | 工日 | 1.00 | 1.50 |
| 材料 | 电焊条 结 422(综合) | kg | 0.50 | 0.70 |
| | 焊锡 | kg | 0.25 | 0.35 |
| | 焊锡膏 | kg | 0.25 | 0.35 |
| | 酒精 | kg | 0.25 | 0.25 |
| | 脱脂棉 | kg | 0.25 | 0.25 |
| | 其他材料费 | % | 5.00 | 5.00 |
| 机械 | 交流电焊机 ≤21kV·A | 台班 | 0.80 | 1.20 |
| 仪器仪表 | 绝缘电阻测试仪 | 台班 | 0.10 | 0.10 |

# 1.2 车站、车辆段综合监控系统设备安装工程

## 1.2.1 交换机设备安装、调试

**工作内容：**技术准备、开箱检查、清洁、定位安装、互联、接口检查、加电调试。

计量单位：台

<table>
<tr><td colspan="3">定额编号</td><td>9-093</td><td>9-094</td><td>9-095</td><td>9-096</td><td>9-097</td></tr>
<tr><td colspan="3" rowspan="3">项目</td><td colspan="5">中央交换机</td></tr>
<tr><td rowspan="2">工作组级交换机</td><td colspan="2">部门级交换机</td><td colspan="2">企业级交换机</td></tr>
<tr><td>二层交换机</td><td>三层交换机</td><td>二层交换机</td><td>三层交换机</td></tr>
<tr><td colspan="2">名称</td><td>单位</td><td colspan="5">数量</td></tr>
<tr><td>人工</td><td>综合工日</td><td>工日</td><td>1.00</td><td>1.20</td><td>1.30</td><td>1.30</td><td>1.40</td></tr>
<tr><td rowspan="3">材料</td><td>多功能上光清洁剂</td><td>盒</td><td>0.10</td><td>0.10</td><td>0.10</td><td>0.10</td><td>0.10</td></tr>
<tr><td>脱脂棉</td><td>kg</td><td>0.02</td><td>0.02</td><td>0.02</td><td>0.02</td><td>0.02</td></tr>
<tr><td>其他材料费</td><td>%</td><td>5.00</td><td>5.00</td><td>5.00</td><td>5.00</td><td>5.00</td></tr>
<tr><td rowspan="2">仪器仪表</td><td>便携式计算机</td><td>台班</td><td>0.30</td><td>0.50</td><td>0.60</td><td>0.60</td><td>0.70</td></tr>
<tr><td>网络分析仪</td><td>台班</td><td>0.20</td><td>0.40</td><td>0.50</td><td>0.50</td><td>0.60</td></tr>
</table>

### 1.2.2 交换机系统功能调试

**工作内容：**技术准备、虚网划分、端口设置、路由设置、包过滤、设备监控等功能调试。

计量单位：个

| 定额编号 | | | 9-098 | 9-099 |
|---|---|---|---|---|
| 项目 | | | 中央交换机系统功能调试 | |
| | | | 2个子网以下 | 2个子网以上，每增加1个子网 |
| 名称 | | 单位 | 数量 | |
| 人工 | 综合工日 | 工日 | 1.50 | 0.15 |
| 材料 | 多功能上光清洁剂 | 盒 | 0.10 | 0.10 |
| | 脱脂棉 | kg | 0.02 | 0.02 |
| | 其他材料费 | % | 5.00 | 5.00 |
| 仪器仪表 | 便携式计算机 | 台班 | 0.30 | 0.05 |

### 1.2.3 服务器设备安装、调试

**工作内容：**技术准备、开箱检查、清洁、定位安装、互联、接口检查、设备加电、调试。

计量单位：台(套)

| 定额编号 | | | 9-100 | 9-101 | 9-102 |
|---|---|---|---|---|---|
| 项目 | | | 中央实时服务器 | | |
| | | | 工作组级服务器 | 部门级服务器 | 企业级服务器 |
| 名称 | | 单位 | 数量 | | |
| 人工 | 综合工日 | 工日 | 1.00 | 1.50 | 2.00 |
| 材料 | 光盘 | 张 | 4.00 | 4.00 | 4.00 |
| | 多功能上光清洁剂 | 盒 | 0.10 | 0.10 | 0.10 |
| | 脱脂棉 | kg | 0.02 | 0.02 | 0.02 |
| | 其他材料费 | % | 5.00 | 5.00 | 5.00 |
| 仪器仪表 | 数字多用表 | 台班 | 0.50 | 0.50 | 0.50 |

**工作内容：**技术准备、开箱检查、清洁、定位安装、互联、接口检查、设备加电、调试。

计量单位：台(套)

| 定额编号 | | | 9-103 | 9-104 | 9-105 |
|---|---|---|---|---|---|
| 项目 | | | 中央历史服务器 | | |
| | | | 工作组级服务器 | 部门级服务器 | 企业级服务器 |
| 名称 | | 单位 | 数量 | | |
| 人工 | 综合工日 | 工日 | 1.80 | 2.20 | 3.20 |
| 材料 | 光盘 | 张 | 4.00 | 4.00 | 4.00 |
| | 多功能上光清洁剂 | 盒 | 0.10 | 0.10 | 0.10 |
| | 脱脂棉 | kg | 0.02 | 0.02 | 0.02 |
| | 其他材料费 | % | 5.00 | 5.00 | 5.00 |
| 仪器仪表 | 数字多用表 | 台班 | 0.50 | 0.50 | 0.50 |

### 1.2.4 服务器系统软件安装、调试

**工作内容：**技术准备、系统软件功能检测、调试。

计量单位：台

| 定额编号 | | | 9-106 | 9-107 | 9-108 |
|---|---|---|---|---|---|
| 项目 | | | 中央实时服务器系统软件安装、调试 | | |
| | | | 工作组级服务器 | 部门级服务器 | 企业级服务器 |
| 名称 | | 单位 | 数量 | | |
| 人工 | 综合工日 | 工日 | 1.30 | 1.80 | 3.00 |
| 材料 | 光盘 | 张 | 4.00 | 4.00 | 4.00 |
| | 多功能上光清洁剂 | 盒 | 0.10 | 0.15 | 0.15 |
| | 脱脂棉 | kg | 0.02 | 0.04 | 0.04 |
| | 其他材料费 | % | 5.00 | 5.00 | 5.00 |
| 仪器仪表 | 数字多用表 | 台班 | 0.30 | 0.70 | 1.30 |

工作内容：技术准备、系统软件功能检测、调试。

计量单位：台

| 定额编号 | | | 9-109 | 9-110 | 9-111 |
|---|---|---|---|---|---|
| 项目 | | | 中央历史服务器系统软件安装、调试 | | |
| | | | 工作组级服务器 | 部门级服务器 | 企业级服务器 |
| 名称 | | 单位 | 数量 | | |
| 人工 | 综合工日 | 工日 | 1.80 | 2.00 | 3.20 |
| 材料 | 光盘 | 张 | 4.00 | 4.00 | 4.00 |
| | 多功能上光清洁剂 | 盒 | 0.10 | 0.15 | 0.15 |
| | 脱脂棉 | kg | 0.02 | 0.04 | 0.04 |
| | 其他材料费 | % | 5.00 | 5.00 | 5.00 |
| 仪器仪表 | 数字多用表 | 台班 | 0.30 | 0.70 | 1.30 |

### 1.2.5 前置通信处理器及综合后备盘安装、调试

**工作内容：**开箱检查、清洁、定位安装、互联、接口检查、设备加电、调试。

计量单位：台

| 定额编号 | | | 9-112 | 9-113 | 9-114 | 9-115 |
|---|---|---|---|---|---|---|
| 项目 | | | 前置通信处理器(FEP)安装、调试 | | | |
| | | | 20个以内 | 50个以内 | 80个以内 | 超过80个，每增加10个 |
| 名称 | | 单位 | 数量 | | | |
| 人工 | 综合工日 | 工日 | 4.00 | 6.00 | 8.00 | 1.50 |
| 材料 | 标签纸（50页/本) | 本 | 0.80 | 2.00 | 2.80 | 0.40 |
| | 棉纱头 | kg | 0.02 | 0.03 | 0.05 | 0.01 |
| | 其他材料费 | % | 5.00 | 5.00 | 5.00 | 5.00 |
| 仪器仪表 | 数字多用表 | 台班 | 0.85 | 2.09 | 2.80 | 0.40 |
| | 示波器 | 台班 | 1.25 | 3.13 | 4.50 | 0.60 |
| | 对讲机 | 台班 | 1.50 | 2.00 | 4.00 | 0.80 |
| | 便携式计算机 | 台班 | 1.50 | 2.00 | 4.00 | 0.80 |

**工作内容：**开箱检查、清洁、定位安装、互联、接口检查、设备加电、调试。

计量单位：台

| 定额编号 | | | 9-116 | 9-117 | 9-118 | 9-119 |
|---|---|---|---|---|---|---|
| 项目 | | | 综合后备盘(ISP)安装、调试 | | | |
| | | | 20个以内 | 50个以内 | 80个以内 | 超过80个，每增加10个 |
| 名称 | | 单位 | 数量 | | | |
| 人工 | 综合工日 | 工日 | 3.00 | 5.00 | 7.00 | 1.00 |
| 材料 | 标签纸（50页/本） | 本 | 0.80 | 2.00 | 2.80 | 0.40 |
| | 棉纱头 | kg | 0.02 | 0.03 | 0.05 | 0.01 |
| | 其他材料费 | % | 5.00 | 5.00 | 5.00 | 5.00 |
| 仪器仪表 | 数字多用表 | 台班 | 0.85 | 2.09 | 2.80 | 0.40 |
| | 示波器 | 台班 | 1.25 | 3.13 | 4.50 | 0.60 |
| | 对讲机 | 台班 | 1.50 | 2.00 | 4.00 | 0.80 |
| | 便携式计算机 | 台班 | 1.50 | 2.00 | 4.00 | 0.80 |

**工作内容：**技术、机具、仪器仪表准备、电源检测和联试安全保护、接口正确性测试、检查、硬件系统的验证、硬件调试。

计量单位：台

| 定额编号 | | | 9-120 | 9-121 | 9-122 | 9-123 |
|---|---|---|---|---|---|---|
| 项目 | | | 中央操作员站 | | | |
| | | | ≤10 用户 | 11 ~ 25 用户 | 26 ~ 50 用户 | > 50 用户<br>每增加 4 用户 |
| 名称 | | 单位 | 数量 | | | |
| 人工 | 综合工日 | 工日 | 8.00 | 15.00 | 25.00 | 2.00 |
| 材料 | 光盘 | 张 | 2.00 | 4.00 | 6.00 | 0.50 |
| | 复印纸 A4 | 包 | 0.05 | 0.07 | 0.10 | 0.02 |
| | 其他材料费 | % | 5.00 | 5.00 | 5.00 | 5.00 |
| 仪器仪表 | 便携式计算机 | 台班 | 3.00 | 5.00 | 8.00 | 1.50 |

**工作内容：** 技术、机具、仪器仪表准备、电源检测和联试安全保护、接口正确性测试、检查、硬件系统的验证、硬件调试。

计量单位：台

| 定额编号 | | | 9-124 | 9-125 | 9-126 | 9-127 |
|---|---|---|---|---|---|---|
| 项目 | | | 网管工作站 | | | |
| | | | ≤10 用户 | 11～25 用户 | 26～50 用户 | >50 用户<br>每增加 4 用户 |
| 名称 | | 单位 | 数量 | | | |
| 人工 | 综合工日 | 工日 | 8.00 | 15.00 | 25.00 | 2.00 |
| 材料 | 光盘 | 张 | 2.00 | 4.00 | 6.00 | 0.50 |
| | 复印纸 A4 | 包 | 0.05 | 0.07 | 0.10 | 0.02 |
| | 其他材料费 | % | 5.00 | 5.00 | 5.00 | 5.00 |
| 仪器仪表 | 便携式计算机 | 台班 | 3.00 | 5.00 | 8.00 | 1.50 |

# 2　环境与机电设备监控系统(BAS)

# 说　明

一、本章定额包括：中央监控系统、控制网络通信设备、控制器安装、传感器安装、变送器安装、阀门及电动执行机构安装，共 6 节 99 个子目。

二、有关线缆布放按第 8 章综合布线工程执行。

三、全系统调试费，按人工费的 30%计取。

# 工程量计算规则

一、中央监控系统调试，以“系统”为单位计算；中央监控系统终端调试，以“套”为单位计算。

二、控制网络通信设备、控制器安装与调试，以“台”为单位计算。

三、第三方设备通信接口安装，以“个”为单位计算。

四、传感器、变送器安装，以“支”为单位计算。

五、阀门及电动执行机构安装、调试，以“个”为单位计算。

## 2.1 中央监控系统

**工作内容：**设备开箱检验、现场就位安装、连接、软件功能检测、调试、现场测量、记录、对比、调整。

计量单位：系统

| 定额编号 | | | 9-128 | 9-129 | 9-130 | 9-131 | 9-132 |
|---|---|---|---|---|---|---|---|
| 项目 | | | 中央监控中心计算机(台) | BAS 系统调试(点) | | | |
| | | | | 1000 以内 | 2000 以内 | 5000 以内 | 5000 以上 |
| 名称 | | 单位 | 数量 | | | | |
| 人工 | 综合工日 | 工日 | 4.00 | 5.00 | 6.00 | 10.00 | 12.00 |
| 材料 | 打印纸 132 行(381-1) | 包 | 1.00 | 0.20 | 0.30 | 0.35 | 0.40 |
| | 光盘 | 张 | 2.00 | 2.00 | 3.00 | 4.00 | 5.00 |
| | 其他材料费 | % | 5.00 | 5.00 | 5.00 | 5.00 | 5.00 |
| 仪器仪表 | 数字多用表 | 台班 | — | 2.00 | 3.00 | 4.00 | 5.00 |
| | 对讲机 | 台班 | — | 2.00 | 3.00 | 4.00 | 5.00 |

**工作内容：**设备开箱检验、现场就位安装、连接、软件功能检测、调试、现场测量、记录。

计量单位：套

| 定额编号 | | | 9-133 | 9-134 | 9-135 | 9-136 | 9-137 |
|---|---|---|---|---|---|---|---|
| 项目 | | | 网卡 | BAS 终端调试(点) | | | |
| | | | | 1000 以内 | 2000 以内 | 5000 以内 | 5000 以上 |
| 名称 | | 单位 | 数量 | | | | |
| 人工 | 综合工日 | 工日 | 0.25 | 3.00 | 4.00 | 8.00 | 10.00 |
| 材料 | 自攻螺丝 M6×30 | 个 | 2.04 | — | — | — | — |
| | 打印纸 132 行(381-1) | 包 | — | 0.20 | 0.30 | 0.40 | 0.45 |
| | 光盘 | 张 | — | 2.00 | 3.00 | 4.00 | 5.00 |
| | 其他材料费 | % | 5.00 | 5.00 | 5.00 | 5.00 | 5.00 |
| 仪器仪表 | 数字多用表 | 台班 | — | 0.10 | 0.20 | 0.30 | 0.40 |
| | 对讲机 | 台班 | — | 2.00 | 3.00 | 6.00 | 8.00 |

## 2.2　控制网络通信设备

**工作内容：** 设备开箱检验、现场就位、固定安装、连接、软件功能检测、调试、设备绝缘测试及外壳接地。

计量单位：台

| 定额编号 | | | 9-138 | 9-139 | 9-140 | 9-141 | 9-142 |
|---|---|---|---|---|---|---|---|
| 项目 | | | 控制网路由器 | 终端电阻(个) | 干线连接器 | 干线隔离、扩充器 | 控制网中继器 |
| 名称 | | 单位 | 数量 | | | | |
| 人工 | 综合工日 | 工日 | 2.10 | 0.10 | 0.50 | 0.60 | 1.50 |
| 材料 | 镀锌精制六角带帽螺栓 M8×75 | 套 | 8.16 | — | — | — | 10.20 |
| | 膨胀螺栓 M10 | 套 | — | — | — | 4.08 | 4.08 |
| | 其他材料费 | % | 5.00 | — | — | 5.00 | 5.00 |
| 仪器仪表 | 数字多用表 | 台班 | 0.90 | 0.04 | 0.50 | 0.60 | 0.90 |
| | 兆欧表 | 台班 | — | 0.03 | — | 0.05 | — |

工作内容：设备开箱检验、现场就位、固定安装、连接、软件功能检测、调试。

计量单位：台

| 定额编号 | | | 9-143 | 9-144 | 9-145 | 9-146 | 9-147 | 9-148 |
|---|---|---|---|---|---|---|---|---|
| 项目 | | | 通信接口机 | 通信电源 | 计算机通信接口卡 | 调制解调器接口卡 | 控制网分支器 | 控制网适配器 |
| 名称 | | 单位 | 数量 | | | | | |
| 人工 | 综合工日 | 工日 | 0.50 | 0.25 | 0.10 | 0.10 | 0.10 | 0.50 |
| 材料 | 棉纱头 | kg | 0.05 | 0.05 | 0.05 | 0.05 | 0.05 | 0.05 |
| | 其他材料费 | % | 5.00 | 5.00 | 5.00 | 5.00 | 5.00 | 5.00 |
| 仪器仪表 | 数字多用表 | 台班 | 0.06 | 0.06 | 0.06 | 0.06 | — | — |

## 2.3 控制器安装

**工作内容**：设备开箱检验、现场就位、固定安装、连接、调试。

计量单位：台

| 定额编号 | | | 9-149 | 9-150 | 9-151 |
|---|---|---|---|---|---|
| 项目 | | | 可编程逻辑控制器安装及接线(模块) | | |
| | | | 24 以内 | 40 以内 | 60 以内 |
| 名称 | | 单位 | 数量 | | |
| 人工 | 综合工日 | 工日 | 1.20 | 1.50 | 2.00 |
| 材料 | 自攻螺丝 M6×45 | 个 | 6.12 | 8.16 | 12.24 |
| | 膨胀螺栓 M10 | 套 | — | — | 4.08 |
| | 其他材料费 | % | 5.00 | 5.00 | 5.00 |
| 仪器仪表 | 数字多用表 | 台班 | 0.15 | 0.20 | 0.40 |
| | 示波器 | 台班 | 0.40 | 0.60 | 1.00 |
| | 对讲机 | 台班 | 1.00 | 1.40 | 1.00 |

**工作内容：**软件安装、软件功能检测、调试。

计量单位：台

| 定额编号 | | | 9-152 | 9-153 | 9-154 |
|---|---|---|---|---|---|
| 项目 | | | 可编程逻辑控制器软件功能检测、调试(模块) | | |
| | | | 24 以内 | 40 以内 | 60 以内 |
| 名称 | | 单位 | 数量 | | |
| 人工 | 综合工日 | 工日 | 6.00 | 8.00 | 10.00 |
| 仪器仪表 | 对讲机 | 台班 | 2.00 | 2.50 | 3.00 |
| | 便携式计算机 | 台班 | 2.00 | 2.50 | 3.00 |

**工作内容：**设备开箱检验、现场就位、固定安装、连接、调试。

计量单位：台

| 定额编号 | | | 9-155 | 9-156 |
|---|---|---|---|---|
| 项目 | | | 维护工作站安装(模块) | |
| | | | ≤12 | ≤24 |
| 名称 | | 单位 | 数量 | |
| 人工 | 综合工日 | 工日 | 4.00 | 6.00 |
| 仪器仪表 | 对讲机 | 台班 | 3.00 | 3.00 |
| | 便携式计算机 | 台班 | 3.00 | 3.00 |

**工作内容：**开箱、检验、搬运、画线、定位、安装、接线、通电测试。

计量单位：台

| 定额编号 | | | 9-157 | 9-158 | 9-159 | 9-160 | 9-161 | 9-162 |
|---|---|---|---|---|---|---|---|---|
| 项目 | | | 独立控制器 | 压差控制器 | 温度控制器 | 变风量控制器 | 气动输出模块 | 风机盘管温控器 |
| 名称 | | 单位 | 数量 | | | | | |
| 人工 | 综合工日 | 工日 | 1.00 | 0.80 | 0.35 | 0.35 | 0.20 | 0.35 |
| 材料 | 膨胀螺栓 M10 | 套 | 6.12 | 6.12 | 4.08 | 4.08 | — | — |
| | 镀锌精制六角带帽螺栓 M8×30 | 套 | 4.08 | 4.08 | — | — | — | — |
| | 自攻螺丝 M6×40 | 个 | — | — | — | — | 4.08 | 4.08 |
| | 棉纱头 | kg | 0.05 | 0.05 | 0.05 | 0.05 | 0.05 | 0.05 |
| | 其他材料费 | % | 5.00 | 5.00 | 5.00 | 5.00 | 5.00 | 5.00 |
| 仪器仪表 | 数字温度计 | 台班 | — | — | 0.10 | — | — | 0.10 |
| | 数字多用表 | 台班 | 0.25 | 0.20 | 0.08 | 0.08 | 0.05 | 0.08 |
| | 示波器 | 台班 | 0.28 | 0.24 | 0.20 | 0.20 | — | 0.20 |

**工作内容：**开箱、检验、搬运、画线、定位、安装、接线、通电测试。

计量单位：台

| 定额编号 | | | 9-163 | 9-164 | 9-165 |
|---|---|---|---|---|---|
| 项目 | | | 房间空气压力控制器 | | 手操器 |
| | | | 电子输出 | 气动输出 | |
| 名称 | | 单位 | 数量 | | |
| 人工 | 综合工日 | 工日 | 1.30 | 1.00 | 0.12 |
| 材料 | 塑料膨胀管 $\phi6\times35$ | 只 | 4.12 | 4.12 | — |
| | 自攻螺丝 M6×35 | 个 | 4.08 | 4.08 | 4.08 |
| | 棉纱头 | kg | 0.05 | 0.05 | 0.05 |
| | 其他材料费 | % | 5.00 | 5.00 | 5.00 |
| 仪器仪表 | 数字多用表 | 台班 | 0.06 | — | — |
| | 示波器 | 台班 | 0.13 | — | — |

**工作内容**：开箱检验、清洁搬运、安装固定、附件安装、接地等。

计量单位：台

| 定额编号 | | | 9-166 | 9-167 | 9-168 |
|---|---|---|---|---|---|
| 项目 | | | 可编程逻辑控制器机柜、机架 | | 安装抗震底座(个) |
| | | | 落地式 | 墙挂式 | |
| 名称 | | 单位 | 数量 | | |
| 人工 | 综合工日 | 工日 | 2.60 | 4.10 | 2.50 |
| 材料 | 机柜(机架) | 个 | (1.00) | (1.00) | — |
| | 抗震底座 | 个 | — | — | (1.00) |
| | 膨胀螺栓 | 套 | 4.08 | 4.08 | — |
| | 棉纱头 | kg | 0.10 | 0.10 | — |
| | 其他材料费 | % | 5.00 | 5.00 | 5.00 |

**工作内容**：设备开箱检验、现场就位、固定安装、连接、调试。

计量单位：台

| 定额编号 | | | 9-169 | 9-170 | 9-171 |
|---|---|---|---|---|---|
| 项目 | | | 马达控制中心(MCC)(模块) | | |
| | | | 24 以内 | 40 以内 | 60 以内 |
| 名称 | | 单位 | 数量 | | |
| 人工 | 综合工日 | 工日 | 1.20 | 1.50 | 2.00 |
| 材料 | 自攻螺丝 M6×45 | 个 | 6.12 | 8.16 | 12.24 |
| | 膨胀螺栓 M10 | 套 | — | — | 4.08 |
| | 其他材料费 | % | 5.00 | 5.00 | 5.00 |
| 仪器仪表 | 数字多用表 | 台班 | 0.15 | 0.20 | 0.40 |
| | 示波器 | 台班 | 0.40 | 0.60 | 1.00 |
| | 对讲机 | 台班 | 1.00 | 1.40 | 1.00 |

**工作内容：**软件安装、软件功能检测、调试。

计量单位：台

| 定额编号 | | | 9-172 | 9-173 | 9-174 |
|---|---|---|---|---|---|
| 项目 | | | 马达控制中心(MCC)软件功能检测、调试(模块) | | |
| | | | 24以内 | 40以内 | 60以内 |
| 名称 | | 单位 | 数量 | | |
| 人工 | 综合工日 | 工日 | 6.00 | 8.00 | 10.00 |
| 仪器仪表 | 对讲机 | 台班 | 2.00 | 2.50 | 3.00 |
| | 便携式计算机 | 台班 | 2.00 | 2.50 | 3.00 |

## 2.4 传感器安装

**工作内容：**开箱、清点、检验、开孔、安装、接线、调整、测试。

计量单位：个(支)

| 定额编号 | | | 9-175 | 9-176 |
|---|---|---|---|---|
| 项目 | | | 温、湿度传感器 | |
| | | | 风管式温、湿度传感器 | 室内温、湿度传感器 |
| 名称 | | 单位 | 数量 | |
| 人工 | 综合工日 | 工日 | 0.30 | 0.20 |
| 材料 | U 型镀锌固定条 ≤ $\phi$32 | 个 | 3.00 | — |
| | 聚四氟乙烯生料带 $d = 20$ | m | 0.35 | — |
| | 铝铆钉 $\phi$4.5 | 只 | 0.10 | — |
| | 塑料膨胀管 $\phi 6\times45$ | 只 | — | 4.12 |
| | 自攻螺丝 M6×45 | 个 | — | 4.08 |
| | 棉纱头 | kg | 0.05 | 0.05 |
| | 其他材料费 | % | 5.00 | 5.00 |
| 仪器仪表 | 数字多用表 | 台班 | 0.08 | 0.08 |
| | 数字温度计 | 台班 | 0.08 | 0.03 |
| | 湿度计 | 台班 | 0.06 | 0.03 |

**工作内容：**开箱、清点、检验、开孔、安装、接线、调整、测试。

计量单位：个(支)

| 定额编号 | | | 9-177 | 9-178 | 9-179 | 9-180 | 9-181 | 9-182 |
|---|---|---|---|---|---|---|---|---|
| 项目 | | | 压力传感器 | | | | | |
| | | | 水道压力传感器 | 水道压差传感器 | 液体流量开关 | 空气压差开关 | 静压、压差变送器 | 风管式静压变送器 |
| 名称 | | 单位 | 数量 | | | | | |
| 人工 | 综合工日 | 工日 | 0.35 | 0.65 | 0.30 | 0.50 | 0.35 | 0.40 |
| 材料 | 镀锌活接头 *DN*20 | 个 | 1.01 | 2.02 | 1.01 | — | — | — |
| | 自攻螺丝 M6×45 | 个 | — | — | 2.04 | 2.04 | 2.04 | 2.04 |
| | 乙炔气 | kg | 0.11 | 0.11 | 0.11 | 0.11 | 0.11 | 0.11 |
| | 氧气 | $m^3$ | 0.34 | 0.34 | 0.34 | 0.34 | 0.34 | 0.34 |
| | 棉纱头 | kg | 0.05 | 0.05 | 0.05 | 0.05 | 0.05 | 0.05 |
| | 其他材料费 | % | 5.00 | 5.00 | 5.00 | 5.00 | 5.00 | 5.00 |
| 仪器仪表 | 精密压力表 | 台班 | 0.06 | 0.06 | — | 0.10 | 0.10 | 0.10 |

**工作内容：**开箱、检查、开孔、画线、固定安装、接线、密封、测试。

计量单位：个(支)

| 定额编号 | | | 9-183 | 9-184 |
|---|---|---|---|---|
| 项目 | | | 其他传感器 | |
| | | | 风道式空气质量传感器 | 室内空气质量传感器 |
| 名称 | | 单位 | 数量 | |
| 人工 | 综合工日 | 工日 | 0.50 | 0.15 |
| 材料 | 铝铆钉 $\phi4\times32$ | 只 | 8.32 | — |
| | 自攻螺丝 M6×35 | 个 | 4.08 | 4.08 |
| | 塑料膨胀管 $\phi6\times45$ | 只 | — | 4.12 |
| | 棉纱头 | kg | 0.05 | 0.05 |
| | 其他材料费 | % | 5.00 | 5.00 |
| 仪器仪表 | 精密压力表 | 台班 | 0.01 | 0.02 |

**工作内容：**开箱、检查、开孔、画线、固定安装、接线、密封、测试。

计量单位：个(支)

| 定额编号 | | | 9-185 | 9-186 | 9-187 | 9-188 | 9-189 |
|---|---|---|---|---|---|---|---|
| 项目 | | | 其他传感器 | | | | |
| | | | 室内气体传感器 | 防霜冻开关 | 风速传感器 | 液位开关 | 光照度传感器 |
| 名称 | | 单位 | 数量 | | | | |
| 人工 | 综合工日 | 工日 | 0.15 | 0.15 | 0.15 | 0.25 | 3.00 |
| 材料 | 塑料膨胀管 $\phi6\times45$ | 只 | 4.12 | 4.12 | 6.18 | 6.18 | — |
| | 自攻螺丝 M6×45 | 个 | 4.08 | 4.08 | 6.12 | 6.12 | — |
| | 自攻螺丝 M8×35 | 个 | — | — | — | — | 8.16 |
| | 棉纱头 | kg | 0.05 | 0.05 | 0.05 | 0.05 | 0.02 |
| | 其他材料费 | % | 5.00 | 5.00 | 5.00 | 5.00 | 5.00 |
| 仪器仪表 | 精密压力表 | 台班 | 0.04 | 0.04 | 0.04 | 0.04 | — |
| | 数字多用表 | 台班 | — | — | — | — | 0.02 |
| | 超声波流量计 | 台班 | — | — | — | — | 0.50 |

## 2.5 变送器安装

**工作内容：**开箱、检验、固定安装、接线、通电调试。

计量单位：个(支)

| 定额编号 | | | 9-190 | 9-191 | 9-192 | 9-193 |
|---|---|---|---|---|---|---|
| 项目 | | | 电量变送器 | | | |
| | | | 电流变送器 | 电压变送器 | 有功、无功变送器 | 功率因数变送器 |
| 名称 | | 单位 | 数量 | | | |
| 人工 | 综合工日 | 工日 | 1.00 | 1.00 | 0.90 | 0.80 |
| 材料 | 线号套管 $\phi3.5$ (综合) | 只 | 10.50 | 10.50 | 10.50 | 10.50 |
| | 自攻螺丝 M6×35 | 个 | 12.24 | 12.24 | 12.24 | 12.24 |
| | 尼龙扎带 L100 ~ 150 | 根 | 4.00 | 4.00 | 4.00 | 4.00 |
| | 棉纱头 | kg | 0.05 | 0.05 | 0.05 | 0.05 |
| | 其他材料费 | % | 5.00 | 5.00 | 5.00 | 5.00 |
| 仪器仪表 | 数字多用表 | 台班 | 0.05 | 0.05 | 0.03 | 0.02 |

**工作内容：**开箱、检验、固定安装、接线、通电调试。

计量单位：个(支)

| 定额编号 | | | 9-194 | 9-195 | 9-196 | 9-197 | 9-198 |
|---|---|---|---|---|---|---|---|
| 项目 | | | 电量变送器 | | | | |
| | | | 相位角变送器 | 有功电度变送器 | 无功电度变送器 | 频率变送器 | 电压、频率变送器 |
| 名称 | | 单位 | 数量 | | | | |
| 人工 | 综合工日 | 工日 | 0.80 | 0.80 | 0.80 | 0.80 | 0.90 |
| 材料 | 线号套管 $\phi$3.5(综合) | 只 | 10.50 | 10.50 | 10.50 | 10.50 | 10.50 |
| | 自攻螺丝 M6×35 | 个 | 12.24 | 12.24 | 12.24 | 12.24 | 12.24 |
| | 尼龙扎带 L100~150 | 根 | 4.00 | 4.00 | 4.00 | 4.00 | 4.00 |
| | 棉纱头 | kg | 0.05 | 0.05 | 0.05 | 0.05 | 0.05 |
| | 其他材料费 | % | 5.00 | 5.00 | 5.00 | 5.00 | 5.00 |
| 仪器仪表 | 数字多用表 | 台班 | 0.05 | 0.05 | 0.02 | 0.02 | 0.03 |

**工作内容：**开箱、检查、开孔、画线、固定安装、接线、密封、测试。

计量单位：个(支)

| 定额编号 | | | 9-199 | 9-200 | 9-201 | 9-202 | 9-203 | 9-204 |
|---|---|---|---|---|---|---|---|---|
| 项目 | | | 静压液位变送器 | | | 液位计 | | |
| | | | 普通型 | 本安型 | 隔爆型 | 普通型 | 本安型 | 隔爆型 |
| 名称 | | 单位 | 数量 | | | | | |
| 人工 | 综合工日 | 工日 | 0.75 | 0.80 | 0.80 | 0.75 | 0.80 | 0.80 |
| 材料 | 膨胀螺栓 M10 | 套 | 8.16 | 8.16 | 8.16 | 8.16 | 8.16 | 8.16 |
| | 棉纱头 | kg | 0.05 | 0.05 | 0.05 | 0.05 | 0.05 | 0.05 |
| | 其他材料费 | % | 5.00 | 5.00 | 5.00 | 5.00 | 5.00 | 5.00 |
| 仪器仪表 | 数字多用表 | 台班 | 0.02 | 0.02 | 0.02 | 0.02 | 0.02 | 0.02 |

**工作内容：**开箱、检查、搬运、画线、定位、固定、安装、接线、测试。

计量单位：台

| 定额编号 | | | 9-205 | 9-206 | 9-207 | 9-208 | 9-209 |
|---|---|---|---|---|---|---|---|
| 项目 | | | 流量计 | | | | |
| | | | 电磁流量计 | 涡街流量计 | 超声波流量计 | 弯管流量计 | 转子流量计 |
| 名称 | | 单位 | 数量 | | | | |
| 人工 | 综合工日 | 工日 | 1.80 | 1.85 | 2.00 | 2.00 | 2.00 |
| 材料 | 聚四氟乙烯生料带 $d=20$ | m | 0.40 | 0.40 | 0.40 | 0.40 | 0.40 |
| | 棉纱头 | kg | 0.02 | 0.02 | 0.02 | 0.02 | 0.02 |
| | 其他材料费 | % | 5.00 | 5.00 | 5.00 | 5.00 | 5.00 |
| 仪器仪表 | 数字多用表 | 台班 | 0.02 | 0.02 | 0.02 | 0.02 | 0.02 |
| | 超声波流量计 | 台班 | 0.05 | 0.05 | 0.05 | 0.05 | 0.05 |

# 2.6 阀门及电动执行机构安装

**工作内容：**开箱、检查、搬运、法兰焊接、制垫、固定安装、接线、水压试验、测试。

计量单位：个

| 定额编号 | | | 9-210 | 9-211 | 9-212 | 9-213 | 9-214 | 9-215 |
|---|---|---|---|---|---|---|---|---|
| 项目 | | | 电动二通调节阀及执行机构(公称直径) | | | 电动三通调节阀及执行机构(公称直径) | | |
| | | | 50以内 | 100以内 | 200以内 | 50以内 | 100以内 | 200以内 |
| 名称 | | 单位 | 数量 | | | | | |
| 人工 | 综合工日 | 工日 | 1.45 | 3.65 | 4.85 | 1.65 | 3.95 | 5.25 |
| 材料 | 碳钢法兰 0.6MPa *DN*50 | 副 | 2.00 | — | — | 3.00 | — | 3.00 |
| | 碳钢法兰 0.6MPa *DN*100 | 副 | — | 2.00 | — | — | 3.00 | — |
| | 碳钢法兰 0.6MPa *DN*200 | 副 | — | — | 2.00 | — | — | — |
| | 电焊条 结422(综合) | kg | 0.70 | 1.20 | 1.50 | 1.05 | 1.80 | 2.25 |
| | 双头带母螺栓 M20×65 | 套 | 8.16 | 12.24 | 12.24 | 12.24 | 18.36 | 18.36 |
| | 棉纱头 | kg | 0.02 | 0.03 | 0.05 | 0.02 | 0.03 | 0.05 |
| | 其他材料费 | % | 5.00 | 5.00 | 5.00 | 5.00 | 5.00 | 5.00 |

续前

| 定额编号 | | 9-210 | 9-211 | 9-212 | 9-213 | 9-214 | 9-215 |
|---|---|---|---|---|---|---|---|
| 项目 | | 电动二通调节阀及执行机构(公称直径) | | | 电动三通调节阀及执行机构(公称直径) | | |
| | | 50 以内 | 100 以内 | 200 以内 | 50 以内 | 100 以内 | 200 以内 |
| 名称 | 单位 | 数量 | | | | | |
| [illegible]电焊机 ≤21kV·A | 台班 | 0.20 | 0.30 | 0.30 | 0.20 | 0.30 | 0.40 |
| [illegible] | 台班 | 1.10 | 2.10 | 3.00 | 1.14 | 2.10 | 3.10 |
| [illegible] | 台班 | 0.23 | 0.63 | 0.83 | 0.13 | 0.63 | 0.83 |
| [illegible] | 台班 | 1.00 | 2.00 | 3.00 | 1.20 | 2.20 | 3.20 |

**工作内容：**开箱、检查、搬运、法兰焊接、制垫、固定安装、接线、水压试验、测试。

计量单位：

| 定额编号 | | | 9-216 | 9-217 | 9-218 |
|---|---|---|---|---|---|
| 项目 | | | 电动蝶阀及执行机构(公称直径) | | |
| | | | *DN*100 以内 | *DN* 250 以内 | *DN* 400 以 |
| 名称 | | 单位 | 数量 | | |
| 人工 | 综合工日 | 工日 | 3.50 | 6.30 | |
| 材料 | 碳钢法兰 0.6MPa *DN*400 | 副 | — | — | |
| | 碳钢法兰 0.6MPa *DN*250 | 副 | — | | |
| | 碳钢法兰 0.6MPa *DN*100 | 副 | 2.00 | | |
| | 电焊条 结 422(综合) | kg | 0.45 | | |
| | 双头带母螺栓 M20×65 | 套 | 8 | | |
| | 棉纱头 | kg | 0.03 | | |
| | 其他材料费 | % | 5.00 | | |

续前

| 定额编号 | | | 9-216 | 9-217 | 9-218 | 9-219 |
|---|---|---|---|---|---|---|
| 项目 | | | 电动蝶阀及执行机构(公称直径) | | | 电动风阀执行机构 |
| | | | *DN*100 以内 | *DN*250 以内 | *DN*400 以内 | |
| 名称 | | 单位 | 数量 | | | |
| 机械 | 交流电焊机 ≤[illegible]V·A | 台班 | 0.01 | 0.01 | 0.02 | — |
| 仪表 | 多用表 | 台班 | 0.14 | 0.14 | 0.14 | 0.14 |
| | 兆欧表 | 台班 | 0.13 | 0.13 | 0.13 | 0.13 |
| | 对讲机 | 台班 | 2.00 | 4.00 | 6.00 | 1.00 |

**工作内容：** 开箱、检查、搬运、套丝、连接、接线、水压试验、绝缘测试、性能测试。

计量单位：

| 定额编号 | | | 9-220 | 9-221 | 9-222 | 9-223 | 9-224 | 9-2 |
|---|---|---|---|---|---|---|---|---|
| 项目 | | | 两通电动阀(公称直径) | | 水泵、风机启动柜接点接线 | | | |
| | | | 20 | 25 | 5 以内 | 0 以内 | 20 以内 | 35 以内 |
| 名称 | | 单位 | 数量 | | | | | |
| 人工 | 综合工日 | 工日 | 0.25 | 0.30 | 0.50 | 1.00 | 2.00 | 3.00 |
| 材料 | 镀锌活接头 *DN*20 | 个 | 1.00 | — | — | — | | |
| | 镀锌活接头 *DN* 25 | 个 | — | 1.00 | — | — | | — |
| | 聚四氟乙烯生料带 *d*=20 | m | 0.10 | 0.20 | — | — | — | — |
| | 棉纱头 | kg | 0.05 | 0.05 | 0.01 | 0.02 | 0.03 | — |
| | 其他材料费 | % | 5.00 | 5.00 | 5.00 | 5.00 | 5.00 | |
| 仪器仪表 | 数字多用表 | 台班 | 0.10 | 0.10 | 0.10 | 0.20 | 0.40 | 0.5 |
| | 兆欧表 | 台班 | 0.02 | 0.02 | 0.30 | 0.50 | 1.00 | 1.50 |
| | 对讲机 | 台班 | — | — | 0.30 | 0.80 | 1.00 | 1.50 |

**工作内容：**开箱、检测、搬运、固定安装、接线、接地、测试。

计量单位：个

| 定额编号 | | | 9-226 |
| --- | --- | --- | --- |
| 项目 | | | 变压器温度接线 |
| 名称 | | 单位 | 数量 |
| 人工 | 综合工日 | 工日 | 0.10 |
| 材料 | 自攻螺丝 M8×35 | 个 | 4.08 |
| | 棉纱头 | kg | 0.05 |
| | 其他材料费 | % | 5.00 |
| 仪器仪表 | 数字多用表 | 台班 | 0.05 |
| | 兆欧表 | 台班 | 0.05 |

# 3　火灾报警系统（FAS）

# 说　明

一、本章定额包括：探测器安装、按钮安装、模块(接口) 安装、报警控制器安装、联动控制器安装、报警联动一体机安装、重复显示器、警报装置、远程控制器安装、火灾事故广播安装、消防通讯、报警备用电源安装、模块箱安装、手报箱安装、大空间高空灭火装置及其他装置安装等项目，共 16 节 91 个子目。

二、根据《火灾自动报警系统施工及验收规范》（GB 50166-92）和现行劳动定额规定，火灾报警系统防火涂料涂刷人工消耗量以 0.262 工日/kg 计取。

三、本章定额中柜式及琴台式安装均执行落地式安装相应项目。

四、本章不包括事故照明及疏散指示控制装置安装，如发生可参见第 8 册“供电工程”。

五、全系统联调，按人工费的 30%计取。

# 工程量计算规则

一、点型探测器、按钮、模块(接口)安装、调试，以“只”为单位计算。

二、线型探测器安装、调试，以“m”为单位计算。

三、报警控制器、联动控制器、报警联动一体机、重复显示器、警报装置、远程控制器、火灾事故广播、消防通讯、报警备用电源、模块箱、手报箱、大空间高空灭火装置及其他装置安装、调试，按以“台（个）”为单位计算。

四、电动防火门、防火卷帘门、正压送风阀、排烟阀、防火阀控制系统装置调试，按设计图示数量以“处”为单位计算。

## 3.1 探测器安装

工作内容：校线、挂锡、安装底座、探头、编码、清洁、调测。

计量单位：只

| 定额编号 | | | 9-227 | 9-228 | 9-229 | 9-230 | 9-231 |
|---|---|---|---|---|---|---|---|
| 项目 | | | 多线制点型探测器 | | | | |
| | | | 感烟 | 感温 | 红外光束 | 火焰 | 可燃气体 |
| 名称 | | 单位 | 数量 | | | | |
| 人工 | 综合工日 | 工日 | 0.58 | 0.58 | 3.88 | 1.16 | 0.58 |
| 材料 | 可燃气体（丙烷） | kg | — | — | — | — | 1.00 |
| | 镀铬钢管 $\phi10$ | m | — | — | 0.40 | 0.08 | — |
| | 镀铬钢板 $\delta2.5$ | $m^2$ | — | — | 0.02 | 0.01 | — |
| | 半圆头镀锌螺栓 M6～12×22～80 | 10套 | — | — | 0.10 | — | — |
| | 白布 | m | 0.04 | 0.04 | 0.04 | 0.04 | 0.04 |
| | 塑料胀管 $\phi6$ | 个 | 0.40 | 0.40 | 3.00 | 0.40 | 0.40 |
| | 焊锡 | kg | 0.04 | 0.04 | 0.04 | 0.04 | 0.04 |
| | 焊锡膏 | kg | 0.01 | 0.01 | 0.01 | 0.01 | 0.01 |

续前

| 定额编号 | | | 9-227 | 9-228 | 9-229 | 9-230 | 9-231 |
|---|---|---|---|---|---|---|---|
| 项目 | | | 多线制点型探测器 | | | | |
| | | | 感烟 | 感温 | 红外光束 | 火焰 | 可燃气体 |
| 名称 | | 单位 | 数量 | | | | |
| 材料 | 木螺钉 M4×65 以下 | 10 个 | 0.30 | 0.30 | 0.30 | 0.30 | 0.30 |
| | 汽油 | kg | 0.03 | 0.03 | 0.03 | 0.03 | 0.03 |
| | 冲击钻头 $\phi6\sim8$ | 个 | 0.02 | 0.02 | 0.10 | 0.02 | 0.02 |
| | 普通胶合板 $\delta3$ | $m^2$ | 0.02 | 0.02 | — | 0.02 | 0.02 |
| | 防火涂料 A60-1 | kg | 0.05 | 0.05 | — | 0.05 | 0.05 |
| | 玻璃胶 310g | 支 | 0.01 | 0.01 | — | — | 0.01 |
| | 镀锌钢板 $\delta2.5$ | $m^2$ | 0.01 | 0.01 | — | 0.01 | 0.01 |
| | 异型塑料管 $\phi5$ | m | 0.10 | 0.10 | 0.10 | 0.10 | 0.10 |
| | 其他材料费 | % | 5.00 | 5.00 | 5.00 | 5.00 | 5.00 |
| 仪器仪表 | 火灾探测器实验器 | 台班 | 0.03 | — | 0.07 | 0.09 | — |
| | 数字多用表 | 台班 | 0.01 | 0.01 | 0.01 | 0.01 | 0.01 |

**工作内容**：校线、挂锡、安装底座、探头、编码、清洁、调测。

计量单位：只

| 定额编号 | | | 9-232 | 9-233 | 9-234 | 9-235 | 9-236 |
|---|---|---|---|---|---|---|---|
| 项目 | | | 总线制点型探测器 | | | | |
| | | | 感烟 | 感温 | 红外光束 | 火焰 | 可燃气体 |
| 名称 | | 单位 | 数量 | | | | |
| 人工 | 综合工日 | 工日 | 0.59 | 0.59 | 3.92 | 1.19 | 0.59 |
| 材料 | 可燃气体（丙烷） | kg | — | — | — | — | 1.00 |
| | 镀铬钢管 $\phi10$ | m | — | — | 0.40 | 0.08 | — |
| | 镀铬钢板 $\delta2.5$ | $m^2$ | — | — | 0.02 | 0.01 | — |
| | 半圆头镀锌螺栓 M6～12×22～80 | 10套 | — | — | 0.10 | — | — |
| | 白布 | m | 0.02 | 0.02 | 0.03 | 0.02 | 0.02 |
| | 塑料胀管 $\phi6$ | 个 | 0.40 | 0.40 | 3.00 | 0.40 | 0.40 |
| | 焊锡 | kg | 0.02 | 0.02 | 0.03 | 0.02 | 0.02 |
| | 焊锡膏 | kg | 0.01 | 0.01 | 0.01 | 0.01 | 0.01 |
| | 木螺钉 M4×65 以下 | 10个 | 0.30 | 0.30 | 0.30 | 0.30 | 0.30 |
| | 汽油 | kg | 0.03 | 0.03 | 0.03 | 0.03 | 0.03 |

续前

| 定额编号 | | | 9-232 | 9-233 | 9-234 | 9-235 | 9-236 |
|---|---|---|---|---|---|---|---|
| 项目 | | | 总线制点型探测器 | | | | |
| | | | 感烟 | 感温 | 红外光束 | 火焰 | 可燃气体 |
| 名称 | | 单位 | 数量 | | | | |
| 材料 | 冲击钻头 $\phi6\sim8$ | 个 | 0.02 | 0.02 | 0.10 | 0.02 | 0.02 |
| | 普通胶合板 $\delta3$ | $m^2$ | 0.02 | 0.02 | — | 0.02 | 0.02 |
| | 防火涂料 A60-1 | kg | 0.05 | 0.05 | — | 0.05 | 0.05 |
| | 玻璃胶 310g | 支 | 0.01 | 0.01 | — | — | 0.01 |
| | 镀锌钢板 $\delta2.5$ | $m^2$ | 0.01 | 0.01 | — | 0.01 | 0.01 |
| | 异型塑料管 $\phi5$ | m | 0.05 | 0.05 | 0.08 | 0.05 | 0.05 |
| | 其他材料费 | % | 5.00 | 5.00 | 5.00 | 5.00 | 5.00 |
| 仪器仪表 | 火灾探测器实验器 | 台班 | 0.03 | — | 0.07 | 0.09 | — |
| | 数字多用表 | 台班 | 0.01 | 0.01 | 0.01 | 0.01 | 0.01 |

**工作内容：** 校线、挂锡、安装底座、探头、编码、清洁、调测。

计量单位：只

| 定额编号 | | | 9-237 | 9-238 | 9-239 |
|---|---|---|---|---|---|
| 项目 | | | 风道式烟感探测器 | 风道式气体探测器 | 防爆型探测器 |
| 名称 | | 单位 | 数量 | | |
| 人工 | 综合工日 | 工日 | 0.50 | 0.50 | 2.00 |
| 材料 | 铝铆钉 $\phi4\times32$ | 只 | 8.32 | 8.32 | — |
| | 自攻螺丝 M6×35 | 个 | 4.08 | 4.08 | — |
| | 棉纱头 | kg | 0.05 | 0.05 | — |
| | 松香焊锡丝 $\phi2.3$ | kg | — | — | 0.01 |
| | 焊片 $\phi3.5$ | 个 | — | — | 5.00 |
| | 其他材料费 | % | 5.00 | 5.00 | 5.00 |
| 仪器仪表 | 数字多用表 | 台班 | 0.01 | 0.01 | 0.20 |

**工作内容：**拉锁固定、校线、挂锡、调测。

计量单位：10m

| 定额编号 | | | 9-240 |
|---|---|---|---|
| 项目 | | | 线型探测器 |
| 名称 | | 单位 | 数量 |
| 人工 | 综合工日 | 工日 | 1.80 |
| 材料 | 线型探测器 | m | 13.20 |
| | 标志牌 塑料扁形 | 个 | 0.60 |
| | 尼龙扎带 | 根 | 18.38 |
| | 塑料线卡 $\phi$15 以下 | 个 | 15.75 |
| | 其他材料费 | % | 5.00 |

## 3.2 按 钮 安 装

**工作内容：**校线、挂锡、钻眼固定、安装、编码、调测。

计量单位：只

| 定额编号 | | | 9-241 |
|---|---|---|---|
| 项目 | | | 手动报警按钮 |
| 名称 | | 单位 | 数量 |
| 人工 | 综合工日 | 工日 | 0.10 |
| 材料 | 镀锌自攻螺钉 M4～6×20～35 | 10个 | 0.32 |
| | 白布 | m | 0.05 |
| | 钻头 $\phi3$ | 个 | 0.02 |
| | 塑料胀管 $\phi6$ | 个 | 1.70 |
| | 焊锡 | kg | 0.05 |
| | 焊锡膏 | kg | 0.02 |
| | 木螺钉 M6×100 | 10个 | 0.04 |
| | 汽油 | kg | 0.03 |
| | 冲击钻头 $\phi6$～8 | 个 | 0.06 |

续前

| 定额编号 | | | 9-241 |
|---|---|---|---|
| 项目 | | | 手动报警按钮 |
| 名称 | | 单位 | 数量 |
| 材料 | 普通胶合板 $\delta3$ | $m^2$ | 0.01 |
| | 防火涂料 A60-1 | kg | 0.05 |
| | 异型塑料管 $\phi5$ | m | 0.13 |
| | 其他材料费 | % | 5.00 |
| 仪器仪表 | 数字多用表 | 台班 | 0.07 |

## 3.3 模块（接口）安装

**工作内容：**安装、固定、校线、挂锡、功能检测、编码、防潮和防尘处理。

计量单位：只

| 定额编号 | | | 9-242 | 9-243 | 9-244 |
|---|---|---|---|---|---|
| 项目 | | | 控制模块(接口) | | 报警接口 |
| | | | 单输出 | 多输出 | |
| 名称 | | 单位 | 数量 | | |
| 人工 | 综合工日 | 工日 | 1.82 | 2.41 | 1.72 |
| 材料 | 白布 | m | 0.05 | 0.11 | 0.04 |
| | 塑料胀管 $\phi 6$ | 个 | 0.80 | 0.80 | 0.80 |
| | 焊锡 | kg | 0.06 | 0.12 | 0.04 |
| | 焊锡膏 | kg | 0.02 | 0.03 | 0.01 |
| | 木螺钉 M4×65 以下 | 10 个 | 0.20 | 0.20 | 0.20 |
| | 汽油 | kg | 0.08 | 0.15 | 0.03 |
| | 冲击钻头 $\phi 6 \sim 8$ | 个 | 0.03 | 0.03 | 0.03 |
| | 半圆头镀锌螺栓 M2～5×15～50 | 套 | 2.00 | 2.00 | 2.00 |

续前

| 定　额　编　号 | | | 9-242 | 9-243 | 9-244 |
|---|---|---|---|---|---|
| 项　　目 | | | 控制模块(接口) | | 报警接口 |
| | | | 单输出 | 多输出 | |
| 名　　称 | | 单位 | 数　量 | | |
| 材料 | 普通胶合板 $\delta 3$ | $m^2$ | 0.01 | 0.01 | 0.01 |
| | 防火涂料 A60-1 | kg | 0.03 | 0.03 | 0.03 |
| | 异型塑料管 $\phi 5$ | m | 0.15 | 0.30 | 0.10 |
| | 其他材料费 | % | 5.00 | 5.00 | 5.00 |
| 仪器仪表 | 数字多用表 | 台班 | 0.11 | 0.17 | 0.13 |

## 3.4 报警控制器安装

**工作内容：**安装、固定、校线、挂锡、功能检测、防潮和防尘处理、压线、标志、绑扎。

计量单位：台

| 定额编号 | | | 9-245 | 9-246 | 9-247 | 9-248 |
|---|---|---|---|---|---|---|
| 项目 | | | 多线制(壁挂式) | | 多线制(落地式) | |
| | | | 32 点以下 | 64 点以下 | 32 点以下 | 64 点以下 |
| 名称 | | 单位 | 数量 | | | |
| 人工 | 综合工日 | 工日 | 12.67 | 14.03 | 12.81 | 14.22 |
| 材料 | 白布 | m | 0.40 | 0.66 | 0.40 | 0.66 |
| | 标志牌 塑料扁形 | 个 | 1.00 | 1.00 | 1.00 | 1.00 |
| | 焊锡 | kg | 0.40 | 0.73 | 0.40 | 0.73 |
| | 焊锡膏 | kg | 0.10 | 0.19 | 0.10 | 0.19 |
| | 汽油 | kg | 0.25 | 0.45 | 0.25 | 0.45 |
| | 冲击钻头 $\phi$10～20 | 个 | 0.13 | 0.13 | — | — |
| | 塑料线卡 $\phi$15 以下 | 个 | 8.00 | 12.00 | 8.00 | 12.00 |
| | 镀锌滚花膨胀螺栓 M8 | 套 | 4.00 | 4.00 | — | — |
| | 精制六角带帽螺栓镀锌 带 2 个垫圈 M10×80～120 | 套 | — | — | 4.00 | 4.00 |

续前

| 定额编号 | | | 9-245 | 9-246 | 9-247 | 9-248 |
|---|---|---|---|---|---|---|
| 项目 | | | 多线制(壁挂式) | | 多线制(落地式) | |
| | | | 32 点以下 | 64 点以下 | 32 点以下 | 64 点以下 |
| 名称 | | 单位 | 数量 | | | |
| 材料 | 精制六角带帽螺栓镀锌 带 2 个垫圈 M8×80～120 | 套 | 4.10 | 4.10 | — | — |
| | 玻璃胶 310g | 支 | 0.20 | 0.20 | — | — |
| | 异型塑料管 $\phi5$ | m | 1.00 | 1.83 | 1.00 | 1.83 |
| | 其他材料费 | % | 5.00 | 5.00 | 5.00 | 5.00 |
| 机械 | 交流电焊机 21kV·A | 台班 | 0.20 | 0.20 | 0.40 | 0.40 |
| 仪器仪表 | 数字多用表 | 台班 | 0.60 | 1.20 | 0.60 | 1.20 |
| | 交流稳压电源 | 台班 | 0.30 | 0.60 | 0.30 | 0.60 |
| | 直流稳压稳流电源 | 台班 | 0.30 | 0.60 | 0.30 | 0.60 |
| | 接地电阻测试仪 | 台班 | 0.07 | 0.07 | 0.07 | 0.07 |

**工作内容：**安装、固定、校线、挂锡、功能检测、防潮和防尘处理、压线、标志、绑扎。

计量单位：台

| 定额编号 | | | 9-249 | 9-250 | 9-251 | 9-252 |
|---|---|---|---|---|---|---|
| 项目 | | | 总线制(壁挂式) | | | |
| | | | 200 点以下 | 500 点以下 | 1000 点以下 | 1000 点以上 |
| 名称 | | 单位 | 数量 | | | |
| 人工 | 综合工日 | 工日 | 16.15 | 28.94 | 36.58 | 44.18 |
| 材料 | 白布 | m | 0.20 | 0.34 | 0.63 | 1.17 |
| | 标志牌 塑料扁形 | 个 | 1.00 | 1.00 | 1.00 | 1.00 |
| | 焊锡 | kg | 0.22 | 0.38 | 0.70 | 1.30 |
| | 焊锡膏 | kg | 0.06 | 0.10 | 0.18 | 0.33 |
| | 汽油 | kg | 0.45 | 0.62 | 0.85 | 1.82 |
| | 冲击钻头 $\phi$10～20 | 个 | 0.13 | 0.13 | 0.13 | 0.27 |
| | 塑料线卡 $\phi$15 以下 | 个 | 14.00 | 22.00 | 40.00 | 80.00 |
| | 镀锌滚花膨胀螺栓 M8 | 套 | 4.00 | 4.00 | 4.00 | — |
| | 镀锌滚花膨胀螺栓 M10 | 套 | — | — | — | 8.00 |
| | 精制六角带帽螺栓镀锌带 2 个垫圈 M8×80～120 | 套 | 4.10 | 4.10 | 4.10 | — |

续前

| 定额编号 | | | 9-249 | 9-250 | 9-251 | 9-252 |
|---|---|---|---|---|---|---|
| 项目 | | | 总线制(壁挂式) | | | |
| | | | 200 点以下 | 500 点以下 | 1000 点以下 | 1000 点以上 |
| 名称 | | 单位 | 数量 | | | |
| 材料 | 精制六角带帽螺栓镀锌 带 2 个垫圈 M10×80～120 | 套 | — | — | — | 8.20 |
| | 玻璃胶 310g | 支 | 0.20 | 0.20 | 0.40 | 0.80 |
| | 异型塑料管 $\phi 5$ | m | 0.55 | 0.95 | 1.75 | 1.75 |
| | 其他材料费 | % | 5.00 | 5.00 | 5.00 | 5.00 |
| 机械 | 交流电焊机 21kV·A | 台班 | 0.20 | 0.20 | 0.20 | 0.20 |
| 仪器仪表 | 数字多用表 | 台班 | 2.50 | 4.52 | 8.14 | 14.66 |
| | 交流稳压电源 | 台班 | 1.25 | 2.26 | 4.07 | 7.33 |
| | 直流稳压稳流电源 | 台班 | 1.25 | 2.26 | 4.07 | 7.33 |
| | 接地电阻测试仪 | 台班 | 0.07 | 0.07 | 0.07 | 0.07 |

**工作内容：**安装、固定、校线、挂锡、功能检测、防潮和防尘处理、压线、标志、绑扎。

计量单位：台

| 定额编号 | | | 9-253 | 9-254 | 9-255 | 9-256 |
|---|---|---|---|---|---|---|
| 项目 | | | 总线制(落地式) | | | |
| | | | 200 点以下 | 500 点以下 | 1000 点以下 | 1000 点以上 |
| 名称 | | 单位 | 数量 | | | |
| 人工 | 综合工日 | 工日 | 16.37 | 29.11 | 36.83 | 44.40 |
| 材料 | 白布 | m | 0.20 | 0.34 | 0.63 | 1.17 |
| | 标志牌 塑料扁形 | 个 | 1.00 | 1.00 | 1.00 | 1.00 |
| | 焊锡 | kg | 0.22 | 0.38 | 0.70 | 1.30 |
| | 焊锡膏 | kg | 0.06 | 0.10 | 0.18 | 0.33 |
| | 汽油 | kg | 0.45 | 0.62 | 0.85 | 1.82 |
| | 塑料线卡 $\phi$15 以下 | 个 | 14.00 | 22.00 | 40.00 | 80.00 |
| | 精制六角带帽螺栓镀锌 带 2 个垫圈 M8×80～120 | 套 | 4.10 | 4.10 | 4.10 | 8.20 |
| | 异型塑料管 $\phi$5 | m | 0.55 | 0.95 | 1.75 | 3.25 |
| | 其他材料费 | % | 5.00 | 5.00 | 5.00 | 5.00 |

续前

| 定额编号 | | | 9-253 | 9-254 | 9-255 | 9-256 |
|---|---|---|---|---|---|---|
| 项目 | | | 总线制(落地式) | | | |
| | | | 200 点以下 | 500 点以下 | 1000 点以下 | 1000 点以上 |
| 名称 | | 单位 | 数量 | | | |
| 机械 | 交流电焊机 21kV·A | 台班 | 0.40 | 0.40 | 0.40 | 0.40 |
| 仪器仪表 | 数字多用表 | 台班 | 2.50 | 4.52 | 8.14 | 14.66 |
| | 交流稳压电源 | 台班 | 1.25 | 2.26 | 4.07 | 7.33 |
| | 直流稳压稳流电源 | 台班 | 1.25 | 2.26 | 4.07 | 7.33 |
| | 接地电阻测试仪 | 台班 | 0.07 | 0.07 | 0.07 | 0.07 |

## 3.5 联动控制器安装

**工作内容：**校线、挂锡、并线、压线、标志、安装、固定、功能检测、防尘和防潮处理。

计量单位：台

| 定额编号 | | | 9-257 | 9-258 | 9-259 | 9-260 |
|---|---|---|---|---|---|---|
| 项目 | | | 多线制(壁挂式) | | 多线制(落地式) | |
| | | | 100 点以下 | 100 点以上 | 100 点以下 | 100 点以上 |
| 名称 | | 单位 | 数量 | | | |
| 人工 | 综合工日 | 工日 | 20.65 | 31.23 | 20.65 | 31.23 |
| 材料 | 冲击钻头 $\phi12$ | 个 | — | 0.13 | — | — |
| | 白布 | m | 1.64 | — | 1.64 | 3.28 |
| | 标志牌 塑料扁形 | 个 | 1.00 | 1.00 | 1.00 | 1.00 |
| | 焊锡 | kg | 1.82 | 3.64 | 1.82 | 3.64 |
| | 焊锡膏 | kg | 0.46 | 0.91 | 0.46 | 0.91 |
| | 汽油 | kg | 1.13 | 2.25 | 1.13 | 2.25 |
| | 塑料线卡 $\phi15$ 以下 | 个 | 35.00 | 82.00 | 35.00 | 82.00 |
| | 镀锌滚花膨胀螺栓 M8 | 套 | 4.00 | — | — | — |
| | 镀锌滚花膨胀螺栓 M10 | 套 | — | 4.00 | — | — |
| | 精制六角带帽螺栓镀锌 带 2 个垫圈 M8×80 ~ 120 | 套 | 4.10 | — | 4.10 | 4.10 |

续前

| 定额编号 | | | 9-257 | 9-258 | 9-259 | 9-260 |
|---|---|---|---|---|---|---|
| 项目 | | | 多线制(壁挂式) | | 多线制(落地式) | |
| | | | 100点以下 | 100点以上 | 100点以下 | 100点以上 |
| 名称 | | 单位 | 数量 | | | |
| 材料 | 精制六角带帽螺栓镀锌带2个垫圈 M10×80～120 | 套 | — | 4.10 | — | — |
| | 玻璃胶 310g | 支 | 0.50 | 0.80 | — | — |
| | 异型塑料管 $\phi5$ | m | 4.55 | 9.10 | 4.55 | 9.10 |
| | 冲击钻头 $\phi10$ | 个 | 0.13 | — | — | — |
| | 其他材料费 | % | 5.00 | 5.00 | 5.00 | 5.00 |
| 机械 | 交流电焊机 21kV·A | 台班 | 0.20 | 0.20 | 0.40 | 0.40 |
| 仪器仪表 | 数字多用表 | 台班 | 1.80 | 2.70 | 1.80 | 2.70 |
| | 交流稳压电源 | 台班 | 0.90 | 1.35 | 0.90 | 1.35 |
| | 直流稳压稳流电源 | 台班 | 0.90 | 1.35 | 0.90 | 1.35 |
| | 接地电阻测试仪 | 台班 | — | 0.07 | 0.07 | 0.07 |

**工作内容：**校线、挂锡、并线、压线、标志、安装、固定、功能检测、防尘和防潮处理。

计量单位：台

| 定额编号 | | | 9-261 | 9-262 | 9-263 | 9-264 |
|---|---|---|---|---|---|---|
| 项目 | | | 总线制(壁挂式) | | | |
| | | | 100 点以下 | 200 点以下 | 500 点以下 | 500 点以上 |
| 名称 | | 单位 | 数量 | | | |
| 人工 | 综合工日 | 工日 | 20.99 | 31.78 | 33.85 | 35.85 |
| 材料 | 冲击钻头 $\phi12$ | 个 | 0.13 | 0.13 | 0.13 | 0.13 |
| | 白布 | m | 0.11 | 0.18 | 0.33 | 0.51 |
| | 标志牌 塑料扁形 | 个 | 1.00 | 1.00 | 1.00 | 1.00 |
| | 焊锡 | kg | 0.12 | 0.20 | 0.36 | 0.68 |
| | 焊锡膏 | kg | 0.03 | 0.05 | 0.09 | 0.17 |
| | 汽油 | kg | 0.25 | 0.45 | 0.86 | 1.50 |
| | 塑料线卡 $\phi15$ 以下 | 个 | 10.00 | 16.00 | 24.00 | 45.00 |
| | 镀锌滚花膨胀螺栓 M10 | 套 | 4.00 | 4.00 | 4.00 | 4.00 |
| | 精制六角带帽螺栓镀锌 带 2 个垫圈 M10×80～120 | 套 | 4.10 | 4.10 | 4.10 | 4.10 |

续前

| 定额编号 | | | 9-261 | 9-262 | 9-263 | 9-264 |
|---|---|---|---|---|---|---|
| 项目 | | | 总线制(壁挂式) | | | |
| | | | 100点以下 | 200点以下 | 500点以下 | 500点以上 |
| 名称 | | 单位 | 数量 | | | |
| 材料 | 玻璃胶 310g | 支 | 0.20 | 0.30 | 0.30 | 0.40 |
| | 异型塑料管 $\phi5$ | m | 0.30 | 0.50 | 0.90 | 1.70 |
| | 其他材料费 | % | 5.00 | 5.00 | 5.00 | 5.00 |
| 机械 | 交流电焊机 21kV·A | 台班 | 0.20 | 0.20 | 0.20 | 0.20 |
| 仪器仪表 | 数字多用表 | 台班 | 1.80 | 2.44 | 2.76 | 4.52 |
| | 交流稳压电源 | 台班 | 0.90 | 1.22 | 1.38 | 2.26 |
| | 直流稳压稳流电源 | 台班 | 0.90 | 1.22 | 1.38 | 2.26 |
| | 接地电阻测试仪 | 台班 | 0.07 | 0.07 | 0.07 | 0.07 |

**工作内容：**校线、挂锡、并线、压线、标志、安装、固定、功能检测、防尘和防潮处理。

计量单位：台

| 定额编号 | | | 9-265 | 9-266 | 9-267 | 9-268 |
|---|---|---|---|---|---|---|
| 项目 | | | 总线制(落地式) | | | |
| | | | 100 点以下 | 200 点以下 | 500 点以下 | 500 点以上 |
| 名称 | | 单位 | 数量 | | | |
| 人工 | 综合工日 | 工日 | 21.10 | 31.88 | 33.95 | 35.95 |
| 材料 | 白布 | m | 0.11 | 0.18 | 0.33 | 0.51 |
| | 标志牌 塑料扁形 | 个 | 1.00 | 1.00 | 1.00 | 1.00 |
| | 焊锡 | kg | 0.12 | 0.20 | 0.36 | 0.68 |
| | 焊锡膏 | kg | 0.03 | 0.05 | 0.09 | 0.17 |
| | 汽油 | kg | 0.25 | 0.45 | 0.86 | 1.50 |
| | 塑料线卡 $\phi$15 以下 | 个 | 15.00 | 16.00 | 24.00 | 46.00 |
| | 精制六角带帽螺栓镀锌 带 2 个垫圈 M8×80 ~ 120 | 套 | 4.10 | 4.10 | 4.10 | 4.10 |
| | 异型塑料管 $\phi$5 | m | 0.30 | 0.50 | 0.90 | 1.70 |
| | 其他材料费 | % | 5.00 | 5.00 | 5.00 | 5.00 |

续前

| 定额编号 | | | 9-265 | 9-266 | 9-267 | 9-268 |
|---|---|---|---|---|---|---|
| 项目 | | | 总线制(落地式) | | | |
| | | | 100 点以下 | 200 点以下 | 500 点以下 | 500 点以上 |
| 名称 | | 单位 | 数量 | | | |
| 机械 | 交流电焊机 21kV · A | 台班 | 0.40 | 0.40 | 0.40 | 0.40 |
| 仪器仪表 | 数字多用表 | 台班 | 1.80 | 2.44 | 2.76 | 4.52 |
| | 交流稳压电源 | 台班 | 0.90 | 1.22 | 1.38 | 2.26 |
| | 直流稳压稳流电源 | 台班 | 0.90 | 1.22 | 1.38 | 2.26 |
| | 接地电阻测试仪 | 台班 | 0.07 | 0.07 | 0.07 | 0.07 |

## 3.6 报警联动一体机安装

**工作内容：**校线、挂锡、并线、压线、标志、安装、固定、功能检测、防尘和防潮处理。

计量单位：台

| 定额编号 | | | 9-269 | 9-270 | 9-271 | 9-272 |
|---|---|---|---|---|---|---|
| 项目 | | | 壁挂式 | | | |
| | | | 500 点以下 | 1000 点以下 | 2000 点以下 | 2000 点以上 |
| 名称 | | 单位 | 数量 | | | |
| 人工 | 综合工日 | 工日 | 46.93 | 61.79 | 71.43 | 98.37 |
| 材料 | 白布 | m | 0.23 | 0.45 | 0.72 | 1.44 |
| | 标志牌 塑料扁形 | 个 | 1.00 | 1.00 | 1.00 | 1.00 |
| | 焊锡 | kg | 0.25 | 0.50 | 0.80 | 1.60 |
| | 焊锡膏 | kg | 0.07 | 0.13 | 0.20 | 0.40 |
| | 汽油 | kg | 0.52 | 0.80 | 0.92 | 2.60 |
| | 塑料线卡 $\phi$15 以下 | 个 | 15.00 | 46.00 | 86.00 | 120.00 |
| | 镀锌滚花膨胀螺栓 M8 | 套 | 4.00 | 4.00 | 4.00 | 8.00 |
| | 精制六角带帽螺栓镀锌带 2 个垫圈 M8×80～120 | 套 | 4.10 | 4.10 | 4.10 | 8.20 |

续前

| 定额编号 | | | 9-269 | 9-270 | 9-271 | 9-272 |
|---|---|---|---|---|---|---|
| 项目 | | | 壁挂式 | | | |
| | | | 500点以下 | 1000点以下 | 2000点以下 | 2000点以上 |
| 名称 | | 单位 | 数量 | | | |
| 材料 | 玻璃胶 310g | 支 | 0.20 | 0.30 | 0.50 | 0.80 |
| | 异型塑料管 $\phi5$ | m | 0.63 | 1.25 | 2.00 | 4.00 |
| | 冲击钻头 $\phi10$ | 个 | 0.13 | 0.13 | 0.13 | 0.27 |
| | 其他材料费 | % | 5.00 | 5.00 | 5.00 | 5.00 |
| 机械 | 交流电焊机 21kV·A | 台班 | 0.20 | 0.20 | 0.20 | 0.20 |
| 仪器仪表 | 数字多用表 | 台班 | 2.80 | 5.06 | 9.12 | 16.40 |
| | 交流稳压电源 | 台班 | 1.40 | 2.53 | 4.56 | 8.20 |
| | 直流稳压稳流电源 | 台班 | 1.40 | 2.53 | 4.56 | 8.20 |
| | 接地电阻测试仪 | 台班 | 0.07 | 0.07 | 0.07 | 0.07 |

**工作内容：** 校线、挂锡、并线、压线、标志、安装、固定、功能检测、防尘和防潮处理。

计量单位：台

| 定额编号 | | | 9-273 | 9-274 | 9-275 | 9-276 |
|---|---|---|---|---|---|---|
| 项目 | | | 落地式 | | | |
| | | | 500点以下 | 1000点以下 | 2000点以下 | 2000点以上 |
| 名称 | | 单位 | 数量 | | | |
| 人工 | 综合工日 | 工日 | 47.39 | 62.03 | 72.39 | 98.72 |
| 材料 | 白布 | m | 0.23 | 0.45 | 0.72 | 1.44 |
| | 标志牌 塑料扁形 | 个 | 1.00 | 1.00 | 1.00 | 1.00 |
| | 焊锡 | kg | 0.25 | 0.50 | 0.80 | 1.60 |
| | 焊锡膏 | kg | 0.63 | 0.13 | 0.20 | 0.40 |
| | 汽油 | kg | 0.52 | 0.80 | 0.92 | 2.60 |
| | 塑料线卡 $\phi15$ 以下 | 个 | 15.00 | 46.00 | 82.00 | 120.00 |
| | 精制六角带帽螺栓镀锌 带2个垫圈 M8×80～120 | 套 | 4.10 | 4.10 | 4.10 | — |
| | 精制六角带帽螺栓镀锌 带2个垫圈 M10×80～120 | 套 | — | — | — | 8.20 |
| | 异型塑料管 $\phi5$ | m | 0.63 | 1.25 | 2.00 | 4.00 |
| | 其他材料费 | % | 5.00 | 5.00 | 5.00 | 5.00 |

续前

| 定额编号 | | | 9-273 | 9-274 | 9-275 | 9-276 |
|---|---|---|---|---|---|---|
| 项目 | | | 落地式 | | | |
| | | | 500 点以下 | 1000 点以下 | 2000 点以下 | 2000 点以上 |
| 名称 | | 单位 | 数量 | | | |
| 机械 | 交流电焊机 21kV·A | 台班 | 0.40 | 0.40 | 0.40 | 0.40 |
| 仪器仪表 | 数字多用表 | 台班 | 2.80 | 5.06 | 9.12 | 16.40 |
| | 交流稳压电源 | 台班 | 1.40 | 2.53 | 4.56 | 8.20 |
| | 直流稳压稳流电源 | 台班 | 1.40 | 2.53 | 4.56 | 8.20 |
| | 接地电阻测试仪 | 台班 | 0.07 | 0.07 | 0.07 | 0.07 |

## 3.7 重复显示器、警报装置、远程控制器安装

**工作内容：** 校线、挂锡、并线、压线、标志、编码、安装、固定、功能检测、防尘和防潮处理。

计量单位：台

| 定额编号 | | | 9-277 | 9-278 | 9-279 | 9-280 | 9-281 | 9-282 |
|---|---|---|---|---|---|---|---|---|
| 项目 | | | 重复显示器 | | 警报装置(只) | | 远程控制器 | |
| | | | 多线制 | 总线制 | 声光报警 | 警铃 | 3路以下 | 5路以下 |
| 名称 | | 单位 | 数量 | | | | | |
| 人工 | 综合工日 | 工日 | 12.31 | 15.54 | 1.22 | 0.63 | 8.79 | 10.54 |
| 材料 | 自攻螺钉 $\phi4\times30$ | 个 | — | — | 1.00 | 1.20 | — | — |
| | 冲击钻头 $\phi8$ | 个 | — | — | 0.10 | 0.07 | 0.13 | 0.13 |
| | 木螺钉 $\phi4\times60$ | 个 | — | — | 3.00 | 2.10 | 4.00 | 4.00 |
| | 防火涂料 A60-1 | kg | — | — | 0.03 | 0.03 | — | — |
| | 普通胶合板 $\delta3$ | $m^2$ | — | — | 0.01 | 0.01 | — | — |
| | 塑料胀管 $\phi6$ | 个 | — | — | 3.00 | 2.10 | 4.00 | 4.00 |
| | 白布 | m | 0.32 | 0.07 | 0.02 | 0.02 | 0.12 | 0.17 |
| | 标志牌 塑料扁形 | 个 | 1.00 | 1.00 | 1.00 | 1.00 | — | — |
| | 焊锡 | kg | 0.36 | 0.08 | 0.02 | 0.02 | 0.13 | 0.19 |

续前

| 定额编号 | | | 9-277 | 9-278 | 9-279 | 9-280 | 9-281 | 9-282 |
|---|---|---|---|---|---|---|---|---|
| 项目 | | | 重复显示器 | | 警报装置(只) | | 远程控制器 | |
| | | | 多线制 | 总线制 | 声光报警 | 警铃 | 3路以下 | 5路以下 |
| 名称 | | 单位 | 数量 | | | | | |
| 材料 | 焊锡膏 | kg | 0.09 | 0.02 | 0.01 | 0.01 | 0.04 | 0.05 |
| | 汽油 | kg | 0.62 | 0.20 | 0.01 | 0.01 | 0.18 | 0.26 |
| | 塑料线卡 $\phi$15 以下 | 个 | 21.00 | 7.00 | — | — | — | — |
| | 镀锌滚花膨胀螺栓 M8 | 套 | 4.00 | 4.00 | — | — | — | — |
| | 精制六角带帽螺栓镀锌 带2个垫圈 M8×80～120 | 套 | 4.10 | 4.10 | — | — | — | — |
| | 玻璃胶 310g | 支 | 0.30 | 0.20 | — | — | — | — |
| | 异型塑料管 $\phi$5 | m | 0.90 | 0.20 | 0.05 | 0.05 | 0.33 | 0.48 |
| | 冲击钻头 $\phi$10 | 个 | 0.13 | 0.13 | — | — | — | — |
| | 其他材料费 | % | 5.00 | 5.00 | 5.00 | 5.00 | 5.00 | 5.00 |

续前

| 定额编号 | | | 9-277 | 9-278 | 9-279 | 9-280 | 9-281 | 9-282 |
|---|---|---|---|---|---|---|---|---|
| 项目 | | | 重复显示器 | | 警报装置(只) | | 远程控制器 | |
| | | | 多线制 | 总线制 | 声光报警 | 警铃 | 3路以下 | 5路以下 |
| 名称 | | 单位 | 数量 | | | | | |
| 机械 | 交流电焊机 21kV·A | 台班 | 0.20 | 0.20 | — | — | — | — |
| 仪器仪表 | 数字多用表 | 台班 | 0.60 | 0.60 | 0.04 | 0.03 | 0.19 | 0.21 |
| | 交流稳压电源 | 台班 | 0.30 | 0.30 | — | — | — | — |
| | 直流稳压稳流电源 | 台班 | 0.30 | 0.30 | — | — | — | — |
| | 接地电阻测试仪 | 台班 | 0.07 | 0.07 | — | — | — | — |
| | 精密声级计 | 台班 | — | — | 0.03 | 0.02 | — | — |

## 3.8 火灾事故广播安装

**工作内容：**校线、挂锡、并线、压线、标志、安装、固定、功能检测、防尘和防潮处理。

计量单位：台

| 定额编号 | | | 9-283 | 9-284 | 9-285 | 9-286 |
|---|---|---|---|---|---|---|
| 项目 | | | 125W 功放 | 250W 功放 | 录音机 | 广播强切按钮 |
| 名称 | | 单位 | 数量 | | | |
| 人工 | 综合工日 | 工日 | 0.60 | 0.75 | 0.63 | 0.50 |
| 材料 | 镀锌扁钢 <-59 | kg | 1.26 | 1.41 | 1.32 | — |
| | 橡皮垫 δ2 | $m^2$ | 0.06 | 0.06 | 0.05 | 0.01 |
| | 半圆头螺钉 M6～12×12～50 | 套 | 4.10 | 4.10 | 4.10 | 4.10 |
| | 其他材料费 | % | 5.00 | 5.00 | 5.00 | 5.00 |

**工作内容**：校线、挂锡、并线、压线、标志、安装、固定、功能检测、防尘和防潮处理。

计量单位：台

| 定额编号 | | | 9-287 | 9-288 | 9-289 | 9-290 |
|---|---|---|---|---|---|---|
| 项目 | | | 消防广播控制柜 | 吸顶式扬声器(只) | 壁挂式音箱(只) | 广播分配器 |
| 名称 | | 单位 | 数量 | | | |
| 人工 | 综合工日 | 工日 | 22.25 | 0.39 | 0.30 | 4.63 |
| 材料 | 白布 | m | 0.27 | 0.02 | 0.02 | 0.33 |
| | 棉纱 | kg | 1.40 | — | — | — |
| | 标志牌 塑料扁形 | 个 | 1.00 | — | — | — |
| | 垫铁 | kg | 2.00 | — | — | — |
| | 焊锡 | kg | 0.57 | 0.02 | 0.02 | 0.36 |
| | 焊锡膏 | kg | 0.14 | 0.01 | 0.01 | 0.09 |
| | 汽油 | kg | 1.64 | 0.02 | 0.02 | 0.23 |
| | 精制六角带帽螺栓镀锌 带2个垫圈 M8×80～120 | 套 | 4.10 | — | — | — |
| | 塑料软管 $\phi4$ | m | 0.15 | — | — | — |
| | 异型塑料管 $\phi5$ | m | 1.43 | 0.05 | 0.05 | 0.90 |

续前

| 定额编号 | | | 9-287 | 9-288 | 9-289 | 9-290 |
|---|---|---|---|---|---|---|
| 项目 | | | 消防广播控制柜 | 吸顶式扬声器(只) | 壁挂式音箱(只) | 广播分配器 |
| 名称 | | 单位 | 数量 | | | |
| 材料 | 橡皮绝缘板 $\delta 3$ | $m^2$ | 0.05 | — | — | — |
| | 接地线 BV-4$mm^2$ | m | 3.00 | — | — | — |
| | 半圆头螺钉 M6～12×12～50 | 套 | — | — | — | 4.10 |
| | 橡皮垫 $\delta 2$ | $m^2$ | — | — | — | 0.05 |
| | 镀锌扁钢 ＜-59 | kg | — | — | — | 1.22 |
| | 冲击钻头 $\phi 8$ | 个 | — | — | 0.07 | — |
| | 塑料胀管 $\phi 6$ | 个 | — | — | 2.00 | — |
| | 普通胶合板 $\delta 3$ | $m^2$ | — | 0.04 | — | — |
| | 防火涂料 A60-1 | kg | — | 0.05 | — | — |
| | 玻璃胶 310g | 支 | — | 0.01 | — | — |
| | 木螺钉 $\phi 4\times 60$ | 个 | — | 0.40 | 2.00 | — |
| | 其他材料费 | % | 5.00 | 5.00 | 5.00 | 5.00 |

续前

| 定额编号 | | | 9-287 | 9-288 | 9-289 | 9-290 |
|---|---|---|---|---|---|---|
| 项目 | | | 消防广播控制柜 | 吸顶式扬声器(只) | 壁挂式音箱(只) | 广播分配器 |
| 名称 | | 单位 | 数量 | | | |
| 机械 | 交流电焊机 21kV·A | 台班 | 0.40 | — | — | — |
| 仪器仪表 | 数字多用表 | 台班 | 2.50 | 0.03 | 0.03 | 0.05 |
| | 交流稳压电源 | 台班 | 1.25 | — | — | — |
| | 直流稳压稳流电源 | 台班 | 1.25 | — | — | — |
| | 接地电阻测试仪 | 台班 | 0.07 | — | — | — |
| | 精密声级计 | 台班 | — | 0.02 | 0.02 | — |

## 3.9 消防通讯、报警备用电源安装

**工作内容：**设备开箱检验、现场就位、固定安装。

计量单位：台

| 定额编号 | | | 9-291 | 9-292 | 9-293 | 9-294 | 9-295 | 9-296 |
|---|---|---|---|---|---|---|---|---|
| 项目 | | | 电话交换机 | | | 通讯 | | 消防报警备用电源(个) |
| | | | 20门 | 40门 | 60门 | 分机(部) | 插孔(个) | |
| 名称 | | 单位 | 数量 | | | | | |
| 人工 | 综合工日 | 工日 | 15.18 | 22.67 | 27.21 | 0.22 | 0.12 | 1.00 |
| 材料 | 镀锌滚花膨胀螺栓 M10 | 套 | 4.00 | 4.00 | 4.00 | — | — | — |
| | 白布 | m | 0.38 | 0.74 | 1.10 | — | 0.02 | 0.02 |
| | 焊锡 | kg | 0.43 | 0.83 | 1.3 | — | 0.02 | 0.02 |
| | 焊锡膏 | kg | 0.11 | 0.21 | 0.31 | — | 0.01 | 0.01 |
| | 汽油 | kg | 0.32 | 0.64 | 0.98 | — | 0.01 | 0.02 |
| | 异型塑料管 $\phi 5$ | m | 1.05 | 2.05 | 3.05 | — | — | — |
| | 角钢 L40×40×4 | kg | 8.16 | 8.16 | 8.16 | — | — | — |
| | 防火涂料 A60-1 | kg | — | — | — | — | 0.05 | — |

续前

| 定额编号 | | | 9-291 | 9-292 | 9-293 | 9-294 | 9-295 | 9-296 |
|---|---|---|---|---|---|---|---|---|
| 项目 | | | 电话交换机 | | | 通讯 | | 消防报警备用电源(个) |
| | | | 20门 | 40门 | 60门 | 分机(部) | 插孔(个) | |
| 名称 | | 单位 | 数量 | | | | | |
| 材料 | 普通胶合板 $\delta3$ | $m^2$ | — | — | — | — | 0.01 | — |
| | 塑料胀管 $\phi6$ | 个 | — | — | — | 2.00 | 1.70 | — |
| | 导线端子铜接头 DT-10mm² | 个 | — | — | — | 2.00 | — | — |
| | 冲击钻头 $\phi8$ | 个 | — | — | — | 0.07 | 0.06 | — |
| | 木螺钉 $\phi6\times30$ | 个 | — | — | — | 2.00 | 2.00 | — |
| | 镀锌扁钢 <-59 | kg | — | — | — | — | — | 0.31 |
| | 橡皮垫 $\delta2$ | $m^2$ | — | — | — | — | — | 0.02 |
| | 半圆头螺钉 M6～12×12～50 | 套 | — | — | — | — | — | 4.10 |
| | 其他材料费 | % | 5.00 | 5.00 | 5.00 | 5.00 | 5.00 | 5.00 |
| 仪器仪表 | 数字多用表 | 台班 | — | — | — | — | — | 0.04 |

# 3.10 模块箱安装

**工作内容：** 测位、打眼、埋螺栓、箱子开孔、刷漆、固定。

计量单位：10个

| 定额编号 | | | 9-297 | 9-298 | 9-299 | 9-300 |
|---|---|---|---|---|---|---|
| 项目 | | | 明装(半周长 mm 以内) | | | |
| | | | 500 | 700 | 1000 | 1500 |
| 名称 | | 单位 | 数量 | | | |
| 人工 | 综合工日 | 工日 | 3.30 | 4.05 | 5.25 | 6.75 |
| 材料 | 模块箱 | 个 | (10.00) | (10.00) | (10.00) | (10.00) |
| | 膨胀螺栓 M6 | 套 | 40.80 | 40.80 | — | — |
| | 膨胀螺栓 M10 | 套 | — | — | 40.80 | 40.80 |
| | 其他材料费 | % | 5.00 | 5.00 | 5.00 | 5.00 |

# 3.11 手报箱安装

**工作内容：**测位、打眼、埋螺栓、箱子开孔、刷漆、固定。

计量单位：台

| 定额编号 | | | 9-301 | 9-302 |
|---|---|---|---|---|
| 项目 | | | 悬挂式 | 嵌墙式 |
| 名称 | | 单位 | 数量 | |
| 人工 | 综合工日 | 工日 | 0.96 | 1.80 |
| 材料 | 膨胀螺栓 M12 | 套 | 4.08 | — |
| | 电焊条 | kg | 0.15 | 0.15 |
| | 调和漆 | kg | 0.02 | 0.02 |
| | 酚醛磁漆 | kg | 0.01 | 0.01 |
| | 裸铜线 | m | 0.30 | 0.30 |
| | 铜接线端子 | 个 | 2.02 | 2.02 |
| | 镀锌圆铜 | kg | 0.20 | 0.20 |
| | 其他材料费 | % | 5.00 | 5.00 |
| 机械 | 交流电焊机 21kV · A | 台班 | 0.10 | 0.10 |

## 3.12 大空间高空灭火装置

**工作内容：**开箱检查、整体吊装、找正、找平、安装固定、切管、焊法兰、调试。

计量单位：台

| 定额编号 | | | 9-303 |
|---|---|---|---|
| 项目 | | | 大空间高空灭火装置 |
| 名称 | | 单位 | 数量 |
| 人工 | 综合工日 | 工日 | 9.56 |
| 材料 | 平焊法兰 | 副 | (1.00) |
| | 碳钢电焊条 结422 $\phi3.2$ | kg | 1.16 |
| | 乙炔气 | kg | 0.14 |
| | 氧气 | $m^3$ | 0.42 |
| | 棉纱头 | kg | 0.50 |
| | 清油 C01-1 | kg | 0.04 |
| | 石棉橡胶板 低中压 $\delta0.8\sim6$ | kg | 0.34 |
| | 铅油 | kg | 0.20 |
| | 低压盲板 | kg | 0.36 |
| | 钢板垫板 | kg | 14.16 |
| | 其他材料费 | % | 5.00 |
| 机械 | 电焊条烘干箱 600×500×750 | 台班 | 0.06 |
| | 卷扬机（单筒慢速）3t | 台班 | 0.37 |
| | 交流电焊机 30kV · A | 台班 | 0.56 |

## 3.13 其他装置安装

**工作内容：**开箱检查、设备组装、画线定位、安装。

计量单位：台

| 定额编号 | | | 9-304 | 9-305 | 9-306 |
|---|---|---|---|---|---|
| 项目 | | | 火灾显示板(层显) | 放气指示灯 | 气体灭火控制器 |
| 名称 | | 单位 | 数量 | | |
| 人工 | 综合工日 | 工日 | 5.00 | 0.30 | 0.50 |
| 材料 | 塑料胀塞 $\phi 6\sim 9$ | 套 | — | 5.00 | — |
| | 棉纱头 | kg | — | 0.05 | — |
| | 脱脂棉 | kg | 0.02 | — | — |
| | 其他材料费 | % | 5.00 | 5.00 | — |
| 仪器仪表 | 数字多用表 | 台班 | 1.50 | 0.10 | — |
| | 对讲机 | 台班 | 1.50 | — | — |

**工作内容：**搬运、开箱检查、安装。

计量单位：100m

| 定额编号 | | | 9-307 |
|---|---|---|---|
| 项目 | | | 感温电缆探测器 |
| 名称 | | 单位 | 数量 |
| 人工 | 综合工日 | 工日 | 1.50 |
| 材料 | 松香焊锡丝 φ2.3 | kg | 0.01 |
| | 焊片 φ3.5 | 个 | 5.00 |
| | 其他材料费 | % | 5.00 |
| 仪器仪表 | 数字多用表 | 台班 | 0.20 |

# 3.14　自动报警系统装置调试

**工作内容：** 技术和器具准备、检查接线、绝缘检查、程序装载或校对检查、功能测试、系统试验、记录整理。

计量单位：系统

| 定额编号 | | | 9-308 | 9-309 | 9-310 | 9-311 | 9-312 |
|---|---|---|---|---|---|---|---|
| 项　目 | | | 128 点以下 | 256 点以下 | 500 点以下 | 1000 点以下 | 2000 点以下 |
| 名　称 | | 单位 | 数　量 | | | | |
| 人工 | 综合工日 | 工日 | 106.84 | 198.46 | 310.51 | 418.05 | 548.30 |
| 材料 | 酒精 | kg | 0.39 | 0.46 | 0.56 | 0.60 | 0.70 |
| | 阻燃聚氯乙烯导线 BV1.0 | m | 15.32 | 15.32 | 15.32 | 15.32 | 15.32 |
| | 塑料胶布带 20mm×50m | 卷 | 7.20 | 8.84 | 10.30 | 12.19 | 16.82 |
| | 光盘 | 张 | 1.00 | 1.00 | 1.00 | 1.00 | 1.00 |
| | 打印纸 132 行(381-1) | 包 | 0.12 | 0.24 | 0.32 | 0.40 | 0.50 |
| | 其他材料费 | % | 5.00 | 5.00 | 5.00 | 5.00 | 5.00 |
| 仪器仪表 | 数字存储打印示波器 | 台班 | 3.20 | 6.40 | 9.90 | 12.80 | 16.00 |
| | 火灾探测器实验器 | 台班 | 3.80 | 7.60 | 14.60 | 27.40 | 75.80 |
| | 数字多用表 | 台班 | 3.52 | 7.04 | 10.56 | 14.08 | 17.60 |
| | 交流稳压电源 | 台班 | 4.80 | 9.60 | 14.40 | 19.20 | 24.00 |
| | 直流稳压稳流电源 | 台班 | 4.50 | 7.50 | 10.50 | 15.00 | 22.50 |
| | 接地电阻测试仪 | 台班 | 0.32 | 0.32 | 0.32 | 0.32 | 0.32 |

## 3.15 火灾事故广播、消防通讯、消防电梯系统装置调试

**工作内容：**技术和器具准备、检查接线、绝缘检查、程序装载或校对检查、功能测试、系统试验、记录整理等。

计量单位：部

| 定额编号 | | | 9-313 | 9-314 |
|---|---|---|---|---|
| 项目 | | | 广播喇叭及音箱(10只)<br>通讯分机及插孔(10个) | 电梯 |
| 名称 | | 单位 | 数量 | |
| 人工 | 综合工日 | 工日 | 2.31 | 13.28 |
| 仪器仪表 | 数字多用表 | 台班 | 3.20 | 2.56 |
| | 绝缘电阻测试仪 | 台班 | 0.10 | — |
| | 声级计 | 台班 | 4.80 | — |

## 3.16 电动防火门、防火卷帘门、正压送风阀、排烟阀、防火阀控制系统装置调试

**工作内容：**技术和器具准备、检查接线、绝缘检查、程序装载或校对检查、功能测试、系统试验、记录整理等。

计量单位：10 处

| 定额编号 | | | 9-315 | 9-316 | 9-317 |
|---|---|---|---|---|---|
| 项目 | | | 电动防火门 | 防火卷帘门 | 正压送风阀、排烟阀、防火阀 |
| 名称 | | 单位 | 数量 | | |
| 人工 | 综合工日 | 工日 | 10.741 | 52.12 | 6.94 |
| 材料 | 蓄电池 24AH | 块 | — | — | 4.00 |
| | 白炽灯泡 100W | 只 | — | 3.00 | — |
| | 阻燃聚氯乙烯导线 BV1.5 | m | — | 2.00 | 4.00 |
| | 其他材料费 | % | 5.00 | 5.00 | 5.00 |
| 仪器仪表 | 数字多用表 | 台班 | 0.64 | 2.56 | 0.2 |
| | 交流稳压电源 | 台班 | 0.48 | 1.92 | 1.34 |
| | 绝缘电阻测试仪 | 台班 | — | 0.35 | — |
| | 接地电阻测试仪 | 台班 | — | 0.32 | 0.32 |
| | 直流稳压稳流电源 | 台班 | — | 1.60 | 1.28 |

# 4　旅客信息系统（PIS）

# 说　明

一、本章定额包括城市轨道交通旅客信息系统控制中心设备、车站设备、车载设备、外部接口、触摸屏系统的安装、调试及系统调试，共5节132个子目。

二、全系统联调按人工费的30%计取。

# 工程量计算规则

一、中心设备、车站设备、车载设备和附属设备安装调试，按设计图示数量以“台”为单位计算。

二、系统设备、软件安装、调试，按设计图示数量以“台（套）” 为单位计算。

三、网络交换机系统功能调试，按设计图示数量以“个”为单位计算。

四、网络调试、系统试运行、验收测试，以“系统”为单位计算。

五、屏幕墙设备和附属设备安装调试，按设计图示数量以“套”为单位计算。

六、LED显示屏安装调试，按设计图示数量以“$m^2$” 为单位计算。

# 4.1 控制中心设备安装、调试

## 4.1.1 服务器安装、调试

**工作内容：**技术准备、开箱检查、清洁、定位安装、互联、接口检查、设备加电、调试。

计量单位：台（套）

| 定额编号 | | | 9-318 | 9-319 | 9-320 | 9-321 | 9-322 | 9-323 |
|---|---|---|---|---|---|---|---|---|
| 项目 | | | 中心数据服务器 | 中心网管服务器 | 中心网管、操作员服务器 | 直播服务器 | 多媒体素材服务器 | 数字视频服务器 |
| 名称 | | 单位 | 数量 | | | | | |
| 人工 | 综合工日 | 工日 | 4.00 | 3.00 | 2.50 | 3.00 | 4.00 | 4.00 |
| 材料 | 光盘 | 张 | 4.00 | 4.00 | 4.00 | 4.00 | 4.00 | 4.00 |
| | 多功能上光清洁剂 | 盒 | 0.10 | 0.10 | 0.10 | 0.10 | 0.10 | 0.10 |
| | 脱脂棉 | kg | 0.02 | 0.02 | 0.02 | 0.02 | 0.02 | 0.02 |
| | 其他材料费 | % | 5.00 | 5.00 | 5.00 | 5.00 | 5.00 | 5.00 |
| 仪器仪表 | 数字多用表 | 台班 | 0.50 | 0.50 | 0.50 | 0.50 | 0.50 | 0.50 |

### 4.1.2 服务器系统软件安装、调试

**工作内容：**技术准备、开箱检查、清洁、定位安装、互联、接口检查、设备加电、调试。

计量单位：台（套）

| 定额编号 | | | 9-324 | 9-325 | 9-326 | 9-327 | 9-328 | 9-329 |
|---|---|---|---|---|---|---|---|---|
| 项目 | | | 中心数据服务器系统软件 | 中心网管服务器系统软件 | 中心网管、操作员服务器系统软件 | 直播服务器系统软件 | 多媒体素材服务器系统软件 | 数字视频服务器系统软件 |
| 名称 | | 单位 | 数量 | | | | | |
| 人工 | 综合工日 | 工日 | 3.50 | 2.00 | 1.50 | 2.00 | 2.00 | 3.50 |
| 材料 | 光盘 | 张 | 4.00 | 4.00 | 4.00 | 4.00 | 4.00 | 4.00 |
| | 多功能上光清洁剂 | 盒 | 0.15 | 0.15 | 0.10 | 0.15 | 0.15 | 0.15 |
| | 脱脂棉 | kg | 0.04 | 0.04 | 0.02 | 0.04 | 0.04 | 0.04 |
| | 其他材料费 | % | 5.00 | 5.00 | 5.00 | 5.00 | 5.00 | 5.00 |
| 仪器仪表 | 数字多用表 | 台班 | 1.30 | 0.70 | 0.30 | 0.70 | 0.70 | 1.30 |

### 4.1.3 工作站安装、调试

**工作内容：**技术准备、开箱检查、清洁、定位安装、互联、接口检查、设备加电、调试。

计量单位：台（套）

| 定额编号 | | | 9-330 | 9-331 | 9-332 | 9-333 |
|---|---|---|---|---|---|---|
| 项目 | | | 播出控制工作站 | 多媒体素材管理工作站 | 操作员工作站 | 维护工作站 |
| 名称 | | 单位 | 数量 | | | |
| 人工 | 综合工日 | 工日 | 2.00 | 2.00 | 2.00 | 2.00 |
| 材料 | 光盘 | 张 | 6.00 | 6.00 | 6.00 | 6.00 |
| | 多功能上光清洁剂 | 盒 | 0.10 | 0.10 | 0.10 | 0.10 |
| | 脱脂棉 | kg | 0.02 | 0.02 | 0.02 | 0.02 |
| | 其他材料费 | % | 5.00 | 5.00 | 5.00 | 5.00 |
| 仪器仪表 | 数字多用表 | 台班 | 0.20 | 0.20 | 0.20 | 0.20 |

## 4.1.4 视频录、编设备安装、调试

**工作内容：**开箱检查、设备初验、检查基础、安装设备、调试设备。

计量单位：台

| 定额编号 | | | 9-334 | 9-335 | 9-336 | 9-337 | 9-338 |
|---|---|---|---|---|---|---|---|
| 项目 | | | DVD/VCD播放机 | 数字硬盘录像机 | | | 视频打印机 |
| | | | | 4路输入 | 8路输入 | 16路输入 | |
| 名称 | | 单位 | 数量 | | | | |
| 人工 | 综合工日 | 工日 | 1.50 | 2.00 | 4..00 | 6.00 | 1.00 |
| 仪器仪表 | 数字多用表 | 台班 | 0.10 | — | — | — | — |
| | 电视测试信号发生器 | 台班 | — | 1.00 | 2.00 | 3.00 | — |

**工作内容**：开箱检查、设备初验、检查基础、安装设备、接线调整、试运行。

计量单位：台

| 定额编号 | | | 9-339 | 9-340 | 9-341 | 9-342 | 9-343 |
| --- | --- | --- | --- | --- | --- | --- | --- |
| 项目 | | | 中心监视器 | | | 中心控制器 | 中心交换机 |
| | | | ≤37cm | ≤56cm | >56cm | | |
| 名称 | | 单位 | 数量 | | | | |
| 人工 | 综合工日 | 工日 | 1.40 | 1.80 | 2.00 | 2.00 | 1.90 |
| 材料 | 酒精 | kg | 0.10 | 0.10 | 0.10 | 0.10 | — |
| | 棉纱头 | kg | 0.05 | 0.05 | 0.05 | 0.05 | — |
| | 脱脂棉 | kg | 0.02 | 0.02 | 0.02 | 0.02 | 0.02 |
| | 多功能上光清洁剂 | 盒 | — | — | — | — | 0.10 |
| | 其他材料费 | % | 5.00 | 5.00 | 5.00 | 5.00 | 5.00 |
| 仪器仪表 | 数字多用表 | 台班 | 0.28 | 0.44 | 0.53 | — | — |
| | 便携式计算机 | 台班 | — | — | — | — | 0.70 |
| | 网络分析仪 | 台班 | — | — | — | — | 0.60 |

### 4.1.5 机柜安装

**工作内容：**装调技术准备、装调机具准备、搬运、开箱、检查、定位、安装、清理。

计量单位：台

| 定额编号 | | | 9-344 | 9-345 | 9-346 | 9-347 | 9-348 |
|---|---|---|---|---|---|---|---|
| 项目 | | | 中心机柜 | | | | |
| | | | BA23 | BA123 | H9642 | 19″ | 24″ |
| 名称 | | 单位 | 数量 | | | | |
| 人工 | 综合工日 | 工日 | 1.00 | 1.25 | 1.50 | 2.00 | 3.00 |
| 仪器仪表 | 绝缘电阻测试仪 | 台班 | 0.30 | 0.30 | 0.30 | 0.30 | 0.30 |

### 4.1.6 视频信号处理设备安装

**工作内容：**开箱清点、安装就位、调试、固定、接线、接地、做标志、清理现场。

计量单位：台

| 定额编号 | | | 9-349 | 9-350 | 9-351 | 9-352 |
|---|---|---|---|---|---|---|
| 项目 | | | 硬盘 | 视频、音频分配器 | 视频、音频切换器 | |
| | | | | | 4×1 | 8×1 |
| 名称 | | 单位 | 数量 | | | |
| 人工 | 综合工日 | 工日 | 0.02 | 0.80 | 1.25 | 2.25 |
| 材料 | 尼龙线卡 | 只 | — | 252.50 | — | — |
| | 标志牌 | 个 | — | 9.45 | — | — |
| | 莲花插头 | 个 | — | — | 10.00 | 18.00 |
| | 其他材料费 | % | — | 5.00 | 5.00 | 5.00 |
| 仪器仪表 | 便携式计算机 | 台班 | 0.25 | — | — | — |

### 4.1.7 防火墙设备安装、调试

**工作内容：** 技术、机具、仪器仪表准备、电源检测和联试安全保护、接口正确性测试、检查、硬件系统的验证、硬件调试。

计量单位：套

| 定额编号 | | | 9-353 | 9-354 | 9-355 | 9-356 | 9-357 |
|---|---|---|---|---|---|---|---|
| 项目 | | | 防火墙设备安装调试 | | | | |
| | | | 包过滤防火墙 | 状态、动态检测防火墙 | 应用程序代理防火墙 | NAT防火墙 | 个人防火墙 |
| 名称 | | 单位 | 数量 | | | | |
| 人工 | 综合工日 | 工日 | 2.00 | 5.00 | 3.50 | 4.00 | 1.50 |
| 仪器仪表 | 便携式计算机 | 台班 | 1.50 | 3.50 | 2.50 | 3.00 | 1.00 |

### 4.1.8 网关及交换机设备安装、调试

**工作内容：**搬运、开箱检查、清点设备、定位、连接线缆、通电检查。

计量单位：台

| 定额编号 | | | 9-358 | 9-359 | 9-360 | 9-361 |
|---|---|---|---|---|---|---|
| 项目 | | | 网络编码器 | 媒体（素材）网关 | 数字视频广播 IP（DVB-IP）网关 | 操作显示器 |
| 名称 | | 单位 | 数量 | | | |
| 人工 | 综合工日 | 工日 | 5.00 | 1.50 | 1.70 | 2.00 |
| 材料 | 多功能上光清洁剂 | 盒 | — | 0.10 | 0.10 | — |
| | 脱脂棉 | kg | — | 0.02 | 0.02 | — |
| | 其他材料费 | % | — | 5.00 | 5.00 | — |
| 仪器仪表 | 数字多用表 | 台班 | 1.00 | 0.20 | 0.30 | 0.50 |
| | 便携式计算机 | 台班 | — | 0.30 | 0.50 | 1.00 |

**工作内容：**技术准备、开箱检查、清洁、定位安装、互联、接口检查、加电调试。

计量单位：台

| 定额编号 | | | 9-362 | 9-363 | 9-364 | 9-365 | 9-366 |
|---|---|---|---|---|---|---|---|
| 项目 | | | 中心网络交换机 | | | | |
| | | | 工作组级交换机 | 部门级交换机 | | 企业级交换机 | |
| | | | | 二层交换机 | 三层交换机 | 二层交换机 | 三层交换机 |
| 名称 | | 单位 | 数量 | | | | |
| 人工 | 综合工日 | 工日 | 1.50 | 1.70 | 1.80 | 1.80 | 1.90 |
| 材料 | 多功能上光清洁剂 | 盒 | 0.10 | 0.10 | 0.10 | 0.10 | 0.10 |
| | 脱脂棉 | kg | 0.02 | 0.02 | 0.02 | 0.02 | 0.02 |
| | 其他材料费 | % | 5.00 | 5.00 | 5.00 | 5.00 | 5.00 |
| 仪器仪表 | 便携式计算机 | 台班 | 0.30 | 0.50 | 0.60 | 0.60 | 0.70 |
| | 网络分析仪 | 台班 | 0.20 | 0.40 | 0.50 | 0.50 | 0.60 |

**工作内容：**技术准备、虚网划分、端口设置、路由设置、包过滤、设备监控等功能调试。

计量单位：个

| 定额编号 | | | 9-367 | 9-368 |
|---|---|---|---|---|
| 项目 | | | 中心网络交换机系统功能调试 | |
| | | | 2个子网以下 | 2个子网以上每增加1个子网 |
| 名称 | | 单位 | 数量 | |
| 人工 | 综合工日 | 工日 | 1.50 | 0.20 |
| 材料 | 多功能上光清洁剂 | 盒 | 0.10 | 0.10 |
| | 脱脂棉 | kg | 0.02 | 0.02 |
| | 其他材料费 | % | 5.00 | 5.00 |
| 仪器仪表 | 便携式计算机 | 台班 | 0.30 | 0.05 |

### 4.1.9 监视器、接收机安装、调试

**工作内容：**开箱清点、安装就位、调试、固定、接线、接地、做标志、清理现场。

计量单位：台

| 定额编号 | | | 9-369 | 9-370 | 9-371 |
|---|---|---|---|---|---|
| 项目 | | | 模拟监视器 | | |
| | | | ≤14″ | ≤22″ | >22″ |
| 名称 | | 单位 | 数量 | | |
| 人工 | 综合工日 | 工日 | 1.40 | 1.80 | 2.00 |
| 仪器仪表 | 数字多用表 | 台班 | 0.28 | 0.44 | 0.53 |

**工作内容：** 搬运、开箱、通电检查、清点设备、调试、安装固定、接线、通电、调试记录、标记、扎线、清理施工现场。

计量单位：台

| 定额编号 | | | 9-372 | 9-373 |
|---|---|---|---|---|
| 项目 | | | 外部视频<br>信号源接收机 | 中心管理<br>软件包 |
| 名称 | | 单位 | 数量 | |
| 人工 | 综合工日 | 工日 | 0.70 | 11.00 |
| 材料 | 光盘 | 张 | — | 2.00 |
| | 复印纸 A4 | 包 | — | 0.10 |
| | 棉纱头 | kg | 0.05 | — |
| | 其他材料费 | % | 5.00 | 5.00 |
| 仪器仪表 | 场强仪 | 台班 | 0.30 | — |
| | 频谱分析仪 | 台班 | 0.30 | — |
| | 打印机 | 台班 | — | 2.00 |
| | 其他仪器仪表费 | % | 5.00 | 5.00 |

# 4.2 车站设备安装、调试

## 4.2.1 服务器、工作站安装、调试

**工作内容：**技术准备、开箱检查、清洁、定位安装、互联、接口检查、设备加电、调试。

计量单位：台（套）

| 定额编号 | | | 9-374 | 9-375 |
|---|---|---|---|---|
| 项目 | | | 车站服务器 | 车站工作站 |
| 名称 | | 单位 | 数量 | |
| 人工 | 综合工日 | 工日 | 3.00 | 2.00 |
| 材料 | 光盘 | 张 | 4.00 | 6.00 |
| | 多功能上光清洁剂 | 盒 | 0.10 | 0.10 |
| | 脱脂棉 | kg | 0.02 | 0.02 |
| | 其他材料费 | % | 5.00 | 5.00 |
| 仪器仪表 | 数字多用表 | 台班 | 0.50 | 0.20 |

### 4.2.2 控制器安装、调试

**工作内容：**搬运、开箱清点、检验、画线、定位、设备安装、固定、接线、做标志。

计量单位：套

| 定额编号 | | | 9-376 | 9-377 | 9-378 | 9-379 | 9-380 |
|---|---|---|---|---|---|---|---|
| 项目 | | | 车站液晶电视播出控制器 | 屏幕墙播出控制器 | LED屏播出控制器 | 全彩色LED屏控制机 | 网络管理控制器 |
| 名称 | | 单位 | 数量 | | | | |
| 人工 | 综合工日 | 工日 | 2.00 | 2.00 | 2.00 | 2.00 | 2.00 |
| 材料 | 标志牌 | 个 | 2.10 | 2.10 | 2.10 | 2.10 | — |
| | 棉纱头 | kg | 0.05 | 0.05 | 0.05 | 0.05 | 0.05 |
| | 其他材料费 | % | 5.00 | 5.00 | 5.00 | 5.00 | 5.00 |
| 仪器仪表 | 数字多用表 | 台班 | — | — | — | — | 0.50 |
| | 频谱分析仪 | 台班 | — | — | — | — | 1.00 |

### 4.2.3 转换器安装、调试

**工作内容：**搬运、开箱清点、安装就位、调试、固定、接线、接地、做标志、清理现场。

计量单位：台

| 定额编号 | | | 9-381 | 9-382 | 9-383 |
|---|---|---|---|---|---|
| 项目 | | | 车站电视<br>分配转换器 | 车站 LED<br>分配转换器 | 车站电源控制盒 |
| 名称 | | 单位 | 数量 | | |
| 人工 | 综合工日 | 工日 | 0.80 | 0.80 | 0.80 |
| 材料 | 扎线卡 | 个 | 252.50 | 252.50 | — |
| | 标志牌 | 个 | 9.45 | 9.45 | 4.20 |
| | 棉纱头 | kg | — | — | 0.05 |
| | 其他材料费 | % | 5.00 | 5.00 | 5.00 |

## 4.2.4 显示设备安装

**工作内容：**搬运、开箱检查、清点设备、定位、连接线缆、通电检查。

计量单位：套

| 定额编号 | | | 9-384 | 9-385 | 9-386 |
|---|---|---|---|---|---|
| 项目 | | | 屏幕墙 | | 车站液晶电视 |
| | | | 监视器12台以下 | 监视器24台以下 | |
| 名称 | | 单位 | 数量 | | |
| 人工 | 综合工日 | 工日 | 8.00 | 18.00 | 0.50 |
| 材料 | 地脚螺栓 M14×120～230 | 套 | 6.12 | 12.24 | — |
| | 地脚螺栓 M10×25 | 套 | 1.02 | 1.02 | — |
| | 棉纱头 | kg | 0.10 | 0.10 | — |
| | 酒精 | kg | 0.10 | 0.10 | 0.10 |
| | 脱脂棉 | kg | 0.02 | 0.02 | 0.02 |
| | 其他材料费 | % | 5.00 | 5.00 | 5.00 |
| 仪器仪表 | 便携式计算机 | 台班 | — | — | 0.25 |

**工作内容：**开箱检查、零部件配套、按说明书通电、检查。

计量单位：$m^2$

| 定额编号 | | | 9-387 | 9-388 | 9-389 |
|---|---|---|---|---|---|
| 项目 | | | LED 显示屏（壁挂、吊装） | | |
| | | | 单基色 | 双基色 | 三基色 |
| 名称 | | 单位 | 数量 | | |
| 人工 | 综合工日 | 工日 | 0.50 | 0.80 | 1.00 |
| 仪器仪表 | 数字多用表 | 台班 | 0.50 | 0.50 | 0.50 |
| | 便携式计算机 | 台班 | 0.50 | 0.50 | 0.50 |

**工作内容：**搬运、开箱检查、清点设备、安装、固定、接线、通电检查、清理现场。

计量单位：台

| 定额编号 | | | 9-390 | 9-391 |
|---|---|---|---|---|
| 项目 | | | 等离子显示屏≤50″ | |
| | | | 摆放 | 壁挂或悬挂 |
| 名称 | | 单位 | 数量 | |
| 人工 | 综合工日 | 工日 | 1.00 | 1.30 |
| 仪器仪表 | 数字多用表 | 12.33 | 0.20 | 0.20 |

**工作内容：**搬运、开箱检查、清点设备、安装、固定、接线、通电检查、清理现场。

计量单位：台

| 定额编号 | | | 9-392 | 9-393 |
|---|---|---|---|---|
| 项目 | | | 等离子显示屏≤65″ | |
| | | | 摆放 | 壁挂或悬挂 |
| 名称 | | 单位 | 数量 | |
| 人工 | 综合工日 | 工日 | 1.50 | 1.80 |
| 仪器仪表 | 数字多用表 | 12.33 | 0.20 | 0.20 |

**工作内容：**搬运、开箱检查、清点设备、安装、固定、接线、通电检查、清理现场。

计量单位：台

| 定额编号 | | | 9-394 | 9-395 |
|---|---|---|---|---|
| 项目 | | | 等离子显示屏>65″ | |
| | | | 摆放 | 壁挂或悬挂 |
| 名称 | | 单位 | 数量 | |
| 人工 | 综合工日 | 工日 | 2.00 | 2.30 |
| 仪器仪表 | 数字多用表 | 12.33 | 0.20 | 0.20 |

### 4.2.5 播、控设备及软件安装、调试

**工作内容：**开箱检查、设备初验、检查基础、安装设备、找正调整、调试设备、试运行。

计量单位：台（套）

| 定额编号 | | | 9-396 | 9-397 | 9-398 | 9-399 | 9-400 |
|---|---|---|---|---|---|---|---|
| 项目 | | | 车站多电脑主机切换器（KVM） | 车站管理软件包 | 通讯协议转换接口（个） | 显示屏接口网络连接器 | 显示屏接口通信软件 |
| 名称 | | 单位 | 数量 | | | | |
| 人工 | 综合工日 | 工日 | 0.50 | 11.00 | 0.30 | 0.20 | 0.50 |
| 材料 | 光盘 | 张 | — | 2.00 | — | — | — |
| | 复印纸 A4 | 包 | — | 0.10 | — | — | 0.01 |
| | 自攻螺丝 M6×25 | 个 | — | — | 4.08 | — | — |
| | 脱脂棉 | kg | 0.02 | — | — | 0.02 | — |
| | 其他材料费 | % | 5.00 | 5.00 | 5.00 | 5.00 | 5.00 |
| 仪器仪表 | 打印机 | 台班 | — | 2.00 | — | — | — |
| | 数字多用表 | 台班 | 0.60 | — | — | 0.10 | 0.10 |
| | 彩色监视器 14″ | 台班 | 0.50 | — | — | — | — |
| | 其他仪器仪表费 | % | 5.00 | 5.00 | — | 5.00 | 5.00 |

**工作内容：**技术准备、开箱检查、清洁、定位安装、互联、接口检查、设备加电、调试。

计量单位：台

| 定额编号 | | | 9-401 | 9-402 | 9-403 |
|---|---|---|---|---|---|
| 项目 | | | 列车发车显示屏控制软件 | 上/下行控制计算机 | 视音频数模转换器 |
| 名称 | | 单位 | 数量 | | |
| 人工 | 综合工日 | 工日 | 0.80 | 2.00 | 0.50 |
| 材料 | 光盘 | 张 | 3.00 | 6.00 | — |
| | 多功能上光清洁剂 | 盒 | — | 0.10 | — |
| | 脱脂棉 | kg | 0.02 | 0.02 | — |
| | 冷压接线端头 RJ45 | 个 | — | — | 1.00 |
| | VGA 插头 | 个 | — | — | 1.00 |
| | 其他材料费 | % | 5.00 | 5.00 | 5.00 |
| 仪器仪表 | 数字多用表 | 台班 | — | 0.50 | — |

**工作内容：**搬运、开箱清点、安装就位、调试、固定、接线、接地、做标志、清理现场。

计量单位：台（套）

| 定额编号 | | | 9-404 | 9-405 | 9-406 |
|---|---|---|---|---|---|
| 项目 | | | 全自动多电脑切换器 | 异步屏通讯控制器 | 全彩色屏智能电源控制器 |
| 名称 | | 单位 | 数量 | | |
| 人工 | 综合工日 | 工日 | 0.80 | 1.20 | 0.80 |
| 材料 | 棉纱头 | kg | 0.05 | — | 0.05 |
| | 自攻螺丝 M6×45 | 个 | — | 6.12 | — |
| | 标志牌 | 个 | — | — | 4.20 |
| 仪器仪表 | 数字多用表 | 台班 | — | 0.15 | — |
| | 示波器 | 台班 | — | 0.40 | — |
| | 对讲机 | 台班 | — | 1.00 | — |

**工作内容：**搬运、开箱检查、清点设备、定位、连接线缆、通电检查。

计量单位：台

| 定额编号 | | | 9-407 | 9-408 | 9-409 |
|---|---|---|---|---|---|
| 项目 | | | LED屏智能电源控制器 | 全彩色LED屏控制软件 | 播放软件 |
| 名称 | | 单位 | 数量 | | |
| 人工 | 综合工日 | 工日 | 0.80 | 0.80 | 0.80 |
| 材料 | 标志牌 | 个 | 4.20 | — | — |
| | 棉纱头 | kg | 0.05 | — | — |
| | 光盘 | 张 | — | 3.00 | 3.00 |
| | 脱脂棉 | kg | — | 0.02 | 0.02 |

### 4.2.6 视频传输设备安装、调试

**工作内容：** 开箱检查、设备初验、检查基础、安装设备、调试设备、试运行。

计量单位：台

| 定额编号 | | | 9-410 | 9-411 | 9-412 |
|---|---|---|---|---|---|
| 项目 | | | 视频传输设备 | | |
| | | | 多路遥控发射设备 | 接收设备 | 解码驱动器 |
| 名称 | | 单位 | 数量 | | |
| 人工 | 综合工日 | 工日 | 4.00 | 3.00 | 0.60 |
| 材料 | 螺栓 M15 | 套 | 4.08 | 4.08 | 5.10 |
| | 棉纱头 | kg | 0.05 | 0.05 | 0.05 |
| 仪器仪表 | 数字多用表 | 台班 | 0.50 | 0.50 | 0.30 |
| | 示波器 | 台班 | — | — | 0.60 |
| | 功率计 | 台班 | 2.00 | — | — |
| | 晶体管稳压电源 | 台班 | 2.00 | 2.50 | — |

### 4.2.7 车站机柜及配电柜安装、调试

**工作内容：**开箱检查、清洁搬运、安装固定、附件安装、接地等。

计量单位：台

| 定额编号 | | | 9-413 | 9-414 | 9-415 |
|---|---|---|---|---|---|
| 项目 | | | 车站机柜 | | 全彩色屏智能配电柜 |
| | | | 落地式 | 墙挂式 | |
| 名称 | | 单位 | 数量 | | |
| 人工 | 综合工日 | 工日 | 2.60 | 4.10 | 2.40 |
| 材料 | 地脚螺栓 M14×120~230 | 套 | — | — | 4.08 |
| | 地脚螺栓 M10×25 | 套 | — | — | 1.02 |
| | 机柜（机架） | 个 | （1.00） | （1.00） | — |
| | 膨胀螺栓 | 套 | 4.08 | 4.08 | — |
| | 棉纱头 | kg | 0.10 | 0.10 | 0.20 |

## 4.3 车载设备安装、调试

**工作内容：**技术准备、开箱检查、清洁、定位安装、互联、接口检查、设备加电、调试。

计量单位：台（套）

| 定额编号 | | | 9-416 | 9-417 | 9-418 |
|---|---|---|---|---|---|
| 项目 | | | 车载服务器 | 车载电视分配转换器 | 便携式工作站 |
| 名称 | | 单位 | 数量 | | |
| 人工 | 综合工日 | 工日 | 2.50 | 0.80 | 2.00 |
| 材料 | 光盘 | 张 | 4.00 | — | 6.00 |
| | 多功能上光清洁剂 | 盒 | 0.10 | — | 0.10 |
| | 脱脂棉 | kg | 0.02 | — | 0.02 |
| | 尼龙线卡 | 只 | — | 252.50 | — |
| | 标志牌 | 个 | — | 9.45 | — |
| 仪器仪表 | 数字多用表 | 台班 | 0.50 | — | 0.20 |

**工作内容：**开箱检查、清洁搬运、安装固定、附件安装、接地等。

计量单位：套

| 定额编号 | | | 9-419 | 9-420 | 9-421 | 9-422 |
|---|---|---|---|---|---|---|
| 项目 | | | 车载站机柜（司机室车载机柜） | | 车厢机箱 | |
| | | | 落地式 | 墙挂式 | 固定式<br>标准机箱 | 翻转式<br>标准机箱 |
| 名称 | | 单位 | 数量 | | | |
| 人工 | 综合工日 | 工日 | 2.60 | 4.10 | 1.00 | 1.50 |
| 材料 | 机柜（机架） | 个 | 1.00 | 1.00 | — | — |
| | 膨胀螺栓 M12 | 套 | 4.08 | 4.08 | — | — |
| | 棉纱头 | kg | 0.10 | 0.10 | — | — |
| | 其他材料费 | % | 5.00 | 5.00 | — | — |
| 仪器仪表 | 绝缘电阻测试仪 | 台班 | — | — | 0.20 | 0.20 |

**工作内容：**搬运、开箱检查、清点设备、定位、连接线缆、通电检查。

计量单位：台

| 定额编号 | | | 9-423 | 9-424 | 9-425 | 9-426 | 9-427 |
|---|---|---|---|---|---|---|---|
| 项目 | | | 车载液晶电视 | 司机室监控屏 | 车厢显示屏 | 车载接收器 | 车载管理软件包 |
| 名称 | | 单位 | 数量 | | | | |
| 人工 | 综合工日 | 工日 | 0.75 | 5.00 | 0.75 | 0.50 | 11.00 |
| 材料 | 镀锌带母螺栓 8×30～60 | 套 | 4.08 | — | 4.08 | 4.08 | — |
| | 光盘 | 张 | — | — | — | — | 2.00 |
| | 复印纸 A4 | 包 | — | — | — | — | 0.10 |
| | 脱脂棉 | kg | — | 0.02 | — | 0.02 | — |
| | 其他材料费 | % | 5.00 | 5.00 | 5.00 | 5.00 | 5.00 |
| 仪器仪表 | 打印机 | 台班 | — | — | — | — | 2.00 |
| | 便携式计算机 | 台班 | — | — | — | — | — |
| | 数字多用表 | 台班 | — | 1.50 | — | — | — |
| | 对讲机 | 台班 | 0.25 | 1.50 | 0.25 | 0.25 | — |
| | 其他仪器仪表费 | % | 5.00 | 5.00 | 5.00 | 5.00 | 5.00 |

## 4.4 外部接口安装、调试

**工作内容：**技术准备、开箱检查、清洁、定位安装、互联、接口检查、设备加电调试。

计量单位：台（套）

| 定额编号 | | | 9-428 | 9-429 | 9-430 | 9-431 |
|---|---|---|---|---|---|---|
| 项目 | | | 车辆接口 | 列车自动运行系统（ATS） | 综合信息管理系统（IMS） | 网络接口 |
| 名称 | | 单位 | 数量 | | | |
| 人工 | 综合工日 | 工日 | 0.20 | 0.65 | 0.65 | 0.65 |
| 材料 | 脱脂棉 | kg | 0.02 | 0.02 | 0.02 | 0.02 |
| 仪器仪表 | 数字多用表 | 台班 | 0.10 | 0.02 | 0.10 | 0.10 |

# 4.5　触摸屏系统安装、调试

**工作内容：**开箱检验、做电缆接头、电源供电和做其他辅助设备连接线等。

计量单位：台

| 定　额　编　号 | | | 9-432 | 9-433 |
|---|---|---|---|---|
| 项　　目 | | | ＞5.7″ 真彩触摸屏 | |
| | | | 桌面摆方式 | 嵌入式 |
| 名　　称 | | 单位 | 数　　量 | |
| 人工 | 综合工日 | 工日 | 1.20 | 1.50 |
| 材料 | 棉纱头 | kg | 0.05 | 0.05 |
| | 脱脂棉 | kg | 0.02 | 0.02 |
| | 酒精 | kg | 0.10 | 0.10 |
| | 其他材料费 | % | 5.00 | 5.00 |
| 仪器仪表 | 数字多用表 | 台班 | 0.10 | 0.10 |
| | 便携式计算机 | 台班 | 1.00 | 1.00 |

**工作内容：**开箱检验、做电缆接头、电源供电和做其他辅助设备连接线等。

计量单位：台

| 定额编号 | | | 9-434 | 9-435 | 9-436 |
|---|---|---|---|---|---|
| 项目 | | | 5.7″ 真彩触摸屏 | | 3.8″ 彩色触摸屏（嵌入式） |
| | | | 无线单向 | 无线双向 | |
| 名称 | | 单位 | 数量 | | |
| 人工 | 综合工日 | 工日 | 0.75 | 1.00 | 0.50 |
| 材料 | 棉纱头 | kg | 0.05 | 0.05 | 0.03 |
| | 脱脂棉 | kg | 0.02 | 0.02 | 0.01 |
| | 酒精 | kg | 0.10 | 0.10 | 0.05 |
| | 其他材料费 | % | 5.00 | 5.00 | 5.00 |
| 仪器仪表 | 数字多用表 | 台班 | 0.10 | 0.10 | 0.10 |
| | 便携式计算机 | 台班 | 0.50 | 0.50 | 0.25 |

**工作内容：**开箱检验、做电缆接头、电源供电和做其他辅助设备连接线等。

计量单位：台

| 定额编号 | | | 9-437 | 9-438 | 9-439 |
| --- | --- | --- | --- | --- | --- |
| 项目 | | | PDA 触摸屏（无线手持） | 智能型触摸屏 | 无线接收器 |
| 名称 | | 单位 | 数量 | | |
| 人工 | 综合工日 | 工日 | 1.00 | 1.50 | 0.50 |
| 仪器仪表 | 数字多用表 | 台班 | 0.10 | 0.10 | 0.10 |
| | 便携式计算机 | 台班 | 0.60 | 1.00 | 0.25 |

**工作内容：**开箱检验、做电缆接头、电源供电和做其他辅助设备连接线等。

计量单位：台

| 定额编号 | | | 9-440 | 9-441 | 9-442 |
|---|---|---|---|---|---|
| 项目 | | | 按键面板 | | |
| | | | 2～6 键 | 8～12 键 | >12 键 |
| 名称 | | 单位 | 数量 | | |
| 人工 | 综合工日 | 工日 | 0.70 | 0.80 | 1.00 |
| 仪器仪表 | 数字多用表 | 台班 | 0.10 | 0.10 | 0.10 |
| | 便携式计算机 | 台班 | 0.20 | 0.20 | 0.25 |

**工作内容：**开箱检验、做电缆接头、电源供电和做其他辅助设备连接线等。

计量单位：台

| 定额编号 | | | 9-443 | 9-444 |
|---|---|---|---|---|
| 项目 | | | 标准型主控机 | |
| | | | 8 串口，1 网络口，机架安装，1U | 8 串口，8 红外，8I/O，8 继电器，1 网络口，机架安装，1U |
| 名称 | | 单位 | 数量 | |
| 人工 | 综合工日 | 工日 | 1.00 | 2.00 |
| 材料 | 弱电冷压端子 | 个 | — | 41.00 |
| | 通信接头 DB9 | 个 | 8.00 | 8.00 |
| | 冷压接线端头 RJ45 | 个 | 1.00 | 1.00 |
| | 其他材料费 | % | 5.00 | 5.00 |
| 仪器仪表 | 数字多用表 | 台班 | 0.30 | 0.30 |
| | 局域网电缆测试仪（五类） | 台班 | 0.10 | 0.10 |
| | 便携式计算机 | 台班 | 1.00 | 1.00 |

**工作内容：**开箱检验、做电缆接头、电源供电和做其他辅助设备连接线等。

计量单位：台

| 定额编号 | | | 9-445 | 9-446 | 9-447 |
|---|---|---|---|---|---|
| 项目 | | | 小型主控机 | | |
| | | | 1网络口 | 2网络口 | 无线网卡型 |
| 名称 | | 单位 | 数量 | | |
| 人工 | 综合工日 | 工日 | 1.30 | 1.60 | 1.30 |
| 材料 | 弱电冷压端子 | 个 | 4.00 | 4.00 | 4.00 |
| | 通信接头 DB9 | 个 | 4.00 | 4.00 | 4.00 |
| | 冷压接线端头 RJ45 | 个 | 1.00 | 2.00 | — |
| | 其他材料费 | % | 5.00 | 5.00 | 5.00 |
| 仪器仪表 | 数字多用表 | 台班 | 0.30 | 0.30 | 0.30 |
| | 局域网电缆测试仪（五类） | 台班 | 0.10 | 0.10 | — |
| | 便携式计算机 | 台班 | 0.75 | 1.00 | 1.00 |

**工作内容：**开箱检验、做电缆接头、电源供电和做其他辅助设备连接线等。

计量单位：台

| 定额编号 | | | 9-448 | 9-449 |
|---|---|---|---|---|
| 项目 | | | 接口机 | |
| | | | 4 红外，4I/O，4 继电器，机架安装，1U | 8 红外，8I/O，8 继电器，机架安装，1U |
| 名称 | | 单位 | 数量 | |
| 人工 | 综合工日 | 工日 | 1.50 | 2.00 |
| 材料 | 弱电冷压端子 | 个 | 21.00 | 41.00 |
| | 通信接头 DB9 | 个 | 2.00 | 2.00 |
| | 其他材料费 | % | 5.00 | 5.00 |
| 仪器仪表 | 数字多用表 | 台班 | 0.10 | 0.10 |
| | 便携式计算机 | 台班 | 0.50 | 0.50 |

# 5 安全防范系统(SPS)

## 说　明

一、本章定额包括入侵报警设备安装、出入口控制设备安装、安全防范分系统调试等，共 3 节 80 个子目。

二、安全防范全系统联调费按人工费的 30%计取。

## 工程量计算规则

一、入侵报警器设备安装工程，按设计图示数量以“套”为单位计算。

二、出入口控制设备安装工程，按设计图示数量以“台”为单位计算。

三、分系统调试、系统试运行，以“系统” 为单位计算。

# 5.1 入侵报警设备安装

## 5.1.1 入侵探测器安装(室内外、周界)

**工作内容：**开箱检查、设备组装、检查基础、画线定位、安装。

计量单位：套

| 定额编号 | | | 9-450 | 9-451 | 9-452 | 9-453 | 9-454 |
|---|---|---|---|---|---|---|---|
| 项目 | | | 门磁开关 | | 窗磁开关 | 紧急脚踏开关 | |
| | | | 有线 | 无线 | | 有线 | 无线 |
| 名称 | | 单位 | 数量 | | | | |
| 人工 | 综合工日 | 工日 | 0.30 | 0.60 | 0.30 | 0.15 | 0.30 |
| 材料 | 松香焊锡丝 $\phi 2.3$ | kg | 0.01 | 0.01 | 0.01 | 0.01 | 0.01 |
| | 焊片 $\phi 3.5$ | 个 | 3.00 | 3.00 | 3.00 | 3.00 | 3.00 |
| 仪器仪表 | 数字多用表 | 台班 | 0.10 | 0.40 | 0.10 | 0.10 | 0.10 |

**工作内容：**开箱检查、设备组装、检查基础、画线定位、安装调试。

计量单位：套

| 定额编号 | | | 9-455 | 9-456 | 9-457 |
|---|---|---|---|---|---|
| 项目 | | | 紧急手动开关 | | 主动红外探测器（对） |
| | | | 有线 | 无线 | |
| 名称 | | 单位 | 数量 | | |
| 人工 | 综合工日 | 工日 | 0.15 | 0.40 | 1.50 |
| 材料 | 松香焊锡丝 $\phi 2.3$ | kg | 0.01 | 0.01 | 0.01 |
| | 焊片 $\phi 3.5$ | 个 | 3.00 | 3.00 | 8.00 |
| 仪器仪表 | 数字多用表 | 台班 | 0.10 | 0.10 | 0.40 |

**工作内容：**开箱检查、设备组装、检查基础、画线定位、安装调试。

计量单位：套

| 定额编号 | | | 9-458 | 9-459 | 9-460 |
|---|---|---|---|---|---|
| 项目 | | | 被动红外探测器 | | 红外幕帘探测器 |
| | | | 有线 | 无线 | |
| 名称 | | 单位 | 数量 | | |
| 人工 | 综合工日 | 工日 | 1.00 | 1.50 | 1.80 |
| 材料 | 松香焊锡丝 $\phi$2.3 | kg | 0.01 | 0.01 | 0.01 |
| | 焊片 $\phi$3.5 | 个 | 5.00 | 5.00 | 5.00 |
| 仪器仪表 | 数字多用表 | 台班 | 0.40 | 0.40 | 0.40 |

**工作内容：**开箱检查、设备组装、检查基础、画线定位、安装调试。

计量单位：套

| 定额编号 | | | 9-461 | 9-462 | 9-463 | 9-464 | 9-465 |
|---|---|---|---|---|---|---|---|
| 项目 | | | 多技术复合探测器 | | | 微波探测器 | 微波墙式探测器(对) |
| | | | 吸顶 | 壁装 | 长距离 | | |
| 名称 | | 单位 | 数量 | | | | |
| 人工 | 综合工日 | 工日 | 1.50 | 1.80 | 2.00 | 1.50 | 1.50 |
| 材料 | 松香焊锡丝 $\phi2.3$ | kg | 0.01 | 0.01 | 0.01 | 0.01 | 0.01 |
| | 焊片 $\phi3.5$ | 个 | 5.00 | 5.00 | 5.00 | 5.00 | 8.00 |
| 仪器仪表 | 数字多用表 | 台班 | 0.40 | 0.40 | 0.40 | 0.40 | 0.40 |

**工作内容：**开箱检查、设备组装、检查基础、画线定位、安装调试。

计量单位：套

| 定额编号 | | | 9-466 | 9-467 | 9-468 | 9-469 |
|---|---|---|---|---|---|---|
| 项目 | | | 超声波探测器 | 激光探测器(一收、一发) | 玻璃破碎探测器 | 振动探测器 |
| 名称 | | 单位 | 数量 | | | |
| 人工 | 综合工日 | 工日 | 1.50 | 1.50 | 2.00 | 1.50 |
| 材料 | 松香焊锡丝 $\phi 2.3$ | kg | 0.01 | 0.01 | 0.01 | 0.01 |
| | 焊片 $\phi 3.5$ | 个 | 5.00 | 8.00 | 5.00 | 5.00 |
| 仪器仪表 | 数字多用表 | 台班 | 0.40 | 0.80 | 0.40 | 0.40 |

**工作内容：**开箱检查、设备组装、检查基础、画线定位、安装调试。

计量单位：套

| 定额编号 | | | 9-470 | 9-471 | 9-472 | 9-473 |
|---|---|---|---|---|---|---|
| 项目 | | | 驻波探测器 | 泄漏电缆探测器(不含线缆) | 感应式探测器(不含线缆) | 无线报警探测器 |
| 名称 | | 单位 | 数量 | | | |
| 人工 | 综合工日 | 工日 | 1.50 | 1.50 | 1.50 | 1.40 |
| 材料 | 松香焊锡丝 $\phi2.3$ | kg | 0.01 | 0.01 | 0.01 | 0.01 |
| | 焊片 $\phi3.5$ | 个 | 5.00 | 5.00 | 5.00 | 5.00 |
| 仪器仪表 | 数字多用表 | 台班 | 0.20 | 0.20 | 0.20 | 0.20 |

**工作内容**：开箱检查、设备组装、检查基础、画线定位、安装调试。

计量单位：套

| 定额编号 | | | 9-474 | 9-475 |
|---|---|---|---|---|
| 项目 | | | 报警声音复核装置(拾音器) | 无线传输报警按钮 |
| 名称 | | 单位 | 数量 | |
| 人工 | 综合工日 | 工日 | 1.00 | 0.40 |
| 材料 | 松香焊锡丝 $\phi 2.3$ | kg | 0.01 | — |
| 仪器仪表 | 数字多用表 | 台班 | 0.20 | 0.10 |

## 5.1.2　报警控制器安装

**工作内容：**开箱检查、设备组装、检查基础、画线定位、安装调试。

计量单位：套

| 定额编号 | | | 9-476 | 9-477 | 9-478 | 9-479 |
|---|---|---|---|---|---|---|
| 项目 | | | 多线制报警控制器 | | | |
| | | | 8 路 | 16 路 | 32 路 | 64 路 |
| 名称 | | 单位 | 数量 | | | |
| 人工 | 综合工日 | 工日 | 8.00 | 11.00 | 14.00 | 17.00 |
| 材料 | 棉纱头 | kg | 0.02 | 0.04 | 0.08 | 0.15 |
| | 松香焊锡丝　$\phi$2.3 | kg | 0.02 | 0.04 | 0.08 | 0.15 |
| | 焊片　$\phi$3.5 | 个 | 16.00 | 32.00 | 64.00 | 128.00 |
| 仪器仪表 | 数字多用表 | 台班 | 0.50 | 0.60 | 0.80 | 1.00 |
| | 示波器 | 台班 | 1.50 | 2.00 | 3.00 | 5.00 |

**工作内容：**开箱检查、设备组装、检查基础、画线定位、安装调试。

计量单位：套

| 定额编号 | | | 9-480 | 9-481 | 9-482 | 9-483 | 9-484 | 9-485 |
|---|---|---|---|---|---|---|---|---|
| 项目 | | | 总线制报警控制器 | | | | | |
| | | | 8路 | 16路 | 32路 | 64路 | 128路 | 超过128路，每增加1路 |
| 名称 | | 单位 | 数量 | | | | | |
| 人工 | 综合工日 | 工日 | 6.00 | 9.00 | 11.00 | 14.00 | 17.00 | 0.10 |
| 材料 | 棉纱头 | kg | 0.02 | 0.04 | 0.08 | 0.16 | 0.30 | — |
| | 松香焊锡丝 $\phi2.3$ | kg | 0.02 | 0.02 | 0.02 | 0.02 | 0.02 | — |
| | 焊片 $\phi3.5$ | 个 | 16.00 | 32.00 | 64.00 | 128.00 | 256.00 | 2.00 |
| 仪器仪表 | 数字多用表 | 台班 | 0.50 | 0.60 | 0.80 | 1.00 | 6.00 | 0.10 |
| | 示波器 | 台班 | 1.50 | 2.00 | 3.00 | 5.00 | 9.00 | 0.10 |

**工作内容：**开箱检查、设备组装、检查基础、画线定位、安装调试。

计量单位：套

| 定额编号 | | | 9-486 | 9-487 | 9-488 |
|---|---|---|---|---|---|
| 项目 | | | 有线对讲主机 | | 用户机 |
| | | | 8 路 | 16 路 | |
| 名称 | | 单位 | 数量 | | |
| 人工 | 综合工日 | 工日 | 6.00 | 9.00 | 0.50 |
| 材料 | 棉纱头 | kg | 0.02 | 0.05 | — |
| 仪器仪表 | 数字多用表 | 台班 | 2.00 | 3.00 | — |

### 5.1.3 报警显示设备安装

**工作内容：**开箱检查、设备组装、画线定位、安装。

计量单位：套

| 定额编号 | | | 9-489 | 9-490 | 9-491 |
|---|---|---|---|---|---|
| 项目 | | | 报警灯 | 警铃 | 报警警号 |
| 名称 | | 单位 | 数量 | | |
| 人工 | 综合工日 | 工日 | 0.30 | 0.30 | 0.30 |
| 材料 | 塑料胀塞 $\phi 6\sim 9$ | 套 | 5.00 | 5.00 | 5.00 |
| | 棉纱头 | kg | 0.05 | 0.05 | 0.05 |
| 仪器仪表 | 数字多用表 | 台班 | 0.10 | 0.10 | 0.10 |

## 5.1.4 报警信号传输设备安装

**工作内容：**开箱检查、设备组装、画线定位、安装调试。

计量单位：套

| 定额编号 | | | 9-492 | 9-493 | 9-494 | 9-495 |
|---|---|---|---|---|---|---|
| 项目 | | | 有线报警信号前端传输设备(不含线缆) | | | |
| | | | 电话线传输发送器 | 电源线传输发送器 | 专线传输发送器 | 网络传输接口 |
| 名称 | | 单位 | 数量 | | | |
| 人工 | 综合工日 | 工日 | 3.00 | 4.50 | 6.00 | 0.50 |
| 材料 | 棉纱头 | kg | 0.05 | 0.05 | 0.05 | — |
| 仪器仪表 | 数字多用表 | 台班 | 1.00 | 1.50 | 2.00 | 0.50 |
| | 示波器 | 台班 | 1.00 | 1.50 | 2.00 | — |

**工作内容：**开箱检查、设备组装、画线定位、安装调试。

计量单位：系统

| 定额编号 | | | 9-496 | 9-497 | 9-498 | 9-499 | 9-500 |
|---|---|---|---|---|---|---|---|
| 项目 | | | 报警信号接收机(不含线缆) | | | | |
| | | | 专线传输接收机 | 电话线接收机 | 电源线接收机 | 无线门磁开关接收器 | 共用天线信号接收机 |
| 名称 | | 单位 | 数量 | | | | |
| 人工 | 综合工日 | 工日 | 3.50 | 3.50 | 4.50 | 4.00 | 3.50 |
| 材料 | 棉纱头 | kg | 0.05 | 0.05 | 0.05 | 0.05 | 0.05 |
| 仪器仪表 | 数字多用表 | 台班 | 1.00 | 1.00 | 1.00 | 1.00 | 1.00 |
| | 示波器 | 台班 | 1.00 | 1.00 | 1.00 | 1.00 | 1.00 |

**工作内容：**开箱检查、安装、功能检查、性能测试、通信实验。

计量单位：套

| 定额编号 | | | 9-501 | 9-502 | 9-503 |
|---|---|---|---|---|---|
| 项目 | | | 无线报警发送、接收设备 | | |
| | | | 发送设备 2W 以下 | 发送设备 5W 以下 | 无线报警接收设备 |
| 名称 | | 单位 | 数量 | | |
| 人工 | 综合工日 | 工日 | 2.00 | 4.50 | 4.00 |
| 仪器仪表 | 中功率计 | 台班 | 1.00 | 1.50 | — |

# 5.2 出入口控制设备安装

## 5.2.1 目标识别设备安装

**工作内容：**开箱检查、设备初验、安装设备、调整、调试。

计量单位：台

| 定额编号 | | | 9-504 | 9-505 | 9-506 | 9-507 |
|---|---|---|---|---|---|---|
| 项目 | | | 读卡器 | | 指纹门禁系统 | |
| | | | 不带键盘 | 带键盘 | 指纹采集器 | 指纹识别器 |
| 名称 | | 单位 | 数量 | | | |
| 人工 | 综合工日 | 工日 | 2.00 | 2.00 | 0.50 | 2.00 |
| 材料 | 膨胀螺栓 M5 | 套 | 4.08 | 4.08 | 4.08 | 4.08 |
| 仪器仪表 | 数字多用表 | 台班 | 0.20 | 0.20 | 0.10 | 0.20 |

**工作内容：**开箱检查、设备初验、安装设备、调整、系统调试。

计量单位：台

| 定额编号 | | | 9-508 | 9-509 | 9-510 |
|---|---|---|---|---|---|
| 项目 | | | 面部识别系统 | | 密码键盘 |
| | | | 面部信息采集器 | 面部识别器 | |
| 名称 | | 单位 | 数量 | | |
| 人工 | 综合工日 | 工日 | 1.00 | 2.00 | 1.00 |
| 材料 | 膨胀螺栓 M5 | 套 | 4.08 | 4.08 | 4.08 |
| 仪器仪表 | 数字多用表 | 台班 | 0.10 | 0.20 | 0.10 |

### 5.2.2 控制设备安装

**工作内容：**开箱检查、设备初验、安装设备、调整。

计量单位：台

| 定额编号 | | | 9-511 | 9-512 | 9-513 | 9-514 | 9-515 |
|---|---|---|---|---|---|---|---|
| 项目 | | | 门禁控制器 | | | | |
| | | | 单门 | 双门 | 四门 | 八门 | 十六门 |
| 名称 | | 单位 | 数量 | | | | |
| 人工 | 综合工日 | 工日 | 1.00 | 2.00 | 3.50 | 6.00 | 10.00 |
| 材料 | 膨胀螺栓 M5 | 套 | 4.08 | 4.08 | 4.08 | 4.08 | 4.08 |
| | 膨胀螺栓 M8 | 套 | 4.08 | 4.08 | 4.08 | 4.08 | 4.08 |
| | 脱脂棉 | kg | 0.02 | 0.03 | 0.04 | 0.05 | 0.07 |
| 仪器仪表 | 数字多用表 | 台班 | 0.20 | 0.40 | 0.60 | 1.00 | 2.00 |

### 5.2.3 执行机构设备安装

**工作内容：**开箱检查、设备初验、安装设备、调整、调试。

计量单位：台

| 定额编号 | | | 9-516 | 9-517 | 9-518 | 9-519 |
|---|---|---|---|---|---|---|
| 项目 | | | 电控锁 | 电磁吸力锁 | 电子密码锁 | 可视对讲门铃 |
| 名称 | | 单位 | 数量 | | | |
| 人工 | 综合工日 | 工日 | 2.00 | 2.50 | 0.30 | 4.50 |
| 材料 | 自攻螺丝 M5×25 | 个 | — | 4.08 | 4.08 | 4.08 |
| | 自攻螺丝 M8×35 | 个 | — | 4.08 | 4.08 | 4.08 |
| | 自攻螺丝 M10×30～50 | 个 | — | 2.04 | 2.04 | 2.04 |
| 仪器仪表 | 数字多用表 | 台班 | 0.40 | 0.40 | 0.10 | 0.40 |

**工作内容：**开箱检查、设备初验、安装设备、调整、调试。

计量单位：台

| 定额编号 | | | 9-520 | 9-521 | 9-522 | 9-523 |
|---|---|---|---|---|---|---|
| 项目 | | | 户口机 | 自动闭门器 | 电子巡更系统 | |
| | | | | | 信息钮 | 通信座 |
| 名称 | | 单位 | 数量 | | | |
| 人工 | 综合工日 | 工日 | 1.00 | 1.50 | 0.20 | 1.00 |
| 材料 | 自攻螺丝 M5×25 | 个 | 4.08 | 4.08 | 4.08 | 4.08 |
| | 自攻螺丝 M8×35 | 个 | 4.08 | 4.08 | 4.08 | 4.08 |
| | 自攻螺丝 M10×30～50 | 个 | 2.04 | 2.04 | 2.04 | 2.04 |
| 仪器仪表 | 数字多用表 | 台班 | 0.40 | 0.40 | 0.10 | 0.40 |

## 5.3 安全防范分系统调试

**工作内容：**功能准备、指标测试、功能测试。

计量单位：系统

| 定额编号 | | | 9-524 | 9-525 | 9-526 | 9-527 | 9-528 | 9-529 |
|---|---|---|---|---|---|---|---|---|
| 项目 | | | 入侵报警系统 | 出入口系统 | | | | |
| | | | 每1个点 | 双门 | 4门 | 8门 | 16门 | 16门以上，每增加2门 |
| 名称 | | 单位 | 数量 | | | | | |
| 人工 | 综合工日 | 工日 | 0.80 | 1.60 | 2.60 | 4.60 | 7.00 | 0.80 |
| 材料 | 脱脂棉 | kg | 0.02 | — | — | — | — | — |
| 仪器仪表 | 对讲机 | 台班 | 0.20 | 0.80 | 1.30 | 2.20 | 4.00 | 0.60 |
| | 数字多用表 | 台班 | 0.01 | — | — | — | — | — |

# 6 不间断电源系统(UPS)

# 说　　明

本章定额包括城市轨道交通不间断电源系统（UPS）电源柜、远程监控盘、远程监控软件和 UPS 的安装、调试等，共 8 个子目。

# 工程量计算规则

一、不间断电源柜安装，按设计图示数量以“台”为单位计算。
二、不间断电源远程监控软件安装调试，按设计图示数量以“套”为单位计算。
三、不间断电源(UPS)调试，按设计图示数量以“台”为单位计算。

**工作内容：**技术准备、机具准备、搬运、开箱检查、定位、安装、互联、自检、调试。

计量单位：台(套)

| 定额编号 | | | 9-530 | 9-531 | 9-532 |
|---|---|---|---|---|---|
| 项目 | | | 不间断电源柜安装 | 远程监控盘安装、调试 | 远程监控软件安装、调试 |
| 名称 | | 单位 | 数量 | | |
| 人工 | 综合工日 | 工日 | 1.50 | 2.00 | 13.00 |
| 材料 | 光盘 | 张 | — | — | 4.00 |
| | 复印纸 A4 | 包 | — | — | 0.15 |
| | 其他材料费 | % | — | — | 5.00 |
| 仪器仪表 | 绝缘电阻测试仪 | 台班 | 0.30 | 0.20 | — |
| | 打印机 | 台班 | — | — | 2.50 |
| | 相位计 | 台班 | 0.30 | 0.20 | — |

**工作内容：**技术准备、机具准备、搬运、开箱检查、定位、安装、互联、自检、调试。

计量单位：台

| 定额编号 | | | 9-533 | 9-534 | 9-535 | 9-536 | 9-537 |
|---|---|---|---|---|---|---|---|
| 项目 | | | 不间断电源(UPS)安装调试 | | | | |
| | | | ≤1kV·A | ≤10kV·A | ≤20kV·A | ≤30kV·A | ≤50kV·A |
| 名称 | | 单位 | 数量 | | | | |
| 人工 | 综合工日 | 工日 | 1.50 | 5.00 | 10.00 | 12.00 | 15.00 |
| 仪器仪表 | 数字多用表 | 台班 | 1.00 | 4.00 | 4.00 | 5.00 | 5.00 |
| | 电源干扰测试仪 | 台班 | 0.50 | 1.50 | 2.00 | 2.50 | 4.00 |
| | 大功率计 | 台班 | — | — | — | 2.50 | 4.00 |
| | 大功率计 | 台班 | — | 2.00 | 2.00 | — | — |

# 7 自动售检票系统(AFC)

# 说　　明

一、本章定额包括中央自动售检票设备、清分中心自动售检票设备、车站自动售检票设备的安装、调试等，共3节29个子目。

二、本章全线系统及分系统联调中，是以独立的一个站或中心为基础，按人工费的30%计取。

# 工程量计算规则

一、车站售、检票设备安装、调试，按设计图示数量以“台”为单位计算。

二、自动售检票计算机设备及软件安装、调试，按设计图示数量以“台（套）”为单位计算。

三、自动售检票网络设备安装、调试，按设计图示数量以“台（套）”为单位计算。

四、系统互联与调试，以“系统”为单位计算。

## 7.1 中央自动售检票设备安装调试

**工作内容：**技术准备、开箱检查、清洁、定位安装、互联、接口检查、设备加电、调试。

计量单位：台（套）

| 定额编号 | | | 9-538 | 9-539 | 9-540 | 9-541 |
|---|---|---|---|---|---|---|
| 项目 | | | 中央数据库服务器 | 中央计算机工作站 | 车站售检票服务器 | 车站票务工作站 |
| 名称 | | 单位 | 数量 | | | |
| 人工 | 综合工日 | 工日 | 3.00 | 2.00 | 2.50 | 2.00 |
| 材料 | 光盘 | 张 | 4.00 | 6.00 | 4.00 | 6.00 |
| | 多功能上光清洁剂 | 盒 | 0.10 | 0.10 | 0.10 | 0.10 |
| | 脱脂棉 | kg | 0.02 | 0.02 | 0.02 | 0.02 |
| | 其他材料费 | % | 5.00 | 5.00 | 5.00 | 5.00 |
| 仪器仪表 | 数字多用表 | 台班 | 0.50 | 0.20 | 0.50 | 0.20 |

**工作内容：**技术准备、开箱检查、定位安装、互联、检测调试、交验。

计量单位：台

| 定额编号 | | | 9-542 | 9-543 | 9-544 |
|---|---|---|---|---|---|
| 项目 | | | 高速行式打印机 | 喷墨打印机 | 激光打印机 |
| 名称 | | 单位 | 数量 | | |
| 人工 | 综合工日 | 工日 | 0.20 | 0.30 | 0.50 |
| 材料 | 针打色带 | 盒 | 0.10 | — | — |
| | 复印纸 A4 | 包 | — | — | 0.03 |
| | 喷墨打印机墨盒 | 盒 | — | 0.01 | — |
| | 打印纸 132 行（381-1） | 包 | 0.10 | 0.50 | — |
| | 脱脂棉 | kg | 0.02 | 0.02 | 0.02 |
| | 其他材料费 | % | 5.00 | 5.00 | 5.00 |

**工作内容**：技术准备、系统软件功能检测、调试。

计量单位：套

| 定额编号 | | | 9-545 | 9-546 | 9-547 | 9-548 | 9-549 | 9-550 |
|---|---|---|---|---|---|---|---|---|
| 项目 | | | 中央数据库服务器系统软件 | 车站服务器系统软件 | 工作站软件 | | | |
| | | | | | 系统软件 | 工具软件 | 网络软件 | 应用软件 |
| 名称 | | 单位 | 数量 | | | | | |
| 人工 | 综合工日 | 工日 | 2.00 | 1.50 | 0.60 | 0.60 | 0.40 | 0.80 |
| 材料 | 光盘 | 张 | 4.00 | 4.00 | 5.00 | 3.00 | 1.00 | 3.00 |
| | 多功能上光清洁剂 | 盒 | 0.15 | 0.10 | — | — | — | — |
| | 脱脂棉 | kg | 0.04 | 0.02 | 0.02 | 0.02 | 0.02 | 0.02 |
| | 其他材料费 | % | 5.00 | 5.00 | 5.00 | 5.00 | 5.00 | 5.00 |
| 仪器仪表 | 数字多用表 | 台班 | 0.70 | 0.30 | — | — | — | — |

## 7.2 清分中心自动售检票设备安装调试

**工作内容：**开箱检验、清洁搬运、定位、安装设备及测试、试验开通、记录。

计量单位：站

| 定额编号 | | | 9-551 | 9-552 | 9-553 | 9-554 |
|---|---|---|---|---|---|---|
| 项目 | | | 结算与清分系统设备 | 车票分类、编码机 | 中央计算机系统设备 | 全线自动售检票系统联网调试 |
| 名称 | | 单位 | 数量 | | | |
| 人工 | 综合工日 | 工日 | 42.40 | 28.80 | 76.00 | 116.00 |
| 材料 | 尼龙扎带 | 根 | 150.00 | 150.00 | — | — |
| | 乙醇(工业酒精) | kg | 0.20 | 0.20 | — | — |
| | 塑料软管 $\phi10$ | m | 15.00 | 15.00 | — | — |
| | 其他材料费 | % | 5.00 | 5.00 | — | — |
| 仪器仪表 | 数字多用表 | 台班 | 1.50 | 1.50 | 4.00 | 4.00 |
| | 双绞线测试仪 | 台班 | 0.50 | 0.50 | 1.00 | 1.00 |
| | 绝缘电阻测试仪 | 台班 | 1.00 | 1.00 | — | — |
| | 微机故障诊断仪 | 台班 | — | — | 2.00 | 2.50 |
| | 微机硬盘测试仪 | 台班 | — | — | 2.00 | 2.50 |

## 7.3 车站自动售检票设备安装调试

**工作内容：**定位、打眼、安装、间距调试、水平调试、线缆引入、配线、设备调试。

计量单位：台

| 定额编号 | | | 9-555 | 9-556 | 9-557 | 9-558 | 9-559 |
|---|---|---|---|---|---|---|---|
| 项目 | | | 半自动售票机 | 自动售票机 | 自动充值、验票机 | 进出站检票闸机 | 双向检票闸机 |
| 名称 | | 单位 | 数量 | | | | |
| 人工 | 综合工日 | 工日 | 21.20 | 19.20 | 13.20 | 16.80 | 21.60 |
| 材料 | 膨胀螺栓 M12 | 套 | 4.00 | 4.00 | 4.00 | 4.00 | 4.00 |
| | 尼龙扎带 | 根 | 20.00 | 20.00 | 20.00 | 20.00 | 20.00 |
| | 接插件 | 片 | 10.00 | 10.00 | 10.00 | 10.00 | 10.00 |
| | 其他材料费 | % | 5.00 | 5.00 | 5.00 | 5.00 | 5.00 |
| 仪器仪表 | 数字多用表 | 台班 | 1.00 | 1.00 | 1.00 | 1.00 | 1.00 |
| | 绝缘电阻测试仪 | 台班 | 0.70 | 0.70 | 0.70 | 0.70 | 0.70 |

**工作内容：**闸机端头箱：定位、设备安装、配线、设备调试；
紧急按钮箱：定位、打眼、安装、线缆引入、配线；
自动查询机：定位、打眼、设备安装、配线、设备调试。

计量单位：台

| 定额编号 | | | 9-560 | 9-561 | 9-562 |
|---|---|---|---|---|---|
| 项目 | | | 闸机端头箱 | 紧急按钮箱(个) | 自动查询机 |
| 名称 | | 单位 | 数量 | | |
| 人工 | 综合工日 | 工日 | 4.00 | 1.50 | 1.50 |
| 材料 | 膨胀螺栓 M8 | 套 | — | 4.00 | — |
| | 膨胀螺栓 M12 | 套 | — | — | — |
| | 膨胀螺栓 M16 | 套 | 4.00 | — | 6.12 |
| | 其他材料费 | % | 5.00 | 5.00 | 5.00 |
| 仪器仪表 | 数字多用表 | 台班 | 1.00 | — | 0.20 |
| | 绝缘电阻测试仪 | 台班 | 0.70 | — | — |

**工作内容：**车票清点包装设备、车票清洁消毒设备：开箱检查、搬运、定位、保护、加电调试。

操作台：开箱检查、搬运、定位、保护。

计量单位：台

| 定额编号 | | | 9-563 | 9-564 | 9-565 |
|---|---|---|---|---|---|
| 项目 | | | 车票清点包装设备 | 车票清洁消毒设备 | 操作台 |
| 名称 | | 单位 | 数量 | | |
| 人工 | 综合工日 | 工日 | 2.00 | 2.00 | 1.20 |
| 材料 | 棉纱头 | kg | — | — | 0.01 |
| | 其他材料费 | % | — | — | 5.00 |

**工作内容：**按验收规范标准要求调测。

计量单位：车站系统

| 定额编号 | | | 9-566 |
|---|---|---|---|
| 项目 | | | 车站自动售检票系统设备联网调试 |
| 名称 | | 单位 | 数量 |
| 人工 | 综合工日 | 工日 | 68.00 |
| 仪器仪表 | 数字多用表 | 台班 | 4.00 |
| | 双绞线测试仪 | 台班 | 1.00 |
| | 微机故障诊断仪 | 台班 | 2.00 |
| | 微机硬盘测试仪 | 台班 | 2.00 |

# 8 电子信息机房工程

# 说　明

一、本章定额包括综合布线系统，地面工程，隔墙、隔断、轻质隔热彩钢板安装，顶棚工程，接地等的安装工程等，共5节107个子目。

二、本章双绞线布放定额是按6类以下（含6类）布线系统编制的，6类以上的布线系统工程所用定额子目的综合工日的用量按增加20%计列。

三、在已建顶棚内敷设线缆时，相应定额子目的人工消耗量增加80%计算。

# 工程量计算规则

一、光缆、双绞线缆敷设、穿放、明布放按设计图示尺寸以“m”为单位计算。

二、光纤连接按设计图示数量以“芯”（磨制法以“端口”）为单位计算。

三、布放尾纤按设计图示数量以“根”为单位计算。

四、制作光缆成端接头按设计图示数量以“套”为单位计算

五、制作跳线以“条”为单位计算，卡接双绞线缆以“对”为单位计算，跳线架、配线架安装以“条”为单位计算。

六、安装各类信息插座、过线（路）盒、信息插座底盒（接线盒）、光缆终端盒和跳块打接按设计图示数量以“个”为单位计算。

七、双绞线缆测试、以“链路”或“信息点”为单位计算，光纤测试以“链路”或“芯”为单位计算。

八、活动地板、树脂自流平地面按设计图示尺寸以“$m^2$”为单位计算，安装若有高差，其高差部分按展开面积并入工程量内。

九、彩钢复合板以及其他材质的隔墙和隔断，分类型按设计图面积以“$m^2$”为单位计算，不扣除门窗所占的面积。

十、顶棚各种吊顶龙骨，按房间净面积，不扣除检查口、墙垛、柱、嵌顶灯槽和与顶棚相连的窗帘盒所占面积为房间吊顶面积，以“$m^2$”为单位计算。

十一、顶棚面层按设计图面积，以“$m^2$”为单位计算，不包括独立柱及与顶棚相连的窗帘盒、$0.3m^2$以上洞口和嵌顶灯槽所占面积，但不扣除检查口、附墙垛所占面积。

十二、等电位地网安装按设计图示尺寸以“m”为单位计算，接地跨接线安装，以“10 处”为单位计算。

# 8.1 综合布线系统

## 8.1.1 敷设光缆

### （1）穿放、布放光缆、光缆外护套、光纤束

**工作内容：**检验、测试光缆、清理管（暗槽）、制作穿线端头（钩）、穿放引线、穿放光缆、出口衬垫、做标记、封堵出口。

计量单位：100m

| 定额编号 | | | 9-567 | 9-568 | 9-569 |
|---|---|---|---|---|---|
| 项目 | | | 管/暗槽内穿放 | | |
| | | | 12 芯以下 | 36 芯以下 | 72 芯以下 |
| 名称 | | 单位 | 数量 | | |
| 人工 | 综合工日 | 工日 | 1.70 | 2.50 | 3.30 |
| 材料 | 光缆 | m | （102.00） | （102.00） | （102.00） |
| | 其他材料费 | % | 5.00 | 5.00 | 5.00 |
| 仪器仪表 | 对讲机 | 台班 | 1.00 | 2.00 | 3.00 |

注：凡大于 72 芯时，按照等数量的进档差值增加人工工日。

**工作内容**：检验、测试光缆、清理槽道、布放、绑扎光缆、加垫套、做标记、封堵出口等。

计量单位：100m

| 定额编号 | | | 9-570 | 9-571 | 9-572 |
|---|---|---|---|---|---|
| 项目 | | | 线槽/桥架/支架/活动地板内明布放 | | |
| | | | ≤12 芯 | ≤36 芯 | ≤72 芯 |
| 名称 | | 单位 | 数量 | | |
| 人工 | 综合工日 | 工日 | 1.80 | 2.60 | 3.40 |
| 材料 | 光缆 | m | （102.00） | （102.00） | （102.00） |
| | 电缆卡子（综合） | 个 | 60.60 | 60.60 | 60.60 |
| | 其他材料费 | % | 5.00 | 5.00 | 5.00 |
| 仪器仪表 | 对讲机 | 台班 | 1.00 | 2.00 | 3.00 |

注：凡大于 72 芯时，按照等数量的进档差值增加人工工日。

**工作内容：**1．布放光缆护套：清理槽道、布放、绑扎光缆护套、加垫套、做标记、封堵出口等。
2．气流法布放光纤束：检验、测试光纤、检查护套、气吹布放光纤束、做标记、封堵出口等。

计量单位：100m

| 定额编号 | | | 9-573 | 9-574 |
|---|---|---|---|---|
| 项目 | | | 布放光缆护套 | 气流法布放光纤束 |
| 名称 | | 单位 | 数量 | |
| 人工 | 综合工日 | 工日 | 1.80 | 1.10 |
| 材料 | 光缆护套 | m | （101.00） | — |
| | 光纤束 | m | — | （102.00） |
| | 其他材料费 | % | 5.00 | 5.00 |
| 机械 | 光缆气流吹缆机 | 台班 | — | 0.02 |
| 仪器仪表 | 对讲机 | 台班 | 1.00 | 0.80 |

### （2）光纤信息插座安装

**工作内容：**编扎固定光纤、安装光纤连接器及面板、作标记等。

计量单位：个

| 定额编号 | | | 9-575 | 9-576 |
|---|---|---|---|---|
| 项目 | | | 安装光纤信息插座 | |
| | | | 双口 | 四口 |
| 名称 | | 单位 | 数量 | |
| 人工 | 综合工日 | 工日 | 0.05 | 0.08 |
| 材料 | 光纤信息插座（双口） | 个 | （1.01） | — |
| | 光纤信息插座（四口） | 个 | — | （1.01） |
| | 其他材料费 | % | 5.00 | 5.00 |

## （3）连接盘安装、光纤连接

**工作内容：**端面处理、纤芯连接、测试、包封护套、盘绕、固定光纤等。

计量单位：芯

| 定额编号 | | | 9-577 | 9-578 | 9-579 | 9-580 | 9-581 | 9-582 | 9-583 |
|---|---|---|---|---|---|---|---|---|---|
| 项目 | | | 安装光纤连接盘(块) | 光纤连接 | | | | | |
| | | | | 机械法 | | 熔接法 | | 磨制法（端口） | |
| | | | | 单模 | 多模 | 单模 | 多模 | 单模 | 多模 |
| 名称 | | 单位 | 数量 | | | | | | |
| 人工 | 综合工日 | 工日 | 0.50 | 0.43 | 0.34 | 0.50 | 0.40 | 0.50 | 0.45 |
| 材料 | 光纤连接盘 | 块 | （1.01） | — | — | — | — | — | — |
| | 光纤连接器材 | 套 | — | 1.01 | 1.01 | 1.01 | 1.01 | — | — |
| | 磨制光纤连接器材 | 套 | — | — | — | — | — | 1.01 | 1.01 |
| | 其他材料费 | % | 5.00 | 5.00 | 5.00 | 5.00 | 5.00 | 5.00 | 5.00 |
| 仪器仪表 | 光纤熔接机 | 台班 | — | — | — | 0.03 | 0.03 | — | — |
| | 光纤测试仪 | 台班 | — | 0.15 | 0.10 | 0.15 | 0.15 | 0.20 | 0.15 |

## （4）布放尾纤

**工作内容：**光纤熔接、测试衰耗、固定光纤连接器、盘留固定。

计量单位：根

| 定额编号 | | | 9-584 | 9-585 | 9-586 |
| --- | --- | --- | --- | --- | --- |
| 项目 | | | 布放尾纤 | | |
| | | | 终端盒至光纤配线架 | 光纤配线架至设备 | 光纤配线架内跳线 |
| 名称 | | 单位 | 数量 | | |
| 人工 | 综合工日 | 工日 | 0.40 | 0.25 | 0.15 |
| 材料 | 尾纤 （10m 单头） | 根 | （1.02） | — | — |
| | 尾纤 （10m 双头） | 根 | — | （1.02） | （1.02） |
| | 其他材料费 | % | 5.00 | 5.00 | 5.00 |
| 仪器仪表 | 手持光损耗测试仪 | 台班 | 0.05 | 0.10 | 0.05 |
| | 光纤熔接机 | 台班 | 0.02 | 0.03 | 0.02 |

（5）制作光缆成端接头

**工作内容：**检查器材、熔接尾纤、测试衰减、固定活接头、固定光缆、堵头制作、固定。

计量单位：套

| 定额编号 | | | 9-587 | 9-588 |
|---|---|---|---|---|
| 项目 | | | 光缆成端接头 | |
| | | | 光缆成端接头 | 光缆堵塞（个） |
| 名称 | | 单位 | 数量 | |
| 人工 | 综合工日 | 工日 | 0.50 | 0.83 |
| 材料 | 胶泥环氧树脂 | kg | — | 0.60 |
| | 位号牌 | 个 | 1.05 | — |
| 仪器仪表 | 光时域反射仪 1.3～1.55μm | 台班 | 0.05 | — |
| | 光纤熔接机 | 台班 | 0.05 | — |
| | 手提式光纤多用表 | 台班 | 0.02 | 0.02 |

## （6）安装测试光缆终端盒

**工作内容：**安装光缆终端盒、光纤熔接、测试衰减、光纤的盘留固定。

计量单位：个

| 定额编号 | | | 9-589 | 9-590 | 9-591 | 9-592 | 9-593 | 9-594 |
|---|---|---|---|---|---|---|---|---|
| 项目 | | | 安装测试光缆终端盒 | | | | | |
| | | | ≤20芯 | ≤28芯 | ≤48芯 | ≤60芯 | ≤72芯 | ≤96芯 |
| 名称 | | 单位 | 数量 | | | | | |
| 人工 | 综合工日 | 工日 | 2.00 | 2.80 | 4.80 | 6.00 | 7.20 | 9.60 |
| 材料 | 光缆终端盒 20芯 | 个 | （1.02） | — | — | — | — | — |
| | 光缆终端盒 28芯 | 个 | — | （1.02） | — | — | — | — |
| | 光缆终端盒 48芯 | 个 | — | — | （1.02） | — | — | — |
| | 光缆终端盒 60芯 | 个 | — | — | — | （1.02） | — | — |
| | 光缆终端盒 72芯 | 个 | — | — | — | — | （1.02） | — |
| | 光缆终端盒 96芯 | 个 | — | — | — | — | — | （1.02） |
| | 镀锌带母螺栓 M 8 | 套 | 4.08 | 4.08 | 4.08 | 4.08 | 4.08 | 4.08 |
| | 其他材料费 | % | 5.00 | 5.00 | 5.00 | 5.00 | 5.00 | 5.00 |
| 仪器仪表 | 手持光损耗测试仪 | 台班 | 0.80 | 0.90 | 1.20 | 2.40 | 2.60 | 3.00 |
| | 光纤熔接机 | 台班 | 0.80 | 0.90 | 1.20 | 2.40 | 2.60 | 3.00 |

## (7) 光纤测试

**工作内容：** 按施工及验收规范的要求测试、记录、整理资料等。

计量单位：链路（芯）

| 定额编号 | | | 9-595 |
|---|---|---|---|
| 项目 | | | 光纤测试 |
| 名称 | | 单位 | 数量 |
| 人工 | 综合工日 | 工日 | 0.15 |
| 仪器仪表 | 光纤测试仪 | 台班 | 0.10 |

### 8.1.2 敷设双绞线缆

（1）穿放、布放双绞线缆

**工作内容：**检验、抽测电缆、清理管（暗槽）、制作穿线端头（钩）、穿放引线、穿放电缆、做标记、封堵出口等。

计量单位：100m

| 定额编号 | | | 9-596 | 9-597 | 9-598 | 9-599 | 9-600 |
|---|---|---|---|---|---|---|---|
| 项目 | | | 管/暗槽内穿放（对以内） | | | | |
| | | | 4 | 25 | 50 | 100 | 200 |
| 名称 | | 单位 | 数量 | | | | |
| 人工 | 综合工日 | 工日 | 1.30 | 1.60 | 2.20 | 3.20 | 4.50 |
| 材料 | 双绞线缆 | m | （102.00） | （102.00） | （102.00） | （102.00） | （102.00） |
| | 钢丝 $8^{\#}\sim12^{\#}$ | kg | 0.20 | 0.20 | 0.20 | 0.20 | 0.20 |
| | 塑料护口（钢管）15 | 个 | 4.04 | — | — | — | — |
| | 塑料护口（钢管）25 | 个 | — | 4.04 | — | — | — |
| | 塑料护口（钢管）50 | 个 | — | — | 4.04 | — | — |
| | 塑料护口（钢管）70 | 个 | — | — | — | 4.04 | — |
| | 塑料护口（钢管）100 | 个 | — | — | — | — | 4.04 |
| | 其他材料费 | % | 5.00 | 5.00 | 5.00 | 5.00 | 5.00 |
| 仪器仪表 | 数字多用表 | 台班 | 0.10 | 0.20 | 0.40 | 0.80 | 1.60 |
| | 对讲机 | 台班 | 1.00 | 1.40 | 2.00 | 3.00 | 4.00 |

注：槽道含地槽、水平槽、垂直槽。

**工作内容：** 检验、抽测电缆、清理槽道、布放、绑扎电缆、做标记、封堵出口等。

计量单位：100m

| 定额编号 | | | 9-601 | 9-602 | 9-603 | 9-604 | 9-605 |
|---|---|---|---|---|---|---|---|
| 项目 | | | 线槽/桥架/支架/活动地板内明布放（对以内） | | | | |
| | | | 4 | 25 | 50 | 100 | 200 |
| 名称 | | 单位 | 数量 | | | | |
| 人工 | 综合工日 | 工日 | 1.50 | 1.90 | 2.40 | 3.40 | 4.80 |
| 材料 | 双绞线缆 | m | 102.00 | 102.00 | 102.00 | 102.00 | 102.00 |
| | 电缆卡子（综合） | 个 | 30.30 | 35.35 | 40.40 | 45.45 | 50.50 |
| | 其他材料费 | % | 5.00 | 5.00 | 5.00 | 5.00 | 5.00 |
| 仪器仪表 | 数字多用表 | 台班 | 0.10 | 0.20 | 0.40 | 0.80 | 1.60 |
| | 对讲机 | 台班 | 1.00 | 1.40 | 2.00 | 3.00 | 4.00 |

### （2）制作和卡接跳线线缆

**工作内容：** 1. 制作跳线：量裁线缆、线缆与跳线连接器的安装卡接、做屏蔽、检查测试等；

2. 卡接双绞线缆：编扎固定线缆、卡线、核对线序、安装固定接线模块（跳线盘）、做标记等。

计量单位：条

| 定额编号 | | | 9-606 | 9-607 |
|---|---|---|---|---|
| 项目 | | | 跳线制作 | 跳线卡接（对） |
| 名称 | | 单位 | 数量 | |
| 人工 | 综合工日 | 工日 | 0.10 | 0.02 |
| 材料 | 双绞线缆 | m | 2.02 | — |
| | 跳线连接器 | 个 | 2.02 | — |
| | 其他材料费 | % | 5.00 | — |
| 机械 | 双绞线缆压接工具 | 台班 | 0.03 | — |
| 仪器仪表 | 导通测试仪 | 台班 | 0.04 | — |

### （3）跳线架、配线架安装

**工作内容：**安装打接跳线架、卡接双绞线缆、编扎固定双绞线缆、卡线、做屏蔽、核对线序、做标记等。

计量单位：条

| 定额编号 | | | 9-608 | 9-609 | 9-610 |
|---|---|---|---|---|---|
| 项目 | | | 跳线架安装打接 | | |
| | | | 100对 | 200对 | 400对 |
| 名称 | | 单位 | 数量 | | |
| 人工 | 综合工日 | 工日 | 2.00 | 3.80 | 7.50 |
| 材料 | 跳线架 | 个 | 1.00 | 1.00 | 1.00 |
| | 螺栓 M5 | 个 | 4.08 | 4.08 | 4.08 |
| | 其他材料费 | % | 5.00 | 5.00 | 5.00 |
| 机械 | 双绞线缆压接工具 | 台班 | 0.50 | 1.00 | 2.00 |

**工作内容：**安装打接配线架、卡接双绞线缆、编扎固定双绞线缆、卡线、做屏蔽、核对线序、做标记等。

计量单位：条

| 定额编号 | | | 9-611 | 9-612 | 9-613 | 9-614 | 9-615 |
|---|---|---|---|---|---|---|---|
| 项目 | | | 配线架安装打接 | | | | 线管理器安装（个） |
| | | | 12口 | 24口 | 48口 | 96口 | |
| 名称 | | 单位 | 数量 | | | | |
| 人工 | 综合工日 | 工日 | 1.20 | 2.40 | 4.60 | 9.00 | 0.10 |
| 材料 | 螺栓 M5 | 个 | 4.08 | 4.08 | 4.08 | 4.08 | — |
| | 其他材料费 | % | 5.00 | 5.00 | 5.00 | 5.00 | — |
| 机械 | 双绞线缆压接工具 | 台班 | 0.30 | 0.65 | 1.20 | 2.50 | — |

注：配线架安装打接不分屏蔽和非屏蔽系统，其人工工日、材料、机械、仪器仪表的消耗量均综合取定。

## （4）过线（路）盒、信息插座底盒（接线盒）安装

**工作内容：**固定线缆、校对线序、卡线、做屏蔽、安装固定面板及插座、做标记等。

计量单位：个

| 定额编号 | | | 9-616 | 9-617 | 9-618 |
|---|---|---|---|---|---|
| 项目 | | | 安装8位模块式信息插座 | | 跳块打接 |
| | | | 单口 | 双口 | |
| 名称 | | 单位 | 数量 | | |
| 人工 | 综合工日 | 工日 | 0.06 | 0.10 | 0.01 |
| 材料 | 8位模块式信息插座（单口） | 个 | 1.01 | — | — |
| | 8位模块式信息插座（双口） | 个 | — | 1.01 | — |
| | 其他材料费 | % | 5.00 | 5.00 | — |
| 机械 | 双绞线缆压接工具 | 台班 | — | — | 0.01 |

注：安装8位模块式信息插座，不分屏蔽和非屏蔽系统，其人工工日、材料、机械、仪器仪表的消耗量均综合取定。

**工作内容：**开孔、安装盒体、连接处密封、做标记等。

计量单位：个

| 定额编号 | | | 9-619 | 9-620 | 9-621 | 9-622 | 9-623 | 9-624 | 9-625 |
|---|---|---|---|---|---|---|---|---|---|
| 项目 | | | 安装过线（路）盒（半周长） | | 安装信息插座底盒（接线盒） | | | | |
| | | | 200以内 | 200以外 | 明装 | 砖墙内 | 混凝土墙内 | 木地板内 | 防静电钢质地板内 |
| 名称 | | 单位 | 数量 | | | | | | |
| 人工 | 综合工日 | 工日 | 0.20 | 0.24 | 0.10 | 0.14 | 0.20 | 0.12 | 0.18 |
| 材料 | 过线（路）盒 | 个 | （1.01） | （1.01） | — | — | — | — | — |
| | 信息插座底盒或接线盒 | 个 | — | — | （1.01） | （1.01） | （1.01） | （1.01） | （1.01） |
| | 其他材料费 | % | 5.00 | 5.00 | 5.00 | 5.00 | 5.00 | 5.00 | 5.00 |

### （5）双绞线缆测试

**工作内容：**按施工及验收规范的要求测试、记录、整理资料等。

计量单位：链路（信息点）

| 定额编号 | | | 9-626 | 9-627 | 9-628 |
|---|---|---|---|---|---|
| 项目 | | | 双绞线缆测试 | | |
| | | | 五类 | 超五类 | 六类 |
| 名称 | | 单位 | 数量 | | |
| 人工 | 综合工日 | 工日 | 0.16 | 0.16 | 0.18 |
| 仪器仪表 | 五类线测试仪 | 台班 | 0.10 | — | — |
| | 超五类线测试仪 | 台班 | — | 0.12 | 0.12 |
| | 对讲机 | 台班 | 0.10 | 0.10 | 0.10 |

# 8.2 地 面 工 程

## 8.2.1 活动地板安装

**工作内容：**活动地板架支撑网、横梁、缓冲垫、防静电通道接地、铺板调平、洁净处理、涂防静电蜡等。

计量单位：$m^2$

| 定额编号 | | | 9-629 | 9-630 | 9-631 | 9-632 |
|---|---|---|---|---|---|---|
| 项目 | | | 防静电钢质活动地板 | | 防静电铝制活动地板 | |
| | | | 架设高度（mm 以内） | | | |
| | | | 350 | 600 | 350 | 600 |
| 名称 | | 单位 | 数量 | | | |
| 人工 | 综合工日 | 工日 | 0.530 | 0.669 | 0.480 | 0.638 |
| 材料 | PVC 复合活动地板块（钢制） | $m^2$ | 1.020 | 1.020 | — | — |
| | PVC 复合活动地板块（铝合金） | $m^2$ | — | — | 1.020 | 1.020 |
| | 支撑系统 I 类 | 套 | 3.800 | 3.800 | 3.800 | 3.800 |
| | 紧固件配套系统 | 套 | 3.800 | 3.800 | 3.800 | 3.800 |
| | 防静电液蜡 | 套 | 0.050 | 0.050 | 0.050 | 0.050 |
| | 洗涤剂 | kg | 0.025 | 0.025 | 0.025 | 0.025 |
| | 白布 | m | 0.200 | 0.200 | 0.200 | 0.200 |
| | 丝光毛巾 | 条 | 0.080 | 0.080 | 0.080 | 0.080 |
| | 聚氯乙烯薄膜 | kg | 0.200 | 0.200 | 0.200 | 0.200 |
| | 封箱胶带 | 卷 | 0.030 | 0.030 | 0.030 | 0.030 |
| | 胶合板 7mm | $m^2$ | 0.650 | 0.650 | 0.820 | 0.820 |
| | 其他材料费 | % | 5.000 | 5.000 | 5.000 | 5.000 |

**工作内容：**活动地板架支撑网、横梁、缓冲垫、铺板调平、洁净处理。

计量单位：$m^2$

| 定额编号 | | | 9-633 | 9-634 | 9-635 |
|---|---|---|---|---|---|
| 项目 | | | 木质活动地板 | 三防活动地板 | 异型地板加工（块） |
| 名称 | | 单位 | 数量 | | |
| 人工 | 综合工日 | 工日 | 0.638 | 0.638 | 0.209 |
| 材料 | 木质活动地板 600×600 | $m^2$ | 1.020 | — | — |
| | 复合活动地板 600×600 | $m^2$ | — | — | — |
| | 三防活动地板 600×600 | $m^2$ | — | 1.020 | — |
| | 其他材料费 | % | 5.000 | 5.000 | — |

### 8.2.2 树脂自流平及防静电地面

（1）树脂涂装、树脂自流平地面安装

**工作内容：** 场内清理、基面处理、装拆临时照明及排风装置、场地封闭、刷底涂、刮胶泥、砂浆、刷面层或自流平层。

计量单位：$m^2$

| 定额编号 | | | 9-636 | 9-637 | 9-638 |
|---|---|---|---|---|---|
| 项目 | | | 树脂涂装地平 | | |
| | | | 厚度（mm 以内） | | 每增 0.5mm |
| | | | 1.50 | 2.50 | |
| 名称 | | 单位 | 数量 | | |
| 人工 | 综合工日 | 工日 | 0.686 | 1.116 | 0.160 |
| 材料 | 底涂树脂漆 | kg | 0.250 | 0.250 | — |
| | 胶泥环氧树脂 | kg | 1.458 | 3.177 | — |
| | 有溶剂自流平面漆 | kg | 0.400 | 0.400 | 0.400 |
| | 聚酰胺 | kg | 0.360 | 0.871 | — |
| | 脂肪胺类面层固化剂 | kg | 0.120 | 0.120 | 0.120 |
| | 丙酮 | kg | 0.100 | 0.442 | — |
| | 滑石粉 | kg | 0.736 | 0.736 | — |
| | 石英砂 | kg | — | 6.815 | — |
| | 石英粉 | kg | 0.736 | 4.138 | — |
| | 其他材料费 | % | 5.000 | 5.000 | 5.000 |

**工作内容：**场内清理、基面处理、拆装临时照明及排风装置、场地封闭、刷底涂、刮胶泥、砂浆、刷面层或自流平层。

计量单位：$m^2$

| 定额编号 | | | 9-639 | 9-640 | 9-641 |
|---|---|---|---|---|---|
| 项目 | | | 树脂自流平 | | |
| | | | 厚度（mm 以内） | | 每增 0.5mm |
| | | | 2.00 | 3.00 | |
| 名称 | | 单位 | 数量 | | |
| 人工 | 综合工日 | 工日 | 0.910 | 1.320 | 0.050 |
| 材料 | 底涂树脂漆 | kg | 0.250 | 0.250 | — |
| | 胶泥环氧树脂 | kg | 1.458 | 3.177 | — |
| | 无溶剂自流平面漆 | kg | 1.250 | 1.250 | 1.250 |
| | 有溶剂自流平面漆 | kg | — | — | — |
| | 聚酰胺 | kg | 0.360 | 0.871 | — |
| | 脂肪胺类面层固化剂 | kg | 0.310 | 0.310 | 0.310 |
| | 丙酮 | kg | 0.100 | 0.442 | — |
| | 滑石粉 | kg | 0.736 | 0.736 | — |
| | 石英砂 | kg | 6.815 | 6.815 | — |
| | 石英粉 | kg | 0.736 | 4.138 | — |
| | 其他材料费 | % | 5.000 | 5.000 | 5.000 |

## （2）防静电树脂自流平地面安装

**工作内容：** 场内清理、基面处理、装拆临时照明及排风装置、场地封闭、刷底涂、刮胶泥、安装接地端子、刷导层及防静电面层。

计量单位：$m^2$

| 定额编号 | | | 9-642 | 9-643 |
|---|---|---|---|---|
| 项目 | | | 厚度 2.0mm | 每增减 0.5mm |
| 名称 | | 单位 | 数量 | |
| 人工 | 综合工日 | 工日 | 0.750 | 0.150 |
| 材料 | 底涂树脂漆 | kg | 0.250 | — |
| | 胶泥环氧树脂 | kg | 1.458 | — |
| | 导电涂层 | kg | 0.250 | — |
| | 防静电面层 | kg | 1.500 | 1.500 |
| | 聚酰胺 | kg | 0.360 | — |
| | 脂肪胺类面层固化剂 | kg | 0.370 | 0.370 |
| | 接地端子 | 个 | 0.380 | — |
| | 丙酮 | kg | 0.100 | — |
| | 滑石粉 | kg | 0.736 | — |
| | 石英砂 | kg | 0.736 | — |
| | 其他材料费 | % | 5.000 | 5.000 |

**工作内容：**打磨地面、清理基层、刷底涂、做中涂、批涂、打磨、做面涂。

计量单位：$m^2$

| 定额编号 | | | 9-644 |
|---|---|---|---|
| 项目 | | | 树脂地面漆 |
| 名称 | | 单位 | 数量 |
| 人工 | 综合工日 | 工日 | 0.529 |
| 材料 | 环氧树脂底漆 | kg | 0.206 |
| | 环氧树脂面漆 | kg | 0.721 |
| | 石英砂 | kg | 0.318 |
| | 白水泥 | kg | 0.824 |
| | 环氧树脂稀释剂 | kg | 0.133 |
| | 棉丝 | kg | 0.011 |
| | 其他材料费 | % | 5.000 |

# 8.3 隔墙、隔断、轻质隔热彩钢板安装

## 8.3.1 轻钢龙骨隔墙、隔断

**工作内容：**定位、找平弹线、隔墙安装等。

计量单位：$m^2$

| 定额编号 | | | 9-645 | 9-646 | 9-647 | 9-648 |
|---|---|---|---|---|---|---|
| 项目 | | | 轻钢龙骨纸面石膏板隔墙 | | 轻钢龙骨水泥加压板隔墙 | |
| | | | 单面 | 双面 | 单面 | 双面 |
| 名称 | | 单位 | 数量 | | | |
| 人工 | 综合工日 | 工日 | 0.409 | 0.545 | 0.425 | 0.567 |
| 材料 | 纸面石膏板 12mm | $m^2$ | 1.180 | 2.360 | — | — |
| | 水泥加压平板 | $m^2$ | — | — | 1.090 | 2.180 |
| | 轻钢龙骨 C75-1 | m | 0.816 | 0.816 | 0.816 | 0.816 |
| | 轻钢龙骨 C75-2 | m | 2.745 | 2.745 | 2.745 | 2.745 |
| | 轻钢龙骨 C75-3 | m | 0.912 | 0.912 | 0.912 | 0.912 |
| | 轻钢龙骨支撑卡 | 个 | 6.594 | 6.594 | 6.594 | 6.594 |
| | 轻钢龙骨卡托 | 个 | 0.670 | 0.670 | 0.670 | 0.670 |
| | 轻钢龙骨角托 | 个 | 0.612 | 0.612 | 0.612 | 0.612 |
| | 抽芯铆钉 $\phi 4\times 13$ | 百个 | 0.054 | 0.054 | 0.054 | 0.054 |
| | 自攻螺钉 M3.5×25 | 百个 | 0.272 | 0.544 | 0.272 | 0.544 |
| | 嵌缝带 | m | 1.222 | 2.444 | — | — |
| | 嵌缝石膏粉 | kg | 0.420 | 0.840 | — | — |
| | 万能胶 | kg | — | — | — | — |
| | 其他材料费 | % | 5.000 | 5.000 | 5.000 | 5.000 |

**工作内容：**定位、找平弹线、隔墙安装等。

计量单位：$m^2$

| 定额编号 | | | 9-649 | 9-650 |
|---|---|---|---|---|
| 项目 | | | 轻钢龙骨铝塑板隔墙 | |
| | | | 单面 | 双面 |
| 名称 | | 单位 | 数量 | |
| 人工 | 综合工日 | 工日 | 0.613 | 0.903 |
| 材料 | 铝塑板 5mm | $m^2$ | 1.050 | 2.100 |
| | 胶合板 5mm | $m^2$ | 1.050 | 2.100 |
| | 轻钢龙骨 C75-1 | m | 0.816 | 0.816 |
| | 轻钢龙骨 C75-2 | m | 2.745 | 2.745 |
| | 轻钢龙骨 C75-3 | m | 0.912 | 0.912 |
| | 轻钢龙骨支撑卡 | 个 | 6.594 | 6.594 |
| | 轻钢龙骨卡托 | 个 | 0.670 | 0.670 |
| | 轻钢龙骨角托 | 个 | 0.612 | 0.612 |
| | 抽芯铆钉 $\phi 4\times13$ | 百个 | 0.054 | 0.054 |
| | 自攻螺钉 M 3.5×25 | 百个 | 0.272 | 0.544 |
| | 嵌缝带 | m | — | — |
| | 嵌缝石膏粉 | kg | — | — |
| | 万能胶 | kg | 0.375 | 0.750 |
| | 其他材料费 | % | 5.000 | 5.000 |

## 8.3.2 彩钢复合板内墙隔断

**工作内容：**场内搬运、开箱、清件、壁板及配件就位、定位、槽铝固定、组装连接、找平、密封、洁净处理。

计量单位：$m^2$

| 定额编号 | | | 9-651 | 9-652 | 9-653 | 9-654 |
|---|---|---|---|---|---|---|
| 项目 | | | 复合纸蜂窝板 | 复合铝蜂窝板 | 复合石膏板 | 复合岩棉板 |
| | | | 板厚（mm 以内） | | | |
| | | | 50 | 50 | 50 | 50 |
| 名称 | | 单位 | 数量 | | | |
| 人工 | 综合工日 | 工日 | 0.684 | 0.725 | 0.738 | 0.766 |
| 材料 | 彩钢复合纸蜂窝板 | $m^2$ | 1.095 | — | — | — |
| | 彩钢复合铝蜂窝板 | $m^2$ | — | 1.095 | — | — |
| | 彩钢复合石膏板 | $m^2$ | — | — | 1.095 | — |
| | 彩钢复合岩棉板 | $m^2$ | — | — | — | 1.095 |
| | 单圆角铝 | m | 0.360 | 0.360 | 0.360 | 0.360 |
| | 外圆角铝 | m | 0.320 | 0.320 | 0.320 | 0.320 |
| | 槽铝 | m | 0.420 | 0.420 | 0.420 | 0.420 |
| | 框铝 | m | 0.240 | 0.240 | 0.240 | 0.240 |
| | 工字铝 | m | — | — | 1.150 | 1.150 |

续前

| 定额编号 | | | 9-651 | 9-652 | 9-653 | 9-654 |
|---|---|---|---|---|---|---|
| 项目 | | | 复合纸蜂窝板 | 复合铝蜂窝板 | 复合石膏板 | 复合岩棉板 |
| | | | 板厚（mm 以内） | | | |
| | | | 50 | 50 | 50 | 50 |
| 名称 | | 单位 | 数量 | | | |
| 材料 | 嵌条铝 δ5 | m | 1.150 | 1.150 | — | — |
| | 膨胀螺栓 φ8 | 套 | 1.030 | 1.030 | 1.030 | 1.030 |
| | 抽芯铆钉 φ4 | 百个 | 0.101 | 0.101 | 0.101 | 0.101 |
| | 自攻螺钉 M4×16 | 百个 | 0.036 | 0.036 | 0.036 | 0.036 |
| | 白布 | m | 0.050 | 0.050 | 0.050 | 0.050 |
| | 丝光毛巾 | 条 | 0.080 | 0.080 | 0.080 | 0.080 |
| | 洗涤剂 | kg | 0.035 | 0.035 | 0.035 | 0.035 |
| | 玻璃胶（密封胶） | 支 | 0.260 | 0.260 | 0.260 | 0.260 |
| | 其他材料费 | % | 5.000 | 5.000 | 5.000 | 5.000 |
| 机械 | 汽车起重机 5t | 台班 | 0.020 | 0.020 | 0.020 | 0.020 |
| | 型材切割机 | 台班 | 0.040 | 0.040 | 0.040 | 0.040 |
| | 振动剪 | 台班 | 0.020 | 0.020 | 0.020 | 0.020 |
| | 其他机具费 | % | 5.000 | 5.000 | 5.000 | 5.000 |

## 8.3.3 隔　断

**工作内容：**定位、弹线、制作、安装等。

计量单位：$m^2$

| 定额编号 | | | 9-655 | 9-656 | 9-657 |
|---|---|---|---|---|---|
| 项　目 | | | 铝合金玻璃隔断 | 塑钢玻璃隔断 | 不锈钢钢化玻璃隔断 |
| 预算基价 | | | 247.600 | 268.260 | 353.400 |
| 其中 | 人工费（元） | | 11.520 | 10.560 | 12.800 |
| | 材料费（元） | | 220.460 | 245.340 | 323.520 |
| | 机械费（元） | | 15.620 | 12.360 | 17.080 |
| | 仪器仪表费（元） | | — | — | — |
| 名　称 | | 单位 | 数　量 | | |
| 人工 | 综合工日 | 工日 | 0.360 | 0.330 | 0.400 |
| 材料 | 铝合金玻璃隔断 | $m^2$ | 1.020 | — | — |
| | 塑钢玻璃隔断 | $m^2$ | — | 1.020 | — |
| | 不锈钢钢化玻璃隔断 | $m^2$ | — | — | 1.020 |
| | 玻璃胶（密封胶） | 支 | 0.203 | 0.203 | 0.203 |
| | 其他材料费 | % | 5.000 | 5.000 | 5.000 |

# 8.4 顶 棚 工 程

## 8.4.1 顶棚龙骨安装

**工作内容：**定位、放线、安膨胀螺栓、安装龙骨、找平等。

计量单位：m²

| 定额编号 | | | 9-658 | 9-659 |
|---|---|---|---|---|
| 项目 | | | 铝合金顶棚龙骨 | |
| | | | 铝合金方板嵌入式龙骨 | 铝合金条型板龙骨 |
| 名称 | | 单位 | 数量 | |
| 人工 | 综合工日 | 工日 | 0.183 | 0.138 |
| 材料 | U 型 38 轻钢主龙骨 | m | 1.278 | 1.060 |
| | 膨胀螺栓 $\phi$8 | 套 | 1.375 | 1.190 |
| | 吊杆 | 根 | 1.375 | 1.190 |
| | 铁件 | kg | 0.381 | 0.125 |
| | U 型 38 轻钢龙骨吊件 | 个 | 1.375 | 1.190 |
| | 轻钢龙骨连接件 （U 型 38） | 个 | 0.196 | 0.170 |
| | △型轻钢龙骨 | m | 1.712 | — |
| | △型轻钢龙骨挂件 | 个 | 1.883 | — |
| | △型轻钢龙骨连接件 | 个 | 0.404 | — |
| | 铝合金条板吊顶龙骨 | m | — | 1.237 |
| | 铝合金条型板龙骨挂件 | 个 | — | 1.190 |
| | 其他材料费 | % | 5.000 | 5.000 |

## 8.4.2 顶棚面层安装

**工作内容：**定位、放线、安装面层等。

计量单位：$m^2$

| 定额编号 | | | 9-660 | 9-661 | 9-662 |
|---|---|---|---|---|---|
| 项目 | | | 铝合金嵌入式方板 | 铝合金浮搁式方板 | 铝合金条型板 |
| 名称 | | 单位 | 数量 | | |
| 人工 | 综合工日 | 工日 | 0.095 | 0.044 | 0.092 |
| 材料 | PVC 装饰板 | $m^2$ | — | — | — |
| | 铝合金嵌入式方板 | $m^2$ | 1.020 | — | — |
| | 铝合金浮搁式方板 | $m^2$ | — | 1.020 | — |
| | 铝合金条板 | $m^2$ | — | — | 1.020 |
| | PVC 角线 | m | — | — | — |
| | 其他材料费 | % | 5.000 | 5.000 | 5.000 |

### 8.4.3 吊顶彩钢复合板安装

**工作内容：**场内搬运、开箱、清件、壁板及配件就位、定位、槽铝固定、组装连接、找正、找平、密封、洁净处理。

计量单位：$m^2$

| 定额编号 | | | 9-663 | 9-664 | 9-665 | 9-666 |
|---|---|---|---|---|---|---|
| 项目 | | | 复合<br>纸蜂窝板 | 复合<br>铝蜂窝板 | 复合<br>石膏板 | 复合<br>岩棉板 |
| | | | 板厚（mm 以内） | | | |
| | | | 50 | 50 | 50 | 50 |
| 名称 | | 单位 | 数量 | | | |
| 人工 | 综合工日 | 工日 | 0.384 | 0.398 | 0.412 | 0.426 |
| 材料 | 彩钢复合纸蜂窝板 | $m^2$ | 1.095 | — | — | — |
| | 彩钢复合铝蜂窝板 | $m^2$ | — | 1.095 | — | — |
| | 彩钢复合石膏板 | $m^2$ | — | — | 1.095 | — |
| | 彩钢复合岩棉板 | $m^2$ | — | — | — | 1.095 |
| | 角钢 63 以内 | kg | 0.396 | 0.396 | 0.396 | 0.396 |
| | PG 型吊杆 | m | 1.650 | 1.650 | 1.650 | 1.650 |
| | C 型梁 | m | 1.095 | 1.095 | 1.095 | 1.095 |
| | 微调杆接头 | 只 | 1.352 | 1.352 | 1.352 | 1.352 |
| | 专用连接螺栓套件 | 套 | 0.975 | 0.975 | 0.975 | 0.975 |
| | 单圆角铝 | m | 0.360 | 0.360 | 0.360 | 0.360 |
| | 框铝 | m | 0.250 | 0.250 | 0.250 | 0.250 |
| | 嵌条铝 $\delta$5mm | m | 1.050 | 1.050 | 1.050 | 1.050 |
| | 膨胀螺栓 $\phi$8 | 套 | 0.750 | 0.750 | 0.750 | 0.750 |

续前

| 定额编号 | | | 9-663 | 9-664 | 9-665 | 9-666 |
|---|---|---|---|---|---|---|
| 项目 | | | 复合<br>纸蜂窝板 | 复合<br>铝蜂窝板 | 复合<br>石膏板 | 复合<br>岩棉板 |
| | | | 板厚（mm 以内） | | | |
| | | | 50 | 50 | 50 | 50 |
| 名称 | | 单位 | 数量 | | | |
| 材料 | 自攻螺钉 M4×16 | 百个 | 0.104 | 0.104 | 0.104 | 0.104 |
| | 自攻螺钉 M10×50 | 百个 | 0.024 | 0.024 | 0.024 | 0.024 |
| | 白布 | m | 0.050 | 0.050 | 0.050 | 0.050 |
| | 丝光毛巾 | 条 | 0.080 | 0.080 | 0.080 | 0.080 |
| | 洗涤剂 | kg | 0.035 | 0.035 | 0.035 | 0.035 |
| | 玻璃胶（密封胶） | 支 | 0.326 | 0.326 | 0.326 | 0.326 |
| | 其他材料费 | % | 5.000 | 5.000 | 5.000 | 5.000 |
| 机械 | 汽车起重机 5t | 台班 | 0.020 | 0.020 | 0.020 | 0.020 |
| | 型材切割机 | 台班 | 0.050 | 0.050 | 0.050 | 0.050 |
| | 振动剪 | 台班 | 0.015 | 0.015 | 0.015 | 0.015 |
| | 电动曲线锯 | 台班 | 0.025 | 0.025 | 0.025 | 0.025 |
| | 其他机具费 | % | 5.000 | 5.000 | 5.000 | 5.000 |
| 仪器仪表 | 激光扫描水平仪 | 台班 | 0.031 | 0.031 | 0.031 | 0.031 |
| | 水准仪 | 台班 | 0.015 | 0.015 | 0.015 | 0.015 |

# 8.5 接　　地

## 8.5.1　接地跨接线安装

**工作内容：** 下料、钻孔、揻弯、挖填土、固定、刷漆。

计量单位：10 处

| 定额编号 | | | 9-667 | 9-668 | 9-669 |
|---|---|---|---|---|---|
| 项目 | | | 接地跨接线安装 | | |
| | | | 接地跨接线 | 构架接地（处） | 钢铝窗接地 |
| 名称 | | 单位 | 数量 | | |
| 人工 | 综合工日 | 工日 | 1.11 | 2.31 | 2.33 |
| 材料 | 圆钢　$\phi5.5\sim9$ | kg | — | — | 0.49 |
| | 铅油 | kg | 0.02 | — | 0.04 |
| | 调和漆 | kg | — | 0.05 | — |
| | 防锈漆　C53-1 | kg | 0.04 | — | 0.08 |
| | 钢锯条 | 根 | 1.00 | 1.00 | 1.00 |
| | 镀锌扁钢　−60×6 | kg | 4.59 | 7.28 | — |
| | 清油 | kg | 0.01 | — | 0.02 |
| | 电焊条　结 422　$\phi4$ | kg | 0.40 | 0.13 | 1.50 |
| | 镀锌精制带帽螺栓　M16×100 以内 2 平 1 弹垫 | 10 套 | 1.02 | 0.10 | — |
| | 镀锌接地板　40×5×120 | 根 | — | 1.13 | — |
| | 其他材料费 | % | 5.00 | — | — |
| 机械 | 交流电焊机　21kV·A | 台班 | 0.20 | 0.07 | 0.08 |

## 8.5.2 等电位地网安装

**工作内容：**接地线平直、下料、测位、打孔、摵弯、敷设、焊接、刷漆。

计量单位：m

| 定额编号 | | | 9-670 | 9-671 | 9-672 | 9-673 |
|---|---|---|---|---|---|---|
| 项目 | | | 铜带 | | 铜网 | |
| | | | 50 | 25 | 50 | 25 |
| 名称 | | 单位 | 数量 | | | |
| 人工 | 综合工日 | 工日 | 0.180 | 0.120 | 0.210 | 0.160 |
| 材料 | 铜 50 | m | 1.040 | — | 1.040 | — |
| | 铜 25 | m | — | 1.040 | — | 1.040 |
| | 焊锡 | kg | 0.002 | 0.002 | 0.002 | 0.002 |
| | 酚醛磁漆 | kg | 0.015 | 0.015 | 0.015 | 0.015 |
| | 其他材料费 | % | 5.000 | 5.000 | 5.000 | 5.000 |

# 附表　主要材料损耗率表

| 序号 | 主要材料 | 损耗率（%） |
| --- | --- | --- |
| 1 | 各类线缆 | 2.00 |
| 2 | 拉线材料（包括钢绞线、镀锌铁丝） | 2.00 |
| 3 | 塑料护口 | 1.00 |
| 4 | 跳线连接器 | 1.00 |
| 5 | 过线路盒 | 1.00 |
| 6 | 信息插座底盒或接线盒 | 1.00 |
| 7 | 光纤护套 | 1.00 |
| 8 | 光纤连接盘 | 1.00 |
| 9 | 光纤连接器材 | 1.00 |
| 10 | 磨制光纤连接器材 | 1.00 |
| 11 | 光缆接头盒 | 1.00 |
| 12 | 接头盒保护套 | 1.00 |
| 13 | 用户暗盒 | 1.00 |

续前

| 序 号 | 主 要 材 料 | 损耗率（%） |
|---|---|---|
| 14 | 各类插头、插座 | 1.00 |
| 15 | 开关 | 1.00 |
| 16 | 紧固件（包括螺栓、螺母、垫圈、弹簧垫圈） | 2.00 |
| 17 | 木螺钉、铆钉 | 4.00 |
| 18 | 钢板、镀锌薄钢板 | 5.00 |
| 19 | 管材、管件（包括无缝、焊接钢管、塑料管及电线管） | 3.00 |
| 20 | 绝缘子类 | 2.00 |
| 21 | 位号牌、标志牌、线号套管 | 5.00 |
| 22 | 电缆卡子、电缆挂钩、电缆托板 | 1.00 |
| | | |
| | | |
| | | |
| | | |
| | | |

**主 编 单 位**：住房和城乡建设部标准定额研究所

**编 制 单 位**：信息产业部电子工程标准定额站

**参 编 单 位**：北京和利时系统工程股份有限公司

中国电子科技集团公司第十四研究所

中国电子科技集团公司第五十四研究所

中国电子科技集团公司第三研究所

南京恩瑞特实业有限公司

南京洛普股份有限公司

中国机房设施工程有限公司

**综合协调人员**：胡传海　王海宏　胡晓丽　白洁如　王志年　戴富元

汪一江　郎桂林　吴　强　曾伟源　陈柏生　李成栋

史素美　孙金科　薛长立　王文江　李永芳　张永胜

张明焕　卢后星　顾　青　魏晓东

**编 制 人 员**：薛长立　魏　梅　魏晓东　徐　坚　孙　红　刘　芳

陶　渊　白云阁　陈学波　罗耀南　周启彤　戴永生

# 城市轨道交通工程预算定额

GCG 103-2008

## 第十册　机电设备安装工程

中国计划出版社

北　京

**图书在版编目(CIP)数据**

城市轨道交通工程预算定额：GCG 103-2008. 第10册，机电设备安装工程 / 住房和城乡建设部标准定额研究所主编. —北京：中国计划出版社，2008. 12
ISBN 978-7-80242-260-5

Ⅰ. 城… Ⅱ. 住… Ⅲ. ①城市铁路-铁路工程-预算定额-中国②城市铁路-机电设备-设备安装-预算定额-中国 Ⅳ. U239.5

中国版本图书馆 CIP 数据核字（2008）第 172179 号

**主编单位：**住房和城乡建设部标准定额研究所

**批准部门：**中华人民共和国住房和城乡建设部

**施行日期：**2 0 0 9 年 1 月 1 日

# 住房城乡建设部
# 关于印发《城市轨道交通工程预算定额》的通知

建标〔2008〕193号

为适应城市轨道交通工程建设的需要，合理确定和控制城市轨道交通工程造价，我部制定了《城市轨道交通工程预算定额》，编号为GCG 103-2008，自2009年1月1日起施行。现印发给你们。2001年批准发布的《全国统一市政工程预算定额》第九册（地铁工程）同时废止。请你们将施行中的有关问题和建议反馈给我部标准定额司。

《城市轨道交通工程预算定额》由我部标准定额研究所组织中国计划出版社出版发行。

中华人民共和国住房和城乡建设部

二〇〇八年十月十五日

# 总 说 明

一、《城市轨道交通工程预算定额》（以下简称本定额）共分 10 册，包括：

第一册　路基、围护结构及地基处理工程；

第二册　桥涵工程；

第三册　隧道工程；

第四册　地下结构工程；

第五册　轨道工程；

第六册　通信工程；

第七册　信号工程；

第八册　供电工程；

第九册　智能与控制系统安装工程；

第十册　机电设备安装工程。

二、本定额是完成规定计量单位分部分项工程所需的人工、材料、施工机械台班的消耗量标准，是制定城市轨道交通工程地区单位估价表、工程量清单综合单价、招标标底和投标报价的基础。

三、本定额适用于新建、扩建的城市轨道交通工程。

四、本定额是按照正常施工条件、目前多数施工企业的施工机械装备程度，施工中常用的施工方法、施工工艺、劳动组织以及合理工期进行编制的。

五、本定额是依据国家有关产品标准、设计规范和施工验收规范编制的，参考了现行国家、行业和地方定额，以及有代表性的工程设计、施工资料和其他资料。

六、本定额消耗量的确定。

1. 人工工日消耗量。人工工日不分工种、技术等级均以综合工日表示。内容包括基本用工、超运距用工、人工幅度差和辅助用工。

2. 材料消耗量。

（1）材料选用符合国家质量标准和相应设计要求的合格产品。

（2）材料消耗包括主要材料、辅助材料、零星材料，凡能计量的材料、成品、半成品均按品种、规格逐一列出数量并计入相应的损耗，其内容和范围包括：从工地仓库、现场集中堆放地点或现场加工地点至操作或安装地点的运输损耗、施工操作损耗、施工现场堆放损耗。

（3）混凝土均按预拌混凝土考虑。

（4）周转性材料按不同施工方法、不同材质按规定的周转次数摊销计入定额内。

（5）用量少、价值小的材料合并为其他材料费，以占材料费的百分数表示。

3. 施工机械和仪器仪表台班消耗量。

（1）施工机械和仪器仪表台班消耗量是按正常合理的施工配备和施工工效测算确定台班使用量。

（2）凡单位价值在 2000 元以上的施工机械和仪器仪表按台班列入定额；单位价值在 2000 元以

下的列入费用定额工具使用费项下。

七、定额中均包括了材料、成品、半成品从工地仓库、现场集中堆放地点或现场加工地点至操作或安装地点的水平运输和垂直运输所需的人工和机械消耗量。如发生再次搬运，应在费用定额中二次搬运费项下列支。

八、本定额施工用水、电是按现场有水、电考虑的。

九、本定额的工作内容已说明了主要施工工序，次要工序虽未说明，均已考虑在定额内。

十、本定额与其他全国统一工程预算定额的关系，凡本定额包含的项目，按本定额项目执行；本定额缺项部分，可执行其他全国统一定额。

十一、本定额中注有“×××以内”或“×××以下”者均包括×××本身，“×××以外”或“×××以上”者则不包括×××本身。

十二、本说明未尽事宜，详见各册和各章说明。

# 册说明

一、《城市轨道交通工程预算定额》第十册“机电设备安装工程”（以下简称本定额）适用于新建城市轨道交通工程的通风空调、给排水、电梯及自动扶梯、屏蔽门及安全门、人防门及防淹门等，共5章254个子目。

二、本定额主要包含城市轨道交通工程专有及特殊机电设备安装项目，本定额不足项目参见《全国统一安装工程预算定额》有关规定。

三、本定额中人工、材料、机械消耗量均按照正常施工条件下考虑。

四、本定额主要依据的标准、规范有：

1.《地铁设计规范》GB 50157—2003；

2.《电梯主要参数及轿厢、井道、机房的型式与尺寸》GB 7025—97；

3.《全国统一安装工程预算定额》(2000年)。

五、本定额机电设备安装工作内容中的工业管道、生产生活共用管道、锅炉房和泵类配管项目执行《全国统一安装工程预算定额》第六册“工业管道工程”相关定额。

六、本定额机电设备安装工作内容中的刷油、防腐蚀、绝热工程项目执行《全国统一安装工程预算定额》第十一册“刷油、防腐蚀、绝热工程”相关定额。

七、脚手架搭拆按人工费的3%计算，其中人工工资占15%。

八、未尽事宜见本册定额各章说明。

# 目　　录

## 1　通风空调工程



## 2　给排水工程

## 3 电梯及自动扶梯



## 4 屏蔽门及安全门



## 5 人防门及防淹门

# 1　通风空调工程

# 说　明

一、本章定额包括调节阀安装、散流器安装、消声器安装以及空调器安装等，共 13 节 113 个子目。

二、单台设备的调试费用均已包括在定额子目中。

三、风口安装所需预留的框架未计入定额内，若实际发生，只增加材料费。

# 工程量计算规则

一、调节阀及带调节阀百叶风口按周长不同以“个”为单位计算。

二、带调节阀散流器按直径或周长以“个”为单位计算。

三、阻抗式消声器按周长不同以“节”为单位计算。

四、组合消声器以“套”为单位计算。

五、消声弯头按周长以“个”为单位计算。

六、空气幕分功能及安装方式以“台”为单位计算。

七、空调机组按制冷量（或风量）以“台”为单位计算。

八、通风机及减振台座按风机型号以“台”为单位计算。

九、风机箱按安装方式及风量以“台”为单位计算。

十、冷却塔按设备本身冷却水量以“台”为单位计算。

十一、冷水机组按制冷量以“台”为单位计算。

十二、表冷器以“台”为单位计算。

## 1.1　调节阀安装

**工作内容：**电动组合风阀的竖井垂直运输及洞内水平运输、搬运、开箱检查、测试、测位，预留木框、木砖，上螺栓，垫垫、找正、试动。

计量单位：个

| 定额编号 | | | 10-001 | 10-002 | 10-003 |
|---|---|---|---|---|---|
| 项目 | | | 余压阀 | 电动组合风阀 | |
| | | | | 周长 16m 以内 | 周长 16m 以外 |
| 名称 | | 单位 | 数量 | | |
| 人工 | 综合工日 | 工日 | 4.456 | 37.000 | 44.400 |
| 材料 | 槽钢 16 以内 | kg | — | 316.000 | 379.200 |
| | 角钢 63 以内 | kg | 9.540 | 22.620 | 27.140 |
| | 膨胀螺栓 $\phi 10$ | 套 | 9.360 | 1.430 | 1.720 |
| | 电焊条 | kg | 0.350 | 0.200 | 0.240 |
| | 其他材料费 | % | 2.000 | 3.800 | 3.800 |
| 机械 | 交流电焊机 21kV·A | 台班 | 0.090 | 0.420 | 0.500 |

## 1.2 带调节阀百叶风口

**工作内容：**对口、上螺丝、找正、固定、试动、调整。

计量单位：个

| 定额编号 | | | 10-004 | 10-005 | 10-006 | 10-007 | 10-008 | 10-009 |
| --- | --- | --- | --- | --- | --- | --- | --- | --- |
| 项目 | | | 周长（mm 以内） | | | | | |
| | | | 800 | 1200 | 1800 | 2400 | 3200 | 4000 |
| 名称 | | 单位 | 数量 | | | | | |
| 人工 | 综合工日 | 工日 | 0.314 | 0.317 | 0.570 | 0.760 | 1.017 | 1.140 |
| 材料 | 风口 | 个 | 1.000 | 1.000 | 1.000 | 1.000 | 1.000 | 1.000 |
| | 镀锌角钢 | kg | 1.790 | 2.150 | 3.220 | 4.300 | 5.730 | 7.160 |
| | 自攻螺丝 | 个 | 7.280 | 11.440 | 16.640 | 22.880 | 30.160 | 37.440 |
| | 橡胶板 | kg | 0.120 | 0.180 | 0.270 | 0.360 | 0.480 | 0.300 |
| | 其他材料费 | % | 1.000 | 1.000 | 1.000 | 1.000 | 1.000 | 1.000 |
| 机械 | 交流电焊机 21kV·A | 台班 | — | — | — | 0.001 | 0.001 | 0.001 |
| | 台式钻床 $\phi 16\times 12.7$ | 台班 | 0.062 | 0.069 | 0.097 | 0.125 | 0.180 | 0.208 |

## 1.3 带调节阀散流器

**工作内容：**对口、上螺丝、找正、找平、固定、试动、调整。

计量单位：个

| 定额编号 | | | 10-010 | 10-011 | 10-012 | 10-013 | 10-014 |
|---|---|---|---|---|---|---|---|
| 项目 | | | 圆形 直径（mm 以内） | | | | |
| | | | 150 | 200 | 250 | 300 | 350 |
| 名称 | | 单位 | 数量 | | | | |
| 人工 | 综合工日 | 工日 | 0.242 | 0.314 | 0.409 | 0.485 | 0.570 |
| 材料 | 风口 | 个 | 1.000 | 1.000 | 1.000 | 1.000 | 1.000 |
| | 镀锌角钢 | kg | 1.790 | 1.790 | 1.790 | 2.150 | 2.150 |
| | 木螺丝 | 个 | 0.042 | 0.052 | 0.062 | 0.073 | 0.083 |
| | 橡胶板 | kg | 0.110 | 0.110 | 0.150 | 0.150 | 0.200 |
| | 其他材料费 | % | 1.000 | 1.000 | 1.000 | 1.000 | 1.000 |

**工作内容：**对口、上螺丝、找正、找平、固定、试动、调整。

计量单位：个

| 定额编号 | | | 10-015 | 10-016 | 10-017 | 10-018 | 10-019 |
|---|---|---|---|---|---|---|---|
| 项目 | | | 圆形 直径（mm 以内） | | | 方、距形 周长（mm 以内） | |
| | | | 400 | 450 | 500 | 800 | 1200 |
| 名称 | | 单位 | 数量 | | | | |
| 人工 | 综合工日 | 工日 | 0.599 | 0.627 | 0.741 | 0.418 | 0.513 |
| 材料 | 风口 | 个 | 1.000 | 1.000 | 1.000 | 1.000 | 1.000 |
| | 镀锌角钢 | kg | 3.220 | 3.220 | 4.300 | 1.790 | 2.150 |
| | 木螺丝 | 个 | 0.094 | 0.103 | 0.114 | 0.083 | 0.125 |
| | 橡胶板 | kg | 0.200 | 0.300 | 0.300 | 0.260 | 0.390 |
| | 其他材料费 | % | 1.000 | 1.000 | 1.000 | 1.000 | 1.000 |

**工作内容：**对口、上螺丝、找正、找平、固定、试动、调整。

计量单位：个

| 定额编号 | | | 10-020 | 10-021 |
|---|---|---|---|---|
| 项目 | | | 方、距形　周长（mm 以内） | |
| | | | 1800 | 2400 |
| 名称 | | 单位 | 数量 | |
| 人工 | 综合工日 | 工日 | 0.599 | 0.884 |
| 材料 | 风口 | 个 | 1.000 | 1.000 |
| | 镀锌角钢 | kg | 3.220 | 4.300 |
| | 木螺丝 | 个 | 0.146 | 0.208 |
| | 橡胶板 | kg | 0.520 | 0.650 |
| | 其他材料费 | % | 1.000 | 1.000 |

# 1.4 阻抗式消声器安装

**工作内容：**制作、安装吊托支架，打膨胀螺栓，安装、找正、找平、垫垫、上螺栓、固定。

计量单位：节

| 定额编号 | | | 10-022 | 10-023 | 10-024 | 10-025 | 10-026 |
|---|---|---|---|---|---|---|---|
| 项目 | | | 周长（mm 以内） | | | | |
| | | | 2200 | 2400 | 3000 | 4000 | 5800 |
| 名称 | | 单位 | 数量 | | | | |
| 人工 | 综合工日 | 工日 | 1.644 | 2.328 | 2.964 | 4.133 | 6.137 |
| 材料 | 消音器 | 个 | 1.000 | 1.000 | 1.000 | 1.000 | 1.000 |
| | 槽钢 16 以内 | kg | — | — | — | — | 34.010 |
| | 角钢 63 以内 | kg | 8.070 | 9.320 | 13.070 | 16.010 | — |
| | 圆钢 $\phi 10$ 以内 | kg | 4.510 | 5.160 | — | — | — |
| | 圆钢 $\phi 10$ 以外 | kg | — | — | 8.140 | 9.260 | 10.730 |
| | 镀锌带母螺栓 $\phi 8 \times 16 \sim 25$ | 套 | 13.520 | 18.720 | 22.880 | 29.120 | 39.520 |
| | 橡胶板 | kg | 0.400 | 0.533 | 0.630 | 0.840 | 1.810 |
| | 其他材料费 | % | 1.000 | 1.000 | 1.000 | 1.000 | 1.000 |
| 机械 | 台式钻床 $\phi 16 \times 12.7$ | 台班 | 0.780 | 0.780 | 0.780 | 0.780 | 0.780 |
| | 电锤 520W | 台班 | 0.125 | 0.125 | 0.125 | 0.125 | 0.125 |
| | 切割机 | 台班 | 0.100 | 0.100 | 0.100 | 0.150 | 0.150 |

## 1.5 组合消声器安装

**工作内容：** 机具准备，竖井垂直运输和洞内水平运输，划线，制作固定槽钢基础、找正、找平、封堵及刷漆，检查验收等。

计量单位：套

| 定额编号 | | | 10-027 | 10-028 |
|---|---|---|---|---|
| 项目 | | | 组合消声器安装（片以内） | |
| | | | 150 | 200 |
| 名称 | | 单位 | 数量 | |
| 人工 | 综合工日 | 工日 | 110.000 | 132.000 |
| 材料 | 膨胀螺栓 $\phi10$ | 套 | 100.000 | 120.000 |
| | 板枋材 | $m^3$ | 0.100 | 0.120 |
| | 道木 | $m^3$ | 0.033 | 0.040 |
| | 槽钢 16 以内 | kg | 1185 | 1422 |
| | 角钢 63 以内 | kg | 22.620 | 27.140 |
| | 镀锌铆钉 | kg | 0.150 | 0.180 |
| | 镀锌铁皮 | kg | 24.000 | 28.800 |
| | 镀锌钢板 $\delta=1.0\sim1.5$ | kg | 94.200 | 113.020 |
| | 电焊条 | 套 | 0.500 | 0.600 |
| | 其他材料费 | % | 2.000 | 2.000 |
| 机械 | 交流电焊机 30kV·A | 台班 | 2.500 | 2.500 |

## 1.6 消声弯头安装

**工作内容：**制作安装吊托支架、打膨胀螺栓、安装、找正、找平、垫垫、上螺栓、固定。

计量单位：个

| 定额编号 | | | 10-029 | 10-030 | 10-031 | 10-032 | 10-033 |
|---|---|---|---|---|---|---|---|
| 项目 | | | 周长（mm 以内） | | | | |
| | | | 800 | 1200 | 1800 | 2400 | 3200 |
| 名称 | | 单位 | 数量 | | | | |
| 人工 | 综合工日 | 工日 | 0.593 | 0.716 | 0.834 | 1.688 | 2.100 |
| 材料 | 消音弯头 | 个 | （1.000） | （1.000） | （1.000） | （1.000） | （1.000） |
| | 角钢 63 以内 | kg | 3.390 | 3.770 | 4.180 | 7.720 | 9.120 |
| | 圆钢 $\phi$10 以内 | kg | 2.500 | 2.500 | 2.500 | 4.510 | 5.160 |
| | 膨胀螺栓 $\phi$8 | 套 | 4.160 | 4.160 | 4.160 | — | — |
| | 膨胀螺栓 $\phi$10 | 套 | — | — | — | 4.160 | 4.160 |
| | 镀锌带母螺栓 6×16～25 | 套 | 8.320 | 10.400 | 13.520 | — | — |

续前

| 定额编号 | | | 10-029 | 10-030 | 10-031 | 10-032 | 10-033 |
|---|---|---|---|---|---|---|---|
| 项目 | | | 周长（mm 以内） | | | | |
| | | | 800 | 1200 | 1800 | 2400 | 3200 |
| 名称 | | 单位 | 数量 | | | | |
| 材料 | 镀锌带母螺栓 8×30～60 | 套 | — | — | — | 17.680 | 22.880 |
| | 镀锌六角螺母 8 | 个 | 4.240 | 4.240 | 4.240 | — | — |
| | 镀锌六角螺母 10 | 个 | — | — | — | 4.240 | 4.240 |
| | 橡胶板 | kg | 0.210 | 0.262 | 0.381 | 0.501 | 0.695 |
| | 其他材料费 | % | 1.000 | 1.000 | 1.000 | 1.000 | 1.000 |
| 机械 | 台式钻床 $\phi16\times12.7$ | 台班 | — | 0.480 | 0.570 | 0.780 | 0.780 |
| | 电锤 520W | 台班 | — | 0.125 | 0.125 | 0.125 | 0.125 |
| | 切割机 | 台班 | — | 0.100 | 0.100 | 0.100 | 0.100 |

**工作内容：**制作、安装吊托支架，打膨胀螺栓，安装、找正、找平、垫垫、上螺栓、固定。

计量单位：个

| 定额编号 | | | 10-034 | 10-035 | 10-036 |
|---|---|---|---|---|---|
| 项目 | | | 周长（mm 以内） | | |
| | | | 4000 | 6000 | 7200 |
| 名称 | | 单位 | 数量 | | |
| 人工 | 综合工日 | 工日 | 2.421 | 4.199 | 5.039 |
| 材料 | 消音器 | 个 | — | — | — |
| | 槽钢 16 以内 | kg | — | 31.4 | 36.85 |
| | 角钢 63 以内 | kg | 13.520 | — | — |
| | 圆钢 $\phi$10 以外 | kg | 7.410 | 8.520 | 8.520 |
| | 膨胀螺栓 $\phi$12 | 套 | 4.160 | 4.160 | 4.160 |
| | 镀锌带母螺栓 8×30～60 | 套 | 29.120 | 39.520 | 53.040 |
| | 镀锌六角螺母 12 | 个 | 4.240 | 4.240 | 4.240 |
| | 橡胶板 | kg | 0.882 | 1.495 | 2.168 |
| | 其他材料费 | % | 1.000 | 1.000 | 1.000 |
| 机械 | 台式钻床 $\phi$16×12.7 | 台班 | 0.780 | 0.780 | 0.940 |
| | 电锤 520W | 台班 | 0.125 | 0.125 | 0.125 |
| | 切割机 | 台班 | 0.100 | 0.150 | 0.150 |

## 1.7 空 气 幕

**工作内容：** 1. 吊架上安装：开箱、检查附件，制作、安装吊架，吊装、上螺栓、找正、找平、紧固，试运行。
2. 墙上安装：开箱、检查附件，打膨胀螺栓，制作、安装卡件，找正、找平、紧固，试运行。

计量单位：台

| 定额编号 | | | 10-037 | 10-038 | 10-039 | 10-040 |
|---|---|---|---|---|---|---|
| 项目 | | | 贯流式空气幕 | | 贯流式热空气幕 | |
| | | | 吊架 | 墙上 | 吊架 | 墙上 |
| 名称 | | 单位 | 数量 | | | |
| 人工 | 综合工日 | 工日 | 4.104 | 3.114 | 4.969 | 3.421 |
| 材料 | 槽钢 16以内 | kg | 15.390 | — | 21.100 | 4.870 |
| | 扁钢 60以内 | kg | 9.820 | 9.820 | 17.220 | 9.820 |
| | 膨胀螺栓 $\phi 8$ | 套 | — | 8.320 | — | 12.480 |
| | 带母螺栓 8×110～120 | 套 | 16.640 | — | 20.800 | — |
| | 弹簧垫圈 8 | 个 | 8.480 | — | — | — |

续前

| 定额编号 | | | 10-037 | 10-038 | 10-039 | 10-040 |
|---|---|---|---|---|---|---|
| 项目 | | | 贯流式空气幕 | | 贯流式热空气幕 | |
| | | | 吊架 | 墙上 | 吊架 | 墙上 |
| 名称 | | 单位 | 数量 | | | |
| 材料 | 电焊条 | kg | 0.410 | — | 0.620 | 0.237 |
| | 乙炔气 | kg | 0.113 | 0.045 | 0.173 | 0.066 |
| | 氧气 | $m^3$ | 0.290 | 0.115 | 0.440 | 0.169 |
| | 机油 | kg | 0.750 | 0.750 | 0.800 | 0.800 |
| | 铁丝 | kg | 1.100 | 1.100 | 1.400 | 1.400 |
| | 棉丝 | kg | 1.250 | 1.250 | 1.250 | 1.250 |
| | 其他材料费 | % | 1.000 | 1.000 | 1.000 | 1.000 |
| 机械 | 其他机具费 | % | 5.000 | 5.000 | 5.000 | 5.000 |

# 1.8 空调机组安装

**工作内容：**开箱、检查附件、就位、安装、找正、找平、上螺栓、固定。

计量单位：台

| 定额编号 | | | 10-041 | 10-042 | 10-043 |
|---|---|---|---|---|---|
| 项目 | | | 多联体空调器室外机 制冷量（kW 以内） | | |
| | | | 10 | 20 | 30 |
| | 名称 | 单位 | 数量 | | |
| 人工 | 综合工日 | 工日 | 2.071 | 3.724 | 4.855 |
| 材料 | 带母螺栓 14×65～80 | 套 | 4.080 | 4.080 | — |
| | 带母螺栓 16×85～100 | 套 | — | — | 6.120 |
| | 垫圈 14 | 个 | 8.480 | 8.480 | — |
| | 垫圈 16 | 个 | — | — | 12.720 |
| | 弹簧垫圈 14 | 个 | 4.240 | 4.240 | — |
| | 弹簧垫圈 16 | 个 | — | — | 6.360 |
| | 棉丝 | kg | 0.500 | 0.500 | 0.500 |
| | 煤油 | kg | 0.160 | 0.510 | 0.750 |
| | 其他材料费 | % | 1.000 | 1.000 | 1.000 |
| 机械 | 台式机钻床 $\phi$16×12.7 | 台班 | 0.020 | 0.020 | 0.020 |

**工作内容：**开箱、检查附件、就位、安装、找正、找平、上螺栓、固定,打洞、清理。

计量单位：台

| 定额编号 | | | 10-044 | 10-045 | 10-046 | 10-047 | 10-048 |
|---|---|---|---|---|---|---|---|
| 项目 | | | 分体式空调器安装　制冷量（kW 以内） | | | | |
| | | | 5 | 10 | 20 | 30 | 40 |
| 名称 | | 单位 | 数量 | | | | |
| 人工 | 综合工日 | 工日 | 2.166 | 3.154 | 9.614 | 15.666 | 17.661 |
| 材料 | 带母螺栓 12×85～100 | 套 | 4.160 | — | — | — | — |
| | 带母螺栓 14×65～80 | 套 | — | 4.080 | 4.080 | — | — |
| | 带母螺栓 16×85～100 | 套 | — | — | — | 6.120 | 6.120 |
| | 垫圈 12 | 个 | 8.480 | — | — | — | — |
| | 垫圈 14 | 个 | — | 8.480 | 8.480 | — | — |
| | 垫圈 16 | 个 | — | — | — | 12.720 | 12.720 |

续前

| 定额编号 | | | 10-044 | 10-045 | 10-046 | 10-047 | 10-048 |
|---|---|---|---|---|---|---|---|
| 项目 | | | 分体式空调器安装　制冷量（kW 以内） | | | | |
| | | | 5 | 10 | 20 | 30 | 40 |
| 名称 | | 单位 | 数量 | | | | |
| 材料 | 弹簧垫圈 12 | 个 | 4.240 | — | — | — | — |
| | 弹簧垫圈 14 | 个 | — | 4.240 | 4.240 | — | — |
| | 弹簧垫圈 16 | 个 | — | — | — | 6.360 | 6.360 |
| | 棉丝 | kg | 0.500 | 0.500 | 0.500 | 0.500 | 0.500 |
| | 煤油 | kg | 0.110 | 0.160 | 0.510 | 0.750 | 0.860 |
| | 其他材料费 | % | 1.000 | 1.000 | 1.000 | 1.000 | 1.000 |
| 机械 | 台式机钻床 $\phi16\times12.7$ | 台班 | 0.020 | 0.020 | 0.020 | 0.030 | 0.030 |
| | 水钻 | 台班 | 0.200 | 0.200 | 0.200 | 0.200 | 0.200 |

**工作内容：**开箱、检查设备及附件、就位、连接、上螺栓、找正、找平、固定、外表污物清理。

计量单位：台

| 定额编号 | | | 10-049 | 10-050 | 10-051 | 10-052 | 10-053 |
|---|---|---|---|---|---|---|---|
| 项目 | | | 组合式空调机组 风量（$m^3/h$ 以内） | | | | |
| | | | 4000 | 10000 | 20000 | 30000 | 40000 |
| 名称 | | 单位 | 数量 | | | | |
| 人工 | 综合工日 | 工日 | 7.716 | 14.963 | 26.828 | 43.909 | 58.881 |
| 材料 | 棉丝 | kg | 0.210 | 0.410 | 0.730 | 1.190 | 1.600 |
| | 煤油 | kg | 0.420 | 0.810 | 1.460 | 2.390 | 3.200 |
| | 其他材料费 | % | 1.500 | 1.500 | 1.500 | 1.500 | 1.500 |

**工作内容：**开箱、检查设备及附件、就位、连接、上螺栓、找正、找平、固定、外表污物清理。

计量单位：台

| 定额编号 | | | 10-054 | 10-055 | 10-056 |
|---|---|---|---|---|---|
| 项目 | | | 组合式空调机组 风量（$m^3$/h 以内） | | |
| | | | 60000 | 80000 | 100000 |
| 名称 | | 单位 | 数量 | | |
| 人工 | 综合工日 | 工日 | 88.911 | 154.964 | 190.105 |
| 材料 | 棉丝 | kg | 2.420 | 4.210 | 5.160 |
| | 煤油 | kg | 4.830 | 8.420 | 10.330 |
| | 其他材料费 | % | 1.500 | 1.500 | 1.500 |

## 1.9 通风机及减振台座制作、安装——混流式（斜流式）通风机安装

**工作内容：**开箱、检查、就位、安装、找正、找平、垫垫、灌浆、螺栓固定。

计量单位：台

| 定额编号 | | | 10-057 | 10-058 | 10-059 | 10-060 | 10-061 |
|---|---|---|---|---|---|---|---|
| 项目 | | | 吊装 | | | 混凝土支座上 | |
| | | | $6^{\#}$ | $8^{\#}$ | $10^{\#}$ | $6^{\#}$ | $8^{\#}$ |
| 名称 | | 单位 | 数量 | | | | |
| 人工 | 综合工日 | 工日 | 1.577 | 2.917 | 4.741 | 1.216 | 2.242 |
| 材料 | 镀锌钢板 $\delta$=1.0～1.5 | kg | — | — | — | 7.010 | 9.320 |
| | 地脚螺栓 16～22×150～300 | 套 | — | — | — | 4.080 | 4.080 |
| | 带母螺栓 12×40～60 | 套 | 4.160 | 4.160 | — | — | — |
| | 带母螺栓 16×65～80 | 套 | — | — | 4.080 | — | — |
| | 垫圈 12 | 个 | 4.240 | 4.240 | — | — | — |
| | 垫圈 16 | 个 | — | — | 4.240 | — | — |
| | 棉丝 | kg | 0.200 | 0.200 | 0.300 | 0.200 | 0.200 |
| | 预拌混凝土 C15 | $m^3$ | — | — | — | 0.030 | 0.030 |
| | 其他材料费 | % | 1.000 | 1.000 | 1.000 | 1.000 | 1.000 |

**工作内容：** 开箱、检查、就位、安装、找正、找平、垫垫、灌浆、螺栓固定。18#竖井垂直运输及洞内水平运输。

计量单位：台

| 定额编号 | | | 10-062 | 10-063 | 10-064 | 10-065 |
|---|---|---|---|---|---|---|
| 项目 | | | 混凝土支座上 | | | 18#风机 |
| | | | 10# | 12# | 15# | |
| 名称 | | 单位 | 数量 | | | |
| 人工 | 综合工日 | 工日 | 3.648 | 7.904 | 16.345 | 129.000 |
| 材料 | 镀锌钢板 $\delta$=1.0～1.5 | kg | 11.890 | 16.100 | 20.110 | 20.000 |
| | 地脚螺栓 16～22×150～300 | 套 | 4.080 | 4.080 | 4.080 | — |
| | 工字钢 | kg | — | — | — | 228.600 |
| | 角钢 63 以内 | kg | — | — | — | 45.240 |
| | 镀锌六角螺栓 16×35～60 | 个 | — | — | — | 36.000 |
| | 膨胀螺栓 $\phi$10 | 套 | — | — | — | 32.000 |
| | 斜垫铁 | kg | — | — | — | 28.000 |

续前

| 定额编号 | | | 10-062 | 10-063 | 10-064 | 10-065 |
|---|---|---|---|---|---|---|
| 项目 | | | 混凝土支座上 | | | 18#风机 |
| | | | 10# | 12# | 15# | |
| 名称 | | 单位 | 数量 | | | |
| 材料 | 电焊条 | kg | — | — | — | 1.000 |
| | 板枋材 | $m^3$ | — | — | — | 0.157 |
| | 棉丝 | kg | 0.300 | 0.400 | 0.400 | — |
| | 预拌混凝土 C15 | $m^3$ | 0.050 | 0.050 | 0.070 | — |
| | 其他材料费 | % | 1.000 | 1.000 | 1.000 | 2.000 |
| 机械 | 汽车起重机 16t | 台班 | — | — | — | 0.500 |
| | 台式机钻床 $\phi16\times12.7$ | 台班 | — | — | — | 2.800 |
| | 交流电焊机 21kV·A | 台班 | — | — | — | 4.800 |

# 1.10 风机箱安装

**工作内容：**开箱、检查、就位、安装、找正、找平、清理。

计量单位：台

| 定额编号 | | | 10-066 | 10-067 | 10-068 |
|---|---|---|---|---|---|
| 项目 | | | 台座安装 风量（$m^3$/h 以内） | | |
| | | | 5000 | 10000 | 20000 |
| 名称 | | 单位 | 数量 | | |
| 人工 | 综合工日 | 工日 | 5.653 | 9.548 | 18.449 |
| 材料 | 棉丝 | kg | 0.100 | 0.150 | 0.300 |
| | 煤油 | kg | 0.150 | 0.300 | 0.520 |
| | 其他材料费 | % | 1.000 | 1.000 | 1.000 |

**工作内容：** 开箱、检查、就位、安装、找正、找平、清理。

计量单位：台

| 定额编号 | | | 10-069 | 10-070 | 10-071 |
|---|---|---|---|---|---|
| 项目 | | | 吊装 风量（$m^3/h$ 以内） | | |
| | | | 5000 | 10000 | 20000 |
| 名称 | | 单位 | 数量 | | |
| 人工 | 综合工日 | 工日 | 7.353 | 12.417 | 23.9[illegible]8 |
| 材料 | 棉丝 | kg | 0.100 | 0.150 | 0.300 |
| | 煤油 | kg | 0.150 | 0.300 | 0.520 |
| | 其他材料费 | % | 1.000 | 1.000 | 1.000 |
| 机械 | 交流电焊机 21kV·A | 台班 | — | 0.170 | 0.210 |
| | 台式机钻床 $\phi16\times12.7$ | 台班 | — | 0.080 | 0.100 |

## 1.11 冷却塔安装

**工作内容：** 配合设备基础验收、开箱、检查、划线、定位、就位、找正、找平、垫垫、焊接、固定、灌浆，清理、单机试运转。

计量单位：台

| 定额编号 | | | 10-072 | 10-073 | 10-074 | 10-075 | 10-076 |
|---|---|---|---|---|---|---|---|
| 项目 | | | 处理水量（$m^3/h$ 以内） | | | | |
| | | | 30 | 50 | 70 | 100 | 150 |
| 名称 | | 单位 | 数量 | | | | |
| 人工 | 综合工日 | 工日 | 13.927 | 15.105 | 17.024 | 18.611 | 21.679 |
| 材料 | 普通钢板 | kg | 0.200 | 0.400 | 0.800 | 0.800 | 1.000 |
| | 平垫铁 | kg | 6.006 | 6.006 | 8.008 | 8.008 | 8.008 |
| | 斜垫铁 | kg | 4.286 | 4.286 | 5.716 | 5.716 | 5.716 |
| | 镀锌铁丝 | kg | 3.700 | 3.700 | 3.700 | 4.800 | 4.800 |
| | 电焊条 | kg | 0.210 | 0.210 | 0.260 | 0.260 | 0.320 |
| | 板枋材 | $m^3$ | 0.002 | 0.002 | 0.003 | 0.006 | 0.006 |

续前

| 定额编号 | | | 10-072 | 10-073 | 10-074 | 10-075 | 10-076 |
|---|---|---|---|---|---|---|---|
| 项目 | | | 处理水量（$m^3/h$ 以内） | | | | |
| | | | 30 | 50 | 70 | 100 | 150 |
| 名称 | | 单位 | 数量 | | | | |
| 材料 | 道木 | $m^3$ | 0.027 | 0.027 | 0.027 | 0.027 | 0.030 |
| | 汽油 60#~70# | kg | 0.306 | 0.408 | 0.510 | 0.714 | 1.224 |
| | 煤油 | kg | 1.500 | 2.000 | 2.000 | 3.000 | 5.000 |
| | 机油 | kg | 0.101 | 0.101 | 0.101 | 0.101 | 0.101 |
| | 钙基酯 | kg | 0.576 | 0.576 | 0.576 | 0.576 | 0.576 |
| | 树脂胶 | kg | 1.000 | 1.500 | 2.000 | 2.500 | 3.000 |
| | 白油漆 | kg | 0.100 | 0.100 | 0.200 | 0.300 | 0.300 |
| | 石棉橡胶板 | kg | 1.200 | 1.400 | 1.400 | 1.600 | 1.600 |
| | 棉丝 | kg | 0.610 | 0.650 | 0.830 | 0.880 | 1.850 |
| | 破布 | kg | 0.263 | 0.420 | 0.420 | 0.630 | 0.840 |
| | 草袋 | $m^2$ | 0.500 | 0.500 | 0.500 | 0.500 | 0.500 |

续前

| 定额编号 | | | 10-072 | 10-073 | 10-074 | 10-075 | 10-076 |
|---|---|---|---|---|---|---|---|
| 项目 | | | 处理水量（$m^3$/h 以内） | | | | |
| | | | 30 | 50 | 70 | 100 | 150 |
| 名称 | | 单位 | 数量 | | | | |
| 材料 | 铁砂布 | 张 | 3.000 | 4.000 | 4.000 | 5.000 | 5.000 |
| | 塑料布 | kg | 2.790 | 5.790 | 8.130 | 9.210 | 9.210 |
| | 水 | $m^3$ | 0.380 | 0.380 | 0.550 | 0.550 | 0.820 |
| | 水泥 | kg | 13.050 | 13.050 | 18.850 | 18.850 | 18.850 |
| | 砂子 | $m^3$ | 0.014 | 0.014 | 0.027 | 0.027 | 0.027 |
| | 碎石 | $m^3$ | 0.027 | 0.027 | 0.027 | 0.027 | 0.027 |
| | 其他材料费 | % | 1.500 | 1.500 | 1.500 | 1.500 | 1.500 |
| 机械 | 载重汽车 8t | 台班 | 0.500 | 0.500 | 0.600 | 0.800 | 1.000 |
| | 汽车起重机 12t | 台班 | 0.200 | 0.500 | — | — | 0.500 |
| | 汽车起重机 16t | 台班 | — | — | 0.500 | 0.500 | — |
| | 汽车起重机 25t | 台班 | — | — | — | 0.500 | 0.500 |
| | 交流电焊机 21kV·A | 台班 | 0.200 | 0.200 | 0.200 | 0.400 | 0.500 |
| | 电动卷扬机 5t | 台班 | — | — | 1.140 | 1.160 | 1.330 |

**工作内容：** 开箱、检查、划线、定位、就位、找正、找平、垫垫、焊接、固定、灌浆，清理、单机试运转。

计量单位：台

| 定额编号 | | | 10-077 | 10-078 | 10-079 | 10-080 |
|---|---|---|---|---|---|---|
| 项目 | | | 处理水量（$m^3/h$ 以内） | | | |
| | | | 250 | 300 | 500 | 700 |
| 名称 | | 单位 | 数量 | | | |
| 人工 | 综合工日 | 工日 | 31.189 | 36.832 | 39.606 | 43.384 |
| 材料 | 普通钢板 | kg | 1.400 | 1.800 | 1.800 | 4.000 |
| | 平垫铁 | kg | 8.572 | 11.430 | 11.430 | 11.430 |
| | 斜垫铁 | kg | 12.012 | 16.016 | 16.016 | 16.016 |
| | 镀锌铁丝 | kg | 4.800 | 4.800 | 5.550 | 7.400 |
| | 电焊条 | kg | 0.320 | 0.420 | 0.420 | 0.630 |
| | 板枋材 | $m^3$ | 0.008 | 0.017 | 0.017 | 0.017 |
| | 道木 | $m^3$ | 0.041 | 0.041 | 0.041 | 0.062 |
| | 汽油 $60^{\#}\sim70^{\#}$ | kg | 2.040 | 2.550 | 3.570 | 5.100 |

续前

| 定额编号 | | | 10-077 | 10-078 | 10-079 | 10-080 |
|---|---|---|---|---|---|---|
| 项目 | | | 处理水量（$m^3/h$ 以内) | | | |
| | | | 250 | 300 | 500 | 700 |
| 名称 | | 单位 | 数量 | | | |
| 材料 | 煤油 | kg | 6.000 | 9.000 | 12.000 | 17.000 |
| | 机油 | kg | 0.202 | 0.202 | 0.303 | 0.303 |
| | 钙基酯 | kg | 0.576 | 0.576 | 0.576 | 0.646 |
| | 树脂胶 | kg | 4.000 | 5.000 | 6.000 | 7.000 |
| | 白油漆 | kg | 0.600 | 0.900 | 1.500 | 1.500 |
| | 石棉橡胶板 | kg | 1.800 | 2.000 | 2.500 | 3.000 |
| | 棉丝 | kg | 1.850 | 2.800 | 3.550 | 3.600 |
| | 破布 | kg | 1.050 | 1.260 | 2.100 | 2.100 |
| | 草袋 | $m^2$ | 1.500 | 5.000 | 5.000 | 5.000 |
| | 铁砂布 | 张 | 10.000 | 15.000 | 23.000 | 23.000 |
| | 塑料布 | kg | 18.420 | 27.630 | 46.000 | 46.000 |

续前

| 定额编号 | | | 10-077 | 10-078 | 10-079 | 10-080 |
|---|---|---|---|---|---|---|
| 项目 | | | 处理水量（$m^3$/h 以内） | | | |
| | | | 250 | 300 | 500 | 700 |
| 名称 | | 单位 | 数量 | | | |
| 材料 | 水 | $m^3$ | 1.540 | 5.900 | 5.900 | 5.900 |
| | 铁钉 | kg | — | 0.040 | 0.040 | 0.040 |
| | 水泥 | kg | 39.150 | 159.500 | 159.500 | 159.500 |
| | 砂子 | $m^3$ | 0.040 | 0.117 | 0.177 | 0.177 |
| | 碎石 | $m^3$ | 0.068 | 0.260 | 0.260 | 0.260 |
| | 其他材料费 | % | 1.000 | 1.000 | 1.000 | 1.000 |
| 机械 | 载重汽车 8t | 台班 | 1.000 | 0.200 | 0.200 | 0.200 |
| | 汽车起重机 12t | 台班 | 0.500 | — | — | — |
| | 汽车起重机 25t | 台班 | 0.500 | — | — | — |
| | 交流电焊机 21kV·A | 台班 | 0.500 | 0.200 | 0.200 | 0.200 |
| | 电动卷扬机 5t | 台班 | 1.630 | 0.200 | 0.200 | 0.200 |

## 1.12 冷水机组安装

**工作内容：** 开箱、检查附件、定位、就位、垫垫、找正、找平、焊接、固定、灌浆，清理、单机试运转。

计量单位：台

| 定额编号 | | | 10-081 | 10-082 | 10-083 | 10-084 | 10-085 |
|---|---|---|---|---|---|---|---|
| 项目 | | | 活塞式冷水机组安装　制冷量（$m^3/h$ 以内） | | | | |
| | | | 60 | 180 | 240 | 300 | 360 |
| 名称 | | 单位 | 数量 | | | | |
| 人工 | 综合工日 | 工日 | 14.725 | 26.505 | 38.285 | 42.703 | 44.175 |
| 材料 | 斜垫铁 | kg | 14.073 | 16.099 | 16.099 | 29.682 | 29.682 |
| | 平垫铁 | kg | 2.088 | 2.088 | 2.088 | 2.088 | 2.088 |
| | 镀锌铁丝 | kg | 1.000 | 1.500 | 1.500 | 2.200 | 2.200 |
| | 铁钉 | kg | 0.050 | 0.050 | 0.050 | 0.050 | 0.050 |
| | 电焊条 | kg | 0.650 | 0.650 | 0.650 | 0.650 | 0.650 |
| | 气焊条 | kg | 0.200 | 0.200 | 0.200 | 0.200 | 0.200 |
| | 板枋材 | $m^3$ | 0.013 | 0.013 | 0.013 | 0.013 | 0.013 |

续前

| 定额编号 | | | 10-081 | 10-082 | 10-083 | 10-084 | 10-085 |
|---|---|---|---|---|---|---|---|
| 项目 | | | 活塞式冷水机组安装　制冷量（$m^3/h$ 以内） | | | | |
| | | | 60 | 180 | 240 | 300 | 360 |
| 名称 | | 单位 | 数量 | | | | |
| 材料 | 道木 | $m^3$ | 0.041 | 0.041 | 0.041 | 0.041 | 0.041 |
| | 汽油 60#～70# | kg | 2.500 | 4.900 | 7.350 | 7.350 | 7.350 |
| | 机油 | kg | 1.500 | 3.000 | 3.000 | 3.000 | 3.000 |
| | 钙基酯 | kg | 0.300 | 0.450 | 0.450 | 0.450 | 0.450 |
| | 乙炔气 | kg | 0.217 | 0.217 | 0.217 | 0.217 | 0.217 |
| | 氧气 | $m^3$ | 0.520 | 0.520 | 0.520 | 0.520 | 0.520 |
| | 石棉橡胶板 | kg | 0.900 | 2.250 | 2.250 | 3.200 | 3.200 |
| | 煤油 | kg | 0.800 | 1.440 | 2.080 | 2.320 | 2.400 |
| | 棉丝 | kg | 1.500 | 1.800 | 2.040 | 2.160 | 2.200 |
| | 草袋 | $m^2$ | 1.000 | 1.000 | 1.000 | 1.500 | 1.500 |
| | 铁砂布 | 张 | 1.000 | 2.000 | 2.000 | 2.000 | 2.000 |

续前

| 定额编号 | | | 10-081 | 10-082 | 10-083 | 10-084 | 10-085 |
|---|---|---|---|---|---|---|---|
| 项目 | | | 活塞式冷水机组安装　制冷量（$m^3$/h 以内） | | | | |
| | | | 60 | 180 | 240 | 300 | 360 |
| 名称 | | 单位 | 数量 | | | | |
| 材料 | 塑料布 | kg | 1.000 | 2.000 | 2.650 | 2.650 | 2.650 |
| | 水 | $m^3$ | 0.320 | 0.640 | 1.000 | 1.000 | 1.000 |
| | 水泥 | kg | 11.000 | 22.000 | 33.000 | 33.000 | 33.000 |
| | 砂子 | $m^3$ | 0.011 | 0.022 | 0.034 | 0.034 | 0.034 |
| | 碎石 | $m^3$ | 0.019 | 0.038 | 0.057 | 0.057 | 0.057 |
| | 其他材料费 | % | 1.000 | 1.000 | 1.000 | 1.000 | 1.000 |
| 机械 | 载重汽车 8t | 台班 | 0.200 | 0.200 | 0.200 | 0.200 | 0.300 |
| | 汽车起重机 16t | 台班 | 0.300 | 0.300 | 0.300 | 0.300 | 0.500 |
| | 交流电焊机 21kV·A | 台班 | 0.200 | 0.200 | 0.200 | 0.200 | 0.300 |
| | 电动卷扬机 5t | 台班 | 0.200 | 0.270 | 0.270 | 0.270 | 1.150 |

**工作内容：** 开箱、检查附件、定位、就位、垫垫、找正、找平、焊接、固定、灌浆，清理、单机试运转。

计量单位：台

| 定额编号 | | | 10-086 | 10-087 | 10-088 |
|---|---|---|---|---|---|
| 项目 | | | 活塞式冷水机组安装 制冷量（$m^3/h$ 以内） | | |
| | | | 470 | 600 | 700 |
| 名称 | | 单位 | 数量 | | |
| 人工 | 综合工日 | 工日 | 63.318 | 72.153 | 83.933 |
| 材料 | 斜垫铁 | kg | 49.852 | 49.852 | 49.852 |
| | 平垫铁 | kg | 2.088 | 2.088 | 2.088 |
| | 镀锌铁丝 | kg | 2.200 | 2.200 | 2.200 |
| | 铁钉 | kg | 0.050 | 0.050 | 0.050 |
| | 电焊条 | kg | 0.650 | 0.650 | 0.650 |
| | 气焊条 | kg | 0.200 | 0.200 | 0.200 |
| | 板枋材 | $m^3$ | 0.013 | 0.013 | 0.017 |
| | 道木 | $m^3$ | 0.041 | 0.041 | 0.062 |
| | 汽油 $60^{\#} \sim 70^{\#}$ | kg | 12.240 | 12.240 | 15.000 |

续前

| 定额编号 | | | 10-086 | 10-087 | 10-088 |
|---|---|---|---|---|---|
| 项目 | | | 活塞式冷水机组安装　制冷量（$m^3/h$ 以内） | | |
| | | | 470 | 600 | 700 |
| 名称 | | 单位 | 数量 | | |
| 材料 | 机油 | kg | 4.500 | 4.500 | 5.250 |
| | 钙基酯 | kg | 0.600 | 0.600 | 0.750 |
| | 乙炔气 | kg | 0.217 | 0.217 | 0.217 |
| | 氧气 | $m^3$ | 0.520 | 0.520 | 0.520 |
| | 石棉橡胶板 | kg | 4.000 | 4.000 | 5.000 |
| | 钢丝绳 | kg | — | — | 1.200 |
| | 煤油 | kg | 3.440 | 3.920 | 4.560 |
| | 棉丝 | kg | 3.220 | 3.460 | 4.280 |
| | 草袋 | $m^2$ | 1.500 | 1.500 | 1.500 |
| | 铁砂布 | 张 | 3.000 | 3.000 | 4.000 |
| | 塑料布 | kg | 4.410 | 4.410 | 5.790 |

续前

| 定额编号 | | | 10-086 | 10-087 | 10-088 |
|---|---|---|---|---|---|
| 项目 | | | 活塞式冷水机组安装　制冷量（$m^3$/h 以内） | | |
| | | | 470 | 600 | 700 |
| 名称 | | 单位 | 数量 | | |
| 材料 | 水 | $m^3$ | 1.580 | 1.580 | 1.920 |
| | 水泥 | kg | 55.000 | 55.000 | 68.150 |
| | 砂子 | $m^3$ | 0.056 | 0.056 | 0.066 |
| | 碎石 | $m^3$ | 0.095 | 0.095 | 0.108 |
| | 其他材料费 | % | 1.500 | 1.500 | 1.500 |
| 机械 | 载重汽车 8t | 台班 | 0.300 | 0.300 | 0.300 |
| | 汽车起重机 16t | 台班 | 0.500 | 0.500 | 0.700 |
| | 交流电焊机 21kV·A | 台班 | 0.300 | 0.400 | 0.400 |
| | 电动卷扬机 5t | 台班 | 1.150 | 1.220 | 1.220 |

**工作内容：** 开箱、检查附件、定位、就位、垫垫、找正、找平、焊接、固定、灌浆，清理、单机试运转。

计量单位：台

| 定额编号 | | | 10-089 | 10-090 | 10-091 | 10-092 | 10-093 |
|---|---|---|---|---|---|---|---|
| 项目 | | | 离心式冷水机组安装 制冷量（$m^3/h$ 以内） | | | | |
| | | | 600 | 900 | 1200 | 1400 | 1800 |
| 名称 | | 单位 | 数量 | | | | |
| 人工 | 综合工日 | 工日 | 97.713 | 125.163 | 139.888 | 147.250 | 176.700 |
| 材料 | 斜垫铁 | kg | 15.563 | 18.392 | 21.222 | 37.896 | 41.684 |
| | 平垫铁 | kg | 10.058 | 11.887 | 11.887 | 35.424 | 38.966 |
| | 镀锌铁丝 | kg | 2.200 | 2.200 | 2.200 | 2.200 | 2.200 |
| | 电焊条 | kg | 0.650 | 0.650 | 0.650 | 0.650 | 0.650 |
| | 气焊条 | kg | 0.200 | 0.200 | 0.200 | 0.200 | 0.200 |
| | 铁钉 | kg | 0.050 | 0.050 | 0.050 | 0.050 | 0.050 |
| | 板枋材 | $m^3$ | 0.031 | 0.031 | 0.031 | 0.031 | 0.031 |
| | 道木 | $m^3$ | 0.045 | 0.053 | 0.053 | 0.062 | 0.068 |
| | 钢丝绳 | kg | 1.200 | 1.200 | 1.200 | 1.250 | 1.250 |

续前

| 定额编号 | | | 10-089 | 10-090 | 10-091 | 10-092 | 10-093 |
|---|---|---|---|---|---|---|---|
| 项目 | | | 离心式冷水机组安装　制冷量（$m^3/h$ 以内） | | | | |
| | | | 600 | 900 | 1200 | 1400 | 1800 |
| 名称 | | 单位 | 数量 | | | | |
| 材料 | 汽油 $60^{\#} \sim 70^{\#}$ | kg | 4.080 | 4.080 | 4.080 | 4.490 | 4.490 |
| | 煤油 | kg | 5.200 | 6.800 | 7.600 | 8.000 | 9.600 |
| | 机油 | kg | 1.818 | 1.818 | 1.818 | 2.273 | 2.500 |
| | 钙基酯 | kg | 1.212 | 1.212 | 1.212 | 1.212 | 1.212 |
| | 乙炔气 | kg | 0.217 | 0.217 | 0.217 | 0.454 | 0.454 |
| | 氧气 | $m^3$ | 0.520 | 0.520 | 0.520 | 1.071 | 1.071 |
| | 石棉橡胶板 | kg | 5.000 | 5.000 | 5.000 | 6.000 | 6.500 |
| | 棉丝 | kg | 2.600 | 3.400 | 3.800 | 4.000 | 4.800 |
| | 草袋 | $m^2$ | 2.000 | 2.000 | 2.000 | 2.000 | 2.000 |
| | 铁砂布 | 张 | 3.000 | 3.000 | 3.000 | 4.000 | 4.000 |
| | 塑料布 | kg | 4.410 | 4.410 | 4.410 | 5.790 | 5.790 |

续前

| 定额编号 | | | 10-089 | 10-090 | 10-091 | 10-092 | 10-093 |
|---|---|---|---|---|---|---|---|
| 项目 | | | 离心式冷水机组安装　制冷量（$m^3$/h 以内) | | | | |
| | | | 600 | 900 | 1200 | 1400 | 1800 |
| 名称 | | 单位 | 数量 | | | | |
| 材料 | 水 | $m^3$ | 1.000 | 1.000 | 1.000 | 2.470 | 2.470 |
| | 水泥 | kg | 55.000 | 55.000 | 55.000 | 87.000 | 87.000 |
| | 砂子 | $m^3$ | 0.056 | 0.056 | 0.056 | 0.094 | 0.094 |
| | 碎石、块石 | $m^3$ | 0.095 | 0.095 | 0.095 | 0.135 | 0.135 |
| | 其他材料费 | % | 1.500 | 1.500 | 1.500 | 1.500 | 1.500 |
| 机械 | 载重汽车 8t | 台班 | 0.300 | 0.300 | 0.300 | 0.300 | 0.400 |
| | 汽车起重机 16t | 台班 | 0.500 | 0.500 | 0.700 | 0.700 | — |
| | 汽车起重机 25t | 台班 | — | — | — | — | 0.900 |
| | 电动卷扬机 5t | 台班 | 1.150 | 1.150 | 1.220 | 1.400 | 1.400 |
| | 交流电焊机 21kV · A | 台班 | 0.300 | 0.400 | 0.400 | 0.500 | 0.500 |

工作内容：开箱、检查附件、定位、就位、垫垫、找正、找平、焊接、固定、灌浆，清理、单机试运转。

计量单位：台

| 定额编号 | | | 10-094 |
|---|---|---|---|
| 项目 | | | 离心式冷水机组安装 制冷量（$m^3/h$ 以内） |
| | | | 2300 |
| 名称 | | 单位 | 数量 |
| 人工 | 综合工日 | 工日 | 192.670 |
| 材料 | 斜垫铁 | kg | 45.475 |
| | 平垫铁 | kg | 42.508 |
| | 镀锌铁丝 | kg | 2.200 |
| | 电焊条 | kg | 0.960 |
| | 气焊条 | kg | 0.300 |
| | 铁钉 | kg | 0.100 |
| | 板枋材 | $m^3$ | 0.039 |
| | 道木 | $m^3$ | 0.074 |

续前

| 定额编号 | | | 10-094 |
|---|---|---|---|
| 项目 | | | 离心式冷水机组安装　制冷量（$m^3/h$ 以内） |
| | | | 2300 |
| 名称 | | 单位 | 数量 |
| 材料 | 钢丝绳 | kg | 1.250 |
| | 汽油 60#～70# | kg | 4.490 |
| | 煤油 | kg | 10.400 |
| | 机油 | kg | 2.500 |
| | 钙基酯 | kg | 1.212 |
| | 乙炔气 | kg | 0.454 |
| | 氧气 | $m^3$ | 1.071 |
| | 石棉橡胶板 | kg | 6.500 |
| | 棉丝 | kg | 5.200 |
| | 草袋 | $m^2$ | 2.000 |
| | 铁砂布 | 张 | 4.000 |

续前

| 定额编号 | | | 10-094 |
|---|---|---|---|
| 项目 | | | 离心式冷水机组安装　制冷量（$m^3/h$ 以内） |
| | | | 2300 |
| 名称 | | 单位 | 数量 |
| 材料 | 塑料布 | kg | 5.790 |
| | 水 | $m^3$ | 2.470 |
| | 水泥 | kg | 87.000 |
| | 砂子 | $m^3$ | 0.094 |
| | 碎石 | $m^3$ | 0.135 |
| | 其他材料费 | % | 1.500 |
| 机械 | 载重汽车 8t | 台班 | 0.400 |
| | 汽车起重机 25t | 台班 | 0.900 |
| | 电动卷扬机 5t | 台班 | 1.400 |
| | 交流电焊机 21kV·A | 台班 | 0.500 |

**工作内容：** 开箱、检查附件、定位、就位、垫垫、找正、找平、焊接、固定、灌浆，清理、单机试运转。

计量单位：台

| 定额编号 | | | 10-095 | 10-096 | 10-097 | 10-098 | 10-099 |
|---|---|---|---|---|---|---|---|
| 项目 | | | 溴化锂吸收式冷水机组安装　制冷量（kW 以内） | | | | |
| | | | 360 | 600 | 1200 | 1800 | 2300 |
| 名称 | | 单位 | 数量 | | | | |
| 人工 | 综合工日 | 工日 | 94.174 | 99.399 | 130.853 | 158.375 | 232.304 |
| 材料 | 斜垫铁 | kg | 38.304 | 38.304 | 38.304 | 38.304 | 57.456 |
| | 平垫铁 | kg | 24.024 | 24.024 | 24.024 | 24.024 | 36.036 |
| | 钢丝绳 | kg | 1.250 | 1.250 | 1.500 | 2.304 | 2.500 |
| | 铁钉 | kg | 0.050 | 0.050 | 0.100 | 0.100 | 0.150 |
| | 电焊条 | kg | 0.650 | 0.650 | 0.650 | 0.650 | 0.960 |
| | 气焊条 | kg | 0.200 | 0.200 | 0.200 | 0.300 | 0.500 |
| | 板枋材 | $m^3$ | 0.020 | 0.038 | 0.053 | 0.067 | 0.072 |
| | 道木 | $m^3$ | 0.074 | 0.074 | 0.092 | 0.139 | 0.182 |

续前

| 定额编号 | | | 10-095 | 10-096 | 10-097 | 10-098 | 10-099 |
|---|---|---|---|---|---|---|---|
| 项目 | | | 溴化锂吸收式冷水机组安装 制冷量（kW 以内） | | | | |
| | | | 360 | 600 | 1200 | 1800 | 2300 |
| 名称 | | 单位 | 数量 | | | | |
| 材料 | 镀锌铁丝 8#～12# | kg | 2.200 | 2.200 | 2.200 | 2.200 | 2.200 |
| | 汽油 60#～70# | kg | 15.000 | 18.360 | 20.400 | 22.440 | 25.500 |
| | 煤油 | kg | 4.800 | 6.400 | 12.000 | 16.000 | 20.000 |
| | 机油 | kg | 1.520 | 2.020 | 2.530 | 2.730 | 2.830 |
| | 钙基酯 | kg | 0.270 | 0.270 | 0.270 | 0.300 | 0.300 |
| | 乙炔气 | kg | 0.217 | 0.454 | 0.454 | 0.454 | 0.454 |
| | 氧气 | $m^3$ | 0.520 | 1.071 | 1.071 | 1.071 | 1.071 |
| | 白油漆 | kg | 0.100 | 0.100 | 0.100 | 0.300 | 0.300 |
| | 石棉橡胶板 | kg | 6.000 | 7.200 | 7.800 | 7.800 | 8.400 |

续前

| 定额编号 | | | 10-095 | 10-096 | 10-097 | 10-098 | 10-099 |
|---|---|---|---|---|---|---|---|
| 项目 | | | 溴化锂吸收式冷水机组安装　制冷量（kW 以内） | | | | |
| | | | 360 | 600 | 1200 | 1800 | 2300 |
| 名称 | | 单位 | 数量 | | | | |
| 材料 | 棉丝 | kg | 2.660 | 3.270 | 4.100 | 4.820 | 5.320 |
| | 草袋 | $m^2$ | 2.000 | 2.000 | 2.000 | 2.500 | 3.000 |
| | 铁砂布 | 张 | 4.000 | 4.000 | 4.000 | 5.000 | 5.000 |
| | 塑料布 | kg | 5.790 | 5.790 | 5.790 | 9.210 | 10.200 |
| | 水 | $m^3$ | 1.920 | 2.470 | 2.470 | 2.470 | 3.420 |
| | 水泥 | kg | 68.150 | 87.000 | 87.000 | 97.150 | 120.350 |
| | 砂子 | $m^3$ | 0.056 | 0.094 | 0.094 | 0.104 | 0.122 |
| | 碎石 | $m^3$ | 0.108 | 0.135 | 0.135 | 0.162 | 0.203 |
| | 其他材料费 | % | 1.500 | 1.500 | 1.500 | 1.500 | 1.500 |

续前

| 定额编号 | | | 10-095 | 10-096 | 10-097 | 10-098 | 10-099 |
|---|---|---|---|---|---|---|---|
| 项目 | | | 溴化锂吸收式冷水机组安装 制冷量（kW 以内） | | | | |
| | | | 360 | 600 | 1200 | 1800 | 2300 |
| 名称 | | 单位 | 数量 | | | | |
| 机械 | 载重汽车 8t | 台班 | 0.500 | 0.800 | 1.000 | 1.000 | 1.200 |
| | 汽车起重机 16t | 台班 | — | — | — | — | — |
| | 汽车起重机 25t | 台班 | — | — | — | — | — |
| | 电动卷扬机 5t | 台班 | 2.300 | 2.970 | 3.140 | 3.140 | 3.320 |
| | 交流电焊机 21kV · A | 台班 | 0.500 | 0.600 | 0.600 | 0.600 | 0.700 |
| | 汽车起重机 8t | 台班 | — | 0.200 | 0.200 | 0.500 | 0.500 |
| | 汽车起重机 30t | 台班 | 0.900 | 1.500 | 0.900 | — | — |
| | 汽车起重机 50t | 台班 | — | — | — | 1.000 | 1.000 |

**工作内容**：开箱、检查附件、定位、就位、垫垫、找正、找平、焊接、固定、灌浆，清理、单机试运转。

计量单位：台

| 定额编号 | | | 10-100 | 10-101 | 10-102 |
|---|---|---|---|---|---|
| 项目 | | | 溴化锂吸收式冷水机组安装 制冷量（kW以内） | | |
| | | | 3000 | 3500 | 4000 |
| 名称 | | 单位 | 数量 | | |
| 人工 | 综合工日 | 工日 | 277.296 | 341.288 | 355.509 |
| 材料 | 斜垫铁 | kg | 76.608 | 76.608 | 91.929 |
| | 平垫铁 | kg | 48.048 | 48.048 | 57.658 |
| | 钢丝绳 | kg | 2.500 | 2.500 | 2.990 |
| | 铁钉 | kg | 0.150 | 0.150 | 0.220 |
| | 电焊条 | kg | 1.280 | 1.280 | 1.570 |
| | 气焊条 | kg | 0.500 | 0.500 | 0.600 |
| | 板枋材 | $m^3$ | 0.102 | 0.102 | 0.108 |
| | 道木 | $m^3$ | 0.208 | 0.208 | 0.219 |

续前

| 定额编号 | | | 10-100 | 10-101 | 10-102 |
|---|---|---|---|---|---|
| 项目 | | | 溴化锂吸收式冷水机组安装 制冷量（kW以内） | | |
| | | | 3000 | 3500 | 4000 |
| 名称 | | 单位 | 数量 | | |
| 材料 | 镀锌铁丝 | kg | 2.200 | 2.200 | 2.200 |
| | 汽油 60#～70# | kg | 28.560 | 28.560 | 31.990 |
| | 煤油 | kg | 22.400 | 24.000 | 28.000 |
| | 机油 | kg | 3.030 | 3.030 | 3.240 |
| | 钙基酯 | kg | 0.300 | 0.300 | 0.300 |
| | 乙炔气 | kg | 0.454 | 0.683 | 0.683 |
| | 氧气 | $m^3$ | 1.071 | 1.612 | 1.612 |
| | 白油漆 | kg | 0.400 | 0.400 | 0.400 |
| | 石棉橡胶板 | kg | 9.000 | 9.000 | 9.600 |
| | 棉丝 | kg | 6.040 | 6.040 | 6.860 |
| | 草袋 | $m^2$ | 3.500 | 3.500 | 4.000 |

续前

| 定额编号 | | | 10-100 | 10-101 | 10-102 |
|---|---|---|---|---|---|
| 项目 | | | 溴化锂吸收式冷水机组安装　制冷量（kW 以内） | | |
| | | | 3000 | 3500 | 4000 |
| 名称 | | 单位 | 数量 | | |
| 材料 | 铁砂布 | 张 | 5.000 | 5.000 | 5.000 |
| | 塑料布 | kg | 11.130 | 11.130 | 12.150 |
| | 水 | $m^3$ | 4.040 | 4.040 | 4.770 |
| | 水泥 | kg | 142.100 | 142.100 | 167.700 |
| | 砂子 | $m^3$ | 0.150 | 0.150 | 0.185 |
| | 碎石 | $m^3$ | 0.230 | 0.230 | 0.260 |
| | 其他材料费 | % | 2.000 | 2.000 | 2.000 |
| 机械 | 载重汽车 8t | 台班 | 0.200 | 0.200 | 0.200 |
| | 汽车起重机 16t | 台班 | 0.200 | 0.200 | 0.200 |
| | 电动卷扬机 5t | 台班 | 0.200 | 0.200 | 0.270 |
| | 交流电焊机 21kV·A | 台班 | 0.600 | 0.750 | 1.050 |

**工作内容：** 开箱、检查附件、定位、就位、垫垫、找正、找平、焊接、固定、灌浆，清理、单机试运转。

计量单位：台

| 定额编号 | | | 10-103 | 10-104 | 10-105 | 10-106 |
|---|---|---|---|---|---|---|
| 项目 | | | 螺杆式冷水机组安装　制冷量（kW 以内） | | | |
| | | | 240 | 350 | 600 | 1300 |
| 名称 | | 单位 | 数量 | | | |
| 人工 | 综合工日 | 工日 | 36.813 | 47.120 | 73.625 | 151.668 |
| 材料 | 斜垫铁 | kg | 11.790 | 14.148 | 14.148 | 37.896 |
| | 平垫铁 | kg | 7.620 | 9.144 | 9.144 | 35.424 |
| | 镀锌铁丝 $8^{\#} \sim 12^{\#}$ | kg | 0.900 | 1.500 | 2.000 | 2.000 |
| | 铁钉 | kg | 0.050 | 0.050 | 0.050 | 0.050 |
| | 电焊条 | kg | 0.500 | 0.500 | 0.500 | 0.500 |
| | 气焊条 | kg | 0.200 | 0.200 | 0.200 | 0.200 |
| | 板枋材 | $m^3$ | 0.012 | 0.019 | 0.029 | 0.032 |

续前

| 定额编号 | | | 10-103 | 10-104 | 10-105 | 10-106 |
|---|---|---|---|---|---|---|
| 项目 | | | 螺杆式冷水机组安装 制冷量（kW 以内) | | | |
| | | | 240 | 350 | 600 | 1300 |
| 名称 | | 单位 | 数量 | | | |
| 材料 | 道木 | $m^3$ | 0.041 | 0.041 | 0.041 | 0.062 |
| | 钢丝绳 | kg | — | — | 1.200 | 1.250 |
| | 汽油 60#～70# | kg | 3.060 | 4.080 | 4.080 | 4.080 |
| | 煤油 | kg | 9.450 | 13.388 | 15.750 | 18.900 |
| | 机油 | kg | 1.515 | 1.515 | 1.818 | 2.273 |
| | 钙基酯 | kg | 0.606 | 0.758 | 1.212 | 1.212 |
| | 乙炔气 | kg | 0.217 | 0.217 | 0.217 | 0.454 |
| | 氧气 | $m^3$ | 0.520 | 0.520 | 0.520 | 1.071 |
| | 石棉橡胶板 | kg | 4.000 | 4.000 | 5.000 | 6.000 |
| | 棉丝 | kg | 2.500 | 2.780 | 4.000 | 6.620 |

续前

| 定额编号 | | | 10-103 | 10-104 | 10-105 | 10-106 |
|---|---|---|---|---|---|---|
| 项目 | | | 螺杆式冷水机组安装 制冷量（kW 以内） | | | |
| | | | 240 | 350 | 600 | 1300 |
| 名称 | | 单位 | 数量 | | | |
| 材料 | 草袋 | $m^2$ | 1.500 | 1.500 | 2.000 | 2.000 |
| | 铁砂布 | 张 | 3.000 | 3.000 | 3.000 | 4.000 |
| | 塑料布 | kg | 2.650 | 2.650 | 4.410 | 5.790 |
| | 水 | $m^3$ | 1.000 | 1.000 | 1.580 | 2.470 |
| | 水泥 | kg | 33.000 | 33.000 | 55.000 | 87.000 |
| | 砂子 | $m^3$ | 0.034 | 0.034 | 0.056 | 0.094 |
| | 碎石、块石 | $m^3$ | 0.057 | 0.057 | 0.095 | 0.135 |
| | 其他材料费 | % | 1.500 | 1.500 | 1.500 | 1.500 |
| 机械 | 叉式装载机 5t | 台班 | 0.200 | 0.200 | 0.200 | 0.200 |

**工作内容：**开箱、检查附件、定位、就位、垫垫、找正、找平、焊接、固定、灌浆，清理、单机试运转。

计量单位：台

| 定额编号 | | | 10-107 | 10-108 | 10-109 | 10-110 | 10-111 |
|---|---|---|---|---|---|---|---|
| 项目 | | | 模块式冷水机组安装　制冷量（kW 以内） | | | | |
| | | | 60 | 120 | 180 | 240 | 300 |
| 名称 | | 单位 | 数量 | | | | |
| 人工 | 综合工日 | 工日 | 10.754 | 21.499 | 32.253 | 42.997 | 53.751 |
| 材料 | 斜垫铁 | kg | 5.700 | 5.700 | 7.600 | 11.400 | 15.200 |
| | 平垫铁 | kg | 0.950 | 0.950 | 1.900 | 3.800 | 7.600 |
| | 镀锌铁丝 $8^{\#}\sim12^{\#}$ | kg | 2.000 | 2.000 | 2.200 | 2.200 | 2.200 |
| | 板枋材 | $m^3$ | 0.010 | 0.010 | 0.010 | 0.010 | 0.010 |
| | 钢丝绳 | kg | — | — | — | 1.200 | 1.200 |
| | 煤油 | kg | 0.580 | 1.160 | 1.760 | 2.340 | 2.920 |
| | 电焊条 | kg | — | — | — | 1.280 | 1.280 |

续前

| 定额编号 | | | 10-107 | 10-108 | 10-109 | 10-110 | 10-111 |
|---|---|---|---|---|---|---|---|
| 项目 | | | 模块式冷水机组安装　制冷量（kW 以内） | | | | |
| | | | 60 | 120 | 180 | 240 | 300 |
| 名称 | | 单位 | 数量 | | | | |
| 材料 | 气焊条 | kg | — | — | — | 0.500 | 0.500 |
| | 乙炔气 | kg | 0.217 | 0.217 | 0.217 | 0.217 | 0.217 |
| | 氧气 | $m^3$ | 0.520 | 0.520 | 0.520 | 0.520 | 0.520 |
| | 石棉橡胶板 | kg | 1.176 | 1.568 | 1.960 | 1.960 | 2.352 |
| | 棉丝 | kg | 0.870 | 1.740 | 2.640 | 3.510 | 4.420 |
| | 铁砂布 | 张 | 1.000 | 2.000 | 2.000 | 2.000 | 3.000 |
| | 塑料布 | kg | 1.000 | 2.000 | 2.650 | 2.650 | 4.410 |
| | 水 | $m^3$ | 0.230 | 0.461 | 0.692 | 0.920 | 1.150 |
| | 水泥 | kg | 15.250 | 19.830 | 25.780 | 33.520 | 43.570 |

续前

| 定额编号 | | | 10-107 | 10-108 | 10-109 | 10-110 | 10-111 |
|---|---|---|---|---|---|---|---|
| 项目 | | | 模块式冷水机组安装　制冷量（kW以内） | | | | |
| | | | 60 | 120 | 180 | 240 | 300 |
| 名称 | | 单位 | 数量 | | | | |
| 材料 | 砂子 | $m^3$ | 0.016 | 0.020 | 0.026 | 0.035 | 0.045 |
| | 碎石 | $m^3$ | 31.610 | 41.090 | 53.420 | 69.450 | 90.280 |
| | 其他材料费 | % | 1.500 | 1.500 | 1.500 | 1.500 | 1.500 |
| 机械 | 叉式装载机 5t | 台班 | 0.200 | — | — | — | — |
| | 载重汽车 8t | 台班 | — | 0.200 | 0.200 | — | — |
| | 载重汽车 16t | 台班 | — | 0.200 | 0.200 | — | — |
| | 电动卷扬机 5t | 台班 | — | — | 0.270 | — | — |
| | 交流电焊机 21kV·A | 台班 | — | — | — | 0.600 | 0.700 |
| | 电锤 520W | 台班 | — | — | — | — | 0.240 |

**工作内容：** 开箱、检查附件、定位、就位、垫垫、找正、找平、焊接、固定、灌浆，清理、单机试运转。

计量单位：台

| 定额编号 | | | 10-112 |
|---|---|---|---|
| 项目 | | | 模块式冷水机组安装　制冷量（kW 以内） |
| | | | 360 |
| 名称 | | 单位 | 数量 |
| 人工 | 综合工日 | 工日 | 64.496 |
| 材料 | 斜垫铁 | kg | 15.200 |
| | 平垫铁 | kg | 7.600 |
| | 镀锌铁丝 8#～12# | kg | 2.200 |
| | 板枋材 | $m^3$ | 0.010 |
| | 钢丝绳 | kg | 1.200 |
| | 煤油 | kg | 3.500 |
| | 电焊条 | kg | 1.280 |
| | 气焊条 | kg | 0.500 |
| | 乙炔气 | kg | 0.217 |
| | 氧气 | $m^3$ | 0.520 |

续前

| 定额编号 | | | 10-112 |
|---|---|---|---|
| 项目 | | | 模块式冷水机组安装 制冷量（kW 以内） |
| | | | 360 |
| 名称 | | 单位 | 数量 |
| 材料 | 石棉橡胶板 | kg | 2.352 |
| | 棉丝 | kg | 5.250 |
| | 铁砂布 | 张 | 3.000 |
| | 塑料布 | kg | 4.410 |
| | 水 | $m^3$ | 1.380 |
| | 水泥 | kg | 43.570 |
| | 砂子 | $m^3$ | 0.045 |
| | 碎石、块石 | $m^3$ | 90.280 |
| | 其他材料费 | % | 2.000 |
| 机械 | 交流电焊机 21kV · A | 台班 | 0.800 |
| | 电锤 520W | 台班 | 0.180 |
| | 汽车起重机 8t | 台班 | 0.200 |

## 1.13 表冷器安装

**工作内容：** 现场调查、测量，前期材料机具准备，运输，表冷器本体安装，过滤器安装，挡水板安装，调试及运转，检查验收等。

计量单位：台

| 定额编号 | | | 10-113 |
|---|---|---|---|
| 项目 | | | 表冷器安装 |
| 名称 | | 单位 | 数量 |
| 人工 | 综合工日 | 工日 | 61.000 |
| 材料 | 槽钢 16 以内 | kg | 800.000 |
| | 角钢 63 以内 | kg | 25.000 |
| | 镀锌铁皮 | $m^2$ | 24.000 |
| | 板枋材 | $m^3$ | 0.170 |
| | 道木 | $m^3$ | 0.033 |
| | 电焊条 | kg | 10.000 |
| | 其他材料费 | % | 1.500 |
| 机械 | 交流电焊机 21kV·A | 台班 | 3.600 |
| | 台式机钻床 $\phi16\times12.7$ | 台班 | 1.600 |

# 2　给排水工程

# 说　明

一、本章分为室外管道安装和室内管道安装两部分，包含了管道安装、卫生器具等，共 2 节 53 个子目。

二、相关说明：

1. 球墨铸铁管埋设，管道土方、支墩执行本定额第一册相关子目。定额中已包括防脱卡箍安装费用，防脱卡箍材料费根据设计图纸要求及数量另计取。

2. 球墨管件安装按管径不分种类，均执行同一定额。

3. 钢管沟槽连接安装及钢塑复合管安装已包括接头零件、管件的安装，其用量是综合测算取定的。其中钢管沟槽连接安装中钢管接头零件、管件、卡箍应按设计图示数量或实际另行计算。

# 工程量计算规则

一、球墨铸铁管埋设按设计图示管道中心线长度以“m”为单位计算，不扣除阀门、管件及附件所占长度。

二、球墨铸铁管件按设计图示数量以“个”为单位计算。

# 2.1 室外管道安装

## 2.1.1 球墨铸铁管埋设

工作内容：场内搬运，检查及清扫管材，切管，排管，稳管，接口，管道安装，水压试验。

计量单位：m

| 定额编号 | | | 10-114 | 10-115 | 10-116 | 10-117 | 10-118 |
|---|---|---|---|---|---|---|---|
| 项目 | | | 公称直径（mm 以内） | | | | |
| | | | 75 | 100 | 150 | 200 | 250 |
| 名称 | | 单位 | 数量 | | | | |
| 人工 | 综合工日 | 工日 | 0.054 | 0.067 | 0.093 | 0.108 | 0.145 |
| 材料 | 球墨铸铁管 75 | m | 1.000 | — | — | — | — |
| | 球墨铸铁管 100 | m | — | 1.000 | — | — | — |
| | 球墨铸铁管 150 | m | — | — | 1.000 | — | — |
| | 球墨铸铁管 200 | m | — | — | — | 1.000 | — |
| | 球墨铸铁管 250 | m | — | — | — | — | 1.000 |

续前

| 定额编号 | | | 10-114 | 10-115 | 10-116 | 10-117 | 10-118 |
|---|---|---|---|---|---|---|---|
| 项目 | | | 公称直径（mm 以内） | | | | |
| | | | 75 | 100 | 150 | 200 | 250 |
| 名称 | | 单位 | 数量 | | | | |
| 材料 | 球墨管碰口胶圈 75 | 个 | 0.170 | — | — | — | — |
| | 球墨管碰口胶圈 100 | 个 | — | 0.170 | — | — | — |
| | 球墨管碰口胶圈 150 | 个 | — | — | 0.170 | — | — |
| | 球墨管碰口胶圈 200 | 个 | — | — | — | 0.170 | — |
| | 球墨管碰口胶圈 250 | 个 | — | — | — | — | 0.170 |
| | 其他材料费 | % | 1.000 | 1.000 | 1.000 | 1.000 | 1.000 |
| 机械 | 汽车起重机 5t | 台班 | — | — | — | 0.005 | 0.005 |
| | 载重汽车 8t | 台班 | — | — | — | 0.001 | 0.001 |
| | 试压泵 30MPa | 台班 | 0.001 | 0.001 | 0.002 | 0.002 | 0.002 |

## 2.1.2 球墨铸铁管件安装

**工作内容：**管口处理、管件安装。

计量单位：个

| 定额编号 | | | 10-119 | 10-120 | 10-121 | 10-122 | 10-123 |
|---|---|---|---|---|---|---|---|
| 项目 | | | 公称直径（mm 以内） | | | | |
| | | | 75 | 100 | 150 | 200 | 250 |
| 名称 | | 单位 | 数量 | | | | |
| 人工 | 综合工日 | 工日 | 0.462 | 0.474 | 0.663 | 0.860 | 0.954 |
| 材料 | 球墨管件 | 个 | 1.000 | 1.000 | 1.000 | 1.000 | 1.000 |
| | 球墨管碰口胶圈 75 | 个 | 2.610 | — | — | — | — |
| | 球墨管碰口胶圈 100 | 个 | — | 2.610 | — | — | — |
| | 球墨管碰口胶圈 150 | 个 | — | — | 2.550 | — | — |
| | 球墨管碰口胶圈 200 | 个 | — | — | — | 2.550 | — |
| | 球墨管碰口胶圈 250 | 个 | — | — | — | — | 2.550 |
| | 其他材料费 | % | 1.000 | 1.000 | 1.000 | 1.000 | 1.000 |
| 机械 | 汽车起重机 5t | 台班 | — | — | — | 0.010 | 0.010 |
| | 载重汽车 8t | 台班 | — | — | — | 0.010 | 0.010 |
| | 试压泵 30MPa | 台班 | — | — | — | — | — |

## 2.2 室内管道安装

### 2.2.1 钢管安装

**工作内容：** 预留管洞，场内搬运，检查及清扫管材，修洞堵洞，切管、压槽、挖眼、上零件、调直，管道及管件的安装，水压试验。

计量单位：m

| 定额编号 | | | 10-124 | 10-125 | 10-126 | 10-127 | 10-128 |
|---|---|---|---|---|---|---|---|
| 项目 | | | 沟槽连接　公称直径（mm 以内） | | | | |
| | | | 50 | 65 | 80 | 100 | 125 |
| 名称 | | 单位 | 数量 | | | | |
| 人工 | 综合工日 | 工日 | 0.138 | 0.154 | 0.164 | 0.196 | 0.215 |
| 材料 | 钢管 | m | 1.020 | 1.020 | 1.020 | 1.020 | 1.020 |
| | 镀锌铁丝　$\phi4\sim2.8$ | kg | 0.008 | 0.008 | 0.010 | 0.012 | 0.013 |
| | 水 | $m^3$ | 0.004 | 0.009 | 0.010 | 0.015 | 0.020 |
| | 砂轮片　$\phi400$ | 片 | 0.013 | 0.016 | 0.019 | 0.025 | 0.031 |
| | 其他材料费 | % | 1.000 | 1.000 | 1.000 | 1.000 | 1.000 |
| 机械 | 管子切断机　$\phi60$ 小型 | 台班 | 0.007 | — | — | — | — |
| | 管子切断机　$\phi150$ 小型 | 台班 | — | 0.009 | 0.009 | 0.010 | 0.012 |
| | 其他机具费 | % | 1.000 | 1.000 | 1.000 | 1.000 | 1.000 |

**工作内容：** 预留管洞，场内搬运，检查及清扫管材，修洞堵洞，切管、压槽、挖眼、上零件、调直，管道及管件的安装，水压试验。

计量单位：m

| 定额编号 | | | 10-129 | 10-130 | 10-131 | 10-132 |
|---|---|---|---|---|---|---|
| 项目 | | | 沟槽连接 公称直径（mm 以内） | | | |
| | | | 150 | 200 | 250 | 300 |
| 名称 | | 单位 | 数量 | | | |
| 人工 | 综合工日 | 工日 | 0.239 | 0.349 | 0.478 | 0.566 |
| 材料 | 钢管 | m | 1.020 | 1.020 | 1.020 | 1.020 |
| | 镀锌铁丝 $\phi 4 \sim 2.8$ | kg | 0.014 | 0.016 | 0.019 | 0.790 |
| | 水 | $m^3$ | 0.025 | 0.035 | 0.045 | — |
| | 砂轮片 $\phi 400$ | 片 | 0.037 | 0.051 | 0.079 | 0.345 |
| | 其他材料费 | % | 1.000 | 1.000 | 1.000 | 1.000 |
| 机械 | 管子切断机 $\phi 150$ 小型 | 台班 | 0.014 | 0.020 | — | — |
| | 管子切断机 $\phi 250$ 小型 | 台班 | — | — | 0.030 | 0.040 |

续前

| 定额编号 | | | 10-129 | 10-130 | 10-131 | 10-132 |
|---|---|---|---|---|---|---|
| 项目 | | | 沟槽连接　公称直径（mm 以内） | | | |
| | | | 150 | 200 | 250 | 300 |
| 名称 | | 单位 | 数量 | | | |
| 机械 | 汽车式起重机 5t | 台班 | — | 0.005 | 0.008 | 0.008 |
| | 轨道车 | 台班 | — | 0.002 | 0.002 | 0.003 |
| | 试压泵 25MPa | 台班 | — | 0.002 | 0.002 | 0.002 |
| | 电动卷扬机 5t | 台班 | — | 0.011 | 0.013 | 0.013 |
| | 其他机具费 | % | 1.000 | 1.000 | 1.000 | 1.000 |

## 2.2.2 钢塑复合管安装

**工作内容：** 预留管洞，场内搬运，检查及清扫管材，剪管、弯管、调直，管道及管件安装，管卡制作、安装，水压试验。

计量单位：m

| 定额编号 | | | 10-133 | 10-134 | 10-135 | 10-136 | 10-137 |
|---|---|---|---|---|---|---|---|
| 项目 | | | 公称直径（mm 以内） | | | | |
| | | | 15 | 20 | 25 | 32 | 40 |
| 名称 | | 单位 | 数量 | | | | |
| 人工 | 综合工日 | 工日 | 0.253 | 0.248 | 0.286 | 0.289 | 0.392 |
| 材料 | 钢塑复合管 *DN*15 | m | 1.080 | — | — | — | — |
| | 钢塑复合管 *DN*20 | m | — | 1.080 | — | — | — |
| | 钢塑复合管 *DN*25 | m | — | — | 1.080 | — | — |
| | 钢塑复合管 *DN*32 | m | — | — | — | 1.080 | — |
| | 钢塑复合管 *DN*40 | m | — | — | — | — | 1.080 |

续前

| 定额编号 | | | 10-133 | 10-134 | 10-135 | 10-136 | 10-137 |
|---|---|---|---|---|---|---|---|
| 项目 | | | 公称直径（mm 以内） | | | | |
| | | | 15 | 20 | 25 | 32 | 40 |
| 名称 | | 单位 | 数量 | | | | |
| 材料 | 钢塑复合管 *DN*15 接头零件 | 个 | 5.290 | — | — | — | — |
| | 钢塑复合管 *DN*20 接头零件 | 个 | — | 4.450 | — | — | — |
| | 钢塑复合管 *DN*25 接头零件 | 个 | — | — | 3.750 | — | — |
| | 钢塑复合管 *DN*32 接头零件 | 个 | — | — | — | 2.990 | — |
| | 钢塑复合管 *DN*40 接头零件 | 个 | — | — | — | — | 2.860 |
| | 水泥 | kg | 0.444 | 0.600 | 0.633 | 0.633 | 0.278 |
| | 其他材料费 | % | 2.000 | 2.000 | 2.000 | 2.000 | 2.000 |

**工作内容：** 预留管洞，场内搬运，检查及清扫管材，剪管、弯管、调直，管道及管件安装，管卡制作、安装，水压试验。

计量单位：m

| 定额编号 | | | 10-138 | 10-139 | 10-140 | 10-141 | 10-142 | 10-143 |
|---|---|---|---|---|---|---|---|---|
| 项目 | | | 公称直径（mm 以内） | | | | | |
| | | | 50 | 65 | 80 | 100 | 125 | 150 |
| 名称 | | 单位 | 数量 | | | | | |
| 人工 | 综合工日 | 工日 | 0.401 | 0.413 | 0.437 | 0.502 | 0.518 | 0.677 |
| 材料 | 钢塑复合管 *DN*50 | m | 1.060 | — | — | — | — | 1.060 |
| | 钢塑复合管 *DN*65 | m | — | 1.060 | — | — | — | 1.470 |
| | 钢塑复合管 *DN*80 | m | — | — | 1.060 | — | — | — |
| | 钢塑复合管 *DN*100 | m | — | — | — | 1.060 | — | — |
| | 钢塑复合管 *DN*125 | m | — | — | — | — | 1.060 | — |
| | 钢塑复合管 *DN*150 | m | — | — | — | — | — | 1.060 |
| | 钢塑复合管 *DN*50 接头零件 | 个 | 2.510 | — | — | — | — | — |

续前

| 定额编号 | | | 10-138 | 10-139 | 10-140 | 10-141 | 10-142 | 10-143 |
|---|---|---|---|---|---|---|---|---|
| 项目 | | | 公称直径（mm 以内） | | | | | |
| | | | 50 | 65 | 80 | 100 | 125 | 150 |
| 名称 | | 单位 | 数量 | | | | | |
| 材料 | 钢塑复合管 *DN*65 接头零件 | 个 | — | 2.450 | — | — | — | — |
| | 钢塑复合管 *DN*80 接头零件 | 个 | — | — | 2.020 | — | — | — |
| | 钢塑复合管 *DN*100 接头零件 | 个 | — | — | — | 1.740 | — | — |
| | 钢塑复合管 *DN*125 接头零件 | 个 | — | — | — | — | 1.650 | — |
| | 钢塑复合管 *DN*150 接头零件 | 个 | — | — | — | — | — | 1.470 |
| | 其他材料费 | % | 1.500 | 1.500 | 1.500 | 1.500 | 1.500 | 1.500 |

## 2.2.3 卫 生 器 具

**工作内容：**留堵洞，场内搬运，外观检查，盆及托架安装，附件安装，上下水管连接试水。

计量单位：组

| 定额编号 | | | 10-144 | 10-145 | 10-146 |
|---|---|---|---|---|---|
| 项目 | | | 洗脸盆 | | |
| | | | 延时自闭龙头 | 光电控龙头 | 红外感应龙头 |
| 名称 | | 单位 | 数量 | | |
| 人工 | 综合工日 | 工日 | 0.362 | 0.434 | 0.434 |
| 材料 | 洗脸盆 | 件 | 1.010 | 1.010 | 1.010 |
| | 延时自闭龙头及配件 15 | 套 | 1.010 | — | — |
| | 光电控龙头及配件 15 | 套 | — | 1.010 | — |
| | 红外感应龙头及配件 15 | 套 | — | — | 1.010 |
| | 排水栓 32（铜） | 套 | 1.005 | — | — |
| | 存水弯 铜镀铬 32 | 个 | 1.010 | — | — |
| | 洗脸盆托架 | 副 | 1.010 | — | — |
| | 木螺丝 | 个 | 6.240 | — | — |
| | 板枋材 | $m^3$ | 0.001 | — | — |

续前

| 定额编号 | | | 10-144 | 10-145 | 10-146 |
|---|---|---|---|---|---|
| 项目 | | | 洗脸盆 | | |
| | | | 延时自闭龙头 | 光电控龙头 | 红外感应龙头 |
| 名称 | | 单位 | 数量 | | |
| 材料 | 膨胀螺栓 $\phi 8$ | 套 | — | 2.060 | 2.060 |
| | 镀锌钢管 15 | m | 0.400 | — | — |
| | 镀锌弯头 15 | 个 | 1.010 | — | — |
| | 镀锌活接头 15 | 个 | 1.010 | — | — |
| | 压盖 15 | 个 | 1.000 | 1.000 | 1.000 |
| | 压盖 32 | 个 | 1.000 | 1.000 | 1.000 |
| | 橡胶板 | kg | 0.015 | 0.015 | 0.015 |
| | 聚四氟乙烯生料带 $d$=20 | m | 1.320 | 1.320 | 1.320 |
| | 机油 | kg | 0.020 | 0.015 | 0.015 |
| | 防腐油 | kg | 0.050 | 0.050 | 0.050 |
| | 油灰 | kg | 0.100 | 0.100 | 0.100 |
| | 水泥 | kg | 0.300 | 0.300 | 0.300 |
| | 砂子 | kg | 1.600 | 1.600 | 1.600 |
| | 其他材料费 | % | 1.000 | 1.000 | 1.000 |

### 2.2.4 可曲挠橡胶接头安装

**工作内容：**切管、焊接、制加垫、紧螺栓、安装、水压试验。

计量单位：个

| 定额编号 | | | 10-147 | 10-148 | 10-149 | 10-150 | 10-151 |
|---|---|---|---|---|---|---|---|
| 项目 | | | 可曲挠橡胶接头 公称直径（mm 以内） | | | | |
| | | | 40 | 50 | 65 | 80 | 100 |
| 名称 | | 单位 | 数量 | | | | |
| 人工 | 综合工日 | 工日 | 0.380 | 0.380 | 0.670 | 0.760 | 0.950 |
| 材料 | 可曲挠橡胶接头 | 个 | 1.000 | 1.000 | 1.000 | 1.000 | 1.000 |
| | 螺栓带帽 | 套 | 2.390 | 2.390 | 2.390 | 4.780 | 4.780 |
| | 石棉橡胶板 低压 $\delta$0.8～6 | kg | 0.110 | 0.140 | 0.180 | 0.260 | 0.350 |
| | 碳钢电焊条 | kg | 0.115 | 0.160 | 0.284 | 0.325 | 0.436 |
| | 氧气 | $m^3$ | — | — | 0.040 | 0.060 | 0.070 |
| | 乙炔气 | kg | — | — | 0.014 | 0.020 | 0.024 |

续前

| 定额编号 | | | 10-147 | 10-148 | 10-149 | 10-150 | 10-151 |
|---|---|---|---|---|---|---|---|
| 项目 | | | 可曲挠橡胶接头 公称直径（mm 以内） | | | | |
| | | | 40 | 50 | 65 | 80 | 100 |
| 名称 | | 单位 | 数量 | | | | |
| 材料 | 平焊法兰 *DN* 40（*PN*1.6MPa） | 副 | 1.000 | — | — | — | — |
| | 平焊法兰 *DN* 50（*PN*1.7MPa） | 副 | — | 1.000 | — | — | — |
| | 平焊法兰 *DN* 60（*PN*1.8MPa） | 副 | — | — | 1.000 | — | — |
| | 平焊法兰 *DN* 80（*PN*1.9MPa） | 副 | — | — | — | 1.000 | — |
| | 平焊法兰 *DN* 100（*PN*1.6MPa） | 副 | — | — | — | — | 1.000 |
| | 其他材料费 | % | 3.000 | 3.000 | 3.000 | 3.000 | 3.000 |
| 机械 | 交流电焊机 21kV·A | 台班 | 0.130 | 0.130 | 0.230 | 0.230 | 0.300 |

**工作内容：**切管、焊接、制加垫、紧螺栓、安装、水压试验。

计量单位　个

| 定　额　编　号 | | | 10-152 | 10-153 | 10-154 | 10-155 | 10-156 |
|---|---|---|---|---|---|---|---|
| 项　目 | | | 可曲挠橡胶接头　公称直径（mm 以内） | | | | |
| | | | 125 | 150 | 200 | 250 | 300 |
| 名　称 | | 单位 | 数　量 | | | | |
| 人工 | 综合工日 | 工日 | 1.140 | 1.240 | 2.090 | 2.470 | 3.040 |
| 材料 | 可曲挠橡胶接头 | 个 | 1.000 | 1.000 | 1.000 | 1.000 | 1.000 |
| | 螺栓带帽 | 套 | 4.780 | 15.660 | 23.480 | 23.480 | 23.480 |
| | 石棉橡胶板　低压 $\delta 0.8 \sim 6$ | kg | 0.460 | 0.550 | 0.660 | 0.730 | 0.800 |
| | 碳钢电焊条 | kg | 0.508 | 0.569 | 1.430 | 2.908 | 3.599 |
| | 氧气 | $m^3$ | 0.090 | 0.110 | 0.150 | 0.220 | 0.260 |
| | 乙炔气 | kg | 0.030 | 0.040 | 0.055 | 0.078 | 0.090 |
| | 平焊法兰 *DN* 125（*PN*1.6MPa） | 副 | 1.000 | — | — | — | — |

续前

| 定额编号 | | | 10-152 | 10-153 | 10-154 | 10-155 | 10-156 |
|---|---|---|---|---|---|---|---|
| 项目 | | | 可曲挠橡胶接头　公称直径（mm 以内） | | | | |
| | | | 125 | 150 | 200 | 250 | 300 |
| 名称 | | 单位 | 数量 | | | | |
| 材料 | 平焊法兰 *DN* 150（*PN*1.7MPa） | 副 | — | 1.000 | — | — | — |
| | 平焊法兰 *DN* 200（*PN*1.8MPa） | 副 | — | — | 1.000 | — | — |
| | 平焊法兰 *DN* 250（*PN*1.9MPa） | 副 | — | — | — | 1.000 | — |
| | 平焊法兰 *DN* 300（*PN*1.6MPa） | 副 | — | — | — | — | 1.000 |
| | 其他材料费 | % | 1.000 | 1.000 | 1.000 | 1.000 | 1.000 |
| 机械 | 交流电焊机 21kV · A | 台班 | 0.280 | 0.300 | 0.660 | 0.940 | 1.190 |
| | 载重汽车 5t | 台班 | — | — | — | 0.060 | 0.060 |
| | 电动卷扬机 5t | 台班 | — | — | — | 0.100 | 0.100 |

**工作内容：** 切管、焊接、制加垫、紧螺栓、安装、水压试验。

计量单位：个

| 定额编号 | | | 10-157 | 10-158 | 10-159 | 10-160 | 10-161 |
|---|---|---|---|---|---|---|---|
| 项目 | | | 法兰式金属软管 公称直径（mm 以内） | | | | |
| | | | 40 | 50 | 65 | 80 | 100 |
| 名称 | | 单位 | 数量 | | | | |
| 人工 | 综合工日 | 工日 | 0.380 | 0.380 | 0.670 | 0.760 | 0.950 |
| 材料 | 法兰式金属软管 | 个 | 1.000 | 1.000 | 1.000 | 1.000 | 1.000 |
| | 螺栓带帽 | 套 | 2.390 | 2.390 | 2.390 | 4.780 | 4.780 |
| | 石棉橡胶板 低压 $\delta 0.8 \sim 6$ | kg | 0.110 | 0.140 | 0.180 | 0.260 | 0.350 |
| | 碳钢电焊条 | kg | 0.155 | 0.160 | 0.284 | 0.325 | 0.436 |
| | 氧气 | $m^3$ | — | — | 0.040 | 0.060 | 0.070 |
| | 乙炔气 | kg | — | — | 0.014 | 0.020 | 0.024 |

续前

| 定额编号 | | | 10-157 | 10-158 | 10-159 | 10-160 | 10-161 |
|---|---|---|---|---|---|---|---|
| 项目 | | | 法兰式金属软管　公称直径（mm 以内） | | | | |
| | | | 40 | 50 | 65 | 80 | 100 |
| 名称 | | 单位 | 数量 | | | | |
| 材料 | 平焊法兰 *DN* 40（*PN*1.6MPa） | 副 | 1.000 | — | — | — | — |
| | 平焊法兰 *DN* 50（*PN*1.7MPa） | 副 | — | 1.000 | — | — | — |
| | 平焊法兰 *DN* 60（*PN*1.8MPa） | 副 | — | — | 1.000 | — | — |
| | 平焊法兰 *DN* 80（*PN*1.9MPa） | 副 | — | — | — | 1.000 | |
| | 平焊法兰 *DN* 100（*PN*1.6MPa） | 副 | — | — | — | — | 1.000 |
| | 其他材料费 | % | 1.000 | 1.000 | 1.000 | 1.000 | 1.000 |
| 机械 | 交流电焊机 21kV·A | 台班 | 0.130 | 0.130 | 0.230 | 0.230 | 0.270 |

**工作内容：**切管、焊接、制加垫、紧螺栓、安装、水压试验。

计量单位：个

| 定额编号 | | | 10-162 | 10-163 | 10-164 | 10-165 | 10-166 |
|---|---|---|---|---|---|---|---|
| 项目 | | | 法兰式金属软管 公称直径（mm 以内） | | | | |
| | | | 125 | 150 | 200 | 250 | 300 |
| 名称 | | 单位 | 数量 | | | | |
| 人工 | 综合工日 | 工日 | 1.140 | 1.240 | 2.090 | 2.470 | 3.040 |
| 材料 | 法兰式金属软管 | 个 | 1.000 | 1.000 | 1.000 | 1.000 | 1.000 |
| | 螺栓带帽 | 套 | 4.780 | 15.660 | 23.480 | 23.480 | 23.480 |
| | 石棉橡胶板 低压 $\delta$0.8～6 | kg | 0.460 | 0.550 | 0.660 | 0.730 | 0.800 |
| | 碳钢电焊条 | kg | 0.508 | 0.569 | 1.430 | 2.908 | 3.599 |
| | 氧气 | $m^3$ | 0.090 | 0.110 | 0.150 | 0.220 | 0.260 |
| | 乙炔气 | kg | 0.030 | 0.040 | 0.055 | 0.078 | 0.090 |

续前

| 定额编号 | | | 10-162 | 10-163 | 10-164 | 10-165 | 10-166 |
|---|---|---|---|---|---|---|---|
| 项目 | | | 法兰式金属软管　公称直径（mm 以内） | | | | |
| | | | 125 | 150 | 200 | 250 | 300 |
| 名称 | | 单位 | 数量 | | | | |
| 材料 | 平焊法兰 *DN* 125（*PN*1.6MPa） | 副 | 1.000 | — | — | — | — |
| | 平焊法兰 *DN* 150（*PN*1.7MPa） | 副 | — | 1.000 | — | — | — |
| | 平焊法兰 *DN* 200（*PN*1.8MPa） | 副 | — | — | 1.000 | — | — |
| | 平焊法兰 *DN* 250（*PN*1.9MPa） | 副 | — | — | — | 1.000 | — |
| | 平焊法兰 *DN* 300（*PN*1.6MPa） | 副 | — | — | — | — | 1.000 |
| | 其他材料费 | % | 1.000 | 1.000 | 1.000 | 1.000 | 1.000 |
| 机械 | 交流电焊机 21kV · A | 台班 | 0.280 | 0.300 | 0.660 | 0.940 | 1.190 |
| | 载重汽车 5t | 台班 | — | — | — | 0.060 | 0.060 |
| | 电动卷扬机 5t | 台班 | — | — | — | 0.100 | 0.100 |

# 3　电梯及自动扶梯

# 说　明

一、本章定额适用于城市轨道交通项目电梯、自动扶梯以及自动人行道等，本部分有交流电梯、液压电梯、自动扶梯以及自动人行道共4节45个子目。

二、本章定额中交流电梯的运行速度为2m/s以内，自动扶梯扶手中心距1200mm。

三、电梯及自动扶梯安装中包括机械安装和电气安装，但不包含下列工作内容：

1. 自动扶梯外侧装饰板部分。

2. 接地极以及接地干线辐射。

3. 电梯轿厢内的空调、冷热风机、闭路电视、电话、音箱、集中监视系统等设备。

4. 结构预埋型钢和各种支架的制作。

以上部分发生时应套用相关定额子目。

# 工程量计算规则

一、交流电梯以及液压电梯安装按层（站）数划分以“部”为单位计算。

二、自动扶梯按提升高度划分以“部”为单位计算。

三、自动人行道以“部”为单位计算。

四、电梯电气安装以及电梯调试等辅助项目以“部”为单位计算。

# 3.1 交流电梯

## 3.1.1 交流电梯机械安装

**工作内容：** 准备工作、搬运、放样、清理预埋件及道架、轨道、缓冲器等安装；组装轿厢、对重及门厅安装；稳工字钢、曳行机、抗绳轮、复绕绳轮、平衡绳轮；挂钢丝绳、钢带、平衡绢；清洁、加油、调整。

计量单位：部

| 定额编号 | | | 10-167 | 10-168 | 10-169 | 10-170 | 10-171 | 10-172 |
|---|---|---|---|---|---|---|---|---|
| 项目 | | | 2层/2站 | 3层/3站 | 4层/4站 | 5层/5站 | 6层/6站 | 7层/7站 |
| 名称 | | 单位 | 数量 | | | | | |
| 人工 | 综合工日 | 工日 | 70.000 | 80.000 | 90.000 | 130.000 | 140.000 | 150.000 |
| 材料 | 普通混凝土 C30 | $m^3$ | 0.280 | 0.280 | 0.280 | 0.280 | 0.280 | 0.280 |
| | 电焊条 | kg | 6.000 | 8.000 | 10.600 | 11.800 | 15.310 | 17.670 |
| | 钢板垫板 | kg | 9.400 | 9.400 | 11.000 | 12.600 | 14.200 | 15.800 |
| | 木板成材 | $m^3$ | 0.100 | 0.100 | 0.100 | 0.100 | 0.100 | 0.100 |

续前

| 定额编号 | | | 10-167 | 10-168 | 10-169 | 10-170 | 10-171 | 10-172 |
|---|---|---|---|---|---|---|---|---|
| 项目 | | | 2层/2站 | 3层/3站 | 4层/4站 | 5层/5站 | 6层/6站 | 7层/7站 |
| 名称 | | 单位 | 数量 | | | | | |
| 材料 | 醇酸防锈漆 | kg | 2.500 | 3.800 | 3.800 | 4.800 | 4.800 | 5.800 |
| | 机油 | kg | 2.500 | 3.100 | 3.200 | 3.300 | 3.400 | 3.500 |
| | 煤油 | kg | 7.000 | 8.000 | 9.000 | 10.000 | 11.000 | 12.000 |
| | 钢丝 | kg | 0.500 | 0.500 | 0.500 | 0.500 | 1.000 | 1.000 |
| | 普通钢板 δ8～15 | kg | 20.000 | 20.000 | 20.000 | 20.000 | 20.000 | 20.000 |
| | 其他材料费 | % | 2.000 | 2.000 | 2.000 | 2.000 | 2.000 | 2.000 |
| 机械 | 电动卷扬机 5t | 台班 | 1.500 | 1.500 | 1.500 | 1.500 | 2.000 | 2.000 |
| | 交流电焊机 32kV·A | 台班 | 13.240 | 17.020 | 19.920 | 23.220 | 26.460 | 29.730 |

### 3.1.2 交流电梯电气安装

**工作内容：**开箱、检查、清点、电气设备安装、管线敷设、挂电缆、接线、接地、摇测绝缘。

计量单位：部

| 定额编号 | | | 10-173 | 10-174 | 10-175 | 10-176 | 10-177 | 10-178 |
|---|---|---|---|---|---|---|---|---|
| 项目 | | | 2层/2站 | 3层/3站 | 4层/4站 | 5层/5站 | 6层/6站 | 7层/7站 |
| 名称 | | 单位 | 数量 | | | | | |
| 人工 | 综合工日 | 工日 | 50.000 | 55.000 | 60.000 | 65.000 | 70.000 | 75.000 |
| 材料 | 混合砂浆 M10 | $m^3$ | 0.130 | 0.170 | 0.210 | 0.250 | 0.290 | 0.330 |
| | 螺栓带帽 | 套 | 0.008 | 0.008 | 0.008 | 0.008 | 0.008 | 0.008 |
| | 钢丝 | kg | 0.990 | 1.320 | 1.640 | 1.970 | 2.510 | 3.040 |
| | 电焊条 | kg | 2.800 | 3.500 | 4.210 | 4.910 | 5.670 | 6.430 |
| | 焊锡 | kg | 1.620 | 1.690 | 1.770 | 1.840 | 1.970 | 2.090 |
| | 焊锡膏 | kg | 0.160 | 0.170 | 0.180 | 0.180 | 0.200 | 0.200 |
| | 红机砖 | 块 | 48.000 | 48.000 | 48.000 | 48.000 | 48.000 | 48.000 |
| | 塑料异形管 $\phi5$ | m | 10.760 | 12.170 | 13.590 | 15.000 | 17.900 | 20.800 |
| | 机油 | kg | 0.180 | 0.220 | 0.270 | 0.310 | 0.360 | 0.410 |

续前

| 定额编号 | | | 10-173 | 10-174 | 10-175 | 10-176 | 10-177 | 10-178 |
|---|---|---|---|---|---|---|---|---|
| 项目 | | | 2层/2站 | 3层/3站 | 4层/4站 | 5层/5站 | 6层/6站 | 7层/7站 |
| 名称 | | 单位 | 数量 | | | | | |
| 材料 | 裸铜线 $10mm^2$ | m | 1.800 | 1.800 | 1.800 | 1.800 | 1.800 | 1.800 |
| | 铜接线端子 DT-10 | 个 | 14.210 | 14.210 | 14.210 | 14.210 | 14.210 | 14.210 |
| | 铜接线端子 DT-16 | 个 | 15.230 | 15.230 | 15.230 | 15.230 | 15.230 | 15.230 |
| | 塑料软管 $\phi 7$ | m | 3.000 | 3.000 | 3.000 | 3.000 | 3.000 | 3.000 |
| | 塑料软管 $\phi 10$ | m | 21.000 | 21.000 | 21.000 | 21.000 | 21.000 | 21.000 |
| | 圆钢 $\phi 10$ 以内 | kg | 1.810 | 2.600 | 3.390 | 4.180 | 4.910 | 5.640 |
| | 扁钢 60 以内 | kg | 1.200 | 1.200 | 1.200 | 1.200 | 1.200 | 1.200 |
| | 尼龙绳 $\phi 1.5$ | m | 20.000 | 23.000 | 27.000 | 30.000 | 39.000 | 48.000 |
| | 沥青漆 | kg | 3.000 | 3.940 | 4.850 | 5.830 | 6.900 | 7.910 |
| | 汽油 | kg | 5.280 | 5.690 | 6.100 | 6.510 | 7.100 | 7.690 |
| | 其他材料费 | % | 1.100 | 1.000 | 1.000 | 0.900 | 0.900 | 0.900 |
| 机械 | 台式钻床 $\phi 16$ | 台班 | 5.400 | 5.400 | 5.670 | 5.940 | 6.340 | 6.480 |
| | 交流电焊机 21kA·V | 台班 | 2.000 | 2.510 | 3.010 | 3.520 | 4.060 | 4.610 |

### 3.1.3 交流电梯调试

**工作内容：**开关、选层器、控制屏、电机及一、二次回路的调试。

计量单位：部

| 定额编号 | | | 10-179 | 10-180 |
|---|---|---|---|---|
| 项目 | | | 交流电梯调试 | |
| | | | 5层/5站以下 | 10层/10站以下 |
| 名称 | | 单位 | 数量 | |
| 人工 | 综合工日 | 工日 | 15.000 | 25.000 |
| 机械 | 电压电流表 | 台班 | 6.000 | 10.000 |
| | 数字万用表 F-87 | 台班 | 6.000 | 12.000 |
| | 绝缘电阻测试仪 BM12 | 台班 | 3.000 | 3.000 |

# 3.2 液压电梯

## 3.2.1 液压电梯机械安装

**工作内容：** 准备工作、搬运、放样板、放线、清理预埋件及道架、道轨、缓冲器等安装、组装轿厢、对重及门厅安装；液压装置及液压管道安装；清洁、加油、调整。

计量单位：部

| 定额编号 | | | 10-181 | 10-182 | 10-183 | 10-184 |
|---|---|---|---|---|---|---|
| 项目 | | | 直顶式 | | | |
| | | | 2层/2站 | 3层/3站 | 4层/4站 | 5层/5站 |
| 名称 | | 单位 | 数量 | | | |
| 人工 | 综合工日 | 工日 | 75.000 | 85.000 | 95.000 | 135.000 |
| 材料 | 普通混凝土 C30 | $m^3$ | 0.280 | 0.280 | 0.280 | 0.280 |
| | 电焊条 | kg | 6.900 | 9.200 | 12.190 | 14.570 |
| | 钢板垫板 | kg | 9.400 | 9.400 | 11.000 | 12.600 |
| | 木板成材 | $m^3$ | 0.100 | 0.100 | 0.100 | 0.100 |
| | 醇酸防锈漆 | kg | 2.500 | 3.800 | 3.800 | 4.800 |

续前

| 定额编号 | | | 10-181 | 10-182 | 10-183 | 10-184 |
|---|---|---|---|---|---|---|
| 项目 | | | 直顶式 | | | |
| | | | 2层/2站 | 3层/3站 | 4层/4站 | 5层/5站 |
| 名称 | | 单位 | 数量 | | | |
| 材料 | 汽油 | kg | 4.000 | 4.200 | 4.330 | 5.330 |
| | 机油 | kg | 3.000 | 3.720 | 3.840 | 3.960 |
| | 煤油 | kg | 8.400 | 10.080 | 10.980 | 12.000 |
| | 钢丝 | kg | 0.500 | 0.500 | 0.500 | 0.500 |
| | 普通钢板 $\delta 8\sim15$ | kg | 20.000 | 20.000 | 20.000 | 20.000 |
| | 镀锌铁丝 $8^{\#}\sim12^{\#}$ | kg | 1.500 | 1.500 | 1.500 | 1.500 |
| | 其他材料费 | % | 1.500 | 1.500 | 1.500 | 1.500 |
| 机械 | 电动卷扬机 5t | 台班 | 1.500 | 1.500 | 1.500 | 1.500 |
| | 交流电焊机 32kV·A | 台班 | 15.230 | 19.570 | 22.900 | 26.700 |

**工作内容：**准备工作、搬运、放样板、放线、清理预埋件及道架、道轨、缓冲器等安装、组装轿厢、对重及门厅安装；液压装置及液压管道安装；清洁、加油、调整。

计量单位：部

| 定额编号 | | | 10-185 | 10-186 | 10-187 | 10-188 |
|---|---|---|---|---|---|---|
| 项目 | | | 侧顶式 | | | |
| | | | 2层/2站 | 3层/3站 | 4层/4站 | 5层/5站 |
| 名称 | | 单位 | 数量 | | | |
| 人工 | 综合工日 | 工日 | 80.000 | 90.000 | 110.000 | 140.000 |
| 材料 | 普通混凝土 C30 | $m^3$ | 0.280 | 0.280 | 0.280 | 0.280 |
| | 电焊条 | kg | 6.900 | 9.200 | 12.190 | 14.570 |
| | 钢板垫板 | kg | 9.400 | 9.400 | 11.000 | 12.600 |
| | 木板成材 | $m^3$ | 0.100 | 0.100 | 0.100 | 0.100 |
| | 醇酸防锈漆 | kg | 2.500 | 3.800 | 3.800 | 4.800 |
| | 汽油 | kg | 4.000 | 4.300 | 4.330 | 5.330 |

续前

| 定 额 编 号 | | | 10-185 | 10-186 | 10-187 | 10-188 |
|---|---|---|---|---|---|---|
| 项 目 | | | 侧顶式 | | | |
| | | | 2 层/2 站 | 3 层/3 站 | 4 层/4 站 | 5 层/5 站 |
| 名 称 | | 单位 | 数 量 | | | |
| 材料 | 机油 | kg | 3.000 | 3.720 | 3.840 | 3.960 |
| | 煤油 | kg | 8.400 | 10.080 | 10.980 | 12.000 |
| | 钢丝 | kg | 0.500 | 0.500 | 0.500 | 0.500 |
| | 普通钢板 $\delta 8\sim15$ | kg | 20.000 | 20.000 | 20.000 | 20.000 |
| | 镀锌铁丝 $8^{\#}\sim12^{\#}$ | kg | 1.500 | 1.500 | 1.500 | 1.500 |
| | 其他材料费 | % | 1.500 | 1.500 | 1.500 | 1.500 |
| 机械 | 电动卷扬机 5t | 台班 | 1.500 | 1.500 | 1.500 | 1.500 |
| | 交流电焊机 32kV·A | 台班 | 15.230 | 19.570 | 22.900 | 26.700 |

### 3.2.2 液压电梯电气安装

**工作内容：**开箱、检查、清点、电气设备安装、管线敷设、挂电缆、接线、接地、摇测绝缘。

计量单位：部

| 定额编号 | | | 10-189 | 10-190 | 10-191 | 10-192 |
|---|---|---|---|---|---|---|
| 项目 | | | 液压电梯电气安装 | | | |
| | | | 2 层/2 站 | 3 层/3 站 | 4 层/4 站 | 5 层/5 站 |
| 名称 | | 单位 | 数量 | | | |
| 人工 | 综合工日 | 工日 | 40.000 | 45.000 | 50.000 | 60.000 |
| 材料 | 混合砂浆 M10 | $m^3$ | 0.120 | 0.160 | 0.200 | 0.240 |
| | 螺栓带帽 | kg | 0.008 | 0.008 | 0.008 | 0.008 |
| | 钢丝 | kg | 1.070 | 1.420 | 1.760 | 2.110 |
| | 电焊条 | kg | 2.740 | 3.330 | 3.920 | 4.510 |
| | 焊锡 | kg | 1.420 | 1.500 | 1.570 | 1.650 |
| | 焊锡膏 | kg | 0.140 | 0.150 | 0.150 | 0.160 |
| | 红机砖 | 块 | 40.000 | 40.000 | 40.000 | 40.000 |
| | 异形塑料管 $\phi5$ | m | 9.060 | 10.330 | 11.600 | 12.880 |

续前

| 定额编号 | | | 10-189 | 10-190 | 10-191 | 10-192 |
|---|---|---|---|---|---|---|
| 项目 | | | 液压电梯电气安装 | | | |
| | | | 2 层/2 站 | 3 层/3 站 | 4 层/4 站 | 5 层/5 站 |
| 名称 | | 单位 | 数量 | | | |
| 材料 | 机油 | kg | 0.190 | 0.220 | 0.250 | 0.280 |
| | 裸铜线 $10mm^2$ | m | 1.600 | 1.600 | 1.600 | 1.600 |
| | 铜接线端子 DT-10 | 个 | 14.210 | 14.210 | 14.210 | 14.210 |
| | 铜接线端子 DT-16 | 个 | 15.230 | 15.230 | 15.230 | 15.230 |
| | 塑料软管 $\phi 7$ | m | 3.000 | 3.000 | 3.000 | 3.000 |
| | 圆钢 $\phi 10$ 以内 | kg | 2.180 | 2.790 | 3.400 | 4.010 |
| | 尼龙绳 $\phi 1.5$ | m | 20.000 | 23.000 | 27.000 | 30.000 |
| | 沥青漆 | kg | 3.180 | 3.790 | 4.400 | 5.010 |
| | 汽油 | kg | 4.710 | 5.060 | 5.420 | 5.770 |
| | 其他材料费 | % | 1.000 | 1.000 | 1.000 | 1.000 |
| 机械 | 台式钻床 $\phi 16$ | 台班 | 4.800 | 4.800 | 5.040 | 5.280 |
| | 交流电焊机 21kA·V | 台班 | 1.970 | 2.390 | 2.810 | 3.230 |

### 3.2.3 液压电梯调试

**工作内容：**开关、选层器、控制屏、电机及一、二次回路的调试。

计量单位：部

| 定额编号 | | | 10-193 | 10-194 |
|---|---|---|---|---|
| 项目 | | | 液压电梯调试 | |
| | | | 3层/3站以下 | 7层/7站以下 |
| 名称 | | 单位 | 数量 | |
| 人工 | 综合工日 | 工日 | 15.000 | 25.000 |
| 机械 | 电压电流表 | 台班 | 5.000 | 10.000 |
| | 数字万用表 F-87 | 台班 | 9.000 | 14.000 |
| | 绝缘电阻测试仪 BM12 | 台班 | 1.000 | 1.000 |

## 3.3 自动扶梯

### 3.3.1 自动扶梯机械安装

**工作内容：**准备工作、搬运、测量、放样及金属骨架、驱动装置、曳引链条、拉紧装置、梯级、踏脚板、扶手系统、装饰部分等安装；清洁、加油、调整。

计量单位　部

| 定额编号 | | | 10-195 | 10-196 | 10-197 | 1[illegible]-198 |
|---|---|---|---|---|---|---|
| 项目 | | | 提升高度 $H \leq 4m$ | | 提升高度 $4 < H \leq 6m$ | |
| | | | 整体安装 | 分段安装 | | |
| | | | | 2 段 | | [illegible]段 |
| 名称 | | 单位 | 数量 | | | |
| 人工 | 综合工日 | 工日 | 80.000 | 100.000 | 110.000 | 12[illegible].000 |
| 材料 | 普通混凝土 C30 | $m^3$ | 0.110 | 0.110 | 0.110 | [illegible].110 |
| | 电焊条 | kg | 3.060 | 10.200 | 11.200 | 1[illegible].000 |
| | 机油 | kg | 2.160 | 3.600 | 3.800 | [illegible].200 |

续前

| 定额编号 | | | 10-195 | 10-196 | 10-197 | 10-198 |
|---|---|---|---|---|---|---|
| 项目 | | | 提升高度 $H \leqslant 4m$ | | 提升高度 $4 < H \leqslant 6m$ | |
| | | | 整体安装 | 分段安装 | | |
| | | | | 2段 | | 3段 |
| 名称 | | 单位 | 数量 | | | |
| 材料 | 煤油 | kg | 7.200 | 12.000 | 12.300 | 13.800 |
| | 钢丝 | kg | 0.120 | 0.120 | 0.150 | 0.150 |
| | 普通钢板 $\delta 8 \sim 15$ | kg | 45.000 | 45.000 | 50.000 | 60.000 |
| | 其他材料费 | % | 1.500 | 1.500 | 1.500 | 1.500 |
| 机械 | 电动卷扬机 5t | 台班 | 2.500 | 1.500 | 1.500 | 1.500 |
| | 交流电焊机 32kV·A | 台班 | 4.900 | 19.380 | 20.600 | 22.400 |

**工作内容：**准备工作、搬运、测量、放样及金属骨架、驱动装置、曳引链条、拉紧装置、梯级、踏脚板、扶手系统、装饰部分等安装；清洁、加油、调整。

计量单位：部

| 定额编号 | | | 10-199 | 10-200 | 10-201 |
|---|---|---|---|---|---|
| 项目 | | | 提升高度 $6 < H \leq 10m$ | | |
| | | | 分段安装 | | |
| | | | 3段 | 4段 | 5段 |
| | 名称 | 单位 | 数量 | | |
| 人工 | 综合工日 | 工日 | 150.000 | 170.000 | 180.000 |
| 材料 | 现浇混凝土 C30 | $m^3$ | 0.110 | 0.110 | 0.110 |
| | 电焊条 | kg | 12.600 | 13.400 | 15.500 |
| | 机油 | kg | 4.500 | 5.200 | 6.200 |
| | 煤油 | kg | 14.200 | 15.600 | 16.400 |
| | 钢丝 | kg | 0.150 | 0.160 | 0.180 |
| | 普通钢板 $\delta 8 \sim 15$ | kg | 75.000 | 75.000 | 75.000 |
| | 其他材料费 | % | 1.500 | 1.500 | 1.500 |
| 机械 | 电动卷扬机 5t | 台班 | 1.500 | 1.500 | 1.500 |
| | 交流电焊机 32kV·A | 台班 | 23.900 | 24.600 | 27.200 |
| | 汽车起重机 25t | 台班 | 1.000 | 1.000 | 1.000 |

**工作内容：** 准备工作、搬运、测量、放样及金属骨架、驱动装置、曳引链条、拉紧装置、梯级、踏脚板、扶手系统、装饰部分等安装；清洁、加油、调整。

计量单位：部

| 定额编号 | | | 10-202 | 10-203 | 10-204 | 10-205 |
|---|---|---|---|---|---|---|
| 项目 | | | 提升高度 $10 < H \leqslant 15m$ | | 提升高度 $H > 15m$ | |
| | | | 分段安装 | | | |
| | | | 4 段 | 5 段 | 4 段 | 5 段 |
| 名称 | | 单位 | 数量 | | | |
| 人工 | 综合工日 | 工日 | 230.000 | 240.000 | 245.000 | 255.000 |
| 材料 | 现浇混凝土 C30 | $m^3$ | 0.110 | 0.110 | 0.110 | 0.110 |
| | 电焊条 | kg | 16.200 | 17.800 | 16.200 | 17.800 |
| | 机油 | kg | 5.200 | 6.400 | 5.200 | 6.400 |
| | 煤油 | kg | 16.800 | 17.800 | 16.800 | 17.800 |
| | 钢丝 | kg | 0.180 | 0.200 | 0.180 | 0.200 |
| | 厚钢板 $\delta$4.5～10 | kg | 90.000 | 90.000 | 105.000 | 105.000 |
| | 其他材料费 | % | 1.500 | 1.500 | 1.500 | 1.500 |
| 机械 | 电动卷扬机 5t | 台班 | 1.500 | 1.500 | 1.500 | 1.500 |
| | 交流电焊机 32kV·A | 台班 | 28.600 | 32.400 | 28.600 | 32.400 |
| | 吊车 25t | 台班 | 1.500 | 1.500 | 2.000 | 2.000 |

### 3.3.2 自动扶梯电气安装

**工作内容：**开箱、检查、清点、电气设备安装、管线敷设、挂电缆、接线、接地、摇测绝缘。

计量单位　部

| 定额编号 | | | 10-206 |
|---|---|---|---|
| 项目 | | | 自动扶梯电气安装 |
| 名称 | | 单位 | 数量 |
| 人工 | 综合工日 | 工日 | 20.000 |
| 材料 | 螺栓带帽 | 套 | 0.008 |
| | 电焊条 | kg | 1.560 |
| | 焊锡 | kg | 1.620 |
| | 焊锡膏 | kg | 0.160 |
| | 异形塑料管 $\phi 5$ | m | 9.000 |
| | 机油 | kg | 0.060 |
| | 裸铜线 $10mm^2$ | m | 1.000 |

续前

| 定额编号 | | | 10-206 |
| --- | --- | --- | --- |
| 项目 | | | 自动扶梯电气安装 |
| 名称 | | 单位 | 数量 |
| 材料 | 铜接线端子 DT-10 | 个 | 6.030 |
| | 塑料软管 $\phi$7 | m | 3.000 |
| | 圆钢 $\phi$10 以内 | kg | 1.180 |
| | 尼龙绳 $\phi$1.5 | m | 20.000 |
| | 沥青漆 | kg | 0.890 |
| | 汽油 | kg | 0.920 |
| | 其他材料费 | % | 1.000 |
| 机械 | 交流电焊机 32kV·A | 台班 | 1.110 |

### 3.3.3 自动扶梯调试

**工作内容**：开关、控制屏、电机及一、二次回路的调试。

计量单位：部

| 定额编号 | | | 10-207 |
|---|---|---|---|
| 项目 | | | 自动扶梯调试 |
| 名称 | | 单位 | 数量 |
| 人工 | 综合工日 | 工日 | 10.000 |
| 机械 | 电压电流表 | 台班 | 2.000 |
| | 数字万用表 F-87 | 台班 | 4.000 |
| | 绝缘电阻测试仪 BM12 | 台班 | 2.000 |

## 3.4 自动人行道

**工作内容：** 准备工作、搬运、测量、放样及金属骨架、驱动装置、曳引链条、拉紧装置、梯级、踏脚板、扶手系统、装饰部分等安装；清洁、加油、调整。

计量单位：部

| 定额编号 | | | 10-208 | 10-209 | 10-210 | 10-211 |
|---|---|---|---|---|---|---|
| 项目 | | | 自动人行道安装 | | 自动人行道电气安装 | 自动人行道调试 |
| | | | 长度≤50m | 50m＜长度≤100m | | |
| 名称 | | 单位 | 数量 | | | |
| 人工 | 综合工日 | 工日 | 160.000 | 180.000 | 20.000 | 15.000 |
| 材料 | 现浇混凝土 C30 | $m^3$ | 0.110 | 0.110 | — | — |
| | 电焊条 | kg | 3.060 | 3.060 | 1.560 | — |
| | 机油 | kg | 2.160 | 2.160 | 0.060 | — |
| | 煤油 | kg | 7.200 | 7.200 | — | — |
| | 钢丝 | kg | 0.120 | 0.120 | — | — |
| | 普通钢板 $\delta$8～15 | kg | 45.000 | 45.000 | — | — |

续前

| 定额编号 | | | 10-208 | 10-209 | 10-210 | 10-211 |
|---|---|---|---|---|---|---|
| 项目 | | | 自动人行道安装 | | 自动人行道电气安装 | 自动人行道调试 |
| | | | 长度≤50m | 50m＜长度≤100m | | |
| 名称 | | 单位 | 数量 | | | |
| 材料 | 螺栓带帽 | 套 | — | — | 0.008 | — |
| | 焊锡 | kg | — | — | 1.620 | — |
| | 焊锡膏 | kg | — | — | 0.160 | — |
| | 塑料异型管 $\phi 5$ | m | — | — | 9.000 | — |
| | 裸铜线 $10mm^2$ | m | — | — | 1.000 | — |
| | 铜接线端子 DT-10 | 个 | — | — | 6.030 | — |
| | 塑料软管 $\phi 7$ | m | — | — | 3.000 | — |
| | 圆钢 $\phi 10$ 以内 | kg | — | — | 1.180 | — |
| | 尼龙绳 $\phi 1.5$ | m | — | — | 20.000 | — |

续前

| 定额编号 | | | 10-208 | 10-209 | 10-210 | 10-211 |
|---|---|---|---|---|---|---|
| 项目 | | | 自动人行道安装 | | 自动人行道电气安装 | 自动人行道调试 |
| | | | 长度≤50m | 50m＜长度≤100m | | |
| 名称 | | 单位 | 数量 | | | |
| 材料 | 沥青漆 | kg | — | — | 0.890 | — |
| | 汽油 | kg | — | — | 0.920 | — |
| | 其他材料费 | % | 1.500 | 1.500 | 1.000 | — |
| 机械 | 电动卷扬机 5t | 台班 | 2.500 | 2.500 | — | — |
| | 汽车起重机 25t | 台班 | 1.000 | 1.000 | — | — |
| | 交流电焊机 32kV·A | 台班 | 4.900 | 4.900 | 1.110 | — |
| | 电压电流表 | 台班 | — | — | — | 2.000 |
| | 数字万用表 F-87 | 台班 | — | — | — | 4.000 |
| | 绝缘电阻测试仪 BM12 | 台班 | — | — | — | 2.000 |

# 4 屏蔽门及安全门

# 说　　明

本章定额适用于城市轨道交通工程屏蔽门及安全门，共4节17个子目。

# 工程量计算规则

一、铜桩测量、门柱及门槛安装、上部结构安装、门楣及盖板安装、系统调试安装以“门单元”为单位计算。

二、门体安装中固定门、滑动门、应急门及端门单元安装以“道”为单位计算。

三、门状态指示灯及控制装置安装以“套”为单位计算。

# 4.1 铜桩测量

**工作内容：**定位测量、划线、打眼、铜桩固定等。

计量单位：门单元

| 定额编号 | | | 10-212 |
|---|---|---|---|
| 项目 | | | 铜桩测量 |
| 名称 | | 单位 | 数量 |
| 人工 | 综合工日 | 工日 | 0.440 |
| 材料 | 铜桩 | 个 | 0.530 |
| | 镀锌带母螺栓 12×110～120 | 套 | 0.530 |
| | 结构胶 | kg | 0.500 |
| | 冲击钻头 | 个 | 0.420 |
| | 其他材料费 | % | 2.000 |
| 机械 | 全站仪 | 台班 | 0.250 |
| | 水平仪 | 台班 | 0.060 |
| | 冲击钻机 | 台班 | 0.040 |
| | 其他机具费 | % | 2.000 |

## 4.2 门体安装

**工作内容：**场内搬运、外观检查、测量、定位、钻孔、底座安装、门柱安装、绝缘密封、钻孔、门柱装饰板安装。

计量单位：门单元

| 定额编号 | | | 10-213 | 10-214 |
|---|---|---|---|---|
| 项目 | | | 门柱及门槛 | |
| | | | 屏蔽门或全高安全门 | 1.55m 半高安全门 |
| 名称 | | 单位 | 数量 | |
| 人工 | 综合工日 | 工日 | 5.550 | 5.400 |
| 材料 | 合金钢钻头 | 个 | 3.060 | 2.710 |
| | 抽芯铆钉 | 套 | 14.700 | 10.500 |
| | 精制六角带帽螺栓 M16×60 | 个 | 16.800 | 16.800 |
| | 门柱灌胶模具 | 套 | 1.000 | 1.000 |
| | 门槛灌胶模具 | 套 | 2.000 | 2.000 |
| | 绝缘环氧树脂 | kg | 13.800 | 13.800 |
| | 结构胶 | kg | 0.620 | 0.620 |
| | 其他材料费 | % | 2.000 | 2.000 |
| 机械 | 电钻 | 台班 | 0.380 | 0.360 |
| | 其他机具费 | % | 2.000 | 2.000 |

**工作内容：** 场内搬运、外观检查、测位、定位、划线、上部钢结构安装、上部结构清理、支架安装、横梁吊装、横梁调整。

计量单位：门阜元

| 定额编号 | | | 10-215 |
|---|---|---|---|
| 项目 | | | 上部结构 |
| 名称 | | 单位 | 数量 |
| 人工 | 综合工日 | 工日 | 3.530 |
| 材料 | 镀锌带母螺栓 16×400～450 | 套 | 10.500 |
| | 电焊条 | kg | 0.830 |
| | 其他材料费 | % | 2.000 |
| 机械 | 电动葫芦 单速 | 台班 | 1.030 |
| | 轨道平台车 | 台班 | 2.730 |
| | 电焊机 | 台班 | 0.050 |
| | 其他机具费 | % | 2.000 |

**工作内容：**场内搬运、外观检查、门机梁吊装、调装、门楣安装、盖板支架安装及调整、盖板安装及调整。

计量单位：门单元

| 定额编号 | | | 10-216 |
|---|---|---|---|
| 项目 | | | 门楣及盖板 |
| 名称 | | 单位 | 数量 |
| 人工 | 综合工日 | 工日 | 7.700 |
| 材料 | 抽芯铆钉 | 套 | 157.500 |
| | 其他材料费 | % | 2.000 |
| 机械 | 轨道平台车 | 台班 | 7.360 |
| | 其他机具费 | % | 2.000 |

**工作内容**：测位、划线、安装、接线、试亮。

计量单位：套

| 定额编号 | | | 10-217 |
| --- | --- | --- | --- |
| 项目 | | | 门状态指示灯 |
| 名称 | | 单位 | 数量 |
| 人工 | 综合工日 | 工日 | 0.530 |
| 材料 | 绝缘导线 BV-2.5 | m | 0.810 |
| | 塑料软管 $\phi 7$ | m | 0.530 |
| | 精制六角带帽螺栓 M16×60 | 个 | 2.040 |
| | 瓷接头 双路 | 个 | 1.050 |
| | 其他材料费 | % | 2.000 |

**工作内容：**场内搬运、开箱、外观检查、定位、安装、调整、绝缘密封。

计量单位：道

| 定额编号 | | | 10-218 | 10-219 | 10-220 | 10-221 |
|---|---|---|---|---|---|---|
| 项目 | | | 固定门 | 滑动门 | 应急门 | 端门单元 |
| 名称 | | 单位 | 数量 | | | |
| 人工 | 综合工日 | 工日 | 1.800 | 2.850 | 3.060 | 4.490 |
| 材料 | 透明中性硅胶 | mL | 1290.000 | — | 240.000 | 4920.000 |
| | 其他材料费 | % | 2.000 | — | 2.000 | 2.000 |

## 4.3 控制装置安装

**工作内容：** 场内搬运、开箱、检查、安装、固定、调试等。

计量单位：套

| 定额编号 | | | 10-222 | 10-223 | 10-224 | 10-225 |
|---|---|---|---|---|---|---|
| 项目 | | | 中央控制盘 | 门控单元 | 门机系统 | 就地控制盘 |
| 名称 | | 单位 | 数量 | | | |
| 人工 | 综合工日 | 工日 | 88.630 | 0.420 | 0.960 | 7.500 |
| 机械 | 数字万用表 PS-56 | 台班 | 26.590 | 0.130 | 0.290 | 2.250 |

**工作内容：** 场内搬运、开箱、检查、安装、固定、调试等。

计量单位：套

| 定额编号 | | | 10-226 | 10-227 |
|---|---|---|---|---|
| 项目 | | | 远程监视器 | 就地控制盒 |
| 名称 | | 单位 | 数量 | |
| 人工 | 综合工日 | 工日 | 6.820 | 0.880 |
| 材料 | 不锈钢带母螺栓 8×10~50 | 套 | 4.200 | 4.200 |
| | 其他材料费 | % | 2.000 | 2.000 |
| 机械 | 数字万用表 PS-56 | 台班 | 2.050 | 0.260 |

# 4.4 系统调试

**工作内容：**系统功能调试、指标调试。

计量单位：门单元

| 定额编号 | | | 10-228 |
|---|---|---|---|
| 项目 | | | 系统调试 |
| 名称 | | 单位 | 数量 |
| 人工 | 综合工日 | 工日 | 8.250 |
| 机械 | 数字万用表 PS-56 | 台班 | 3.300 |
| | 便携式计算机 | 台班 | 3.300 |

# 5 人防门及防淹门

# 说　　明

一、本章定额内容为人防门和防淹门两部分，共 2 节 25 个子目。防淹门包括闸门和门框制作、安装 2 个子目。

二、本章定额未含相关设备油漆，发生时执行其他相应定额子目。

# 工程量计算规则

一、单扇及双扇手动立转门、排水沟阀板装置均以“樘”为单位计算。

二、伪装门以伪装门门扇外露在出入口通道的（单面）伪装面积计算，以“$10m^2$”为单位计算。

三、门框拼装以“套”为单位计算。

四、门扇拼装以“扇”为单位计算。

五、人防防护设备垂直及洞内水平运输按整樘防护设备的总重量以“t”为单位计算。

六、人防设备洞内水平运输每增 50m 项目，增运距不足 50m 的以 50m 计。

七、防淹门的闸门和门框制作、安装按重量以“t”为单位计算。

# 5.1 人 防 门

## 5.1.1 单扇平板手动立转门安装

**工作内容：**门扇、门框安装、调试，闭锁装置安装调试，总体检测、验收。

计量单位：樘

| 定额编号 | | | 10-229 | 10-230 | 10-231 | 10-232 |
|---|---|---|---|---|---|---|
| 项目 | | | 5t 以下 | 5～10t | 10～15t | 15t 以上 |
| 名称 | | 单位 | 数量 | | | |
| 人工 | 综合工日 | 工日 | 217.970 | 270.200 | 318.500 | 422.000 |
| 材料 | 电焊条 | kg | 48.780 | 58.580 | 67.040 | 69.970 |
| | 氧气 | $m^3$ | 22.330 | 25.470 | 28.080 | 30.060 |
| | 乙炔气 | kg | 10.860 | 12.730 | 14.040 | 15.380 |
| | 型钢 | kg | 1399.780 | 1617.880 | 2195.690 | 2341.990 |
| | 精调用斜垫铁 | kg | 22.120 | 24.360 | 26.560 | 28.000 |
| | 膨胀螺栓 30 | 套 | 43.870 | 46.960 | 50.340 | 56.000 |
| | 自制兰花螺母 | 套 | 7.700 | 7.960 | 8.120 | 8.400 |
| | 钢板 δ10 | kg | 310.360 | 322.580 | 334.890 | 350.000 |

续前

| 定额编号 | | | 10-229 | 10-230 | 10-231 | 10-232 |
|---|---|---|---|---|---|---|
| 项目 | | | 5t 以下 | 5～10t | 10～15t | 15t 以上 |
| 名称 | | 单位 | 数量 | | | |
| 材料 | 槽钢 10# | kg | 1111.530 | 1425.650 | 1778.180 | 2108.710 |
| | 垫板 | kg | 33.280 | 36.200 | 39.170 | 45.500 |
| | 橡胶板 | kg | 5.210 | 5.790 | 6.320 | 7.000 |
| | 其他材料费 | % | 0.500 | 0.500 | 0.500 | 0.500 |
| 机械 | 交流电焊机 21kV·A | 台班 | 15.010 | 15.690 | 20.130 | 24.500 |
| | 气割设备 | 台班 | 4.000 | 5.470 | 5.930 | 6.000 |
| | 手电动葫芦 | 台班 | 27.400 | 35.000 | 34.630 | 35.000 |
| | 千分经纬仪 | 台班 | 3.180 | 3.900 | 4.830 | 4.000 |

### 5.1.2 单扇拱形手动立转门安装

**工作内容：**门扇、门框安装、调试，闭锁装置安装调试，总体检测、验收。

计量单位：樘

| 定额编号 | | | 10-233 | 10-234 | 10-235 | 10-236 |
|---|---|---|---|---|---|---|
| 项目 | | | 5t 以下 | 5 ~ 10t | 10 ~ 15t | 15t 以上 |
| 名称 | | 单位 | 数量 | | | |
| 人工 | 综合工日 | 工日 | 219.700 | 272.350 | 325.500 | 425.500 |
| 材料 | 电焊条 | kg | 47.000 | 56.000 | 72.000 | 76.000 |
| | 氧气 | $m^3$ | 31.000 | 40.000 | 44.000 | 52.000 |
| | 乙炔气 | kg | 13.000 | 15.000 | 17.000 | 20.500 |
| | 型钢 | kg | 1104.300 | 1288.950 | 1473.080 | 1767.700 |
| | 工字钢 14# | kg | 425.000 | 423.000 | 105.000 | 105.000 |
| | 工字钢 25# | kg | 254.400 | — | 482.000 | 432.000 |
| | 工字钢 40# | kg | — | 402.000 | 707.400 | 732.520 |
| | 钢板 δ10 | kg | 96.000 | 120.000 | 120.000 | 144.000 |
| | 槽钢 10# | kg | 320.000 | 400.000 | 400.000 | 480.000 |

续前

| 定额编号 | | | 10-233 | 10-234 | 10-235 | 10-236 |
|---|---|---|---|---|---|---|
| 项目 | | | 5t 以下 | 5～10t | 10～15t | 15t 以上 |
| 名称 | | 单位 | 数量 | | | |
| 材料 | 垫板 | kg | 12.000 | 12.000 | 15.000 | 15.000 |
| | 砂轮 $\phi$100 | 片 | 20.000 | 20.000 | 20.000 | 25.000 |
| | 棉纱 | kg | 1.000 | 1.000 | 1.000 | 1.000 |
| | 其他材料费 | % | 0.500 | 0.500 | 0.500 | 0.500 |
| 机械 | 交流电焊机 21kV·A | 台班 | 14.000 | 18.000 | 20.000 | 23.000 |
| | 电焊条烘干箱 | 台班 | 4.000 | 5.000 | 5.000 | 5.000 |
| | 气割设备 | 台班 | 5.000 | 5.000 | 5.000 | 5.000 |
| | 手电动葫芦 | 台班 | 20.000 | 26.000 | 29.000 | 33.000 |
| | 打磨机 | 台班 | 5.000 | 6.000 | 6.000 | 7.000 |
| | 砂轮切割机 | 台班 | 3.000 | 4.000 | 4.500 | 5.000 |
| | 千斤顶 | 台班 | 3.000 | 4.000 | 5.000 | 5.000 |
| | 千分经纬仪 | 台班 | 2.000 | 2.000 | 2.000 | 2.000 |

### 5.1.3 双扇平板手动立转门安装

**工作内容：** 门扇、门框安装、调试，闭锁装置安装调试，总体检测、验收。

计量单位 樘

| 定额编号 | | | 10-237 | 10-238 | 10-239 | 10-240 |
|---|---|---|---|---|---|---|
| 项目 | | | 5t 以下 | 5～10t | 10～15t | 15t 以上 |
| 名称 | | 单位 | 数量 | | | |
| 人工 | 综合工日 | 工日 | 225.600 | 263.500 | 285.500 | 339.500 |
| 材料 | 电焊条 | kg | 11.500 | 13.000 | 24.500 | 41.000 |
| | 氧气 | $m^3$ | 10.000 | 12.000 | 20.000 | 30.000 |
| | 乙炔气 | kg | 5.000 | 6.000 | 8.000 | 14.000 |
| | 型钢 | kg | 439.490 | 736.540 | 1252.120 | 1657.220 |
| | 钢板 $\delta 10$ | kg | 128.000 | 128.000 | 192.000 | 307.200 |
| | 螺纹钢 25 | kg | 192.700 | 192.700 | 333.000 | 466.200 |
| | 垫板 | kg | 10.000 | 13.000 | 40.000 | 70.000 |
| | 砂轮 $\phi 100$ | 片 | 12.000 | 15.000 | 20.000 | 35.000 |
| | 棉纱 | kg | 2.000 | 2.000 | 4.000 | 4.000 |
| | C401 胶 | kg | 0.500 | 0.500 | 0.500 | 1.000 |
| | 其他材料费 | % | 0.500 | 0.500 | 0.500 | 0.500 |

续前

| 定额编号 | | | 10-237 | 10-238 | 10-239 | 10-240 |
|---|---|---|---|---|---|---|
| 项目 | | | 5t 以下 | 5 ~ 10t | 10 ~ 15t | 15t 以上 |
| 名称 | | 单位 | 数量 | | | |
| 机械 | 交流电焊机 21kV·A | 台班 | 3.500 | 3.500 | 4.000 | 7.000 |
| | 电焊条烘干箱 | 台班 | 2.000 | 2.000 | 2.000 | 4.000 |
| | 砂轮切割机 | 台班 | 3.000 | 3.000 | 3.000 | 5.000 |
| | 手电动葫芦 | 台班 | 3.000 | 7.000 | 7.000 | 12.000 |
| | 打磨机 | 台班 | 3.000 | 5.000 | 6.000 | 9.000 |
| | 冲击钻 | 台班 | 1.000 | 1.000 | 1.000 | 1.500 |
| | 气割设备 | 台班 | 2.000 | 2.000 | 2.000 | 2.000 |
| | 千斤顶 | 台班 | 4.000 | 4.500 | 5.000 | 8.000 |
| | 千分经纬仪 | 台班 | 2.500 | 2.500 | 3.000 | 3.000 |

### 5.1.4 双扇拱形手动立转门安装

**工作内容：**门扇、门框安装、调试，闭锁装置安装调试，总体检测、验收。

计量单位：樘

| 定额编号 | | | 10-241 | 10-242 | 10-243 | 10-244 |
|---|---|---|---|---|---|---|
| 项目 | | | 5t 以下 | 5～10t | 10～15t | 15t 以上 |
| 名称 | | 单位 | 数量 | | | |
| 人工 | 综合工日 | 工日 | 227.500 | 266.000 | 287.500 | 342.500 |
| 材料 | 电焊条 | kg | 47.000 | 62.000 | 64.000 | 81.000 |
| | 氧气 | $m^3$ | 31.000 | 37.000 | 37.000 | 43.000 |
| | 乙炔气 | kg | 13.000 | 15.000 | 15.000 | 19.000 |
| | 钢管 $\phi 140\times10$ | kg | 1104.810 | 1473.080 | 1473.080 | 1473.080 |
| | 工字钢 14#（16#） | kg | 425.000 | 512.500 | 512.500 | 104.000 |
| | 工字钢 25#（20#） | kg | 254.400 | 286.800 | 286.800 | 560.000 |
| | 工字钢 32# | kg | — | — | — | 462.000 |
| | 钢板 $\delta 10$ | kg | 96.000 | 120.000 | 120.000 | 144.000 |
| | 槽钢 10# | kg | 320.000 | 400.000 | 400.000 | 480.000 |

续前

| 定额编号 | | | 10-241 | 10-242 | 10-243 | 10-244 |
|---|---|---|---|---|---|---|
| 项目 | | | 5t 以下 | 5～10t | 10～15t | 15t 以上 |
| 名称 | | 单位 | 数量 | | | |
| 材料 | 垫板 | kg | 12.000 | 15.000 | 15.000 | 19.000 |
| | 砂轮 $\phi100$ | 片 | 20.000 | 20.000 | 20.000 | 25.000 |
| | 棉纱 | kg | 1.000 | 1.000 | 1.000 | 1.500 |
| | 其他材料费 | % | 0.500 | 0.500 | 0.500 | 0.500 |
| 机械 | 交流电焊机 21kV·A | 台班 | 10.000 | 12.000 | 12.000 | 12.000 |
| | 电焊条烘干箱 | 台班 | 3.000 | 3.000 | 3.000 | 3.000 |
| | 气割设备 | 台班 | 5.000 | 5.000 | 5.000 | 5.000 |
| | 手电动葫芦 | 台班 | 19.000 | 23.000 | 26.000 | 27.000 |
| | 打磨机 | 台班 | 2.000 | 2.000 | 2.000 | 2.000 |
| | 砂轮切割机 | 台班 | 2.000 | 2.000 | 2.000 | 2.000 |
| | 千斤顶 | 台班 | 3.000 | 3.000 | 4.000 | 5.000 |
| | 千分经纬仪 | 台班 | 2.000 | 2.000 | 2.000 | 2.000 |

### 5.1.5 门 框 拼 装

**工作内容：** 安装前作业空间清理，门框包装拆除、左右门框安装、支护，上门框安装，门框形位调试、固定。

计量单位：套

| 定额编号 | | | 10-245 |
|---|---|---|---|
| 项目 | | | 门框拼装 |
| 名称 | | 单位 | 数量 |
| 人工 | 综合工日 | 工日 | 126.500 |
| 材料 | 电焊条 | kg | 32.310 |
| | 氧气 | $m^3$ | 13.280 |
| | 乙炔气 | kg | 6.470 |
| | 型钢 | kg | 926.250 |
| | 精调用斜垫铁 | 个 | 13.210 |
| | 膨胀螺栓 30 | 套 | 22.850 |
| | 自制兰花螺母 | 套 | 3.450 |
| | 钢板 $\delta$10 | kg | 191.360 |

续前

| 定额编号 | | | 10-245 |
|---|---|---|---|
| 项目 | | | 门框拼装 |
| 名称 | | 单位 | 数量 |
| 材料 | 槽钢 $10^{\#}$ | kg | 718.400 |
| | 垫板 | kg | 18.100 |
| | 橡胶板 | kg | 2.870 |
| | 其他材料费 | % | 0.500 |
| 机械 | 交流电焊机 21kV·A | 台班 | 5.060 |
| | 气割设备 | 台班 | 1.520 |
| | 手电动葫芦 | 台班 | 15.610 |
| | 千分经纬仪 | 台班 | 2.000 |

## 5.1.6 门扇拼装

**工作内容：**安装前作业空间清理，门框包装拆除、清理，制作简易拼装支架平台，上下门扇拼装。

计量单位：扇

| 定额编号 | | | 10-246 |
|---|---|---|---|
| 项目 | | | 门扇拼装 |
| 名称 | | 单位 | 数量 |
| 人工 | 综合工日 | 工日 | 68.000 |
| 材料 | 电焊条 | kg | 11.200 |
| | 氧气 | $m^3$ | 4.310 |
| | 乙炔气 | kg | 2.150 |
| | 型钢 | kg | 313.640 |
| | 精调用斜垫铁 | 个 | 4.210 |
| | 膨胀螺栓 30 | 套 | 7.850 |
| | 自制兰花螺母 | 套 | 1.320 |
| | 钢板 $\delta 10$ | kg | 68.410 |

续前

| 定额编号 | | | 10-246 |
|---|---|---|---|
| 项目 | | | 门扇拼装 |
| 名称 | | 单位 | 数量 |
| 材料 | 槽钢 $10^{\#}$ | kg | 190.220 |
| | 垫板 | kg | 6.500 |
| | 橡胶板 | kg | 2.450 |
| | 其他材料费 | % | 0.500 |
| 机械 | 交流电焊机 21kV·A | 台班 | 1.250 |
| | 气割设备 | 台班 | 1.060 |
| | 手电动葫芦 | 台班 | 12.270 |

### 5.1.7 排水沟阀板安装

**工作内容：**现场清理、就位、支护、固定；打筑前防锈处理，隐检、检验、配合浇筑，配合验收。

计量单位：樘

| 定额编号 | | | 10-247 |
|---|---|---|---|
| 项目 | | | 排水沟阀板安装 |
| 名称 | | 单位 | 数量 |
| 人工 | 综合工日 | 工日 | 17.000 |
| 材料 | 电焊条 | kg | 10.000 |
| | 膨胀螺栓 | 套 | 20.000 |
| | 型钢 | kg | 70.000 |
| | 垫板 | kg | 8.000 |
| | 槽钢 10# | kg | 61.000 |
| | 钢板 δ10 | kg | 28.000 |
| | 精调用斜垫铁 | 个 | 20.000 |
| | 自制兰花螺母 | 套 | 4.000 |

续前

| 定额编号 | | | 10-247 |
|---|---|---|---|
| 项目 | | | 排水沟阀板安装 |
| 名称 | | 单位 | 数量 |
| 材料 | 橡胶板 | kg | 8.000 |
| | 氧气 | $m^3$ | 4.000 |
| | 乙炔气 | kg | 2.000 |
| | 其他材料 | % | 0.500 |
| 机械 | 交流电焊机 21kV·A | 台班 | 1.000 |
| | 气割设备 | 台班 | 1.000 |
| | 手电动葫芦 | 台班 | 1.000 |
| | 千分经纬仪 | 台班 | 1.000 |

### 5.1.8 伪装门安装

**工作内容：** 下导槽预埋、伪装边柱安装、上导轨安装、伪装扇体安装、自由扇尺寸量测、调整，整体运行调试。

计量单位：$10m^2$

| 定 额 编 号 | | | 10-248 |
|---|---|---|---|
| 项 目 | | | 伪装门安装 |
| 名 称 | | 单位 | 数 量 |
| 人工 | 综合工日 | 工日 | 25.120 |
| 材料 | 电焊条 | kg | 1.120 |
| | 膨胀螺栓 | 套 | 16.830 |
| | 角钢 L53 | kg | 8.320 |
| | 垫片 | kg | 0.700 |
| | 塑料薄膜 | $m^2$ | 23.140 |
| | 胶带 20m | 盘 | 8.770 |
| | 环氧富锌底漆 | kg | 9.520 |
| | 白色环氧磁漆 | kg | 8.590 |
| | 活性稀释剂 | kg | 0.770 |
| | 催干剂 | kg | 0.300 |
| | 油漆溶剂油 | kg | 2.600 |
| | 其他材料费 | % | 0.500 |
| 机械 | 交流电焊机 21kV · A | 台班 | 1.230 |
| | 电钻 | 台班 | 0.350 |
| | 水准仪 | 台班 | 0.350 |

### 5.1.9 人防设备垂直运输

**工作内容：** 竖井障碍拆除，设备垂直运输（包括门框、门扇、其他专用件的运输）。

计量单位：t

| 定额编号 | | | 10-249 |
|---|---|---|---|
| 项目 | | | 人防设备垂直运输 |
| 名称 | | 单位 | 数量 |
| 人工 | 综合工日 | 工日 | 3.000 |
| 材料 | 电焊条 | kg | 1.500 |
| | 氧气 | $m^3$ | 1.880 |
| | 乙炔气 | kg | 0.750 |
| 机械 | 交流电焊机 21kV·A | 台班 | 0.030 |
| | 气割设备 | 台班 | 0.030 |
| | 汽车式起重机 20t | 台班 | 0.030 |
| | 卷扬机 | 台班 | 0.030 |

### 5.1.10 人防设备洞内水平运输

**工作内容**：设备水平运输（包括门框、门扇、其他专用件的运输）。

计量单位：t

| 定额编号 | | | 10-250 | 10-251 |
|---|---|---|---|---|
| 项目 | | | 运距 60m 以内 | 每增 50m |
| 名称 | | 单位 | 数量 | |
| 人工 | 综合工日 | 工日 | 3.000 | 1.600 |
| 材料 | 型钢 | kg | 8.760 | — |
| | 垫木 | $m^3$ | 0.050 | — |
| | 钢丝绳 直径 8 | m | 8.000 | — |
| | 橡胶垫 | 个 | 5.000 | — |
| 机械 | 手电动葫芦 | 台班 | 0.600 | — |

## 5.2 防 淹 门

**工作内容：** 闸门制作及安装、调试。

计量单位：t

| 定额编号 | | | 10-252 | 10-253 |
|---|---|---|---|---|
| 项目 | | | 闸门 | 门框 |
| 名称 | | 单位 | 数量 | |
| 人工 | 综合工日 | 工日 | 43.000 | 67.000 |
| 材料 | 钢板 A3 | kg | 1080.000 | 1080.000 |
| | 电焊条 | kg | 10.000 | 22.400 |
| | 氧气 | $m^3$ | 4.000 | 19.800 |
| | 乙炔气 | kg | 2.000 | 8.200 |
| | 汽油 60# ~ 70# | kg | 5.000 | 30.000 |
| | 防锈漆 | kg | 4.000 | 5.200 |
| | 其他材料费 | % | 2.000 | 2.000 |
| 机械 | 汽车起重机 25t | 台班 | 0.270 | — |
| | 汽车起重机 10t | 台班 | — | 0.160 |
| | 门式起重机 16t | 台班 | 1.100 | 4.500 |
| | 电焊机 | 台班 | 1.100 | 4.500 |
| | 电动卷扬机 5t | 台班 | 0.500 | 4.500 |
| | 其他机械费 | % | 1.500 | 1.500 |

**主 编 单 位：** 住房和城乡建设部标准定额研究所

**编 制 单 位：** 北京城建设计研究总院有限责任公司

**参 编 单 位：** 北京京园诚得信工程管理有限公司

**综合协调人员：** 胡传海 王海宏 胡晓丽 白洁如 王志年 戴富元
汪一江 郎桂林 吴 强 曾伟源 陈柏生 李成栋
史素美 孙金科 薛长立 王文江 李永芳 张永胜
张明焕 卢后星 顾 青 魏晓东

**编 制 人 员：** 李 欣 王勇利 关 欣 黄卫琴 李永芳 王文江
刘长才 顾 青